宝索企业集团
BAOSUO

宝索企业集团为您提供生活用纸智能装备整体解决方案

Baosuo Enterprise Group Will Provide You Turnkey Solution For Tissue Intelligent Equipment

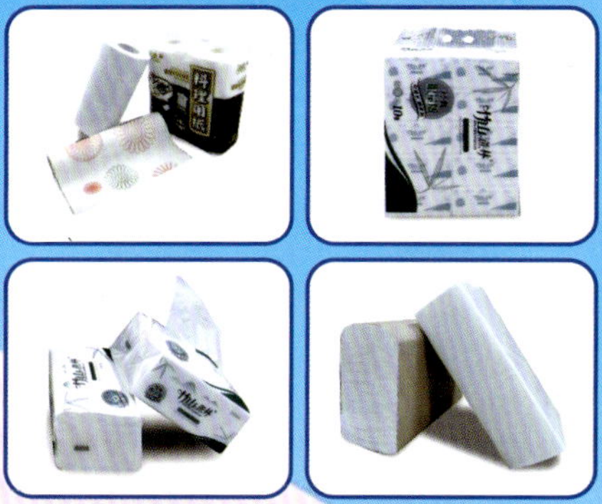

包装成品
Finished Product Packing

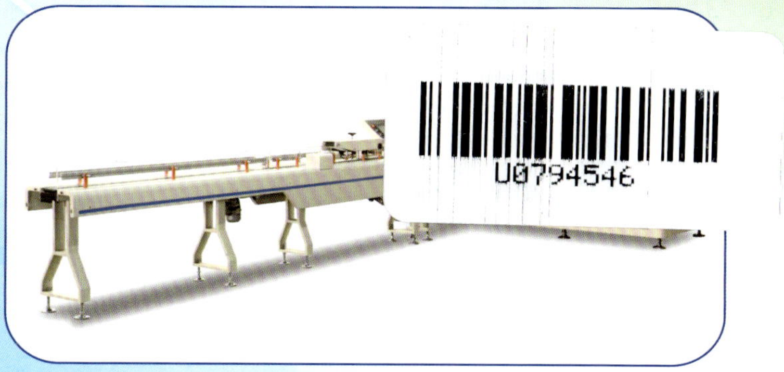

广东宝进科技有限公司（包装设备）
Guangdong Baojin Technology Co., Ltd.(Packing Machine)

U0794546

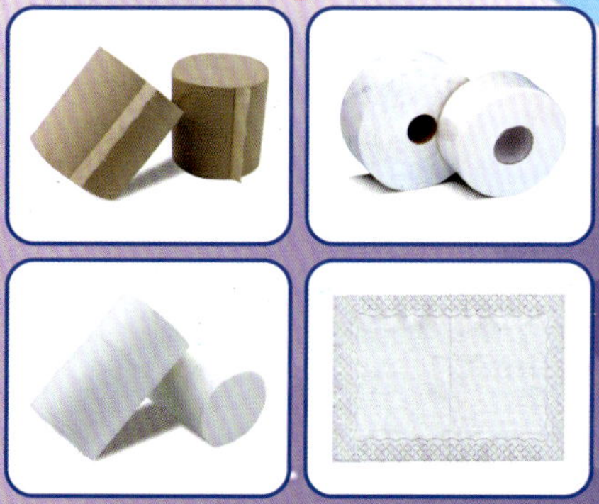

原纸加工
Tissue Converting

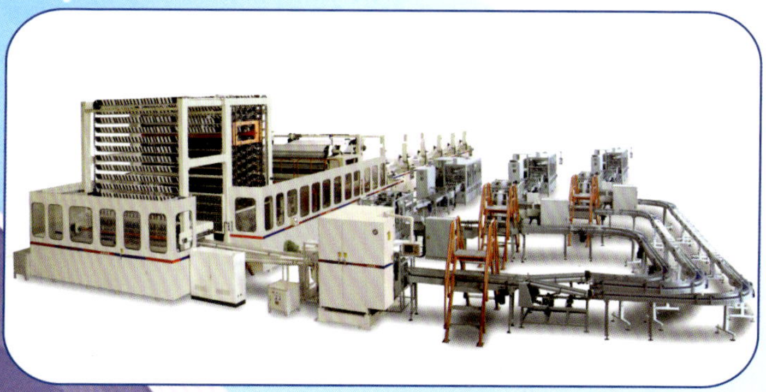

佛山市宝索机械制造有限公司（后加工设备）
Baosuo Paper Machinery Manufacture Co., Ltd.(Converting Machine)

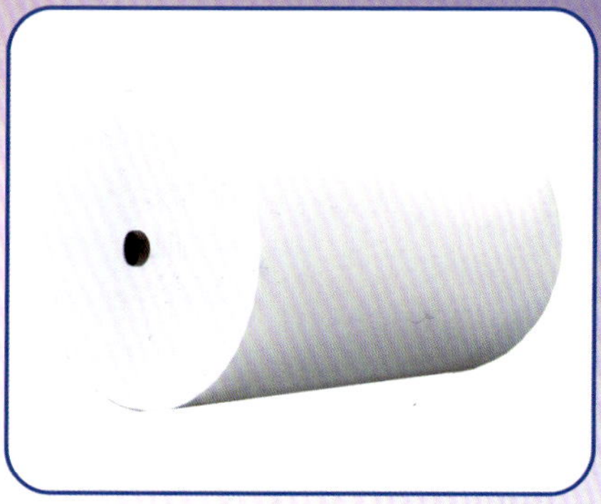

原纸生产
Tissue Parent Roll Producing

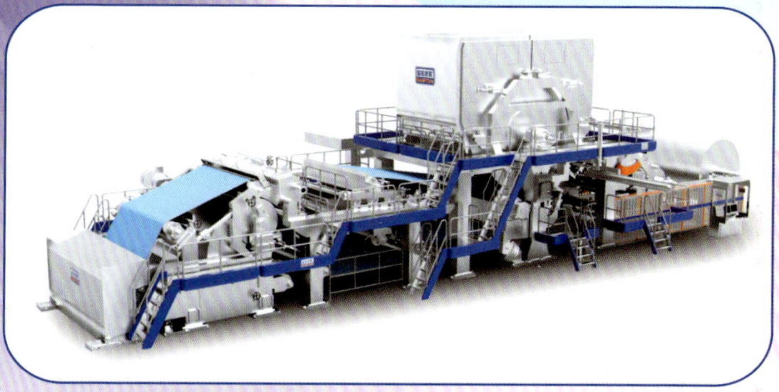

佛山市南海区宝拓造纸设备有限公司（造纸设备）
Baotuo Paper Machinery Engineering Co., Ltd.(Tissue Machine)

佛山市宝索机械制造有限公司（BAOSUO） 广东宝索机械有限公司

Tel:+86-757-86777529 E-mail:master@baosuo.com Http://www.baosuo.com

佛山市南海区宝拓造纸设备有限公司（BAOTUO） 广东宝拓科技股份有限公司

Tel:+86-757-81273388 E-mail:master@baotuo.com.cn Http://www.baotuomachine.com

广东宝进科技有限公司（包装设备）（BAOJIN）

Tel:+86-757-86702280 E-mail:master@gdbaojin.com

扫一扫 关注微信

从“精准施胶”到智能升级Plus，全面助力卫品行业可持续发展

每一条生产线都被赋予不一样的要求，每一条生产线都是全新的挑战。无论您需要基本的还是复杂的生产工艺，诺信拥有整套热熔胶喷涂技术系统，满足您的不同需求。

因此，无论您的需要是简单粘合的单一生产线，还是细节到每一个工位的精确胶量管理喷涂，在每一个解决方案里，诺信注重价值的体现，并致力于给客户提供一个令人信服的投资回报。

诺信拥有精确的技术，匹配您的预算，减轻繁琐的过程。

选择诺信，总有您想要的！

关注我们获取更多资讯

www.nordson.com

Nordson

新余宏 YUHONG® 余宏精工

人性化设计，安全可靠，
让您的设备管理更简单！

CSG-AD350

全伺服成人纸尿裤生产线

Full Servo Adult Diaper Machine

速度：350片/分　Speed: 350pcs/min

CSG-MIN1500

全伺服轻度失禁巾生产线

Full Servo Mild Incontinence Napkin Machine

速度：1500片/分　Speed: 1500pcs/min

CSG-SN1200EP

全伺服高速护翼卫生巾生产线

Full Servo High-speed Wing Sanitary Napkin Machine

速度：1200片/分　Speed: 1200pcs/min

浙江新余宏智能装备有限公司
Zhejiang New Yuhong Intelligent Equipment Co., Ltd.

地址：杭州 瓶窑　电话：0571-88541156
传真：0571-88543365　E-mail: sales@yhjg.com
Http: //www.yhjg.com

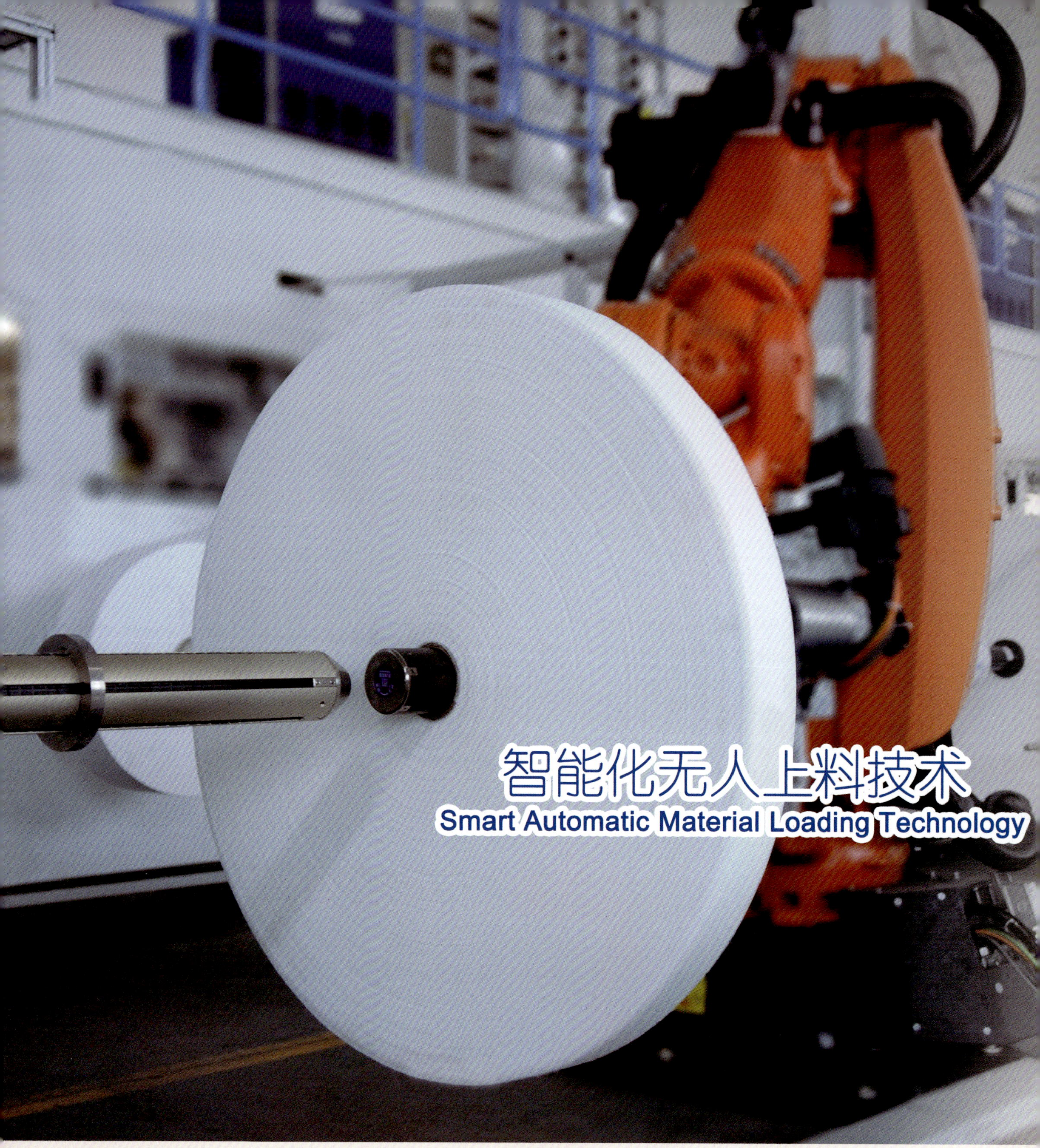

HengChang Turkey
Telephone: (90)(264)2914062
Contact: Murat Komurcu
Mobile: (90)(532)6091270
E-mail: mkomurcu@dispopak.com

HengChang Latin America
Telephone: (55)11 99410 6677
E-mail: contato@burtec.com.br

恒昌中国
地址：中国安徽省安庆市开发区兴业路
电话：(86)(556)5325888
传真：(86)(556)5357893
邮件：aqhch@aqhch.com.cn
网站：www.aqhch.com.cn

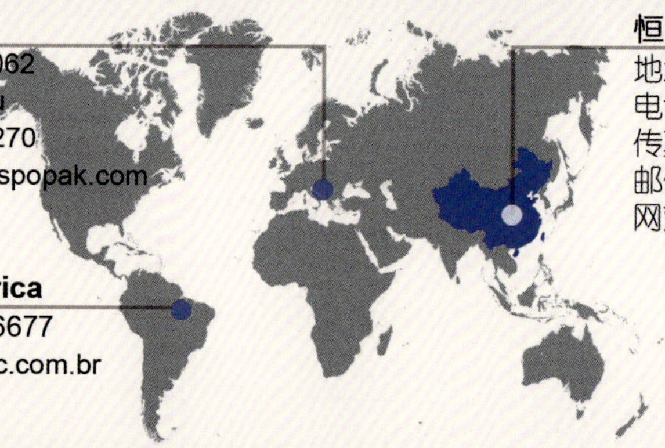

SINCE 1988

HCH®

世界先进水平　真正中国创造

World advanced level created from China

AI 300-500PPM

成人失禁裤设备

+NBZ-40包装机

Adult Incontinent Pants Machine

+NBZ-40 Packing Machine

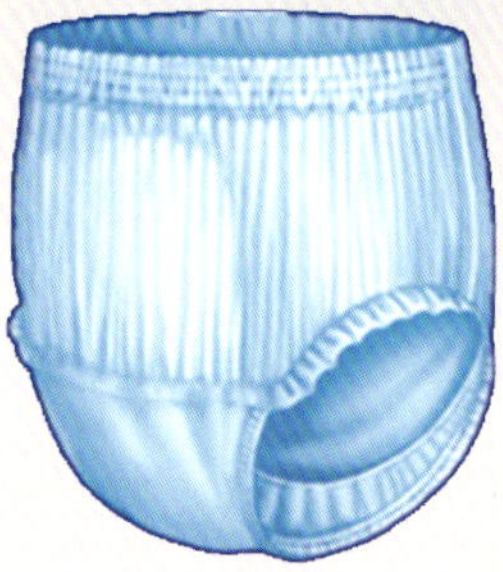

BT 600-1000PPM

婴儿训练裤设备

+NBZ-60包装机

Baby Training Pants Machine

+NBZ-60 Packing Machine

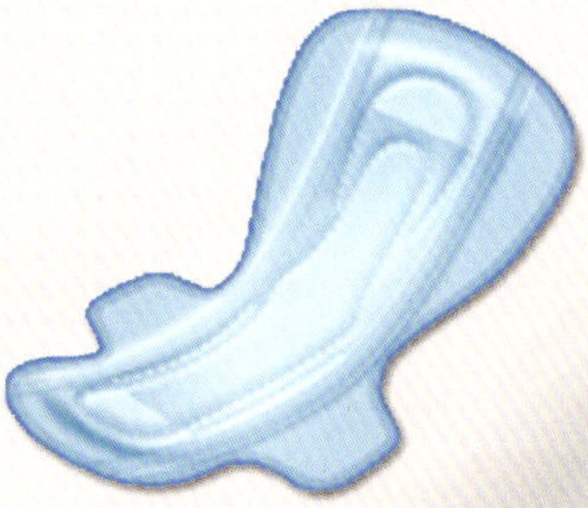

AE 800-2000PPM

卫生巾设备

+WBZ-90包装机

Sanitary Napkins Machine

+WBZ-90 Packing Machine

恒昌机械制造有限责任公司

Heng Chang Machinery Co., Ltd.

丰蕴机械
天和实业

我们一直在创新
WE HAVE BEEN IN INNOVATION

干法纸生产线专业制造商
PROFESSIONAL MANUFACTURERS OF AIRLAID PRODUCTION LINE

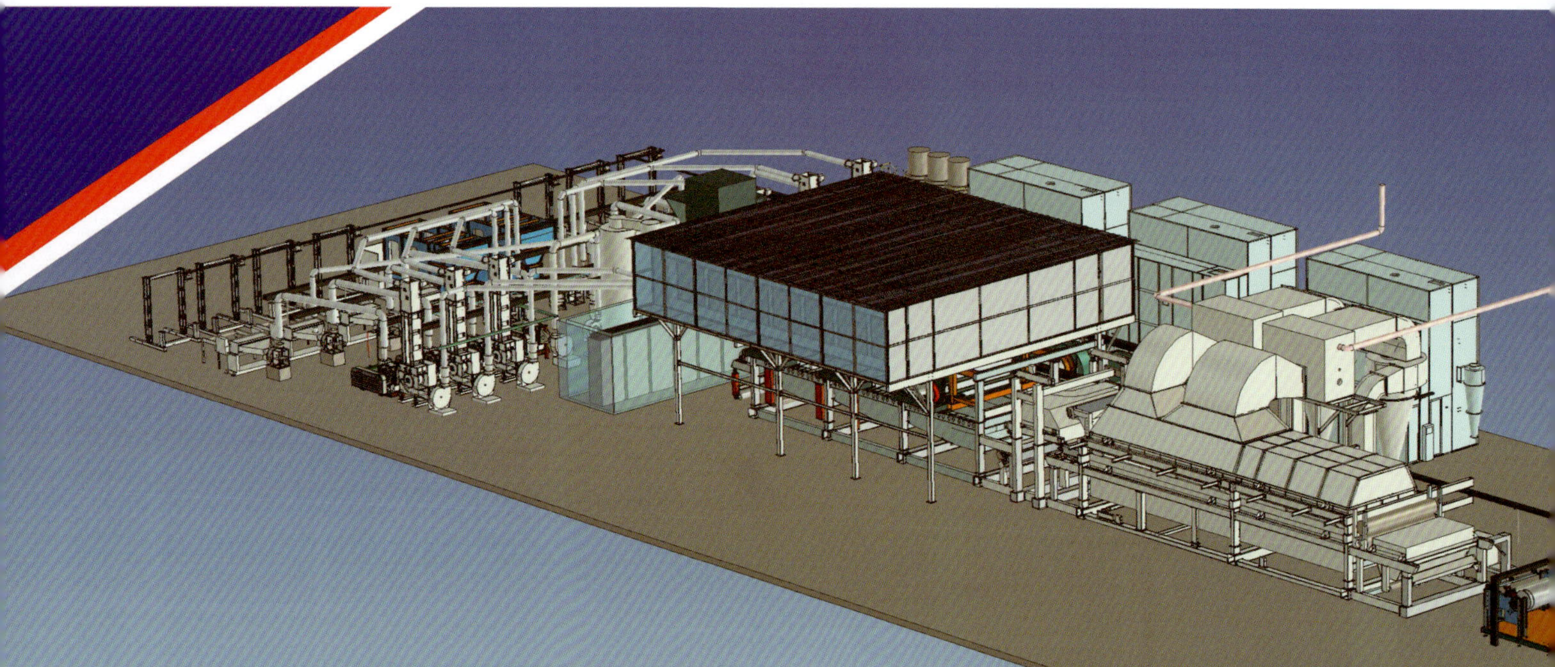

干法纸生产线制造者

- ◆干法纸生产线 AIR-LAID PRODUCTION LINE
- ◆吸水纸(复合纸)生产线 LAMINATED ABSORPTION PAPER PRODUCTION LINE
- ◆床垫、成人纸尿裤、婴儿纸尿裤供料系统 UNDER PAD/ADULT DIAPER/BABY DIAPER PRODUCTION LINE FEEDER SYSTEM
- ◆木浆粉碎系统 PULP MILL MACHINE
- ◆木(板)浆自动给料机 PULP AUTOMATIC FEEDING MACHINE

吸水芯材的生产者

- ◆热合型干法纸 THERMAL BOND AIRLAID
- ◆混合型吸水纸 MULTI BOND AIRLAID
- ◆复合型干法纸 COMPOUND AIRLAID
- ◆活性炭纤维干法纸 ACF AIRLAID

干法纸拓展品的研发者

- ◆ “发财路”卫生鞋垫 “FACAILU” INSOLES
- ◆ “乌拉草”保暖鞋垫 “WULACAO” WARM INSOLES
- ◆ “康老师”厨房纸巾 “KANGLAOSHI” KITCHEN TOWEL

地 址：辽宁省丹东市振兴区三道沟瓦房街
E-mail：0415fengyun@163.com
邮编：118000
联系人：（曲丰蕴）13304153777
（熊德凤）13841594123

丹东市丰蕴机械厂　丹东天和实业有限公司
www.dd-fengyun.com

®智联精工 ZHILIAN

博极创新　精勤不倦

技术，永无止境。服务，永不止步。
客户的满意是对我们极大的信赖。

全伺服成人纸尿裤生产线 Full Servo Adult Diaper Machine

生产速度：300片/分　Production Speed: 300 pcs/min

Full Servo Sanitary Napkin Machine 全伺服卫生巾生产线

生产速度：1200片/分　Production Speed: 1200 pcs/min

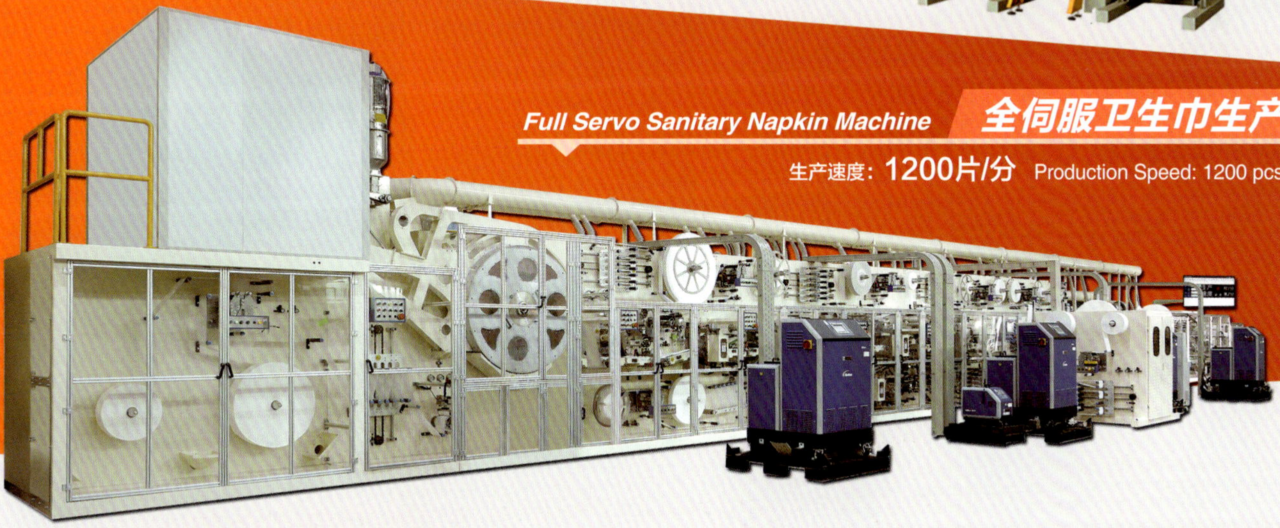

全伺服床垫生产线 Full Servo Under Pad Machine

生产速度：350米/分　Production Speed: 350 m/min

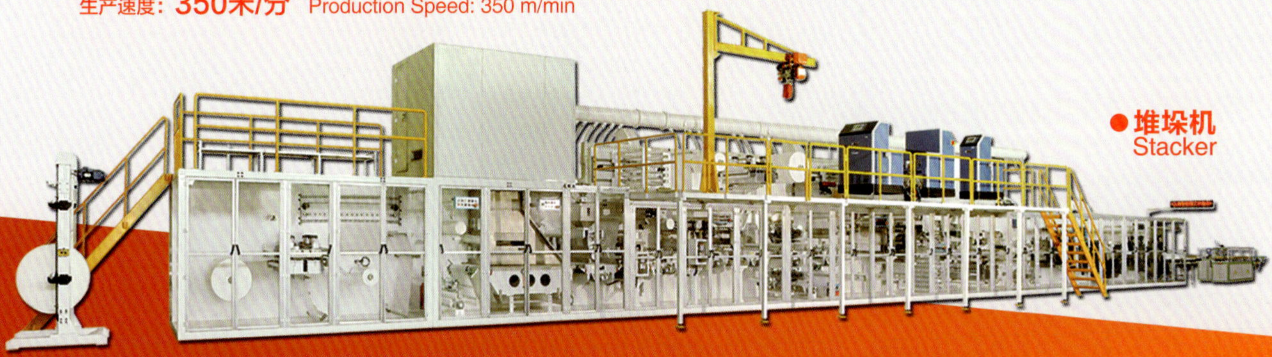

●堆垛机
Stacker

主要产品：

床垫生产线，成人纸尿裤生产线，成人纸尿片生产线，婴儿纸尿裤生产线，婴儿纸尿片生产线，卫生巾生产线，护垫生产线，母乳垫生产线，产妇巾生产线，止血垫生产线，宠物纸尿裤生产线，宠物垫生产线，堆垛机。

上海智联精工机械有限公司

地址：上海市青浦区白石公路2288号
Add: No.2288 Baishi Road, Qingpu, Shanghai
Post Code: 201711　Tel: 021-59213878　Fax: 021-59213838
Http://www.shzljg.com　E-mail: zl@shzljg.com

HAINA MACHINERY 海纳机械

技术领先 质量可靠
信誉优良 服务至上

Product The Excellent HAINA Products 产品展示

全伺服婴儿拉拉裤生产线
FULL SERVO BABY TRAINING PANTS PRODUCTION LINE
HNJK-LK800

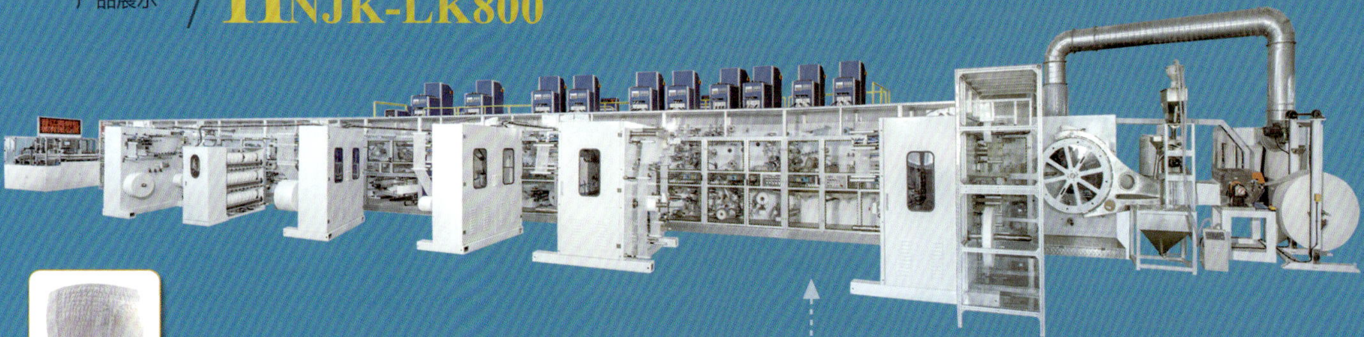

设计生产速度：900片/分
稳定生产速度：800片/分

Product The Excellent HAINA Products 产品展示

成人拉拉裤/经期裤生产线
ADULT & MENSTRUAL PANTS PRODUCTION LINE
HNJX-CLK450

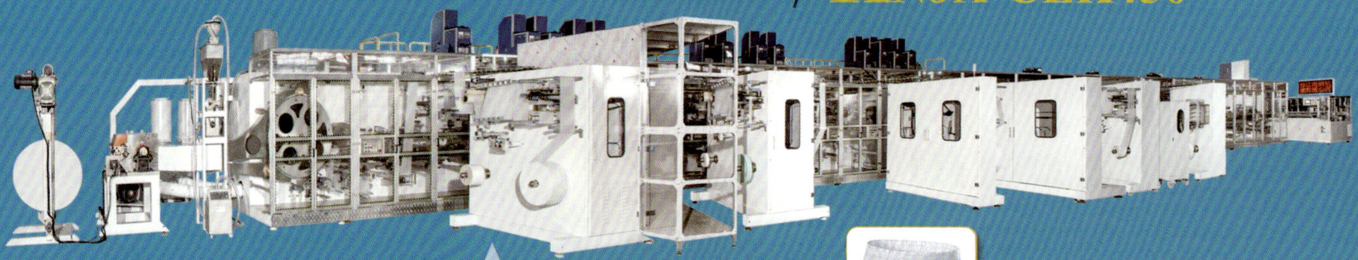

设计生产速度：550片/分
稳定生产速度：450片/分

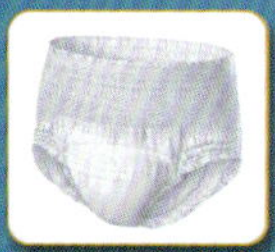

Product The Excellent HAINA Products 产品展示

全伺服成人纸尿裤生产线
FULL SERVO ADULT DIAPER PRODUCTION LINE
HNJX-CK350

设计生产速度：450片/分
稳定生产速度：350片/分

海纳智能装备国际控股有限公司
Haina Intelligent Equipment International Holding Co., Ltd.
地址：福建省晋江市五里经济开发区　邮编：362200
总机：86-595-85717878　传真：86-595-85717272
邮箱：hainajx@vip.163.com　网址：www.fjhaina.com

杭州海纳机械有限公司
Hangzhou Haina Machinery Co., Ltd.
地址：浙江省杭州市余杭区平镇荷路111号
电话：86-571-89183186
传真：86-571-89183183

东冠集团
ORIENT CHAMPION

吸水衬纸原纸

- 降低次品率，减少浪费；
- 开机更稳定，提升加工效率；
- 提高吸水材料效率，降低成本；
- 能让产品吸液均匀，提高产品品质。

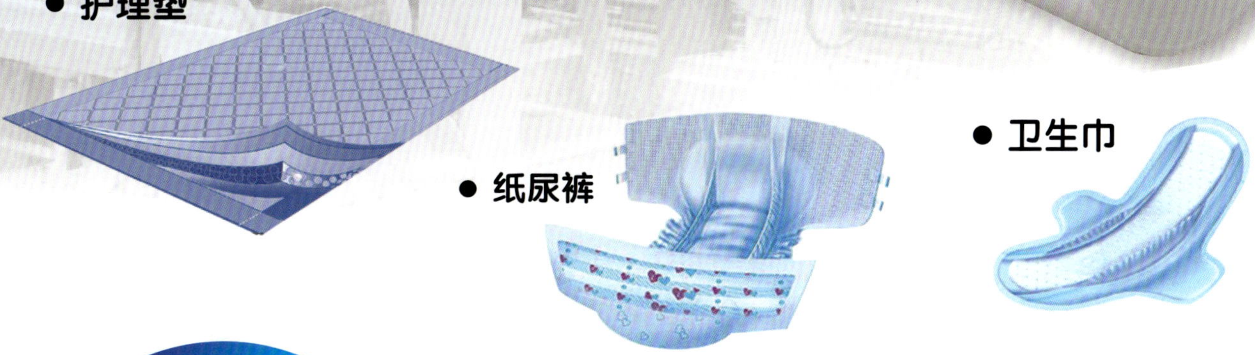

上海东冠纸业有限公司
原纸贸易／OEM部联系人
杨臣君：021-57277193 13818704517
杨春：021-57277153 13916781098
传真：021-57277171
地址：上海市金山工业区林慧路1000号
网址：www.socpcn.com

洁云 Hygienix
洁云，聪明的选择！
米娅 卫生巾
棉爽两全 我的米娅

JWC 金卫集团
JWC GROUP
28年卫生用品智能装备制造商
提供一站式项目服务·出口至全球119个国家
One station project service · Exported to 119 countries around the world
全伺服高速卫生巾设备
Full Servo High-speed Sanitary Napkin Machine
速度： 1000~1500 片/分
3+5层全伺服护理垫设备
Full Servo 3&5 Layers Under Pad Machine
速度： 300~350 米/分
全伺服婴儿/宠物纸尿裤设备
Full Servo Baby/Pet Diaper Machine
速度： 500~800 片/分
全伺服零废料T型成人纸尿裤设备
Full Servo Zero Wastage T Type Adult Diaper Machine
速度： 300~500 片/分
欢迎扫码咨询
江苏省金湖县华海路3号
No.3, Huahai Road, Jinhu, Jiangsu, China.
0517-86899999, +86-13915199999
jwc@sinojwc.com
www.sinojwc.com

晋江市联德自动化设备有限公司

Jinjiang Liande Automation Equipment Co., Ltd.

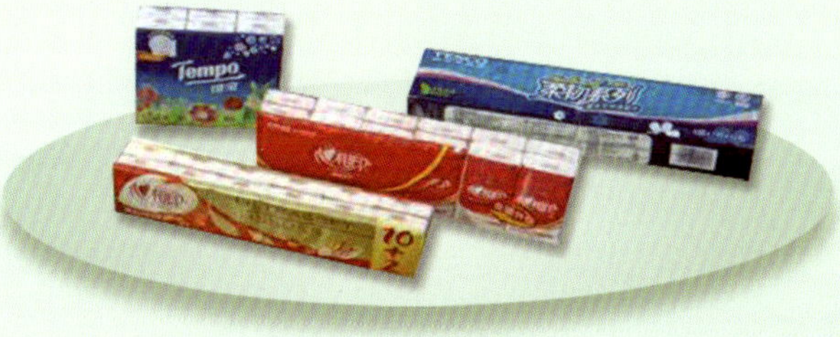

型号：**LD-6120**

全自动手帕纸（棉柔巾）生产线组

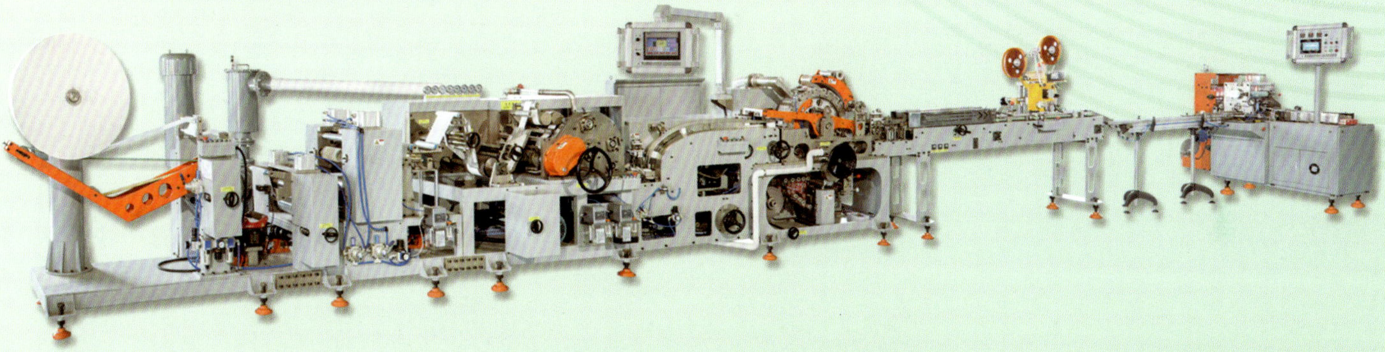

LD-6120手帕纸包装机主要参数配置表

项目	规范	备注
储纸架	双储纸架	一备一用
原纸直径(mm)	≤1500	
成品规格(mm)	(72±2)x(53±2)x(25±2)迷你型	
	(105±2)x(53±2)x(25±2)标准型	
手帕纸展开尺寸适应范围(mm)	幅宽205~210	
	切长205~210	
原纸定量(g/m²)	二层18~20	
	三层13~16	
	四层12~14	
包装片数	每包10、9、8、7片	
设备总功率(kW)	30.5	
电源类型	380V/50Hz	
包装膜材质	CPP、PE	

项目	规范	备注
包膜厚度(mm)	0.04~0.05	小包和中包包材需要不同材质
包膜直径(mm)	≤380	
设计速度	150包/分	按照10片计算
工作速度	120包/分	按照10片计算
包装膜撕口选择	U或V型	
空气压力要求(MPa)	0.6	
气体流量要求(L/min)	300	
设备尺寸(m)	长16.1x宽2x高2	
总质量(kg)	9500	
可选配装置	液压系统、气压系统 点对平压花系统 点对凹压花系统 点对点压花系统	

晋江市联德自动化设备有限公司
Jinjiang Liande Automation Equipment Co., Ltd.
福建省设备制造业重点基地安海园
0595-85798855　13805940139
0595-85799955
联系人：许雅士

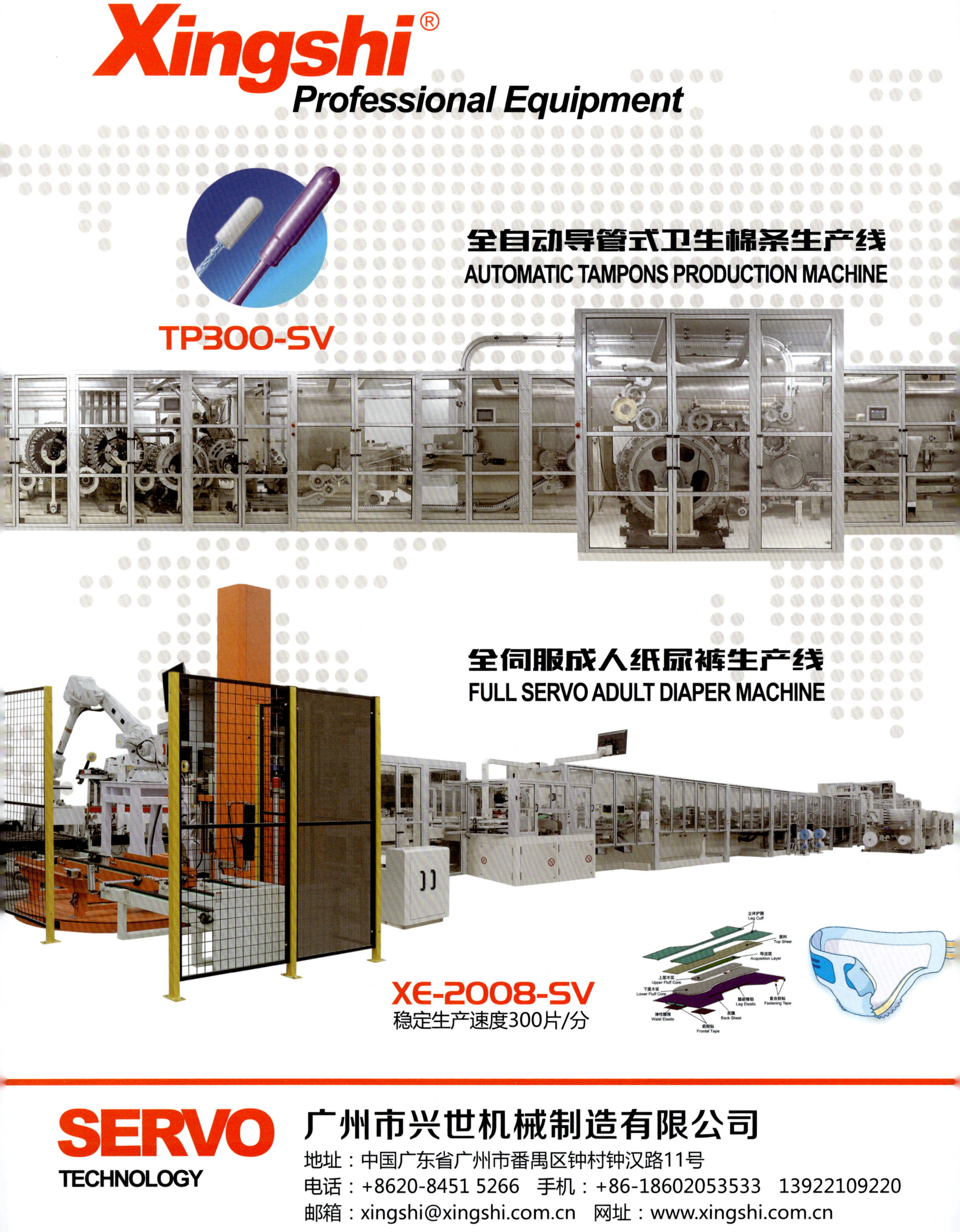
Xingshi®
Professional Equipment
全自动导管式卫生棉条生产线
AUTOMATIC TAMPONS PRODUCTION MACHINE
TP300-SV
全伺服成人纸尿裤生产线
FULL SERVO ADULT DIAPER MACHINE
XE-2008-SV
稳定生产速度300片/分
SERVO
TECHNOLOGY
广州市兴世机械制造有限公司
地址：中国广东省广州市番禺区钟村钟汉路11号
电话：+8620-8451 5266　手机：+86-18602053533　13922109220
邮箱：xingshi@xingshi.com.cn　网址：www.xingshi.com.cn

全自动高速蒸汽眼罩生产线

AUTOMATIC HIGH-SPEED STEAM EYE MASK PRODUCTION LINE

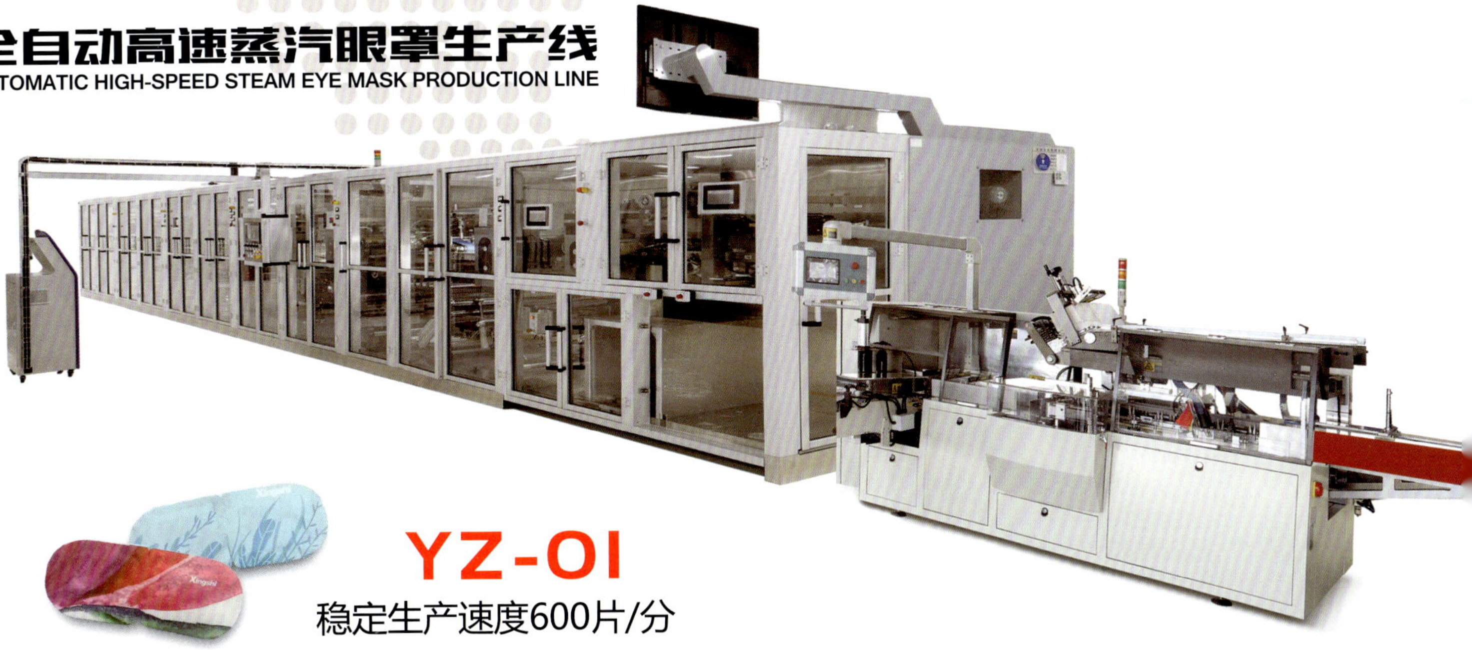

YZ-01

稳定生产速度600片/分

GUANGZHOU XINGSHI EQUIPMENT CO., LTD.

ADD: No.11 Zhonghan Road, Zhongcun, Panyu, Guangzhou, Guangdong, China.

TEL: +8620-8451 5266 MOBILE: +86-18602053533 +86-13922109220

EMAIL: xingshi@xingshi.com.cn WEBSITE: www.xingshi.com.cn

Dollar® 江苏朵拉无纺科技有限公司

抑菌·消臭·亲肤 热风非织造布

江苏朵拉无纺科技有限公司采用含多酶等天然植物纤维所提取的草本抗菌素的ES原料，运用先进的热风非织造布设备和成熟可靠的制作工艺，研发出一款亲肤消臭抑菌的面层非织造布材料。抑菌效果良好，得到市场广泛认可，目前已经投入批量生产。

- 通过国标测试GB20944或GB15979（逐批次送检）
- 使用天然萃取之草本抗菌精华（5大精华素定性报告）
- 通过皮肤敏感测试
- 适用于卫生巾及纸尿裤

菌种	结果
Staphylococcus Aureus金黄色葡萄球菌	通过
Escherichia Coli大肠杆菌	通过
Candida albicans白色念珠菌	通过

一般品

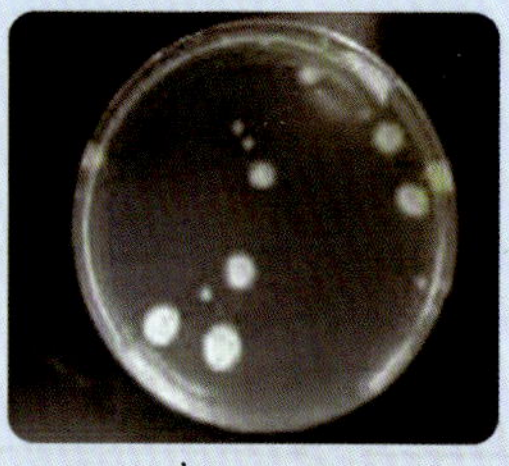

抗菌品

百度：热风无纺布　**微信小程序**：无纺布用品厂家　**阿里巴巴**：江苏朵拉无纺科技有限公司

网站：www.dollar-nonwoven.com　**联系人**：杨经理　13301528718（微信同号）

BT 江苏朵拉无纺科技有限公司

JIANGSU DOLLAR NONWOVEN CO.,LTD

Soontrue 松川
自在为先

松川峰冠 助建理想工厂

棉柔巾智能整线解决方案

SCZM-200-1650非织造布折叠机 → 大回旋切纸机 → ZB800M系列棉柔巾筒膜包装机 → ZX660E小码垛机器人装箱机

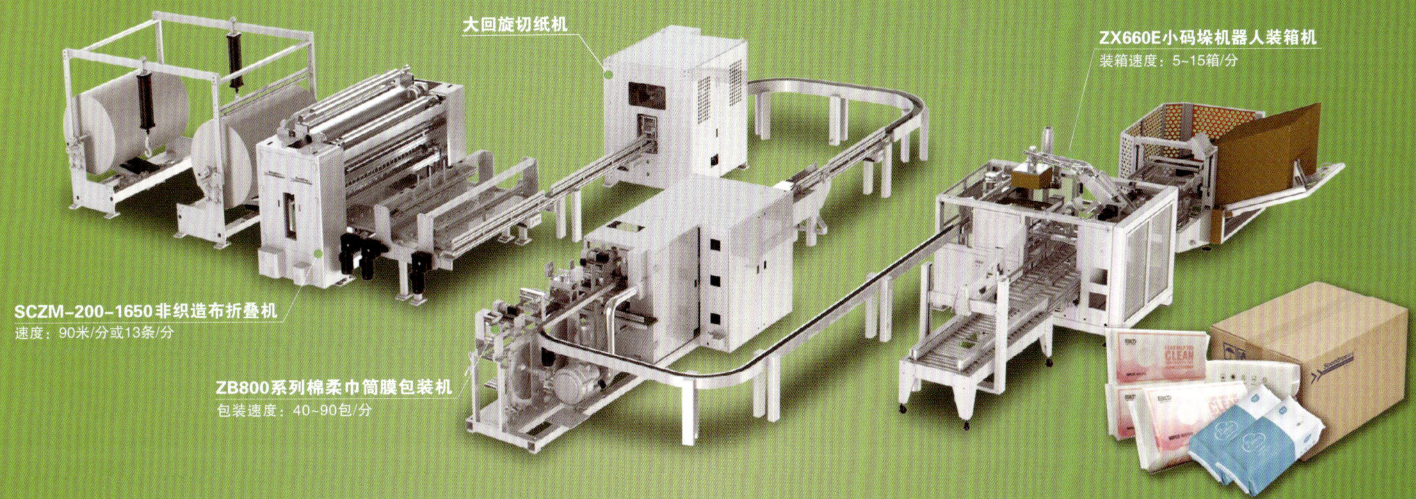

生活用纸智能整线解决方案

SCZ-180-1500/2000 折叠机 → 大回旋切纸机 → ZB300HN抽取式面巾纸包装机 → TD300ANS抽取式面巾纸中包机

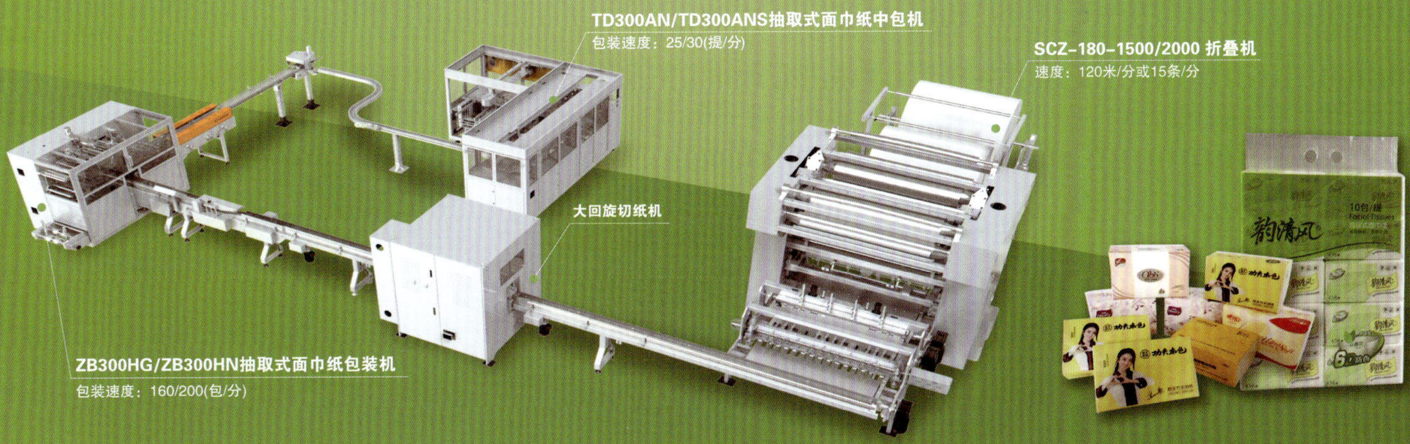

ZB800MD棉柔巾底部抽筒膜袋包装机

包装速度：35~55包/分

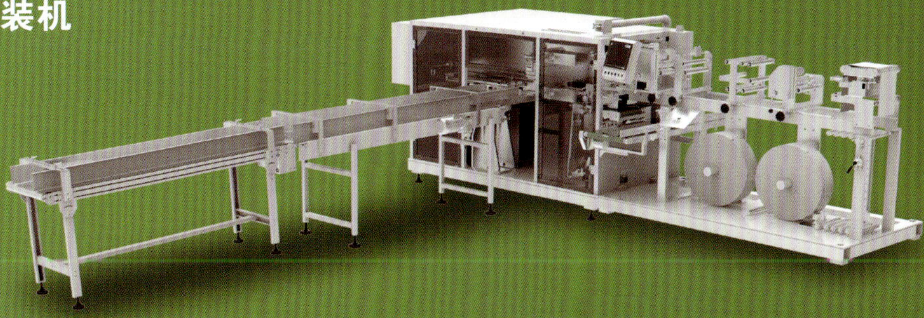

上海松川峰冠包装自动化有限公司

电话：86-21-69213288转8627/8693
地址：上海市青浦工业园区崧泽大道9881号
手机：13917634862
网址：www.soontrue-fg.com

松川峰冠包装设备

毅创设备®
Yekon Machine

AFTM-H(7T~11T)

全自动面巾纸生产线

Fully Automatic Facial Tissue Production Line

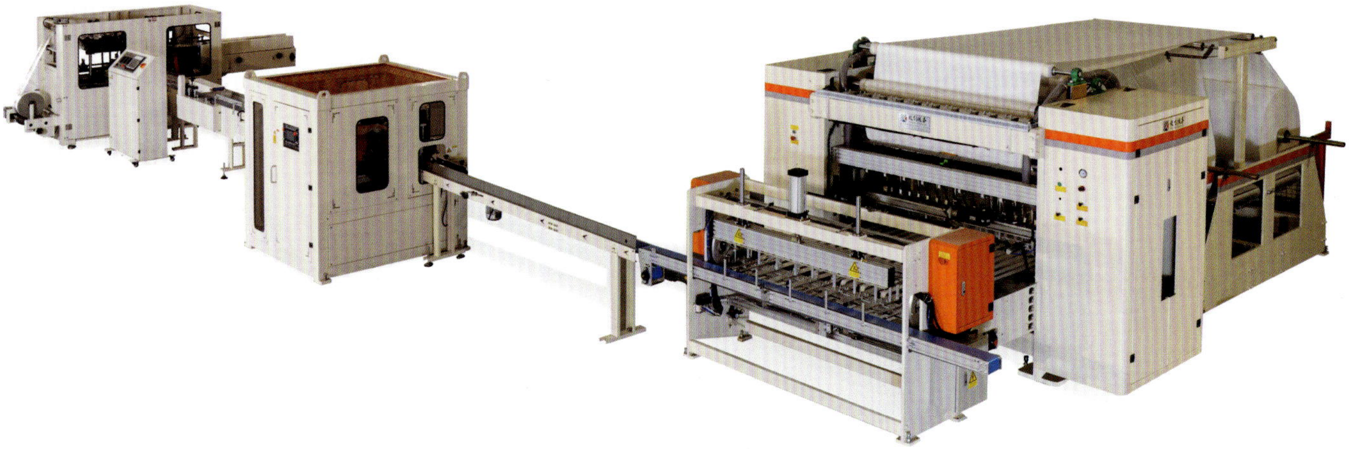

本面巾纸机采用了大屏幕真彩人机界面操作，PLC编程控制，中英文一键切换独立语言环境操作；
自动分叠系统采用多轴伺服运动控制系统，保证分叠准确、分叠速度稳定在100~120米/分或10~12条/分；
主机、开卷纸架均为变频独立驱动同步；
机电光一体化控制等先进技术；
自动检测并调整面巾纸机的每个动作，具备完善的故障信息提示系统，使整台设备达到理想的工作状态。

FTM-W

抽取式棉柔巾（非织造布）折叠机

Draw-out Cotton Soft Towel (Nonwovens) Folding Machine

CTP-W 全自动棉柔巾单包机
Fully Automatic Cotton Soft Towel Single Packing Machine

LS-FT120 大回旋切断机
Log Saw Cutting Machine

FTW-W(5~10T) 棉柔巾（非织造布）折叠机
Cotton Soft Towel (Nonwovens) Folding Machine

佛山市南海毅创设备有限公司
FOSHAN NANHAI YEKON TISSUE PAPER MACHINERY CO., LTD.

地址：广东省佛山市南海区狮山北园工业区银狮路
Add: Yinshi Road, North Section, Shishan Industrial Park, Nanhai, Foshan, Guangdong, China.
网址：www.yekon-machine.com
Tel: 0757-81816197/81816199 Fax: 0757-81816198
E-mail: yekon@yekon-machine.com

简单、高效、独创的旋转模切解决方案

Simple, efficient and unique rotary die-cutting solutions

企业简介

三明市普诺维机械有限公司是国家高新技术企业，自1994年起，致力于旋转模切组件的开发和制造，是中国旋转模切行业的开拓者。

普诺维以解决所有柔性材料的模切难题为己任，为用户提供简单、高效、独创的模切解决方案，最大限度地为客户提高生产效率和降低生产成本。

普诺维开拓创新，建立了具备先进水平的旋转模切组件生产基地，成为国内外闻名的旋转模切刀辊制造商，赢得了众多国内外知名客户的信任和支持，并建立长期合作关系，产品远销世界各地。

硬质合金卫生巾刀辊及总成
TUNGSTEN CARBIDE RDC FOR SANITARY NAPKINS AND ASSEMBLY

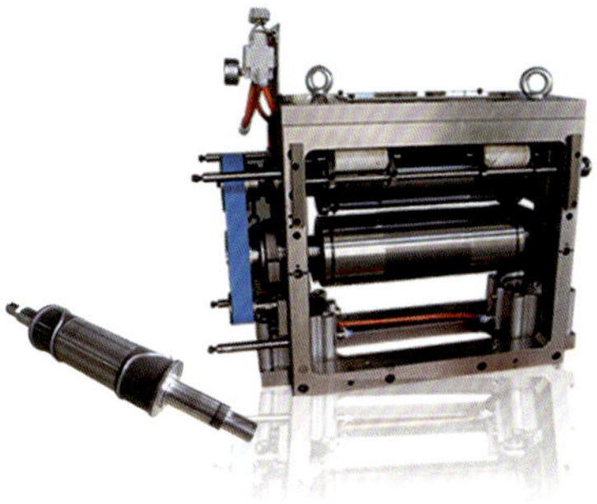

硬质合金婴儿纸尿裤刀辊及总成
TUNGSTEN CARBIDE RDC FOR BABY DIAPERS AND ASSEMBLY

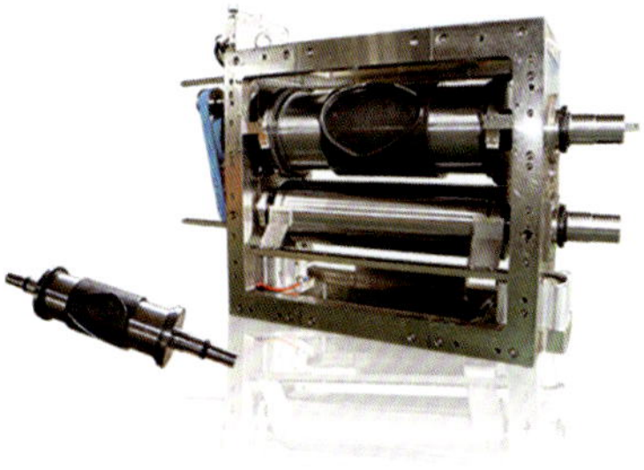

硬质合金O切刀辊及总成
TUNGSTEN CARBIDE RDC FOR O SHAPE AND ASSEMBLY

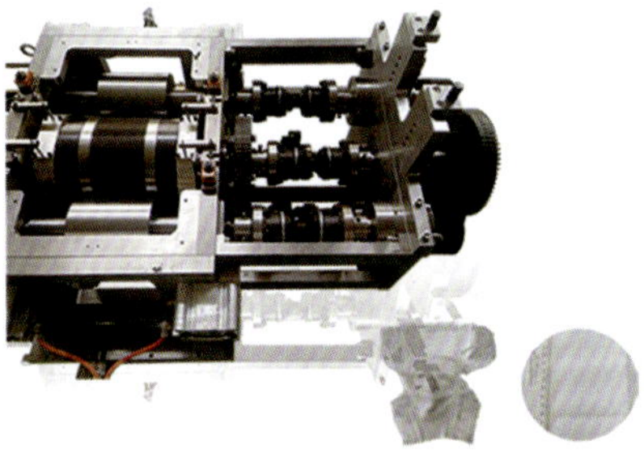

3D面料压花总成
3D CONCAVE-CONVEX EMBOSSING ASSEMBLY

成人纸尿裤总成
RDC UNIT FOR ADUIT DIAPERS

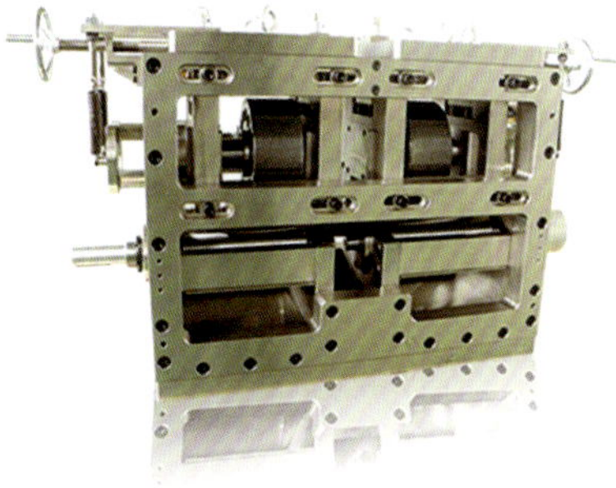

橡筋切断总成
RDC UNIT FOR RUBBER BAND DISCONNECTED

PNV
普诺维
www.cnpnv.com
三明市普诺维机械有限公司
SANMING PNV MACHINERY CO., LTD.

地址：福建省三明市梅列区瑞云高源工业区6号
Add: No.6 Gaoyuan Industrial Zone, Ruiyun, Meilie, Sanming, Fujian, China.
手机(Mobile)：139-0608-6970
电话（Tel）：+86 598 8365099，8365199
传真（Fax）：+86 598 8365689
E-mail：sales@cnpnv.com(销售部)　gsj@cnpnv.com

股票代码：001223
生活用纸供应链优选服务商
欧克科技·欧克制辊·欧克新材
OK-5600/3600/2900型抽取式面巾纸自动折叠机
OK-5600/3600/2900 Type Full-auto Facial Tissue Folding Machine
OK-800型四通道手帕纸全自动生产线
OK-800 Type Four Lanes Handkerchief Tissue Production Line
速度：200米/分或15条/分
Speed: 200m/min or 15logs/min
速度：800包/分
Speed: 800bags/min
经济型抽取式面巾纸自动折叠机
Economical Style Full-auto Facial Tissue Folding Machine
多功能压花机
Multi-functional Embossing Unit
速度：130米/分或13条/分
Speed: 130m/min or 13 logs/min
可选压花形式：1. 点对平压花 2. 点对凹压花 3. 点对点压花 4. 无胶复合压花 5. 上胶复合压花
Embossing type for option: 1.Pin to Flat embossing 2.Pin to Concave embossing 3.Pin to Pin embossing 4.Glue-free lamination embossing 5.Glue lamination embossing
面巾纸包装膜
Facial Tissue Packing Film
手帕纸包装膜
Handkerchief Tissue Packing Film
卫生卷纸包装膜
Toilet Tissue Packing Film
流延CPP、PE膜
Casting CPP Film/PE Transparent Film
欧克科技股份有限公司
地址：江西省九江市修水欧克科技产业园
九江欧克新型材料有限公司
地址：江西省九江市柴桑区春江路19号
电话：0792-7627466
手机：袁先生：13928761858（微信同号）
网址：www.jx-ok.com
详情请扫码咨询
交钥匙工程
OKTURNKEY PROJECT
内彩 18

IMAKO® 爱美高
AUTOMATION PACKAGING SOLUTIONS
自 动 包 装　智 能 系 统

整体解决方案提供商
OVERALL SOLUTION PROVIDER

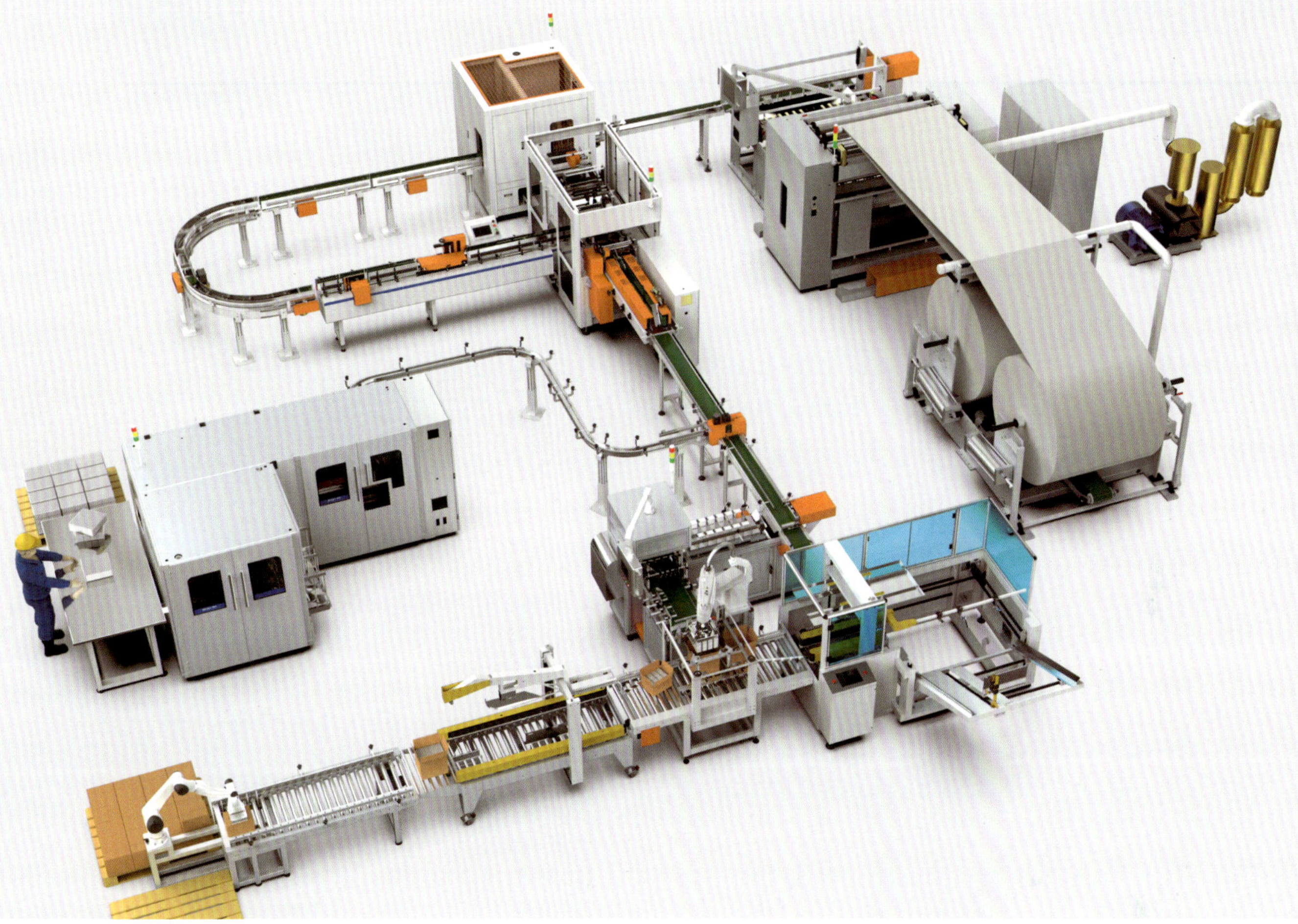

协作机器人码垛机
Collaborative Robotics Palletizer
RP-20X

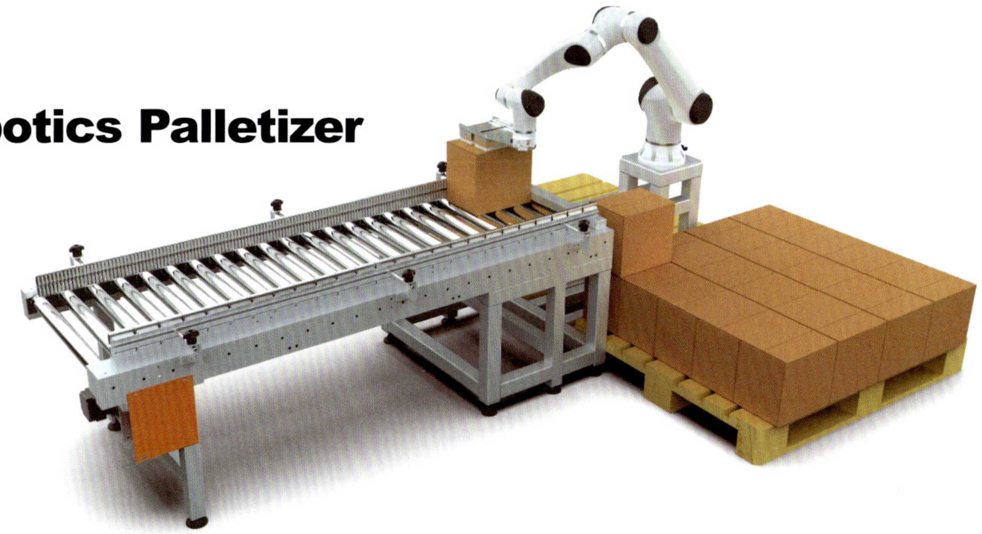

广东爱美高智能设备有限公司
GUANGDONG IMAKO INTELLIGENT EQUIPMENT CO., LTD.
中国广东省汕头市金平区潮汕路80号金平科技园区
电话：+86 0754-88653052 / 18688012169
客服：+86 0754-88850253　传真：+86 0754-88850263　邮编：515041
邮箱：Master@imakoautomation.com　网址：www.imako.com.cn / www.imakoautomation.com

Achievements of Today
Create Future
技术先进 - 效率驱动

高分散性维绎丝™莱赛尔纤维赋能可冲散非织造布制造效率与品质双重提升

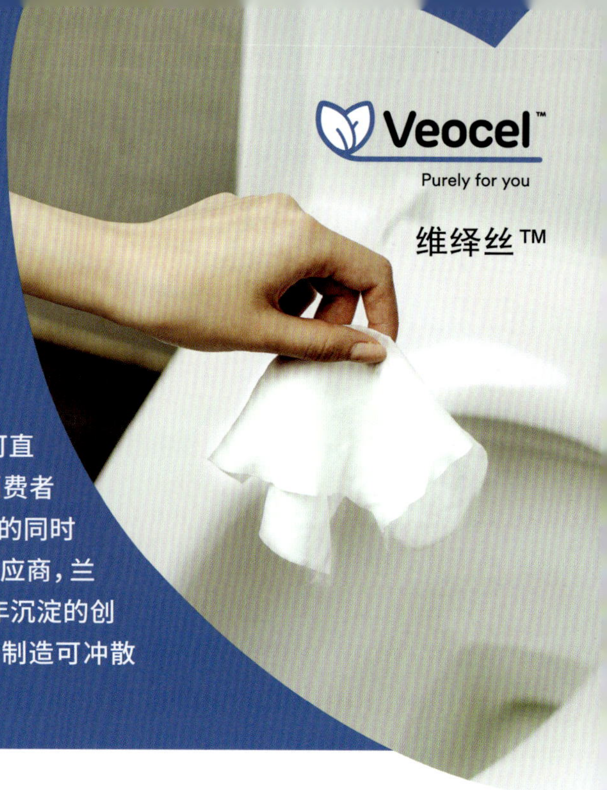

近年来消费升级以及疫情后人们对于清洁与卫生的要求不断提高，各种可冲散非织造布产品（包括可冲散湿巾、可冲散湿厕纸等），因其使用后可直接丢入马桶冲散并分解，同时具备了方便和环保的特性，受到越来越多消费者的青睐。更多的需求为可冲散非织造布生产商及其上游原材料商带来机会的同时也在考验非织造布生产工艺和产品质量。作为知名的非织造布纤维全球供应商，兰精集团VEOCEL™品牌（中文商标名维绎丝™，下均称维绎丝™）凭借多年沉淀的创新纤维制造技术为可冲散非织造布市场带来更有效的解决方案——用于制造可冲散非织造布制品的高分散性维绎丝™莱赛尔Shortcut纤维。

高分散纤维特性：有效提升可冲散非织造布制造效率

目前，可冲散非织造布制造过程中主要的铺网方式是湿法成网，再配合水刺工艺加固。其中湿法成网是将置于水介质中的纤维原料开松成单纤维，溶解制成纤维悬浮浆，悬浮浆流送到成网机构上在湿态下经水刺工艺加固制成非织造布。纤维本身的特性会影响其在水中分散和溶解的表现，分散度不佳的纤维容易产生絮聚、成团等问题，进而影响纤维流送到成网机构上的表现，成网后易出现瑕疵点和团点。

针对这些产线上的痛点，使用高分散性维绎丝™莱赛尔Shortcut纤维可有效解决这些问题。经兰精测试，在0~40° C的常见湿法成网水温条件，及5~20分钟内不同搅拌次数下，高分散性维绎丝™莱赛尔Shortcut纤维溶于水中20分钟后有更强分散度，形成的悬浮浆更均匀，能有效减少成网设备堵塞与可冲散非织造布的瑕疵点和棉块，大幅提升产线制造效率、保障梳理设备安全运行的同时也提升了可冲散非织造布的质量与外观。

为灵活配合可冲散非织造布制造商的不同要求，高分散性维绎丝™莱赛尔Shortcut纤维也可从不同技术规格，如纤维切割长度、纤度、整理、卷曲度等方面满足制造商的需求。

高分散纤维特性：加持非织造布“可冲散”品质，兼顾性能与可持续

高分散性维绎丝™莱赛尔Shortcut纤维除了大幅提升产线效率，亦在可冲散性上有着得天独厚的优势，特别适用于高要求高标准的可冲散湿巾和可冲散湿厕纸的制造。

首先，维绎丝™莱赛尔纤维取材于可持续管理森林的可持续发展木源，是植物来源的可再生木源纤维素纤维，所以具备可生物降解的属性。此外，它还具有较高的吸水率，可达60%~70%，并在非织造布湿态情况下的抗拉强度更高，解决了分散性和强度的矛盾，有利于制造商开发轻薄化的产品，或者开发需要湿态加工的产品，以更好满足多元化的市场需求。

其次，在兰精Eco Disperse技术加持下，高分散性维绎丝™莱赛尔Shortcut纤维制成的可冲散非织造布在冲入马桶后可快速分解，能让消费者免受下水道堵塞困扰，在享受便利和洁净之后，不会给环境带来负面影响。

目前，兰精指定工厂亦可制造碳中和维绎丝™莱赛尔Shortcut纤维，进一步帮助非织造布制造商乃至产业上下游满足非织造布卫生用品在卫生清洁、可持续方面的要求。

干法切割纤维工艺助力非织造布制品走向“至清至洁”

以用于湿法成网水刺非织造布的纤维为例，若捆包中纤维湿度较高，则会成为易于微生物滋生的环境，如运输和保存不当，纤维可能被微生物、细菌和霉菌污染，用于非织造布制造时可能会影响非织造布制品以及终端产品的卫生质量。

维绎丝™莱赛尔Shortcut纤维采用干法切割技术(Dry Cut)制造。不同于市面上常见的湿法切割(Wet Cut)技术，干法切割技术是把湿态作业环境中的纤维进行烘干后再完成切割，由于湿度大幅降低，纤维表面更干燥，因此，不易滋生微生物、细菌和霉菌。经兰精内部测试，以80%木浆和20%纤维的比例制成的非织造布作为培养基。其中纤维部分分别用湿法切割纤维和兰精的干法切割纤维，并将两者在相同的培养环境下进行菌落对照测试，结果显示后者的菌落数量明显少于前者。

兰精干法切割技术制造的纤维对于制造商而言，更易于较长时间的保存和长途运输，间接减少产品因二次污染所造成的经济损失，对消费者而言，采用干法切割技术制造的维绎丝™莱赛尔纤维制成的非织造布制品的卫生和清洁也能得到更好的保障。

兰精纤维(上海)有限公司　电话：+86 21-33152438-245　电子邮箱：e.huang@lenzing.com

VEOCEL™ 和维绎丝™ 是 Lenzing AG 的商标。

中建材智能自动化研究院有限公司

公司简介

中建材智能自动化研究院有限公司（原轻工业自动化研究所）是一家集科研、开发、生产、经营为一体的综合性科研机构，隶属于国资委直属央企——中国建材集团（世界500强）。

公司拥有一批正高级工程师组成的科研团队，突出智能工厂的“制造执行与运营管理系统、自动化控制系统、装备与生产线、检测系统与装备”四大技术研究方向，打造集“制造执行系统MES、能源管理系统EMS、仓储物流管理系统WMS、质量管控系统QMS，生产视频监控系统PVS等智能系统+装备+产线+检测”于一体的智能自动化整体解决方案，实现企业生产制造的数字化、网络化和智能化，着力发展涵盖智能工厂全要素的工业4.0示范工程。

未来，在工业4.0智能制造的大潮中，智能自动化研究院将秉承“创新、绩效、和谐、责任”的核心价值观，为客户提供智能自动化整体解决方案，助力企业实现生产管控的数字化、网络化和智能化，为实现中国智造添砖加瓦。

QMS质量管理系统

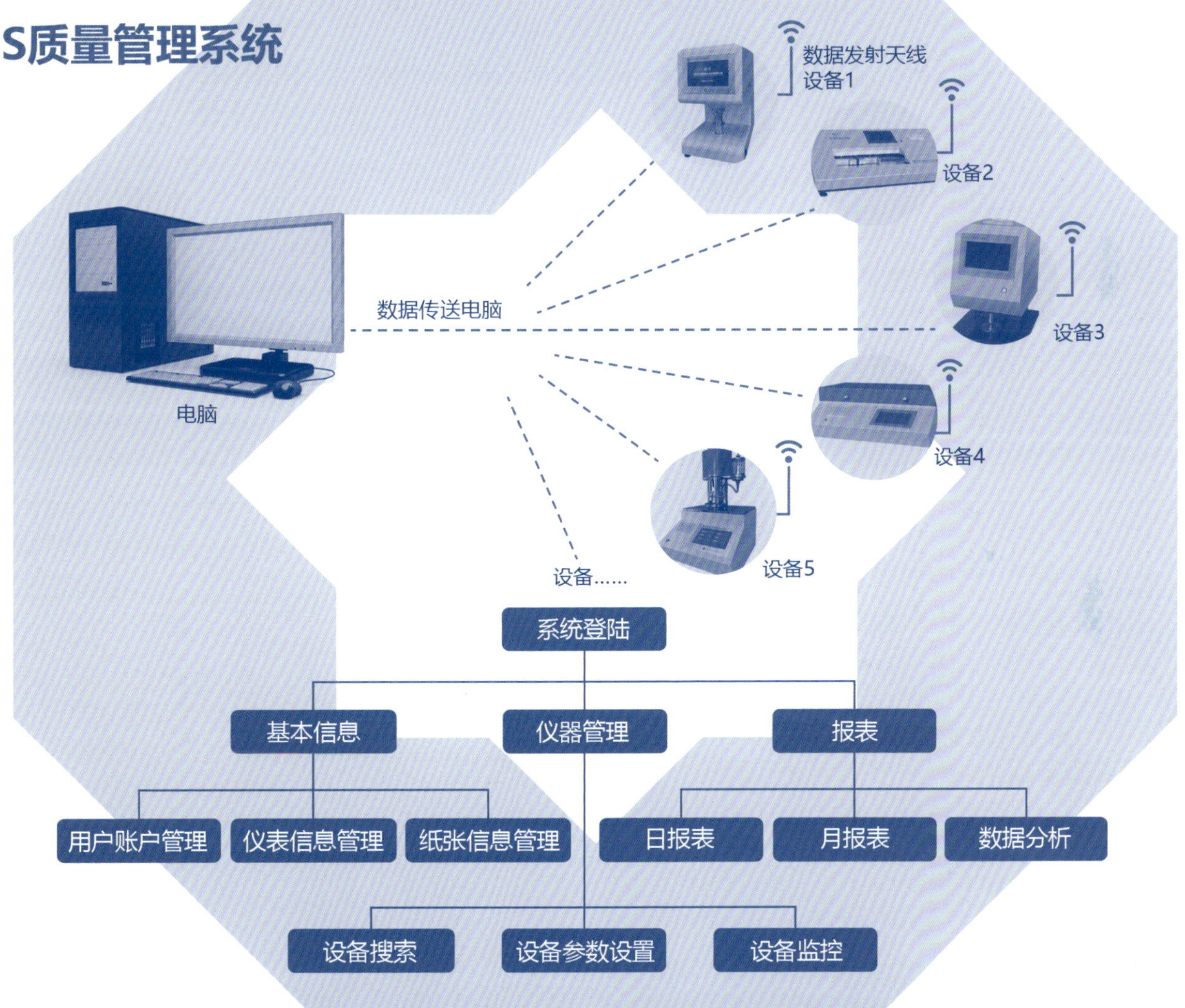

YQ-Z-48B型 白度测定仪
YQ-Z-48B Type Whiteness Tester

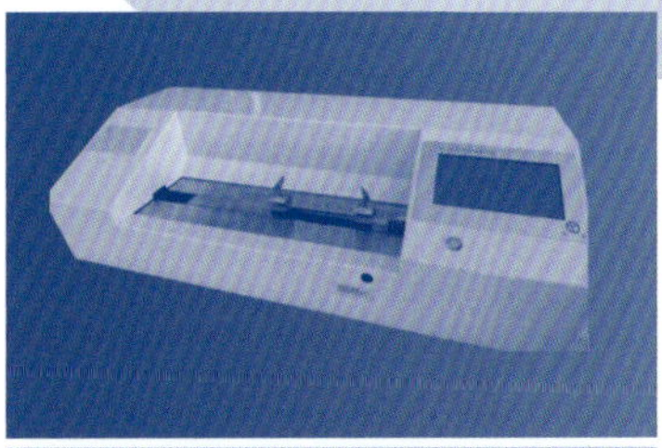

WZL-B型 卧式电脑拉力仪
WZL-B Type Horizontal Tensile Tester

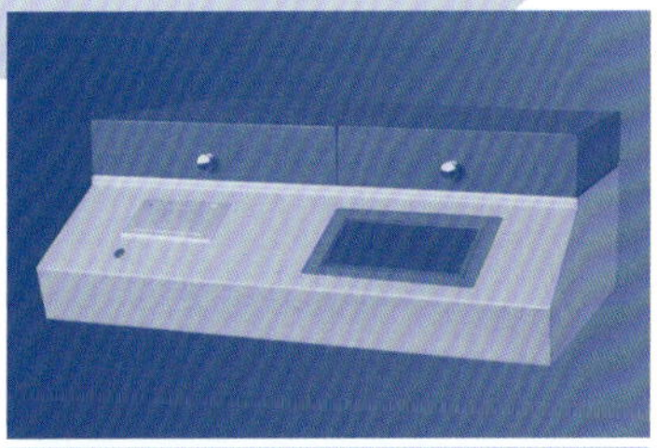

RRY-1000型 柔软度测定仪
RRY-1000 Type Softness Tester

GDH-10型 高精度生活用纸厚度仪
GDH-10 Thickness Meter for Tissue Paper with High Precision

中国建材

中建材智能自动化研究院有限公司
（CNBM）Intelligent Automation Research Institute Co., Ltd.

地　　址：浙江省杭州市舟山东路66号　　邮编：310015
电　　话：0571-88293902　88023152　88026010　88290932
　　　　　88290715　88016772　88290239
客服热线：0571-88013416
网　　址：www.qgyzdh.com　www.qt.cnbmai.com

产品名称
擦手纸原纸
擦手纸成品
湿强原纸
各类出口纸巾纸
精密仪器擦拭纸
浙江省诸暨造纸厂
产地：浙江省诸暨市暨阳工业园（江龙）
邮编：311800
联系人：何吉华
电话：0575-87320088
传真：0575-87320068
E-mail: hejihua105@163.net
规　格：16~45g/m²
品　牌：林林
参考报价：面议

in
头条
小红书
bilibili
搜狐
新浪微博
weibo.com
生活用纸
TISSUE PAPER & DISPOSABLE PRODUCTS
拥抱
新媒体
搜索
生活用纸杂志
敬请关注 更多精彩内容和直播

Directory of Tissue Paper & Disposable Products【China】

中国生活用纸年鉴
2024/2025

中国制浆造纸研究院有限公司
中国造纸协会生活用纸专业委员会　编
中国造纸学会卫生用品专业委员会

中国石化出版社
·北京·

图书在版编目（CIP）数据

中国生活用纸年鉴. 2024~2025 / 中国制浆造纸研究院有限公司，中国造纸协会生活用纸专业委员会，中国造纸学会卫生用品专业委员会编. —北京：中国石化出版社，2024.4
ISBN 978-7-5114-7450-6

Ⅰ. ①中… Ⅱ. ①中… ②中… ③中… Ⅲ. ①生活用纸-中国-2024-2025-年鉴 Ⅳ. ①TS761.6-54

中国国家版本馆 CIP 数据核字（2024）第 053916 号

未经本社书面授权，本书任何部分不得被复制、抄袭，或者以任何形式或任何方式传播。版权所有，侵权必究。

责任编辑　张正威
责任校对　李　伟

中国石化出版社出版发行
地址：北京市东城区安定门外大街 58 号
邮编：100011　电话：(010)57512500
发行部电话：(010)57512575
http://www.sinopec-press.com
E-mail：press@sinopec.com
北京科信印刷有限公司印刷
全国各地新华书店经销
*
889 毫米×1194 毫米 16 开本 32 印张 26 彩页 906 千字
2024 年 4 月第 1 版　2024 年 4 月第 1 次印刷
定价：450.00 元

《中国生活用纸年鉴 2024/2025》编委会

主　　任：曹振雷

副 主 任：许连捷　李朝旺　刘　鹏　孙　波　曹春昱　刘智清　张　泽
石井裕二　邓景衡　黄志源　竹安将　吴　跃　林　斌
金利伟　苏艺强　关锦添　冯永林　邓　攀　穆范飞　谢继华

主　　编：张玉兰

执行主编：曹宝萍

副 主 编：周　杨　孙　静　葛继明

参　　编：王　娟　郭凯原　付显玲　邢婉娜　张升友　韩　颖　漆小华
张　园　于淼萱　邱文伦　李宇瀚　刘天羽　杜雨辰　张葛非

广告策划：葛继明　漆小华　李宇瀚

英文终审：王　娟　张　园　曹宝萍

特约撰稿人：（按照文章出现的先后顺序排列）
武乃玲　夏耀玲　耿海燕　程俊军　施玉泉　张锦莹　黄贤英
冯婉琪　季柳炎　文天强　石美玲　黄显南　王仕兵

对本书有关的各项业务与意见请与编委会直接联系。

地址：北京市朝阳区望京启阳路 4 号中轻大厦 6 楼

邮编：100102

电话：010-64778188　　　　官方微信号：生活用纸杂志

E-mail：info@ cnhpia. org，cidpex@ cnppri. com，editor@ cnhpia. org

Http：// www. cnhpia. org

EDITORIAL BOARD

Director : Cao Zhenlei

Deputy Directors : Xu Lianjie, Li Chaowang, Liu Peng, Sun Bo, Cao Chunyu, Kevin Liu, Zhang Ze, Yuji Ishii, Willian Tang, Huang Zhiyuan, Takeyasu Masaru, Wu Yue, Lin Bin, Jin Liwei, Su Yiqiang, Guan Jintian, Feng Yonglin, Deng Pan, Mu Fanfei, Xie Jihua

Editor-in-Chief : Zhang Yulan

Executive Editor : Cao Baoping

Deputy Editor-in-Chief : Zhou Yang, Sun Jing, Ge Jiming

Editors : Wang Juan, Guo Kaiyuan, Fu Xianling, Xing Wanna, Zhang Shengyou, Han Ying, Qi Xiaohua, Zhang Yuan, Yu Miaoxuan, Qiu Wenlun, Li Yuhan, Liu Tianyu, Du Yuchen, Zhang Gefei

Advertising Marketing : Ge Jiming, Qi Xiaohua, Li Yuhan

English Auditing : Wang Juan, Zhang Yuan, Cao Baoping

Special Contributor : Wu Nailing, Xia Yaoling, Geng Haiyan, Cheng Junjun, Shi Yuquan, Zhang Jinying, Huang Xianying, Feng Wanqi, Ji Liuyan, Wen Tianqiang, Shi Meiling, Huang Xiannan, Wang Shibing

Any business refers to this book, please contact the editorial board.
Address: Floor 6, Sinolight Plaza, No.4, Qiyang Road, Wangjing, Chaoyang District, Beijing 100102
Tel: 010-64778188 Offical WeChat: cidpex

E-mail: info@ cnhpia.org, cidpex@ cnppri.com, editor@ cnhpia.org
Http:// www.cnhpia.org

编 写 说 明

《中国生活用纸年鉴》从 1994 年开始编辑出版，自 2002 年的第六卷起，每两年一卷逢双年出版，已经出版发行了十六卷。《中国生活用纸年鉴》是目前国内全面反映生活用纸、卫生用品及相关行业情况的资料性权威工具书，所收录的资料翔实可靠，全面、准确地反映我国生活用纸、卫生用品行业的发展和变化。在引导资金投向，推动行业技术进步和促进企业间经贸活动中起着积极的作用。

本卷为第十七卷即《中国生活用纸年鉴 2024/2025》，仍由中国石化出版社出版。编委会继续秉持以往编写年鉴详尽务实、真实可靠的原则，扩大信息量，编入行业的最新和最适用资料，各章节的内容都进行了认真的核实和补充。

根据行业发展变化的情况，本卷年鉴的生产和市场章节中，继续汇总部分区域产业集群发展情况、部分原辅材料的生产市场情况，以及生活用纸和卫生用品行业历年生产、消费等数据，并增加了行业上市公司名录表。行业标准章节中，详细列出了生活用纸和卫生用品及相关的标准清单，以及自上卷年鉴出版后，行业修订、制定的标准的详细内容，供读者查阅。

年鉴的整体编排形式也更便于读者查阅和检索。为便于外国人阅读，目录和主要内容有中英文对照。

Foreword

Directory of Tissue Paper & Disposable Products (*China*) has been published for 16 volumes since 1994. Since the 6th volume in 2002, it has been published biennially in the even years. It is currently the comprehensive and authoritative reference book in China presenting a panorama of tissue paper, hygiene products and related industries. The information included in it is complete and reliable, which enables a comprehensive and precise reflection of the development and changes of the Chinese tissue paper and hygiene products industry. It plays an active role in guiding investment and promoting industry technological improvement and trade activities between enterprises.

2024/2025 Directory of Tissue Paper & Disposable Products (*China*) (*the 17th volume*) is published by the China Petrochemical Press. The compiling of the new directory follows the principles of previous editions: completeness and reliability. New information as well as the latest and most related information has been added. In addition, details of each chapter have undergone careful checking and supplementing.

According to the development and changes in the industry, the development of some regional clusters, production and market of some materials, the production and consumption data of tissue paper and hygiene products industry in the past years and table of listed enterprises are included in the chapter of Production and Market. In the chapter of Industry Standards, a detailed list of industry standards related to tissue paper and hygiene products is added. For the readers' reference, the content of industry standards revised and made since the publication of last volume is also included in this chapter.

The format of the directory is arranged in such a way in order to provide easy reader access and information retrieval. For the sake of foreigners, it is a bilingual version in both Chinese and English for the contents and the major parts.

目　录

TABLE OF CONTENTS

广告目录

生产和市场

PRODUCTION AND MARKET

[1]

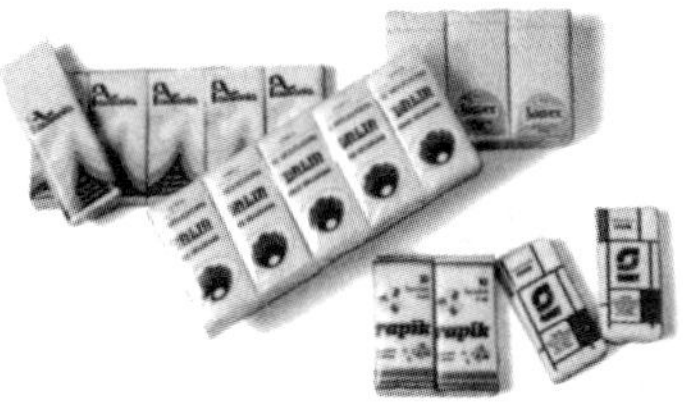

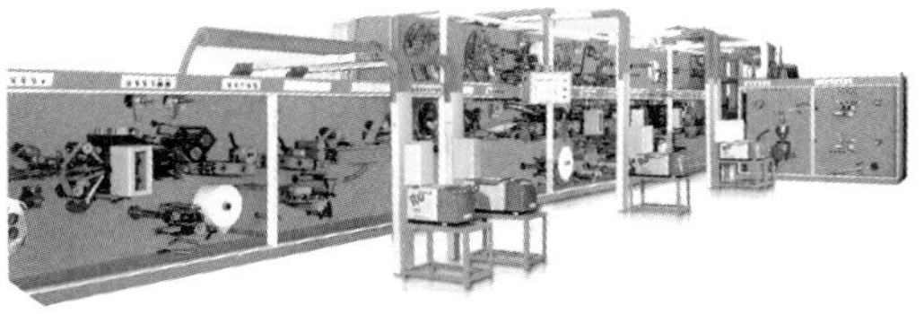

中国生活用纸和卫生用品行业 30 年发展成就概述

Overview of the 30 years' development of the Chinese tissue paper and hygiene products industry

【编者按】2023 年是中国造纸协会生活用纸专业委员会成立 30 周年，30 年来，中国生活用纸和卫生用品行业发生了翻天覆地的变化，令人瞩目，生活用纸专业委员会与行业同仁一起共同见证了行业蒸蒸日上、日新月异的发展。本文概述了行业 30 年的发展成就。

生活用纸 Tissue paper

1 生产和市场逐年增长

20 世纪 90 年代初，生活用纸在我国逐步形成产业规模。随着经济的不断增长、人民生活水平的提高和消费习惯的变化，市场需求不断增长，也推动我国生活用纸行业迅速发展。

生活用纸生产量由 1993 年的 110 万 t 增长到 2022 年的 1260 万 t，年均复合增长率达到 8.7%；人均消费量由 1993 年的 0.91kg 增长到 2022 年的 8.4kg，年均复合增长率为 8.0%，人均消费量已远超 2022 年全球人均 5.7kg 的消费量水平；整个行业的市场规模由 2006 年的 295 亿元，增长到 2022 年的 1570.9 亿元。技术装备水平不断提升，卫生纸机由 90 年代初的幅宽 1092～1760mm、车速 60～120m/min 的普通圆网纸机，发展到目前幅宽最宽可

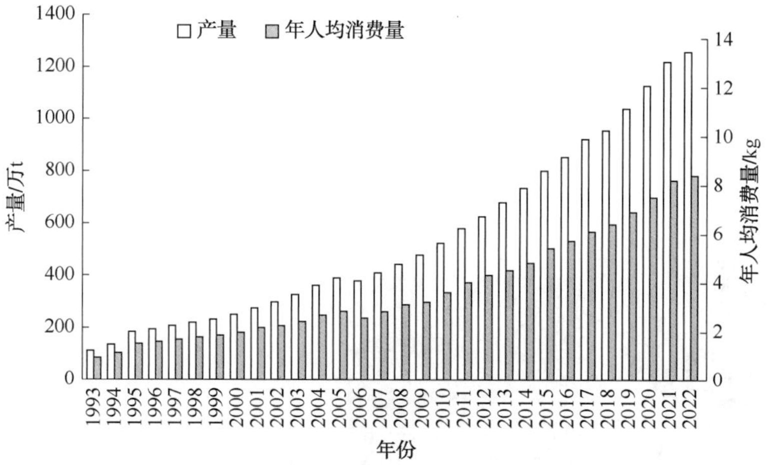

图 1　1993—2022 年中国生活用纸产量、人均消费量的增长情况

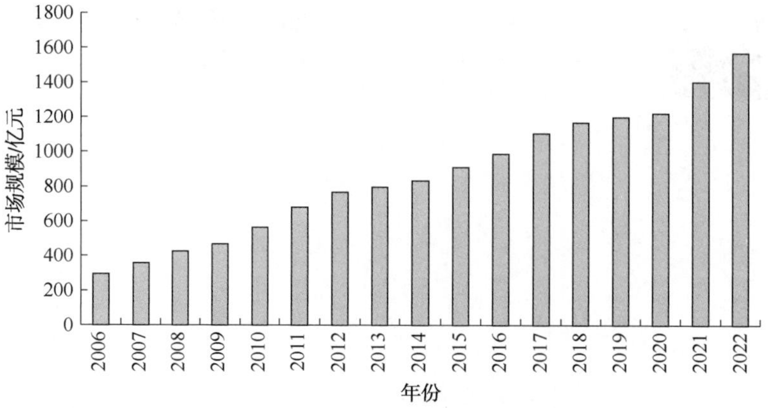

图 2　2006—2022 年中国生活用纸市场规模的增长情况

达到5.6m、车速可达到2000m/min的新月型卫生纸机或真空圆网卫生纸机；加工、包装设备也由90年代初的半自动、半手工、低效率、低产能，发展到目前的节能高效、自动化、智能化的先进设备。

生活用纸产量占我国纸和纸板总量由1993年的约5%，增长到2022年的10%以上，生活用纸已成为中国造纸工业的一大分支。同时目前我国已成为全球最大的生活用纸生产国和消费国。

2 产品出口成为消费市场的重要部分

30年前，我国需要进口一部分面巾纸、餐巾纸等纸巾纸，满足高端消费市场的需求。随着生产技术的不断升级，国产生活用纸产品品质的提升，已经能够完全满足国内市场的需求。虽然还有少量的产品进口（近10年，我国生活用纸全年进口量基本保持在2.8万~5万t），但大部分是作为卫生用品生产用的原材料。

中国高品质的生活用纸不但满足国内日益增长的市场需求，还出口到全球200多个国家和地区，特别是近10年来，每年出口量均超过60万t，占行业总产量的6%~10%。2022年出口量达到78.57万t，占行业总产量的6.24%。

3 生产企业与行业共同成长

3.1 企业规模不断扩大，行业集中度提高

20世纪90年代初，我国生活用纸生产企业（包括原纸生产企业和后加工企业）约有300家左右，到90年代末至21世纪初，企业数量增加到约700~800家（包括原纸生产企业和后加工企业），其中原纸生产大多为日产量1~5t的小型企业，设备落后，用工多，生产效率低，产品质量不稳定。

21世纪初以来，随着我国对国外高速卫生纸机等先进设备的引进及国产设备水平的提升，不断推动生活用纸生产企业向规模化、专业化、自动化、智能化方向发展，落后的中小企业逐步被淘汰，整个行业的原纸生产企业数量逐步减少，到2022年已减少至213家（工厂数量为258家），行业集中度水平不断提升。2022年排名前4位的企业产能占行业总产能的29.5%，排名前17位的企业产能占行业总产能的51.4%。同时，凭借区位、市场、原料等优势，逐步形成了河北保定、湖北孝感、四川、广西四个区域性产业集群。

3.2 领先企业引领行业发展

恒安、APP（金红叶）、维达、中顺是中国较早进入生活用纸行业的企业，经过多年的发展，这4家企业已经成为行业领先的生活用纸生产商。到2022年，这4家企业的生产能力分别达到149.7万t、213万t、139万t、89万t，生产能力和品牌影响力都已跻身国际大企业的行列，2010年在全球分别排在第11、第5（包括在印尼的产能）、第17和第20位，在亚洲分别排在第3、第1（包括在印尼的产能）、第6和第9位。2022年在全球的排名已升至第5、第4（不包括在印尼的产能）、第8、第11位，在亚洲分别排在第2、第1（不包括在印尼的产能）、第3、第6位。

另外，维达、恒安率先引进全球领先的新设备、新技术，开发新产品，包括维达2021年投产4台、2023年投产1台类TAD型卫生纸机；恒安已引进2台TAD型和2台类TAD型卫生纸机，其中1台TAD型和2台类TAD型卫生纸机2023年投产，以此引领行业向更高端方向发展。预计未来领先企业将有更多高端机型投产，进一步推动行业产品升级。

4 产品品质提升，品种日益丰富

随着消费水平的提高，我国生活用纸产品从30年前单一的厕用卫生纸逐步发展为目前的六大类及众多细分品类，应用场景由最初的仅厕用清洁，发展到目前日常生活中居家以及居家外用的多个场景，包括厕用清洁、面部清洁、厨房清洁、用餐、手帕、擦手等等。同时一些创新产品也不断推出，包括压花纸、保湿乳霜纸、抑菌杀菌纸、可冲散速溶卫生纸、TAD及类TAD技术生产的擦拭纸、本色纸、个性化包装的生活用纸等，很好地满足了消费者的需求。同时，产品品质也不断提升，由最初的手感粗糙，到现在的柔软、细腻、强韧等。生活用纸已成为日常生活必需品。

5 营销渠道的变化

生活用纸作为人们的日常消费品，销售渠道从30年前的单一线下零售，发展到目前的线上线下多渠道并存的零售模式。特别是互联网的高速发展、手机移动端购物的便捷性、各种购物平台的迅速建立以及物流业的高度发达，都大大增加了线上渠道的销售量，部分企业电商渠道的销售占比接近50%。

30年来，中国经济飞速发展，人民生活水平大幅度提高，中国的生活用纸行业也不断发展和壮大。生活用纸始终并将持续在提高人们卫生健康水平，改善卫生习惯中发挥巨大作用。

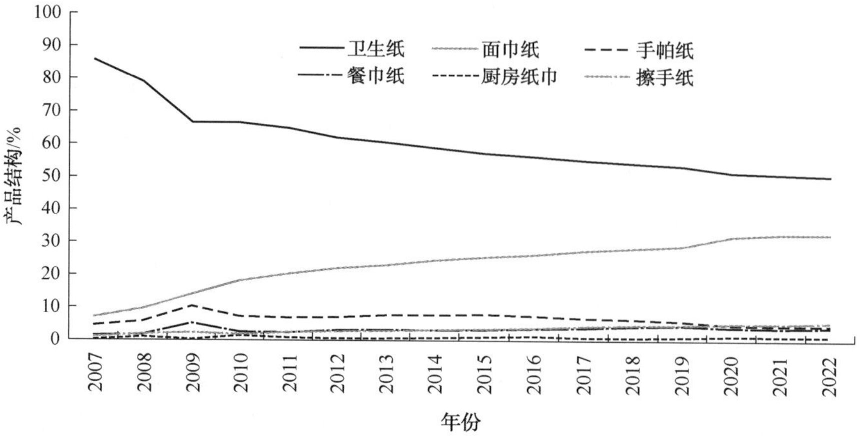

图 3　2007—2022 年中国生活用纸产品结构图示

卫生用品 Disposable hygiene products

中国卫生用品行业起源于 20 世纪 80 年代初，最早出现的产品是卫生巾、卫生护垫，90 年代初出现了婴儿纸尿裤，后来是成人失禁用品，2003 年以后湿巾迅速发展起来。

30 年来，中国卫生用品行业发生了翻天覆地的变化。随着经济的高速增长、居民可支配收入不断提高，人民的卫生意识、消费习惯以及对生活品质的要求都发生了巨大改变。卫生用品行业不仅产量和消费量大幅增长，产品品类也不断丰富，先后出现护翼卫生巾、经期裤(裤型卫生巾)、拉拉裤、湿厕纸和棉柔巾等可以称作里程碑式的创新产品，为提升消费者生活品质做出突出贡献。

2022 年，中国卫生用品总体市场规模达到 1316.6 亿元，成为全球最具活力的卫生用品消费市场。中国的各类卫生用品不但满足了国内消费者迅速增长的数量和品质需求，出口量也逐年提高，成为净出口型市场，满足海外众多国家和地区消费者不同层次的需求。经过不断地创新升级，中国的卫生用品在产品设计和使用性能方面迅速提升，跻身国际一流产品行列。

1　各类产品的消费量和市场渗透率逐年提高

30 年来，中国卫生用品的需求量大幅度提升，卫生巾的消费量从 1993 年的 12.5 亿片，增长到 2022 年的 894.0 亿片；婴儿纸尿布的消费量从 1993 年的 0.4 亿片增长到 2019 年的峰值 393.6 亿片，后因新生儿数量连年减少而下滑到 2022 年的 279.2 亿片；成人失禁用品的消费量从 1999 年的 0.9 亿片增长到 2022 年的 79.4 亿片。

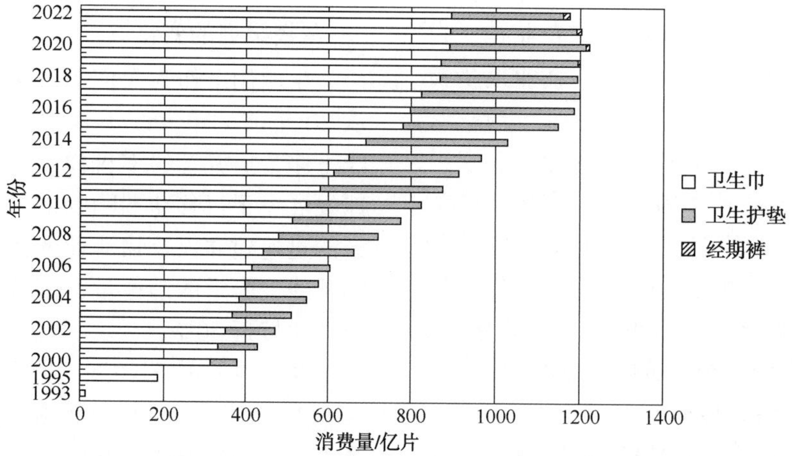

图 4　1993—2022 年卫生巾、经期裤、卫生护垫的消费量增长情况

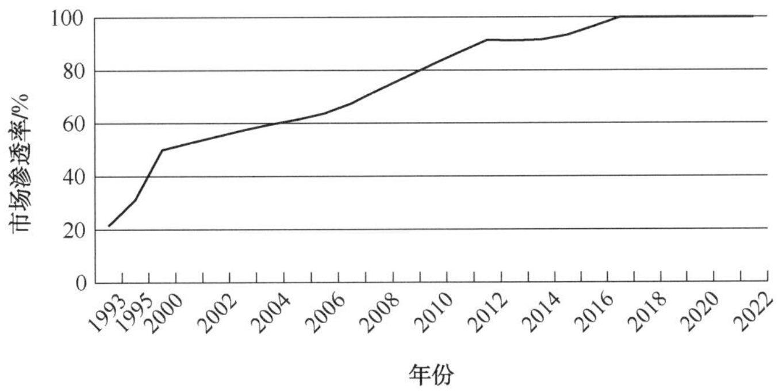

图 5　1993—2022 年卫生巾市场渗透率增长情况

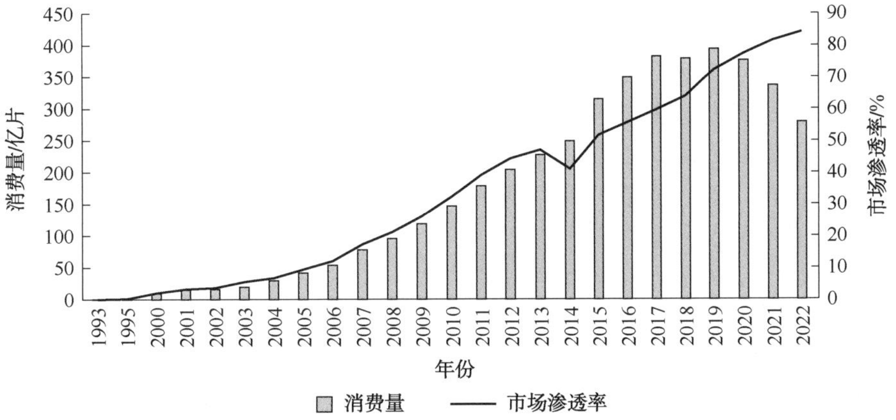

图 6　1993—2022 年婴儿纸尿布的消费量和市场渗透率增长情况

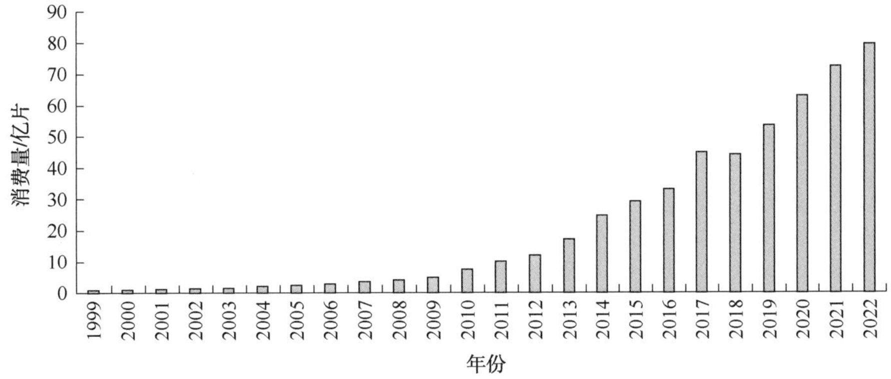

图 7　1993—2022 年成人失禁用品的消费量增长情况

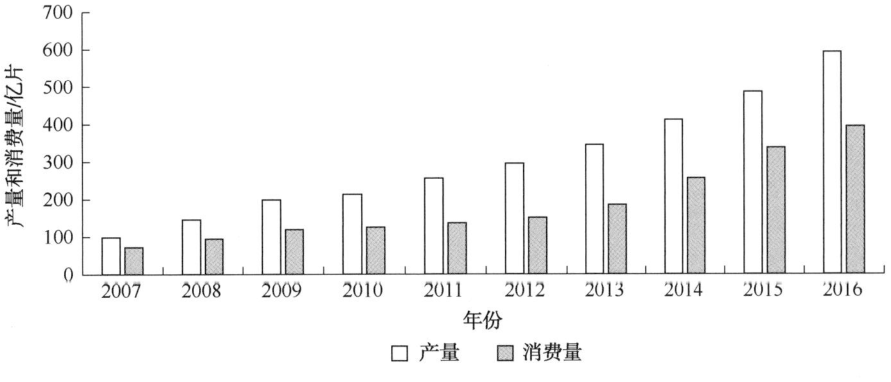

图 8　2007—2016 年湿巾的产量和消费量增长情况

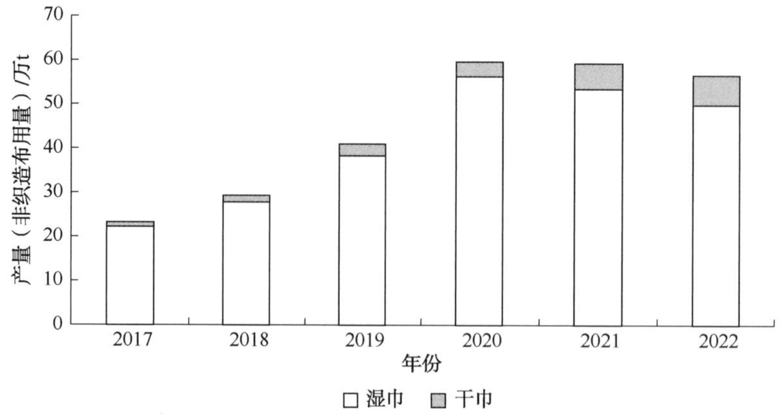

图 9　2017—2022 年湿巾的产量增长情况(按非织造布用量计)

2　出口贸易活跃

20 世纪 90 年代初我国就有卫生巾和婴儿纸尿裤产品出口。成人失禁用品起步之初，很多企业为国外代工生产护理垫、宠物垫等产品，销往海外市场。随着中国卫生用品行业的持续发展，出口量逐年攀升，主要出口产品为卫生巾、纸尿裤、护理垫、宠物垫、湿巾等产品。2008 年和 2009 年曾因金融危机的影响，出口增速放缓，2010 年以后出口贸易恢复，出口量继续大幅增长。

经过 30 年的发展，吸收性卫生用品的出口量从 1993 年的 0.54 万 t，增长到 2022 年的 113.86 万 t，增长了 209 倍。自 2018 年以来，吸收性卫生用品行业一直保持着净出口，我国的吸收性卫生用品不仅满足了国内消费者的需求，在国际市场上同样具有显著的竞争力。

湿巾产品的出口也呈现稳步增长，尤其在 2020—2021 年新冠疫情大流行期间更是出现了暴发式增长，为全球抗疫提供了强有力的保障。

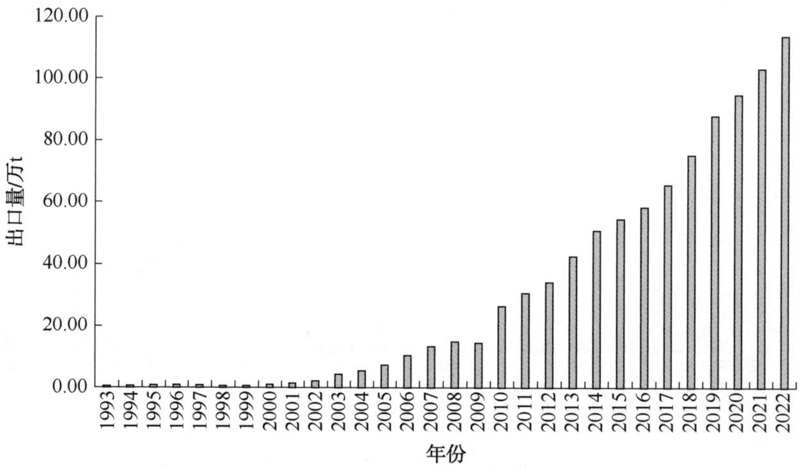

图 10　1993—2022 年吸收性卫生用品出口量增长情况

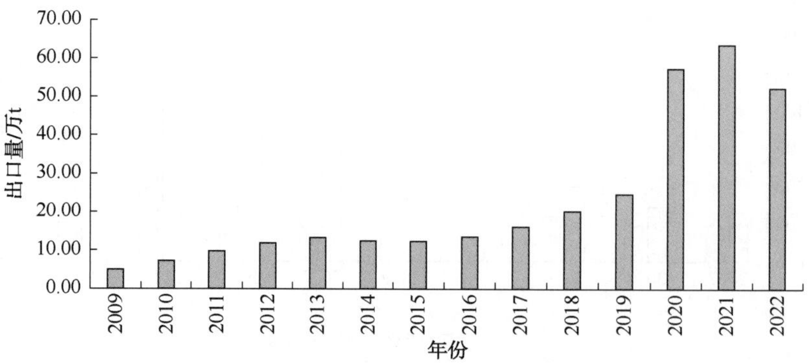

图 11　2009—2022 年湿巾出口量增长情况

3 行业发展特征

（1）外资品牌与国产品牌的消长

中国卫生用品行业起步较晚，最初只有几家生产企业且消费者认知度低，市场推广艰难。后来跨国公司进入中国市场，凭借强大的广告宣传攻势刷新了消费者的认知，卫生巾、纸尿裤等产品逐渐走进普通百姓的生活。国产品牌起步初期，产品质量和性能与外资品牌确实存在差距，因此，在当年那一代消费者的意识里，对外资品牌有一定的崇拜心理，使外资品牌受到追捧，尤其是进口的原产地产品曾经风靡一时。经过中国卫品人的不懈努力，持续研发创新、设备水平提升以及各种新材料的应用，目前国产品牌的卫生用品在品质上丝毫不输外资品牌，而且迭代更新速度更快，更勇于尝试各种新的营销模式和手段，俘获了年轻一代消费者的心，掀起了国货精品浪潮。

（2）企业进入资本市场规范发展

卫生用品行业上下游企业经过 30 年的发展，不断改进和完善生产工艺、企业管理、市场开拓等，综合水平不断提升。多家生产企业、原材料企业、设备企业进入资本市场，寻求资金支持和透明规范发展。截至 2023 年 12 月 31 日，已有共计 20 家企业上市，其中生产企业 11 家，原材料企业 6 家，设备企业 3 家。

（3）卫生用品行业集中度变化

卫生用品行业发展初期，跨国公司品牌占据大部分的市场份额，特别是高端产品的市场份额，后来恒安、舒而美、唯尔福等国产品牌崛起，与跨国品牌分庭抗礼，当时的行业集中度很高。90 年代后期，国内卫生用品生产企业如雨后春笋般涌现，产品质量参差不齐，但是极大地提升了卫生用品的普及率，同时降低了行业集中度。

又经过 20 多年的发展，市场竞争，优胜劣汰，全国形成了多个颇具特色的产业集聚区，包括福建、广东、浙江、湖北孝感市孝南区等，且凭借各自的区域优势形成了不同的发展模式。各个集聚区都有头部企业进入全国 TOP 综合排名，且有多家企业进入资本市场。各个集聚区围绕卫生用品生产企业，汇聚了一批上下游相关企业，形成了完整的产业链。

（4）销售渠道的变化

卫生用品的销售最初以批发、经销、代理等传统渠道为主，后来逐渐进入商超、大卖场、便利店、母婴店等现代渠道；随着互联网技术的发展，又由线下扩展到线上，形成 O2O 融合发展的模式，电商渠道逐渐成为主流渠道之一；智能手机和移动支付等新兴技术的成熟催生了各种社交平台、直播平台，使卫生用品的销售渠道更加碎片化、多样化。

（中国造纸协会生活用纸专业委员会　秘书处
中国造纸学会卫生用品专业委员会　秘书处）

生活用纸 Tissue paper

中国生活用纸行业的概况和展望

周 杨 郭凯原 葛继明 张升友 漆小华 曹宝萍 张玉兰

中国生活用纸行业近些年来一直保持增长态势，同时在市场竞争的推动下，行业落后产能不断淘汰，先进技术和设备持续推广和应用，推动产品品质和功能不断提升，但整个行业面临阶段性产能过剩问题，且面临原料价格大幅波动，生产企业利润空间承压，市场竞争异常激烈。

1 市场规模

根据中国造纸协会生活用纸专业委员会(以下简称生活用纸专委会)的调研汇总，2022 年生活用纸总产能达到2000 万 t，总产量约 1260 万 t，行业平均设备开工率为 63%，工厂总销售额约1285.2 亿元，全行业产品的平均出厂价 10200元/t(含出口)。消费量约 1184.7 万 t，人均年消费量约 8.4kg，已远超 FASTMARKETS RISI 估计的 2022 年世界人均 5.7kg 的消费量水平。国内市场规模约 1570.9 亿元，保持全球最大的生活用纸生产国和消费国的地位。

表 1　2022 年中国生活用纸行业的总规模

项　目	2022 年	2021 年	同比增长/%
产能/万 t	2000	1878	6.5
产量/万 t	1260	1220.7	3.2
开工率/%	63	65	降低 2 个百分点
进口量/万 t	3.30	5.02	-34.3
出口量/万 t	78.57	63.94	22.9
净出口量/万 t	75.27	58.92	27.7
消费量/万 t	1184.7	1161.8	2.0
年人均消费量/kg	8.4	8.2	2.4
出厂均价/(元/t)	10200	9300	9.7
工厂销售额/亿元	1285.2	1135.3	13.2
国内市场规模/亿元	1570.9	1404.6	11.8

注：1. 2022 年、2021 年市场零售均价按出厂均价加价率 30%计。
2. 表中各项数据均由生活用纸专委会调研汇总，未包括香港特别行政区、澳门特别行政区和台湾地区的数据，以下同。

2 主要原纸生产商和产品品牌

2.1 原纸生产企业数量及分布情况

中国目前生活用纸行业的原纸生产企业由多个生产商组成，据生活用纸专委会调研，2022 年开机中的原纸生产企业是 213 家(2021 年：241 家)(注：有多家生产基地的集团公司算作 1 家，因此全国的生产工厂约 258 家)，企业数量出现明显下降，主要原因是行业落后产能继续淘汰，小企业加速退出市场，同时，还有部分使用现代化产能的企业也因全年原料价格高企，市场竞争激烈导致营销困难等原因处于停产状态，行业进入加速洗牌阶段。集团及生产工厂主要分布区域见表 2 和表 3。产品加工企业数量多，而且中小企业多、变化快，因此本报告中不做汇总。

表 2　2022 年全国原纸生产企业数量地区分布情况（按集团所在省份）

地区	企业数/家	地区	企业数/家
河北	71	江西	6
广西	24	安徽	5
四川	18	云南	5
广东	17	贵州	4
山东	13	陕西	3
福建	10	新疆	3
河南	8	山西	2
江苏	7	上海	2
辽宁	6	湖北	2
浙江	6	重庆	1
总计/家		213	

表 3　2022 年全国原纸生产工厂数量地区分布情况（按工厂所在省份）

地区	工厂数/家	地区	工厂数/家
河北	74	湖北	7
广西	26	贵州	5
四川	24	云南	5
广东	22	重庆	4

续表

地区	工厂数/家	地区	工厂数/家
山东	15	新疆	4
河南	11	陕西	3
福建	10	山西	2
辽宁	9	黑龙江	2
浙江	8	湖南	2
江西	8	北京	1
江苏	7	上海	1
安徽	7	海南	1
总计/家		258	

2.2 原纸生产集中度继续提高

2022 年，全国年产 5 万 t 以上(含 5 万 t)的企业数量为 96 家，比上年增加 1 家，这 96 家企业合计产能占行业总产能的 87.3%，原纸的生产集中度比上年提高。全国性的四大品牌仍然是心相印、维达、清风、洁柔。

2022 年，有 26 家企业是规模在 2 万 t 以下的小型企业，比上年大幅减少 32 家，这些企业的规模效应和竞争力不强，将继续减少。

2022 年现代化产能在 50 万 t 以上的省级地区主要包括河北、广东、山东、广西、湖北、江苏、四川等，详见表 5。

表 4　2020—2022 年全国原纸生产企业产能、数量分布情况

产能范围/(万 t/a)		>100	50(不含)~100(含)	10(不含)~50(含)	5(含)~10(含)	2(含)~5(不含)	<2
企业数量/家	2022 年	5	1	27	63	91	26
	2021 年	4	2	24	65	88	58
	2020 年	3	3	20	50	95	69

表 5　2022 年现代化产能分布地区排序(50 万 t 以上)

序号	省区市	总产能/万 t	纸机数量/台	序号	省区市	总产能/万 t	纸机数量/台
1	河北	420.65	227	9	重庆	93.9	21
2	广东	159.8	64	10	海南	84.0	28
3	山东	142.6	52	11	浙江	72.9	35
4	广西	131.1	70	12	湖南	63.0	22
5	湖北	117.5	46	13	河南	62.5	32
6	江苏	106.0	34	14	福建	60.0	19
7	四川	102.8	64	15	安徽	57.5	17
8	江西	98.2	36		合计	1772.45	767

2.3 主要生产商

2022 年综合排名前 17 位的生产商见表 6，合计产能占总产能的 51.4%(2021 年：53.5%)；销售额合计约占总销售额的 56.6%(2021 年：56.8%)。

表 6　2022 年综合排名前 17 位的生活用纸生产商

序号	公司名称	品　　牌	生产能力/(万 t/a)
1	恒安国际集团有限公司	心相印，柔影	149.7
2	维达纸业(中国)有限公司	维达，花之韵	139
3	金红叶纸业集团有限公司	唯洁雅，清风，真真	213
4	中顺洁柔纸业股份有限公司	洁柔，太阳	89
5	丽邦集团有限公司	丽邦	30.5
6	福建植护网络科技有限公司	植护	33.9
7	保定雨森卫生用品有限公司	雨森，百丽	26

续表

序号	公司名称	品　牌	生产能力/(万 t/a)
8	泰盛科技(集团)股份有限公司	维尔美，纤纯，竹态	111(含竹浆纸)
9	理文卫生纸制造有限公司	亨奇，理文，理文原色	107.5(含竹浆纸)
10	上海唯尔福集团股份有限公司	纸音	10
11	四川环龙新材料有限公司	斑布	13(竹浆纸)
12	上海东冠健康用品股份有限公司	洁云，丝柔	14
13	河北金博士集团有限公司	金博仕	19.2
14	山东太阳生活用纸有限公司	幸福阳光	36
15	银鸽集团	银鸽，舒蕾	16
16	永丰余投资有限公司	五月花	10
17	河南护理佳纸业有限公司	品秀	10.4
	合计产能		1028.2

金红叶(APP 在中国内地的产能)、恒安、维达、中顺是中国领先的 4 家生活用纸企业，据 FASTMARKETS RISI 数据显示，2022 年这 4 家企业产能在全球分别排在第 4、第 5、第 8、第 11，在亚洲分别排在第 1、第 2、第 3、第 6。2022 年这 4 家企业生活用纸原纸的生产能力合计约为 590.7 万 t，约占行业总产能的 29.5%(2021 年：30.7%)，销售额合计约 438.3 亿元，比上年上升约 15.0%，约占行业总销售额的 34.1%(2021 年：33.6%)。

● 恒安是居中国第 1 位的生活用纸生产商。根据恒安国际年报，2022 年，集团生活用纸(含湿巾)业务销售收入大幅上升约 24.4% 至约 12248011000 元(2021 年：9842429000 元)，占集团整体收入约 54.2%(2021 年：47.3%)。集团受到木浆供应紧张以及物流受阻等因素，导致木浆价格大幅飙升的影响。木浆价格高企对集团的毛利构成重大压力，2022 年毛利率下跌至约 20.7%(2021 年：26.4%)。集团的高端生活用纸产品销售非常理想，其中“云感柔肤”系列的销售取得接近 80.0% 的增长及占整体生活用纸销售超过 10.0%。湿巾业务方面，年内销售收入为约 841993000 元(2021 年：735612000 元)，取得接近 14.5%的销售增长，占生活用纸业务销售比例为约 6.9%(2021 年：7.5%)[1]。

2023 年上半年，集团生活用纸(含湿巾)业务销售收入同比大幅上升约 22.7% 至约 7170110000 元(2022 年上半年 5842612000 元)，占集团整体收入约 58.7%(2022 年上半年：52.2%)。2023 年第二季度木浆价格开始止涨下调，但由于消耗高成本木浆库存，因此 2023 年上半年集团业绩并未能完全反映木浆成本大幅回落的正面影响，毛利率下跌至约 17.7%(2022 年上半年：23.1%)。然而，木浆成本下跌的效益已于第二季度的毛利率逐步体现，集团于第二季度的毛利率较 2022 年下半年的毛利率取得明显改善。因此，集团预期生活用纸业务的毛利率于 2023 年下半年将持续改善[1]。

● 维达是中国最早的生活用纸专业生产商之一，多年来保持平稳发展的领先地位，目前是居第 2 位的生活用纸生产商。根据维达国际年报，2022 年维达国际生活用纸(含湿巾)业务收益为 161.03 亿港元，同比增长 3.9%，剔除汇率影响增幅为 7.8%，占集团总收益的 83%(2021 年：83%)。在价格、产品组合及销量的推动下，集团销售实现积极增长，进一步巩固在中国内地市场的领导地位。尽管疫情相关限制措施延续令消费意欲减弱和进店客流量减少，但集团的高端生活用纸产品组合销量在中国内地市场仍取得双位数增长。集团通过提高产品价格、更好的产品组合以及更优的效率，部分抵消了显著上升的生产成本所带来的负面影响。生活用纸业务的毛利率及利润率分别减少 7.9 个百分点及 7.2 个百分点至 27.5%及 5.2%[2]。

2023 年上半年，维达国际生活用纸业务收益为 83.61 亿港元，同比增长 5.0%，增幅剔除汇率影响为 11.5%，占维达国际总收益的 83%。维达国际受益于产品组合提升，包括高端品类持续增长，尤其是得宝品牌，重拾强劲增长势头，对比前两个季度进一步加速。维达国际的生活用纸市场份额保持稳健，其中高端生活用纸产品维达棉韧奢柔系列以及 Tempo 系列产品受市场青睐，推出的湿厕纸、厨房湿巾、浴室湿巾等湿巾产品亦满足消费者不同场景的使用需求[2]。

2023 年前三季度，维达国际实现总收益同比增长 5.4%（按固定汇率换算为 10.6%）至 148.1 亿港元，其中 122.76 亿港元来自纸巾（生活用纸及湿巾）分部；25.34 亿港元来自个人护理分部。毛利减少 11.0%至 38.21 亿港元，而相应的毛利率下跌 4.7 个百分点至 25.8%。经营溢利下降 67.6%至 2.70 亿港元，经营溢利率缩窄 4.1 个百分点至 1.8%。息税折旧摊销前溢利减少 29.4%至 12.83 亿港元，而相应的息税折旧摊销前溢利率降低 4.2 个百分点至 8.7%[2]。

● 金红叶是 APP 在中国内地的生活用纸集团，是位居中国第 3 位的生活用纸生产商。2022 年，集团完成对江苏苏州工厂的关停工作，该厂停产产能 43 万 t/a，同时，进一步加大对其江苏如东新厂的产能投放力度，在该厂新投产产能 54 万 t/a，使集团总产能达到 213 万 t/a。2023 年，金红叶没有新增产能。目前金红叶为中国生活用纸行业产能最大的生产商。

● 中顺洁柔目前是居第 4 位的生活用纸生产商，根据中顺洁柔业绩快报，2022 年，中顺洁柔营业总收入（主要为生活用纸业务销售额）达 85.70 亿元，同比下降 6.34%；净利润为 3.52 亿元，同比减少 39.43%。2022 年，受原材料价格上涨、市场竞争日益加剧以及消费疲软等因素影响，公司面临巨大压力和挑战。面对严峻形势，公司管理层积极应对，通过产品提价、优化品类结构、调整渠道结构以及降本增效等有力措施，一定程度上缓和经营压力。其中，业绩变动的主要因素包括：①国内部分地区受疫情管控影响，叠加产品提价策略及渠道结构调整，短期内销售受到一定影响。公司积极开展应对措施，2022 年第四季度实现营业收入 24.56 亿元，环比增长 40.62%。②国际原材料、包材及能源价格上涨导致生产成本上升，叠加消费市场疲软不振、市场竞争激烈等原因，毛利率同比有所下降[3]。

2023 年上半年，中顺洁柔营业收入 46.85 亿元，同比增加 7.27%。归属于上市公司股东的净利润约 8449.02 万元，较上年同期减少 62.88%[3]。

2023 年前三季度，中顺洁柔营业收入约 21.38 亿元，同比增加 22.44%。归属于上市公司股东的净利润约 8093.79 万元，同比增加 72.69%。基本每股收益 0.06 元/股，同比增加 50.00%[3]。

● 丽邦集团保定港兴纸业是保定满城地区代表性企业，是保定地区最早淘汰落后产能、更新换代设备的企业。2022 年，丽邦集团继续在其孝感基地投产第二期年产 10 万 t 高档生活用纸项目的首台纸机，为 2.5 万 t/a 的宝拓新月型卫生纸机，使总产能达到 30.5 万 t/a。2023 年，孝感二期项目投产了第 2 台宝拓同型卫生纸机，使集团总产能达到 33 万 t/a。

● 福建植护网络科技有限公司成立于 2014 年，近年来迎来快速发展，是生活用纸行业线上渠道的领先企业。2016 年，植护在福建福州建立了自己的第一个生活用纸后加工厂，迈出从电商到实体的第一步。2019 年，植护的第 1 家原纸基地（广西植护云商实业）签约落户广西来宾，并于 2020 年投产 2 台大正的卫生纸机，合计产能 5 万 t/a。2020 年，植护通过入股河北保定成功纸业，成立其第 2 家原纸基地，扩充产能 6.8 万 t/a。2021 年，植护通过收购福建福清聚辉纸业，成立其第 3 家原纸基地（福建植护盈润实业），扩充产能 3.6 万 t/a。2022 年，公司成立其第 4 家原纸基地（河北植护天天纸业），扩充产能 8.5 万 t/a，并在广西基地投产 2 台宝拓纸机，合计产能 6 万 t/a。2023 年，植护在广西基地投产 1 台维亚纸机，产能 2 万 t/a，使公司原纸总产能达到 37.9 万 t/a。

● 雨森也是保定地区近年来发展较快的生产企业，2020 年，雨森在辽宁台安新建生产基地，项目规划年产能 36 万 t。分三期建设，一期已于 2020 年 10 月投产 2 台维美德（PMP）的 3 万 t/a 新月型卫生纸机。2022 年，雨森没有新投产纸机，产能仍为 26 万 t/a。

2023 年，辽宁雨森二期生活用纸项目再投产 3 台维美德（PMP）的新月型卫生纸机，使公司总年产能达到 35 万 t。2023 年 6 月，雨森西北区生产基地项目于甘肃省平凉市崇信县工业集中区轻工业产业园奠基开工。该项目计划分三期建成，其中，一期、二期建设年产 36 万 t 高档生活用纸产能，配套实施热电联产项目，三期建设包装纸生产线 3 条、非织造布生产线 4 条。

● 泰盛目前拥有6家原纸生产基地，包括在重庆（收购维尔美）、贵州赤水（收购赤天化）、湖北荆州（收购真诚）、四川乐山（收购永丰）、江西九江（新建）、安徽宿州（新建）。2022年，泰盛在江西基地分别投产2台山东信和的3万t/a短长网擦手纸机和4台上海轻良的2万t/a新月型纸机，合计产能14万t，使集团总产能达到111万t/a。

2023年，泰盛分别在四川基地投产4台新月型纸机，在安徽基地投产4台新月型纸机，纸机全部由上海轻良提供，合计产能16万t/a，同时，在四川乐山淘汰29台小纸机，合计淘汰产能2万t/a，使集团总产能达到125万t/a。

● 理文在中国内地有重庆、江西九江、广东东莞3个已投产的生活用纸原纸生产基地，及正在建设中的广西崇左生活用纸原纸生产基地。2022年，理文在江西投产1台宝拓和2台信诺卫生纸机，合计增加5.6万t/a产能，使总产能达到107.5万t/a。理文继续以“产业链条集群发展”的模式，为生活用纸加工企业供应原纸，公司仍以销售原纸为主。

2023年，理文在广西崇左新建基地投产5台宝拓、4台上海轻良、2台凯信的新月型纸机，合计产能25万t/a，使集团总产能达到132.5万t/a。该项目计划建设林浆纸一体化全产业链项目，包括30万t漂白化学浆、40万t高档生活用纸、40万t生活用纸后加工生产线等。

此外，全国各省份有原纸生产的重点生活用纸生产商见表7，主要为当地原纸生产规模领先企业或产品有较高知名度的小而美型生产企业。

表7　2022年各地区重点生活用纸生产商（按集团所在省份）

序号	地区	公司名称	品　牌
1	河北	河北雪松纸业有限公司	雪松
2		保定市诚信纸业有限公司	雪亮，雪驰
3		保定市满城金光纸业有限公司	猫王
4		保定达亿纸业有限公司	达意，百慧
5		河北姬发造纸有限公司	姬发，惠尔特，万佳
6	山西	山西云冈纸业有限公司	云冈，花之都，汉舒
7		山西力达纸业集团有限公司	益宝
8	辽宁	阜新浩博纸业有限公司	邱缘
9	江苏	胜达集团江苏开胜纸业有限公司	双灯，蓝雅，欧风，老好
10		江苏王子制纸有限公司	妮飘
11		江苏洪泽湖纸业有限公司	洪泽湖
12	浙江	浙江弘安纸业股份有限公司	可心柔
13		浙江景兴纸业股份有限公司	品萱
14		浙江旭荣新材料股份有限公司	波斯猫
15	安徽	安徽宏泰纸业有限公司	竹意，紫蓬山
16	江西	华劲集团赣州纸品有限公司	予悦，娇手
17	山东	山东晨鸣纸业集团股份有限公司	星之恋，森爱之心
18		亚太森博集团	原木日记
19		潍坊恒联美林生活用纸有限公司	玉牌，风筝，格外丽
20		德州胜港纸业有限公司	胜港，拾卷，孙孟印象，碣石山
21		聊城市坤昇环保科技有限公司	坤昇
22	河南	河南省沁阳市宏涛纸业有限公司	心恋心
23		平舆中南纸业有限公司/驻马店中南纸业有限公司	派洁士，润萌，沐柯
24		河南华洁卫生用品有限公司	惠枫，琪琳
25	湖北	湖北襄阳宏福纸业有限公司	卉菊

续表

序号	地区	公司名称	品　牌
26	广东	东莞市达林纸业有限公司	达林
27		韶能集团	韶能本色
28		广东鼎丰纸业有限公司	五月花
29		广东信达纸业有限公司	信达，熊宝贝，红金钻
30	广西	广西横县江南纸业有限公司	桂纤，爽手
31		柳州市沁原纸业发展有限公司(原两面针纸业)	两面针
32		广西天力丰生态材料有限公司	婉庭，天力丰，爱家
33		南宁香兰纸业有限责任公司	节节高
34		南宁市佳达纸业有限责任公司	卡西雅，清帕
35	重庆	重庆龙璟纸业有限公司	丝美乐
36	四川	四川凤生纸业科技股份有限公司	山丘
37		宜宾纸业股份有限公司	金竹
38		四川圆周实业有限公司	U&U，千唯
39	贵州	贵州汇景纸业有限公司	添福
40	云南	云南云景林纸股份有限公司	思景
41		云南新平南恩糖纸有限责任公司	南恩
42	陕西	陕西法门寺纸业有限责任公司	法门寺
43		大荔蔡伦纸业有限责任公司	蔡伦
44	新疆	新疆巨兆辉森卫生用品有限责任公司	芳菲达
45		新疆中泰兴苇生物科技有限公司	苇依
	合计产能/(万 t/a)		426.9

3　进出口情况

3.1　出口

中国生活用纸产品出口是消费市场的重要部分，2022 年出口量占产量的约 6.24%。2022 年生活用纸出口量和出口额均同比显著增长，出口量为 78.57 万 t，同比增长 22.89%，出口金额为 20.34 亿美元，同比增长 38.6%。其中原纸出口量增长幅度最大，同比增长 65.21%，但出口的生活用纸仍以成品纸为主，成品纸出口量占生活用纸产品总出口量的 76.15%，且成品纸出口量价齐升，卫生纸、手帕纸、面巾纸种类产品的出口平均价格增长都超过 20%。出口成品的平均价格增长是 2022 年拉动生活用纸总体出口额增长的重要因素。

从出口额来看，2022 年，成品纸出口额占总出口额的 86.09%，出口成品中，卫生纸品类占总出口额的 34.66%，占比呈逐年下降趋势(2020 年同期为 40.84%，2021 年同期为 35.75%)，手帕纸、面巾纸占总出口额的 39.66%，占比已经是所有生活用纸出口品类中占比最大的。表明出口的生活用纸产品结构继续向高端化发展。

根据海关的统计数据，2022 年按出口量排序，商品编号 48030000(原纸)、48181000(卫生纸)、48182000(手帕纸、面巾纸)、48183000(纸台布、餐巾纸)四项分项及总计前 10 位的出口目的地国家和地区见附表 1。

2022 年中国生活用纸出口目的地国家和地区中，出口量排名前三的分别为澳大利亚、中国香港、日本。排名前十的国家和地区，还包括美国、英国等发达国家和地区，以及泰国、马来西亚、菲律宾、缅甸、蒙古等东南亚及周边国家和地区为主。

3.2　进口

目前国内生活用纸市场的产量和产品种类已经能够满足国内市场的需求。从进出口贸易的角度来看，国内生活用纸市场总体以出口为主。根据海关统计数据，近几年，生活用纸全年进口量基本保持在 2.8 万~5 万 t，普遍较少，所以对国内市场影响微小。

2022 年生活用纸进口量和进口额均同比减少，进口量约 3.3 万 t，比 2021 年减少约 1.7 万 t。进口的生活用纸以原纸为主，占比为 82.52%。

表 8　2021—2022 年各类生活用纸进出口情况

商品编号	商品名称	数量/t			金额/美元		
		2022 年	2021 年	同比增长/%	2022 年	2021 年	同比增长/%
进口		32939.84	50180.065	-34.36	43447345	61570607	-29.43
48030000	原纸	27182.592	43307.818	-37.23	30669874	42355756	-27.59
48181000	卫生纸	2541.968	3086.889	-17.65	4570039	8434959	-45.82
48182000	手帕纸、面巾纸	2447.91	2882.992	-15.09	6663577	8682087	-23.25
48183000	纸台布、餐巾纸	767.368	902.366	-14.96	1543855	2097805	-26.41
出口		785731.85	639366.872	22.89	2033564520	1467225047	38.60
48030000	原纸	187412.445	113435.732	65.21	282924896	184192603	53.60
48181000	卫生纸	265099.611	240046.851	10.44	704798997	524580587	34.35
48182000	手帕纸、面巾纸	261812.702	229290.802	14.18	806441979	585751608	37.68
48183000	纸台布、餐巾纸	71407.087	56593.487	26.18	239398648	172700249	38.62

表 9　进出口的各类生活用纸产品占比情况　　%

商品名称	进口		出口	
	2022 年	2021 年	2022 年	2021 年
原　纸	82.52	86.30	23.85	17.74
卫生纸	7.72	6.15	33.74	37.54
手帕纸、面巾纸	7.43	5.75	33.32	35.86
纸台布、餐巾纸	2.33	1.80	9.09	8.85

表 10　2021—2022 年各类生活用纸产品进出口平均价格

商品名称	进口/(美元/t)			出口/(美元/t)		
	2022 年	2021 年	同比增长/%	2022 年	2021 年	同比增长/%
总　体	1318.99	1226.99	7.50	2588.12	2294.81	12.78
原　纸	1128.29	978.02	15.37	1509.64	1623.76	-7.03
卫生纸	1797.83	2732.51	-34.21	2658.62	2185.33	21.66
手帕纸、面巾纸	2722.15	3011.48	-9.61	3080.22	2554.62	20.57
纸台布、餐巾纸	2011.88	2324.78	-13.46	3352.59	3051.59	9.86

4　市场变化

4.1　浆价大幅波动，原纸企业利润承压

4.1.1　2022 年进口木浆价格再创历史新高

我国生活用纸企业大部分无自制浆，普遍以商品木浆为原料，因此对进口纸浆的依存度非常大，生活用纸除投资成本外的生产总成本中，纸浆大约占 75%，因此产品成本受国际纸浆市场价格波动的影响大。2022 年生活用纸使用进口木浆量占全国纸浆进口总量的较大份额，在漂白阔叶木浆总量中的占比更大。

根据海关统计数据，2022 年我国纸浆进口总量约 2916 万 t，同比下降 1.8%，进口金额为 223.5 亿美元，同比上升 11.4%，纸浆月度进口情况详见附图 1。2022 年 1 月—2023 年 12 月，漂白针叶木浆和漂白阔叶木浆的进口量和均价见表 11、表 12、图 1。漂白针叶木浆主要进口自加拿大、芬兰、智利、美国、俄罗斯联邦等国家，漂白阔叶木浆主要进口自巴西、印度尼西亚、乌拉圭、智利、俄罗斯联邦等国家。

表 11　2022 年我国木浆进口量和月度均价

月份	漂白针叶木浆		漂白阔叶木浆	
	进口量/万 t	均价/(美元/t)	进口量/万 t	均价/(美元/t)
2022 年 1 月	63.54	783.23	131.91	581.87
2022 年 2 月	54.87	764.10	114.48	568.36
2022 年 3 月	59.05	793.25	98.25	577.06
2022 年 4 月	71.96	838.12	98.80	614.84
2022 年 5 月	60.99	874.55	99.28	640.69
2022 年 6 月	56.12	936.46	99.83	671.50
2022 年 7 月	53.31	954.01	90.43	720.10
2022 年 8 月	59.91	990.41	123.00	763.57
2022 年 9 月	57.61	982.10	120.19	805.51
2022 年 10 月	56.01	993.85	96.48	827.32
2022 年 11 月	62.08	974.85	107.43	843.72
2022 年 12 月	61.35	963.88	99.08	841.47
2022 年合计	716.80	902.39	1279.16	703.27
同比增长/%	-14.90	13.46	1.52	19.45

表 12　2023 年我国木浆进口量和月度均价

月份	漂白针叶木浆		漂白阔叶木浆	
	进口量/万 t	均价/(美元/t)	进口量/万 t	均价/(美元/t)
2023 年 1 月	63.46	942.93	134.53	833.23
2023 年 2 月	59.66	916.03	123.02	822.80
2023 年 3 月	83.68	905.99	117.29	772.28
2023 年 4 月	78.56	873.61	117.38	731.00
2023 年 5 月	84.14	844.70	130.26	640.72
2023 年 6 月	85.47	771.52	126.66	545.20
2023 年 7 月	72.76	699.25	113.12	496.81
2023 年 8 月	78.56	670.40	167.25	489.95
2023 年 9 月	81.09	668.00	152.16	497.74
2023 年 10 月	74.14	667.84	146.04	512.50
2023 年 11 月	76.97	683.87	143.71	530.25
2023 年 12 月	82.56	705.68	163.58	554.18
2023 年合计	920.84	775.33	1635.00	610.41
同比增长/%	28.47	-14.08	27.82	-13.20

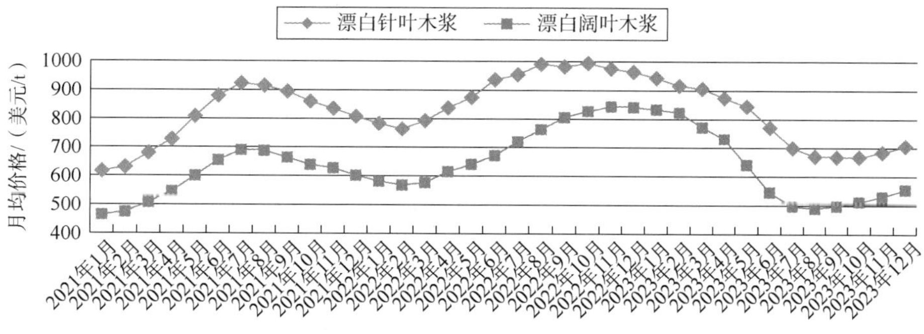

图 1　2021 年 1 月—2023 年 12 月我国木浆进口月度均价

受新冠疫情、俄乌冲突以及国际物流影响，2022年进口浆价再创历史新高。海关数据显示，2022年，进口木浆总体呈上涨态势，在2022年10—11月进口木浆价格上涨至近10年以来的历史最高点，进口漂白针叶木浆及漂白阔叶木浆均价分别达到993.85美元/t和843.72美元/t，比2022年2月的年内最低值时的价格764.10美元/t和568.36美元/t，大幅上涨30.1%和48.4%。

2022年，进口商品木浆价格持续上涨，对于以进口木浆为主要原料的生活用纸企业来说，生产成本大幅增高，严重压缩了企业的利润空间，行业竞争压力加剧。

行业中小企业更是举步维艰，以中小企业最为集中的保定地区为例，2022年，该地区纸企的总体开工率不足65%，在6—8月份曾一度低至40%~50%。

2023年1—12月，进口木浆价格趋于回落，8—10月达到年度最低值，进口漂白针叶木浆均价667.84美元/t，漂白阔叶木浆均价为489.95美元/t，分别比2022年10—11月的高点下降32.8%和41.9%。生活用纸生产企业成本压力有所缓解。

4.1.2 非木浆

目前，中国生活用纸行业的非木浆原料主要包括竹浆和蔗渣浆，稻麦草浆、苇浆、废纸浆的用量都非常少。

国内竹浆、蔗渣浆的价格跟随进口商品木浆价格波动，四川漂白竹浆和广西漂白蔗渣浆平均价格分别从2022年1月的5300元/t、4825元/t，上涨至10月高点时的7000元/t、5625元/t，涨幅分别为32.1%、16.6%。

2023年以来，非木浆价格总体呈下降态势，其中，竹浆价格4—5月份降至4900元/t、蔗渣浆价格8月份降至3850元/t的年度最低点，之后略有回升。

4.1.2.1 竹浆

2022年国际木浆价格持续高位，竹浆企业受益明显，产业发展加速。其中，以全国竹浆主产区四川省为例，2022年，四川竹子制浆企业共有14家，年产能165万t，竹浆总产量134.91万t，同比增长5.97%。

2022年1月27日国家税务总局四川省税务局、四川省财政厅联合发文《关于将竹浆造纸行业纳入农产品进项税额核定扣除试点范围公告》，2022年2月1日起实施。此项政策的实施，有助于减轻四川省竹子制浆企业原竹（竹段）收购税负，降低企业的生产成本，增加企业在制浆行业中的竞争能力及企业的经济效益和社会效益，为四川省竹子制浆造纸行业稳定健康发展保驾护航。

4.1.2.2 蔗渣浆

广西为全国蔗渣浆主产区，2022年，受市场竞争影响，使用蔗渣浆生产生活用纸的低速圆网纸机被加速淘汰，使蔗渣浆在生活用纸行业中的用量进一步减少。

据生活用纸专委会调研数据显示，2022年1月—2023年12月，广西、四川、重庆等3个主要省份的国产浆主流出厂报价走势详见图2。

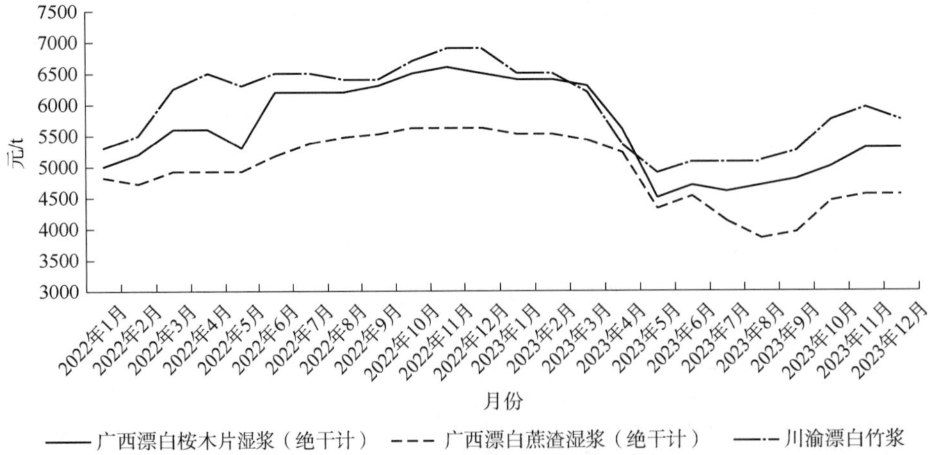

图2 2022年1月—2023年12月广西木浆、蔗渣浆及川渝竹浆出厂均价

4.1.3 生活用纸原纸价格

2022年，生活用纸原纸价格在原材料价格上涨的带动下，总体呈上升趋势。以河北漂白木浆原纸为例，平均价格由2022年1月的6700元/t，上涨至2022年10月高点时的8550元/t，价格上涨27.6%，但仍低于进口商品木浆的上涨幅度，

使原纸企业经营承受巨大压力，零利润及亏损情况较为普遍。

2023 年，原纸价格跟随纸浆价格回调，其中，河北漂白木浆原纸在 2023 年 5—6 月降至 6650 的年度最低点，之后处于平稳上升的阶段，生活用纸生产企业经营压力总体有所下降。

据生活用纸专委会调研数据显示，2022 年 1 月—2023 年 12 月，河北、四川、重庆、广西等国内 4 个主要省份的生活用纸原纸主流出厂报价走势详见图 3。

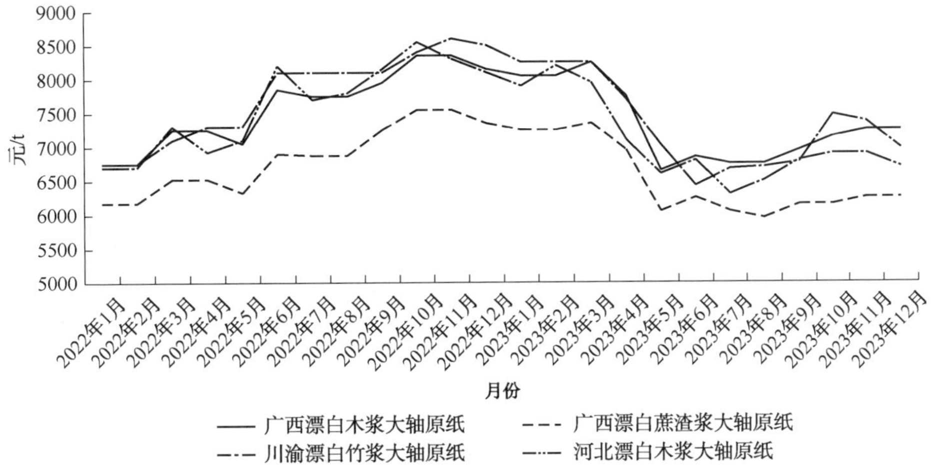

图 3　2022 年 1 月—2023 年 12 月国内生活用纸原纸出厂平均价格

4.2　新投产产能仍达到较高水平，行业竞争进一步加剧

4.2.1　新投产产能

根据生活用纸专委会秘书处调研汇总，2022 年，中国生活用纸行业共有 39 家企业投产了新纸机，投产纸机的台数达到 84 台，新投产产能 205.7 万 t，虽相比 2021 年有所回落，但仍为历史较高水平。

新投产的产能仍然主要集中在已有的企业，包括金红叶、中顺洁柔、理文、丽邦、植护、泰盛、太阳、景兴、韶能等。其中，金红叶虽然新投产产能 54 万 t/a，但新增纸机全部在其新搬迁的江苏如东新厂，而且同年 4 月，金红叶江苏苏州工厂关停，涉及 12 台卫生纸机，合计产能 43 万 t/a，因此金红叶 2022 年的实际净增产能只有 11 万 t/a。新进入生活用纸行业的大企业主要为亚太森博。

新投产产能的地区分布见表 13。

表 13　2022 年投产现代化产能地区排序

序号	项目地区	产能/(万 t/a)	纸机数量/台	投产纸厂数/家
1	江苏	56	17	2
2	广西	28	13	8
3	江西	21.6	10	3
4	河北	20.8	9	7
5	湖南	16	8	1
6	广东	14	5	3
7	浙江	12	2	1
8	山东	9.4	4	4
9	辽宁	6	4	2
10	新疆	6	4	1
11	福建	4.7	2	2
12	陕西	3	2	1
13	湖北	2.5	1	1
14	安徽	2	1	1
15	云南	2	1	1
16	山西	1.7	1	1
合计		205.7	84	39

4.2.2　阶段性产能过剩，竞争加剧，项目延期

2022 年产能增长仍然过快，仍然超过消费量的增长，多年来累计的过剩产能越来越多，使现阶段产能过剩进一步加剧。

项目延期：从表 14 可以看出，近些年来，由于阶段性产能过剩，每年实际投产的产能都低于计划要投产的产能，市场竞争进一步加剧。预计未来一段时间，阶段性产能过剩的情况仍会持续，而有些计划中的项目也将后延，或不能达产。

表 14　2016—2023 年计划投产和实际投产的现代化产能对比

年　份	2016	2017	2018	2019	2020	2021	2022	2023	2024 及之后
计划新投产产能/万 t	182.3	307.5	315.5	208.4	266.2	433.6	333.9	273.1	近 1200
实际新投产产能/万 t	134.19	221.58	182.5	178.1	184.8	278.6	205.7	177.1	

4.3　行业加速洗牌

2022 年，行业落后产能继续淘汰或转产，生活用纸专委会调研汇总到的 2022 年淘汰、停产或转产的卫生纸机约 170 台，主要为幅宽 1575～3500mm、车速 200m/min 左右的普通圆网小纸机，及少量幅宽为 2850～3900mm、车速 500～600m/min 的真空圆网纸机等。

另外，截至 2022 年底，行业已累计有 94 台现代化纸机停产，涉及产能 177.6 万 t。

5　生产企业装备水平持续提高

多年来，生活用纸行业通过进口现代化卫生纸机，配备国产现代化卫生纸机以及加速淘汰落后卫生纸机等措施，使中国生活用纸行业现代化产能的比例持续提高。据生活用纸专委会调研，2022 年，现代化产能约为 1946.35 万 t，占行业总产能的 97.3%，比上年提升 1.5 个百分点。

表 15　2015—2024 年新投产现代化产能情况

年　份	2015	2016	2017	2018	2019	2020	2021	2022	2023	2024 及之后计划
新投产产能/万 t	103.92	134.19	221.58	182.5	178.1	184.8	278.6	205.7	177.1	近 1200

从国外引进先进卫生纸生产线一直是提高生活用纸行业现代化产能占比的重要手段，据生活用纸专委会调研，截至 2022 年年底，我国已投产且仍在开机中的进口卫生纸机合计 298 台，包括新月型卫生纸机 193 台(含 2 台由真空圆网型改造为新月型)，产能合计 774.1 万 t；真空圆网型卫生纸机 100 台，产能合计 152.5 万 t/a(含升级扩产后的产能)；斜网卫生纸机 1 台，产能 1 万 t/a；类 TAD 型(复合型)纸机 4 台，产能合计 14 万 t。以上进口卫生纸机产能总计为 941.6 万 t/a(2021 年为 922 万 t/a)，约占 2022 年行业生活用纸总产能的 47.1%(2021 年为 49.1%)。

但随着国产卫生纸机的制造技术进步和制造成本优势，在每年投产的现代化卫生纸机中，引进设备占比逐渐减少，国产设备占比逐渐增加。

单台年产能 6 万 t 左右(幅宽 5600mm，设计车速 1800m/min 及以上)的大型进口卫生纸机 2022 年投产了 5 台，包括金红叶在江苏如东基地安装的 2 台维美德卫生纸机，浙江景兴安装的 2 台维美德卫生纸机，以及亚太森博在广东基地安装的 1 台安德里茨卫生纸机。截至 2022 年底，全国共已投产 84 台，其中目前仍在开机中的为 76 台，合计产能 455 万 t/a，约占行业总产能的约 22.8%。由于市场对产品差异化需求的增加，年产 6 万 t 左右的卫生纸机改变品种的灵活性和成本消耗不具备优势，预计未来仍将以极少数的大企业投资为主。

表 16　2014—2024 年新增单机年产能 6 万 t 左右的卫生纸机数量

年份	2014	2015	2016	2017	2018	2019	2020	2021	2022	2023	2024 及之后计划
数量/台	9	7	7	8	10	0	2	6	5	6	1

6　主要企业新增产能项目

● 金红叶纸业

2022 年，金红叶纸业总产能为 213 万 t/a，净增产能 11 万 t。其中新投产产能 54 万 t/a，包括金红叶在如东基地投产 2 台维美德和 10 台维美德(PMP)的新月型纸机，2 台金顺的擦手纸机和 2 台新月型纸机。同时，金红叶苏州工厂已于 2022 年 4 月关停，包括 12 台纸机，合计产能 43 万 t/a。截至 2022 年底，金红叶如东基地一期项目 24 台纸机，合计年产 78 万 t，已全部投产。

2023 年，金红叶没有新增产能，总产能仍为 213 万 t/a。

2023 年 3 月，金红叶纸业如东基地扩建 126 万 t/a 高档生活用纸项目环评获批。按项目环评报告显示，该项目主要建设 10 条 6 万 t/a、22 条 3 万 t/a 生活用纸原纸生产线等。该项目分两阶段建设，一阶段新增年产 78 万 t/a 高档生活用纸的生产能力(其中成品原纸 37 万 t/a，后加工生产能力 41 万 t/a) 和 38.68 亿片/年卫品生产能力，二阶段新增年产 48 万 t/a 高档生活用纸的生产能力(其中成品原纸 23 万 t/a，后加工生产能力 25 万 t/a)。建设周期：一阶段建设周期 2023 年至 2025 年；二阶段建设周期 2026 年至 2027 年。

● 恒安纸业

2022 年，恒安集团没有新增产能，总产能仍保持 149.7 万 t/a(其中含擦手纸产能 4.2 万 t/a)。

2023 年，恒安在湖南、湖北、山东、广东等基地投产包括 TAD 及类 TAD 等多种类型纸机，新增产能合计 19 万 t/a，使总产能达到 168.7 万 t/a。

2024 年，恒安计划在多个基地，合计新增产能 9 万 t/a，预计到 2024 年底，将使总产能达到 177.7 万 t/a。

● 维达集团

2022 年，维达无新增产能，总产能仍保持 139 万 t/a。

2023 年，维达在浙江龙游投产 1 台维美德的 3.5 万 t/a 复合型卫生纸机，使总产能达到 142.5 万 t/a。

维达集团未来的投资及在建项目包括：

维达护理用品(广东)有限公司在阳江高新区主要建设年产 50 万 t 高档生活用纸的现代化生产基地，总投资 70 亿港元。首期 19 万 t 生活用纸生产线已有 13 万 t 产能投产，基地剩余计划产能 37 万 t/a。

维达纸业(四川)有限公司在德阳经济技术开发区扩展区新建年产 30 万 t 生活用纸及护理用品西部生产基地、电商配送中心和物流中心项目。项目分为两期工程，一期工程包括 20 万 t/a 生活用纸生产线以及配套产品仓储、物流配送系统，二期工程包括 10 万 t/a 生活用纸生产线及配套建设产品的仓储、物流配送系统。

维达纸业(浙江)有限公司扩建四期项目于 2019 年 11 月动工建设，项目占地面积 22 万平方米，计划投资新建年产 15 万 t 高档生活用纸生产线、护理用品扩能及电商物流中心等项目。该项目已投产 2 台纸机，合计产能 7 万 t/a，剩余计划产能 8 万 t/a。

● 中顺洁柔

2022 年，中顺洁柔在河北唐山投产 1 台宝拓新月型卫生纸机，产能 3 万 t/a，使总产能达到 89 万 t/a。

2023 年，中顺洁柔在河北唐山投产 1 台维美德(PMP)新月型卫生纸机，产能 2.5 万 t/a，使总产能达到 91.5 万 t/a。

中顺洁柔已经宣布的未来投资项目包括：

2021 年 1 月 13 日，中顺洁柔发布公告称，将在江苏省宿迁市宿城区运河宿迁港产业园内拟新建 40 万 t 高档生活用纸项目，项目总投资额约 25.5 亿元。项目将分期实施，第一期工程建设年产约 10 万 t 高档生活用纸。

2022 年 7 月 14 日，中顺洁柔在四川达州 30 万 t 竹浆纸一体化项目开工建设，项目投资约为 40 亿元，预计建设 1 条竹浆生产线、3 条生活用纸生产线，建成后年产竹浆约 31.8 万 t、生活用纸约 30 万 t，建设周期 42 个月。

● 理文集团

2022 年，理文在江西新增 1 台宝拓 1.6 万 t/a 的新月型卫生纸机，2 台江苏信诺的 2 万 t/a 新月型卫生纸机，合计新增产能 5.6 万 t/a，总产能达到 107.5 万 t/a。

2023 年，理文在广西崇左基地投产 5 台宝拓、4 台上海轻良、2 台凯信的新月型纸机，合计产能 25 万 t/a，使集团总产能达到 132.5 万 t/a。

理文集团已经宣布的未来投资项目包括：

2022 年，理文泸州 110 万 t/a 浆纸全产业链项目签约仪式在四川泸州举行，叙永县政府与香港理文正式签订招商引资协议。理文泸州 110 万 t/a 浆纸全产业链项目计划建设 30 万 t/a 化学浆、40 万 t/a 生活用纸、40 万 t/a 后加工生活用纸生产线。

● 泰盛集团

2022 年，泰盛总产能增加到 111 万 t/a。新增项目包括在江西九江增加 14 万 t/a 产能，分别为 2 台山东信和的 3 万 t/a 短长网擦手纸机和 4 台上海轻良的 2 万 t/a 新月型纸机。

2023 年，泰盛新投产产能 16 万 t/a，分别在四川基地投产 4 台新月型纸机，在安徽宿州投产 4 台新月型纸机，纸机全部由上海轻良提供，同时，在四川乐山淘汰 29 台小纸机，合计淘汰产能 2 万 t/a，使集团总产能达到 125 万 t/a。

2024 年，泰盛计划在贵州赤水新增 8 台、安徽宿州新增 4 台、湖北荆州新增 4 台上海轻良的2万t/a新月型纸机，预计总产能将达到157万t/a。

项目地点	产能/(万 t/a)	计划投产时间
安徽宿州	16	2023年
四川乐山	8	2023年
贵州赤水	16	2024年
安徽宿州	4	2024年
湖北荆州(收购真诚)	8	2024年

7 产品结构

7.1 国内情况

根据生活用纸专委会对2022年企业调查样本的推算，国内消费的生活用纸产品中，卫生纸依然占主导地位，约占50.5%的市场份额，其他品类依次是面巾纸(32.6%)、手帕纸(4.6%)、餐巾纸(4.0%)、厨房纸巾(1.3%)、擦手纸(5.6%)、卫生用品用吸水衬纸(1.4%)等，见表17。

产品结构总体趋于稳定，行业总体卫生纸产品的占比略有下降，更多细分品类产品的占比在逐渐上升。另外，湿厕纸产品消费量逐渐提升，湿厕纸在使用场景上对卫生纸产品具有一定的替代，也促使卫生纸产品的占比下降。

在本次调研中，我们也注意到，一般领先企业的产品结构中，面巾纸产品的占比高于平均水平，中小企业生产的产品中卫生纸的占比要更高。这也从侧面体现出，行业同质化竞争激烈，企业在未来的发展中需要通过差异化，来提升竞争能力。

其他几类产品中，餐巾纸产品的占比略微上升0.1个百分点，可能的原因是，自疫情以来，消费者的活动半径受限，点外卖的用户规模迅速扩大。国家信息中心数据显示，我国在线外卖营业额不断攀升，占全国餐饮业比重越来越高。新的餐饮消费形式，对相关的餐巾纸类产品的用量提升有一定的推动作用。

另外，擦手纸类产品的占比上升0.4个百分点。可能的原因是，擦手纸除在商用场景中的应用外，在家庭的厨房场景中的应用也较为普遍，并且擦手纸与厨房纸巾具有一定的替代性，这同时也体现出，消费者在居家厨房场景中擦拭需求的提升。在国外的一些行业分析中，也会将擦手纸、厨房纸巾共同作为擦拭纸品类来分析。

表17 2022年生活用纸的产品结构及与2021年对比

产 品		2022年		2021年	
		消费量/万 t	市场份额/%	消费量/万 t	市场份额/%
卫生纸		598.4	50.5	592.8	51.0
面巾纸		386.2	32.6	378.7	32.6
手帕纸		54.1	4.6	53.3	4.6
餐巾纸		47.9	4.0	44.7	3.9
擦拭纸	厨房纸巾	15.0	1.3	15.2	1.3
	擦手纸	66.7	5.6	60.9	5.2
卫生用品用吸水衬纸		16.4	1.4	16.1	1.4
生活用纸合计		1184.7	100	1161.8	100

7.2 与发达国家和地区对比情况

中国内地目前生活用纸的产品类别与日本、美国、西欧等发达国家和地区的情况基本一致；但由于产业发展程度、消费习惯等因素的差异，因此各类生活用纸消费量的占比具有明显的差别，见表18。

主要差别在于中国市场的擦拭纸(包括擦手纸和厨房纸巾)的占比较少，2022年总体有所上涨，未来也会有一定的增长空间，但由于东西方生活习惯本身具有差异，日本、中国香港、中国台湾擦拭纸(包括擦手纸和厨房纸巾)总体的12%~15%，对于行业更有参考意义；另外，随着TAD、复合型(类TAD)等新型卫生纸机在中国内地市场的推广和应用，并且新技术生产的新产品已经上市，正在市场的拓展和推广阶段，这些类型的卫生纸机生产的产品蓬松度、吸水性高，适合生产厨房纸巾、擦手纸等产品，未来也将会推动厨房纸巾、擦手纸消费量的增长。

表 18　2022 年美国、西欧、日本、中国香港、中国台湾与中国内地的生活用纸产品结构对比(消费量)

产　　品	日本	产　　品	美国	西欧	中国香港	中国台湾	中国内地
卫生纸	56%	卫生纸	46%	56%	50%	73%	50.5%
面巾纸(含手帕纸、餐巾纸)	26%	面巾纸/手帕纸	5%	5%	30%	12%	37.2%
擦拭纸(擦手纸、厨房纸巾)	15%	擦拭纸(擦手纸、厨房纸巾)	38%	30%	15%	12%	6.9%
		餐巾纸	10%	7%	2%	2%	4.0%
卫生用品用吸水衬纸及其他	3%	卫生用品用吸水衬纸及其他	1%	2%	3%	1%	1.4%

注：美国、西欧、日本、中国香港、中国台湾的对比数据来源为 FASTMARKETS RISI。

8　原料结构

2022 年，生活用纸专委会对生活用纸原纸生产企业所使用的纤维原料种类进行了调查，由调查结果推算出生活用纸行业使用纤维原料的结构及与 2021 年的对比情况如下：

表 19　2022 年生活用纸纤维原料结构及与 2021 年对比

纤维原料		2022 年比例/%	2021 年比例/%
木浆		82.42	83.31
非木浆	竹浆	14.30	12.10
	蔗渣浆	1.20	2.00
	麦草浆	0.16	0.49
	稻草浆	0.04	0.02
	苇浆	0.28	0.38
废纸浆		1.60	1.70

木浆依然是生活用纸行业的主要纤维原料，而且生活用纸行业使用木浆原料的比例远高于造纸行业平均水平(38%[4])。2022 年与 2021 年相比，木浆原料的比例有所下降(2021 年：83.31%)，这是由于 2022 年木浆价格持续处于高位，从而带动四川竹浆的总体产量以及泰盛等大型竹浆企业的竹浆及竹浆纸产量明显提升，使竹浆原料占比上升；蔗渣浆、苇浆、麦草浆的占比进一步下降。目前使用麦草浆、稻草浆的企业仅各一家，使用苇浆的企业仅 4 家，都属于用量非常低的浆种。2022 年，使用脱墨废纸浆的小纸机继续淘汰，但由于 2022 年木浆价格大幅上涨，为降低生产成本，一些原本使用纯木浆为原料的原纸企业改为使用以白纸边等为原料的废纸浆代替部分木浆，使行业总体废纸浆用量与上年基本持平。

9　技术进展

9.1　新技术设备生产的新产品推向市场

2021 年以来，维达、恒安等领先企业积极引进 TAD、类 TAD 等世界高端机型，开发差异化产品，提升企业市场竞争力。2022 年，维达、唯洁雅等品牌也相继推出了采用新技术生产的产品，主要走高端路线。区别于传统纸机技术，引进的新技术纸机生产的新产品，给消费者带来了新的使用体验，也为行业带来了新的变化。

目前，新产品仍在市场推广和拓展阶段，占比仍较低，但新产品的推出，可以让消费者直观感受到新产品使用性能上的提升，随着消费者对产品的认可逐渐提高，市场也将会逐渐增长。

9.2　生产设备的国产化水平提高

近年来，国产卫生纸机制造水平的提高和高性价比使其在现代化产能新项目中的占比持续高于进口纸机，见表 20。

表 20　2013—2023 年投产的现代化产能中进口和国产卫生纸机占比情况

年份/年	2013	2014	2015	2016	2017	2018	2019	2020	2021	2022	2023
投产产能/万 t	83.15	124.3	103.92	134.19	221.58	182.5	178.1	184.8	278.6	205.7	177.1
其中：进口纸机/万 t	61.15	100	72.8	68.5	90.8	82.3	22.5	18	87.2	59	62.5
国产纸机/万 t	22	24.3	31.12	65.69	130.78	100.2	155.6	166.8	191.4	146.7	114.6
投产纸机数/台	35	41	42	66	111	84	95	95	117	84	69
其中：进口纸机/台	23	28	18	18	25	19	9	4	24	15	15
国产纸机/台	12	13	24	48	86	65	86	91	93	69	54

2023年，国产（含中外合作）卫生纸机制造商合计在中国内地投产现代化卫生纸机68台，合计产能112.8万t/a，占内地全年投产现代化卫生纸机总产能的约64.3%。其中表现突出的包括：宝拓17台、轻良16台、昌达8台等。另外，进口纸机主要是恒安投产1台意大利拓斯克TAD型纸机、2台维美德复合型（类TAD型）纸机、1台安德里茨新月型纸机，维达投产1台维美德复合型（类TAD型）纸机，中顺投产1台维美德（PMP）新月型纸机，雨森投产3台维美德（PMP）新月型纸机，联盛投产安德里茨和维美德的新月型纸机各2台，及亚太森博投产2台安德里茨新月型纸机。

2022年，由于市场竞争压力增大，国内现存的低速纸机加速淘汰。在行业总体处于阶段性产能过剩的情况下，部分老旧的低速设备淘汰，也是行业整合和产能结构调整的体现。

在国产纸机新技术方面，宝拓最新研发推出的高端机型——BC1800型新月型卫生纸机，纸机年产能2.5万~3.5万t，适合大型生活用纸企业选用。该机型已于2022年在中顺洁柔唐山分公司扩产项目中投产1台，在广西太阳纸业投产2台；2023年分别在恒安湖南基地和山东基地各投产1台。

宝拓的1台TAD纸机已于2023年9月在贵港龙派实业投产，这是宝拓（慧丰）继在河南中南纸业之后，投产的第2台国产化TAD纸机。

轻良推出了专家远程诊断系统，通过智能眼镜，可以远程由专家指导现场人员进行纸机维护或维修工作。

杭州美辰纸业技术有限公司通过研发自动化控制系统，如流浆箱总压/液位电脑控制系统、自动唇板横幅定量调节系统、自动稀释水横幅定量调节系统等，提高设备的运行效率。

9.3 开拓卫生纸机出口市场

据生活用纸委员会统计，截至2023年10月，以宝拓、信和、凯信、轻良、华林、金顺、炳智、大正、方源众和、维拓、昌达等为代表的国内知名纸机制造商出口海外的新月型及真空圆网型等卫生纸机共47台，产能合计约83.25万t/a，出口地区为亚洲、非洲、欧洲。

9.4 践行双碳目标

恒安集团荣获“2022绿色可持续发展贡献奖”。恒安集团多地工厂已实现全厂房太阳能，年发电量2000万千瓦时，减少碳排放8688t/a；吨纸的蒸汽、天然气、水、电消耗等方面远低于行业平均水平。

金红叶纸业荣膺“2022国际绿色零碳节生活用纸行业绿色典范奖”。目前，APP（中国）旗下金红叶纸业所有工厂均已获得了CFCC/PEFC森林认证，确保原料都是100%原生木浆；2021年8月金红叶获得行业首批生活用纸系列“中国绿色产品”认证；率先推出了零碳纸系列产品；积极推进绿色供应链，绿色工厂等方面的认证；在绿色能源方面，开始探索利用生物质发电节碳降耗，同时在光伏、风电、碳捕捉等技术上，加快与专家学者们的进一步探讨。

中国制浆造纸研究院有限公司为推进绿色低碳转型发展，助力双碳目标实现，顺应业内外各用人单位对碳排放管理人员的迫切需求，成功组织开展碳排放管理员的职业能力培训和水平评价工作。

9.5 产品升级创新

生活用纸企业的产品升级与创新主要通过应用新技术和新设备开发差异化产品，提升产品的使用性能；创新包装形式，提升企业形象和品牌价值以及产品便携性；打造环保概念等。

9.5.1 应用纸机及后加工过程的新技术和新设备提升产品使用性能

高端压花产品仍然是2023年产品升级的主要方式之一，很多品牌也推出了新的压花类产品。

心相印品诺推出ROBBi联名系列面巾纸、手帕纸，采用4层加厚，4边压花，湿水不易破。

清风推出云柔纯品系列面巾纸，采用双面立体压花，亲肤柔软。

维达推出棉韧奢柔卫生卷纸，采用AIR-TOUCH空气感棉柔技术，亲肤触感，厚实耐用。

丽邦推出5D立体压花纸，产品触感舒适，吸水能力加倍；立体压花的网状线，让纸张紧致不分层，棉韧有张力，湿水不易破。

雨森的水轻柔品牌棉柔感立体压花纸巾，采用双面立体美纹压花，如棉朵般柔软，纸张柔韧兼备，可干湿两用。

金博士推出纸博士品牌生活用纸采用4K高清无胶立体压花复合技术，多层纸张紧密结合不分层，压纹清晰立体，纸质柔软亲肤，手感蓬松有泡泡感，兼顾柔滑与弹性。

植护推出气垫纸巾·悦色橙抽纸，采用原生木浆，菱形压花纹，air-cushion 气柔技术，柔触感升级，4 层加厚，湿水不易破，擦拭不易掉屑。

斑布推出了 6D 压花系列，采用 6D 技术双面压花，柔软全面升级，羽绒般触感，柔软软亲肤，4 层加厚，纸巾加宽加大，物超所值。

护理佳“品秀”面巾纸采用创新四边立体印花锁边技术，精选十余款精致花型，各层纸巾结合力强，产品柔软亲肤，吸水更锁水，湿水不易破。

9.5.2 创新包装形式，提升产品使用便捷性

推出底部抽式产品包装设计，受到市场广泛欢迎。

“心相印”“清风”“丽邦”“雨森”“植护”“丝飘”“双灯”“花恬”等品牌纷纷推出多功能悬挂式抽纸，采用挂壁式底部抽纸巾的设计；壁挂省空间，随用随取；大容量多抽数，不用频繁换纸；多场景使用，催生纸巾消费新风口，迎合了年轻消费群体的需求。

9.5.3 打造环保概念产品

中国制浆造纸研究院有限公司针对卫生巾独立小包装和生活用纸软抽面巾纸包装，开发了能够替代塑料的纸基包装材料，该纸基材料既具有热封性能又具有阻隔性能，可生物降解，并已推广应用。

清风首创行业首款 0 塑纸——清风 0 塑纸，产品包装以纸代塑，采用创新纸包装，真正做到减少塑料痕迹，让地球更绿色。

9.6 新技术和新设备

9.6.1 TAD、类 TAD 卫生纸机在中国市场持续推进

恒安、维达等领先企业通过引进 TAD、类 TAD 等世界高端机型，开发差异化产品，提升企业市场竞争力。

● 恒安引进了 2 台拓斯克的 TAD 型卫生纸机，成为国内首家引进进口 TAD 纸机的生活用纸企业。其中，第 1 台已于 2023 年投产，第 2 台计划于 2024 年投产。TAD 卫生纸机可以为产品带来卓越的松厚度、柔软度和吸水性。2024 年初，恒安 TAD 纸机生产的多款高端新产品开始陆续上市。

恒安还引进 2 台维美德复合型卫生纸机（Advantage QRT，类 TAD 型），合计年产能约 7 万 t，分别安装在恒安湖南和湖北基地，均已于 2023 年开机，主要生产高品质面巾纸和厨房纸巾等产品。

● 维达于 2021 年成功投产 4 台维美德复合型卫生纸机（类 TAD 型）后，于 2023 年又投产了 1 台，该复合型卫生纸机可生产超优质的差异化生活用纸产品。

此外，相关进口及国产同类机型也在国内市场积极推广和应用。

● 安德里茨的 *Prime* LineHyTAD 塑纹型卫生纸机（类 TAD 型）在中国市场积极推广中，该新型纸机可以用更低成本生产高品质生活用纸，纸机成品质量接近 TAD 纸，但与干法起皱纸机生产的产品比，可节省高达 25% 的纤维，与 TAD 纸机相比可节省高达 50% 的能耗，并且可灵活快速切换生产干法起皱型卫生纸。

此外，TAD 纸机国产化方面也取得新进展：

● 2023 年，广西龙派纸业投产了 1 台宝拓的 TAD 纸机，产能 1 万 t/a，这也是宝拓（慧丰）继在河南中南纸业之后，投产的第 2 台国产 TAD 纸机。

9.6.2 纸机低碳化技术持续发展

安德里茨推出 *Prime* Dry Hood E 卫生纸机电加热气罩，该设备配置了与燃气或蒸汽加热气罩相同的热风系统，采用电加热器取代了燃气燃烧器或蒸汽加热器。该系统能够实现 400～450℃ 的热风温度。与普通燃气气罩相比，电加热气罩的干燥系统能源效率提高了 4%，并可将卫生纸机的二氧化碳排放总量减少约 70%。与普通蒸汽气罩相比，电加热气罩以更高的温度，可实现更高的产能。

9.6.3 加工设备新技术

宝索推出的 YH-FG 全自动面巾纸生产整线（含配套包装机），设备配有点对点压花带水复合功能，其中“立体内织，无胶复合”是宝索生活用纸智能装备的创新环保技术，使产品更加环保卫生，质量更高，同时洁净美观，柔软亲肤。

广东志德胜通过多种的压花组，为客户提供更加多样化的压花解决方案。其中，多功能双面立体压花组，适用于卫生纸；面巾纸无胶立体压花组，适用纸幅范围宽，生产车速范围广，可自动匹配生产线运行速度，压合牢靠不易分层；四辊/双辊点对平压花组，适用于面巾纸/卫生纸生

产线的压花，具有纯物理无胶压花压合、自动匹配生产线运行速度等特点。

王派推出的全自动面巾纸折叠机，产品质量稳定，不同规格产品一键切换，从定量 $11g/m^2$ 的2层到5层纸巾均可兼容，可以选配钢对胶/钢对钢压花、上胶复合压花、四边定位压花等，满足客户的不同需求。

9.6.4 “十三五”生活用纸行业装备技术创新成果

“十三五”期间，生活用纸行业关键核心装备的自主国产化进程与技术水平显著提升。中国造纸学会于2022年11月组织专家评议出5项生活用纸领域创新技术成果，并于2023年5月正式宣布，包括：宝索企业集团宝拓造纸设备有限公司的BC1800型新月型高速卫生纸机；溧阳市江南烘缸制造有限公司的钢制扬克烘缸；东莞市神点纳米喷涂科技有限公司的烘缸喷涂技术；广东志德胜科技有限公司的大型高速无胶点对点双面立体压花设备；全利机械股份有限公司的全幅折叠机。这5项技术成果解决了我国生活用纸行业技术发展瓶颈难题，对行业技术进步发挥了至关重要的作用。

9.7 品牌与渠道创新

9.7.1 践行国家“三品”战略

受工业和信息化部委托，中国制浆造纸研究院有限公司积极搭建生活用纸和卫生用品行业品牌培育服务平台，开展行业“匠心产品”评价相关工作，并通过各种渠道赋能、传播，让消费者更容易选购和使用匠心产品。

2022年，有17个品牌产品成功入围首批行业“匠心产品”榜单，其中生活用纸品牌包括：维达、清风、洁柔、洁云、丽邦、雨森。

2023年，又有21个品牌产品入围第二批“匠心产品”榜单，其中生活用纸品牌包括：心相印、唯洁雅、丽邦、植护、雨森、金博仕、思景。

与普通产品相比，匠心产品品质更卓越、使用更安全、能更好地满足消费者的消费升级需求。匠心产品榜单的发布更好地践行了“三品”战略，引导企业增品种、提品质、创品牌，帮助消费者甄别品质更优的产品，对提升生活用纸和卫生用品质量，推动行业高质量发展具有重要意义。

9.7.2 拓展更多新营销方式

2023年7月，金红叶纸业集团携手电商平台京东超市在金光如东生活用纸基地召开了主题为“携手京东　共沐清风”的战略合作会议及京东超市专属生产线“京东线”的揭牌仪式。

2023年8月，清风召开与电商平台天猫超市的主题为“林间清风　绿动猫超”战略合作会议及天猫超市专属林场的揭牌仪式。

心相印以520作为品牌日，2023年5月20日，心相印品牌以TVC（商业电视广告）为载体，从品牌代言人肖战的视角提出爱贴近于生活点滴的表达，完成与消费者的沟通。整体投放覆盖全国多个城市，线上微博、微信视频号、腾讯闪屏联投、小红书等，线下投放杭州地铁凤起路站，以及2号线品牌列车，反哺回流至线上。520通过线上、线下联动传播深化品牌基因，实现全网传播曝光量2亿+。

2023年4月3日，维达联合京东超级品牌日，通过“视觉语言”+“场景体验”营销策略，传递新品“维达棉韧奢柔羊绒感纸巾”的柔软体验。活动期间，维达在上海核心商场打造首个“羊绒感柔乐园”，并在广州汉溪长隆地铁站打造一条沉浸式“羊绒感”通道，覆盖高品质用户人群，反哺线上销售。同时，维达还与多家主流APP联合宣传引流，促成京东线上销售转化。

2023年，维达最新品牌代言赵丽颖的TVC登陆新潮电梯智能屏与新潮纯商务网，实现对目标受众的精准覆盖。

2023年，雨森通过参加京东平台的“春晓计划”，享受到‘9.9包邮’、‘百亿补贴’等优惠政策，京东“雨森纸品官方旗舰店”迎来了流量和销量的快速提升，店铺月成交额稳定在300万元左右。

2023年11月18日，东方甄选开展河北专场直播活动，活动首日，推荐河北本地产品超250款，其中，丽邦抽纸产品销售超过10万单。

2023年5月5—7日，由工业和信息化部主办的消费品工业“三品”战略推进大会在重庆召开，金博士、丽邦、雨森参会并展示了各自企业的“三品”工作成果，以及最新推出的生活用纸和卫生用品。

10 产品及行业相关标准

行业标准不断丰富和完善，同时也推出了一系列团体标准，对推动生活用纸行业高质量发展，满足市场和产品创新具有重要的指导作用。

2022 年以来发布和开始实施的国家标准及团体标准，以及正在修订中的标准包括：

（1）新发布及修订的国家标准

GB/T 40358—2021《卫生纸和擦手纸回用纤维使用规范》于 2021 年 8 月 20 日发布，2022 年 3 月 1 日实施。

GB/T 20808—2022《纸巾》代替 GB/T 20808—2011，于 2022 年 4 月 15 日发布，2023 年 5 月 1 日实施。

GB/T 24455—2022《擦手纸》代替 GB/T 24455—2009，于 2022 年 7 月 11 日发布，2023 年 8 月 1 日实施。

GB/T 26174—2023《厨房纸巾》代替 GB/T 26174—2010，于 2023 年 8 月 6 日发布，2024 年 9 月 1 日实施。

（2）新发布团体标准

T/CTAPI 002—2022《匠心产品　生活用纸》由中国造纸学会于 2022 年 4 月 21 日发布，2022 年 5 月 1 日实施。

2023 年 12 月 6 日，工业和信息化部公布了 2023 年团体标准应用示范项目的通告，由中国制浆造纸研究院有限公司牵头起草的《匠心产品　生活用纸》（T/CTAPI 002—2022）入选工信部 2023 年百项团体标准应用示范项目，这意味着该团体标准在生活用纸领域的创新和应用得到了国家的认可和重视，将促进团体标准的更大范围的应用，对于推动生活用纸行业的升级和发展、满足消费者的需求都具有重要的意义。

此外，2023 年，天猫以《匠心产品　生活用纸》团体标准为依据，将团体标准中对抽取式面巾纸的规格尺寸要求作为面巾纸产品入驻平台的参考尺码标准。此次“标准+平台”强强联动，能更好地满足消费者消费升级需求，助力消费者选择品质更优、值得信赖的生活用纸产品。

中国造纸学会于 2022 年 11 月 28 日批准团标《纸浆、纸、纸板及纸制品　碳足迹核算方法与报告指南》立项，并于 2023 年 10 月 27 日发布了该项标准的征求意见稿。该标准由中国制浆造纸研究院有限公司、造纸工业生产力促进中心、造纸产业双碳战略发展中心、深圳市计量质量检测研究院、香港品质保证局牵头，联合多家行业单位共同起草完成。

该标准规定了纸浆、纸、纸板及纸制品碳足迹核算的术语和定义、核算原则、核算边界、核算方法、数据收集、不确定性分析和报告要求，主要目的是科学核算造纸产品碳足迹，引导企业采取碳减排措施，为产品碳标识提供依据。

（3）新发布的行业标准

QB/T 5742—2022《本色浆》于 2022 年 4 月 8 日发布，2022 年 10 月 1 日实施。

（4）工业重点领域能效标杆水平和基准水平（2023 年版）

2023 年 6 月 6 日，国家发改委等部门发布关于《工业重点领域能效标杆水平和基准水平（2023 年版）》的通知（发改产业〔2023〕723 号）。在此前明确的 25 个重点领域能效标杆水平和基准水平的基础上，增加卫生纸原纸、纸巾原纸，棉、化纤及混纺机织物，针织物、纱线，黏胶短纤维等 11 个领域，原则上应在 2026 年底前完成技术改造或淘汰退出，进一步扩大工业重点领域节能降碳改造升级范围。

其中，《通知》对卫生原纸、纸巾原纸的能效水平要求包括：以木浆为原料的原纸吨纸能耗标杆水平为 450kg 标准煤，基准水平为 520kg 标准煤；以非木浆为原料的原纸吨纸能耗标杆水平为 510kg 标准煤，基准水平为 560kg 标准煤（不包括 TAD 等塑纹纸机生产的产品）。

《通知》自印发之日起执行，《关于发布〈高耗能行业重点领域能效标杆水平和基准水平（2021 年版）〉的通知》（发改产业〔2021〕1609 号）同时废止。

11　行业展望

11.1　行业面临的机遇与挑战

（1）行业产能阶段性过剩，长期仍有发展空间

近年来我国生活用纸行业产能增长的速度在不断提升，面临产能阶段性过剩的问题愈发突出。随之而来的是开工率持续下降，2022 年开工率已降至历史最低点。但随着疫情结束，2023 年行业恢复常态运行和发展，开工率触底回升。

目前，中国生活用纸人均消费量与 Fastmarkets RISI 估计的 2022 年美国（26.9kg）、西欧和日本（16~17kg）等发达国家和地区的人均消费量相比，仍然较低。长期来看，行业仍有继续增长的空间。与发达国家和地区相比，擦拭类产品占比较低，因此从增长的品类来看，擦拭纸是有待增

长的主要品类。

(2) 积极开发差异化产品，拓展应用场景

行业企业应积极研发创新及开发差异化产品，提升品牌竞争力和拓展产品应用场景，避免价格竞争，同时，关注国家推进“双碳”战略的新要求，推出更加节能减碳的设备和产品，实现低碳绿色发展。

(3) 加强企业间合作

在整个行业产能充足的情况下，通过企业间产能合作、供应链合作，实现行业抱团发展。

(4) 原料依赖进口，行业加速洗牌

我国生活用纸行业使用的主要原材料商品木浆高度依赖进口。生活用纸企业的生产成本受国际浆价波动影响较大。同时，由于行业现阶段产能过剩，市场竞争激烈，行业已进入加速洗牌阶段。在此形势下，林浆纸一体化及具有能源优势的企业竞争力明显增强，这些企业也将是未来行业产能投资的主要参与者。此外，具备品牌知名度的大型企业，也将继续保持领先的竞争优势，抗风险能力差的中小企业将被加速淘汰出局。

(5) 竞争更加激烈

根据生活用纸专委会调研汇总的数据显示，2024 年及之后的新投产项目总产能可达近 1200 万 t/a，因此未来一段时间，阶段性产能过剩的情况仍会持续，市场竞争将更加激烈。

11.2 市场预测

基于比较保守的预测，到 2023 年，总产能在 2022 年 2000 万 t 的基础上新投产产能 160 万 t，淘汰和停产产能 80 万 t，总产能达到 2080 万 t。按行业设备平均开工率 65% 计，2023 年产量达到 1352 万 t，净出口量 75 万 t，消费量 1277 万 t，年人均消费量 9.0kg。

表 21 生活用纸的市场预测

年份	生产量/万 t	消费量/万 t	人口/万人	人均消费量/(kg/人·年)
2011	582.1	540.2	134735	4.0
2012	627.3	577.5	135404	4.3
2013	680.8	618.9	136072	4.5
2014	736.3	660.1	136782	4.8
2015	802.4	736.0	137462	5.4
2016	855.2	787.6	138271	5.7
2017	923.4	851.1	139008	6.1
2018	956.3	889.6	139538	6.4
2019	1040.4	960.7	140005	6.9
2020	1129.8	1049.4	140005	7.5
2021	1220.7	1161.8	141260	8.2
2022	1260	1184.7	141175	8.4
2023	1352	1277	141175	9.0

参 考 文 献

[1] 恒安国际集团有限公司 2022 年年报、2023 年半年报.
[2] 维达国际控股有限公司 2022 年年报、2023 年半年报、2023 年三季报.
[3] 中顺洁柔纸业股份有限公司 2022 年快报、2023 年半年报、2023 年三季报.
[4] 中国造纸工业 2022 年度报告.

附　　录

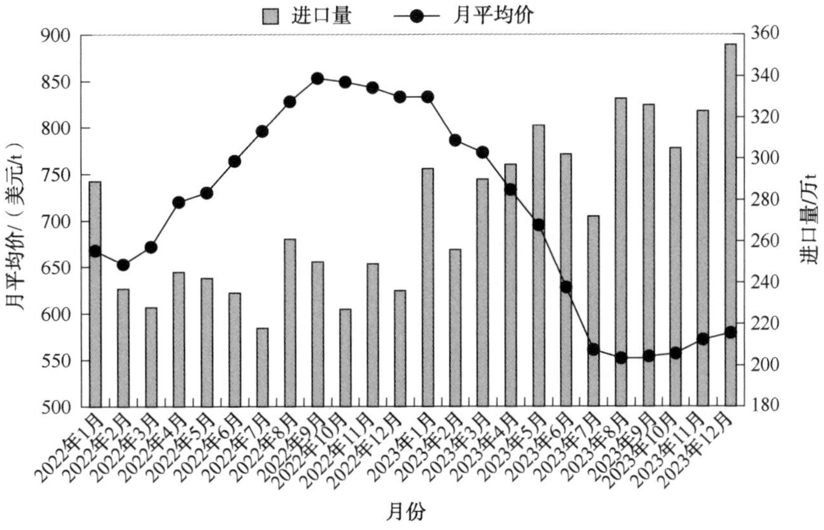

附图 1　2022 年 1 月—2023 年 12 月纸浆进口情况

附表1　2022年生活用纸出口量分项及总计排名前10位的出口目的地国家和地区

商品编号	商品名称	排名	出口目的地国家和地区	出口量/t	商品编号	商品名称	排名	出口目的地国家和地区	出口量/t
48030000	原纸	1	澳大利亚	84715.618	48181000	卫生纸	1	中国香港	76842.664
		2	日本	8734.652			2	澳大利亚	34742.899
		3	美国	8665.710			3	美国	28168.867
		4	中国台湾	7011.069			4	日本	27457.482
		5	马来西亚	6054.938			5	泰国	13603.865
		6	牙买加	5948.469			6	英国	9245.174
		7	秘鲁	4158.257			7	马来西亚	6891.105
		8	多米尼加共和国	3722.883			8	新加坡	6463.461
		9	阿联酋	3708.663			9	蒙古	6069.295
		10	约旦	3518.995			10	菲律宾	5605.652
48182000	手帕纸、面巾纸	1	日本	69781.535	48183000	纸台布、餐巾纸	1	美国	29606.574
		2	中国香港	49393.852			2	日本	12896.631
		3	泰国	33138.308			3	澳大利亚	3927.506
		4	美国	28178.684			4	加拿大	2916.767
		5	澳大利亚	21068.638			5	中国香港	2513.309
		6	菲律宾	7774.799			6	英国	1307.556
		7	马来西亚	6932.044			7	马来西亚	1292.281
		8	中国澳门	5514.904			8	泰国	1258.147
		9	新西兰	4302.290			9	菲律宾	831.028
		10	缅甸	3319.104			10	智利	693.285

商品编号	商品名称	排名	出口目的地国家和地区	出口量/t
48030000、48181000、48182000、48183000	生活用纸总计	1	澳大利亚	144454.661
		2	中国香港	129636.062
		3	日本	118870.300
		4	美国	99579.459
		5	泰国	45140.663
		6	马来西亚	21170.368
		7	菲律宾	15793.192
		8	英国	14484.640
		9	缅甸	11887.125
		10	蒙古	9873.560

Overview and prospects of the Chinese tissue paper industry

Zhou Yang, Guo Kaiyuan, Ge Jiming, Zhang Shengyou, Qi Xiaohua, Cao Baoping, Zhang Yulan

China's tissue paper industry has been maintaining growth in recent years. Driven by market competition, the industry's backward production capacity continues to be eliminated, and the promotion and application of advanced technology and equipment have been improving the quality and functions of products. However, the whole industry is faced with the problem of temporary overcapacity. While the raw materials costs have significantly fluctuated, the profit margins of enterprises are under pressure, and the market is extremely competitive.

1 Market Size

According to the research of China National Household Paper Industry Association (hereinafter referred to as CNHPIA), the total production capacity of tissue paper in China reached 20 million tons in 2022, with the total output of about 12.6 million tons, the average equipment utilization rate of 63%, the total factory sales of about 128.52 billion yuan, and the industry-wide average factory price of 10200 yuan/ton (including exports). The consumption was about 11.847 million tons, and the annual per capita consumption was about 8.4 kg, far exceeding the world per capita consumption level of 5.7 kg in 2022 estimated by FASTMARKETS RISI. The domestic market size was about 157.09 billion yuan, remaining the world's largest producer and consumer of tissue paper.

Table 1 Total Scale of Tissue Paper Industry in China in 2022

	2022	2021	YoY growth/%
Capacity/10000 tons	2000	1878	6.5
Output/10000 tons	1260	1220.7	3.2
Operating rate/%	63	65	A decrease of 2 percentage points
Import volume/10000 tons	3.30	5.02	-34.3
Export volume/10000 tons	78.57	63.94	22.9
Net exports/10000 tons	75.27	58.92	27.7
Consumption/10000 tons	1184.7	1161.8	2.0
Per capita consumption/kg	8.4	8.2	2.4
Average factory price/(yuan/ton)	10200	9300	9.7
Factory sales/100 million yuan	1285.2	1135.3	13.2
Size of domestic market/100 million yuan	1570.9	1404.6	11.8

Note: 1. The market retail prices in 2022 and 2021 are based on the average factory prices plus a retail markup rate of 30%.
2. The data in the table are summarized by the CNHPIA, not including the data of Hong Kong Special Administrative Region, Macao Special Administrative Region and Taiwan Province, the same below.

2 Major Manufacturers and Brands

2.1 Number and distribution of tissue parent roll enterprises

Currently, there are still a number of tissue parent roll manufacturers in China's tissue paper market. According to the research by CNHPIA, the number of tissue parent roll manufacturers was 213 in 2022 (241 in 2021) (note: the group company with several production bases is accounted as one manufacturer; therefore, there are 258 production plants nationwide). The significant decrease in the number of enterprises is mainly due to the continued elimination of outdated production capacity in the industry and the accelerated exit of small businesses from the market. In addition, some enterprises that use modern production capacity were also in a state of suspension due to high raw material prices throughout the year and difficulty in marketing caused by intense market competition. Therefore, the industry has entered an accelerated reshuffling phase. The main distribution regions of the Groups and factories are shown in Table 2 and Table 3. The tissue converting enterprises are not included in this part because they are large in number and mainly small and medium-sized enterprises with rapid changes.

Table 2 Distribution of Tissue Parent Roll Manufacturers in China in 2022 (Based on Provinces of the Group's Headquarter)

Province	Number of Manufacturers	Province	Number of Manufacturers
Hebei	71	Jiangxi	6
Guangxi	24	Anhui	5
Sichuan	18	Yunnan	5
Guangdong	17	Guizhou	4
Shandong	13	Shaanxi	3
Fujian	10	Xinjiang	3
Henan	8	Shanxi	2
Jiangsu	7	Shanghai	2
Liaoning	6	Hubei	2
Zhejiang	6	Chongqing	1
Total		213	

Table 3 Distribution of Tissue Parent Roll Manufacturers in China in 2022 (Based on the Location of Plants)

Province	Number of Plants	Province	Number of Plants
Hebei	74	Hubei	7
Guangxi	26	Guizhou	5
Sichuan	24	Yunnan	5
Guangdong	22	Chongqing	4
Shandong	15	Xinjiang	4
Henan	11	Shaanxi	3
Fujian	10	Shanxi	2
Liaoning	9	Heilongjiang	2
Zhejiang	8	Hunan	2
Jiangxi	8	Beijing	1
Jiangsu	7	Shanghai	1
Anhui	7	Hainan	1
Total		258	

2.2 Production concentration of tissue parent roll continued to increase

In 2022, there were 96 enterprises nationwide with an annual production capacity of 50000 tons or more (including 50000 tons), an increase of one over the previous year. The combined capacity of these 96 enterprises accounted for 87.3% of the industry total capacity, and the production concentration of tissue parent roll increased from the previous year. Mind Act Upon Mind, Vinda, Breeze and C&S are still the four major national brands.

In 2022, there were 26 enterprises with an annual production capacity of less than 20000 tons, a significant decrease of 32 over the previous year. These small-scale enterprises have weak scale effect and competitiveness, and the number will continue to decrease.

Table 4 Capacity and Number of Chinese Tissue Parent Roll Manufacturers from 2020 to 2022

Capacity/10000 tpy		>100	50(exclusive)-100(inclusive)	10(exclusive)-50(inclusive)	5(inclusive)-10(inclusive)	2(inclusive)-5(exclusive)	<2
Number of producers	2022	5	1	27	63	91	26
	2021	4	2	24	65	88	58
	2020	3	3	20	50	95	69

In 2022, the provinces with modern tissue production capacity of over 500000 tons mainly include Hebei, Guangdong, Shandong, Guangxi, Hubei, Jiangsu, Sichuan, and so on. Please refer to Table 5 for details.

Table 5 Ranking of Provinces with Modern Capacity in 2022 (more than 0.5 million tons)

No.	Province	Total capacity/10000 tons	Number of TMs
1	Hebei	420.65	227
2	Guangdong	159.8	64

Continued

No.	Province	Total capacity/10000 tons	Number of TMs
3	Shandong	142.6	52
4	Guangxi	131.1	70
5	Hubei	117.5	46
6	Jiangsu	106.0	34
7	Sichuan	102.8	64
8	Jiangxi	98.2	36
9	Chongqing	93.9	21
10	Hainan	84.0	28
11	Zhejiang	72.9	35
12	Hunan	63.0	22
13	Henan	62.5	32
14	Fujian	60.0	19
15	Anhui	57.5	17
	Total	1772.45	767

2.3 Major players

Table 6 shows the top 17 tissue paper manufacturers in 2022. In 2022, the production capacity of top 17 manufacturers accounted for 51.4% (53.5% in 2021) of the total. The proportion of their sales revenue was 56.6% (56.8% in 2021).

Gold Hongye Paper (APP's capacity in Chinese mainland), Hengan, Vinda and C&S are the leading 4 tissue paper companies in China, which ranked 4th, 5th, 8th and 11th in the world in terms of production capacity in 2022, and 1st, 2nd, 3rd and 6th in Asia, according to FASTMARKETS RISI. In 2022, the 4 companies' tissue parent roll production capacity totaled approximately 5.907 million tons, accounting for approximately 29.5% (2021: 30.7%) of the industry's total production capacity, and sales totaled approximately 43.83 billion yuan, an increase of approximately 15.0% over the previous year, accounting for approximately 34.1% (2021: 33.6%) of the industry's total sales.

Table 6 Top 17 Tissue Paper Manufacturers in 2022

No.	Company	Brand	Capacity/10000 tpy
1	Hengan International Group Co., Ltd.	Mind Act Upon Mind, Softclear	149.7
2	Vinda Paper (China) Co., Ltd.	Vinda, Huazhiyun	139
3	Gold Hongye Paper Co., Ltd.	Virjoy, Breeze, Zhenzhen	213
4	C&S Paper Co., Ltd.	C&S, Sun	89
5	Libang Group Co., Ltd.	Libang	30.5
6	Fujian Botare Network Technology Co., Ltd.	Botare	33.9
7	Baoding Yusen Hygiene Products Co., Ltd.	Yusen, Baili	26
8	Taison Technology (Group) Co., Ltd.	Well Mind, Skin 2 Skin, Bamtime	111 (including bamboo paper)
9	Lee & Man Paper Manufacturing Limited	Hanky, Lee & Man, Lee & Man Unbleached	107.5 (including bamboo paper)
10	Shanghai Welfare Group Co., Ltd.	Zhi Yin	10
11	Sichuan Vanov New Material Co., Ltd.	BABO	13 (bamboo paper)
12	Shanghai Orient Champion Health Products Co., Ltd.	Hygienix, Silk'n Soft	14
13	Hebei Golden Doctor Group Co., Ltd.	Golden Doctor	19.2
14	Shandong Sun Household Paper Co., Ltd.	Sun Elements	36
15	Yinge Group	Yinge, Shulei	16
16	Yuen Foong Yu Investment Co., Ltd.	May Flower	10
17	Henan Foliage Paper Co., Ltd.	GQ-show	10.4
	Total capacity		1028.2

● Hengan is the top 1 tissue paper manufacturer in China. According to Hengan International's annual report, in 2022, the Group's sales revenue from tissue paper (including wipes) business increased significantly by about 24.4% to approximately 12248011000 yuan (2021: 9842429000 yuan), accounting for approximately 54.2% of the Group's total revenue (2021: 47.3%). The Group will continue to upgrade products and improve the penetration rate of high-end products. It is expected that the revenue from tissue paper business will maintain rapid growth in 2023.

In 2022, the Group was affected by the significant increase in wood pulp prices caused by factors such as tight wood pulp supply and logistics disruptions. The high price of wood pulp put significant pressure on the Group's gross profit, causing a decline in gross profit margin to approximately 20.7% in 2022 (2021: 26.4%).

During the COVID-19 pandemic, demand for tissue paper products remained at a high level, and the Group's sales of high-end tissue paper products achieved satisfactory results. Among them, the sales of "Cloudy Soft Skin" series grew by nearly 80.0% and accounted for more than 10.0% of overall tissue paper sales. In terms of wipes business, the sales revenue for the year was approximately 841993000 yuan (2021: 735612000 yuan), achieving close to 14.5% sales growth and accounting for approximately 6.9% of tissue paper business sales (2021: 7.5%). [1]

In the first half of 2023, sales revenue of the Group's tissue paper (including wet wipes) business surged by approximately 22.7% year-on-year to approximately RMB 7170110000 (First half of 2022: RMB 5842612000), accounting for approximately 58.7% (First half of 2022: 52.2%) of the Group's overall revenue. The wood pulp prices stopped rising and decreased in the second quarter of 2023, however the Group's results for the first half of 2023 did not fully reflect the positive impact of the significant drop in wood pulp costs as the high-cost wood pulp stocks were consumed, and therefore the gross profit margin dropped to approximately 17.7% (First half of 2022: 23.1%). However, the benefit of lower wood pulp costs was gradually reflected in the gross margin in the second quarter, with the Group's gross margin in the second quarter showing a significant improvement over the gross margin in the second half of 2022. As a result, the Group expects the gross profit margin of the tissue business to continue to improve in the second half of 2023[1].

● Vinda is one of the earliest professional tissue paper manufacturers in China and has maintained a leading position in stable development for many years. Currently, it is the second-largest producer of tissue paper in China. According to Vinda International's annual report, in 2022, Vinda International's revenue from tissue paper (including wipes) business was HKD 16.103 billion, a year-on-year increase of 3.9%. Excluding the impact of exchange rates, the increase was 7.8%, accounting for 83% of the Group's total revenue (2021: 83%). With the promotion of price, product portfolio and sales volume, the Group's sales achieved positive growth, further consolidating its leadership position in the Chinese mainland market. Despite the continued weakening of consumer demand and reduced in-store traffic due to pandemic-related restrictions, the Group's high-end tissue paper portfolios still achieved double-digit growth in the Chinese mainland. By raising product prices, optimizing product portfolios and improving efficiency, the Group partially offset the negative impact of significantly increased production costs. The gross profit margin and profit margin of the tissue paper business decreased by 7.9 percentage points and 7.2 percentage points to 27.5% and 5.2%, respectively[2].

For the first half of 2023, revenue from Vinda International's tissue paper business amounted to HK $8361 million, an increase of 5.0% year-on-year, or 11.5% excluding the impact of exchange rates, and accounted for 83% of Vinda International's total revenue. Vinda International benefited from an improved product portfolio, including continued growth in the premium category, especially the Tempo brand, which regained strong growth momentum and further accelerated compared to the previous two quarters. Vinda International's tissue paper market share remained solid, with high-end tissue paper products such as Vinda Cotton Tough and Tempo series favored by the market, and wet wipes such as wet toilet tissue, kitchen wipes and bathroom wipes launched to meet the needs of consumers in different scenarios of use[2].

For the first three quarters of 2023, Vinda International realized a 5.4% year-on-year increase

(10.6% on a constant currency translation) in total revenue to HK$14810 million, of which HK$12276 million was generated from the tissue (including wet wipes) segment; and HK$2534 million from the personal care segment. Gross profit decreased by 11.0% to HK$3821 million, while the corresponding gross profit margin fell by 4.7 percentage points to 25.8%. Operating profit decreased by 67.6% to HK$270 million and operating margin narrowed by 4.1 percentage points to 1.8%. EBITDA decreased by 29.4% to HK$1283 million and the corresponding EBITDA margin decreased by 4.2 percentage points to 8.7%[2].

● Gold Hongye is the tissue paper company under APP group in China and is the third-largest producer of tissue paper in China. In 2022, the Group closed its factory in Suzhou, Jiangsu Province, which had an annual production capacity of 430000 tons. It also further increased 540000 tpy new production capacity at its new factory in Rudong, Jiangsu Province, bringing the Group's total production capacity to 2.13 million tpy. In 2023, there is no new capacity. Currently, Gold Hongye is the largest producer of tissue paper in China in terms of capacity.

● C&S is currently the forth-largest producer of tissue paper in China. According to C&S's preliminary performance report, in 2022, its total operating revenue (mainly from sales of tissue paper business) reached 8.57 billion yuan, a year-on-year decrease of 6.34%; net profit was 352 million yuan, a year-on-year decrease of 39.43%. In 2022, affected by factors such as rising raw material prices, increasingly fierce market competition and weak consumption, the company faced immense pressure and challenges. Confronted with such severe situation, the company's management team actively responded by taking effective measures such as raising product prices, optimizing product structure, adjusting channel structure, reducing costs and increasing efficiency to ease the operational pressures to a certain extent. The main factors affecting performance changes include: (1) some regions in China were affected by outbreak control measures, coupled with product price increase strategies and channel structure adjustments, causing a certain impact on sales in the short term. The company actively responded and achieved operating revenue of 2.456 billion yuan in the fourth quarter of 2022, with a month-on-month increase of 40.62%. (2) The escalation in the prices of international raw materials, packaging materials and energy resulted in increased production costs, coupled with reasons such as weak and sluggish consumer markets and intense market competition, leading to a year-on-year decrease in gross profit margin[3].

In the first half of 2023, the operating income of C&S was 4.685 billion yuan, an increase of 7.27% year-on-year. Net profit attributable to shareholders of listed companies was about 84.4902 million yuan, a decrease of 62.88% compared with the same period of the previous year[3].

For the first three quarters of 2023, C&S' operating revenue was approximately RMB 2.138 billion, an increase of 22.44% year-on-year. Net profit attributable to shareholders of listed companies was approximately RMB 80.9379 million, an increase of 72.69% year-on-year. Basic earnings per share of 0.06 yuan per share, an increase of 50.00% year-on-year[3].

● Baoding Gangxing Paper of Libang Group is a representative enterprise in the Mancheng area of Baoding and was one of the earliest enterprises in Baoding region to eliminate outdated production capacity and replace it with updated equipment. In 2022, Libang Group put into operation the first TM for the second phase project with an annual capacity of 100000 tons of high-end tissue paper at its Xiaogan base. The new crescent tissue machine is supplied by Baotuo and has a capacity of 25000 tpy. The launch of it brings the total production capacity of the Group to 305000 tpy. In 2023, the Xiaogan Phase II project commissioned the 2nd Baotuo tissue machine, bringing the Group's total production capacity to 330000 tpy.

● Fujian Botare Network Technology Co., Ltd., established in 2014, has undergone rapid development in recent years and is a leading company in the online channel of the tissue paper industry. In 2016, Botare established its first tissue paper converting factory in Fuzhou, Fujian, marking its first step from e-commerce to physical operations. In 2019, Botare signed the contract to locate its first tissue parent roll production base (Guangxi Botare Yunshang Industry) in Laibin, Guangxi, where it started up two tissue machines provided by Dazheng in 2020, with a total capacity of 50000 tpy. In 2020, Botare established its second tissue parent roll production base by taking a stake in Hebei Baoding Success Paper, expanding its production capacity by 68000 tpy. In 2021, Botare acquired Fujian Fuqing Juhui Paper, establishing its third tissue parent roll base (Fujian Botare Yingrun Industry) and expanding its production capacity by 36000 tpy. In 2022, the company established its fourth tissue parent roll production base (Hebei Botare Tiantian Paper) and expanded its production capacity by 85000 tpy. It also started up two Baotuo tissue machines at its Guangxi base with a total capacity of 60000 tpy. In 2023, it also started up a Weiya tissue machines at its Guangxi base with capacity of 20000 tpy, bringing its total tissue parent roll production capacity to 379000 tpy.

● Yusen is also one of the tissue manufacturers in Baoding that develop fast in recent years. In 2020, Yusen established a new production base in Taian, Liaoning, with a planned annual capacity of 360000 tons. The project is divided into three phases, and in the first phase, the company started up two Valmet (PMP) crescent tissue machines of 30000 tpy in October 2020. In 2022, Yusen did not add any new tissue machines, and its production capacity remained at 260000 tpy.

In 2023, the second phase of Liaoning Yusen's tissue paper project put into production three more PMP crescent-type tissue machines, bringing the company's total annual production capacity to 350000 tons. In June 2023, Yusen's Northwest Region production base project laid the foundation stone and started construction in the Light Industry Industrial Park of Chongxin County Industrial Concentration Zone in Pingliang City, Gansu Province. The project is planned to be completed in three phases, of which the first and second phases of the construction of an annual output of 360000 tons of high-grade tissue paper production capacity, with the implementation of cogeneration projects. The third phase include 3 packaging paper production lines and 4 nonwoven fabric production lines.

● Taison currently has six tissue parent roll production bases, including those in Chongqing (acquired Well Mind), Chishui, Guizhou (acquired Chitianhua), Jingzhou, Hubei (acquired Zhencheng), Leshan, Sichuan (acquired Yongfeng), Jiujiang, Jiangxi (green factory) and Suzhou, Anhui (green factory). In 2022, Taison started up two Shandong Xinhe's 30000 tpy short-long mesh hand towel machines and four Shanghai Qingliang's 20000 tpy crescent tissue machines at its Jiangxi base, with a total capacity of 140000 tons, bringing the Group's total production capacity to 1.11 million tpy.

In 2023, Taison put into production 4 sets of crescent-type paper machines at its Sichuan base and 4 sets of crescent-type paper machines at its Anhui base respectively, all of which are supplied by Shanghai Qingliang, with a combined capacity of 160000 tpy, and at the same time, it will phase out 29 sets of small paper machines at Leshan, Sichuan, with a combined phase-out capacity of 20000 tpy, bringing the Group's total capacity to 1250000 tpy.

● In Chinese mainland, Lee & Man has three production bases in Chongqing, Jiangxi Jiujiang and Dongguan, Guangdong Province, which have already been put into production, and a production base in Chongzuo, Guangxi Province, which is under construction. In 2022, Lee & Man put one Baotuo tissue machine and two Xinnuo tissue machines into operation in Jiangxi, increasing its production capacity by 56000 tpy, bringing the total production capacity to 1.075 million tpy. Lee & Man continues to follow its model of "cluster development of the industrial chain" and supply parent roll to tissue converters, which remains as its main business.

In 2023, Lee & Man put into production 5 sets of Baotuo, 4 sets of Shanghai Qingliang, and 2 sets of Hicredit's crescent-type tissue machines at its new base in Chongzuo, Guangxi, with a combined capacity of 250000 tpy, bringing the group's total capacity to

1.325 million tpy. The project plans to build a forest-pulp-paper integrated whole industry chain project, including 300000 tons of bleached chemical pulp, 400000 tons of high-grade tissue paper, 400000 tons of tissue paper post-processing production line.

The representative tissue parent roll manufacturers in different regions of China are as shown in Table 7, mainly large - scale local producers or small and beautiful producers with high product visibility.

Table 7 Key Tissue Paper Manufacturers in Various Regions in 2022
(Based on Provinces of the Group's Headquarter)

No.	Province	Company	Brand
1	Hebei	Hebei Xuesong Paper Co., Ltd.	Xuesong
2		Baoding Chengxin Paper Co., Ltd.	Xueliang, Xuechi
3		Baoding Mancheng Jinguang Paper Co., Ltd.	Cat King
4		Baoding Dayi Paper Co., Ltd.	Dayi, Baihui
5		Hebei Jifa Paper Co., Ltd.	Jifa, Huierte, Wanjia
6	Shanxi	Shanxi Yungang Paper Co., Ltd,	Yungang, Huazhidu, Hanshu
7		Shanxi Lida Paper Group Co., Ltd.	YiBabe
8	Liaoning	Fuxin Haobo Paper Co., Ltd.	Qiuyuan
9	Jiangsu	Shengda Group Jiangsu Kaisheng Paper Co., Ltd.	Sund, Lanya, Ofeng, Laohao
10		Jiangsu Oji Paper Co., Ltd.	Nepia
11		Jiangsu Hongzehu Paper Co., Ltd.	Hongzehu
12	Zhejiang	Zhejiang Hong'an Paper Co., Ltd.	Corou
13		Zhejiang Jingxing Paper Co., Ltd.	Pinse
14		Zhejiang Xurong New Material Co., Ltd.	Persian Cat
15	Anhui	Anhui Hongtai Paper Co., Ltd.	Bamboo's Idea, Zi Peng Shan
16	Jiangxi	Huajin Group Ganzhou Paper Co., Ltd.	SPRY, GENTLE
17	Shandong	Chenming Group Co., Ltd.	Xingzhilian, Forestlove
18		Asia Symbol Group	YuanmuRiji
19		Weifang Lancel Hygiene Products Co., Ltd	Jade Label, Kite, Gewaili
20		Dezhou Shenggang Paper Co., Ltd.	Shenggang, Shijuan, Sunmengyinxiang, Jieshishan
21		Liaocheng Kunsheng Environmental Protection Technology Co., Ltd.	Kunsheng
22	Henan	Henan Qinyang Hongtao Paper Co., Ltd.	Xinlianxin
23		Pingyu Zhongnan Paper Co., Ltd. /Zhumadian Zhongnan Paper Co., Ltd.	Pai Jie Shi, Runmeng, Muke
24		Henan Huajie Hygiene Products Co., Ltd.	Huifeng, Qilin
25	Hubei	Hubei Xiangyang Hongfu Paper Co., Ltd.	Huiju
26	Guangdong	Dongguan Dalin Paper Co., Ltd.	Dalin
27		Shaoneng Group	EGRU
28		Guangdong Dingfeng Paper Co., Ltd.	May Flower
29		Guangdong Xinda Paper Co., Ltd.	Xinda, Xiong BaoBei, Hong Jin Zuan
30	Guangxi	Guangxi Hengxian Jiangnan Paper Co., Ltd.	Greenchance, Sanso
31		Liuzhou Qinyuan Paper Development Co., Ltd. (Former Liangmianzhen Paper)	Liangmianzhen
32		Guangxi Sky Power Natural Material Co., Ltd.	Wanting,Sky Power, Aijia
33		Nanning Xianglan Paper Co., Ltd.	Jiejiegao
34		Nanning Jiada Paper Co., Ltd.	Elegant, Qingpa

Continued

No.	Province	Company	Brand
35	Chongqing	Chongqing Longjing Paper Co., Ltd.	Smile
36	Sichuan	Sichuan Fengsheng Paper Technology Co., Ltd.	Hill Side
37		Yibin Paper Co., Ltd.	Golden Bamboo
38		Sichuan Yuanzhou Industry Co. Ltd.	U&U, Qianwei
39	Guizhou	Guizhou Huijing Paper Co., Ltd.	Tian Fu
40	Yunnan	Yunnan YunJing Forestry and Pulp Mill Co., Ltd.	Sijn
41		Yunnan Xinping Nan'en Sugar and Paper Co., Ltd.	Nan'en
42	Shaanxi	Shaanxi Famensi Paper Co., Ltd.	Famensi
43		Dali Cailun Paper Co., Ltd.	Cailun
44	Xinjiang	Xinjiang JuzhaoHuisen Sanitary Products Co., Ltd.	Fang Feida
45		Xinjiang ZhongtaiXingwei Biotechnology Co., Ltd.	Weiyi
	Total capacity (10000 tpy)		426.9

3 Imports and Exports

3.1 Exports

Exports of tissue paper products are an important part of the consumer market in China, accounting for approximately 6.24% of the output in 2022. In 2022, both the export volume and export value of tissue paper products increased significantly compared to the previous year, with export volume of 785700 tons, up 22.89% year on year, and export value of USD 2.034 billion, up 38.6% year on year. Among them, the export volume of tissue parent roll has seen the largest growth rate, up 65.21% year on year. However, finished paper still dominated the exports of tissue products, with a share of 76.15% in the total tissue product export volume. Moreover, both the export volume and prices of finished paper increased, with the average export price of toilet tissue, handkerchief tissue and facial tissue all increasing by more than 20%. The average price increase of exported finished paper is an important factor driving the overall export value growth of tissue paper products in 2022.

From the perspective of export value, in 2022, finished paper exports accounted for 86.09% of the total exports, and among the exported finished products, toilet tissue accounted for 34.66%, showing a decreasing trend year by year (40.84% in 2020 and 35.75% in 2021). On the other hand, handkerchief tissue and facial tissue exports accounted for 39.66% of the total exports, accounting for the largest share among all categories of tissue paper products. This indicates that the structure of exported tissue paper products continues to develop towards the high-end.

According to the statistics of Customs, based on the export volume in 2022, the top 10 export destinations of the products with commodity number of 48030000 (tissue parent roll), 48181000 (toilet tissue), 48182000 (handkerchief tissue, facial tissue) and 48183000 (table tissue, paper napkin) in separate items and in total are listed in Attached Table 1.

In 2022, the top three countries and regions of destination for China's tissue paper exports are Australia, China Hong Kong, and Japan, in terms of export volume. The top ten countries and regions also include developed countries such as the United States and the United Kingdom, as well as Southeast Asia and neighboring countries and regions such as Thailand, Malaysia, the Philippines, Myanmar and Mongolia.

3.2 Imports

Currently, the output and product categories of the tissue paper in China are sufficient to meet the needs of the domestic market. From the perspective of import and export trade, the tissue paper market in China is mainly export-oriented. According to China Customs, in recent years, the annual import volume of tissue paper has remained relatively low, ranging from 28000 to 50000 tons, and its impact on the domestic market is minimal. In 2022, both the import volume and import value of tissue paper decreased year on year, with an import volume of about 33000 tons, a decrease of about 17000 tons from 2021. The imports of tissue paper is dominated by tissue parent roll, accounting for 82.52% of the total import volume.

Table 8 Imports and Exports of Various Tissue Paper in 2020-2021

Commodity Number	Commodity Name	Volume/tons			Value/USD		
		2022	2021	Y-o-Y Growth /%	2022	2021	Y-o-Y Growth /%
Imports		32939.84	50180.065	-34.36	43447345	61570607	-29.43
48030000	Tissue parent roll	27182.592	43307.818	-37.23	30669874	42355756	-27.59
48181000	Toilet tissue	2541.968	3086.889	-17.65	4570039	8434959	-45.82
48182000	Handkerchief tissue and facial tissue	2447.91	2882.992	-15.09	6663577	8682087	-23.25
48183000	Table tissue and paper napkin	767.368	902.366	-14.96	1543855	2097805	-26.41
Exports		785731.85	639366.872	22.89	2033564520	1467225047	38.60
48030000	Tissue parent roll	187412.445	113435.732	65.21	282924896	184192603	53.60
48181000	Toilet tissue	265099.611	240046.851	10.44	704798997	524580587	34.35
48182000	Handkerchief tissue and facial tissue	261812.702	229290.802	14.18	806441979	585751608	37.68
48183000	Table tissue and paper napkin	71407.087	56593.487	26.18	239398648	172700249	38.62

Table 9 Proportions of Various Imported and Exported Tissue Papers (%)

Product	Imports		Exports	
	2022	2021	2022	2021
Tissue parent roll	82.52	86.30	23.85	17.74
Toilet tissue	7.72	6.15	33.74	37.54
Handkerchief tissue and facial tissue	7.43	5.75	33.32	35.86
Table tissue and paper napkin	2.33	1.80	9.09	8.85

Table 10 Average Price of Various Imported and Exported Tissue Papers in 2021-2022 (USD/ton)

Commodity Name	Imports			Exports		
	2022	2021	YoY growth/%	2022	2021	YoY growth/%
Total	1318.99	1226.99	7.50	2588.12	2294.81	12.78
Tissue parent roll	1128.29	978.02	15.37	1509.64	1623.76	-7.03
Toilet tissue	1797.83	2732.51	-34.21	2658.62	2185.33	21.66
Handkerchief tissue and facial tissue	2722.15	3011.48	-9.61	3080.22	2554.62	20.57
Table tissue and paper napkin	2011.88	2324.78	-13.46	3352.59	3051.59	9.86

4 Market Changes

4.1 Prices of pulp fluctuate sharply, resulting in continued pressure on the profit of tissue parent roll enterprises

4.1.1 Prices of imported wood pulp hit record high in 2022

In China, most tissue paper enterprises do not have self-made pulp and mainly use market wood pulp as raw material. As a result, the industry relies greatly on the imported pulp. In the total production cost of tissue paper except for the investment cost, pulp accounted for about 75%. So, the production cost is greatly influenced by the fluctuation of international market pulp price. In 2021, imported wood pulp used in tissue paper accounted for a large proportion of the total imported pulp, and the percentage was higher for the bleached hardwood pulp.

According to the China Customs, in 2022, the total imported pulp volume in China was approximately 29.16 million tons, down 1.8% than 2021. The total import value was 22.35 billion US dollars, up 11.4% than 2021. See Attached Figure 1 for the monthly import data of pulp. The import volume and average price of bleached softwood pulp and bleached hardwood pulp in January 2022 to December 2023 are listed in Table 11, Table 12 and Figure 1. The bleached softwood pulp was mainly imported from Canada, Finland, Chile, the United States, Russia, etc. The bleached hardwood pulp was mainly imported from Brazil, Indonesia, Uruguay, Chile, Russia, etc.

Table 11 Imports and Monthly Average Price of Wood Pulp in China in 2022

Month	Bleached softwood pulp		Bleached hardwood pulp	
	Import/10000t	Average price/(USD/ton)	Import/10000t	Average price/(USD/ton)
January, 2022	63.54	783.23	131.91	581.87
February, 2022	54.87	764.10	114.48	568.36
March, 2022	59.05	793.25	98.25	577.06
April, 2022	71.96	838.12	98.80	614.84
May, 2022	60.99	874.55	99.28	640.69
June, 2022	56.12	936.46	99.83	671.50
July, 2022	53.31	954.01	90.43	720.10
August, 2022	59.91	990.41	123.00	763.57
September, 2022	57.61	982.10	120.19	805.51
October, 2022	56.01	993.85	96.48	827.32
November, 2022	62.08	974.85	107.43	843.72
December, 2022	61.35	963.88	99.08	841.47
Total in 2022	716.80	902.39	1279.16	703.27
YoY growth/%	-14.90	13.46	1.52	19.45

Table 12 Imports and Monthly Average Price of Wood Pulp in China in Jan. to Dec. 2023

Month	Bleached softwood pulp		Bleached hardwood pulp	
	Import/10000t	Average price/(USD/ton)	Import/10000t	Average price/(USD/ton)
January, 2023	63.46	942.93	134.53	833.23
February, 2023	59.66	916.03	123.02	822.80
March, 2023	83.68	905.99	117.29	772.28
April, 2023	78.56	873.61	117.38	731.00
May, 2023	84.14	844.70	130.26	640.72
June, 2023	85.47	771.52	126.66	545.20
July, 2023	72.76	699.25	113.12	496.81
August, 2023	78.56	670.40	167.25	489.95
September, 2023	81.09	668.00	152.16	497.74
October, 2023	74.14	667.84	146.04	512.50
November, 2023	76.97	683.87	143.71	530.25
December, 2023	82.56	705.68	163.58	554.18
Total	920.84	775.33	1635.00	610.41
YoY growth/%	28.47	-14.08	27.82	-13.20

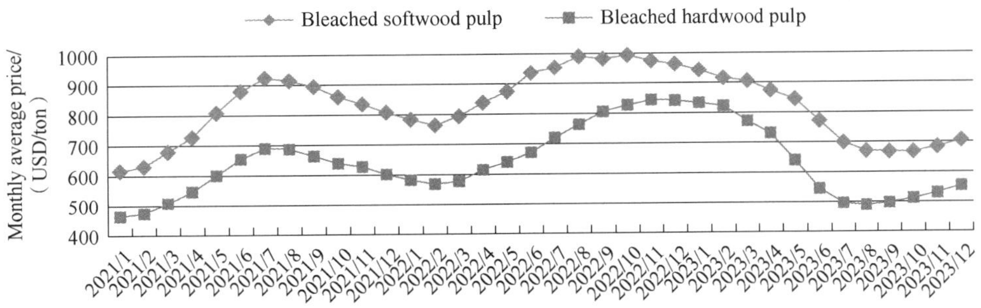

Fig.1 Monthly Average Price of Wood Pulp Imports in China from Jan. 2021 to Dec. 2023

Due to the impact of the COVID−19 pandemic, conflict between Russia and Ukraine, and international logistics issues, imported pulp prices reached a new historical high in 2022. According to the China Customs, overall import price of wood pulp showed an upward trend in 2022, and price in October and November of 2022 hit their highest level in nearly a decade. The average import price of bleached softwood pulp and bleached hardwood pulp reached 993.85 USD /ton and 843.72 USD /ton respectively, a significant increase of 30.1% and 48.4% from the lowest point in February 2022 when they were 764.10 USD /ton and 568.36 USD /ton, respectively.

In 2022, the prices of imported market wood pulp continued to rise, which significantly increased production costs of tissue paper enterprises that rely mainly on imported wood pulp as their primary raw material, severely compressed their profit margins and intensified competition in the industry.

Small and medium−sized enterprises in the industry face even greater difficulties. Taking Baoding as an example, where small and medium−sized enterprises are most concentrated, the overall operating rate of paper−making enterprises in this area was less than 65% in 2022, and dropped to as low as 40% to 50% between June and August.

From January to November 2023, the price of imported wood pulp tended to fall, reaching an annual low from August to October, with the average price of imported bleached softwood pulp at US$667.84 per tonne and the average price of bleached harwood pulp at US$489.95 per tonne, respectively, down 32.8% and 41.9% respectively from the high point from October to November in 2022. Cost pressure on tissue paper producers eased.

4.1.2 Non−wood pulp

Currently, non−wood pulp used in China's tissue paper industry mainly include bamboo pulp and bagasse pulp, while the usage of rice and wheat straw pulp, reed pulp, and waste paper pulp is very limited.

Domestic prices of bamboo pulp and bagasse pulp follow the price fluctuations of imported commodity wood pulp. The average prices of bleached bamboo pulp in Sichuan and bleached bagasse pulp in Guangxi increased from 5300 yuan/ton and 4825 yuan/ton in January 2022 to their peak in October, reaching 7000 yuan/ton and 5625 yuan/ton, an increase of 32.1% and 16.6%, respectively.

Since 2023, non−wood pulp prices have been generally declining, of which, bamboo pulp prices fell to 4900 yuan/ton from April to May, bagasse pulp prices fell to an annual low of 3850 yuan /ton in August, followed by a slight correction.

(1) Bamboo pulp

In 2022, the international wood pulp prices remained high, and bamboo pulp enterprises benefited significantly, accelerating industry development. Taking Sichuan Province, the main bamboo pulp producing area in China, as an example, there were a total of 14 enterprises manufacturing pulp with bamboo in Sichuan, with an annual capacity of 1.65 million tons and a total production of 1.3491 million tons of bamboo pulp, an increase of 5.97% year on year.

On January 27, 2022, the Sichuan Provincial Taxation Bureau of the State Administration of Taxation and the Sichuan Provincial Department of Finance jointly issued a document entitled *Announcement on the Inclusion of the Bamboo Pulp and Paper Industry in the Approved Pilot Scope of Input Tax Deduction for Agricultural Products*, which came into effect on February 1, 2022. The implementation of this policy will help reduce the tax burden on the acquisition of raw bamboo (bamboo segments) of bamboo pulp enterprises in Sichuan Province, reduce their production costs, increase the competitiveness of enterprises in the pulp industry and their economic and social benefits, and protect the stable and healthy development of the bamboo pulp and paper industry in Sichuan Province.

(2) Bagasse pulp

Guangxi is the main producing area of bagasse pulp in China. In 2022, due to market competition, low-speed cylinder tissue machines that use bagasse pulp for tissue paper production were phased out at an accelerated rate, further reducing the amount of bagasse pulp used in the tissue paper industry.

According to the CNHPIA, in January 2022 to December 2023, Guangxi, Sichuan, Chongqing and other three major provinces, the mainstream ex-factory price of domestic pulp is detailed in Figure 2.

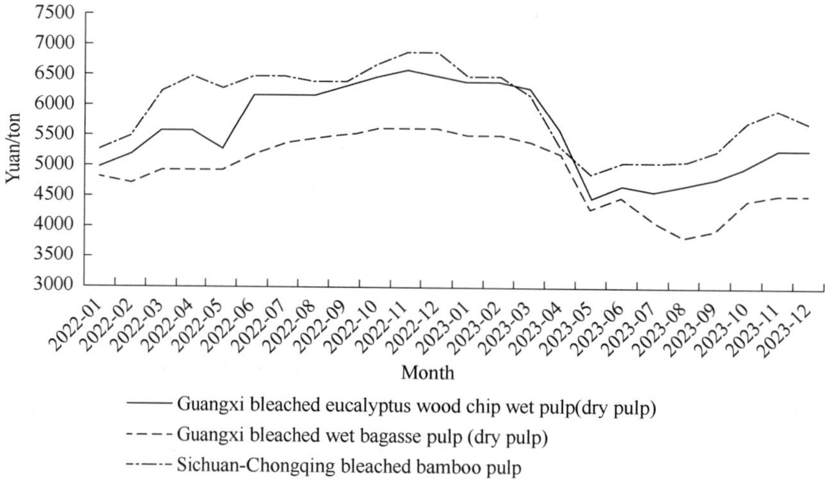

Fig.2 Average Factory Prices of Guangxi Wood Pulp and Bagasse Pulp, Sichuan-Chongqing Bamboo Pulp from January 2022 to December 2023

4.1.3 Prices of tissue parent roll

In 2022, driven by the increase in prices of raw materials, the prices of tissue parent roll continued to rise. Taking Hebei's bleached wood pulp tissue parent roll as an example, the average price increased from 6700 yuan/ton in January 2022 to a peak of 8550 yuan/ton in October 2022, an increase of 27.6%. However, it was still lower than the increase in prices of imported market wood pulp, putting tremendous operation pressure on the manufacturers and leading to widespread zero-profit or loss-making situations.

In 2023, the price of parent tissue roll dropped with the pulp price. The price of Hebei bleached wood pulp parent tissue roll fell to an annual low of 6650 Yuan/ton in May to June 2023, after which it was in a stage of steady rise, and the operating pressure of tissue paper producers generally declined.

According to the CNHPIA, in January 2022 to December 2023, Hebei, Sichuan, Chongqing, Guangxi and other four major provinces in the country, the mainstream ex-factory offer trend of parent tissue roll is shown in Figure 3.

4.2 Newly launched production capacity reached a high level, making the industry competition further intensified

4.2.1 Newly launched capacity

According to a survey by the Secretariat of CNHPIA, in 2022, a total of 39 enterprises in China's tissue paper industry put new tissue machines into operation. The number of tissue machines put into operation reached 84, with a new production capacity of 2.057 million tons, which was lower than that of 2021, but still at a historically high level.

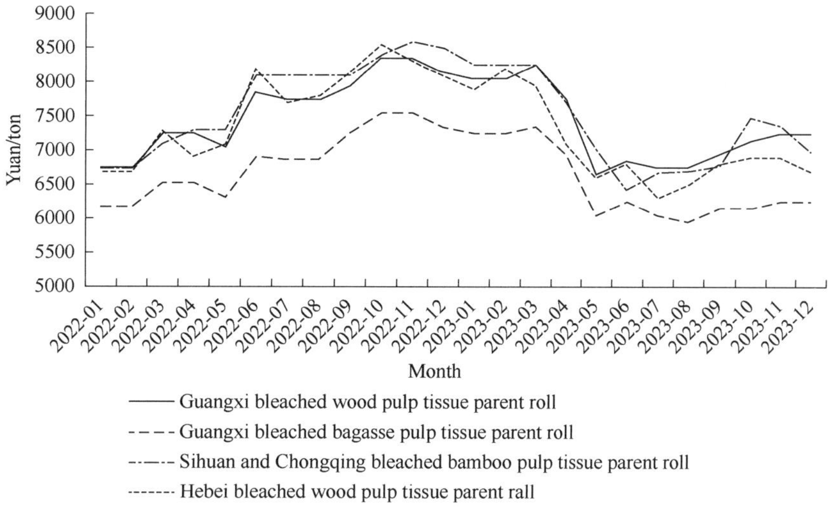

Fig.3 Average Factory Prices of Tissue Parent Roll in China from January 2022 to December 2023

The newly launched production capacity still concentrated mostly in existing enterprises, including Gold Hongye, C&S, Lee & Man, Libang, Botare, Taison, Sun Paper, Jingxing, Shaoneng, etc. Among them, although Gold Hongye's newly launched production capacity reached 540000 tpy, all the new tissue machines were located in its newly relocated factory in Rudong, Jiangsu Province. In April, Gold Hongye shut down the factory in Suzhou, Jiangsu Province, involving 12 tissue machines with a total capacity of 430000 tpy. As a result, in 2022, Gold Hongye's actual net increase in production capacity was only 110000 tpy. The major new entrant to tissue paper industry was Asia Symbol.

The regional distribution of newly launched production capacity is shown in Table 13.

Table 13 Regions with Newly Launched Modern Capacity in 2022

No.	Province	Capacity/ (10000 tpy)	Number of TMs	Number of paper mills
1	Jiangsu	56	17	2
2	Guangxi	28	13	8
3	Jiangxi	21.6	10	3
4	Hebei	20.8	9	7
5	Hunan	16	8	1
6	Guangdong	14	5	3
7	Zhejiang	12	2	1

Continued

No.	Province	Capacity/ (10000 tpy)	Number of TMs	Number of paper mills
8	Shandong	9.4	4	4
9	Liaoning	6	4	2
10	Xinjiang	6	4	1
11	Fujian	4.7	2	2
12	Shaanxi	3	2	1
13	Hubei	2.5	1	1
14	Anhui	2	1	1
15	Yunnan	2	1	1
16	Shanxi	1.7	1	1
Total		205.7	84	39

4.2.2 Periodic overcapacity, increased competition and project delays

In 2022, the growth of production capacity was still too fast, exceeding the growth of consumption. The accumulated excess production capacity has been increasing over the years, which further exacerbates the over capacity at the present stage.

Project delays: as can be seen from Table 14, in recent years, the actual production capacity coming on stream has been lower than the scheduled production capacity due to periodic overcapacity. The actual production capacity coming on stream in 2022 (2.057 million tons) differed greatly from the scheduled production capacity (3.339 million tons), indicating a further intensified market competition. From the projects planned for launch in 2023, it can be seen that some of them were originally scheduled to be put into operation in 2022 or earlier but have been delayed due to various reasons. The total production capacity of projects publicly announced for 2023 and beyond has exceeded 10 million tpy. Therefore, the situation of periodic overcapacity will continue in the future, and some scheduled projects may be postponed or fail to reach their nameplate capacity.

Table 14 Planned New Capacity and Actual New Capacity During 2016-2023

Year	2016	2017	2018	2019	2020	2021	2022	2023	2024 and after
Planned new capacity/10000 tons	182.3	307.5	315.5	208.4	266.2	433.6	333.9	273.1	Nearly 1200
Actual new capacity/10000 tons	134.19	221.58	182.5	178.1	184.8	278.6	205.7	177.1	

4.3 Accelerated industry reshuffle

In 2022, outdated production capacity in the industry continued to be eliminated or converted to other products. According to a survey by CNHPIA, approximately 170 tissue machines were eliminated, stopped or converted in 2022, including a large number of ordinary small-scale cylinder tissue machines with a width of 1575 mm to 3500mm and a speed of around 200m/min, and a small number of vacuum cylinder tissue machines with a width of 2850mm to 3900mm and a speed of 500m/min to 600m/min.

In addition, as of the end of 2022, a total of 94 modern tissue machines have been shut down, involving a production capacity of 1.776 million tons.

5 The Equipment Level of Production Enterprises Continued to Improve

Over the years, through the import of modern tissue machine, adoption of modern tissue machine made by Chinese suppliers and accelerated elimination of backward tissue machine and other measures, the proportion of modern production capacity in Chinese tissue paper industry continues to increase. According to CNHPIA, in 2022, the modern production capacity was about 19.4635 million tons, accounting for 97.3% of the industry's total capacity, up 1.5 percentage points over the previous year.

Table 15 Newly Launched Modern Capacity from 2015 to 2024

Year	2014	2015	2016	2017	2018	2019	2020	2021	2022	2023	Plan for 2024 and beyond
Newly launched capacity/10000 tons	124.3	103.92	134.19	221.58	182.5	178.1	184.8	278.6	205.7	177.1	Nearly 1200

The introduction of advanced tissue production lines abroad has always been an important way of increasing the ratio of modern capacity in Chinese tissue paper industry. According to CNHPIA, by the end of 2022, there had been 298 imported tissue machines launched and still in operation in China, including 193 imported crescent tissue machines (including two rebuilt from vacuum cylinder tissue machines) with the total capacity of 7.741 million tpy, 100 vacuum cylinder tissue machines with the total capacity of 1.525 million tpy (including the upgraded capacity), one oblique net tissue machine with the total capacity of 10000 tpy and four TAD-like (composite) paper machines with a total capacity of 140000 tpy. The total capacity of imported tissue machines mentioned above reached 9.416 million tpy (9.22 million tpy in 2021), which accounts for about 47.1% of the total capacity in 2022 (49.1% in 2021).

With the progress of technology in home-made tissue production lines, the proportion of imported machines is declining while that of home-made machine increased step by step.

Five large imported tissue machines, with an annual production capacity of about 60000 tons (a width of 5600mm, a designed speed of 1800m/min and above), were put into operation in 2022, including two Valmet crescent tissue machines installed by Gold Hongye at its Rudong base in Jiangsu Province, two Valmet crescent tissue machines installed by

Zhejiang Jingxing, and one Andritz tissue machine installed by Asia Symbol in Guangdong. As of the end of 2022, a total of 84 such machines have been put into operation in China, of which 76 were still in operation with a combined production capacity of 4.55 million tpy, accounting for approximately 22.8% of the total industry production capacity. With the increase in demand for product differentiation, the large tissue machine with the capacity of 60000 tpy does not have advantages in the flexibility to change product varieties and cost consumption. It is expected that the investments in tissue machines with the capacity of 60000 tpy would still be dominated by few large-scale enterprises.

Table 16 Number of New Tissue Machines with Capacity about 60000 tpy During 2014 to 2024

Year	2014	2015	2016	2017	2018	2019	2020	2021	2022	Plan for 2023	Plan for 2024 and beyond
Number of TMs	9	7	7	8	10	0	2	6	5	4	1

6 Capacity Expansion Projects of Main Enterprises

● Gold Hongye Paper

In 2022, Gold Hongye Paper's total production capacity was 2.13 million tpy, a net increase of 110000 tons. Among them, newly launched production capacity was 540000 tpy, including two Valmet and ten Valmet (PMP) crescent tissue machines installed at its Rudong base, two hand towel machines and two crescent tissue machines provided by Gold Sun. At the same time, Gold Hongye shut down the factory in Suzhou, Jiangsu in April 2022, involving twelve tissue machines with a total capacity of 430000 tpy. As of the end of 2022, all of the 24 tissue machines in the Phase I project at Gold Hongye's Rudong base, with a total annual production capacity of 780000 tons, have been put into operation.

In 2023, Gold Hongye has no new capacity and total capacity remains at 2.13 million tons per year.

In March 2023, the EIA of the Gold Hongye Paper Group Rudong base expansion of 1.26 million tpy of high-grade tissue paper project was approved. According to the project EIA report, the project is mainly to build ten tissue machines with the capacity of 60000 tpy, 22 tissue machines with the capacity of 30000 tpy. The project is constructed in two phases, the first phase adds annual production capacity of 780000 tpy of high-grade tissue paper (including 370000 tpy of parent tissue roll and 410000 tpy of post-processing production capacity) and 3868 million pieces/year of hygiene products. The second phase adds annual production capacity of 480000 tpy of high-grade tissue paper (including 230000 tpy of parent tissue roll and 250000 tpy of post-processing production capacity). Construction period: from 2023 to 2025 for the first phase; from 2026 to 2027 for the second phase.

● Hengan Paper

In 2022, Hengan Group did not launch new production capacity and its total capacity remained at 1.497 million tpy (including 42000 tpy of hand towel capacity).

In 2023, Hengan started up various types of tissue machines, including TAD and TAD-like machines, in bases located in Hunan, Hubei, Shandong, Guangdong, and other regions. The newly added capacity amounted to a total of 190000 tpy, bringing the overall capacity to 1.687 million tpy.

In 2024, Hengan plans to further expand its capacity by an additional 90000 tpy across multiple bases. It is projected that by the end of 2024, its total capacity will reach 1.777 million tpy.

● Vinda Group

In 2022, Vinda did not launch new production capacity and its total capacity remained at 1.39 million tpy.

In 2023, Vinda started up a Valmet-supplied hybrid tissue machine with an annual capacity of 35000 tons at Longyou, Zhejiang, bringing the overall capacity to 1.425 million tpy.

Vinda's future investments and projects under construction include:

Vinda Personal Care (Guangdong) Co., Ltd. plans to build a modern production base with an annual capacity of 500000 tons in Yangjiang High-tech Zone. The total investment is HK$7 billion. In the first phase, 190000 tons of tissue paper capacity will be built and 130000 tons has been put into production by now. The remaining planned capacity of the base is 370000 tpy.

Vinda Paper (Sichuan) Co., Ltd. plans to build a new western production base with an annual capacity of 300000 tons of tissue paper and nursing products, an e-commerce distribution center and a logistics center in the extension area of Deyang Economic and Technological Development Zone. The project will be built in two phases. The first phase includes a 200000 tpy tissue machine and supporting system for products warehousing and logistics distribution. The second phase includes a 100000 tpy tissue machine and supporting system for products warehousing and logistics distribution.

Vinda Paper (Zhejiang) Co., Ltd. started construction of the fourth phase expansion project in November 2019, which covers an area of 220000 square meters, and includes tissue machines with the total capacity of 150000 tpy, the capacity expansion of nursing products and an e-commerce logistics center. The project has already put into operation two tissue machines, with a combined capacity of 70000 tpy. There is still a planned capacity of 80000 tpy remaining.

● C&S Paper

In 2022, C&S started up one Baotuo crescent tissue machine in Tangshan, Hebei, with an annual production capacity of 30000 tons, bringing its total production capacity to 890000 tpy.

In 2023, C&S started up a Valmet crescent tissue machine in Tangshan, Hebei, with an annual production capacity of 25000 tons, bringing its total production capacity to 915000 tpy.

Future investment projects already announced by C & S include:

On January 13, 2021, C&S Paper announced that it was planning to launch a 400000 tpy high-end tissue paper project, with a total investment of 2.55 billion yuan, in Canal Suqian Port Industrial Park, Sucheng District, Suqian City, Jiangsu Province. The project would be implemented by phases. In the first phase, about 100000 tpy if high-end tissue paper capacity will be built.

On July 14, 2022, C&S started construction of 300000 tons of bamboo pulp and paper integration project in Dazhou, Sichuan Province, with an investment of about 4 billion yuan. It was expected to build one bamboo pulp production line and three tissue machines, with an annual capacity of about 318000 tons of bamboo pulp and 300000 tons of tissue paper after completion. The construction period will be 42 months.

● Lee & Man

In 2022, Lee & Man added one Baotuo crescent tissue machine with a capacity of 16000 tpy and two Jiangsu Xinnuo crescent tissue machines with the capacity of 20000 tpy in Jiangxi Province. The total newly increased production is 56000 tpy, bringing its total production capacity to 1.075 million tpy.

In 2023, Lee & Man started up five Baotuo, four Shanghai Qingliang, and two Hicredit crescent tissue machines at its Chongzuo base in Guangxi. These machines have a combined capacity of 250000 tpy, bringing the total capacity of the group to 1.325 million tpy.

Future investment projects already announced by Lee & Man include:

In 2022, Lee & Man held a signing ceremony for the 1.1 million tpy pulp and paper full industry chain project in Luzhou, Sichuan Province, and the investment agreement was officially signed between Xuyong County Government and Hong Kong Lee & Man. The project will include 300000 tpy capacity of chemical pulp, 400000 tpy capacity of tissue paper and 400000 tpy capacity of converted tissue paper.

● Taison Group

In 2022, Taison's total production capacity increased to 1.11 million tpy. The new projects included two Shandong Xinhe short-long mesh hand towel machines with a capacity of 30000 tpy and four

Shanghai Qingliang crescent tissue machines with a capacity of 20000 tpy in Jiujiang, Jiangxi Province. The total new capacity reached 140000 tpy.

In 2023, Taison added new capacity of 160000 tpy, including four crescent tissue machines in its Sichuan base and four crescent tissue machines in Suzhou, Anhui. All the tissue machines were provided by Shanghai Qingliang. Additionally, they phased out 29 small-sized tissue machines in Leshan, Sichuan, totaling a reduction in capacity of 20000 tpy. This brought the total capacity of the group to 1.25 million tpy.

In 2024, Taison plans to add eight Shanghai Qingliang crescent tissue machines with a capacity of 20000 tpy in Chishui, Guizhou, four in Suzhou, Anhui, and four in Jingzhou, Hubei. It is estimated that the total capacity will reach 1.57 million tpy.

Project location	Capacity/ (10000 tpy)	Planned start-up time
Suzhou, Anhui	16	2023
Leshan, Sichuan	8	2023
Chishui, Guizhou	16	2023
Suzhou, Anhui	4	2024
Jingzhou, Hubei (acquisition of Zhencheng Paper)	8	2024

7 Product Structure

7.1 Product structure in China

According to the research by CNHPIA in 2022, among the tissue paper products consumed in China, toilet tissue continued to take the dominant position with a market share of about 50.5%. The next were in turn facial tissue (32.6%), handkerchief tissue (4.6%), paper napkins (4.0%), kitchen towel (1.3%), hand towel (5.6%) and liner tissue of hygiene products (1.4%), etc. See Table 17 for the details.

The overall product structure tends to be stable, with the proportion of toilet tissue decreasing slightly as a whole and the proportion of segmented products gradually increasing. In addition, the consumption of moist toilet tissue is gradually rising, and moist toilet tissue has replaced toilet tissue to some extent in terms of usage scenarios, which also contributed to the decline in the proportion of toilet tissue.

In this research, we also noted that in the product structure of leading enterprises, the proportion of facial tissue products is higher than the average level, while the proportion of toilet tissue is higher in the product structure of small and medium-sized enterprises. This also reflects that there is fierce homogenized competition in the industry, and enterprises need to improve the competitiveness by product differentiation in their future development.

As to the other categories, the proportion of paper napkin increased slightly by 0.1 percentage point. One possible reason is that since the outbreak of COVID-19, the consumers' range of activity has been limited and the number of users ordering takeout has rapidly increased. Data from the National Information Center shows that China's online food delivery turnover has been continuously rising and accounts for an increasingly larger share of the national catering industry. The new form of food and beverage consumption has certain driving effects on the usage of paper napkin.

In addition, the proportion of hand towels increased by 0.4 percentage points. One possible reason is that hand towels are not only used in commercial scenarios, but also widely used in kitchens at home. Hand towels and kitchen towels have a certain substitutability, which also reflects the increasing demand for wiping in kitchens. In some industry analyses report, hand towels and kitchen towels are also categorized as paper towel together.

Table 17 Tissue Paper Product Structure in 2022 and Comparison with That in 2021

Product	2022		2021	
	Consumption/10000 tons	Market share/%	Consumption/10000 tons	Market share/%
Toilet tissue	598.4	50.5	592.8	51.0
Facial tissue	386.2	32.6	378.7	32.6

Continued

Product		2022		2021	
		Consumption/10000 tons	Market share/%	Consumption/10000 tons	Market share/%
Handkerchief tissue		54.1	4.6	53.3	4.6
Paper napkin		47.9	4.0	44.7	3.9
Paper towel	Kitchen towel	15.0	1.3	15.2	1.3
	Hand towel	66.7	5.6	60.9	5.2
Liner tissue of hygiene products		16.4	1.4	16.1	1.4
Total		1184.7	100	1161.8	100

7.2 Comparisons with developed countries and regions

Currently, the product categories of tissue paper in Chinese mainland are basically consistent with those in developed countries and regions such as Japan, the United States, and Western Europe. However, due to differences in industrial development level, consumption habits, and other factors, the proportion of various types of tissue paper consumed in China is apparently different from that of developed countries and regions. See Table 18 for details.

The main difference is that the proportion of paper towel (including hand towel and kitchen towel) in the Chinese market is relatively small, with an overall increase in 2022 and potential for further growth in the future. However, due to differences in Eastern and Western lifestyles, the proportion of paper towel (including hand towel and kitchen towel) in Japan, Hong Kong, and Taiwan China is generally around 12% to 15%, which is more meaningful for the industry as a reference. In addition, the new type tissue machines such as TAD and hybrid concept (TAD-like) machines got popularized and applied in the Chinese market, and the products made by these machines have been launched in that market and are currently in the stage of market expanding and promoting. The tissue products made by these new machines have higher bulkiness and water absorbency. They can be used to produce kitchen towel and hand towel, which will boost the growing consumption of kitchen towel and hand towel.

Table 18 Tissue Paper Product Structure in the USA, Western Europe, Japan, Hong Kong China, Taiwan China and Chinese mainland (2022) (Based on Consumption)

Product	Japan	Product	USA	Western Europe	Hong Kong, China	Taiwan, China	Chinese mainland
Toilet tissue	56%	Toilet tissue	46%	56%	50%	73%	50.5%
Facial tissue (including handkerchief tissue, paper napkin)	26%	Facial tissue/handkerchief tissue	5%	5%	30%	12%	37.2%
Paper towel (hand towel, kitchen towel)	15%	Paper towel (hand towel, kitchen towel)	38%	30%	15%	12%	6.9%
		Paper napkin	10%	7%	2%	2%	4.0%
Liner tissue of hygiene products and others	3%	Liner tissue of hygiene products and others	1%	2%	3%	1%	1.4%

Note: The source of data for USA, Western Europe, Japan, Hong Kong China, and Taiwan China is FASTMARKETS RISI.

8 Raw Material Structure

In 2022, CNHPIA conducted a survey on the types of fiber raw materials used by tissue parent roll manufacturers. The table below depicts the structure of fiber raw materials used in the tissue paper industry and the comparison with that in 2021, based on the survey results:

Table 19 Structure of Fibers Used in China Tissue Paper Industry in 2022 and Comparison with That in 2021

Fiber material		Percentage in 2022/%	Percentage in 2021/%
Wood pulp		82.42	83.31
Non-wood pulp	Bamboo pulp	14.30	12.10
	Bagasse pulp	1.20	2.00
	Wheat straw pulp	0.16	0.49
	Rice straw pulp	0.04	0.02
	Reed pulp	0.28	0.38
Waste paper pulp		1.60	1.70

Wood pulp is still the main fiber material used in the tissue paper industry, and the proportion of wood pulp used in the tissue paper industry is much higher than the average level used in the paper-making industry (38%[4]). Compared with 2021, the proportion of wood pulp decreased slightly in 2022 (83.31% in 2021). This is because the price of wood pulp remained high in 2022, which drove the significant increase in overall production of bamboo pulp in Sichuan and the output of bamboo pulp and bamboo pulp tissue of large-scale enterprises such as Taison. As a result, the proportion of bamboo pulp increased. The proportion of bagasse pulp, reed pulp and wheat straw pulp further decreased. Currently, only one enterprise uses wheat straw pulp and rice straw pulp respectively, and only four enterprises use reed pulp. These types of pulp have very low usage. In 2022, small tissue machines using deinked waste paper pulp continued to be phased out. However, due to the substantial increase in wood pulp prices in 2022, some parent roll production enterprises that originally used pure wood pulp as raw materials began to use waste paper pulp made from white paper edges and other materials to replace part of the wood pulp to reduce production costs. This leads to basically stable overall consumption of waste paper pulp compared to the previous year.

9 Technical Progress

9.1 New products made by new technology launched in the market

Since 2021, leading enterprises such as Vinda and Hengan have actively introduced high-end TAD and TAD-like machines, developed differentiated products, and enhanced their market competitiveness. In 2022, brands like Vinda and Virjoy also launched products made with new technologies, mainly targeting the high-end market. Different from traditional tissue machine technology, the newly introduced tissue machine brought new products and usage experiences to consumers, as well as new changes to the industry.

Currently, the new products are still in the stage of market promotion and expansion, accounting for a relatively low market share. However, the introduction of new products allows consumers to have a directly experience of the improvement in product performance. As the consumer recognition gradually increases, the market is expected to grow steadily.

9.2 The localization of equipment improved

In recent years, due to the improved manufacturing level and high cost performance of tissue machines made by Chinese suppliers, their share in new projects with modern capacity has been higher than the imported tissue machines, see Table 20.

Table 20 Proportion of Imported and Domestic Tissue Machines launched from 2013 to 2023

Year	2013	2014	2015	2016	2017	2018	2019	2020	2021	2022	2023
Capacity launched/10000t	83.15	124.3	103.92	134.19	221.58	182.5	178.1	184.8	278.6	205.7	177.1
Among which: Imported TM/10000t	61.15	100	72.8	68.5	90.8	82.3	22.5	18	87.2	59	62.5
Domestic TM/10000t	22	24.3	31.12	65.69	130.78	100.2	155.6	166.8	191.4	146.7	114.6
Number of Launched TM	35	41	42	66	111	84	95	95	117	84	69
Among which: Imported TM/10000t	23	28	18	18	25	19	9	4	24	15	15
Domestic TM/10000t	12	13	24	48	86	65	86	91	93	69	54

In 2023, the Chinese suppliers put a total of 68 modern tissue machines into production (including those made through China-foreign cooperation) in Chinese mainland with a total capacity of 1.128 million tpy, accounting for about 64.3% of the total modern capacity launched in the year in Chinese mainland. The suppliers with outstanding performance include: Baotuo (17 TMs), Qingliang (16 TMs) and Changda (8 TMs). On the other hand, the imported tissue machines mainly included one Italy Toscotec TAD tissue machine, two Valmet hybrid (TAD-like) tissue machines and one Andritz crescent tissue machine launched by Hengan, one Valmet hybrid (TAD-like) tissue machine launched by Vinda, one Valmet (PMP) crescent tissue machine launched by C&S, three Valmet (PMP) crescent tissue machines launched by Yusen, two Andritz tissue machines and two Valmet crescent tissue machines launched by Liansheng, as well as two Andritz crescent tissue machines launched by Asia Symbol.

In 2022, due to the increasing market competition pressure, existing low-speed tissue machines in China were phased out at an accelerated pace. As the industry facing a stage of overall excess production capacity, the elimination of some old and low-speed equipment also reflects the industry's integration and structural adjustment of production capacity.

In terms of new technologies used in tissue machines made by Chinese suppliers, Baotuo has recently developed a high-end model, the BC1800 crescent tissue machine, with an annual production capacity of 25000 tons to 35000 tons, which is suitable for large-scale tissue enterprises. One of this model was already put into operation at C&S's Tangshan expansion project in February 2022, two at Guangxi Sun Paper in September to October 2022, and one at Hengan's Hunan and Shandong production base respectively, in 2023.

One Baotuo TAD machine was already put into operation at Guigang Lopie Paper in September 2023, which is the second domestically manufactured TAD tissue machine by Baotuo (Huifeng) after the one in Henan Zhongnan Paper.

Qingliang launched a remote diagnosis system, using smart glasses to remotely guide on-site personnel in tissue machine maintenance or repair work.

Hangzhou MCN Paper Technology Co., Ltd. improved the operating efficiency of equipment by developing automatic control systems, such as headbox total pressure/liquid level computer control system, automatic lip plate banner quantitative adjustment system, automatic dilution water banner quantitative adjustment system, etc.

9.3 Explore export market for tissue machines

According to a survey conducted by CNHPIA, as of October 2023, well-known Chinese tissue machine manufacturers such as Baotuo, Xinhe, Hicredit, Qingliang, Hualin, Gold Sun, Bingzhi, Dazheng, Fangyuan Zhonghe, Weituo and Changda exported 47 crescent and vacuum cylinder tissue machines with a combined production capacity of approximately 832500 tpy to Asia, Africa and Europe.

9.4 Implementation of Dual-Carbon goal

Hengan Group was awarded the "2022 Green Sustainable Development Contribution Award". Hengan Group's factories in many places have achieved solar energy in the whole plant, with an annual power generation of 20 million KWh and a carbon emission reduction of 8688 tpy. The steam, natural gas, water, electricity consumption per ton of paper is far lower than the industry average.

Gold Hongye Paper was awarded the "2022 International Green Zero Carbon Festival Green Model Award in Tissue Paper Industry". All factories of Gold Hongye Paper under APP (China) have currently obtained CFCC/PEFC forest certification, ensuring that all raw materials are 100% virgin wood pulp. In August 2021, Gold Hongye took the lead in winning the certification of "China Green Products" for its tissue series, and launching zero-carbon tissue series and has been actively promoting the certification in green supply chain, green factory, and so on. In terms of green energy, the company has started exploring the use of biomass for power generation and carbon emission reduction, and accelerated discussions with experts and scholars on photovoltaic, wind power, and carbon capture technologies.

China National Pulp and Paper Research Institute Co., Ltd. successfully organized occupation training and occupational ability evaluation for carbon emissions managers to promote green and low-carbon transformation development and help achieve the dual-carbon goal, in response to the urgent needs for carbon emission management personnel from inside and outside the industry.

9.5 Product upgrade and innovation

Product upgrade and innovation of tissue paper enterprises mainly rely on the application of new technologies and new equipment to develop differentiated products, and improve product performance. This includes innovative packaging formats to improve corporate image, brand value, and product portability. Additionally, companies are also focusing on promoting environmental concepts.

9.5.1 Improvement of product performance by application of new technologies and new equipment in tissue machine and post-processing processes

High-end embossed products continue to be one of the main ways for product upgrades in 2023, and many brands have also introduced new embossed products.

Mind Act Upon Mind launched ROBBi co-branded facial tissues and hand tissues under PINO, featuring a 4-ply thickened design with embossing on all four sides. These products are resistant to tearing even when wet.

Breeze introduced the Clouds Soft facial tissues, featuring double-sided 3D embossing for a soft and skin-friendly texture.

Vinda adopted the Air-Touch technology to make its cashmere-feel tissue paper, making the product softer, thicker and cleaner to wipe.

Libang launched the 5D three-dimensional embossed tissue, which offers a comfortable touch and double water absorption. The intricate network of embossed lines ensures that the tissue remains compact without layering, providing a resilient and tear-resistant texture even when wet.

Yusen's cotton-soft 3D embossed tissue series under Watsoft brand adopts a double-side 3D embossing technique, keeping the product bulk, soft, gentle on skin, and absorbent.

Golden Doctor launched Paper Elf series of facial tissue under Doctor. Z, using a 4-layer hybrid structure to make the tissue thicker and more substantial, which features delicate feather embossing, providing a softer and more comfortable texture on skin.

Botare launched the Joyful Colors and Trusted Care facial tissues, made from virgin wood pulp. These tissues feature a diamond-shaped embossed pattern and utilize air-cushion technology for an upgraded soft touch. With a 4-ply thickened design, they are resistant to tearing even when wet and do not leave residue when used for wiping.

BABO launched the 6D embossed tissues, featuring double-sided embossing using 6D technology. This upgrade offers a soft and luxurious touch, akin to down feathers. It is gentle on the skin, with a 4-ply thickened design and wider size, providing excellent value for money.

Hulijia's GQ-SHOW facial tissues feature an innovative four-sided three-dimensional printing and edge-locking technology. With over ten exquisite floral patterns to choose from, the layers of the tissues are strongly bonded together. The product is soft and gentle on the skin, with enhanced water absorption and retention capabilities, ensuring that it does not easily tear even when wet.

9.5.2 Innovative packaging formats to enhance convenience

The introduction of bottom-pull packaging design has been widely welcomed in the market.

Portable packaging includes multi-functional wall-hanging facial tissues. Brands such as "Mind Act Upon Mind", "Breeze", "Libang", "Rain Forest", "Botare", "Sipiao", "SUND", and "FLOSWEET" launched these wall-hanging draw out tissues. This packaging saves space, allows for easy access, provides larger capacity, avoids frequent replacement and caters to the needs of young consumers who seek convenience across various scenarios.

9.5.3 Development of environmentally-friendly products

The China National Pulp & Paper Research Institute developed alternative paper-based packaging materials to replace plastic packaging for individually wrapped sanitary napkins and soft-pack facial tissues. These paper-based materials possess both heat-sealing and barrier properties, are biodegradable, and have been popularized and applied.

Breeze pioneered the industry's first "Zero Plastic" tissue, Breeze Zero Plastic Tissue, which replaces plastic with paper in its product packaging. This innovation significantly reduces plastic usage and contributes to a greener planet.

9.6 New technologies and equipment

9.6.1 TAD and TAD-like tissue machines are continuously advancing in the Chinese market

Leading companies such as Hengan and Vinda enhanced their market competitiveness by introducing world-class TAD and TAD-like machines to develop differentiated products.

● Hengan introduced two Toscotec TAD tissue machines, becoming the first domestic tissue paper company to import TAD machines. The first machine was put into operation in 2023, and the second machine is planned for production in 2024. TAD machines provide excellent bulkiness, softness, and water absorption for products. In early 2024, a variety of high-end new products produced by Hengan's TAD machines will be gradually launched in the market.

Hengan also imported two Valmet hybrid tissue machines (Advantage QRT, TAD-like), with a total annual capacity of approximately 70000 tons. These machines were installed in Hengan's Hunan and Hubei bases and were put into operation in 2023, mainly for production of high-quality facial tissues and kitchen towels.

● Vinda successfully put four Valmet hybrid tissue machines (TAD-like) into operation in 2021, and started up another TM of this type in 2023 for the production of exceptionally high-quality differentiated tissue products.

In addition, relevant imported and domestically produced similar machine models are also actively promoted and applied in the Chinese market.

Andritz actively promoted the *Prime LineHyTAD* textured tissue machine (TAD-like) in the Chinese market. This new type of machine can produce high-quality tissues at a lower cost. The finished product quality of the machine is similar to that of TAD machine, but it can save up to 25% of fibers compared to products produced by dry crepe machines. Compared with TAD tissue machines, it can save up to 50% energy consumption and can flexibly and quickly switch to producing dry crepe toilet tissue.

In addition, there have been new developments in the localization of TAD tissue machines:

In 2023, Guangxi Lopie Paper put into operation a Baotuo TAD tissue machine with a capacity of 10000 tpy. This is the second domestically-produced TAD tissue machine launched by Baotuo (Huifeng) after the one in Henan Zhongnan Paper.

9.6.2 Continued development of low-carbon technology in tissue machine

Andritz introduced the *PrimeDry Hood E* electric heating hood for tissue machines. This equipment replaces gas burners or steam heaters with electric heaters while having the same hot air system as gas or steam heated hoods. The system can achieve a hot air temperature of 400℃ to 450℃. Compared to ordinary gas hoods, the drying system of the electric heating hood improves energy efficiency by 4% and reduces the total carbon dioxide emissions of the tissue machine by about 70%. Compared to ordinary steam hoods, the electric heating hood operates at higher temperatures, thereby achieving higher production capacity.

9.6.3 New technology of converting equipment

Baosuo launched the YH-FG fully automatic facial tissue production line (including supporting packaging machines), which is equipped with point-to-point embossing and water-compounding capabilities. The "three-dimensional interweaving, glue-free compounding" is an innovative and environmentally-friendly technology of Baosuo's intelligent equipment for tissue paper, making the products more environmentally friendly, hygienic, high-quality, clean, aesthetically pleasing, soft, and skin-friendly.

Guangdong Zhidesheng provides customers with diversified embossing solutions through various embossing groups. Among them, the multi-functional double-sided three-dimensional embossing groups are suitable for toilet tissue production; the glue-free three-dimensional embossing groups for facial tissues has a wide range of paper sizes and production speeds, and can automatically match the operating speed of the production line, ensuring reliable bonding without layering; and the four-roll/double-roll point-to-flat embossing groups are suitable for embossing in facial tissue/toilet tissue production lines, featuring pure physical glue-free embossing and automatic matching of the production line's operating speed.

One Paper introduced a fully automatic facial tissue folding machine that offers stable product quality and allows for one-click switch between different specifications of products. It is compatible with 2 to 5-ply tissues with a base weight of $11g/m^2$. Optional features include steel-to-rubber/steel-to-steel embossing, glue laminating embossing, and four-side positioning embossing, meeting different customer needs.

9.6.4 Innovative technological achievements in the equipment of tissue paper industry during the 13th Five-Year Plan period

During the 13th Five-Year Plan period, the domestic production and technological level of key core equipment in the tissue paper industry has significantly improved. In November 2022, the China National Pulp and Paper Research Institute organized expert evaluations and identified five innovative technological achievements in the field of tissue paper. In May 2023, they officially announced the following advancements: BC1800 crescent high-speed tissue machine developed by Baotuo Paper Machinery Manufacture Co., Ltd., a subsidiary of Baosuo Group; Steel Yankee dryer manufactured by Liyang Jiangnan Dryer Manufacturing Co., Ltd.; dryer coating technology by Dongguan Shendian Nano Spraying Technology Co., Ltd.; large-scale high-speed glueless point-to-point double-sided embosser developed by Guangdong Zhidesheng Technology Co., Ltd.; full-width folding machine produced by Chanli Machinery Co., Ltd. These five technological achievements have addressed the technical bottlenecks in China's tissue paper industry and played a crucial role in advancing the industry's technological progress.

9.7 Brand and channel innovation

9.7.1 Implementation of the national strategy of "Increase Variety, Improve Quality and Innovate Brand"

Commissioned by the Ministry of Industry and Information Technology, China National Pulp and Paper Research Institute Co., Ltd. actively built the brand cultivation service platform for the tissue paper and hygiene products industry, carried out relevant work to evaluate "Products with Craftsmanship" in the industry, empowered and promoted these products through various channels to make it easier for consumers to choose and use.

In 2022, 17 branded products have successfully made into the first batch of "Products with Craftsmanship" list in the industry, including tissue paper brands such as Vinda, Breeze, C&S, Hygienix, Libang and Yusen.

In 2023, another 21 branded products successfully made into the second batch of "Products with Craftsmanship" list in the industry, including tissue paper brands such as Mind Act Upon Mind, Virjoy, Libang, Botare, Rain Forest, KIMBOS, and SIJN.

Compared with ordinary products, products with craftsmanship are of superior quality, safer to use and able to better meet consumers' needs for consumption upgrading. The release of the list of products with craftsmanship is in line with China's national strategy of "Increase Variety, Improve Quality and Innovate Brand", which can encourage enterprises to diversify their product range, improve product quality, and establish their own brands, can help consumers discover high-quality products, and is important for improving the quality of tissue paper and hygiene products and promoting the high-quality development of the industry.

9.7.2 Explore new marketing methods

In July 2023, the Gold Hongye Paper Group partnered with the e-commerce platform JD.com to hold a strategic cooperation conference titled "Joining Hands with JD.com to Embrace the Fresh Breeze" at the APP Rudong tissue base. During this event, they also unveiled the dedicated production line for JD.com Supermarket, known as the "JD Line".

In August 2023, Breeze collaborated with the e-commerce platform Tmall to hold a strategic cooperation conference titled "Green Breeze in the Forest, Tmall Supermarket in Motion". They also unveiled the exclusive forest area for Tmall Supermarket during the ceremony.

Mind Act Upon Mind designated May 20th as its brand day and used TV commercials as the main medium to communicate with consumers from the perspective of their brand spokesperson, Xiao Zhan, putting forward the expression that love is close to life. The overall reach covers multiple cities nationwide, including online platforms such as Weibo, WeChat Video Accounts, Tencent Splash Screen Advertising, and Xiaohongshu, as well as offline advertising in Hangzhou's Fengqi Road subway station and branding on Line 2 trains. This integrated approach aims to enhance brand awareness and engagement by leveraging both online and offline channels. Through this strategy, the brand achieved over 200 million impressions.

On April 3, 2023, Vinda partnered with JD.com Super Brand Day to promote their new product, "Vinda DeluxeAir-Touch Facial Tissues", using a marketing strategy combining "visual language" and "scene experience". During the campaign, Vinda created the first "Cashmere-like Soft Paradise" in a core shopping mall in Shanghai and built an immersive "Cashmere-like Soft" passage at Guangzhou's Hanxi Changlong subway station. These initiatives targeted high-quality consumer groups and aimed to drive online sales. Additionally, Vinda collaborated with several mainstream APPs to promote and drive online sales on JD.com.

In 2023, Vinda launched a TV commercial featuring their newest brand ambassador, Zhao Liying. The commercial was aired on trendy elevator smart screens and the New Trend Pure Business Network, ensuring precise coverage of their target audience.

In 2023, Yusen participated in JD.com's "Spring Dawn Plan" and enjoyed benefits such as "9.9 Free Shipping" and "Billion Subsidies". The official flagship store of Yusen paper products on JD.com experienced a rapid increase in traffic and sales, with the monthly turnover stable at about 3 million yuan.

On November 18, 2023, Dongfang Selection conducted a special live-streaming event for Hebei Province. On the first day of the event, over 250 local products from Hebei were recommended, with Libang tissue products selling more than 100000 units.

From May 5 to 7, 2023, the Promotion Conference of the national "Strategy of Increasing Variety, Improving Quality and Creating Brand" organized by the Consumer Goods Industry, hosted by the Ministry of Industry and Information Technology, was held in Chongqing. Jinboshi, Libang, and Yusen attended the conference and showcased their achievements in implementing the Strategy, along with their latest tissue paper and hygiene products offerings.

10 Products and Industry Related Standards

The industry standards are constantly being enriched and improved, as well as a series of group standards. These standards play an important guiding role in promoting the high-quality development of the tissue paper industry and meeting market and product innovation demands.

The national standards and group standards that have been released and implemented since 2022, as well as the standards under revision include:

(1) Newly issued and revised national standards

GB/T 40358—2021 Toilet Tissue Paper and Hand Towel—Specification for the use of recycled fiber, issued on August 20, 2021 and implemented on March 1, 2022

GB/T 20808—2022 Facial Tissue, substituting GB/T 20808—2011, issued on April 15, 2022 and implemented on May 1, 2023

GB/T 24455—2022 Hand Towel, substituting GB/T 24455—2009, issued on July 11, 2022 and implemented on August 1, 2023

GB/T 26174—2023 Kitchen Towel, substituting GB/T 26174—2010, issued on August 6, 2023 and to be implemented on September 1, 2024

(2) Newly issued group standards

T/CTAPI 002—2022 Products with Craftsmanship—Tissue Paper, released by China Technical Association of Paper Industry on April 21, 2022, implemented on May 1, 2022.

On December 6, 2023, the Ministry of Industry and Information Technology announced the list of demonstration projects for the application of group standards in 2023. The "Products with Craftsmanship — Tissue Paper", drafted by China National Pulp and Paper Research Institute Co., Ltd., was selected as one of the 100 demonstration projects for the application of group standards by the Ministry of Industry and Information Technology in 2023. This signifies that the innovation and application of this group standard in the field of tissue paper gain recognition and attention from the government, which will promote its wider adoption. In addition, it holds significant importance in driving the upgrade and development of the tissue paper industry and meeting consumer demands.

Furthermore, in 2023, Tmall adopted the specifications and dimensions requirements for draw-out facial tissue from the "Products with Craftsmanship — Tissue Paper" group standard as reference size standards for facial tissue products entering the platform. This "standard + platform" collaboration will better meet consumer demands for upgraded consumption and help consumers choose high-quality and trustworthy tissue paper products.

On November 28, 2022, the China Technical Association of Paper Industry approved the preparation of the "Carbon Footprint Accounting Method and Reporting Guidelines for Pulp, Paper, Paperboard, and Paper Products", and released a draft of this standard for public consultation on October 27, 2023. The standard was jointly drafted by leading organizations including the China National Pulp and Paper Research Institute Limited, the Productivity Promotion Center of the Paper Industry, the Double Carbon Strategy Development Center of the Paper Industry, the Shenzhen Academy of Metrology& Quality Inspection, and the Hong Kong Quality Assurance Agency, along with several industry units.

This standard defines the terminology and concepts, accounting principles, accounting boundaries, accounting methods, data collection, uncertainty analysis, and reporting requirements for carbon footprint accounting of pulp, paper, paperboard, and paper products. Its main objective is to standardize the carbon footprint accounting of paper products, guide enterprises in implementing carbon reduction measures, and provide guidance for conducting product carbon footprint accounting within the industry.

(3) Newly issued industrial standards

QB/T 5742—2022 Natural Color Pulp, released on April 8, 2022, implemented on October 1, 2022.

(4) Industrial Key Energy Efficiency Benchmarks and Baselines (2023 Edition)

On June 6, 2023, the National Development and Reform Commission and other departments issued a notification (FGCY [2023] No. 723) regarding "Industrial Key Energy Efficiency Benchmarks and Baselines (2023 Edition)". In addition to the previously specified 25 key industrial energy efficiency benchmarks and baselines, the notification added 11 additional sectors including parent tissue roll for toilet tissue and tissues, cotton, synthetic and blended textiles, knitted fabrics, yarns, and viscose short fibers. It was stated that these sectors should complete technological upgrades or phase out by the end of 2026 to further expand the scope of energy-saving and carbon reduction transformations in key industrial sectors.

In the notification, energy efficiency requirements for parent tissue roll for toilet tissue and tissues include: the benchmark energy consumption for one ton of pulp made from wood pulp is set at 450 kilograms of standard coal, with a baseline level of 520 kilograms of standard coal; for pulp made from non-wood pulp materials, the benchmark energy consumption for one ton of pulp is set at 510 kilograms of standard coal, with a baseline level of 560 kilograms of standard coal (excluding products produced by TAD and other textured paper machines).

The notification came into effect upon issuance, and it simultaneously revoked the previous notice concerning the release of the "Energy Efficiency Benchmarks and Baselines in Key Sectors of High Energy-consuming Industries (2021 Edition)" (FGCY [2021] No.1609).

11 Industry Outlook

11.1 Opportunities and challenges faced by the industry

(1) The industry is in the phase of periodic overcapacity, but there is still room for long-term development

In recent years, the growth rate of capacity in China's tissue paper industry has been increasing, and the problem of periodic overcapacity has become more and more prominent. As a result, the operating rate has continued to decline, and by 2022, it has reached its lowest point in history. However, as the pandemic comes to an end, the industry returned to normal operations and resumed its development in 2023, and the operating rate rebounded from its low point.

Currently, the per capita consumption of tissue paper in China is still less than that in some developed countries and regions like, the USA (26.9 kilograms), Western Europe and Japan (16 to 17 kilograms), according to the data of Fastmarkets RISI. There is still plenty of room for this industry's growth in the long run. Compared with developed countries and regions, paper towel have a relatively low proportion, and is a major category for future growth.

(2) Actively developing differentiated products and expanding application scenarios

Enterprises in the industry should actively develop innovative and differentiated products to enhance brand competitiveness and expand product application scenarios, avoiding price competition. At the same time, they should pay attention to the new requirements of the national "Dual Carbon" strategy, launch more energy-saving and carbon-reduction equipment and products to achieve low-carbon green development.

(3) Strengthening collaboration among enterprises

In the case of sufficient industry capacity, joint development can only be achieved through inter-enterprise capacity cooperation and supply chain collaboration.

(4) Reliance on imported raw materials accelerated industry reshuffling

The primary raw material, market wood pulp, used in China's tissue paper industry is highly dependent on imports. The production costs of tissue paper companies are greatly influenced by fluctuations in international pulp prices. Additionally, due to the current overcapacity in the industry, there is intense market competition, and the industry has entered an accelerated reshuffling phase. Under this situation, enterprises with integrated forest, pulp and paper and energy advantages became more competitive, and will be the main participants in future industry capacity investment. In addition, large enterprises with well-known brands will continue to maintain their leading competitive advantages, while small and medium-sized enterprises with poor risk resistance will be eliminated more quickly.

(5) More intense competition

According to data compiled by CNHPIA, the total capacity of new production projects in 2024 and beyond will be nearly 12 million tpy. Therefore, for the foreseeable future, the situation of periodic overcapacity will continue, and market competition will become even more intense.

11.2 Market forecast

Based on conservative estimates, in 2023, the new production capacity was 1.6 million tons based on the 20 million tons in 2022. With the elimination of 800000 tons laggard and stopped production capacity, the total production capacity will reach 20.8 million tons by 2023. In 2023, calculated on 65% machinery utilization rate, the output will be 13.52 million tons, net export will be 0.75 million tons, and consumption will be 12.77 million tons and the annual per capita consumption will be 9.0 kg.

Table 21 Forecast on Tissue Paper Market

Year	Output/ 10000t	Consumption/ 10000t	Population/ million people	Per capita consumption/ (kg/person · year)
2011	582.1	540.2	134735	4.0
2012	627.3	577.5	135404	4.3
2013	680.8	618.9	136072	4.5
2014	736.3	660.1	136782	4.8
2015	802.4	736.0	137462	5.4
2016	855.2	787.6	138271	5.7
2017	923.4	851.1	139008	6.1
2018	956.3	889.6	139538	6.4
2019	1040.4	960.7	140005	6.9
2020	1129.8	1049.4	140005	7.5
2021	1220.7	1161.8	141260	8.2
2022	1260	1184.7	141175	8.4
2023	1352	1277	141175	9.0

References

[1] 2022 Annual Report and Report for the First Half of 2023 of Hengan International Group Limited.

[2] 2022 Annual Report and Report for the First Half and Three Quarters of 2023 of Vinda International Holdings Limited, Semi-annual Report for 2023 and 2023 Triple Quarterly Report.

[3] 2022 Preliminary Annual Report and Report for the First Half and Three Quarters of 2023 of C&S Paper Co., Ltd, Semi-annual Report for 2023 and 2023 Triple Quarterly Report.

[4] 2022 Annual Report of China Paper Industry.

Appendix

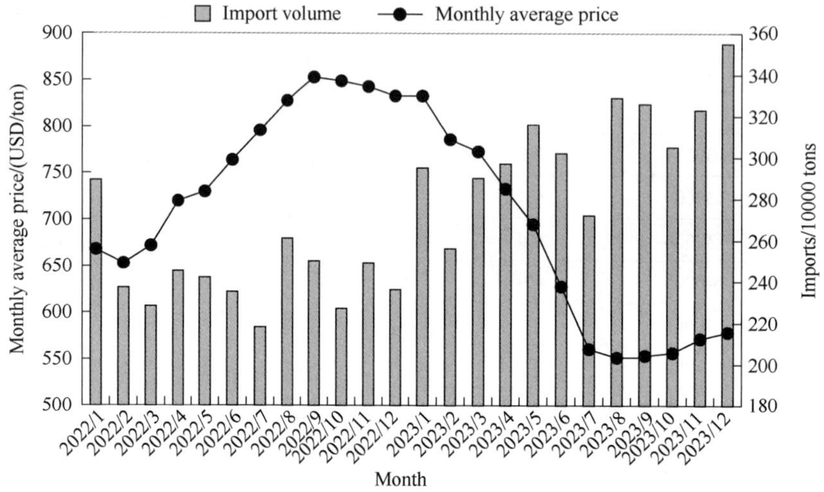

Attached Figure 1 Imported Pulp from Jan. 2022 to Dec. 2023

Attached Table 1　Top 10 Export Destination Countries and Regions by Different Tissue Paper Export Volume and Total Export Volume in 2022

Commodity Number	Commodity Name	No.	Export destination countries and regions	Export volume/ton	Commodity Number	Commodity Name	No.	Export destination countries and regions	Export volume/ton
48030000	Tissue parent roll	1	Australia	84715.618	48181000	Toilet tissue	1	Hong Kong, China	76842.664
		2	Japan	8734.652			2	Australia	34742.899
		3	USA	8665.710			3	USA	28168.867
		4	Taiwan, China	7011.069			4	Japan	27457.482
		5	Malaysia	6054.938			5	Thailand	13603.865
		6	Jamaica	5948.469			6	UK	9245.174
		7	Peru	4158.257			7	Malaysia	6891.105
		8	Dominican Republic	3722.883			8	Singapore	6463.461
		9	UAE	3708.663			9	Mongolia	6069.295
		10	Jordan	3518.995			10	The Philippines	5605.652
48182000	Handkerchief tissue, facial tissue	1	Japan	69781.535	48183000	Table tissue and paper napkin	1	USA	29606.574
		2	Hong Kong, China	49393.852			2	Japan	12896.631
		3	Thailand	33138.308			3	Australia	3927.506
		4	USA	28178.684			4	Canada	2916.767
		5	Australia	21068.638			5	Hong Kong, China	2513.309
		6	The Philippines	7774.799			6	UK	1307.556
		7	Malaysia	6932.044			7	Malaysia	1292.281
		8	Macau, China	5514.904			8	Thailand	1258.147
		9	New Zealand	4302.290			9	The Philippines	831.028
		10	Burma	3319.104			10	Chile	693.285

Commodity Number	Commodity Name	No.	Export destination countries and regions	Export volume/ton
48030000、48181000、48182000、48183000	Total of tissue paper	1	Australia	144454.661
		2	Hong Kong, China	129636.062
		3	Japan	118870.300
		4	USA	99579.459
		5	Thailand	45140.663
		6	Malaysia	21170.368
		7	the Philippines	15793.192
		8	UK	14484.640
		9	Burma	11887.125
		10	Mongolia	9873.560

2022 年中国投产的卫生纸机项目汇总表
Tissue machines projects launched in China in 2022

集团省份	公司名称	项目地点	阶段	规模/（万 t/a）	纸机					投产时间	供应商	备注
					型式	型号	数量/台	幅宽/mm	设计车速/（m/min）			
河北	丽邦集团（港兴）	湖北孝感	新增	2.5	新月型	BC1500-3550	1	3550	1500	2022 年 12 月	宝拓	国产
	白云山纸业	河北保定	新增	1.5	新月型	BZ3500-I	1	3500	900	2022 年 3 月	陕西炳智	国产
	保定新宇纸业	河北保定	新增	1.5	新月型		1	3550	1200	2022 年 5 月	陕西炳智	国产
	保定兴发纸业	河北保定	新增	2.4	新月型		1	3550	1200	2022 年 2 月	保定维拓	国产
	河北绿纯纸业	河北保定	新增	2.4	新月型		1	3550	1200	2022 年 6 月	保定维拓	国产
	保定诚康纸业	河北保定	新增	5	新月型		2	3550	1300	2022 年 2 月	保定昌达	国产
	河北普鑫纸业	河北沧州	新增	5	新月型		2	3550	1300	2022 年 8 月、9 月	西安维亚	国产
山西	大同云冈纸业	山西大同	新增	1.7	新月型	BZ3500-I	1	3500	900	2022 年 10 月	陕西炳智	国产
辽宁	辽宁源木纸业	辽宁阜新	新建	4	新月型		2	2850	1200	2022 年 10 月	保定昌达	国产
	丹东恒耀纸业	辽宁丹东	新增	2	新月型		2	2880	800	2022 年	自主组装	国产
上海	江西泰盛纸业（泰盛集团）	江西九江	新增	8	新月型		4	2850	1300	2022 年 1 月	上海轻良	国产
		江西九江	新增	6	短长网型	擦手纸机	2	3600	800	2022 年 4 月、5 月	山东信和	国产
江苏	金红叶纸业	江苏如东	新增	30	新月型	Intelli-Tissue® EcoEc 1600 Premium	10	3600	1600	2022 年 5 月、6 月、9 月、11 月、12 月	维美德（PMP）	进口
		江苏如东	新增	12	新月型	DCT200，软靴压	2	5600	1800	2022 年 9 月、10 月	维美德	进口
		江苏如东	新增	6	短长网型	擦手纸机	2	2840	1000	2022 年 8 月、9 月	金顺	国产
		江苏如东	新增	6	新月型		2	3600	1700	2022 年 10 月、11 月	金顺	国产
	江苏洪泽湖纸业	江苏淮安	新增	2	新月型	BTC1500-2850	1	2850	1500	2022 年 1 月	宝拓	国产
浙江	浙江景兴	浙江平湖	新增	12	新月型		2	5600	2000	2022 年 1 月、6 月	维美德	进口
安徽	安徽宏泰纸业	安徽六安	新增	2	新月型		1	3500	1100	2022 年 4 月	保定维拓	国产
福建	广西植护	广西来宾	新建	6	新月型	BC1500-4200	2	4200	1500	2022 年 5 月、7 月	宝拓	国产
	福建振鑫纸业	福建三明	新建	2.7	新月型		1	3900	1300	2022 年 12 月	西安维亚	国产
	福建永丰茂纸业	福建三明	新增	2	新月型		1	2850	1400	2022 年 12 月	西安维亚	国产
江西	江西金元纸业	江西吉安	新建	2	新月型		1	2850	1300	2022 年 12 月	保定昌达	国产

续表

集团省份	公司名称	项目地点	阶段	规模/（万 t/a）	纸机					投产时间	供应商	备注
					型式	型号	数量/台	幅宽/mm	设计车速/（m/min）			
山东	亚太森博	广东江门	新建	5	新月型	BC1600-2850	2	2850	1600	2022 年 9 月	宝拓	国产
		广东江门	新建	5	新月型	PrimeLine TM W 2000	1	5650	1900	2022 年 11 月	安德里茨	进口
		山东日照	新建	2.5	新月型	HC-1700/2850	1	2850	1700	2022 年 12 月	凯信	国产
	广西太阳纸业	广西北海	新增	5	新月型	BC1800-2850	2	2850	1800	2022 年 9 月、10 月	宝拓	国产
		广西北海	新增	2	新月型		1	2850	1600	2022 年 11 月	上海轻良	国产
	聊城坤昇环保科技	山东聊城	新增	2	新月型		1	2850	1300	2022 年 10 月	山东信和	国产
	滨州瑞峰纸业	山东滨州	新增	2.5	新月型		1	2850	1600	2022 年 12 月	山东信和	国产
	龙口明洁纸业	山东烟台	新增	2.4	新月型		1	3550	1200	2022 年 3 月	保定维拓	国产
广东	中顺洁柔	河北唐山	新增	3	新月型	BC1800-3500	1	3500	1800	2022 年 2 月	宝拓	国产
	韶能集团	湖南耒阳	新建	16	新月型		8	2850	1600	2022 年第 1 季度	宝拓	国产
	澳威纸业	广东江门	新建	2	新月型	BC1300-2850	1	2850	1300	2022 年 1 月	宝拓	国产
	肇庆南宝纸业	广东肇庆	新增	2	新月型	BC1600-2850	1	2850	1600	2022 年 3 月	宝拓	国产
	香港理文集团	江西九江	新增	1.6	新月型	BC1300-2850	1	2850	1300	2022 年 1 月	宝拓	国产
		江西九江	新增	4	新月型		2	2850	1300	2022 年 1 月	江苏信诺	国产
广西	广西来宾桥宏纸业	广西来宾	新建	2	新月型		1	2850	1500	2022 年 4 月	宝拓	国产
	南宁佳达纸业	广西南宁	新增	4	新月型	BC1300-2850	2	2850	1600	2022 年 5 月、11 月	宝拓	国产
	广西嘉盛纸业	广西贵港	新增	2	新月型	1500-2850	1	2850	1500	2022 年 3 月	大正	国产
	广西盛正纸业	广西贵港	新建	1.5	新月型		1	2850	1200	2022 年 1 月	山东信和	国产
	来宾华胜纸业	广西来宾	新增	1.5	新月型		1	2850	1200	2022 年 2 月	自主组装	国产
	贵港龙派实业	广西贵港	新增	4	新月型	BC1500-2850	2	2850	1500	2022 年 8 月	宝拓	国产
云南	云南美丽好	云南昆明	新增	2	新月型		1	2850	1350	2022 年 7 月	上海轻良	国产
陕西	大荔蔡伦纸业	陕西渭南	新增	3	新月型		2	2850	1300	2022 年 4 月	西安维亚	国产
新疆	新疆中泰集团（程品纸业）	新疆库尔勒	新增	6	新月型	BC1100-2850	4	2850	1100	2022 年 8 月	宝拓	国产
总计				205.7			84					

注：集团企业在不同省区有生产工厂的，该集团所有生产工厂的投产项目列在总部所在省份。

2023 年中国投产的卫生纸机项目汇总表

Tissue machines projects launched in China in 2023

集团省份	公司名称	项目地点	阶段	规模/（万 t/a）	纸机					投产时间	供应商	备注
					型式	型号	数量/台	幅宽/mm	设计车速/（m/min）			
河北	丽邦集团（港兴）	湖北孝感	新增	2.5	新月型	BC1500-3550	1	3550	1500	2023 年 9 月	宝拓	国产
	保定雨森	辽宁台安	新增	9	新月型	Intelli-Tissue ® EcoEc Premium 1600	3	3500	1600	2023 年 8 月、12 月	维美德（PMP）	进口
	隆尧贝淼纸业	河北邢台		2	新月型		1	3500	1100	2023 年 5 月	保定维拓	国产
上海	四川禾丰纸业（泰盛集团）	四川乐山	新增	8	新月型		4	2850	1600	2023 年 2 月、3 月	上海轻良	国产
	安徽泰盛纸业（泰盛集团）	安徽宿州	新增	8	新月型		4	2850	1600	2023 年 10 月、11 月	上海轻良	国产
	上海东冠纸业	上海	新增	3.6	新月型		2	2850	1400	2023 年 11 月	上海轻良	国产
福建	恒安集团	广东云浮	新建	3	新月型	PrimeLine M1600	1	3650	1700	2023 年 12 月	安德里茨	进口
		湖北孝感	新增	3.5	TAD 型	TADVISION ®	1	3650		2023 年 7 月	意大利拓斯克	进口
		湖南常德	新增	3.5	复合型	Advantage QRT	1	3650	1800	2023 年 5 月	维美德	进口
		湖南常德	新增	3	新月型	BC1800-3650	1	3650	1800	2023 年 3 月	宝拓	国产
		湖北孝感	新增	3.5	复合型	Advantage QRT	1	3650	1800	2023 年 10 月	维美德	进口
		山东潍坊	新增	2.5	新月型	BC1800 型	1	2810	1800	2023 年 11 月	宝拓	国产
	联盛纸业	福建漳州	新建	12	新月型	PrimeLine TM W 2000	2	5650	2000	2023 年 4 月、5 月	安德里茨	进口
		福建漳州	新建	12	新月型	DCT 200HS	2	5650	2000	2023 年 5 月	维美德	进口
	广西植护	广西来宾	新建	2	新月型		1	2850	1400	2023 年 12 月	西安维亚	国产
江西	维美佳纸业（松柔纸业）	江西丰城	新建	4	新月型		2	2850	1300	2023 年 3 月、12 月	保定昌达	国产
山东	德州胜港纸业	山东德州	新增	2.5	新月型		1	3600	1300	2023 年 4 月	宝拓	国产
	亚太森博（金鹰集团）	江西九江	新建	10	新月型	BC1600-2850	4	2850	1600	2023 年 7 月、8 月	宝拓	国产
		山东日照	新建	10	新月型	PrimeLine TM W 2000	2	5650	1900	2023 年 4 月	安德里茨	进口
		山东日照	新建	2.5	新月型	HC-1700/2850	1	2850	1700	2023 年 1 月	凯信	国产
	广西太阳纸业	广西北海	新增	3	短长网型	擦手纸机	1	2850	700	2023 年 1 月	上海轻良	国产
	龙口明洁纸业	山东烟台	新增	1.8	新月型		1	2850	1200	2023 年 3 月	保定维拓	国产
	山东诺宸	山东东营	新增	1.6	新月型		1	2850	1300	2023 年 3 月	西安维亚	国产
	山东牡丹纸业	山东菏泽	新增	2	新月型		1	2850	1400	2023 年 8 月	上海轻良	国产

续表

集团省份	公司名称	项目地点	阶段	规模/（万 t/a）	纸机					投产时间	供应商	备注
					型式	型号	数量/台	幅宽/mm	设计车速/（m/min）			
广东	维达纸业	浙江龙游	新增	3.5	复合型	Advantage eTAD	1			2023 年 8 月	维美德	进口
	中顺洁柔	河北唐山	新增	2.5	新月型	Intelli-Tissue 1600	1	3500	1600	2023 年 5 月	维美德（PMP）	进口
	香港理文集团	广西崇左	新建	10	新月型	BC1300-2850	5	2850	1300	2023 年 11 月	宝拓	国产
		广西崇左	新建	5	新月型	HC-1700/2850	2	2850	1700	2023 年底	凯信	国产
		广西崇左	新建	10	新月型		4	2850	1600	2023 年底	上海轻良	国产
	江门仁科绿洲纸业	广东江门	新增	2	新月型	BC1300-2850	1	2850	1300	2023 年 3 月	宝拓	国产
广西	贵港龙派实业有限公司	广西贵港	新增	1	TAD 型	BC1100-3602	1	2850	800	2023 年 9 月	宝拓	国产
	圣大纸业	广西南宁	新增	1.7	新月型	1600-2850	1	2850	1600	2023 年 9 月	大正	国产
	广西桂宾纸业	广西来宾	新增	2	新月型		1	2850	1400	2023 年 12 月	保定昌达	国产
	广西龙州曙辉纸业	广西崇左	新增	2	新月型		1	2850	1300	2023 年 11 月	保定昌达	国产
	广西桥宏纸业	广西来宾	新增	4	新月型		2	2850	1400	2023 年 8 月、12 月	西安维亚	国产
	广西品源纸业	广西崇左	新增	1.8	新月型		1	2850	1200	2023 年 6 月	保定维拓	国产
	贵港盛正纸业	广西贵港	新增	1.5	新月型		1	2850	1300	2023 年 8 月	保定昌达	国产
	广西嵘兴中科发展有限公司	广西南宁	新增	1.8	新月型		1	3900	1200	2023 年 12 月	绵阳同成	国产
四川	四川环龙	四川眉山（西龙基地）	新增	5	新月型	BC1600-2850	2	2850	1600	2023 年 3 月	宝拓	国产
	四川鑫业纸业	四川雅安	新增	2	新月型		1	2850	1300	2023 年 9 月	保定昌达	国产
云南	云南汉光纸业	云南玉溪	新增	2	新月型		1	2850	1400	2023 年 1 月	保定维拓	国产
	云南金晨纸业	云南玉溪	新增	2	新月型		1	2850	1300	2023 年 6 月	保定昌达	国产
新疆	新疆云杉科技有限公司	新疆乌鲁木齐	新建	1.8	新月型		1	2850	1200	2023 年 4 月	保定昌达	国产
总计				177.1			69					

注：集团企业在不同省区有生产工厂的，该集团的所有生产工厂的投产项目列在总部所在省份。

历年中国生活用纸产能、产量、消费量、人均消费量、出厂均价、市场规模(1990—2022年)

The capacity, production, consumption, per capita consumption, average factory price and market size of tissue paper in China over the years (1990—2022)

年份	产能/万吨	产量/万吨	消费量/万吨	年人均消费量/千克	出厂均价/(元/吨)	国内市场规模/亿元
1990		67. 89				
1991		75. 00				
1992		96. 08				
1993		112. 1	108. 85	0. 91		
1994		135. 85	133. 15	1. 11		
1995		183. 6	180. 64	1. 49		
1996		194. 6	191. 81	1. 57		
1997		208. 1	206. 46	1. 67		
1998		220	219. 22	1. 76		
1999		232	229. 9	1. 83		
2000		250	245. 89	1. 94		
2001		275	266. 1	2. 15		
2002		298. 4	286. 8	2. 23		200
2003		327	310	2. 4		210
2004		362	343	2. 65		235
2005		391	368. 2	2. 82		283
2006(3)	446. 24	379. 3	332. 8	2. 53	7300	294. 6
2007	482. 35	410	375. 7	2. 8	7800	356. 9
2008	522	443. 7	407. 5	3. 1	8700	425. 8
2009	563. 65	479. 1	433	3. 2	9000	468. 1
2010	617. 45	524. 8	483. 5	3. 6	9700	563. 3
2011	684. 85	582. 1	540. 2	4	10491	680. 7
2012	784	627. 3	577. 5	4. 3	10200	765. 7(2)
2013	851	680. 8	618. 9	4. 5	9900	796. 6
2014	944	736. 3	660. 1	4. 8	9700	832. 4
2015	1028. 7	802. 4	736(1)	5. 4(1)	9500	909(1)
2016	1125. 3	855. 2	787. 6	5. 7	9650	988
2017	1215	923. 4	851. 1	6. 1	10000	1106. 4
2018	1310	956. 3	889. 6	6. 4	10100	1168
2019	1445	1040. 4	960. 7	6. 9	9600	1198. 9
2020	1614	1129. 8	1049. 4	7. 5	8950	1221
2021	1878	1220. 7	1161. 8	8. 2	9300	1404. 6
2022	2000	1260	1184. 7	8. 4	10200	1570. 9

注:(1) 由于一般情况下销售滞后于生产，所以每年都应有产品库存量，因此从2016年开始，销售量增加了上年的库存量，为便于比较，将2015年数据也增加了库存量进行了重新调整。

(2) 从2013年开始，在市场规模计算中，其产品市场平均价是按照平均出厂价加价率30%计，为便于比较，将2012年市场平均价由按平均出厂价20%加价率提高为30%，市场规模数据也做了相应调整。

(3) 生活用纸委员会秘书处通过2007年底对企业情况的调查，对2006年的数据进行了调整。

“十三五”生活用纸装备领域创新技术成果

Innovative technological achievements in the field of tissue paper equipment in the “13th Five-Year Plan”

作为中国造纸行业的重要组成部分——中国生活用纸行业近十年来蓬勃发展，特别是“十三五”期间，生活用纸行业关键核心装备的自主国产化进程与技术水平显著提升。

中国造纸学会于2022年11月10日组织专家评议出5项生活用纸领域创新技术成果。2023年5月13日，在第30届生活用纸国际科技展览会开幕庆典现场，中国造纸学会理事长、中国造纸协会生活用纸专业委员会主任曹振雷博士为获奖单位颁发荣誉证书。

获奖企业及创新成果包括：宝索企业集团宝拓造纸设备有限公司的BC1800型新月型高速卫生纸机；溧阳市江南烘缸制造有限公司的钢制扬克烘缸；东莞市神点纳米喷涂科技有限公司的烘缸喷涂技术；广东志德胜科技有限公司的大型高速无胶点对点双面立体压花设备；全利机械股份有限公司的全幅折叠机。

1 BC1800型新月型高速卫生纸机

BC1800型新月型卫生纸机，是宝索企业集团宝拓造纸设备有限公司最新研发的高端机型，纸机年产能2.5万~3.5万t，非常适合大型生活用纸企业选用。该机型设计车速1800m/min，运行速度1650m/min，单机最大产能100t/d，创造了国产品牌同类纸机车速第一、单机产能第一的纪录。

该机型已于2022年2月在中顺洁柔唐山分公司扩产项目中投产1台（BC1800-3500）；在建项目还包括：2023年在湖南恒安纸业有限公司投产1台（BC1800-3650），以及2022年在广西太阳纸业有限公司投产2台（BC1800-2850）。

其中，在中顺投产的该型宝拓纸机的运行情况及优势包括：

（1）采用最先进的纸机压榨技术，成纸厚度好，起皱率低（平均起皱率开机以来基本保持在17%以内），相同车速下可以增加产能5%~7%。

（2）定量范围11~25g/m^2（卷纸缸起皱后定量），成纸手感平滑、柔软度好，适合做高端面巾纸产品，产品质量媲美进口设备。

（3）纸机运行能耗低，吨纸电耗260.9kW·h，吨纸汽耗1.68t，远低于行业标准，优于进口纸机的水平。纸机蒸汽系统余热回收更全面，气罩供热无须补充新鲜蒸汽，干燥效率得到提升，故烘缸工作压力低，原纸水分也容易控制。吨纸汽耗明显低于同类纸机，每吨纸可节省100kg的蒸汽，大约每吨纸可节省30元以上。

（4）纸机的机械结构更合理，机架规格、重量明显大于同类纸机，故纸机在高速运行时振动小，运行可靠性高。

（5）纸机横幅定量偏差小，生产14g/m^{2}的原纸，横幅定量极差≤0.6g/m^2；横幅水分极差≤0.64%，原纸的松厚度好，达到国际先进水平。

（6）纸机成形辊机架采用悬梁结构，不仅可节省员工的劳动强度，而且换毯时间可比同类纸机节省1h以上。

经估算，同类进口纸机的设备（包含备浆、白水处理、纸机、复卷设备），总投资比BC1800纸机增加约61%。按照年回报率计算，宝拓纸机投资回收期为23个月（含建设期6个月），同类进口纸机投资回收期会比宝拓纸机增加一倍时间。因为折旧后的运行成本影响，所以即使能耗成本相同的情况下，宝拓纸机运行平均成本低于同类进口纸机300~500元/t纸。由此可见宝拓纸机的投资性价比极高，为企业节约了很大的投资资金。

宝拓纸机主要产品系列：新月型造纸机BC系列、真空圆网纸机SF系列、TAD多功能纸机等品种，从2007年公司成立至今，公司卫生纸机销售业绩超250多台套，包括BC系列145台（其中，2016—2020年39台）、SF系列105台（其中，2016—2020年45台），领跑生活用纸行业。

据行业咨询公司Fastmarkets RISI调查数据显示，2000—2022年全球交付卫生纸机的合计年产能3730万t，在全球主要卫生纸机供应商内，宝拓纸机以8.0%的市场份额仅次于维美德、福伊特、安德里茨，排名全球第四、中国第一。

2 钢制扬克烘缸

2014年，溧阳市江南烘缸制造有限公司(简称江南烘缸)通过技术引进和自主创新，研发出国内首台/套钢制扬克烘缸。通过多年研发，目前已在缸体组件、芯轴组件、虹吸管装置设计、壳体与端盖焊接工艺、壳体沟槽设计与加工等方面积累了很多宝贵经验。此项技术，突破了大型钢制扬克烘缸的设计、制造及检测等方面的关键技术难题，提高了产品的热能利用效率，与传统铸铁扬克烘缸相比，明显降低了蒸汽使用量，提高生产产能及成纸品质，降低生产成本，实现我国大型钢制扬克烘缸的产业化，并替代进口。

其中，2021年3月，江南烘缸按照欧洲最高标准制造的两台21英尺(直径6400mm、面宽4160mm、设计车速1800m/min)钢制扬克烘缸已配套于全球领先的卫生纸机，成功进入国际市场，烘缸工作压力0.60MPa、径向圆跳动≤0.02mm、线压力100kN/m。这两台烘缸也是最大直径的国产钢制扬克缸。

2020年1月，江南烘缸配套的一台钢制扬克烘缸(直径6700mm、面宽5700mm、纸机设计车速1000m/min)在江西五星纸业有限公司成功投产。该特大直径钢制扬克烘缸属国内首创，并首次使用于特种纸纸机，烘缸蒸汽使用压力0.30MPa，较之铸铁扬克烘缸蒸汽压力的0.65MPa大幅下降，单位产品节约蒸汽用量约22%，同时提高了使用压力安全性；动平衡稳定，径向圆跳动≤0.05mm，高速运行稳定；成纸平滑度高，厚度均匀；各项技术指标均达到国际先进水平。

截至2021年底，江南烘缸与维美德(含PMP)、亚赛利、川之江、APP、宝索集团、上海轻良、西安维亚、玖龙集团、维达集团、恒安集团、中顺洁柔、太阳纸业、理文纸业、雨森纸业等多家知名卫生纸机制造商及生活用纸、特种纸生产企业达成长期合作协议，已出厂钢制扬克缸500台/套(含出口20台/套)。其中，“十三五期间”(2016—2020年)累计销售钢制扬克缸390台/套(国内385台/套，出口5台/套)。

3 烘缸喷涂技术

此技术由东莞市神点纳米喷涂科技有限公司(简称神点科技)自主研发，涂层经久耐用，具有较好的耐剐蹭能力、耐磨性和防腐能力。

其中，烘缸中高曲线加工技术和检测技术，能让托辊中高与烘缸中高完美匹配，提高纸机车速、降低吨纸汽耗，并减少缸面和刮刀耗损。2021年2月23日，由神点科技承接表面金属喷涂的中顺洁柔(云浮公司)TM1卫生纸机顺利开机。该纸机烘缸直径5486mm、面宽6180mm，是神点科技首台幅宽5600mm卫生纸机烘缸喷涂工程，烘缸喷涂后，纸机吨纸汽耗比原来下降约200kg。

此外，神点科技开发的新型烘缸喷涂材料，使涂层硬度提高到HRC60，提高了涂层的耐剐蹭能力及耐磨性和防腐能力，延长了烘缸涂层及合金起皱刮刀的使用寿命。该新型涂层在韶能本色公司PM1烘缸金属涂层改造项目中应用，烘缸喷涂后，使用合金刮刀，各项指标得到客户的认可。

神点科技已经与国内多家纸机制造企业建立了合作关系，包括广东宝拓、山东华林、山东信和、杭州大路、东莞美捷、西安维亚、绵阳同成、保定维拓等，并先后为广东信达纸业、维达纸业、中顺纸业、马来西亚启顺纸业、宜宾纸业、两面针纸业、凤生纸业、禾丰纸业等企业的扬克烘缸进行表面喷涂、表面修复、表面研磨服务。

从2014年至今，神点科技完成烘缸喷涂超300台，所有设备和技术均由神点科技自主研发，打破外国公司的技术垄断和价格垄断，并把外国公司的喷涂单价从4万元/m^2降到目前的1.6万元/m^2，大大降低了国内企业的项目成本和维护成本。

4 大型高速无胶点对点双面立体压花设备

大型高速无胶点对点双面立体压花设备，由广东志德胜科技有限公司(简称志德胜)自主研发，该新型设备的研制解决了生活用纸生产企业在提高产能和生产过程中面临的大型压花组做不出“双面点对点压花”的实际技术瓶颈问题，志德胜首次提出了“双面立体点对点压花”的新概念，意在赋予生活用纸更加绵柔亲肤的体验，突破了生活用纸压花工艺的技术瓶颈，满足市场上对生活用纸的手感、美观度提出的越来越高的要求。

该设备通过创新研发设计，在压花工艺领域实现了“超大宽幅”“高速”“无胶”“双面立体点对点压花”，完成了工艺设备的整机设计和样机制造，设备运行最高速度400m/min、幅宽3700mm，可多层纸无胶复合。

项目于2019年10月完成样机制造，检测合格，各项指标均满足使用要求，2019年12月公司与恒安国际进行了项目合作，恒安国际运用该新型设备所生产的高端生活用纸“云感柔肤”系列产品，一经推向市场，得到了广泛好评。随后，其他国内三大生活用纸企业也就该设备与志德胜陆续开展合作，并得到广泛认可和好评。

自2019年12月至今，该设备向市场推出达28套/台。使用客户主要有恒安国际、维达国际、金红叶纸业、中顺洁柔等国内前四大生活用纸领先企业及其他多家行业知名企业。这些企业基于该设备的压花工艺技术已先后向市场推出了如恒安“云感柔肤”系列、维达“立体美”系列、中顺“油画”系列、金红叶“黑金”系列等多款高端生活用纸系列产品，产品深受广大消费者的好评。

5 全幅折叠机

全幅折叠机技术是2005年由全利机械股份有限公司成功开发。自2005年以来，全利机械股份先后推出纸幅1840mm、1800mm、2800mm（5600mm纸幅对切）、3400–3600mm全幅折叠机。目前，全幅折叠机速度达到200m/min。此项技术革新，极大地解决了之前纸幅窄、速度慢、效率低、人员抓纸叠容易产生抽数误差等技术难题，主要特点包括：

（1）原纸在纸机出纸后，可以不需要拔轴而直接吊挂到全幅折叠机上，造纸及加工一气呵成，大幅提高生产效率。

（2）不需经过分切复卷机，简化生产流程，节省时间成本，避免纸张厚度损失并减少修边损纸。

（3）节省原纸储存空间，降低管理成本。

（4）全幅折叠机可根据生产需求，搭配4到8个退纸架，在原纸直径及品质搭配下，可以连续生产8h以上不需更换原纸，大大提升了生活用纸企业的生产力及竞争力。

（周　杨）

卫生用品 Disposable hygiene products

中国一次性卫生用品行业的概况和展望

孙 静 王 娟 邢婉娜 葛继明 张升友 郭凯原 付显玲 韩 颖 曹宝萍 张玉兰

2022年，国内一次性卫生用品(包括吸收性卫生用品和擦拭巾)市场发展放缓，但经期裤、成人失禁用品的消费量比2021年显著增长。下降较多的是婴儿纸尿裤，消费量自2020年首次出现下降以来，一直持续下降且下降幅度增大。2022年吸收性卫生用品的市场规模(市场总销售额)约1115.1亿元，比2021年下降2.4%。擦拭巾的市场规模约为201.5亿元，比2021年下降5.9%。

吸收性卫生用品市场总规模中，女性卫生用品、婴儿纸尿裤/片和成人失禁用品的占比情况见表1。

表1 2018—2022年吸收性卫生用品市场规模中各类产品占比/%

产 品	2018年	2019年	2020年	2021年	2022年
女性卫生用品	50.0	49.1	50.5	54.1	58.3
婴儿纸尿裤/片	43.8	42.8	40.0	36.1	30.9
成人失禁用品	6.2	8.1	9.5	9.8	10.8

2018—2022年，一次性卫生用品的市场规模和消费量复合年均增长率见表2。

表2 2018—2022年一次性卫生用品的市场规模和消费量及复合年均增长率

项 目	年份	女性卫生用品	婴儿纸尿裤/片	成人失禁用品	擦拭巾
市场规模/亿元	2022	650.2	344.0	120.9	201.5
	2021	617.8	412.6	112.1	214.2
	2020	613.0	486.0	115.0	224.6
	2019	572.4	499.0	93.9	192.9
	2018	563.0	493.7	70.3	189.5
2018—2022年市场规模复合年均增长率/%		3.7	-8.6	14.5	1.5
消费量/亿片	2022	1175.5	279.2	79.4	56.6
	2021	1202.5	336.4	72.4	59.3
	2020	1220.9	375.8	63.0	59.6
	2019	1199.0	393.6	53.5	41.0
	2018	1193.4	378.7	44.1	29.3
2018—2022年消费量复合年均增长率/%		-0.4	-7.3	15.8	17.9

注：表中擦拭巾消费量以“非织造布用量/t”计。

1 市场规模

1.1 女性卫生用品

2022年，女性卫生用品市场平稳发展，市场规模继续缓慢增长。根据中国造纸协会生活用纸专业委员会(以下简称生活用纸专委会)调研，卫生巾的产量约988.8亿片，比上年增长2.0%；工厂销售额约329.3亿元，比上年增长5.8%；消费量约894.0亿片，比上年增长0.3%。在参加调研的企业中，经期裤产量约16.6亿片，比上年增长46.9%；工厂销售额约26.6亿元，比上年增长36.4%。经期裤平均出厂价和平均零售价均出现不同程度的下降。卫生巾和经期裤合计市场规模约614.6亿元，比上年增长8.0%。卫生护垫产量约306.9亿片，工厂销售额约26.1亿元，分别比上年下降2.3%和11.2%；卫生护垫平均出厂价约为0.085元/片，比上年下降5.6%；消费量约264.9亿片，市场规模约35.6亿元，分别比上年下降11.5%和26.6%。女性卫生用品合计市场规模650.2亿元，比上年增长5.2%。

表 3 2022 年女性卫生用品的产量和消费量

项 目	2022 年	2021 年	同比增长/%
卫生巾			
产量/亿片	988.8	969.4	2.0
工厂销售额/亿元	329.3	311.2	5.8
平均出厂价/(元/片)	0.333	0.321	3.7
消费量/亿片	894.0	891.8	0.3
经期裤(仅参加调研企业)			
产量/亿片	16.6	11.3	46.9
工厂销售额/亿元	26.6	19.5	36.4
平均出厂价/(元/片)	1.603	1.724	-7.0
平均零售价/(元/片)	4.74	4.78	-0.8
卫生巾和经期裤合计			
市场规模/亿元	614.6	569.3	8.0
市场渗透率/%	基本饱和		
卫生护垫			
产量/亿片	306.9	314.1	-2.3
工厂销售额/亿元	26.1	29.4	-11.2
平均出厂价/(元/片)	0.085	0.090	-5.6
消费量/亿片	264.9	299.4	-11.5
市场规模/亿元	35.6	48.5	-26.6
女性卫生用品合计			
净出口额/亿元	36.3	27.4	32.5
市场规模/亿元	650.2	617.8	5.2

注：1. 关于市场渗透率计算基础的说明：根据国家统计局公布的数据，2021 年适龄女性(15—49 岁)人数为 3.17 亿人，2022 年适龄女性人数为 3.13 亿人。卫生巾人均使用量为 240 片/人·年。
2. 经期裤数据仅涵盖参加调研的企业，假定全部在国内市场消费，即消费量等于产量。
3. 卫生巾、卫生护垫产品零售加价率按 80%计。
4. 虽然每年生产的产品由于销售滞后，会形成一部分库存，但长期来看，生产量和销售量是相同的，所以 2022 年度开始，将产量视同销售量。

2022 年适龄女性(15—49 岁)人数继续下降，但是，女性初经低龄化和行经时间延长，使实际消费人数多于 15—49 岁女性人数。女性卫生用品属于必需品，且女性消费者卫生健康意识提高，更懂得关爱自己，使经期卫生用品的消费量略有增长，尤其是经期裤的消费量大幅增长。经期裤作为夜用卫生巾的延伸产品已得到广大女性消费者的普遍接受和青睐，特别是年轻时尚的女性消费者。随着产品的薄型化及柔软舒适性能的提升，有些消费者白天也使用经期裤，促进了经期裤的消费提升。2022 年，更多品牌推出了经期裤产品，市场竞争使经期裤的平均出厂价和平均零售价都出现下降。

卫生护垫仍然延续近几年的趋势，产量、工厂销售额、平均出厂价、消费量、市场规模都出现不同程度的下降，显示卫生护垫的市场容量持续萎缩。

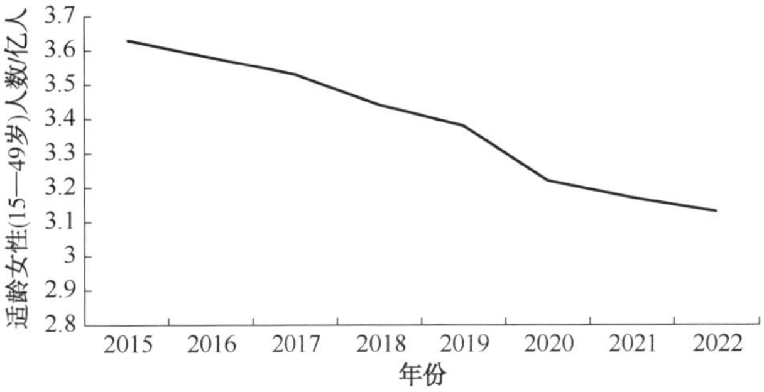

图 1 2015—2022 年适龄女性(15—49 岁)人数

1.2 婴儿纸尿裤/片

根据生活用纸专委会调研，2022 年中国婴儿纸尿裤/片总产量约 382.1 亿片，比上年下降 0.8%；总消费量约 279.2 亿片，比上年下降 17.0%。婴儿纸尿裤/片的工厂销售额合计约 296.5 亿元，较上年下降 3.8%；市场规模为 344.0 亿元，比上年下降 16.6%。市场渗透率由 2021 年的 81.5%上升到 84.2%，提高了 2.7 个百分点。

2022 年，中国婴儿纸尿裤的产量和销售额延续了上年的下降趋势，新生儿人数持续减少，使得国内婴儿纸尿裤使用人群减少、需求量下降，婴儿纸尿裤市场规模进一步减小。虽然整体市场规模减小，但婴儿纸尿裤在中国市场的消费者接受度较高，应用更加普及，市场渗透率有所上升。按产品类型计，内裤式婴儿纸尿裤相比腰贴式的销售量占比增长显著，2022 年占比增长到 42.2%(2021 年：40.7%)，内裤式产品占比逐年提高也反映出中国消费者对该类产品的接受度提高，以及产品使用习惯的改变。

婴儿纸尿片的产量和销售额呈现持续下降的趋势，纸尿片类产品因为使用性能和舒适度不如纸尿裤，在中国市场的应用场景不断减少，消费量逐年降低。

中国婴儿纸尿裤/片的出口保持增长，2022 年净出口额同比增长 62.4%，占工厂总销售额的 27.5%，中国婴儿纸尿裤产品在海外市场的竞争力提升，出口成为拉动销售增长的重要引擎。

表 4　2022 年婴儿纸尿裤/片的产量和消费量

项　目	2022 年	2021 年	同比增长/%
婴儿纸尿裤			
产量/亿片	362.0	363.0	-0.3
工厂销售额/亿元	286.7	292.8	-2.1
平均出厂价/(元/片)	0.792	0.79	0.3
消费量/亿片	259.1	305.3	-15.1
市场规模/亿元	328.3	388.2	-15.4
婴儿纸尿片			
产量/亿片	20.1	22.2	-9.6
工厂销售额/亿元	9.8	15.3	-36.2
平均出厂价/(元/片)	0.486	0.49	-0.8
消费量/亿片	20.1	31.2	-35.6
市场规模/亿元	15.6	24.4	-36.0
婴儿纸尿裤/片合计			
产量/亿片	382.1	385.2	-0.8
工厂销售额/亿元	296.5	308.1	-3.8
净出口额/亿元	81.52	50.19	62.4
消费量/亿片	279.2	336.4	-17.0
市场渗透率/%	84.2	81.5	2.7 个百分点
市场规模/亿元	344.0	412.6	-16.6

注：1. 关于市场渗透率计算基础的说明：根据国家统计局公布的数据，2021 年 0—2 岁婴儿人数为 2262 万人，2022 年 0—2 岁婴儿人数为 2018 万人。考虑到月龄较大的儿童对纸尿裤产品用量降低，夏季用量较少，以及纸尿片用量持续下降等因素，2022 年人均纸尿裤/片用量从 5 片/人·天调整为 4.5 片/人·天。
2. 婴儿纸尿裤/片产品零售加价率按 60%计。
3. 虽然每年生产的产品由于销售滞后，会形成一部分库存，但长期来看，生产量和销售量是相同的，所以 2022 年度开始，将产量视同销售量。

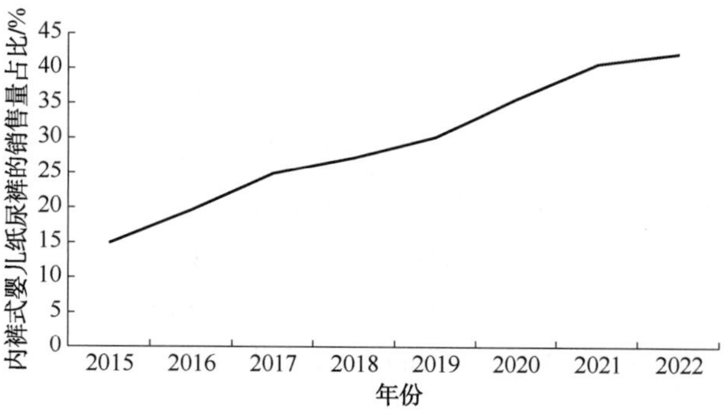

图 2　2015—2022 年内裤式婴儿纸尿裤的销售量占比

2022 年，中国婴儿纸尿裤/片市场主要影响因素和市场变化有：

(1) 人口首次出现负增长，使用者数量减少。2022 年中国新生儿数量持续下降，全年出生人口 956 万人，人口出现近 61 年来的首次负增长，导致婴儿纸尿裤市场面临着实际用户数量减少、产品需求量下降、市场竞争加剧的局面。

(2) 原材料价格处于高位，挤压利润。2022 年，婴儿纸尿裤产品的主要原材料，如绒毛浆等价格处于高位，增加了企业的生产成本，压缩了利润。

(3) 线上渠道影响力扩大，形式更加多元化。受到疫情因素的影响，线下的母婴店和超市在 2022 年客流量受到限制，消费者在网上购物频次增多，线上渠道的影响力持续扩大。线上渠道从传统意义上的天猫、淘宝、京东等电商渠道，变得更加多元化。一些国产品牌抓住新兴渠道红利，加入抖音、快手、小红书等，通过短视频种草、直播带货等方式快速出圈。一些新锐品牌更偏好选择在线上首发，契合新时期消费者的购买偏好和获取信息的来源。

虽然新生儿红利的消失结束了中国婴儿纸尿裤行业高速发展模式，但因适龄儿童基数庞大，以及新生代父母育儿理念的演变，对婴儿纸尿裤产品的接受度提升，使用时间也在增长，因此中国婴儿纸尿裤产品的用量仍将保持相当大的规模，行业企业仍有许多发展机会。

1.3　成人失禁用品

2022 年，成人失禁用品销售额呈现两位数增长，净出口额大增，国内消费量和市场规模增速放缓。其中成人纸尿裤产量比 2021 年微增，由于 2022 年成人纸尿裤的出口量、价齐增，且平均出厂价有所降低，国内的消费量和市场规模略有下降。护理垫产量增长明显，国内市场部分生产商新增产线、扩大产能，加大了生产力度，国内消费量和市场规模继续呈现增长态势。成人纸尿片的平均出厂价基本与上一年持平，消费量和市场规模有所增长，但整体体量不大。

成人失禁用品市场中，轻度失禁用品在 2022 年增加了一些新晋的跨国公司和国产品牌，部分生产企业开始逐步增设此类用品的产销，且大多数集中于线上渠道销售，线下渠道相对销售较少。根据调研到的数据显示，2022 年轻度失禁用品产量下降，主要是受到出口量减少的影响所致，另外部分产品上一年度的库存尚未完全消化。然而，国内市场中的消费量和市场规模明显提升，相信随着今后加大对国内消费者的产品教育，轻度失禁用品将迎来一定增长，解决由于疾病、手术、创伤等因素造成的轻度失禁症状人群的生活困扰，满足他们在特殊时期的呵护需求。

根据生活用纸专委会调研，2022 年成人纸尿裤产量约 58.0 亿片，工厂销售额约 82.4 亿元。成人纸尿片产量约 15.2 亿片，工厂销售额约 9.9 亿元。护理垫的产量约 49.0 亿片，工厂销售额约 39.7 亿元。参加调研企业的轻度失禁用品产量约 5.13 亿片，工厂销售额约 1.80 亿元。成人失禁用品合计的工厂销售额约 133.7 亿元，市场规模约 120.9 亿元，比 2021 年增长 7.9%。

成人失禁用品在按片计的总消费量中，成人纸尿裤占 47.6%，比上年减少 10 个百分点，成人纸尿片占 7.1%，比上年增加 0.7 个百分点，护理垫占 44.9%，比上年增加 9 个百分点，轻度失禁用品占 0.4%，比上年增加 0.3 个百分点。

渠道变化方面，根据调研的线下商超和线上电商、新零售等渠道产品销售的变化情况，可以发现 2022 年成人失禁用品的主要销售渠道仍集中于线上渠道，特别是国产品牌的产品销售。线下渠道中，除了传统商超，养老院、医院和药店等也是主要的流通渠道。一些国内生产企业还加大了新零售、直播平台的销售力度，根据重点客户进行针对性的发力。

中国社会随着老龄化程度的加快，对成人失禁用品市场的影响愈发明显，加之随着国民经济水平的提升、卫生意识的增强，以及居民对此类产品的消费观念变化等因素影响，都促进了成人失禁用品的发展。由于中国老龄化的日益严重，部分卫生用品生产企业开拓成人失禁用品领域，加大了生产投入和市场培育，但是居民的传统消费观念、羞赧心理以及社会环境等因素的影响仍然存在，生产商面临着改变消费者认知的瓶颈，未来在消费者宣传教育和正确的产品选购方面依旧有进一步开拓的空间。

表 5　2022 年成人失禁用品的产量和消费量

项　目	2022 年	2021 年	同比增长/%
成人纸尿裤			
产量/亿片	58.0	57.0	1.8
工厂销售额/亿元	82.4	82.3	0.1
平均出厂价/(元/片)	1.42	1.45	-2.1
消费量/亿片	37.8	41.7	-9.4
市场规模/亿元	75.1	84.3	-10.9
成人纸尿片			
产量/亿片	15.2	11.1	36.9
工厂销售额/亿元	9.9	7.1	39.1
平均出厂价/(元/片)	0.65	0.64	1.6
消费量/亿片	5.6	4.6	21.7
市场规模/亿元	5.1	4.1	24.4
轻度失禁用品(仅参加调研企业，2022 年有新增生产企业)			
产量/亿片	5.13	7.93	-35.3
工厂销售额/亿元	1.80	2.62	-31.5
平均出厂价/(元/片)	0.35	0.33	6.1
消费量/亿片	0.33	0.07	371.4
市场规模/亿元	0.21	0.04	425.0
护理垫			
产量/亿片	49.0	40.7	20.4
工厂销售额/亿元	39.7	26.4	50.3
平均出厂价/(元/片)	0.81	0.65	24.6
消费量/亿片	35.7	26.0	37.3
市场规模/亿元	40.5	23.6	71.6
成人失禁用品合计			
产量/亿片	127.3	116.7	9.1
工厂销售额/亿元	133.7	118.4	12.9
净出口额/亿元	46.0	35.7	28.9
消费量/亿片	79.4	72.4	9.8
市场规模/亿元	120.9	112.1	7.9

注：1. 轻度失禁用品指吸水巾、呵护巾、吸水护垫、安心垫等产品。
2. 除轻度失禁用品外，其余成人失禁用品 2022 年度的零售加价率按 40%计。
3. 虽然每年生产的产品由于销售滞后，会形成一部分库存，但长期来看，生产量和销售量是相同的，所以 2022 年度开始，将产量视同销售量。

1.4　擦拭巾

擦拭巾包括干巾和湿巾，根据企业调研数据推算，2022 年擦拭巾行业总计消耗非织造布约 56.6 万 t，比上年减少 4.6%，擦拭巾工厂销售额总计约 202.4 亿元，比上年减少 3.9%，市场规模约为 201.5 亿元，比上年减少 5.9%。

经过 2020 年疫情导致的需求激增，湿巾市场从 2021 年开始逐渐回归常态，2022 年，湿巾市场的增长趋势已经回归到2018年和2019年的正常增长曲线。棉柔巾、洗脸巾等干巾产品是近几年新开发的品类，处于快速上升期，但总量较小，擦拭巾整体市场规模仍由湿巾主导。

表6　2022年擦拭巾的产量和消费量

项　目	2022年	2021年	同比增长/%
湿巾			
非织造布用量/万t	49.8	53.5	-6.9
工厂销售额/亿元	181.6	193.8	-6.3
干巾(仅参加调研企业)			
非织造布用量/万t	6.8	5.8	17.2
工厂销售额/亿元	20.8	16.8	23.8
擦拭巾合计			
非织造布用量/万t	56.6	59.3	-4.6
工厂销售额/亿元	202.4	210.6	-3.9
净出口额/亿元	58.5	57.6	1.6
市场规模/亿元	201.5	214.2	-5.9

注：1. 湿巾工厂销售额计算方法说明：取参加调研企业每吨非织造布对应的湿巾工厂销售额的平均值，以此作为依据，计算得到湿巾全行业工厂销售额。
2. 干巾数据仅涵盖参加调研企业。
3. 擦拭巾产品零售加价率按40%计。
4. 关于进出口数据：海关的商品编码中将清洁湿巾归入34011990，消毒湿巾归入38089400，但是这两个编码下不只是湿巾产品，还包括其他清洁、消毒产品。

2　主要生产商和品牌

2.1　女性卫生用品

经过多年的发展，女性卫生用品市场已基本饱和，没有大型企业进入。2022年，生活用纸专委会收录在册的女性卫生用品生产企业约563家，比2021年减少34家，总体集中度仍然较低，市场竞争者仍由多个生产商组成。领先生产商分布在北京、上海、浙江、福建、河南、湖北、广东、广西、重庆等地，包括本土生产商/品牌：恒安、百亚、景兴、啟盛、洁伶、丝宝、佳健、倍舒特科技、全棉时代、美洁、舒莱、护理佳、可悦、杭州川田、余宏、新感觉、康卫(康那香)、亿维、广东康怡、广东川田等，国际生产商：宝洁、尤妮佳、金佰利、花王。高端市场的品牌集中度很高，国际性品牌有：护舒宝、苏菲、高洁丝、乐而雅等，本土企业全国性品牌有七度空间、自由点、ABC、U适、洁婷、奈丝公主等，区域性品牌有小妮、洁伶、美洁、舒莱、佳期、倍舒特、护理佳、安琦、月满好、新感觉、康乃馨、护蕾、康怡等。

表7a所列是2022年综合排名前20位国内女性卫生用品生产商和品牌，排序仅供参考，表7b所列是在国内设有工厂的国际女性卫生用品生产商和品牌。表7c所列是除综合排名前20位以外的各地区重点女性卫生用品生产商和品牌。

表7a　2022年综合排名前20位国内女性卫生用品生产商/品牌
(按销售额等指标综合排序)

序号	公司名称	品　牌	产能(卫生巾+经期裤+卫生护垫)/(亿片/年)
1	恒安国际集团有限公司	七度空间，安尔乐	202.5+53.5+32.0
2	重庆百亚卫生用品股份有限公司	自由点，妮爽	36.52+0.89+4.94
3	广东景兴健康护理实业股份有限公司	ABC，Free	OEM加工
4	佛山市啟盛卫生用品有限公司	U适，小妮	82.0+1.0+33.0
5	桂林洁伶工业有限公司	洁伶，淘淘氧棉	32.0+1.0+15.0
6	湖北丝宝护理用品有限公司	洁婷	26.0+0+6.2
7	中山佳健生活用品有限公司	佳期	18.0+0.8+3.8
8	北京倍舒特科技发展有限公司	倍舒特	14.0+1.2+2.0
9	深圳全棉时代科技有限公司	奈丝公主	6.0(巾)
10	广东美洁卫生用品有限公司	美洁，美宜洁，美月爽	33.0+0.75+5.0
11	河南舒莱卫生用品有限公司	舒莱	60.0+0+6.0
12	上海护理佳实业有限公司	护理佳	15.0+1.0+10.0
13	杭州可悦卫生用品有限公司	月满好，OEM	20.0+0+20.0

续表

序号	公司名称	品　　牌	产能(卫生巾+经期裤+卫生护垫)/(亿片/年)
14	杭州川田卫生用品有限公司	OEM 为主	20.0+0.6+9.0
15	杭州余宏卫生用品有限公司	安琦，布知布觉，OEM	20.0+1.2+4.0
16	佛山市顺德区新感觉卫生用品有限公司	新感觉，OEM	17.3+0+3.3
17	康卫生活用品(扬州)有限公司	康乃馨，御守棉，就爱纯棉	10.3+0+10.2
18	上海亿维实业有限公司	护蕾，迪芙妮	15.84+0+5.15
19	广东康怡卫生用品有限公司	臻我，康怡，闺蜜团	5.0(巾)
20	广东川田卫生用品有限公司	OEM 为主	35.0+1.05+4.4

表 7b　在国内设有工厂的国际女性卫生用品生产商/品牌

公司名称	品　　牌
宝洁(中国)有限公司	护舒宝
尤妮佳生活用品(中国)有限公司	苏菲
金佰利(中国)有限公司	高洁丝
上海花王有限公司	乐而雅

表 7c　2022 年各地区重点女性卫生用品生产商/品牌

省市	公司名称	品　　牌
北京	北京倍舒特妇幼用品有限公司	月自在
天津	小护士(天津)科技股份有限公司	小护士
	天津市依依卫生用品股份有限公司	依依，阳光姊妹
	天津骏发森达卫生用品有限公司	雅格，银爽
	天津市韩东纸业有限公司	美千草，挚爱
	天津博真卫生用品有限公司	月如意
	天津市娇柔卫生制品科技有限公司	真芳，娇柔
	天津市宝坻区美洁卫生制品有限公司	乐丝妮，蓓婷
	天津市洁雅妇女卫生保健制品有限公司	芬柔
河北	河北义厚成日用品有限公司	女主角
	丽邦集团有限公司	丽邦，港兴
	保定雨森卫生用品有限公司	百丽
	河北金博士卫生用品有限公司	金博仕
	石家庄市宏大卫生用品厂	邦尔舒
	石家庄顺美生活用纸科技有限公司	佳宝仕，生理密码
辽宁	沈阳东联日用品有限公司	柔柔
	锦州东方卫生用品有限公司	欣羽丝
上海	上海唯尔福集团股份有限公司	唯尔福，美丽约会
	金红叶纸业集团有限公司	怡丽
	上海申欧企业发展有限公司	555，悠 U
	上海月月舒妇女用品有限公司	月月舒
	上海舒晓实业有限公司	舒晓

续表

省市	公司名称	品　　牌
江苏	苏州冠洁生活制品有限公司	米娅
	江苏三笑集团有限公司	笑爽，一点点
	泰州远东纸业有限公司	安洁尔
	江苏有爱科技有限责任公司	非秘
	净呼吸生物科技有限公司	爱生活，净呼吸
浙江	维达纸业(浙江)有限公司	Libresse 薇尔
福建	福建恒利集团有限公司	好舒爽，舒爽
	中天(中国)工业有限公司	丝婷
	泉州市爱丽诗卫生用品有限公司	少女空间
	泉州市洛江区汇丰妇幼用品有限公司	妙缘，棉享，知多少
	泉州洛江兴利卫生用品有限公司	佳约
江西	赣州港都卫生制品有限公司	了解
	江西优禾科技有限公司	OEM
山东	山东云豪卫生用品股份有限公司	洁来
	纳可生活用品(青岛)有限公司	软风研究社
	山东叶之梦智能科技有限公司	叶之梦
	临沂安洁卫生用品有限公司	黛琳
	永芳(济南)卫生用品集团有限公司	A&S
	潍坊含羞草护理科技股份有限公司	知否
湖北	襄阳市盈乐卫生用品有限公司	难忘
湖南	湖南千金卫生用品股份有限公司	千金净雅
广东	佛山市佩安婷卫生用品实业有限公司	佩安婷，珮夫人
	东莞市金保利卫生用品有限公司	植物物语
	广东妇健企业有限公司	妇健
	惠州市汇德宝护理用品有限公司	清爽
	珠海市健朗生活用品有限公司	美茵，健妮，可采
	广东珠海市金能纸品有限公司	秋花
	广东娜菲实业股份有限公司	娜菲
	广东冰冰护理用品有限公司	全部出口
	广东邦洁日用品有限公司	邦洁
	广东艾丽格丝健康科技有限公司	倍舒菲
陕西	陕西维妮康健卫生用品有限公司	魔妮，维妮
云南	云南白药清逸堂实业有限公司	日子
海南	欣龙控股(集团)股份有限公司	恩兰

卫生巾(海关商品编号 96190020 下的进口商品)进口数量经历了 2020 年和 2021 年的下降之后，2022 年增长了 0.08 万 t 至约 1.26 万 t，与 2019 年的 1.25 万 t 基本持平，进口卫生巾主要是满足国内消费者对于某些特定产品的需求。

一般来说，卫生巾的消费者即购买者，且使

用年限长、消费者黏性好，因此，企业纷纷提出品牌年轻化策略，将初经人群和少女人群作为重点关注目标。

女性卫生用品的销售中，传统经销商渠道和商超渠道仍占有较大比重。近年来各种新兴渠道不断涌现，渠道的碎片化对传统企业造成了较大的冲击，迫使传统企业尝试更多新的销售模式。但是，新兴的平台也存在费用高、流量贵等门槛，企业多方尝试，摸索适合自己的组合渠道。

2022 年，受到新冠疫情、原材料涨价、物流受阻、运费上涨等诸多负面影响，区域品牌克服重重困难，平稳发展，有些企业实现了逆势增长。

2022 年，恒安集团卫生巾业务销售收入增长约 0.7%至约 61.6 亿元(2021 年约 61.2 亿元)，占集团整体收入约 27.2%(2021 年约 29.4%)。集团坚持稳定的定价策略，加上石油及大宗商品价格于下半年回落，卫生巾业务的毛利率较上半年有所改善，而 2022 年的全年毛利率则下跌约 3.7 个百分点至约 66.8%(2021 年约 70.5%)，环比 2022 年上半年的 65.3%已经略有改善[1]。

2022 年，维达个人护理用品业务收益增加 4.4%至 33.14 亿港元，增幅剔除汇率影响为 9.6%，占集团总收益的 17%(2021 年 17%)。个人护理用品业务的毛利率及分部业绩溢利率分别为 31.7%及 2.0%。中国内地市场收入推动集团个人护理业务稳步增长。女性护理用品方面，Libresse 薇尔在中国内地女性护理领域保持增长势头，销售额同比显著提升。同时，Libresse 薇尔在马来西亚市场广受欢迎，市场占有率领先[2]。

2022 年，重庆百亚卫生用品股份有限公司实现营业收入 16.1 亿元，较上年同期增长 10.19%；归属于上市公司股东的净利润 1.9 亿元，较上年同期下降 17.83%。在外部环境变化、原材料价格上涨及市场竞争加剧等情况下，公司始终坚持多品牌、差异化的发展战略。顺应卫生巾产品中高端化的消费趋势，通过产品升级和推出新品来满足消费者对产品多样化的需求。公司结合消费升级及消费场景的变化趋势，持续优化营销体系，聚焦优势资源，强化渠道建设，电商渠道实现了快速增长[3]。

2022 年，金佰利公司在发展中地区和新兴市场的个人护理用品净销售额增长约 3%。主要影响因素：一是产品净售价提升使销售额增长 12%；二是产品组合优化使销售额增长 3%，主要是在中国市场；三是东欧、印度尼西亚和巴西销售量减少使销售额下降了 6%；四是汇率变化使销售额下降 5%[5]。

花王集团在中国市场的卫生用品销售有所下降，但乐而雅卫生巾在日本和亚洲其他市场销售强劲[6]。

尤妮佳扩大了在中国的销售区域和门店数量，并通过优化沿海城市的新型电商渠道，提高了销售额。公司的经期裤等高附加值产品获得持续增长[7]。

女性卫生用品销售额增长显著的其他企业主要有：上海申欧增长 1.4 倍，湖南千金增长 80%，珠海健朗增长 56%，天津骏发森达增长 37%，中山佳健增长 27%，莆田佳通增长 25%，石家庄顺美增长 21%，桂林洁伶增长 20%，江苏三笑增长 19%，杭州川田增长 18%，荔城纸业增长 16%，上海舒晓增长 13%，锦州东方增长 12%。江苏优禾的经期裤增长了 90%多。

2.2 婴儿纸尿裤/片

2022 年，生活用纸专委会收录在册的婴儿纸尿裤/片生产企业 586 家，比上年减少 13 家，市场竞争者仍由多个生产商组成。领先生产商主要集中在天津、上海、江苏、浙江、安徽、福建、湖北、湖南、广东、贵州等地，包括本土生产商/品牌：恒安、天娇、卡布、嘉华、豪悦、千芝雅、昱升、舒比奇、茵茵、爹地宝贝、可靠、雀氏、欧比、露乐、婴舒宝等，国际生产商：宝洁、尤妮佳、金佰利、花王、大王等。高端市场的品牌集中度很高，国际性品牌有：帮宝适、妈咪宝贝、Moony、好奇、妙而舒、GOO.N 等，全国性品牌有安儿乐，区域性品牌有：妈咪亲、卡比布、宜婴、妈妈咪呀、名人宝宝、吉氏、舒比奇、茵茵、爹地宝贝、酷特适、雀氏、宾比、露安适、婴舒宝等。

表 8a 所列是 2022 年综合排名前 15 位的国内婴儿纸尿裤/片生产商和品牌，排序仅供参考，表 8b 所列是在国内设有工厂的国际婴儿纸尿裤/片生产商和品牌。表 8c 所列是除综合排名前 15 位以外的各地区重点婴儿纸尿裤/片生产商和品牌。

表 8a　2022 年综合排名前 15 位国内婴儿纸尿裤/片生产商和品牌
（按销售额等指标综合排序）

序号	公司名称	品　牌	产能（纸尿裤+纸尿片）/（亿片/年）
1	福建恒安集团有限公司	Q·MO，安儿乐	29.4+1.4
2	泉州天娇妇幼卫生用品有限公司	妈咪亲，欢乐贝比，家得宝	30.0（裤）
3	贵州卡布国际生物科技有限公司	卡比布，婴之道	11.5+0.3
4	泉州市嘉华卫生用品有限公司	宜婴	12.5（裤）
5	杭州豪悦护理用品股份有限公司	妈妈咪呀	22.2（总）
6	杭州千芝雅卫生用品有限公司	名人宝宝	31.5（总）
7	广东昱升个人护理用品股份有限公司	吉氏，舒氏宝贝	29.8（裤）
8	湖南舒比奇生活用品有限公司	舒比奇	6.9+3.1
9	广东茵茵股份有限公司	茵茵	18.6（裤）
10	爹地宝贝股份有限公司	爹地宝贝	7.6（裤）
11	杭州可靠护理用品股份有限公司	酷特适	27.5（总）
12	雀氏（福建）实业发展有限公司	雀氏	15.0（裤）
13	广东欧比个人护理用品有限公司	宾比，小天王，欧贝比	10.4+0.6
14	露乐健康科技股份有限公司	露安适，爱乐爱	6（裤）
15	婴舒宝（中国）有限公司	婴舒宝	7（裤）

表 8b　在国内设有工厂的国际婴儿纸尿裤/片生产商和品牌

公司名称	品　牌
宝洁（中国）有限公司	帮宝适
尤妮佳生活用品（中国）有限公司	妈咪宝贝，Moony
金佰利（中国）有限公司	好奇
花王（合肥）有限公司	妙而舒
大王（南通）生活用品有限公司	GOO.N

注：2023 年 8 月 3 日，日本花王已宣布停止在中国生产，即负责生产“妙而舒”品牌纸尿裤的合肥工厂停产。

表 8c　2022 年各地区重点婴儿纸尿裤/片生产商和品牌

省市	公司名称	品　牌
北京	北京纯粹主义科技有限公司	爸爸的选择
江苏	好孩子百瑞康卫生用品有限公司	好孩子，奇妙鸭
	江苏德邦卫生用品有限公司	爱琪 Baby，守护 Baby
浙江	杭州比因美特实业有限公司	贝因美
	杭州嘉杰实业有限公司	精灵宝宝，米酷
	杭州淑洁卫生用品有限公司	爱格玛，哈昵哈昵，巴比酷
	浙江优全护理用品科技股份有限公司	贝能，壹裤
	浙江中美日化有限公司	快乐贝贝
福建	美佳爽（中国）有限公司	奇酷
	百润（中国）有限公司	贝舒乐
	福建新亿发集团有限公司	手心宝贝，美弗儿
	福建美可纸业有限公司	好省新，贝趣
	福建省百顺卫生用品有限公司	英姿贝贝
	福建惠安和成日用品有限公司	皇氏
	泉州联合纸业有限公司	Shuaku

续表

省市	公司名称	品　牌
江西	江西省安秀实业发展有限公司	安秀儿，蓓秀，米可，卡尼鹿
	江西省美满生活用品有限公司	妙然宝贝
	南昌爱乐科技发展有限公司	艾叶草
湖北	湖北宝灿卫生用品有限公司	艾柔，茵奇，妈氏宝
	湖北马应龙护理品有限公司	马应龙
	湖北永怡护理品有限公司	Anlaber 安拉贝尔
湖南	湖南洁韵生活用品有限公司	贝婴爽，婴童之星，宝必备
湖南	湖南省倍茵卫生用品有限公司	倍茵，奥怡爽，奥贝爽
	湖南爽洁卫生用品有限公司	爽然，爱心妈妈
	湖南九宜日用品有限责任公司	施博特，萌卡奇、易小布
	湖南省安迪尔卫生用品有限公司	安迪尔，馨怡儿，全优瑞
	湖南宏鼎卫生用品有限公司	意裤，菲娅，华婴
广东	东莞市常兴纸业有限公司	一片爽，片片爽
	凯儿得乐(深圳)科技发展有限公司	凯儿得乐
	广东康怡卫生用品有限公司	康怡宝宝
	广州市汉氏卫生用品有限公司	泰迪熊
	东莞天正纸业有限公司	祺安，淘气宝贝，御婴堂
	广东佰分爱卫生用品有限公司	立爱，优吉儿
	广东贝禧护理用品有限公司	嘘嘘熊，宝乐熊
	鹤山市嘉美诗保健用品有限公司	恩氏，贝安奇，乐儿朗
	盈家(珠海保税区)卫生用品有限公司	康之良品、康氏、阿葆
	东莞市宝适卫生用品有限公司	帮爱宝，英维氏，非常伴侣

2022 年，为迎合消费者日益提高的产品质量需求，恒安集团持续研发优质婴儿护理产品。年内，皇牌高档产品“Q · MO”销售保持增长势头，销售同比增长约 17.4%，占比进一步提升至超过 30.0%(2021 年约 26.2%)。集团致力加强布局电商及母婴渠道，电商及母婴渠道的销售占比分别提高至超过约 60.2%及超过约 18.5%(2021 年分别为接近 50%及超过 14.5%)。不过由于市场竞争激烈，集团高端产品的销售增长只能部分抵消来自传统渠道及中低端产品的销售下降，导致集团纸尿裤业务销售仍然下跌约 1.4%至约 12.023 亿元(2021 年为 12.194 亿元)，占集团整体收入约 5.3%(2021 年为 5.9%)。纸尿裤的全年毛利率轻微下跌至约 36.9%(2021 年为 37.7%)[1]。

2022 财年，在大中华地区市场，受到市场竞争激烈等因素的影响，宝洁的婴儿护理产品销售量出现 15%左右的下降[4]。

2022 年，由于市场萎缩和其他因素，花王集团在中国市场的卫生用品销售有所下降[6]。

2022 年，尤妮佳婴儿护理用品在中国市场的净销售额出现下降，主要的原因包括：中国本土纸尿裤企业的成长、婴儿出生率持续下降以及疫情对供应链造成影响等[7]。

婴儿纸尿裤/片销售额有明显增长的企业有：广东佰分爱增长 1.3 倍，东莞苏氏增长 51.3%，浙江优全增长 30%，泉州天娇增长 23.9%，美佳爽增长 22.2%，贵州卡布增长 17.7%。

2.3　成人失禁用品

2022 年，生活用纸专委会收录在册的成人失禁用品生产商 397 家，比上年减少 2 家。领先企业主要分布在北京、河北、辽宁、上海、江苏、浙江、福建、山东等地。本土领先生产商主要有可靠、爱舒乐、恒安、千芝雅、珍琦、豪悦、倍舒特妇幼、亿维、唯尔福、般舟、永福康、荔城纸业、金洁、宏达、淑洁等，国际生产商有维达、金佰利、尤妮佳等。国际性品牌有添宁、得伴、乐互宜等，全国性品牌有可靠、安而康、爱舒乐等，区域性品牌有千芝雅、珍琦、康福瑞、捷护佳、宝莱、唯尔福、一把手、佳爽爱康、永福康、老来福、会好、益年康等。

表 9a 所列是 2022 年综合排名前 15 位成人失禁用品生产商和品牌，排序仅供参考。表 9b 所列是除综合排名前 15 位以外各地区重点成人失禁用品生产商和品牌。

表 9a　2022 年综合排名前 15 位国内成人失禁用品生产商和品牌
（主要按销售额等指标综合排序）

序号	公司名称	品　　牌	生产能力/（亿片/年）
1	杭州可靠护理用品股份有限公司	可靠	19.7（总）
2	山东爱舒乐卫生用品有限责任公司	爱舒乐	4.3（裤）+1.5（片）+23.0（垫）
3	杭州千芝雅卫生用品有限公司	千芝雅，千年舟	13.5（裤）+1.8（片）+2.0（垫）
4	上海亿维实业有限公司	宝莱	1.2（裤）+3.6（片）+3.4（垫）
5	浙江珍琦护理用品有限公司	珍琦，自由生活	1.2（裤）+0.1（片）+0.6（轻）+0.5（垫）
6	福建恒安集团有限公司	安而康	2.6（裤）+1.1（片）+0.7（垫）
7	杭州豪悦护理用品股份有限公司	康福瑞	7.5（总）
8	北京倍舒特妇幼用品有限公司	捷护佳	6.0（轻）+2.5（垫）
9	河北金洁卫生科技有限公司	一把手，静中净	2.3（裤）+3.0（片）+0.6（垫）
10	上海唯尔福集团股份有限公司	唯尔福	0.7（裤）+0.3（片）+1.6（垫）
11	福建省莆田市荔城纸业有限公司	佳爽爱康	1.9（裤）+0.1（片）+1.6（垫）
12	江苏永福康卫生用品科技有限公司	旅伴，永福康	4.8（裤）+1.1（片）+0.8（垫）
13	河北宏达卫生用品有限公司	老来福，亿舒康	1.5（裤）+0.6（片）+0.7（垫）
14	辽宁汇英般舟医用材料有限公司	会好	0.3（裤）+0.4（片）+0.4（垫）
15	杭州淑洁卫生用品有限公司	益年康，淑洁康	4.2（裤）+0.6（片）+1.2（垫）

表 9b　2022 年各地区重点成人失禁用品生产商和品牌

省市	公司名称	品　　牌
天津	天津市逸飞卫生用品有限公司	太阳雨，邦一把
	天津杏林白十字（中日合资）医疗卫生材料用品有限公司	洒露把，可雅
河北	石家庄顺美生活用纸科技有限公司	佳宝仕，伊而舒，韩大夫
上海	上海必有福生活用品有限公司	必有福，保尔康，孝心
江苏	苏州市苏宁床垫有限公司	安帕
浙江	维达纸业（浙江）有限公司	添宁，包大人
安徽	芜湖悠派护理用品科技股份有限公司	悠派，福派
福建	福建新亿发集团有限公司	手心呵护，幸福康
	长汀县天乐卫生用品有限公司	天乐，福满春
	美佳爽（中国）有限公司	强臣
	韩顺（厦门）卫生用品有限公司	OEM
江西	江西康雅医疗用品有限公司	棉柔世家
山东	山东恒发卫生用品有限公司	安可新
	山东云豪卫生用品股份有限公司	洁来
	潍坊鑫鸿达卫生科技有限公司	安蕊
	威海威高医用材料有限公司	威乐
	山东日康卫生用品有限公司	福露达，怡洁康，黄大夫
	山东叶之梦智能科技有限公司	叶之梦

续表

省市	公司名称	品　牌
河南	漯河春晓医疗器械有限公司	康吧
	河南美伴卫生用品有限公司	好助手
	郑州啓福卫生用品有限公司	啟福
广东	广东互爱健康产业科技有限公司	互爱
四川	四川佑盾优品医疗科技有限公司	佑盾

2022 年，恒安集团成人纸尿裤业务受惠于国内成人失禁用品市场规模日益增长，以及集团成人纸尿裤渗透率上升，年内销售增长约 12.9%，在整体纸尿裤业务中的占比约 23.7%（2021 年约 20.8%）[1]。

维达集团在中国内地进一步打造 300 多家创新型维达“健康·添宁”体验中心门店。在全国医院商圈打造添宁门店的新渠道，以个性化服务抢占目标消费者及社区群体，满足人口老龄化加快的需要，将添宁品牌打造成老龄人群与失禁护理产品的第一接触点，从而有效拉动销售。添宁与包大人双品牌旗舰店在中国主流电商平台开展在线营销活动，从而有力支持全渠道销售。在香港特别行政区及中国台湾市场，也加强添宁及包大人品牌的营销推广活动，进行派样活动及品牌营销活动，推动销售并提升品牌渗透率[2]。

成人失禁用品销售额增长较多的企业有：倍舒特科技 70.69%，唯尔福 37.24%，芜湖悠派 32.30%，上海申欧 20.74%，河北金洁 20.27%，东莞苏氏 30.75%，广东康怡 17.21%，荔城纸业 16.0%。

2.4　宠物卫生用品

2022 年，生活用纸专委会收录在册的宠物卫生用品生产企业共 70 家，比上年增长 5 家，主要分布在天津、安徽、江苏、山东、河北、浙江、上海、福建、辽宁、广东等省市。

2022 年，中国宠物卫生用品市场的销售量和销售额相较 2021 年均有所增长，宠物垫平均单价略微上涨，绝大部分宠物卫生用品出口销售，出口量占销售量的比例高达 83.9%。中国宠物卫生用品的消费仍然存在着相当大的增长空间，需要加强市场渗透和宠物用品消费观念的培育。

产品结构变化方面，2022 年宠物纸尿裤的消费量有所增加，基本持平于宠物垫。出口业务上，宠物卫生用品的出口量和出口额 2022 年均同比增长。此外，部分生产企业新增了设备产能，加大投入，致力于持续开拓这一市场。

表 10　2022 年宠物卫生用品的主要生产商（排名不分先后）

省市	公司名称	生产能力/（亿片/年）
天津	天津市依依卫生用品股份有限公司	1.8（裤）+34.3（垫）
河北	河北义厚成日用品有限公司	3.6（垫）
辽宁	大连爱丽思生活用品有限公司	12.0（垫）
上海	上海唯尔福（集团）有限公司	1.6（垫）
	上海亿维实业有限公司	0.2（垫）
江苏	江苏中恒宠物用品股份有限公司	7.5（垫）
	泰州远东纸业有限公司	2.5（垫）
	苏州市苏宁床垫有限公司	0.8（垫）
浙江	杭州可靠护理用品股份有限公司	1.5（总）
	浙江艿凯莫卫生用品有限公司	0.8（垫）
安徽	芜湖悠派护理用品科技股份有限公司	4.5（裤）+10.4（垫）
福建	福建省莆田市荔城纸业有限公司	0.2（裤）+0.4（垫）
	中天（中国）工业有限公司	0.008（垫）

续表

省市	公司名称	生产能力/(亿片/年)
山东	山东爱舒乐卫生用品有限责任公司	2.8(裤)+14.5(垫)
	山东叶之梦智能科技有限公司	2.0(垫)
	山东日康卫生用品有限公司	0.5(垫)
	山东坤元堂护理用品有限公司	0.43(垫)
	山东云豪卫生用品股份有限公司	0.8(垫)
广东	珠海市健朗生活用品有限公司	0.5(裤)+0.2(垫)
	广东茵茵股份有限公司	1.5(裤)
	佛山市顺德区新感觉卫生用品有限公司司	1.2(垫)

2.5 擦拭巾

2022年，生活用纸专委会收录在册的擦拭巾(包括干、湿巾)生产企业1009家，比上年增加97家。领先生产商主要分布在辽宁、上海、浙江、安徽、福建、山东、河南、广东、重庆等地，但全国性品牌不多，还有很多以代工为主的企业。

表11a 2022年综合排名前15位擦拭巾生产商和品牌(按销售额等指标综合排序)

序号	公司名称	品 牌
1	深圳全棉时代科技有限公司	Purcotton 全棉时代
2	恒安国际集团有限公司	心相印
3	纳奇科化妆品有限公司	国光，全棉爸爸，OEM代工
4	上海美馨卫生用品有限公司	Dr. Parmar 帕玛医生
5	河南逸祥卫生科技有限公司	德佑
6	维达纸业(中国)有限公司	维达
7	重庆珍爱卫生用品有限责任公司	珍爱
8	安徽汉邦日化有限公司	憨贝洁
9	铜陵洁雅生物科技股份有限公司	艾妮，喜擦擦，哈哈
10	金红叶纸业集团有限公司	清风
11	浙江优全护理用品科技股份有限公司	棉品天下，贝能
12	大连大鑫无纺科技有限公司	娇点，黑白猪，鸭子舰队
13	中顺洁柔纸业股份有限公司	洁柔，C&S
14	大连欧派科技有限公司	优普爱
15	山东爱舒乐卫生用品有限责任公司	爱舒柔

表11a所列是2022年综合排名前15位擦拭巾生产商和品牌，排序仅供参考。排名前15位擦拭巾生产商的销售额约占总销售额的46.7%(2021年前15位占比为52.1%)。表11b所列是除排名前15位以外的各地区重点擦拭巾生产商和品牌。

2022年，恒安集团的湿巾销售收入约为8.4亿元(2021年约为7.4亿元)，比上年增长约14.5%，占生活用纸业务销售比例约6.9%(2021年约7.1%)[1]。

2022年，维达集团生活用纸及湿巾业务收益为161.03亿港元，同比增加3.9%，剔除汇率影响为7.8%，占集团总收益的83%(2021年：83%)。集团坚持研发创新并推出一系列新品和营销活动，维达4D Deluxe湿厕纸及得宝棉柔洁面巾在香港特别行政区市场推出后获得积极反响[2]。

表 11b　2022 年各地区重点擦拭巾生产商和品牌

省区市	公司名称	品　　牌
北京	金佰利(中国)有限公司	舒洁 Kleenex
	北京倍舒特科技发展有限公司	慕风
天津	天津康森生物科技有限公司	OEM
	天津市艳胜工贸有限公司	科灵，贝滋娃娃
河北	河北义厚成日用品有限公司	妮好
	保定雨森卫生用品有限公司	百丽，雨森
	丽邦集团有限公司	丽邦
	河北金博士卫生用品有限公司	金博仕
吉林	四平圣雅卫生用品有限公司	圣雅，丫雅，水无痕，维妮嘉
	四平佳尔生活用品有限公司	佳尔，优佳尔，益安宁
辽宁	凌海市展望生物科技有限公司	可爱多，兰月亮，漂亮宝贝
上海	强生(中国)有限公司	强生，暖呵
	贝亲婴儿用品(上海)有限公司	贝亲
	上海三君生活用品有限公司	楚牌
江苏	康卫生活用品(扬州)有限公司	康乃馨，OEM
	扬州倍加洁日化有限公司	倍加洁
	奈森克林(苏州)日用品有限公司	奈森克林
	苏州宝丽洁日化有限公司	OEM
	苏州安侯医疗科技有限公司	OEM
浙江	南六企业(平湖)有限公司	OEM
	杭州邦怡日用品科技有限公司	邦怡
	绍兴佰迅卫生用品有限公司	法朵，OEM
	浙江启美日用品有限公司	启美
	浙江众仁电子科技有限公司	OEM
安徽	铜陵麟安生物科技有限公司	OEM
福建	婴舒宝(中国)有限公司	婴舒宝
	漳州市中南护理用品有限公司	淘淘熊
	康多乐有限公司	康多多
	福州老棉农科技有限公司	老棉农
江西	江西生成卫生用品有限公司	棉新
山东	山东省润荷卫生材料有限公司	润荷
	烟台市恒达纸业有限公司	首纯，幽幽草，梵佳
	济南卡尼尔科技有限公司	卡尼尔，慧心
	山东鑫乐护理用品有限公司	潮小喵
	山东格林汇能科技有限公司	OEM
	山东百合卫生用品有限公司	OEM
	潍坊市金宵医疗卫生用品有限公司	双骄，咪品贝乐，蜜宝
湖北	武汉创新欧派科技有限公司	优普爱
湖南	洁宝日化(湘西)有限责任公司	OEM
	湘潭金诚纸业有限公司	纤雨度

续表

省区市	公司名称	品　牌
广东	深圳市御品坊日用品有限公司	水亲亲，水肌肤，水精灵
	金旭环保制品(深圳)有限公司	美歌丽
	维尼健康(深圳)股份有限公司	ODM、OEM 为主
	诺斯贝尔化妆品股份有限公司	OEM
	广州市白桦日用品有限公司	威派思，吻儿
	中山市德乐生物科技有限公司	初玥
四川	四川石化雅诗纸业有限公司	鸥露
	宜宾惠美康健生物技术有限公司	竹布柔洁
	四川省利美医疗用品有限公司	利美
西藏	西藏坎巴嘎布卫生用品有限公司	坎巴嘎布，梅朵嘎布

据生活用纸专委会调研，如表 12a 所示，2022 年，婴儿专用湿巾和通用型湿巾仍是占比最大的类别，但两者的占比稍有下降。卸妆湿巾经历了两年的需求减少后有所回暖。厨房湿巾占比有所提升，但仍低于 2020 年的水平。厕用湿巾(湿厕纸)占比继续显著增长，已成为很多人如厕清洁必不可少的产品。其他用途湿巾主要包括搓澡湿巾、男性专用湿巾、宠物湿巾、擦鞋湿巾、地板清洁湿巾、羽绒服清洁湿巾、眼镜防雾湿巾、车载湿巾等细分产品，湿巾品类的发展趋于功能化、多元化、差异化。

干擦拭巾的占比持续提升。棉柔巾既可代替毛巾擦脸，也可作为化妆棉，而且干湿两用，在年轻消费群体中接受度很高，普及率不断提升。棉柔巾、洗脸巾、厨房抹布、地板静电擦拭巾等各种用途的干擦拭巾为忙碌的生活提供了便利，得以迅速推广。

表 12a　按用途分类各品类擦拭巾的产量及其占比（以非织造布用量计）　单位：%

品　类	2022 年	2021 年
湿巾	88.0	90.2
其中：通用型	27.1	32.8
婴儿专用	36.8	37.4
女性卫生专用	2.3	2.2
卸妆用	1.5	1.1
厨房用	5.9	5.2
厕用	12.1	5.9
其他用途	2.4	5.6
干巾	12.0	9.8

表 12b 所示为清洁湿巾、卫生湿巾、消毒湿巾的占比情况。可以看出，2022 年随着新冠感染常态化，消毒湿巾的用量减少，其在干湿擦拭巾中的占比持续下降。人们养成的卫生习惯保留下来，卫生湿巾的占比提升。

表 12b　按功能分类各品类擦拭巾的产量占比（以非织造布用量计）　单位：%

品　类	2022 年	2021 年
湿巾	88.0	90.2
其中：清洁湿巾	30.7	48.6
卫生湿巾	37.2	19.9
消毒湿巾	20.1	21.7
干巾	12.0	9.8

3　进出口情况

3.1　产品出口

3.1.1　吸收性卫生用品出口稳步增长

2022 年，面对复杂严峻的国内外形势，中国的吸收性卫生用品出口顶住多重超预期因素的冲击，出口数量和金额上涨，规模再上新台阶，产品的平均价格也有小幅上涨，质量稳步提升。中国吸收性卫生用品的出口量多年来保持平稳增长，总出口量远高于进口量，展示了中国吸收性卫生用品行业不断增强的生产实力和在国际市场上的影响力。

吸收性卫生用品出口总额占行业总体工厂销售额的 30.2%，比 2021 年增长 5.3 个百分点。据海关统计数据(表 13a)，2022 年吸收性卫生用品的出口量比 2021 年增长 10.46%(2021 年比 2020 年增长 8.76%)，出口额增长 17.25%(2021

年比2020年增长12.66%)。出口产品中占比最大的是婴儿纸尿裤产品(出口商品编码96190011),占总出口量37.15%,其出口量增长率最高,为15.52%,显示中国婴儿纸尿裤产品在海外市场的竞争力持续提升;卫生巾(出口商品编码96190020)占总出口量的11.12%。

表13a 2022年一次性卫生用品出口情况

商品编码	商品名称	金额/美元	数量/t	平均价格/(美元/t)	与上年同期相比/%		
					金额	数量	平均价格
吸收性卫生用品合计		3564709814	1138648.031	3130.65	17.25	10.46	6.15
48189000	纸浆、纸等制的其他家庭、卫生或医院用品	567802280	269331.962	2108.19	9.26	4.79	4.27
96190011	供婴儿使用的尿裤及尿布,任何材料制	1453907060	423032.261	3436.87	17.87	15.52	2.04
96190019	其他任何材料制的尿裤及尿布	428344048	165322.419	2590.96	23.26	11.77	10.28
96190020	任何材料制的卫生巾(护垫)及止血塞	718410800	126632.217	5673.21	20.74	4.70	15.31
96190090	任何材料制的尿布衬里及本品目所列货品的类似品	396245626	154329.172	2567.54	14.98	11.21	3.39
湿巾合计		1084523498	522448.488	2075.85	-6.38	-17.79	13.87
34011990	湿巾	670246698	361743.041	1852.83	6.62	-3.37	10.33
38089400	消毒湿巾	414276800	160705.447	2577.86	-21.81	-38.46	27.05

卫生巾/卫生护垫出口量增长较多的企业有:莆田佳通增长7倍,上海申欧增长4倍多,天津依依增长75%,杭州川田增长55%,泉州恒发增长43%,河南舒莱增长20%,荔城纸业增长16%,杭州可悦增长13%等。

婴儿纸尿裤/片出口量增长较多的企业有:广东佰分爱增长209.7%;婴舒宝增长195.3%;泉州天娇增长120.6%;广东欧比增长68.7%;泉州爱乐增长30%;浙江优全增长30%。

成人失禁用品出口量增长较多的企业有:上海亿维增长47.73%,美佳爽增长25%,荔城纸业增长16%,天津依依增长11.58%,东莞苏氏增长11.24%。

海关数据显示,2022年我国吸收性卫生用品出口量排名前10位的出口目的地国家和地区(13b)依次为:美国、菲律宾、日本、韩国、俄罗斯联邦、澳大利亚、越南、英国、中国香港、印度。各类产品出口量排名前10位的出口目的地国家和地区见表13c。

3.1.2 湿巾出口量下降,出口产品以清洁湿巾为主

2022年,湿巾的出口总量为52.24万t,同比下降17.79%,消毒湿巾出口量下降明显,达到38.46%,说明随着全球疫情的好转,消毒湿巾的出口将逐步回归常态。出口产品以清洁湿巾为主,出口量占比为69.24%(编者注:目前,在海关的商品编码中将清洁湿巾归入34011990,消毒湿巾归入38089400,但是这两个编码下不只是湿巾产品,还包括其他清洁、消毒产品)。

湿巾产品的出口平均价格上涨13.87%,但出口平均价格远低于进口平均价格,说明中国的功能性湿巾等高价值产品在海外市场仍有拓展空间。

湿巾出口总额占擦拭巾行业总体工厂销售额的36.1%,比2021年提高0.6个百分点。

2022年湿巾企业出口业务普遍出现下滑,但仍有企业实现逆势增长。参加调研的企业中业绩增长的有润美纸业增长3倍,中南护理增长1倍,绍兴佰迅增长25%,大连大鑫增长6.3%等。

2022年湿巾出口量排名前10位的出口目的地国家和地区是:美国、澳大利亚、日本、智利、中国香港、菲律宾、秘鲁、泰国、英国、加拿大。

表13b 2022年吸收性卫生用品总出口量排名前10位的出口目的地国家和地区

排名	出口目的地国家和地区	吸收性卫生用品总出口量/t
1	美国	283602.720
2	菲律宾	101240.660
3	日本	73041.472
4	韩国	69069.693

续表

排名	出口目的地国家和地区	吸收性卫生用品总出口量/t
5	俄罗斯联邦	65633.371
6	澳大利亚	52809.279
7	越南	52782.881
8	英国	21647.894
9	中国香港	21007.230
10	印度	19499.489

表 13c　2022 年各类吸收性卫生用品和湿巾出口量排名前 10 位的出口目的地国家和地区

商品编码	商品名称	排名	出口国家和地区	出口量/t
48189000	纸浆、纸等制的其他家庭、卫生或医院用品	1	美国	98087.441
		2	日本	52824.278
		3	韩国	32249.593
		4	英国	11428.661
		5	印度	6962.617
		6	澳大利亚	4492.689
		7	意大利	4336.645
		8	越南	3983.061
		9	巴西	3740.554
		10	加拿大	3723.502
96190011	供婴儿使用的尿裤及尿布，任何材料制	1	菲律宾	70953.216
		2	俄罗斯联邦	50862.261
		3	越南	46303.617
		4	澳大利亚	41556.062
		5	美国	17196.414
		6	秘鲁	12026.804
		7	哈萨克斯坦	11159.988
		8	南非	11063.818
		9	韩国	9799.965
		10	新西兰	9104.357
96190019	其他任何材料制的尿裤及尿布	1	美国	45824.061
		2	韩国	20047.499
		3	菲律宾	15820.637
		4	日本	14400.395
		5	中国香港	10874.310
		6	俄罗斯联邦	7351.815
		7	马来西亚	6307.687
		8	中国台湾	5076.217
		9	秘鲁	4033.290
		10	印度	3259.366

续表

商品编码	商品名称	排名	出口国家和地区	出口量/t
96190020	任何材料制的卫生巾(护垫)及止血塞	1	美国	39244.174
		2	菲律宾	9243.780
		3	中国香港	5238.394
		4	俄罗斯联邦	4432.847
		5	缅甸	3948.045
		6	委内瑞拉	3811.980
		7	加纳	3442.112
		8	印度	2989.675
		9	中国台湾	2979.732
		10	英国	2506.989
96190090	任何材料制的尿布衬里及本品目所列货品的类似品	1	美国	83250.630
		2	意大利	5848.059
		3	韩国	5060.987
		4	中国台湾	4226.632
		5	英国	4179.082
		6	加拿大	3956.314
		7	日本	3506.260
		8	澳大利亚	3474.997
		9	荷兰	3217.841
		10	菲律宾	2901.915
34011990	湿巾	1	美国	82474.503
		2	澳大利亚	42332.507
		3	智利	33462.551
		4	日本	25506.858
		5	菲律宾	20899.963
		6	秘鲁	17484.310
		7	泰国	14874.056
		8	加拿大	12066.009
		9	丹麦	7393.086
		10	马来西亚	6924.099
38089400	消毒湿巾	1	美国	36801.610
		2	日本	20608.830
		3	中国香港	19674.938
		4	澳大利亚	14707.769
		5	英国	8358.896
		6	印度尼西亚	5258.219
		7	荷兰	4568.327
		8	中国台湾	4220.363
		9	新加坡	3883.391
		10	马来西亚	3698.043

3.2 产品进口

3.2.1 吸收性卫生用品进口逐年递减

2022 年吸收性卫生用品总进口量 6.78 万 t，同比下降 32.69%(表 14a)，进口总量自 2017 年的 25.5 万 t 逐年递减。另外，吸收性卫生用品进口总体呈现量跌价升的趋势。进口总额占行业工厂总销售额的 3.8%，仍然较小。进口产品仍以婴儿纸尿裤为主，占总进口量的 73.51%(2021 年为 81.1%)，同时婴儿纸尿裤的进口量下降幅度也较大，同比下降 39.02%。进口婴儿纸尿裤产地主要是日本，进口量和进口额分别占婴儿纸尿裤总进口量和进口额的 99.1% 和 98.6%(2021 年为 98.4%和 97.7%)，从日本进口婴儿纸尿裤的减少直接造成婴儿纸尿裤总进口量和进口额的下降。

卫生巾类(含卫生棉条)产品是唯一进口量增长的品类，同比增长 7.32%，虽然增长，但进口总量较少，占女性卫生用品市场总规模的比例也非常低，仅有约 1.97%。进口的卫生巾类(含卫生棉条)产品主要来自日本、匈牙利、韩国、德国、加拿大等国，其中从日本进口最多。

吸收性卫生用品特别是婴儿纸尿裤进口量进一步减少，显示了中国国产婴儿纸尿裤、女性卫生用品等吸收性卫生用品产能增长、质量提升，消费者的消费心理和消费行为更加理性，同时婴儿出生率降低，目标消费人群减少，进一步降低了对进口产品的需求。

表 14a 2022 年一次性卫生用品进口情况

商品编码	商品名称	金额/美元	数量/t	平均价格/(美元/t)	与上年同期相比/%		
					金额	数量	平均价格
吸收性卫生用品合计		448712516	67808.223	6617.38	-31.87	-32.69	1.22
48189000	纸浆、纸等制的其他家庭、卫生或医院用品	22330820	4675.526	4776.11	-13.54	-22.15	11.07
96190011	供婴儿使用的尿裤及尿布，任何材料制	242592124	49848.000	4866.64	-46.72	-39.02	-12.63
96190019	其他任何材料制的尿裤及尿布	2392008	405.814	5894.35	-49.59	-53.24	7.81
96190020	任何材料制的卫生巾(护垫)及止血塞	179579564	12626.405	14222.54	5.19	7.32	-1.98
96190090	任何材料制的尿布衬里及本品目所列货品的类似品	1818000	252.478	7200.63	-7.50	-29.16	30.56
湿巾合计		214973054	37606.292	5716.41	-18.85	-20.45	2.02
34011990	湿巾	19503833	6794.927	2870.35	16.70	29.96	-10.21
38089400	消毒湿巾	195469221	30811.365	6344.06	-21.24	-26.72	7.48

3.2.2 消毒湿巾进口明显减少

2022 年湿巾进口总量为 3.76 万 t，湿巾进口总额占擦拭巾行业工厂总销售额的比例为 7.1%，湿巾进口量总体较小，对国内湿巾消费市场的影响较低，且进口产品主要为消毒湿巾，进口量占比为 81.9%。因此，消毒湿巾进口量下降 26.72%，使得整个湿巾品类的进口量下降 20.45%。

各类产品进口量排名前 10 位的国家和地区见表 14b。

表 14b 2022 年各类吸收性卫生用品和湿巾进口量排名前 10 位的国家和地区

商品编码	商品名称	排名	进口国家和地区	进口量/t
48189000	纸浆、纸等制的其他家庭、卫生或医院用品	1	美国	1397.465
		2	日本	1361.028
		3	韩国	996.796
		4	中国台湾	455.174
		5	德国	370.820
		6	马来西亚	48.963
		7	法国	22.413
		8	哥伦比亚	10.518
		9	中国	4.870
		10	墨西哥	3.648

续表

商品编码	商品名称	排名	进口国家和地区	进口量/t
96190011	供婴儿使用的尿裤及尿布，任何材料制	1	日本	49374. 606
		2	泰国	159. 977
		3	中国	106. 196
		4	韩国	87. 251
		5	捷克	50. 461
		6	中国台湾	21. 282
		7	德国	8. 288
		8	波兰	6. 392
		9	法国	5. 957
		10	保加利亚	5. 798
96190019	其他任何材料制的尿裤及尿布	1	日本	283. 683
		2	马来西亚	55. 143
		3	丹麦	23. 110
		4	中国台湾	12. 936
		5	德国	11. 391
		6	比利时	10. 027
		7	波兰	6. 979
		8	韩国	1. 706
		9	法国	0. 338
		10	美国	0. 329
96190020	任何材料制的卫生巾(护垫)及止血塞	1	日本	4712. 223
		2	匈牙利	4696. 640
		3	韩国	735. 488
		4	德国	551. 460
		5	加拿大	393. 819
		6	美国	376. 026
		7	泰国	361. 664
		8	斯洛文尼亚	153. 195
		9	中国	130. 881
		10	中国台湾	114. 872
96190090	任何材料制的尿布衬里及本品目所列货品的类似品	1	丹麦	82. 375
		2	美国	81. 119
		3	日本	37. 860
		4	中国台湾	24. 336
		5	中国	22. 065
		6	泰国	3. 641
		7	匈牙利	0. 351
		8	印度尼西亚	0. 339
		9	荷兰	0. 174
		10	马来西亚	0. 079

续表

商品编码	商品名称	排名	进口国家和地区	进口量/t
34011990	湿巾	1	印度尼西亚	5542.272
		2	日本	384.494
		3	美国	325.524
		4	德国	141.782
		5	韩国	138.315
		6	中国台湾	52.157
		7	中国	44.878
		8	英国	39.236
		9	新加坡	32.549
		10	越南	26.088
38089400	消毒湿巾	1	德国	4380.550
		2	美国	3918.676
		3	英国	3771.669
		4	葡萄牙	2014.140
		5	比利时	1850.468
		6	马来西亚	1795.640
		7	泰国	1714.117
		8	日本	1677.730
		9	新加坡	1598.387
		10	澳大利亚	1270.873

注：表中进口国为“中国”，表示企业之间的“转厂”。由于中国对进出口加工贸易实施优惠的税率政策，加工贸易企业进口原材料可以免交纳增值税，所以企业都在海外采购原材料，原材料所生产的成品必须离境销售，出口核销后享受退税优惠政策。企业之间，一个企业的加工成品是另一个企业的成品的加工料件，双方持各自的加工手册，分别填报出口和进口报关单，在海关办理进出口手续，这种一出一进的结转情形称为“转厂”。“转厂”有两种形式：(1)加工贸易企业之间的转厂，即深加工结转；(2)一般贸易企业与加工贸易企业的转厂，即保税区转厂(出口转内销)。

4 市场变化和发展特征

2022年，中国卫生用品行业发展面临挑战，生产流通不畅、主要原材料价格高位运行、需求疲软等因素加剧了市场竞争，压缩了企业利润，对经营业绩造成不同程度的影响。面对挑战，企业在主动承担社会责任的同时，积极寻找出路，降本增效，维护卫生用品行业健康发展。

2023年，随着市场需求持续恢复，人流、物流、信息流、资金流趋于活跃，带动卫生用品行业的持续发展。但是，疫情滞后的影响仍在，消费者的消费行为趋向保守，层级分化明显；婴儿及女性卫生用品消费人群数量预计将继续降低，卫生用品行业的经营仍面临较大的压力。卫生用品行业企业顶住压力，积极调整产品组合和业务策略，以创新驱动增长，稳步推进高质量发展。

4.1 卫品行业企业积极履行社会责任

2022年，新冠肺炎疫情在中国继续呈现出多点暴发的状况，卫品行业企业持续捐款、捐物，与全国人民共克时艰。2023年，卫品行业恢复正常生产秩序，卫品企业更加积极地行动起来，关爱幼儿、女性和老年群体。

可靠股份、倍舒特妇幼、豪悦股份、茵茵股份、爹地宝贝等企业积极开展敬老爱老活动，普及成人失禁护理用品。

恒安集团、金佰利、百亚、倍舒特科技、舒莱、稳健等企业通过各类关爱女性健康活动，向女性传授生理健康、心理健康与青春期保健等相关知识。

恒安集团、中顺洁柔、雀氏、露乐、卡布婴童等企业关爱早产儿、重症幼儿、偏远地区女童的健康成长。

4.2 卫生用品行业企业进入资本市场，寻求资金支持和长期规范发展

2022 年 9 月 2 日，聚胶新材料股份有限公司正式登陆深交所创业板。

2022 年开始，广东景兴健康护理实业股份有限公司进入上市辅导期。

2023 年 4 月 28 日，佛山市啟盛卫生用品有限公司正式启动 IPO 筹备工作。

4.3 卫生用品生产企业新投产项目

2022 年，市场需求疲软，疫情对供应链造成巨大影响，行业企业经营艰难。面对严峻的形势，品牌企业仍然投资进行升级改造，提升自身实力。

（1）佛山啟盛引进国际先进水平的生产线对原有设备进行升级换代，同时对包装工段进行智能化改造，部分生产线已经实现无人化包装。

（2）上海申欧于 2021 年初完成智能制造系统升级，新增了数条全伺服男女款轻失禁卫生用品生产线，已于 2022 年 1 月全线投产。

（3）福建天娇公司投资建设的双阳天娇卫生用品电商园项目竣工。该项目总投资 3.5 亿元，是天娇公司践行“数字化智能制造”理念打造的集“设计研发、智能制造、品牌运营”于一体的妇幼卫生用品生产基地。

（4）昱升浙江生产基地二期投产，规划 7 条生产线。广东昱升与上海麦酷酷电子商务有限公司达成协议，将合资在印尼建设纸尿裤工厂。

（5）欧比护理智造总部在广东南海九江奠基，计划投资约 3 亿元，建设个人护理用品研发、生产、销售的综合基地。

（6）广东茵茵上元新厂区二期工程封顶。

（7）贵州卡布投资近 20 亿元的婴童产业集聚群二期项目已完成，具备生产功能区、营销总部区、配套原材料生产区、研发中心、AR 体验中心、企业文化建设中心等 6 个功能区，整个生产系统全自动化。

（8）豪悦（湖北）有限公司生产基地已于 2023 年投产，豪悦护理还对全资子公司江苏豪悦增资 1.2 亿元。

（9）尤妮佳上海青浦工业园区的自动化仓库项目投入使用，实现供应链总成本优化及高效运营。

（10）天津博真集团在河北黄骅中捷产业园建设第二个生产基地——河北博真卫生用品有限公司，项目于 2022 年 7 月开工，目前正在建设中。

（11）上海亿维投资的浙江亿维护理用品有限公司项目已于 2023 年下半年投产，主要产品为成人纸尿裤、护理垫等。

（12）英科医疗的首期卫生棉条项目于 2023 年初试生产，首期年产能约 1.4 亿支。

（13）东莞市常兴纸业有限公司二期扩建工程奠基，工程项目投资约 2.9 亿元，除了扩大原有婴儿系列产品产能之外，还新增了成人护理、女性护理等产品的产能。

（14）江苏中欣卫生用品有限公司投资的中欣卫品智能产业园，于 2023 年开工建设，规划配备健康护理用品全伺服自动化生产线 12 条。

（15）康那香上海工厂搬迁到扬州，新公司康卫生活用品（扬州）有限公司 2022 年已投产，主要生产卫生巾、卫生护垫和化妆棉。

（16）浙江天晴湖州新工厂正在建设中，计划生产卫生棉条、卫生巾和失禁产品。

2023 年，卫生用品生产企业持续投资扩产，并引进先进设备，满足市场新需求。

加速建设生产基地，规模化发展：

（1）东冠集团在安徽当涂投资的高档生活用纸及卫生用品项目签约。

（2）金三发（湖北）产业园医疗卫生非织造材料项目、优全医疗卫生用品项目正式投产。

（3）恒安集团孝感卫品产业园投产，主要生产卫生护理用品、美妆、医疗器械用品等，纸品产业园和卫品产业园全部投产后，孝感成为恒安集团全国最大的生产基地。

（4）泉州嘉华正在福建漳州建设集智能化、标准化、数字化于一体的现代化生产基地。

（5）美佳爽与泉州市政府就惠安绿色环保产业园项目签约，计划整合卫生用品设备制造及成品、非织造布、芯体、干法纸、魔术闭合系统和印刷包装等生产制造于一体。

（6）湖北天娇生产基地项目开工，计划建设集研发、生产、办公、智能仓储为一体的绿色低碳智能的卫品产业基地。

（7）贵州卡布婴童生产基地二期项目产品生产区、配套原材料生产区、营销总部大楼、个人一次性健康护理用品研发中心、用户体验中心和

企业文化馆等功能区于2023年年底建成投入运营。

投资新建工厂和生产设备，提升智能化水平：

(1) 大连双迪桃花卫生用品有限公司新工厂投产，拥有多条全自动智能化生产、包装生产线，产品涵盖卫生巾、湿巾、消杀产品三大系列几十种健康卫生护理用品。

(2) 江苏三笑绿色智能工厂项目开工，计划打造以高端牙刷制造为主、个人卫生护理用品生产为辅的智能化生产基地。与法麦凯尼柯签约引进卫生巾和卫生护垫等两台生产设备。

(3) 爱朵高端护理用品生产项目在山东临沂开工，计划建设12条智能化生产线，打造高端纸尿裤生产基地。

(4) 泉州嘉华与恒昌机械正式签署环腰裤NK-800/拉拉裤BT-800全伺服婴儿纸尿裤生产线的采购协议。

(5) 湖北艾舒宝咸宁二期扩建项目开工，新建一个生产车间，规划自动化卫生巾生产线6条，功能芯片生产线4条，预计2024年8月投产。

(6) 佛山中柔二期智能生产工厂正式竣工，规划2条经期裤生产线和4条卫生巾生产线。

(7) 广东康怡新增一条成人纸尿裤生产线和一条两片式婴儿拉拉裤生产线，提升自动化、数字化水平。

4.4 开拓国际市场

近年来，中国卫生用品行业面临着严峻的形势，人口出生率下降、人口老龄化加剧、产能过剩等，行业企业都在寻找更多、更广的出路以求长期发展。

卫生用品行业上下游企业持续布局海外市场，满足当地消费需求，多元化经营布局业务。维达集团马来西亚的东南亚新总部正式投入运营，研产销协同全面提质增效；杭州豪悦泰国工厂完成从租赁厂房搬迁、设备安装调试及投产；广东昱升与上海麦酷酷签约，拟合资在印尼建设纸尿裤工厂；延江股份在巴西建厂；聚胶股份正在建设墨西哥子公司等。

4.5 品牌意识提升 产品创新更贴近消费者需求

(1) 18个卫生用品品牌上榜2022—2023年中国生活用纸和卫生用品行业“匠心产品”榜单

卫生巾品牌包括：七度空间、FREEMORE、倍舒特、凸凸棉、Libresse薇尔、护理佳。婴儿纸尿裤品牌包括：家得宝、宜婴、卡布、Cojin茵茵、安儿乐。成人纸尿裤品牌包括：可靠、唯尔福、爱舒乐、安而康、捷护佳、爱布。湿巾品牌：德佑。

(2) 创新产品提升功能性和使用体验

女性卫生用品——卫生巾、经期裤、卫生棉条，多样化选择满足女性经期需求；天然材料的使用及产品的透气性仍然是品牌追求的方向。

婴儿纸尿裤——针对不同月龄婴儿特点设计的细分产品更贴近婴儿需求；纤薄、透气、弱酸表层等产品特性更加普及；包装方面更突出国潮元素和卡通元素。

成人失禁用品——功能细分更加清晰，重度产品突出吸收性和防漏性，中度和轻度产品注重轻薄、透气和剪裁的贴身性，抑菌消臭则是众多品牌的共同追求，部分品牌主打“医护级”特色，有利于拓展特通渠道。

干湿擦拭巾——湿厕纸中添加天然无刺激的植物配方；消毒、去污、爽肤、卸妆、驱蚊、皮鞋上光等细分功能的湿巾成为亮点；各类湿巾的迷你包装为出行带来便捷体验；棉、竹等天然材料的应用更加广泛，尤其是在棉柔巾中。

4.6 多样化拓宽营销渠道，发挥互补协同效应，花式引爆品牌传播

(1) 优势互补，合作共赢，加大专业化、多层次渠道建设及多维度运营能力

可靠福祉与成都国药康养健康管理有限公司合作探索开发老年护理用品市场。中顺洁柔与微盟合作构建全链路营销闭环，实现私域业态的增长。金佰利(中国)与京东合作，推动金佰利新品和高端产品在京东平台的快速发展。

(2) 全新IP赋能品牌活力，糅合现代元素，触达更多消费人群

恒安国际中国风虚拟歌姬“元七七”对接多个终端品牌进行IP传播，培育私域粉丝。可靠股份、华与华联合打造全新“可靠活力老人”超级IP。千芝雅公司先后引进多个知名IP为旗下品牌代言，提升了品牌知名度和消费者的认可度。

(3) 新媒体矩阵花式传播，数字化+社交化，深度链接消费者

维达薇尔使用场景+情绪共鸣的社会化沟通，打动目标人群，打造数字化销售传播链接。桂林

洁伶淘淘氧棉在微博发起#谷爱凌新朋友淘淘氧棉#话题，与用户深度互动，种草购买欲，精准传达品牌营销理念。自由点通过品牌代言人传递品牌“我就要自由点”的核心生态文化，开启经期大健康时代。

（4）新零售转型升级，更深层次探索传播路径，融入发展新格局

中顺洁柔、东顺集团等发力电商直播，推动产业发展，拓宽线上通道，服务和融入传播新格局。

露乐集团上海营销总部投入使用，借助中国互联网技术创新前沿阵地的优势，进一步开拓新零售市场。

4.7 原辅材料功能提升，注重绿色升级

为了响应终端产品多样化、差异化的市场需求，原辅材料从源头进行了创新，在功能上不断提升，并不断向着绿色环保方向努力。这些新产品、新技术直接推动卫生用品的升级换代，引领行业发展趋势。

非织造布细旦化、环境友好趋势持续深化；可生物降解、可回收的环保纤维是未来趋势；薄膜更注重外观个性化和舒适亲肤性；高吸收性树脂(SAP)满足差异化吸收需求，探索生物基材料的应用；胶黏剂的粘接效果提升，环境影响降低；其他创新材料还包括更加环保可持续的离型纸、纸质包装材料、魔术钩等。

2022—2023 年，原材料企业通过投资、收购等方式扩大生产规模，并引进先进设备，满足对材料的新要求。

（1）北京大源(扬州)生产基地首条非织造布生产线投产。

（2）巴斯夫上海创新园三期项目正式落成，将支持巴斯夫在中国及亚太地区的需求。

（3）上海华谊 32 万 t/a 丙烯酸及酯项目、10 万 t/a 高吸收性树脂二期项目启动。

（4）赛得利(溧阳)工厂正式开机，年产 4.9 万 t 水刺布项目的第一条高速直铺水刺线正式投产。赛得利(铜陵)工厂正式投入运营，赛得利首条可冲散非织造布生产线顺利投产。赛得利(常州)第一条年产 10 万 t 莱赛尔生产线投产，未来将完成年产 30 万 t 莱赛尔纤维产能的设计目标。

（5）新维盛引进德国特吕 3.8 米双梳理热风非织造布生产线。还与远东集团合作开发可降解材料等新材料。

（6）浙江华昊新材料公司第一台湿法水刺非织造布生产线投产。

（7）卫星化学年产 20 万 t 精丙烯酸项目在独山港经济开发区签约，总投资约 11 亿元。

（8）浙江德西瑞投资的 2 条安德里茨 neXline aXcess 水刺交铺线均已投产。

（9）山东爱舒乐投资 2 条水刺非织造布生产线，一条 3.6 米梳理+湿法可冲散水刺非织造布生产线，一条 3.6 米直铺高杂非织造布生产线，总计年产能 2.5 万 t。

（10）万华化学在烟台化工产业园规划建设年产 3 万 t 高吸收性树脂项目，已进行环评公示。

（11）河南周口旭旺 2 条安德里茨 neXline 水刺非织造布生产线顺利开机。

（12）广东美登新厂在南海九江镇奠基，总投资 3.2 亿元，规划生产新型复合材料，预计 2024 年建成投入使用。

（13）聚胶股份募投项目广州智慧新工厂及全球研发中心的建设工作如期推进。

（14）富乐广州的新技术中心正式启用并扩大了生产和仓储能力。

（15）宜宾丽雅卫生材料科技有限责任公司的年产 10 万 t 生物基纤维复合新材料智能制造项目一期已竣工投产，二期还在建设中。投产的生产线包括水刺非织造布、纺黏非织造布和木浆复合生产线。

（16）和泰润佳加快数字化车间建设和智能生产设备的升级改造，70%的生产环节实现了“机器换人”。

（17）中国制浆造纸研究院研发出利用竹材生产绒毛浆的技术，并在云景林纸投产。

（18）云景林纸的国内首条松木卷筒绒毛浆现代化生产线开机运行，成功生产出国产松木绒毛浆产品。

（19）新疆中泰亨惠年产 14 万 t 水刺非织造布项目一期投产，建设 12 条水刺非织造布生产线。

4.8 产业集聚区发展情况

4.8.1 福建

福建卫生用品产业集聚区起步早，省内上市企业中，生产企业有恒安国际和爹地宝贝两家，设备制造企业为海纳智能。当地生产企业经营较

为灵活，生产品类主要以女性卫生用品、婴儿纸尿布和湿巾为主，部分企业生产成人失禁用品，宠物卫生用品，规模相对较小。目前，生活用纸专委会调研到的有一定规模的福建卫生用品生产商90余家，产业上下游供应链完整，工厂生产自动化水平和效率高。

2022年，由于疫情、原材料价格高企、物流运输不畅等影响，国内销售市场竞争压力大，消费动力不足。福建卫生用品生产企业中，销售业绩呈现马太效应，规模企业抓紧占据消费市场份额，以增量为主，保订单。而部分小企业则订单不足，开工率明显下降。与此同时，部分卫生用品生产企业积极寻求突破转型，开始布局成人护理和适老用品产业，加大投入成人失禁用品业务的培育，销售占比逐渐增长。

经营利润上，一部分企业是由于业绩下降导致经营利润的下滑十分明显，另有一些大中型企业尽管2022年经营业绩有所增长，但是受原料成本等各项因素的影响，净利润有所下降。

出口方面，2022年大部分福建省生产企业的出口业务恢复，呈现增长态势。另外，2022年下半年人民币贬值，一定程度上拉升了企业的出口销售业绩。

渠道运营方面，仍以传统经销商和母婴店为主，但是随着线上购物频次增加和消费模式的改变，2022年具有一定规模的生产企业开始在新零售和直播平台等销售渠道发力，加大营销建设。

4.8.2 广东

广东地处南海航运枢纽位置，是全国经济发展的排头兵，优越的地理和经济环境使这里发展成中国较早的卫生用品行业集聚区之一，不仅汇聚了众多卫生用品生产企业，同时也吸引了原材料企业及设备制造商投资建厂，形成了完善的上下游产业链。

目前，生活用纸专委会调研到的有生产设备的广东卫生用品生产商有110余家，在女性卫生用品、婴儿纸尿裤和擦拭巾领域都汇集了全国排名前列的知名生产商，如维达国际、广东景兴、佛山啟盛、广东昱升、广东茵茵、全棉时代等。在成人失禁用品领域，广东省企业传统上没有形成较大的规模，但近两年来，一些广东卫生用品企业已经引进或计划引进成人失禁用品设备，布局老人护理用品这一潜力巨大的市场，培育新的业绩增长引擎。

2022年，生活用纸专委会调研汇总的广东省卫生用品企业普遍受到疫情、婴儿出生率下降与原材料价格上涨等因素的影响，一些企业业绩出现下滑，利润受到挤压。但是，面对市场的变化和经营中遇到的困难，很多企业能够坚持以品质为先、诚信经营、稳扎稳打，并积极推出新产品，开拓成人失禁用品等新的市场领域，区域内主要企业的业绩整体保持平稳。

销售渠道方面，线下的经销商、超市和母婴店等仍占有较大份额，但企业也在积极布局电商和新零售渠道，尝试直播、社交平台种草等新的营销形式、寻找新的市场机会。

4.8.3 浙江

浙江卫生用品行业保持全品类发展，卫生巾、婴儿纸尿裤、成人失禁用品、擦拭巾各个品类领军企业稳居全国TOP企业之列，如千芝雅、可靠、珍琦、豪悦、淑洁、余宏、可悦、川田、国光/纳奇科等。除以上浙江本土企业外，维达将其护理用品主力生产基地设在浙江龙游，广东昱升在浙江湖州设立生产基地。2022年，生活用纸专委会调研到的浙江卫生用品生产企业有近100家。

近两年，我国人口结构发生重大变化，老龄化形势愈发严峻，婴儿出生率下降导致纸尿裤市场需求萎缩，成人护理用品成为投资的关注点，相比其他产业集聚区来说，浙江的成人失禁用品产业具有先发优势。可靠、豪悦、珍琦都是国内较早生产成人护理用品的企业，多年来一直追求高品质，致力于打造国货精品。

浙江企业在夯实本地基础的前提下，积极布局全国市场，走集团化发展之路。千芝雅除在浙江东阳、浙江桐庐设有生产基地外，还将湖北孝感作为华中区域的战略根据地投资建设了生产基地。豪悦护理多年前就在江苏设立了全资子公司江苏豪悦，并于2022年对其增资1.2亿元，豪悦护理湖北孝感生产基地于2023年投产。杭州淑洁于2018年投资建设了四川淑洁护理用品有限公司。浙江优全/金三发在湖北孝感投资建设非织造布医疗卫生材料项目和棉柔巾及湿巾项目。

在销售渠道方面，虽然经销商、KA超市、母婴店等传统的线下渠道仍然占有一定比例，但是浙江卫生用品企业积极拥抱新零售，依托浙江电子商务产业的优势，在微商、自营APP、直播等新兴渠道进行了有益的尝试。浙江卫生用品出口贸易起步较早，以OEM代工为主，产品涉及卫生巾、婴儿纸尿裤、成人纸尿裤、宠物垫、湿巾等，多年来一直平稳发展。

2022年，行业普遍受到疫情、原材料价格上涨、物流不畅、人工不足等因素的影响，导致部分企业开机率下降，经营业绩下滑。有些企业能够从内部管理着手，采取闭环生产、稳定员工减少流动等措施，保障正常生产。但是总体来说，由于各项成本上涨，行业企业的利润空间收窄。

4.8.4 湖北省孝感市孝南区

湖北省孝感市孝南区是全国卫生用品行业重要的产业集聚区之一，相比福建、广东、浙江等沿海地区，孝感的卫生用品产业是后起之秀，但是起点较高。这里汇集了恒安、维达、洁伶、千芝雅、豪悦、优全、贝皙妮、佰福等众多卫生用品行业企业及欣柔、金三发等重点原材料企业。

恒安孝感卫生用品产业园于2023年7月投产，该项目总投资50亿元，计划分三期完成。第一期投资10亿元，生产卫生巾、日化产品及老年护理产品等。

优全(湖北)年产2000亿片棉柔巾、湿巾项目建设工程已完成，目前正在进行车间装修和设备安装，2023年5月投产。

湖北贝皙妮一期项目总投资3亿元，于2022年初投产，主要生产棉柔巾、湿厕纸等卫生护理用品。

2023年2月15日，泉州天娇在孝感市孝南区投资的湖北天娇卫品产业基地开工。项目总投资12亿元，计划建设集研发、生产、办公、智能仓储为一体的绿色低碳智能的卫品产业基地。

5 绒毛浆和高吸收性树脂等原材料供应情况

5.1 绒毛浆

中国吸收性卫生用品行业使用的绒毛浆绝大部分来自进口，进口国主要是美国，供应商基本维持稳定。其中，美国国际纸业公司是目前全球最大的绒毛浆供应商。由于中国缺少南方松木材原料，所以国产绒毛浆的数量非常少，只有泰盛集团旗下福建腾荣达制浆有限公司以杉木为原料，生产BCTMP(漂白化学热磨机械浆)绒毛浆，生产能力4万t/a。云南云景林纸股份有限公司国内首条以思茅松为原料生产卷筒绒毛浆的现代化生产线开机运行，成功生产出国产松木绒毛浆产品。国家科研机构中国制浆造纸研究院有限公司数十年来致力于制浆造纸工艺和纤维原料的研究，目前已成功研究出利用竹材生产绒毛浆的技术，并在云南云景林纸股份有限公司投产。

全球绒毛浆的主要生产商及品牌见表15。

2020年，日本大王制纸宣布投资改造设备生产绒毛浆，原计划于2022年9月开始生产，但2022年3月，公司宣布将该项目延期到2025年6月投产。2022年，乔治亚-太平洋公司(GP Cellulose)投资约8000万美元，增加美国阿拉巴马河工厂的绒毛浆产能，该项目正在分阶段实施，预计2024年第二季度完成。

表15 全球绒毛浆的主要生产商及品牌

国家	序号	公司名称	品　牌
美国	1	美国国际纸业公司(International Paper)	超柔(Supersoft)
	2	乔治亚-太平洋公司(GP Cellulose)	金岛(Golden Isles)
	3	灯塔亚洲有限公司(Domtar)	灯塔(Lighthouse)
	4	WestRock Company公司	石头(Stone)
	5	美国Resolute Forest Products公司	宝水(Bowater)
	6	瑞安先进材料有限公司(Rayonier)	白玉(Rayfloc)
芬兰	7	芬兰斯道拉恩索公司(Stora Enso)	女神(Stora Prime)
巴西	8	巴西Klabin公司	原料：南方松
	9	巴西Suzano公司	桉木绒毛浆(硫酸盐浆)
中国	10	福建腾荣达纸业有限公司	杉木BCTMP绒毛浆
	11	云南云景林纸股份有限公司	松木卷筒绒毛浆，竹材绒毛浆

受国际商品浆市场大环境、国际海运不畅、疫情等因素的影响，2022 年绒毛浆价格整体处于高位。虽然中国卫生用品企业生产的婴儿纸尿裤和卫生巾产品目前已经大都采用复合吸收芯体，降低了绒毛浆的用量，但是绒毛浆仍广泛应用于成人失禁用品和出口的卫生用品中，且部分复合吸收芯体中也会添加一定比例的绒毛浆或使用以绒毛浆为原料生产的干法纸。因此，较高的绒毛浆价格加大了卫品企业的成本压力，利润受到进一步挤压。

为了降低生产成本，一些企业开始使用普通针叶木浆代替卷状绒毛浆，用于卫生用品的生产。替代浆的使用叠加国际海运不畅等因素的影响，2022 年中国进口绒毛浆总量与上年相比有明显降低。

但是，在卫生用品中使用普通的针叶木浆可能会有次品率高、产品质量波动大等风险，主要产品指标如吸收性能、卫生指标等也不如绒毛浆产品。为了应对这种局面，更多的行业企业还是通过签订长期购买合同的方式来部分减缓价格上涨的影响，另一方面，也在积极研发用竹材、阔叶木等纤维原料生产绒毛浆以及其他新型液体吸收技术，希望通过应用新的吸收芯体材料，做到原材料国产化供应，降低未来价格剧烈变动的风险。

5.2 高吸收性树脂

2022 年，生活用纸专委会调研汇总，中国大陆包括外商独资企业在内的高吸收性树脂生产商的生产能力约为 129.5 万 t/a(见表 16)，比上年减少 2.5 万 t/a，是因为珠海得米转产其他用途高吸收性树脂产品。

表 16 2022 年中国大陆主要的高吸收性树脂生产商

序号	公司名称	生产能力/(万 t/a)
1	三大雅精细化学品(南通)有限公司	23
2	宜兴丹森科技有限公司	20
3	山东诺尔生物科技有限公司	20
4	浙江卫星新材料科技有限公司	15
5	邦丽达(福建)新材料股份有限公司	11.5
6	台塑工业(宁波)有限公司	10
7	万华化学集团股份有限公司	8
8	扬子石化-巴斯夫有限责任公司	6
9	山东昊月新材料股份有限公司	5
10	江苏斯尔邦石化有限公司	4
11	日触化工(张家港)有限公司	3
12	上海华谊丙烯酸有限公司	3
13	唐山博亚树脂有限公司	1
合计		129.5

2022 年，国内高吸收性树脂行业面临的主要外部困难是上游丙烯酸价格波动大、能源成本上升、物流受阻且成本增加等。受国际原油价格影响，丙烯酸价格起伏不定，一度出现丙烯酸和高吸收性树脂产品价格倒挂的现象，中小型企业无法承受亏损的结果，只能减产甚至停产。上下游产业链完整的一体化集团企业，依靠自身丙烯酸供应稳定的优势，扩大了市场份额。

在面对诸多外部不利因素的同时，行业内部也存在产能过剩与需求萎缩的矛盾。虽然价格战时有发生，但是多数企业将精力投入到产品力的提升方面，不断加大研发投入，开发抗菌除臭产品、环境友好型产品、吸水纸芯体等满足卫生用品企业产品升级的需求。同时，国内高吸收性树脂生产企业大力开拓海外市场，部分弥补了国内需求的不足。

6 卫生用品设备行业发展情况

6.1 设备制造水平持续提升

卫生用品设备制造加速迈入智能定制化，精度提升，最大化满足客户需求。

差异化智能制造整体解决方案，向“制造+服务”方向转型：

(1) 安庆恒昌推出自行设计制造的 500 片/分经期裤 & 成人拉拉裤生产设备、1000 片/分婴儿训练裤生产设备，设备运行稳定，提速快，效率高，模块化、智能化程度高。

(2) 江苏金卫推出的全伺服高速超薄与立体防侧漏卫生巾生产线，生产速度达 1200 片/分，低人力介入，保证超高速生产工况下的稳定性。全伺服超高速护理垫/宠物垫设备，可满足 3 层及 5 层护理垫产品多规格共线生产的需求。模块化设计，可实现设备快速拼装、启动。

(3) 海纳智能与中国电信福建公司合作开发“5G+智慧设备运维服务平台”，充分利用 5G 网络和 AR 技术，实现设备可视化仿真功能，助力海纳向“制造+服务”转型。

（4）浙江新余宏的轻度失禁巾生产线，可专项定制，其吸收芯体成形系统适用多种规格。换型快捷，配整机视频跟踪系统，确保运行稳定。全伺服成人纸尿裤生产线，腰贴型和内裤型两种产品一键切换方便快捷。

（5）厦门佳创推出的卫生用品智能后段包装整体解决方案，可实现与客户工厂 MES 系统相结合。

优化设备性能，提高换型灵活性和人性化操作细节：

（1）泉州汉威推出的高效智能化婴儿训练裤生产线，主要用于常规型和沙漏型训练裤的生产。操作系统设计人性化，可随时采集运行信息，能够灵活实现各部件自由组合，具有通用性和互换性。

（2）诺信（中国）推出的 Harmony 一体化高性能枪体，支持全系列热熔胶施胶应用，包括连续接触式刮涂，连续非接触式喷涂，及超高速间断应用。提供高性能、高灵活性和高生产价值的施胶解决方案。AltaCoat-i 刮枪，支持中速间断刮涂的应用，采用嵌入式模块设计，传热效率高。

（3）奥普蒂玛 OPTIMA Buffalo 系列适用于安心裤包装，采用双通道形式，换型灵活。对大片装的内裤式产品，采用了针对性的设计与过程控制，实现包装效率与美观度。该公司首款面向婴儿纸尿裤的部分部件国产化机型 BDS-1，根据中国客户的需求，对封口设计、推头改进等方面做了进一步的优化，可兼容中式袋和欧式袋。

（4）汕头市爱美高推出的 DP-B40DA 型纸尿裤自动中包机，整机采用全伺服驱动控制，无需手动调整更换规格，可同时适应欧式袋、中式袋等不同袋型包装，生产灵活性强。

操作便捷，最大限度降低生产过程中的原料和人工成本：

（1）泉州创达推出的 CD-2008II-M 全自动湿巾机配置全伺服控制系统，智能简单易操作。在线不停机自动换接非织造布，更换简便，节约成本。CD-600 高速单片湿巾机，全伺服控制系统，能自动调整包装纸长和色标追踪，不停机自动换接原材料。

（2）郑州智联推出的高速湿巾生产线，运行速度 600 切/分，产品更换便捷，既能完全适应黏胶/涤纶混合纤维湿巾基材，又能适应可降解、可冲散的木浆纤维基材。

（3）诺派包装的 FP2182 全自动高速超迷你湿巾生产线（单包+中包）整机采用直线布局，单侧上下原料，方便操作。机械部分采用模块化设计，快速简单更换包装产品规格品种。

6.2 国内设备订单量下降，国外市场开拓受阻

对国内主要卫生用品设备供应商的调研结果显示，2022 年国内行业企业投资放缓，设备订单大幅减少，设备企业业绩下滑，资金压力大。另外因疫情的影响，国外市场开拓受阻。海外客户来访及国内技术人员出境服务都比较困难，没有现场交流，难以促成交易。对于已有的订单，也出现了设备制造、验收、交付延期的问题，项目进展缓慢。

表 17 2021—2022 年度卫生用品生产线（设备）出口情况

生产线种类	2022 年	2021 年
	出口数量/条或台	
卫生巾/护垫	21	31
婴儿纸尿裤/片	24	66
成人失禁用品	21	25
湿巾	23	10
口罩	0	4
合计	91	136

2022 年，生活用纸专委会调研的设备企业共出口卫生用品生产线（设备）91 条（台），其中卫生巾/护垫生产线 21 条，婴儿纸尿裤/片生产线 24 条，成人失禁用品生产线 21 条，湿巾设备 23 台。卫生巾/护垫、婴儿纸尿裤/片、成人失禁用品生产线出口数量均比 2021 年度减少，湿巾设备出口增加，没有出口口罩设备。

6.3 内裤式纸尿裤生产线继续增加

2022 年，内裤式纸尿裤市场份额继续扩大，在调研涵盖的企业中，婴儿纸尿裤的销售量中内裤式占比达 42.2%，比上年增长 1.5 个百分点。内裤式婴儿纸尿裤的主要生产企业集中在广东、福建、浙江、湖南、贵州等地区。参加调研的企业中，2022 年新上内裤式婴儿纸尿裤生产线共计 7 条。

表 18　2022—2023 年新增内裤式纸尿裤生产线
（仅参加调研企业）

省市	公司名称	数量/条	投产时间
婴儿			
浙江	杭州余宏卫生用品有限公司	1	2022.3
福建	福建恒安集团有限公司	2	2022
	泉州天娇妇幼卫生用品有限公司	3	2022.7
河南	河南省百蓓佳卫生用品有限公司	1	2022.3
成人			
江苏	江苏永福康卫生用品科技有限公司	1	2023.8
浙江	杭州可靠护理用品股份有限公司	3	2022
	杭州千芝雅卫生用品有限公司	1	2022
福建	泉州天娇妇幼卫生用品有限公司	1	2022.9
山东	威海威高益康护理用品有限公司	1	2022.11
	临沂安洁卫生用品有限公司	1	2023.6
	优康利莱新医疗科技(威海)有限公司	1	推迟至2024年

成人纸尿裤的销售量中内裤式占比达 25.9%，比上年增长 5.8 个百分点。内裤式成人纸尿裤的主要生产企业集中在河北、江苏、浙江、福建、山东和广东等地区。参加调研的企业中，2022—2023 年新上内裤式成人纸尿裤生产线共计 8 条，另有一条原计划 2023 年投产的生产线推迟至 2024 年。

以上新增和计划新增的内裤式纸尿裤生产线只有一条是进口线，其余均为国产，国产设备水平提升可满足国内卫生用品企业的需求。

7　市场展望

中国卫生用品行业经过 30 年的发展，目前已进入稳定期。2022 年吸收性卫生用品(包括女性卫生用品、婴儿纸尿裤/片和成人失禁用品)市场规模约为 1115.1 亿元，2018—2022 年的复合年均增长率为-0.3%。擦拭巾市场规模经历了 2020 年的大幅增长达到 224.6 亿元后，逐渐回归常态，2021 年市场规模约为 214.2 亿元，2022 年约为 201.5 亿元。预计未来行业的发展仍将保持平稳。

卫生用品行业企业除了满足国内市场的需求外，还努力开拓海外市场，取得显著效果，出口量连年增长。2022 年，我国吸收性卫生用品出口额占工厂销售额的 30.2%，接近 1/3，显示我国吸收性卫生用品在国际市场具有相当的竞争力。

7.1　女性卫生用品

中国女性卫生护理用品市场日趋成熟，2018—2022 年，市场规模从 563.0 亿元提升至 650.2 亿元，复合年均增长率达 3.7%。近年市场规模的增长主要是由产品高端化、人均使用量增加、经期裤迅速普及等因素共同促成的。

经期裤解决了许多消费者担心夜间泄漏睡不安稳的问题，具有很高的消费黏性，消费者一旦用得好就会持续使用，预计未来市场仍将扩大。

国内卫生棉条市场仍处于发展初期，女性消费者对卫生棉条的接受度、了解程度不高，虽然近年来有所增长，但市场规模仍然较小。

随着居民人均可支配收入的逐年增加，中国女性消费者的消费能力提升，使消费观念和消费习惯不断发生变化，更加注重品质，追求功能性、安全性和使用体验。同时，消费者对环境的责任意识逐渐提高，更关注可持续性的产品。

（1）功能性

针对特定用途的细分功能产品将满足消费者的差异化需求，如暖宫卫生巾、产后护理专用卫生巾等。目前很多膀胱漏尿的女性都使用卫生巾作为防护用品，有些企业已关注到这一点，适时推出膀胱漏尿专用的吸水巾，满足消费者的需求。国外市场出现用于经期和漏尿的二合一卫生巾，甚至是可提供漏尿、月经和日常护理的三合一卫生巾，这种多功能复合型产品为国内企业提供了借鉴。

（2）安全性

消费者对产品安全性的关注度越来越高，尤其对与身体私处接触的产品，女性消费者更希望了解产品使用的原材料含有哪些成分。某些发达国家市场要求公开原料成分，甚至美国有些州已经立法要求强制性公开女性护理用品中所含成分。这一趋势值得国内企业，尤其是从事出口贸易的企业关注。

（3）可持续性

随着全球范围内减塑的呼声越来越高，各国先后制定了减少塑料材料使用的日程表，使用棉、竹、麻等天然材料以及植物基材料的女性卫生用品将会受到越来越多女性消费者的关注。新型的吸收材料、不使用 PE 底膜的卫生巾、可冲散的卫生巾等突破传统概念的创新产品开发成功，将满足追求可持续性消费者的需求。

7.2 婴儿纸尿裤/片

随着中国新生儿数量不断下降，儿童人口红利逐渐消失，婴儿纸尿裤市场面临着实际用户数量减少、产品需求量下降、市场竞争加剧的局面。根据国家统计局公布的数据，2022年中国出生人口956万人，死亡人口1041万人，自然增长率为-0.60‰，出现近61年来的首次人口负增长。据生活用纸专委会估算，2022年中国0—2岁婴儿人数约为2018万人，比2021年减少244万人(2021年比2020年减少407万人，2020年比2019年减少319万人)。预计未来几年，晚婚晚育、生育意愿降低等因素还会导致出生人口持续减少。

年轻人结婚生育意愿的降低受到国家和政府部门的高度重视。2023年，鼓励生育继续成为全国两会期间的热议话题，媒体公开报道的相关提案和建议超过20份。全国各地积极健全生育配套服务，鼓励生育、完善生育支持体系已经成为社会共识。随着各项政策的落地实施，相信新生儿数量下降的趋势将得到缓解。

虽然新生儿数量的下降结束了中国婴儿纸尿裤行业的高速增长期，但中国依然拥有基数庞大的适龄儿童，且消费者对婴儿纸尿裤产品的接受度不断提高，居民人均可支配收入的增长和城市化进程的加快也将促进消费能力的提升。因此，中国婴儿纸尿裤/片市场仍将保持相当大的规模，并持续为业内企业提供新的机遇和发展空间。

同时，婴儿纸尿裤/片的消费趋势和市场渠道等方面都在发生巨大的变革。随着90/95后新生代父母成为育儿主力军，主流的育儿理念与消费观念都有了巨大的变化。他们在品牌选择方面更加理性，对进口产品崇拜度降低，更加偏爱个性化品质产品。中国老一代的父母或长辈比较倾向于让宝宝更早地脱离纸尿裤，学会自己如厕，但是新生代父母在儿童如厕训练期使用纸尿裤的场景增多，内裤式纸尿裤穿脱更加方便，使用占比不断上升。

在销售渠道方面，疫情加速了直播带货、社群营销等多元化新零售模式的发展，消费者越来越习惯于线上购物、囤货，线上渠道销售占比提升，改变了行业的传统营销模式与市场格局。

消费者习惯和渠道的变革给传统品牌带来了挑战，也给新的市场参与者提供了机遇。一方面，跨国公司品牌凭借良好的口碑和用户积累等先发优势，仍将占据重要的市场份额；另一方面，国货品牌在近年来快速崛起，并将持续发力。一些新的品牌在市场上崭露头角，他们凭借对消费者需求的洞察，以独特的产品定位和新的渠道打法，吸引了一批消费者，为市场带来了新的力量，品牌格局更加多元化。

面对市场变革，生产企业在充分调研消费者新需求的基础上，也在不断更新产品，在原材料和结构设计等方面持续创新，改善产品品质和性能。婴儿纸尿裤产品在纤薄、透气、干爽、护肤等重点性能上还将不断提升；针对不同月龄婴儿特点设计的细分产品更贴近不同时期婴儿的需求；包装和印刷设计将更加符合新生代父母的审美，国潮元素和卡通元素的使用是目前的一大流行趋势。各大品牌也将致力于打造更具差异化优势的婴儿纸尿裤产品，满足消费者个性化需求，以获得更多的市场份额。

7.3 成人失禁用品

根据《中华人民共和国2022年国民经济和社会发展统计公报》的数据，2022年底，我国60岁及以上人口数约为2.80亿人，占总人口的19.8%，其中65岁及以上人口约为2.10亿人，占总人口的14.9%。按照联合国和世界银行的通常标准，中国已进入老龄社会，成人失禁用品的潜在市场巨大。2022年，我国人均GDP继续提升，达85698元，比上年增长3.0%，我国成人失禁用品消费市场已具备相当的经济基础。

在2023年3月5日召开的第十四届全国人民代表大会第一次会议上，我国《政府工作报告》明确指出，要积极应对人口老龄化，推动老龄事业和养老产业发展。通过发展社区和居家养老服务，加强配套设施和无障碍设施建设，在税费、用房、水电气价格等方面给予政策支持。推进医养结合，稳步推进长期护理保险制度试点。健全残疾人保障和关爱服务体系。在加强社会保障和服务上，政府通过建立基本养老保险基金中央调剂制度，连续上调退休人员基本养老金，提高城乡居民基础养老金最低标准。这不仅为老年人的晚年生活提供了充足的保障，也为中国成人失禁用品市场发展奠定了政策方向上的总基调，更体现了中国政府对惠及养老福祉民生产业的坚定决心。

随着国家日趋关注老年护理产业的发展，国内成人健康护理用品这一领域将有庞大发展空间。在2022年生活用纸专委会的调研中，可以发现成人失禁用品企业都在积极培育市场，除了投入更多资源开发成人健康护理用品外，还深入养老院、医院等机构开展公益慈善活动。另一方面，轻度失禁用品生产企业在2022年也有所增加，虽然这项业务总规模仍然较小，但随着年轻的消费群体对轻度失禁现象的正确认识和企业的宣教影响，差异化、具有细分功能的轻度失禁用品，将迎来增长空间。

展望成人失禁用品今后的销售渠道，除了电商销售渠道、养老院及医院外，随着新零售渠道（如抖音、快手等）的发力，也将带来新的商机。企业应利用好线上和线下多渠道拓展，在扩大潜在顾客基础的同时，提供一站式产品销售链，为成人失禁用品业务开拓带来可持续的增长动力，支撑成人健康护理产品业务的长远发展，继续挖掘成人健康护理用品市场的成长潜力。同时，改变消费者对失禁用品的传统刻板印象，特别是老年消费群体的羞赧心理，大力宣传积极的生活态度和价值观，用活力与热情感染他们，引领消费者享老乐活的新体验。

7.4 擦拭巾

2022年，湿巾市场已回归常态，国内湿巾市场仍以婴儿用湿巾、通用型湿巾为主，但其占比已经出现下降，厕用湿巾、厨房湿巾持续增长。

近两年，人们养成了随时清洁手部和接触物体表面的卫生习惯，消毒湿巾和卫生湿巾成为生活必需品。随着生活回归常态，消毒湿巾的需求将减少，但是卫生湿巾仍将是消费者日常的首选。

随着居民可支配收入逐年提高，中产阶级群体不断壮大，擦拭巾的消费增长趋势将继续保持，尤其是对专用的功能性擦拭巾的需求，如厨房干、湿擦拭巾，厕用湿巾，擦鞋湿巾，羽绒服清洁湿巾，眼镜除雾湿巾，地板清洁干、湿擦拭巾，老年人护理湿巾、一次性浴巾等。

未来，国内消费市场、旅游市场、餐饮市场的全面复苏必将带动湿巾需求的又一波扩容，各种便携式的擦拭巾都有增长的机会。

同时，消费者对于湿巾的安全性更加关注。一方面是对自身健康的影响，重点在于湿巾药液配方中的化学成分的安全性；另一方面是对环境的影响，重点在于可降解的擦拭巾基材的使用，减少对环境的影响。绿色生产和绿色消费是全球性的必然趋势，行业企业应本着绿色环保的发展理念，加大在可持续方面的研发投入，预计未来市场增长空间巨大。

参 考 文 献

[1] 恒安国际集团有限公司2022年年报.
[2] 维达国际控股有限公司2022年年报.
[3] 重庆百亚卫生用品股份有限公司2022年年报.
[4] 宝洁公司2022年年报.
[5] 金佰利公司2022年年报.
[6] 花王公司2022年年报.
[7] 尤妮佳集团公司2022年年报.

Overview and prospects of the Chinese disposable hygiene products industry

Sun Jing, Wang Juan, Xing Wanna, Ge Jiming, Zhang Shengyou,
Guo Kaiyuan, Fu Xianling, Han Ying, Cao Baoping, Zhang Yulan

In 2022, China's disposable hygiene products (including absorbent hygiene products and wipes) market slowed down. However, the consumption of menstrual pants and adult incontinent products showed significant growth than 2021. The consumption of baby diapers showed the biggest decrease. In fact, it has been falling since the first decrease in 2020 with an increased falling range. The market size (total market sales revenue) of absorbent hygiene products in 2022 was about 111.51 billion Yuan, down 2.4% from 2021. The market size of wipes was about 20.15 billion Yuan, down 5.9% from 2021.

The market size share of absorbent hygiene products including feminine hygiene products, baby diapers/diaper pads and adult incontinent products are shown in Table 1.

Table 1 Market Size Share of Various Absorbent Hygiene Products during 2018–2022: %

Category	2018	2019	2020	2021	2022
Feminine hygiene products	50.0	49.1	50.5	54.1	58.3
Baby diapers/diaper pads	43.8	42.8	40.0	36.1	30.9
Adult incontinent products	6.2	8.1	9.5	9.8	10.8

The market size and consumption CAGR of disposable hygiene products during 2018 to 2022 are as shown in Table 2.

Table 2 Market Size & Consumption and CAGR of Disposable Hygiene Products during 2018–2022

Item	Year	Feminine hygiene products	Baby diapers/ diaper pads	Adult incontinent products	Wipes
Market size/100 million Yuan	2022	650.2	344.0	120.9	201.5
	2021	617.8	412.6	112.1	214.2
	2020	613.0	486.0	115.0	224.6
	2019	572.4	499.0	93.9	192.9
	2018	563.0	493.7	70.3	189.5
2018–2022 Market size CAGR/%		3.7	-8.6	14.5	1.5
Consumption/100 million pieces	2022	1175.5	279.2	79.4	56.6
	2021	1202.5	336.4	72.4	59.3
	2020	1220.9	375.8	63.0	59.6
	2019	1199.0	393.6	53.5	41.0
	2018	1193.4	378.7	44.1	29.3
2018–2022 Consumption CAGR/%		-0.4	-7.3	15.8	17.9

Note: The wipes consumption in this table is calculated based on "nonwoven consumption/ton".

1 Market Size

1.1 Feminine Hygiene Products

In 2022, the feminine hygiene products market maintained steady development, and the market size continued to grow slowly. According to the survey by China National Household Paper Industry Association (CNHPIA), the output of sanitary napkins was about 98.88 billion pieces, up 2.0% from the previous year; the factory sales revenue was about 32.93 billion Yuan, up 5.8% from the previous year; the consumption volume was about 89.4 billion pieces, up 0.3% than the previous year. Among the enterprises surveyed, the output of menstrual pants was about 1.66 billion pieces, up 46.9% from the previous year; the factory sales revenue was about 2.66 billion Yuan, up 36.4% from the previous year. The average ex-factory price and average retail price of menstrual pants declined to varying degrees. The total market size of sanitary napkins and menstrual pants was approximately 61.46 billion Yuan, an increase of 8.0% over the previous year. The output of pantiliners was about 30.69 billion pieces, and the factory sales revenue was about 2.61 billion Yuan, a decrease of 2.3% and 11.2% over the previous year respectively; the average ex-factory price of pantiliners was about 0.085 Yuan/pcs, a decrease of 5.6% over the previous year; the consumption volume was about 26.49 billion pieces, and the market size was approximately 3.56 billion Yuan, a decrease of 11.5% and 26.6% from the previous year respectively. The total market size of feminine hygiene products was 65.02 billion Yuan, an increase of 5.2% over the previous year.

Table 3 Output and Consumption of Feminine Hygiene Products in 2022

Item	2022	2021	Year-on-year Growth/%
Sanitary napkins			
Output/100 million pieces	988.8	969.4	2.0
Factory sales revenue/100 million Yuan	329.3	311.2	5.8
Average ex-factory price/(Yuan/pcs)	0.333	0.321	3.7
Consumption/100 million pieces	894.0	891.8	0.3
Menstrual pants (only enterprises surveyed)			
Output/100 million pieces	16.6	11.3	46.9
Factory sales revenue/100 million Yuan	26.6	19.5	36.4
Average ex-factory price/(Yuan/pcs)	1.603	1.724	-7.0
Average retail price/(Yuan/pcs)	4.74	4.78	-0.8
Sanitary napkins and menstrual pants total			
Market size/100 million Yuan	614.6	569.3	8.0
Market penetration/%	Basically saturated		
Pantiliners			
Output/100 million pieces	306.9	314.1	-2.3
Factory sales revenue/100 million Yuan	26.1	29.4	-11.2
Average ex-factory price/(Yuan/pcs)	0.085	0.090	-5.6
Consumption/100 million pieces	264.9	299.4	-11.5
Market size/100 million Yuan	35.6	48.5	-26.6
Total			
Net export value/100 million Yuan	36.3	27.4	32.5
Market size/100 million Yuan	650.2	617.8	5.2

Notes: 1. Description on the calculation basis of market penetration rate: According to the data released by the National Bureau of Statistics, the population of age-appropriate females (15-49 years old) in 2021 is 317 million, and that in 2022 is 313 million. The number of sanitary napkins used by each person is 240 pcs/person · year.

2. The data on menstrual pants cover only the enterprises surveyed. Assuming menstrual pants are all consumed in the domestic market, consumption is equal to output.

3. The retail sales markup rate of sanitary napkins and pantiliners is calculated based on 80%.

4. A part of inventories are formed due to lagged sales of products made each year, but the output and sales volume are the same in the long term. Therefore, the output will be regarded as sales volume from 2022.

The number of age-appropriate females (15 to 49 years old) in 2022 continues to decrease. However, the younger age of menarche and the extension of menstrual time made the actual consumers more than age-appropriate females. Feminine hygiene products are necessities, and the health consciousness of female consumers has improved, so that the consumption of menstrual hygiene products showed a slight growth, especially the consumption of menstrual pants increased substantially. Menstrual pants, as an extended product of sanitary napkins for night use, have been accepted and favored by female consumers, especially young and fashionable female consumers. With the thinning of products and the improvement of softness and comfortability, some consumers use menstrual pants in the daytime, driving the consumption of menstrual pants. In 2022, more brands launched menstrual pant products, and market competition led to a decrease in the average ex-factory price and average retail price of menstrual pants.

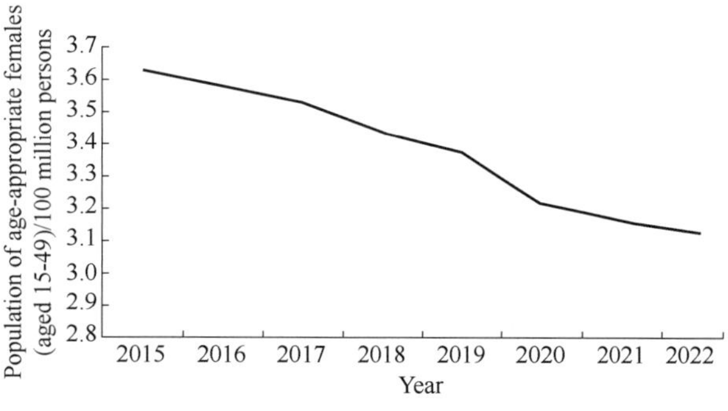

Fig.1 Population of Age-appropriate Females (15-49 years old) in 2015-2022

The pantiliners continued the trend in recent years, and the output, factory sales revenue, average ex-factory price, consumption and market size declined to varying degrees, showing the continued shrinkage of pantiliners in market size.

1.2 Baby Diapers/Diaper Pads

According to the survey of CNHPIA, in 2022, the total output of China's baby diapers/diaper pads was about 38.21 billion pieces, down 0.8% over the previous year; the total consumption volume was about 27.92 billion pieces, down 17.0% over the previous year. The factory sales revenue of baby diapers/diaper pads totaled about 29.65 billion Yuan, down 3.8% over the previous year; the market size reached 34.4 billion Yuan, down 16.6% from the previous year. The market penetration rate increased to 84.2% from 81.5% in 2021, up 2.7 percentage points.

In 2022, the output and sales revenue of baby diapers in China continued the downward trend of last year, and the number of newborns continued to decline, so that the users and quantity demand of baby diapers in China declined, and the market size of baby diapers further reduced. Despite the reduction in overall market size, the consumers of baby diapers in the Chinese market had higher acceptance, and baby diapers were more widely used, so their market penetration rate rose. When classified by product type, the sales volume share of pant-type baby diapers increased remarkably compared with tape-type baby diapers, with the share rising to 42.2% in 2022 (2021: 40.7%), and the year-on-year increase in the share of pant-type products (Fig.2) reflected the improvement of Chinese consumers' acceptance for this kind of product and the change in product usage habits.

The output and sales revenue of baby diaper pads showed a trend of continuous decline. The application scenarios of diaper pad products in the Chinese market kept decreasing and their consumption has fallen year by year because the use performance and comfort level of diaper pads are inferior to those of diapers.

The export of Chinese baby diapers/diaper pads kept growing, and their net export value in 2022 increased by 62.4% on a year-on-year basis, accounting for 27.5% of total factory sales revenue. The competitiveness of Chinese baby diaper products in the overseas market improved, and export became an important engine for driving sales growth.

Table 4 Output and Consumption of Baby Diapers/Diaper Pads in 2022

Item	2022	2021	Year-on-year Growth/%
Baby diapers			
Output/100 million pieces	362.0	363.0	-0.3
Factory sales revenue/100 million Yuan	286.7	292.8	-2.1
Average ex-factory price/(Yuan/pcs)	0.792	0.79	0.3
Consumption/100 million pieces	259.1	305.3	-15.1
Market size/100 million Yuan	328.3	388.2	-15.4

Continued

Item	2022	2021	Year-on-year Growth/%
Baby diaper pads			
Output/100 million pieces	20.1	22.2	-9.6
Factory sales revenue/100 million Yuan	9.8	15.3	-36.2
Average ex-factory price/(Yuan/pcs)	0.486	0.49	-0.8
Consumption/100 million pieces	20.1	31.2	-35.6
Market size/100 million Yuan	15.6	24.4	-36.0
Total			
Output/100 million pieces	382.1	385.2	-0.8
Factory sales revenue/100 million Yuan	296.5	308.1	-3.8
Net export value/100 million Yuan	81.52	50.19	62.4
Consumption/100 million pieces	279.2	336.4	-17.0
Market penetration/%	84.2	81.5	2.7 percentage points
Market size/100 million Yuan	344.0	412.6	-16.6

Notes: 1. Description on the calculation basis of market penetration rate: According to the data released by the National Bureau of Statistics, the number of babies aged 0-2 in 2021 was 22.62 million, and that in 2022 was 20.18 million. Given such factors as declined consumption of diaper products by children with older month age, less consumption in summer, and continuous decrease in the consumption of diaper pads, the number of baby diapers/diaper pads used by each person in 2022 was adjusted to 4.5 pcs/person · day from 5 pcs/person · day.

2. The retail sales markup rate of baby diapers/diaper pads is calculated based on 60%.

3. A part of inventories are formed due to lagged sales of products made each year, but the output and sales volume are the same in the long term. Therefore, the output will be regarded as sales volume from 2022.

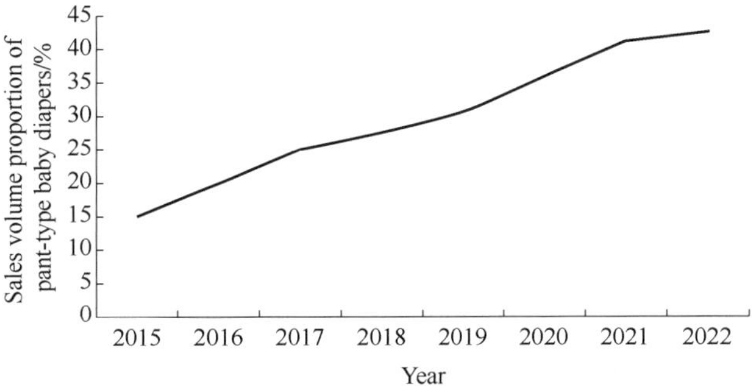

Fig.2 Sales Volume Proportion of Pant-type Baby Diapers in 2015-2022

In 2022, the major influence factors and market changes in China's baby diapers/diaper pads market are as follows:

(1) The population showed negative growth for the first time, and the number of users fell. In 2022, the number of Chinese newborns kept decreasing, and the newly-born population was 9.56 million all year round, showed negative growth for the first time in recent 61 years, causing a decrease in the number of actual users and product quantity demand in the baby diaper market and the intensification of market competition.

(2) Raw material price was high, lowering the profits. In 2022, the price of main raw materials (such as fluff pulp) for baby diaper products was high, increasing the production cost of enterprises and lowering the profits.

(3) Influence expansion of online channels, and more diversified forms. Influenced by the pandemic, the customer traffic of offline maternal and infant stores and supermarkets was restricted in 2022, consumers purchased goods online more frequently, and the influence of online channels expanded continuously. Online channels became more diversified from traditional e-commerce channels such as Tmall, Taobao and Jingdong. Some national brands seized the opportunity of new channels, joined in Douyin, Kuaishou, Xiaohongshu, etc., and rapidly became widely known through short video, live streaming, etc. Some new brands preferred to launch online, fitting the purchase preference of customers in the new era as well as the information sources.

The dividend disappearance of newborns ended the high-speed development mode of the Chinese baby diaper industry, but the population base of age-appropriate children was large, the new generation of parents changed their parenting concept and improved their acceptance of baby diaper products, and the use of time was increased. Thus, the consumption of China's baby diaper products will maintain a large scale, and industrial enterprises still have many development opportunities.

1.3 Adult Incontinences

In 2022, the sales revenue of adult incontinences showed double-digit growth, and the net export value increased greatly, while the growth of domestic consumption and market size slowed down. The output of adult diapers showed a slight growth than 2021, and their domestic consumption and market size declined slightly as a result of the increase in the export volume and price of adult diapers in 2022 and the decrease in average ex-factory price. The output of under pads increased remarkably, partial manufacturers in the domestic market added the production lines and expanded the production capacity, and domestic consumption and market size continued to show a growth trend. The average ex-factory price of adult diaper pads was basically the same as the previous year, and the consumption and market size grew, but the whole volume is not large.

In 2022, some new transnational corporations and domestic brands of mild incontinences entered the adult incontinences market, and some manufacturers began to add the production and sales of such products, which are mostly sold online. According to data surveyed, the output of mild incontinences fell in 2022 mainly because of a decrease in export volume, and the previous year's inventories of partial products haven't been moved completely. Nevertheless, the consumption volume and market size in the domestic market have improved obviously. With the improvement of education for domestic consumers in terms of products, mild incontinences are sure to increase to solve the problems of people suffering from mild incontinence due to disease, surgery, and other factors and satisfy their demands in special periods.

According to the survey by CNHPIA, in 2022, the output of adult diapers was about 5.8 billion pieces, and the factory sales revenue was about 8.24 billion Yuan. The output of adult diaper pads was about 1.52 billion pieces, and the factory sales revenue was about 990 million Yuan. The output of under pads was about 4.9 billion pieces, and the factory sales revenue was about 3.97 billion Yuan. The output of mild incontinences of enterprises surveyed was about 513 million pieces, and the factory sales revenue was about 180 million Yuan. The total factory sales revenue for adult incontinences was about 13.37 billion Yuan, and the market size was about 12.09 billion Yuan, an increase of 7.9% from 2021.

Among the total consumption of adult incontinences calculated by piece, adult diapers accounted for 47.6%, down 10 percentage points from the previous year, diaper pads accounted for 7.1%, up 0.7 percentage points from the previous year, under pads accounted for 44.9%, up 9 percentage points than the previous year, and mild incontinences accounted for 0.4%, up 0.3 percentage point than the previous year.

As for channel change, according to changes in product sales of surveyed offline stores and supermarkets, online e-commerce, new retail and other channels, we can see that the main marketing channel of adult incontinences in 2022 was still online channel, particularly the product sales of national brands. Among the offline channels, in addition to traditional stores and supermarkets, nursing homes, hospitals and drugstores were major circulation channels. Some domestic manufacturers increased sales through new retail and live streaming platforms, and made great efforts aiming at key customers.

The adult incontinences market was increasingly affected by the acceleration of aging in Chinese society, coupled with the improvement of the national economic level, the enhancement of health consciousness and the changes in the consumption concept of residents for such products, all driving the development of adult incontinences. Aging has become more serious in China, so a part of hygiene product manufacturers explored the field of adult incontinences, and increased the production input and market cultivation. However, traditional consumption concepts and the bashfulness of residents, social environment and other factors still exist, so manufacturers need to change the bottlenecks of consumer cognition, and there is still space for further exploitation in aspects of consumers' publicity and education and correct product selection.

Table 5 Output and Consumption of Adult Incontinences in 2022

Item	2022	2021	Year-on-year growth/%
Adult diapers			
Output/100 million pieces	58.0	57.0	1.8
Factory sales revenue/100 million Yuan	82.4	82.3	0.1
Average ex-factory price/(Yuan/pcs)	1.42	1.45	-2.1
Consumption/100 million pieces	37.8	41.7	-9.4
Market size/100 million Yuan	75.1	84.3	-10.9
Adult diaper pads			
Output/100 million pieces	15.2	11.1	36.9
Factory sales revenue/100 million Yuan	9.9	7.1	39.1
Average ex-factory price/(Yuan/pcs)	0.65	0.64	1.6
Consumption/100 million pieces	5.6	4.6	21.7
Market size/100 million Yuan	5.1	4.1	24.4
Mild incontinences (only enterprises surveyed; manufacturers were added in 2022)			
Output/100 million pieces	5.13	7.93	-35.3
Factory sales revenue/100 million Yuan	1.80	2.62	-31.5
Average ex-factory price/(Yuan/pcs)	0.35	0.33	6.1
Consumption/100 million pieces	0.33	0.07	371.4
Market size/100 million Yuan	0.21	0.04	425.0
Under pads			
Output/100 million pieces	49.0	40.7	20.4
Factory sales revenue/100 million Yuan	39.7	26.4	50.3
Average ex-factory price/(Yuan/pcs)	0.81	0.65	24.6
Consumption/100 million pieces	35.7	26.0	37.3
Market size/100 million Yuan	40.5	23.6	71.6
Total			
Output/100 million pieces	127.3	116.7	9.1
Factory sales revenue/100 million Yuan	133.7	118.4	12.9
Net export value/100 million Yuan	46.0	35.7	28.9
Consumption/100 million pieces	79.4	72.4	9.8
Market size/100 million Yuan	120.9	112.1	7.9

Notes: 1. Mild incontinences refer to absorbent towels, care towels, absorbent pads, reassured pads and other products.
2. The retail sales markup rate of adult incontinence except mild incontinence is calculated based on 40%.
3. A part of inventories are formed due to lagged sales of products made each year, but the output and sales volume are the same in the long term. Therefore, the output will be regarded as sales volume from 2022.

1.4 Wipes

Wipes include dry wipes and wet wipes. According to the estimation based on enterprise survey data, the nonwoven consumption of the wipes industry in 2022 totalled about 566000 tons, down 4.6% from the previous year. The factory sales revenue of wipes totaled about 20.24 billion Yuan, down 3.9% from the previous year. And the market size was approximately 20.15 billion Yuan, down 5.9% from the previous year.

After the demand surge caused by the pandemic in 2020, the wet wipes market began to gradually return to normality from 2021, and the growth trend of the wet wipes market in 2022 has returned to a normal growth curve in 2018 and 2019. Dry wipe products such as cotton soft towels and facial towels, as categories newly developed in recent years, are rapidly rising. But their total quantity is small, and the entire market size of wipes is still dominated by wet wipes.

Table 6 Output and Consumption of Wipes in 2022

Item	2022	2021	Year-on-year growth/%
Wet wipes			
Nonwoven consumption/10000 tons	49.8	53.5	-6.9
Factory sales revenue/100 million Yuan	181.6	193.8	-6.3
Dry wipes (only enterprises surveyed)			
Nonwoven consumption/10000 tons	6.8	5.8	17.2
Factory sales revenue/100 million Yuan	20.8	16.8	23.8
Total			
Nonwoven consumption/10000 tons	56.6	59.3	-4.6
Factory sales revenue/100 million Yuan	202.4	210.6	-3.9
Net export value/100 million Yuan	58.5	57.6	1.6
Market size/100 million Yuan	201.5	214.2	-5.9

Notes: 1. Description of the calculation method of factory sales revenue of wet wipes: take the average of factory sales revenue of wet wipes corresponding to per ton of nonwovens of surveyed enterprises, and calculate on this basis to obtain the factory sales revenue of entire wet wipes industry.

2. The data on dry wipes cover only the enterprises surveyed.

3. The retail sales markup rate of wipes products is calculated based on 40%.

4. On import and export data: cleaning wet wipe is included in 34011990 in the customs commodity code, and disinfection wet wipe is included in 38089400, but other cleaning and disinfecting products are also included under the two codes.

2 Major Manufacturers and Brands

2.1 Feminine Hygiene Products

The feminine hygiene product market was basically saturated after years of development without new big market players. In 2022, about 563 feminine hygiene product manufacturers have been registered in CNHPIA, a decrease of 34 from 2021, and the overall concentration was still low. Market competitors include many manufacturers, with leading manufacturers concentrating in Beijing, Shanghai, Zhejiang, Fujian, Henan, Hubei, Guangdong, Guangxi, Chongqing and other places, such as domestic manufacturers/brands like Hengan, Baiya, Kingdom, Kayson, Geron, C-BONS, Jiajian, Beishute, Purcotton, Magic, Simulect, Foliage, Credible, Hangzhou Kawada, Yuhong, New Sensation, Kangwei (KNH), E-Way, Guangdong Kangyi, and Guangdong Kawada, as well as international manufacturers like P&G, Unicharm, Kimberly - Clark, and Kao. The brands of high-end market have a high concentration, including international brands like Whisper, SOFY, Kotex, and Laurier, national brands like Space 7, Freemore, ABC, U.Style, Ladycare, and Nice Princess, as well as regional brands like Xiaoni, Geron, Magic, Simulect, Goodcare, Beishute, Foliage, Anqi, Yuemanhao, New Sensation, Carnation, Hulei, Kangyi, etc.

Table 7a displays the top 20 Chinese manufacturers and brands of feminine hygiene products in 2022 with the ranking for reference only. Table 7b shows international manufacturers and brands of feminine hygiene products with factories built in China. Table 7c shows major feminine hygiene product manufacturers and brands beyond the top 20 in different regions.

Table 7a Top 20 Domestic Feminine Hygiene Products Manufacturers/Brands in 2022 (By Sales Revenue and Other Indexes)

No.	Company	Brands	Capacity (sanitary napkins+menstrual pants+pantiliners)/(100 million pcs/year)
1	Fujian Hengan Group Co., Ltd.	Space 7, Anerle	202.5+53.5+32.0
2	Chongqing Baiya Sanitary Products Co., Ltd.	Freemore, Neat&Soft	36.52+0.89+4.94
3	Kingdom Healthcare Holdings Limited Guangdong	ABC, Free	OEM
4	Foshan Kayson Hygiene Products Co., Ltd.	U.Style, Xiaoni	82.0+1.0+33.0
5	Guilin Geron Industry Co., Ltd.	Geron, Softfeeling	32.0+1.0+15.0
6	Hubei C-BONS Group Co., Ltd.	Ladycare	26.0+0+6.2
7	Zhongshan Jiajian Daily-use Products Co., Ltd	Goodcare	18.0+0.8+3.8
8	Beijing Beishute Science & Technology Development Co., Ltd.	Beishute	14.0+1.2+2.0
9	Shenzhen PurCotton Technology Co., Ltd.	Nice Princess	6.0 (Sanitary napkins)
10	Guangdong Magic Sanitary Articles Co., Ltd.	Magic, Meiyijie, Merria	33.0+0.75+5.0
11	Henan Simulect Hygiene Products Co., Ltd.	Simulect	60.0+0+6.0
12	Shanghai Foliage Industry Co., Ltd.	Foliage	15.0+1.0+10.0
13	Hangzhou Credible Sanitary Products Co., Ltd.	Yuemanhao, OEM	20.0+0+20.0
14	Hangzhou Kawada Sanitary Products Co., Ltd.	Mainly OEM	20.0+0.6+9.0
15	Hangzhou Yuhong Health Products Co., Ltd.	Anqi, Oxymore, OEM	20.0+1.2+4.0
16	New Sensation Sanitary Product Co., Ltd.	New Sensation, OEM	17.3+0+3.3
17	Kangwei Sanitary Products (Yangzhou) Co., Ltd.	Carnation, Yushoumian, Jiuaichunmian	10.3+0+10.2
18	Shanghai E-way Industry Co., Ltd.	Hulei, Difuni	15.84+0+5.15
19	Guandong Kangyi Sanitary Products Co., Ltd.	Me&me, Kangyi, Guimituan	5.0 (Sanitary napkins)
20	Guandong Kawada Sanitary Products Co., Ltd.	Mainly OEM	35.0+1.05+4.4

Table 7b International Feminine Hygiene Products Manufacturers/Brands with Factories in China

Company	Brands
Procter & Gamble (China) Co., Ltd.	Whisper
Unicharm Consumer Products (China) Co., Ltd.	Sofy
Kimberly-Clark (China) Co., Ltd.	Kotex
Kao Corporation Shanghai Co., Ltd.	Laurier

Table 7c Major Feminine Hygiene Products Manufacturers/Brands in 2022 (By District)

District	Company	Brands
Beijing	Beijing Beishute Women and Children Products Co., Ltd.	Yuezizai
Tianjin	Little Nurse (Tianjin) Technology Co., Ltd.	Little Nurse
	Tianjin Yiyi Hygiene Products Co., Ltd.	Yiyi, Sun Sister
	Tianjin Junfa Senda Hygiene Products Co., Ltd.	Yage, Yinshuang

Continued

District	Company	Brands
Tianjin	Tianjin Handong Paper Industry Co., Ltd.	Meiqiancao, Love
	Tianjin Bozhen Hygiene Products Co., Ltd.	Yueruyi
	Tianjin Jiaorou Health Products Co., Ltd.	Zhenfang, Jiaorou
	Tianjin Baodi Magic Sanitary Products Co., Ltd.	Lesini, Beiting
	Tianjin Jieya Feminine Healthcare Products Co., Ltd.	Fenrou
Hebei	Hebei Yihoucheng Commodity Co., Ltd.	Ladystar
	Baoding Gangxing Paper Co., Ltd.	Libang, Gangxing
	Baoding Rain Forest Hygiene Products Co., Ltd.	Baili
	Hebei Jinboshi Hygiene Products Co., Ltd.	Good Doctor
	Shijiazhuang Hongda Sanitary Products Factory	Bangershu
	Shijiazhuang Shunmei Tissue Paper Technology Co., Ltd.	Jiabaoshi, Shenglimima
Liaoning	Shenyang Donglian Commodity Co., Ltd.	Rourou
	Jinzhou Dongfang Hygiene Products Co., Ltd.	Xinyusi
Shanghai	Shanghai Welfare Group Co., Ltd.	Welfare, Beauty Dates
	Gold Hongye Paper Group Co., Ltd.	Evenly
	Shanghai Sun'O Development Co., Ltd.	555, U
	Shanghai Yueyueshu Women Products Co., Ltd.	Yueyue Shu
	Shanghai Shuxiao Industry Co., Ltd.	Shuxiao
Jiangsu	Suzhou Guanjie Supplies Co., Ltd.	Miya
	Jiangsu Sanxiao Group Co., Ltd.	Smilfree, Yidiandian
	Taizhou Far East Paper Co., Ltd.	Anjieer
	Jiangsu Yoai Science & Technology Co., Ltd.	Feimi
	Jinghuxi Biotechnology Co., Ltd.	Love Life, Jinghux
Zhejiang	Vinda Paper (Zhejiang) Co., Ltd.	Libresse
Fujian	Fujian Hengli Group Co., Ltd.	So-Soft
	AAB (China) Co., Ltd.	Siting
	Quanzhou Ailishi Hygiene Thing Co., Ltd.	Girl Space
	Quanzhou Huifeng Sanitary Articles Co., Ltd.	Miaoyuan, Mianxiang, Zhiduoshao
	Quanzhou Luojiang Xingli Hygiene Products Co., Ltd.	Jiayue
Jiangxi	Ganzhou Gangdu Hygiene Products Co., Ltd.	Liaojie
	Jiangxi Youhe Science & Technology Co., Ltd.	OEM
Shandong	Shandong Yunhao Hygiene Products Co., Ltd.	Pure Future
	Nochen Holdings Ltd.	Pur lab
	Shandong YZM Intelligence Technology Co., Ltd.	Yezhimeng
	Linyi Anjie Hygiene Products Co., Ltd.	Dailin
	Yongfang (Jinan) Hygiene Products Group Co., Ltd.	A&S
	Weifang Momosa Hygienic Technology Co., Ltd.	Zhifou
Hubei	Xiangyang Yingle Sanitary Products Co., Ltd.	Nanwang
Hunan	Hunan Qianjin Hygiene Products Co., Ltd.	JAYA

Continued

District	Company	Brands
Guangdong	Foshan Peianting Sanitary Articles Industrial Co., Ltd.	Peianting, Peifuren
	Dongguan Jinbaoli Sanitary Articles Co., Ltd.	Zhiwuwuyu
	Guangdong Fujian Enterprises Co., Ltd.	Fujian
	Huizhou Huidebao Daily Care Commodity Co., Ltd.	Qingshuang
	Zhuhai Jianlang Daily Necessities Co., Ltd.	Molouen, Clever, Kecai
	Zhuhai Jinneng Paper Co., Ltd.	Qiuhua
	Guangdong Nafei Industrial Co., Ltd.	Nafei
	Guangdong Bingbing Care Products Co., Ltd.	All for export
	Guangdong Bangjie Daily-Use Products Co., Ltd.	Bangjie
	Guandong Aligesi Health Technology Co., Ltd.	Beishufei
Shaanxi	Shaanxi Weini Sanitary Products Co., Ltd.	Moni, Weini
Yunnan	Yunnan Baiyao Qingyitang Industrial Co., Ltd.	Fine Day
Hainan	Xinlong Holding (Group) Co., Ltd.	Enlang

In 2022, the import quantity of sanitary napkins (import goods under customs commodity code 96190020) increased by about 800 tons to 12600 tons after the decrease in 2020 and 2021, basically the same as 12500 tons in 2019. The import of sanitary napkins mainly aimed to satisfy the demands of domestic consumers for certain products.

Generally speaking, consumers (i.e. purchasers) of sanitary napkins use such products for a long time, and have good stickiness, so enterprises put forward the strategy of brand rejuvenation, and took girls in their first menstruation period and teenage girls as key targets.

For the sales of feminine hygiene products, traditional dealer channels and supermarket channels still occupied a large proportion. Various new channels have emerged in recent years. The fragmentation of channels caused a big impact on traditional enterprises, and forced them to try more sales modes. However, new platforms feature high fee and expensive traffic, so that enterprises made attempts in many ways to explore appropriate channel combinations.

In 2022, despite the COVID-19 pandemic, price rise of raw materials, obstructed logistics, freight rise and so on, regional brands developed stably, and some companies achieved growth against the trend.

In 2022, Hengan Group's sales revenue from the sanitary napkins business increased by around 0.7% to about 6.16 billion Yuan (2021: about 6.12 billion Yuan), accounting for approximately 27.2% of the Group's revenue (2021: about 29.4%). The group insisted on a stable pricing strategy, coupled with the price fall of petroleum and bulk commodities in the second half, the gross profit margin of the sanitary napkins business rose more than in the first half. The gross profit margin all year round fell by 3.7 percentage points or so to about 66.8% (2021: about 70.5%), a slight increase compared with 65.3% in the first half of 2022[1].

In 2022, revenue from Vinda's personal care business increased by 4.4% to HK$3.314 billion, and the growth rate was converted into 9.6% excluding the exchange rate effect, accounting for 17% of the Group's total revenue (2021: 17%). The gross profit margin of the personal care business and the profit rate of branch performance were 31.7% and 2.0% respectively. The revenue from the Chinese mainland market drove the Group's personal care business to grow stably. As to feminine care, Libresse kept growing in the field of Chinese mainland feminine care, and its sales revenue showed a significant growth on a year-on-year basis. Meanwhile, Libresse won great popularity in the Malaysian market, with leading market occupancy[2].

In 2022, Chongqing Baiya Sanitary Products Co., Ltd. achieved operating revenue of 1.61 billion

Yuan, up 10.19% compared with the same period of last year; the net profit attributable to shareholders of listed companies reached 190 million Yuan, down 17.83% compared with the same period of last year. Despite changing external environment, rising raw material prices, intensified market competition and so on, the company always adhered to the development strategy of multi-brands and differentiation. Vinda adapted to the medium-to-high end consumption trend of sanitary napkin products, and satisfied the consumers' needs for product diversification through product upgrades and new product launches. Combining the trends of upgrading consumption and changing the scene of consumption, the company continuously optimized the marketing system, focused on advantageous resources, and strengthened channel construction, realizing rapid growth in the e-commerce channel [3].

In 2022, the net sales of Kimberly-Clark's personal care products in developing regions and emerging markets rose by about 3%. Main influence factors include: firstly, net sale prices of products made sales increase by 12%; secondly, optimized product combination made sales increase by 3% mainly in the Chinese market; thirdly, decreased sales volume in East Europe, Indonesia and Brazil caused sales to fall by 6%; fourthly, changing exchange rate caused sales to fall by 5% [5].

The sales of Kao's hygiene products were reduced in the Chinese market, but Laurier sanitary napkins were sold well in Japan and other Asian markets [6].

Unicharm expanded its sales regions and stores in China, and increased its sales revenue by optimizing new e-commerce channels in coastal cities. Its high-value-added products like menstrual pants gained sustainable growth[7].

Other enterprises with significant growth in sales of feminine hygiene products include: Shanghai Sun'O, up 1.4 times; Hunan Qianjin, up 80%; Zhuhai Jianlang, up 56%; Tianjin Junfa Senda, up 37%; Zhongshan Jiajian, up 27%; Putian G.T., up 25%; Shijiazhuang Shunmei, up 21%; Guilin Geron, up 20%; Jiangsu Sanxiao, up 19%; Hangzhou Kawada, up 18%; Licheng Paper, up 16%; Shanghai Shuxiao, up 13%; Jinzhou Dongfang, up 12%; Jiangxi Yoho's sales of menstrual pants increased by more than 90%.

2.2 Baby Diapers/Diaper Pads

In 2022, about 586 baby diaper/diaper pad manufacturers have been registered in CNHPIA, a decrease of 13 from 2021. Market competitors include many manufacturers with leading manufacturers concentrating in Tianjin, Shanghai, Jiangsu, Zhejiang, Anhui, Fujian, Hubei, Hunan, Guangdong, Guizhou and other places, such as domestic manufacturers/brands like Hengan, Tianjiao, Kabu, Jiahua, Haoyue, Qianzhiya, Winsun, Suitsky, Cojin, Daddy Baby, Coco, Chiaus, Obee, Lunaler, and Insoftb, as well as international manufacturers like P&G, Unicharm, Kimberly-Clark, Kao, and GOO.N, etc. The brands of high-end market have a high concentration, including international brands like Pampers, MamyPoko, Moony, Huggies, Merries, and GOO.N, as well as national brands like Anerle, and regional brands like Momcozy, Capable, Yieyear, Mamamia, Mingrenbaobao, Dress, Suitsky, Cojin, Daddy Baby, Quties, Chiaus, Binbe, Lelch, and Insoftb, etc.

Table 8a shows the top 15 domestic manufacturers and brands of baby diapers/diaper pads in 2022 with the ranking only for reference. Table 8b shows international manufacturers and brands of baby diapers/diaper pads with factories built in China. Table 8c shows major baby diaper/diaper pad manufacturers and brands beyond the top 15 in different regions.

Table 8a Top 15 Domestic Baby Diapers/Diaper Pads Manufacturers/Brands in 2022
(By Sales Revenue and Other Indexes)

No.	Company	Brands	Capacity (baby diapers+baby diaper pads)/(100 million pcs/year)
1	Fujian Hengan Group Co., Ltd.	Q·MO, Anerle	29.4+1.4
2	Quanzhou Tianjiao Lady&Baby's Hygiene Supply Co., Ltd.	Momcozy, Joyous Baby, Homebaby	30.0 (diapers)
3	Guizhou Capable International Sanitary Products Co., Ltd.	Capable, Instead	11.5+0.3

Continued

No.	Company	Brands	Capacity (baby diapers+baby diaper pads)/(100 million pcs/year)
4	Quanzhou Jiahua Sanitary Products Co., Ltd.	Yieyear	12.5 (diapers)
5	Hangzhou Haoyue Healthcare Products Co., Ltd.	Mamamia	22.2 (total)
6	Hangzhou Qianzhiya Sanitary Products Co., Ltd.	Mingrenbaobao	31.5 (total)
7	Guangdong Winsun Personal Care Products Co., Ltd.	Dress, D-sleepbaby	29.8 (diapers)
8	Hunan Suitsky Household Products Co., Ltd.	Suitsky	6.9+3.1
9	Guangdong Yinyin Co., Ltd.	Cojin	18.6 (diapers)
10	Daddy Baby Co., Ltd.	Daddy Baby	7.6 (diapers)
11	Hangzhou Coco Healthcare Products Co., Ltd.	Quties	27.5 (total)
12	Chiaus (Fujian) Industrial Development Co., Ltd.	Chiaus	15.0 (diapers)
13	Guangdong Obee Personal Care Products Co., Ltd.	Binbe, Small Kings, OHBABY	10.4+0.6
14	Lunaler Health Technology Co., Ltd.	Lelch, Eleser	6 (diapers)
15	Insoftb (China) Co., Ltd.	Insoftb	7 (diapers)

Table 8b International Baby Diapers/Diaper Pads Manufacturers/Brands with Factories in China

Company	Brands
Procter & Gamble (China) Co., Ltd.	Pampers
Unicharm Consumer Products (China) Co., Ltd.	MamyPoko, Moony
Kimberly-Clark (China) Co., Ltd.	Huggies
Kao (Hefei) Co., Ltd.	Merries
Elleair International China (Nantong) Co., Ltd.	GOO.N

Notes: On August 3rd, 2023, Japan's Kao Co., Ltd announced that it had ceased production in China, i.e. the Kao (Hefei) responsible for producing Merries brand of diapers had ceased production.

Table 8c Major Baby Diapers/Diaper Pads Manufacturers/Brands in 2022 (By District)

District	Company	Brands
Beijing	Beijing Purism Technology Co., Ltd.	Daddy's Choice
Jiangsu	Goodbaby Bairuikang Hygiene Products Co., Ltd.	GoodBaby, Qimiaoya
	Jiangsu Debang Hygiene Products Co., Ltd.	AiqiBaby, ShouhuBaby
Zhejiang	Hangzhou Beingmate Industrial Co., Ltd.	Beingmate
	Hangzhou Jiajie Industrial Co., Ltd.	Lanjingling, Miku
	Hangzhou Shujie Hygiene Products Co., Ltd.	Aigema, Hanihani, Babiku
	Zhejiang Youquan Care Products Technology Co., Ltd.	Baby Energy, Yiku
	Zhejiang Wharney Daily Chemical Co., Ltd.	Happy Baby
Fujian	Megasoft (China) Co., Ltd.	Chikool
	Baren (China) Co., Ltd.	Besuper
	Fujian New Yifa Group Co., Ltd.	Palm Baby, Meifuer
	Fujian Merak Paper Co., Ltd.	Haoshengxin, Beiqu
	Fujian Besoa Hygiene Products Co., Ltd.	Brave baby
	Fujian Huian Hecheng Household Products Co., Ltd.	Huangshi
	Quanzhou Union Paper Co., Ltd.	Shuaku
Jiangxi	Jiangxi Anxiu Industrial Development Co., Ltd.	Ansue, Besoo, Mico, CaniDeer
	Jiangxi Marvel Consumer Products Co., Ltd.	Wonder Wraps
	Nanchang Aile Technology Development Co., Ltd.	Aiyecao

Continued

District	Company	Brands
Hubei	Hubei Baocan Hygiene Products Co., Ltd.	Airou, Yinqi, Mosbot
	Hubei Mayinglong Care Products Co., Ltd.	Mayinglong
	Hubei Yongyi Care Products Co., Ltd.	Anlaber
Hunan	Hunan Jieyun Sanitary Products Co., Ltd.	Beiyingshuang, Yingtongzhixing, Baobibei
	Hunan Beiyin Hygiene Products Co., Ltd.	Beiyin, Aoyishuang, Aobeishuang
	Hunan Shajoy Sanitary Products Co., Ltd.	Shinrea, Love Mom
	Hunan Joenyee Daily Necessities Co., Ltd.	Cibot, Mokaci, LittleYi
	Hunan Andier Sanitary Products Co., Ltd.	Andier, Xinyier, Quanyourui
	Hunan Hongding Hygiene Products Co., Ltd.	Ecool, Feelya, Chinababy
Guangdong	Dongguan Changxing Paper Co., Ltd.	Abison, Pianpianshuang
	Care Daily (Shenzhen) Science & Technology Development Co., Ltd.	Care Daily
	Guangdong Kangyi Hygiene Products Co., Ltd.	Kangyi Baby
	Guangzhou H & C Sanitary Products Co., Ltd.	Teddy Bear
	Dongguan Tianzheng Paper Co., Ltd.	Qian, Naughty Baby, Yuyingtang
	Guangdong Alloves Hygiene Products Co., Ltd.	Lioves, Ugeer
	Guangdong Bestseller Care Products Co., Ltd.	Xuxuxiong, Baolexiong
	Jiameis Sanitary Products Co., Ltd.	Enshi, Beianqi, Leerlang
	YINKA (Group) Health Supplies Co., Ltd.	Comfort and Good, Kangshi, Abob
	Dongguan Baoshi Health Supplies Co., Ltd.	Bangaibao, Yingweishi, Feichangbanlv

In 2022, in order to meet the customers' demand for product quality, Hengan Group continuously researched and developed high-quality baby care products. Within this year, the sales of high-end product "Q · MO" kept growing, and increased by about 17.4% year on year, accounting for more than 30.0% (2021: about 26.2%). The Group was committed to strengthening the layout of the e-commerce channel and maternal and child channel whose sales accounted for more than 60.2% and more than 18.5% (2021: nearly 50% and over 14.5%) respectively. Nevertheless, as a result of fierce market competition, the sales growth of high-end products could only partially offset the sales decrease of traditional channels and mid-low end products, so that the sales of the Group's diaper business fell around 1.4% to about 1.202347 billion Yuan (2021: 1.219445 billion Yuan), accounting for about 5.3% (2021: 5.9%) of the Group's total revenue. The gross profit rate of diapers slightly dropped to about 36.9% throughout the year (2021: 37.7%)[1].

In fiscal year 2022, the sales volume of P&G's baby care products decreased by about 15% in the Greater China Region due to fierce market competition and other factors[4].

In 2022, the sales of Kao's hygiene products declined in the Chinese market due to a shrinking market and other factors[6].

In 2022, the net sales of Unicharm's baby care products declined in the Chinese market mainly due to the growth of domestic diaper enterprises, the continuous reduction of the birth rate, and the influence of the pandemic on the supply chain [7].

Other enterprises with significant growth in sales of baby diapers/diaper pads include: Guangdong Alloves, up 1.3 times; Dongguan Su's, up 51.3%; Zhejiang Youquan, up 30%; Quanzhou Tianjiao, up 23.9%; Megasoft, up 22.2%; Guizhou Capable, up 17.7%.

2.3 Adult Incontinences

In 2022, there were 397 adult incontinences manufacturers registered in CNHPIA, a decrease of 2 than 2021, with leading enterprises mainly located in

Beijing, Hebei, Liaoning, Shanghai, Jiangsu, Zhejiang, Fujian, Shandong and other places. The local leading manufacturers mainly include Coco, Aishule, Hengan, Qianzhiya, Sunkiss, Haoyue, Beishute, E－Way, Welfare, Banzhou, Yofoke, Licheng Paper, Jinjie, Hongda, Shujie, etc., while the international manufacturers include Vinda, Kimberly－Clark, Unicharm, etc. International brands include Tena, Depend, and Lifree, etc., as well as national brands include COCO, ElderJoy, Aishule, etc., and regional brands include Kidsyard, Sunkiss, Comfrey, Jefcare, Baolai, Welfare, Yibashou, Casoft, Yofoke, Laolaifu, Huihao, Yiniankang, etc.

Table 9a shows the top 15 adult incontinence manufacturers and brands in 2022 with the ranking only for reference. Table 9b shows major adult incontinence manufacturers and brands beyond the top 15 in different regions.

Table 9a Top 15 Domestic Adult Incontinences Manufacturers/Brands in 2022 (By Sales Revenue and Other Indexes)

No.	Company	Brands	Capacity/(100 million pieces/year)
1	Hangzhou Coco Healthcare Products Co., Ltd.	COCO	19.7 (total)
2	Shandong Aishule Hygiene Products Co., Ltd.	Ocare	4.3(diapers)+1.5(diaper pads)+23.0(under pads)
3	Hangzhou Qianzhiya Sanitary Products Co., Ltd.	Kidsyard, Kindsure	13.5(diapers)+1.8(diaper pads)+2.0(under pads)
4	Shanghai E-way Industry Co., Ltd.	Baolai	1.2(diapers)+3.6(diaper pads)+3.4(under pads)
5	Sunkiss Healthcare (Zhejiang) Co., Ltd.	Sunkiss, For Life	1.2(diapers)+0.1(diaper pads)+ 0.6(mild incontinences)+0.5(under pads)
6	Fujian Hengan Group Co., Ltd.	ElderJoy	2.6(diapers)+1.1(diaper pads)+0.7(under pads)
7	Hangzhou Haoyue Healthcare Products Co., Ltd.	Comfrey	7.5 (total)
8	Beijing Beishute Maternity & Child Articles Co., Ltd.	Jefcare	6.0(light incontinences)+2.5(under pads)
9	Hebei Jinjie Health Technology Co., Ltd.	Yibashou, Jingzhongjing	2.3(diapers)+3.0(diaper pads)+0.6(under pads)
10	Shanghai Welfare Group Co., Ltd.	Welfare	0.7(diapers)+0.3(diaper pads)+1.6(under pads)
11	Fujian Licheng Paper Co., Ltd.	Casoft	1.9(diapers)+0.1(diaper pads)+1.6(under pads)
12	Jiangsu Yofoke Healthcare Technology Co., Ltd.	Luban, Yofoke	4.8(diapers)+1.1(diaper pads)+0.8(under pads)
13	Hebei Hongda Hygiene Products Co., Ltd.	Laolaifu, Yishukang	1.5(diapers)+0.6(diaper pads)+0.7(under pads)
14	Liaoning Huiying Banzhou Medical Materials Co., Ltd.	Huihao	0.3(diapers)+0.4(diaper pads)+0.4(under pads)
15	Hangzhou Shujie Hygiene Products Co., Ltd.	Yiniankang, Shujiekang	4.2(diapers)+0.6(diaper pads)+1.2(under pads)

Table 9b Major Adult Incontinences Manufacturers/Brands in 2022 (By District)

District	Company	Brands
Tianjin	Tianjin Yifei Hygiene Products Co., Ltd.	Taiyangyu, Bangyiba
	Tianjin Xinglin White Cross Surgical Dressing Co., Ltd.	Saluba, Keya
Hebei	Shijiazhuang Shunmei Tissue Paper Technology Co., Ltd.	Jiabaoshi, Yiershu, Handaifu
Shanghai	Shanghai Biyoufu Daily Appliances Co., Ltd.	Biyoufu, Baoerkang, Xiaoxin
Jiangsu	Suzhou Suning Underpad Co., Ltd.	Anpa
Zhejiang	Vinda Paper (Zhejiang) Co., Ltd.	Tena, Dr. P
Anhui	Wuhu U-Play Corporation	U-play, Fupai
Fujian	Fujian New Yifa Group Co., Ltd.	PalmJoy, HappyJoy
	Changting Tianle Hygiene Products Co., Ltd.	Tianle, Fumanchun
	Megasoft (China) Co., Ltd.	Transcend
	Hansoms (Xiamen) Hygienic Products Co., Ltd.	OEM

Continued

District	Company	Brands
Jiangxi	Jiangxi Kangya Medical Supplies Co., Ltd.	Fulcotton
Shandong	Shandong Hengfa Hygiene Products Co., Ltd.	Ankexin
	Shandong Yunhao Hygiene Products Co., Ltd.	Jielai
	Weifang Itend Hygienic Technology Co., Ltd.	Anrui
	Weihai Weigao Medical Material Co., Ltd.	Weile
	Shandong Rikang Health Products Co., Ltd.	Fuluda, Yijiekang, Huangdaifu
	Shandong Yezhimeng Intelligence Technology Co., Ltd.	Yezhimeng
Henan	Luohe Chunxiao Medical Devices Co., Ltd.	Kangba
	Henan Meiban Hygiene Products Co., Ltd.	Haozhushou
	Zhengzhou Qifu Hygiene Products Co., Ltd.	Qifu
Guangdong	Guangdong Carelder Health Industry Technology Co., Ltd.	Carelder
Sichuan	Sichuan Yodun Superior Products Medical Technology Co., Ltd.	Yodun

In 2022, thanks to the growth of the domestic adult incontinences market size and the increase of the Group's adult diaper penetration rate, the sales of Hengan Group's adult diaper business rose by about 12.9%, accounting for about 23.7% of the entire diaper business (2021: about 20.8%)[1].

Vinda Group further built more than 300 innovative "Health · Tena" experience center stores on the Chinese mainland. It also established new channels of Tena stores in national business areas of hospitals, to seize target consumers and community groups via individualized service and to satisfy the demand for accelerated aging. The group developed Tena into the first contact point for elders and incontinence care products, thereby effectively driving sales. The flagship stores of Tena and Dr. P brands carried out online marketing activities on Chinese mainstream e-commerce platforms to provide strong support for omnichannel sales. The marketing and promotion activities (such as free samples and brand marketing) of Tena and Dr. P were strengthened in Hong Kong Special Administrative Region (HKSAR) and Taiwan of China, which drives sales and improves the brand penetration [2].

Other enterprises with significant growth in sales of adult incontinences include: Beishute, up 70.69%; Welfare, up 37.24%; Wuhou U-play, up 32.30%; Shanghai Sun'O, up 20.74%; Hebei Jinjie, up 20.27%; Dongguan Su's, up 30.75%; Guangdong Kangyi, up 17.21%; Licheng Paper, up 16.0%.

2.4 Hygiene Products for Pets

In 2022, there were 70 pet hygiene products manufacturers registered in CNHPIA, an increase of 5 than 2021, mainly located in Tianjin, Anhui, Jiangsu, Shandong, Hebei, Zhejiang, Shanghai, Fujian, Liaoning, Guangdong, etc.

In 2022, the sales volume and sales revenue of the Chinese pet hygiene products market rose compared with 2021 and the average unit price of pet pads showed a slight increase. Most hygiene products for pets were for export sales, and export volume accounted for 83.9% of sales volume. The consumption of Chinese pet hygiene products still has a large space for growth, and enterprises need to enhance market penetration and the cultivation of consumption concepts for pet hygiene products.

In terms of product structural changes, the consumption of pet diapers increased in 2022, basically the same as that of pet pads. The export volume and revenue of pet hygiene products rose in 2022 year on year. Besides, some manufacturers added equipment capacity and increased input, to continuously open up this market.

Table 10 Major Manufacturers of Hygiene Products for Pets in 2022 (No Ranking)

District	Company	Capacity/(100 million pcs/year)
Tianjin	Tianjin Yiyi Hygiene Products Co., Ltd.	1.8(diapers)+34.3(under pads)
Hebei	Hebei Yihoucheng Commodity Co., Ltd.	3.6(under pads)
Liaoning	Dalian Iris Commodity Co., Ltd.	12.0(under pads)
Shanghai	Shanghai Welfare Group Co., Ltd.	1.6(under pads)
	Shanghai E-way Industry Co., Ltd.	0.2(under pads)
Jiangsu	Jiangsu Zhongheng Pet Articles Co., Ltd.	7.5(under pads)
	Taizhou Far East Paper Co., Ltd.	2.5(under pads)
	Suzhou Suning Mattress Co., Ltd.	0.8(under pads)
Zhejiang	Hangzhou Coco Healthcare Products Co., Ltd.	1.5(total)
	Zhejiang Ecocom Hygiene Product Co., Ltd.	0.8(under pads)
Anhui	Wuhu U-play Corporation	4.5(diapers)+10.4(under pads)
Fujian	Fujian Licheng Paper Co., Ltd.	0.2(diapers)+0.4(under pads)
	AAB(China) Co., Ltd.	0.008(under pads)
Shandong	Shandong Aishule Hygiene Products Co., Ltd.	2.8 (diapers)+14.5(under pads)
	Shandong YZM Intelligent Technology Co., Ltd. Yezhimeng	2.0(under pads)
	Shandong Rikang Hygiene Products Co., Ltd.	0.5(under pads)
	Shandong Kunyuantang Hygiene Products Co., Ltd.	0.43(under pads)
	Shandong Yunhao Health Products Stock Co., Ltd.	0.8(under pads)
Guangdong	Zhuhai Jianlang Hygiene Products Co., Ltd.	0.5(diapers) +0.2 (under pads)
	Guangdong Yinyin Co., Ltd.	1.5(diapers)
	New Sensation Sanitary Product Co., Ltd.	1.2(under pads)

2.5 Wipes

In 2022, there were 1009 wipes (including dry wipes and wet wipes) manufacturers registered in CNHPIA, an increase of 97 than the previous year. Leading manufacturers were mainly located in Liaoning, Shanghai, Zhejiang, Anhui, Fujian, Shandong, Henan, Guangdong, Chongqing, etc. However, there are few national brands, and many companies provide OEM service for clients.

Table 11a Top 15 Wipes Manufacturers and Brands in 2022
(Comprehensive ranking by sales revenue and other indexes)

No.	Company	Brands
1	Shenzhen PurCotton Era Science and Technology Co., Ltd.	Purcotton
2	Fujian Hengan Group Co., Ltd.	Mind Act Upon Mind
3	Naturecare Cosmetics Co., Ltd.	Guoguang,Cotton Papa, OEM
4	Shanghai American Hygienics Co., Ltd.	Dr.Parmar
5	Henan Yixiang Health Technology Co., Ltd.	Deeyeo
6	Vinda Paper (China) Co., Ltd.	Vinda
7	Chongqing Treasure Hygiene Products Co., Ltd.	Treasure
8	Anhui Hanbon Daily Chemical Co., Ltd.	Kidclean
9	Tongling Jyair Bio-Tech Co., Ltd.	Aini, Xicaca, Haha
10	Gold Hongye Paper Group Co., Ltd.	Breeze
11	Zhejiang Youquan Care Products Technology Co., Ltd.	Cottonage, Baby Energy

Continued

No.	Company	Brands
12	Dalian Daxin Nonwoven Technology Co., Ltd.	Jodea, Black and White Pig, Duck Fleet
13	C & S Paper Co., Ltd.	C&S
14	Dalian Oupai Technology Co., Ltd.	Oupai
15	Shandong Aishule Hygiene Products Co., Ltd.	Aishurou

Table 11a shows the top 15 Chinese wipes manufacturers and brands in 2022 with the ranking only for reference. The sales of such manufacturers accounted for 46.7% of the total sales (2021: 52.1%). Table 11b shows major wipes manufacturers and brands beyond the top 15 in different regions.

In 2022, Hengan's sales revenue of wet wipes amounted to approximately 840 million Yuan (2021: about 740 million Yuan), up around 14.5% over the previous year, which accounts for approximately 6.9% of the sales of the tissue paper business (2021: about 7.1%)[1].

In 2022, revenue from Vinda's tissue paper and wet wipe business reached HK$ 16.103 billion, and increased by 3.9% year on year and 7.8% when excluding the exchange rate effect, which accounts for 83% of the Group's total revenue (2021: 83%). The Group adhered to R&D and innovation and launched a series of new products and marketing activities, and its 4D Deluxe moist toilet tissue and Tempo cotton facial towel received positive responses after being introduced to the HKSAR market[2].

Table 11b Major Wipes Manufacturers and Brands in Different Regions in 2022

District	Company	Brands
Beijing	Kimberly-Clark (China) Co., Ltd.	Kleenex
	Beijing Beishute Science & Technology Development Co., Ltd.	Mufo
Tianjin	Tianjin Concept Products Co., Ltd.	OEM
	Tianjin Yansheng Industry & Trade Co., Ltd.	Clean Kidz, Beiziwawa
Hebei	Hebei Yihoucheng Commodity Co., Ltd.	Nihao
	Baoding Yusen Sanitary Health Supplies Co., Ltd.	Baili, Yusen
	Libang Group Co., Ltd.	Libang
	Hebei Golden Doctor Group Co., Ltd.	Golden Doctor
Jilin	Siping Shengya Hygienic Products Co., Ltd.	Shengya, Yaya, Shuiwuhen, Vinijia
	Siping Jiaer Household Articles Co., Ltd.	Jer, UJer, Yianning
Liaoning	Linghai Zhanwang Biological Technology Co., Ltd.	Keaiduo, Lanyueliang, Piaoliangbaobei
Shanghai	Johnson & Johnson (China) Co., Ltd.	Johnson, Elsker
	Pigeon (Shanghai) Co., Ltd.	Pigeon
	Shanghai Sanjun Living Products Co., Ltd.	Chupai
Jiangsu	Kangwei Sanitary Products (Yangzhou) Co., Ltd.	Carnation, OEM
	Yangzhou Perfect Daily Chemicals Co., Ltd.	Perfect
	Naisenkelin Daily-Use Articles (Suzhou) Co., Ltd.	Naisenkelin
	Suzhou Borage Daily Chemical Co., Ltd.	OEM
	Suzhou ForestBurg Medical Technology Co., Ltd.	OEM
Zhejiang	Nanliu Enterprise (Pinghu) Co., Ltd.	OEM
	Hangzhou Bonyee Daily Necessity Technology Co., Ltd.	Bonyee
	Shaoxing Baixun Hygiene Products Co., Ltd.	Faduo, OEM
	Zhejiang Qimei Commodity Co., Ltd.	Qimei
	Zhejiang Zhongren Electronic Technology Co., Ltd.	OEM

Continued

District	Company	Brands
Anhui	Tongling Linan Biology Technology Co., Ltd.	OEM
Fujian	Insoftb (China) Co., Ltd.	Insoftb
	Zhangzhou Zhongnan Nursing Products Co., Ltd.	Taotao bear
	Condor Co., Ltd.	Condor
	Fuzhou Cotton Farmer Technology Co., Ltd.	Cotton Farmer
Jiangxi	Jiangxi Sencen Hygienic Products Co., Ltd.	M-infant
Shandong	Shandong Winson Non-woven Materials Co., Ltd.	Winson
	Yantai Hengda Paper Co., Ltd.	Shouchun, Youyoucao, Fanjia
	Jinan Kanier Science &Technology Co., Ltd.	Kanier, Huixin
	Shandong Xinle Nursing Products Co., Ltd.	Tife Mew
	Shandong Green Huineng Technology Co., Ltd.	OEM
	Shandong Flawless Packaging Co., Ltd.	OEM
	Weifang Jinxiao Hygiene Products Co., Ltd.	Shuangjiao, Mipinbeile, Mibao
Hubei	Wuhan Innovation Oupai Technology Co., Ltd.	Oupai
Hunan	Jiebao Daily Chemicals (Xiangxi) Co., Ltd.	OEM
	Xiangtan Jincheng Paper Co., Ltd.	Xianyudu
Guangdong	Imperial Palace Commodity (Shenzhen) Co., Ltd.	Water Kissing, Sweet Carefor, WaterElf
	Golden Starry Environmental Products(Shenzhen) Co., Ltd.	MedgLory
	Vinner (Shenzhen) Health Products Co., Ltd.	Mainly ODM, OEM
	Nox Bellcow Cosmetics Co., Ltd.	OEM
	Guangzhou Baihua Co., Ltd.	Weipaisi, wener
	Zhongshan Dele Biotechnology Co., Ltd.	Chubee
Sichuan	Sichuan Petrochemical Yashi Paper Co., Ltd.	Oulu
	Yibin Hmei Kangjian Biotechnology Co., Ltd.	Zhuburoujie
	Sichuan Limei Medical Products Co., Ltd.	Limei
Tibet	Tibet Kanba Garpo Hygienic Products Co., Ltd.	Kanba Garpo, Metok Garpo

According to the statistics of CNHPIA, as shown in Table 12a, in 2022, baby wet wipes and general-purpose wet wipes continued to be the categories with the largest share, but their proportions declined slightly. Make-up removal wet wipes began to increase after demand reduction in the last two years. The share of kitchen cleaning wet wipes rose, but was lower than that in 2020. Toilet wet wipes (moist toilet tissue) showed a significant increase, and have become essentials for many people. Wet wipes for other purposes mainly include wet wipes for bath, men, pets, shoes, floor cleaning, down jacket cleaning, glasses and cars, and the development of wet wipe categories tended to functionalization, diversification and differentiation.

The share of dry wipes improved constantly. Cotton soft towels can replace traditional towels to wipe the face, but also can replace makeup removal pads. Dual-use (wet&dry) cotton soft towels won high acceptance from young consumers and their popularity rate continuously increased. Dry wipes for various purposes including cotton soft towels, facial towels, kitchen wipes and antistatic wipes for floor cleaning provided convenience for busy lives, and were rapidly promoted.

Table 12a Production Share of Various Wipes According to Uses (By Nonwoven Consumption) (%)

Category	2022	2021
Wet wipes	88.0	90.2
Including: General-purpose	27.1	32.8
For babies	36.8	37.4
For feminine sanitation	2.3	2.2

Continued

Category	2022	2021
For make-up removal	1.5	1.1
For kitchen cleaning	5.9	5.2
Moist toilet tissue	12.1	5.9
Others	2.4	5.6
Dry wipes	12.0	9.8

Table 12b shows the shares of cleaning wet wipes, hygiene wet wipes and disinfectant wet wipes. We can see that the consumption of disinfectant wet wipes reduced in 2022 due to the normalization of novel coronavirus infection, and their share in dry and wet wipes reduced continuously. People's hygiene habit remains, so the share of hygiene wet wipes rose.

Table 12b Production Share of Various Wipes According to Functions (By Nonwoven Consumption) (%)

Category	2022	2021
Wet wipes	88.0	90.2
Including: Cleaning wet wipes	30.7	48.6
Hygiene wet wipes	37.2	19.9
Disinfectant wet wipes	20.1	21.7
Dry wipes	12.0	9.8

3 Import and Export

3.1 Product Export

3.1.1 Export of Absorbent Hygiene Products Gained Steady Growth

In 2022, despite the complex and severe situation at home and abroad, the export volume and value of China's absorbent hygiene products increased with scale growth, the average price of products slightly increased, and product quality improved steadily. The export volume of Chinese absorbent hygiene products has maintained steady growth over the years, with total export volume far higher than import volume, which displays the enhanced production strength of the Chinese absorbent hygiene products industry and its influence on the international market.

The total export of absorbent hygiene products accounted for 30.2% of total factory sales revenue in the industry, up 16.6 percentage points from 2021. According to the data from the Customs (Table 13a), the export volume of absorbent hygiene products in 2022 increased by 10.46% than 2021 (up 8.76% in 2021 than 2020), while the value of exports increased by 17.25% (up 12.66% in 2021 than 2020). Baby diaper products (export commodity code 96190011) accounted for the largest proportion of export products: 37.15% of the total export volume. The export volume of baby diapers showed the highest growth rate (15.52%), which reflects that the competitiveness of Chinese baby diaper products has continuously improved in the overseas market, and sanitary napkins (export commodity code 96190020) accounted for 11.12% of total export volume.

Table 13a Exports of Disposable Hygiene Products in 2022

Commodity code	Commodity name	Value/USD	Volume/tons	Average price (USD/ton)	Compared with the same period of 2021/%		
					Value	Volume	Average price
Absorbent hygiene products total		3564709814	1138648.031	3130.65	17.25	10.46	6.15
48189000	Other family, hygiene or hospital products made from pulp, paper, etc.	567802280	269331.962	2108.19	9.26	4.79	4.27
96190011	Diapers and cloth nappies for babies, made from any materials	1453907060	423032.261	3436.87	17.87	15.52	2.04
96190019	Other diapers and cloth nappies made from any materials	428344048	165322.419	2590.96	23.26	11.77	10.28
96190020	Sanitary napkins (pantiliners) and tampons made from any materials	718410800	126632.217	5673.21	20.74	4.70	15.31
96190090	Diaper liners made from any materials and similar products	396245626	154329.172	2567.54	14.98	11.21	3.39
Wet wipes total		1084523498	522448.488	2075.85	-6.38	-17.79	13.87
34011990	Wet wipes	670246698	361743.041	1852.83	6.62	-3.37	10.33
38089400	Disinfection wet wipes	414276800	160705.447	2577.86	-21.81	-38.46	27.05

The export volume of sanitary napkins/pantiliners has undergone a significant increase in such enterprises as: Putian Jiatong, up 7 times; Shanghai Sun'O, up more than 4 times; Tianjin Yiyi, up 75%; Hangzhou Kawada, up 55%; Quanzhou Hengfa, up 43%; Henan Simulect, up 20%; Licheng Paper, up 16%; and Hangzhou Credible, up 13%.

The export volume of baby diapers/diaper pads has undergone a significant increase in such enterprises as: Guangdong Alloves, up 209.7%; Insoftb, up 195.3%; Quanzhou Tianjiao, up 120.6%; Guangdong Obee, up 68.7%; Quanzhou Aile, up 30%; and Zhejiang Youquan, up 30%.

The export volume of adult incontinences has undergone a significant increase in such enterprises as: Shanghai E-Way, up 47.73%; Megasoft, up 25%; Licheng Paper, up 16%; Tianjin Yiyi, up 11.58%; and Dongguan Su's, up 11.24%.

According to the data from the Customs, the top 10 importers (Table 13b) of absorbent hygiene products from China in 2022 are as follows in turn: the United States, the Philippines, Japan, South Korea, Russia, Australia, Vietnam, UK, Hong Kong of China, and India. Based on the export volume of various products, the top 10 exporting destination countries and regions are as shown in Table 13c.

3.1.2 The Export Volume of Wet Wipes Fell, Exported Products Were Dominated by Cleaning Wet Wipes

In 2022, the total export volume of wet wipes was 522400 tons, down 17.79% year on year. The export volume of disinfectant wet wipes dropped sharply to 38.46%, showing that the export of disinfectant wet wipes will gradually return to normal with the mitigation of the global pandemic. Exported products were dominated by cleaning wet wipes with export volume accounting for 69.24% (editor's note: at present, cleaning wet wipe is included in 34011990 in customs commodity code, and disinfectant wet wipe is included in 38089400, but other cleaning and disinfecting products are also included under the two codes).

The average export price of wet wipes rose by 13.87%, but was far lower than the average import price. It reflects that Chinese high-value products like functional wet wipes still have space to expand in overseas markets.

The total export of wet wipes accounted for 36.1% of total factory sales revenue in the wipes industry, up 0.6 percentage points from 2021.

In 2022, the export business of wet wipe enterprises declined at large, but some enterprises achieved growth against the trend. Companies with performance growth among enterprises surveyed include: Runmei Paper, up 3 times; Zhongnan Nursing, up 1 time; Shaoxing Baixun, up 25%; Dalian Daxin, up 6.3%, etc.

In 2022, the top 10 export destination countries and regions based on the export volume of wet wipes are: the USA, Australia, Japan, Chile, Hong Kong of China, the Philippines, Peru, Thailand, the UK and Canada.

Table 13b Top 10 Export Destination Countries and Regions Based on Total Export Volume of Absorbent Hygiene Products in 2022

Ranking	Export destination countries and regions	Export volume/tons
1	USA	283602.720
2	Philippines	101240.660
3	Japan	73041.472
4	South Korea	69069.693
5	Russia	65633.371
6	Australia	52809.279
7	Vietnam	52782.881
8	UK	21647.894
9	Hong Kong of China	21007.230
10	India	19499.489

Table 13c Top 10 Export Destination Countries and Regions Based on Export Volume of Absorbent Hygiene Products and Wet Wipes in 2022

Commodity code	Commodity name	Ranking	Export countries and regions	Export volume/tons
48189000	Other family, hygiene or hospital products made from pulp, paper, etc.	1	USA	98087.441
		2	Japan	52824.278
		3	South Korea	32249.593
		4	UK	11428.661
		5	India	6962.617
		6	Australia	4492.689
		7	Italy	4336.645
		8	Vietnam	3983.061
		9	Brazil	3740.554
		10	Canada	3723.502
96190011	Diapers and cloth nappies for babies, made from any materials	1	Philippines	70953.216
		2	Russia	50862.261
		3	Vietnam	46303.617
		4	Australia	41556.062
		5	USA	17196.414
		6	Peru	12026.804
		7	Kazakhstan	11159.988
		8	South Africa	11063.818
		9	South Korea	9799.965
		10	New Zealand	9104.357
96190019	Other diapers and cloth nappies made from any materials	1	USA	45824.061
		2	South Korea	20047.499
		3	Philippines	15820.637
		4	Japan	14400.395
		5	Hong Kong of China	10874.310
		6	Russia	7351.815
		7	Malaysia	6307.687
		8	Taiwan of China	5076.217
		9	Peru	4033.290
		10	India	3259.366
96190020	Sanitary napkins (pantiliners) and tampons made from any materials	1	USA	39244.174
		2	Philippines	9243.780
		3	Hong Kong of China	5238.394
		4	Russia	4432.847
		5	Myanmar	3948.045
		6	Venezuela	3811.980
		7	Ghana	3442.112
		8	India	2989.675
		9	Taiwan of China	2979.732
		10	UK	2506.989

Continued

Commodity code	Commodity name	Ranking	Export countries and regions	Export volume/tons
96190090	Diaper liners made from any materials and similar products	1	USA	83250.630
		2	Italy	5848.059
		3	South Korea	5060.987
		4	Taiwan of China	4226.632
		5	UK	4179.082
		6	Canada	3956.314
		7	Japan	3506.260
		8	Australia	3474.997
		9	Netherlands	3217.841
		10	Philippines	2901.915
34011990	Wet wipes	1	USA	82474.503
		2	Australia	42332.507
		3	Chile	33462.551
		4	Japan	25506.858
		5	Philippines	20899.963
		6	Peru	17484.310
		7	Thailand	14874.056
		8	Canada	12066.009
		9	Denmark	7393.086
		10	Malaysia	6924.099
38089400	Disinfectant wet wipes	1	USA	36801.610
		2	Japan	20608.830
		3	Hong Kong of China	19674.938
		4	Australia	14707.769
		5	UK	8358.896
		6	Indonesia	5258.219
		7	Netherlands	4568.327
		8	Taiwan of China	4220.363
		9	Singapore	3883.391
		10	Malaysia	3698.043

3.2 Product Import

3.2.1 The Import of Absorbent Hygiene Products Decreased Year by Year

In 2022, the total import volume of absorbent hygiene products was 67800 tons, a decrease of 32.69% (Table 14a) year on year, and the total import volume decreased year by year from 255000 tons in 2017. Besides, the import of absorbent hygiene products showed a trend of quantity reduction and price rise on the whole. Total imports accounted for a small proportion (3.8%) of total factory sales revenue in the industry. Imported products were dominated by baby diapers which account for 73.51% of total import volume (2021: 81.1%), and the import volume of baby diapers dropped by 39.02% year on year. Imported baby diapers were made in Japan mainly, and import volume and import value accounted for 99.1% and 98.6% of the total import volume and total import value of baby diapers respectively (2021: 98.4% and 97.7%), and the reduction of baby diapers imported from Japan directly caused the decrease in total import volume and total import value of baby diapers.

Sanitary napkin products (including tampons) as the only category with import volume growth, increased by 7.32% year on year. Nevertheless, their total import volume was small, and accounted for a small share in the imported feminine hygiene products, merely 1.97%. The imported sanitary napkin products (including tampons) mainly came from Japan, Hungary, South Korea, Germany, Canada and other countries, of which those imported from Japan accounted for the largest share.

The further decrease in the import volume of absorbent hygiene products (especially baby diapers) revealed the capacity growth and quality promotion of domestic absorbent hygiene products like baby diapers and feminine hygiene products. The consumption psychology and consumption behavior became more rational, and target consumers decreased due to the reduction in the birth rate, further reducing the demand for imported products.

Table 14a Imports of Disposable Hygiene Products in 2022

Commodity code	Commodity name	Value/USD	Volume/tons	Average price (USD/ton)	Compared with the same period of 2021/%		
					Value	Volume	Average price
Absorbent hygiene products total		448712516	67808.223	6617.38	-31.87	-32.69	1.22
48189000	Other family, hygiene or hospital products made from pulp, paper, etc.	22330820	4675.526	4776.11	-13.54	-22.15	11.07
96190011	Diapers and cloth nappies for babies, made from any materials	242592124	49848.000	4866.64	-46.72	-39.02	-12.63
96190019	Other diapers and cloth nappies made from any materials	2392008	405.814	5894.35	-49.59	-53.24	7.81
96190020	Sanitary napkins (pantiliners) and tampons made from any materials	179579564	12626.405	14222.54	5.19	7.32	-1.98
96190090	Diaper liners made from any materials and similar products	1818000	252.478	7200.63	-7.50	-29.16	30.56
Wet wipes total		214973054	37606.292	5716.41	-18.85	-20.45	2.02
34011990	Wet wipes	19503833	6794.927	2870.35	16.70	29.96	-10.21
38089400	Disinfection wet wipes	195469221	30811.365	6344.06	-21.24	-26.72	7.48

3.2.2 The Import of Disinfectant Wet Wipes Showed Significant Reduction

In 2022, the total import volume of wet wipes was 37600 tons, and the total import value of wet wipes accounted for 7.1% of total factory sales revenue in the wipes industry. The import volume of wet wipes was small as a whole, and had little influence on the domestic wet wipe consumer market. Imported products are mainly disinfectant wet wipes with import volume accounting for 81.9%. Therefore, the import volume of disinfectant wet wipes fell by 26.72%, causing the import volume of the wet wipe category to decrease by 20.45%.

The top 10 countries and regions based on the import volume of various products are as shown in Table 14b.

Table 14b Top 10 Countries and Regions Based on Import Volume of Absorbent Hygiene Products and Wet Wipes in 2022

Commodity code	Commodity name	Ranking	Import countries and regions	Import volume/tons
48189000	Other family, hygiene or hospital products made from pulp, paper, etc.	1	USA	1397.465
		2	Japan	1361.028
		3	South Korea	996.796

Continued

Commodity code	Commodity name	Ranking	Import countries and regions	Import volume/tons
48189000	Other family, hygiene or hospital products made from pulp, paper, etc.	4	Taiwan of China	455.174
		5	Germany	370.820
		6	Malaysia	48.963
		7	France	22.413
		8	Colombia	10.518
		9	China	4.870
		10	Mexico	3.648
96190011	Diapers and cloth nappies for babies, made from any materials	1	Japan	49374.606
		2	Thailand	159.977
		3	China	106.196
		4	South Korea	87.251
		5	Czech	50.461
		6	Taiwan of China	21.282
		7	Germany	8.288
		8	Poland	6.392
		9	France	5.957
		10	Bulgaria	5.798
96190019	Other diapers and cloth nappies made from any materials	1	Japan	283.683
		2	Malaysia	55.143
		3	Denmark	23.110
		4	Taiwan of China	12.936
		5	Germany	11.391
		6	Belgium	10.027
		7	Poland	6.979
		8	South Korea	1.706
		9	France	0.338
		10	USA	0.329
96190020	Sanitary napkins (pantiliners) and tampons made from any materials	1	Japan	4712.223
		2	Hungary	4696.640
		3	South Korea	735.488
		4	Germany	551.460
		5	Canada	393.819
		6	USA	376.026
		7	Thailand	361.664
		8	Slovenia	153.195
		9	China	130.881
		10	Taiwan of China	114.872
96190090	Diaper liners made from any materials and similar products	1	Denmark	82.375
		2	USA	81.119
		3	Japan	37.860
		4	Taiwan of China	24.336

Continued

Commodity code	Commodity name	Ranking	Import countries and regions	Import volume/tons
96190090	Diaper liners made from any materials and similar products	5	China	22.065
		6	Thailand	3.641
		7	Hungary	0.351
		8	Indonesia	0.339
		9	Netherlands	0.174
		10	Malaysia	0.079
34011990	Wet wipes	1	Indonesia	5542.272
		2	Japan	384.494
		3	USA	325.524
		4	Germany	141.782
		5	South Korea	138.315
		6	Taiwan of China	52.157
		7	China	44.878
		8	UK	39.236
		9	Singapore	32.549
		10	Vietnam	26.088
38089400	Disinfection wet wipes	1	Germany	4380.550
		2	USA	3918.676
		3	UK	3771.669
		4	Portugal	2014.140
		5	Belgium	1850.468
		6	Malaysia	1795.640
		7	Thailand	1714.117
		8	Japan	1677.730
		9	Singapore	1598.387
		10	Australia	1270.873

Note: "China" in the countries and regions column means "interplant transfer" between enterprises. China implements preferable tax policies for processing products import and export, and raw materials imported by processing trade enterprises are exempted from value-added tax. As a result, enterprises purchase raw materials overseas, and finished products made of such raw materials must be sold after departure, and may enjoy a tax rebate policy after export verification. Among such enterprises, the converted products of one enterprise are the materials for the finished products of another enterprise. The two parties fill in export and import declarations respectively with their own converting manuals, and complete import and export procedures at the Customs, and such transit is called "interplant transfer". "Interplant transfer" has two forms: (1) interplant transfer among processing trade enterprises namely further-process transfer; (2) interplant transfer between general trade enterprises and processing trade enterprises, namely interplant transfer in bonded areas (sell export-oriented products to its home market).

4 Market Change and Development Characteristics

In 2022, the development of China's hygiene products industry was confronted with challenges, and unsmooth production and distribution, the high price of main raw materials, weak demand and other factors intensified market competition and reduced corporate profit, bringing different influences on operating performance. Despite this, enterprises took the initiative to undertake social responsibility, actively sought the way, reduced the cost and improved benefits, to maintain the sound development of the hygiene products industry.

In 2023, as market demand continues to recover, the flows of people, goods, information, and capital become more active, driving the sustained development of the hygiene products industry. However, the lingering effects of the pandemic are still present, and consumer behavior tends to be conservative with evident hierarchical differentiation. The number of consumers in the baby and feminine hygiene products segment is expected to continue decreasing, posing significant pressure on the operation of the hygiene products industry. Despite the challenges, companies in the hygiene products industry are resilient, actively adjusting their product portfolios and business strategies to drive growth through innovation and steadily promote high-quality development.

4.1 Enterprises in Hygiene Products Industry Actively Fulfilled Social Responsibility

In 2022, the COVID-19 pandemic continued to break out in multiple points in China, and enterprises in the hygiene products industry constantly donated money and supplies to overcome the difficulty together with people across the country. In 2023, the hygiene products industry resumes normal production operations, and hygiene product companies become more proactive in caring for infants, women, and the elderly.

Enterprises including Coco, Beishute, Haoyue, Yinyin and Daddy Baby actively carried out activities of respecting and caring for the aged to popularize adult incontinences.

Hengan, Kimberly-Clark, Baiya, Beishute, Simulect, Winner Medical and other enterprises imparted the relevant knowledge of physical health, psychological health and adolescent health to women through various activities for caring for women's health.

Hengan, C&S, Chiaus, Lunaler, Capable baby and other enterprises cares for the health and growth of premature infants, critically ill young children, and girls in remote areas.

4.2 Enterprises in Hygiene Products Industry Entered the Capital Market, and Sought Financial Support and Long-Term and Normative Development

Focus Hotmelt Co., Ltd. was officially listed on Shenzhen Stock Exchange GEM on September 2, 2022.

Starting from 2022, Kingdom Healthcare Holdings Limited Guangdong entered the pre-listing tutoring period.

On April 28, 2023, Foshan Kayson Hygiene Products Co., Ltd. officially initiated the preparation work for its IPO.

4.3 Newly Launched Projects of Hygiene Product Manufacturers

In 2022, weak market demand and a heavily impacted supply chain due to the COVID-19 pandemic caused industrial enterprises to operate with difficulty. Despite the severe situation, brand enterprises still invested in upgrading and transformation to enhance their strength.

- Foshan Kayson upgraded the existing equipment by introducing internationally advanced production lines, and performed intellectualized transformation on the packaging section, and a part of its production lines have realized unmanned packaging.
- Shanghai Sun'O finished the update of the intelligent manufacturing system in early 2021, and added several full servo production lines for male and female hygiene products for mild incontinence, and these production lines have been put into operation since January 2022.
- The project of Shuangyang Tianjiao Hygiene Product E-commerce Park invested in and constructed by Tianjiao Co., Ltd. in Fujian was completed. With a total investment of 350 million Yuan, this project is a production base for maternal and child hygiene products integrating "Design and R&D, Intelligent Manufacturing and Brand Operation" built by Tianjiao by the concept of "Digitalization Intelligent Manufacturing".
- Phase Ⅱ of the Winsun production base in Zhejiang was put into operation, with 7 planned production lines. Guangdong Winsun and Shanghai Makuku E-commerce Co., Ltd. reached an agreement for the joint-ventured construction of a diaper factory in Indonesia.
- Obee Care's intelligent manufacturing headquarters started construction in Jiujiang Town, Nanhai District, Guangdong. A comprehensive base for R&D, production and sales of personal care products is expected to be built, with an investment of about 300 million Yuan.
- Phase Ⅱ project of Shangyuan's new plant

in Guangdong Yinyin has been capped.

• Phase Ⅱ project of the infant and child industrial cluster, with an investment of nearly 2 billion Yuan by Guizhou Capable, has been completed. This project covers six functional areas, including a production functional area, marketing headquarters, supporting raw material production area, R&D center, AR experience center and enterprise cultural construction center, and the whole production system is fully automatic.

• The production base of Haoyue (Hubei) Co., Ltd. has been put into operation in 2023. Haoyue Nursing increased 120 million Yuan in its wholly-owned subsidiary Jiangsu Haoyue.

• The auto warehouse project of Unicharm in Shanghai Qingpu Industrial Zone was put into use, realizing the overall cost optimization of the supply chain and high-efficiency operation.

• Tianjin Bozhen Group is building the second production base—Hebei Bozhen Sanitary Products Co., Ltd. in Zhongjie Industrial Park, Huanghua, Hebei. This project began construction in July 2022, and is currently under construction.

• Zhejiang E-Way Nursing Products Co., Ltd. invested by Shanghai E-Way is under construction, and has been put into operation in the second half of 2023. Its main products are adult diapers and nursing pads.

• Phase I tampon project of INTCO Medical started trial production in early 2023, with an annual capacity of about 140 million.

• The foundation of the phase II extension project of Dongguan Changxing Paper Co., Ltd. was laid, with an investment of about 290 million Yuan. In addition to extending the capacity of the original baby series products, the capacity of adult care, feminine care and other products was added.

• Jiangsu Zhongxin Hygiene Products Co., Ltd. is building its Zhongxin Hygiene Products Intelligent Industrial Park in 2023, with 12 full servo automatic production lines for healthcare products.

• KNH Shanghai factory was moved to Yangzhou, and the new company Kangwei Sanitary Products (Yangzhou) Co., Ltd. has been put into operation in 2022 to mainly produce sanitary napkins/pantiliners and makeup cotton pads.

• The new plant of Zhejiang Tianqing in Huzhou is under construction, and is expected to produce tampons, sanitary napkins and incontinence products.

In 2023, hygiene products manufacturing enterprises continue to invest to expand production and introduce advanced equipment so as to meet new market demands.

Accelerating the construction of production bases and achieving scale development:

• Orient Champion Group signed a contract for a high-end tissue paper and hygiene products project in Dangtu, Anhui.

• Kingsafe (Hubei) Industrial Park's medical and hygiene nonwoven materials project and Youquan medical and hygiene products project have officially been put into operation.

• Hengan's Xiaogan Hygiene Products Industrial Park has commenced production. It mainly produces hygiene care products, beauty products, and medical devices. After the completion of the paper products industrial park and hygiene products industrial park, Xiaogan will become Hengan's largest production base nationwide.

• Quanzhou Jiahua is constructing a modern production base in Zhangzhou, Fujian, integrating intelligence, standardization, and digitization.

• Megasoft has signed a contract with the Quanzhou Municipal Government for the Huian Green Environmental Protection Industrial Park project. The plan is to integrate the manufacturing of hygiene product equipment and the production of finished products, nonwoven fabrics, cores, airlaid, magic closure systems, and printing packaging materials.

• The construction of Hubei Tianjiao's production base project has started, aiming to build a green, low-carbon, intelligent hygiene product industry base that integrates research and development, production, office, and intelligent warehousing.

• The second phase of Guizhou Capable Baby Products Production Base project, including the production area, supporting raw material production area, marketing headquarters building, disposable health care products research and development center, user experience center, and corporate culture museum, is completed and put into operation by the end of 2023.

Investing in new factories and production equipment to enhance the level of intelligence:

• Dalian Shuangdi Taohua Hygiene Products Co., Ltd. has started production in its new factory, equipped with multiple fully automated intelligent production and packaging lines. The product range includes sanitary napkins, wet wipes, and disinfection products, with dozens of varieties of health and hygiene care products.

• The Jiangsu Sanxiao Green Intelligent Factory project has started, aiming to create an intelligent production base primarily focused on high-end toothbrush manufacturing and supplemented by the production of personal hygiene care products. They have signed a contract with Fameccanica to introduce two production equipment for sanitary napkins and panty liners.

• The Ador high-end care products production project has started in Linyi, Shandong Province. It plans to build 12 intelligent production lines to create a high-end diaper production base.

• Quanzhou Jiahua and Heng Chang Machinery have officially signed a procurement agreement for the NK-800 waistband pants BT-800 pull-up full servo baby diaper production line.

• Aishubao Phase Ⅱ expansion project in Xianning, Hubei Province has started, with the construction of a new production workshop and the planning of 6 automatic sanitary napkin production lines and 4 functional chip production lines. It is expected to start production in August 2024.

• Foshan Zhongrou Phase Ⅱ intelligent production factory has been completed, including 2 menstrual pant production lines and 4 sanitary napkin production lines.

• Guangdong Kangyi has added an adult diaper production line and a two-piece baby pull-up pants production line to enhance automation and digitization levels.

4.4 Exploring the International Market

The Chinese hygiene products industry was faced a severe situation in recent years, such as a reduction in the fertility rate, intensification of population aging and overcapacity. Enterprises were seeking more and broader ways for long-term development.

In 2022, enterprises in the hygiene products industry continuously laid out the overseas market, satisfied local consumer demands, and carried on and conduct diversified business. Vinda's new headquarters in Malaysia was put into operation, integrating research, production and sale to improve quality and efficiency comprehensively; the plant of Hangzhou Haoyue in Thailand finished the relocation from the leased factory, equipment installation and debugging, and production; Guangdong Winsun and Shanghai Makuku signed an agreement for joint-ventured construction of a diaper factory in Indonesia. Yanjan Corporation has built a factory in Brazil. FOCUS Corporation is establishing its subsidiary in Mexico.

4.5 Brand Awareness Raised, Product Innovation Was More in Line with Consumer Needs

4.5.1 Eighteen hygiene product brands were listed in 2022 to 2023 "Products with Craftsmanship" of Chinese tissue paper and hygiene product industry

Sanitary napkin brands include: Space 7, FREEMORE, Beishute, SHECARE, Libresse and Hulijia. Baby diaper brands include: Jiadebao, "Yiying, Kabu, Cojin and Anerle. Adult diaper brands include: COCO, Welfare, Aishule, ElderJoy, Jefcare and Aibu. Wet wipe brands include: Deyou.

4.5.2 Innovative products promoted the functionality and user experience

• Feminine hygiene products—sanitary napkins, menstrual pants and tampons: Diversified choices meet the female demands in the menstrual period; the use of natural materials and the breathability of products are still the pursuing directions of brands.

• Baby diapers—Subdivided products designed aiming at the characteristics of babies with different month ages are more in line with baby needs; product characteristics such as thinness, breathability and weak acid top sheet are more popular; Chinese traditional style and cartoon elements are more highlighted in terms of packaging.

- Adult incontinences—Function subdivision is clearer, and products for severe incontinence highlight absorption and leakage prevention. Products for moderate and mild incontinence highlight thinness, breathability and fit. And anti-bacteria and deodorization are common pursuits of many brands. Some brands are featured by "medical grade", facilitating the expansion of special channels.

- Dry and wet wipes—Moist toilet tissue is added with natural and non-irritant plant formula; wet wipes with the functions of disinfection, stain removal, toning, makeup removal, mosquito repelling and leather shoes polishing become the highlights; mini packages of various wet wipes bring convenience to travel; cotton, bamboo and other natural materials are more widely used, especially in cotton towel.

4.6 Diversification Extended the Marketing Channels, Exerted the Effects of Complementation and Synergy, and Promoted Brand Communication

- Complementing each other's advantages, achieving win-win cooperation, enhancing professionalization, multilevel channel construction and multi-dimensional operation capability

COCO Eldercare and Chengdu Sinopharm Nursing Health Management Co., Ltd. cooperated to develop the elderly care products market. C&S and Weimob cooperated to build full-link marketing closed loop, realizing business growth in the private sphere. Kimberly-Clark (China) Co., Ltd. cooperated with JD.com to drive the rapid development of Kimberly-Clark's new products and high-end products on JD.com.

- New IP enabling brand vitality, blending modern elements, and reaching out to more consumers

Chinese style—a virtual singer "Yuan Qiqi" of Hengan International carried out IP communication along with multiple terminal brands to cultivate fans in the private sphere. Coco united with HUA & HUA to create new super IP "COCO Vigorous Elders". Qianzhiya successively introduced multiple famous IPs for brand endorsement, improving brand awareness and customer recognition.

- Promotion by new media matrix, digital + socialized, deep linking of consumers

Libresse's socialized communication combining usage scenarios and emotional resonance reaches the target groups and builds the communication link of digital sales. Guilin Geron's brand, Soft Feeling, initiated the topic #Gu Ailing's new friend—Soft Feeling# on Weibo, and deeply interacted with users, which stimulates the desire to buy and accurately conveys the marketing concept of the brand. FREEMORE passed on its core eco-culture of "Want Freer" via a brand spokesperson, starting the menstruation health era.

- Transformation and upgrading of new retail, deep exploring the communication path, and blending in new patterns of development

C&S, DONS and other companies focused on e-commerce live streaming to promote industrial development, extend online channels, and serve and blend in the new pattern of propagation.

Shanghai marketing headquarters of Lunaler Group was put into use, to further exploit the new retail market by taking advantage of the Chinese Internet technological innovation frontier.

4.7 Functions of Raw Materials Were Promoted, Green Upgrading Was a Focus

In 2022, in response to the market demands of terminal product diversification and differentiation, raw materials were innovated from the source to improve the functions, and developed towards the direction of green and environmental protection. These new products and new technologies directly drive the upgrade of hygiene products and lead the development trend of the industry.

The fine denier and eco-friendly trend of nonwovens were further deepened; biodegradable and recyclable eco-friendly fiber is a trend of the future; films focus on personalized appearance, comfort and skin care; Super Absorbent Polymer (SAP) satisfies the demand for differentiated absorption, and the application of bio-based materials is being explored; the bonding effect of adhesive is promoted, which reduces environmental effect; other innovative materials include more eco-friendly and sustainable release paper, packaging paper, magic hook, etc.

From 2022 to 2023, raw material enterprises enlarged the production scale by investment, acquisition and other modes, and introduced advanced equipment to meet new requirements for materials.

- The first nonwoven production line of the Beijing Dayuan (Yangzhou) production base was put into production.

- The third phase of the BASF Shanghai Innovation Park has been officially completed, which will support BASF's needs in China and the Asia-Pacific region.

- Shanghai Huayi has launched a 320000 tpy acrylic acid and ester project and a second-phase project of 100000 tpy SAP.

- Sateri (Liyang) factory began to operate, and the first high-speed straight-laying spunlace production line of spunlace project with an annual capacity of 49000 tons started production. Sateri (Tongling) started operation and its first flushable nonwovens production line started production. The first production line with an annual capacity of 100000 tons of lyocell fiber of Sateri (Changzhou) was put into operation, and the design goal of an annual capacity of 300000 tons of lyocell fiber will be accomplished in the future.

- Wisdom-Greentech introduced one 3.8m Trutzschler double carding air-through nonwoven production line, and cooperated with Far Eastern Group to develop new materials like degradable materials.

- The first wetlaid spunlaced nonwoven production line of Zhejiang Huahao New Materials Co., Ltd. was put into production.

- With an annual capacity of 200000 tons of fine acrylic acid, the project of Satellite Chemical Co., Ltd. was signed in Dushan Port Economic Development Zone, with a total investment of about 1.1 billion Yuan.

- Two Andritz neXline aXcess spunlace cross-laying lines invested by Zhejiang Dexirui have been put into operation.

- Shandong Aishule invested in two spunlaced nonwoven production lines: one 3.6m carding+wetlaid flushable spunlaced nonwoven production line, and one 3.6m high-speed straight laying hybrid nonwoven production line, with a total annual capacity of 25000 tons.

- Wanhua Chemical is planning to construct a 30000 tpy SAP project in Yantai Chemical Industry Park. The project has already undergone environmental impact assessment (EIA) public disclosure.

- Two Andritz neXline spunlaced nonwoven production lines of Henan Zhoukou Xuwang Nonwovens Co., Ltd. have started production smoothly.

- The foundation of a new plant of Guangdong Meideng was laid in Jiujiang Town, Nanhai, with a total investment of 320 million Yuan. It is expected to produce new laminated materials, and is planned to be completed and put into use in 2024.

- FOCUS Corporation's fundraising project for the construction of the Guangzhou Intelligent New Factory and Global R&D Center is progressing as scheduled.

- Fuller Guangzhou's new technology center has been officially put into operation and has expanded its production and warehousing capacity.

- With an annual capacity of 100000 tons of new bio-based fiber composite materials, intelligent manufacturing project phase Ⅰ of Yibin Grace Group Co., Ltd. has been put into operation, while phase Ⅱ is in construction. Launched production lines include spunlaced nonwoven, spunbonded nonwoven and wood pulp laminated production lines.

- Hetai Runjia is accelerating the digitalization of its workshops and upgrading intelligent production equipment. 70% of the production process has achieved "machine substitution" with automation.

- The China National Pulp and Paper Research Institute has developed a technology for producing fluff pulp from bamboo materials, which has been put into production at Yunnan Yunjing Forestry & Pulp Co., Ltd.

- The first domestic modern production line for pine fluff pulp at Yunnan Yunjing Forestry & Pulp Co., Ltd. has started operation, successfully producing domestically-made pine fluff pulp products.
- With an annual capacity of 140000 tons of spunlaced nonwoven, the phase I project of Xinjiang Zhongtai Henghui has put into operation to build 12 spunlaced nonwoven production lines.

4.8 Development of Industry Clusters

- Fujian

Industry clusters of hygiene products in Fujian started early. Among the listed companies in the province, Hengan International and Dabby Baby are manufacturing enterprises, while Haina Intelligent is an equipment manufacturer. Local manufacturers operate flexibly, and mainly produce feminine hygiene products, baby diapers and wet wipes. Some enterprises produce adult incontinence products and hygiene products for pets on a small scale. Now there are over 90 hygiene products manufacturers with a certain scale in Fujian according to the survey by CNHPIA. The upstream and downstream supply chains of the industry are complete, and the production automation level and efficiency of factories are high.

In 2022, as a result of Covid-19, high raw material prices, unsmooth logistics transportation and other factors, the competition in the domestic sales market was intense, and consumer motivation was insufficient. The sales performance of hygiene product manufacturers in Fujian presented the Matthew effect. Large-scaled enterprises strove to occupy the consumer market share, and ensured the orders by increment principally. The operation rate of partial small enterprises declined sharply due to a shortage of orders. Some hygiene product manufacturers positively sought breakthroughs and transformations, started the layout of the adult care and elderly care products industry, and increased their investment in the cultivation of adult incontinence business, thus their sales shares increased bit by bit.

In 2022, the operating profits of some enterprises dropped significantly due to a performance decrease, while the operating performance of some large and medium enterprises increased, but their net profits declined because of raw material costs and other factors.

For exports, the export business of most manufacturers in Fujian recovered in 2022 and showed a growth trend. Moreover, RMB devaluation in the latter half of 2022 promoted the export sales performance of enterprises to some extent.

As for channel operation, the traditional dealers and maternal and infant stores are dominant. But with the increasing frequency of online shopping and the changes in consumption patterns, manufacturers with certain scales began focusing on new retail, live streaming platforms and other marketing channels in 2022, to expand marketing construction.

- Guangdong

Guangdong, as the shipping hub of the South China Sea, is the pioneer of national economic development. The superior geographic and economic environment made it become one of the earlier hygiene product industrial clusters in China. Many hygiene product manufacturers gathered here, and raw material enterprises and equipment manufacturers invested in plant construction, forming perfect upstream and downstream industry chains.

Now there are more than 110 hygiene product manufacturers with production equipment in Guangdong according to the survey of CNHPIA, and nationally top-ranked famous manufacturers gathered in the fields of feminine hygiene products, baby diapers and wipes, such as Vinda International, Guangdong Kingdom, Foshan Kayson, Guangdong Winsun, Guangdong Yinyin and Purcotton. The enterprises in Guangdong haven't formed a larger scale traditionally in the field of adult incontinence. However, some hygiene product enterprises in Guangdong have introduced or planned to introduce equipment for adult incontinence in the last two years, to lay out the market of elderly care products and nurture a new engine for performance growth.

In 2022, based on the survey and summarization of CNHPIA, hygiene product enterprises in Guangdong were generally affected by Covid-19, birth rate decrease, raw material price rise and other factors. The performance of some enterprises declined with squeezed profits. Despite market changes and operation difficulties, many enterprises adhered to quality first, good faith management and steady development, and actively launched new products to explore adult incontinence and other new markets, and the performance of major enterprises in this region kept stable on the whole.

For marketing channels, the offline dealers, supermarkets and maternal and infant stores still occupied a large share, but companies positively planned the e-commerce and new retail channels, and tried new marketing modes such as live streaming and social platforms in search of new market opportunities.

- Zhejiang

Zhejiang hygiene products industry maintained all-category development, with leading enterprises of various categories including sanitary napkins, baby diapers, adult incontinences and wipes ranking national TOP enterprises, such as Qianzhiya, Coco, Sunkiss, Haoyue, Shujie, Yuhong, Credible, Kawada, and Guoguang/Naturecare. In addition to the above local enterprises in Zhejiang, Vinda established its main production base for care products in Zhejiang Longyou, and Guangdong Winsun established its production base in Zhejiang Huzhou. In 2022, there were nearly 100 hygiene product manufacturers in Zhejiang according to the survey of CNHPIA.

For the last two years, significant changes have taken place in China's demographic structure, severe aging and birth rate reduction resulted in shrinking diaper market demand, and adult care products became the focus of investment. Compared with other industrial clusters, the adult incontinence industry in Zhejiang has a first-mover advantage. Domestic enterprises like Coco, Haoyue and Sunkiss began to produce adult care products earlier, and have been pursuing high quality and engaged in making domestic quality products for years.

In the premise of reinforcing local foundation, enterprises in Zhejiang positively laid out the national market, and took the road of collectivization development. Qianzhiya not only built production bases in Dongyang and Tonglu of Zhejiang, but also invested and constructed a production base by taking Hubei Xiaogan as the strategic strong hold in Central China. Haoyue established its wholly-owned subsidiary Jiangsu Haoyue many years ago, and increased capital to 120 million Yuan in 2022, and its Xiaogan production base in Hubei has started production in 2023. Hangzhou Shujie invested in and built Sichuan Shujie Nursing Supplies Co., Ltd. in 2018. Zhejiang Youquan/Kingsafe invested in and built the nonwoven health care material project as well as the cotton soft towel and wet wipe project in Xiaogan, Hubei.

For marketing channels, the traditional offline channels like dealers, KA supermarket and maternal and infant stores still occupied a certain proportion, but hygiene product enterprises in Zhejiang positively embraced new retail, and made beneficial attempts in WeChat Business, self-run APP, live streaming and other new channels relying on the advantages of Zhejiang e-commerce industry. The export trade of Zhejiang hygiene products started early, centering on OEM and involving sanitary napkins, baby diapers, adult diapers, pet pads, wet wipes and so on, and has developed stably over the years.

In 2022, the industry was generally affected by Covid-19, price rise of raw materials, obstructed logistics, insufficient labor and other factors, leading to a decrease in the operation rate and operating performance of partial enterprises. Some enterprises could adopt the measures (such as closed-loop production, and reduction of personnel turnover) in the aspect of internal management to ensure normal production. On the whole, the profits of industrial enterprises dropped due to the cost rise.

- Xiaonan District, Xiaogan, Hubei

Xiaonan District of Xiaogan in Hubei is one of the important industrial clusters in China's hygiene products industry. Compared with coastal regions like Fujian, Guangdong and Zhejiang, Xiaogan's hygiene products industry is a rising star, but its starting point is relatively high. Many hygiene product industrial enterprises like Hengan, Vinda, Geron, Qianzhiya, Haoyue, Youquan, Beixini and Baifu as well as major raw material enterprises like Xinrou and Kingsafe gathered here.

In July 2023, Hengan Xiaogan Hygiene Product Industrial Park Project has been put into operation, with a total investment of 5 billion Yuan. It is expected to complete in three phases. With the planned investment of 1 billion Yuan for the production of sanitary napkins, daily health products, elder care products and so on.

With annual output of 200 billion pieces of cotton soft towels and wet wipes, the project of Youquan (Hubei) has finished engineering construction, and workshop decoration and equipment installation are being carried out. The project is expected to be put into operation in May 2023.

With a total investment of 300 million Yuan, the phase Ⅰ project of Hubei Beixini was put into operation in early 2022, mainly producing cotton soft towels, moist toilet tissue and other health care products.

Hubei Tianjiao hygiene product industrial base invested by Quanzhou Tianjiao in Xiaonan District of Xiaogan began construction on February 15, 2023. This project has a total investment of 1.2 billion Yuan, and Quanzhou Tianjiao planned to build a green, low-carbon and intelligent hygiene product industrial base integrating R&D, production, office and intelligent warehousing.

5 Supply of Fluff Pulp, SAP and Other Raw Materials

5.1 Fluff Pulp

The vast majority of fluff pulp used in China's absorbent hygiene products industry is imported pulp mainly from the USA, and its suppliers basically remained stable. Now International Paper is the world's largest fluff pulp supplier. China is short of southern pine as wood raw material, so the amount of fluff pulp made in China is very small. Only Fujian Tengrongda Pulping Co., Ltd. under Taison Group takes Chinese fir as the raw material to produce BCTMP fluff pulp with a capacity of 40000 tpy. Yunnan Yunjing Forestry & Pulp Co., Ltd. uses pinus khasys as the raw material to produce fluff pulp, successfully producing domestic pine fluff pulp products. The national scientific research institution China National Pulp and Paper Research Institute Co., Ltd. (CNPPRI) has been engaged in the research of pulp and paper technology and fiber raw materials for decades, and has developed a technique for producing fluff pulp with bamboo, which has been put into production at Yunnan Yunjing Forestry & Pulp Co., Ltd.

Major worldwide manufacturers and brands of fluff pulp are shown in Table 15.

In 2020, GOO. N announced investment in transforming equipment to produce fluff pulp, and planned to start producing in September 2022. However, in March 2022, the company announced the postponement of this project to June 2025. In 2022, GP Cellulose invested around USD 80 million to increase the fluff pulp capacity of its factory by the Alabama River. This project is being implemented in stages, and is expected to finish at the second quarter in 2024.

Table 15 Major Manufacturers and Brands of Fluff Pulp

Country	No.	Company	Brands
USA	1	International Paper	Supersoft
	2	GP Cellulose	Golden Isles
	3	Domtar	Lighthouse
	4	WestRock Company	Stone
	5	Resolute Forest Products	Bowater
	6	Rayonier	Rayfloc
Finland	7	Stora Enso	Stora Prime
Brazil	8	Klabin	Raw material: southern pine
	9	Suzano	Eucalyptus fluff pulp (sulphate pulp)
China	10	Fujian Tengrongda Pulping Co., Ltd.	Chinese fir BCTMP fluff pulp
	11	Yunnan Yunjing Forestry & Pulp Co., Ltd.	pine fluff pulp, bamboo fluff pulp

Affected by the international market pulp market, obstructed international ocean shipping, Covid-19 and other factors, the price of fluff pulp kept at a high level in 2022 as a whole. Baby diapers and sanitary napkins made by Chinese hygiene product enterprises have mostly adopted laminated absorbent cores, which reduce the consumption of fluff pulp. However, fluff pulp is still widely used in adult incontinence and exported hygiene products, and some laminated absorbent cores are added with a certain proportion of fluff pulp or use airlaid paper made from fluff pulp. Thus the higher price of fluff pulp increased the cost pressure of hygiene product enterprises, and further lowered the profits.

In order to lower the production cost, some enterprises began to replace curly fluff pulp with common softwood pulp for the production of hygiene products. The use of substituted pulp, coupled with obstructed international ocean shipping and other factors, the total volume of China's imported fluff pulp in 2022 to drop significantly than the previous year.

Nevertheless, the use of common softwood pulp in hygiene products may create the risks of high defective rate, large product quality fluctuation and so on, and the primary product indicators like absorption capacity and hygienic indexes are inferior to fluff pulp products. To cope with this situation, more industry enterprises partly mitigate the effect of price rises by signing long-term purchase contracts. Furthermore, enterprises are actively researching and developing the technology for producing fluff pulp with fiber raw materials like bamboo and hardwood as well as other new liquid absorption technologies in hopes of realizing the localized supply of raw materials through the application of new absorbent core materials and reducing the risk of price volatility in the future.

5.2 SAP

In 2022, according to the statistics by CNHPIA, the SAP capacity in China's mainland, including those of exclusively foreign-owned enterprises, was around 1.295 million tpy (see Table 16), down 25000 tpy over the previous year. It was because Zhuhai Demi switched to the production of SAP products for other purposes.

Table 16 Major SAP Manufacturers in China's Mainland in 2022

No.	Company	Capacity/(10000 tpy)
1	San-Dia Polymers (Nantong) Co., Ltd.	23
2	Yixing Danson Science & Technology Co., Ltd.	20
3	Shandong Nuoer Biological Technology Co., Ltd.	20
4	Zhejiang Satellite New Material Technology Co., Ltd.	15
5	Banglida (Fujian) New Materials Co., Ltd.	11.5
6	Formosa Industries (Ningbo) Co., Ltd.	10
7	Wanhua Chemical Group Co., Ltd.	8
8	BASF-YPC Co., Ltd.	6
9	Jinan Haoyue New Materials Co., Ltd.	5
10	Jiangsu Sierbang Petrochemical Co., Ltd.	4
11	Nisshoku Chemical Industry (Zhangjiagang) Co., Ltd.	3
12	Shanghai Huayi Acrylic Acid Co., Ltd.	3
13	Tangshan Boya Resin Co., Ltd.	1
	Total	129.5

In 2022, China's SAP industry encountered major external difficulties of upstream acrylic acid price volatility, rising energy costs, obstructed logistics, cost increases, etc. Influenced by international crude oil prices, the price of acrylic acid fluctuated, even price inversion of acrylic acid and SAP products appeared once. And some small and medium enterprises had to reduce or even halt production to avoid loss. Integrated group companies with complete upstream and downstream industry chains expanded their market shares relying on their advantage in stable supply of acrylic acid.

In addition to external adverse factors, the contradiction between overcapacity and demand shrinkage exists in the industry. Although there was a price war from time to time, most enterprises were devoted to enhancing the product power, continuously increased their R&D investment, and developed antibacterial and deodorization products, eco-friendly products and absorbent paper cores that satisfy the demand of hygiene product enterprises for product upgrading. Meanwhile, China's SAP manufacturers made efforts to explore the overseas market, partly making up for the shortfall of domestic demand.

6 Development of Hygiene Product Equipment Industry

6.1 Equipment Manufacturing Level Was Constantly Improved

Hygiene products equipment manufacturing develops towards intelligent customization with improved accuracy to maximally meet customer needs.

Transition to "manufacturing plus service" from an integrated solution of differentiated intelligent manufacturing

- Anqing Heng Chang introduced self-designed and self-made production equipment for menstrual pants and adult pull-ups at a speed of 500 pcs/minute, production equipment for baby training pants, capable of producing at a speed of 1000 pcs/minute. Such equipment is featured steady operation, rapid acceleration, high efficiency, and a high degree of modularization and intelligence.
- Full servo high-speed production line launched by Jiangsu JWC for the production of ultra thin and three-dimensional anti-leakage sanitary napkins has a production speed of 1200 pcs/minute and low manpower intervention, and ensures stability under ultra-high-speed production. The full-servo ultra-high speed nursing pad/pet pad equipment can meet the needs of producing multi-specification nursing pads with 3 or 5 layers in one production line. The modular design enables quick assembly and start-up of the equipment.
- Haina Intelligent cooperated with China Telecom Fujian Branch to develop a "5G+intelligent equipment operation and maintenance service platform", make full use of 5G network and AR technology, realize the visual simulation function of equipment, and help Haina transition to "manufacturing plus service".
- The light incontinence pad production line of Zhejiang New Yuhong can be specially customized, and its absorbent core forming system applies to various sizes. The line can change types rapidly, and is provided with a complete machine video tracking system to ensure steady operation. The fully-servo adult diaper production line allows for convenient and quick switching between waist tape type and pull-up type products with just one click.
- Intelligent back-end packaging integrated solution for hygiene products launched by Xiamen Gachn can realize the combination with the MES system of customer factories.

Optimizing equipment performance, and improving the flexibility of type change and the humanized operational details

- The efficient and intelligent baby training pants production line introduced by Quanzhou Hanwei is mainly used for producing conventional and hourglass-type training pants. Its operating system adopts humanized design, can collect operation information at any time, realizes the free combination of various components, and has universality and interchangeability.
- Integrated and high-performance Harmony applicators launched by Nordson (China) support the sizing application of all series hot melt adhesive, including continuous contact blade coating, continuous non-contact spray coating, and ultra high-speed intermittent dispensing, and provide sizing solutions with high performance, high flexibility and high production value. The AltaCoat-i coating machine supports applications for medium-speed intermittent coating, and adopts an embedded module design with high heat transfer efficiency.
- OPTIMA Buffalo series applies to packaging menstrual pants, featuring two-channel form and flexible type change. It adopts targeted design and process control for large-piece pant-type products, and achieves packaging efficiency and good looking. The company's first partially localized model for baby diapers, the BDS-1, has been further optimized in terms of seal design and push head improvement according to the needs of Chinese customers, and is compatible with both Chinese and European style bags.
- DP-B40DA diaper automatic packaging machine introduced by Shantou IMAKO adopts full servo drive control without manual adjustment for change of specifications, can adapt to different bag packages, such as European-style and Chinese-style bags, and has strong production flexibility. The company has

launched its first domestically-produced model BDS-1 for certain components of baby diapers, and has made further optimization on sealing design and push head based on the demands of Chinese customers. The machine is compatible with both Chinese-style bags and European-style bags.

Convenient operation, maximal reduction of cost for raw materials and labor during production

- CD-2008 Ⅱ-M full-automatic wet wipe machine launched by Quanzhou Chuangda is equipped with all servo control systems, intelligent, simple and easy to operate. The machine ensures non-stop automatic interchange of nonwovens as well as simple change, saving the cost. CD-600 high-speed single-piece wet wipe machine features a fully servo-controlled system that can automatically adjust the length of packaging paper and track color marks, enabling non-stop automatic material switching without downtime.

- The high-speed wet wipe production line introduced by Zhengzhou Zlink, at a speed of 600 cuts/minute, has convenient product change, and can adapt to viscose/polyester mixed fiber of wet wipes as well as degradable and flushable wood pulp fiber.

- FP2182 full-automatic high-speed ultra-mini wet wipe production line (single-packing + bundle-packing) of ForePak adopts a linear layout and one-side feeding and unloading of raw materials to facilitate operation. Its mechanical part adopts a modular design, ensuring simple and rapid changes in packaging product specifications.

6.2 Declined Orders of Domestic Equipment, Blocked Exploration of Overseas Markets

The investigation results of major hygiene product equipment suppliers in China show that, in 2022, the investment of industry enterprises in China slowed down, equipment orders decreased dramatically, and equipment enterprises had to decrease performance and were under great financial pressure. The exploration of overseas markets was blocked due to Covid-19. Overseas customer visits and the departure services of domestic technicians are very difficult, and it is hard to conclude the transactions without on-site communication. The existing orders were delayed in equipment manufacturing, acceptance and delivery, and project progress was slow.

Table 17 Exports of Hygiene Products Production Lines (Equipment) in 2021-2022

Type of production line	2022	2021
	Export volume	
Sanitary napkins/pantiliners	21	31
Baby diapers/diaper pads	24	66
Adult incontinences	21	25
Wet wipes	23	10
Face mask	0	4
Total	91	136

In 2022, equipment enterprises surveyed by CNHPIA exported 91 hygiene products production lines (equipment) in total, including 21 sanitary napkins/pantiliners production lines, 24 baby diapers/diaper pads production lines, 21 adult incontinences production lines and 23 wet wipes devices. The export volume of production lines for sanitary napkins/pantiliners, baby diapers/diaper pads and adult incontinences decreased than 2021. The export of wet wipes devices increased, and no face mask devices were exported.

6.3 Pant-type Diaper Production Lines Continued to Increase

In 2022, the market share of pant-type diapers continued to expand. Among the surveyed enterprises, in the sales volume of baby diapers, pant-type accounted for 42.2%, up 1.5 percentage points from the previous year. The major manufacturers of pant-type baby diapers are concentrated in Guangdong, Fujian, Zhejiang, Hunan, Guizhou and other regions. A total of 7 production lines for pant-type baby diapers were newly added in 2022 among the surveyed enterprises.

In the sales volume of adult diapers, pant-type accounted for 25.9%, up 5.8 percentage points from the previous year. The major manufacturers of pant-type adult diapers are concentrated in Hebei, Jiangsu, Zhejiang, Fujian, Shandong, Guangdong and other regions. A total of 8 production lines for pant-type adult diapers were newly added in 2022 to 2023 among the surveyed enterprises. One production line, which was originally scheduled to start production in 2023, has now been postponed to 2024.

Only one of pant-type diaper production lines newly added or planned to be added in 2022 to 2023 is imported, and the enhanced domestic equipment level can meet the demands of domestic hygiene product enterprises.

Table 18 Pant-type Diaper Production Lines Added in 2022-2023 (Only Surveyed Enterprises)

Province	Company	Volume	Operation date
For babies			
Zhejiang	Hangzhou Yuhong Sanitary Products Co., Ltd.	1	2022.3
Fujian	Fujian Hengan Group Co., Ltd.	2	2022
	Quanzhou Tianjiao Lady&Baby's Hygiene Supply Co., Ltd.	3	2022.7
Henan	Henan Baibeijia Hygiene Products Co., Ltd.	1	2022.3
Hubei	Hubei Yongyi Care Products Co., Ltd.	1	2023
For adults			
Jiangsu	Jiangsu Yofoke Healthcare Technology Co., Ltd.	1	2023.8
Zhejiang	Hangzhou Coco Healthcare Products Co., Ltd.	3	2022
	Hangzhou Qianzhiya Sanitary Products Co., Ltd.	1	2022
Fujian	Quanzhou Tianjiao Lady & Baby's Hygiene Supply Co., Ltd.	1	2022.9
Shandong	Weihai Weigao Yikang Care Products Co., Ltd.	1	2022.11
	Linyi Anjie Hygiene Products Co., Ltd.	1	2023.6
	Ucanrely News Medical Technology (Weihai) Co., Ltd.	1	Postponed until 2024

7 Market Prospects

China's hygiene products industry has entered a stable period after 30 years of development. In 2022, the market size of absorbent hygiene products (including feminine hygiene products, baby diapers/diaper pads and adult incontinences) was about 111.51 billion Yuan, with a CAGR of -0.3% during 2018-2022. The market size of wipes gradually returned to normality after a substantial increase to 22.46 billion Yuan in 2020, and was about 21.42 billion Yuan in 2021 and about 20.15 billion Yuan in 2022. The development of the industry is expected to remain stable in the future.

In addition to meeting the needs of the domestic market, industry enterprises vigorously developed overseas markets, and achieved remarkable effects with increasing export volume in successive years. In 2022, the export value of Chinese absorbent hygiene products accounted for 30.2% (nearly one-third) of factory sales revenue, showing that Chinese absorbent hygiene products are relatively competitive in the international market.

7.1 Feminine Hygiene Products

China's feminine healthcare product market is increasingly mature, with market size growing to 65.02 billion Yuan from 56.3 billion Yuan and a CAGR of 3.7% during 2018-2022. The growth of market size in recent years is mainly because of the high-end products, the increase in per capita usage, the rapid popularization of menstrual pants, etc.

Menstrual pants solve the problem of leakage at night, so they have high consumer stickiness. Consumers will continuously use menstrual pants once they use them well, and the market is expected to expand in the future.

The tampon market in China is still in the initial development stage, and the acceptance and understanding of female consumers for tampons are not high. Although the market has grown in recent years, its size is still small.

With the increase in per capita disposable income of residents by years and the enhancement of the consumption ability of Chinese females, their consumption concept and consumption habit are changing unceasingly. And they pay more attention to quality, and pursue functionality, safety and user experience. Meanwhile, consumers' responsibility consciousness for the environment has improved gradually, and focused more on sustainable products.

- Functionality

Functional products for specific purposes such as sanitary napkins for warming the uterus and sanitary napkins for postpartum care will satisfy the differentiated demand of consumers. Now many women suffering from leakage of urine use sanitary napkins as protective articles, and some enterprises were aware of it and launched absorption napkins for preventing the leakage of urine to satisfy consumer needs. Two-in-one sanitary napkins for menstrual periods and leakage of urine have emerged in foreign markets, even three-in-one sanitary napkins for menstrual periods, daily care and prevention from leakage of urine. This kind of multifunctional composite product provides a reference for domestic enterprises.

- Safety

Consumers are more concerned by the safety of products, in particular products in contact with private parts, and female consumers hope to learn more about the ingredients in raw materials of products. Some developed countries require the disclosure of ingredients in raw materials, and even some states of the USA have made legislative requirements for disclosing the ingredients in feminine care products. This trend deserves the concern of Chinese enterprises, especially enterprises engaged in export trade.

- Sustainability

Calls for plastic reduction have been growing around the world, various countries have successively set schedules for reducing the use of plastic materials, and feminine hygiene products made of cotton, bamboo, hemp and other natural materials as well as plant-based materials will attract the attention of more and more women consumers. Successful development of innovative products breaking through the tradition, e.g. new absorption materials, sanitary napkins without PE bottom film as well as flushable sanitary napkins will meet the needs of consumers pursuing sustainability.

7.2 Baby Diapers/Diaper Pads

With decreasing number of newborns in China and the gradual disappearance of the child demographic dividend, the baby diaper market is faced with a decrease in actual users and product quantity demanded as well as fiercer market competition. According to data released by the National Bureau of Statistics, the births and deaths in China were 9.56 million and 10.41 million in 2022 respectively, a natural growth rate of −0.60‰, the first negative population growth in recent 61 years. Estimated by CNHPIA, the number of infants in China aged 0-2 was around 20.18 million in 2022, a decrease of 2.44 million than 2021 (a decrease of 4.07 million in 2021 than 2020, and a decrease of 3.19 million in 2020 than 2019). It is expected that in the next few years, the birth population will constantly decrease due to late marriage and childbearing, diminishing fertility willingness, etc.

The reduction of young people's willingness to marry and bear children is highly valued by national and government departments. In 2023, childbirth encouragement continues to be a hot topic during two sessions, inducing more than 20 relevant proposals and suggestions reported by the media publicly. All parts of the country have actively improved fertility-supporting services, and childbirth encouragement and fertility-supporting system improvement have become social consensuses. With the implementation of policies, we believe that the trend of decreasing newborns will be alleviated.

Decreasing newborns brought the rapid growth period of the Chinese baby diaper industry to an end, but China still has a huge base of age-appropriate children. Consumers' acceptance of baby diaper products has continually improved, and the increase in per capita disposable income of residents and the acceleration of urbanization will also drive the enhancement of consumption ability. Hence the Chinese baby diaper/diaper pad market will maintain a considerable scale, and continuously provide new opportunities and development space for enterprises in the industry.

Great changes have taken place in the consumption trend, market channel and other aspects of baby diapers/diaper pads. The post-90s/95s have become the main force of child-rearing, and mainstream parenting concepts and consumption concepts have changed greatly. They are more rational in brand selection, have less adoration for imported products, and prefer individualized quality products. The older generation of parents or elders in China tends to let babies get rid of diapers earlier and learn to toilet themselves, but the younger generation of parents lets their babies wear diapers more during potty training, and pant-type diaper is more convenient to put on and off, so its usage proportion rises constantly.

In terms of marketing channels, Covid-19 accelerates the development of diversified new retail modes including live streaming sales and community marketing. Consumers are more and more used to online shopping and stockpiling, and the sales share of online channels increases, changing the traditional marketing mode and market pattern of the industry.

The changes in consumer habits and channels bring challenges to traditional brands, and offer opportunities to new market participants. On one hand, transnational corporate brands will still occupy significant market shares depending on good public praise, user accumulation and other first-mover advantages; on the other hand, domestic brands have risen rapidly in recent years, and will continue to make efforts. Some new brands stood out conspicuously in the market, and attracted a group of consumers through unique product orientation and new channels depending on their insight into consumer needs, bringing new power to the market and making brand patterns more diversified.

In the face of market changes, manufacturing enterprises continuously upgrade their products based on sufficient research of new consumer demands, and continuously innovate in raw materials, structural design and other aspects to improve product quality and performance. Baby diaper products will be continually promoted in key performances such as thinness, breathability, dryness and cleanness, and skin care; subdivided products specific to the characteristics of babies with different month ages are more fit for the needs of babies; packaging and printing design will be more in align with the aesthetics of new generation of parents, and the use of Chinese traditional style and cartoon elements is a current trend. famous brands will be devoted to creating baby diaper products with more differentiated advantages and satisfying the personalized demand of consumers, to gain more market shares.

7.3 Adult Incontinences

According to the data from the *Statistical Communiqué of the PRC on the 2022 National Economic and Social Development*, by the end of 2022, the population of people at the age 60 and older in China has reached about 280 million, which accounts for 19.8% of the total population, wherein the population of people at the age 65 and older in China has reached about 210 million, which accounts for 14.9% of the total population. According to the general standard of the United Nations and World Bank, China has entered the aging society, and adult incontinent products have a huge potential market. In 2022, China's per capita GDP continued to rise, reaching 85698 Yuan, up 3.0% from the previous year. China's adult incontinence consumer market has a considerable economic base.

At the first session of the 14th National People's Congress convened on March 5, 2023, it is clearly stated in the *Government Work Report* that we should actively cope with population aging, and boost the development of aging cause and pension industry. China will strengthen the construction of supporting facilities and accessibility facilities by developing community and home-based elderly care services, and offer policy support in terms of tax, housing, utilities price, etc. It will advance the combination of medical treatment and endowment, and steadily carry forward the pilots of the long-term care insurance system. The country will perfect the disabled guarantee and care service system. Based on reinforcing the social security and service, the government continuously up-regulates the basic pension of retirees by building the central regulation system of basic endowment insurance fund, and improving the minimum standard of basic pension funds for urban and rural residents. It not only provides a sufficient guarantee for the later life of elders, but also lays the general keynote in policy direction for the Chinese adult incontinences market, and reflects the Chinese government's steadfast determination for the industry benefiting the pension welfare and people's well-being.

With the country's increasing concern for the development of the elderly care industry, domestic adult healthcare products will have huge development space. It can be found from the survey of CNHPIA in 2022, that adult incontinent product enterprises actively cultivate the market, invest more resources to develop adult healthcare products, and carry out public charity activities in nursing homes, hospitals and other organizations. Besides, mild incontinent product manufacturers increased in 2022. Although the total scale of this business is small, mild incontinences with differentiation and subdivided functions will usher in growth space with young consumers' correct understanding of mild incontinence as well as publicity and education of enterprises.

Looking forward to the sales channels of adult incontinences, in addition to e-commerce sales channels, nursing homes and hospitals, new retail channels like Douyin and Kuaishou will bring new business opportunities. Enterprises should make good use of online and offline multi-channel extension, provide a one-stop product sales chain while expanding potential customer base, bring sustainable growth force to the business development of adult incontinences, support the long-term development of adult healthcare product business, and continue to tap the growth potential of adult healthcare product market. Enterprises should also change the consumers' traditional and stereotyped impression of incontinences, especially the bashfulness of elderly consumers, vigorously promote positive life attitudes and values, infect them with vitality and enthusiasm, and lead the consumers' new experience to enjoy their later life.

7.4 Wipes

In 2022, the wet wipes market in China has returned to normality, and was still dominated by wet wipes for babies and general-purpose wet wipes, but the proportions of such wet wipes have reduced. Moist toilet tissue and kitchen wet wipes continued to grow.

For the last two years, people have formed the hygiene habit of cleaning their hands and object surfaces they touch at any time, and disinfectant wet wipes and hygiene wet wipes have become daily necessities. With the normality of people's lives, the demand for disinfectant wet wipes will decline, but hygiene wet wipes will remain the first choice of consumers.

With the increase indisposable income of residents year by year, the middle-class group has expanded constantly, and the consumption growth trend of wipes will continue, especially the demands for special functional wipes, such as wet and dry wipes for kitchen cleaning, moist toilet tissue, wet wipes for polishing shoes, wet wipes for down jacket cleaning, wet wipes for glasses anti-fog, wet and dry wipes for floor cleaning, elderly care wet wipes, and disposable bath towels.

In the future, the full recovery of China's consumer market, tourism market and catering market will drive the expansion of wet wipe demand, and various portable wipes have the chance to grow.

Meanwhile, consumers are more concerned about the safety of wet wipes: impact on self health with a focus on the safety of chemical ingredients in the liquid formula of wet wipes, and the impact on the environment with a focus on the impact of the use of degradable wipe substrates on the environment. Green production and green consumption are inevitable global trends, so industry enterprises should increase their R&D investment in sustainability in line with green and environmental development concepts, and the market is expected to have huge growth space.

References

[1] The 2022 Annual Report of Hengan International Group Company Ltd.
[2] The 2022 Annual Report of Vinda International Holdings Limited.
[3] The 2022 Annual Report of Chongqing Baiya Sanitary Products Corporation.
[4] The 2022 Annual Report of P&G.
[5] The 2022 Annual Report of Kimberly-Clark.
[6] The 2022 Annual Report of Kao.
[7] The 2022 Annual Report of Unicharm Group.

历年中国卫生巾、护垫的产量、消费量、市场规模（1993—2022年）

The production，consumption and market size of sanitary napkins and pantiliners in China over the years（1993—2022）

年份(年)	卫生巾		护垫		市场规模/亿元
	产量/亿片	消费量/亿片	产量/亿片	消费量/亿片	
1993		125. 0			
1994		180. 0			
1995		186. 0			
1996		230. 0			
1997		255. 0			
1998		275. 0			
1999		295. 0		40. 0	
2000	315. 0	315. 0		65. 0	
2001		334. 0		95. 0	
2002		351. 0		120. 0	
2003		368. 0		144. 0	
2004		384. 0		165. 0	110. 0
2005		399. 0		178. 0	115. 0
2006	480. 0	415. 0	230. 0	190. 0	
2007	532. 0	443. 0	245. 0	219. 0	305. 0
2008	577. 0	480. 0	278. 0	241. 0	351. 0
2009	628. 0	514. 0	301. 0	262. 0	381. 0
2010	677. 0	548. 0	318. 0	276. 0	243. 5(1)
2011	717. 0	581. 0	338. 0	294. 0	262. 8
2012	758. 1	614. 1	343. 8	298. 3	285. 5
2013	793. 7	650. 0	374. 6	315. 9	324. 0
2014	843. 0	691. 0	400. 0	337. 2	348. 5
2015	888. 3	780. 3(2)	426. 9	367. 1(2)	397. 7(2)
2016	902. 9	797. 8	443. 1	388. 3	507. 7(3)
2017	934. 0	823. 9	407. 1	376. 2	527. 4
2018	920. 1	868. 1	403. 4	325. 3	563. 0
2019	929. 3+5. 7(经期裤)	870. 5+4. 6(经期裤)	371. 1	323. 9	572. 4
2020	945. 1+7. 9(经期裤)	890. 3+7. 1(经期裤)	340. 7	323. 5	613. 0
2021	969. 4+11. 3(经期裤)	591. 8+11. 3(经期裤)	314. 1	299. 4	617. 8
2022	988. 8+16. 6(经期裤)	894. 0+16. 6(经期裤)	306. 9	264. 9	650. 2

注：(1) 从2011年开始，在市场规模计算中，其产品平均零售价是按照平均出厂价加价率40%计，为便于比较，将2010年的市场规模数据也按照40%的加价率做了相应调整。

(2) 由于一般情况下销售滞后于生产，所以每年都应有产品库存量，因此从2016年开始，销售量增加了上年的库存量，为便于比较，将2015年数据也增加了库存量进行了重新调整。

(3) 2017年度产品零售加价率按80%计，2016年以前是按40%计算的，为便于比较，将2016年数据也按照80%加价率做了相应调整。

历年中国婴儿纸尿裤/片的产量、消费量、市场规模（1993—2022 年）

The production，consumption and market size of baby diapers/diaper pads in China over the years（1993—2022）

年份(年)	婴儿纸尿裤		婴儿纸尿片		市场规模/亿元
	产量/亿片	消费量/亿片	产量/亿片	消费量/亿片	
1993		0.4		—	
1994		1.0		—	
1995		1.5		—	
1996		2.8		—	
1997		4.0		—	
1998		5.0		—	
1999		7.5		—	
2000		9.5		—	
2001		11.0		4.0	
2002		11.5		4.8	
2003		14.0		5.5	
2004		23.5		6.0	26.5
2005	34.3	34.0		7.7	38.0
2006	48.2	43.5	10.7	10.1	64.4
2007	58.0	52.2	25.9	25.3	94.6
2008	72.8	65.9	32.1	29.8	117.8
2009	90.8	79.7	41.8	38.8	144.7
2010	117.8	105.0	44.9	41.7	144.6(1)
2011	148.4	135.0	47.1	43.7	184.6
2012	178.2	159.2	47.3	44.9	220.0
2013	196.2	180.6	51.6	46.5	240.4
2014	222.3	199.5	55.5	49.5	267.0
2015	239.5	259.9(2)	60.4	54.7(2)	352.4(2)
2016	256.3	289.0	65.0	60.1	480.9(3)
2017	289.7	322.8	60.3	59.0	548.6
2018	320.1	323.5	51.3	55.1	493.7(4)
2019	370.8	354.0	36.8	39.5	499.0
2020	396.8	344.2	27.0	31.6	486.0
2021	363.0	305.3	22.2	31.2	412.6
2022	362.0	259.1	20.1	20.1	344.0

注：(1)从 2011 年开始，在市场规模计算中，其产品平均零售价是按照平均出厂价加价率 40%计，为便于比较，将 2010 年的市场规模数据也按照 40%的加价率做了相应调整。

(2) 由于一般情况下销售滞后于生产，所以每年都应有产品库存量，因此从 2016 年开始，销售量增加了上年的库存量，为便于比较，将 2015 年数据也增加了库存量进行了重新调整。

(3) 2017 年度产品零售加价率按 80%计，2016 年以前是按 40%计算的，为便于比较，将 2016 年数据也按照 80%加价率做了相应调整。

(4) 2019 年度产品零售加价率按 60%计，为便于比较，将 2018 年数据也按照 60%加价率做了相应调整。

历年中国成人失禁用品的产量、消费量、市场规模（1999—2022年）

The production, consumption and market size of adult incontinent products in China over the years (1999—2022)

年份(年)	成人纸尿裤		成人纸尿片		护理垫		市场规模/亿元
	产量/亿片	消费量/亿片	产量/亿片	消费量/亿片	产量/亿片	消费量/亿片	
1999		0.4*				0.5	
2000		0.48*				0.55	
2001		0.58*				0.61	
2002		0.68*				0.67	
2003		0.14		0.6		0.72	
2004		0.25		0.75		1.1	
2005		1.18*				1.21	
2006	2*	1.52*			5.5	1.34	
2007	2.35	1.51*	0.88		3.98	1.97	4.79
2008	2.54	1.85*	1.28		3.78	2.22	5.9
2009	2.79	2.37*	1.35		3.48	2.52	7.23
2010	4.56	3.02	2.02	1.79	5.92	2.63	12.22
2011	6.44	4.13	2.93	2.18	7.57	3.77	16.36
2012	8.92	5.54	3.86	2.43	7.26	4.14	22.05
2013	12.73	8.31	4.17	2.32	8.8	6.48	30.11
2014	19.2	14.2	5.8	2.6	11.1	7.9	43.4
2015	22.9	17.8(1)	6.3	2.9	12.1	8.5(1)	50.7(1)
2016	28.3	16.7(2)	7.6	4.2	16.1	12.2	48.8(2)
2017	40.4	24.1	11.1	5.9	20.3	14.9	62.9
2018	44.6	29.5	9.6	5.1	18.1	9.5	70.3
2019	52.8	37.2	9.9	5.8	23.4	10.5	93.9
2020	59.2	44.9	11.1	4.6	31.0	13.5	115.0

年份(年)	成人纸尿裤		成人纸尿片		轻度失禁用品		护理垫		市场规模/亿元
	产量/亿片	消费量/亿片	产量/亿片	消费量/亿片	产量/亿片	消费量/亿片	产量/亿片	消费量/亿片	
2021	57.0	41.7	11.1	4.6	7.9	0.07	40.7	26.0	112.1
2022	58.0	37.8	15.2	5.6	5.1	0.33	49.0	35.7	120.9

注：(1) 由于一般情况下销售滞后于生产，所以每年都应有产品库存量，因此从2016年开始，销售量增加了上年的库存量，为便于比较，将2015年数据也增加了库存量进行了重新调整。

(2) 2017年采用海关进出口数据计算消费量，为便于比较，将2016年数据重新调整。

(3) 2021年开始，增加了轻度失禁用品的统计数据。

* 数据含纸尿片。

历年中国擦拭巾的产量、消费量、市场规模（2007—2022 年）

The production, consumption and market size of wipes in China over the years（2007—2022）

年份(年)	湿巾		市场规模/亿元
	产量/亿片	消费量/亿片	
2007	98	72	10
2008	145	94	13.2
2009	199	119	16.7
2010	213	124.8	15.0(1)
2011	256	136.3	13.6
2012	295.2	151.1	15.4
2013	344.8	185	18.5
2014	411.4	255.4	24.3
2015	484.9	337(2)	31.1(2)
2016	591.9	393	38.5

年份	湿巾		干巾		市场规模/亿元
	非织造布用量/万吨	工厂销售额/亿元	非织造布用量/万吨	工厂销售额/亿元	
2017(3)	22.2	66.6	1.1(4)	8.2(4)	82.1
2018	27.8	144.6(5)	1.5	10.7	189.5(5)
2019	38.3	149.5	2.7	14.5	192.9
2020	56.3	210.1	3.3	16.3	224.6
2021	53.5	193.8	5.8	16.8	214.2
2022	49.8	181.6	6.8	20.8	201.5

注：(1) 从 2011 年开始，在市场规模计算中，其产品平均零售价是按照平均出厂价加价率 40%计，为便于比较，将 2010 年的市场规模数据也按照 40%的加价率做了相应调整。

(2) 由于一般情况下销售滞后于生产，所以每年都应有产品库存量，因此从 2016 年开始，销售量增加了上年的库存量，为便于比较，将 2015 年数据也增加了库存量进行了重新调整。

(3) 由于湿巾的品种、规格、包装形式繁多，难以统计片数，同时为与国际统计口径接轨，从 2017 年开始，以非织造布用量进行湿巾生产情况的统计。

(4) 随着近几年干巾产量、消费量的快速增长，从 2018 年开始，湿巾和干巾的生产情况分开统计，为便于比较，相应增加了 2017 年干巾的数据。

(5) 2019 年度湿巾工厂销售额计算方法进行了更改：取参加统计企业每吨非织造布对应的湿巾工厂销售额的平均值，以此作为依据，计算得到湿巾全行业工厂销售额。为便于比较，将 2018 年度数据按照此方法进行了重新计算。

区域产业集群情况 Development of regional industry clusters

山西省生活用纸行业发展概况
Overview of tissue paper industry in Shanxi province

1 原纸生产概况

山西省生活用纸原纸生产企业数量2家，即大同市云州区的山西云冈纸业有限公司和运城市临猗县的山西力达纸业集团有限公司。经近几年企业淘汰落后产能、改造升级装备，现有生产机型全部是新月型卫生纸机，达到19台。2022年生活用纸原纸产能31.2万t，产量为17.8万t；2023年生活用纸原纸产能38.8万t，产量达到25.4万t。山西省生产原纸所用原料主要为进口木浆。企业所生产的原纸一部分自加工成品销售，一部分分切半成品外销。

2 生活用纸加工概况

2.1 企业数量

山西省凭借邻近京津冀、辐射西部的区位优势，吸引了植护、漫花、聪妈等电商品牌纸企加工基地落户太原、阳泉等地，社会经济持续发展也使山西当地本土企业数量持续增长。根据从天眼查网站搜索经营状态为“存续”的山西生活用纸加工企业(不含个体工商户)查询结果汇总统计，2022—2023年新增21家企业，同时2022—2023年有10家企业注销，截至2023年11月共有106家纸加工企业。

2.2 企业分布

山西生活用纸加工企业在每个地区均有分布，企业数量以运城、临汾居多，其中运城26家，占比24.5%，临汾14家，占比13.2%，忻州12家，占比11.3%，朔州11家，占比10.4%，其余城市在10%以下。主要分布情况见表1。

表1 山西省生活用纸生产、加工企业地区分布情况

所属城市	企业数量/个	占比/%	备注
大同市	6	5.7	含原纸生产企业1家
晋城市	2	1.9	
晋中市	3	2.8	
临汾市	14	13.2	
吕梁市	7	6.6	
朔州市	11	10.4	
太原市	8	7.5	
忻州市	12	11.3	
阳泉市	8	7.5	
运城市	26	24.5	含原纸生产企业1家
长治市	9	8.5	
总计	106	100	

2.3 产品品种

加工产品主要为卫生卷纸、抽纸(包括盒抽、塑料包软抽、悬挂式抽纸)、半成品盘纸、手帕纸、餐巾纸等。除加工生活用纸外，个别企业还加工纸杯、纸碗、餐盒等纸质容器。

2.4 产能及产量

2022年，随着植护、漫花、阳阳纸业加工基地落户山西，山西省生活用纸加工产能有了很大提升。根据对力达纸业、云冈纸业、植护、漫花等二十多家生活用纸加工企业的调研估算，2022年全省加工产能约39.2万t，2023年新增产能约4.6万t，预计达到43.8万t。2022年生活用纸加工产量粗略估计约14.8万t，2023年产量约20.4万t。

2.5 存在问题

生活用纸主要根据订单安排生产，除力达、云冈纸业订单情况较好外，其余市县加工厂由于原材料涨价、疫情波及酒店业、电商渠道及距离华北纸都保定较近等因素的影响，订单并不理想。小型加工企业以服务本地消费者为主，卫生卷纸、餐巾纸等低端产品市场竞争激烈，规模较小的外购原纸加工企业对原料成本敏感，由于原纸价格高企，一些企业只能间断生产甚至完全停产，有的放弃加工，导致设备利用率较低。还有

一些企业注册备案后项目推迟落地。

3 主要企业发展情况

3.1 山西云冈纸业有限公司

山西云冈纸业有限公司创立于2003年，位于山西省大同市云州区，占地面积约350亩，是一家集研发、生产、销售于一体的生活用纸生产商。旗下云朵季、云冈、汉舒等品牌，在国内市场享有盛誉，一直深受用户青睐。

在企业战略布局前期，以建立生产基地，打造消费者满意的合格产品为主，创立了云冈、汉舒、花之都等一系列品牌；2018年开始，新月型纸机陆续投产，产能获得极大突破，奠定了企业的市场地位；2022年，热电车间及配套设施全部完工，在降低能源成本的同时提高了生产的稳定性和可靠性；目前，企业已具备完整的产业链条，全面搭建线上私域，不断开拓新产品，持续扩大市场影响力。

产能及能源优势：全面搭建绿色工厂，热电联产车间采用以煤转汽、以汽定电的发展模式，热能发电、生产供汽、余热供暖，热能循环利用。同时采用分布式屋顶光伏发电，极大地提高能源利用率。2024年底厂区全面建设完成，将配置14台国内先进的高速新月型纸机，全自动高速复卷机，传统卷纸、抽纸、底部抽生产线数条，年产能可达34万t。

产品种类：公司目前主要生产卫生卷纸、抽纸、悬挂式抽纸以及半成品盘纸等产品，以可靠的品质、多样化的品种而备受赞誉。产品畅销山西、内蒙古、宁夏、青海、陕西、东北、京津冀等地区。未来公司将持续拓宽产品领域，如棉柔巾、湿厕纸、擦拭纸等产品，进一步拓展市场。

团队建设：公司的核心领导团队年轻化，具备较强的专业知识和创新思维，拥有丰富的管理经验，并积极推动企业向数字化生产和管理转型。始终坚持节能、减排、降耗、增效的发展理念，以实现企业的绿色可持续发展。

3.2 山西力达纸业集团有限公司

山西力达纸业集团有限公司成立于1997年，位于山西省运城市临猗县城北环路与209国道交汇处，占地面积26.64万m^2。公司集研发、设计、生产与销售为一体，主要经营有生活用纸、居民供暖、集中供汽等业务。生活用纸主要包括卫生卷纸、餐巾纸、手帕纸、盒抽面巾纸等四大系列100多个规格品种，品牌包括“益宝”“笨小鸭”等。产品主要销往山西、宁夏、陕西、河南等地区。

公司现有新月型纸机11台，年产能达到20万t。

2019年公司成立源泰公司，投入6.4亿元建设临猗县工业园区热电联产项目及20万t生活用纸项目。其中，20万t生活用纸项目投资4亿元，建设3个综合车间，12条原纸生产线，3条碎浆生产线，12条分切生产线。投产后，力达纸业年产能可达30万t。热电联产项目投资2.4亿元，投产后项目供热替代区域锅炉进行集中供热，能源梯级利用，减排效益明显，环保效益良好。

截至2023年10月，两个项目已完成投资5亿元，6条原纸生产线、一台锅炉及2×12MW发电机组已投产。

随着人民生活水平的提高，对生活用纸产品质量、功能性、细分化要求越来越高，公司一方面计划着力打造企业品牌，聘请专业机构从核心产品和市场定位去研究和设计企业的品牌文化和形象，另一方面增加研发力量，着重发展厨房纸巾、擦手纸、母婴用纸、擦脸巾等功能性生活用纸。2023年公司在临猗县工业园成立生活用纸深加工造纸小镇，依托热电联产的低成本、高质量优势，引进大、中型生活用纸深加工企业，延伸产业链。

3.3 山西翔云纸业有限公司

山西翔云纸业有限公司位于黄河文明的摇篮临汾市襄汾县，占地面积100亩。2021年，公司引进上海金佰利纸业的进口生产、加工线，目前拥有欧美进口有芯/无芯卷纸、手帕纸、盒抽/软抽面巾纸等10条生产线。公司生产技术主要人员来自金佰利纸业的管理团队，拥有完善的质量管理体系，旨在打造高端生活用纸基地。公司拥有注册商标“玉翔云”“俏翔云”，生产能力5万t/a，未来将不断开发湿巾、婴儿护理、个人卫生用品等产品，生活用纸品类也会在居家用和商用领域得到大幅度开发与发展，并规划在5年内达到20万t以上产能。

3.4 山西阳阳纸业有限公司

山西阳阳纸业有限公司位于临猗县楚侯工业园，是一家加工、销售抽纸、卷纸等产品的生活用纸企业。公司的成立是临猗县充分利用本土企业力达纸业集团优势“延链”的成功典型。2020年经过临猗县委、县政府协调，与力达纸业牵线搭桥。山西阳阳纸业的卷纸加工项目成功落户临猗。项目由具有20年纸品加工经验的彭州阳阳纸业有限公司投资建设，成熟的加工技术和销售网络，加上原材料的就地供应，让山西阳阳纸业具备先天的发展优势。山西阳阳纸业自有品牌包括开心朵朵、一生相伴、润乎、润精灵等，2021年投产抽纸生产线10条，卷纸生产线4条，年加工能力1万t左右，采用线上+线下的销售模式。该项目将为周边村镇提供上百个就业岗位，实现年产值上亿元。2022年公司晋升为规模以上企业。

4 基建和技改

4.1 新建项目

山西华森纸业有限公司年产20万t高档生活用纸智能制造项目，2023年8月备案，总投资2.5亿元，购置安装新型高速卫生纸机、高速分切机、自动复卷机及相关附属设施设备。

山西强伟纸业有限公司年产30万t高档生活用纸项目，于2023年11月备案，总投资20亿元，拟分三期建设12条新月型卫生纸机，配备高效纸浆流送系统、生产过程自动控制系统(DCS)和质量控制系统(QCS)，以及配套150t/H的固废锅炉和30MW的热电机组。一期工程已开始土建勘查工作及设备订货。

4.2 技改项目

山西云冈纸业有限公司年产12万t高档生活用纸智能制造项目，为续建项目，被列为2023年省级重点工程项目，于2020年备案，总投资4.5亿元，项目建设分2期实施，建设6台高档卫生纸机，因疫情影响，2021年及2022年投产了4台纸机，2023年继续推进另外2条新月型3650-1600型纸机的安装，预计2024年5月投产。同时2023年备案“12万t高档生活用纸智能制造项目”，总投资3亿元，建设4台高档卫生纸机，并新增深加工全自动生产线，预计2024年完成。

力达纸业集团临猗县源泰热能有限公司年产20万t高档生活用纸生产线节能技术改造项目，于2023年7月备案，2023年12月开工建设，总投资2.5亿元，建设内容：更换节能型变频水泵、变频电机、变压器、风机等设备120余台(套)，配备能耗计量器具，安装能源在线监控系统，安装烘干设备冷却水回收系统，更新高效节能型纸机6台及相关配套设施工程。计划2023年12月及2024年1月各投产1台纸机，2024年5月投产4台纸机。

5 展望

根据第七次全国人口普查结果，山西省全省常住人口为3481万人，按照生活用纸委员会数据，以2022年我国生活用纸人均年消费量8.4kg估算，山西省生活用纸消费量为29.2万t。

原纸生产产能呈增长趋势。山西具有能源及中部地理位置优势，销售市场可辐射西部、北部，可承接京津冀及东部省份部分造纸产能。2023年备案项目原纸产能合计达82万t，考虑分期投放，估算新增原纸产能40万t，预计2025年全省生活用纸产能达到76万t。面对生活用纸现有竞争局面，山西生活用纸应拓展差异化新产品，要加强新技术、新设备、新工艺的应用，实行精细化管理，实现高效、节能、低碳、绿色可持续发展，推动企业高质量发展。

生活用纸加工集群化发展。山西生活用纸加工行业将以云冈纸业、力达纸业、强伟纸业原纸生产基地为依托，逐渐形成生活用纸加工集群化，上下游企业融合发展态势。同时快递物流低成本优势使线上销售市场拓展，吸引了更多品牌企业在晋设立加工基地。为避免同质化，企业应进行产品创新，升级产品档次，改善产品结构，注重品牌建设，创新营销渠道。

（山西省造纸行业协会　武乃玲）

河南省生活用纸行业发展概况

Overview of tissue paper industry in Henan province

1 行业概况

2022年受俄乌冲突、欧美通货膨胀、疫情持续，上游木浆、能源等成本大幅上涨以及下游需求疲软、开工率低等因素影响，造纸行业利润严重承压。据河南省造纸工业协会生活用纸分会调查资料，全省生活用纸原纸生产企业现有10家，2022年生活用纸原纸总产量约为30.88万t，较2021年下降29%。

原纸生产企业主要分布在漯河、新乡、焦作、驻马店、周口、开封等地，分别为：新乡奥博纸业有限公司、沁阳宏涛纸业有限公司、河南华洁纸业有限公司、漯河银鸽生活纸产有限公司、漯河聚源纸业有限公司、西平华兴纸业有限公司、平舆中南纸业有限公司、遂平中南纸业有限公司、开封美沙纸业有限公司、河南护理佳纸业有限公司；生产设备以幅宽2850mm新月型高速卫生纸机为主。

下游后加工企业约有400多家，品种主要为商用纸和居家用纸。商用纸有擦手纸、小盘纸(珍宝纸)、盒装面巾纸、餐巾纸等；居家用纸有面巾纸(软抽)、有芯卷纸、刀切方巾纸、抽取式方巾纸等；规模较大的加工企业少，企业生产规模均较小，平均产能为200t/月，主要集中在许昌、周口、濮阳、郑州、南阳等地；商用纸做得较好的企业为万戈集团，居家用纸加工企业的代表为许昌林枫纸业，湿厕纸领域的“无冕之王”为河南逸祥卫生科技有限公司。

2 行业面临的主要问题

河南省是人口大省，生活用纸产量还不能完全满足本省的需求。省内黄河以北地区的市场，河北产生活用纸占有率遥遥领先，而河南周边省份的生活用纸企业还包括山西运城的力达纸业、泰盛集团安徽工厂，以及湖北孝感生活用纸生产基地等，对河南本地生活用纸企业形成巨大的竞争压力。

原纸生产企业规模小，均没有自制浆，生产原料对外依存度高，原料结构单一，产品同质化现象较严重，总体来讲，能源、原材料、人工、用地成本都较高，产品缺乏竞争力，加之开工率低，企业盈利空间受限。后加工企业规模偏小、数量多，行业集中度低，产品品牌的知名度不高，高端市场占有率有限。

3 企业发展情况

3.1 河南护理佳纸业有限公司

河南护理佳纸业有限公司是集研发、生产及销售为一体的多元化集团企业，近年来公司注重提升自主研发实力，企业在科研方面投入逐年增长。2020年12月份新成立了优奈新材料有限公司，投资建设年产3万t一次性工业用无尘擦拭布、湿巾和湿厕纸、隔离服等环保可降解非织造布新材料项目。公司计划未来3~5年产能扩大至5万t，并继续研发新的技术及产品。

3.2 漯河银鸽生活纸产有限公司

公司拥有国际先进的德国福伊特高速卫生纸机、全自动包装系统等生活用纸生产线，并配备先进的QCS及DCS，产品从原材料检测、纸张生产到成品裁切、包装，全程采用智能控制，并通过ERP实现了生产、物流、销售、财务一体化管理。

近年来，银鸽集团坚持以市场为导向，适时调整产品结构，不断提高盈利能力，开发了高品质本色竹浆生活用纸、可冲散卫生纸、75%酒精湿巾、一次性使用医用口罩、儿童口罩等。下一阶段，公司将利用现有优质资源，继续加大对卫材类和卫生类产品的投入力度，积极开发婴儿纸尿裤、成人纸尿裤、护理垫等新产品。

3.3 沁阳市宏涛纸业有限公司

宏涛纸业公司位于沁阳市西向镇横道村，北靠焦克公路，与焦枝铁路相邻，地理位置优越，交通便利。目前总占地面积60000m^2，现有员工300人，各类专业技术人才30余人。

公司有宏涛、宏都、绿都、懋都四家分公司，其中宏涛、宏都为原纸生产；绿都为产品研发、后加工及电商平台销售；懋都为原材料供应；并设立了电商、平台、线下、代工四个营销团队。

目前，公司有4台幅宽2.8米的中速卫生纸机，3台幅宽4米的高速卫生纸机，原纸年产能已达到12万t。卷纸加工机24条，年产能8万t；

抽纸加工机13台，年产能4万t。主要生产“心恋心”“花恬”“雅蕊”等品牌系列高档卫生卷纸、抽纸，年产值近10亿元。

3.4 平舆中南纸业

平舆中南是国内首家采用国产新月型成形器+TAD(热风穿透技术)的企业。以进口针叶木浆为原料，生产高档TAD原纸、TAD擦手纸、TAD工业擦拭纸及厨房纸巾。产品广销“京津冀”“长三角”“珠三角”“华中”“东北”等区域的二十多个大中城市，与北京国家会议中心、友谊宾馆、上海陆家嘴广场等多家知名机构和企业有长期稳定的业务合作，并出口到美国、加拿大、新加坡、澳大利亚、韩国、印度、马来西亚以及香港、澳门等国家和地区，深得消费者的认可。

3.5 遂平中南纸业

遂平中南是产、供、销一体化全供应链企业，规划产能12万t。二十多年专注于生活用纸的加工和销售。企业拥有高级管理人才，技术力量雄厚，现有北京、天津、上海、河南四大加工基地。

3.6 河南华洁卫生用品有限公司

河南华洁卫生用品有限公司(原名洁达纸业)于1991年建厂，一直专注于生活用纸的生产、销售。主要产品包括卫生卷纸、面巾纸等，近年来为满足市场的需求，也生产一部分本色生活用纸，产品品牌为“惠枫”“琪琳”。

2020年，公司开始搬迁至洛阳堰师的新厂区，新厂区紧邻洛阳堰师发电厂，公司与电厂深度合作，生产所需的蒸汽由电厂直接供给，因此具有明显的成本优势。新工厂占地60亩，规划10万t生活用纸产能。并在原有1台新月型卫生纸机的基础上，在2020年和2021年分别又投产了2台广东宝拓公司提供的新月型卫生纸机；公司还计划再签约2台新月型卫生纸机，尽快完成10万t的产能目标。届时，也将进一步提升公司后加工能力，使成品产能提升至5万t。

3.7 河南逸祥卫生科技有限公司

逸祥公司成立于2017年5月，位于中国羲皇文化之乡——河南省新密市，目前投入使用三个产业园，另一个在建，分别为：逸祥科技司家门产业园(主厂区)、逸祥科技王家门产业园(分厂区)、山东临沂产业园(分厂区)、逸祥科技智能制造产业园(在建)。主要从事一次性生活用品的设计、研发、生产与销售。公司拥有“德佑”“好安适”等多个品牌，产品涉及湿巾、湿厕纸、乳霜纸、隔尿垫、干巾、婴儿纸尿裤、成人纸尿裤、卫生巾、经期裤等多个品类。十余年的一次性卫品行业积淀，公司在湿厕纸领域积累了丰富的经验，通过商场、超市、展览等多渠道展销与线上电商进行同频、多维度产品销售，增强品牌渗透率，获得了高速的发展。德佑已成为湿厕纸领域的知名品牌。

公司与行业内顶尖的供应商建立了良好的合作关系，包含奥地利兰精、德国汉高、日本住友、美国惠好等供应商，确保每一片产品用材放心安全。质量管理方面，公司通过了ISO9001质量管理体系认证、SGS认证、CE认证、德国Dermatest认证、100%植物纤维素纤维产品认证、可生物降解产品认证、可冲散产品认证等多项认证。

2022年公司总销售额突破10亿元大关。其中从品类看，湿巾类产品销售额占比67.4%，干巾类产品销售额占比17.5%，吸收性卫生用品销售额占比15.1%。从销售渠道看，电商渠道销售额占比92.1%，传统经销商渠道销售额占比7.9%。

3.8 万戈集团

万戈集团建于1996年，是一家集研发、生产、销售、服务为一体的商用卫生消费品企业。从事商务用纸经营多年，在市场竞争中不断总结经验，脚踏实地，一直遵循可持续发展的原则，围绕低碳、环保、节能、可持续等经营理念，在取得商业经营成功的同时，也为客户提供更加环保、节能的产品。

4 发展目标

从我国生活用纸发展趋势来看，擦手纸、厨房纸巾、高档面巾纸、餐巾纸消费量在不断提高，河南省生活用纸企业应以市场需求为导向，调整产品结构，提高附加值产品，以区域骨干企业发展为中心(豫南漯河银鸽、豫北沁阳宏涛、豫东护理佳、豫西华洁纸业)，培育集中供应、集中生产、集中加工、集中电商为一体的上、中、下游融合体，减少中间环节、降本增效，提高竞争力，推动生活用纸行业绿色、低碳、可持续发展。

(河南省造纸工业协会　夏耀玲　耿海燕)

湖北孝南生活用纸和卫生用品行业发展概况

Overview of tissue paper and hygiene products industry in Xiaonan District，Hubei province

湖北省孝感市孝南区以生活卫生用纸(品)产业闻名全国，纸卫品产业历经20多年的培育发展，吸引链、发展链、动力链效应加速放大，集聚效应不断显现，现有纸卫品生产企业60多家(规上22家)，年销售收入达130亿元，占全区规模工业销售收入的50.0%，从业人员7400人，占全区规模工业的42.2%；知名品牌不断汇聚，全国排名前四的金红叶、恒安、维达、中顺等生活用纸企业齐聚湖北·孝南，重点造纸企业的单位能耗、单位水耗均达到国内先进值。

2022年8月被中国轻工业联合会授予"中国生活卫生用纸(品)产业之都·孝南"称号并授牌。

1 区位优势

孝南具有独特的区位优势，地处全国地理中心、武汉城市圈核心圈层，是武汉城市圈西联襄阳都市圈、长江中游城市群、北接中原城市群的重要节点。半径500km范围内，覆盖60多个大中城市、3亿多人口，消费市场空间巨大，物流配送便捷。半径1000km内，可以辐射北京、广州、上海、成都等中心城市，近10亿人口。

孝南境内京广电气化铁路、京港澳高速、107国道纵贯南北，福银高速、316国道承东启西，路网密度居全省之首，"四纵四横"交通干线穿境而过，千吨级沦河港码头通江达海。

孝南35km半径内，武汉临空经济开发区、华中"自由贸易港"东西湖物流保税区、中西部最快出海口武汉阳逻港，形成了水陆空铁立体交通网。汉孝城铁、硚孝高速、孝汉大道、孝武大道等对汉通道，至武汉天河国际机场仅18分钟，20分钟可直达武汉中心城区，至汉口火车站仅30分钟。

2 纸卫品企业发展历程

湖北·孝南纸卫品行业起步于20世纪80年代末，最初开办5家小型生活用纸企业，其中国企孝感卫生纸厂的东宝牌卷纸还被评为全国名优产品。1995年引来恒安投资，1997年出租孝感卫生纸厂给维达，之后中顺、金红叶竞相落户孝南，生活用纸业"四大巨头"齐聚孝南，奠定了孝南纸业初创期基础。

湖北·孝南将纸品产业作为支柱产业优先发展，2000年至2015年，金凤凰、雅都等工业用纸，莱特文化用纸，新合发、金德等包装用纸，洁伶卫生用品，欣柔无纺布、创新欧派等上下游企业接踵而至，金红叶、恒安、维达、中顺也不断扩能升级，孝南纸业尤其是生活用纸进入快速成长期，形成了以生活用纸和卫生用品为主，以纸箱包装、文化用纸、塑料印刷为辅，向上、下两端产业链、多元化发展格局。其中金红叶从一期6万t到三期36万t；维达从一期3万t到二期将达48万t；恒安从一期2条生产线到二期14条生产线，年产卫生巾70亿片。金凤凰二期扩能达160万t。

随着全面二孩政策的落实，经济增长和人民生活水平的迅速提高，以及新一代信息革命带来的消费升级，生活用纸、卫生用品的市场需求大幅提升，孝南纸业迎来提质扩张期的新阶段，2016年以来，丽邦生活用纸和千芝雅、金三发、豪悦、天娇卫生用品等龙头抢滩登陆，恒安新投资30亿元建设300亿片的恒安卫品产业园、再造一个新恒安，维达新投资20亿元建设全自动化生产基地，再造一个新维达，金凤凰建设160万t浆纸产业、再造一个金凤凰……响应湖北省委、省政府"打造20个经济强县""打造100个重点产业集群"的号召，孝南立足实际、顺势而为提出"壮大省级优势特色产业集群、擦亮'中国生活卫生用纸(品)产业之都'金字招牌、成为全省承接纸卫品产业重要平台"，并将实现纸品产业5年500万t、10年1000万t的战略目标。

3 纸卫品重点企业

3.1 维达护理用品(中国)有限公司

主要产品为生活用纸和卫生用品，包括卫生卷纸、抽取式面巾纸、手帕纸、湿巾、纸尿裤等，现有卫生纸机18台，生活用纸产能34万t，纸尿裤产能0.31亿片、湿巾140万箱。2022年实现销售收入31.3亿元，上缴税金1.36亿元。

目前，占地800亩的维达新城，正在加紧建设，建成后生活用纸产能将达到48万t，将成为维达在全国的最大生产中心。

3.2 恒安(孝感)家庭用品有限公司

主要产品为卫生巾(品牌为七度空间)，恒安通过生产线的更新，使设备的生产效率提高了3倍，目前拥有更新后的高速卫生巾生产线14条，产能70亿片。2022年实现销售收入10亿元，上缴税金2.28亿元。

另外，拟投资50亿元、占地800亩的恒安卫生用品产业园项目正在加紧建设。该项目将建设护理用品生产线、生活用纸生产线、智能化物流配送中心。其中生活用纸2023年已投产2台卫生纸机，产能共计7万t。

3.3 金红叶纸业(湖北)有限公司

主要产品为生活用纸，包括卫生卷纸、抽取式面巾纸、手帕纸等，通过三期的扩能，目前卫生纸机6台，产能36万t。2022年实现销售收入19.34亿元，上缴税金6550万元。线上销售额超过3亿元。

公司积极运用先进的节水技术和污水处理技术，大大减少了单位产品的COD排放量和用水量。

3.4 中顺洁柔(湖北)纸业有限公司

主要产品为生活用纸，包括卫生卷纸、抽取式面巾纸、手帕纸等。占地700亩、总投资25.3亿元的扩能项目新厂区现有卫生纸机10台，产能达到22万t。扩能项目建成后总产能将达到30万t。2022年实现销售收入19亿元，上缴税金1.387亿元。公司被湖北省经信厅评为“两化融合”试点示范企业。

另外，中顺持续升级，推行智能化仓库，对生产的产品由电子系统统一“刷身份”认证后，再由智能机器人手臂自动传送进仓、码堆，提高了货物进出的效率。积极运用先进的节水技术和污水处理技术，大大减少了单位产品的COD排放量和用水量。

3.5 湖北丽邦纸业有限公司

主要产品为生活用纸，包括卫生卷纸、抽取式面巾纸、手帕纸等。丽邦纸业规划占地759亩，总投资20亿元，设计产能30万t，分三期建设。到目前已投产纸机6台，年产能15万t。2023年实现年产值12亿元。

3.6 湖北金德包装有限公司

主要产品为生活用纸配套的塑料印刷包装，产能约1万t。公司采用德国设备和技术以及自主研发的新技术，开发出超薄包装膜，技术水平和产品质量行业领先。2022年实现销售收入3.5亿元，上缴税金876万元。

3.7 千芝雅(湖北)卫生用品有限公司

该项目于2019年9月开工建设，2020年7月封顶，2021年3月首条设备入厂，总占地382亩，总建筑面积约26万平方米，总投资约15亿元，年产卫生护理用品达20亿片，厂区涵盖生产、研发、办公、人才公寓、展示中心等功能区块。项目一期建有8栋厂房和2栋职工公寓，后续还有2幢厂房、1幢办公楼、1幢研发大楼待建中。目前已投产8条生产线，未来全面投产后，预计将实现年产值约18亿元，新增税收约8000万元。

3.8 洁伶公司

占地280亩，于2016年建成投产，现有厂房、仓库、办公楼、研发中心等总建筑面积近15万平方米、[2]，公司员工368人。主要是生产卫生巾、卫生护垫、婴儿纸尿裤、纸尿片。公司规划50条生产线，年产值30亿元，目前已有17条卫生用品生产线，形成了年产卫生巾、纸尿裤共22亿片的生产能力。2022年产量400万箱，较2021年增长35%，实现税收3000万元，2018—2022年连续五年获孝南区区政府“税收贡献大户”称号。

3.9 欣柔无纺布项目

由湖北欣柔卫生用品股份有限公司投资兴建，公司成立于2015年10月，占地面积300亩，已完成投资6亿元，公司是以生产一次性医卫及卫生用品用非织造材料为主，同时集生产销售医卫用脱脂纤维和擦拭类终端产品的高新技术企业，现有各类水刺及后整理生产线12条，具有年产医卫用水刺非织造布1.6万t，擦拭类非织造布1万t，可冲散非织造布1.3万t。拥有终端制品生产线4条，具备日产消毒湿巾/湿厕纸9万包，棉柔巾65万包(卷)的生产能力。

公司与武汉纺织大学等高校紧密合作，拥有由博士、硕士和专业技术人才组成的研发团队，建有湖北省科学技术协会院士专家工作站，理化实验室4个，微生物实验室1个，专业研发测试设备40多台。在非织造领域拥有各项专利42项，其中授权发明专利9项，实用新型专利30项，外观专利3项，是国家级高新技术、湖北省专精特新企业。

3.10 金三发(湖北)医疗卫生材料项目

由浙江金三发集团有限公司投资兴建，浙江金三发集团有限公司是“中国非织造布行业10强”“世界非织造布生产商40强”企业。

本项目总投资7亿元，占地167.59亩，规划建设具有领先水平的年产18万t非织造医疗卫生材料，预计实现税收约1亿元，可提供就业岗位1000余个。目前已完成三号车间建设(面积2.7万平方米)，已经引进质量在线检测系统、表面缺陷在线检测剔除系统、水刺循环水设备纤维预处理机、空气穿透式烘干机等国内外先进设备，智能化升级高端医疗卫生非织造材料生产线2条，达产后可实现年产水刺非织造材料2万t，产品广泛用于医疗、卫生用品领域。

3.11 优全(湖北)医疗卫生护理用品项目

由优全(湖北)医疗卫生护理用品科技有限公司投资兴建，总投资3.5亿元，占地229.47亩，建设具有先进水平的年产2000亿片棉柔巾及湿巾项目。截至2023年12月底，项目已建成1号厂房，厂房面积1.8万平方米，已安装投产生产线11条，包括80片高速湿巾生产线4条，小包装生产线2条，棉柔巾生产线4条，柔巾卷生产线1条，实现日产干、湿巾60万包的生产能力。湿巾产品中EDI纯水采用国内最先进RO膜过滤工艺，经处理可达到蒸馏水纯净级别。此外，优全(湖北)医疗卫生护理用品科技有限公司目前是国内湿巾主流电商品牌(京东、网易严选、Babycare、十月结晶、柚家等)主要代工生产基地之一。

3.12 贝皙妮卫生用品项目

由湖北贝皙妮科技有限公司投资建设，总投资1.5亿元，占地51.8亩，总建筑面积约5万平方米，包括研发楼、厂房、仓库、宿舍楼等，于2022年建成，是集个人健康护理用品开发、设计、生产、销售于一体的综合性企业。现有产品包括：抽巾、卷巾、湿巾、压缩毛巾、湿厕纸、口罩、防护服、一次性床单/毛巾/内裤等数百个单品。企业现有各类生产线30多台套，拥有各类技术人才20多人，目前各类产品日产量可达到百万包(其中：水刺非织造布36t；卷巾8万卷；抽巾50万包；湿巾18万包；化妆棉3.6万包等)。2021年组建了供应链公司和电商运营公司，通过OEM、ODM、品牌联营合作等多元化的合作方式，服务了国内外上千家行业客商，先后被三福、永辉、屈臣氏、中百、每日优鲜、纯棉时代等一大批知名企业列为一级合作单位。

3.13 豪悦新建吸收性卫生用品智能制造生产基地项目

豪悦护理(湖北)有限公司是杭州豪悦护理用品股份有限公司(简称豪悦护理)旗下全资子公司，成立于2021年5月，位于孝南高新区。公司占地面积115亩，总投资4.02亿元，建有近6万平方米厂房，包含行政楼、宿舍楼、原材料仓库、成品仓库和生产车间，仓库占地面积约2.8万平方米，生产车间占地面积约1.8万平方米，生产车间将投入数十条国内先进的自动化卫生用品生产线，主要生产婴儿纸尿裤、成人纸尿裤、经期裤、卫生巾等一次性卫生用品。

3.14 佰福二期

孝感佰福纸业有限公司成立于2017年11月，位于孝南区八一工业园。项目一期占地50亩，主要从事生活用纸的研发、生产和销售，现有生活用纸加工线22条，2023年产量1.5万t，年产值1亿元。项目二期占地50亩，计划总投资3亿元，建设年产3万t棉柔巾、乳霜纸、抽纸项目，项目总建筑面积5.137万平方米，其中生产车间2.52万平方米，原材料及成品仓库1.04万平方米，办公及宿舍1.5万平方米，其他配套用房770平方米，目前厂房已建成，正在安装设备，计划安装生产线11条。预计一、二期项目全部投产后年产能可达4.5万t。

4 纸卫品发展规划和举措

湖北·孝南坚持走创新、协调、绿色可持续发展的道路，继续引进国内知名生活用纸生产企业和一批中小型生活用纸后加工企业；以及卫生用品生产企业及产业链相关企业。力争到2025年，使孝南区纸品卫品及相关企业数量达到200家以上；到2030年，达到500家以上。

(湖北省孝感市孝南区商务局 程俊军)

仙桃市非织造布行业发展概况

Overview of nonwovens industry in Xiantao

1 概况

仙桃位于湖北省中部的江汉平原，是"1+8"武汉城市圈核心成员，也是著名的鱼米之乡、文化之乡、亚洲体操之乡。2022年，仙桃GDP达到1013.14亿元，成为湖北省第一个经济规模突破千亿的县市，在全国县域经济百强中再进11位，居第65位，跻身中部县域经济前十强、全省首位。已形成了非织造布、食品加工、生物医药、智能装备制造(汽车零部件)、电子信息技术、纺织服装、新能源新材料、现代服务业等"7+1"主导产业。规模以上工业总产值超过千亿元。

仙桃集聚非织造布企业2715家，规模以上企业189家，从业人员近10万人，年产能90万t。共有各类非织造布生产线229条。口罩日产能2亿片，防护服日产能300万件。2022年189家规模以上企业实现产值382.39亿元，占全市工业的33.5%。仙桃是目前全国最大的非织造布生产、加工和出口基地。

非织造布应用涵盖建筑、医疗、日用、环保、电子、汽车、航空航天等领域，产品共32大类130多个品种。仙桃形成了非织造布集产品开发、制品加工、原料供应、辅料配套、计量检定、产品检测、人才培育、物流运输于一体的产业链条，培育了以恒天嘉华、新鑫无纺布为代表的非织造布骨干企业，是防护物资生产、储备、出口的重要基地和全球知名医疗制品采购基地。

2 主要企业

2.1 湖北新鑫无纺布有限公司

公司成立于2014年10月10日，同年落户太子湖工业园，占地300亩，公司一、二期已建成投产，建成标准化生产车间、仓库、办公楼、员工宿舍及配套设施面积达到18万m^2，投资已达6.8亿元。兄弟公司：仙桃新发塑料制品有限公司、仙桃市立新无纺布有限公司、仙桃市彭场立新塑料有限公司。

公司是湖北省第一家能独立研发和生产非织造布及制品的企业。目前集非织造布原料生产、工艺研发、制品制作、自营出口为一体，拥有自主产品研发专利项目36个。主要产品有多功能高档SMMS非织造布、纺熔非织造布、高档抗菌非织造布手术衣、抗静电实验服、防护服、鞋套、圆帽、胡须套等60多个非织造布及系列产品。产品远销欧、美、亚等10多个国家和地区，拥有世界500强客户8个。

2.2 恒天嘉华非织造有限公司

公司是由中国机械工业集团有限公司(国机集团)下属企业控股的混合所有制企业，成立于2011年12月23日，注册资本43，480万元，公司位于湖北省仙桃市，占地面积近750亩。2022年，总资产达10.81亿元，总营业收入5.17亿元，纳税1700万元。

目前，公司有挖沟和太子湖两个厂区，自2012年起，每年都进行技术改造，生产线由6条增加到现在的16条，年产能由1万t增加到现在的6.6万t。

公司从德国莱芬进口了亚洲第一条4.2m双组分纺黏生产线，此相同的生产线共有2条。公司另一个厂区有一条SSMMMS纺熔双组分生产线，该生产线设计速度1000m/min，日产40~50t纺黏非织造布，主要用于生产医疗感控防护、个人卫生护理等相关产品，客户主要为全球高端医卫制品生产商，包括：美国Medline、德国罗曼劳斯、日本尤妮佳、美国金佰利、美国宝洁、恒安国际、重庆百亚、振德医疗、稳健医疗、杭州可靠等。

全棉水刺生产线是集团公司自主生产的设备，采用了最先进的生产技术，共有4条生产线，产品主要供应美国宝洁、美国金佰利、日本尤妮佳、日本花王等客户。

公司是湖北省高新技术企业，2020/2021中国非织造行业10强企业等，公司通过ISO9001、ISO13485、SA8000管理体系和有机棉GOTS5.0管理体系认证，产品通过OEKO-TEX100认证，产品获准使用CE标志，2020年获得二类医疗器械生产许可证和产品许可证。

2.3 湖北拓盈新材料有限公司

公司成立于2016年，位于湖北省仙桃市彭场镇，拥有安徽青阳、广东东莞以及湖北仙桃三个生产基地，总占地面积超过80000m^2，拥有员工300余人，是集研发、制造及营销于一体的现代化高科技企业。拓盈拥有7家全资子公司、1家控股公司、18个办事处以及3个科研单位。公司以湖北拓盈新材料有限公司为核心，打造完整产业链，上游向无机非金属纳米粉体材料研发生产拓展，下游向以功能性复合材料为基础的医疗/工业防护用品及日用品的研发设计和生产延伸。

2.4 湖北裕民防护用品有限公司

公司成立于2007年，是以生产非织造布、塑料制品和一次性纸制品为主的中外合资企业，拥有各种生产设备3000多台(套)，经国家经贸部批准公司取得了自营出口经营权。

2.5 仙桃瑞鑫防护用品有限公司

公司专业生产经营一次性防护用品。现有两个生产部门，其中生产Ⅰ部占地面积13200m^2，生产面积12570m^2，生产Ⅱ部占地面积19314m^2。现有员工600人，管理及技术人员56人。拥有完整的非织造布、塑料及棉质产品生产线。另外还有流延膜设备2台和吹膜设备4台，可生产塑料膜和PE淋膜。公司通过了ISO13485和CE等多种认证。

2.6 湖北吾众健康科技有限公司

公司由湖北明尔康卫生防护用品有限公司、仙桃市中泰防护用品股份有限公司、湖北万福防护用品有限公司、仙桃汉克防护用品有限责任公司、仙桃市玲羊塑料有限公司五家公司联合组建，并于2020年11月23日完成注册，正式投运；公司注册资金2亿元，前期总投资5亿元；现有包含非织造布产业园、仙桃市城区和乡镇的产业基地七处，其中位于非织造布产业园的基地集材料和制品生产于一体，主要包括生产制造、物流仓储、生产体系建设和技术研发等；位于武汉市东湖新技术光谷生物科技园的公司分部，主要包括销售与运营管理、商务法务与投融资以及部分行政管理、会议、培训等。

公司现有员工1000余人，公司将结合工业用、民用、医用三大领域需求，布局全球与国内两大市场，为客户提供更具规模、更加专业的产品与服务，主要包括四大类：非织造布材料(S、SS、SMS、SMMS等)、非织造布及塑料制品(一次性口罩、医用口罩、隔离衣、防护服、一次性帽子、鞋套等)、非织造布相关专业技术服务(气熏、工艺设计等)及其他服务(商业咨询、仓储、进出口业务、设备租赁等)。

(仙桃市招商服务中心　施玉泉)

中国妇婴卫生用纺织品基地概况

Overview of China's maternal and infant hygiene textile base

1 西樵镇基本概况

佛山市南海区西樵镇位于佛山市南海区西南部，地处珠江三角洲腹地，是中国面料名镇、中国龙狮名镇、国家卫生镇、国家特色小镇、国家历史文化名镇、广东省教育强镇、广东省中心镇、广东省旅游名镇、广东省森林小镇。全镇面积176.63km^2，常住人口38万人，是全国农村综合性改革试点试验地区之一，在"全国综合实力千强镇"排名第23名。

西樵自然资源丰富，文化底蕴深厚，产业发展蓬勃，已形成了以文旅、陶瓷、纺织、卫生用品、酒店餐饮业为主的多元化发展产业体系。西樵纺织素有"广纱甲天下、丝绸誉神州"之美名，广东西樵纺织产业基地是"广东省十大循环产业基地"，并获评"中国产业用纺织品行业优秀公共服务平台"。卫生用品产业加快集聚，西樵摘得"中国妇婴卫生用纺织品示范基地"国字招牌。

2 基地发展概况

近年，西樵镇提出"3+3"产业布局，全力推动西樵产业高质量发展，全面推动纺织、陶瓷、卫生用品三大传统产业集群创新发展，全力培育大健康、新能源、智能装备三大新兴产业集群发展壮大。依靠产业的深度规划，西樵的"中国妇婴卫生用纺织品示范基地"国字号品牌效应不断凸显，卫生用品产业发展进一步提升。西樵镇大力推动卫生用品行业升级蝶变，积极引入产业上下游配套企业，构建卫生用品产业集聚区。以广东西樵纺织产业基地为重要园区载体，西樵镇已成功引入以广东昱升个人护理用品股份有限公司和佛山市啟盛卫生用品有限公司为龙头的妇婴类卫生用品企业，并迅速完成了卫生用品行业建链、强链工作。2017年3月，西樵镇联合镇内卫生用品企业成立了卫生用品行业协会，为行业建立一个政企互通互动的平台，加强了交流和联动。

2017年，经中国产业用纺织品行业协会批准同意，西樵纺织产业基地成功申报创建"中国妇婴卫生用纺织品示范基地"，并获颁示范基地的国字号牌匾。进一步吸引更多优质的卫生用品企业进驻西樵，不断提高西樵镇卫生用品行业的竞争力。

2018年，佛山市栢盈无纺布有限公司等企业相继投产，本嘉新材料项目也正式落户，卫生用品行业集聚效应进一步凸显，行业体系得到进一步完善。同年，西樵镇获得"2017年中国产业用纺织品行业优秀公共服务平台"荣誉称号和中国产业用纺织品行业"十三五"优秀公共服务等平台殊荣，卫生用品行业保持强劲的发展势头，成为西樵镇产业经济的新增长极，以进一步增强"示范基地"的品牌效应。

2020年，西樵卫生用品行业在疫情期间砥砺前行。行业新增产业用纺织品生产线约150条，其中熔喷布生产线10条，年产量超8万t；纺黏、水刺非织造布生产线2条，年产量超万吨；卫生巾/纸尿裤生产线10条；口罩设备超百条，增资扩产势头明显。同年，西樵卫生用品行业协会组织企业参加2020全球防疫物资采购交易会、中国国际产业用纺织品及非织造材料展览会、生活用纸国际科技展览会等多个国际展会或科技论坛，区域品牌影响力不断提升。

2023年，"中国妇婴卫生用纺织品示范基地"顺利通过复评，再度荣膺国字号，进一步激活西樵卫生用品行业新动能。9月，西樵卫生用品行业协会以"中国妇婴卫生用纺织品示范基地"品牌携手11家会员企业，组团参加第十六届中国国际产业用纺织品及非织造布展览会(CINTE23)，对外展示西樵卫生用品行业产业集群形象，进一步擦亮"西樵卫生用品"的金漆招牌。

目前，西樵镇已集聚了30多家卫生用品及上下游企业，包括昱升、啟盛、栢盈、金三发、维盛科技、裕丰无纺布、惠婴乐、本嘉新材料、益贝达和嘉邦新材料等，产品涵盖妇婴卫生用纺织品、包装材料、机械装备等。其中重点卫生用品企业11家，高新技术企业8家，隐形冠军企业3家，佛山市细分行业龙头企业4家，佛山市专精特新企业3家；行业从业人员约3500人，其中高端人才175人，高新人才68人，高新人才数量同比前三年增加超2倍，成为行业创新发展的高效动力源。

2022年，西樵卫生用品产业规模以上企业工业总产值31.19亿元，同比增长8.3%，产业占比6.58%，行业税收0.59亿元，同比下降26.65%。受疫情、出生率下降、产能过剩等因素影响，卫生用品行业已经回归理性，总体进入新一轮的调整期。2023年1—9月，西樵卫生用品产业规模以上企业工业总产值23.27亿元，同比增长16.15%，税收0.76亿元，同比增长111%。

3 相关企业及项目情况

3.1 佛山市啟盛卫生用品有限公司

佛山市啟盛卫生用品有限公司是一家专心专注研发、生产、销售妇女卫生巾、护垫、女性卫生裤、婴儿纸尿裤、纸尿片和隔尿垫巾的企业。企业位于示范基地内，工厂占地面积100亩，建筑面积16万m^2。公司拥有小妮、U适、U适宝宝、隐盈等自主品牌以及出口的“AGNES”品牌，卫生巾、纸尿裤系列产品先后获得“广东省著名商标”“广东省名牌产品”“中国名优产品”等荣誉称号。目前，啟盛拥有7座生产车间，且拥有国内外先进设备近50条，主要包括卫生巾生产线、护垫生产线及女性卫生裤生产线。2020年以来，公司有3座生产车间已陆续完成智能化改造，从生产、包装、开/装/封箱、箱输送、码垛、膜缠绕、AGV入库等全过程实现自动化。

3.2 广东昱升个人护理用品股份有限公司

广东昱升个人护理用品股份有限公司成立于2005年，在示范基地内占地面积350多亩，拥有24万m^2的现代化厂房，引进全球先进的生产技术及设备，目前拥有全自动婴儿拉拉裤、婴儿纸尿裤、婴儿纸尿片、成人纸尿裤、成人纸尿片、护理床垫等各类型设备20多条。公司产品品种丰富，从传统型的婴儿纸尿裤/片、成人纸尿裤/片、护理垫，到现代型的婴儿拉拉裤、环抱型的婴儿纸尿裤。目前公司品牌有“DRESS吉氏”“婴之良品”“舒氏宝贝”等。公司产品获得2012—2017年全国纸尿裤行业质量领先品牌，其中吉氏、婴之良品和舒氏宝贝纸尿裤于2016年荣获广东省名牌产品称号。昱升公司是全国产品和服务质量诚信示范单位，并获授“中国产业用纺织品行业竞争力20强企业”“2023年度中国产业用纺织品行业卫生和母婴用品婴儿尿裤综合竞争力强企业”等多个荣誉称号。

3.3 佛山市拓盈(栢盈)无纺布有限公司

佛山市拓盈无纺布有限公司成立于2009年，是一家专业生产高滤效过滤布(即熔喷布)，口罩专用SSS非织造布，亲肤非织造布，防护服用SMS、SSMMS复合非织造布，防护服用透气白膜，婴儿/成人纸尿裤和卫生巾用SMS拒水、亲水非织造布，SSS丝柔拉拉裤腰围专用非织造布，SSS棉柔打孔非织造布，厌氧生物降解SSS、SSMMS非织造布的企业。

佛山市拓盈无纺布有限公司的栢盈新工厂占地面积5万多平方米，建筑面积达8万多平方米，立足于医疗卫生用品非织造布生产前沿，公司不断加大生产投入，拥有最新技术的国产首条3.2m(SSS)纺黏并列双组分复合生产线于2023年7月正式投产，公司现拥有多条全球领先的专业生产医卫用非织造布及熔喷布高速生产线，目前年产能超6万t，规划年产能达到10万t。

3.4 佛山市本嘉新材料科技有限公司

佛山市本嘉新材料科技有限公司是专注精细化学领域的民营高新技术企业，于2018年升级改造落户南海区西樵镇。公司占地40.98亩，建设智能数字化生产车间，规划年产能6万t，年产值10亿元。公司是国内领先的热熔胶供应商，主要产品是SBC类热熔胶，在工业黏合剂领域为世界各地客户提供环保安全的胶黏剂产品、服务和解决方案。目前公司拥有100多款具有核心技术的尖端产品，广泛应用于医疗卫生、电商物流、建筑防水、包装、电器、汽车滤清器、密封、软体家具、印刷装订等20多个行业。

3.5 佛山市裕丰无纺布有限公司

佛山市裕丰无纺布有限公司是全国知名的非织造布生产商，专注服务于个人护理卫生用品及医疗行业。现有多条高性能的纺黏和热风非织造布生产线，并配套先进的后整理加工生产线(包括3D打孔，材料复合等)，年产能超23000t。

3.6 佛山市嘉邦新材料有限公司

佛山市嘉邦新材料有限公司成立于2006年(原佛山市南海区多邦纸品有限公司，2016年更名为佛山市嘉邦纸品有限公司，2022年更名为佛山市嘉邦新材料有限公司)。是行业较早研发、生产纸尿裤复合芯体和卫生巾芯体的专业厂家，通过十多年的积淀和发展，目前工厂占地面积18000多平方米，厂房建筑面积23000多平方米。拥有8条纸尿裤和卫生巾复合芯体生产线、16条芯体箱式包装线，2023年，年产能超6万t。

3.7 广东金三发科技有限公司

广东金三发科技有限公司创建于2016年，隶属浙江金三发集团，现拥有纺熔复合非织造布生产线1条，纺黏非织造布生产线2条，直铺水刺非织造布生产线1条，年产能合计28800t，产品主要应用于婴儿卫生用品、女性卫生用品及医疗卫生用品等领域。

金三发集团公司创建于1987年，是国内非织造布行业的龙头企业，连续三年位居中国非织造布行业10强首位，公司和产品先后被评定为中国驰名商标、全国守合同重信用单位，荣获中国纺织行业产品开发贡献奖、中国产业用纺织品行业贡献奖，中国产业用纺织品行业协会副会长单位。与东华大学、天津工业大学、华东理工、浙江理工、上海纺科院等大专院校和科研院所合作，开发新产品、新技术32项，公司拥有国家专利14项。由公司承担的项目多次被列入国家重点产业振兴技术改造项目和浙江省重大科技专项项目。

3.8 佛山维盛新材料有限公司

佛山维盛新材料有限公司是新维盛集团旗下的子公司，成立于2016年，坐落在广东西樵纺织产业基地，主要研发、生产热风非织造布材料，通过了IS09001认证和宝洁QAKE审核。公司生产超细旦(0.6D和0.8D)热风非织造布具有全球领先的技术，1.2D、1.5D腰围非织造布表面柔软、手感细腻，用于拉拉裤外腰围，不影响腰围黏合拉力，面层亲水非织造布亲肤无感。公司在功能性非织造布方面有较强的研发能力，并在打孔压花等非织造布表面处理方面具有技术优势。

3.9 佛山市惠婴乐卫生用品有限公司

佛山市惠婴乐卫生用品有限公司创建于2016年，坐落于广东省佛山市南海区西樵镇，厂房面积2万多平方米，集婴儿纸尿裤、婴儿拉拉裤等卫生用品的生产、研发、营销为一体，公司拥有6条国内先进的全伺服婴儿纸尿裤、拉拉裤、大环腰纸尿裤及湿巾生产设备。产品品牌包括可贝爽、酷菲熊、芯贵族等，先后荣获中国优质产品、广东省名牌、广东省著名商标等多项荣誉。

3.10 佛山市益贝达卫生材料有限公司

佛山市益贝达卫生材料有限公司成立于2012年，是广东省佛山市一家专业生产热合干法纸的卫生材料公司。公司位于“中国纺织之乡”西樵镇，厂房在科技工业区内，占地面积7000m²，拥有两条全自动化生产设备。

4 未来发展计划

卫生用品行业是西樵镇“3+3”产业发展体系的重要一环，西樵将一如既往打造优质营商环境，加大力度支持行业发展。将继续推动妇婴卫生用纺织品及上下游产业链的集聚和完善；塑造区域品牌；加强人才建设；打造优质的营商环境，营造良好的创新创业氛围。

未来，卫生用品行业将在西樵高质量发展的新征程中挺起产业“脊梁”，实现“制造业当家”。西樵将继续围绕“3+3”产业发展体系，重点培育卫生用品传统产业集群，力争卫生用品产业全年总产值突破50亿元。

（佛山市南海区西樵镇经济发展办公室　张锦莹）

中国医卫用非织造行业基地概况

Overview of China's medical and hygiene nonwovens industry base

1 九江镇基本概况

广东省佛山市南海区九江镇处于粤港澳大湾区腹地，是珠江三角洲典型的水乡、侨乡和龙舟名镇，全镇总面积 94.75 平方千米，下设 20 个社区居委会，7 个行政村，常住人口超 22 万人；有港澳台同胞、海外侨胞 20 万人，遍布世界 60 多个国家和地区。九江镇先后获得“中国首个龙舟名镇”“国家卫生镇”“广东省教育强镇”“全国综合实力百强镇”等荣誉称号。

九江镇自古文风兴盛、人杰地灵，有“儒林之乡”的美誉。九江镇有着得天独厚的地理优势，西江、北江环镇而过，水运交通便利，现有商业货运码头 5 个，其中包括两个 6000 吨级码头——南鲲码头和中外运码头。路网四通八达，沈海高速、广州环城高速、广佛地铁等 5 条高速公路、2 条轨道交通在此汇聚，30 分钟可达广州城市中心，1 小时可达广州机场、深圳机场和正在筹建的珠三角枢纽（广州新）机场，一个半小时可达珠海、深圳等市，2 小时可达港澳地区，尽享粤港澳大湾区城市资源。

近年来，九江镇聚焦打造南海区城乡融合发展先行区的目标，向东共建“佛山市十大创新引领型特色制造业园区”之一——佛山九龙高端装备及新材料制造产业园，向西深耕樵九一体化，向南以儒林湾拥抱黄金内湾，向北以北江新城融入禅桂中心；打造诗酒渔场、烟火九江，全面开启构筑南海拥抱“黄金内湾”桥头堡的新篇章。

2 中国先进医卫用非织造产业示范基地发展现状

自 2011 年开始，佛山市南海区九江镇提出大力培育医卫用非织造产业的发展思路，并成功申报“广东省医用无纺布生产基地”，被纳入广东省现代产业 500 强项目。2014 年 5 月，九江镇获评“中国医卫用非织造产品示范基地”。2020 年 6 月，基地升级为“中国先进医卫用非织造产业示范基地”，同时获得“全国纺织行业防控新冠肺炎疫情先进单位”荣誉称号。

近年来，九江镇坚定不移走产业强镇之路，围绕以高端医卫用非织造布及关联产品为核心的新材料、先进装备制造、泛家居等支柱产业，充分发挥龙头企业集聚的优势，深耕医卫下游产品、医用辅料耗材、医疗器械设备等大健康产业，引入一批新的关联性强、融合度高的重大项目，打造成为大湾区协同发展新坐标、珠江西岸智造新高地、佛山西发展新引擎。

三年来，基地依托美国贝里、日本东丽、中国必得福等企业搭建的“全球第一、亚洲第一、全国十强”基底阵营，先后吸引了欧比个人护理用品（佛山）有限公司、广东杰璞新材料科技有限公司、佛山市将安生物科技有限公司、广东一龙新材料科技有限公司、佛山市爱意科技技术有限公司等一批优质的医卫用产业相关的企业落户，已形成卷材、吸收层、底膜、医用卫生产品等的非织造布全产业链，产品涵盖农业、工业、医疗卫生等多领域。目前，基地产业基础扎实、发展势头强劲，是全国高端医卫用非织造产品产业集聚地。2020—2022 年，基地企业实现年均生产总值约 47.58 亿元，年均纳税额超 2.72 亿元。

同时，基地加大与国内外先进平台的合作，承办或参与了多个国内外重大展会及论坛，借助专业平台的力量推动基地高质量发展。

基地出台多条政策扶持文件，以引导和鼓励示范基地内的企业强化自主创新、增资扩产、人才引进和培育力度，从而增强示范基地的内在驱动引擎。

3 发展目标

九江镇聚焦医卫用下游制品行业和新材料两个产业，加大强链、补链力度，以南海南新无纺布、日本东丽无纺布、必得福无纺布、欧比个人护理等龙头企业为引领，力争到 2026 年，把基地打造成为年产值超 50 亿元的高端非织造企业集聚地，实现自主创新能力、产学研合作能力、公共服务能力以及区域品牌影响力迈入高端水平，推动产业迭代升级和集群式发展。

（广东省佛山市南海区九江镇招商办
黄贤英　冯婉琪）

广西生活用纸行业发展概况与展望

Overview and prospect of tissue paper industry in Guangxi

得益于广西造纸原料优势、区位优势以及各级政府的重视，近年来，广西已成为制浆造纸发展的热土。据广西造纸行业协会统计，广西浆和纸已批、在建所增加的产能加上原有产能，合计达4200万t，未来，广西将成为中国重要的造纸基地。其中，生活用纸是广西造纸行业大力发展的重要纸种，2023年全国新投产生活用纸产能175.3万t，其中广西占25%，产能增加量全国第一。

1 行业发展概况

1.1 产能和产量

到2023年底，广西拥有生活用纸现代化中高速纸机产能为169.9万t，比上年增加51.2万t，同比增长43.1%。产量为107万t，比上年增加14万t，同比增长18.3%。其中主要是中高速纸机的产量，为101.5万t，其余为是低速纸机产量，为5.5万t。

2023年广西生活用纸中高速纸机产能分布在南宁等七个城市，其中南宁产能最大，为54.2万t，产量也是南宁最大，为37.42万t，具体见表1。

1.2 行业经营效益

2023年，在经济面临诸多压力和挑战下，造纸行业相对较好，全行业盈利水平较高。广西生活用纸行业凭借湿浆成本和能源成本较低的优势，行业效益虽然比上年有所降低，但仍能维持较好的盈利水平。

表1 2023年广西生活用纸中高速纸机产能和高速纸机产量分布

产能排序	地区	产能/万t	纸机台数	2023年新增产能/万t	2023年新增纸机台数	高速纸机产量/万t
1	南宁	54.2	35	8.4	4	37.42
2	来宾	37.6	23	8	4	23.1
3	崇左	29	14	28	13	4.53
4	北海	22.4	8	3	1	18.13
5	贵港	14.2	9	3.8	2	9.9
6	柳州	9.3	5	0	0	5.62
7	防城港	3.2	2	0	0	2.8
合计		169.9	96	51.2	24	101.5

1.3 政府的重视和支持

近年来，广西壮族自治区主要领导及广西工信厅、发改委等政府职能部门加大了对造纸行业的重视和支持力度。2023年内，广西造纸行业协会领导和专家多次陪同政府职能部门领导考察广东、湖北、四川等地造纸行业发展情况。部分市级政府加大对造纸行业发展的支持力度，其中：贵港市委市政府在造纸行业招商引资方面，出台了很多力度很大的优惠政策，以促进造纸行业的发展；北海市招商局和铁山港管委会，在2023年5月广西造纸行业年会上，大力宣传北海造纸行业优惠的招商引资政策；来宾市政府联合广西造纸行业协会，在2023年12月共同举办的广西造纸行业创新发展大会暨造纸四新技术推广大会上，向来自区内外的造纸同仁宣传来宾在造纸行业优惠的招商政策；崇左市政府则用技改资金支持低速纸机企业进行高速机升级换代。

1.4 原料

广西生活用纸原料，除太阳纸业和理文纸业两个浆纸一体化企业采用自制浆外，其他大部分均采用广西本地湿蔗渣浆、湿桉木浆和进口浆板。广西有超过100万t的蔗渣浆产能，2013年蔗渣浆产量达114万t。从那年开始，因可用于制浆的蔗渣原料逐年减少，蔗渣浆产量随之逐年减少，最近三年，每年产量降到50万~60万t。因蔗渣原料不足，广西蔗渣浆生产企业转产或部分转产桉木浆，广西是全国最大的木材产出基地，广西有25000多家木材加工厂，木材加工的剩余物(板皮、枝桠材等)是较好的造纸原料，板皮价格比蔗渣更低。

如果用纯蔗渣浆生产生活用纸，缺点是成纸手感较差，易产生异味，高速机适应性不好，降低车速等；优点是浆的强度较好，有的企业会以蔗渣浆代替长纤维木浆，业内称“广西长纤”。蔗渣浆价格一般比桉木浆低，有部分企业为降低生产成本，添加蔗渣浆的比例较大。2023 年，广西蔗渣浆用在生活用纸的量为 25.6 万 t，约占蔗渣浆总产量的一半，其余的蔗渣浆用在特种纸和纸浆模塑制品。

广西湿浆供应企业，通过技术改造和加强管理，不断提升纸浆品质和生活用纸抄造适应性。本地湿浆的白度、强度、尘埃等指标均有了较大的提升，使得本地湿浆更具性价比优势。2023 年，南华、兴桂等湿浆供应企业为了降低湿浆运输成本，投资安装高浓挤浆设备，将湿浆浓度提高到 45%以上，从而大大降低湿浆运输费用，此举进一步强化了湿浆的优势。

1.5 低速纸机情况

10 年前，基于当时广西蔗渣湿浆的产量和价格优势，鼎盛时，广西有数百台低速纸机在运行，最高年产量超百万吨。低速纸机能耗高、产量低和品质不稳定，河北和广东等生活用纸生产发达省份率先升级进入高速纸机时代，广西相对落后，进入高速机时代较晚，近两年才加快低速纸机的淘汰速度。2022 年尚有 9 家企业，约 30 台低速机在运行，低速机产量 9 万 t。2023 年，仍有 5 家企业约 15 台低速机在断断续续的运行，产量萎缩至 5.5 万 t。大部分低速机淘汰拆除了，少部分转产有光纸、仿拷贝纸和迷信纸等纸种。

1.6 纸机幅宽

低速纸机生产时代，广西生活用纸原纸主要以 1720mm 和 1930mm 两个规格为主，纸机幅宽有 1720mm、1930mm、3500mm（机上分切两个 1720mm）和 3900mm（机上分切两个 1930mm）。当时生活用纸的后加工设备也以 1720mm 和 1930mm 两个规格为主。进入高速纸机时代，纸机幅宽主要以 2850mm 为主，2022 年和 2023 年广西新上的高速纸机幅宽大部分为 2850mm，配套的抽纸加工机使用 1400mm 幅宽的七排抽纸加工机。七排抽纸加工机取代其他规格的加工机成为主流，七排抽纸加工机只需要一个人拿纸操作即可，节省人工费用。随着自动翻叠抽纸机的普及，纸机的幅宽有望向更宽的方向发展。

1.7 行业外的资本进入

基于生活用纸行业较好的经济效益和良好的增长势头，行业外的资本看好生活用纸行业，贵港某新建生活用纸生产企业，投资方为广西某建筑公司。广西某大型投资集团，正着手进行投资建设生活用纸生产企业的前期工作。

1.8 北纸南移、东纸西移

河北保定满城区是国内最大的生活用纸生产基地，满城区造纸产能近 400 万 t。满城生活用纸行业的继续发展受到环保压力、无自制浆、能源成本高的制约。从 2022 年起，满城部分生活用纸品牌企业南下广西寻找代工厂。2023 年，有数家满城生活用纸企业在广西投资设厂，金博纸业在贵港投资兴建造纸企业，在来宾投资建设后加工基地，诚信纸业在南宁设立后加工基地等。

广东东莞是国内重要的生活用纸加工基地，因看好广西的发展前景，2023 年东莞维得纸业等企业来广西开设加工厂，深圳某公司在贵港投资建设生活用纸生产企业。

1.9 技术改造

为了提高效率、减少能源浪费、降低生产成本，部分造纸企业对纸机真空系统进行技术改造，淘汰落后的水环真空泵或罗茨真空泵，改用透平真空泵或螺杆真空泵等新型真空泵；部分企业对气罩进行改造，降低汽耗；还有企业对生产设备进行了智能化、自动化改造。通过技术改造，降低了成本，提升了产品品质，提高了企业经济效益。有两家企业的三台纸机将原来的真空圆网上浆系统改造成新月型上浆系统，提高了纸机车速，降低了水用量和化学品用量。

1.10 本色纸

广西生活用纸消费市场主流是白纸，本色纸消费量较少。广西有三个生活用纸企业生产本色原纸，分别是防城港宏源浆纸、广西和发强纸业、马山盛正纸业。和发强纸业和宏源浆纸的制浆线没有漂白系统，以自产本色浆生产本色生活用纸原纸，三家企业本色生活用纸原纸 2023 年总产量为 7.5 万 t。

1.11 理文模式的推广

江西理文纸业、重庆理文纸业、东莞理文纸业采取的是引进后加工企业进入本厂园区内，就近消化原纸的模式，此模式降低了物流成本以及后加工厂的其他成本，提高了竞争优势。2023 年投产的崇左理文纸业复制了这个模式，在原纸投产之前，即引进了丝飘品牌、蓝飘品牌、九九香品牌、植护云商实业、天力丰生态材料等后加工企业入驻。来宾植护云商实业以同样模式，引进了三个后加工企业，太阳纸业在广西的两个基地，已经计划采用这个模式。

1.12 成品后加工及成品市场

2023 年，随着北纸南移、东纸西移以及崇左理文纸业后加工园区的投产，进一步带动广西生活用纸后加工的发展，许多本地生活用纸后加工企业纷纷新增生产线或以效率更高、产能更大的生产线替换旧生产线。某广西本土生活用纸后加工企业 2023 年一次性安装 20 条生产线，据估计，2023 年广西生活用纸后加工产能增长一倍以上。广西生活用纸后加工产业已初具规模，依托造纸产能的快速增长，预测两三年后，广西将成为中国重要的生活用纸后加工基地。

依托广西快递费用较低的优势，新增的生活用纸后加工成品主要以电商的方式销往全国各地，部分企业以出口为主，出口增量也较为明显。

受电商的冲击，广西线下商超和流通市场的生活用纸销量逐年下降。

2023 年生活用纸行业开发出新的爆品——底部抽。为满足市场对底部抽产品的需求，广西 2023 年新增数十条底部抽生产线。

2 主要企业及生产设备

2.1 造纸企业

2023 年，广西生活用纸企业有中高速纸机的 23 家，比上年增加 2 家，即崇左理文纸业和龙州曙辉纸业，分布在南宁、柳州、来宾、贵港、北海、崇左和防城港七个城市。其中，南宁 8 家：南宁市佳达纸业有限责任公司、广西天力丰生态材料有限公司、广西江南纸业有限公司、广西嵘兴中科发展有限公司、南宁市圣大纸业有限公司、南宁香兰纸业有限责任公司、广西和发强纸业有限公司和广西马山县盛圣纸业有限公司；来宾 6 家：广西植护云商实业有限公司、广西来宾桂宾纸业有限公司、来宾市桥宏纸业有限责任公司、来宾华胜纸业有限公司、广西来宾曙辉纸业有限公司和广西象州莲桂纸业有限公司；柳州 2 家：柳州市柳林纸业有限公司、柳州市沁原纸业发展有限公司；贵港 3 家：贵港龙派纸塑制品有限公司、广西嘉盛纸业有限公司、广西贵港盛正纸业有限公司；北海 2 家：广西太阳纸业有限公司、广西桂海金浦纸业有限公司；崇左 3 家：崇左理文卫生纸制造有限公司、崇左市品源纸业有限公司和广西龙州曙辉纸业有限公司；防城港 1 家：防城港宏源浆纸有限公司。

2.2 主要生产设备

除了广西太阳纸业有限公司 2 台进口 5.6m 安德里茨纸机、广西桂海金浦纸业有限公司 2 台日本川之江纸机、柳州市沁原纸业发展有限公司 2 台意大利拓斯克纸机之外，广西生活用纸企业目前在运行以及在安装的都是国产纸机，2022 年和 2023 年两年新安装的纸机全部是国产纸机，这主要是由于国产纸机的技术进步以及性价比高。

截至 2023 年末，广西在运行的国产中高速纸机中，有 35 台源于宝拓造纸设备有限公司，位居第一，大正造纸机械有限公司次之，10 台，保定市昌达 8 台，西安维亚在运行的 5 台，2023 年内签约未投产 10 台，其他来自天津天轻、江苏信诺、崇义轻工、四川同成、上海轻良、山东凯信、信和、恒瑞辰、鼎昌、顺和、维拓等，以上造纸设备没有一家来自广西本土，低速纸机时代，广西有林业机械厂、柳州造纸机械厂、博白旺茂造纸机械厂等生活用纸设备制造厂，进入高速纸机时代，广西造纸设备企业基本退出了。

广西后加工企业在运行的设备品牌有宝索、卓德、德昌誉、兆广、爱美高、鹏轩、大信、毅创、松川等。大部分设备来自广东、上海等发达地区。难能可贵的是，在造纸设备和后加工设备行业日见式微的广西，近年诞生了柳州卓德机械科技股份有限公司这家后加工设备企业。

3 存在问题及解决措施

3.1 原料问题

太阳纸业、理文纸业等浆纸一体化的企业，设计的浆产能没有多余的浆供应无自制浆的企业。随着广西生活用纸产能快速增长，本地湿浆供应不足的问题越发明显，希望广西各制浆企业通过技术改造、扩建或新建项目的方式，扩大湿浆供应量。本地湿浆的使用成本，比进口浆板低 400~600 元/t，广西有蔗渣和桉树湿浆供应，是广西发展生活用纸的突出优势，广西应继续充分发挥这个优势，保持广西生活用纸发展的良好势头。

3.2 人才问题

人才不足。广西的生活用纸行业，在这两年高速发展的过程中，人才短缺的问题逐步凸显出来。在低速纸机时代，广西不缺生产管理人才和操作工，但进入高速纸机时代，大部分原来的从业者适应不了变化。大量高速纸机的投产，使得本地人才短缺，太阳纸业和崇左理文纸业，可以从区外的其他基地调入高速纸机的生产管理和技术人才，并以老带新的方式逐步解决人才问题，新投产的生活用纸企业，被人才短缺问题所困扰。从新冠疫情开始，生活用纸成品线上销售量快速增加，而广西电商人才奇缺，不得已聘用河北和浙江等地的电商团队进行运营，但因为外地的电商团队不适应广西的环境，有些团队来广西工作不久即返回，植护云商的运营中心设在福州和杭州，广西仅作为生产中心。因此，不解决生活用纸的生产管理人才和电商运营人才问题，将会制约广西生活用纸的快速发展。

3.3 宣传不足

国内公众对广西生活用纸的印象，仍停留在低速机时代的脏乱差、浓烟滚滚、污水横流、劳动强度大和对操作要求高而且不安全等印象，建议由广西造纸行业协会牵头，政府有关部门和企业参与，加大对广西生活用纸行业的宣传力度，从而吸引更多的资源要素配置到广西来，吸引国内更多的生活用纸生产企业以及配套企业入驻广西，吸引更多的人才加入广西生活用纸行业，让更多的年轻人愿意从事生活用纸行业相关的工作，充实生活用纸人才队伍。

3.4 低定量问题

2023年广西生产的生活用纸原纸中，约有20%的原纸为定量小于12g/m^2(起皱后，下同)的低定量产品，20世纪八九十年代，广西生活用纸定量在25～30g/m^2，世纪之交，以21g/m^{2}为主流，10年前广西低速机鼎盛时期，抄纸定量普遍在15g/m^{2}左右，近几年来，为迎合部分电商平台的要求(平台考核单位产品的张数而不是净重)，抄纸定量越来越低，最低的甚至达到10.5g/m^2，能抄造这么低定量的原纸，在低速机时代是不可想象的，说明技术进步了，说明纸机的装备水平提高了。定量低、单位质量相同的情况下，包纸体积更大，更有卖相。但是，定量低于13.5g/m^2，纸的手感和使用体验并没有改善，反而降低了纸机产量，增加了抄造成本，倡导和呼吁行业企业，从整体降低生活用纸吨纸能耗、水耗、化学品消耗以及易损件的消耗，降低生产成本，延长纸机寿命方面考虑，尽量减少生产13.5g/m^{2}以下的生活用纸原纸。

3.5 后加工设备淘汰过快

近年来，后加工设备的淘汰速度有加快的趋势，例如，抽纸自动单包机刚出现时，包装速度为30～40包/min，作为主流机型，维持相当长的时间，后来80包/min的机型作为主流，也维持了4～5年，从100包/min到150包/min，再到200包/min，几乎一两年就更新换代一次，目前最新的主流机型，已经是220包/min。再例如，抽纸机折叠宽度，最早主流品种是200mm，后来到190mm，再后来180mm，175mm，170mm，165mm，市场主流产品折叠宽度变化，促使生活用纸后加工企业根据市场变化而更换或新增设备，增加了设备投资成本。

4 未来展望

广西生活用纸产量已迈过百万吨级别，正大步朝着200万t级迈进。2023年，有多个造纸企业共二十多台纸机签约或已开始安装，将于2024年形成产能，届时，广西生活用纸产能将超200万t，成为中国重要的生活用纸区域集散地和重要的生活用纸生产基地。未来要考虑全产业链发展，培育和发展卫品产业，以生活用纸和卫生用品为中心，上游发展非织造布、包装用纸、纸箱、包装塑料薄膜生产和塑料印刷等系列产品，下游发展抽纸、面巾纸、湿纸巾、擦手纸、卫生巾、纸尿裤等系列产品。未来广西要利用好东南亚桥头堡的区位优势、各级政府重视造纸行业的优势、发挥广西纤维原料优势、劳动力资源优势和快递费用低等优势，解决好发展过程中遇到的问题，推动广西生活用纸产业高质量发展。

(广西造纸行业协会　文天强　石美玲　黄显南)

西南地区生活用纸行业发展概况与展望

Overview and prospect of tissue paper industry in Southwest China

1 西南地区生活用纸行业发展总体概况

西南地区包括四川省、重庆市、贵州省、云南省四个省市。目前用于生活用纸的竹浆、木浆产能合计284万t(其中，竹浆248万t，木浆36万t)，生活用纸原纸产能338.5万t，生活用纸成品产能310万t。

1.1 四川省

四川省竹资源丰富，现有竹浆企业14家，产能165万t，主要用于生产生活用纸，部分生产文化用纸、食品包装原纸、牛皮纸、纸浆模塑及其他纸种等。生活用纸原纸生产企业55家(不完全统计)，产能150万t，主要以竹浆为原料。生活用纸成品加工企业226家(不完全统计)，产能160万t。

1.2 重庆市

重庆市的竹浆主要企业是重庆理文造纸有限公司(2023年8月投产产能25万t化机浆)和重庆理文制浆有限公司(产能18万t)，合计产能43万t。生活用纸生产包括重庆理文卫生用纸制造有限公司(产能48万t，2023年1—9月产量35万t)、重庆维尔美纸业有限公司、恒安重庆(产能24万t)、重庆龙璟纸业有限公司等7家企业，以竹浆、木浆为原料，产能合计116万t。生活用纸成品加工企业128家(不完全统计)，包括重庆理文生活用纸后加工园区入驻企业(产能34万t)、恒安(重庆)、维尔美、龙璟等，加工产能合计80万t。

1.3 贵州省

贵州省的竹浆主要企业是泰盛(贵州)竹资源发展有限公司，产能35万t，2022年产量34万t，2023年1—9月产量24.64万t。生活用纸生产主要包括泰盛(贵州)竹资源发展有限公司、贵州汇景纸业有限公司等5家企业，以竹浆、木浆为主要原料，产能合计46.5万t。生活用纸成品加工企业包括泰盛(贵州)竹资源发展有限公司园区入驻企业、贵州汇景纸业有限公司、贵阳花溪区顺兴纸品厂、贵阳雨娇纸品厂等70多家，加工产能合计约40万t。

1.4 云南省

云南省制浆产能41万t，2022年产量约40万t，2023年1—9月产量30.75万t，主要企业有云南云景林纸股份有限公司竹木浆产能30万t(其中竹浆约5万t)，云南新平南恩糖纸有限责任公司木浆产能3万t，临沧南华公司制浆产能8万t。竹浆、木浆生活用纸原纸产能合计26万t，2022年产量17万t，2023年1—9月产量12.95万t，主要包括云南云景林纸股份有限公司、云南新平南恩糖纸有限责任公司、金晨纸业、汉光纸业、弘源纸业、临沧南华公司等10家企业；生活用纸成品加工企业120余家，加工产能合计30万t，年产量约25万t，主要有云南云景林纸股份有限公司、云南万达纸业有限公司、曲靖嘉信和纸业有限公司、云南金晨纸业有限公司等企业。

2 四川省竹浆生活用纸发展概况

据统计，截至2020年末，四川省拥有竹林面积1800万亩，可用于制浆造纸的竹林面积1225万亩，可制竹浆300万t，主要分布在泸州、宜宾、乐山、雅安、眉山、成都、达州、广安、资阳、内江、自贡、绵阳、遂宁等地。

四川省作为竹纤维生活用纸概念的“发起者、倡导者、引领者”，充分利用竹资源优势，以“竹浆——川纸的灵魂，竹纸——中华文化的载体”为理念，以“立足四川、背靠西南，面向全国、走向世界”为目标，讲好“竹浆纸®”故事，为竹浆纸产业融合创新高质量发展作出了应有的贡献。

2.1 竹浆

2022年竹浆总产量134.91万t，同比增长5.97%，其中漂白竹浆84.99万t，占比63%，本色竹浆49.92万t，占比37%。全年盈利较好。

2023年1—9月竹浆产量为111.14万t，同比增长明显，其中漂白竹浆59.59万t，占比53.6%，本色竹浆51.55万t，占比46.4%。全年预计产量达150万t，盈利同比2022年稍差。

全省竹浆重点企业有：泰盛科技集团(旗下四川永丰纸业股份有限公司、四川永丰浆纸股份有限公司、泸州永丰浆纸有限责任公司、四川天竹竹资源开发有限公司)、宜宾纸业股份有限公司、四川凤生纸业科技股份有限公司、四川环龙新材料有限公司、四川环龙生活用品有限公司、四川金竹纸业有限责任公司。

2.2 生活用纸原纸

2022年生活用纸原纸年产量101.69万t，同比减少19.04%，漂白原纸占比明显高于本色原纸。由于国际木浆价格持续高位运行，四川竹浆价格也持续跟进，购买商品浆的生产企业处于亏损状态，因而企业减产停产现象明显，甚至购买原纸进行加工自己的品牌。竹浆纸一体化企业的优势凸显，市场竞争力增强，因此原纸产量主要集中在竹浆纸一体化企业中。

2023年1—9月，原纸产量约96万t，预计全年产量达130万t，同比增长明显，但亏损面扩大。

据生活用纸专业委员会资料显示，2023年1—9月全国生活用纸新投产现代化产能116.7万t，共42台纸机，增幅比2022年同期有所回落(其中四川省新投产产能15万t)，进一步加剧了市场竞争，叠加终端消费疲软，导致产品价格下滑，企业利润收缩。截至2023年9月，四川生活用纸行业中高速(500m/min及以上)卫生纸机83台，产能112万t，其余产能属于低速纸机(200m/min及以下)。据了解，部分低速纸机还在生产生活用纸，部分已经转产或技改生产其他纸种，部分淘汰或停产。

四川省生活用纸原纸生产主要企业有：宜宾纸业股份有限公司、四川凤生纸业科技股份有限公司、泰盛集团沐川禾丰纸业有限责任公司、四川环龙新材料有限公司、四川环龙生活用品有限公司、中顺洁柔(四川)纸业有限公司、维达纸业(四川)有限公司、四川雅安/遂宁金红叶纸业有限公司、四川圆周实业有限公司、夹江汇丰纸业有限公司、四川鑫业纸业有限公司等。

2.3 生活用纸成品

2022年生活用纸成品产量113万t，同比减少13.61%，其中非卷和卷纸占比相差不大。

2023年1—9月，生活用纸成品产量110多万t，同比增长明显，漂白生活用纸占比大于本色生活用纸，非卷占比约高于卷纸。预计全年生活用纸成品产量达150万t，企业盈利空间减少。

生活用纸成品主要企业有：四川石化雅诗纸业有限公司、四川环龙生活用品有限公司、四川丹妮生态生活护理用品有限公司、四川凤生纸业科技股份有限公司、四川省什邡市望风青苹果纸业有限公司、中顺洁柔(四川)纸业有限公司、维达纸业(四川)有限公司、四川蓝漂日用品有限公司、维邦纸业、四川兴睿龙实业有限公司等。

3 四川省生活用纸行业重大活动、科研与技术进步

2022年，四川省造纸行业协会参与由中国造纸学会发起的《匠心产品 生活用纸》(T/CTAP 002—2022)团体标准的制定，该标准于2022年4月21日发布，2022年5月1日起实施。

由中国造纸学会和四川省造纸学会主办的“2023首届中国竹浆纸产业融合创新发展论坛”在成都成功召开，得到了国际竹藤中心、国家林业和草原局、中国竹产业协会、省经信厅、省林业和草原局、国家工程院院士、相关高校和科研院所、行业相关企业的大力支持，论坛中就竹浆纸产业高质量发展的相关产业政策、践行“以竹代塑”倡议、智能控制、先进技术与工艺、先进设备推广与应用等展开了广泛的交流，取得圆满成功。

四川石化雅诗纸业有限公司在中国高端生活用纸行业率先通过HALAL国际清真产品认证；公司具有完全自主知识产权的“一种热转印打码系统”成功获得美国发明专利授权证书；100%天然竹纤维生活用纸通过美国FDA认证注册。

泸州永丰浆纸有限责任公司成功研发和量产以楠竹(毛竹)制浆用于生产纸浆模塑、文化用纸及其他纸种。

4 四川省生活用纸行业与企业发展、品牌培育、社会责任

2022年1月27日，国家税务总局四川省税务局、四川省财政厅发布了《关于将竹浆造纸行业纳入农产品进项税额核定扣除试点范围的公告》，自2月1日起正式实施。这是加速促进竹材制浆造纸的重大政策利好，并成功入选2022年中国造纸工业十项要闻。

泰盛科技集团旗下：沐川禾丰纸业有限责任公司被认定为2022年四川省“专精特新”中小企业；四川永丰浆纸股份有限公司、泸州永丰浆纸有限责任公司被认定为2023年四川省“专精特新”中小企业；四川天竹竹资源开发有限公司荣获“中国竹产业品牌十强企业(2023)”。

宜宾纸业股份有限公司入选国家工信部2021年度绿色制造名单、列入四川制造企业100强名单、荣获“中国竹产业品牌十强企业（2022）”榜首、2021年被认定为“四川省竹子制浆造纸工程技术研究中心”；2023年被认定为“四川省企业技术中心”，是全国制浆造纸企业唯一获得“2023年全国轻工行业优秀质量管理小组”称号的单位。

四川凤生纸业科技股份有限公司入选工信部“2022年度绿色工厂”名单。

2022年，环龙工业集团旗下“斑布”品牌向上海方舱医院捐助了总价值500万元的斑布健康竹本色生活用纸，体现了企业的责任担当；成功入围2022北京冬奥会开幕式观赛包大开箱活动，展现四川竹浆纸又一次走向国际舞台；斑布竹纤维科技馆建成开馆，呈现了竹浆纸发展历程与前景。2023年，环龙工业集团公司还获得：四川省级环保诚信企业、四川省级节水型企业、国家安全生产标准化二级企业、四川省安全宣传“五进”示范企业、2023年国际竹产业交易博览会十佳供应商、2023四川·青神中国桨板公开赛暨中国桨板球公开赛优秀赞助商、2023年向光奖“商业向善企业家TOP 10”、“商业向善企业入围奖”等诸多荣誉称号。此外，四川环龙技术织物有限公司入选2022年四川省绿色制造名单，四川环龙生活用品有限公司入选2023年“四川省企业技术中心”名单。

2022年，四川石化雅诗纸业有限公司成功入选四川省级绿色制造名单、被认定为2022年四川省“高新技术企业”和“专精特新”中小企业技术中心，疫情期间向上海市捐赠鸥露品牌生活用纸13200多件，共计价值203余万元；10月，积极参与全国乡村教师“微光计划”，爱心捐款20万元，并设计生产“微光计划”公益纸巾30万盒（包），价值120余万元。2023年入围：四川省重大创新产品（鸥露100%竹纤维本色生活用纸）〈四川省科技厅〉，川渝地区知识产权重点保护名录(鸥露)〈重庆市知识产权局、四川省市场监督管理局〉。

中顺洁柔（四川）纸业有限公司2022年被认定为四川省“高新技术企业”，向上海高校捐赠价值100万元的卫生用品和生活用纸。

维达纸业（四川）有限公司2023年被认定为四川省“专精特新”中小企业，荣获“全国五四红旗团支部”和“四川省安康杯优胜班组”荣誉称号。

四川兴睿龙实业有限公司再次被认定为2023四川省“高新技术企业”。

5 四川省生活用纸行业基建、技改与展望

5.1 发展目标

四川省造纸行业协会和四川省造纸学会积极响应“以竹代塑”倡议，指导行业企业调整结构、技改升级、融合创新、差异化发展；按照中国造纸“十四五”规划，围绕“碳达峰碳中和”政策，着实推进《四川省竹产业提升三年行动方案》（2023—2025年）的建设目标：到2025年，现代化竹产业基地面积达到1200万亩，竹浆总产能达到250万t，竹笋加工能力突破120万t，实现竹产业总产值1200亿元，竹产业综合实力保持全国前列。

5.2 竹子制浆及生活用纸重点在建和拟建项目

（1）四川永丰浆纸股份公司年产15万t本色竹浆项目正在建设中，预计2024年上半年建成投产；禾丰纸业公司一期10万t生活用纸项目建成投产；四川天竹竹资源开发公司正在推进现有制浆项目的节能减排升级技改。

（2）四川凤生纸业科技股份公司年产25万t技改调整为新上年产30万t竹浆项目正在推进中。

（3）宜宾纸业股份公司45万t竹浆及造纸项目已完成相关批复，等待用地指标批复便可以开工建设。

（4）夹江汇丰纸业搬迁技改项目正在申报中，预计2024年下半年开工建设。

（5）四川环龙工业集团公司旗下四川环龙新材料有限公司年产23万t竹浆一体化项目于2022年建成投产，二期20万t特种竹纤维项目正在推进中。

（6）中顺洁柔（达州）纸业公司30万t竹浆纸一体化项目，一期10万t生活用纸预计2024年年初投产；竹子制浆部分预计2024年下半年开工建设。

（7）四川鑫业纸业公司第二台高速卫生纸机已于2023年10月投产。

（8）四川金竹纸业有限责任公司拟技改提升现有竹子制浆及造纸项目。

（四川省造纸行业协会生活用纸分会　王仕兵）

原材料的生产和市场
Production and market of raw materials

【编者按】一次性卫生用品是由绒毛浆、非织造布、高吸收性树脂(SAP)、热熔胶等10多种原材料组成的产品，每种原材料分属不同的行业，跨领域、跨学科。目前还没有针对一次性卫生用品行业的专业书籍，为此，中国制浆造纸研究院生活用纸中心和生活用纸专业委员会秘书处邀请各材料行业的专家，撰写相关材料的基础知识，供行业从业人员学习和参考。

从《中国生活用纸年鉴2018/2019》(第十四卷)开始，已陆续刊登了绒毛浆、非织造材料、高吸收性树脂、热熔胶、纸尿裤芯体结构、热熔胶设备及维护、可冲散湿巾、一次性卫生用品抗菌抗病毒技术应用、卫生用品行业旋转模切的技术等基础知识及在行业的应用。

本卷年鉴刊登溶解浆和干法纸的生产及应用概述两篇文章。由溶解浆生产的黏胶纤维，近几年来的一个重要应用领域，就是用于生产非织造布，特别是生产水刺非织造布，可加工成各种湿巾、干巾、美容面膜、医疗卫生敷料等产品。另外，黏胶纤维还用于生产女性用卫生棉条的吸收体。干法纸是用于生产吸收性卫生用品复合芯体的重要材料。溶解浆和干法纸的原料都来自可再生的天然材料，都具有可降解性。溶解浆和干法纸在一次性卫生用品行业的应用，有利于进一步推动行业绿色可持续发展。

溶解浆的生产及应用概述
Overview of the production and application of dissolving pulp

溶解浆是指经化学加工后可以成为诸如黏胶纤维、纤维素薄膜、醋酸纤维、硝酸纤维、铜氨纤维、纤维素醚、过滤材料等产品的化学浆。其外形类似于普通纸浆，但性能指标不同于普通纸浆，它可以通过化学药剂溶解成为黏胶液，并能纺制成纤维丝，故称为溶解浆。溶解浆必须具有较高的α-纤维素含量、良好的溶解性和较低的杂质含量。溶解性即通常所说的反应性能，并非指溶解浆的化学反应能力，而是指制造出过滤性能良好的黏胶液的可能性。

工业化生产溶解浆出现在二战时期，是纤维素工业的主要原材料，第一家溶解浆厂建立在加里宁格勒市。当时生产溶解浆的原料全部是棉短绒，生产工艺为酸性亚硫酸盐法，而现在的棉短绒一般采用烧碱法制浆，且主要集中在中国，由于近几年中国的棉花主要在新疆种植，导致内地工厂缺少生产棉浆的主要原材料棉短绒，故棉浆在内地也变得较为少见，目前中国棉浆还在实际生产的产能，主要集中在新疆。

当前全球商品溶解浆主要以木片为原料，采用的生产工艺有预水解硫酸盐法与亚硫酸盐法。亚硫酸盐法仅限于云杉、冷杉以及一些阔叶木，而不适合有机溶剂抽提物(如树脂、脂肪等)含量高的针叶木。此外，近年来，有机溶剂法和直接抽提化学浆法也可以制备溶解浆。

溶解浆根据不同用途，α-纤维素含量在90%~98%间，半纤维素和木质素基本完全去除(≤2%)，α-纤维素含量在90%~94%的溶解浆可用来生产黏胶短纤，α-纤维素含量在95%以上的溶解浆用来生产黏胶长丝、高纯度纤维素醚和醋酸纤维等。

1 溶解浆发展历程

1.1 国外溶解浆发展历程

迄今为止，全球溶解浆总共出现过两次需求高峰。第一次是在1973—1977年，峰值在1975年，需求量达到530万t；之后一路下滑，在1990—2000年，溶解浆的需求量较为低迷，在310万~330万t左右；2001年下滑到自1962年以来的谷底，仅有270万t左右。2002年以后，溶解浆的需求量逐渐增加，2014年全球溶解浆需求量达到约650万t，随后稍有反复，但总体需求量逐年增长，至2019年达到有记录以来的高峰，需求量为750万t，之后总体需求量逐年下滑。溶解浆需求的变化情况见图1。

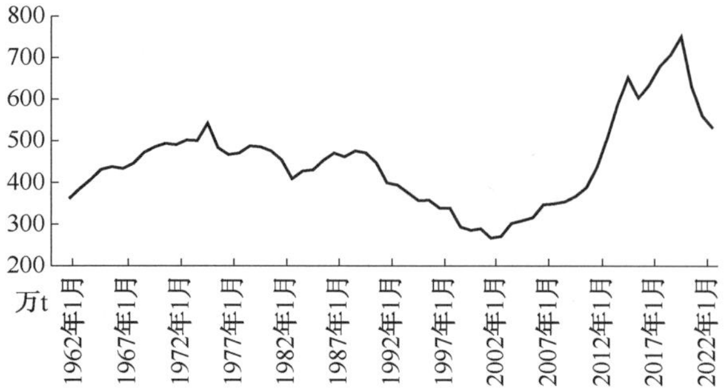

图1 1962—2022年溶解浆需求量

1968年合成纤维产量首次超过纤维素纤维，合成纤维与纤维素纤维谁作为替棉的首选项就成为纤维界争论的话题。1972—1974年，出现了第一次世界石油危机，油价暴涨造成了全球合成纤维行业对于原料的恐慌，使纤维素纤维的产量在1972—1974年期间迎来了一次难得的发展机遇，相应地也带动了溶解浆的需求量不断增长。但是随着石油危机的解除，合成纤维因为具有工艺流程短，生产过程控制自动化程度高、较容易实现产品差别化等优点，再次在合成纤维与纤维素纤维的竞争过程中体现了比较优势，从而引发全球逐步减少纤维素纤维的使用量，该状态从1977年一直延续至1991年前后，其间纤维素纤维对于溶解浆的需求量虽有波动，但是总体可控。

20世纪80年代末到90年代初，随着东欧剧变、苏联解体等事件的发生，原先在东欧以及苏联境内的"溶解浆-黏胶纤维"生产体系内的各个工厂，因为散落在多个拆分后的国家或者地区，导致东欧以及苏联时期的"溶解浆-黏胶纤维"生产体系近乎全部停摆。同时，这期间，可持续发展理念推动了人们环保意识的不断提高，导致西欧以及美洲等地发达国家的人们对于黏胶纤维工厂的抵制，使得黏胶纤维的生产以及环保处理的成本不断攀高，最终整个行业毛利很低或者经常出现亏损情况，因此，多数企业选择关停黏胶纤维工厂；由于黏胶纤维工厂不断减少，在1990—2001年期间，全球对于溶解浆的需求量也不断减少，尤其是在1996—2003年期间，随着日本、韩国等国家境内的多数黏胶纤维工厂关停，溶解浆的需求量迎来了60多年以来最低的时期。

需要说明的是，虽然这期间多数国外的黏胶纤维工厂彻底关停了，但溶解浆厂并没有关停，多数溶解浆产能在这期间转做其他浆种。

1.2 国内溶解浆发展历程

溶解浆在中国的需求主要以纤维素纤维与纤维素醚为主，其中黏胶纤维占到需求量的90%以上。在相当长的时间里，中国的黏胶纤维原料主要以棉溶解浆为主，2007年后，随着国内棉短绒逐渐短缺以及国内造纸厂改造与新建溶解浆生产线，中国的黏胶纤维原料才逐步由棉浆粕转为木溶解浆，至2019年，棉浆基本不再作为中国黏胶纤维的主要原料，中国的黏胶纤维原料90%以上以木溶解浆为主，而且70%以上为进口浆。

在国外，溶解浆与造纸属于同一个行业，而在中国，因为历史原因，属于两个行业。1956年发展化学纤维时，政府明确黏胶纤维行业归纺织工业部，造纸和溶解浆归轻工业部。之后纺织工业部与轻工业部因为溶解浆的质量问题有争议，于是在1960年国务院指定将溶解浆的生产归属纺织工业部，把吉林开山屯造纸厂划归纺织工业部，改名为开山屯化纤浆厂，自产自用。1964年，该厂引进瑞典设备，进行改造，将产能提高到3.5万t。轻工业部只管纸浆和纸品，不管溶解浆。

2008年福建南平造纸厂对其设备与工艺进行改造生产溶解浆，该生产线目前已经关停，但它却是中国在纺织工业部与轻工业部撤销后首条造纸厂改造的溶解浆生产线。而中国的首个溶解浆社团机构——中国造纸协会溶解浆工作委员会一直到2012年才成立。

目前我国的溶解浆产能主要是在2012—2016年期间形成的，其中2016年形成的部分产能装置线至今仍未进行过连续生产。这主要是2016年后，因为禁止进口废纸以及环保等政策影响，我国的造纸浆行业进入景气度较高的发展周期，生产造纸浆的毛利比生产溶解浆高，加上我国黏胶短纤在2019年以后，产量开始缩减，对溶解浆的需求量逐年减少，国内有溶解浆生产能力的工厂因为原料、成本、价格等方面与国外溶解浆工厂相比不具备竞争优势，最终演变成2019年之后，我国的溶解浆进口比例逐步攀升至今。

2 生产溶解浆的原料种类

为了得到α-纤维素含量在90%及以上的纯度较高的溶解浆，其原料理化性质理论上要符合以下六点要求：①原料本身 α-纤维素含量高；②灰分、树脂、多戊糖含量低；③杂细胞或者石细胞少；④原料蓄积量大或易于成为经济人工林；⑤原料易于加工，腐朽较少；⑥易于漂白和废液回收。本文列举 5 种目前还在使用的原料。

2.1 棉短绒

棉短绒是全球最早用于生产溶解浆的原料之一，也曾经是中国多数棉浆厂的主要原料，但是由于环保以及棉短绒难于获取等原因，目前每年仅有 20 万~30 万 t 左右的棉短绒被用作棉溶解浆的原料。

在 2010 年之前，一般使用二道绒来生产棉浆，这种绒的纤维长度在 5~8mm，但 2010 年之后，随着棉籽及棉短绒在动物饲料中被广泛应用，业内多以二三道混绒作为棉浆的生产原料，这种混绒的纤维长度在 3~8mm，而且纤维长度的离散度大，最终引发了 2010 年之后，棉浆的品质出现下降，之后再叠加环保等因素，致使棉短绒作为我国棉浆厂的主要原料逐步伴随着棉浆厂一起退出历史舞台。

2.2 木材

经过多年的生产实践以及不断的工艺优选，当前全球溶解浆的主要原料为木材，包括针叶木和阔叶木。虽然国内木材资源匮乏，但就全世界而言，木材作为可再生资源，其储量是比较丰富的，而且纤维质量远远高于草类等非木材原料。针叶木主要有铁杉、云杉、冷杉、鱼鳞松、马尾松等；阔叶木主要有桉树、白杨和桦木等。一般用于生产高白度黏胶纤维、铜氨纤维、醋酸纤维以及莫代尔等纤维素纤维的溶解浆均为针叶木溶解浆；而生产普通的黏胶纤维、莱赛尔纤维则可以使用阔叶木溶解浆。目前，预水解硫酸盐法制浆可以使用 80 多种阔叶木，亚硫酸盐法制浆可以使用 40 多种阔叶木。有时由于原料供应的关系，可以使用混合原料生产溶解浆。

2.3 竹子

近年来，随着竹纤维受市场青睐，竹子也正在成为溶解浆的原料之一。由于竹林在固碳方面有着独特的优势，因此可以为竹溶解浆工厂完成碳排放、碳中和等工作加分。据估算：一个 10 万 t 规模的竹溶解浆工厂，一年可以消耗鲜竹约 50 万~60 万 t，这不仅带动竹林产区的规模化经济效益，还解决了竹林产区人员的就业问题。因此，部分省市“十四五规划”中要求“构建竹加工产业绿色制造体系，建设绿色工厂，发展绿色园区，打造绿色供应链，促进竹加工产业发展模式转变”；同时还能够解决我国溶解浆进口比例偏高的问题。但是，竹子本身竹节含有大量的杂细胞以及石细胞；同时竹子种类繁多，不是每种竹子都能够用于生产溶解浆，因此这两点是制约竹子像木材一样成为溶解浆主要原料的原因之一。

2.4 麻

相比于竹子，麻也是我国特色植物种群之一，我国麻种类齐全，几乎拥有世界上所有的麻类。麻一年一收，生长周期短，易于种植管理，且生长过程中不使用任何农药，是一种绿色产品。麻类材料的纤维素含量都在 70%左右，并且吸湿性和回潮性均较好。通过烧碱法制得的麻浆中，α-纤维素含量一般在 85%~90%左右，聚合度在 700~900 左右，可以达到溶解浆的质量标准要求。早在 2009 年左右，一些黏胶短纤工厂就已经利用麻浆生产出黏胶短纤，且占有一定的市场份额，但由于品宣工作以及产业链体系不完整，最终麻黏胶纤维未能与竹黏胶纤维在市场上并驾齐驱。但麻黏胶纤维织物因具有独特的麻风格，以及透气性良好，受到市场中时尚群体的追捧。

2.5 纸浆

当纸浆与溶解浆之间的价差较大、且木片价格较高的时候，一些企业会选择一些特定标准的纸浆进行改性来制备溶解浆。市场上供应的部分纸浆白度一般都在 85% 以上，树脂含量小于 0.15%，灰分含量不超过 0.12%，国产纸浆会稍高一些，但基本上符合溶解浆的要求。这些普通纸浆作为溶解浆的主要问题是木素和半纤维素含量在 2%~8%之间，比溶解浆中的含量高，纤维黏度偏高，反应性能低。所以有些企业通过化学或生物方法对这些浆板进行后续处理，提高 α-纤维素含量和反应性能，从而获得溶解浆。

造纸浆改性制备溶解浆，使用的主要方法是烧碱法，去除漂白木浆中的半纤维素，随后进行适当降黏、洗涤、除杂，即可得到溶解浆级别的浆粕。

3 溶解浆的主要生产工艺

不同的原材料需要不同的工艺来生产溶解浆，其中棉短绒、麻、纸浆等主要使用烧碱法

(又称苛性钠法)，木材主要使用亚硫酸盐法和预水解硫酸盐法。

3.1 烧碱法

以棉短绒、麻、纸浆为原料生产溶解浆，主要使用烧碱法。这种方法的蒸煮液制备及蒸煮废液的回收处理相对简单，如果同时还生产黏胶纤维，那么，还可以从黏胶液车间的浸渍工序获得黄液，作为蒸煮液的补充来源，既合理又经济。

用烧碱法对棉短绒进行处理的目的是：①使木素生成碱木素，树脂和脂肪皂化，蜡质乳化，并大部分溶解出来；②使半纤维素溶解于碱液中，同时纤维素在碱液中被少量空气氧化，使聚合度下降；③纤维素在碱液中发生有限溶胀，纤维细胞的初生壁被破坏，使溶解浆的反应性能提高。

该方法的工艺大致包括碱浸渍、蒸煮、前除砂、前打浆、漂白、酸处理、后除砂、后打浆、磨浆和抄浆工段。采用该工艺制备的溶解浆 α-纤维素含量≥96%，白度≥85%，聚合度在720~760范围内。该工艺生产的棉浆粕纤维长度均匀、强度好、水溶物少、α-纤维素含量高、聚合度稳定、废水中COD含量低。

目前市场上生产黏胶纤维用的棉短绒溶解浆，多采用高温高碱蒸煮，高温漂白，产生的废水中COD含量很高，难以治理。以棉短绒为原料生产的溶解浆，主要用于高档精密仪器擦拭用纸、精密机加工用钢纸、医药填充剂——微晶纤维素、炸药硝化棉、高档硝基漆和建筑涂料等行业。

3.2 亚硫酸盐法

亚硫酸盐法是一种用含有游离 SO_2 的亚硫酸氢盐在高温下蒸煮的方法。过去，大部分针叶木溶解浆是采用亚硫酸盐法生产的，阔叶木也可采用亚硫酸盐法来生产溶解浆。亚硫酸盐法与预水解硫酸盐法相比具有较好的反应性能，溶解浆的得率也较高。但是，亚硫酸盐法对原料的要求较严格，需要以树脂含量较低的木材为原料。由于预水解硫酸盐法的出现以及亚硫酸盐法废液处理和原料限制等问题，现在亚硫酸盐法使用的相对较少。

3.3 预水解硫酸盐法

预水解硫酸盐法工艺对原料的适应性较强，主要用于生产高纯度的精制浆，成浆的α-纤维素含量可达到95%~98%，可作为人造纤维和其他纤维素衍生物用浆。特别是半纤维素和树脂含量高的纤维原料，适合采用预水解硫酸盐法。预水解硫酸盐法的生产过程包括预水解、硫酸盐法蒸煮。

常用的预水解处理方法有三种：酸预水解、水预水解和汽预水解。预水解的主要作用是：①降低原料中半纤维素的含量，改变其结构，提高浆料中α-纤维素含量；②提高浆料的反应性能，在酸性条件下，破坏纤维细胞的初生壁，并使初生壁在制浆过程中脱落下来，富含纤维素的次生壁暴露出来，从而提高浆料的反应能力；③控制浆料的聚合度。

传统工艺多采用酸预水解或热水预水解，由于酸性预水解液和水预水解液处理难度大，费用高，目前新建的规模型溶解浆厂多采用蒸汽预水解工艺。

蒸汽预水解法是以饱和过热蒸汽作为预水解剂，在高温下进行预水解的方法，其作用机理与水预水解相同，但比水预水解液比小，其水解液中的氢离子浓度大，水解反应迅速，且升温时间短，一般只需要10~30min。蒸汽预水解操作简单，单位产品蒸汽耗用量少，所以在工厂中得到广泛使用。

蒸汽预水解法第一个阶段，主要是去除大量半纤维素和少量木素；第二个阶段，主要是进行木素的脱除，同时去除剩余的半纤维素；最后一个阶段，残留的木素和半纤维素被进一步去除，从而提升溶解浆性能。利用该方法所生产的溶解浆具有纤维强度高、蒸煮液回收方便等优点。

预水解后浆料(半料)的硫酸盐法蒸煮与一般的硫酸盐法蒸煮相同。但由于预水解过程中木素的缩合和其他物质结构的变化，使预水解浆料的颜色变深。所以为了保证成浆的质量，蒸煮用碱量要高于一般造纸用浆，最高温度和时间也要适当控制。

相比亚硫酸盐法，预水解硫酸盐法的优点是：①可以适用于木材和非木材原料，并可适用于稍带树皮的原料；②碱回收已经有较成熟的工艺和设备；③漂白后，溶解浆的白度可以提升至92%以上；④能够生产α-纤维素含量高的溶解浆，而且聚合度分布均匀，不仅可以用来生产黏胶纤维，还可以用来生产强力黏胶纤维和高湿模量纤维等产品。

缺点是：①溶解浆的反应性能较亚硫酸盐法差；②不宜做醋酸纤维使用；③溶解浆的得率低，如一般黏胶短纤用浆，针叶木亚硫酸盐法得率为37%，预水解硫酸盐法为30%左右；④生产成本较高，主要受单位产品木材的消耗、化学药品消耗和废液回收成本等因素的影响。

3.4 漂白

漂白是进一步去除浆料中木素或改变木素发色基团结构，从而提高溶解浆纯度和白度的化学过程。溶解浆的漂白需达到三个目的：①提高浆粕的白度；②适当地降低纤维素的聚合度，并使分子量大小趋于均匀；③进一步提高纯度，去除溶解浆中的油脂、蜡质、木素、灰分、金属离子等非纤维素杂质，从而提高溶解浆的反应性能。在纺丝工艺不变的情况下，白度越高，反应性能越好。大多数工厂选用次氯酸盐为漂白剂，也有部分工厂使用氯化、二氧化氯及其他漂白剂的多段漂白。随着全球对二噁英的控制，氯化和次氯酸盐漂白在新建和扩建工厂中应用较少。为提高溶解浆质量，在漂白前增加一个酸处理工段，不仅可提高和稳定漂白后浆料的白度，而且还可降低浆料中灰分和金属离子含量。为避免漂白过程中纤维素的过度损伤，需对漂白剂的用量、温度、酸碱度等进行严格控制。

为了使溶解浆漂白至更高白度，多增加1~2个漂白段来调整黏度，以提高反应性能。研究表明，二氧化氯不仅可降低树脂含量，还可改善溶解浆的反应能力、黏度和过滤性能。二氧化氯能够改善溶解浆反应性能是由于其氧化电势较低，漂白时碳水化合物降解较少，但能使木素结构单元的醚键和碳碳键断裂，有利于降低不溶性残渣含量，从而提高溶解浆的反应性能。进行氧脱木素对于提高溶解浆的反应性能作用不大，但可减少漂白化学药品的用量，提高溶解浆白度。

4 溶解浆的主要技术特征

溶解浆品质的主要影响因素是生产工艺与原料的品质，根据溶解浆下游产品及相关行业标准，一般认为优质的溶解浆其技术特征为：α-纤维素含量高，杂质含量低，聚合度分布均匀、分布区间窄，反应性能优良，纤维长度分布均匀，溶解浆成分均一性好。不同用途溶解浆的化学成分组成见表1。

表1 不同用途溶解浆的化学成分组成

化学组成＼用途	黏胶纤维	醋酸纤维	醋酸纤维片	玻璃纸	硝酸纤维素	塑料填充料
*R*10/%	95.2	97.7	97	89.7	91.8	86.7
*S*18/%	3	1.1~2.9	1.6	4.5	5.8	11.1
木糖/%	2	0.6	0.8	1.1	1.5	2.1
甘露糖/%	1.1	0.8	1.1	1.5	2.3	6.7
乙醚抽出物/%	0.01	0.04	0.03	0.16	0.13	0.11
灰分/%	0.06	0.05	0.01	0.19	0.15	0.16
SiO_2/%	0.003	0.003	0.002	0.002	0.002	0.002
Fe^{2+}/(mg/kg)	3	2~4	3	2	4	2
Cu^{2+}/(mg/kg)	1	0.1~1	0.5	0.1	0.3	0.1
Mn^{2+}/(mg/kg)	0.2	0.04~0.1	0.08	0.01	0.1	0.1
特性黏度/(mL/g)	380~550	700~900	880	430	750	950
白度/%	91.9	94.4~95.2	95.1	94.4	91.6	95.7

注：*R*10指经过冷的10%的氢氧化钠溶液处理后的残余物；*S*18指经过冷的18%氢氧化钠溶液处理后溶解的物质；存于纸浆水解液中的木糖、甘露糖计算成木聚糖和甘露聚糖，用色谱法测定；铜乙二胺特性黏度测定方法SCAN C15-62。

4.1 α-纤维素(又称甲种纤维素)含量

溶解浆的纯度主要是指α-纤维素的含量。一般情况下，认为α-纤维素的含量越高，其纯度越高，品质也就越优良。除了α-纤维素之外，溶解浆中还有半纤维素的存在。在黏胶纤维生产过程中，半纤维素的磺化速度快，当溶解浆中半纤维素含量高时，会多消耗二硫化碳，且造成磺化不均匀，从而影响溶解浆的溶解性能，最终导致黏胶纤维的柔软性变差，同时也会给碱回收系统带来更多的困难。

但是，在实际生产过程中，尤其是黏胶短纤的生产过程中，黏胶短纤行业对于 α−纤维素含量的高低并没有绝对的要求，主要原因是：①性价比的考虑，因为纯度越高的溶解浆价格越高；②工艺对于溶解浆纯度的需求。所以，一般情况下，如果生产普通黏胶短纤，各个工厂会根据自己的实际情况选择 α−纤维素含量在 88%～94%之间的溶解浆。而生产玻璃纸、塑料填充料以及硝酸纤维素时，对 α−纤维素含量要求不高。

4.2　聚合度

聚合度是溶解浆一项主要技术指标，不同用途的溶解浆有不同的聚合度要求，但一般都低于溶解浆对于黏度的要求，溶解浆对黏度的要求较高，主要是因为低黏度的溶解浆在磺化的时候耗用时间短，且形成的黏胶液均匀性好，易于过滤，从而缩短碱纤维素的老化时间。

溶解浆的均匀性是指批与批、包与包、张与张之间平均聚合度的差别。如果聚合度不均匀，那么生产黏胶液时老化温度难以控制，而且在过滤时经常会发现未溶解的浆料。

溶解浆纤维素聚合度的多分散性是指纤维素分子聚合度的不均一性。测定溶解浆的聚合度分布，也能鉴别出溶解浆反应性能的优劣。聚合度分布较为普及的测定方法是凝胶渗透色谱法。溶解浆聚合度分布在 400～1000 的比例越高越好，如果高于 1200 的太多，将会在黏胶液中形成凝胶状的膨润体，致使黏胶液过滤性能变差；聚合度低于 200 的太多，会造成磺化反应不均一，严重影响成品纤维的质量。一般而言，溶解浆聚合度多分散性与制浆原料的质量均匀性有关，而溶解浆聚合度的均匀性则受制浆工艺的影响。

4.3　金属离子

溶解浆制成黏胶液的过程中，浆料中存在的微量金属离子易形成不溶微粒，如硫酸钙、硫酸镁等，不仅降低了黏胶液透明度，还将在纺丝时导致喷头堵塞、单丝断头，不利于高强度纤维产品制备。

多价金属离子钙、铁、镁等与黏胶纤维中的磺酸基相互作用产生不溶于碱的交链型化合物，从而降低了黏胶级溶解浆的反应性能。需要注意的是，二价和三价的铁盐对溶解浆的反应性能最为不利，表现为铁离子含量越高，溶解浆反应性能越低。同时还使黏胶液颜色加深加黑，而且铁盐与氧化铁易在黏胶液制备过程中产生难溶的硬块；锰、铜、铁加速黏胶液的熟化，表现为碱化或磺化反应不充分，最终出现一些难以溶解的颗粒物质，降低了溶解浆的反应性能。

因此在溶解浆生产过程中，应逐批做好半制品灰分和金属离子的检验。如发现灰分和金属离子偏高时，要及时处理，并加强蒸煮、漂白等工序的洗涤。

4.4　灰分

溶解浆中的灰分主要由两部分组成，一部分是原料自身携带的，另一部分是蒸煮过程中水及相关药剂带来的聚合盐。溶解浆中的灰分，尤其灰分中的二氧化硅，会影响老化时间和过滤，使黏胶液黏度增高，同时堵塞过滤系统的网眼，使过滤困难。所以灰分的含量要控制在千分之六以下。

水质对溶解浆灰分的影响也是不能忽视的。在生产溶解浆的洗涤过程中，应采用软水，这是保证溶解浆质量的重要措施之一。如果使用自来水或地下水，必须先进行去离子化处理。

生产玻璃纸、塑料填充料以及硝酸纤维素时，因为涉及后续产品的生产，对灰分指标要求相对较高。

4.5　吸碱值与抗碱度

吸碱值是溶解浆质量的一项重要指标。黏胶纤维生产工序是首先把溶解浆浸渍到 NaOH 溶液中，压榨制成碱纤维素，为了使溶解浆纤维素与碱的反应完全，就要求溶解浆具有较高的吸碱值。但对普通黏胶纤维生产而言，并不需要过高的吸碱值，重要的是减少批与批之间的离散程度，这与普通黏胶纤维生产不需要过高的 α−纤维素含量的道理一样。

溶解浆的抗碱度是指一定时间内绝干浆粕经室温标准浓度的 NaOH 溶液处理后的不溶解部分，是溶解浆的重要指标之一，一般用 R_c 表示。其中，c 表示 NaOH 溶液的质量分数，通常为 18%、10%和 5%，分别标识为 R_{18}、R_{10} 和 R_5，它与黏胶纤维加工和醚化加工中的碱处理难易程度直接相关。R_c 值作为黏胶纤维和纤维素醚等碱处理产品的表观得率，溶解浆中纤维素含量与 R_{18} 值具有较高的相关性，且溶解浆在碱液中的溶解部分也是生产黏胶纤维或纤维素醚时估算有机废水污染负荷的较好指标。

4.6 反应性能

广义上讲，溶解浆的反应性能是评价溶解浆品质的综合性技术指标。经验证明，反应性能优良的溶解浆必须是聚合度分散性小，α-纤维素含量高，杂质较少(非纤维素成分)，灰分、金属离子含量较低。因此，原料来源和蒸煮漂白工艺决定了溶解浆的反应性能。

狭义上讲，溶解浆的反应性能是指纤维素参与不同化学反应的能力。纤维素位于2，3位上的两个仲羟基比位于6位上的伯羟基具有更高的反应活性。对于衍生化反应而言，发生在碳环2，3位的反应是动力学稳定的，而发生在6位的取代反应是热力学稳定的。又有研究表明，结晶度不会影响溶解浆的反应性能，因此，纤维素2，3位上暴露的仲羟基数量越多，反应性能就相对较好。

当然，不管是广义的反应性能还是狭义的反应性能，对可能影响反应性能的众因素进行综合衡量才具有实际意义。例如在溶解浆的实际生产中，经常会碰到这样的情况，生产出的溶解浆各项化学性能指标都达到标准要求，可是在化纤厂生产黏胶纤维过程中却出现了质量问题，集中表现为反应性能不好，制成的黏胶液过滤性能差，这将影响整个后续化学加工的顺利进行，严重时会造成黏胶液全部报废。这时就需要考虑在溶解浆质量指标中，一些没有量化规定的却容易被忽视的其他影响因素，如不均匀性、溶解浆聚合度的多分散性和羟基的反应活性等，并给予足够重视。

5 溶解浆与普通造纸浆的区别

普通纸浆主要由α-纤维素、半纤维素、木素、灰分、水分等组成。溶解浆与普通纸浆的区别在于：

(1) 溶解浆有较高的α-纤维素含量，一般在90%~99%，它标志着溶解浆的纯度，包含平均聚合度大于200的部分。α-纤维素含量越高，在浸渍过程中的得率也越高。

(2) 半纤维素含量低于2%~4%。半纤维素是指除纤维素以外的碳水化合物(果胶质和淀粉除外)，是由两种以上低分子量的单糖组成的不均一的聚糖，即平均聚合度低于200的部分，主要是多戊糖。多戊糖过多，会在碱纤维素粉碎时产生黏性颗粒，并黏附在粉碎机的器壁上，影响黏胶液的透明度，使过滤性能变差，还不同程度地影响成品的强度，应尽量除去。

(3) 木素含量在1.0%以下。溶解浆中木素含量过高，会降低反应能力，造成过滤困难，木素在碱性溶液中会产生有色物质，降低浆粕的溶解和润胀能力，使磺化和溶解发生困难，影响产品质量，木素还起着延缓老化的作用，使产品的柔软性能降低。

(4) 灰分含量尽量控制在0.6%以下。灰分的存在，影响老化时间和过滤，使黏胶液黏度增高，降低纤维素磺酸盐在碱液中的溶解能力。

(5) 水分含量在8.5%~10.5%，而且必须均匀。水分含量过高，碱浸渍时需要高的碱浓，不但碱浸渍效果不好，而且还影响黏胶液质量；水分太低，会影响纤维素的化学变化。

6 溶解浆的主要应用领域及产品种类

将溶解浆按照不同的生产工艺处理后，其应用领域大致分为三类(见表2)：①纤维素纤维，主要包括纺织领域用黏胶纤维、醋酸纤维、铜氨纤维以及莱赛尔纤维等。同时，2022年市场上出现了一些食品包装用的纤维素纤维膜。工业方面用帘子线，因为合成纤维尼龙与涤纶的替代，目前仅特殊领域中保留少部分市场份额。②纤维素醚，主要包括羟甲基纤维素、羟乙基纤维素、甲基纤维素、乙基纤维素等产品，其应用领域包括螯合剂、洗涤剂、墙体腻子粉、食品添加剂等产品的原料。③纤维素酯，主要包括醋酸纤维素、硝酸纤维、塑料、丝束等，其应用领域包括液晶显示屏、香烟滤嘴、医用滤材、薄膜、炸药、涂料、胶片、服装、装饰织物等。为了让读者更好地理解溶解浆三大终端应用，分别选取黏胶纤维、羟甲基纤维素、醋酸纤维进行介绍。

表2 溶解浆的终端应用

种　类	产　品	应用领域
纤维素纤维	帘子线	轮胎、强力运输带
	普通短丝、长丝	服装、装饰织物、填充物、非织造布
	纤维素纤维膜	包装
	其他	海绵、纤维素肠衣

续表

种　类	产　品	应用领域
纤维素醚	羧甲基纤维素	洗涤剂、化妆品、食品、纺织品和造纸添加剂、钻井
	羧乙基纤维素	乳胶涂料、乳胶聚合物、钻井
	甲基纤维素	食品、涂料、药品
	乙基纤维素	涂布、油墨
纤维素酯	醋酸纤维素	液晶显示屏、香烟滤嘴、医用滤材、醋酸长丝、醋酸薄膜、醋酸模具
	长纤丝	服装、装饰织物
	塑料	塑料胶片、薄膜、挤压物品
	过滤嘴丝束	卷烟过滤嘴
	硝酸纤维	薄膜、炸药、涂料、胶片

6.1　黏胶纤维

黏胶纤维的化学组成与棉花相同，所以性质也接近棉花。但由于黏胶纤维的聚合度、结晶度比棉花低，纤维中存在较多的无定形区，所以黏胶纤维吸湿性能比棉花要好，也较易于染色。用黏胶纤维制织的织物具有较好的舒适性，所染颜色也较为鲜艳，色牢度也较好。从这点看黏胶纤维适于做内衣，也适于做外衣和装饰织物。普通黏胶纤维的强力度较低，湿强力度就更低，仅是干强力度的40%~60%；弹性回复能力也差，纤维不耐磨，湿态下的弹性、耐磨性就更差，所以普通黏胶纤维不耐水洗，且尺寸稳定性很差，断裂伸长约为10%~30%，湿态时伸长会更大，湿模量很低。

黏胶纤维性能的优劣，决定着它的使用价值，从民用角度来看，要求黏胶纤维具有吸湿性好，容易染色，抗静电，易于纺织加工，可以纯纺也可以与棉、毛、麻、丝以及各种合成纤维混纺或交织。织物的质地细密柔软，手感光滑，透气性好，穿着舒适，染色和印花后色泽鲜艳，色牢度好。黏胶纤维也广泛用于非织造业，这主要指的服用特性，工业用的纤维还有一些具体的性能要求。

改性普通黏胶纤维，经过特殊纺丝工艺纺制的高强力纤维在强力度、耐水性等方面有所改善，性能方面较为理想(弹性回复率高，尺寸稳定性好)，比普通黏胶纤维更适合做衣料，强力黏胶纤维大多用作工业用织物，改性的黏胶纤维具有多种用途，可作高端服装面料，医用止血纤维，还有的用于航天工业。

黏胶纤维近几年来的一个重要应用领域，就是用于生产非织造布，特别是生产水刺非织造布，产品具有蓬松、柔软、透气、强韧等特点，可加工成各种湿巾、干巾、美容面膜、医疗卫生敷料等产品。另外，黏胶纤维还用于生产女性用卫生棉条的吸收体。

6.2　纤维素醚

纤维素醚的制备方法是溶解浆与烧碱反应后，再与各种功能的反应物如氯甲烷、环氧乙烷、环氧丙烷等进行醚化反应，再经水洗副产物盐及部分纤维素钠而得到的产物。纤维素醚是纤维素的重要衍生物之一，可广泛应用于医药卫生、日用化工、造纸、食品、建筑材料等行业。近年来国外对其研究非常重视，在应用基础研究、应用实际效果、制备方面均取得了很多成果，较为突出的是纳米纤维素醚。

纳米纤维素醚具有独特的性质：化学反应活性比纤维状的纤维素大得多，被用于高效的纤维素化学改性；它的水悬浮液在强大的剪切力作用下可形成稳定的胶状液，被作为药物赋形剂；纳米纤维素醚具有乳化和增稠作用，能耐高温和低温，且外观酷似奶油，可以代替奶油以降低奶制品的热量，是理想的减肥食物。把纳米纤维素醚掺入面粉中做出的面包同样具有低热量的功效，因此，美国的纳米纤维素醚在减肥食品中最大含量达55%。纳米纤维素醚未来在纤维素工业领域将会有广阔的发展前景，也是溶解浆潜在的巨大市场。

6.3　醋酸纤维

醋酸纤维素可分为三个主要系列产品：醋酸纤维素(MCA)、二醋酸纤维素(CA)、三醋酸纤维素(TCA)。MCA主要用于制造苯甲酸醋酸纤维CAP，CAP是肠溶衣的主要材料。CA是醋酸纤维素中用途最广、产量最大的品种，可用于制造香烟过滤嘴，全球年产量增长率超过3%。其次，CA还可以用来制造人造丝、热塑性塑料、医用过滤器材(如血液过滤器材)等。塑料级二醋酸纤维素主要用于制作板材、片材，主要的产品有眼镜框、高级工具手柄等。TCA多用于生产液晶显示器的偏光片，还可用于制造高绝缘薄膜，主要应用在航天、航空及军事工业上。

醋酸纤维是溶解浆用途中仅次于黏胶纤维的第二大品种，在全球纸浆总消费量中不足1%。醋酸纤维以纤维素为基本骨架，具备纤维素纤维的基本特征，但因其回潮率较低，且有热塑性而具有了合成纤维的某些特征。醋酸纤维具有蚕丝般的鲜艳光泽和优良的手感，常作为丝的代替品，用作裙子或外套的里衬，并可以与合成纤维混纤生产复合纱，用于制作各种高档服装。醋酸纤维除用于纺织品外，还可用于香烟滤嘴、塑料制品等。

7　主要产品的生产工艺

本文选取黏胶纤维、醋酸纤维、羟甲基纤维素醚以及莱赛尔纤维四种产品，介绍由溶解浆到这些产品的生产过程。前三种目前均为传统的成熟产品，而莱赛尔纤维是近年来具有高速增长潜力的产品，且生产过程中对环境友好，几乎不产生污染，被誉为“21世纪的绿色纤维”。

7.1　黏胶纤维

溶解浆和黏胶纤维，其化学组成都是纤维素纤维，黏胶纤维仅是形态、结构以及物理性质发生了变化。黏胶纤维生产的过程，就是通过化学和物理的方法，将溶解浆中很短的纤维制成各种用途需要的不同形态的纤维，并具有所要求的性能。各种用途的黏胶纤维，不论采用何种溶解浆原料和生产设备，其生产的基本过程都是相同的，都必须经过下列四个工序：

（1）黏胶液的制备；

（2）黏胶液在纺丝前的准备；

（3）纤维的成形；

（4）纤维的后处理。

生产黏胶短纤的主要过程也和这个相同，其中前两个工序叫制胶工序，后两个叫纺丝工序。

在制胶工序中，把溶解浆制成黏胶液，要经过两个化学反应过程。首先将溶解浆与碱液反应，生成碱纤维素，然后碱纤维素再与二硫化碳反应，生成纤维素磺酸酯。通过这两个反应，在不能直接溶于稀碱液的纤维素分子上，引入极性很强的磺酸基团，从而使它溶解制得黏胶液。这时的黏胶液为粗黏胶液，还要经过精制过程才能进行纺丝，流程图如图2所示。

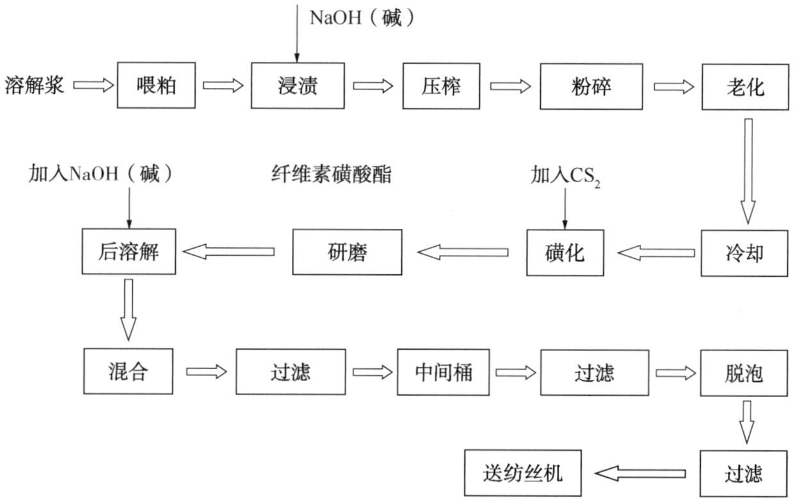

图2　黏胶纤维生产工艺流程图

从黏胶液到具有一定品质的再生纤维素丝条的工序，是在纺丝机上通过酸性的凝固浴即酸浴完成的，形成的纤维素丝条经过牵伸、切断、精炼等工序得到品质符合要求的丝束，然后经过烘干工序赋予丝束一定的回潮率，使之手感、穿着更舒适，再经过打包工序包装成具有一定质量的纤维包等待出厂。

7.2　醋酸纤维

醋酸纤维的制备大体分为两个部分，首先是生产醋酸纤维所用的纤维素醋酸酯(又叫醋片)的制备，然后将二醋片和三醋片分别溶解于不同的溶剂中，制成纺丝原液，采用干法纺丝，从而得到醋酸纤维。

溶解浆首先经过冰醋酸的活化处理，使它能够在水浴中充分地膨胀，增加酯化反应的活性，然后在浓硫酸催化剂的作用下与醋酸反应，生成纤维素三醋酸酯。纤维素三醋酸酯经部分皂化水解后(即成熟)，即得到纤维素二醋酸酯。然后用弱醋酸做沉淀剂使纤维素二醋酸酯沉淀，再蒸发溶剂使纤维素二醋酸酯析出，经洗涤去除残留的醋酸，再经稳定化处理除去残留的硫酸，最后经压榨、干燥、粉碎制得纤维素醋酸酯。醋片制取过程中醋酸的回收是将这些稀醋酸溶液通过萃取，将醋酸和水分离，再将萃取物与萃取液分别进行蒸发分离，从而得到醋酸和萃取剂。

溶解是制造纺丝原液最关键的一步。根据醋片溶解性的不同，分别用不同溶剂溶解醋片，制得纺丝原液。其中在原液中需要加入分散剂，还可以加入消光剂(制备无光醋纤长丝)，或者颜料(制备有色醋纤长丝)，同时还要不断地搅拌。溶解以后，将溶液进行过滤、脱泡，即可进行纺丝。

纺丝原液通过每个纺丝位的计量泵、烛型滤器、调温器，从喷丝帽中喷出，借助纺丝辅道中的热空气加热，使原液中的丙酮蒸发出来，自身则固化成形。固化的丝条由纺丝辅道的底部出来，经集束后卷绕在丝筒上，经加捻后处理得到成品醋酸长丝。蒸发的丙酮气体经冷却、活性炭吸附和精馏，即可回收到纯净的丙酮。

在醋酸纤维生产过程中，将原液制备、纺丝、溶剂回收的用水、用汽及用热部位综合平衡，进行热能综合利用及回收利用，对降低能耗、降低成本、正常稳定运转可以起到重要作用。

7.3 羟甲基纤维素醚

目前，羧甲基纤维素的生产方法可分为两大类，即水媒法和溶媒法。在反应过程中，以水作为反应介质的方法叫水媒法，用于生产碱性低质的羧甲基纤维素产品；溶媒法则是以有机溶剂为介质的方法，由于有机溶剂在反应过程中传热迅速、传热均匀，可有效减少碱纤维素的水解逆反应，因此溶媒法副反应少，醚化剂利用率高，所得到的产品纯度高、黏度高，主要用于生产中高品质的羧甲基纤维素产品。国内生产羧甲基纤维素多采用溶媒法。

具体过程为：溶解浆经撕松(或切碎)后用风机送到捏和机上部的原料仓，经称量投入捏和机中，同时放入计量的苛性钠溶液和乙醇溶液，进行碱化反应，碱化反应完成后，加入计量的一氯醋酸进行醚化反应，醚化反应后的粗品 CMC(羧甲基纤维素)放入盛有乙醇溶液的中和洗涤器中，洗涤用的乙醇水溶液来自配醇槽，在剧烈搅拌下，盐等杂质从粗 CMC 中溶入乙醇溶液，多余的碱用适量的盐酸中和，并在一定 pH 值范围内加入漂白剂漂白 CMC，充分洗涤后，用浆粥泵将物料打入离心机脱醇，脱去大部分醇溶液，含有盐等杂质的醇溶液流入乙醇回收槽。将含水和乙醇(约 50%)的滤饼从离心机中取出，置入提升机运至料斗密封暂存，然后在双辊拉碎机中将物料拉碎并转入料斗中，物料经料斗下的螺旋加料器投入耙式真空干燥器中进行减压干燥，CMC 中残存的乙醇经蒸发冷凝流入乙醇回收槽中，蒸发出的水分经冷凝排出。已干燥的 CMC 由吸料机送至旋风分离器，尾气由旋风分离器上部进入集尘室，经除尘后排入大气，物料从旋风分离器下部卸出，进入双链带加料器，均匀地将物料加入锤式粉碎机中，粉碎成所需颗粒度，然后进入旋风分离器，使物料再次与尾气分离，尾气经集尘后排入大气，物料由旋风分离器的下端卸入星形加料器，进入混合筒，将一定批量的羧甲基纤维素钠成品在此均匀混合后，送入包装机包装，再经输送带入仓。

离心机和耙式真空干燥器回收的乙醇溶液，排入乙醇回收槽，用离心泵打入乙醇蒸馏塔进行常压蒸馏，由冷凝器冷凝，浓度 80%左右的乙醇流入配醇槽，供中和洗涤用，小部分高浓度乙醇用于碱醚化反应。蒸馏塔残液去污水处理车间处理后排放。

7.4 莱赛尔纤维

纤维素在 NMMO(*N*-甲基吗啉-*N*-氧化物)中主要依靠电负性较强的 O 原子与纤维素的羟基形成作用力很强的氢键，进而打开纤维素分子间羟基上原有的氢键，使纤维素得到溶解。莱赛尔纤维制备过程是将溶解浆与一定浓度的 NMMO 水溶液均匀混合，通过真空脱水实现纤维素的完全溶解得到纺丝原液，然后经过滤除去杂质，并经喷丝板喷出后形成纺丝细流，纺丝细流经气隙、凝固浴后成形得到纤维，最后经水洗、切断、精练、上油、干燥等处理，得到成品莱赛尔纤维。

截至2022年底不完全统计数据，国外有莱赛尔纤维产能约28.5万t，国内已有产能约50万t，且今后5年将是快速扩张期，预计国内5年内年产能将达到百万t。

8 溶解浆生产的环境友好性和可持续性

溶解浆的主要原料为木材，木材来源于可持续管理的可再生种植林场；由于溶解浆来自天然材料，所以它的下游产品具有可降解性，不会对环境造成影响。

与传统的硫酸盐法制浆工艺相比，溶解浆生产过程中增加了一段预水解。因此溶解浆生产过程中的废水，主要使用硫酸盐法制浆废水的处理方法，即制浆黑液采用碱回收技术，而漂白废水主要采用物化、生化法达标排放。预水解(蒸汽或水预水解)过程中由于多聚糖的脱乙酰作用释放出有机酸(乙酸)，为半纤维素的自水解提供酸性环境，因此预水解废液的pH值低于4。预水解废液中含有半纤维素、皂化物、松节油和少量木素等物质。目前实际生产中较为常用的方法是采用黑液或碱化来的白液中和的办法对预水解废液进行处理，中和后的液体一并送碱回收进行燃烧处理，以此来解决黑液难以处理的问题，该方法相比于其他方法较为简单实用，且不会对环境带来污染。

溶解浆下游产品中，除了黏胶短纤在生产过程中，引入二硫化碳作为溶剂介质会带来硫污染外，其余产品，诸如莱赛尔纤维、纤维素醚、醋酸纤维等，生产过程中均较为环保，不会给环境带来次生污染。对于黏胶短纤生产过程中的硫污染问题，自2016年开始，业内就加大治理硫污染工作，目前黏胶纤维工厂均能够做到将黏胶纤维生产过程中的二氧化硫、硫化氢等气体通过碱系统先回收，然后再集中处理，达到环境保护的效果。

在生产过程中，一些黏胶纤维工厂、莱赛尔纤维工厂、纤维素醚工厂，在对溶解浆进行初步处理时，已经能够做到将溶解浆中的木素、戊糖提炼出来，生产木糖醇、木质素等产品。这不仅做到生产过程环保，还为企业带来了额外效益。

9 溶解浆的主要市场情况

2022年，新冠疫情反复无常，地缘政治冲突加剧，全球经济通胀高企，出现极端干旱或极寒天气等，在这些多因素叠加下，国际经济形势面临着下行的巨大风险。溶解浆作为衔接林业与纺织原料行业、化工行业等的重要产品，在2022年呈现生产与需求双重放缓、行业需求端投资持续下行并出现大面积减产的情况，2022年除巴西有一家50万t溶解浆厂产能如期释放外，再无其他大型溶解浆厂投产消息。

从全球的溶解浆生产情况看，俄乌冲突对欧美尤其是欧洲的溶解浆厂成本造成巨大影响，这主要是因为木片、天然气及石油的价格在俄乌冲突发生后上涨较快；同时由于欧盟对俄罗斯的制裁，导致自身缺少造纸浆以及生活用纸，使得欧洲部分溶解浆厂转产造纸浆；在上述两种因素的叠加之下，欧洲的溶解浆产量2022年出现严重下滑。

2022年受美国对中国新疆棉禁令影响，中国的棉花以及黏胶短纤生产的人棉纱、人棉布出口受阻，在下游国际订单减少的情况下，中国的黏胶短纤行业年度平均开工率未能超过70%；尤其是下半年，部分月份黏胶短纤开工率仅在60%左右。受中国黏胶短纤市场疲软影响，中国的溶解浆厂2022年生产也有限。同时，受房地产行业低迷影响，腻子粉等建筑材料的消耗量也降低，从而导致全球溶解浆产量下滑。

综上，2022年是全球溶解浆连续减产的第三个年头。2022年全球溶解浆产量约530万t，比2021年的560万t减少5.36%。其中，中国溶解浆产量约42.5万t，木溶解浆约占35万t。

从2022年全球溶解浆的产量分布情况(见图3)看，主要生产地区为亚洲、美洲、欧洲和非洲；2022年亚洲溶解浆产量占全球溶解浆产量的50%，这主要是因为印度尼西亚以及老挝太阳纸业生产较为稳定，并出现产量增长；美洲因为船运紧张造成库存积压，南非等地区因为洪水叠加疫情等原因，产量有所下降。具体数据表现为：亚洲占比50%，其中，印度尼西亚占比27%，日本、老挝、泰国和印度占比15%，中国占比8%；美洲占比33%，其中，美国与加拿大占比18%，巴西与智利占比15%；欧洲占比12%，其中，奥地利、挪威、瑞典、捷克占比8%，法国、荷兰、葡萄牙、芬兰占比4%；非洲主要是南非，占比5%。全球溶解浆生产主要集中在美洲与亚洲，两地合计产量占全球总产量的83%，该数据与2021年相比，增长5个百分点。

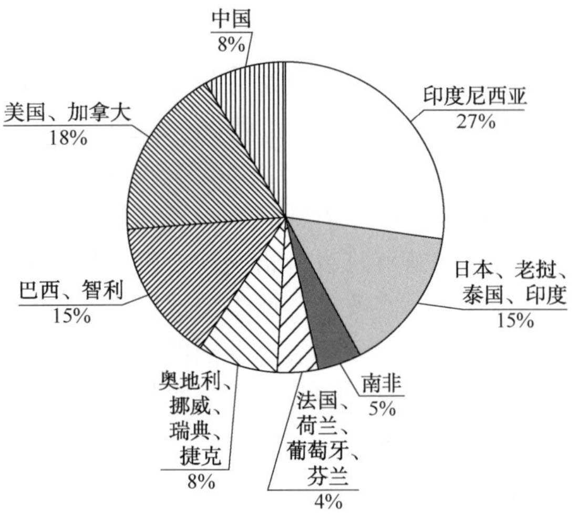

图3　2022年全球溶解浆主要产地及产量分布

将溶解浆按照不同的生产工艺处理后，有纤维素醚、纤维素酯、纤维素纤维三个板块，在整个2022年度，合计消耗溶解浆量约为550万t。

2022年全球宏观经济面临较大下行压力，由于国内外房地产市场不活跃，导致螯合剂、腻子粉、涂料等行业景气度低，从而降低了纤维素醚的需求量。但医药级纤维素醚因疫情影响需求量增加，但该领域需求总量少，估计全球在5万t以内，所以并不能影响纤维素醚板块缩减的格局。根据相关数据显示，2022年纤维素醚用溶解浆的量约在70万t左右，占全球溶解浆总消耗量的12.73%。

2022年，全球纤维素纤维消耗溶解浆量约为420万t，其中中国纤维市场消耗溶解浆量约为360万t，这360万t中，中国黏胶短纤消耗溶解浆量约为345万t左右，占全球溶解浆消耗量的62.73%；比2021年的58.87%上升3.86个百分点。黏胶短纤产量下降，但是占据溶解浆使用量的比例出现上升，证明溶解浆其他下游品种在2022年景气度有限。

当然，面对2022年的情况，从业者不必要过于担心。一方面2023年1—5月黏胶短纤开工率比上年同期要高出6%~9%，说明下游对于溶解浆的需求正在回升；另一方面，随着莱赛尔纤维，以及部分非织造布厂使用溶解浆与短切的纤维素纤维为原料生产可冲散干湿巾，说明不论是原先的产品渠道，还是具备高速增长的莱赛尔纤维与非织造布领域，均在扩大溶解浆的应用场景及使用量。相信溶解浆市场会逐步走出2022年的泥潭。

参　考　文　献

[1] 刘一山，陈春霞，李建国，等. 溶解浆的质量要求及其生产技术[J]. 中国造纸，2016(2).
[2] 沈葵忠，房桂干，韩善明，等. 溶解浆的质量指标及生产技术述评[J]. 林业工程学报，2018(5).
[3] 李天天，刘忠. 溶解浆的制备方法与发展前景[J]. 天津造纸，2021(4).
[4] 邓继泽. 溶解浆的市场及工艺技术[J]. 中国造纸，2012(3).
[5] 周淑芳，赵传山，吴朝军，等. 溶解浆的研究现状及发展趋势[J]. 中华纸业，2012(12).
[6] 邱有龙. 中国溶解浆产业发展[J]. 人造纤维，2011(4).
[7] 吴可佳，王海松，孔凡功，等. 溶解浆生产技术现状及研究进展[J]. 中国造纸，2011(8).
[8] 季柳炎. 黏胶短纤市场博弈原理[M]. 北京：中国纺织出版社，2019.
[9] 季柳炎. 2022年溶解浆市场回顾与2023年展望[J]. 造纸信息，2023(2).
[10] 季柳炎. 2021年溶解浆市场回顾与2022年展望[J]. 造纸信息，2022(2).

（上海中禛网络科技有限公司　季柳炎）

作者简介：

季柳炎，从事棉花、涤纶短纤及纤维素纤维产业链安全风险评估工作18年，现任上海中禛网络科技有限公司及进口宝网络科技有限公司首席分析师。对产业链环节上的棉花、涤纶短纤、溶解浆、黏胶短纤、纱线以及终端品市场分布、产品流行趋势有深刻研究。《人造纤维》《中华纸业》《纺织科学研究》等杂志专栏作者，著有《黏胶短纤市场博弈原理》一书，《中国化纤简史》特邀参编人员。

干法纸的生产及应用概述

Overview of the production and application of airlaid

1 什么是干法纸

干法纸顾名思义是一种特殊的纸，其生产方法不同于普通的纸。业内也称干法纸为无尘纸，英文名称为 airlaid。

普通的造纸工艺是以水作为介质，把纸浆纤维原料均匀地分散在水中，制成悬浮液，然后在成形网上通过过滤作用将水和纤维分离，使纸浆纤维均匀地留在成形网上形成纸张。纸张成形主要是纤维与纤维之间的结合，纤维间的结合是通过氢键来完成的。同时为了提高纸页的强度，通常要加入少量的化学助剂。

干法纸的生产不需要水，而是以空气作为介质，通过气流形成纤维网。常用的纤维原料主要是由针叶木生产的绒毛浆或者长度较短的合成纤维，所以干法纸生产技术也称为短纤维气流成网干法造纸技术，最初也曾经被称为是一种无水造纸技术。为了使纤网固结成纸，并提高干法纸的强度和完整性，生产中要添加胶乳树脂、热熔性纤维或者两者兼用。干法纸外观与普通纸非常接近，但与普通纸相比，它的厚度较大，松厚度较高，柔软度更好，吸液能力和强度较高，即使在吸液后也是如此。干法纸与气流成网非织造技术有所区别，因为气流成网非织造布使用的纤维长度较长，其长度范围在 3.8～4.5cm 之间，而且所采用的纤维一般都是合成纤维，如尼龙纤维、聚酯纤维等。当干法纸用于卫生巾、婴儿纸尿裤、成人纸尿裤等吸收性卫生用品中的吸收芯层时，那么生产干法纸时要添加高吸收性树脂(SAP)，以提高产品的吸收性能，因此生产的吸收性卫生用品超薄、纤巧，质量较轻，贴身性好。从包装层面看，比较纤巧的产品有利于缩小包装尺寸，进而可降低运输和仓储费用。另外，干法纸生产中也有添加高吸收性树脂纤维(SAF)的，生产中 SAF 与绒毛浆在纤网成形头中混合，SAF 具有与 SAP 一样的吸液能力。

2 干法纸技术起源

关于干法造纸的起源，最早可追溯到 20 世纪 30 年代，那时国外就有以人造纤维为原料，以空气作为纤维的分散介质，发明了干法造纸成形技术。大约从 20 世纪 50 年代初期开始，在美国、加拿大、日本、芬兰、丹麦和瑞典等国，不同的个人和机构相继涉足于干法造纸技术的开发。大部分是以木浆或木浆与其他纤维的混合物来生产干法纸，并且进行了一些干法造纸技术开发项目，此后干法造纸技术得到发展和改良。

20 世纪 60 年代中期，日本 Honshu 造纸公司开发了以纸浆为主要原料，采用气流成纸技术生产香烟过滤嘴材料，并取得了成功。随着干法造纸技术的进一步发展，Honshu 造纸公司又投产了两条干法造纸生产线。这两条生产线生产的产品，主要用于加工用即弃擦拭巾产品。

大约在同一时期，强生公司所属的 Chicopee 公司在加拿大蒙特利尔市的工厂，利用干法造纸技术，成功研制了可用于卫生巾的吸收芯层材料。Chicopee 公司又在其位于美国伊利诺伊州芝加哥市的工厂中进一步发展了此项技术，到 20 世纪 60 年代后期，该公司安装了几条干法纸芯材生产线，所生产的干法纸芯材供应给强生公司的纸尿裤工厂使用，用于纸尿裤面层下面的导流层。

与此同时，Scott Paper 公司也在开发干法造纸技术，并在美国特拉华州 Daver 市的工厂中安装了一条改良型干法纸生产线。最初，该厂以各种纺织纤维为原料，后来改用绒毛浆。特别重要的是，该厂采用绒毛浆与合成纤维的混合物实现了干法纸擦拭巾的工业化生产。

在干法造纸技术的开发并成功实现工业化生产的进程中，丹麦发明家卡尔·克劳耶(Karl Kroyer)先生做出了重要贡献。他将早期的干法造纸技术和日本 Honshu 公司的技术进行了大量的改进，首创了工业化气流成网技术——平流床振动束气流成网(Karl/M & J)，该技术是以纤维、胶乳黏合剂为原料，通过气流、真空成形系统生产出胶乳黏合的气流成网产品，也是胶乳黏合干法成形技术的开端，利用此项技术生产的干法纸具有较好的外观和手感，而且这项技术在此后也不断得到了完善和发展。拥有该技术的生产线提供给了美国金佰利公司研究中心、丹麦 United Paper Mills 公司、美国 American Can 公司、Fort

Howard Paper 公司。另外美国 Scott 公司在此期间也开发出了拥有专利的干法造纸技术，从此干法造纸行业在北美洲得到了较好的发展，干法纸用于个人消费用擦拭巾也取得成功，这是干法造纸技术发展的重要里程碑。

在此还必须提到 Dan-Web 公司的主要负责人，丹麦的约翰·莫斯加达（John Mosgaard）先生所做出的贡献。Mosgaard 先生是一名工程师，曾在 Kroyer 先生的公司工作，后来他自己创业，创立了 Dan-Web 公司。20 世纪 80 年代，Mosgaard 先生推出了另外一种干法成形技术——气流转筒成形技术，并发明了旋转式圆网滚筒成网机，采用热黏合技术生产热黏合干法纸。20 世纪 80 年代中后期，该技术实现了工业化生产。

此后，随着市场的需求和发展，更多的设备公司进入干法纸行业，使得干法纸生产技术和生产设备不断得到改进和升级，包括干法纸的成形模头和锤磨机等，不仅达到更好的纸页成形效果，还使能耗明显降低。

3　干法纸的主要特性

本文介绍以绒毛浆为主要原料生产的干法纸的特性。干法纸生产商通常情况下也可以根据用户的不同要求，调整这些特性。

3.1　蓬松性和吸收性

生产干法纸的首选纤维原料是绒毛浆，与其他相类似的纤维原料相比，在定量相同的情况下，所生产出的干法纸产品松厚度较大，因此干法纸具有良好的蓬松性。

干法造纸工艺可以生产出具有无数微孔隙的纸页结构，水或其他液体能够被俘获和持留在这些微孔隙中，因此干法纸也具有良好的吸收性。良好的吸收性使得干法纸可用作吸收性卫生用品中的重要原材料——吸收性芯层；另外还可用作医用绷带和海绵状擦拭用品的芯层。

3.2　柔软性和俘液性

干法纸生产采用的是绒毛浆纤维和使这些纤维黏合在一起的各种胶乳，因此具有良好的柔软性，这也是干法纸在卫生巾、失禁护理垫和医用材料等产品中被用作吸收芯层的一个重要原因。大部分的吸收性卫生用品都要与人体皮肤直接接触，虽然大多数可用作芯层的材料是柔软的，但干法纸在具有柔软性的同时，还具有较好的俘液特性。

干法纸在吸液后仍具有一定的强度，而且手感仍然柔软。由于具有这些性能优势，因此干法纸成为各种擦拭用品的主要基材。包括婴儿用擦拭巾、居家用擦拭巾、工业用和公共场合用清洁擦拭巾。

3.3　湿强度

湿巾含有各种溶液（或乳状液），这些溶液可用于清洁人体皮肤、厨房灶台、浴室和窗户等。所有这些最终用途都要求擦拭巾在受湿后能保持一定的强度。

绒毛浆纤维相比化学纤维是比较短的。一般来说，如果仅采用较短纤维的绒毛浆只能生产强度较低的干法纸。而将树脂黏合剂或将卷曲状合成纤维添加到绒毛浆中就可以提高干法纸的强度，并且能保持柔软性不变。例如受湿后的干法纸页能保留原有强度的 50%，而受湿后的普通纸页的强度则很低。另外，合成纤维也有助于受湿后的干法纸页保持一定的松厚度。

3.4　耐磨性

在擦拭类产品中，与干法纸相类似的产品是普通纸巾中的擦拭纸、厨房纸巾。干法纸生产过程中要添加树脂黏合剂，这样可以提高产品的耐磨性和强度。如果希望擦拭产品的耐磨性和柔软性兼而有之，例如卸妆用纸垫、含有酒精的纸垫和细抛光用布等，那么干法纸生产中可以添加柔软性胶乳黏合剂。

4　干法纸的主要原料、主要种类及生产工艺

4.1　干法纸的主要原料

干法纸生产的主要原料包括纸浆纤维即绒毛浆、合成纤维、胶乳、高吸收性树脂等，其中绒毛浆、高吸收性树脂分别在本年鉴的 2020/2021 版、2022/2023 版中有详细介绍，本文只介绍合成纤维、胶乳。

（1）合成纤维

合成纤维是干法纸生产中的黏合纤维，它也是干法造纸水刺固结复合材料生产中的重要原料。

用于黏合干法纸纤网的黏合纤维主要是双组分合成纤维，该纤维通常为皮芯结构，皮层由低熔点的聚乙烯（PE）组成，芯层由高熔点的聚丙烯（PP）或聚酯（PET）组成。这种皮/芯双组分结构一般被表述为 PE/PP 或 PE/PET。像马来酸酐之类的化学助剂通常在生产双组分纤维前就加入 PE 中，以便提高双组分合成纤维与木浆纤维的

共价键合强度。

双组分合成纤维的长度可以根据干法纸产品的需要变化，但最常用的纤维长度在 4～8mm 之间。长度较长的纤维一般可使干法纸的强度大于含有较短纤维的干法纸。通常情况下，使用一台单独的开松装置就可开松双组分纤维，然后双组分纤维被喂入成网系统中，与绒毛浆纤维充分混合。

在干法造纸水刺固结复合材料中，梳理法纤网是由聚酯纤维或尼龙纤维组成的。其纤维长度在 3.8～4.2cm。

（2）胶乳

胶乳是一种被几项非织造技术所采用的树脂黏合剂。对于干法纸生产所需的胶乳树脂，一般是被溶于水中或者被制成胶体状水分散液，然后再喷涂或泡沫涂布在纤网上，就可以将松散的绒毛浆纤维黏合在一起。可供使用的黏合剂范围较广，比较重要的黏合剂是丁二烯聚合物、丙烯酸(酯)类聚合物和烯类聚合物。

胶乳黏合剂对干法纸的物理性能有重要影响。对干法纸或其最终用途的要求决定了应选用何种黏合剂。胶乳黏合剂可以影响干法纸的以下特性：

- 悬垂性；
- 强度、回弹性，尤其是受湿后的强度和回弹性；
- 弹性；
- 柔软性、美观性；
- 抗菌性或抗真菌性；
- 耐化学性，特别是作为清洁擦拭湿巾时的耐化学性；
- 颜色。

另外，干法纸还可以根据后端的用途，添加各种功能性材料，如 SAP、异味控制剂和抗菌剂等。

4.2 干法纸的主要种类

干法纸主要包括以下几种类型。一是采用胶乳树脂作为黏合剂使纤维互相黏合生产的干法纸，称作胶乳黏合干法纸，这也是最早的干法纸生产方法，在干法纸的生产中占有重要地位。二是在 20 世纪 90 年代开发的工艺，即采用热熔性合成纤维来黏合干法纸纤网中的纤维，称作热黏合干法纸。三是现在大多数的干法纸生产工艺采用的将胶乳黏合和热黏合结合在一起的综合黏合方法，生产的产品称作综合黏合干法纸。其中热熔性纤维用于提高干法纸的强度，胶乳树脂用于减少干法纸的掉毛量。

另外还有一种方法是将干法纸纤网与梳理法制得的合成纤维非织造纤网，通过水刺固结工艺复合在一起，成为一种单一的均匀复合材料，这种复合工艺叫作干法造纸水刺固结复合工艺(air lacing)。

（1）胶乳黏合干法纸

在胶乳黏合干法纸生产过程中，纤维被胶乳树脂黏合在一起。胶乳是通过生产设备上的喷淋装置施加到纤网中，然后纤网被输送到干燥设备中进行水分蒸发，达到胶乳黏合剂与纤维互相作用，形成纤维黏合结构。

由于喷淋这种方式不能把胶乳更深入地渗入到定量较大的干法纸纤网中，来使纤维黏合，所以这种工艺仅适用于生产定量小于 50g/m^{2}的干法纸。胶乳黏合干法纸可用于生产的产品包括湿巾、干擦拭巾、桌布、某些医用材料、妇女卫生用品中的芯层和肉类包装浸吸垫。

如果采用胶乳黏合工艺来生产定量过大的干法纸，则可能导致干法纸纤网分层，纤网从中间被剥离成两层。

（2）热黏合干法纸

将热熔性纤维与绒毛浆均匀混合，借助于热熔性纤维可以使绒毛浆纤网中的纤维结合在一起。通常采用双组分热熔性纤维，这种纤维是皮芯结构的，其中芯层可以是聚酯或聚丙烯纤维，皮层是聚乙烯，聚乙烯中还含有一种助剂，以便提高它与绒毛浆纤维的黏合能力。热熔性纤维一般为长度 4mm 或 6mm 的卷曲状纤维，生产中双组分热熔性纤维的用量通常为纤网总量的 5%～35%，具体用量要根据干法纸的最终用途而定。生产过程中，一般比较疏松的纤网须经轻度压实到所需要的厚度，然后纤网被输送到烘房加热工段，在这个工段中，双组分纤维的聚乙烯皮层在烘房中被软化，并与绒毛浆纤维黏合。另外这种黏合也可以黏合纤网中的其他材料，例如高吸收性树脂。

虽然热黏合工艺适用于生产定量大于 50g/m^{2}的干法纸，但最好是用于生产定量大于 120g/m^{2}的干法纸。热黏合干法纸通常用作吸收性卫生用品、地板擦拭巾或医用绷带等产品中的吸收芯层。如果仅仅采用热黏合工艺生产的干法纸，它的绒毛浆纤维易于脱落，表面易于掉毛，所以不适用某些用途。

(3) 综合黏合干法纸

为了使干法纸性能更好，同时减少掉毛的情况，许多干法纸采用综合黏合工艺，这是一种兼有胶乳黏合和热黏合的工艺。生产中干法纸纤网的外层喷淋少量的胶乳，纤网的中心部位采用热熔性纤维黏合。在纤网干燥和熟化时，热熔性纤维熔化，并与绒毛浆纤维黏合在一起。喷淋胶乳的目的主要是控制掉毛，即在后续的加工过程中减少干法纸中纤维的脱落。

(4) 点黏合干法纸

点黏合干法纸工艺，是通过高压热轧机将干法纸纤网黏合。这种点黏合技术还有不同的名称，最常见的名称是X黏合、氢键黏合和压点黏合。在点黏合生产干法纸过程中，纤网一般是通过一个刻有花纹的热轧机，热轧机的热量和压力可以使绒毛浆纤维在热轧机的花纹点上结合在一起。如果在纤网中含有双组分纤维材料或高吸收性树脂材料，那么热轧过程也能使这些材料与绒毛浆纤维黏合在一起。

如果采用平滑、无刻花的热轧机也可对干法纸纤网进行热轧黏合，但这样生产出来的干法纸挺硬，柔软性较差。

(5) 干法造纸水刺固结复合材料

干法造纸水刺固结复合材料是一种比较重要的新型材料。从本质上讲，这种复合工艺源自一种水刺固结技术。在该技术中，预制的低定量薄页纸纤网与梳理法合成纤维纤网在高速水针的作用下缠结抱合成一种复合材料。干法造纸水刺固结复合工艺与上述工艺基本相似，其不同之处是，干法造纸水刺固结复合工艺是将未经固结（或黏合）的绒毛浆纤网与梳理法合成纤维纤网复合在一起。

干法造纸水刺固结复合材料具有如下优点：

- 具有良好的吸收性，而且抗张强度高于干法纸。
- 由于使用了具有可持续性的绒毛浆，所以生产的复合材料在可持续性和其他性能方面都比单独使用合成纤维生产的水刺非织造布具有更好的竞争优势。
- 这种复合材料的均匀度要高于水刺法非织造布。

干法造纸水刺固结复合材料的外观和手感与普通纺织品差不多，它的最终用途主要为擦拭巾。

4.3 生产工艺

干法纸生产工艺类似于梳理法纤网非织造布生产工艺。首先是离解开松纤维，然后是成网，最后是黏合。通过后处理将干法纸加工成最终产品。

4.3.1 绒毛浆的离解

干法纸生产过程的第一步是绒毛浆的离解。为了减少运输空间和降低运输成本，绒毛浆通常是经过高度压缩的卷筒浆板，浆板的厚度在1~2mm间。绒毛浆板被喂入锤磨机中，被锤磨机中高速旋转的一连串的钢锤离解成松散的单根纤维，然后由气流输送到成网工段中。

4.3.2 成网

来自锤磨机的松散绒毛浆被送入成网机。有两种成网技术，第一种是成网机中有一个粗筛网，通过搅动装置使绒毛浆纤维通过筛网，均匀散落沉集在筛网下面的成网帘上，形成纤网。丹麦M&J Fibretech公司的成网机采用的就是这种技术。

第二种是成网机采用圆网滚筒成网头。丹麦设备制造商Dan-Web公司采用的就是这种技术。在滚筒成网时，绒毛浆纤维从圆网中的许多网孔或狭缝中均匀洒落到网帘上，形成纤网。圆网的跨度等于沉集成纤网的网帘宽度。在每个成网头中有两个圆网，它们以高速相互逆向旋转，每个圆网内有一个搅动器，用来使纤维呈杂乱分布。如果在锤磨机中绒毛浆已被充分离解，没有纤维束存在，那么圆网滚筒成网头就不一定要有一个纤维束返回装置。

在这两种成网机中，松散的绒毛浆被真空抽吸装置源源不断地沉集在成网帘上。一般来说，一条生产线装备有几个成网头，在通过一个成网头后，纤网被输送到下一个成网头，以便再叠加一层绒毛浆纤网。

其他的添加材料，例如双组分纤维或高吸收性树脂也被送入成网头，以便与绒毛浆混合。干法造纸生产线通常都有几个供料装置，以便调整每个成网头中的添加材料，这样就使得生产线能够生产出具有不同功能的层合材料，例如一种吸收芯层纤网的底层可含有更多的高吸收性树脂，这样它就可以具有较好的贮液功能。

4.3.3 纤网的压缩

纤网在被黏合前，还要进行一道小型工序，该工序包括热轧预缩和压花。热轧预缩是一种轻微的热轧，可以使纤网具有一定的整体性或内聚性。在这一工序中，纤网的压花也同时进行，特别是纤网使用胶乳黏合时更要如此。压花图案一般是公司的商标或其他图形。如果纤网采用热黏合，特别是纤网中双组分纤维含量较高时，压花必须在烘房黏合工序之后进行。

4.3.4 黏合

前文中已有介绍，黏合主要有5种方法，包括胶乳黏合、热黏合、综合黏合、点黏合和干法造纸水刺固结复合。

（1）胶乳黏合

将胶乳黏合剂施加到纤网中有两种方法。第一种方法是，已被压缩的纤网在成网帘上运行，先用胶乳喷涂纤网的一面，之后纤网进入烘房干燥；然后翻转纤网，进行第二次胶乳喷涂，来喷涂纤网的另一面，之后纤网再次被干燥，使黏合剂固化；最后纸页被送往纵切/卷取装置。

第二种方法是，无须翻转纤网来喷涂它的另一面，而是在进入第二个烘房前从纤网的下面喷涂胶乳。

另外还有一种是泡沫涂布黏合法。与胶乳喷涂不同，泡沫涂布黏合是纤网被引入一个装有泡沫状胶乳的浸槽中。采用泡沫涂布黏合法有许多优点，主要是它有良好的洁净度。而在喷涂黏合法中，难以避免过量喷涂，而且喷涂会污染周围的设备，要经常性地清洁维护。用该技术主要生产定量大于100g/m^{2}的干法纸。

大多数的胶乳干法纸纤网是采用热风穿透干燥法来干燥的。热风穿透湿纤网，蒸发掉胶乳黏合剂中的水分，热风穿透干燥可使生产出来的干法纸更蓬松、柔软。而采用热辊筒干燥的方法较少，这种方法是纤网通过几个热辊筒后水分即被除去，热辊筒干燥生产的干法纸类似于普通纸，比较硬挺。

（2）热黏合

由绒毛浆和双组分合成纤维组成的纤网被送入热风穿透式烘房中，该烘房能够使双组分纤维的皮层软化和熔融，熔融后的双组分纤维就能够把纤网中的各种纤维黏合在一起。然后纤网再经过轧机，轧到所需要的厚度，再冷却。冷却后的纸页被送往卷取装置进行卷取，完成生产过程。

（3）综合黏合

综合黏合是将胶乳黏合与热黏合综合在一起的黏合工艺。其中纤网的中间部分采用热黏合，纤网的两面则采用轻度胶乳喷涂黏合，然后纤网进入干燥过程。如前文所述，综合黏合的目的是减少干法纸在加工成产品时的掉粉、掉毛量。

（4）干法造纸水刺固结复合

该复合工艺是将绒毛浆组成的干法纸纤网与采用其他非织造布成网技术（例如梳理法或纺丝法）制造的纤网，采用水刺法固结复合在一起。水刺固结法是通过紧密的、等间距排列的喷嘴喷出的高压水针直接射向待复合的纤网，水针的压力和强度足以使纤网中的纤维缠绕抱合，得到被固结的复合材料，再进行干燥。这种复合材料非常美观，它的柔软性、悬垂性、吸收性和抗张强度等物理性能均良好。根据最终用途的不同，这种复合材料所含绒毛浆与合成纤维的比例通常在60%/40%至40%/60%的范围内。它的主要用途包括湿擦拭巾、干擦拭巾、医用服装和其他防护服装。

5 干法纸的主要用途

干法纸的终端市场主要包括吸收性卫生用品芯材、擦拭巾（婴儿用、个人卫生用、家用和工业用）、桌面材料（餐巾和桌布）、医用绷带、过滤介质、新型复合式擦拭材料和食品用浸吸垫（例如可用于零售鸡肉、猪肉等肉类包装的底部）等等。当然干法纸的应用范围除了是由干法纸自身性能决定的外，也还受到其价格和成本的影响。

5.1 吸收性卫生用品芯材

吸收性卫生用品的一个重要材料是吸收芯层。在婴儿纸尿裤/训练裤、卫生巾等类似的卫生用品中，吸收芯层的作用是俘获尿液或其他体液，并将这些液体留存在其中。之前，绒毛浆是吸收芯层的主要组分，随着20世纪60年代末，高吸收性树脂（SAP）开发成功，越来越多的高吸收性树脂加入芯层中，使得每片产品所需的绒毛浆量也逐渐减少，而且吸收芯层吸收和留存液体的性能明显提高。绒毛浆与高吸收性树脂的吸收芯层是在卫生用品生产线上成形的。随着干法纸芯材的问世，吸收芯层的发展翻开了新的一页，即催生出薄型的卫生用品，这种卫生用品不仅薄，而且更柔软，并能吸收较多的液体。

5.2 擦拭巾

虽然非织造布技术特别是水刺非织造布被用于用即弃擦拭巾的生产，但干法纸在擦拭巾市场中仍占有一定的份额，因为干法纸的柔软度、松厚度、吸收能力和强度等物理性质均佳，而且具有可持续发展的特征。擦拭巾的用途范围较广，包括居家用擦拭用品和工业用擦拭用品，其中居家用通常被分为 3 种：婴儿用擦拭巾、个人护理用擦拭巾(例如化妆用、失禁用和多功能应用)和家庭清洁用擦拭巾。家庭清洁用擦拭巾包括适用于厨房、浴室的抗菌擦拭巾、家具抛光用擦拭巾、汽车清洁用擦拭巾、墩布头、一般清洁用擦拭巾和碗碟擦拭巾等。在工业擦拭应用中，与可反复使用的普通布质擦拭巾相比，干法纸擦拭巾具有更加洁净的优点；另外它的强度和吸收能力优于普通纸质擦拭巾。

5.3 食品垫

含有高吸收性材料的干法纸适用于鲜肉、鲜鱼等生鲜食品的包装。它通常放置在生鲜食品和托盘之间，吸收食品的渗出液，确保在超市出售的这些生鲜食品不会有液体渗出，而且也可提高食品的新鲜度和延长储存期限。

6 环境友好和可持续发展性

干法纸的主要生产原料是绒毛浆，绒毛浆是采用专门种植和养护的人工种植林场中的树木生产的天然纤维。在北美，生产绒毛浆的原料树木都是种植在贫瘠的土地上，这些土地不适合农作物生长，而且种植树木不需要或很少喷洒农药或灌溉。人工种植林场以科学的种植、科学的管理方式来培育林地，不仅向制浆造纸厂提供木材原料，而且还能够有效保持与改善生态环境，维护生态平衡。因此干法纸的源头材料树木属于可再生材料，具有可降解性和可持续发展性。

另外，生产绒毛浆也是一个清洁的生产过程，生产中的废水、废气都会得到有效的处理，达到标准排放要求。同时绒毛浆漂白采用的漂白剂是对环境和人体不会造成污染的无元素氯(ECF)漂白和全无氯(TCF)漂白。

(中国制浆造纸研究院有限公司生活用纸中心，中国造纸协会生活用纸专业委员会秘书处，中国造纸学会卫生用品专业委员会秘书处整理)

中国生活用纸和卫生用品及相关行业企业上市公司名录表

Listed companies in the tissue paper, hygiene products and related industries in China

序号	证券简称	股票代码	上市时间	上市板块	主营业务
1	恒安国际	01044	1998 年 12 月 8 日	港股主板	主要从事生产、分销及销售卫生巾、纸尿裤及纸巾(生活用纸、湿巾)产品。该公司也从事生产及销售护肤品、食品业务，还通过其子公司从事贸易和采购业务。
2	维达国际	03331	2007 年 7 月 10 日	港股主板	主要从事生活用纸和卫生用品的生产和销售的投资控股公司。该公司通过两个分部经营业务。个人护理产品分部从事失禁护理、女性护理和婴儿护理产品的生产和销售。生活用纸产品分部从事生活用纸的生产和销售。
3	中顺洁柔	002511	2010 年 11 月 25 日	A 股中小企业板	研发、生产、加工、销售(含网上销售)：生活用纸、棉柔巾、个人护理用品。
4	和泰润佳	830825	2014 年 6 月 27 日	新三板	一次性卫生用品领域 PE 流延膜、外包装袋的研发、生产和销售。
5	山东信和	831338	2014 年 11 月 10 日	新三板	造纸工程总包，造纸机整机的设计、组装、制造与销售，造纸机部件的设计、制造与销售，钢制烘缸制造与销售。
6	佳创科技	832368	2015 年 4 月 21 日	新三板	从事一次性卫生用品和生活用纸智能化包装机械的研发、制造和销售。
7	爹地宝贝	834683	2015 年 12 月 10 日	新三板	一次性卫生用品的研发、生产和销售。
8	昊月新材	837396	2016 年 5 月 23 日	新三板	高吸收性树脂的研发、生产和销售。
9	嘉美斯	839308	2016 年 10 月 14 日	新三板	热熔胶喷涂设备的研发、生产和销售。
10	北京大源	871126	2017 年 3 月 13 日	新三板	非织造布的研发、生产、加工、销售。
11	侨虹新材	870931	2017 年 3 月 27 日	新三板	从事开发、生产、销售吸水材料及其他相关产品。
12	延江股份	300658	2017 年 6 月 2 日	A 股创业板	一次性卫生用品面层材料的研发、生产和销售。
13	海纳智能	01645	2020 年 6 月 3 日	港股主板	设计及制造一次性卫生用品(包括婴儿纸尿裤、成人纸尿裤及女性卫生巾等)自动化设备。
14	小护士	873498	2020 年 8 月 12 日	新三板	卫生用品的研发、生产和销售。
15	豪悦护理	605009	2020 年 9 月 11 日	A 股主板	从事女性用、婴幼儿用、成人用等卫生护理用品的研发、生产与销售。
16	稳健医疗	300888	2020 年 9 月 17 日	A 股创业板	棉类制品的研发、生产、销售，覆盖医疗卫生、个人护理、家庭护理、母婴护理、家纺服饰等。
17	百亚股份	003006	2020 年 9 月 21 日	A 股中小企业板	一次性卫生用品的研发、生产和销售。
18	依依股份	001206	2021 年 5 月 18 日	A 股主板	一次性卫生护理用品及非织造布的研发、生产和销售。
19	可靠股份	301009	2021 年 6 月 17 日	A 股创业板	一次性卫生用品的设计、研发、生产和销售，主要产品包括婴儿护理用品、成人失禁用品和宠物卫生用品。
20	洁雅股份	301108	2021 年 12 月 3 日	A 股创业板	湿巾类产品研发、生产与销售。
21	环龙控股	02260	2022 年 1 月 11 日	港股主板	从事包装纸、特种纸、印刷纸、生活用纸及浆板等产品生产过程中使用的造纸毛毯的设计、生产和销售。
22	聚胶股份	301283	2022 年 9 月 2 日	A 股创业板	吸收性卫生用品专用热熔胶的研发、生产和销售。
23	欧克科技	001223	2022 年 12 月 12 日	A 股主板	生活用纸智能装备及包装材料的研发、制造、销售与服务。

注：按上市时间排序。

主要生产企业

MAJOR MANUFACTURERS OF TISSUE PAPER & DISPOSABLE PRODUCTS

[2]

主要生产企业、品牌及地理位置分布图

List of major manufacturers，brands and location maps of major manufacturers in China

生活用纸

Tissue paper and converting products

编号	省区市	公司名称	品牌
1	河北	丽邦集团(含河北保定、湖北孝感) Libang Group	丽邦，港兴
2		保定雨森卫生用品有限公司(含河北保定、辽宁、甘肃) Baoding Yusen Health Supplies Co., Ltd.	雨森，百丽
3		河北金博士集团有限公司(含河北保定、湖北孝感) Hebei Golden Doctor Group Co., Ltd.	金博仕
4		河北雪松纸业有限公司 Hebei Xuesong Paper Co., Ltd.	雪松，佳贝，好人家，真情
5	山西	山西云冈纸业有限公司 Shanxi Yungang Paper Co., Ltd.	云冈，花之都，汉舒
6		山西力达纸业集团有限公司 Shanxi Lida Paper Co., Ltd.	益宝
7	上海	上海东冠集团 Shanghai Orient Champion Group	洁云，丝柔，自由森林
8		泰盛科技(集团)股份有限公司(含重庆、贵州、江西、湖北、安徽、四川乐山) Taison Technology (Group) Co., Ltd.	维尔美，纤纯，竹态
9	江苏	金红叶纸业集团有限公司(含江苏南通、海南、湖北孝感、辽宁、四川遂宁、四川雅安) Gold Hongye Paper Group Co., Ltd.	唯洁雅，清风，真真
10		永丰余投资有限公司(江苏扬州) Yuen Foong Yu Investment Co., Ltd.	五月花
11		胜达集团江苏开胜纸业有限公司 Shengda Group Jiangsu Kaisheng Paper Industry Co., Ltd.	双灯，蓝雅，蓝欣，老好
12		江苏王子制纸有限公司 Jiangsu Oji Paper Co., Ltd.	妮飘
13	浙江	唯尔福集团股份有限公司 Welfare Group Co., Ltd.	纸音
14		浙江景兴纸业股份有限公司 Zhejiang Jingxing Paper Joint Stock Co., Ltd.	品萱
15	福建	恒安国际集团有限公司(含福建晋江、湖南、山东、重庆、安徽、新疆、广东、湖北孝感) Hengan International Group Co., Ltd.	心相印，品诺
16		福建植护网络科技有限公司(含福建、广西、河北) Fujian Botare Network Technology Co., Ltd.	植护
17		联盛浆纸(漳州)有限公司 Liansheng Pulp & Paper (Zhangzhou) Co., Ltd.	森宝
18	山东	山东太阳生活用纸有限公司(含山东、广西北海、广西南宁) Shandong Sun Household Paper Co., Ltd.	幸福阳光
19		亚太森博集团(含山东、广东、江西) Asia Symbol Group	原木日记
20		山东晨鸣纸业集团股份有限公司 Shandong Chenming Paper Holding Co., Ltd.	星之恋，森爱之心
21	河南	银鸽集团 Yinge Group	银鸽，舒蕾
22		河南护理佳纸业有限公司 Henan Foliage Paper Co., Ltd.	品秀
23		河南省沁阳市宏涛纸业有限公司 Henan Qinyang Hongtao Paper Industry Co., Ltd.	心恋心
24	广东	维达纸业(中国)有限公司(含广东新会会城、广东新会双水、广东新会三江、广东阳江、湖北孝感、北京、四川、浙江、辽宁、山东) Vinda Paper (China) Co., Ltd.	维达，花之韵
25		中顺洁柔纸业股份有限公司(含广东江门、广东云浮、湖北孝感、四川、浙江、河北唐山) C&S Paper Co., Ltd.	洁柔，太阳
26		理文卫生纸制造有限公司(含重庆、江西、广东、广西) Lee & Man Tissue Paper Manufacturing Limited.	亨奇
27		韶能集团(含广东、湖南) Shaoneng Group	韶能本色
28	广西	广西华劲集团股份有限公司(江西赣州) Guangxi Hwagain Group Co., Ltd.	华劲
29		广西横县江南纸业有限公司 Guangxi Hengxian Jiangnan Paper Co., Ltd.	桂纤，爽手
30	四川	四川环龙新材料有限公司 Sichuan Vanov New Material Co., Ltd.	斑布
31		四川省犍为凤生纸业有限责任公司 Sichuan Jianwei Fengsheng Paper Co., Ltd.	山丘
32		宜宾纸业股份有限公司 Yinbin Paper Industry Co., Ltd.	金竹

注：(1)表中只包含已投产企业；(2)表中只包含了有原纸的生产企业。

生活用纸
Tissue paper and converting products

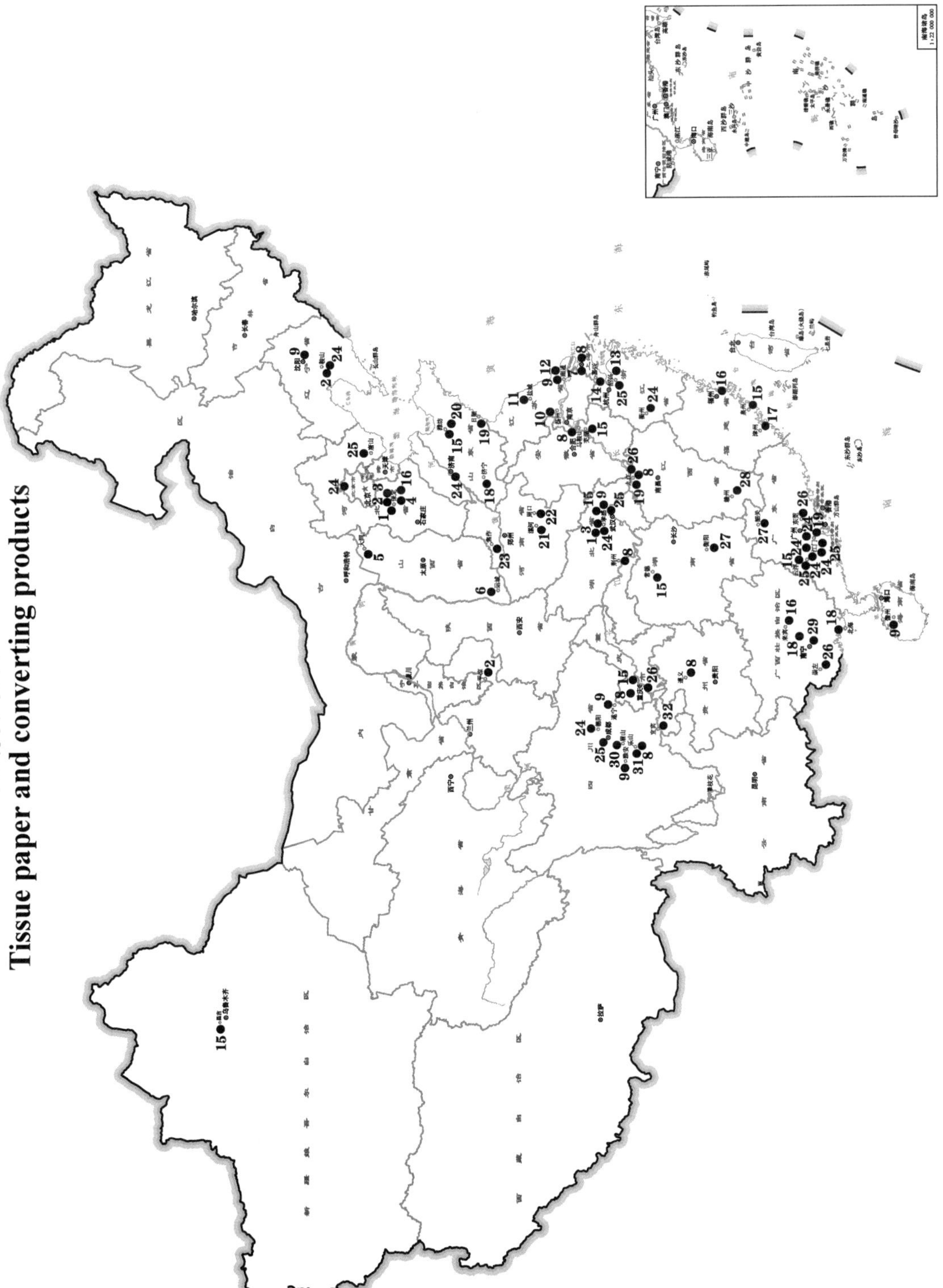

卫生用品——女性卫生用品
Disposable hygiene products——Feminine hygiene products

编号	省区市	公司名称	品牌
1	北京	金佰利(中国)有限公司(含北京、江苏) Kimberly-Clark (China) Co., Ltd.	高洁丝
2		北京倍舒特科技发展有限公司(含天津) Beijing Beishute Science & Technology Development Co., Ltd.	倍舒特
3		北京倍舒特妇幼用品有限公司 Beijing Beishute Maternity & Child Articles Co., Ltd.	月自在
4	天津	小护士(天津)科技股份有限公司 Little Nurse (Tianjin) Technology Co., Ltd.	小护士
5	上海	尤妮佳生活用品(中国)有限公司(含上海、天津、江苏) Unicharm Consumer Products (China) Co., Ltd.	苏菲
6		上海花王有限公司 Kao Corporation Shanghai Co., Ltd.	乐而雅
7		上海护理佳实业有限公司 Shanghai Hulijia Industry Co., Ltd.	护理佳
8		上海亿维实业有限公司 Shanghai E-way Industry Co., Ltd.	护蕾，迪芙妮
9		上海申欧企业发展有限公司 Shanghai Sun'o Development Co., Ltd.	555，悠 U
10		上海月月舒妇女用品有限公司 Shanghai Yueyueshu Women Products Co., Ltd.	月月舒
11	江苏	康卫生活用品(扬州)有限公司 Kangwei Sanitary Products (Yangzhou) Co., Ltd.	OEM 为主
12		江苏三笑集团有限公司 Jiangsu Sanxiao Group Co., Ltd.	笑爽，一点点
13	浙江	唯尔福集团股份有限公司 Welfare Group Co., Ltd.	唯尔福，美丽约会
14		维达纸业(中国)有限公司(含浙江、湖北) Vinda Paper (China) Co., Ltd.	薇尔
15		杭州可悦卫生用品有限公司 Hangzhou Credible Sanitary Products Co., Ltd.	月满好，OEM
16		杭州川田卫生用品有限公司 Hangzhou Kawada Sanitary Products Co., Ltd.	OEM 为主
17		杭州余宏卫生用品有限公司 Hangzhou Yuhong Health Products Co., Ltd.	安琦，布知布觉，OEM
18	福建	恒安国际集团有限公司(含福建、天津、浙江、安徽、江西、山东、河南、湖北、广西、四川、陕西) Hengan International Group Co., Ltd.	七度空间，安尔乐
19		福建恒利集团有限公司 Fujian Hengli Group Co., Ltd.	好舒爽，舒爽
20		中天(中国)工业有限公司 AAB (China) Co., Ltd.	丝婷
21	河南	河南舒莱卫生用品有限公司 Henan Simulect Hygiene Products Co., Ltd.	舒莱，凸凸棉
22	湖北	湖北丝宝护理用品有限公司 Hubei C-BONS Care Products Co., Ltd.	洁婷
23	湖南	湖南千金卫生用品股份有限公司 Hunan Qianjin Hygienic Products Co., Ltd.	千金净雅
24	广东	宝洁(中国)有限公司(含广东、天津) Procter & Gamble (China) Co., Ltd.	护舒宝
25		广东景兴健康护理实业股份有限公司 Kingdom Healthcare Holdings Co., Ltd. Guangdong	ABC，Free
26		佛山市啟盛卫生用品有限公司 Foshan Kayson Hygiene Products Co., Ltd.	U 适，小妮
27		中山佳健生活用品有限公司 Zhongshan Jiajian Daily-use Products Co., Ltd.	佳期
28		深圳全棉时代科技有限公司 PurCotton Era Science and Technology Co., Ltd.	奈丝公主
29		广东美洁卫生用品有限公司 Guangdong Magic Sanitary Articles Co., Ltd.	美洁，美宜洁，美月爽
30		佛山市顺德区新感觉卫生用品有限公司 New Sensation Sanitary Product Co., Ltd.	新感觉，OEM
31		广东康怡卫生用品有限公司 Guangdong Kangyi Hygiene Products Co., Ltd.	臻我，康怡，闺蜜团
32		广东川田卫生用品有限公司 Guangdong Kawada Sanitary Products Co., Ltd.	OEM 为主
33		佛山市佩安婷卫生用品实业有限公司 Foshan Peianting Sanitary Articles Industrial Co., Ltd.	佩安婷，珮夫人
34	广西	桂林洁伶工业有限公司(含广西、湖北) Guilin Jieling Industrial Co., Ltd.	洁伶，淘淘氧棉
35	重庆	重庆百亚卫生用品股份有限公司 Chongqing Baiya Sanitary Products Co., Ltd.	自由点，妮爽
36	云南	云南白药清逸堂实业有限公司 Yunnan Baiyao Qingyitang Industry Co., Ltd.	日子

卫生用品——女性卫生用品
Disposable hygiene products——Feminine hygiene products

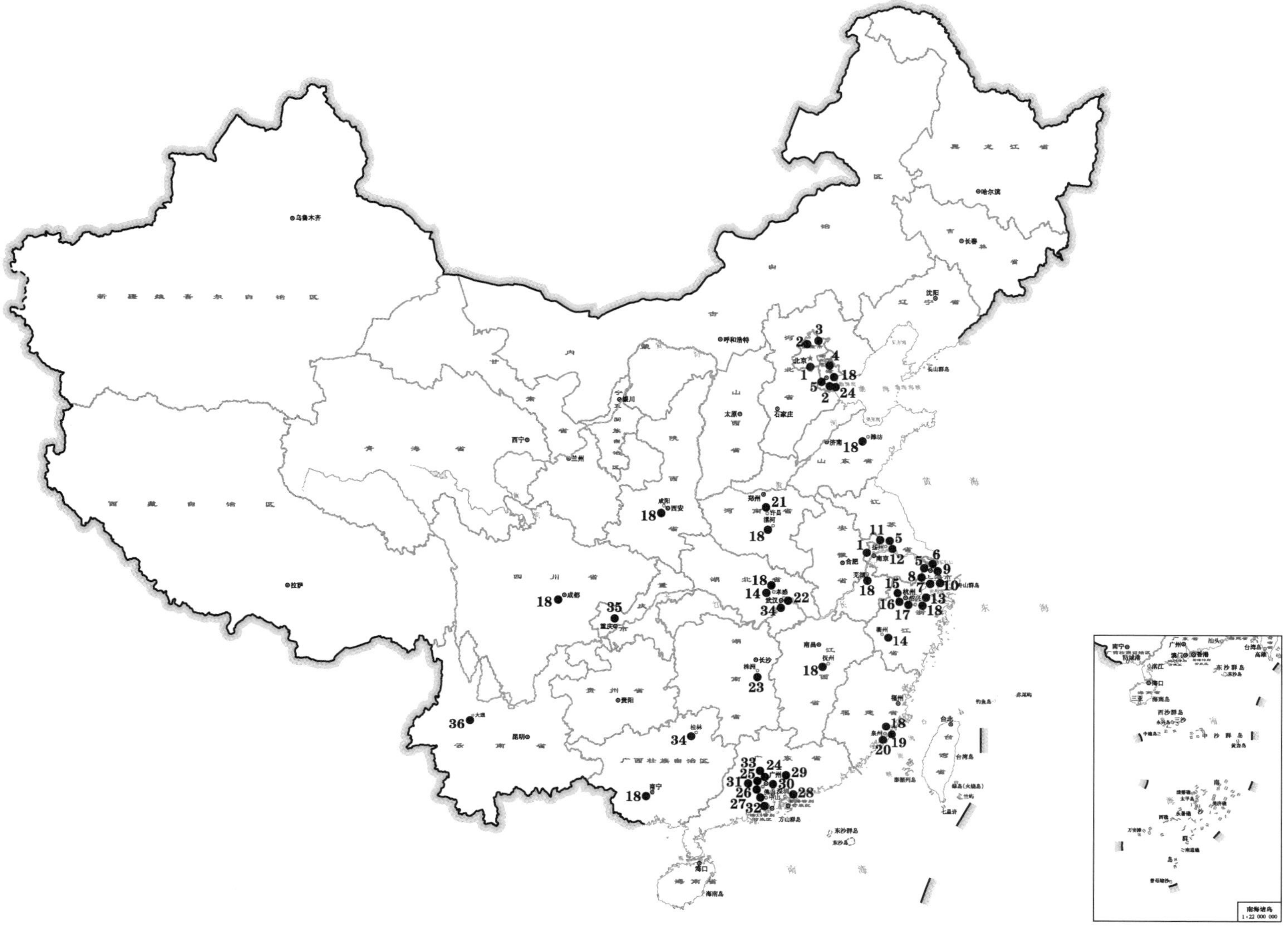

卫生用品——婴儿纸尿裤/片
Disposable hygiene products——Baby diapers/diaper pads

编号	省区市	公司名称	品牌
1	天津	金佰利(中国)有限公司(含天津、江苏) Kimberly-Clark (China) Co., Ltd.	好奇 Huggies
2	上海	尤妮佳生活用品(中国)有限公司(含上海、天津、江苏) Unicharm Consumer Products (China) Co., Ltd.	妈咪宝贝，Moony
3	江苏	大王(南通)生活用品有限公司 Elleair International China (Nantong) Co., Ltd.	GOO. N
4	浙江	杭州豪悦护理用品股份有限公司(含浙江、江苏、湖北) Hangzhou Haoyue Healthcare Products Co., Ltd.	妈妈咪呀
5		杭州千芝雅卫生用品有限公司(含浙江、湖北) Hangzhou Qianzhiya Sanitary Products Co., Ltd.	名人宝宝
6		杭州可靠护理用品股份有限公司 Hangzhou Coco Healthcare Products Co., Ltd.	酷特适
7		杭州淑洁卫生用品有限公司(含浙江、四川) Hangzhou Shujie Hygiene Products Co., Ltd.	爱格玛，哈昵哈昵，巴比酷
8	福建	恒安国际集团有限公司(含福建、安徽、江西、河南、四川) Hengan International Group Co., Ltd.	奇莫 Q·MO，安儿乐
9		泉州天娇妇幼卫生用品有限公司(含福建、湖北) Quanzhou Tianjiao Lady & Baby's Hygiene Supply Co., Ltd.	妈咪亲，欢乐贝比，家得宝
10		泉州市嘉华卫生用品有限公司 Quanzhou Jiahua Sanitary Articles Co., Ltd.	宜婴
11		爹地宝贝股份有限公司 Daddybaby Corporation Ltd.	爹地宝贝
12		雀氏(福建)实业发展有限公司 Chiaus (China) Daily Necessities Co., Ltd.	雀氏
13		婴舒宝(中国)有限公司 Insoftb (China) Co., Ltd.	婴舒宝
14		百润(中国)有限公司 Baron (China) Co., Ltd.	贝舒乐
15		福建美可纸业有限公司 Fujian Merak Paper Co., Ltd.	好省新，贝趣
16	湖南	湖南舒比奇生活用品有限公司 Hunan Suitsky Household Products Co., Ltd.	舒比奇
17		湖南爽洁卫生用品有限公司 Hunan Shajoy Sanitary Articles Co., Ltd.	爽然，爱心妈妈
18	广东	宝洁(中国)有限公司(含广东、天津) Procter & Gamble (China) Ltd.	帮宝适
19		广东昱升个人护理用品股份有限公司(含广东、浙江、湖南) Guangdong Yusheng Sanitary Products Inc., Ltd.	吉氏，舒氏宝贝
20		广东茵茵股份有限公司 Guangdong Yinyin Co., Ltd.	茵茵 Cojin
21		广东欧比个人护理用品有限公司 Guangdong Obee Personal Care Products Co. , Ltd.	宾比，小天王，欧贝比
22		露乐健康科技股份有限公司 Lunaler Health Technology Co., Ltd.	露安适，爱乐爱
23		东莞市常兴纸业有限公司 Dongguan Changxing Paper Co., Ltd.	一片爽，片片爽
24		凯儿得乐(深圳)科技发展有限公司 Caredaily (Shenzhen) Technology Development Co., Ltd.	凯儿得乐
25		广东康怡卫生用品有限公司 Guangdong Kangyi Hygiene Products Co., Ltd.	康怡宝宝
26	贵州	贵州卡布国际生物科技有限公司 Guizhou Clothe International Biotechnology Co., Ltd.	卡比布，婴之道

卫生用品——婴儿纸尿裤/片
Disposable hygiene products——Baby diapers/diaper pads

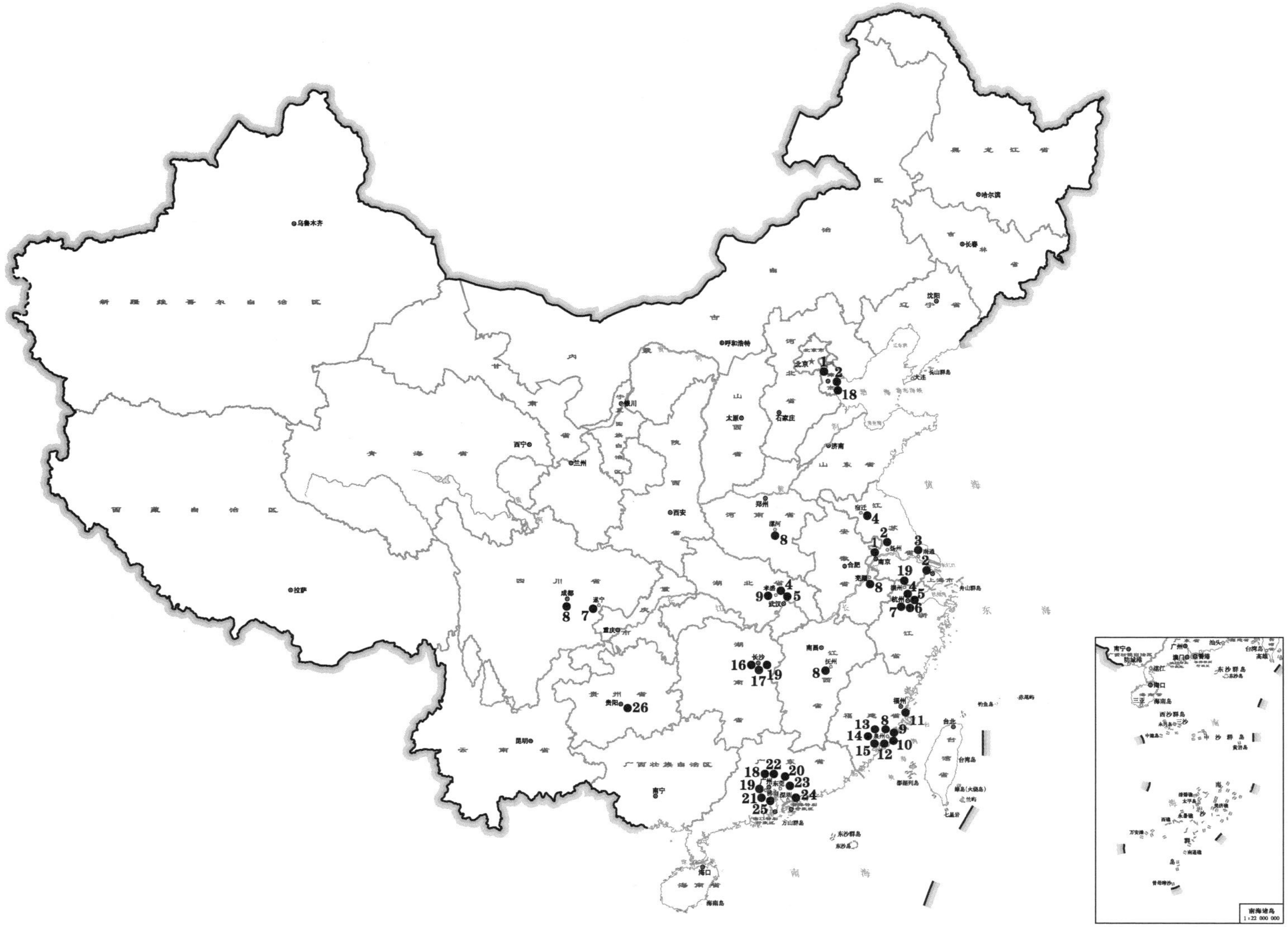

卫生用品——成人失禁用品
Disposable hygiene products——Adult incontinent products

编号	省区市	公司名称	品牌
1	北京	金佰利(中国)有限公司(北京) Kimberly-Clark (China) Co., Ltd.	得伴
2		北京倍舒特妇幼用品有限公司 Beijing Beishute Maternity & Child Articles Co., Ltd.	捷护佳
3	天津	天津市依依卫生用品股份有限公司(宠物垫为主) Tianjin Yiyi Hygiene Products Co., Ltd.	依依
4	河北	河北金洁卫生科技有限公司 Hebei Jinjie Health Technology Co., Ltd.	一把手，静中净
5		河北宏达卫生用品有限公司 Hebei Hongda Hygiene Products Co., Ltd.	老来福，亿舒康
6	辽宁	辽宁汇英般舟医用材料有限公司 Liaoning Huiying Banzhou Medical Material Co., Ltd.	会好
7	上海	尤妮佳生活用品(中国)有限公司(含上海、江苏) Unicharm Consumer Products (China) Co., Ltd.	乐互宜
8		上海亿维实业有限公司 Shanghai E-Way Industry Co., Ltd.	宝莱
9	江苏	江苏永福康卫生用品科技有限公司 Jiangsu Yofoke Healthcare Technology Co., Ltd.	旅伴，永福康
10		苏州市苏宁床垫有限公司 Suzhou Suning Underpad Co., Ltd.	安帕
11	浙江	杭州可靠护理用品股份有限公司 Hangzhou Coco Healthcare Products Co., Ltd.	可靠
12		杭州千芝雅卫生用品有限公司(含浙江、湖北) Hangzhou Qianzhiya Sanitary Products Co., Ltd.	千芝雅，千年舟
13		浙江珍琦护理用品有限公司 Zhejiang Sunkiss Healthcare Co., Ltd.	珍琦，自由生活
14		杭州豪悦护理用品股份有限公司(含浙江、江苏、湖北) Hangzhou Haoyue Healthcare Products Co., Ltd.	康福瑞
15		维达纸业(中国)有限公司(浙江) Vinda Paper (China) Co., Ltd.	添宁，包大人
16		杭州淑洁卫生用品有限公司(含浙江，四川) Hangzhou Shujie Hygiene Products Co., Ltd.	益年康，淑洁康
17		唯尔福集团股份有限公司 Welfare Group Co., Ltd.	唯尔福
18	安徽	芜湖悠派护理用品科技股份有限公司 U-play Corporation	悠派，福派
19	福建	恒安国际集团有限公司(含福建、江西、四川) Hengan International Group Co., Ltd.	安而康
20		福建省莆田市荔城纸业有限公司 Fujian Licheng Paper Co., Ltd.	佳爽爱康
21	山东	山东爱舒乐卫生用品有限责任公司 Shandong Aishule Hygiene Products Co., Ltd.	爱舒乐
22		山东云豪卫生用品股份有限公司 Shandong Yunhao Hygiene Products Co., Ltd.	洁来
23		山东日康卫生用品有限公司 Shandong Rikang Health Products Co., Ltd.	福露达，怡洁康
24	广东	东莞市常兴纸业有限公司 Dongguan Changxing Paper Co., Ltd.	雅康健，护理爽
25		广东茵茵股份有限公司 Guangdong Yinyin Co., Ltd.	茵茵 Cojin
26		广东互爱健康产业科技有限公司 Guangdong Carelder Health Industry Technology Co., Ltd.	互爱
27	四川	四川佑盾优品医疗科技有限公司 Sichuan Yodun Superior Products Medical Technology Co., Ltd.	佑盾

卫生用品——成人失禁用品
Disposable hygiene products——Adult incontinent products

卫生用品——擦拭巾

Disposable hygiene products——Wipes

编号	省区市	公司名称	品牌
1	北京	金佰利(中国)有限公司(北京) Kimberly-Clark (China) Co., Ltd.	舒洁 Kleenex
2	辽宁	大连欧派科技有限公司 Dalian Oupai Technological Co., Ltd.	优普爱
3		大连大鑫卫生护理用品有限公司 Dalian Daxin Health Nursing Products Co., Ltd.	娇点，黑白猪
4	上海	上海美馨卫生用品有限公司 Shanghai American Hygienics Co., Ltd.	Dr. Parmar 帕玛医生
5		强生(中国)有限公司 Johnson & Johnson (China) Ltd.	强生，嗳呵
6		上海三君生活用品有限公司 Shanghai Sanjun General Merchandise Co., Ltd.	楚牌
7		贝亲婴儿用品(上海)有限公司 Pigeon (Shanghai) Co., Ltd.	贝亲
8	江苏	金红叶纸业集团有限公司(江苏南通) Gold Hongye Paper Group Co., Ltd.	清风
9		康卫生活用品(扬州)有限公司 Kangwei Sanitary Products (Yangzhou) Co., Ltd.	康乃馨，OEM
10		扬州倍加洁日化有限公司 Yangzhou Perfect Daily Chemicals Co., Ltd.	倍加洁
11	浙江	纳奇科化妆品有限公司 Naturecare Cosmetics Co., Ltd.	国光，全棉爸爸，OEM 加工
12		南六企业(平湖)有限公司 Nan Liu Enterprise (Pinghu) Co., Ltd.	OEM 加工
13		浙江优全护理用品科技有限公司 Zhejiang Youquan Care Products Technology Co., Ltd.	淳净，优全猫，露尔
14	安徽	铜陵洁雅生物科技股份有限公司 Jyair Bio-Tech Co., Ltd.	艾妮，喜擦擦，哈哈
15		安徽汉邦日化有限公司 Anhui Hanbon Daily Chemical Co., Ltd.	憨贝洁
16	福建	恒安国际集团有限公司(含福建、安徽、江西、新疆) Hengan International Holding Co., Ltd.	心相印
17		漳州市中南护理用品有限公司 Zhangzhou Zhongnan Nursing Products Co., Ltd.	淘淘熊
18		福建新亿发集团有限公司 Fujian New Yifa Group Co., Ltd.	手心缘
19	山东	山东爱舒乐卫生用品有限责任公司 Shandong Aishule Hygiene Products Co., Ltd.	爱舒柔
20		山东省润荷卫生材料有限公司 Shandong Runhe Health Materials Co., Ltd.	润荷
21		济南卡尼尔科技有限公司 Jinan Kanier Science & Technology Co., Ltd.	卡尼尔，慧心
22	河南	河南逸祥卫生科技有限公司 Henan Yixiang Health Technology Co., Ltd.	德佑
23	广东	深圳全棉时代科技有限公司 PurCotton Era Science and Technology Co., Ltd.	Purcotton 全棉时代
24		维达纸业(中国)有限公司(含广东、北京) Vinda Paper (China) Co., Ltd.	维达
25		广东景兴健康护理实业股份有限公司 Kingdom Healthcare Holdings Co., Ltd. Guangdong	ABC，Free，EC
26		深圳市御品坊日用品有限公司 Imperial Palace Commodity (Shenzhen) Co., Ltd.	水亲亲，水肌肤，水精灵
27		中顺洁柔纸业股份有限公司 C&S Paper Co., Ltd.	洁柔，新棉初白
28	重庆	重庆珍爱卫生用品有限责任公司 Chongqing Treasure Hygiene Products Co., Ltd.	珍爱
29	贵州	贵州卡布国际生物科技有限公司 Guizhou Clothe International Biotechnology Co., Ltd.	咔布，卡比布，婴之道

卫生用品——擦拭巾
Disposable hygiene products——Wipes

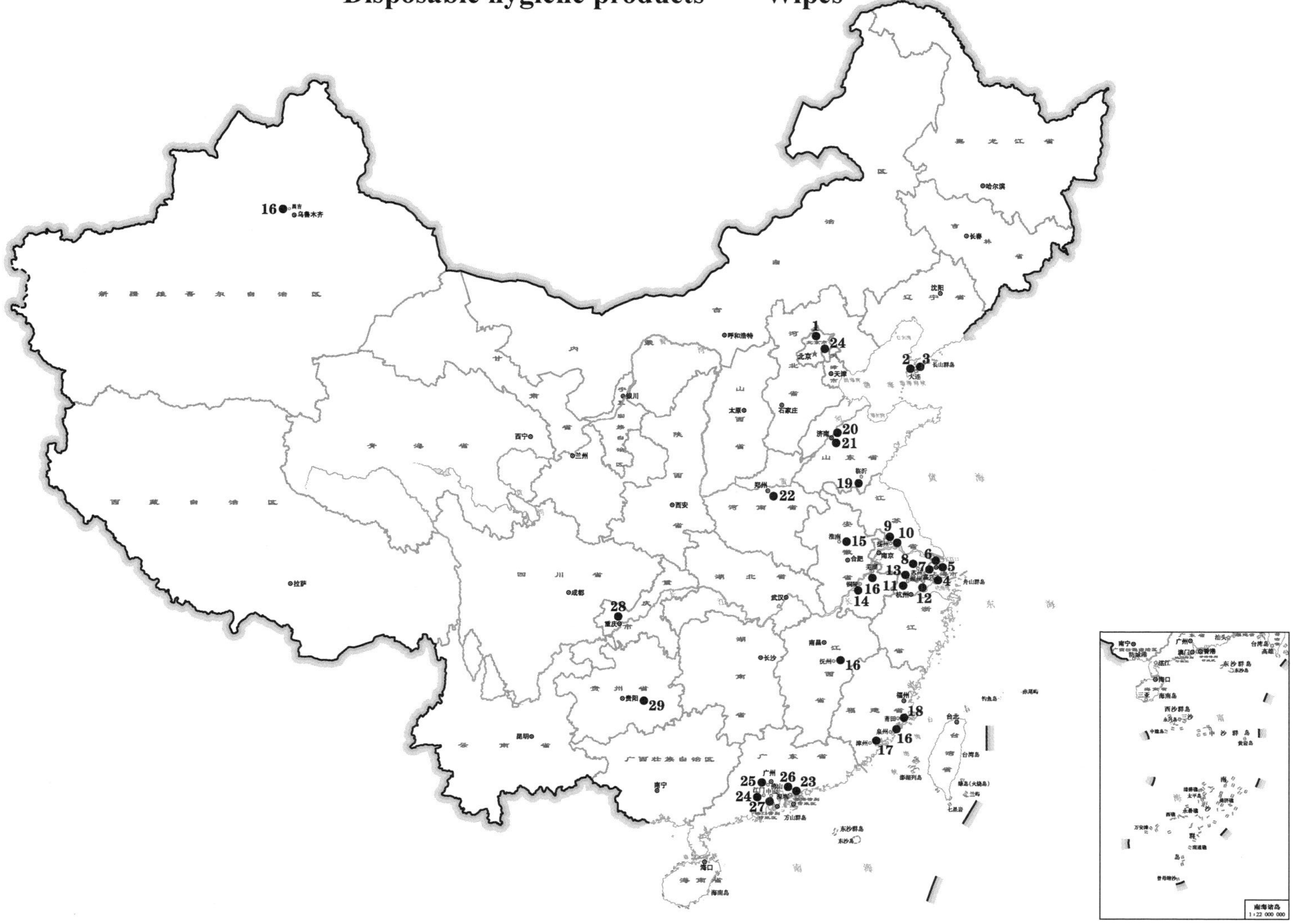

按区域分的主要企业、产品及位置分布图
Location maps of major manufacturers and products by region

珠三角地区和福建省
Pearl River Delta area and Fujian province

广东省 Guangdong		
1	维达纸业(中国)有限公司(含广东新会会城、广东新会双水、广东新会三江、广东阳江) Vinda Paper (China) Co., Ltd.	△○
2	中顺洁柔纸业股份有限公司(含广东江门、广东云浮) C&S Paper Co., Ltd.	△▲○
3	韶能集团(广东) Shaoneng Group	△
4	理文卫生纸制造有限公司(广东) Lee & Man Tissue Paper Manufacturing Limited.	△
5	恒安国际集团有限公司(广东) Hengan International Group Co., Ltd.	△
6	宝洁(中国)有限公司(广东) Procter & Gamble (China) Co., Ltd.	▲★
7	广东景兴健康护理实业股份有限公司 Kingdom Healthcare Holdings Co., Ltd. Guangdong	▲○
8	佛山市啟盛卫生用品有限公司 Foshan Kayson Hygiene Products Co., Ltd.	▲
9	广东美洁卫生用品有限公司 Guangdong Magic Sanitary Articles Co., Ltd.	▲★
10	中山佳健生活用品有限公司 Zhongshan Jiajian Daily-use Products Co., Ltd.	▲
11	广东川田卫生用品有限公司 Guangdong Kawada Sanitary Products Co., Ltd.	▲
12	深圳全棉时代科技有限公司 PurCotton Era Science and Technology Co., Ltd.	▲○
13	佛山市顺德区新感觉卫生用品有限公司 New Sensation Sanitary Product Co., Ltd.	▲★
14	广东康怡卫生用品有限公司 Guangdong Kangyi Hygiene Products Co., Ltd.	▲★☆
15	佛山市佩安婷卫生用品实业有限公司 Foshan Peianting Sanitary Articles Industrial Co., Ltd.	▲
16	广东昱升个人护理用品股份有限公司(广东) Guangdong Yusheng Sanitary Products Inc., Ltd.	★☆
17	凯儿得乐(深圳)科技发展有限公司 Caredaily (Shenzhen) Technology Development Co., Ltd.	★
18	广东欧比个人护理用品有限公司 Guangdong Obee Personal Care Products Co. , Ltd.	★
19	露乐健康科技股份有限公司 Lunaler Health Technology Co., Ltd.	★▲
20	东莞市常兴纸业有限公司 Dongguan Changxing Paper Co., Ltd.	★☆
21	广东茵茵股份有限公司 Guangdong Yinyin Co., Ltd.	★☆
22	广东互爱健康产业科技有限公司 Guangdong Carelder Health Industry Technology Co., Ltd.	☆
23	深圳市御品坊日用品有限公司 Imperial Palace Commodity (Shengzhen) Co., Ltd.	○

福建省 Fujian		
1	恒安国际集团有限公司(福建晋江) Hengan International Holding Co., Ltd.	△▲★☆○
2	福建植护网络科技有限公司(福建) Fujian Botare Network Technology Co., Ltd.	△
3	联盛浆纸(漳州)有限公司 Liansheng Pulp & Paper (Zhangzhou) Co., Ltd.	△
4	福建恒利集团有限公司 Fujian Hengli Group Co., Ltd.	▲★△
5	中天(中国)工业有限公司 AAB (China) Co., Ltd.	▲★
6	爹地宝贝股份有限公司 Daddybaby Corporation Ltd.	★▲☆
7	雀氏(福建)实业发展有限公司 Chiaus (China) Daily Necessities Co., Ltd.	★☆
8	婴舒宝(中国)有限公司 Insoftb (China) Co., Ltd.	★○
9	泉州市嘉华卫生用品有限公司 Quanzhou Jiahua Sanitary Articles Co., Ltd.	★
10	泉州天娇妇幼卫生用品有限公司(福建) Quanzhou Tianjiao Lady & Baby's Hygiene Supply Co., Ltd.	★▲☆
11	百润(中国)有限公司 Baron (China) Co., Ltd.	★
12	福建美可纸业有限公司 Fujian Merak Paper Co., Ltd.	★☆
13	福建省莆田市荔城纸业有限公司 Fujian Licheng Paper Co., Ltd.	☆★
14	漳州市中南护理用品有限公司 Zhangzhou Zhongnan Nursing Products Co., Ltd.	○
15	福建新亿发集团有限公司 Fujian New Yifa Group Co., Ltd.	○☆★

珠三角地区和福建省
Pearl River Delta area and Fujian province

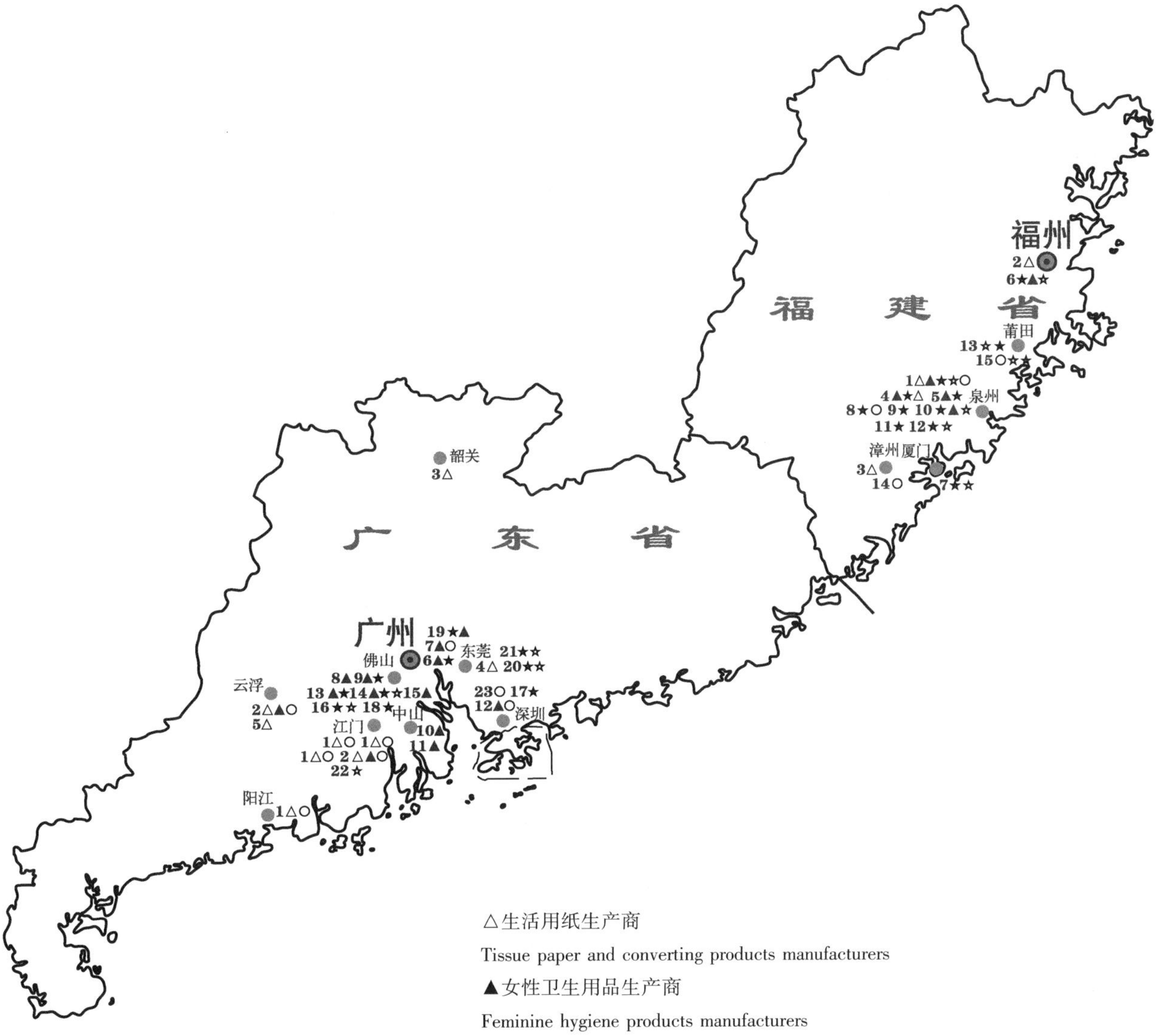

△生活用纸生产商

Tissue paper and converting products manufacturers

▲女性卫生用品生产商

Feminine hygiene products manufacturers

★婴儿纸尿裤/片生产商

Baby diapers/diaper pads manufacturers

☆成人失禁用品生产商

Adult incontinent products manufacturers

○ 擦拭巾生产商

Wipes manufacturers

长三角地区
Yangtze River Delta area

上海市 Shanghai		
1	上海东冠集团 Shanghai Orient Champion Group	△▲○
2	尤妮佳生活用品(中国)有限公司(上海) Unicharm Consumer Products (China) Co., Ltd.	▲★☆
3	上海花王有限公司 Kao Corporation Shanghai Co., Ltd.	▲
4	上海护理佳实业有限公司 Shanghai Hulijia Industry Co., Ltd.	▲
5	上海申欧企业发展有限公司 Shanghai Sun'o Developement Co., Ltd.	▲
6	上海月月舒妇女用品有限公司 Shanghai Yueyueshu Women Products Co., Ltd.	▲
7	上海亿维实业有限公司 Shanghai E-Way Industry Co., Ltd.	▲☆
8	上海美馨卫生用品有限公司 Shanghai American Hygienics Co., Ltd.	○★
9	强生(中国)有限公司 Johnson & Johnson (China) Ltd.	○
10	上海三君生活用品有限公司 Shanghai Sanjun General Merchandise Co., Ltd.	○
11	贝亲婴儿用品(上海)有限公司 Pigeon (Shanghai) Co., Ltd.	○
江苏省 Jiangsu		
1	金红叶纸业集团有限公司(江苏南通) Gold Hongye Paper Group Co., Ltd.	△○▲
2	永丰余家品(昆山)有限公司(江苏扬州) Yuen Foong Yu Family Care (Kunshan) Co., Ltd.	△
3	胜达集团江苏开胜纸业有限公司 Shengda Group Jiangsu Kaisheng Paper Industry Co., Ltd.	△
4	江苏王子制纸有限公司 Jiangsu Oji Paper Co., Ltd.	△
5	尤妮佳生活用品(中国)有限公司(江苏扬州) Unicharm Consumer Products (China) Co., Ltd.	▲★☆
6	金佰利(中国)有限公司(江苏南京) Kimberly-Clark (China) Co., Ltd.	▲★
7	康卫生活用品(扬州)有限公司 Kangwei Sanitary Products (Yangzhou) Co., Ltd.	▲○
8	江苏三笑集团有限公司 Jiangsu Sanxiao Group Co., Ltd.	▲
9	大王(南通)生活用品有限公司 Elleair International China (Nantong) Co., Ltd.	★
10	杭州豪悦护理用品股份有限公司(江苏) Hangzhou Haoyue Healthcare Products Co., Ltd.	★☆▲
11	苏州市苏宁床垫有限公司 Suzhou Suning Underpad Co., Ltd.	☆
12	江苏永福康卫生用品科技有限公司 Jiangsu Yofoke Healthcare Technology Co., Ltd.	☆
13	扬州倍加洁日化有限公司 Yangzhou Perfect Daily Chemicals Co., Ltd.	○
浙江省 Zhejiang		
1	维达纸业(中国)有限公司(浙江) Vinda Paper (China) Co., Ltd.	△▲☆
2	中顺洁柔纸业股份有限公司(浙江) C&S Paper Co., Ltd.	△
3	浙江景兴纸业股份有限公司 Zhejiang Jingxing Paper Joint Stock Co., Ltd.	△
4	唯尔福集团股份有限公司 Welfare Group Co., Ltd.	△▲★☆○
5	恒安国际集团有限公司(浙江) Hengan International Holding Co., Ltd.	▲
6	杭州可悦卫生用品有限公司 Hangzhou Credible Sanitary Products Co., Ltd.	▲
7	杭州余宏卫生用品有限公司 Hangzhou Yuhong Health Products Co., Ltd.	▲
8	杭州川田卫生用品有限公司 Hangzhou Kawada Sanitary Products Co., Ltd.	▲
9	杭州千芝雅卫生用品有限公司(浙江) Hangzhou Qianzhiya Sanitary Products Co., Ltd.	★☆▲
10	杭州可靠护理用品股份有限公司 Hangzhou Coco Healthcare Products Co., Ltd.	★☆▲○
11	杭州豪悦护理用品股份有限公司(浙江) Hangzhou Haoyue Healthcare Products Co., Ltd.	★☆▲○
12	浙江珍琦护理用品有限公司 Zhejiang Sunkiss Healthcare Co., Ltd.	☆▲★
13	杭州淑洁卫生用品有限公司(浙江) Hangzhou Shujie Hygiene Products Co., Ltd.	★☆▲
14	广东昱升个人护理用品股份有限公司(浙江) Guangdong Yusheng Sanitary Products Inc., Ltd.	★
15	纳奇科化妆品有限公司 Naturecare Cosmetics Co., Ltd.	○
16	南六企业(平湖)有限公司 Nan Liu Enterprise (Pinghu) Co., Ltd.	○
17	浙江优全护理用品科技有限公司 Zhejiang Youquan Care Products Technology Co., Ltd.	○★

长三角地区
Yangtze River Delta area

△生活用纸生产商

Tissue paper and converting products manufacturers

▲女性卫生用品生产商

Feminine hygiene products manufacturers

★婴儿纸尿裤/片生产商

Baby diapers/diaper pads manufacturers

☆成人失禁用品生产商

Adult incontinent products manufacturers

○ 擦拭巾生产商

Wipes manufacturers

京津冀地区
Beijing-Tianjin-Hebei area

北京市 Beijing		
1	维达纸业(中国)有限公司(北京) Vinda Paper (China) Co., Ltd.	△○
2	金佰利(中国)有限公司(北京) Kimberly-Clark (China) Co., Ltd.	▲☆○
3	北京倍舒特妇幼用品有限公司 Beijing Beishute Maternity & Child Articles Co., Ltd.	▲☆
天津市 Tianjin		
1	尤妮佳生活用品(中国)有限公司(天津) Unicharm Consumer Products (China) Co., Ltd.	▲★
2	恒安国际集团有限公司(天津) Hengan International Holding Co., Ltd.	▲
3	小护士(天津)科技股份有限公司 Little Nurse (Tianjin) Technology Co., Ltd.	▲
4	金佰利(中国)有限公司(天津) Kimberly-Clark (China) Co., Ltd.	★
5	宝洁(中国)有限公司(天津) Procter & Gamble (China) Co., Ltd.	▲★
6	天津市依依卫生用品股份有限公司 Tianjin Yiyi Hygiene Products Co., Ltd.	☆▲
7	北京倍舒特科技发展有限公司(天津) Beijing Beishute Science & Technology Development Co., Ltd.	▲○
河北省 Hebei		
1	中顺洁柔纸业股份有限公司(河北唐山) C&S Paper Co., Ltd.	△
2	福建植护网络科技有限公司(河北) Fujian Botare Network Technology Co., Ltd.	△
3	丽邦集团(河北保定) Libang Group	△▲○
4	保定雨森卫生用品有限公司(河北保定) Baoding Yusen Health Supplies Co., Ltd.	△○▲☆
5	河北金博士集团有限公司(河北保定) Hebei Golden Doctor Group Co., Ltd.	△
6	河北雪松纸业有限公司 Hebei Xuesong Paper Co., Ltd.	△
7	河北金洁卫生科技有限公司 Hebei Jinjie Health Technology Co., Ltd.	☆
8	河北宏达卫生用品有限公司 Hebei Hongda Hygiene Products Co., Ltd.	☆

京津冀地区
Beijing-Tianjin-Hebei area

△生活用纸生产商

Tissue paper and converting products manufacturers

▲女性卫生用品生产商

Feminine hygiene products manufacturers

★婴儿纸尿裤/片生产商

Baby diapers/diaper pads manufacturers

☆成人失禁用品生产商

Adult incontinent products manufacturers

○ 擦拭巾生产商

Wipes manufacturers

湖北省和湖南省
Hubei province and Hunan province

湖北省 Hubei		
1	金红叶纸业集团有限公司(湖北孝感) Gold Hongye Paper Group Co., Ltd.	△
2	维达纸业(中国)有限公司(湖北孝感) Vinda Paper (China) Co., Ltd.	△▲
3	中顺洁柔纸业股份有限公司(湖北孝感) C&S Paper Co., Ltd.	△
4	泰盛科技(集团)股份有限公司(湖北) Taisheng Scientific and Technical Group Co., Ltd.	△
5	丽邦集团(湖北孝感) Libang Group	△
6	河北金博士集团有限公司(湖北孝感) Hebei Golden Doctor Group Co., Ltd.	△
7	恒安国际集团有限公司(湖北孝感) Hengan International Holding Co., Ltd.	▲△
8	湖北丝宝护理用品有限公司 Hubei C-BONS Care Products Co., Ltd.	▲
9	桂林洁伶工业有限公司(湖北) Guilin Jieling Industrial Co., Ltd.	▲
10	杭州千芝雅卫生用品有限公司(湖北) Hangzhou Qianzhiya Sanitary Products Co., Ltd.	★☆
11	杭州豪悦护理用品股份有限公司(湖北) Hangzhou Haoyue Healthcare Products Co., Ltd.	★☆
12	泉州天娇妇幼卫生用品有限公司(湖北) Quanzhou Tianjiao Lady & Baby's Hygiene Supply Co., Ltd.	★
湖南省 Hunan		
1	恒安国际集团有限公司(湖南) Hengan International Group Co., Ltd.	△
2	韶能集团(湖南) Shaoneng Group	△
3	湖南千金卫生用品股份有限公司 Hunan Qianjin Hygienic Products Co., Ltd.	▲
4	湖南舒比奇生活用品有限公司 Hunan Suitsky Household Products Co., Ltd.	★
5	湖南爽洁卫生用品有限公司 Hunan Shajoy Sanitary Articles Co., Ltd.	★
6	广东昱升个人护理用品股份有限公司(湖南) Guangdong Yusheng Sanitary Products Inc., Ltd.	★

湖北省和湖南省
Hubei province and Hunan province

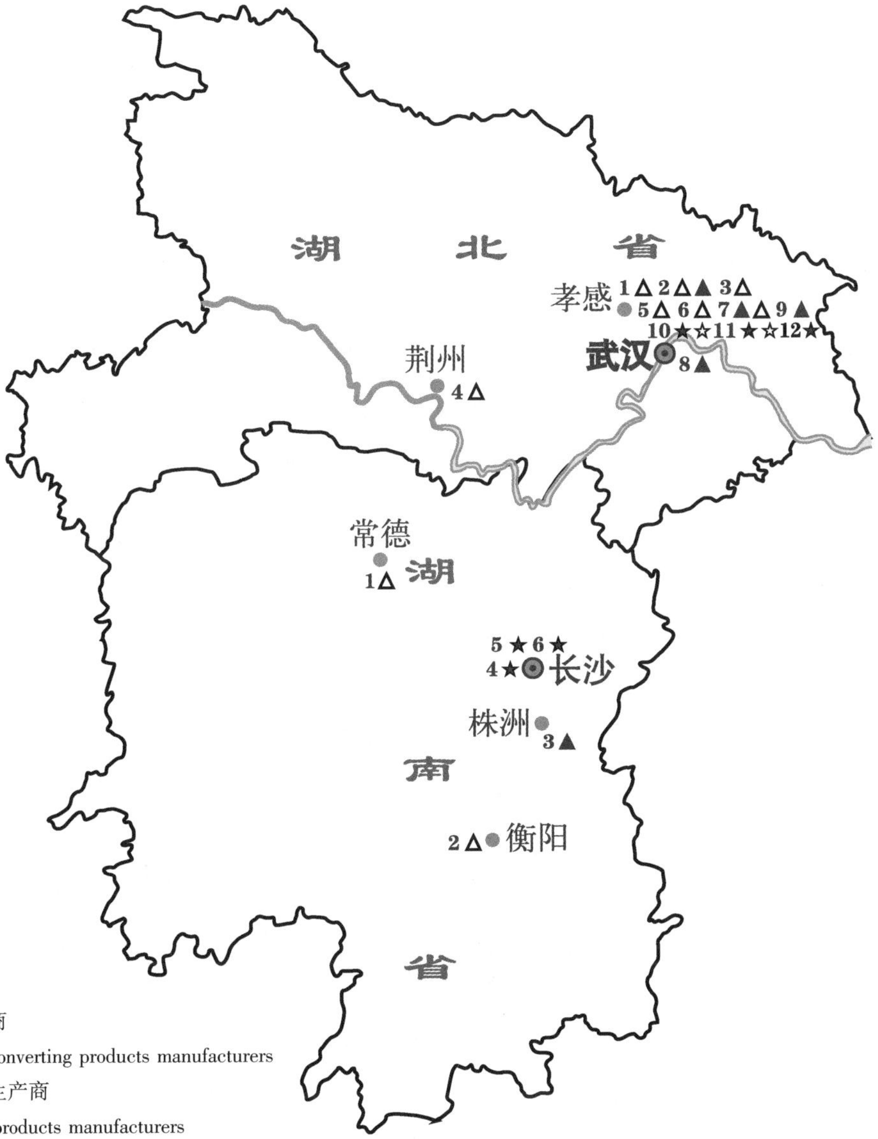

△生活用纸生产商
Tissue paper and converting products manufacturers
▲女性卫生用品生产商
Feminine hygiene products manufacturers
★婴儿纸尿裤/片生产商
Baby diapers/diaper pads manufacturers
☆成人失禁用品生产商
Adult incontinent products manufacturers
○ 擦拭巾生产商
Wipes manufacturers

聚氧化乙烯(PEO)造纸专用分散剂

聚氧化乙烯(PEO)专业研究／生产企业

上海市高新技术成果转化A级项目 新产品

PEO是一种非离子型高分子聚合物，在造纸工业中，由于PEO具有良好的分散、絮凝和助留助滤功能，被广泛应用在低定量纸张的抄造过程中，使用PEO可以缩短打浆时间，用打浆度较低的纸浆抄造出匀度良好、手感柔软、强度高的纸张。

PEO以其稀溶液状态在抄纸机网前箱加入，它可吸附在浆料纤维表面形成一层滑而不粘的水合膜，使浆料纤维具有良好的悬浮性而不致过快沉降，进而使纤维分散和减少絮凝，改善纸张外观组织匀度等。在抄造生活用纸过程中，当PEO与纤维互相作用时，能使纤维均匀分布，使成纸手感柔软，纸的吸水性增加，纸张起皱均匀。

在抄纸过程中，PEO的助留功效能使上网浓度提高，白水浓度降低，从而减少纤维流失，节约清水。由于供浆充足，浆料上网均匀，减少了纸面孔眼的产生。PEO具有很好的润滑性，减少了毛毯、网笼的阻力而使纸机运行速度加快，提高了生产能力。由于纸张张力提高，减少了成纸断头的产生，使成纸加工更加方便。

聚氧化乙烯(PEO)技术指标

分子式	$\text{-[}CH_2\text{-}CH_2\text{-}O\text{]-}_n$	外观/粒度	白色颗粒、粉末状
软化点	66~70°C	相对分子质量	1.0×10^5~6.0×10^6
分解温度	423~425°C	pH值	6.5~7.5
表观密度	0.2~0.4g/cm^3	离子性	非离子
真密度	1.15~1.22g/cm^3	包装形式	1kg/袋，10kg/箱

上海联胜化工有限公司是专业研究、生产主导产品聚氧化乙烯（简称PEO）的上海市高新技术企业，已通过ISO9001:2000质量管理体系和ISO14001:2004环境管理体系认证。公司产品从1992年进入市场至今，产品质量不断提升，产品系列日趋完善，用户遍布全国各省、市、自治区。1997年产品开始批量出口，至今用户已遍布欧亚许多国家，“联胜”牌PEO以优良的品质、完善的服务在国际、国内获得了良好的品牌信誉。

本公司除专业研制生产聚氧化乙烯（PEO）外，还兼营湿强剂、各类阴阳离子型助留助滤剂、分散剂、剥离剂、柔软剂、消泡剂、杀菌剂等国产、进口造纸专用化工产品、水处理剂等。欢迎来人来电联系、合作。

上海联胜化工有限公司
SHANGHAI LIANSHENG CHEMICAL CO., LTD.

地址：上海浦东曹路镇华东路1259弄51号　　邮编：201209
电话：021-68680248　68681055　　传真：021-68681497
开户银行：建行上海曹路支行　　账号：31001651612055610926
网址：www.peo.com.cn　　邮箱：liansheng@liansheng-chemical.com

生产企业名录(按产品和地区分列)

DIRECTORY OF TISSUE PAPER & DISPOSABLE PRODUCTS MANUFACTURERS IN CHINA(sorted by product and region)

[3]

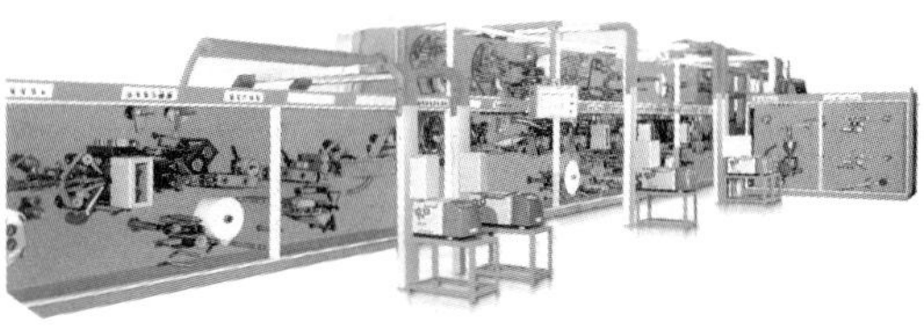

分地区生活用纸生产企业数(2023 年)
Number of tissue paper and converting products manufacturers by region(2023)

地区	Region	企业数(家) Number of manufacturers	生产原纸企业数(家) Number of tissue parent roll manufacturers
总计	Total	2483	266
北京	Beijing	32	1
天津	Tianjin	16	0
河北	Hebei	260	74
山西	Shanxi	33	3
内蒙古	Inner Mongolia	5	0
辽宁	Liaoning	43	10
吉林	Jilin	18	0
黑龙江	Heilongjiang	16	3
上海	Shanghai	79	1
江苏	Jiangsu	223	6
浙江	Zhejiang	156	8
安徽	Anhui	129	6
福建	Fujian	134	10
江西	Jiangxi	85	9
山东	Shandong	257	15
河南	Henan	164	11
湖北	Hubei	94	8
湖南	Hunan	54	2
广东	Guangdong	258	22
广西	Guangxi	93	27
海南	Hainan	5	1
重庆	Chongqing	43	4
四川	Sichuan	136	25
贵州	Guizhou	34	5
云南	Yunnan	35	6
西藏	Tibet	1	0
陕西	Shaanxi	33	3
甘肃	Gansu	11	1
青海	Qinghai	5	0
宁夏	Ningxia	10	0
新疆	Xinjiang	22	5

生活用纸

Tissue paper and converting products

注：★表示生产原纸

● 北京 Beijing

北京百云帆纸制品经销部
北京宝爷科技有限公司
北京康倍宝纸业有限公司
金佰利(中国)有限公司北京分公司
香港畅邦纸业有限公司北京办事处
北京派尼尔纸业有限公司
北京四诚纸业开发公司
北京松竹梅兰纸业有限公司
北京北方开来纸品有限公司
北京富通兴达商贸有限公司
北京雅洁经典家居用品有限公司
北京中南纸业有限公司
北京安洁纸业有限公司
北京百姓裕德科技发展有限公司
北京创利达纸制品有限公司
北京恒源鸿业贸易有限公司
北京金人利丰纸业有限公司
北京净尔雅卫生用品有限公司
北京熙鑫纸业有限公司
北京众诚天通商贸有限公司
北京金鸿纸业有限公司
北京同兴雨荷纸制品厂
北京宝润通科技开发有限责任公司
北京蓝天碧水欣诚国际贸易有限公司
统汇生活用纸(北京)有限公司
维达北方纸业(北京)有限公司★
永丰余家纸(北京)有限公司
北京爱华中兴纸业有限公司
北京鼎鑫航空用品有限公司
北京家家乐纸业有限公司
北京联航航空客舱用品有限公司
北京下一站酒店用品有限责任公司

● 天津 Tianjin

天津市滨海新区大港宏盛源纸制品厂
天津市艳胜工贸有限公司
天津市中正源林纸业有限公司
天津木兰巾纸制品有限公司
天津市福美来纸制品厂
天津市玖仟纸业有限公司
金红叶纸业(天津)有限公司
天津宝润通科技开发有限公司
天津金秋丽之雨商贸有限公司
天津兰天碧水科技有限公司
天津市安洁纸业有限公司
天津市弗兰蒂尔科技发展有限公司
天津市麒麟造纸有限公司
天津忘忧草纸制品有限公司
津洁(天津)纸业有限公司
天津市瀚洋纸业有限公司

● 河北 Hebei

保定百润纸业卫生用品有限公司
保定恒清柔卫生用品有限公司
保定洁顺卫生用品制造有限公司
保定瑞克纸制品制造有限公司
保定市爱博瑞卫生用品有限公司
保定市北市区鹏程纸制品厂
保定市昌业卫生用品有限公司
保定市辰宇纸业有限公司★
保定市纯中纯纸制品厂
保定市东港卫生用品有限公司
保定市帆翔纸制品制造有限公司
保定市方松卫生用品有限公司
保定市海森卫生用品有限公司
保定市豪峰纸业有限公司★
保定市豪通卫生用品有限公司
保定市浩鑫纸制品加工有限公司
保定市华奥纸业有限公司★
保定市金伯利卫生用品有限公司
保定市竞秀区慕伦卫生纸厂

保定市聚兴纸制品加工有限公司★
保定市康美纸业有限公司
保定市蓝尼纸制品加工有限公司
保定市利昌纸制品有限公司
保定市纸制品有限公司
保定市日相伴卫生用品有限公司★
保定市立新纸业有限公司★
保定市满城区成功造纸厂★
保定市满城区赫洋纸制品厂
保定市满城区亨卓享纸制品厂
保定市满城区健兴纸制品厂
保定市满城区金顺纸制品厂
保定市满城区玖粤纸制品加工厂
保定市满城区顺益德纸制品厂
保定市满城区腾韵纸制品厂
保定市满城区汐妙纸制品加工厂
保定市满城区新秀纸制品厂
保定市满城区耀泰纸制品制造厂
保定市满城区依洋纸制品厂
保定市满城区泽市纸制品厂
保定市满城区中森纸制品厂
保定市美柔纸制品加工厂
保定市名特纸制品加工有限公司
保定市慕伦纸业有限公司
保定市品冠纸制品有限公司
保定市芊畅纸制品加工有限公司
保定市润万纸制品加工有限公司
保定市尚霖纸制品加工有限公司
保定市尚兴卫生用品有限公司
河北心相连纸制品加工有限公司
保定市四海纸业有限公司★
保定市速闪日用品制造有限公司
保定市泰润卫生用品有限公司
保定市万邦纸制品有限公司
保定市新市区兴隆纸制品厂
保定市兴发纸业有限公司★
保定市雪美卫生用品有限公司
保定市亿人卫生用品有限公司
保定市艺洋卫生用品有限公司
保定市雨聪卫生用品有限公司
保定市雨戈商贸有限公司
保定市悦爱洁纸制品加工有限公司
保定市云派卫生用品有限公司
保定市智华纸制品加工有限公司
保定市中兴卫生用品厂
保定物诚卫生用品有限公司
保定亿佳纸业有限公司
鼎洁保定市日用品制造有限公司
河北布依斑卫生用品有限公司
河北华邦卫生用品有限公司★
河北康弗特卫生用品有限公司
河北孔氏纸制品加工有限公司
保定市鹏飞造纸厂★
保定市富达造纸有限公司★
河北兴荣纸业有限公司★
隆尧县贝森纸制品制造厂★
河北坤峰纸制品加工有限公司
河北全民纸制品销售有限公司
河北雨竹卫生用品有限公司
保定市诚康纸制品有限公司★
保定市正大纸业有限公司★
河北普鑫纸业有限公司★
邢台松源纸业有限公司
保定林海纸业有限公司
保定市鑫百合纸业有限公司
保定市雅姿纸业有限公司
河北小人国纸业有限公司★
保定市汇丰卫生用品有限公司★
蠡县古灵山洁美卫生用品厂
保定爱森卫生纸制品有限公司
保定白云山纸业有限公司★
保定贝石卫生用品有限公司
保定高新区金杰纸制品厂
保定合众卫生用品制造有限公司
保定洁中洁卫生用品有限公司
保定金贝达卫生用品有限公司
保定君悦卫生用品制造有限公司
保定鹏润纸业有限公司
保定神荣卫生用品制造有限公司
保定市安信纸业有限公司★
保定市奥达卫生用品有限公司
保定市宝洁造纸厂★
保定市碧柔卫生用品有限公司
保定市晨风纸制品有限公司
保定市诚信纸业有限公司★
保定市东升卫生用品有限公司★

保定市东雨卫生用品有限公司
保定市福泽卫生用品有限公司★
保定市富国纸业有限公司
保定市富民纸业有限公司★
丽邦集团保定市港兴纸业有限公司★
保定市和晟卫生用品有限公司
保定市和信纸品有限公司
保定市恒升卫生用品有限公司
保定市恒泰纸业有限公司
保定市恒信纸业有限公司★
保定市宏大纸业有限公司★
保定市吉多多卫生用品有限公司
保定市嘉禾卫生用品有限公司★
保定市顺发卫生用品有限公司★
保定市飞跃造纸有限公司★
保定市林泰卫生用品有限公司★
保定市金铭达纸制品制造有限公司
保定市金升纸业有限公司
保定市九斗金卫生用品有限公司
保定市蓝猫卫生用品有限公司
保定市立发纸业有限公司★
保定市绿纯卫生用品有限公司★
保定市满城国利造纸有限公司★
保定市满城红升纸业有限责任公司★
保定市满城金光纸业有限公司★
保定市满城利达纸业有限公司★
保定市满城区东亮纸制品厂
保定市满城区金三利纸制品厂
保定市满城区康悦纸制品厂
保定市满城区满兴纸制品厂
保定市满城区萍聚纸制品厂
保定市满城区清纯纸制品厂
保定市满城区瑞丰纸业有限公司★
保定市满城区潇童纸制品厂
保定市满城区幸福洁纸制品加工厂
保定市满城区迎宾纸制品厂
保定市满城区玉池纸制品厂
保定市满城永利造纸厂★
保定市满城永兴纸业有限公司★
保定市美华卫生用品厂
保定市派克卫生用品有限公司
保定市桥东纸制品制造有限公司
保定市群冠造纸厂★
保定市舒雅卫生用品加工有限公司
保定市爽悦卫生用品有限公司
保定市新平纸业有限公司★
保定市新宇纸业有限公司★
保定市鑫航卫生用品有限公司
保定市信捷纸业有限公司★
保定市雄飞造纸厂★
保定市旭冉卫生用品有限公司★
保定市雪曼卫生用品有限公司
保定市雪森卫生用品有限公司
保定市伊恩卫生用品有限公司
保定市益康造纸厂★
保定市印象卫生用品制造有限公司
保定市钰达纸制品制造有限公司
保定市跃兴纸业有限公司★
保定市长山纸制品有限公司★
保定市曙光卫生用品有限公司★
保定市眺山营纸业有限公司★
保定市正浩造纸有限公司★
保定市中储纸业有限公司
保定市中信纸业有限公司★
保定市中耀卫生用品厂
保定泰瑞达卫生用品有限公司
保定益源造纸有限公司★
保定友邦卫生用品有限公司
保定雨森卫生用品有限公司★
河北晨松卫生用品有限公司★
河北姬发造纸有限公司★
河北洁美卫生用品有限公司
河北金博士集团有限公司★
河北聚润卫生用品有限公司★
河北顺兴纸制品有限公司
河北鑫润纸业有限公司
河北雪松纸业有限公司★
河北亚光纸业有限公司★
河北义厚成日用品有限公司★
满城县博兴纸制品厂
满城县花海纸制品加工厂
满城县家舒宝纸制品厂
满城县祥柔纸制品厂
满城县欣畅纸制品厂
满城县悦利达纸制品厂
满城县卓强纸制品厂

保定川江卫生用品有限公司
保定市东奥纸业有限公司
保定市莲池区精洁纸制品厂
保定市壹张纸业有限公司
保定市金能卫生用品有限公司
河北大发纸业有限公司
保定达亿纸业有限公司★
保定泽裕新型材料有限公司★
保定合众纸业有限公司
保定市第五造纸厂
保定市金利源纸业有限公司
保定市竞秀区嘉铭纸制品厂
保定市梦晨卫生用品有限公司
保定市西而曼能威纸业有限公司★
保定市新市区第六造纸厂附属餐巾纸厂
保定市新市区华欣餐巾纸厂
保定市振中卫生用品有限公司
保定翔宇纸业有限公司★
保定市满城纸业有限公司★
河北省廊坊市霸州市云柔雅纸业有限公司
保定市徐水区柔伊纸制品加工厂
河北省保定市东方造纸有限公司
易县天成纸业有限公司
沧州远景纸包装制品有限公司
河北中茂纸业有限公司
沧州市肃宁县恒远纸制品厂
肃宁县恒远纸制品厂
邯郸市顺柔纸业有限公司
临漳县倍儿柔纸业有限公司
河北巧菊卫生用品有限公司
河北双健卫生用品有限公司
魏县兴威贸易有限公司
衡水市昌铭纸业有限公司
景县连镇宏达造纸厂
衡水市桃城区为民纸品加工厂
河北益舒纸业科技有限公司
廊坊洁客达清洁用品有限公司
香河岸芷汀兰纸业有限公司
霸州市云柔雅纸业有限公司
河北恒源实业集团有限公司
三河市开来包装有限公司
秦皇岛凡南纸业有限公司★
秦皇岛丰满纸业有限公司
河北晨海纸业有限公司
石家庄顺美生活用纸科技有限公司
河北宇峰瑞达卫生用品有限公司
辛集市福德纸业有限公司★
辛集市普洁纸业有限公司
石家庄市胜利开拓工贸有限公司
石家庄小布头儿纸业有限公司
北京家婷卫生用品有限公司河北分公司
石家庄和柔卫生用品有限公司
石家庄市美鑫包装有限公司
石家庄宇峰纸制品有限公司
河北往来商贸有限公司
石家庄东胜纸业有限公司
河北正定新区光大卫生用品厂
唐山美特好卫生用品有限公司★
唐山市金秋纸业有限公司
唐山市开平区白之韵纸制品厂
唐山泽林植物纤维有限公司
唐山宏阔科技有限公司
迁安博达纸业有限公司
德林思特(迁安)纸业有限责任公司
中顺洁柔(唐山)纸业股份有限公司★
合肥顺顺纸业有限公司河北分公司
河北柏隆卫生纸有限公司
河北腾盛纸业有限公司★
河北堂阳卫生用品有限公司

● 山西 Shanxi

山西云冈纸业有限公司★
山西左手纸业有限责任公司
辉县兆丰纸业有限公司
山西金恒纸业有限公司
文水县崇凯厕用纸加工厂
山西霖涛纸业有限公司
山西华达纸业有限公司
山西晋韵纸业有限公司
太原市晋美纸制品厂
忻州市瑞隆纸业有限公司
稷山县翟店祈慧卫生纸厂
山西力达纸业集团有限公司★
山西朵姿纸业有限公司

运城市心心纸巾有限责任公司
长治市城区芸枫纸业店
长治市尔辰商贸有限公司
壶关县集店工业园区小耕纸业制品厂
山西翔云纸业有限公司★
广灵县利康纸业有限公司
天镇县凯瑞纸业有限公司
大同市依柔商贸有限公司
平遥县卓若纸品加工有限公司
山西慧涛纸制品有限公司
中阳县鑫恒纸业加工厂
山西欧泰纸塑制品有限公司
山西瀚鼎纸业有限公司
山西宝康纸业有限公司
运城鑫星纸业有限公司
稷山县青平生活用纸有限公司
山西贝妮优生活用纸有限公司
山西阳阳纸业有限公司
长治市潞城区晋宝纸业有限公司
山西森林印象纸业有限公司

● 内蒙古 Inner Mongolia

内蒙古凯世嘉纸业科技有限公司
内蒙古八神科技有限公司
内蒙古三鑫纸业有限公司
根河市鹏宇纸品厂
集宁区双宝纸业

● 辽宁 Liaoning

海城汇丰纸业有限公司
海城市美洁纸品厂
鞍山市德洁卫生用品厂
丹东恒耀纸业有限公司★
阜新天合纸业有限公司★
鞍山市千山区齐大山佰洁餐巾纸厂
维达纸业(辽宁)有限公司★
鞍山绿纳纸业有限公司
本溪众和纸业有限公司
大连崇霖卫生用品有限公司
大连高洁纸制品有限公司
大连康洁卫生用品有限公司
大连雅洁纸业有限公司
大连羽丰纸业有限公司
大连谷歌卫生用品有限公司
大连名卉纸业有限公司
大连圣耀科技有限公司
大连天泽纸业有限公司
抚顺市东洲圣佳民用纸厂
抚顺市好运纸业有限公司
抚顺市利嘉卫生用品有限公司
琥珀纸业有限责任公司★
阜新浩博纸业有限公司★
凌海市金城秋实纸业有限公司
锦州东方卫生用品有限公司
辽阳市兴隆纸制品制造有限公司
辽阳恒升实业有限公司
辽宁丽森纸业有限公司
沈阳市尚柏纸业有限公司
辽宁百洋实业有限公司
美商实业(沈阳)有限公司
沈阳亿格纸业有限公司
沈阳市腾源纸业加工厂
辽宁金叶纸业有限公司★
沈阳展春工贸有限公司
辽宁柏吉卫生用品有限公司
辽宁和合卫生用品有限公司★
辽宁银河纸业制造有限公司
铁岭市清河区福兴纸业有限公司★
铁岭市清河区隆福纸业有限责任公司
营口安邦纸业有限公司
辽宁源木环保纸业有限公司★
辽宁雨森卫生用品有限公司★

● 吉林 Jilin

白山市金辉福利纸业有限责任公司
白山市利生日化有限公司
山东金成纸业有限公司
松原市宁江区新城乡明鑫佰顺纸制品厂
通化市方正餐巾厂
吉林省梅河口市众成纸业

吉林延边石岘白麓纸业股份有限公司卫生纸分厂
九台区营城腾达纸业
长春枫林纸业有限公司
长春市达驰物资经贸有限公司
北京雅洁经典家居用品有限公司长春分公司
长春市二道雪婷纸制品加工厂
长春万隆纸业有限公司
吉林吉岩实业有限公司
吉林泉德秸秆综合利用有限公司
长春市茜茜卫生用品厂
长春市智强纸业有限公司
长春市绿园区天丽洁面巾厂

● 黑龙江 Heilongjiang

大庆市新庆馨纸业有限公司★
哈尔滨曙光纸业加工厂
哈尔滨鑫禾纸业有限责任公司
黑龙江新华卫生专用造纸有限责任公司
哈尔滨女儿河纸制品有限公司
哈尔滨创纪清洁用品有限公司
哈尔滨金北方旅游用品有限公司
哈尔滨市南头日杂百货有限责任公司金北方纸业总汇
黑龙江省嘉盛洁卫生用品有限公司
绥芬河市云帆海纸业有限公司
佳木斯市东风区博雅纸巾厂
宁安市巨峰纸业有限公司
黑龙江省福庆纸业有限责任公司
黑龙江省康嘉纸业有限公司
肇东东顺纸业有限公司★
山东圣泉集团黑龙江分公司★

● 上海 Shanghai

上海唯爱纸业有限公司
福建恒安集团厦门商贸有限公司上海分公司
江苏王子制纸有限公司上海分公司
金佰利(中国)有限公司
金光纸业(中国)投资有限公司
上海东冠集团
上海格森纸业有限责任公司
上海弓鑫实业有限公司
上海君典纸业有限公司
上海康奇实业有限公司
上海乐怡纸业有限公司
上海麓眠纸业有限公司
上海满福纸业包装有限公司
上海盟佳卫生用品有限公司
上海明佳卫生用品有限公司
上海浦东新区月娇纸巾厂
上海奇丽纸业有限公司
上海双芸纸业有限公司
上海唐年实业股份有限公司
上海铁路印刷有限公司
上海蔚厉纸业有限公司
上海纤歌浆纸有限公司
上海欣屹纸业有限公司
上海雅臣纸业有限公司
上海亚聚纸业有限公司
泰盛浆纸集团有限公司上海分公司
泰盛科技(集团)股份有限公司上海分公司
上海城峰纸业有限公司
上海存楷纸业有限公司
上海绿鸥日用品有限公司
上海闽佳纸业有限公司
上海相连实业有限公司
上海香化工贸有限公司
上海斐庭日用品有限公司
上海峰阔纸业有限公司
上海可林纸业有限公司
上海敢晨纸业有限公司
上海玉洁纸业有限公司
上海乐采卫生用品有限公司
北京爱华中兴纸业有限公司上海分公司
上海爱乐纸业有限公司
上海京品纸业有限公司
上海骑发纸业有限公司
上海沁柔实业有限公司
上海申馨纸业有限公司
上海饰涔实业有限公司
上海东冠纸业有限公司★
上海汉合纸业有限公司
上海惟能贸易有限公司
上海远翔清洁用品有限公司

埃肯有机硅(上海)有限公司
上海爱妮梦纸业有限公司
上海安兴实业集团有限公司
上海静逸纸业有限公司
上海柚家科技有限公司
上海冠轩生活用品有限公司
上海汉生豪斯实业有限公司
上海豪仕发纸业有限公司
上海继海工贸有限公司
上海莉晨纸业有限公司
上海若缘纸业有限公司
上海若云纸业有限公司
上海舒康实业有限公司
上海轩洁卫生用品有限公司
上海正应纸业有限公司
上海亚日工贸有限公司
上海海樱卫生用品有限公司
上海互润网络科技有限公司
上海佳利佳日用品有限公司
上海沐河纸业有限公司
上海香诗伊卫生用品有限公司
上海馨茜卫生用品有限公司
上海杨氏纸业有限公司
上海曜颖餐饮用品有限公司
上海誉森商贸有限公司
金红叶纸业集团有限公司上海分公司
日纸国际贸易(上海)有限公司
上海慕逸适纸业有限公司
上海悦佳生物科技有限公司

● 江苏 Jiangsu

常州市兴瑞酒店用品有限公司
常州市钟楼华奥纸品厂
常州新瑞卫生用品有限公司
溧阳市天宇纸业有限公司
常州市恒惠纸业有限公司
常州笑脸生活用品有限公司
江苏泉港纸业有限公司
江苏赛欧特造纸科技有限公司
常州米乐蒂孕婴用品有限公司
常州市皇纲生活用品有限公司
常州市佳美卫生用品有限公司
常州雨迪纸业有限公司
江苏赛欧防护用品科技有限公司
常州美康纸塑制品有限公司
常州市振兴宾馆用品有限公司
江苏洪泽湖纸业有限公司★
洪泽金百德纸业有限公司
洪泽县黄集镇詹氏日用品厂
淮安区源美纸品厂
江苏瑞之康医药科技有限公司
江苏金湖鑫胜纸业有限公司
江苏金莲纸业有限公司
江苏炜博纸业有限公司
江苏鑫盛纸业有限公司
金湖爱洁思纸业有限公司
金湖县金蓬纸制品厂
淮安市姿俐工贸有限公司
盱眙县洁玉卫生纸巾厂
连云港市振明纸品厂
连云港爱森纸制品有限公司
连云港绿雅纸业有限公司
连云港市苏云纸业有限公司
连云港舒特卫生用品有限公司
灌南县天缘纸业有限公司
连云港市灌南县清柔纸品有限公司
灌云县伊山镇洁如纸品厂
连云港市振航纸品厂
连云港云之洁纸业有限公司
江苏龙轩纸业有限公司
连云港迪旭纸制品有限公司
连云港红苹果纸品有限公司
连云港市面对面纸制品厂
南京冰清纸业有限公司
江苏敖广日化集团股份有限公司
江苏清沐纸业有限公司
南京美家欣纸业有限公司
南京市江宁区金胜卫生纸厂
南京市秦淮区金陵纸厂
南京远阔科技实业有限公司
南京中润酒店用品有限公司
南京洁诺智能科技有限公司
南京市溧水区好心情纸业制品厂
南京宁洁生活用纸厂

南京万佰润贸易有限公司
南京霞飞纸品有限公司
南京博洁卫生用品厂
南京华隆纸业有限公司
南京禾素时代抗菌材料科技有限公司
南京洁友纸业有限公司
南京清吟纸业有限公司
大王(南通)生活用品有限公司
江苏海安仁桥纸品厂
江苏华洁纸业有限公司
南通润缘纸制品有限公司
南通市宾王纸品有限公司
南通馨风纸业有限公司
江苏王子制纸有限公司★
南通安柏工贸有限公司
南通丰亨纸业有限公司
南通洁顺工贸发展有限公司
南通市大众纸品有限公司
南通市港闸区舒馨生活用纸厂
南通苏康贸易有限公司
南通市万利纸业有限公司
海门市恩惠纸制品厂
海门市瑞丰纸品厂
嘉兴市漫威纸业有限公司
启东市天意纸业有限公司
金红叶纸业(南通)有限公司★
南通华瑞纸业有限公司
南通千木贸易有限公司
南通市富发纸业有限公司★
江苏妙卫纸业有限公司
如皋市相约纸制品厂
如皋市鑫旺纸制品厂
南通市盛军经贸有限公司
通州区舒雅纸品厂
通州区兴东玲瑞纸制品加工厂
金红叶纸业集团有限公司
金王(苏州工业园区)卫生用品有限公司
苏州蓝加白日用品有限公司
常熟市诚赢纸业有限公司
常熟市段氏日用品有限公司
常熟市可达纸业有限公司
常熟市万利纸业有限公司
江苏理文造纸有限公司
苏州欧泽新材料科技有限公司
昆山市依恩日用品有限公司
昆山亚芳纸业有限公司
上海亚芳实业有限公司
苏州洁蔓纸业有限公司
苏州天秀纸业有限公司
太仓市天顺纸业有限公司
苏州冠洁生活制品有限公司
苏州市富永纸品厂
吴江市金太阳纺织印花厂
苏州爱维诺纸业有限公司
苏州倍肯新材料科技有限公司
苏州创佳纸业有限公司
苏州东洋铝爱科日用品制造有限公司
苏州金天宇卫生用品有限公司
苏州圣瑞特纸业有限公司
苏州市吉利雅纸业有限公司
亚青永葆生活用纸(苏州)有限公司
苏州市相城区黄桥三和金卫生用品厂
苏州市相城区望亭镇康琪秀纸品加工场
苏州市秀美纸业有限公司
苏州维柔纸业有限公司
苏州雅洁纸业有限公司
苏州贞宝纸业有限公司
江苏宿迁优品纸抽定制厂
沭阳县白兔纸业加工厂
宿迁东泓加呈纸业有限公司
宿迁慧圣之电子商务有限公司
宿迁芳江纸业有限公司
宿迁恒升纸业有限公司
宿迁市玉竹纸业有限公司
泗阳县卫民纸业有限公司
宿迁市清茹纸业有限公司
宿迁香竹纸业有限公司
宿迁艺蕙珑纸业有限公司
宿迁市湖滨新区佳意卫生纸加工厂
江苏顺为生物科技有限公司
姜堰区枫叶纸业制品厂
姜堰市时代卫生用品有限公司
泰州远东纸业有限公司
兴化市友山纸品厂
无锡青盈纸业有限公司
江苏熊猫纸业有限公司

无锡市宏信茂源纸业有限公司
镇江好想纸业有限公司
无锡市名扬纸业有限公司
江苏极棉科技有限公司
江阴联航科技有限公司
江阴市恒大纸业有限公司
江阴市璜土永贞纸品厂
江阴市凯特隆纸业有限公司
江阴市永旺纸品有限公司
无锡宝利华纸业有限公司
无锡市好伴侣纸塑有限公司
无锡市利健纸质餐具厂
无锡泰极纸业有限公司
无锡怡美纸塑有限公司
无锡市一正纸业有限公司
宜兴市高塍镇雅瑞纸制品加工厂
丰县鑫盛纸品加工厂
江苏海惠沃特包装有限公司
徐州金润明纸业有限公司
江苏给面纸业有限公司
徐州市鼓楼区忠良纸塑制品厂
徐州市荣惠纸业有限公司
徐州艾雅制纸有限公司
徐州方舟礼品公司
徐州圣鑫纸业有限公司
邳州恒美纸业有限公司
徐州恒祥纸品有限公司
徐州洁宝纸业有限公司
徐州市牡丹花纸业有限公司
徐州市清新纸制品有限公司
徐州双兰纸业有限公司
徐州天强纸业有限公司
江苏暖源卫生用品有限公司
徐州熙源纸业有限公司
徐州至美旅游用品有限公司
铜山区恒升纸品分割包装厂
徐州市琪兴纸业科技有限公司
徐州市振宇卫生用品有限公司
徐州湘元纸业有限公司
徐州耀泰纸业发展有限公司
新沂市冠荣纸品厂
新沂市华洁纸制品包装厂
新沂市腾远纸品有限公司
新沂市欣悦五洲生活用纸有限公司
徐州良印纸业有限公司
滨海蓝星纸品有限公司
盐城市大丰区汇利纸制品加工厂
东台远东纸业有限公司
盐城恩友纸制品有限公司
盐城乾博纸品有限公司
建湖县美德卫生用品厂
江苏好洁纸业有限公司
盐城市洁雅卫生纸品有限公司
江苏纯伴纸业有限公司
胜达集团江苏开胜纸业有限公司★
盐城市妙悦纸业有限公司
江苏隆百世纸业有限公司
盐城龙骋纸业有限公司
盐城市美洁纸业有限公司
盐城市双悦发纸业有限公司
盐城市亭湖区便仓镇红色玫瑰纸品厂
江苏智秀纸业科技有限公司
盐城市心连心纸品厂
江苏宝象纸业有限公司
盐城市盐南高新区艾尚妮贸易商行
扬州市鸿润酒店用品厂
高邮市日日顺纸制品厂
江苏千泽健康科技有限公司
扬州市鹊桥仙纸业有限公司
扬州柔欣纸业有限公司
扬州市佳人食品有限公司
扬州喜诺生活用纸有限公司
扬州海星纸业有限公司
永丰余投资有限公司★
江都区吉强纸品厂
江都区小纪镇扬兴纸品厂
扬州博友高档纸品有限公司
镇江健之源生活用品有限公司
镇江蓉洁生活用品有限公司
丹阳市开发区恒瑞纸品厂
丹阳市永泰纺织有限公司
镇江原森纸业有限公司
镇江霖润纸业有限公司
镇江新区丁卯风影纸品厂

浙江 Zhejiang

杭州富阳铭晨纸业有限公司
杭州富阳区洪健纸制品有限公司
杭州汉海纸业有限公司
杭州快乐女孩卫生用品有限公司
杭州慕尚护理用品有限公司
杭州朗悦实业有限公司
浙江东方纸业有限公司
杭州呈玄卫生用品有限公司
杭州富阳天裕纸制品有限公司
杭州名轩卫生用品有限公司
杭州日臻纸制品有限公司
杭州春芽环保科技有限公司
苏力实业(杭州)有限公司
杭州相宜纸业有限公司
杭州绽放酒店管理有限公司
杭州宾乐清洁用品有限公司
杭州洁可林实业有限公司
杭州可悦卫生用品有限公司
杭州品悦纸塑品有限公司
杭州嵩阳印刷实业有限公司
杭州萧山惠丽纸业有限公司
杭州萧山千叶红纸制品厂
杭州萧山新河纸业有限公司
萧山兴旺纸品有限公司
浙江富元生物科技有限公司
杭州比因美特实业有限公司
杭州大久纸业有限公司
杭州菲露卫生用品有限公司
杭州绮汐科技有限公司
安吉富元纸业有限公司
安吉县亚盛纸制品厂
安吉竹香草电子商务有限公司
浙江湖州双洁纸业有限责任公司
湖州合家欢纸业有限公司
爱朵护理(浙江)股份有限公司
长兴富拉芙护理用品有限公司
嘉兴市萱雨婷日用品有限公司
森立纸业集团有限公司
海宁市许村镇大斌纸制品厂
乐趣纸业(浙江)有限公司
浙江庞度环保科技有限公司
海盐绅花纸业有限公司
嘉兴金佰德日用品有限公司
嘉善家和纸制品有限公司
嘉善县姚庄镇清柔日用纸品厂
嘉兴福鑫纸业有限公司
嘉兴丽菲纸业有限公司
浙江创洁纸业有限公司
浙江中顺纸业有限公司★
浙江弘安纸业有限公司★
浙江正华纸业有限公司
嘉兴宝洁纸业有限公司
桐乡市黛风纸业有限公司
东阳市康盛纸制品有限公司
东阳市柔逸纸制品厂
东阳市王氏纸品厂
金华唯实日洁纸业有限公司
金华永安纸业有限公司
浙江金通纸业有限公司★
磐安天娇纸品厂
全世爱纸业有限责任公司
义乌市奥顿纸业有限公司
义乌市班布日用品有限公司
义乌市昌军纸制品有限公司
义乌市森博纸业有限公司
义乌市森吻环保科技有限公司
义乌市微尚纸业有限公司
义乌市香旭纸业有限公司
义乌市新地文具用品有限公司
浙江凯赋日用品有限公司
浙江义乌阳阳纸业有限公司
缙云吉利纸业有限公司
丽水市华威纸业有限公司
丽水市凯鹏纸业有限公司
浙江景兴纸业有限公司★
丽水市怡顺纸业有限公司
龙泉鸿利日用品有限公司
宁波市奉化区欣禾纸制品有限公司
宁波弘康环保科技有限公司
宁波市奉化利波日用品厂
宁波锦卓纸品有限公司
广博集团股份有限公司
宁波佰福纸业有限公司

宁波倍欣纸业有限公司
宁波市鄞州高悦纸业有限公司
宁波鄞州姜山万家和日用品厂
宁海易隆家居用品有限公司
宁波科斯达纸制品有限公司
浙江华凯纸业有限公司
衢州市春秋纸业有限公司
衢州远成纸业有限公司
龙游恒杰纸业有限公司
龙游旭荣纸业有限公司★
衢州市金宝鸿纸业有限公司
维达纸业(浙江)有限公司★
浙江家家发纸业有限公司★
浙江凯丰新材料股份有限公司
浙江龙游南洋纸业有限公司
浙江飘合纸业有限公司
浙江壹品纸业有限公司
衢州双熊猫纸业有限公司
绍兴唯尔福实业有限公司
绍兴安纳杰日化科技有限公司
湖北国舜卫生用品有限公司
浙江锦悦纸业有限公司
新昌县舒洁美卫生用品有限公司
绍兴柔洁生活用品有限公司
浙江唯尔福纸业有限公司★
天洁集团有限公司
浙江省诸暨造纸厂
诸暨市汉草纸品有限公司
诸暨市叶蕾卫生用品有限公司
台州市黄岩宪鸿纸制品加工厂
临海市贝尔卫生用品厂
临海市恒联纸业有限公司
临海市鹏远卫生用品厂
临海市永丰纸品厂
台州永腾纸业有限公司
浙江瑞康日用品有限公司
三门县森茂纸业有限公司
台州市易美卫生用品有限公司
温岭市创新纸业有限公司
温岭市以便以谢卫生纸分切加工厂
浙江舒达纸业有限公司
玉环威斯达纸业有限公司
温州世标纸业有限公司
苍南鸿顺纸业有限公司
苍南县晨锜纸制品有限公司
苍南县尚洁纸制品厂
苍南县淘淘纸业有限公司
苍南县耀尚工艺礼品厂
温州鸿顺纸业有限公司
温州洁缘纸业有限公司
温州翎怡日用品有限公司
温州清森纸业有限公司
温州尚君纸业有限公司
温州市亿富纸业有限公司
温州思鼎纸制品有限公司
温州伊佳纸业有限公司
温州纸路者纸业有限公司
浙江洁萱卫生用品科技有限公司
浙江亚天科技股份有限公司
浙江益康纸业有限公司
温州市罗一纸塑制品有限公司
温州市瓯海区富宝纸业制品厂
温州市新羽纸制品厂
温州众山酒店用品有限公司
平阳光议竹制品加工厂
平阳舒尔康卫生用品有限公司
平阳县洁芸纸制品加工厂
平阳县瑞鹏纸制品厂
平阳县善品纸制品厂
温州冠尚纸业有限公司
温州洁达纸业有限公司
温州市一佳卫生用品有限公司
温州永顺纸业有限公司

● 安徽 Anhui

安徽省天柱纸业有限公司
安徽皖风情纸制品有限公司
潜山县华丰纸业有限公司
安徽美妮纸业有限责任公司★
郎溪县福源纸品厂★
潜山市黄铺镇望虎纸品加工厂
安徽省欣秀纸业有限公司
宿松县千里香纸业有限公司
安徽宜瑞达纸业有限公司★

安徽高洁纸业有限公司
安庆市恒达纸业有限公司
安庆市新宜纸业有限公司
蚌埠市兄弟纸业
蚌埠市清新纸业有限公司
固镇县城关红光纸业
固镇县城关镇美伦生活用纸厂
固镇县清心纸业有限公司
固镇县清伊纸业厂
固镇县顺柔纸业有限公司
安徽开来纸业有限公司
安徽霏羽纸业有限公司
安徽明鑫纸业有限公司
安徽千青纸业有限公司
安徽远见纸业有限公司
安徽纸杯有限公司
安徽省理文纸品有限公司
五河县银河纸业分包厂
利辛县瑞丰纸品有限公司
亳州市蒙城县富强纸业
谯城区牛集镇花语纸业
涡阳县石弓镇爱家纸品加工点
池州市映月卫生用品有限公司
东至县东尧纸品有限公司
安徽合顺纸业有限公司
青阳县健民纸业有限公司
安徽华人纸业科技有限公司
滁州欧怡纸业有限公司
安徽亲柔纸业有限公司
安徽初么纸业有限公司
滁州银河纸业有限公司
安徽荣盛纸品有限公司
天长市徽风纸业有限公司
天长市洁云卫生用品厂
天长市瑞杏电子商务有限公司
天长市张洁卫生纸厂
安徽风清扬纸业有限公司
安徽清荷纸业有限公司
安徽舒源妇幼用品有限公司
安徽易佳美卫生用品科技有限公司
阜南县爽安纸业有限公司
临泉县高洁卫生用品有限公司
太和县恒福纸品有限责任公司
太和县鑫星纸业有限公司
安徽瑞瀚纸业有限公司
安徽云秀生物科技有限公司
阜阳金泰纸塑制品销售有限责任公司
颍上佳源纸业有限公司
颍上县合宜纸业有限公司
安徽林昊纸品有限公司
安徽明秀纸业有限公司
安徽圣雅纸业有限公司
巢湖市金利纸品厂
安徽精诚纸业有限公司
安徽恰鸣纸业有限公司
合肥金红叶纸业有限公司
合肥精诚塑料制品有限公司
合肥市立新纸品厂
安徽鸿盛昌纸业有限公司
安徽花帜纸品有限公司
合肥欣亚纸业有限公司
花王(合肥)有限公司
安徽省臣丰艺纸业有限公司
庐江县康洁纸品有限公司
安徽羽柔纸业有限公司
合肥康乐纸业有限公司
合肥亿竹纸品包装有限公司
合肥雨荨纸业有限公司
合肥玉柔纸业有限公司
安徽依依妇幼用品有限公司
安徽雅丽洁卫生用品有限公司
合肥冠群纸制品有限公司
合肥美之星纸品有限公司
合肥长虹纸业有限公司
安徽德众源纸业有限责任公司
安徽美星纸业科技有限公司
安徽茁顺纸业有限公司
淮北圣仁生活用品有限公司
濉溪县唯鹏娜纸业有限公司
安徽省梵优纸品有限公司
安徽紫竹健康科技股份有限公司
田家庵区曹庵伟联纸品加工厂
黄山家缘纸业有限公司
霍山衡丰纸业有限公司
安徽宏泰纸业有限公司★
安徽省六安市华誉纸制品有限公司

安徽氧净纸业有限公司
寿县玉洁酒店用品有限公司
安徽比伦生活用纸有限公司
安徽省马鞍山市折柔纸业有限公司
安徽泰盛纸业有限公司
安徽圣洁梨花纸业有限公司
砀山县静怡纸制品有限公司
灵璧县楚汉风纸业有限公司
宿州佳公子纸业有限公司
安徽泗县嘉能利华实业有限公司
安徽泗县暖暖纸业有限公司
泗县舒怡纸业股份有限公司
萧县七朵云卫生纸分装厂
安徽省吉美生活用品有限公司
宿州朵印纸业有限公司
宿州市康洁纸业有限公司
宿州市埇桥区丫丫纸制品加工厂
泰盛(宿州)生活用品有限公司★
铜陵市开发区铨天纸制品加工厂
铜陵市西湖天天纸业加工厂
亳州朝阳纸业有限公司
铜陵天天纸品科技有限公司
安徽金环宾馆酒店配套用品有限公司
恒安(芜湖)纸业有限公司★
芜湖宇昌纸业有限公司
安徽定发纸业有限公司
芜湖俊翔纸业有限公司
芜湖市帕特电子商务有限公司
广德起新纸业有限公司
广德县宏程纸业有限公司
旌德县万方日用品有限公司
安徽民辉无纺科技有限公司
安徽省郎溪县亿家净纸品有限公司
安徽省宁国市兆丰纸业有限公司

● 福建 Fujian

福建朵朵云日用品有限公司
福清恒程纸业有限公司
恒安(中国)纸业有限公司★
福州洁乐妇幼卫生用品有限公司
福州捷洁纸业有限公司
福州融达纸业有限公司
福州市仓山区榕丰纸品厂
达森特(福建)生活用纸有限公司
福州市仓山区顺丰纸品厂
福州市意洁纸业有限公司
湖北汇康纸业有限公司
九江纯木植护卫生用品有限公司
柯妮尔(福建)生活用品有限公司
福建省福清市华丰纸业有限公司
亨利卫生用品有限公司
绿金纸业集团有限公司
福建潇远纸业有限公司
福州保税区全顺泰纸制品有限公司
福州市马尾区君竹纸品厂
金红叶纸业(福州)有限公司
福建省闽侯榕星纸品厂
福州华阳纸业有限公司
福州惠美家纸业有限公司
福州唯美纸业有限公司
闽侯帝辉纸业有限公司
喜运来(福州)纸制礼品有限公司
亿柔纸业(福州)有限公司
福建省恒兴纸业有限公司
福建植护网络科技有限公司★
长乐市宏一达纸业有限公司
福建龙岩市家加旺纸业有限公司
龙岩市汇辉纸业有限公司
龙岩市群龙日用制品有限公司
永定海莲纸业有限公司
福建省建瓯市恒丰纸业有限公司
福安市辉鸿纸业有限公司
福建省祥安纸业有限公司
宁德市奇博瑞工贸有限公司
福鼎市南阳纸业有限公司★
福鼎市鑫达纸业有限公司
福建东南艺术纸品股份有限公司
莆田市丰悦纸业有限公司
莆田市涵江区福海纸品厂
莆田市涵江区江口华安纸品厂
莆田市涵江区朗格纸业有限公司
兆华实业(福建)有限公司
莆田市凤翔纸品精制有限公司
莆田市仙游县清清纸业有限公司

福建晖英纸业有限公司
福建凤新纸业有限公司
福建惠安县和成日用品有限公司
雀氏(福建)实业发展有限公司
福建菲鹤纸业有限公司
福建晋江凤竹纸品实业有限公司
福建莱昂纸制品有限公司
福建省晋江市磁灶莲屿纸类制品厂
福建省晋江优兰发纸业有限公司
福建省姿艾妮卫生用品有限公司
福建信立纸业有限公司
晋江安达纸业有限公司
晋江德信纸业有限公司
晋江恒泰纸品有限公司
晋江市安海新安纸巾厂
晋江市安宜卫生用品有限公司
晋江市绿之乡纸业有限公司
晋江市美家兴纸制品有限公司
晋江市实选纸制品有限责任公司
晋江市永和镇明翔纸制品加工厂
泉州佰卓纸制品有限责任公司
泉州晨安纸业有限公司
泉州鼎源纸业有限公司
泉州恒转纸制品有限责任公司
泉州市宏信伊风纸制品有限公司
泉州市润成卫生材料有限公司
泉州市华龙纸品实业有限公司
福建省泉州恒源纸业有限公司
福建省樱花朵朵生物科技发展有限公司
泉州恒通纸业有限公司
泉州市天柔卫生用品有限公司
泉州卓悦纸业有限公司
多宝莉(泉州)纸业有限公司
福建德茂纸业有限公司
福建恒利集团有限公司★
福建南安市杰宝纸业有限公司
福建泉州市绿达纸业有限公司
福建省龙腾机械制造有限公司
福建省南安市天天纸业有限公司
福建省天福纸业有限公司
惠儿康纸业(福建)有限公司
南安康美环宇纸品厂
南安市洪濑爱美纸巾厂
南安市乐帮家纸品厂
泉州环宇纸品有限公司
泉州荣旺纸业有限公司
泉州嵩阳纸业有限公司
泉州尧盛纸品有限公司
泉州市君子兰日用品有限公司
福建华绿纸业有限公司
泉州市大宇纸塑制品有限公司
石狮市宝骊珑日用品有限公司
石狮市豪友纸品有限公司
泉州来亚丝卫生用品有限公司
福建省三明嘉友纸业有限公司
明溪县唯雅纸品加工厂
清流县龙津德丰纸品厂
福建省三明市宏源卫生用品有限公司
三明市廷荣纸业有限公司
三明市鑫峰纸业有限公司
福建省振鑫纸业有限公司★
三明市高元森纸业有限公司
福建省尤溪永丰茂纸业有限公司★
尤溪县城关蓬莱纸制品厂
厦门力丽纸制品有限公司
龙岩市永定区永峰再生纸品厂★
厦门耀健纸品有限公司
厦门舒琦企业管理咨询有限公司
厦门鑫旺中商贸有限公司
厦门航空用品有限公司
厦门金舒心工贸有限公司
厦门伟盟环保材料有限公司
厦门鑫厦洁工贸有限公司
福建省真宝纸业有限公司
龙海市倍亲纸制品厂
龙海市诚龙纸业有限公司
漳州市信义纸业有限公司
联盛浆纸(漳州)有限公司★
凤竹(漳州)纸业有限公司★
佳亿(漳州)纸业有限公司★
漳州市芗城晓莉卫生用品有限公司
漳州市福益卫生用品有限公司
漳浦县星航纸制品加工厂
漳州市鑫鑫纸业有限公司
漳州隆盛纸品有限公司
长泰县金明鑫纸品厂

江西 Jiangxi

江西南鑫纸业有限公司
抚州一纯纸业有限公司
抚州市临川区洪鑫纸制品加工厂
抚州市兴业实业有限公司
江西启扬卫生用品有限公司
江西纸薇纸业有限公司
江西宜生科技有限责任公司★
赣州市宏安纸业有限公司
大余县妙言纸业有限公司
江西宽竹纸业有限公司
赣州市晟意纸业有限公司
江西省嘉利发纸品有限公司
石城泉羽纸业有限公司
石城县丰雨纸品加工厂
赣州华劲纸业有限公司
赣州华鑫卫生用品有限公司
赣州经济技术开发区鑫源纸业加工厂
赣州市崇星实业有限公司
赣州市桦树林纸业有限公司
赣州市香乃尔纸品有限公司
赣州市章贡区洁丽纸品厂
江西晨阳纸业有限公司★
华劲集团赣州纸品有限公司★
江西素馨纸品有限公司
章贡区金岚卫生用品厂
吉安县爱家纸业有限公司
吉安市吉州区旺达纸品厂
万安县荣辉纸品厂
江西白士洁纸业有限公司
峡江县金元纸业有限公司★
景德镇市瓷都纸业有限公司
深圳市帝彩纸业有限公司
福建华龙实业纸品有限公司
江西力天纸业有限公司
江西悦竹风语科技股份有限公司
泰盛(江西)生活用品有限公司★
江西绮玉纸业有限公司
江西泰盛纸业有限公司
九江白洁实业有限公司
江西鹿鸣纸业有限公司
江西理文卫生用纸制造有限公司★
江西清晨纸业有限公司
九江唯美生活用品有限公司
九江钱村新材料科技有限公司
九江市昌德新产业发展有限公司
江西华旺纸业有限公司
进贤县钰洁纸品厂
江西百致纸业有限公司
江西新源纸业有限公司
南昌富森实业有限公司
江西松柔纸业有限公司★
南昌红艳纸业有限公司
南昌金红叶纸业有限公司
南昌市欣荣纸业有限公司
南昌万家洁卫生制品厂
南昌新源纸业有限公司
南昌长荣纸业有限公司
江西皓洁纸业有限公司
江西省南昌市友爱纸品厂
南昌洁翅实业有限公司
南昌市好美家纸业有限公司
南昌市恒昌百货有限公司
南昌市鑫隆达纸业有限公司
南昌市永发纸业有限公司
南昌媄姐纸业有限公司
青山湖区向阳纸品厂
上饶市惠好纸业有限公司
丰城市维美家实业有限公司★
江西黛安娜卫生用品有限公司
上饶市信州区裕和纸业用品厂
上饶市玉丰纸业有限公司
江西亮源纸业有限公司
江西省彩姿实业有限公司
江西省华丽达实业有限公司★
江西仙湖纸业有限公司
江西美佰嘉纸业有限公司
奉新县楠溪江实业有限公司
江西楠溪江科技有限公司
高安市安隆纸品厂
江西京品纸业有限公司
江西省源品卫生用品有限公司
江西省优久实业有限公司
江西宜品纸业有限公司

江西仁和药业有限公司
鹰潭市创一卫生用品有限公司

● 山东 Shandong

亚太森博集团★
滨州冰洁纸业有限公司
山东省博兴县圣昊纸品厂
滨州市航蔓纸业有限公司
惠民县好乐洁卫生用品厂
滨州市沾化区艺航纸业有限公司
山东雨果纸业有限公司
山东宏伟纸业有限公司
山东依派卫生用品有限公司
山东华世本全生物科技有限公司
德州市德城区顺畅纸品厂
临邑县三维纸业有限公司
宁津县力百合纸品厂
德州华昕纸品有限公司
德州胜港纸业有限公司★
夏津县舒洁纸制品加工厂
禹城市盛裕纸制品厂
东营市富兴纸品有限责任公司
东营市舒馨纸业有限公司
东营市万鑫纸制品厂
济南圣泉集团股份有限公司★
无棣瑞峰纸业有限公司★
菏泽市开发区清欣卫生纸分装厂
曹县辉煌纸业有限公司
山东鲁豫纸业有限公司
成武恩耀纸业制品有限公司
成武县梦雪卫生纸分装厂
单县晨曦纸品厂
单县天艺日用品有限公司
东明县汉庭纸品有限公司
东明县柔美纸品有限公司
巨野县汉腾纸制品有限公司
巨野县恒瑞福纸业有限公司
巨野县龙方纸业
巨野县新奇艺纸制品有限公司
山东省巨野县恒瑞纸品厂
菏泽开发区缘元卫生纸分装厂
菏泽开发区远景纸业有限公司
菏泽牡丹纸业有限公司★
菏泽奇雪纸业有限公司
菏泽圣达日用品股份有限公司
菏泽市牡丹区尚越纸制品加工厂
菏泽市牡丹区执爱卫生纸加工厂
菏泽市群芳卫生用品有限公司
菏泽市喜群纸业有限公司
菏泽天香纸业有限公司
山东睿萱纸业有限公司
济南华港纸业有限公司
济南市星河纸品厂
济南舒惠卫生用品有限公司
山东八方成纸业有限公司
济南君悦纸业有限公司
济南超洁纸品厂
济南锦佳利纸制品有限公司
济南市历城区翰林纸品厂
济南雅纯酒店用品有限公司
济南泉林纸制品有限公司
济南妮莎贝儿母婴用品有限公司
商河县宏达纸制品厂
济南恒安纸业有限公司
济南百优纸业有限公司
济南鑫瑞纸容器有限责任公司
山东梅笛医疗用品有限公司
曲阜市发家纸业有限公司
济宁佳欣纸业有限公司
济宁飞洋纸业有限公司
山东京沪卫生用品有限公司
济宁沣泰纸业有限公司
济宁广丰纸业有限公司
山东泗水天缘纸业有限公司
济宁恒安纸业有限公司
济宁昱泰生活用品有限公司
山东奇秀生活用品股份有限公司
山东太阳生活用纸有限公司★
山东旭臻纸业有限公司
邹城市涵强纸业
济南市荣和纸业有限公司
莱芜市莱城区鑫宇纸制品厂
山东圣雅洁纸制品有限公司
山东怡家家纸业有限公司

维达纸业(山东)有限公司★
茌平初心纸业有限公司
山东信成纸业有限公司
山东聊威纸业有限公司
山东韶韵本色纸业有限公司
高唐县嘉美纸业有限公司
高唐县人和纸业有限公司
山东高唐泉洁纸业有限公司
山东坤昇环保科技有限公司★
山东鑫星纸业有限公司
临沂大华纸业有限公司
临沂明辉纸业有限公司
莒南县向明造纸厂
山东好家庭日用品有限公司
山东永泰新材料有限公司
临沂坤洁纸业有限公司
临沂市宝林卫生用品有限公司
临沂市超柔生活用纸有限公司
临沂市华鲁家佳美纸制品有限公司
临沂市兰山区顺洁美纸品加工厂
临沂硕菲雅纸制品有限公司
临沂雅柔纸业有限公司
临沂质美纸制品有限公司
满城县京源家洁纸制品
山东虎歌纸业有限公司
山东恋明日用品有限公司
山东尚华纸制品有限公司
临沂高新区琳娜纸制品加工厂
临沂高新区未来纸制品厂
临沂清水源纸业有限公司
临沂市罗庄区阳光卫生纸厂
临沂新思路纸品有限公司
临沂玉龙工贸有限公司
临沂苏嫂纸制品有限公司
山东卫舒安卫生用品有限责任公司
山东欣洁月舒宝纸品有限公司
郯城青莲纸制品有限公司
郯城县邦洁纸制品厂
郯城县宝丽洁纸制品厂
郯城县港上镇玉湖卫生纸包装厂
郯城县惠特纸制品厂
郯城县诺雅纸制品厂
郯城县茹淇纸业加工厂
郯城县天地仁纸制品厂
郯城县以琳纸制品厂
郯城县玉湖纸品加工厂
郯城县云歌纸品厂
郯城县众爱纸制品厂
雅洁(临沂)卫生用品有限公司
山东融诚纸业有限公司
临沂高维新材料有限公司
临沂全成纸品有限公司
山东帅科新材料科技有限公司
青岛青山纸业有限公司
青岛戴氏伟业工贸有限公司
青岛柳燕环保科技有限公司
青岛柔百纳纸品有限公司
青岛市城阳区维达福利厂
青岛舒洁纸制品有限公司
青岛万万顺工贸有限公司
青岛鑫广宇日用品有限公司
青岛兄弟纸业有限公司
青岛雨中花卫生用品有限公司
青岛众和兄弟纸业有限公司
青岛格润纸业有限公司
青岛海澄纸业有限公司
青岛和利帝诺国际贸易有限公司
青岛美西南科技发展有限公司
青岛紫明善圆工贸有限公司
沃恩(青岛)医疗卫生用品有限公司
青岛大时代纸业有限公司
青岛顺洁纸业有限公司
青岛太阳花纸业有限公司
胶州市春泽纸制品加工厂
胶州市永恒纸制品厂
青岛北瑞纸制品有限公司
青岛雪利川卫生制品有限公司
宇昊卫生用品有限公司
青岛海诺生物工程有限公司
青岛莱逸纸业有限公司
青岛林木纸业有限公司
青岛易达卫生用品有限公司
青岛皓月圣贸易有限公司
青岛益耐雅生活用纸有限公司
金红叶纸业集团有限公司青岛分公司
日照市好乐星纸业有限公司

五莲县冠宏纸业有限公司
东平祥瑞纸业有限公司
东顺(山东)浆纸集团有限公司★
泰安市王子纸业有限公司
泰安思云纸业有限公司
肥城东升纸业有限公司
肥城东盛工贸有限公司
肥城佳洁美纸制品有限公司
肥城市凯乐雅纸业有限公司
肥城市亮亮纸业有限公司
泰安乐潮纸业有限公司
泰安市泰山区黎明纸制品厂
泰安兄弟纸业有限公司
威海市美美涤酒店用品有限公司
山东华汶实业股份有限公司
诸城市艾米纸业有限公司
安丘东华纸制品有限公司
潍坊金罡纸业有限公司
潍坊柯林纸业有限公司
昌乐县成龙纸品厂
山东凯缘纸业股份有限公司
山东众博纸业有限公司
潍坊乐福纸业有限公司
昌邑市华坤纸业有限公司
山东恒安纸业有限公司★
潍坊福山纸业有限公司
潍坊格瑞特纸业有限公司
潍坊市坊子区心意达纸品加工厂
潍坊新铭纸制品有限公司
高密市好易洁卫生用品有限公司
高密市晴格纸品厂
鹿森纸业(潍坊)有限公司
山东高密银鹰化纤有限公司
潍坊凯乐卫生用品有限公司
山东依佳卫生用品有限公司
潍坊恒联美林生活用纸有限公司★
潍坊弘盛茂卫生用品有限公司
潍坊马利尔清洁用品有限公司
潍坊三盛纸业有限公司
临朐华美纸制品厂
山东竹蜻蜓纸业有限公司
山东百合卫生用品有限公司
山东晨鸣纸业集团股份有限公司★
山东洁丰实业股份有限公司
山东柯润特生活用品有限公司
山东腾森纸业有限公司
寿光市红杉纸制品加工厂
寿光市上口镇金通纸制品厂
潍坊寿光瑞祥纸业有限公司
山东坤峰纸业有限公司
潍坊冠霖纸业有限公司
潍坊佳和纸制品有限公司
山东科林恩厨房用纸科技股份有限公司
山东蔚蓝纸业有限公司
潍坊思拓纸业有限公司
诸城市东方奥诺工贸有限公司
诸城市格林纸业有限公司
诸城市丽洲纸业有限公司
诸城市鑫旺纸制品加工厂
诸城市元顺工贸有限公司★
诸城市远鸿纸业有限公司
诸城市运生纸业股份有限公司
诸城市中顺工贸有限公司
烟台德远日用品有限公司
烟台彩星纸制品有限公司
烟台晟源纸业有限公司
莱州市奥翔纸品厂
烟台市恒达纸业有限公司
烟台市友诺纸业有限公司
龙口市明洁纸塑制品有限公司★
烟台贵糖纸业有限公司
烟台万睿纸制品有限公司
枣庄市和佳生活用品有限公司
山东天亿得卫生用品有限公司
山东枣庄阳光卫生用品有限公司
枣庄市市中区嘉誉纸品厂
枣庄市怡佳纸业有限公司
枣庄市永洁纸业有限公司
山东派信纸业有限公司
淄博沣泰纸业有限公司
桓台康荣纸业有限公司
桓台县新城镇天行健酒店用品厂
山东赛特新材料股份有限公司
山东亿佳缘纸业股份有限公司
淄博吉祥纸业有限公司
淄博华品纸业有限公司

沂源县鲁村镇万泰纸品厂
淄博恒柔纸业有限公司
淄博市周村旭日纸品厂
淄博泓凯纸制品有限公司
淄博新洁卫生用品厂

河南 Henan

安阳小鱼儿卫生用品有限公司
安阳市森源纸业有限责任公司
滑县崇鑫纸业有限公司
韶能集团汤阴豫佳纸品有限公司
安阳市汇丰卫生用品有限责任公司
鹤壁瑞洲纸业有限公司
鹤壁市金波纸品有限公司
河南省林泰卫生用品有限公司
焦作美洁纸业有限公司
沁阳市宏都纸业有限公司★
沁阳市宏涛纸业有限公司★
沁阳市美洁纸品店
沁阳市美洁纸制品加工厂
沁阳市修远纸业有限公司
河南华丰纸业有限公司
兰考县舒鑫标优复卷纸加工厂
开封一晨纸业有限公司
洛阳尚恩纸业有限公司
洛阳市伊滨区李村镇天美纸品厂
洛阳市涧西华丰纸巾厂
河南康煊实业有限公司
洛阳市华宸纸业有限公司
河南华洁卫生用品有限公司★
洛阳市致远纸业有限公司
偃师市首阳山第二卫生纸厂
偃师市首阳山镇壹林生活用纸加工厂
临颍县洁净纸业加工厂
临颍县十美纸制品有限公司
漯河临颍恒祥卫生用品有限公司
漯河市聚源纸业有限公司★
漯河市诗美格纸业有限公司
漯河市丝柔纸业有限公司
河南家乐比邻纸业有限公司
漯河宏晟纸业有限公司
漯河银鸽生活纸产有限公司★
漯河银鸽至臻卫生用品有限公司★
漯河玉帛纸业有限公司
邓州市豪天纸品有限公司
邓州市华鑫纸业有限公司
河南汇美纸业有限公司
内乡县众发纸业有限公司
南阳德盛纸业有限公司
社旗县豫黔纸品加工厂
唐河县民康纸塑业精制厂
唐河县雪燕纸业
南阳市洋帆纸业有限公司
南阳市怡兰纸品厂
南阳市晨梅纸业有限公司
新乡县鸿森纸业有限公司
河南省西峡县春风实业有限责任公司
新野方正纸业有限公司
宏达纸业有限公司
平顶山市林达纸业有限公司
河南省汝州市磊发纸业有限公司
舞钢市迦润卫生用品有限公司
河南宝润纸业有限公司
河南阳光卫生用品有限公司
濮阳市冰昊纸业有限公司
河南东森生物科技有限公司
河南省濮阳县庆祖镇祥隆纸制品厂
河南祥隆卫生用品有限公司
濮阳青松纸业有限公司
濮阳市同鑫纸业有限公司
濮阳县庆祖镇民兴纸业厂
濮阳县庆祖镇庆北纸业加工厂
濮阳县庆祖镇耀阳纸业厂
濮阳清枫纸业有限公司
商丘市宏达纸业有限公司
商丘市梁园区千翔纸制品厂
河南佳梦纸制品制造有限公司
宁陵县雪梅纸业
商丘嘉俊日化有限公司
睢县恩泽纸制品厂
商丘众舒纸业有限公司
永城市达龙纸业有限公司
永城市龙岗镇永康纸业
永城市森茂纸业有限公司

永城市小金人纸业
永城市允龙纸业有限公司
商丘中柔卫生用品有限公司
虞城县锦骅纸业有限公司
虞城县玖玖卫生纸分装厂
新乡经济开发区露凡纸业加工厂
新乡市凤泉区甲森纸制品加工厂
新乡市凤泉区乐家纸业加工厂
新乡市新纤纸业有限责任公司
新乡市洁源纸品有限公司
新乡市云龙纸业有限公司
新乡市牧野区宏运达纸制品加工厂
山东华珂纸业有限公司
淮滨县张里乡双赢纸品
信阳高新区信达纸品厂
襄城县德兴隆纸业有限公司
许昌芳飞纸业有限公司
许昌宏业纸品有限公司
许昌丽妃纸业有限公司
许昌市东城区益佰制品加工厂
许昌市东城区豫龙纸制品加工厂
许昌市浩森纸制品有限公司
许昌市吉兴纸制品有限公司
许昌市佳洁纸业有限公司
许昌市建安区莲洁纸制品厂
许昌市芮琳纸业有限公司
许昌市中顺达纸业有限公司
许昌天力丰生态材料有限公司
许昌魏都畅元纸品厂
许昌翊轩纸业有限公司
许昌市建安区慧轩纸业有限公司
许昌市建安区雍和工贸有限公司
许昌市林风纸业有限公司
许昌完美纸业有限公司
许昌新元纸制品有限公司
河南省易丰达纸制品有限公司
河南省优坊纸业有限公司
登封市颖河情纸业有限公司
河南乐在美途环保科技有限公司
新密市正德元纸业有限公司
郑州奥兴纸业有限公司
郑州婷风纸制品有限公司
河南佳铭酒店用品有限公司
郑州程雨纸业有限公司
郑州市永兴纸业有限公司
郑州万戈免洗用品工贸有限公司
河南洁之净纸业有限公司
河南沐欣纸业有限公司
河南省洁美纸业有限公司
河南微笑纸业有限公司
河南豫嘉纸业有限公司
郑州东研纸业有限公司
郑州玖龙纸业有限公司
郑州绿洁纸业有限公司
郑州尚美纸业有限公司
郑州悠萱纸业有限公司
河南景雅纸制品有限公司
郑州东鑫纸业有限公司
新郑市珊瑚纸业有限公司
河南庭欣包装科技有限公司
郑州正青纸业有限公司
郑州嘉和纸业有限公司
郑州洁良纸业有限公司
郑州缇舒纸业有限公司
淮阳县可维纸品有限公司
周口维仁卫生用品有限公司
河南众兴纸业有限公司
河南省扶沟县锦瑞纸业
淮阳县颐莲坊纸制品厂
河南护理佳纸业有限公司★
河南花知花语纸业有限公司
河南轻扬纸业有限公司
河南五彩卫生用品有限公司
鹿邑县伊百氏纸业商行
辉县市兆丰纸业有限公司★
沈丘县嘉贝日用品有限公司
河南恒宝纸业有限公司
河南百辈康卫生用品有限公司
济源市五龙纸业有限责任公司
泌阳县明珠纸业有限公司
平舆中南纸业有限公司★
河南华兴纸业有限公司★
西平县超群纸业有限公司
西平县经纬纸品厂

河南洁红纸业有限公司
驻马店市方舟纸业有限公司
驻马店中南纸业有限公司★

● 湖北 Hubei

湖北顺心纸业有限公司
湖北立欣纸业有限公司
湖北依柔纸业有限公司
湖北维洁纸业股份有限公司
恩施市恩盛纸品加工厂
恩施州辰昇纸业有限公司
湖北楚焱纸业有限公司
罗田县福盈门纸业厂
蕲春县鑫安纸品厂
黄梅县钦鑫纸制品有限公司
湖北汇康纸业有限公司
武穴市疏朗朗卫生用品有限公司
湖北万德福纸业有限公司
湖北克拉弗特实业有限公司
荆州市福音纸业有限公司
公安县佳美纸品厂
湖北真诚纸业有限公司★
荆州市启晨纸业有限公司
泰盛(湖北)生活用品有限公司
松滋市特丽丝纸业有限公司
松滋市雅欣纸品厂
十堰市向阳花开工贸有限公司
十堰启森工贸有限公司
十堰成美纸业有限公司
利川市锦辰商贸有限公司
武汉市蔡甸区红明纸品厂
武汉市春晖纸业有限责任公司
武汉舒洁纸业有限公司
湖北超维新材料科技有限公司★
武汉佳禾竹木日用品有限公司
武汉黎世生活用品有限责任公司
武汉倪初护理用品有限公司
武汉市菲雅达纸业有限公司
武汉市江岸区尚成纸品厂
武汉统奕包装有限公司
武汉意鑫合包装有限公司
武汉市达力纸业有限公司
湖北宝运纸业有限公司
武汉康乐洁纸制品有限公司
武汉市汉阳区尚美生活用品厂
武汉市天天纸业有限公司
武汉市洪山区鑫丽源生活用品厂
武汉鑫群芳纸业有限公司
武汉吉美纸业有限责任公司
武汉利发诚品纸业有限公司
武汉市百康纸业有限公司
武汉市国保康纸品加工有限公司
武汉市清晨纸业有限公司
武汉市诗华纸业有限公司
武汉市鑫逸凡商贸有限公司
武汉杰臣环保清洁用品有限公司
武汉鑫惠然纸业科技有限公司
金红叶纸业集团有限公司武汉分公司
武汉瑾泉纸业有限公司
武汉圣世联盟纸业有限公司
武汉新宜人纸业有限公司
湖北丁香花纸业有限公司
武汉多乐雅生活洁纸有限公司
武汉今心纸业有限公司
武汉市孟伟纸业有限公司
武汉万德福纸业有限公司
武汉贝思特纸业有限公司
武汉巧客利商贸有限公司
武汉市硚口区布莱特纸品厂
武汉香约纸业有限公司
湖北金安格医疗用品有限公司
武汉市新洲区雅洁纸品厂
武汉市雅家达纸业有限公司
湖北汉康工贸有限公司
湖北舒柔纸业有限公司
襄阳市瑞枫纸业有限公司
老河口杨三宏福纸业有限公司★
宜城市长风纸业有限公司
恒安(湖北)纸业有限公司
红灯笼纸业湖北有限公司
湖北丽邦纸业有限公司★
湖北金博士新材料科技有限公司★
金红叶纸业(湖北)有限公司★
孝感亲爽纸业有限公司

孝感市枫腾纸业有限责任公司
孝感市峰源纸业有限责任公司
孝感市欧尚纸业有限公司
孝感市世丰纸业有限公司
孝感腾润纸业有限公司
中顺洁柔(湖北)纸业股份有限公司★
湖北众爱纸业有限公司
宜昌市伍家岗区鸿富祥纸制品制造部
宜都市雷迪森纸制品厂
湖北舒云纸业有限公司
宜昌弘洋集团纸业有限公司
湖北枝江市佳洁纸品厂
枝江市丽宝莱纸品厂
枝江市云丽纸品厂
维达纸业(湖北)有限公司★

● 湖南 Hunan

湖南恒安纸业有限公司★
常德绿方纸业科技有限公司
湖南盛顺纸业有限公司
常德莆仙仁商贸有限公司
常德市恒佳纸品有限公司
郴州市北湖区金华丽造纸厂
桂阳县佰福十点利卫生纸品厂
湖南蔡伦故里纸业有限公司
韶能集团耒阳蔡伦纸品有限公司★
湖南壹帆纸业有限责任公司
衡阳市洁净纸业有限公司
湖南腾鸿纸业有限公司
湖南永鑫纸业有限公司
新邵县富源造纸厂
湘潭高新区翔鑫纸品厂
湖南东顺纸业有限公司
吉首市鹏程纸巾厂
益阳碧云风纸业有限公司
益阳市资阳区诚达纸业有限公司
永州市大生林纸业有限责任公司
永州市家鑫纸制品有限公司
岳阳经济技术开发区鑫威纸品厂
岳阳市岳阳楼区华维纸品厂
湖南永航纸业有限公司
岳阳市君山区优柔卫生纸厂
湖南省家乐福纸业有限公司
湖南慕昀纸业有限责任公司
岳阳市岳阳楼区金鹰纸业
湖南康泰日华纸业有限公司
岳阳县利丰纸业
张家界市永定区庸城纸业加工厂
长沙建益纸业有限公司
湖南心语林纸品有限责任公司
浏阳市沿溪镇幸福卫生纸厂
湖南荣耀纸业有限公司
湖南新净界纸业有限公司
长沙金红叶纸业有限公司
湖南步步升纸业有限公司
湖南合泰纸业有限公司
湖南省顺清扬纸业有限公司
长沙晨建纸业有限公司
长沙东建纸业有限公司
长沙丰之裕纸业有限责任公司
长沙美时洁纸业有限公司
长沙维洁力纸制品有限公司
湖南诚品质造科技有限公司
湖南天然工坊电子商务有限公司
湖南竹妃纸业有限公司
湖南庐景纸业有限公司
长沙贝诺纸业有限公司
长沙县德之馨纸制品厂
荷塘区腾龙纸品厂
株洲林一纸业有限公司
株洲县慧峰纸品厂

● 广东 Guangdong

潮州市潮安区东升纸厂
潮州市枫溪区新合纸艺厂
潮州市潮安区彩塘镇高明日用纸塑工艺厂
饶平县国新纸品厂
饶平县黄冈兰奇纸品加工厂
东莞彩鸿实业有限公司
东莞利良纸巾制品有限公司
东莞名威纸业有限公司
东莞市艾丽乐纸业有限公司

东莞市白天鹅纸业有限公司
东莞市贝柔纸业有限公司
东莞市财州纸制品有限公司
东莞市昌泰纸业有限公司
东莞市常平雪宝纸巾厂
东莞市成旺酒店用品有限公司
东莞市达林纸业有限公司★
东莞市大枫纸业有限公司
东莞市大莞家纸品有限公司
东莞市大朗久凤纸制品厂
东莞市大朗清辉纸制品厂
东莞市大岭山俊业纸巾加工店
东莞市德宝纸业有限公司
东莞市滇丰纸品有限公司
东莞市东慧纸业有限公司
东莞市多林纸业有限公司
东莞市冠森纸业有限公司
东莞市恒杰纸品有限公司
东莞市厚街华宝纸品厂
东莞市华劲纸业有限公司
东莞市汇佳纸业有限公司
东莞市健兰纸业有限公司
东莞市金慧纸业有限公司
东莞市俊腾纸业有限公司
东莞市朗诣纸业有限公司
东莞市龙田纸业有限公司
东莞市金红丽纸业有限公司★
东莞市蚂蚁纸业有限公司
东莞市明月纸业有限公司
东莞市品润纸业有限公司
东莞市庆丰纸业有限公司
东莞市柔柔香纸业有限公司
东莞市瑞达纸业有限公司
东莞市润来纸业有限公司
东莞市申柔美纸业有限公司
东莞市胜和酒店用品有限公司
东莞市十六花纸业有限公司
东莞市石碣程门纸品厂
东莞市石排斯卓纸品厂
东莞市时和利造纸有限公司
东莞市思博纸业有限公司
东莞市思灵纸品有限公司
东莞市涛鸿纸品包装有限公司
东莞市天勤纸业有限公司
东莞市天正纸业有限公司
东莞市万江德康纸品厂
东莞市万江芬洁纸品加工厂
东莞市万江国昌纸品加工店
东莞市万江书柔纸品厂
东莞市万江万景纸品厂
东莞市万江雅舒达纸品加工店
东莞市万江宜乐纸品厂
东莞市万江莹荷纸品加工店
东莞市万江郑威纸品加工店
东莞市旺发纸业有限公司
东莞市唯得纸业有限公司
东莞市湘丽纸业有限公司
东莞市鑫浩纸业有限公司
东莞市旭利日用品有限公司
东莞市雅洁纸品有限公司
东莞市宇衡纸业有限公司
东莞市中堂恒华纸品加工店
东莞市中堂新星纸巾厂
东莞市众信纸业有限公司
东莞悦华纳米材料有限公司
澳威纸业(江门)有限公司★
广东比伦生活用纸有限公司
广东光华纸制品有限公司
广东乐派生物科技实业有限公司
广东理文造纸有限公司★
广东美鸿卫生用品有限公司
广东飘合纸业有限公司
广东三星乐百乐纸业有限公司
广东芯柔纸业有限公司
佛山市添芯意酒店用品有限公司
佛山欧班卫生用品有限公司
佛山市安倍爽卫生用品有限公司
佛山市宝琏纸业有限公司
佛山市禅城区康结香巾厂
佛山市宏达纸品有限公司
佛山市嘉邦纸品有限公司
佛山市南海洁达纸业有限公司
佛山市南海区平洲新奇丽日用品有限公司
佛山市南海塔吉美纸业有限公司
佛山市柔兰纸品有限公司
佛山市卓岳纸业有限公司

佛山市三水区西南街永盛酒店用品加工厂
佛山太美纸品有限公司
佛山兴颖盛纸业有限公司
佛山市顺德区惠广纸业有限公司
佛山市沃威纸业有限公司
佛山市顺德区颜盈纸类制品有限公司
昌正医疗科技(广州)有限公司
广州健朗医用科技有限公司
广州龙派纸业有限公司
广州市阳兴纸业有限公司
广州添进纸品制造有限公司
老棉农医疗用品(广州)有限公司
广州品维纸业有限公司
广州森枫纸业有限公司
广州市番禺区沙湾镇威奇纸品厂
广州市番禺区钟信餐具厂
广州市恒轩纸业有限公司
广州市宏杰达纸业有限公司
广州市洁达纸业有限公司
广州市洁莲纸品有限公司
广州市美景纸业有限公司
广州市文定纸业有限公司
广州市怡欣纸业有限公司
广州市盈辉纸业有限公司
广州舒馨纸业有限公司
广州有全纸业有限公司
亚太森博(广东)纸业公司★
广州金隆纸业有限公司
广州市汉氏卫生用品有限公司
广州市浩森环保科技有限公司
广州纵横纸业有限公司
广州华程纸业有限公司
广州市启鸣纸业有限公司
广州市森大贸易有限公司
广州市馨悦纸业有限公司
广州市鑫源纸业有限公司
广州天美联盟生物科技有限公司
维达商贸有限公司★
广东泽田纸塑实业有限公司
广州托玛琳生物科技有限公司
广东省顺威纸业科技有限公司
广州京明家居用品有限公司
广州天兴行生活用纸有限公司
广州永泰保健品有限公司
博罗县凤达纸业有限公司
惠州泰美纸业有限公司
惠州市洁一雅实业有限公司
惠州市通用纸业有限公司
江门市建华纸业有限公司
江门市昊蕾纸业有限公司
开平市顺锋纸品加工厂
江门日佳纸业有限公司
江门市贝丽纸业有限公司
江门市晨采实业有限公司
江门市蓬江区天宝纸业有限公司
江门市千帆纸业有限公司
江门日佳纸业有限公司
广东达森特科技有限公司
江门仁科绿洲纸业有限公司★
江门市鸿祥纸业有限公司
江门市加多福纸业有限公司
江门市新会区宝达造纸实业有限公司★
江门市新会区大泽天恒纸品厂
江门市新会区翔达纸业制品有限公司
江门市新龙纸业有限公司
江门市新腾纸业有限公司
江门市雅枫纸业有限公司
江门旺佳纸业有限公司★
维达纸业(中国)有限公司★
维达纸业(中国)有限公司(江门分公司)★
新会区大泽镇纯美纸业制品厂
中顺洁柔(江门)纸业股份有限公司★
广东蓓尔丽实业有限公司
揭阳市揭东柏达纸制品厂
揭阳市揭东区锡场镇顺成纸品厂
揭阳市龙新实业有限公司
揭阳市维康达纸业有限公司
广东信达纸业有限公司★
揭阳空港区砲台镇嘉婷纸制品厂
揭阳空港区渔湖诚源纸品厂
揭阳市榕城区骏荣纸品厂
揭阳市榕城区榕东明发纸品厂
茂名市维美纸业有限公司
大埔县中兴纸业厂
梅州市鼎丰纸品有限公司
梅州市梅江区恒富纸制品厂

梅州市梅江区明达纸业加工厂
梅州市富和纸品厂
金钰(清远)卫生纸有限公司
汕头市豪发纸业有限公司
汕头市澄海区恒康纸类制品厂
汕头市澄海区佳楠纸类制品厂
广东万安纸业有限公司★
汕头市万安生活用品有限公司
广东仁达纸业实业有限公司
广东中洁纸业有限公司
汕头市金平区飘合纸业有限公司
广东骏宝实业有限公司
汕头市大方纸业有限公司
汕头市金誉工艺纸业有限公司
汕头市致远日用品有限公司
汕头市柔中洁纸业有限公司
汕头市中维纸业有限公司
海丰县康太纸业有限公司
韶能集团广东绿洲生态科技有限公司韶能本色分公司★
韶关市联进纸业有限公司★
始兴县鸿晟纸品加工有限公司
广东韶能集团股份有限公司
深圳前海安兴实业有限公司
深圳蓓佳妮实业有限公司
深圳市富新隆日用品有限公司
深圳市广田纸业有限公司
深圳市金宝利实业有限公司
深圳市俊洁纸业有限公司
深圳市美鸿卫生用品有限公司
深圳市鹏达纸业有限公司
深圳市舒尔雅纸品有限公司
深圳市水润儿婴童用品股份有限公司
深圳市御品坊日用品有限公司
深圳沃林纸业有限公司
深圳市宝盛纸业有限公司
深圳市佳萱纸业有限公司
鸿源联合(深圳)实业有限公司
深圳市宝德鸿纸业有限公司
深圳市洁雅丽纸品有限公司
深圳市金源禧实业有限公司
深圳市荆江纸制品有限公司
深圳市联合好柔日用品有限公司
深圳市龙岗区新达纸品厂
深圳市龙新纸业有限公司
深圳市牡丹纸品厂
深圳市南龙源纸品有限公司
深圳市欧雅纸业有限公司
深圳市三友纸业有限公司
深圳市鑫亚华纸业有限公司
深圳市盈送科技有限公司
深圳亿宝纸业有限公司
西朗纸业(深圳)有限公司
心丽卫生用品(深圳)有限公司
深圳市博奥实业发展有限公司
深圳市恒圳实业有限公司
深圳市特利洁环保科技有限公司
深圳特立生活用品有限公司
维达国际控股有限公司★
中顺洁柔(云浮)纸业有限公司★
湛江市麻章区宝盈纸品厂
湛江雅泰造纸有限公司
吴川市大山江明兴日用品厂
肇庆鼎纯卫生用品厂
肇庆万隆纸业有限公司★
广东鼎丰纸业有限公司★
广宁县南宝纸业有限公司★
肇庆长实纸业有限公司
中山榄菊日化实业有限公司
中山市三角镇泓裕纸类制品厂
中山市森宝纸业制造有限公司
中山市腾达纸品有限公司
中山市天高商贸有限公司
中山市小榄镇远翔纸制品厂
中山市中美纸业实业有限公司
中顺洁柔(中山)纸业有限公司
珠海清岚纸业有限公司
广东恒安纸业有限公司★

● 广西 Guangxi

广西达力纸业有限公司
广西嘉盛纸业有限公司★
广西金成纸业有限公司★
来宾市华欣纸业有限公司★

广西金荣纸业有限公司
广西百色瑞达纸业有限公司
广西纸友缘纸业有限公司
广西桂海金浦纸业有限公司★
广西龙州曙辉纸业有限公司★
广西来宾曙辉纸业有限公司★
贵港市三叶纸业有限公司
广西春南纸业有限公司
广西瑞彩纸业有限公司
桂林市南林纸业有限责任公司
桂林市优博纸业有限公司
灵川县福源纸制品厂
灵川县红旺纸品加工厂
桂林钦点纸业有限责任公司
桂林市广嘉工贸有限公司
桂林市一生竹业有限责任公司
全州亿恒纸业制品厂
桂林喜夫人纸业有限公司
桂林福桂纸业有限公司
广西象州莲桂纸业有限公司★
广西安平纸业有限公司
广西来宾桂宾纸业有限公司★
广西来宾金润纸业有限公司
广西芯飞扬实业有限公司
广西植护云商实业有限公司★
来宾市桂诚纸业有限公司
来宾市桥宏纸业有限责任公司★
柳州誉美纸业有限公司
柳州沁原纸业发展有限公司★
柳州市柳江区桂龙纸品厂
柳州市太阳造纸厂
柳州市柳林纸业有限公司★
广西贵港盛正纸业有限公司★
广西马山县盛圣纸业有限公司★
柳州中迪纸业有限公司
广西芳泰纸业股份有限公司
柳州美伊美纸业有限公司
柳州迎丽纸业有限公司
南宁雪宝纸业有限责任公司
宾阳县赢盈纸品厂
广西安宁纸业有限公司
广西雪洁纸业有限公司
南宁市丰裕纸业有限公司
南宁市佳达纸业有限责任公司★
南宁市佳金纸业有限公司
南宁市家祥纸业有限公司
广西横县和顺纸业有限公司
广西横县江南纸业有限公司★
广西南宁凤派纸业有限公司
广西南宁国昌纸业有限公司
广西嵘兴中科发展有限公司★
广西盛誉嘉纸业有限公司
广西天力丰生态材料有限公司★
南宁市圣大纸业有限公司★
南宁香兰纸业有限责任公司★
广西南宁恒业纸业有限责任公司
广西新佳士卫生用品有限公司
南宁美纳纸业有限公司
南宁梦来圆纸制品有限责任公司
南宁市乖仔工贸有限责任公司
南宁市好印象纸品厂
南宁市嘉宝纸业有限公司
南宁市金彩桐木瓜纸业有限公司
南宁市柔润纸业有限公司
南宁清柔纸业有限公司
广西和发强纸业有限公司★
广西沙龙纸业有限公司
广西田东南华纸业有限公司
南宁市华征纸业有限公司
广西舒雅护理用品有限公司
金红叶纸业(南宁)有限公司
南宁彩帕纸品制造有限公司
来宾华胜纸业有限公司★
广西宏源纸业有限公司★
广西太阳纸业有限公司★
南宁太阳纸业有限公司★
崇左理文纸浆制品有限公司★
南宁市嘉益纸业有限公司
南宁天然纸业有限公司
南宁市盛成纸品加工厂
广西南宁金木瓜纸业有限公司
南宁市迪雅日用纸品厂
广西钦州叶诚纸业有限公司
广西东南光纸业有限公司
陆川县鑫龙纸业有限公司
玉林市亲点纸业有限公司

广西金佰洁纸业有限公司
广西唯得纸业有限公司
贵港龙派实业集团有限公司★

● 海南 Hainan

海口秀英昌达纸业制品厂
海口秀英万利纸业制品厂
儋州那大豪冠纸品厂
海南嘉宝纸业有限公司
海南金红叶纸业有限公司★

● 重庆 Chongqing

重庆峰城纸业有限公司
重庆洁黔纸制品有限公司
重庆真妮丝纸业有限公司
重庆九顺纸业有限责任公司
重庆若禺纸制品有限公司
重庆市璧山区集美纸制品有限公司
重庆市沙坪坝区耀发纸制品厂
重庆市泰盛纸业有限公司
重庆市雅洁纸业有限公司
重庆惟鸥纸业有限公司
重庆香柔纸业有限公司
重庆宜康纸业有限责任公司
重庆渝万家纸业有限公司
重庆恒安心相印纸制品有限公司★
重庆盛丰纸业有限公司
重庆远帆纸业有限公司
重庆市光承纸业有限公司
重庆龙璟纸业有限公司★
奉节县枫叶纸制品经营部
重庆博蔚纸业有限公司
重庆三好纸业有限公司
九龙坡区中梁山语柔纸制品厂
重庆纯点纸业有限公司
重庆广泰纸业有限公司
重庆汇广纸业有限公司
重庆靓光纸业有限公司
重庆特丽洁生活用纸有限责任公司
重庆稚雅商贸有限公司
沙坪坝区俊杰纸制品加工厂
重庆阔天纸业有限公司
重庆星月纸业有限公司
重庆市飞龙纸业有限公司
潼南县合家欢纸业有限公司
维尔美纸业(重庆)有限公司★
重庆彼特福纸业有限公司
重庆港奥佳祥纸业有限公司
重庆鸿泰纸业有限公司
重庆理文卫生用纸制造有限公司★
重庆添福纸业有限公司
重庆维邦纸业有限公司
重庆渝成纸业有限公司
重庆玉红生活用纸有限公司
重庆东实纸业股份有限公司

● 四川 Sichuan

成都成良纸业有限责任公司
成都市红娇妇幼卫生用品有限公司
成都市郫都区彩虹缘纸品厂
恒安(四川)生活用品有限公司
夹江汇丰纸业有限公司★
四川橙十字科技有限责任公司
四川得布卫生用品有限公司
四川心语卫生用品有限公司
成都晨光纸业有限公司
四川蓝漂日用品有限公司
成都恒锋纸制品有限公司
成都居家生活造纸有限责任公司★
成都绿洲纸业有限责任公司★
成都市家家洁纸业有限公司
成都市鑫若纸制品有限公司
成都鑫宏乙纸品厂
成都鑫宏纸品有限责任公司★
崇州市倪氏纸业有限公司★
崇州市天美纸业加工厂
四川芝宝堂工艺纸品有限公司
成都市苏氏兄弟纸业有限公司
成都志豪纸业有限责任公司★
大邑县西红叶纸业有限公司

成都百丽纸业有限责任公司
都江堰市海腾纸业有限责任公司
都江堰市龙安纸制品厂
都江堰市能兴纸业有限公司
四川竹巾环能新材料有限公司
成都乐陈纸业有限公司
四川百乐生活用品有限责任公司
四川唤初新材料有限公司
成都好柔洁纸业有限公司
金堂县怡乐纸制品加工厂
四川红富士纸业有限公司
成都百信纸业有限公司
成都市龙泉驿区永顺卫生用品厂
成都百顺纸业有限公司
成都洁仕生活用品有限公司
成都景山纸业有限责任公司
成都市阿尔纸业有限责任公司★
成都市芳菲乐纸业有限公司
成都星友纸制品有限公司
彭州市大良纸厂★
彭州市玖峰纸业有限公司
彭州市阳阳纸业有限公司
四川本色工坊纸业有限责任公司
四川森之佳纸业有限公司
四川蜀邦实业有限责任公司★
中顺洁柔(四川)纸业有限公司★
成都精华纸业有限公司★
成都市豪盛华达纸业有限公司
成都市康乐纸业有限公司
成都市天垚纸业有限公司
成都纤姿纸业有限公司
四川恒邦远大纸业有限责任公司
四川欣适运纸品有限责任公司
成都市天娇纸业有限公司
成都市仲君纸制品厂
成都市青柠檬纸业有限公司
成都兴荣纸业有限公司
成都鑫一达贸易有限公司
四川福布卫护科技有限公司
四川环龙新材料有限公司★
四川鑫业纸业有限公司★
成都市竹缘纸业有限公司
成都安洁儿商贸有限责任公司
成都发利纸业有限公司
成都市丰裕纸业制造有限公司
成都卫洁纸业有限公司
四川康利斯纸业有限公司
四川若禺卫生用品有限责任公司
成都市红牛实业有限责任公司
成都清雅纸业有限公司
四川康启生物科技有限公司
四川怡君康福生物科技有限公司
成都安舒实业有限公司
成都彼特福纸品工艺有限公司
成都顶洁纸业有限公司
成都金香城纸业有限公司
成都市新都爱洁生活用品厂
成都市新都区吕氏纸制品厂
成都市在水一方纸业有限公司
四川兴睿龙实业有限公司
新都区军屯镇鑫盛洁纸制品厂
四川省津诚纸业有限公司★
四川石化雅诗纸业有限公司
达州市浩然旅游用品有限公司
开江县任市阳光纸品厂
德阳市美妆庭纸业有限公司
四川顺邦纸业有限公司
四川省天耀纸业有限公司
四川友邦纸业有限公司★
四川纸老虎纸制品有限公司
成都舒美姿卫生用品有限公司
德阳市旌阳区锦上花纸制品厂
维达纸业(四川)有限公司★
绵竹市剑枫纸制品有限公司
成都来一卷纸业有限公司
成都市砂之船纸业有限公司
四川翠竹卫生用品有限公司
四川迪邦卫生用品有限公司
四川诺邦纸业有限公司
四川清爽纸业有限公司
四川什邡市恒达纸品厂
四川望风青苹果纸业有限公司
四川维邦优品科技有限公司
四川圆周实业有限公司★
夹江县金达纸业有限公司
夹江县心愿纸业有限公司

夹江县正方彩印厂
四川省夹江县雅洁纸厂
四川省万安纸业有限责任公司
四川凤生纸业科技股份有限公司★
沐川禾丰纸业有限责任公司★
乐山新达佳纸业有限公司
四川艾尔纸业有限公司★
四川清竹源纸业有限公司
眉山市东坡区先锋卫生纸制品厂
四川省龙野日用品有限公司
四川省环龙生活用品有限公司★
仁寿青青草纸制品有限公司
四川佳益卫生用品有限公司
四川亿达纸业有限公司
四川盛世龙华纸业有限责任公司
四川纤纸洁纸业有限公司
四川省绵阳超兰卫生用品有限公司★
四川竹印良品新材料科技有限公司
南充市达江卫生用品厂
南充市开发区永成纸品厂
内江市东兴区绿源纸制品厂
四川玉洁纸业有限公司
遂宁金红叶纸业有限公司★
四川金红叶纸业有限公司★
宜宾纸业股份有限公司★
富顺县诚邦纸制品厂
荣县旭阳镇洁美康纸制品厂

● 贵州 Guizhou

贵州德怀纸业有限公司
植护百洁卫生用品有限公司
贵州汇景纸业有限公司★
贵州中柔纸业有限公司
毕节市富达纸业有限公司
贵州盛世宝竹纸业有限公司
贵阳市花溪环球卫生制品厂
贵阳顺兴纸品有限公司
贵阳添福纸制品厂
贵州繁星点点科技有限公司
贵州山河森纸业有限公司
贵州雨娇纸制品有限公司
贵州玉祥纸业有限公司
贵阳阳光生活用纸厂
贵阳彩华恒丰纸业有限公司
贵州凯里经济开发区冠凯纸业有限公司
福泉市云溪纸业
惠水县佳宇造纸厂★
贵州万华纸业有限公司
贵州瓮安大众纸业有限责任公司
贵州倍特纸业有限公司
黔西南州伙儿晃日化有限公司
兴义市鹏程纸业
贵州冠华纸业有限公司★
赤水升翔纸业有限公司
赤水市天月纸业有限公司
赤水市鑫明洁明亮纸业有限责任公司
贵州赤河纸业有限公司
贵州赤天化纸业股份有限公司★
贵州汇美佳源纸业有限公司
贵州中济恩鑫高新技术开发有限公司
遵义市原色食尚纸业有限责任公司
贵州彩阳纸业有限公司
贵州迎阳卫生材料股份有限公司★

● 云南 Yunnan

云南白药清逸堂实业有限公司
大理滇丰纸业有限责任公司
云南新生纸业有限公司
云南臻自然纸业有限公司
云南弘源纸业有限公司★
官渡区丰达生活用纸厂
昆明爱华卫生制品有限责任公司
昆明华安美洁卫生用品有限公司
昆明家之品纸业有限责任公司
昆明卡拉丁纸业有限公司
昆明蓝欧工贸有限公司
昆明绿基纸业有限公司
昆明市官渡区昆和纸品厂
昆明市官渡区鑫康纸品厂
昆明正能博美纸业有限公司
云南龙银纸业有限公司
昆明洁典卫生用品有限公司

云南万达纸业有限公司
昆明市社会福利院春城纸巾厂
云南兴亮实业有限公司
昆明拓翔纸业有限公司
昆明威宝纸制品厂
云南嘉信和纸业有限公司
云南昆明鑫康纸品厂
云南国峰卫生用品有限公司
云南云景林纸股份有限公司★
宣威市康乐纸业有限公司
玉溪和润纸业有限公司
云南尊丰纸业有限公司
云南金晨纸业有限公司★
云南汉光纸业有限公司★
云南金汉光纸业有限公司
云南新平南恩糖纸有限责任公司★
昭通市昭阳区新世纪纸巾厂
云南美丽好纸业有限公司★

● 西藏 Tibet

西藏洪瑞卫生用品有限公司

● 陕西 Shaanxi

陕西洁韵雅纸业有限公司
陕西法门寺纸业有限责任公司★
宝鸡市海洋之恋酒店用品有限公司
汉中御纸坊日用品有限责任公司
汉中青珊瑚卫生用品有限公司
商洛柔馨宜纸业有限公司
陕西维美纸业有限责任公司
陕西微风纸业有限公司
西安华源纸业卫生保健用品有限公司
西安天娇纸品有限公司
陕西凯瑞达科贸有限公司
西安市点缀纸业有限公司
陕西大拇指实业有限公司
陕西洁美佳纸制品有限公司
陕西涌泉创新科技有限公司
西安福瑞德纸业有限责任公司
西安市丰悦纸品厂
西安市未央区家合纸品厂
西安市长安区清清纸品厂
西安香泽工贸有限公司
西安博凯卫生用品有限公司
陕西嘉洁丽纸业有限公司
陕西欣瑞晨工贸有限公司
陕西宜佳纸业有限公司
西安洁雅酒店用品有限责任公司
西安雅泉酒店用品有限公司
秦汉新城静瑄纸品厂
陕西旭垦纸业有限公司
陕西欣雅纸业有限公司★
延安姿爽纸制品有限公司
神木市益牌纸业有限公司
榆林市诚源纸品加工有限公司
大荔蔡伦纸业有限公司★

● 甘肃 Gansu

靖远银莲纸品厂
甘肃若禺卫生用品有限责任公司
崔家崖添添纸制品加工厂
甘肃邦贝舒纸业有限公司
兰州依帆卫生用品有限公司
兰州奇洁纸业有限公司
临夏县伊和平鸽纸业有限责任公司
陇南市宏盛纸业有限责任公司
甘肃雨森新材料科技有限公司★
平凉市宝马纸业有限责任公司
庆阳光中纸厂

● 青海 Qinghai

青海聚鑫纸制品有限公司
青海润森纸塑制品有限公司
西宁城东隆盛达纸品厂
青海晨曦纸业有限公司
西宁花梦诗纸业有限公司

● 宁夏 Ningxia

固原市泾源县鸣诚纸业
固原经济开发区嘉通工贸有限公司
宁夏佳美精细纸制品有限公司
吴忠市利通区佳佳纸制品厂
吴忠市智鑫纸业有限公司
宁夏牵手缘纸业有限公司
贺兰县百隆纸制品厂
银川市玉松纸制品厂
宁夏嘉通卫生用品有限公司
宁夏宏昌纸业科技有限公司

● 新疆 Xinjiang

新疆恒安纸业有限公司★
新疆云杉科技有限公司★
新疆中泰兴苇生物科技有限公司★
巴州新名星纸业有限责任公司★
新疆洁康达纸业有限公司
库尔勒张氏纸业有限责任公司
新疆吉尔伽美什纸业有限公司
昌吉市龙云飞纸业有限公司
新疆龙云飞卫生用品有限公司
新疆天之阳卫生用品制造有限公司
新疆巨兆辉森卫生用品有限责任公司★
新疆祥盛铭隆纸业有限公司
新疆锦上仁和纸业有限公司
乌鲁木齐市柔奈尔纸业有限公司
新疆特顺康纸业有限公司
新疆芳菲达卫生用品有限公司
沙依巴克区长胜大队展银纸制品加工厂
乌鲁木齐市三立方纸业有限公司
新疆君和纸业有限公司
新疆环峰纸业有限公司
乌鲁木齐美多纸业有限公司
石河子市惠尔美纸业有限公司

分地区卫生用品生产企业数(2023 年)

Number of disposable hygiene products manufacturers by region (2023)

地区	Region	企业数(家)Number of manufacturers					
		女性卫生用品 Feminine hygiene products	婴儿纸尿裤/片 Baby diapers/diaperPads	成人失禁用品 Adult incontinent products	宠物卫生用品 Hygiene products for pets	擦拭巾 Wipes	一次性医用非织造布制品 Disposable hygiene medical nonwoven products
总计	Total	619	571	401	73	927	363
北京	Beijing	12	8	12	1	26	12
天津	Tianjin	49	15	34	2	21	2
河北	Hebei	45	28	36	3	60	8
山西	Shanxi	0	0	1	0	3	0
内蒙古	Inner Mongolia	1	1	1	0	1	0
辽宁	Liaoning	10	4	11	3	34	3
吉林	Jilin	0	0	0	0	13	0
黑龙江	Heilongjiang	1	2	0	0	6	0
上海	Shanghai	44	37	24	5	57	24
江苏	Jiangsu	52	37	53	23	107	63
浙江	Zhejiang	44	42	28	12	138	28
安徽	Anhui	8	8	5	3	32	23
福建	Fujian	101	135	47	3	46	15
江西	Jiangxi	9	15	3	1	22	10
山东	Shandong	51	22	50	8	88	29
河南	Henan	22	13	16	1	50	20
湖北	Hubei	31	20	16	1	50	82
湖南	Hunan	12	32	4	0	17	2
广东	Guangdong	103	121	49	7	94	34
广西	Guangxi	7	8	1	0	8	0
海南	Hainan	1	0	0	0	2	1
重庆	Chongqing	3	6	2	0	12	0
四川	Sichuan	8	6	4	0	15	4
贵州	Guizhou	1	6	2	0	5	0
云南	Yunnan	2	2	0	0	6	0
西藏	Tibet	0	0	0	0	1	1
陕西	Shaanxi	1	2	1	0	9	2
甘肃	Gansu	0	0	0	0	0	0
青海	Qinghai	0	0	0	0	2	0
宁夏	Ningxia	1	1	1	0	0	0
新疆	Xinjiang	0	0	0	0	2	0

女性卫生用品
Feminine hygiene products

● 北京 Beijing
北京想象无限科技有限公司
北京倍舒特科技发展有限公司
北京恒源鸿业贸易有限公司
北京金佰利个人卫生用品有限公司
北京百乐天科技发展有限公司
北京倍舒特妇幼用品有限公司
北京爱华中兴纸业有限公司
北京宝洁技术有限公司
北京舒尔雅妇婴卫生用品有限公司
北京舒美卫生用品有限公司
金河泰科(北京)科技有限公司
北京众生平安科技发展有限公司

● 天津 Tianjin
天津媛爱尚佳卫生用品有限公司
娇柔(天津)卫生制品科技有限公司
利发卫生用品(天津)有限公司
天津骏发森达卫生用品有限公司
天津康康纸业有限公司
天津盛合卫生用品有限公司
天津市安琪尔纸业有限公司
天津市宝坻区洁维卫生制品有限公司
天津市宝坻区美洁卫生制品有限公司
天津市好洁卫生用品有限公司
天津市洁雅妇女卫生保健制品有限公司
天津市舒爽卫生制品有限公司
天津创亿金惠商贸有限公司
天津市北辰区先鹏纸制品经营部
天津市韩东纸业有限公司
小护士(天津)科技股份有限公司
金佰利(天津)护理用品有限公司
天津市唯洁丝科技发展有限公司
沃德(天津)营养保健品有限公司
智邦(天津)卫生用品科技有限公司
天津市美商卫生用品有限公司
天津迅腾恒业生物科技有限公司
天津市康怡生纸业有限公司
天津市恒新纸业有限公司
天津美臣国际贸易有限公司
天津市宝坻区大雅卫生制品厂
天津市雨柔卫生用品有限公司
尤妮佳生活用品(天津)有限公司
倍舒特(天津)卫生用品有限公司
天津市汇鑫森潮国际贸易有限公司
天津海华卫生制品有限公司
天津市康宝妇幼保健卫生制品有限公司
天津市妮娅卫生用品有限公司
权健自然医学科技发展有限公司
天津七色羽卫生用品有限公司
天津市虹怡纸业有限公司
天津市康乃馨卫生用品有限公司
天津市武清区唯美卫生用品厂
天津市亿利来科技卫生用品厂
天津忘忧草纸制品有限公司
天津誉康卫生用品有限公司
天津百邦卫生用品有限公司
天津宝洁工业有限公司
天津博真卫生用品有限公司
天津花王卫生用品有限公司
天津市洁尔卫生用品有限公司
天津市依依卫生用品股份有限公司
天津市裙之恋国际贸易有限公司
天津竹卜卫生用品有限公司

● 河北 Heibei
保定市帆翔纸制品制造有限公司
保定市海森卫生用品有限公司
保定市豪通卫生用品有限公司
保定市芊畅纸制品加工有限公司
河北布依斑卫生用品有限公司
河北孔氏纸制品加工有限公司
浙江康倍宝纸业有限公司保定分公司
河北熙格日化用品销售有限公司
保定市福泽卫生用品有限公司
丽邦集团有限公司
保定雨森卫生用品有限公司
河北金博士卫生用品有限公司

保定市美华卫生用品厂
河北义厚成日用品有限公司
保定正大阳光日用品有限公司
邯郸市丛台区天宇卫生用品厂
河北宏达卫生用品有限公司
衡水亿嘉医疗卫生用品有限公司
文安县安特卫生用品厂
香河天兴纸制品有限公司
廊坊恒洁纸制品有限公司
保定市粉色日历卫生用品有限公司
石家庄宝洁卫生用品有限公司
石家庄美洁卫生用品厂
石家庄顺美生活用纸科技有限公司
晋州市三合利卫生用品厂
石家庄市宏大卫生用品厂
石家庄市嘉赐福卫生用品有限公司
石家庄市贻成卫生用品有限公司
石家庄夏兰纸业有限公司
石家庄娅丽洁纸业有限公司
河北美琪宝格科技有限公司
河北东泽卫生用品有限公司
石家庄小布头儿纸业有限公司
石家庄梦洁实业有限公司
北京家婷卫生用品有限公司
河北宝诗乐科技有限公司
唐山市丰南区玲达卫生用品厂
唐山市丰南区美洁卫生用品厂
香港迷迷朵国际实业有限公司
河北绿洁纸业有限公司
内丘舒美乐卫生用品有限责任公司
邢台市好美时卫生用品有限公司
邢台玉洁卫生用品有限公司
邢台玉美舒卫生用品有限公司

● 内蒙古 Inner Mongolia

内蒙古八神科技有限公司

● 辽宁 Liaoning

大连双迪桃花卫生用品有限公司
葫芦岛舒康卫生用品有限公司
锦州市维珍护理用品有限公司
锦州东方卫生用品有限公司
美商实业(沈阳)有限公司
沈阳恒泽卫生用品有限公司
沈阳东联日用品有限公司
辽宁和合卫生用品有限公司
铁岭小秘密卫生用品有限公司
沈阳雪天卫生用品有限公司

● 黑龙江 Heilongjiang

哈尔滨医丰卫生用品技术开发有限公司

● 上海 Shanghai

欧特适卫生用品(上海)有限公司
上海东冠集团
上海护理佳实业有限公司
上海莱自健康科技有限公司
上海纤歌浆纸有限公司
上海惠生护理用品有限公司
金佰利(中国)有限公司
北京爱华中兴纸业有限公司上海分公司
上海申欧企业发展有限公司
上海胜孚美卫生用品有限公司
上海东冠健康用品股份有限公司
上海东冠卫生用品有限公司
上海利迪实业有限公司
上海舒晓实业有限公司
上海鑫贝源母婴用品有限公司
上海强生有限公司
上海优生婴儿用品有限公司
媛赟(上海)生物科技股份有限公司
亨蚨源(上海)实业有限公司
上海迪硕母婴用品有限公司
上海弘生医疗科技有限公司
上海兰曼生物科技有限公司
上海喜康盈母婴用品有限公司
安旭冠实业(上海)有限公司
上海马拉宝商贸有限公司
上海唯尔福集团股份有限公司
上海亚日工贸有限公司
上海白玉兰卫生洁品有限公司
上海菲伶卫生用品有限公司
上海惠雅医疗科技有限公司
上海美馨卫生用品有限公司
上海品相实业有限公司
上海馨茜卫生用品有限公司

上海亿维实业有限公司
上海益母妇女用品有限公司
上海月月舒妇女用品有限公司
丝缘(上海)生物科技有限公司
贝亲母婴用品(上海)有限公司
上海迎佳佰葳贸易有限公司
上海贝睿斯生物科技有限公司
上海同杰良生物材料有限公司
上海花王有限公司
上海悦佳生物科技有限公司
尤妮佳生活用品(中国)有限公司

● 江苏 Jiangsu

常州快高儿童卫生用品有限公司
常州爱倍思特卫生用品有限公司
常州护佳卫生用品有限公司
常州家康纸业有限公司
常州康尔美护理用品有限公司
常州美高美护理用品有限公司
常州市梦爽卫生用品有限公司
常州市武进亚星卫生用品有限公司
常州斯纳琪护理用品有限公司
常州百仕嘉护理用品有限公司
常州德利斯护理用品有限公司
江苏宝姿实业有限公司
东海县云林卫生用品厂
连云港市东海彩虹卫生用品厂
江苏有爱科技有限责任公司
金佰利(南京)个人卫生用品有限公司
南京艾馨婴儿用品有限公司
南京安琪尔卫生用品有限公司
南京草清坊日用品有限公司
南京能恩医疗科技有限公司
维达商贸有限公司南京分公司
南通市盛军经贸有限公司
江苏邦业护理用品有限公司
昆山亚芳纸业有限公司
龙帛生物科技有限公司
苏州蚕姿润日用品科技有限公司
张家港市宏亿纸业有限公司
张家港市億晟卫生用品有限公司
江苏豪悦实业有限公司
泰州远东纸业有限公司
无锡乔纳森医疗卫生用品有限公司
江苏棉次方科技有限公司
江苏侨悦卫生用品有限公司
净呼吸生物科技有限公司
江苏中欣卫生用品有限公司
淮安市天诚卫生用品有限公司
常州德利斯护理用品有限公司
苏州宝丽洁日化有限公司
无锡新中瑞婴儿用品有限公司
江苏淑洁卫生用品有限公司
徐州市荣惠纸业有限公司
徐州市舒润日用品有限公司
江苏莱特健康产业有限公司
滨海昌正企业管理有限公司
江苏唯佳卫生用品有限公司
盐城心悦卫生用品有限公司
江苏智秀纸业科技有限公司
江苏三笑集团有限公司
尤妮佳生活用品(江苏)有限公司
丹阳市金晶卫生用品有限公司
康卫生活用品(扬州)有限公司
昆山蓝丝雨生物科技有限公司

● 浙江 Zhejiang

杭州慕尚护理用品有限公司
杭州茵初母婴日用品有限公司
杭州比因美特孕婴童用品有限公司
杭州珍琦卫生用品有限公司
浙江珍琦护理用品有限公司
浙江紫佰诺卫生用品有限公司
杭州十月结晶母婴用品有限公司
浙江天蚕生物科技有限公司
东方洁昕(杭州)卫生用品有限公司
浙江晶岛实业有限公司
杭州可悦卫生用品有限公司
杭州小姐妹卫生用品有限公司
杭州豪悦护理用品股份有限公司
维达纸业(浙江)有限公司
杭州淑洁卫生用品有限公司
杭州滕野生物科技有限公司
杭州新翔工贸有限公司
杭州余宏卫生用品有限公司
杭州川田卫生用品有限公司

浙江天晴制造科技集团有限公司
爱朵护理(浙江)股份有限公司
湖州丝之物语蚕丝科技有限公司
浙江优全护理用品科技股份有限公司
海宁雷宝卫生用品有限公司
嘉善县姚庄镇清柔日用纸品厂
金华市韵宸卫生用品有限公司
浙江锦芳卫生用品有限公司
浙江中美日化有限公司
金华市爱的日化有限公司
义乌市安柔卫生用品有限公司
义乌市奥顿纸业有限公司
浙江晶屹实业有限公司
浙江千柔凡护理用品有限公司
浙江辰玮日化科技有限公司
浙江红雨医药用品有限公司
浙江惠好日用品有限公司
宁波菲特医疗器械有限公司
新昌县舒洁美卫生用品有限公司
绍兴唯尔福妇幼用品有限公司
临海市满爽卫生用品有限公司
台州市易美卫生用品有限公司
温岭市创新纸业有限公司
浙江易乐护理用品有限公司
温州市芳柔卫生用品有限公司

● 安徽 Anhui

安徽省康宁实业(集团)有限公司
池州市映月卫生用品有限公司
临泉县高洁卫生用品有限公司
安徽依依妇幼用品有限公司
恒安(合肥)生活用品有限公司
安徽茁顺纸业有限公司
合肥九圣医疗科技有限公司
安徽艾芙特健康护理用品有限公司

● 福建 Fujian

福建朵朵云日用品有限公司
爹地宝贝股份有限公司
福清恩达卫生用品有限公司
福清市益兴堂卫生制品有限公司
福建省媖洁日用品有限公司
长汀县天乐卫生用品有限公司
福建省莆田市荔城纸业有限公司
福建莆田佳通纸制品有限公司
福建新亿发集团有限公司
泉州市金多利卫生用品有限公司
泉州市玖安卫生用品有限公司
泉州市千业卫生用品有限公司
泉州市新丰纸业用品有限公司
福建风新纸业有限公司
福建惠安县和成日用品有限公司
泉州市丰华卫生用品有限公司
雀氏(福建)实业发展有限公司
福建安琪儿卫生用品有限公司
福建晋江凤竹纸品实业有限公司
福建省晋江市圣安娜妇幼用品有限公司
恒安国际集团有限公司
晋江市安婷妇幼用品有限公司
晋江市安雅卫生用品有限公司
晋江市百川卫生用品有限公司
晋江市池店舒月妇幼卫生用品有限公司
晋江市磁灶镇万成达妇幼卫生用品厂
晋江市凤源卫生用品有限公司
晋江市恒意卫生用品有限公司
晋江市金安纸业用品有限公司
晋江市美特妇幼用品有限公司
晋江市清利卫生用品有限公司
晋江市荣鑫妇幼用品有限公司
晋江市盛鑫卫生用品有限公司
晋江市顺源妇幼用品有限公司
晋江市天裕日用品贸易有限公司
泉州贝佳妇幼卫生用品有限公司
泉州恒金妇幼用品有限公司
泉州锦源妇幼用品有限公司
泉州联合纸业有限公司
泉州市婷爽卫生用品有限公司
泉州市霄鹏卫生用品有限公司
怡佳(福建)卫生用品有限公司
福建泉州梦丽雅纸业有限公司
泉州采尔纸业有限公司
泉州市恒发妇幼用品有限公司
泉州市华龙纸品实业有限公司
创佳(福建)卫生用品科技有限公司
福建蓝蜻蜓护理用品股份公司
泉州恒康妇幼卫生用品有限公司

泉州恒通纸业有限公司
泉州洛江兴利卫生用品有限公司
泉州雀儿喜生活用品有限公司
泉州市爱丽诗卫生用品有限公司
泉州市创利卫生用品有限公司
泉州市恒亿卫生用品有限公司
泉州市恒毅卫生用品有限公司
泉州市华利卫生用品有限公司
泉州市嘉华卫生用品有限公司
泉州市康丽卫生用品有限公司
泉州市立华生活用品有限公司
泉州市洛江金利达卫生用品厂
泉州市洛江区汇丰妇幼用品有限公司
泉州市洛江区南方卫生用品有限公司
泉州市盛峰卫生用品有限公司
泉州市盛鸿达卫生用品有限公司
泉州市祥禾卫生用品有限公司
泉州市新联卫生用品有限公司
泉州市新世纪卫生用品有限公司
泉州市中恒卫生用品有限公司
泉州天娇妇幼卫生用品有限公司
泉州卓悦纸业有限公司
益佰堂(泉州)卫生用品有限公司
艾美(福建)纸业科技发展有限公司
福建蓓乐纸业有限公司
福建恒利集团有限公司
福建全英纸品有限公司
福建省南安明乐卫生用品有限公司
福建省南安市恒丰纸品有限公司
福建省南安市天天纸业有限公司
福建省南安市悦达纸品有限公司
福建省时代天和实业有限公司
美丽岛(福建)生活用品有限公司
南安市恒源妇幼用品有限公司
南安市熊猫传奇日用品科技有限责任公司
南安市远大卫生用品厂
泉州彩丰行卫生用品有限公司
泉州聚美纸业有限公司
泉州市大自然卫生用品有限公司
中天(中国)工业有限公司
石狮市绿色空间卫生用品有限公司
泉州来亚丝卫生用品有限公司
福建省三明市宏源卫生用品有限公司
厦门亚隆日用品有限公司
厦门东洛卫生用品有限公司
漳州市富强卫生用品有限公司
漳州市智光纸业有限公司
凤竹(漳州)纸业有限公司
漳州市芗城晓莉卫生用品有限公司
福建省天之然卫生用品有限公司
福建诚信纸品有限公司
福建信立纸业有限公司

● 江西 Jianxi

江西省嘉利发纸品有限公司
赣州港都卫生制品有限公司
江西优禾科技有限公司
九江白洁实业有限公司
南昌康妮保健品厂
江西黛安娜卫生用品有限公司
江西康裕医疗科技有限公司
江西省清宝日用品有限公司
仁和药业有限公司

● 山东 Shandong

山东依派卫生用品有限公司
山东胜安卫生用品有限公司
临沂悦福康卫生用品有限公司
济南蓝秀卫生用品有限公司
永芳(济南)卫生用品集团有限公司
济南月舒宝纸业有限责任公司
临沂施大师卫生用品有限公司
山东昊星洁士新材料科技有限公司
山东京沪卫生用品有限公司
山东婷好卫生制品有限公司
山东韶韵本色纸业有限公司
冠县竹雨纸制品有限公司
山东恒发卫生用品有限公司
青岛安龙生物科技有限公司
临沂安洁卫生用品有限公司
临沂梦之兰纸品有限公司
山东鲁南康之恋妇幼用品有限公司
山东顺霸化妆品有限公司
山东欣洁月舒宝纸品有限公司
郯城县康丽尔卫生用品厂
郯城县银洁卫生用品厂

郯城县玉洁卫生用品厂
青岛大通顺源生物科技有限公司
雅洁(临沂)卫生用品有限公司
青岛美西南科技发展有限公司
青岛优佳卫生科技有限公司
沃恩(青岛)医疗卫生用品有限公司
宇昊卫生用品有限公司
青岛诺琪生物工程有限公司
纳可生活用品(青岛)有限公司
青岛益耐雅生活用纸有限公司
东方洁昕卫生用品有限公司
山东幸运十月卫生用品有限公司
山东洁舒宝卫生用品有限公司
泰安双赢新天地卫生用品有限公司
泰安兄弟纸业有限公司
山东华汶实业股份有限公司
山东叶之梦智能科技有限公司
潍坊含羞草护理科技股份有限公司
山东侨邦纸业科技有限公司
山东云豪卫生用品股份有限公司
山东莱州市益康卫生用品厂
烟台市洪昇卫生用品有限公司
山东枣庄阳光卫生用品有限公司
山东九丙生物科技有限公司
郯城盛扬无纺布有限公司
山东洁爽卫生用品有限公司
滕州市华宝卫生制品有限公司
山东赛特新材料股份有限公司
山东益母妇女用品有限公司
山东恒森卫生用品有限公司

● 河南 Henan

安阳市汇丰卫生用品有限责任公司
河南省林泰卫生用品有限公司
开封市瑞帮卫生材料有限公司
开封市美誉实业有限公司
河南丝绸之宝卫生用品有限公司
恒安(河南)卫生用品有限公司
漯河临颍恒祥卫生用品有限公司
河南芯依卫生用品有限公司
三门峡市蓝雪卫生用品有限公司
永城市好理想卫生用品有限公司
新乡市长生卫生用品有限公司
新乡市康鑫卫生用品有限公司
河南舒莱卫生用品有限公司
河南雨菲纸业有限公司
河南省易丰达纸制品有限公司
河南省优坊纸业有限公司
郑州星原卫生用品有限公司
新郑市恒鑫卫生用品厂
河南五彩卫生用品有限公司
河南恒宝纸业有限公司
河南省百蓓佳卫生用品有限公司
河南梵客卫生用品有限公司

● 湖北 Hubei

黄冈卫生用品厂
稳健医疗(黄冈)有限公司
武穴市恒美实业有限公司
武穴市疏朗朗卫生用品有限公司
荆门市蓝晶纸品有限公司
湖北华樾卫生用品有限公司
湖北极俪生物医药科技有限公司
湖北青山青实业有限公司
武汉倪初护理用品有限公司
武汉圣洁卫生用品有限公司
武汉中森医疗用品有限公司
武汉市美雅卫生用品有限公司
湖北丝宝股份有限公司
湖北佰斯特卫生用品有限公司
武汉市川田卫生用品有限公司
湖北润坊卫生用品有限公司
湖北艾舒宝生活用品有限公司
优全(湖北)医疗卫生护理用品科技有限公司
武汉洁伶卫生用品有限公司
湖北保鹤堂医药有限公司
湖北九朵护理用品有限公司
老河口杨三宏福纸业有限公司
湖北爱尼可医疗科技有限公司
襄阳仁德堂日用品有限公司
襄阳市盈乐卫生用品有限公司
湖北丽邦纸业有限公司
维达护理用品(中国)有限公司
孝感市枫腾纸业有限责任公司

湖北舒欣卫生护理用品实业有限公司
湖北众爱纸业有限公司
宜昌弘洋集团纸业有限公司

● 湖南 Hunan

湖南花香实业有限公司
湖南省倍茵卫生用品有限公司
湖南东顺纸业有限公司
湖南信孚贸易有限公司
湖南福爱卫生用品有限公司
湖南省家乐福纸业有限公司
湖南乐适日用品有限公司
长沙建益纸业有限公司
湖南舒比奇生活用品有限公司
湖南湘雅制药有限公司
湖南千金卫生用品股份有限公司
长沙银天纺织科技有限公司

● 广东 Guangdong

东莞嘉米敦婴儿护理用品有限公司
东莞市宝盈妇幼用品有限公司
东莞市金保利卫生用品有限公司
东莞市天正纸业有限公司
东莞市为民日用品有限公司
东莞市雅酷妇幼用品有限公司
广东茵茵股份有限公司
金红叶纸业集团有限公司
广东嘉美诗卫生用品有限公司
佛山康德利护理用品有限公司
佛山倩而宝卫生用品有限公司
佛山市爱佳卫生用品有限公司
佛山市安倍爽卫生用品有限公司
佛山市嘉博卫生用品科技有限公司
佛山市南海区百诺卫生用品有限公司
佛山市南海区佳朗卫生用品有限公司
佛山市南海中道纸业有限公司
佛山市佩安婷卫生用品实业有限公司
佛山市啟盛卫生用品有限公司
佛山市莎莉卫生用品科技有限公司
佛山市怡爽卫生用品有限公司
佛山市亿越日用品有限公司
佛山市誉润卫生用品有限公司
广东艾丽格丝健康科技有限公司
广东妇健企业有限公司
广东景兴健康护理实业股份有限公司
佛山市高伟卫生用品有限公司
佛山市志达实业有限公司
佛山太美纸品有限公司
佛山中欣卫生用品有限公司
佛山市浩伶卫生用品有限公司
佛山市洁邦卫生用品有限公司
佛山市三邦纸制品有限公司
佛山市顺德区康儿健母婴用品有限公司
佛山市顺德区乐从镇其乐卫生用品有限公司
佛山市顺德区舒乐卫生用品有限公司
佛山市顺德区爽洁贸易有限公司
佛山市顺德区新感觉卫生用品有限公司
广东康怡卫生用品有限公司
广东美洁卫生用品有限公司
耐思得卫生用品有限公司
广州汇朵卫生用品有限公司
广州开丽科技有限公司
广州全护卫生用品有限公司
广州市欧朵日用品有限公司
广州市樱格生物科技有限公司
广州樱姿纸业有限公司
广州艾妮丝日用品有限公司
广州比优母婴用品有限公司
广东邦洁日用品有限公司
广州恒朗日用品有限公司
广州市汉氏卫生用品有限公司
宝洁(广州)日用品有限公司
广州宝洁有限公司
维达商贸有限公司
广州托玛琳生物科技有限公司
广州中嘉进出口贸易有限公司
广州聚臣贸易有限公司
广州培茵贸易有限公司
德升纸业(惠州)有限公司
惠州市宝尔洁卫生用品有限公司
惠州泰美纸业有限公司
惠州市汇德宝护理用品有限公司
江门市江海区康而健纸业保洁用品厂
江门市江海区强的卫生用品有限公司

江门市江海区信盈纸业保洁用品厂
开平新宝卫生用品有限公司
江门市互信纸业有限公司
广东群达卫生用品有限公司
江门市新会区恒爱纸业有限公司
江门市新会区凯乐纸品有限公司
维达纸业(中国)有限公司(江门分公司)
新会区罗坑富乐保洁用品厂
广东利信科技股份有限公司
汕头市通达保健用品厂
广东伊美洁生物科技有限公司
汕头市金龙日化实业有限公司
广东娜菲实业股份有限公司
深圳市莱蒙婴童用品有限公司
快宝婴儿用品(深圳)有限公司
深圳全棉时代科技有限公司
深圳市巾帼丽人卫生用品有限公司
深圳市美丰源日用品有限公司
稳健医疗用品股份有限公司
广东冰冰护理用品有限公司
源之初生物科技(深圳)有限公司
深圳洁妃卫生护理科技有限公司
深圳市金顺来实业有限公司
深圳天意宝科技有限公司
深圳市丽的日用品有限公司
奥美医疗用品股份有限公司
肇庆爱康妇婴用品科技有限公司
肇庆市锦晟纸业有限公司
广东川田卫生用品有限公司
广东龙发卫生护理用品有限公司
中山佳健生活用品有限公司
中山市傲辉卫生用品有限公司
中山市恒升卫生用品有限公司
中山市宜姿卫生制品有限公司
珠海市健朗生活用品有限公司
珠海市金能纸品有限公司
江门市汇盈生物科技有限公司
深圳大树云进出口贸易有限公司

● 广西 Guangxi

桂林洁伶工业有限公司
桂林市独秀纸品有限公司
柳州惠好卫生用品有限公司
广西新佳士卫生用品有限公司
南宁洁伶卫生用品有限公司
广西舒雅护理用品有限公司
梧州市佳牌卫生用品有限公司

● 海南 Hainan

欣龙控股(集团)股份有限公司

● 重庆 Chongqing

重庆百亚卫生用品股份有限公司
重庆维邦纸业有限公司
重庆草清坊日用品有限责任公司

● 四川 Sichuan

成都市红娇妇幼卫生用品有限公司
恒安(四川)家庭用品有限公司
四川康启生物科技有限公司
成都安舒实业有限公司
成都金香城纸业有限公司
四川迪邦卫生用品有限公司
四川省龙野日用品有限公司
四川佑盾优品医疗科技有限公司

● 贵州 Guizhou

贵阳彩华恒丰纸业有限公司

● 云南 Yunnan

云南白药清逸堂实业有限公司
云南国峰卫生用品有限公司

● 陕西 Shaanxi

陕西维妮康健卫生用品有限公司

● 宁夏 Ningxia

固原市泾源县鸣诚纸业

婴儿纸尿裤/片

Baby diapers/diaper pads

● 北京 Beijing
北京倍舒特科技发展有限公司
北京纯粹主义科技有限公司
北京金佰利个人卫生用品有限公司
北京舒洋恒达卫生用品有限公司
北京太和儿医坊科技有限公司
北京倍舒特妇幼用品有限公司
北京宝洁技术有限公司
北京舒尔雅妇婴卫生用品有限公司

● 天津 Tianjin
利发卫生用品(天津)有限公司
天津骏发森达卫生用品有限公司
天津康康纸业有限公司
天津市安琪尔纸业有限公司
天津市洁雅妇女卫生保健制品有限公司
天津市舒爽卫生制品有限公司
金佰利(天津)护理用品有限公司
沃德(天津)营养保健品有限公司
天津市美商卫生用品有限公司
天津迅腾恒业生物科技有限公司
天津市汇鑫森潮国际贸易有限公司
天津宝洁工业有限公司
天津市洁尔卫生用品有限公司
天津市逸飞卫生用品有限公司
尤妮佳生活用品(天津)有限公司

● 河北 Hebei
保定市豪通卫生用品有限公司
保定市芊畅纸制品加工有限公司
保定市雪美卫生用品有限公司
河北布依斑卫生用品有限公司
浙江康倍宝纸业有限公司保定分公司
保定市和晟卫生用品有限公司
河北义厚成日用品有限公司
保定达亿纸业有限公司
保定市炫昊母婴用品制造有限公司
河北棉品科技有限公司
沧州德发妇幼卫生用品有限责任公司
邯郸市丛台区天宇卫生用品厂
邯郸市洁雅卫生用品有限公司
河北宏达卫生用品有限公司
廊坊恒洁纸制品有限公司
秦皇岛舒康卫生用品有限公司
石家庄宝洁卫生用品有限公司
晋州市三合利卫生用品厂
石家庄市嘉赐福卫生用品有限公司
石家庄市贻成卫生用品有限公司
石家庄娅丽洁纸业有限公司
石家庄市德康卫生用品厂
石家庄小布头儿纸业有限公司
河北宝诗乐科技有限公司
恩邦生活用品有限公司
唐山宏阔科技有限公司
河北绿洁纸业有限公司
邢台市好美时卫生用品有限公司

● 内蒙古 Inner Mongolia
内蒙古八神科技有限公司

● 辽宁 Liaoning
大连善德来生活用品有限公司
瓦房店市同创卫生用品制造厂
锦州市维珍护理用品有限公司
辽宁汇英般舟医用材料有限公司

● 黑龙江 Heilongjiang
哈尔滨贝贝凯尔科技发展有限公司
肇东东顺纸业有限公司

● 上海 Shanghai
江苏王子制纸有限公司上海总部
金佰利(中国)有限公司
上海纤歌浆纸有限公司
上海秋欣实业有限公司
上海百桀国际贸易有限公司
上海鲁旺日用品有限公司
上海芈艾母婴用品有限公司
上海爱朵品牌管理集团
上海绿洲智健智能科技有限公司

桦川(上海)商贸有限公司
上海卡布国际贸易有限公司
上海潜展卫生用品有限公司
上海升帆信息技术有限公司
上海舒而爽卫生用品有限公司
上海喜康盈母婴用品有限公司
安旭冠实业(上海)有限公司
上海护理佳实业有限公司
上海马拉宝商贸有限公司
上海唯尔福集团股份有限公司
上海亚日工贸有限公司
上海白玉兰卫生洁品有限公司
上海柏钢实业有限公司
上海菲伶卫生用品有限公司
上海美馨卫生用品有限公司
上海帅芯科技有限公司
上海叶思蔓卫生用品有限公司
上海亿维实业有限公司
上海益母妇女用品有限公司
贝亲母婴用品(上海)有限公司
强释实业(上海)有限公司
上海迎佳佰葳贸易有限公司
上海同杰良生物材料有限公司
阿蓓纳(上海)贸易有限公司
大王(南通)生活用品有限公司上海分公司
尤妮佳生活用品(中国)有限公司
上海婴秀婴儿用品有限公司
花王(中国)投资有限公司

● 江苏 Jiangsu

贝亲母婴用品(常州)有限公司
常州护佳卫生用品有限公司
常州华纳非织造布有限公司
常州市梦爽卫生用品有限公司
常州德利斯护理用品有限公司
江苏宝姿实业有限公司
江苏德邦卫生用品有限公司
江苏米咔婴童用品有限公司
金佰利(南京)护理用品有限公司
南京艾馨婴儿用品有限公司
南京安琪尔卫生用品有限公司
南京草清坊日用品有限公司
安泰隆(南京)医疗用品有限公司
南京能恩医疗科技有限公司
南京母婴坊婴童用品有限公司
维达商贸有限公司南京分公司
江苏大美健康科技股份有限公司
大王(南通)生活用品有限公司
南通市盛军经贸有限公司
江苏邦业护理用品有限公司
好孩子百瑞康卫生用品有限公司
昆山聚美新科技复合面料有限公司
昆山亚芳纸业有限公司
欣期日(上海)电子商务发展有限公司昆山办
龙帛生物科技有限公司
张家港市宏亿纸业有限公司
江苏豪悦实业有限公司
宿迁慧圣之电子商务有限公司
泰州市金驰卫生用品有限公司
江苏莱特健康产业有限公司
江苏智秀纸业科技有限公司
江苏桓华婴儿用品有限公司
江苏汇永生物科技有限公司
盐城心悦卫生用品有限公司
江苏天宝卫生用品有限公司
江苏三笑集团有限公司
尤妮佳生活用品(江苏)有限公司

● 浙江 Zhejiang

杭州可艾个人护理用品有限公司
杭州慕尚护理用品有限公司
杭州欣每欣生物科技有限公司
杭州比因美特孕婴童用品有限公司
杭州珍琦卫生用品有限公司
浙江英凯莫实业有限公司
浙江珍琦护理用品有限公司
杭州可靠护理用品股份有限公司
浙江咔咔玛科技有限公司
嗨宝贝科技有限公司
杭州成宏卫生用品有限公司
杭州千芝雅卫生用品有限公司
杭州舒泰卫生用品有限公司
亲宝优品(杭州)科技有限公司
杭州辉煌卫生用品有限公司
杭州豪悦护理用品股份有限公司
杭州嘉杰实业有限公司
杭州淑洁卫生用品有限公司
杭州滕野生物科技有限公司
杭州新翔工贸有限公司
爱朵护理(浙江)股份有限公司

杭州白贝壳实业股份有限公司
浙江优全护理用品科技股份有限公司
浙江昱升个人护理用品有限公司
美馨卫生用品有限公司
金华市韵宸卫生用品有限公司
浙江锦芳卫生用品有限公司
浙江中美日化有限公司
金华市爱的日化有限公司
义乌市安柔卫生用品有限公司
义乌市奥顿纸业有限公司
浙江辰玮日化科技有限公司
浙江代喜卫生用品有限公司
浙江合凯生物科技有限公司
浙江惠好日用品有限公司
宁波贝斯特清洁护理用品有限公司
浙江可好卫生用品有限公司
绍兴唯尔福妇幼用品有限公司
临海市满爽卫生用品有限公司
台州市易美卫生用品有限公司
浙江爱健卫生用品科技有限公司
浙江英凯莫卫生用品有限公司

● 安徽 Anhui

池州市映月卫生用品有限公司
滁州爸爸的选择科技有限公司
婴舒宝(滁州)婴童用品有限公司
安徽舒源妇幼用品有限公司
临泉县高洁卫生用品有限公司
合肥悦尚儿童用品有限公司
安徽依依妇幼用品有限公司
恒安(合肥)生活用品有限公司

● 福建 Fujian

爹地宝贝股份有限公司
福清恩达卫生用品有限公司
福清市益兴堂卫生制品有限公司
厦门蓓护护理用品有限公司
福建省媖洁日用品有限公司
法国实尚国际控股集团有限公司
长汀县天乐卫生用品有限公司
福建省莆田市荔城纸业有限公司
福建莆田佳通纸制品有限公司
福建新亿发集团有限公司
乐澄(中国)生活用品有限公司
福建省乖巧母婴用品有限公司
泉州市金多利卫生用品有限公司
泉州市玖安卫生用品有限公司
泉州市千业卫生用品有限公司
泉州稚苗日用品有限公司
希斯顿国际专营有限责任公司中国代表处
百润(中国)有限公司
福建大山纸业有限公司
福建凤新纸业有限公司
福建惠安县和成日用品有限公司
福建美可纸业有限公司
泉州市百嘉润纸品发展有限公司
泉州市丰华卫生用品有限公司
雀氏(福建)实业发展有限公司
婴氏(福建)纸业有限公司
法国爱一贝姿国际集团有限公司
福建安琪儿卫生用品有限公司
福建金宏昌卫生用品有限公司
福建晋江凤竹纸品实业有限公司
福建巨森卫生用品有限公司
福建兰斯贝儿卫生用品有限公司
福建利澳纸业有限公司
福建柔酷纸业有限公司
福建如绮雅卫生用品有限公司
福建省邦洁卫生用品有限公司
福建省晋江市盛华纸品有限公司
福建省诺美护理用品有限公司
福建省圣洁卫生用品有限公司
福建育才宝贝婴童用品有限公司
福建中润纸业有限公司
恒安国际集团有限公司
恒烨(福建)卫生用品有限公司
晋江市安婷妇幼用品有限公司
泉州伊尔诺卫生用品有限公司
晋江市百川卫生用品有限公司
晋江市池店舒月妇幼卫生用品有限公司
晋江市皇允卫生用品有限公司
晋江市美特妇幼用品有限公司
晋江市荣鑫妇幼用品有限公司
晋江市实选纸制品有限责任公司
晋江市天裕日用品贸易有限公司
美力艾佳(中国)生活用品有限公司
泉州恒金妇幼用品有限公司
泉州联合纸业有限公司
泉州市多瑞宝卫生用品有限公司
泉州市婷爽卫生用品有限公司

泉州鑫邦纸业有限公司
怡佳(福建)卫生用品有限公司
婴舒宝(中国)有限公司
优儿舒(福建)卫生用品有限公司
福建泉州梦丽雅纸业有限公司
泉州市蓓宝纸业有限公司
泉州市华龙纸品实业有限公司
泉州市鲤城区群英妇幼用品有限公司
福建蓝蜻蜓护理用品股份公司
福建省汉和护理用品有限公司
福建省金凯利生活用品有限公司
福建省全佳生活用品有限公司
福建省天润生活用品有限公司
泉州恒康妇幼卫生用品有限公司
泉州雀儿喜生活用品有限公司
泉州市宝利来卫生用品有限公司
泉州市创利卫生用品有限公司
泉州市恒亿卫生用品有限公司
泉州市恒毅卫生用品有限公司
泉州市华利卫生用品有限公司
泉州市佳悦卫生用品有限公司
泉州市嘉华卫生用品有限公司
泉州市立华生活用品有限公司
泉州市利友卫生用品有限公司
泉州市洛江区汇丰妇幼用品有限公司
泉州市美奇宝卫生用品有限公司
泉州市盛峰卫生用品有限公司
泉州市盛鸿达卫生用品有限公司
泉州市祥禾卫生用品有限公司
泉州市新联卫生用品有限公司
泉州市新世纪卫生用品有限公司
泉州市优联卫生用品有限公司
泉州市中恒卫生用品有限公司
泉州天娇妇幼卫生用品有限公司
泉州卓悦纸业有限公司
超乐(泉州)生活用品有限公司
福建蓓乐纸业有限公司
福建恒利集团有限公司
福建南安市泉发纸品有限公司
福建泉州德茂纸品实业有限公司
福建省百顺卫生用品有限公司
福建省南安市恒丰纸品有限公司
福建省南安市天天纸业有限公司
福建省南安市悦达纸品有限公司
福建省时代天和实业有限公司
福建盛大纸业有限公司
福建信合纸业有限公司
福建婴博纸业有限公司
好乐(福建)卫生用品有限公司
惠儿康纸业(福建)有限公司
美丽岛(福建)生活用品有限公司
南安市远大卫生用品厂
泉州聚美纸业有限公司
泉州市爱乐卫生用品有限公司
泉州市现代卫生用品有限公司
婴之花(福建)健康科技有限公司
中天(中国)工业有限公司
美佳爽(中国)有限公司
石狮市绿色空间卫生用品有限公司
泉州来亚丝卫生用品有限公司
元龙(福建)日用品有限公司
福建省三明市宏源卫生用品有限公司
厦门安奇儿日用品有限公司
厦门爱萌日用品有限公司
厦门帝尔特企业有限公司
厦门亚隆日用品有限公司
厦门东洛卫生用品有限公司
福建省梦娇兰日用化学品有限公司
漳州市富强卫生用品有限公司
青蛙王子(中国)日化有限公司
漳州市智光纸业有限公司
漳州市奇力纸品有限公司
漳州市芗城晓莉卫生用品有限公司
福建省天之然卫生用品有限公司
福建省悦健护理用品有限公司
福建诚信纸品有限公司
协丰(福建)卫生用品有限公司
泉州市中森卫生材料有限公司

● 江西 Jiangxi

江西省美满生活用品有限公司
江西美恒卫生用品有限公司
江西一个苹果实业有限责任公司
江西睡怡日化有限公司
九江全棉华达科技有限公司
江西绿园卫生用品有限公司
南昌市喜婴卫生用品有限公司
江西哈尼小象实业有限公司
江西黛安娜卫生用品有限公司
江西欣旺卫生用品有限公司

江西康裕医疗科技有限公司
江西省安秀实业发展有限公司
江西省清宝日用品有限公司
江西明婴实业有限公司
南昌爱乐科技发展有限公司

● 山东 Shandong
山东依派卫生用品有限公司
山东优可卫生用品有限公司
菏泽奇雪纸业有限公司
济南好娃娃母婴用品有限公司
济南蓝秀卫生用品有限公司
山东永芳卫生用品有限公司
济南米贝日用品有限公司
山东京沪卫生用品有限公司
山东恒发卫生用品有限公司
临沂昱东卫生用品有限公司
山东顺霸化妆品有限公司
山东欣洁月舒宝纸品有限公司
青岛美西南科技发展有限公司
宇昊卫生用品有限公司
青岛益耐雅生活用纸有限公司
东方洁昕卫生用品有限公司
潍坊金罡纸业有限公司
潍坊福山纸业有限公司
烟台市洪昇卫生用品有限公司
爱拉森医用品有限公司
滕州市华宝卫生制品有限公司
山东爸爸的选择健康科技有限公司

● 河南 Henan
恒安(河南)卫生用品有限公司
漯河临颍恒祥卫生用品有限公司
河南美伴卫生用品有限公司
漯河春晓医疗器械有限公司
河南恒舒卫生用品有限公司
永城市好理想卫生用品有限公司
河南亨嘉怡美卫生用品有限公司
郑州爱安适科技有限公司
河南逸祥卫生科技有限公司
河南百乐适卫生用品有限公司
河南恒宝纸业有限公司
河南圣洁生活用品实业有限公司
河南省百蓓佳卫生用品有限公司

● 湖北 Hubei
稳健医疗(黄冈)有限公司
武穴市恒美实业有限公司
武穴市疏朗朗卫生用品有限公司
湖北宝灿卫生用品有限公司
湖北华樾卫生用品有限公司
湖北辉荣新材料科技有限公司
湖北马应龙护理品有限公司
湖北永怡护理品有限公司
武汉市美雅卫生用品有限公司
湖北佰斯特卫生用品有限公司
湖北润坊卫生用品有限公司
湖北爱尼可医疗科技有限公司
襄阳市盈乐卫生用品有限公司
孝感市枫腾纸业有限责任公司
湖北舒欣卫生护理用品实业有限公司
湖北众爱纸业有限公司
千芝雅(湖北)卫生用品有限公司
豪悦护理(湖北)有限公司
武汉洁伶卫生用品有限公司
湖北天娇卫生用品有限公司

● 湖南 Hunan
湖南吉泰卫生用品有限公司
湖南花香实业有限公司
湖南省迈宝乐卫生用品有限公司
湖南九宜日用品有限责任公司
湖南省倍茵卫生用品有限公司
可可环球实业有限公司
湖南东顺纸业有限公司
湖南小贝婴童用品制造有限公司
湖南昱升个人护理用品有限公司
湖南鑫豪宇卫生用品有限公司
湖南艾依依卫生用品有限公司
湖南乐适日用品有限公司
湖南省金广源科技股份有限公司
湖南舒恋卫生用品有限公司
湖南我是小时代生活用品有限公司
优布时代生活用品(湖南)有限公司
长沙建益纸业有限公司
湖南舒比奇生活用品有限公司
长沙蕾康日用品有限公司
湖南洁韵生活用品有限公司
湖南康氏卫生用品有限公司
湖南先华生活用品有限公司

湖南一喜生活用品有限公司
长沙康威日用品有限公司
湖南省安迪尔卫生用品有限公司
湖南爽洁卫生用品有限公司
湖南贝恩叮当猫婴童用品有限公司
湖南索菲卫生用品有限公司
长沙市康臣日用品有限公司
湖南贝友科技发展有限公司
湖南宏鼎卫生用品有限公司
长沙创一日用品有限公司

● 广东 Guangdong

东莞嘉米敦婴儿护理用品有限公司
东莞瑞麒婴儿用品有限公司
东莞市宝适卫生用品有限公司
东莞市宝盈妇幼用品有限公司
东莞市常兴纸业有限公司
东莞市天正纸业有限公司
东莞市为民日用品有限公司
东莞市雅酷妇幼用品有限公司
东莞苏氏卫生用品有限公司
广东茵茵股份有限公司
佛山市博亿达进出口有限公司
佛山市朵爱日用品有限公司
佛山市樱黛妇婴用品有限公司
广东嘉美诗卫生用品有限公司
佛山合润卫生用品有限公司
佛山汇康纸业有限公司
佛山锦龙医药用品实业有限公司
佛山欧班卫生用品有限公司
佛山倩而宝卫生用品有限公司
凯儿得乐(深圳)科技发展有限公司
佛山市爱佳卫生用品有限公司
佛山市贝比小宝贝卫生用品有限公司
佛山市贝盈母婴用品有限公司
佛山市禅城区康结香巾厂
佛山市合生卫生用品有限公司
佛山市惠婴乐卫生用品有限公司
佛山市嘉博卫生用品科技有限公司
佛山市嘉清爽护理用品有限公司
佛山市康得卫生用品有限公司
佛山市绿之洲日用品有限公司
佛山市纳尼凯尔卫生用品有限公司
佛山市南海百洁卫生用品有限公司
佛山市南海洁达纸业有限公司
佛山市南海区佳尔贝卫生用品有限公司
佛山市南海区佳朗卫生用品有限公司
佛山市佩安婷卫生用品实业有限公司
佛山市启盛卫生用品有限公司
佛山市三水万兴棉业有限公司
佛山市舒冠贸易有限公司
佛山市卫婴康卫生用品有限公司
佛山市优宝卫生用品科技有限公司
佛山市誉润卫生用品有限公司
广东邦宝个人护理用品有限公司
广东妇健企业有限公司
广东欧比个人护理用品有限公司
广东昱升个人护理用品股份有限公司
嘉豪医疗用品(广东)有限公司
礼顿卫生用品(佛山)有限公司
佛山巴利卫生用品有限公司
佛山市久驰卫生用品有限公司
佛山市乐臣卫生用品有限公司
佛山市志达实业有限公司
广东嗳酷卫生用品有限公司
佛山市德莎生物科技有限公司
佛山市豪利家卫生用品有限公司
佛山市浩伶卫生用品有限公司
佛山市三邦纸制品有限公司
佛山市顺德区康儿健母婴用品有限公司
佛山市顺德区乐从镇其乐卫生用品有限公司
佛山市顺德区舒乐卫生用品有限公司
佛山市顺德区爽洁贸易有限公司
佛山市顺德区新感觉卫生用品有限公司
广东佰分爱卫生用品有限公司
广东康怡卫生用品有限公司
广东美洁卫生用品有限公司
佛山市恒汇卫生用品有限公司
广东日胜生物科技有限公司
广州蓓爱婴童用品有限公司
广州灰树熊生物科技有限公司
广州市欧朵日用品有限公司
广州市三荣卫生用品有限公司
广州艾妮丝日用品有限公司
广州博润生物科技有限公司
广州梦凌母婴用品有限公司
广州市贝乐熊婴幼儿用品有限公司
广州市乐贝施贸易有限公司
广州市汉氏卫生用品有限公司
广州宝洁有限公司

广州康柔卫生用品有限公司
广州市森大贸易有限公司
广州爽来适卫生用品有限公司
广州五羊化妆品有限公司
露乐健康科技(广州)有限公司
广州中嘉进出口贸易有限公司
爱得利(广州)婴儿用品有限公司
广州聚臣贸易有限公司
广州永泰保健品有限公司
惠州市宝尔洁卫生用品有限公司
惠州市汇德宝护理用品有限公司
江门市江海区信盈纸业保洁用品厂
开平新宝卫生用品有限公司
江门市互信纸业有限公司
江门市新会区凯乐纸品有限公司
广东恒一实业有限公司
汕头市通达保健用品厂
汕头市集诚妇幼用品厂有限公司
广东满满爱纸业有限公司
万邦(汕头)健康科技有限公司
广东娜菲实业股份有限公司
联丰医用卫生材料(始兴)有限公司
深圳市莱蒙婴童用品有限公司
快宝婴儿用品(深圳)有限公司
深圳市金菀生物科技有限公司
稳健医疗用品股份有限公司
深圳爱贝港实业有限公司
深圳市宏灏婴童产业发展有限公司
深圳市金顺来实业有限公司
深圳市露羽安妮日用品有限公司
佛山市洁邦卫生用品有限公司
深圳市丽的日用品有限公司
百润(中国)有限公司深圳分公司
肇庆爱康妇婴用品科技有限公司
肇庆市锦晟纸业有限公司
广东龙发卫生护理用品有限公司
中山瑞德卫生纸品有限公司
中山市创意新科技研发有限公司
中山市恒升卫生用品有限公司
中山市宜姿卫生制品有限公司
中山英格美乐商贸有限公司
珠海市健朗生活用品有限公司
盈丰卫生用品(珠海)有限公司

● 广西 Guangxi

桂林吉臣氏卫生用品有限公司
桂林洁伶工业有限公司
桂林市独秀纸品有限公司
南宁洁伶卫生用品有限公司
广西欧比瑞卫生用品有限公司
广西舒雅护理用品有限公司
广西卡吉氏卫生用品有限公司
梧州市佳牌卫生用品有限公司

● 重庆 Chongqing

重庆启颖美卫生用品有限公司
重庆抒乐工贸有限公司
重庆百亚卫生用品股份有限公司
重庆艾蓓乐医药科技有限责任公司
重庆草清坊日用品有限责任公司
重庆新冠亚实业有限公司

● 四川 Sichuan

成都市红娇妇幼卫生用品有限公司
恒安(四川)家庭用品有限公司
成都安舒实业有限公司
成都金香城纸业有限公司
眉山市聪博卫生用品有限公司
四川淑洁护理用品有限公司

● 贵州 Guizhou

贵州汇景纸业有限公司
贵州中柔纸业有限公司
贵阳彩华恒丰纸业有限公司
贵州卡布国际生物科技有限公司
贵州贝奇乐卫生用品有限公司
贵州骄子纸业有限公司

● 云南 Yunnan

云南白药清逸堂实业有限公司
云南国峰卫生用品有限公司

● 陕西 Shaanxi

西安中商资源开发有限公司
陕西维妮康健卫生用品有限公司

● 宁夏 Ningxia

固原市泾源县鸣诚纸业

成人失禁用品
Adult incontinent products

● 北京 Beijing
北京倍舒特科技发展有限公司
北京金佰利个人卫生用品有限公司
北京百乐天科技发展有限公司
北京舒洋恒达卫生用品有限公司
北京市安宜卫生用品有限公司
北京倍舒特妇幼用品有限公司
北京市密云区益康卫生材料厂
北京爱华中兴纸业有限公司
北京舒尔雅妇婴卫生用品有限公司
北京吉力妇幼卫生用品有限公司
北京市通州区利康卫生材料制品厂
北京市通州鑫宝卫生材料厂

● 天津 Tianjin
天津市华信卫生用品有限公司
利发卫生用品(天津)有限公司
天津骏发森达卫生用品有限公司
天津康康纸业有限公司
天津市宝坻区洁维卫生制品有限公司
天津市宝坻区美洁卫生制品有限公司
天津市洁雅妇女卫生保健制品有限公司
天津市舒爽卫生制品有限公司
天津市韩东纸业有限公司
小护士(天津)科技股份有限公司
金佰利(天津)护理用品有限公司
天津市唯洁丝科技发展有限公司
天津市美商卫生用品有限公司
天津市东丽区爱意德卫生用品加工厂
天津迅腾恒业生物科技有限公司
天津和顺达卫生用品有限公司
天津市康怡生纸业有限公司
天津市恒新纸业有限公司
天津市成睿轩卫生用品有限公司
天津市汇鑫森潮国际贸易有限公司
天津市康宝妇幼保健卫生制品有限公司
天津市妮娅卫生用品有限公司
天津市实骁伟业纸制品有限公司
天津明辉卫生用品有限公司
天津市虹怡纸业有限公司
天津博真卫生用品有限公司
天津市康乃馨卫生用品有限公司
天津忘忧草纸制品有限公司
天津誉康卫生用品有限公司
天津市洁尔卫生用品有限公司
天津市翔宇卫生用品有限公司
天津市依依卫生用品股份有限公司
天津市逸飞卫生用品有限公司
天津杏林白十字医疗卫生材料用品有限公司

● 河北 Hebei
保定市豪峰纸业有限公司
浙江康倍宝纸业有限公司保定分公司
保定林海纸业有限公司
保定市港兴纸业有限公司
北京福运源长纸制品有限公司河北分总司
河北义厚成日用品有限公司
保定达亿纸业有限公司
唐县京旺卫生用品有限公司
保定市炫昊母婴用品制造有限公司
徐水县名人卫生巾厂
沧州德发妇幼卫生用品有限责任公司
邯郸市丛台区天宇卫生用品厂
邯郸市洁雅卫生用品有限公司
河北宏达卫生用品有限公司
廊坊市洁平卫生用品有限公司
河北金洁卫生科技有限公司
廊坊恒洁纸制品有限公司
秦皇岛舒康卫生用品有限公司
石家庄宝洁卫生用品有限公司
石家庄美洁卫生用品厂
石家庄顺美生活用纸科技有限公司
石家庄宜尔家卫生用品有限公司
河北嘉弘纸业有限公司
晋州市三合利卫生用品厂
石家庄市宏大卫生用品厂
石家庄市嘉赐福卫生用品有限公司
石家庄市贻成卫生用品有限公司

石家庄夏兰纸业有限公司
石家庄娅丽洁纸业有限公司
石家庄市德康卫生用品厂
石家庄小布头儿纸业有限公司
河北宝诗乐科技有限公司
石家庄市康安医疗器械有限公司
唐山宏阔科技有限公司
邢台市好美时卫生用品有限公司
金利德卫生用品(河北)有限责任公司

● 山西 Shanxi
长治市城区芸枫纸业店

● 内蒙古 Inner Mongolia
内蒙古八神科技有限公司

● 辽宁 Liaoning
大连善德来生活用品有限公司
瓦房店市同创卫生用品制造厂
大连雄伟保健品有限公司
葫芦岛舒康卫生用品有限公司
锦州市维珍护理用品有限公司
锦州东方卫生用品有限公司
美商实业(沈阳)有限公司
沈阳市宝洁纸业有限责任公司
沈阳市金利达卫生制品厂
辽宁汇英般舟医用材料有限公司
辽宁和合卫生用品有限公司

● 上海 Shanghai
金佰利(中国)有限公司
欧特适卫生用品(上海)有限公司
上海斐庭日用品有限公司
上海奉影医用卫生用品厂
上海乐怡纸业有限公司
上海自珍贸易有限公司
上海秋欣实业有限公司
上海胜孚美卫生用品有限公司
上海圆昌复合材料科技有限公司
上海护的康卫生用品有限公司
上海洁安实业有限公司
国适健康科技(上海)有限公司
上海必有福生活用品有限公司
星代兰(上海)卫生用品有限公司
上海舒而爽卫生用品有限公司
上海马拉宝商贸有限公司
上海唯尔福集团股份有限公司
上海白玉兰卫生洁品有限公司
上海菲伶卫生用品有限公司
上海润辉实业有限公司
上海叶思蔓卫生用品有限公司
上海亿维实业有限公司
阿蓓纳(上海)贸易有限公司
尤妮佳生活用品(中国)有限公司

● 江苏 Jiangsu
常州市宏泰纸膜有限公司
常州快高儿童卫生用品有限公司
常州百德林卫生材料有限公司
常州家康纸业有限公司
常州柯恒卫生用品有限公司
常州美高美护理用品有限公司
常州市佳蓓护理用品有限公司
常州市莱洁卫生材料有限公司
常州市梦爽卫生用品有限公司
常州市武进亚星卫生用品有限公司
江苏诺达卫生材料有限公司
江苏赛欧防护用品科技有限公司
常州宝云卫生用品有限公司
常州好消息生活用品有限公司
江苏宝姿实业有限公司
江苏德邦卫生用品有限公司
江苏凯尔卫生用品有限公司
东海县云林卫生用品厂
南京艾馨婴儿用品有限公司
南京安琪尔卫生用品有限公司
南通曼仙妮纺织品有限公司
南通市乐享纸业有限公司
南通优酷卫生用品有限公司
启东市花仙子卫生用品有限公司
启东市天成日用品有限公司
南通锦晟卫生用品有限公司
南通钧儒卫生用品有限公司
南通开发区豪杰纸业有限公司
苏州艾美医疗用品有限公司
苏州市苏宁床垫有限公司

苏州维凯医用器材科技有限公司
太仓市宝儿乐卫生用品厂
太仓天茂健康护理用品有限公司
吴江市亿成医疗器械有限公司
苏州惠康护理用品有限公司
苏州市泰升床垫有限公司
张家港市宏亿纸业有限公司
张家港市億晟卫生用品有限公司
江苏豪悦实业有限公司
沭阳县协恒卫生用品有限公司
江苏永福康卫生用品科技有限公司
江苏达亿医疗科技发展有限公司
泰州远东纸业有限公司
江阴茂华复合材料有限公司
江苏淑洁卫生用品有限公司
徐州市舒润日用品有限公司
徐州佳利泰新型材料科技有限公司
滨海昌正企业管理有限公司
江苏柯莱斯克新型医疗用品有限公司
盐城天盛卫生用品有限公司
盐城心悦卫生用品有限公司
丹阳市金晶卫生用品有限公司
丹阳市永泰纺织有限公司

● 浙江 Zhejiang

杭州慕尚护理用品有限公司
杭州跃鼎实业有限公司
杭州珍琦卫生用品有限公司
浙江英凯莫实业有限公司
浙江珍琦护理用品有限公司
杭州可靠护理用品股份有限公司
杭州千芝雅卫生用品有限公司
杭州舒泰卫生用品有限公司
桐庐美联医疗科技有限公司
杭州辉煌卫生用品有限公司
杭州豪悦护理用品股份有限公司
杭州乐护宜卫生用品有限公司
杭州淑洁卫生用品有限公司
杭州余宏卫生用品有限公司
海宁雷宝卫生用品有限公司
桐乡乐侍护理用品有限公司
维达纸业(浙江)有限公司
金华市韵宸卫生用品有限公司
浙江锦芳卫生用品有限公司
浙江中美日化有限公司
义乌市安柔卫生用品有限公司
义乌市奥顿纸业有限公司
浙江惠好日用品有限公司
湖北国舜卫生用品有限公司
绍兴唯尔福妇幼用品有限公司
浙江易乐护理用品有限公司
杭州汇洁护理用品有限公司
浙江亿维护理用品有限公司

● 安徽 Anhui

安徽舒源妇幼用品有限公司
安徽精诚纸业有限公司
芜湖悠派护理用品科技股份有限公司
合肥美泰护理用品有限公司
安徽艾芙特健康护理用品有限公司

● 福建 Fujian

恒安国际集团有限公司
爹地宝贝股份有限公司
福清恩达卫生用品有限公司
长汀县天乐卫生用品有限公司
福建省莆田市荔城纸业有限公司
福建莆田佳通纸制品有限公司
福建新亿发集团有限公司
泉州市金多利卫生用品有限公司
泉州市玖安卫生用品有限公司
泉州市千业卫生用品有限公司
福建惠安县和成日用品有限公司
雀氏(福建)实业发展有限公司
福建安琪儿卫生用品有限公司
福建中润纸业有限公司
晋江市安婷妇幼用品有限公司
晋江市荣安生活用品有限公司
晋江市荣鑫妇幼用品有限公司
泉州恒金妇幼用品有限公司
泉州联合纸业有限公司
泉州市婷爽卫生用品有限公司
怡佳(福建)卫生用品有限公司
泉州采尔纸业有限公司
福建蓝蜻蜓护理用品股份公司
泉州恒通纸业有限公司

泉州市华利卫生用品有限公司
泉州市佳悦卫生用品有限公司
泉州市盛峰卫生用品有限公司
泉州市盛鸿达卫生用品有限公司
泉州市中恒卫生用品有限公司
泉州天娇妇幼卫生用品有限公司
福建蓓乐纸业有限公司
福建恒利集团有限公司
福建省南安市恒丰纸品有限公司
福建省时代天和实业有限公司
福建信合纸业有限公司
南安市老有福卫生用品厂
南安市远大卫生用品厂
泉州聚美纸业有限公司
泉州市爱乐卫生用品有限公司
中天(中国)工业有限公司
美佳爽(中国)有限公司
厦门帝尔特企业有限公司
厦门亚隆日用品有限公司
韩顺(厦门)卫生用品有限公司
厦门东洛卫生用品有限公司
福建省天之然卫生用品有限公司
福建省泉发卫生用品有限公司

● 江西 Jiangxi

江西睡怡日化有限公司
江西优禾科技有限公司
江西康雅医疗用品有限公司

● 山东 Shandong

山东日康卫生用品有限公司
山东顺康卫生用品有限公司
山东优可卫生用品有限公司
菏泽奇雪纸业有限公司
菏泽市和美卫生用品有限公司
济南蓝秀卫生用品有限公司
济南康舜日用品有限公司
山东昊星洁士新材料科技有限公司
山东倍恩莱卫生用品有限公司
聊城市铭远卫生用品有限公司
山东宏利卫生用品有限公司
山东恒发卫生用品有限公司
山东康百卫生用品有限公司
优康利莱新医疗科技(威海)有限公司
山东幸运十月卫生用品有限公司
山东海佑医疗用品有限公司
临沂悦福康卫生用品有限公司
临沂福顺德卫生用品有限公司
临沂图艾丘护理用品有限公司
山东爱舒乐卫生用品有限责任公司
山东安森护理用品有限公司
临沂安洁卫生用品有限公司
临沂恒顺卫生用品有限公司
好品三奇照护卫生用品(山东)有限公司
山东舒康卫生用品有限公司
临沂梦之兰纸品有限公司
临沂诗丽洁卫生用品有限公司
山东坤元堂护理用品有限公司
山东顺霸化妆品有限公司
山东欣洁月舒宝纸品有限公司
郯城得伴卫生用品有限公司
雅洁(临沂)卫生用品有限公司
青岛丁安卫生用品有限公司
青岛嘉尚卫生用品有限公司
青岛市城阳区维达福利厂
青岛美西南科技发展有限公司
青岛喜爱妇幼用品有限公司
青岛金泰通用医疗器材有限公司
泰安兄弟纸业有限公司
山东上善堂生物工程有限公司
威海威高医用材料有限公司
威海颐和成人护理用品有限公司
山东叶之梦智能科技有限公司
潍坊含羞草护理科技股份有限公司
山东盼达卫生用品有限公司
山东云豪卫生用品股份有限公司
潍坊鑫鸿达卫生科技有限公司
滕州市华宝卫生制品有限公司
青岛科美生物工程有限公司
康全医用制品(山东)有限公司

● 河南 Henan

河南平安福卫生用品制造有限公司
安阳市汇丰卫生用品有限责任公司
河南美伴卫生用品有限公司
永城市好理想卫生用品有限公司

河南省爱尔康卫生用品有限公司
新乡市康鑫卫生用品有限公司
河南省舒尔健实业有限公司
新乡市好媚卫生用品有限公司
河南省易丰达纸制品有限公司
郑州利友卫生用品有限公司
河南逸祥卫生科技有限公司
郑州啓福卫生用品有限公司
河南飘安集团有限公司
漯河春晓医疗器械有限公司
周口维仁卫生用品有限公司
河南金手环卫生用品有限公司

● 湖北 Hubei

武穴市疏朗朗卫生用品有限公司
湖北华樾卫生用品有限公司
湖北马应龙护理品有限公司
武汉倪初护理用品有限公司
武汉市美雅卫生用品有限公司
武汉美赫可科技有限公司
湖北中胤医疗科技有限公司
湖北德盈防护材料有限公司
湖北润坊卫生用品有限公司
湖北九朵护理用品有限公司
湖北爱尼可医疗科技有限公司
襄阳仁德堂日用品有限公司
襄阳市盈乐卫生用品有限公司
湖北丽邦纸业有限公司
湖北舒欣卫生护理用品实业有限公司
豪悦护理(湖北)有限公司

● 湖南 Hunan

湖南我是小时代生活用品有限公司
湖南省安迪尔卫生用品有限公司
长沙万美卫生用品有限公司
湖南索菲卫生用品有限公司

● 广东 Guangdong

东莞嘉米敦婴儿护理用品有限公司
东莞瑞麒婴儿用品有限公司
东莞市宝适卫生用品有限公司
东莞市常兴纸业有限公司
东莞市天正纸业有限公司
东莞市为民日用品有限公司
东莞苏氏卫生用品有限公司
广东茵茵股份有限公司
广东嘉美诗卫生用品有限公司
佛山锦龙医药用品实业有限公司
佛山康德利护理用品有限公司
佛山市安倍爽卫生用品有限公司
佛山市洁的护理用品有限公司
佛山市康得卫生用品有限公司
佛山市南海百洁卫生用品有限公司
佛山市南海区佳朗卫生用品有限公司
佛山市三水万兴棉业有限公司
广东昱升个人护理用品股份有限公司
佛山市三水区永宏纸业有限公司
佛山市志达实业有限公司
佛山市浩伶卫生用品有限公司
佛山市顺德区爽洁贸易有限公司
佛山市顺德区新感觉卫生用品有限公司
广东康怡卫生用品有限公司
广州灰树熊生物科技有限公司
广州健朗医用科技有限公司
广州开丽科技有限公司
广州樱姿纸业有限公司
广州艾妮丝日用品有限公司
广州爽来适卫生用品有限公司
广州中嘉进出口贸易有限公司
爱得利(广州)婴儿用品有限公司
惠州市宝尔洁卫生用品有限公司
开平新宝卫生用品有限公司
江门市互信纸业有限公司
广东互爱健康产业科技有限公司
江门市新会区凯乐纸品有限公司
江门市新优达卫生用品有限公司
维达纸业(中国)有限公司
汕头市润物护垫制品有限公司
广东娜菲实业股份有限公司
深圳蓓佳妮实业有限公司
深圳全棉时代科技有限公司
同高纺织化纤(深圳)有限公司
心丽卫生用品(深圳)有限公司
佛山市洁邦卫生用品有限公司
肇庆爱康妇婴用品科技有限公司
中山市宜姿卫生制品有限公司

珠海市健朗生活用品有限公司

● 广西 Guangxi

桂林吉臣氏卫生用品有限公司

● 重庆 Chongqing

重庆启颖美卫生用品有限公司
重庆抒乐工贸有限公司

● 四川 Sichuan

恒安(四川)家庭用品有限公司
四川康美泰卫生用品有限公司
四川佑盾优品医疗科技有限公司
四川淑洁护理用品有限公司

● 贵州 Guizhou

贵州中柔纸业有限公司
贵州卡布国际生物科技有限公司

● 陕西 Shaanxi

西安住邦无纺布制品有限公司

● 宁夏 Ningxia

固原市泾源县鸣诚纸业

宠物卫生用品
Hygiene products for pets

● 北京 Beijing
北京百乐天科技发展有限公司

● 天津 Tianjin
天津和顺达卫生用品有限公司
天津市依依卫生用品股份有限公司

● 河北 Hebei
唐县京旺卫生用品有限公司
河北嘉弘纸业有限公司
河北义厚成日用品有限公司

● 辽宁 Liaoning
大连爱丽思生活用品有限公司
大连善德来生活用品有限公司
锦州市维珍护理用品有限公司

● 上海 Shanghai
上海护的康卫生用品有限公司
上海唯尔福集团股份有限公司
上海润辉实业有限公司
阿蓓纳(上海)贸易有限公司
上海亿维实业有限公司

● 江苏 Jiangsu
常州新瑞卫生用品有限公司
常州市宏泰纸膜有限公司
常州柯恒卫生用品有限公司
常州市武进亚星卫生用品有限公司
江苏赛欧防护用品科技有限公司
常州德利斯护理用品有限公司
江苏宝姿实业有限公司
江苏凯尔卫生用品有限公司
南通锦程护理垫有限公司
苏州艾美医疗用品有限公司
好孩子百瑞康卫生用品有限公司
太仓天茂健康护理用品有限公司
江苏鸿晟兴生物科技有限公司
苏州惠康护理用品有限公司
苏州市泰升床垫有限公司
张家港市宏亿纸业有限公司
沭阳县协恒卫生用品有限公司
泰州市金驰卫生用品有限公司
江苏达亿医疗科技发展有限公司
江苏中恒宠物用品股份有限公司
泰州远东纸业有限公司
丹阳市金晶卫生用品有限公司
苏州市苏宁床垫有限公司

● 浙江 Zhejiang
杭州慕尚护理用品有限公司
浙江英凯莫实业有限公司
浙江珍琦护理用品有限公司
杭州可靠护理用品股份有限公司
杭州辉煌卫生用品有限公司
杭州豪悦护理用品股份有限公司
杭州新翔工贸有限公司
浙江中美日化有限公司
义乌市安柔卫生用品有限公司
浙江可好卫生用品有限公司
绍兴唯尔福妇幼用品有限公司
温州市米达力宠物用品有限公司

● 安徽 Anhui
滁州侯之昊工贸有限公司
合肥嘉斯曼无纺布制品有限公司
芜湖悠派护理用品科技股份有限公司

● 福建 Fujian
福建省莆田市荔城纸业有限公司
泉州市婷爽卫生用品有限公司
中天(中国)工业有限公司

● 江西 Jiangxi
江西百伊宠物用品有限公司

● 山东 Shandong

山东日康卫生用品有限公司
山东爱舒乐卫生用品有限责任公司
青岛德荣卫生用品有限公司
威海今朝卫生用品有限公司
文登沁源卫生用品有限公司
山东叶之梦智能科技有限公司
山东坤元堂护理用品有限公司
山东云豪卫生用品股份有限公司

● 河南 Henan

新乡市康鑫卫生用品有限公司

● 湖北 Hubei

武汉倪初护理用品有限公司

● 广东 Guangdong

维达纸业(中国)有限公司(江门分公司)
汕头市润物护垫制品有限公司
深圳天意宝科技有限公司
中山市宜姿卫生制品有限公司
珠海市健朗生活用品有限公司
广东茵茵股份有限公司
佛山市顺德区新感觉卫生用品有限公司

擦拭巾
Wipes

● 北京 Beijing
北京派尼尔纸业有限公司
北京北方开来纸品有限公司
北京倍舒特科技发展有限公司
北京纯粹主义科技有限公司
北京想象无限科技有限公司
北京信隆无纺布有限公司
北京爱多洁商贸有限公司
北京博裕隆纸业有限公司
北京创利达纸制品有限公司
北京恒源鸿业贸易有限公司
北京黄村清源无纺布制品厂
北京净尔雅卫生用品有限公司
北京众诚天通商贸有限公司
北京金佰利个人卫生用品有限公司
北京宝润通科技开发有限责任公司
北京蓝天碧水欣诚国际贸易有限公司
北京永舒生物科技有限公司
北京太和儿医坊科技有限公司
北京一帆清洁用品有限公司
创意欧派(北京)科技有限公司
贝护科技发展(北京)有限公司
北京爱华中兴纸业有限公司
北京鼎鑫航空用品有限公司
北京舒尔雅妇婴卫生用品有限公司
北京舒美卫生用品有限公司
北京下一站酒店用品有限责任公司

● 天津 Tianjin
娇柔(天津)卫生制品科技有限公司
天津骏发森达卫生用品有限公司
天津创亿金惠商贸有限公司
天津市艳胜工贸有限公司
金佰利(天津)护理用品有限公司
中汇益生(天津)科技发展有限公司
天津信泓达科技有限公司
瑞安森(天津)医疗器械有限公司
天津盛世永业科技发展有限公司
天津市汇鑫森潮国际贸易有限公司
天津泽君国际贸易有限公司
天津宝润通科技开发有限公司
倍舒特(天津)卫生用品有限公司
天津金秋丽之雨商贸有限公司
天津科力宏科技发展有限公司
天津兰天碧水科技有限公司
天津舒柔卫生用品有限公司
天津忘忧草纸制品有限公司
天津花王卫生用品有限公司
天津康森生物科技有限公司
天津竹卜卫生用品有限公司

● 河北 Hebei
保定创佳卫生用品加工有限公司
保定市海森卫生用品有限公司
保定市豪峰纸业有限公司
保定市豪通卫生用品有限公司
保定市满城区依洋纸制品厂
保定市芊畅纸制品加工有限公司
保定市雪美卫生用品有限公司
保定市悦爱洁纸制品加工有限公司
河北布依斑卫生用品有限公司
浙江康倍宝纸业有限公司保定分公司
保定林海纸业有限公司
保定西子纺织品制造有限公司
保定洁中洁卫生用品有限公司
保定神荣卫生用品制造有限公司
保定市奥达卫生用品有限公司
保定市碧柔卫生用品有限公司
保定市东升卫生用品有限公司
丽邦集团有限公司
保定市和晟卫生用品有限公司
保定市宏大纸业有限公司
保定市吉多多卫生用品有限公司
保定市蓝猫卫生用品有限公司
保定市舒雅卫生用品加工有限公司
河北聚润卫生用品有限公司
河北义厚成日用品有限公司
保定川江卫生用品有限公司

保定达亿纸业有限公司
河北省廊坊市霸州市云柔雅纸业有限公司
河北中茂纸业有限公司
河北棉品科技有限公司
邯郸市凯琳卫生用品有限公司
河北康济药械有限公司
河北美琪宝格科技有限公司
保定雨森卫生用品有限公司
河北金博士卫生用品有限公司
河北洺悦生物科技有限公司
河北恒永滤材科技有限公司
河北朴尔靓日用品有限公司
衡水市昌铭纸业有限公司
河北省武强县迈特卫生用品有限公司
衡水晨缘卫生用品有限公司
廊坊洁客达清洁用品有限公司
三河市开来包装有限公司
三河市润迪纸制品有限责任公司
秦皇岛凡南纸业有限公司
石家庄市嘉赐福卫生用品有限公司
河北宇峰瑞达卫生用品有限公司
石家庄小布头儿纸业有限公司
河北氏氏美卫生用品有限责任公司
河北家婷卫生用品有限公司
石家庄和柔卫生用品有限公司
石家庄宇峰纸制品有限公司
河北金凯来卫生用品有限责任公司
石家庄东胜纸业有限公司
恩邦生活用品有限公司
唐山市开平区白之韵纸制品厂
唐山宏阔科技有限公司
邢台市好美时卫生用品有限公司
沧州市运河区茹达湿巾厂
承德避暑山庄企业集团启健生物科技有限公司

● 山西 Shanxi

怀仁市森达医疗器械有限责任公司
山西华达纸业有限公司
山西中德宝力日化有限公司

● 内蒙古 Inner Mongolia

集宁区双宝纸业

● 辽宁 Liaoning

鞍山市德洁卫生用品厂
鞍山靓倩卫生用品有限公司
鞍山市迪奥尼卫生用品有限公司
大连邦琪卫生用品有限公司
大连崇霖卫生用品有限公司
大连雅洁纸业有限公司
大连宇翔家庭用品有限公司
大连爱洁卫生用品有限公司
大连大鑫卫生护理用品有限公司
大连谷歌卫生用品有限公司
大连蓝赛斯无纺布制品有限公司
大连欧派科技有限公司
大连桑拓生物新技术有限公司
大连圣耀科技有限公司
大连万利洁生活用品有限公司
大连雄伟保健品有限公司
丹东金洋针织有限公司
丹东欣时代生物医药科技有限公司
抚顺市利嘉卫生用品有限公司
葫芦岛舒康卫生用品有限公司
锦州市雨润保健品有限公司
锦州东洋松蒲卫生用品有限公司
锦州东方卫生用品有限公司
辽阳恒升实业有限公司
通化沃德卫生用品有限公司
辽宁百洋实业有限公司
沈阳雨春日用品有限公司
沈阳惠佰利科技有限公司
沈阳纳尔实业有限责任公司
沈阳达仕卫生用品有限公司
沈阳市腾源纸业加工厂
凌海市展望生物科技有限公司
辽宁和合卫生用品有限公司
大连双迪桃花卫生用品有限公司

● 吉林 Jilin

吉林市蕙洁宣卫生用品厂
公主岭市科瑞恩卫生用品有限公司
吉林市贝洁卫生用品有限公司
四平佳尔生活用品有限公司
四平圣雅卫生用品有限公司

通化卉云桐医药生物科技有限公司
长春市达驰物资经贸有限公司
长春市二道雪婷纸制品加工厂
长春华清清洁用品有限责任公司
长春市茜茜卫生用品厂
长春市龙洋日用品有限责任公司
吉林省鸿威生物科技有限公司
长春福康医疗保健品有限责任公司

● 黑龙江 Heilongjiang

哈尔滨鑫禾纸业有限责任公司
哈尔滨市运明实业有限公司
哈尔滨康安卫生用品有限公司
哈尔滨润恒保洁用品有限公司
黑龙江省嘉盛洁卫生用品有限公司
哈尔滨金宵医疗卫生用品厂

● 上海 Shanghai

江苏王子制纸有限公司上海总部
金佰利(中国)有限公司
上海顶欣纸制品有限公司
上海弓鑫实业有限公司
上海捷岱贸易有限公司
上海诗美生物科技有限公司
上海纤亿纺织科技有限公司
上海雅臣纸业有限公司
上海城峰纸业有限公司
上海海拉斯实业有限公司
上海康奇实业有限公司
上海铃兰卫生用品有限公司
上海奇丽纸业有限公司
上海相连实业有限公司
上海斐庭日用品有限公司
上海宜棉环保科技有限公司
上海点韵国际贸易有限公司
康贝(上海)有限公司
北京爱华中兴纸业有限公司上海分公司
上海爱乐纸业有限公司
上海贝聪婴儿用品有限公司
上海独一实业有限公司
上海秋欣实业有限公司
上海三君生活用品有限公司
上海同高实业有限公司
茗燕生物科技(上海)有限公司
上海东冠纸业有限公司
上海欣莹卫生用品有限公司
上海御信堂母婴用品有限公司
哥旅思(上海)日用品有限公司
上海嗳呵母婴用品国际贸易有限公司
上海绿洲智健智能科技有限公司
上海强生有限公司
上海泰慈康实业有限公司
上海优生婴儿用品有限公司
上海科净实业有限公司
上海若云纸业有限公司
上海升帆信息技术有限公司
上海唯爱纸业有限公司
银京医疗科技(上海)股份有限公司
上海大昭和有限公司
上海唯尔福集团股份有限公司
上海亚日工贸有限公司
上海艾顿卫生用品有限公司
上海美馨卫生用品有限公司
上海沐河纸业有限公司
上海香诗伊卫生用品有限公司
上海馨臣家化有限公司
上海曜颖餐饮用品有限公司
上海叶思蔓卫生用品有限公司
贝亲母婴用品(上海)有限公司
上海新领域国际贸易有限公司
上海灿之贸易有限公司
上海洁来利纸业有限公司
创艺卫生用品(苏州)有限公司上海分公司
上海基高贸易有限公司
上海长荣医疗器械有限公司

● 江苏 Jiangsu

康卫生活用品(扬州)有限公司
金红叶纸业集团有限公司
常州茂康医疗用品有限公司
常州新瑞卫生用品有限公司
江苏省健尔康医用敷料有限公司
溧阳市天宇纸业有限公司
贝亲母婴用品(常州)有限公司
常州护佳卫生用品有限公司
常州华纳非织造布有限公司

常州华纳新材料科技有限公司
常州市鑫宏阳卫生用品有限公司
江苏东方洁妮尔水刺无纺布有限公司
江苏童悦母婴用品有限公司
全棉乐家科技(江苏)有限公司
江苏瑞之康医药科技有限公司
江苏米咔婴童用品有限公司
江苏有爱科技有限责任公司
南京远阔科技实业有限公司
南京中润酒店用品有限公司
南京能恩医疗科技有限公司
连云港美顺医疗用品有限公司
南京特纳斯生物技术开发有限公司
南京敖广国际经贸集团有限公司
南京博洁卫生用品厂
南京禾素时代抗菌材料科技有限公司
维达商贸有限公司南京分公司
江苏丽洋新材料股份有限公司
江苏尚可清日化科技有限公司
连云港美顺医疗用品有限公司
昆山一尘洁净材料有限公司
江苏邦业护理用品有限公司
苏州艾美医疗用品有限公司
苏州长晟无纺科技有限公司
江苏鸿泽瑞医疗科技有限公司
宇恩卫生用品(苏州)有限公司
南通市万利纸业有限公司
南通中纸纸浆有限公司
江苏启宸新材料有限公司
江苏天佑医用科技有限公司
苏州德尔赛电子有限公司
苏州泰硕无尘制品有限公司
苏州安侯医疗科技有限公司
苏州圣菲尔新材料科技有限公司
苏州逸云卫生用品有限公司
格洁无纺布制品(昆山)有限公司
昆山华玮净化实业有限公司
昆山洁宏无纺布制品有限公司
昆山丝倍奇纸业有限公司
创艺卫生用品(苏州)有限公司
龙帛生物科技有限公司
奈森克林(苏州)日用品有限公司
苏州铃兰卫生用品有限公司
苏州洁柔医疗用品有限公司
苏州宝丽洁日化有限公司
苏州创佳纸业有限公司
苏州欧德无尘材料有限公司
苏州市佳和无纺制品有限公司
苏州市相城区黄桥三和金卫生用品厂
苏州贞宝纸业有限公司
江苏梦达日用品有限公司
张家港市金港镇德积宏亮卫生用品厂
张家港亚太生活用品有限公司
亿茂环境科技股份有限公司
江苏沭阳辰宇无纺布制品厂
宿迁慧圣之电子商务有限公司
希纺新材料发展(南通)有限公司
江苏聚源新材料科技有限公司
宿迁市清茹纸业有限公司
江苏铭盛家纺科技有限公司
泰州市康平医疗科技有限公司
姜堰市时代卫生用品有限公司
江苏瑞宇医疗用品有限公司
无锡金盟进出口有限公司
江苏熊猫纸业有限公司
江苏极棉科技有限公司
江苏优佰利生活科技发展有限公司
江阴健发特种纺织品有限公司
江阴市广银无纺制品有限公司
江阴樱花梦家庭用品有限公司
江阴云智医疗无纺布制品有限公司
无锡棉道无纺科技有限公司
无锡市伙伴日化科技有限公司
阳光卫生医疗新材料江阴有限公司
无锡市凯源家庭用品有限公司
徐州欧露日用品有限公司
徐州洁仕佳卫生用品有限公司
徐州市舒润日用品有限公司
徐州侑德生物科技有限公司
徐州恒祥纸品有限公司
江苏暖源卫生用品有限公司
徐州市琪兴纸业科技有限公司
徐州威尔乐卫生材料有限公司
徐州耀泰纸业发展有限公司
江苏纯伴纸业有限公司
盐城天盛卫生用品有限公司

盐城心悦卫生用品有限公司
江苏智秀纸业科技有限公司
扬州市鸿润酒店用品厂
宝应县富康医疗器械有限公司
扬州倍加洁日化有限公司
扬州市时新旅游用品有限公司
扬州绿源叶护理用品有限公司
尤妮佳生活用品(江苏)有限公司
上卫中亚卫生材料江苏有限公司
句容东发生活用品有限公司
太仓优活生物技术有限公司
徐州康源净卫生用品科技有限公司

● 浙江 Zhejiang

杭州邦怡日用品科技有限公司
杭州临安东楷工贸有限公司
杭州慕尚护理用品有限公司
杭州萧山凤凰纺织有限公司
杭州轩阳无纺制品有限公司
杭州比因美特孕婴童用品有限公司
杭州国臻实业有限公司
杭州春池旅游用品有限公司
纳奇科化妆品有限公司
杭州国光旅游用品有限公司
杭州好特路卫生制品有限公司
杭州春芽环保科技有限公司
杭州大拇指清洁用品有限公司
杭州海际进出口有限公司
杭州可利尔清洁用品有限公司
杭州临安百浩无纺制品厂
杭州临安海元无纺制品有限公司
杭州临安华晟日用品有限公司
杭州康洁无纺制品有限公司
金华市简洁新材料科技有限公司
浙江煌华生物科技有限公司
浙江易生医疗科技有限公司
浙江谦洁护理用品有限公司
浙江洁哒科技有限公司
嘉兴市兔兔无纺布科技有限公司
杭州临安三鑫清洁用品有限公司
杭州临安诗洁日化有限公司
杭州升博清洁用品有限公司
临安广源无纺制品有限公司
临安市家美汇清洁用品有限公司
临安盈丰清洁用品有限公司
浙江华顺科技股份有限公司
杭州特艺非织造布有限公司
杭州宾乐清洁用品有限公司
杭州波一清卫生用品有限公司
杭州迪佳日用品有限公司
杭州棉艺生物科技有限公司
杭州妙洁旅游用品厂
杭州瑞邦医疗用品有限公司
杭州小姐妹卫生用品有限公司
浙江洁诺新材料有限公司
杭州复生科技有限公司
杭州嘉杰实业有限公司
杭州鹏图化纤有限公司
杭州桑洁悦辉生物科技有限公司
杭州申皇无纺布用品有限公司
杭州祥悦卫生用品有限公司
知远医疗用品(浙江)有限公司
湖州康派卫生用品有限公司
浙江冰儿无纺布有限公司
湖州练市益达日用品有限公司
浙江天晴制造科技集团有限公司
湖州爱尚护理用品有限公司
湖州欧宝卫生用品有限公司
长兴富拉芙护理用品有限公司
浙江蒂斯波斯卫生用品有限公司
浙江凯燕护理用品科技有限公司
浙江优贝思日化科技有限公司
浙江优全护理用品科技股份有限公司
浙江众仁电子科技有限公司
浙江启美日用品有限公司
浙江荣鑫纤维股份有限公司
嘉兴市德里克思医疗用品股份有限公司
浙江众润新材料科技有限公司
浙江富瑞森水刺无纺布有限公司
南六企业(平湖)有限公司
平湖市瑞恩健康护理卫生用品有限公司
嘉兴市秀洲区舒香无纺布湿巾厂
世源科技(嘉兴)医疗电子有限公司
浙江恒优卫材科技股份有限公司
浙江弘扬无纺新材料有限公司
浙江亿羊纯针织有限公司

金华市嘟贝母婴用品有限公司
金华市辉煌无纺用品有限公司
金华长弓清洁用品有限公司
浙江天铂日用品有限公司
浙江星徽生物科技有限公司
浙江中美日化有限公司
浙江康民卫生用品有限公司
浦江清乐之雅工贸有限公司
金华德欧生物科技有限公司
金华市爱的日化有限公司
义乌市安柔卫生用品有限公司
义乌市奥顿纸业有限公司
义乌市联润日用品有限公司
义乌市绿顺日用品厂
义乌市润洁日用品有限公司
义乌市鑫园日用品厂
浙江宝加生物科技有限公司
浙江辰玮日化科技有限公司
浙江惠好日用品有限公司
浙江佳燕日用品有限公司
范尼思护理用品(浙江)有限公司
浙江美之源化妆品有限公司
浙江舒芙柔清洁用品有限公司
丽水市怡顺纸业有限公司
宁波贝斯特清洁护理用品有限公司
宁波奉化鑫地无纺布制品有限公司
宁波市奉化区世洁酒店用品厂
宁波上德之家家居用品有限公司
宁波市鄞州艾科日用品有限公司
宁波炜业科技有限公司
宁波小木供应链有限公司
浙江邦良日用品有限公司
绍兴安纳杰日化科技有限公司
绍兴佰迅卫生用品有限公司
绍兴乐洁氏生活用品有限公司
浙江和中非织造股份有限公司
浙江舒氏生物科技有限公司
绍兴民康消毒用品有限公司
浙江艾妍生物科技有限公司
绍兴格美卫生用品有限公司
绍兴海之萱生物科技有限公司
绍兴红与黑贸易有限公司
绍兴欧尔派卫生用品有限公司
绍兴市恒盛新材料技术发展有限公司
绍兴市袍江家洁生活用品厂
绍兴唯尔福妇幼用品有限公司
浙江爱健卫生用品科技有限公司
诸暨造纸厂
新亚控股集团有限公司
台州市常乐卫生用品有限公司
温州亚杰科技有限公司
温州晟凯科技实业有限公司
温州纸路者纸业有限公司
温州亮晶晶卫生用品有限公司
温州市鹿城希伯仑实业公司
温州市罗一纸塑制品有限公司
温州市全棉健康科技有限公司
平阳舒尔康卫生用品有限公司
平阳县洁芸纸制品加工厂
平阳县善品纸制品厂
温州冠尚纸业有限公司
温州录帮新材料科技有限公司
温州市一佳卫生用品有限公司
浙江华在医疗器械有限公司
浙江咔咔玛科技有限公司
浙江优可思护理用品科技有限公司

● 安徽 Anhui

安庆市嘉欣医疗用品科技股份有限公司
固镇县清伊纸业厂
滁州市恒洁生活用品有限公司
婴舒宝(滁州)婴童用品有限公司
安徽舒源妇幼用品有限公司
临泉县高洁卫生用品有限公司
太和县清洁湿巾厂
太和县鑫星纸业有限公司
阜阳市阳阳卫生科技有限公司
合肥德易生物科技有限公司
合肥文琦工贸有限责任公司
合肥华润非织造布制品厂
合肥洁尔卫生新材料有限公司
合肥市立新纸品厂
合肥市美瑞酒店用品有限公司
合肥冠群纸制品有限公司
安徽云之雨日化用品有限公司
安徽茁顺纸业有限公司

合肥依思达纸品贸易有限公司
安徽康弘医疗器械股份有限公司
合肥九圣医疗科技有限公司
安徽汉邦日化有限公司
安徽洁来利擦拭用品有限公司
安徽省宿州市萧县诚信纸业
安徽腾宇日用品有限公司
宿州朵印纸业有限公司
宿州市埇桥区丫丫纸制品加工厂
铜陵麟安生物科技股份有限公司
铜陵洁雅生物科技股份有限公司
恒安(芜湖)纸业有限公司
安徽民辉无纺科技有限公司
安徽禾宁日用品有限公司

● 福建 Fujian

福建朵朵云日用品有限公司
福清恒程纸业有限公司
福州洁乐妇幼卫生用品有限公司
福州市意洁纸业有限公司
柯妮尔(福建)生活用品有限公司
福清市益兴堂卫生制品有限公司
宁德市奇博瑞工贸有限公司
福鼎市恒润清洁用品有限公司
福建省莆田市荔城纸业有限公司
福建新亿发集团有限公司
福建华明洁珊化妆用具有限公司
莆田市维达轻工制品有限公司
泉州市千业卫生用品有限公司
泉州市玺耀日用化工品有限公司
福建大山纸业有限公司
泉州市百嘉润纸品发展有限公司
雀氏(福建)实业发展有限公司
福建安琪儿卫生用品有限公司
晋江德信纸业有限公司
晋江恒安家庭生活用纸有限公司
晋江市洁语卫生用品有限公司
晋江市绿之乡纸业有限公司
晋江市台洋卫生用品有限公司
美力艾佳(中国)生活用品有限公司
泉州市宏信伊风纸制品有限公司
泉州鑫邦纸业有限公司
婴舒宝(中国)有限公司
福建泉州梦丽雅纸业有限公司
泉州市华龙纸品实业有限公司
康多乐有限公司
福建省诺美护理用品有限公司
福建省南安市悦达纸品有限公司
福建省时代天和实业有限公司
南安市远大卫生用品厂
泉州聚美纸业有限公司
石狮市豪友纸品有限公司
厦门帝尔特企业有限公司
厦门开润工贸有限公司
厦门亚隆日用品有限公司
花之町(厦门)日用品有限公司
青蛙王子(中国)日化有限公司
漳州市康贝卫生用品有限公司
漳州市中南护理用品有限公司
福建省天之然卫生用品有限公司
福建诚信纸品有限公司
福州老棉农科技有限公司

● 江西 Jiangxi

江西亚朵新材料科技有限公司
吉安市三江超纤无纺有限公司
九江全棉华达科技有限公司
九江白洁实业有限公司
江西百伊宠物用品有限公司
江西生成卫生用品有限公司
江西省康美洁卫生用品有限公司
南昌市欣荣纸业有限公司
南昌万家洁卫生制品厂
南昌科奇高新技术产品实业有限公司
南昌市鑫隆达纸业有限公司
南昌媄姐纸业有限公司
江西孚润佰年实业发展有限公司
上饶市玉丰纸业有限公司
江西康裕医疗科技有限公司
江西楠溪江科技有限公司
江西宜品纸业有限公司
江西安顺堂生物科技有限公司
仁和药业有限公司
鹰潭市创一卫生用品有限公司
江西康雅医疗用品有限公司
江西东沁新材料科技有限公司

● 山东 Shandong

东营市舒馨纸业有限公司
巨野县舒悦卫生用品有限公司
菏泽市和美卫生用品有限公司
临沂艺豪生物科技有限公司
山东华世本全生物科技有限公司
山东爱舒乐卫生用品有限责任公司
顶嘉医疗(山东)有限公司
山东欧适乐生物科技有限公司
菏泽市群芳卫生用品有限公司
济南蓝鹿卫生用品有限公司
济南卡尼尔科技有限公司
山东永芳卫生用品有限公司
济南金明发纸业有限公司
济南锦佳利纸制品有限公司
济南雅纯酒店用品有限公司
济南恒安纸业有限公司
济南美芙特生物科技有限公司
山东省润荷卫生材料有限公司
济宁广丰纸业有限公司
济宁恒安纸业有限公司
邹城市福满天生活用品有限公司
山东信成纸业有限公司
山东斌洁卫生用品有限公司
山东合丽日用品有限公司
山东聊城超越日用品有限公司
阳谷县童泰日用品有限公司
山东昌诺新材料科技有限公司
临沂市澳美林卫生用品有限公司
临沂市思普睿卫生用品有限公司
临沂万盈卫生用品有限公司
山东卫全生物科技有限公司
山东鑫乐护理用品有限公司
山东雅润生物科技有限公司
山东雅云卫生用品有限公司
百洁源生物科技(山东)有限公司
兰陵县恒达日用品有限公司
临沂靓倩卫生用品有限公司
临沂市超柔生活用纸有限公司
临沂市永正大纸业
山东虎歌纸业有限公司
山东优乐倍生物科技有限公司
山东优悦卫生用品有限公司
临沂高新区未来纸纸品厂
临沂金红叶纸业有限公司
临沂清水源纸业有限公司
临沂优盛卫生用品有限公司
山东纤洽生物科技有限公司
山东卫舒安卫生用品有限责任公司
临沂高维新材料有限公司
山东卫嘉新材料科技有限公司
沂水鲁东航空用品有限公司
仁欣生物科技有限公司
山东玉润生活用品有限公司
山东格林汇能科技有限公司
山东柔富雅生物科技有限公司
山东芷馨卫生用品有限公司
临沂锦韵医疗科技有限公司
青岛戴氏伟业工贸有限公司
青岛鑫广宇日用品有限公司
青岛雨中花卫生用品有限公司
青岛美西南科技发展有限公司
青岛明宇卫生制品有限公司
青岛雪利川卫生制品有限公司
东方洁昕卫生用品有限公司
东顺(山东)浆纸集团有限公司
威海亿露飞卫生用品有限公司
潍坊福山纸业有限公司
潍坊乐臣卫生用品有限公司
潍坊市金宵医疗卫生用品有限公司
潍坊马利尔清洁用品有限公司
三樱(山东)医疗科技有限公司
临朐华美纸制品厂
山东佰氏丽卫生用品有限公司
潍坊贝雅卫生用品有限公司
山东百合卫生用品有限公司
山东腾森纸业有限公司
潍坊雨洁消毒用品有限公司
诸城市鑫旺纸制品加工厂
烟台市恒达纸业有限公司
枣庄市市中区嘉誉纸品厂
山东派信纸业有限公司
山东赛特新材料股份有限公司
山东美盛医疗用品有限公司
淄博市周村旭日纸品厂
淄博新洁卫生用品厂

山东九丙生物科技有限公司
山东滴润卫生用品有限公司
山东润康卫生用品有限公司

● 河南 Henan

鹤壁市淇滨区垚鑫纸制品商行
焦作美洁纸业有限公司
温县伟帆卫生用品有限公司
尉氏县宝缘纸巾厂
洛阳市涧西华丰纸巾厂
漯河玉帛纸业有限公司
平顶山正植科技有限公司
河南阳光卫生用品有限公司
河南妙拓医药科技有限公司
河南东森生物科技有限公司
濮阳青松纸业有限公司
濮阳县恒鑫卫生用品有限公司
河南祥禾卫材有限公司
郑州舍予霖环保科技有限公司
河南全棉工坊无纺科技有限公司
河南恒舒卫生用品有限公司
商丘中柔卫生用品有限公司
新乡市申氏卫生用品有限公司
河南安康卫生用品有限公司
新乡市洁士康卫生用品有限公司
新乡市尊之尼科技有限公司
河南棉健医疗科技有限公司
河南普沃特实业有限公司
河南润禾新材料有限公司
河南益佳新材料有限公司
河南昱霖日用品有限公司
许昌丽妃纸业有限公司
许昌市建安区莲洁纸制品厂
河南康千家卫生科技有限公司
河南亨嘉怡美卫生用品有限公司
郑州枫林无纺科技有限公司
郑州大拇指日用品有限公司
郑州市永兴纸业有限公司
河南洁之净纸业有限公司
河南沐欣纸业有限公司
河南省洁美纸业有限公司
河南豫嘉纸业有限公司
郑州玖龙纸业有限公司
郑州洁之美无纺新材料有限公司
河南逸祥卫生科技有限公司
郑州市恒胜卫生用品有限公司
河南美诗语卫生用品有限公司
河南三少医药科技有限公司
河南庭欣包装科技有限公司
郑州承启科技有限公司
郑州洁良纸业有限公司
漯河市丝柔纸业有限公司
驻马店市方舟纸业有限公司
河南省绿康德森纸业有限公司
河南利友卫生用品有限公司

● 湖北 Hubei

黄梅县钦鑫纸制品有限公司
维尼健康(深圳)股份有限公司黄冈分公司
湖北蓝帆护理用品有限公司
武穴市疏朗朗卫生用品有限公司
湖北滨源无纺布制品有限公司
湖北金江医疗用品有限公司
湖北极俪生物医药科技有限公司
绿家生活科技(湖北)有限公司
武汉舒洁纸业有限公司
湖北贝皙妮科技有限公司
格兹莱芙湖北实业有限公司
湖北中健医疗用品有限公司
协卓(武汉)医疗用品有限公司
武汉贝芙康生物科技有限公司
武汉黎世生活用品有限责任公司
武汉倪初护理用品有限公司
武汉兴灿湿巾制品有限公司
武汉优越卫生用品有限公司
武汉中森医疗用品有限公司
奥美(武汉)医疗用品有限公司
武汉江赫医疗器械有限公司
武汉小森环保科技有限公司
武汉利发诚品纸业有限公司
武汉市百康纸业有限公司
武汉裕民贸易有限公司
武汉新宜人纸业有限公司
仙桃百草堂药业有限公司
湖北高德急救防护用品有限公司
武汉贝思特纸业有限公司

武汉市硚口区布莱特纸品厂
湖北金安格医疗用品有限公司
宝姿日化(湖北)有限公司
湖北润坊卫生用品有限公司
威乐士医疗卫生用品(湖北)有限公司
湖北怡和亚太卫生用品有限公司
咸宁仓禾日用品有限公司
老河口杨三宏福纸业有限公司
佰福科技(湖北)有限公司
湖北丽邦纸业有限公司
武汉创新欧派科技有限公司
孝感市枫腾纸业有限责任公司
孝感市峰源纸业有限责任公司
湖北舒欣卫生护理用品实业有限公司
湖北众爱纸业有限公司
宜昌市伍家岗区鸿富祥纸制品制造部
宜都市雷迪森纸制品厂
湖北国舜卫生用品有限公司
湖北申泰医疗用品有限公司
湖北省潜江市江赫医用材料有限公司
湖北新地医疗科技有限公司

● 湖南 Hunan

湖南恒安纸业有限公司
湖南雪松纸制品有限责任公司
湘潭金诚纸业有限公司
湖南东顺纸业有限公司
洁宝日化(湘西)有限责任公司
湖南小贝婴童用品制造有限公司
湖南福爱卫生用品有限公司
湖南福尔康医用卫生材料股份有限公司
岳阳市岳阳楼区金鹰纸业
长沙市科阳工贸有限公司
湖南舒比奇生活用品有限公司
长沙蕾康日用品有限公司
长沙市木丁阳日用品贸易有限公司
湖南一喜生活用品有限公司
长沙丰之裕纸业有限责任公司
湖南湘雅制药有限公司
株洲县慧峰纸品厂

● 广东 Guangdong

潮州市航空用品实业有限公司
东莞市宝盈妇幼用品有限公司
东莞市大枫纸业有限公司
东莞市大朗清辉纸制品厂
东莞市大岭山俊业纸巾加工店
东莞市诺诚达清洁用品有限公司
东莞市天正纸业有限公司
东莞市星灏日用制品有限公司
东莞市雅洁纸品有限公司
利洁时家化(中国)有限公司
佛山市朵爱日用品有限公司
佛山市添芯意酒店用品有限公司
佛山欧班卫生用品有限公司
佛山市爱佳卫生用品有限公司
佛山市禅城区康结香巾厂
佛山市启盛卫生用品技术开发有限公司
佛山市三水万兴棉业有限公司
佛山市亿越日用品有限公司
广东邦宝个人护理用品有限公司
广东德玛健康用品有限公司
广东景兴健康护理实业股份有限公司
广东欧比个人护理用品有限公司
佛山市浩伶卫生用品有限公司
佛山市顺德区崇大湿纸巾有限公司
佛山市顺德区大良富利日用品厂
佛山市顺德区康儿健母婴用品有限公司
百草堂医药股份有限公司
广东日胜生物科技有限公司
广州蓓爱婴童用品有限公司
广州久神商贸有限公司
广州开丽科技有限公司
广州市白桦日用品有限公司
中顺洁柔纸业有限公司
广州正康医疗器械有限公司
广州市康尔美生活用品有限公司
老棉农医疗用品(广州)有限公司
广州艾妮丝日用品有限公司
广州博润生物科技有限公司
肇庆市鼎纯纸业有限公司
广州品维纸业有限公司
广州市番禺区钟信餐具厂
棉都亚太有限公司
广州市科纶实业有限公司
广州市欣龙卫生用品有限公司

亚太森博(广东)纸业公司
广州富海川卫生用品有限公司
广州天美联盟生物科技有限公司
广州五羊化妆品有限公司
露安适薄皮肤个人护理用品(广州)有限公司
广东泽田纸塑实业有限公司
爱得利(广州)婴儿用品有限公司
广州高登保健科技厂
广东皇星婴童用品有限公司
惠州市宝尔洁卫生用品有限公司
惠州泰美纸业有限公司
惠州市润之雅实业有限公司
恩平市稳洁无纺布有限公司
江门市贝丽纸业有限公司
江门市晨采实业有限公司
江门市鸿祥纸业有限公司
江门市水滋润卫生用品有限公司
江门市新龙纸业有限公司
汕头市老蜂农化妆品有限公司
汕头市心诺日用品科技有限公司
广东骏宝实业有限公司
联丰医用卫生材料(始兴)有限公司
维尼健康(深圳)股份有限公司
金旭环保制品(深圳)有限公司
深圳全棉时代科技有限公司
深圳市广田纸业有限公司
深圳市康雅实业有限公司
深圳市水润儿婴童用品股份有限公司
深圳市御品坊日用品有限公司
同高纺织化纤(深圳)有限公司
稳健医疗用品股份有限公司
鸿源联合(深圳)实业有限公司
深圳爱贝港实业有限公司
深圳市洁雅丽纸品有限公司
佛山市南海丞倍卫生用品有限公司
深圳市荆江纸制品有限公司
深圳市施尔洁生物工程有限公司
心丽卫生用品(深圳)有限公司
深圳市恒圳实业有限公司
百润(中国)有限公司深圳分公司
新纶新材料股份有限公司
维达国际控股有限公司
诺斯贝尔化妆品股份有限公司
中山市标奇家庭用品有限公司
中山市创意新科技研发有限公司
中山市德乐生物科技有限公司
中山爱护日用品有限公司
珠海市健朗生活用品有限公司
珠海经济特区松锦企业发展有限公司
广东华柔纸业有限公司

● 广西 Guangxi

桂林雅湿洁卫生用品有限公司
广西芯飞扬实业有限公司
广西南宁甘霖工贸有限责任公司
南宁市好印象纸品厂
南宁市柔润纸业有限公司
广西舒雅护理用品有限公司
广西卡吉氏卫生用品有限公司
广西钦州叶诚纸业有限公司

● 海南 Hainan

海南欣龙无纺科技制品有限公司
海口秀英万利纸业制品厂

● 重庆 Chongqing

重庆若禺纸制品有限公司
重庆惟鸥纸业有限公司
重庆市雅洁纸业有限公司
重庆市雅思卫生用品有限公司
重庆龙璟纸业有限公司
重庆百亚卫生用品股份有限公司
重庆振汉卫生用品有限公司
重庆市海洁消毒卫生用品有限责任公司
维尔美纸业(重庆)有限公司
重庆海明卫生用品有限公司
重庆珍爱卫生用品有限责任公司
重庆真妮丝纸业有限公司

● 四川 Sichuan

四川石化雅诗纸业有限公司
四川省利美医疗用品有限公司
四川蓝漂日用品有限公司
成都市豪盛华达纸业有限公司
四川恒邦远大纸业有限责任公司
四川康启生物科技有限公司

成都彼特福纸品工艺有限公司
成都金香城纸业有限公司
四川友邦纸业有限公司
四川清爽纸业有限公司
四川竹印良品新材料科技有限公司
四川丽雅电子商务有限公司
四川省宜宾惠美线业有限责任公司
宜宾惠美康健生物技术有限公司
宜宾丽雅卫生材料有限责任公司

● 贵州 Guizhou

贵阳阳光生活用纸厂
贵州凯里经济开发区冠凯纸业有限公司
贵州中济恩鑫高新技术开发有限公司
遵义市原色食尚纸业有限责任公司
贵州卡布国际生物科技有限公司

● 云南 Yunnan

昆明正能博美纸业有限公司
云南兴亮实业有限公司
昆明安生工贸有限公司
昆明威宝纸制品厂
云南国峰卫生用品有限公司
昆明卡拉丁纸业有限公司

● 西藏 Tibet

西藏坎巴嘎布卫生用品有限公司

● 陕西 Shaanxi

西安华源纸业卫生保健用品有限公司
西安市点缀纸业有限公司
陕西雅润生活用品有限公司
西安福瑞德纸业有限责任公司
西安市丰悦纸品厂
西安亮剑科技有限公司
西安佳邦无纺布制品有限公司
西安洁雅酒店用品有限责任公司
西安雅泉酒店用品有限公司

● 青海 Qinghai

青海晨曦纸业有限公司
西宁花梦诗纸业有限公司

● 新疆 Xinjiang

乌鲁木齐市三立方纸业有限公司
新疆环峰纸业有限公司

一次性医用非织造布制品
Disposable hygiene medical nonwoven products

● 北京 Beijing

新时代健康产业(集团)有限公司
中驭(北京)生物工程有限公司
北京圣美洁无纺布制品有限公司
北京康必盛科技发展有限公司
北京康宇医疗器材有限公司
北京市安宜卫生用品有限公司
北京市密云区益康卫生材料厂
北京创发卫生用品有限公司
北京舒尔雅妇婴卫生用品有限公司
北京市通州区利康卫生材料制品厂
北京市通州鑫宝卫生材料厂
北京倍舒特妇幼用品有限公司

● 天津 Tianjin

天津立发医疗用品有限公司
瑞安森(天津)医疗器械有限公司

● 河北 Hebei

邯郸恒永防护洁净用品有限公司
河北迈德斯特医药有限公司
石家庄千汇医用品有限公司
河北宝诗乐科技有限公司
石家庄市康安医疗器械有限公司
安卓(北京)卫生材料有限公司
金利德卫生用品(河北)有限责任公司
保定雨森卫生用品有限公司

● 辽宁 Liaoning

大连双迪科技股份有限公司
丹东市天和纸制品有限公司
辽宁和合卫生用品有限公司

● 上海 Shanghai

枰和卫生用品(上海)有限公司
上海冰清化妆品有限公司
上海汇鸿浆纸有限公司
上海康林仁和家庭医疗保健用品有限公司
上海暖友实业有限公司
上海姝馨无纺布有限公司
上海洁安实业有限公司
上海立南商贸有限公司
上海满福纸业包装有限公司
上海英科医疗用品有限公司
艾迈柯思贸易(上海)有限公司
上海舒康实业有限公司
上海亚澳医用保健品有限公司
易护宝(上海)医疗产品有限公司
银京医疗科技(上海)股份有限公司
上海华新医材有限公司
约柏滤材工业(上海)有限公司
上海好贴卫生用品有限公司
上海骏河日用品有限公司
上海润辉实业有限公司
上海新领域国际贸易有限公司
丽固国际贸易(上海)有限公司
麦迪康医疗用品贸易(上海)有限公司
上海希丝无纺布制品有限公司

● 江苏 Jiangsu

常州新瑞卫生用品有限公司
溧阳好利医疗用品有限公司
常州市宏泰纸膜有限公司
常州爱倍思特卫生用品有限公司
常州好利医用品有限公司
常州华联医疗器械集团股份有限公司
常州市凯尔德卫生材料有限公司
常州市莱洁卫生材料有限公司
常州市强人医疗用品有限公司
常州市圣康医疗器械有限公司
江苏赛欧防护用品科技有限公司
常州美康源医疗科技有限公司
常州美康纸塑制品有限公司
常州知相印卫生用品科技有限公司
江苏美舜生物科技有限公司
连云港市美顺化妆用品有限公司
南京梦星程生物科技有限公司
南京棉柔宝卫生材料有限公司

南京依朋纺织品实业有限公司
南京大可实业有限公司
南京嘉威医疗器械有限责任公司
南京能恩医疗科技有限公司
昆山一尘洁净材料有限公司
南通中纸纸浆有限公司
江苏广达医材集团有限公司
启东华舟医用材料有限公司
爱丽思(中国)集团
苏州健宇医疗科技有限公司
苏州市奥健医卫用品有限公司
昆山洁宏无纺布制品有限公司
苏州维凯医用器材科技有限公司
太仓汉光实业有限公司
苏州杜康宁医疗用品有限公司
吴江市亿成医疗器械有限公司
苏州市格瑞美医用材料有限公司
苏州市洁达化工塑料有限公司
江苏望腾医疗用品有限公司
苏州乐天防护用品有限公司
张家港市东创无纺布制品有限公司
张家港市志益医材有限公司
亿茂环境科技股份有限公司
江苏稳德福无纺科技有限公司
泰州市华芳医用品有限公司
江苏爱曼妮卫生用品有限公司
江苏天章医用卫生新材料股份有限公司
无锡市恒通医药卫生用品有限公司
江阴健发特种纺织品有限公司
江阴茂华复合材料有限公司
江阴市广银无纺制品有限公司
阳光卫生医疗新材料江阴有限公司
江苏恬然环保科技发展有限公司
江苏柯莱斯克新型医疗用品有限公司
盐城市亭湖区便仓镇红色玫瑰纸品厂
盐城天盛卫生用品有限公司
广陵区杭集飞达旅游用品厂
广陵区旺佳复合材料厂
江苏长城医疗器械有限公司
扬州市金环医疗器械厂
镇江健而乐牙科器材有限公司
丹阳市金晶卫生用品有限公司
上卫中亚卫生材料江苏有限公司
江苏赛欧防护用品科技有限公司
江苏中欣卫生用品有限公司

● 浙江 Zhejiang

杭州艾妮美无纺制品有限公司
杭州临安海元无纺制品有限公司
杭州临安华晟日用品有限公司
杭州临安天福无纺布制品厂
杭州玛姬儿科技有限公司
杭州八隆科技有限公司
杭州特艺非织造布有限公司
杭州宾乐清洁用品有限公司
杭州比因美特实业有限公司
杭州吉呈新材料科技有限公司
杭州津诚医用纺织有限公司
杭州欧莱塑料有限公司
安吉远东卫生材料有限公司
长兴富拉芙护理用品有限公司
浙江逸蓓新材料科技有限公司
浙江嘉鸿非织造布有限公司
浙江富瑞森水刺无纺布有限公司
世源科技(嘉兴)医疗电子有限公司
浙江弘扬无纺新材料有限公司
金华长弓清洁用品有限公司
浙江康满家新营销有限公司
宁波华欣医疗器械有限公司
宁波上德之家家居用品有限公司
浙江和中非织造股份有限公司
绍兴福清卫生用品有限公司
绍兴市恒盛新材料技术发展有限公司
绍兴易邦医用品有限公司
振德医疗用品股份有限公司

● 安徽 Anhui

安徽皖风情纸制品有限公司
安徽省安庆市大鹏卫生材料厂
天长市东安防护用品有限公司
天长市康辉防护用品工贸有限公司
天长市康特美防护用品有限公司
临泉乐飞卫生用品有限公司
安徽安心卫生科技有限公司
阜阳市捷东塑料制品有限公司
合肥汉邦希瑞护理用品有限公司

合肥宏明无纺制品有限公司
合肥华润非织造布制品厂
安徽精诚纸业有限公司
合肥洁尔卫生新材料有限公司
合肥洁诺无纺布制品有限公司
合肥特丽洁卫生材料有限公司
合肥法斯特无纺布制品有限公司
合肥吉姆卫生制品有限公司
安徽国弘工贸有限公司
安庆市嘉欣医疗用品科技股份有限公司
合肥普尔德医疗用品有限公司
合肥特丽洁包装技术有限公司
合肥卫材医疗器械有限公司
合肥洁家卫生材料有限公司

● 福建 Fujian

福建绿帆医用新材料股份公司
莆田市维达轻工制品有限公司
泉州市奥洁卫生用品有限公司
福建省晋江市圣安娜妇幼用品有限公司
晋江市安宜卫生用品有限公司
鸣宝生活用品(福建)有限公司
泉州市鸿华化纤制品有限公司
泉州长晟医药科技有限公司
南安市老有福卫生用品厂
新源(福建)塑胶有限公司
仟佰盾(厦门)科技有限公司
厦门安思尔微护佳防护用品有限公司
厦门飘安医疗器械有限公司
爱义达(厦门)医护科技有限公司
泉州联合纸业有限公司

● 江西 Jiangxi

江西康雅医疗用品有限公司
江西美宝利医用敷料有限公司
江西昊瑞工业材料有限公司
江西海福特卫生用品有限公司
南昌卫材医疗器械有限公司
江西柯尔生物科技有限公司
江西 3L 医用制品集团股份有限公司
江西康裕医疗科技有限公司
江西省源品卫生用品有限公司
江西亚朵新材料科技有限公司

● 山东 Shandong

山东永芳卫生用品有限公司
济南美康医疗卫生用品有限公司
山东昊星洁士新材料科技有限公司
山东卫尔乐卫生用品有限公司
名茜医疗科技(山东)有限公司
山东诺力康医疗科技有限公司
山东荣红生物科技有限公司
青岛嘉尚卫生用品有限公司
青岛太阳路卫生防护用品有限公司
青岛宝乐得卫生用品有限公司
青岛金泰通用医疗器材有限公司
威高集团有限公司
山东美盛医疗用品有限公司
山东卫嘉新材料科技有限公司
青岛林木纸业有限公司
青岛益耐雅生活用纸有限公司
青岛哈尼笑笑护理用品科技有限公司
青岛信中海国际贸易有限公司
日照三奇医疗卫生用品有限公司
威海鸿宇医疗器械有限公司
威海颐和成人护理用品有限公司
潍坊裕泰医用品有限公司
潍坊福山纸业有限公司
山东侨邦纸业科技有限公司
潍坊贝爱卫生用品有限公司
潍坊佳和纸制品有限公司
招远市温泉无纺布制品厂
山东淄博光大医疗用品有限公司
兴华医疗科技(山东)有限公司

● 河南 Henan

邓州市国控鸿发无纺布有限公司
新乡市天虹医疗器械有限公司
新乡市浩神布业有限公司
新乡市洁神净化有限公司
河南飘安集团有限公司
河南省华裕医疗器械有限公司
河南省健琪医疗器械有限公司
河南省豫北卫材有限公司
河南亚都实业有限公司
新乡市好媚卫生用品有限公司
新乡市华西卫材有限公司

新乡市中原卫生材料厂有限责任公司
亿信医疗器械股份有限公司
信阳颐和非织布有限责任公司
许昌正德医疗用品有限公司
郑州枫林无纺科技有限公司
河南省蓝天医疗器械有限公司
郑州洁之美无纺新材料有限公司
郑州迪隆生物技术有限公司
河南祥禾卫材有限公司

● 湖北 Hubei

湖北君言医疗科技有限公司
黄冈市维科曼医用材料有限责任公司
稳健医疗用品(荆门)有限公司
洪湖市舒盛防护用品有限公司
湖北华樾卫生用品有限公司
湖北健颐卫生用品有限公司
今御龙医疗科技(湖北)有限公司
武汉华鑫无纺布有限公司
W&K Group
湖北纳微防护用品有限公司
赛吉特无纺制品(武汉)有限公司
武汉鼎鑫祥防护用品有限公司
武汉嘉倍护国际贸易有限公司
武汉中森医疗用品有限公司
武汉敖宝防护用品有限公司
武汉华世达防护用品有限公司
武汉金瑞达医疗用品有限公司
武汉华天创新工贸有限公司
武汉江赫医疗器械有限公司
武汉裕民贸易有限公司
仙桃市瑞锋卫生防护用品有限公司
湖北美德林医疗用品有限公司
湖北省潜江市江赫医用材料有限公司
武汉东元国际贸易有限公司
武汉海斯康防护用品有限公司
武汉美赫可科技有限公司
湖北高德急救防护用品有限公司
武汉兰园防护用品有限公司
湖北集品防护用品有限公司
湖北金安格医疗用品有限公司
武汉晓行天下商贸有限公司
仙桃市富实防护用品有限公司
湖北德盈防护材料有限公司
湖北海腾无纺布制品有限公司
湖北宏宇医用制品有限公司
湖北金士达医用产品有限公司
湖北康成非织造布股份有限公司
湖北琪福防护用品股份有限公司
湖北荣发卫生用品股份有限公司
湖北万里防护用品有限公司
湖北吾众健康科技有限公司
湖北欣意无纺布特种制品有限公司
湖北亿美达实业有限公司
湖北裕民防护用品有限公司
湖北真诚无纺布制品有限公司
湖北卓美卫生防护用品有限公司
联赛医用产品(湖北)有限公司
武汉鸿福鑫无纺布制品有限公司
仙桃晨光防护用品有限公司
仙桃瑞鑫防护用品有限公司
仙桃盛美工贸有限公司
格兹莱芙湖北实业有限公司
仙桃市德明卫生用品有限公司
仙桃市鼎成无纺布制品有限公司
仙桃市航发防护用品有限公司
仙桃市恒生制衣有限公司
仙桃市剑锋防护用品有限公司
仙桃市隽雅防护用品有限公司
仙桃市科诺尔防护用品有限公司
仙桃市利军无纺布制品有限公司
仙桃市三智医疗科技有限公司
仙桃市通达无纺布制品有限公司
仙桃市卫洁防护用品有限公司
仙桃市鑫日防护用品有限公司
仙桃市兴荣防护制品有限公司
仙桃市依娅防护用品有限公司
仙桃市誉诚无纺布制品有限公司
仙桃特斯威防护用品有限公司
仙桃永利医疗用品有限公司
湖北中健医疗用品有限公司
咸宁兆舒美防护用品有限公司
赤壁市宇洋无纺布制品有限公司
湖北润坊卫生用品有限公司
稳健医疗(嘉鱼)有限公司
湖北五湖医疗器械有限公司

咸宁爱科医疗用品有限公司
咸宁仓禾日用品有限公司
咸宁市金宏城吸塑包装有限公司
汉川市复膜塑料有限责任公司
枝江奥美医疗用品有限公司
奥美医疗用品股份有限公司
金仕达医疗(咸宁)有限公司

● 湖南 Hunan

湖南省洁雅无纺布制品有限公司
湖南鑫豪宇卫生用品有限公司

● 广东 Guangdong

东莞市大伟卫生用品有限公司
东莞市海纳森非织造科技有限公司
东莞市特利丰无纺布有限公司
美亚无纺布科技(东莞)有限公司
广东贝嘉美卫生用品有限公司
佛山市南海康得福医疗用品有限公司
广东必得福医卫科技股份有限公司
佛山市兆唐复合材料有限公司
3M 材料技术(广州)有限公司
广东康尔医疗科技有限公司
广州健朗医用科技有限公司
广州美啦无纺布制品有限公司
广州市白云区人和绿芳洲纺织制品厂
广州新英姿日化用品有限公司
广州赞誉化妆品有限公司
广州福泽龙卫生材料有限责任公司
广州市金浪星非织造布有限公司
广州富海川卫生用品有限公司
广州雪贝儿美妆用品有限公司
广州珂萃医疗器械有限公司
广州醉美医疗科技有限公司
广州天美联盟生物科技有限公司
金佰利(中国)有限公司广州办事处
恩平市倍丽无纺布制品有限公司
恩平市中柔上品日用品有限公司
汕头市润物护垫制品有限公司
国桥实业(深圳)有限公司
同高纺织化纤(深圳)有限公司
稳健医疗用品股份有限公司
深圳天意宝科技有限公司
心丽卫生用品(深圳)有限公司
深圳市护家生物科技有限公司
新纶新材料股份有限公司
珠海洁新无纺布有限公司

● 海南 Hainan

海南欣龙无纺科技制品有限公司

● 四川 Sichuan

成都明森医疗器械有限责任公司
四川友邦纸业有限公司
德阳市美妆庭纸业有限公司
四川省利美医疗用品有限公司

● 西藏 Tibet

西藏坎巴嘎布卫生用品有限公司

● 陕西 Shaanxi

西安五环非织造材料有限公司
西安住邦无纺布制品有限公司

生活用纸相关企业名录

（原辅材料及设备器材采购指南）

（按产品类别分列）

DIRECTORY OF SUPPLIERS RELATED TO TISSUE PAPER & DISPOSABLE PRODUCTS INDUSTRY

(The purchasing guide of equipment and raw/auxiliary materials for tissue paper & disposable products industry)

(sorted by product category)

[4]

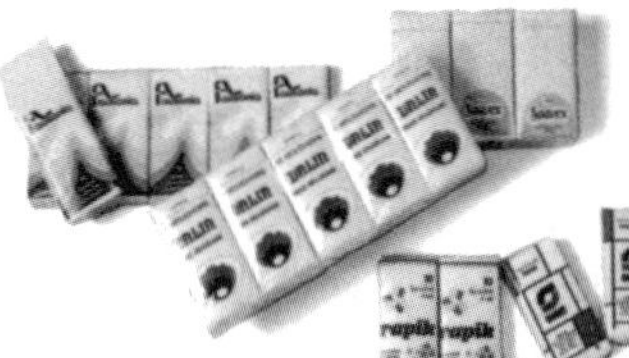

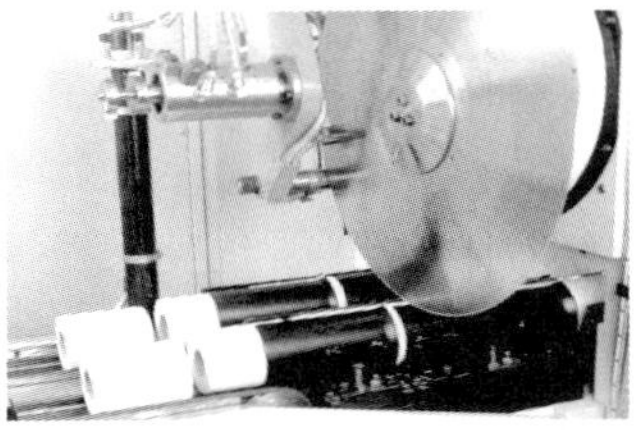

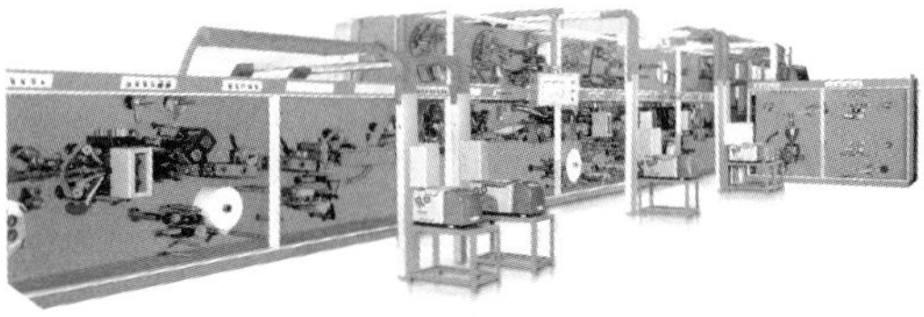

原辅材料生产或供应
Manufacturers and suppliers of raw/auxiliary materials

● 纸浆 Pulp

北京国际浆纸交易中心有限公司
北京嘉阳创业经贸有限公司
芬欧汇川(中国)有限公司北京公司
加拿大北缘浆纸公司北京代表处
加拿大天柏浆纸公司北京代表处
加拿大中加浆纸有限公司北京代表处
金光纸业(中国)投资有限公司北京分公司
日奔纸张纸浆商贸(上海)有限公司北京分公司
丸红(北京)商业贸易有限公司
中国纸张纸浆进出口有限公司
中轻物产公司
北京科拉博贸易有限公司
北京瑞文华信贸易有限公司
北京汤丽纸业贸易有限责任公司
北京五洲林海贸易有限公司
北京中基明星贸易有限公司
北京中基亚太贸易有限公司
北京嘉丰益经贸有限公司
中普科贸有限责任公司
北京韶能本色科技有限公司
瑞典艾克曼中国公司北京联络处
中国纸业投资有限公司
北纤纸浆(天津)国际贸易有限公司
天津市中澳纸业有限公司
新月(天津)纸业有限公司
中轻物产股份有限公司天津分公司
天津建发纸业有限公司
天津亚东林海国际贸易有限公司
天津港保税区曼特国际贸易有限公司
天津楠华伟业商贸有限公司
河北文轩贸易有限公司
山西众聚通贸易有限公司
锦州金日纸业有限责任公司
辽宁嘉力经贸有限公司
沈阳建发纸业有限公司
黑龙江云莱纸浆贸易有限公司
绥芬河市三都纸业有限责任公司
华彩印务有限公司
上海森鑫浆纸有限公司
上海东轻纸业有限公司
中基亚太上海办事处
智利智美浆纸公司上海代表处
港利南天(上海)经贸有限公司
上海楚霖贸易有限公司
上海尹飞祥商贸有限公司
巴西金鱼浆纸公司上海代表处
瑞典伊洛夫·汉森公司上海代表处
上海道来国际贸易有限公司
上海汇鸿浆纸有限公司
上海凯昌国际贸易有限公司
上海召锋国际贸易有限公司
书赞桉诺(上海)贸易有限公司
丸红(上海)有限公司
上海永结贸易有限公司
柱兴(上海)贸易有限公司
东方集团物产进出口有限公司
芬兰芬宝有限公司上海代表处
芬林(上海)贸易有限公司
三井物产(上海)贸易有限公司
厦门国贸集团股份有限公司上海办事处
上海安帝化工有限公司
上海峰联浆纸有限公司
上海汉伦特种纤维材料有限公司
上海建发纸业有限公司
上海明阳佳木国际贸易有限公司
上海谦逊贸易有限公司
上海惟海实业有限公司
上海伊藤忠商事有限公司
上海誉衡商贸有限公司
上海置敦国际贸易有限公司
上海中茂纸业有限公司
中煤金石(上海)能源有限公司
上海怡括贸易有限公司
GP 纤维亚洲香港有限公司上海代表处
芬欧汇川(中国)有限公司上海公司

美国维博森国际公司上海代表处
上海中轻纸业有限公司
思智浆纸贸易(上海)有限公司
英特奈国际纸业投资(上海)有限公司
欧洲港口亚洲有限公司
瑞典赛尔玛有限公司上海代表处
王子制纸国际贸易(上海)有限公司
亚太森博(南京)浆纸有限公司
江苏凤凰文化贸易集团有限公司-纸浆分公司
江苏金利达纸业有限公司
江苏汇鸿国际集团中天控股有限公司
芬欧汇川(中国)有限公司
苏州艾森纸业有限公司
镇江市金纸物资有限公司
浙江省再生资源集团有限公司
浙江中易纸业有限公司
杭州兆鑫贸易有限公司
杭州经安实业有限公司
浙江东方纸业有限公司
浙江省化工进出口有限公司
浙江省轻纺供销有限公司
浙江万邦浆纸集团有限公司
浙江莱仕浆纸有限公司
义乌市顺天纸浆有限公司
天洁集团有限公司
温州飒德纸业有限公司
安徽安联浆纸有限公司
金诺纸业(福建)有限公司
福建晋江木浆棉有限公司
厦门象屿速传供应链发展股份有限公司
厦门祯荣贸易有限公司
厦门荣安集团有限公司
厦门国贸浆纸有限公司
江西泰盛纸业有限公司
九江钱村新材料科技有限公司
山东顺诚达浆纸国际贸易有限公司
济南润林浆纸有限公司
山东八方成纸业有限公司
山东东昊纸业有限公司
山东枫叶国际贸易发展有限公司
济南弘安纸业有限公司
山东省轻工业供销有限公司
山东鼎维浆纸国际贸易有限公司
山东加林国际贸易发展有限公司
山东星光再生资源有限公司
国投国际贸易青岛有限公司
青岛青华宝枫经贸有限公司
山东省轻工业供销有限公司青岛分公司
青岛百草新材料股份有限公司
青岛源茂纸业有限公司
厦门国贸集团股份有限公司青岛分公司
亚太森博(山东)浆纸有限公司
山东芳晨纸制品有限公司
远通纸业(山东)有限公司
焦作瑞丰纸业有限公司
洛阳市强胜实业有限公司
郑州广润纸浆有限公司
河南天维纸业有限公司
河南欣豫国际浆纸有限公司
河南兆嵘纸业有限公司
郑州青云商贸有限公司
北京中基亚太贸易有限公司武汉办事处
三井物产(上海)贸易有限公司武汉分公司
赤壁晨力纸业有限公司
湖南林诺工贸发展有限公司
东莞市东建浆纸有限公司
东莞市渊俊贸易有限公司
德国宇森浆纸有限公司广州代表处
广州市齐航浆纸有限公司
广州珠江特种纸有限公司
北京中基亚太贸易有限公司华南市场
广州鼎盛工贸有限公司
广州建发纸业有限公司
广州市晨辉纸业有限公司
广东中轻糖业集团有限公司
广州市永沛贸易有限公司
亚太森博(广东)纸业有限公司
贺州市中盛浆纸有限公司
广西农垦集团华垦纸业有限公司
广西联拓贸易有限公司
广西宏瑞泰纸浆有限责任公司
广西东糖投资有限公司
广西桂海林浆纸有限公司
广西洋浦南华糖业集团股份有限公司
海南金海浆纸业有限公司
重庆倍宜贸易有限公司

成都永丰纸业有限公司
四川省广利贸易有限公司
成都建发纸业有限公司
成都清雅纸业有限公司
四川天海中能能源有限公司
夹江汇丰纸业有限公司
四川永丰浆纸股份有限公司
四川省西龙生物质材料科技有限公司
宜宾纸业股份有限公司
昆明睡美人纸业有限公司
云南云景林纸股份有限公司
吴忠市兴安商贸有限公司
石河子市国力源环保制浆有限公司
灯塔亚洲有限公司
国际纸业(香港)有限公司

● 绒毛浆　Fluff pulp

金风车(天津)国际贸易有限公司北京办事处
北京科拉博贸易有限公司
浙江中包浆纸进出口有限公司北京办事处
中化塑料有限公司
中化塑料有限公司(天津办)
天津市中澳纸业有限公司
天津港保税区曼特国际贸易有限公司
乔治亚太平洋吉平(上海)贸易有限公司
斯道拉恩索中国销售部上海办事处
美国瑞安先进材料中国有限公司上海代表处
瑞典伊洛夫·汉森公司上海代表处
上海凯昌国际贸易有限公司
丸红(上海)有限公司
上海伊藤忠商事有限公司
英特奈国际纸业投资(上海)有限公司
上海建发纸业有限公司
瑞典赛尔玛有限公司上海代表处
泰盛浆纸集团有限公司上海总部
南通亨惠棉品贸易有限公司
杭州翰永物资有限公司
浙江省化工进出口有限公司
浙江省轻纺供销有限公司
浙江中包浆纸进出口有限公司
浙江晶岛实业有限公司
福建通港贸易有限公司
漳州市智光进出口贸易有限公司
恒信纸品卫生材料经销部
福建腾荣达制浆有限公司
郯城一诺商贸有限公司
青岛星桥实业有限公司
湖南翱天进出口有限公司
湖南博弘卫生材料有限公司
佛山市飒富安贸易有限公司
广州诚科贸易有限公司
广州建发纸业有限公司
广东中粤进出口有限公司
成都建发纸业有限公司
灯塔亚洲有限公司

● 非织造布　Nonwovens

——热轧、热风、纺黏
Thermalbond，airthrough，spunbonded

北京健翔嘉业日用品有限责任公司
埃克森美孚(中国)投资有限公司北京分公司
北京信隆无纺布有限公司
柯恩纤维(德国)北京办事处
北京康必盛科技发展有限公司
中国纺织科学技术有限公司
北京苏纳可科技有限公司
北京燕山石化高科技术有限责任公司
北京清河三羊毛纺织集团有限公司
北京大源非织造股份有限公司
北京京兰非织造布有限公司
北京兰海汇丰科技有限责任公司
北京创发卫生用品有限公司
天津友泰无纺布有限公司
博爱(中国)膨化芯材有限公司
天津市泰和无纺布有限公司
善野商贸(天津)有限公司
天津瀚博国际贸易有限公司
天津市大明卫生用品厂
稳德福无纺布(天津)有限公司
天津齐邦新材料有限公司
天津市依依卫生用品股份有限公司

安国市中建无纺布有限公司
河北威廉无纺制品有限公司
雄县日基包装材料有限公司
曲周县秀源服饰新材料有限公司
香河华鑫非织造布有限公司
河北吉藁化纤有限责任公司
河北维嘉无纺布有限公司
河北华睿无纺布有限公司
河北百草园无纺布制品有限公司
河北天康卫生材料有限公司
邢台华邦非织造布有限公司
河北创发无纺布有限公司
河北鑫锦隆材料科技有限公司
大连富源纤维制品有限公司
大连汇力宝新材料科技有限公司
大连德冠非织造布有限公司
盘锦禹王无纺布有限责任公司
海南欣龙无纺股份有限公司(东北区域销售中心)
锦州利好实业有限公司
辽宁森林木纸业有限公司
辽宁艺盛峰新材料科技股份有限公司
上海希丝无纺布制品有限公司
上海欣灏进出口贸易有限公司
上海仙集新材料有限公司
上海意东无纺布制造有限公司
兰精纤维(上海)有限公司
上海昶乐塑料科技有限公司
上海丰格无纺布有限公司
上海日阳实业有限公司
上海德福伦化纤有限公司
上海枫围服装辅料有限公司
上海洁丝纺织科技有限公司
上海精发实业有限公司
上海盈兹无纺布有限公司
上海增清非织造布有限公司
黄星贸易(上海)有限公司
上海佳奕尔贸易有限公司
上海剑良无纺布制品有限公司
上海丝瑞丁工贸有限公司
塞拉尼斯(中国)投资有限公司
赛得利(上海)企业管理有限公司
上海伊士通新材料发展有限公司
远纺工业(上海)有限公司
博优国际集团纤维事业部
上海紫通无纺布有限公司
康那香企业(上海)有限公司
上海即索实业有限公司
上海洁润丝新材料股份有限公司
上海美坚无纺布有限公司
上海清雅无纺布有限公司
画美实业(上海)有限公司
上海林洁无纺布制品有限公司
可乐丽贸易(上海)有限公司
旭化成国际贸易(上海)有限公司
帝人商事(上海)有限公司
蝶理(中国)商业有限公司
东艾科贸易(上海)有限公司
东洋纺管理(上海)有限公司
韩国汇维仕(株)上海代表处
捷恩智纤维贸易(上海)有限公司
柯恩纤维(德国)上海办事处
日本长安贸易株式会社上海代表处
上海官奇纺织品有限公司
胜特龙无纺布(上海)有限公司
伊藤忠纤维贸易(中国)有限公司
尤尼吉可(上海)贸易有限公司
艺爱丝维顺贸易(上海)有限公司
常州市化工轻工材料总公司
常州市佳敏护理材料有限公司
常州欣希尔涞贸易有限公司
常州市富邦无纺布有限公司
常州市汇利卫生材料有限公司
常州市正杨非织造布有限公司
常州安井复合材料有限公司
常州海蓝无纺科技有限公司
常州汉科无纺布有限公司
常州亨利无纺布有限公司
常州汇盛卫生材料有限公司
常州群达纺织原料有限公司
常州市洁润无纺布厂
常州市凯尔德卫生材料有限公司
常州市乾顺包装新材料有限公司
常州市三邦卫生材料有限公司
常州市同和塑料制品有限公司
常州市盈翰无纺布有限公司
常州市友恒无纺布有限公司

常州新安无纺布有限公司
常州鑫昇隆无纺科技有限公司
常州双翼新材料科技有限公司
常州维盛无纺科技有限公司
江苏超月无纺布有限公司
江苏锦欣达纤维新材料科技集团有限公司
江苏诺达卫生材料有限公司
江苏维盛不织布股份有限公司
常州铭然特种纤维有限公司
北自所(常州)科技发展有限公司
常州益朗国际贸易有限公司
江苏华龙无纺布有限公司
连云港柏德实业有限公司
南京云诺纺织有限公司
南京海容包装制品有限公司
江苏锦琪昶新材料有限公司
南京和兴不织布制品有限公司
南京久盛纸业有限公司
东丽高新聚化(南通)有限公司
江苏丽洋新材料股份有限公司
南通江潮纤维制品有限公司
南通汇优洁医用材料有限公司
南通金威复合材料有限公司
金轮针布(江苏)有限公司
南通威尔非织造新材料有限公司
南通申达新材料科技有限公司
南通通州江华纺织有限公司
常熟市何市星晨纱厂(普通合伙)
常熟市立新无纺布织造有限公司
常熟市良恒无纺制品有限公司
常熟市依威无纺布制品有限公司
常熟市东辉无纺布厂
恒天长江生物材料有限公司
苏州市依朋衬布织造有限公司
苏州鑫茂无纺材料有限公司
苏州长晟无纺科技有限公司
银都拉玛(苏州)卫生材料有限公司
苏州龙邦贸易有限公司
江苏盛纺纳米材料科技股份有限公司
昆山汇维新材料有限公司
昆山建全防水透气材料有限公司
昆山胜昱无纺布有限公司
昆山市利兴无纺制品有限公司
昆山市三羊无纺布有限公司
昆山纬安丰合成新材料有限公司
昆山真善诚无纺布制品厂有限公司
苏州鑫达旺滤材有限公司
太仓富鋆化纤有限公司
沃德斯达实业(苏州)有限公司
苏州庭美卫材有限公司
苏州新诺斯新材料科技有限公司
贝里国际集团
苏州兹安材料科技有限公司
江苏江南高纤股份有限公司
江苏恩博特纺织科技有限公司
苏州正邦化纤有限公司
苏州多瑈新材料科技有限公司
苏州铭辰无纺布有限公司
苏州羽桐卫生用品有限公司
张家港骏马无纺布有限公司
张家港荣运进出口贸易有限公司
张家港市东奇非织造布有限公司
张家港市广茂化纤有限公司
张家港市新正源特种纤维有限公司
张家港市优洁无纺布有限公司
江苏稳德福无纺科技有限公司
无锡联合包装有限公司
致优无纺布(无锡)有限公司
无锡市亿益针纺织品有限公司
无锡市正龙无纺布有限公司
江苏朵拉无纺科技有限公司
江苏华西村股份有限公司特种化纤厂
江苏惠康特种纤维有限公司
江阴恒和无纺布制品有限公司
江阴健发特种纺织品有限公司
江阴金凤特种纺织品有限公司
江阴开源非织造布制品有限公司
江阴利中纺织品有限公司
江阴联航科技有限公司
江阴市朝阳布业有限公司
江阴市红卫青山纺织有限公司
江阴市鑫茂无纺布有限公司
江阴市雅立服装衬布有限公司
江阴市中兴无纺布有限公司
江阴向阳无纺布科技有限公司
无锡优佳无纺科技有限公司

江苏金荣泰新材料科技有限公司
东台鸿瑞无纺布科技有限公司
江苏树林无纺布有限公司
盐城鼎棉非织造材料有限公司
江苏中石纤维股份有限公司
盐城美然无纺布有限公司
盐城申安无纺布工贸有限公司
江苏奥特隆新材料有限公司
智程无纺布(江苏)有限公司
扬州吉欧派克实业有限公司
扬州荣伟无纺布有限公司
扬州石化有限责任公司
扬州石化有限责任公司化纤分厂
扬州富威尔复合材料有限公司
江苏菲霖纤维科技有限公司
江苏康溢臣生命科技有限公司
南京汇信化纤有限公司
丹阳市恒辉纤维材料有限公司
江苏恒神股份有限公司
午和(江苏)差别化纤维有限公司
杭州宸达新材料有限公司
杭州蹬顶卫生用品有限公司
杭州富阳祥盛无纺布有限公司
杭州弘润无纺布有限公司
杭州金亚纺织品有限公司
杭州临安东楷工贸有限公司
杭州临安华宏无纺布制品有限公司
杭州临安立诚无纺制品有限公司
浙江安顺化纤有限公司
杭州保舒康无纺布有限公司
杭州金百合非织造布有限公司
杭州易东纸制品有限公司
杭州惠正智能科技有限公司
杭州奇丰科技有限公司
杭州临安欣顺无纺制品有限公司
杭州升博清洁用品有限公司
浙江万鹏实业有限公司
杭州万峰纺织原料有限公司
杭州奥荣科技有限公司
杭州邦良日化有限公司
杭州萧山航民非织造布有限公司
浙江金亿乐无纺布科技有限公司
浙江赛弘纺织科技有限公司
杭州航耀无纺布有限公司
杭州森润无纺布科技有限公司
杭州洁诺实业有限公司
浙江彩蝶实业有限公司
浙江利鑫无纺布有限公司
浙江通源新材料有限公司
浙江德康环保科技有限公司
浙江华晨非织造布有限公司
湖州唯可新材料科技有限公司
湖州吉豪非织造布有限公司
湖州欧丽卫生材料有限公司
长兴昊达无纺布有限公司
长兴金科进出口有限公司
长兴润兴无纺布厂
长兴天川非织造布有限公司
浙江冠晟新材料科技有限公司
浙江恒月新材料股份有限公司
浙江吉和卫生材料有限公司
浙江金三发非织造布有限公司
浙江长兴弘德纺织科技有限公司
嘉兴纤思无纺科技有限公司
海宁市美迪康非织造新材料有限公司
海宁新能纺织有限公司
浙江麦普拉科技股份有限公司
浙江威灵顿新材料股份有限公司
嘉兴七色狼科技发展股份有限公司
嘉兴市雅盛莱无纺布有限公司
浙江诺莱博新材料科技有限公司
嘉善亿安非织造布有限公司
嘉兴市德里克思医疗用品股份有限公司
浙江华泰非织造布有限公司
浙江嘉鸿非织造布有限公司
嘉兴申新无纺布股份有限公司
嘉兴市富星无纺布厂
嘉兴市富达化学纤维厂
嘉兴市惠丰化纤厂
嘉兴市新丰特种纤维有限公司
嘉兴市颖颖塑料化纤有限公司
浙江新维狮合纤股份有限公司
嘉兴金旭医用科技有限公司
南六企业(平湖)有限公司
浙江永光无纺布股份有限公司
搏乐(嘉兴)非织造科技有限公司

嘉兴市宏景无纺面料有限公司
浙江聚优非织造材料科技有限公司
浙江东阳市三星实业有限公司
金华市金帆合纤科技有限公司
金华市隆发无纺布有限公司
兰溪市华塑无纺布有限公司
浙江恒耀新材料有限公司
浙江宏光卫浴设备有限公司
义乌市广融贸易有限公司
义乌市鸿晟无纺布有限公司
恒天生物基材料工程技术(宁波)有限公司
宁波拓普集团股份有限公司
慈溪金轮复合纤维有限公司
慈溪市逸红无纺布有限公司
宁波大发化纤有限公司
宁波东誉无纺布有限公司
宁波市菲斯特化纤有限公司
宁波天诚化纤有限公司
浙江龙游上博无纺科技有限公司
浙江冠诚科技有限公司
浙江民兴新材料有限公司
浙江远帆无纺布有限公司
浙江诗倪仕哒特进出口有限公司
绍兴聚能新材料科技有限公司
绍兴柯桥庄洁无纺材料有限公司
浙江吉麻良丝新材料股份有限公司
浙江乐芙技术纺织品有限公司
绍兴市耀龙纺粘科技有限公司
绍兴泽楷卫生用品有限公司
浙江汉升环保科技有限公司
浙江佳宝新纤维集团有限公司
浙江耐特过滤技术有限公司
温州超诚无纺科技有限公司
浙江华昊新材料有限公司
浙江旭沣新材料科技有限公司
浙江广鸿新材料有限公司
浙江开杰无纺布有限公司
温州海柔进出口有限公司
温州宏欣非织布科技有限公司
温州市瓯海合利塑纸厂
温州永宏化纤有限公司
温州恒基包装有限公司
温州市诚亿化纤有限公司
安徽康弘医疗器械股份有限公司
安徽华茂纺织股份有限公司
安庆市嘉欣医疗用品科技股份有限公司
安庆丰格无纺布有限公司
利辛健之源生物科技有限公司
滁州辉煌无纺科技有限公司
天鼎丰控股有限公司
界首市圣通无纺布有限公司
合肥高贝斯无纺布制品有限公司
合肥华润非织造布制品厂
合肥华为无纺科技有限公司
安徽省臣丰艺纸业有限公司
安徽量子金舟新材料科技有限公司
合肥永恒包装材料有限公司
合肥双成非织造布有限公司
安徽盛华纺织有限责任公司
马鞍山同杰良生物材料有限公司
福建经纬集团有限公司
福清市鸿祥棉制品有限公司
裕丰源(福建)实业发展有限公司
福建雷尔新材料有限公司
福建闽瑞新合纤股份有限公司
福建福能南纺卫生材料有限公司
福建莱晋德供应链管理有限公司
福建通港贸易有限公司
泉州市纽百司进出口有限公司
泉州立硕贸易有限公司
泉州市金博信无纺布科技发展有限公司
福建百宏聚纤科技实业有限公司
福建冠泓工业有限公司
福建省福地化纤科技有限公司
福建省奇胤环保科技有限公司
福建省腾邦新型材料有限公司
福建鑫华股份有限公司
福建聚华非织造科技有限公司
福建维盛新材料有限公司
三明市奥维斯工贸有限公司
晋江市百丝达无纺布有限公司
晋江市恒利达无纺布有限公司
晋江市欣源无纺制品有限公司
晋江市兴泰无纺制品有限公司
晋江万景新材料科技有限公司
晋江兴顺卫生材料用品有限公司

晋江育灯纺织有限公司
绿锦(晋江)无纺布科技有限公司
泉州东杰进出口贸易有限公司
泉州华利塑胶有限公司
泉州市共赢进出口有限责任公司
泉州市韩联塑料制品有限公司
泉州市鸿华化纤制品有限公司
泉州市佳盛卫生材料有限公司
泉州市霞美纤维制品有限公司
石狮市坚创塑胶制造有限公司
威利达(福建)轻纺发展有限公司
泉州市汉卓卫生材料科技有限责任公司
泉州兆兴无纺布科技有限公司
泉州华诺无纺布有限责任公司
泉州慧利新材料科技有限公司
泉州怡鑫新材料科技有限公司
福建恒利集团有限公司
福建省创美无纺布制品有限公司
福建省美杰新型材料有限公司
福建省南安市恒丰纸品有限公司
福建省乔东新型材料有限公司
泉州市金东护理用品有限公司
石狮市新祥华染整发展有限公司
福建新盈彩铝有限公司
厦门延江新材料股份有限公司
厦门港之龙商贸有限公司
厦门双键贸易有限公司
厦门市纳丝达无纺布有限公司
厦门东屿行进出口有限公司
厦门象屿上扬贸易有限公司
厦门欣纶化纤科技有限公司
福绵(厦门)无纺布制品有限公司
厦门创业人环保科技有限公司
厦门恒大工业有限公司
厦门美润无纺布股份有限公司
厦门燕达斯工贸有限公司
厦门悠派无纺布制品有限公司
厦门象屿兴泓科技发展有限公司
厦门合悦世纪新材料有限公司
福建绿阳新材料科技有限公司
福建金坛实业有限公司
江西美润环保制品有限公司
吉安市三江超纤无纺有限公司
江西东钜实业有限公司
江西昊瑞工业材料有限公司
江西和旺新材料科技有限公司
进贤益成实业有限公司
江西国桥实业有限公司
江西东沁新材料科技有限公司
鄱阳县好洁复合材料科技有限公司
山东恒鹏卫生用品有限公司
山东华强无纺布有限公司
山东金信无纺布有限公司
东营市神州非织造材料有限公司
山东俊富无纺布有限公司
东营海容新材料有限公司
东营科恩德进出口有限公司
山东海威卫生新材料有限公司
山东荣泰新材料科技有限公司
济南永信新材料科技有限公司
山东康洁非织造布有限公司
山东星地新材料股份有限公司
山东和悦非织造材料有限公司
临沂市丰凯无纺布有限公司
山东宇航无纺布有限公司
山东晶鑫无纺布制品有限公司
百草春天大生物科技(青岛)有限公司
郯城县达利源卫生材料有限公司
山东卫嘉新材料科技有限公司
山东汇志无纺布股份有限公司
中国石化化工销售有限公司华北分公司
青岛吾尚纺织品有限公司
青岛海富通无纺布有限公司
青岛凯美特化工科技有限公司
青岛信义元工贸有限公司
青岛惠润包装有限公司
青岛锦源弘业商贸有限公司
青岛颐和无纺布有限公司
青岛昌隆材料科技有限公司
青岛不漂不色健康纺织品有限公司
青岛盛盈新纺织品有限公司
青岛润康卫生用品有限公司
日照三银纺织有限公司无纺布厂
日照晨旭新材料有限公司
山东泰鹏环保材料股份有限公司
海斯摩尔生物科技有限公司

威海市翰迪新材料有限公司
山东新高工业有限公司
山东正宇新材料科技有限公司
威海茂盛卫生材料厂
潍坊荣尊堂生物科技有限公司
山东亿彩护理用品有限公司
昌邑市龙信棉花加工有限公司
潍坊德润新材料科技有限公司
潍坊欣荣无纺布制品有限公司
潍坊世纪非织造材料有限公司
俊富非织造材料有限公司
潍坊志和无纺布有限公司
寿光市万虹无纺布有限公司
寿光金汇昇无纺布有限公司
潍坊市海王新型防水材料有限公司
山东道恩斯维特科技有限公司
滕州永喜无纺布有限公司
山东久和无纺布有限公司
淄博鑫峰纤维材料有限公司
山东希瑞新材料有限公司
淄博百纳新材料科技有限公司
山东华业无纺布有限公司
山东莱芬无纺布有限公司
山东雨中缘新材料有限公司
淄博德坤薄膜有限公司
淄博美思邦工贸有限公司
淄博瑞泽非织造布有限公司
洛阳白马集团有限责任公司
邓州市国控鸿发无纺布有限公司
邓州市龙泰无纺布科技有限公司
濮阳市龙大无纺布有限公司
商丘市汇丰棉业有限公司
河南安润布业有限公司
河南飘安集团有限公司
长垣虎泰无纺布有限公司
光山县嘉洁无纺材料科技有限责任公司
信阳颐和非织布有限责任公司
郑州铭新科达新材料有限公司
郑州卓勉非织造材料有限公司
稳健医疗(黄冈)有限公司
湖北蓝帆护理用品有限公司
湖北博韬合纤有限公司
湖北金龙非织造布有限公司
荆州市平云卫生用品有限公司
湖北辉荣新材料科技有限公司
武汉市柏兴万国投资发展有限公司
武汉远纺新材料有限公司
武汉嘉倍护国际贸易有限公司
武汉永强化纤有限公司
武汉盛彩源科技有限公司
武汉协卓卫生用品有限公司
恒天嘉华非织造有限公司
湖北光大新材料股份有限公司
湖北康成非织造布股份有限公司
湖北迈尔特新材料有限公司
湖北三羊塑料制品有限责任公司
湖北永灿新材料有限公司
武汉鸿福鑫无纺布制品有限公司
仙桃锦泰科技有限公司
仙桃瑞鑫防护用品有限公司
仙桃市德兴塑料制品有限公司
仙桃市辉煌非织造布有限公司
仙桃市鑫日防护用品有限公司
仙桃市誉诚无纺布制品有限公司
湖北鑫宝利无纺布有限公司
福建省健为医疗用品有限公司
宜昌市欣龙熔纺新材料有限公司
宜昌市欣龙卫生材料有限公司
湖南欣龙非织造材料有限公司
湖南盛锦新材料有限公司
湖南长进石油化工有限公司
长沙建益新材料有限公司
湖南博弘卫生材料有限公司
湖南五鑫新材料有限公司
湖南益宏达新材料有限责任公司
长沙市丰润卫生用品有限公司
东莞市多利无纺布有限公司
东莞市恒达布业有限公司
东莞市吉立卫生材料有限公司
东莞市锦晨无纺布有限公司
东莞市康晟纺织有限公司
东莞市科环机械设备有限公司
东莞市威骏不织布有限公司
东莞市信诺无纺布科技有限公司
东莞市信远无纺布有限公司
美亚无纺布科技(东莞)有限公司

佛山市飒富安贸易有限公司
佛山金百川科技有限公司
东丽高新聚化(佛山)有限公司
佛山联控新材料有限公司
佛山市厚海复合材料有限公司
佛山市南海昌伟非织造材料有限公司
佛山市南海福莱轩无纺布厂
佛山市南海凯缎无纺布有限公司
佛山市南海凯旭无纺布科技有限公司
佛山市南海康利卫生材料有限公司
佛山市瑞信无纺布有限公司
佛山市拓盈无纺布有限公司
佛山市裕丰无纺布有限公司
佛山依唯乐卫生材料有限公司
广东宝泓新材料股份有限公司
广东必得福医卫科技股份有限公司
广东格菲林卫材科技有限公司
广东金三发科技有限公司
广东景慕无纺布科技有限公司
广东赛凌贸易集团有限公司
南海南新无纺布有限公司
佛山市佳纬无纺布有限公司
佛山市三水区恒昌纺丝棉有限公司
佛山市三水通兴无纺布有限公司
广东强的卫材科技有限公司
佛山市安可瑞纸制品有限公司
佛山市创洁无纺科技有限公司
佛山市顺德品维源无纺布有限公司
佛山市顺德区州福慈鑫无纺布有限公司
SAAF 无纺布公司广州代表处
广州诺胜无纺制品有限公司
广州市白云区人和绿芳洲纺织制品厂
广州市白云区石井汀兰无纺布制品厂
广州逸朗生物科技有限公司
广州俊麒无纺布企业有限公司
广州市金浪星非织造布有限公司
广东杉特无纺科技有限公司
广州泰纶纺织品有限公司
广州泰瑞无纺布有限公司
广东一洲新材料科技有限公司
广州富海川卫生用品有限公司
广州海鑫无纺布实业有限公司
广州华昊无纺布有限公司
广州市锦盛辉煌无纺布实业有限公司
广州慧名纤维制品有限公司
广州全永不织布有限公司
广州艺爱丝纤维有限公司
广州裕康无纺科技有限公司
埃克森美孚(中国)投资有限公司广州分公司
韩国大林公司广州办事处
中海壳牌石油化工有限公司
广州常明拓展贸易有限公司
科凯精细化工(上海)有限公司广州办事处
广州市锦汉无纺布有限公司
广州霞美化纤有限公司
广州惠好科技有限公司
惠州市金豪成无纺布有限公司
广东恒通无纺布有限公司
江门市多美无纺布有限公司
江门市科盈无纺布有限公司
江门市永晋源无纺布有限公司
江门市月盛无纺布有限公司
广东秋盛资源股份有限公司
广东添华无纺布实业有限公司
广东赛洁无纺布科技有限公司
汕头市迷歌织造实业有限公司
汕头市科龙达无纺布有限公司
国桥实业(深圳)有限公司
金旭环保制品(深圳)有限公司
深圳市东纺无纺布有限公司
快裕达(东莞)新材料科技发展有限公司
深圳市新中洁无纺布有限公司
深圳市宜丽环保科技股份有限公司
深圳市志润达实业有限公司
同高纺织化纤(深圳)有限公司
杜邦中国集团有限公司
深圳市彩虹无纺布有限公司
德立(深圳)专业技术有限公司
广东奈宝新材料科技有限公司
肇庆市特纺化纤科技有限公司
肇庆锦盛辉煌无纺布有限公司
中山市德伦无纺布科技有限公司
中山市润和高分子材料制造有限公司
珠海市华纶无纺布有限公司
南宁同厚贸易有限责任公司
海南欣龙无纺股份有限公司

欣龙控股(集团)股份有限公司
成都铂昊新材料科技有限公司
成都昊达卫生材料有限公司
成都鑫昇利无纺布有限公司
成都益华塑料包装有限公司
成都壹天无纺布有限公司
四川汇维仕化纤有限公司
四川力王无纺制品科技有限公司
四川友邦企业有限公司
宜宾丝丽雅股份有限公司
上登实业有限公司
南六企业股份有限公司
富登股份有限公司
康那香企业股份有限公司
艺爱丝维顺香港有限公司
益成无纺布有限公司

——水刺　Spunlaced

北京信隆无纺布有限公司
北京苏纳可科技有限公司
北京大源非织造股份有限公司
贝护科技发展(北京)有限公司
善野商贸(天津)有限公司
东纶科技实业有限公司
河北金友新材料科技有限公司
河北巨荣无纺科技有限公司
河北恒永滤材科技有限公司
河北家婷卫生用品有限公司
大连瑞光非织造布集团有限公司
盘锦禹王无纺布有限责任公司
海南欣龙无纺股份有限公司(东北区域销售中心)
天虹(中国)投资有限公司
上海意东无纺布制造有限公司
上海棉芙生物科技有限公司
上海日阳实业有限公司
上海增清非织造布有限公司
上海赤马拓道实业有限公司
上海易迈纤维有限公司
上海紫通无纺布有限公司
上海德雁无纺布有限公司
上海泰慈康实业有限公司
伊藤忠纤维贸易(中国)有限公司
尤尼吉可(上海)贸易有限公司
常州亨利无纺布有限公司
常州华纳新材料科技有限公司
常州市乾顺包装新材料有限公司
江苏东方洁妮尔水刺无纺布有限公司
江苏维盛不织布股份有限公司
无锡市殖粹蚕丝制品有限公司
全棉乐家科技(江苏)有限公司
江苏丽洋新材料股份有限公司
江苏启宸新材料有限公司
南通康吉无纺布有限公司
南通正德医疗科技有限公司
南通通州江华纺织有限公司
希纺新材料发展(南通)有限公司
常熟市百利弗无纺制品有限公司
常熟市恒运无纺制品有限公司
常熟市森拓非织造布有限公司
常熟市亿美达无纺科技有限公司
常熟市永得利水刺无纺布有限公司
常熟市振泰不织布有限公司
常熟市振泰水刺布有限公司
苏州艾美医疗用品有限公司
苏州九一高科无纺设备有限公司
苏州美森无纺科技有限公司
苏州圣菲尔新材料科技有限公司
苏州舜杰水刺复合新材料有限公司
江苏蓝丝雨生物科技有限公司
昆山丝倍奇纸业有限公司
昆山真善诚无纺布制品厂有限公司
昆山蓝丝雨生物科技有限公司
龙帛生物科技有限公司
兰精(南京)纤维有限公司
台新纤维制品(苏州)有限公司
苏州先蚕丝绸生物科技有限公司
苏州市相城区黄桥三和金卫生用品厂
苏州市相城区江南化纤集团有限公司
江苏索富达无纺布有限公司
江苏爱曼妮卫生用品有限公司
江苏瑞宇医疗用品有限公司
江苏贝护新材料科技有限公司
江阴昶森无纺科技有限公司
江阴市双源非织造布有限公司
如皋市金轶纺织有限公司

江阴顺浩针纺织有限公司
江苏金荣泰新材料科技有限公司
江苏聚源新材料科技有限公司
中国石化仪征化纤有限责任公司
杭州苏纳可卫生用品有限公司
杭州萧山凤凰纺织有限公司
杭州国臻实业有限公司
杭州科美非织造布有限公司
杭州创蓝无纺布有限公司
杭州惠正智能科技有限公司
杭州路先非织造股份有限公司
杭州旦洋无纺科技股份有限公司
杭州恒邦实业有限公司
杭州临安天福无纺布制品厂
杭州升博清洁用品有限公司
浙江华顺科技股份有限公司
杭州优标纺织有限公司
杭州杭纺科技有限公司
杭州朗至纺织有限公司
杭州盛欣纺织有限公司
杭州四茂无纺布有限公司
杭州萧山航民非织造布有限公司
杭州兴农纺织有限公司
杭州诚品实业有限公司
杭州诺邦无纺股份有限公司
杭州鹏图化纤有限公司
杭州森润无纺布科技有限公司
杭州思进无纺布有限公司
杭州新福华无纺布有限公司
杭州余杭三马纺织有限公司
杭州冰儿无纺布有限公司
杭州洁诺实业有限公司
浙江百联无纺科技有限责任公司
浙江宝仁和中科技有限公司
浙江洁呈非织造布有限公司
浙江贝思德纺织有限公司
浙江德西瑞无纺科技有限公司
浙江天晴制造科技集团有限公司
湖州欧丽卫生材料有限公司
长兴金科进出口有限公司
浙江金三发非织造布有限公司
浙江津禾欣纺织有限公司
浙江王金非织造布有限公司
海宁市美迪康非织造新材料有限公司
浙江博翔非织造科技有限公司
浙江互生非织造布有限公司
浙江三元纺织有限公司
嘉兴飞翔医用新材料科技有限公司
嘉兴市富达化学纤维厂
浙江富瑞森水刺无纺布有限公司
浙江可景新材料有限公司
嘉兴金旭医用科技有限公司
嘉兴南华无纺材料有限公司
南六企业(平湖)有限公司
浙江弘扬无纺新材料有限公司
浙江聚优非织造材料科技有限公司
兰溪市华塑无纺布有限公司
浙江浩川卫生用品有限公司
恒昌集团有限公司
浙江格润卫普无纺材料有限公司
浙江好材好非织造布有限公司
浙江真邦实业有限公司
宁波拓普集团股份有限公司
宁波炜业科技有限公司
绍兴柯桥庄洁无纺材料有限公司
绍兴舒洁雅无纺材料有限公司
绍兴万皇美无纺布有限公司
浙江和中非织造股份有限公司
浙江乐芙技术纺织品有限公司
新昌县广进无纺布有限公司
绍兴市爱健卫生用品有限公司
绍兴市恒盛新材料技术发展有限公司
台州市玫瑰纸业股份有限公司
浙江本源水刺布有限公司
浙江恒心新材料科技有限公司
温州市鹿城希伯仑实业公司
温州新宇无纺布有限公司
安庆华维产业用布科技有限公司
安庆市景皇护理用品有限公司
安庆华欣产业用布有限公司
滁州辉煌无纺科技有限公司
安徽金春无纺布股份有限公司
安徽新雅非织造材料科技有限公司
合肥欣诺无纺制品有限公司
合肥普尔德医疗用品有限公司
合肥双成非织造布有限公司

安徽柯林医疗用品科技股份有限公司
安徽金竹生物基新材料有限公司
马鞍山同杰良生物材料有限公司
安徽民辉无纺科技有限公司
中采实业新材料(滁州)有限公司
福建源嘉轻纺有限公司
福建省健为医疗用品有限公司
晋江市百丝达无纺布有限公司
晋江市兴泰无纺制品有限公司
泉州东杰进出口贸易有限公司
泉州市中森卫生材料有限公司
福建省美杰新型材料有限公司
厦门延江新材料股份有限公司
领先(中国)生物科技有限公司
吉安市三江超纤无纺有限公司
江西康雅医疗用品有限公司
江西东钜实业有限公司
江西昊瑞工业材料有限公司
山东德润新材料科技有限公司
山东棉润医疗科技有限公司
山东省永信非织造材料有限公司
山东和悦非织造材料有限公司
山东昌诺新材料科技有限公司
山东冠骏清洁材料科技有限公司
山东好家庭日用品有限公司
山东新光股份有限公司
山东卫嘉新材料科技有限公司
山东贝护纺织科技有限公司
山东恒天春地新织造有限公司
潍坊广富非织造材料有限公司
潍坊恒锦无纺材料有限公司
潍坊泓博无纺布材料有限公司
潍坊三维非织造材料有限公司
青州东鑫纸业有限公司
青岛润康卫生用品有限公司
寿光金汇昇无纺布有限公司
山东锦腾弘达水刺无纺布有限责任公司
滕州市宏拓工贸有限公司
齐峰新材料股份有限公司
华美医疗科技(河南)有限公司
河南科润康非织造布有限公司
河南荣晟无纺制品有限公司
河南省盛玉洁卫生用品商贸有限公司
河南省盈博生物科技有限公司
河南优沃特实业有限公司
河南省超亚医药器械有限公司
新乡市启迪无纺材料有限公司
中纺院绿色纤维股份公司
长垣虎泰无纺布有限公司
信阳颐和非织布有限责任公司
郑州枫林无纺科技有限公司
郑州三浦机械制造有限公司
优奈新材料(河南)有限公司
太康县正邦水刺无纺布有限公司
济源市小浪底无纺布有限公司
湖北蓝帆护理用品有限公司
武汉杰怡工贸有限公司
威斯顿(武汉)新材料有限公司
湖北荣发卫生用品股份有限公司
湖北拓盈新材料有限公司
赤壁恒瑞非织造材料有限公司
崇阳海月无纺科技有限公司
湖北欣柔卫生用品股份有限公司
湖北四灵新蚕丝医用科技有限公司
佰福科技(湖北)有限公司
宜昌市欣龙熔纺新材料有限公司
湖北水柔无纺布有限公司
湖北源美无纺布有限公司
湖北崇德无纺科技有限公司
格兹莱芙湖北实业有限公司
湖南欣龙非织造材料有限公司
湖南福尔康医用卫生材料股份有限公司
岳阳福华水刺无纺布股份有限公司
东莞市多利无纺布有限公司
东莞市海纳森非织造科技有限公司
东莞市恒达布业有限公司
东莞市威骏不织布有限公司
东莞市章达化纤纺织品有限公司
佛山市飒富安贸易有限公司
佛山市南海塔吉美纸业有限公司
广东金三发科技有限公司
佛山市三水通兴无纺布有限公司
广州市白云区人和绿芳洲纺织制品厂
广州市康尔美生活用品有限公司
广州市水针无纺布制品有限公司
仟美生物科技(广州)有限公司

广州荣力无纺布有限公司
广州市科纶实业有限公司
惠州宝佳丽环保科技有限公司
鹤山市舒柏雅实业有限公司
稳健医疗用品股份有限公司
鸿源联合(深圳)实业有限公司
海南欣龙无纺股份有限公司
欣龙控股(集团)股份有限公司
重庆康美无纺布有限公司
成都丽雅纤维股份有限公司
成都益华塑料包装有限公司
宝鸡嘉鑫滤材科技有限公司
西安五环非织造材料有限公司
库尔勒康乃馨卫生材料厂
新疆盛泰纺织有限公司
新疆中泰享惠医疗卫材股份有限公司
新疆正宏新材料有限公司
南六企业股份有限公司

——干法纸 Airlaid

圣路律通(北京)科技有限公司
博爱(中国)膨化芯材有限公司
天津德安纸业有限公司
天津海丽达卫生材料有限公司
天津荣唐高性能纤维有限公司
廊坊本色芯材制品有限公司
上海奇丽纸业有限公司
上海协润贸易有限公司
中丝(上海)新材料科技有限公司
上海凯昌国际贸易有限公司
上海通贝吸水材料有限公司
上海森绒纸业有限公司
亿利德纸业(上海)有限公司
旭耀新材料(淮安)科技有限公司
南通中纸纸浆有限公司
江苏好健康新材料有限公司
南通通州江华纺织有限公司
苏州德尔赛电子有限公司
嘉斐特贸易(苏州)有限公司
苏州欧德无尘材料有限公司
苏州苏宇无尘科技有限公司
江阴联航科技有限公司
浙江振宇吸水材料有限公司
杭州洁可林实业有限公司
浙江省普瑞科技有限公司
浙江王金非织造布有限公司
嘉兴申新无纺布股份有限公司
嘉兴市诚家辉纸业有限公司
慈溪市逸红无纺布有限公司
宁波东誉无纺布有限公司
浙江晶鑫特种纸业有限公司
泉州市博今卫生材料有限公司
泉州立硕贸易有限公司
福建晋江木浆棉有限公司
恒信纸品卫生材料经销部
泉州市美佳芯卫生材料有限公司
泉州市中森非织造布制造有限公司
泉州恒润纸业有限公司
泉州可利森无纺新材料有限公司
福建省南安市万成纸业有限公司
领先(中国)生物科技有限公司
江西昊瑞工业材料有限公司
鄱阳县好洁复合材料科技有限公司
鄱阳县申丰无尘纸有限公司
济南华奥无纺科技有限公司
茌平信商无纺制品有限公司
山东信成纸业有限公司
郯城银河吸水材料有限公司
威海精诚进出口有限公司
湖南省宁乡县博源纸业有限公司
东莞市佰捷电子科技有限公司
东莞市普林思顿净化用品有限公司
东莞市渊俊贸易有限公司
佛山市飒富安贸易有限公司
佛山市金昕新材料有限公司
佛山市南海塔吉美纸业有限公司
佛山市益贝达卫生材料有限公司
佛山华亨卫生材料有限公司
惠州泰美纸业有限公司
广东润丰卫材科技有限公司
广东洁新卫生材料有限公司
广东美登新材料科技有限公司
深圳市康业科技有限公司
深圳市美芳雅无纺布有限公司
鸿源联合(深圳)实业有限公司

南宁侨虹新材料股份有限公司
重庆陶氏纸业有限公司

● 打孔膜及打孔非织造布 Apertured film and aperture nonwovens

北京创发卫生用品有限公司
天津和顺达塑料制品有限公司
河北百鼎橡塑科技有限公司
河北精诚新材料科技有限公司
上海精允实业有限公司
上海锦盛卫生材料发展有限公司
伊藤忠纤维贸易(中国)有限公司
常州市美蝶薄膜有限公司
常州市中阳塑料制品厂
常州新安无纺布有限公司
苏州鑫茂无纺材料有限公司
杰翔塑胶工业(苏州)有限公司
江苏豪悦实业有限公司
无锡优佳无纺科技有限公司
盐城申安无纺布工贸有限公司
杭州丰正新材料科技有限公司
杭州全兴塑业有限公司
杭州唯可卫生材料有限公司
浙江欣富无纺布科技有限公司
长兴润兴无纺布厂
浙江海利得新材料股份有限公司
金华市韵宸卫生用品有限公司
温州市瓯海合利塑纸厂
福建省进东新材料科技有限公司
福建省奇胤环保科技有限公司
晋江兴顺卫生材料用品有限公司
晋江源美塑料制品科技有限公司
晋江住友塑料有限公司
泉州耳东纸业有限公司
泉州市润成卫生材料有限公司
石狮市坚创塑胶制造有限公司
泉州龙昂贸易有限公司
泉州慧利新材料科技有限公司
泉州市露泉卫生用品有限公司
南安市欢益塑胶制品有限公司
泉州市创新卫生用品有限公司
厦门玖州工贸有限公司
厦门新旺新材料科技有限公司
厦门上实新材料有限公司
厦门延江新材料股份有限公司
山东恒鹏卫生用品有限公司
临沂益兴纸品有限公司
郯城县达利源卫生材料有限公司
郯城县宏达流延膜厂
焦作艾德嘉工贸有限公司
东莞市永惠卫生材料科技有限公司
佛山嘉海金成科技有限公司
佛山市飒富安贸易有限公司
佛山市南海凯旭无纺布科技有限公司
佛山市尚佰利新材料有限公司
佛山市拓盈无纺布有限公司
广东必得福医卫科技股份有限公司
广东腾华越杭卫材科技有限公司
广东强的卫材科技有限公司
佛山市顺德区北滘森丰源纸品厂
广东一洲新材料科技有限公司
广州卓德嘉薄膜有限公司
江门市迈德非织造材料有限公司
开平市众盈无纺布科技有限公司
江门市瑞兴无纺布有限公司
江门市新天洋科技有限公司
深圳市金顺来实业有限公司
中山市德伦无纺布科技有限公司
中山市利宏包装印刷有限公司
中山市小榄镇中南塑料皮件厂
广西越旺进出口贸易有限公司
重庆怡洁科技发展有限公司
重庆和泰润佳股份有限公司
琉晟科技股份有限公司

● 导流层材料 Acquisition distribution layer (ADL)

上海方驰新材料科技有限公司
上海博锐斯新材料有限公司
苏州鑫茂无纺材料有限公司

苏州新诺斯新材料科技有限公司
江苏优舒科技有限公司
德沃尔无纺布(杭州)有限公司
杭州唯可卫生材料有限公司
浙江欣富无纺布科技有限公司
宁波东誉无纺布有限公司
宁波格创无纺科技有限公司
福建冠泓工业有限公司
晋江市恒利达无纺布有限公司
南安市欢益塑胶制品有限公司
厦门翋科商贸有限公司
福建金坛实业有限公司
潍坊杰高长纤维制品科技有限公司
东莞市国创抗菌材料有限公司
东莞市吉立卫生材料有限公司
佛山市飒富安贸易有限公司
江门市永晋源无纺布有限公司
汕头市科龙达无纺布有限公司
深圳市前海州福科技有限公司
成都鑫昇利无纺布有限公司

● 流延膜及塑料母粒
PE film and plastic masterbatch

北京众信鼎诚科技有限公司
杜邦中国集团有限公司北京分公司
北京康必盛科技发展有限公司
北京大正伟业塑料助剂有限公司
北京燕山和成橡塑新材料有限公司
北京燕山石化高科技术有限责任公司
亚孚广源国际贸易(北京)有限公司
北京创发卫生用品有限公司
北京世纪新飞卫生材料有限公司
天津登峰卫生用品材料有限公司
天津尚好卫生材料有限公司
天津市利好卫生材料有限公司
天津友泰无纺布有限公司
天津和顺达塑料制品有限公司
天津市德利塑料制品有限公司
保定市锐拓包装有限公司
河北百鼎橡塑科技有限公司
河北省雄县东升塑业有限公司
雄县开元包装材料有限公司
雄县日基包装材料有限公司
沧州市泰昌流延膜有限责任公司
沧州市亚泰塑胶有限公司
河北海德塑业有限公司
沧州兆鑫塑业有限公司
新乐华宝塑料薄膜有限公司
大连金州鑫林工贸有限公司
沈阳市东星塑料制品有限公司
大庆中亿电缆材料有限公司
上海联立塑料制品有限公司
上海尚瑞格塑胶有限公司
上海嘉澜科贸有限公司
上海金住色母料有限公司
上海卢啸新材料科技有限公司
上海鲁聚聚合物技术有限公司
上海慕色新材料科技有限公司
上海亭春实业有限公司
上海葳易化工科技有限公司
上海维纳尔塑胶母粒有限公司
上海羽迪新材料科技有限公司
埃克森美孚化工商务(上海)有限公司
埃克森美孚亚太研发有限公司
上海紫华企业有限公司
上海紫华薄膜科技有限公司
沙特基础工业公司
上海凌顶贸易有限公司
上海永邦科盛贸易有限公司
江苏精良高分子材料有限公司上海分公司
三井塑料贸易(上海)有限公司
上海德山塑料有限公司
上海金发科技发展有限公司
上海颜专塑料贸易有限公司
上海优珀斯材料科技有限公司
可乐丽贸易(上海)有限公司
三菱化学高新材料(上海)有限公司
上海博锐斯新材料有限公司
韩国大林有限公司上海代表处
韩华化学(上海)有限公司
上海德天企业有限公司
上海迪爱生贸易有限公司
上海四合贸易有限公司
元祯化工贸易(上海)有限公司

中兴化成贸易(上海)有限公司
常州市佳敏护理材料有限公司
常州市双成塑母料有限公司
常州市宏泰纸膜有限公司
常州市戚墅堰宏发五金塑料厂
常州市中天塑母粒有限公司
常州高创塑业有限公司
常州美孚森贸易有限公司
常州汇盛卫生材料有限公司
常州圣雅塑母粒有限公司
常州市恒惠纸业有限公司
常州市洁润无纺布厂
常州市凯尔德卫生材料有限公司
常州市美蝶薄膜有限公司
常州市润舒塑料制品有限公司
常州市腾亿塑料制品厂
常州市天王塑业有限公司
常州市同和塑料制品有限公司
常州市万美植绒饰品有限公司
常州市中阳塑料制品厂
常州唯尔福卫生用品有限公司
常州永成色母料有限公司
常州振扬塑料制品有限公司
江苏诺达卫生材料有限公司
常州盖亚材料科技有限公司
常州市精创塑料科技有限公司
常州市润洁塑料制品有限公司
江苏普莱克红梅色母料股份有限公司
常州加洲塑料制品有限公司
常州市西牛塑料实业有限公司
浙江庄生新材料科技有限公司
南京锦天塑胶有限公司
比澳格(南京)环保材料有限公司
南京三华纸业有限公司
南京天赐卫生材料有限公司
南京旺福包装制品实业有限公司
南京硕德石化有限公司
南京普莱克贸易有限公司
巨奇塑胶江苏有限公司
住化佳良精细材料(南通)有限公司
南通金威复合材料有限公司
华通联合(南通)塑胶工业有限公司
南通西田环保科技有限公司
南通棉盛家用纺织品有限公司
南通万叠塑胶有限公司
南通玉忠塑料制品有限公司
茂康材料科技(常熟)有限公司
大盈塑料(苏州工业园区)有限公司
苏州龙邦贸易有限公司
苏州竹本贸易有限公司
昆山建全防水透气材料有限公司
昆山市鑫万彩塑胶有限公司
顺昶塑胶(昆山)有限公司
苏州豪诺塑胶制品有限公司
苏州汉成包装科技有限公司
吴江市诚石塑料包装厂
安庆市兴中包装有限公司
杰翔塑胶工业(苏州)有限公司
苏州森源塑料制品有限公司
苏州市格瑞美医用材料有限公司
苏州市集虹新材料科技有限公司
苏州瑞泰包装材料有限公司
张家港市九洲塑料母粒制造有限公司
张家港市昕光塑胶制品有限公司
江苏允友成生物环保材料有限公司
江苏兰金科技发展有限公司
泰兴市申泰塑业有限公司
江苏精良高分子材料有限公司
江阴市得宝新材料科技有限公司
江阴市凯凯纸塑制品有限公司
江阴天畅塑料科技有限公司
江苏宇东塑业有限公司
韩亚新材料科技(江苏)有限公司
盐城昌源塑料制品厂
盐城恒源卫生材料有限公司
盐城瑞泽色母粒有限公司
盐城悦源塑料制品厂
江苏宜合日用品有限公司
丹阳市金达流延膜厂
江苏大度塑材有限公司
江苏云锋塑料制品有限公司
杭州富阳天纬塑胶有限公司
浙江金淳高分子材料有限公司
杭州鼎越化工有限公司
杭州玉杰化工有限公司
杭州奥风科技有限公司

杭州集成复合材料有限公司
杭州集能新材料科技有限公司
杭州新光塑料有限公司
杭州理康塑料薄膜有限公司
杭州全兴塑业有限公司
浙江德清金乾新材料有限公司
浙江科立达高新科技有限公司
浙江麦普拉科技股份有限公司
嘉兴市惠丰化纤厂
浙江戴乐新材料有限公司
金华市沃龙科技有限公司
金华市韵宸卫生用品有限公司
兰溪市兴汉塑料材料有限公司
浙江百浩工贸有限公司
浙江恒耀新材料有限公司
义乌市勤帆无纺布有限公司
浙江环龙新材料科技有限公司
浙江龙泉泓业新材料有限公司
浙江绿联高分子材料有限公司
宁波杭州湾新区领顺国际贸易有限公司
宁波色母粒股份有限公司
浙江沪盛能源有限公司
绍兴泽楷卫生用品有限公司
浙江汉升环保科技有限公司
台州市明大卫生材料有限公司
台州天盛塑业有限公司
金田集团有限公司
诚德科技股份有限公司
龙港市圣光包装有限公司
温州弘达塑料制品有限公司
温州市瓯海合利塑纸厂
温州巨翔塑业有限公司
安徽缤飞塑胶科技有限公司
安徽省技术进出口股份有限公司
合肥开宇塑料制品有限公司
合肥美邦新材料科技有限公司
永新股份(黄山)包装有限公司
六安青松色母粒有限公司
马鞍山市康洁流延膜有限公司
安徽双津实业有限公司
福建惠亿美环保材料科技有限公司
泉州市纽百司进出口有限公司
福建琦峰科技有限公司
福建省新奇卫生材料有限公司
泉州立硕贸易有限公司
泉州联盛新材料科技有限公司
福建鑫邦新材料科技有限公司
福建晋江福达利彩印有限公司
福建省立晟环保科技有限公司
福建聚华非织造科技有限公司
晋江恒新纸业有限公司
晋江市恒联塑料制品有限公司
晋江市环驰进出口贸易有限公司
晋江市精诚塑胶制品有限公司
晋江市石达塑胶精细有限公司
晋江市月光塑料制品有限公司
晋江鑫泰塑料有限公司
晋江兆和塑胶有限公司
泉州爱丽卡新材料科技有限公司
泉州豪昌塑料制品科技有限公司
泉州晋福塑料制品有限公司
泉州市共赢进出口有限责任公司
泉州市恒扬塑料制品有限公司
泉州市华乐塑胶科技有限公司
泉州市佳盛卫生材料有限公司
泉州市三维塑胶发展有限公司
泉州市锦昌新材料科技有限公司
泉州市腾强塑料科技有限公司
泉州兴远供应链管理有限公司
石狮市坚创塑胶制造有限公司
泉州恒嘉塑料有限公司
泉州世纪新飞卫生材料有限公司
泉州市汉卓卫生材料科技有限责任公司
泉州市宏昌顺卫生用品有限公司
泉州市环球新材料科技有限公司
泉州市金顺盛塑胶材料有限公司
泉州市露泉卫生用品有限公司
泉州怡鑫新材料科技有限公司
泉州市珑舜贸易有限责任公司
福建翱翔工贸有限公司
福建宏科新材料科技有限公司
福建佳惟斯新材料科技有限公司
福建晋晖科技有限公司
福建南安实达塑料色母有限公司
南安市玉和塑胶制品厂
南安长利塑胶有限公司

泉州彩虹塑胶有限公司
泉州市晟瑞卫生用品有限公司
石狮市炎英塑胶制品有限公司
石狮亿鸿创信卫生材料有限公司
永安市三源丰水溶膜有限公司
广州和氏璧化工材料有限公司厦门办事处
厦门玖州工贸有限公司
厦门塑友化工科技有限公司
厦门百强科技有限公司
厦门冠颜塑化科技有限公司
厦门汉润工程塑料有限公司
厦门聚富塑胶制品有限公司
厦门毅兴行塑胶原料有限公司
厦门中纺大化纤材料有限公司
厦门海牧进出口有限公司
厦门海源亿鑫投资有限公司
厦门上登进出口有限公司
厦门市兴辉洋进出口有限公司
厦门塑化贸易有限公司
厦门元泓工贸有限公司
厦门正锋实业有限公司
厦门正林化工进出口有限公司
厦门市馥荣塑料制品有限公司
厦门鑫万彩塑胶染料工贸有限公司
厦门燕达斯工贸有限公司
江西广源新材料有限公司
江西省萍乡市轩品塑胶制品有限公司
山东恒源新材料有限公司
山东成武易信环保科技有限公司
山东联众包装科技有限公司
济宁得亚利聚合体有限公司
山东诺诚包装科技有限公司
山东青界生物降解材料有限公司
山东宝利新材料有限公司
郯城县达利源卫生材料有限公司
郯城县宏达流延膜厂
郯城新东风塑料包装制品有限公司
青岛贝里塑料有限公司
青岛天塑石化有限公司
威海德翔新材料科技有限公司
山东道恩高分子材料股份有限公司
淄博德坤薄膜有限公司
焦作艾德嘉工贸有限公司
开封市华天塑料制品有限公司
郑州裕德兴新材料有限公司
荆门市三旺塑业有限公司
武汉剑锋进出口贸易有限公司
武汉新中德塑机股份有限公司
武汉金发科技有限公司
武汉嘉倍护国际贸易有限公司
武汉领航塑胶有限公司
武汉一新中大塑业有限公司
武汉奥邦化工有限公司
武汉东周化工有限公司
武汉南方天马化工有限公司
武汉市国升塑化实业有限公司
武汉长济科技有限公司
湖北永泰塑胶有限公司
襄阳南洁高分子新型材料有限公司
明日控股(武汉)有限公司
武汉欣联创塑化有限公司
武汉晶鸿兴石化有限公司
武汉普莱克红梅色母料有限公司
陶氏化学(中国)投资有限公司武汉分公司
武汉卓凡中天包装材料有限公司
湖北华菲新材料有限公司
湖北慧狮塑业股份有限公司
湖北三羊塑料制品有限责任公司
湖北拓盈新材料有限公司
仙桃市德兴塑料制品有限公司
聚石化学(长沙)有限公司
长沙合兴卫生用品材料有限公司
东莞巨正源科技有限公司
东莞市创一塑化有限公司
东莞市高源塑胶有限公司
东莞市恒彩塑胶颜料有限公司
东莞市华宏创薄膜制品有限公司
东莞市建龙新材料有限公司
东莞市荣晟颜料有限公司
东莞市赛美塑胶制品有限公司
东莞市永轩塑胶材料有限公司
东莞市智汇化工有限公司
东莞毅兴塑胶原料有限公司
利安德巴赛尔工程塑料(东莞)有限公司
雅科薄膜(东莞)有限公司
佛山华韩卫生材料有限公司

佛山市飒富安贸易有限公司
佛山市益昌塑胶实业有限公司
佛山市亮航塑料五金有限公司
佛山市保乐进出口贸易有限公司
佛山市厚海复合材料有限公司
佛山市兰笛胶粘材料有限公司
佛山市联塑万嘉新卫材有限公司
佛山市美诺卫生材料科技有限公司
佛山市南海区科思瑞迪材料科技有限公司
佛山市南海区运通晨塑料助剂有限公司
佛山市瑞亨卫生材料有限公司
佛山市塑兴母料有限公司
佛山市新三合塑料薄膜制造有限公司
广东腾华越杭卫材科技有限公司
广东一龙新材料科技有限公司
佛山市华瑞塑料材料有限公司
佛山市顺德区焯滐塑料制品有限公司
佛山市顺德区恒达美塑料制品有限公司
佛山市顺德区禄兴贸易有限公司
佛山市顺德区奇毅龙塑料制品有限公司
佛山市顺德区宇轩塑料制品有限公司
佛山市兆唐复合材料有限公司
佛山市允迪薄膜材料有限公司
佛山优采新材料有限公司
广东德冠薄膜新材料股份有限公司
广东东立新材料科技有限公司
广东普赛夫聚合物有限公司
广东顺德昊薪新材科技有限公司
广州市科迩曼塑料科技有限公司
广州卓标塑料技术有限公司
广州卓德嘉薄膜有限公司
广州银顺环保塑料实业有限公司
埃克森美孚(中国)投资有限公司
金发科技股份有限公司
中海壳牌石油化工有限公司
江门市飞马塑业有限公司
广东花坪卫生材料工业有限公司
江门市华龙膜材股份有限公司
蓬江区元茂塑料制品厂
广东翔龙科技股份有限公司
广东美联新材料股份有限公司
汕头市德福包装材料有限公司
汕头市江宏包装材料有限公司
深圳市致新包装有限公司
峰盟塑胶(深圳)有限公司
深圳建彩科技发展有限公司
深圳市富利豪科技有限公司
深圳市捷科特塑胶颜料有限公司
深圳市金顺来实业有限公司
深圳市易希欧科技有限公司
肇庆市高要区业成塑料有限公司
中山能合环保包装科技有限公司
中山市和浩新材料有限公司
中山市辉丰塑胶科技有限公司
中山市真彩塑料色母有限公司
重庆壮大包装材料有限公司
重庆工友塑料有限公司
重庆和泰润佳股份有限公司
成都菲斯特新材料有限公司
成都市迅驰塑料包装有限公司
成都益华塑料包装有限公司
成都川绿塑胶有限公司
四川金发科技发展有限公司
啟华工业股份有限公司
台湾塑料工业股份有限公司

● 高吸收性树脂 Super absorbent polymer (SAP)

北京华瑞祥科技有限公司
伊藤忠(中国)集团有限公司
乐金化学(中国)投资有限公司
北京科拉博贸易有限公司
北京希涛技术开发有限公司
上海和氏璧化工有限公司北京代表处
中化塑料有限公司
丰田通商(天津)有限公司
中化塑料有限公司天津办
天津市中澳纸业有限公司
天津环亚吸水材料有限公司
河北海明生态科技有限公司
河北金丰新材料科技有限公司
任丘市泉兴化工有限公司
唐山博亚树脂有限公司
大连闻达化工股份有限公司

上海协润贸易有限公司
上海欣灏进出口贸易有限公司
上海华谊新材料有限公司
阿科玛(中国)化学有限公司
丰田通商(上海)有限公司
上海凯昌国际贸易有限公司
上海召锋国际贸易有限公司
乐金化学(中国)投资有限公司上海分公司
上海索保新材料有限公司
巴斯夫(中国)有限公司
沙多玛(广州)化学有限公司
上海百色源树脂有限公司
上海华谊丙烯酸有限公司
上海伊藤忠商事有限公司
万华化学集团股份有限公司上海分公司
西陇科学股份有限公司
上海方田粘合剂技术有限公司
仁通实业有限公司上海代表处
一艾日本有限公司上海代表处
住友精化(中国)投资有限公司
江苏虹创新材料有限公司
江苏斯尔邦石化有限公司
上海伊藤忠商事有限公司南京分公司
江苏中汇进出口有限公司
南京东正化轻有限公司
江苏盈丰高分子科技有限公司
扬子石化-巴斯夫有限责任公司
南京赛普高分子材料有限公司
南京和会源国际贸易有限公司
三大雅精细化学品(南通)有限公司
苏州新纶超净技术有限公司
昆山石梅精细化工有限公司
太仓市欣鸿化工有限公司
礼德滤材科技(苏州)有限责任公司
日触化工(张家港)有限公司
张家港东亚迪爱生化学有限公司
江苏裕廊化工有限公司
无锡市恒懋科贸有限公司
无锡苏普橡塑制品有限公司
无锡市联合恒洲化工有限公司
宜兴丹森科技有限公司
宜兴汇诚化工科技有限公司
杭州东皇化工有限公司
浙江振宇吸水材料有限公司
浙江诗侃仕哒特进出口有限公司
卫星化学股份有限公司
浙江卫星新材料科技有限公司
台塑工业(宁波)有限公司
安徽朗腾进出口有限公司
泉州东杰进出口贸易有限公司
邦丽达(福建)新材料股份有限公司
厦门祯荣贸易有限公司
LG 化学(中国)投资有限公司厦门分公司
东莞华港国际贸易有限公司厦门分公司
丰田通商(广州)有限公司厦门分公司
厦门翰尔思贸易有限公司
厦门汇富源贸易有限公司
德州市德城区新亚高分子材料有限公司
山东环兴化工有限公司
山东诺尔生物科技有限公司
山东中科博源新材料科技有限公司
扬惠智能科技(山东)有限公司
山东昊月新材料股份有限公司
山东星光再生资源有限公司
山东佳华水处理科技有限公司
郯城一诺商贸有限公司
郯城银河吸水材料有限公司
青岛道勤生物科技有限公司
青岛圣阿纳进出口有限公司
万华化学集团股份有限公司
万华化学(烟台)销售有限公司
山东新昊顺为新材料科技有限公司
丰田通商(广州)有限公司武汉分公司
武汉拓旭化工有限公司
湖北乾峰新材料科技有限公司
湖南翱天进出口有限公司
东莞市统硕进出口贸易有限公司
广州市嘉玥贸易有限公司
广州凯阳商贸有限公司
广州鹿山功能材料有限公司
广州诚科贸易有限公司
广州市西陇化工有限公司
丰田通商(广州)有限公司
广东科茂林产化工股份有限公司
广州市仁辉贸易发展有限公司
广州伊藤忠商事有限公司

广州银森企业有限公司
巴斯夫(中国)有限公司广州分公司
赢创德固赛(中国)投资有限公司广州分公司
广东艾伯森聚合物技术有限公司
惠州织信实业发展有限公司
深圳市鸿华威科技有限公司
深圳市华苏科技发展有限公司
中山市恒广源吸水材料有限公司
珠海得米新材料有限公司
丰田通商(上海)有限公司重庆分公司
伊藤忠(重庆)贸易有限公司
丰田通商(上海)有限公司成都分公司
台湾塑胶工业股份有限公司

● 吸水衬纸及复合吸水纸 Liner tissue and laminated absorbent paper

天津尚好卫生材料有限公司
天津市利好卫生材料有限公司
天津海丽达卫生材料有限公司
辽宁森林木纸业有限公司
上海协润贸易有限公司
三井物产(上海)贸易有限公司
上海衡元高分子材料有限公司
上海通贝吸水材料有限公司
上海美芬娜卫生用品有限公司
伊藤忠纤维贸易(中国)有限公司
江苏凯本高分子复合材料有限公司
盐城申安无纺布工贸有限公司
浙江振宇吸水材料有限公司
杭州相宜纸业有限公司
杭州润佳吸水材料有限公司
嘉善庆华卫生复合材料有限公司
宁波东誉无纺布有限公司
泉州立硕贸易有限公司
福建省洁诚卫生用品有限公司
福建申唯智能科技有限公司
泉州耳东纸业有限公司
泉州久恒卫材有限公司
泉州市博今卫生材料有限公司
泉州稳健实业有限公司
泉州鑫邦纸业有限公司
泉州恒润纸业有限公司
福建省乔东新型材料有限公司
联宾(福建)新材料科技有限公司
厦门曦泰工贸有限公司
凤竹(漳州)纸业有限公司
领先(中国)生物科技有限公司
鄱阳县好洁复合材料科技有限公司
鄱阳县申丰无尘纸有限公司
郯城银河吸水材料有限公司
潍坊恒联美林生活用纸有限公司
漯河舒尔莱纸品有限公司
漯河银鸽生活纸产有限公司
加宝复合材料(武汉)有限公司
三井物产(上海)贸易有限公司武汉分公司
东莞市永惠卫生材料科技有限公司
佛山市嘉邦新材料有限公司
佛山睿源科技有限公司
佛山市达观贸易有限公司
佛山市金昕新材料有限公司
佛山市康竣沣卫生用品有限公司
佛山市三邦纸制品有限公司
佛山市顺德区勒流镇龙盈纸类制品厂
佛山市顺德区洛诚纸品有限公司
佛山市顺德区颜盈纸类制品有限公司
广东美登新材料科技有限公司
广州诚科贸易有限公司
恩平市稳洁无纺布有限公司
鸿源联合(深圳)实业有限公司
珠海市益宝生活用品有限公司

● 离型纸、离型膜 Release paper and release film

金风车(天津)国际贸易有限公司北京办事处
圣路律通(北京)科技有限公司
北京世纪新飞卫生材料有限公司
天津尚好卫生材料有限公司
天津膜天膜科技股份有限公司
天津市雨花纸业有限公司
河北凯跃塑胶有限公司

大连九龙包装材料有限公司
艾离澳纸业(上海)有限公司
河南江河纸业股份有限公司南京办
江苏陶氏纸业有限公司
南京奥环包装制品有限公司
南京宝龙纸业有限公司
南京恒易纸业有限公司
南京华松纸业有限公司
南京朗克纸业有限公司
南京森和纸业有限公司
南京顺天纸业有限公司
南京斯克尔卫生制品有限公司
南京源顺纸业有限公司
南京久盛纸业有限公司
江苏福泰涂布科技股份有限公司
苏州鸿科新材料科技有限公司
昆山华满仓离型材料有限公司
昆山中大天宝辅料有限公司
顺安涂布科技(昆山)有限公司
顺昶塑胶(昆山)有限公司
松本涂层科技(昆山)有限公司
日东高新材料(太仓)有限公司
上海吉翔宝实业有限公司
浙江明日农资塑料有限公司
杭州亿升化工有限公司
嘉兴兆弘科技有限公司
嘉兴市民和工贸有限公司
浙江池河科技有限公司
宁波齐鑫化工贸易有限公司
浙江新亚伦纸业有限公司
浙江汇文新材料科技有限公司
绍兴市上虞区特力纸业有限公司
温州迈达新材料科技有限公司
温州新意特种纸业有限公司
温州市新丰复合材料有限公司
瑞安市宇通薄膜有限公司
福建省三维利新材料科技有限公司
晋江安海协和兴纸品有限公司
晋江市顺丰纸品有限公司
泉州东杰进出口贸易有限公司
泉州世纪新飞卫生材料有限公司
泉州市新天卫生材料有限公司
永安市嘉泰包装材料有限公司
厦门长天企业有限公司
厦门新旺新材料科技有限公司
建亚保达(厦门)卫生器材有限公司
厦门瑞同工贸有限公司
郯城县达利源卫生材料有限公司
寿光市金正纸业有限公司
烟台隆祥纸业有限公司
东莞市旺力胶贴科技有限公司
佛山市兰笛胶粘材料有限公司
佛山市新飞卫生材料有限公司
佛山市圣锦兰纸业有限公司
广州九恒条码有限公司
广州惠好科技有限公司
耐恒(广州)纸品有限公司
海丰县同翔纸制品有限公司
重庆陶氏纸业有限公司

● 热熔胶 Hot melt adhesive

广州市合诚化学有限公司北京分公司
北京光辉世纪工贸有限公司
罗门哈斯国际贸易(中国)有限公司北京分公司
盛铭博通科技(北京)有限公司
北京鼎钧科技有限公司
天津登峰卫生用品材料有限公司
天津中鼎国际贸易有限公司
天津莫莱斯柯科技有限公司
保定富美制胶有限公司
恒华胶业(大连)有限公司
康达新材料(集团)股份有限公司
上海富江科技有限公司
飞赛提(中国)聚合物有限公司
上海嘉好胶粘制品有限公司
上海久庆实业有限公司
上海润度实业有限公司
华威粘结材料(上海)股份有限公司
上海希森材料科技有限公司
波士胶(上海)管理有限公司
上海汉司实业有限公司
上海良基化工有限公司
富乐(中国)粘合剂有限公司上海办事处
富乐胶投资管理(上海)有限公司

汉高(中国)投资有限公司
科腾聚合物贸易(上海)有限公司
塞拉尼斯(中国)投资有限公司
上海诺森粘合材料有限公司
上海盛茗热熔胶有限公司
上海正野热熔胶有限公司
伊士曼(中国)投资管理有限公司
上海北岗实业有限公司
上海路嘉胶粘剂有限公司
上海十盛科技有限公司
北京光辉世纪工贸有限公司上海销售中心
广州市合诚化学有限公司上海代表处
瑞翁贸易(上海)有限公司
上海远景胶粘材料有限公司
常州益朗国际贸易有限公司
南京天诗新材料科技有限公司
南京双优医用材料有限公司
南京扬子伊士曼化工有限公司
昆山久庆新材料科技有限公司
海南欣涛实业有限公司苏州办事处
高鼎精细化工(昆山)有限公司
昆山达程热熔胶有限公司
苏州韵泰新材料科技有限公司
苏州华柱名胶有限公司
苏州市百得宝塑胶有限公司
江苏斯迪克新材料科技股份有限公司
江苏嘉好热熔胶股份有限公司
泰兴天马化工有限公司
无锡市恒懋科贸有限公司
松川化学贸易无锡有限公司
天津莫莱斯柯科技有限公司无锡营业处
无锡德渊国际贸易有限公司
无锡市万力粘合材料股份有限公司
无锡市联合恒洲化工有限公司
日邦树脂(无锡)有限公司
江苏盐城腾达胶粘剂有限公司
杭州邦林粘合科技有限公司
浙江精华科技有限公司
杭州威朗热熔胶有限公司
浙江鑫松树脂有限公司
杭州天创新材料有限公司
平湖展鹏热熔胶膜有限公司
兰溪市包润昌粘合剂有限公司
恒河材料科技股份有限公司
宁波金海晨光化学股份有限公司
宁波聚云化工材料有限公司
宁波力华胶粘制品有限公司
浙江前程石化股份有限公司
衢州市富星和宝黏胶工业有限公司
瑞安市联大热熔胶有限公司
安徽同心新材料科技有限公司
合肥聚合辐化技术有限公司
福清南宝树脂有限公司
上海嘉好胶粘制品有限公司福建办事处
福建嘉德新材料科技有限公司
晋江市聚邦胶粘剂有限责任公司
泉州东杰进出口贸易有限公司
泉州市珑舜贸易有限责任公司
泉州联凯科技有限公司
长城崛起(福建)新材料科技股份公司
福建省昌德胶业科技有限公司
福建省南安市鸿鑫胶业有限公司
厦门琪星新材料有限公司
山东富尔康新材料科技有限公司
山东聚圣科技有限公司
山东圣光化工集团有限公司
山东诺森粘合材料有限公司
郯城县达利源卫生材料有限公司
青岛道勤生物科技有限公司
中国石化化工销售有限公司华北分公司
青岛贝特化工有限公司
青岛森泰国际贸易有限公司
海阳方田新材料有限公司
淄博鲁华泓锦新材料集团股份有限公司
商丘海克胶业有限公司
武汉市华林粘合剂有限公司
湖北英赛力新材料科技有限责任公司
中山诚泰化工科技有限公司武汉公司
武汉迪诚粘合剂有限公司
湖北汉达新材料有限公司
湖南博弘卫生材料有限公司
湖南鑫湘环保胶业科技有限公司

东莞市成铭胶粘剂有限公司
东莞市昕桦热熔胶有限公司
东莞市易得邦塑胶原料有限公司
东莞市众森环保包装材料有限公司
汉高胶粘剂技术(广东)有限公司
佛山市南海友晟粘合剂有限公司
广东凯林科技股份有限公司
广东荣嘉新材料科技有限公司
佛山南宝高盛高新材料有限公司
广东欣涛新材料科技股份有限公司
广东银洋环保新材料有限公司
佛山市顺德区巴德富实业有限公司
广州市豪特粘接材料有限公司
广州市番禺大兴热熔胶有限公司
广州天开化工有限公司
广州市永特耐化工有限公司
广州市嘉雁粘合剂有限公司
广州市科邦达塑胶有限公司
波士胶(上海)管理有限公司广州分公司
富乐(中国)粘合剂有限公司
广州德渊精细化工有限公司
广州市勒斯胶粘技术有限公司
广州易嘉粘合剂有限公司
汉高胶粘剂技术(广东)有限公司广州办事处
正邦(广州)新材料有限公司
旭川新材料(广东)股份有限公司
广州颁德化工科技有限公司
广州市珅亚贸易有限公司
中海壳牌石油化工有限公司
广州艾科普新材料有限公司
广东聚胶粘合剂有限公司
广东能辉新材料科技有限公司
深圳市同德热熔胶制品有限公司
中山诚泰化工科技有限公司
中山市东朋化工有限公司
梧州市飞卓林产品实业有限公司
海南欣涛投资管理有限公司
四川优力赛新材料科技有限公司
成都新源久科技有限公司
成都川绿塑胶有限公司
李长荣化学工业股份有限公司
台湾日邦树脂股份有限公司

● 胶带、胶贴、魔术贴、标签 Adhesive tape，adhesive label，magic tape，label

北京英格条码技术发展有限公司
北京凯迅惠商防伪技术有限责任公司
日东电工(中国)投资有限公司北京分公司
凯斯特(天津)胶粘材料有限公司
天津市安德诺德印刷有限公司
天津市臣功印刷有限公司
天津爱德威胶粘纸业有限公司
沧州宏伟商标印刷有限公司
山西臣功印刷包装有限公司
上海知捷印刷有限公司
上海雷柏印刷有限公司
上海晶悟包装有限公司
上海沛龙特种胶粘材料有限公司
上海三天印刷有限公司
媛贝新材料科技(上海)有限公司
上海丝瑞丁工贸有限公司
上海缘源印刷有限公司
上海紫泉标签有限公司
上海珩强工贸有限公司
上海华舟压敏胶制品有限公司
上海亿龙涂布有限公司
溧阳金利宝胶粘制品有限公司上海分公司
上海明利包装印刷有限公司
雅柏利(上海)粘扣带有限公司
上海比利迦环保粘胶制品有限公司
上海铂克曼印刷有限公司
上海多吉胶粘制品有限公司
上海和辉包装材料有限公司
上海久力不干胶有限公司
上海市松江印刷厂有限公司
上海以琳印务有限公司
上海倚灵塑胶科技有限公司
艾利丹尼森(中国)有限公司上海分公司

3M 中国有限公司
日东电工(中国)投资有限公司
常州源来胶粘制品有限公司
常州市恒成达印刷有限公司
常州市中天卫生材料有限公司
常州润颐昌新材料科技有限公司
宾德粘扣带(南京)有限公司
南京格润标签印刷有限公司
南京苏新印务有限公司
南京菲司达标识有限公司
南通恒益标签有限公司
南通立恒包装印刷有限公司
南通市福瑞达包装有限公司
南通星光标签科技有限公司
苏州工业园区汇统科技有限公司
常熟市新华化工有限公司
常熟宾迪尔粘扣带有限公司
苏州婴爱宝胶粘材料科技有限公司
苏州振宇材料科技有限公司
苏州凯姆斯克包装制品有限公司
德莎胶带(上海)有限公司
艾利丹尼森(昆山)材料有限公司
上海紫锦印刷材料有限公司
苏州韵泰新材料科技有限公司
日东高新材料(太仓)有限公司
苏州启航印刷有限公司
维克罗(中国)搭扣系统有限公司江苏分公司
杜拉克胶带(江苏)销售有限公司
江苏欧普特条码标签有限公司
无锡市万海包装材料有限公司
杭州南方尼龙粘扣有限公司
浙江永和胶粘制品股份有限公司
金华市海洋包装有限公司
宁波明和特种印刷有限公司
宁波宁辰粘胶有限公司
温州高德复合材料有限公司
龙港市万泰印业有限公司
温州市宏科印业有限公司
温州市新丰复合材料有限公司
温州伟宇印业有限公司
温州新美印业有限公司
浙江仁爱带业有限公司
浙江而立胶粘新材料科技有限公司
浙江天霸包装科技有限公司
温州市瓯海合利塑纸厂
佰和控股有限公司
瑞安市华升塑料织带有限公司
安徽嘉美包装有限公司
安徽荣泽科技有限公司
福建鑫源欣纺织有限公司
泉州立硕贸易有限公司
泉州市瑞禾卫生材料有限公司
晋江市恒达信胶粘制品有限公司
晋江市恒友胶粘制品有限公司
晋江市精诚塑胶制品有限公司
晋江市瑞德胶粘制品有限公司
泉州市富邦包装用品有限公司
泉州市五千纸制品有限公司
泉州兴裕新材料科技有限公司
厦门东绿达胶粘制品有限公司
泉州新威达粘胶制品有限公司
泉州优美加新材料科技有限公司
泉州市天龙卫生用品有限公司
泉州鸿诺新材料科技有限公司
泉州市鸿涛轻纺织造有限公司
厦门长天企业有限公司
厦门福雅工贸有限公司
厦门高发工贸有限公司
3M 中国有限公司厦门办事处
厦门踋科商贸有限公司
广东晶华科技有限公司厦门办事处
建亚保达(厦门)卫生器材有限公司
厦门安德立科技有限公司
厦门合高工贸有限公司
厦门和洁无纺布制品有限公司
厦门美润合悦卫生材料有限公司
厦门上实新材料有限公司
厦门市恒顺欣塑料包装有限公司
厦门世洁股份有限公司
江西彭彩新材料科技有限公司
江西百得标签印刷有限公司
济南嘉印标签有限公司
阳谷景阳岗卫生材料厂
临沂润旺复合材料有限公司
青岛市泓仕彩印有限公司
青岛瑞发包装有限公司

青岛富瑞沃新材料有限公司
威海德翔新材料科技有限公司
东莞百宏实业有限公司
东莞市百合粘扣带制品有限公司
东莞市旺力胶贴科技有限公司
东莞市智力胶袋有限公司
东莞市京宏笙印刷科技有限公司
广东汉特包装材料有限公司
佛山市迪雅塑胶有限公司
佛山市瑞鑫塑胶制品有限公司
佛山联控新材料有限公司
佛山市科派克印刷有限公司
佛山市运豪印刷有限公司
佛山艾美印刷有限公司
佛山市顺德区津信标签制品有限公司
佛山市顺德区思信纸类制品有限公司
佛山市顺德区优美印刷有限公司
广州市金万正印刷材料有限公司
广州市宇翰印刷包装有限公司
广州广彩标签有限公司
广州九恒条码有限公司
广州市增城施瑞包装材料厂
艾利(广州)有限公司
耐恒(广州)纸品有限公司
3M 中国有限公司华南技术中心
德莎胶带(上海)有限公司广州分公司
广州市立研田电子科技有限公司
广东新时代新材料科技有限公司
江门市瑞兴无纺布有限公司
江门市腾晖胶粘制品有限公司
广东利农印刷包装有限公司
深圳市金宏生印刷有限公司
深圳市缔成特材科技有限公司
深圳市华阳微电子股份有限公司
深圳市康业科技有限公司
深圳市申峰盛世科技有限公司
深圳市秀顺不干胶制品有限公司
深圳市爱尔科技实业有限公司
深圳市健力纺织品有限公司
中山冠昌胶粘包装制品有限公司
中山市华丽宝纸塑制品有限公司
中山市利宏包装印刷有限公司
成都市瑞玛自动标贴印制有限公司
艾利丹尼森(中国)有限公司成都分公司
邦泰远东股份有限公司
冠杰实业有限公司
台湾百和工业股份有限公司二厂
六和化工股份有限公司
全程兴业股份有限公司
雅柏利(香港)有限公司

● 弹性非织造布材料、松紧带 Elastic nonwovens, elastic band

天津市紫峰卫生用品有限公司
丰田通商(天津)有限公司
大连华纶无纺设备工程有限公司
上海帕郑国际贸易有限公司
英威达纺织品经营服务(上海)有限公司
英威达管理(上海)有限公司
泰光化纤(常熟)有限公司上海爱纱兰化纤分公司
创莱纤维(佛山)有限公司上海分公司
上海碧嘉实业有限公司
上海锦盛卫生材料发展有限公司
上海集溪纺织原料销售中心
雅柏利(上海)粘扣带有限公司
上海吉田拉链有限公司
晓星国际贸易(嘉兴)有限公司上海分公司
连云港杜钟新奥神氨纶有限公司
泰光化纤(常熟)有限公司
厦门象屿上扬贸易有限公司昆山办事处
日东高新材料(太仓)有限公司
江苏新翰磊进出口有限公司
江苏双良氨纶有限公司
江阴昶森无纺科技有限公司
杭州旭化成氨纶有限公司
杭州丛迪纤维有限公司
杭州青云新材料股份有限公司
杭州唯可卫生材料有限公司
浙江威灵顿新材料股份有限公司
晓星国际贸易(嘉兴)有限公司
浙江艾妍生物科技有限公司
浙江汉升环保科技有限公司
温州市特康弹力科技股份有限公司
华峰化学股份有限公司

福建永裕针纺有限公司
福建申唯智能科技有限公司
莆田市中康中泰商贸有限公司
晋江美润欣科技有限公司
泉州市泰迪新材料科技有限公司
泉州市创美贸易有限公司
泉州市德纶卫生材料有限公司
泉州市鸿瑞卫生材料有限公司
泉州市聚利华卫生材料有限公司
泉州市优加化学材料有限公司
泉州新鸿扬商贸有限公司
泉州市正合卫生材料有限公司
泉州市成意纺织科技有限公司
泉州市瑞禾卫生材料有限公司
晓星国际贸易(嘉兴)有限公司晋江办事处
厦门骏利德贸易有限公司
厦门盛朗贸易有限公司
厦门市福尔德科技有限公司
厦门象屿上扬贸易有限公司
柔怡美(厦门)卫生材料有限公司
厦门力隆氨纶有限公司
厦门笋语工贸有限公司
厦门燕达斯工贸有限公司
济宁如意高新纤维材料有限公司
青岛海枫之源工贸有限公司
烟台泰和新材料股份有限公司
湖北兴邦氨纶有限公司
东莞市优卓新材料科技有限公司
厦门象屿上扬贸易有限公司东莞办事处
佛山市普惠纺织有限公司
广东必得福医卫科技股份有限公司
广东强的卫材科技有限公司
佛山市顺德区祈泽贸易有限公司
丰田通商(广州)有限公司
广州斐莱世材料科技有限公司
吉田拉链(深圳)有限公司
广东狮特龙实业有限公司
江门市华程化工材料有限公司
深圳市鸿华威科技有限公司
中山市小榄镇中南塑料皮件厂
丽茂股份有限公司
全程兴业股份有限公司

● 造纸化学品　Paper chemical

北京天弘天达医药科技股份有限公司
北京恒泰宏昌科技有限公司
北京华瑞祥科技有限公司
北京探二三科技有限公司
德国希纶赛勒赫公司北京代表处
广州市合诚化学有限公司北京分公司
希比希(北京)贸易有限公司
北京精博雅科技发展有限公司
北京希涛技术开发有限公司
北京天擎京源环保技术有限公司
诺维信(中国)投资有限公司
北京天擎化工有限公司
北京施澳德瑞科技有限公司
罗盖特管理(北京)有限公司
天津泰伦特化学有限公司
天津市英赛特商贸有限公司
新月(天津)纸业有限公司
天津市合成材料工业研究所有限公司
天津亚东隆兴国际贸易有限公司
保定市阳光精细化工有限公司
廊坊市盛源化工有限责任公司
石家庄通力化学品有限公司
山西三水银河科技有限公司
辽阳辽化奇达化工有限责任公司
沈阳感光化工研究院有限公司
营口康如科技有限公司
吉林坤刚化学有限公司
吉化集团吉林市星云化工有限公司
吉林省环球精细化工有限公司
布伦泰格(上海)企业管理有限公司
上海天坛助剂有限公司
上海元晖生物科技有限公司
禾大化学品(上海)有限公司
浪速包装(上海)有限公司
诺力昂新材料(苏州)有限公司上海分公司
日本明成化学工业株式会社上海代表处
上海出光化学有限公司
三博生化科技(上海)有限公司
上海赫达富实业有限公司
上海鑫鹏塑料制品有限公司

上海衍迪科技有限公司
上海赢时化工有限公司
旭莲助剂(上海)有限公司
上海豪胜化工科技有限公司
上海先拓精细化工有限公司
阿科玛(中国)化学有限公司
德国司马化学(香港)有限公司上海代表处
赢创(中国)投资有限公司上海分公司
诺力昂化学品(博兴)有限公司
上海共聚化工有限公司
上海固德化工有限公司
星悦精细化工商贸(上海)有限公司
凯米拉(上海)管理有限公司
上海亨安化工有限公司
上海志木化学中心
上海宏度精细化工有限公司
上海慧鸣化工有限公司
上海尚擎实业有限公司
上海索理思特种化学品有限公司
上海望界贸易有限公司
上海潇雷国际贸易有限公司
远拓化工国际贸易(上海)有限公司
北京伊藤忠华糖综合加工有限公司
比利时特胺有限公司上海代表处
杜邦中国集团有限公司上海分公司
欧米亚(上海)投资有限公司
品创浆纸(上海)有限公司
三菱商事(上海)有限公司
上海德润宝特种润滑剂有限公司
上海衡元高分子材料有限公司
上海汇友精密化学品有限公司
上海吉臣化工有限公司
上海吉腾化工有限公司
上海康地恩生物科技有限公司
上海联胜化工有限公司
上海马中国际贸易有限公司
上海宇昂水性新材料科技股份有限公司
太平洋化学品有限公司
陶氏化学(中国)投资有限公司
伊士曼(中国)投资管理有限公司
纳尔科(中国)环保技术服务有限公司
有料信息科技(上海)有限公司
巴克曼实验室化工(上海)有限公司
罗门哈斯国际贸易(上海)有限公司
上海颜钛实业有限公司
德谦(上海)化学有限公司
利兹化工(上海)有限公司
宜瑞安食品配料有限公司
广州市合诚化学有限公司上海代表处
卡马斯化工(上海)有限公司
罗盖特管理(上海)有限公司
名远化工贸易(上海)有限公司
欧诺法功能化学品贸易(上海)有限公司
邱博投资(中国)有限公司
上海巴迪实业有限公司
上海东升新材料有限公司
上海国峥贸易有限公司
上海世展环保新材料科技有限公司
上海兖华新材料科技有限公司
上海湛和实业有限公司
瓦克化学(中国)有限公司
信越有机硅国际贸易(上海)有限公司
亚什兰特种材料(上海)有限公司
昂高化工(中国)有限公司
东邦化学工业株式会社上海代表处
化联精聚化学(上海)有限公司
科莱恩化工(中国)有限公司
明答克商贸(上海)有限公司
上海聚渊化工有限公司
上海凯霖国际贸易有限公司
上海益南新材料科技有限公司
益瑞石(上海)投资管理有限公司
常州市武进运波化工有限公司
常州美胜生物材料有限公司
江苏正晟生化有限公司
南京佰星联新材料科技有限公司
南京浩伦国际贸易有限公司
江苏四新科技应用研究所股份有限公司
南京德盛有机硅材料有限公司
南京东正化轻有限公司
南京赛普高分子材料有限公司
南京诚纳化工有限公司
南京腾鸣胶粘制品有限责任公司
苏州宝时凯门精细化工有限公司
苏州市绿微康生物科技有限公司
欧米亚钙业(常熟)有限公司

聚益(苏州)精细化工有限公司
苏州市恒康造纸助剂技术有限公司
天禾化学品(苏州)有限公司
九洲生物技术(苏州)有限公司
苏州凯莱德化学品有限公司
无锡市联合恒洲化工有限公司
无锡绿建科技有限公司
东部湾(扬州)生物新材料有限公司
江苏群鑫粉体科技股份有限公司
扬州科宇化工有限公司
威灵施(镇江)精细化工有限公司
杭州杭化哈利玛化工有限公司
浙江辉凯新材料科技有限公司
杭州奥通化工有限公司
杭州市化工研究院有限公司
建德市新裕塑胶材料有限公司
杭州绿兴环保材料有限公司
嘉兴卓盛生物科技有限公司
浙江鑫甬生物化工股份有限公司
衢州瑞兴新材料有限责任公司
宁波贝阳化工有限公司
宁波市鄞州钝化化工有限公司
合肥新万成环保科技有限公司
英格瓷(芜湖)有限公司
福建省晋江市银响精细化工科技开发有限公司
福建翱翔工贸有限公司
厦门联创鑫化工科技有限公司
厦门聚优化学品有限公司
江西威科油脂化学有限公司
青岛恒泉通国际贸易有限公司
山东环发科技开发有限公司
青岛立洲化工有限公司
泰安市海岳助剂销售中心
泰安市泰山区鑫泉造纸助剂厂
山东旭峰化工有限公司
山东苏柯汉生物工程股份有限公司
山东星美新材料科技有限公司
山东万豪集团临朐纸业化工有限公司
远通纸业(山东)有限公司
淄博高维生物技术有限公司
安阳市金盛化工有限责任公司
巩义市新奇化工厂
利川市点石化工科技有限公司
荆门市鸿昌有限公司
湖北冠禾工业科技有限公司
倍益化学(武汉)有限公司
武汉汇曼联合科技有限公司
武汉市勤力宇化工有限公司
武汉市山青化工有限公司
武汉新大地环保材料股份有限公司
湖北嘉韵化工科技有限公司
湖北中之天科技股份有限公司
云梦嘉邦斯新型材料有限公司
东莞东美食品有限公司
东莞市嘉宏有机硅科技有限公司
东莞市聚益新型材料有限公司
东莞市领会进出口有限公司
东莞市粤星纸业助染有限公司
佛山市雄耀塑料制品有限公司
佛山市南海今佳贸易有限公司
佛山市南海区骏能造纸材料厂
广州明日化工有限公司
广东金天擎化工科技有限公司
英创科技(广州)有限公司
广东省造纸研究所有限公司
广州融大化工有限公司
广州伟道商贸有限公司
广州宇洁化工有限公司
广东新华粤树脂科技有限公司
广州奇磊贸易有限公司
广州赛锐化工有限公司
美原(广州)化学有限公司
广州市合诚化学有限公司
广州梵泰新材料科技有限公司
广州合润贸易有限公司
广州宏协贸易有限公司
广州旭太材料科技有限公司
荒川化学合成(上海)有限公司广州分公司
佳化化学(茂名)有限公司广州分公司
厦门聚优化学品有限公司广州分公司
拓思为技术(广州)有限公司
广州市睿漫化工有限公司
华凯科技(广州)有限公司
江门市安德宝特种润滑剂有限公司
江门市江海区利丰化工科技有限公司
江门市南化实业有限公司

阳山荣达粉体有限公司
连州东南新材料有限公司
广东良仕工业材料有限公司
南雄市松林树脂有限公司
深圳市康达特科技发展有限公司
深圳市全新好股份有限公司
恩希艾生物化学(深圳)有限公司
深圳市华苏科技发展有限公司
深圳市永联丰化工科技有限公司
广西南宁市振欣化工科技有限公司
南宁飞日润滑科技股份有限公司
海南威珑工业科技有限公司
成都云耀环保科技有限公司
成都高材化工技术有限公司
成都鑫蓝卡科技有限公司
成都作用力科技有限公司
成都万瑞德科技有限公司
成都锦竹科技发展有限公司
四川天鸿科技发展有限公司
四川蜀捷科技有限公司
德阳市双江塑料厂
昆明南滇工贸有限责任公司
陕西邦希化工有限公司
西安吉利电子新材料股份有限公司
西安三业精细化工有限责任公司
石河子市惠尔美纸业有限公司
亚马逊化工有限公司

● 香精、表面处理剂及添加剂 Balm，surfactant，additive

鼎吉星生物科技(北京)有限公司
北京桑普生物化学技术有限公司
上海迪爱生贸易有限公司北京分公司
威来惠南集团(中国)有限公司
北京杰华泰和科技有限责任公司
同铭佳业(北京)经贸有限公司
北京洁尔爽高科技有限公司
北京神舟晟华技贸有限公司
北京天擎化工有限公司
威尔芬(北京)科技发展有限公司
天津市中科健新材料技术有限公司
天津一商化工贸易有限公司
天津美商捷美科技有限公司
天津市双马香精香料新技术有限公司
天津中澳嘉喜诺生物科技有限公司
天津唐朝食品工业有限公司
天津科维津宏环保科技有限公司
石家庄市恒日化工有限公司
盘锦佳合晟世医药科技有限公司
吉林云飞医药有限公司
圭煜化学品(上海)有限公司
上海佳森科技有限公司
衢州瑞兴新材料有限责任公司上海分公司
上海黛龙生物工程科技有限公司
上海锴铠科贸有限公司
上海林帕香料有限公司
上海乐塑化工有限公司
上海申伦科技发展有限公司
禾大化学品(上海)有限公司
上海方登化工有限公司
三博生化科技(上海)有限公司
上海坤晟贸易有限公司
上海衍迪科技有限公司
阿科玛(中国)化学有限公司
爱普香料集团股份有限公司
日光化学贸易(上海)有限公司
上海艾高日化有限公司
阿索泰珂干燥剂(上海)有限公司
埃肯有机硅(上海)有限公司
哥旅思(上海)日用品有限公司
上海高聚生物科技有限公司
上海古沙贸易有限公司
上海冠沙新材料有限公司
上海宏度精细化工有限公司
上海品汇国际贸易有限公司
赢创特种化学(上海)有限公司
阿泽雷斯国际贸易(上海)有限公司
德之馨(上海)有限公司
帝化国际贸易(上海)有限公司
科腾聚合物贸易(上海)有限公司
奇华顿日用香精香料(上海)有限公司
上海朗枫香料有限公司
维沙思(上海)香精有限公司
上海松亚化工有限公司

上海江炎化工有限公司
上海隆琦生物科技有限公司
海客迈斯生物科技(上海)有限公司
上海沙恩生物科技有限公司
上海意安实业有限公司
谊展(上海)化学品有限公司
上海乾一化学品有限公司
上海轻工业研究所有限公司
亚什兰(中国)投资有限公司
龙沙(中国)投资有限公司
上海润中化工有限公司
常州市灵达化学品有限公司
常州德谦化工有限公司
南京古田化工有限公司
南京欧亚香精香料有限公司
江苏和创化学有限公司
冠宏化工(扬州)扬州有限公司
江苏九安新材料科技有限公司
南京远东香精香料有限公司
南京天诗蓝盾生物科技有限公司
南通东柔工贸有限公司
南通博大生化有限公司
苏州宝时凯门精细化工有限公司
昆山润阳化工有限公司
昆山市华新日用化学品有限公司
昆山市双友日用化工有限公司
昆山威胜干燥剂研发中心有限公司
昆山普瑞凯纳米技术有限公司
太仓市丽源化工有限公司
太仓市荣德生物技术研究所
苏州市必拓化工科技有限公司
兴化市祥昀高分子材料有限公司
无锡科盟化工有限公司
宜兴市华青润滑材料科技有限公司
江苏康世源药业有限公司
托尔专用化学品(镇江)有限公司
浙江传化化学集团有限公司
浙江乐塑化工有限公司
浙江新远实业有限公司
杭州高琦香精化妆品有限公司
杭州崇耀科技发展有限公司
杭州优米化工有限公司
范县科诺新材料有限公司
传化智联股份有限公司
浙江传化华洋化工有限公司
杭州希安达抗菌技术研究所有限公司
杭州屹达科技有限公司
湖州远邦新材料有限公司
湖州佳美生物化学制品有限公司
海宁中联化学有限公司
浙江天宝利新材料有限公司
义乌市圣普日化有限公司
宁波曼尼可生物科技有限公司
浙江圣效化学品有限公司
浙江新和成股份有限公司
温州国仕邦高分子材料有限公司
安徽安心卫生科技有限公司
安徽普乐化工有限责任公司
福建圣德实业有限公司
晋江艾彤日化有限公司
晋江市老君日化有限责任公司
南安市嘉盛香精香料有限公司
北京桑普生物化学技术有限公司厦门办事处
福建省格林春天科技有限公司
广州和氏璧化工材料有限公司厦门办事处
厦门优玛捷实业有限公司
厦门华强达生物科技有限公司
厦门市庆霖香精香料有限公司
晋大纳米科技(厦门)有限公司
厦门琥珀日化科技股份有限公司
厦门金帝龙香精香料有限公司
厦门馨米兰香精香料有限公司
厦门金泰生物科技有限公司
南丰县大信科技有限公司
江西威科油脂化学有限公司
江西福达香料化工有限公司
南昌市龙然实业有限公司
山东利尔康医疗科技股份有限公司
菏泽润鑫生物科技有限公司
济南圣泉集团股份有限公司
济南尤爱生物技术有限公司
济宁南天农科化工有限公司
临沂高维新材料有限公司
青岛东丽塑业有限公司
青岛方达化工有限公司
山东德创精化科技有限公司

枣庄富瑞迪化工有限公司
惠州市舜丰印材科技有限公司武汉办事处
武汉中科光谷绿色生物技术有限公司
武汉市帝科化工有限公司
武汉领本科技有限公司
武汉新越铭塑料有限公司
东莞市嘉宏有机硅科技有限公司
东莞市锐达涂料有限公司
东莞市润丽华实业有限公司
东莞市源丰印刷材料科技有限公司
广东佳景科技股份有限公司
广东英科集团
佛山市天恩造纸材料有限公司
佛山市澳依隆香精香料有限公司
佛山市南海区运通晨塑料助剂有限公司
北京桑普生物化学技术有限公司广州办事处
广州申悦贸易有限公司
广州市三国新材料有限公司
广州逸朗生物科技有限公司
广州枫灵生物技术有限公司
广州幻木科技有限公司
广州市燊格喷涂设备有限公司
广州市拓瑞科技有限公司
广州市志贺化工有限公司
广州塑宝材料科技有限公司
广州西克化工技术有限公司
广州绣黛生物科技有限公司
广州享安精细化工有限公司
禾大中国广州分公司
金发科技股份有限公司
广州中大药物开发有限公司
博罗县竣成涂料有限公司
博罗县上禾水墨有限公司
惠州织信实业发展有限公司
广东锦龙源印刷材料有限公司
清远市美若科新材料有限公司
英德市捷成化工有限公司
贝壳派创新科技(深圳)有限公司
深圳市飞扬特化新材料有限公司
杜邦中国集团有限公司
深圳波顿香料有限公司
中山创美涂料有限公司
中山市东朋化工有限公司
中山市辉荣化工有限公司
佛山市美嘉新材料有限公司
海南南洋芦荟生物工程(美国)有限公司
成都川绿塑胶有限公司
成都托展新材料股份有限公司
成都科宏达科技有限公司
贵州金彩包装制品有限公司
陕西华润实业公司
陕西省石油化工研究设计院
西安吉利电子新材料股份有限公司
西安康旺抗菌科技股份有限公司
西安亮剑科技有限公司
西安三业精细化工有限责任公司
亚马逊化工有限公司

● 包装及印刷 Packing and printing

北京联宾塑胶印刷有限公司
北京雄鹰彩虹油墨有限公司
天津尚好卫生材料有限公司
天津市华恒包装材料有限公司
天津鲲鹏包装材料有限公司
天津天行远恒精密材料包装科技有限公司
天津市奉佳塑胶印业有限公司
天津倍优诺塑料制品科技有限公司
宏观世纪(天津)科技股份有限公司
天津安顺工贸有限公司
天津恒和包装印刷有限公司
天津市侨阳印刷有限公司
保定宝理塑研塑料有限公司
保定市宏信彩印有限公司
保定市华恒彩印有限公司
保定市旺拓包装材料有限公司
安新县佳泰包装材料有限公司
保定奥达机械设备科技有限公司
保定金泰彩印有限公司
保定琳悦彩印有限公司
保定蒙恩彩印有限公司
保定市诚信彩印有限公司
保定市富泰彩印有限公司
保定市惠淋纸制品有限公司
保定市嘉轩彩印有限公司

保定市建美彩印有限公司
保定市蓝图彩印包装有限公司
保定市龙跃彩印有限公司
保定市茂源彩印有限公司
保定市鹏达彩印有限公司
保定市旗洋彩印有限公司
保定市万军彩印有限公司
保定市祥永彩印有限公司
保定市炫宇彩印有限公司
河北龙翔彩印有限公司
保定市保运制版有限公司
河北领成包装材料科技有限公司
河北志腾彩印有限公司
雄县华飞塑料制品厂
雄县华旭纸塑包装制品有限公司
雄县聚聚升纸塑包装制品有限公司
雄县凯宇塑料包装有限公司
雄县朗丰塑料制品有限公司
雄县利峰塑业有限公司
雄县孟氏制版有限公司
雄县鹏程彩印有限公司
雄县全利纸塑包装有限公司
雄县双龙塑业包装有限公司
雄县同益包装制品有限公司
雄县旺达塑料包装制品有限公司
雄县向阳制版有限公司
雄县新亚包装材料有限公司
雄县雄州镇铭润塑料包装厂
雄县永生塑料制品有限公司
沧县恒信塑料包装材料厂
沧县力给力塑料制品有限公司
沧县鹏龙塑料制品厂
沧州沧盛塑业有限公司
沧州亚宏塑业有限公司
沧州中天塑料制品有限公司
威县永铁达塑料制品有限公司
东光县佳禾塑料厂
东光县德海塑业有限公司
华冠薄膜有限公司
沧州永超塑料包装有限公司
河北嘉煜隆塑胶科技有限公司
深州骏邦包装材料科技有限公司
深圳朗美包装科技有限公司
衡水林明数码彩印有限公司
霸州市兴基元包装有限公司
石家庄华纳塑料包装有限公司
石家庄宸美包装设计有限公司
河北名平包装制品有限公司
河北向晨塑业有限公司
河北鑫时代科技有限公司
河北福美达包装制品有限公司
邢台北人印刷有限公司
夏县晋昌塑料制品有限公司
大连建峰印业有限公司
大连黑马塑料彩印包装有限公司
大连金州鑫林工贸有限公司
大连骏懿柔版科技有限公司
大连业茂塑料制品有限公司
大连品冠环保包装科技有限公司
大连荣华彩印包装有限公司
大连盛诺包装制品有限公司
大连九龙包装材料有限公司
凤城市众合纸业有限公司
凤城市众合纸业有限公司沈阳办事处
开原市北方塑料制品厂
哈尔滨博泰包装有限公司
黑龙江瀚图印刷有限公司
华彩印务有限公司
巨圆纸业(上海)有限公司
得水(上海)印刷科技发展有限公司
美迪科(上海)包装材料有限公司
上海创众包装有限公司
上海华悦包装制品有限公司
上海众美包装有限公司
福瑞森图像技术(上海)有限公司
山西运城制版集团股份有限公司
上海诺玖包装材料有限公司
上海五条特殊纸业有限公司
上海永明印务有限公司
上海运城制版有限公司
上海福助工业有限公司
上海劲光无纺布制品有限公司
上海凯建实业有限公司
北京联宾塑胶印刷有限公司上海分公司
上海吉周实业有限公司
上海欧晟包装材料有限公司

上海溢俐印刷材料有限公司
上海英耀激光数字制版有限公司
上海中浩激光制版有限公司
上海紫丹印务有限公司
上海紫江企业集团股份有限公司
上海紫泉标签有限公司
柯达(中国)投资有限公司
上海臻胜包装材料有限公司
知为(上海)实业有限公司
东欢实业(上海)有限公司
上海合和纸业有限公司
上海奕博包装材料有限公司
上海英联商标印刷有限公司
二陆国际贸易(上海)有限公司
上海澳科利印刷机械有限公司
上海芳辉印刷有限公司
上海灏砺包装制品有限公司
上海宏旺印务科技有限公司
上海灵博塑料包装有限公司
上海莘茂激光科技有限公司
上海市松江印刷厂有限公司
上海思广包装材料有限公司
上海杨氏纸业有限公司
上海以琳印务有限公司
上海毅勤包装材料有限公司
优尼孚斯包装设计(上海)有限公司
芬欧蓝泰标签(中国)有限公司上海分公司
济丰包装(上海)有限公司
英特奈国际纸业投资(上海)有限公司
住化塑料化工贸易(上海)有限公司
上海铁路印刷有限公司
富林特油墨(上海)有限公司
上海 DIC 油墨有限公司
阪田油墨(上海)有限公司
上海东洋油墨制造有限公司
安徽可爽贸易有限公司
常州豪润包装材料股份有限公司
常州市南天电子印刷系统工程有限公司
金湖县昱荣塑业有限公司
盱眙洁风纸制品有限公司
南京翱轩包装材料有限公司
南京华沣精彩包装材料有限公司
南京长祥包装材料有限公司
南京海容包装制品有限公司
南京君子风包装制品有限公司
南京旺福包装制品实业有限公司
南京运城制版有限公司
南京邦诚科技有限公司
南京鸿裕久精密模具有限公司
南通市崇川区传浩塑料制品商行
江苏广达医材集团有限公司
南通市现代印务有限责任公司
苏州工业园区汇统科技有限公司
通源塑胶工业(苏州)有限公司
常熟富士包装有限公司
苏州众和软包装技术有限公司
江苏彩华包装集团有限公司
江苏福泰涂布科技股份有限公司
昆山华满仓离型材料有限公司
昆山晶世通纸业有限公司
昆山晶悟包装科技有限公司
昆山科世茂包装材料有限公司
上海壮硕印刷科技有限公司
圣琼斯包装(昆山)有限公司
苏州吉仕达塑胶制品有限公司
吴江市诚石塑料包装厂
吴江市天成包装印刷有限公司
苏州三瑞医用材料有限公司
苏州宏昌包装材料有限公司
苏州龙轩包装有限公司
苏州志成印刷包装有限公司
苏州德莱美包装材料有限公司
张家港市利民服饰塑料包装有限公司
江苏金宇彩印包装有限公司
上海嘉和包装制品有限公司
无锡海之源彩印包装有限公司
无锡联合包装有限公司
无锡市金广顺包装有限公司
江阴宝柏包装有限公司
江阴宫元塑料有限公司
江阴利邦印刷有限公司
无锡海江印染有限公司
无锡市通和包装材料有限公司
江苏利特尔绿色包装股份有限公司
韩亚新材料科技(江苏)有限公司
无锡市好伴侣纸塑有限公司

徐州市万兴塑料包装有限公司
扬州市浩越塑料包装彩印有限公司
扬州市华裕包装有限公司
丹阳富丽彩印包装有限公司
江苏大亚印务有限公司
江苏中彩印务有限公司
江苏宏亿彩印有限公司
江苏彩赫新材料科技有限公司
江阴市兴隆特种油墨有限公司
杭州富阳荣堂纸筒芯厂
浙江明日控股集团股份有限公司
杭州粤盛包装有限公司
杭州新约包装科技有限公司
杭州晟晖包装材料有限公司
杭州临安美文彩印包装有限公司
杭州蓝景包装技术开发有限公司
杭州嵩阳印刷实业有限公司
杭州新光塑料有限公司
杭州哲涛印刷有限公司
杭州力源塑业有限公司
爱彼(杭州)创新品牌管理有限公司
俐特尔(杭州)包装材料有限公司
浙江立丰新材料有限公司
湖州众恒包装有限公司
湖州刻强制版有限公司
长兴添辰模具有限公司
海宁市鑫盛包装有限责任公司
海宁运城制版有限公司
浙江天润包装印刷有限公司
浙江长海包装集团有限公司
嘉善康弘激光制版有限公司
嘉兴市旺盛印业有限公司
浙江新合发联宾包装科技有限责任公司
嘉兴市月河纸业有限公司
金华市伸华包装材料有限公司
金华忠信环保科技股份有限公司
金华市海洋包装有限公司
金华市联宾塑料制品有限公司
金华市色派新材料科技有限公司
浙江虎跃包装材料有限公司
兰溪市嘉华塑业有限公司
金华市新天地塑料包装有限公司
义乌市刻丽儿包装材料有限公司
义乌市七彩塑料包装有限公司
义乌市润安印刷有限公司
义乌市神星塑料制品有限公司
义乌市文帅塑料制品有限公司
浙江华川实业集团有限公司
浙江金博彩印包装有限公司
浙江铭悦包装有限公司
浙江诚远包装印刷有限公司
浙江诚信包装有限公司
宁波瑞成包装材料有限公司
浙江一封包装有限公司
宁波伊东包装彩印有限公司
宁海久业包装材料有限公司
宁波思达克斯机械科技有限公司
宁波海纳印业有限公司
宁波华丰包装有限公司
宁波全成包装有限公司
宁波鸿雁包装材料有限公司
浙江佳尔彩包装有限公司
浙江中塑包装印务有限公司
绍兴柯桥华泰印刷有限公司
绍兴添彩纸业有限公司
绍兴市华富彩印厂
浙江汇华包装有限公司
浙江科库塑业有限公司
浙江跃发新材料有限公司
台州市路桥富达彩印包装厂
温岭市石塘华雅塑料包装厂
浙江正鹏包装有限公司
龙港市万泰印业有限公司
温州华南印业有限公司
温州深蓝印刷有限公司
温州市宏科印业有限公司
温州市亚庆印业有限公司
温州新美印业有限公司
浙江远大塑胶有限公司
浙江金石包装有限公司
超运控股有限公司
温州富嘉包装有限公司
温州加峰彩印有限公司
温州新彩无纺布制品有限公司
温州永信印业有限公司
洋紫荆油墨股份有限公司
金华贝尔油墨有限公司
浙江明伟油墨有限公司
安庆市宜人纸塑包装材料有限公司
安徽繁荣包装有限公司

安徽国泰印务有限公司
安徽嘉美包装有限公司
安徽金科印务有限责任公司
安徽松泰包装材料有限公司
安徽兴达集团有限公司
桐城市天鹏塑胶有限公司
蚌埠天成包装科技股份有限公司
来安县金晨包装实业有限公司
安徽比利包装新材料有限公司
阜阳市民汇印刷有限责任公司
合肥市皖梦塑料制品有限公司
安徽天龙超彩包装有限公司
合肥永恒包装材料有限公司
黄山徽冠包装材料有限公司
黄山精工凹印制版有限公司
和县伟玲塑业有限公司
铜陵尚美新材料包装有限公司
芜湖市国俊塑业有限公司
芜湖市惠强包装有限公司
广德鸿毓印务包装有限公司
福建省兴春包装印刷有限公司
福州市长乐区九洲包装有限公司
福州新发隆针织印染有限公司
福建省莆田市兴源塑料制品有限公司
福建晋江福达利彩印有限公司
福建凯达集团有限公司
福建莱昂纸制品有限公司
福建省晋江市塘市塑料厂
福建省凯安包装科技有限公司
福建省优源包装用品有限公司
恒信塑料彩印有限公司
晋江豪兴彩印有限公司
晋江和嘉彩印有限公司
晋江宏冠印刷有限公司
晋江市华荣塑料印刷有限公司
晋江市环驰进出口贸易有限公司
晋江市绿色印业有限公司
晋江市新合发塑胶印刷有限公司
晋江市新容塑料制品有限公司
晋江市月光塑料制品有限公司
晋江市兆安科技股份有限公司
晋江住友塑料有限公司
晋江宗源彩印有限公司
泉州煌祺彩印有限公司
泉州市富邦包装用品有限公司
泉州市哲鑫彩色包装用品工贸有限公司
泉州运城制版有限公司
泉州喜印包装有限公司
泉州金光彩印有限公司
泉州市晖达彩印有限公司
泉州市金泉油墨有限责任公司
泉州市洛江嘉利鑫纸品有限公司
泉州市七彩虹塑料彩印有限公司
福建宏泰塑胶有限公司
福建满山红新材料科技有限公司
福建省满利红包装彩印有限公司
福建省南盛彩印有限公司
塘塑软包装有限公司
龙海市明发塑料制品有限公司
南安市丰州仙海纸塑彩印加工厂
南安市俊红纸塑包装有限公司
南安市满山红纸塑彩印有限公司
南安市南洋纸塑彩印有限公司
泉州市玮鹏包装制品有限公司
厦门东锋新型包装材料有限公司
厦门吉宏包装科技股份有限公司
彩匠(厦门)印刷科技有限公司
厦门高发工贸有限公司
厦门市金田闽包装材料有限公司
厦门市新江峰包装有限公司
厦门市杏林意美包装有限公司
厦门顺峰包装材料有限公司
厦门德开欣包装有限公司
厦门晋元包装有限公司
厦门申达塑料彩印包装有限公司
瀚铖包装器械(厦门)有限公司
厦门金德威包装有限公司
漳州市铭晟精密制造有限公司
福建明禾新材料科技有限公司
龙海市明发塑料制品有限公司
龙海市侨发彩印包装有限公司
福建恒源包装材料有限公司
亚化(福建)油墨科技有限公司
江西彭彩新材料科技有限公司
江西昊瑞工业材料有限公司
江西汇明塑料彩印包装有限公司
南昌康宏彩印包装有限公司
南昌市辉达塑料彩印厂
江西金海环保包装有限公司
南昌诚鑫包装有限公司

南昌蓝域包装有限公司
山东豪泽包装有限公司
广饶县正泰复合包装彩印厂
山东承相印刷有限公司
山东华业包装科技股份有限公司
临沂顺华包装有限公司
山东诺诚包装科技有限公司
临沂骏达包装制品有限公司
临沂永祥塑料包装有限公司
临沂帝晨彩印包装有限公司
临沂明正彩印有限公司
临沂市友恒印业有限公司
郯城县金鑫复合彩印厂
郯城县鹏程印务有限公司
临沂格润包装制品有限公司
青岛浩宇包装有限公司
青岛欧亚包装有限公司
青岛勇盛佳包装制品有限公司
青岛市贤俊龙彩印有限公司
青岛宝乐得卫生用品有限公司
青岛红金星包装印刷有限公司
青岛瑞发包装有限公司
青岛美宝纸塑有限公司
青岛信盛塑料彩印有限公司
青岛南荣包装印刷有限公司
青岛美亚包装有限公司
日照八方纸业有限公司
肥城市鸿泰纸塑包装有限公司
安丘市安顺包装制品有限公司
安丘市翔宇包装彩印有限公司
山东永祥彩印包装有限公司
山东润佳新材料有限公司
山东多利达印务有限公司
潍坊市天辰彩印有限公司
潍坊圣堃塑胶科技有限公司
青州博睿包装印务有限公司
山东铭达包装制品股份有限公司
诸城现代包装有限公司
深圳市裕同包装科技股份有限公司
山东恒达品牌包装股份有限公司
山东联华印刷包装有限公司
安阳市普惠包装有限公司
河南龙飞彩印有限公司
孟津县夏华塑料彩色印刷厂
漯河市瑞博塑胶有限公司
南阳市宛美彩印包装有限公司
西峡县春风实业有限责任公司印刷分厂
新野县浩达塑料彩印有限公司
新乡市欧凯彩印包装有限公司
新县兴竹纸包装制品厂
河南海宁彩印有限公司
鹿邑鑫瑞包装有限公司
河南鹏达塑业有限公司
周口祥丰纸业科技有限公司
河南省龙源纸业股份有限公司
许昌嘉立包装材料有限公司
驻马店市圣源包装有限公司
湖北巴楚风印务有限公司
湖北中雅新材料股份有限公司
荆州荣成环保科技有限公司
荆州市恒昌塑料有限公司
十堰申达塑料制品有限公司
湖北省随州市中信印务有限责任公司
随州运城制版科技有限公司
湖北帝业塑业有限公司
武汉康佳顺瓦楞纸杯有限公司
武汉市天虹纸塑彩印有限公司
武汉雅都包装印刷有限公司
湖北彩虹纸制品有限公司
湖北仙福纸业有限公司
湖北银河包装供应链管理有限公司
武汉大业印刷有限公司
武汉东劲捷包装科技有限公司
武汉辉盈包装材料有限公司
武汉千艺塑料包装有限公司
武汉市建桥印务有限公司
武汉小月科技有限公司
武汉一新中大塑业有限公司
武汉亿旭包装彩印有限公司
武汉友发包装科技有限公司
武汉粤盛达纸业有限公司
武汉奔阳新材料科技有限公司
武汉天璇商贸有限公司
武汉阳光印刷有限公司
武汉市盛达纸业制品有限公司
武汉奥辉包装印刷有限公司
武汉红然包装有限责任公司
武汉华丽生物股份有限公司
武汉斯德隆科技发展股份有限公司
武汉恒大四方彩印有限责任公司

武汉市九益包装制品有限责任公司
陶氏化学(中国)投资有限公司武汉分公司
湖北立拓印刷有限公司
立胜兴印务(赤壁)有限公司
崇阳利丰塑业有限公司
湖北浩和智能包装科技有限公司
武汉市伟特化工有限公司
湖北恒鑫纸制品股份有限公司
孝感市豪顺包装有限公司
湖北德威包装科技有限公司
湖北合兴包装印刷有限公司
湖北恒德贾隆塑业有限公司
湖北金德包装有限公司
湖北新合发印刷包装有限公司
武汉环泰包装印务有限公司
湖北飞翔包装材料有限公司
湖北富思特材料科技集团有限公司
宜昌成技工贸有限公司
湖北宏裕新型包材股份有限公司
武汉英科水墨有限公司
武汉市威特油墨制造有限公司
岳阳楼区九一塑料制品厂
长沙市湘粤盛包装有限公司
长沙华茂彩印包装有限公司
长沙银腾塑印包装有限公司
广东铭丰包装材料有限公司
潮安县庵埠兴隆纸塑包装厂
潮安县丰辉印务有限公司
潮州市潮安区庵埠镇森大新包装材料厂
潮州市潮安区晨风纸塑包装厂
广东光阳制版科技股份有限公司
东莞市佰源包装有限公司
东莞市酬勤包装制品有限公司
东莞市海丰塑料包装有限公司
东莞市虎门联友包装印刷有限公司
东莞市嘉得盛包装制品有限公司
东莞市金安包装科技有限公司
东莞市金色包装制品有限公司
东莞市科艺塑料制品厂
东莞市莉莹胶袋有限公司
东莞市绿彩软包装有限公司
东莞市铭业包装制品有限公司
东莞市欧克华迪铝塑制品有限公司
东莞市双龙塑胶制品有限公司
东莞市拓鑫包装制品厂
东莞市涛鸿纸品包装有限公司
东莞市旺勇包装材料有限公司
东莞市晓铭实业有限公司
东莞市泳星塑胶包装材料有限公司
东莞市优品森业纸制品有限公司
东莞市致利包装印刷有限公司
东莞友嘉印刷有限公司
广东汉特包装材料有限公司
广东名顺环保包装科技有限公司
广东天元实业集团股份有限公司
广东博瑞医药包装印刷有限公司
佛山市高明大昌环保材料有限公司
佛山联控新材料有限公司
佛山市彩一杰印务有限公司
佛山市东茂模具版有限公司
佛山市冠贤彩印有限公司
佛山市南方包装有限公司
佛山市南海秉盈包装材料有限公司
佛山市南海港明彩印有限公司
佛山市南海恒晋彩印有限公司
佛山市南海区九江上西信诚塑料印刷厂
佛山市南海区科能达包装彩印有限公司
佛山市南海区星格彩印包装厂
佛山市南海区燕山印务有限公司
佛山市南海中彩制版有限公司
广东金威达彩印有限公司
广东万象包装有限公司
佛山市三水长丰塑胶有限公司
佛山市正道中印包装印刷有限公司
佛山艾美印刷有限公司
佛山市顺德区奥达尼包装印刷有限公司
佛山市顺德区冠发印刷包装有限公司
广东顺德锦美智能识别科技股份有限公司
顺德金粤盛塑胶彩印有限公司
广东多田印务有限公司
广州奇川包装制品有限公司
广州新文塑料有限公司
广州奥奇无纺布有限公司
广州友嘉印刷包装有限公司
广州市世赞防伪技术开发有限公司
广州市粤盛工贸有限公司
广州德昌化工科技有限公司
广州八途包装材料有限公司
惠州市中之星色彩科技有限公司
惠阳区洪发胶袋彩印有限公司

广东宝德利新材料科技股份有限公司
广东基顺隆新型药用包装材料有限公司
广东美仑印务有限公司
江门市华威塑印有限公司
江门市广威胶袋印制企业有限公司
江门市致新包装材料有限公司
揭阳市榕城区梅云雄发塑料薄膜印刷厂
汕头市志成塑料有限公司
广东利农印刷包装有限公司
汕头市博彩包装印刷有限公司
汕头市蓬丰纸品包装有限公司
东莞市浩彩油墨科技有限公司
迪爱生(广州)油墨有限公司
富林特(广州)油墨有限公司
博罗石湾新欣和油墨涂料有限公司
广东天龙油墨有限公司
洋紫荆油墨(中山)有限公司
珠海市希友达油墨涂料有限公司
深圳市彩缤纷印刷包装有限公司
深圳市嘉丰印刷包装有限公司
超然塑胶包装制品(深圳)有限公司
鸿兴印刷(中国)有限公司
深圳豪艺塑料有限公司
深圳科宏健科技有限公司
深圳市奥丽彩包装制品厂
深圳市迪莱特实业有限公司
深圳市森广源实业发展有限公司
深圳市思孚纸品包装有限公司
深圳市微微数码有限公司
深圳市英杰激光数字制版有限公司
深圳市众力恒塑胶有限公司
深圳友邦塑料印刷包装有限公司
深圳市佳润隆印刷有限公司
东莞市天姿彩印刷有限公司
深圳市爱尔科技实业有限公司
深圳市明艺达塑胶制品有限公司
深圳市润基包装制品有限公司
深圳市天际伟业包装制品有限公司
深圳市安合盛胶袋厂
深圳市咏胜印刷有限公司
广东罗定市华圣塑料包装有限公司
中山市朗科包装有限公司
中山市小榄镇洲恒塑料五金制品厂
中山市永宁包装印刷有限公司
珠海市柏洋塑料包装印刷厂
珠海市嘉德强包装有限公司
广西品田包装有限公司
柳州欧业印务有限公司
广西乐达包装有限公司
广西南宁强康塑料彩印包装有限公司
宾阳县富丽塑料彩印厂
南宁市金彩桐木瓜纸业有限公司
广西南宁金木瓜纸业有限公司
广西风采印业有限公司
容县宇光彩色印刷厂
玉林市玉州区美印通印刷包装制品厂
重庆市华安包装装璜印务有限公司
重庆市维华包装印务有限公司
重庆市金非凡塑料包装有限公司
重庆四平塑料包装股份有限公司
重庆嘉峰彩印有限公司
成都东顺塑胶有限公司
成都市星海峰包装有限公司
四川省成都市雄州彩印有限责任公司
成都市先平包装印务有限公司
成都市迅驰塑料包装有限公司
成都五牛壮达新材料有限公司
成都川欧科技有限公司
成都市越骐印务有限责任公司
四川源亨印刷包装有限公司
四川永盛印务有限公司
四川欣华盛包装印务有限公司
贵州永吉印务股份有限公司
贵州金马包装材料有限公司
贵州金彩包装制品有限公司
昆明金津塑料包装印刷有限公司
云南嘉泰实业有限公司
昆明华安印务有限公司
昆明泽华工贸有限公司
云南泰誉实业有限公司
西安兰韵印务有限公司
兰州万鑫彩印有限公司
青海润森纸塑制品有限公司
中盐宁夏金科达印务有限公司
宁夏紫荆花腾飞塑料包装印刷有限公司
库尔勒东昇塑料彩印包装厂
大翰翔企业股份有限公司
光华纸业(香港)有限公司
永太和印刷(集团)实业有限公司

设备器材生产或供应
Manufacturers and suppliers of equipment

● 卫生纸机 Tissue machine

安德里茨(中国)有限公司北京分公司
维美德(中国)有限公司
天津天轻造纸机械有限公司
保定市昌达造纸机械有限公司
保定市飞创机械科技有限公司
保定市维拓造纸机械有限公司
保定市晨光造纸机械有限公司
丹东市龙山造纸设备厂
丹东正益机械制造有限公司
辽阳造纸机械股份有限公司
沈阳春光造纸机械有限公司
白城福佳科技有限公司
黑龙江鑫源达国际贸易有限公司
兼松(中国)有限公司
切利(上海)机械设备有限公司
上海守谷国际贸易有限公司
拓斯克造纸机械(上海)有限公司
上海轻良实业有限公司
意特安(上海)贸易有限公司
艾博(常州)机械科技有限公司
福伊特造纸(中国)有限公司
江苏华东造纸机械有限公司
欧米特(苏州)机械有限公司
安德里茨(中国)有限公司无锡分公司
江阴市鼎昌造纸机械有限公司
徐州市东杰造纸机械有限公司
盐城市金本机械设备有限公司
金顺重机(江苏)有限公司
杭州维美德机械有限公司
川之江机械设备(嘉兴)有限公司
邹平县北方造纸机械厂
济南瑞联造纸技术有限公司
山东伊斯泰造纸机械有限公司
山东金拓亨机械有限公司
山东福华造纸装备有限公司
山东华林机械有限公司
山东欧佩德昌华华林造纸机械有限公司
山东信和造纸工程股份有限公司
山东凯信重机有限公司
青州永正造纸机械有限公司
山东方源众和机械有限公司
山东汉通奥特机械有限公司
诸城市大正机械有限公司
诸城市明大机械有限公司
诸城市新日东机械厂
诸城市亿升机械有限公司
诸城市永利达机械有限公司
诸城市增益环保设备有限公司
山东鲁台造纸机械集团有限公司
山东海天造纸机械有限公司
淄博全通造纸机械有限公司
沁阳市第一造纸机械有限公司
沁阳市顺合机械制造厂
郑州市光茂机械制造有限公司
东莞美捷造纸技术有限公司
东莞市新易恒机械有限公司
安德里茨(中国)有限公司
佛山市宝索机械制造有限公司
佛山市南海区宝拓造纸设备有限公司
广州市番禺金晖造纸机械设备厂
维美德造纸机械技术(广州)有限公司
江门欧佩德晶华轻工机械有限公司
江门市新会区睦洲机械有限公司
乐山飞鸿机械有限责任公司
四川省井研轻工机械厂
四川省宜宾市联盛进出口有限公司
中国联合装备集团宜宾机械有限公司
贵州盛泰源精工装备有限责任公司
陕西炳智机械有限公司
清来机械有限公司

● 废纸脱墨设备 Deinking machine

安德里茨(中国)有限公司北京分公司

奇雅检测科技(上海)有限公司
宁波市联成机械有限责任公司
福建省轻工机械设备有限公司
青岛美光机械有限公司
普瑞特机械制造股份有限公司
山东方源众和机械有限公司
山东惠祥专利造纸机械有限公司
诸城市大正机械有限公司
诸城市利丰机械有限公司
诸城市明大机械有限公司
诸城市新日东机械厂
诸城市永利达机械有限公司
诸城市增益环保设备有限公司
郑州运达造纸设备有限公司
广州市番禺金晖造纸机械设备厂

● 造纸烘缸、网笼 Cylinder and wire mould

保定市金福纸品机械有限公司
丹东市盛兴造纸机械有限公司
丹东新兴造纸机械有限公司
拓斯克造纸机械(上海)有限公司
溧阳市江南烘缸制造有限公司
溧阳市兴达机械有限公司
苏州远界工业技术服务有限公司
福伊特造纸(中国)有限公司
江苏华东造纸机械有限公司
安德里茨(中国)有限公司无锡分公司
无锡求和不锈钢有限公司
金顺重机(江苏)有限公司
杭州富阳小王纸机配件经营部
济南东昇造纸机械有限公司
济南市长清区育才机械厂
山东信和造纸工程股份有限公司
山东鲁台造纸机械集团有限公司
山东恒星股份有限公司
东莞市神点纳米喷涂科技有限公司
东莞市中堂亨利飞造纸机械厂
安德里茨(中国)有限公司
江门市新会区睦洲机械有限公司
廉江市莲达机械设备厂
元帅金属工业股份有限公司

● 造纸毛毯、造纸网 Felt and wire cloth

饶阳县亨利网厂
日本辉尔康株式会社上海代表处
上海新台硕金属网有限公司
维美德织物(中国)有限公司
上海弘纶工业用呢有限公司
上海金熊造纸网毯有限公司
上海博格工业用布有限公司
日惠得造纸器材(上海)贸易有限公司
海门市工业用呢厂
江苏金呢工程织物股份有限公司
南通市加目思铜网有限公司
苏州嫦娥造纸网毯有限公司
吴江凯富纺织工业有限公司
阿斯顿强生技纺(苏州)有限公司
徐州三环工业用呢科技有限责任公司
徐州工业用呢厂
江苏新风网业有限公司
浙江华顶网业有限公司
安徽省华瑞网业有限公司
安徽太平洋特种网业有限公司
太和县华晟网业有限公司
太和县天都网业有限公司
安徽荣辉造纸网有限公司
安徽华辰造纸网股份有限公司
江西双环造纸网毯实业有限公司
山东鑫祥网毯织造有限公司
潍坊市银龙工业用呢有限公司
潍坊振兴天马工业用呢有限公司
博爱县博瑞特钢制品有限公司
河南猛犸进出口贸易有限公司
郑州非尔特网毯有限公司
河南荣信织造有限公司
河南万邦网业有限公司
沈丘县汇丰网业有限公司
仙桃市隆昌造纸网有限公司
仙桃市永兴造纸网有限公司
佛山市新普瑞化纤织造有限公司

东莞市道滘经纬不锈钢网厂
东莞市业兴网毯有限公司
重庆倍宜贸易有限公司
四川环龙技术织物有限公司
乐山金福呢业有限公司
四川邦尼德织物有限公司
西安兴晟生态环境有限公司
西安祺沣网业股份有限公司

● 生活用纸加工设备 Converting machinery for tissue products

保定市金福纸品机械有限公司
保定市昌达造纸机械有限公司
保定市江泰机械制造有限公司
保定市满城区全新机械厂
保定市卓润机械配件加工有限公司
泊头市联瑞机械设备制造有限公司
河北格润思机械制造有限公司
石家庄沃佳智能科技有限公司
大连明珠机械有限公司
丹东市龙山造纸设备厂
长春市兴利达机械制造有限公司
特艺佳贸易(上海)有限公司
上海匡斧实业有限公司
上海佳竞机械有限公司
柯尔柏纸业科技(上海)有限公司
上海萝辐国际贸易有限公司
意特安(上海)贸易有限公司
斯伊利商贸(上海)有限公司
常州宁晨机械设备有限公司
一重集团常州华冶轧辊股份有限公司
常州永盛新材料装备股份有限公司
常州东骏胶辊制造有限公司
连云港恒宇无纺机械有限公司
连云港创佳自动化科技有限公司
连云港佳盟机械有限公司
连云港鹏程机械有限公司
连云港市向阳机械有限公司
连云港市新浦区新星纸品加工设备厂
南京库伯瑞机电有限公司
南通市海门国峰刀片有限公司
苏州工业园区汇统科技有限公司
苏州诺亨机械有限公司
太仓市兴良造纸制浆成套设备有限公司
苏州尼克拉斯机电有限公司
江阴市飞盛机械有限公司
江阴市科盛机械有限公司
江阴市磊森机械有限公司
江阴市苏宏辊业有限公司
无锡市嘉瑞丰科技有限公司
盐城市金本机械设备有限公司
义乌市久业机械设备有限公司
瑞安市毅美机械有限公司
温州国宏机械有限公司
瑞安市天成包装机械有限公司
舟山中邦节能科技有限公司
福建海创智能装备股份有限公司
福建省明辉机械制造有限公司
福建通美信机械制造有限公司
晋江冠品进出口贸易有限公司
晋江市联德自动化设备有限公司
晋江市齐瑞机械制造有限公司
创大机械(福建)有限公司
福建省鑫运机械发展有限公司
泉州固德机械有限公司
泉州恒新纸品机械制造有限公司
泉州市华讯机械制造有限公司
泉州鑫达机械有限公司
泉州长洲机械制造有限公司
福建培新机械制造实业有限公司
厦门湘恒盛机械设备有限公司
厦门市北霖机械有限公司
厦门湘镒机械设备有限公司
欧克科技股份有限公司
新余市屹鑫机械制造有限公司
青岛金创利机械有限公司
青岛三安国际贸易有限公司
山东精诺机械股份有限公司
潍坊市同邦自动化设备有限公司
潍坊中顺机械科技有限公司
山东旭日东机械有限公司
诸城市德润机械加工厂
诸城市亿升机械有限公司

淄博大进造纸设备有限公司
淄博泰鼎造纸机械有限公司
河南省德凯隆纸品机械有限公司
河南大指造纸装备集成工程有限公司
许昌恒源纸品机械有限公司
许昌兄弟机械制造有限公司
郑州科宇机械设备有限公司
荆门市意祥机械有限公司
东莞市安其机械有限公司
东莞市大信自动化设备有限公司
东莞市鸿创造纸机械有限公司
东莞市佳鸣机械制造有限公司
东莞市佳溢丰机械制造有限公司
东莞市俊鸿自动化设备有限公司
东莞市万江德宝机械厂
东莞市维和科技有限公司
东莞市志鸿机械制造有限公司
佛山市金穗昌机械设备有限公司
佛山市蔡工工业机器人有限公司
佛山恒劲机械设备有限公司
佛山市爱津浓进出口贸易有限公司
佛山市邦贝机械制造有限公司
佛山市宝索机械制造有限公司
佛山市川科创机械设备有限公司
佛山市嘉和机械制造有限公司
佛山市科牛机械有限公司
佛山市南海美璟机械制造有限公司
佛山市南海铭阳机械制造有限公司
佛山市南海区贝泰机械制造有限公司
佛山市南海区德昌誉机械制造有限公司
佛山市南海区弘睿兴机械有限公司
佛山市南海区益邦机械厂
佛山市南海毅创设备有限公司
佛山市南海置恩机械制造有限公司
佛山市鹏轩机械制造有限公司
佛山市泰信达自动化设备有限公司
佛山市协合成机械设备有限公司
佛山市鑫志成科技有限公司
佛山市兆广机械制造有限公司
佛山聚实力科技有限公司
佛山尼川智能科技有限公司
御金(广东)机械科技有限公司
广东同帮科技有限公司
佛山市精拓机械设备有限公司
佛山市盛图科技有限公司
佛山市顺德区飞友自动化技术有限公司
广州探索技术有限公司
广州翰源自动化技术有限公司
惠州市惠润特实业有限公司
江门市蓬江区杜阮栢延五金机械厂
汕头市德宝利机械制造有限公司
深圳市瑞广自动化设备有限公司
深圳市元隆德科技有限公司
柳州市卓信自动化设备有限公司
柳州市世华机械设备有限公司
柳州市维特印刷机械制造有限公司
四川精虹机电设备有限公司
四川省宜宾市联盛进出口有限公司
国宏股份有限公司
侨邦机械有限公司
蚁兴机械股份有限公司
恒克企业有限公司
钜研精密机械有限公司
特艺佳国际有限公司
汉伟集团有限公司

● 卫生纸机和加工设备的其他相关器材配件 Other related apparatus and fittings of tissue machine and converting machinery

北京双易盛科技发展有限公司
北京威瑞亚太科技有限公司
杰为造纸技术服务(北京)有限公司
北京圣德安信科技发展有限公司
依博罗阀门(北京)有限公司
北京万丰力技术有限公司
北京远美来机械设备有限公司
北京恒捷科技有限公司
北京欧华金桥科技发展有限公司
北京优派特科技发展有限公司
北京高中压阀门有限责任公司
天津市邦特斯激光制辊有限公司

天津市兆川机电制造厂
保定市广润机械制造有限公司
保定市杰德机械设备制造有限公司
保定市满城区信达制辊厂
河北鸿达泵业有限公司
保定市昌达造纸机械有限公司
保定市诚信纸业有限公司
保定市飞创机械科技有限公司
保定市赫达造纸机械制造有限公司
保定市江泰机械制造有限公司
保定市满城区全新机械厂
保定市卓润机械配件加工有限公司
河北省满城鑫光造纸机械厂
保定市帅然包装机械制造有限公司
保定市晨光造纸机械有限公司
保定市宏联机械制辊有限公司
保定市新市区三兴制辊厂
保定市中通泵业有限公司
保定市润达机械制造有限公司
保定菲尔特过滤器材有限公司
河北智乐水处理技术有限公司
沧州市通用造纸机械有限责任公司
河北亚圣实业有限公司
枣强县鼎好玻璃钢有限公司
固安安腾精密筛分设备制造有限公司
石家庄诚信中轻机械设备有限公司
唐山天兴环保机械有限公司
巨鹿县浩达机械配件有限公司
运城制版有限公司
大连光扬轴承制造有限公司
大连明珠机械有限公司
杜博林(大连)精密旋接器有限公司
丹东新兴造纸机械有限公司
丹东鸭绿江磨片有限公司
沈阳市永达有色铸造厂
沈阳春光造纸机械有限公司
白城福佳科技有限公司
吉林市诚信实业有限责任公司
美睿(上海)工程制品有限公司
上海圣智机械设备有限公司
上海舒友橡胶制辊有限公司
上海晓国刀片有限公司
布鲁奇维尔(上海)通风技术有限责任公司
上海大晃泵业有限公司
上海洛泽机电设备有限公司
上海洗霸科技股份有限公司
德国 TKM 集团
德旁亭(上海)贸易有限公司
上海金旋旋转接头制造有限公司
上海迁川制版模具有限公司
上海荣毅华表面热喷涂工程有限公司
上海天竺机械刀片有限公司
友聚(上海)精工机具有限公司
维美德造纸机械技术(中国)有限公司
优泰克智能设备(上海)有限公司
上海村田激光技术有限公司
上海众邦制版科技有限公司
上海联净电子科技有限公司
上海纳维加特机电科技有限公司
上海全风机电设备有限公司
上海森明工业设备有限公司
上海林岑石油机械有限公司
大连苏尔寿泵及压缩机有限公司上海分公司
芬澜造纸技术(上海)有限公司
库沃真空科技(上海)有限公司
麦格思维特(上海)流体工程有限公司
诺德美克(上海)机械有限公司
Mtorres(上海)有限公司
上海诺川泵业有限公司
展东国际贸易(上海)有限公司
上海力林造纸真空机械有限公司
拜玛机械制造(上海)有限公司
好利旺机械(上海)有限公司
上海戴嵘科技有限公司
上海恩策机械设备有限公司
上海斐卓喷雾系统有限公司
上海茂控机电设备有限公司
上海冬慧辊筒机械有限公司
上海擎邦机电设备有限公司
上海旭欧轴承有限公司
斯普瑞喷雾系统(上海)有限公司
斯凯孚(中国)销售有限公司
西尔伍德机械贸易(上海)有限公司
泽积(上海)实业有限公司
康拓国际贸易(上海)有限公司
美国 J&L 制浆服务有限公司上海代表处

上海国峥贸易有限公司
上海基越工业设备有限公司
上海瑞治贸易有限公司
上海思百吉仪器系统有限公司
上海汇越印刷包装技术有限公司
上海沃安精密轴承有限公司
上海力顺燃机科技有限公司
上海欧倍全轴承有限公司
博路威(上海)机械科技股份有限公司
菲锐西(上海)贸易有限公司分公司
嘉兴埃富得机械有限公司上海分公司
兼松开吉开商贸(上海)有限公司
日惠得造纸器材(上海)贸易有限公司
山洋电气(上海)贸易有限公司
常州市盛高制辊机械有限公司
常州醒目包装机械有限公司
常州耐立德机械有限公司
江苏保龙机电制造有限公司
溧阳市江南烘缸制造有限公司
常州市坚力橡胶有限公司
常州高普拉斯特胶辊有限公司
常州航林人造板机械制造有限公司
常州卡瑞斯特花辊机械有限公司
常州龙驰花辊机械有限公司
常州市荣誉制辊有限公司
常州市武进广宇花辊机械有限公司
常州市武进海力制辊有限公司
常州市延政制辊厂
常州市颛项精密机械有限公司
常州泰田机械有限公司
欧专纺机配件(常州)有限公司
江苏周氏精密胶辊有限公司
江苏通鼓科技有限公司
安德里茨胶辊(常州)有限公司
常州市同友机械科技有限公司
常州市高娟机械有限公司
常州涢盛机电设备有限公司
连云港华露机械有限公司
南京安森机电设备有限公司
川源(中国)机械有限公司苏州分公司
南京磁谷科技股份有限公司
南京奈研新材料有限公司
南京欣沃机械设备有限公司
南京华洋机械刀具有限公司
南京金牌机械制造有限公司
南京乾锋机械设备有限公司
南京敏硕机械配件有限公司
生态环境部南京环境科学研究所
南京犇达机电科技有限公司
南通普瑞特透平科技有限公司
南通荣恒环保设备有限公司
南通市巨龙流体机械有限公司
南通通灵液压设备有限公司
启东春鼎机械有限公司
上鼓透平风机启东有限公司
江苏绿叶净化科技有限公司
常熟市奥欣复合材料有限公司
模德模具(苏州工业园区)有限公司
恩拓博智能装备(江苏)有限公司
昆山阿姆达精密刀具有限公司
昆山合力众泰机械设备有限公司
昆山科麦德智能科技有限公司
昆山龙腾跃达机械设备有限公司
昆山陆联力华胶辊有限公司
昆山盛晖机械科技有限公司
昆山市永丰水处理流体机械有限公司
昆山韦尔沃机电设备有限公司
昆山鑫帝科胶辊有限公司
昆山大风机械有限公司
昆山亚欧梭耶机械设备有限公司
昆山亚培德造纸技术设备有限公司
劳士领机械制造(昆山)有限公司
全风机电设备(昆山)有限公司
昆山旭欧轴承有限公司
苏州力华米泰克斯胶辊制造有限公司
苏州曼卡尔机械工程有限公司
苏州维多利亚自动化电气设备有限公司
太仓龙铁机械有限公司
奥胜制造(太仓)有限公司
苏州杰威尔精密机械有限公司
太仓布莱德刀锯有限公司
威世兰(太仓)工业科技有限公司
三浦工业(中国)有限公司
苏州嘉研橡胶工业科技有限公司
苏州科特环保股份有限公司
张家港市新精工轴承机电有限公司

张家港市新龙机械配件厂
康湃能动流体科技(江苏)有限公司
江苏飞跃机泵集团有限公司
江苏金利马重工机械制造有限公司
江苏美达天竺机械刀片有限公司
江苏仕宁机械有限公司
苏州旭欧轴承有限公司
无锡奥克特轴承有限公司
无锡市万邦机械制造厂
无锡市永昇轴承有限公司
江苏腾旋科技股份有限公司
凯登约翰逊(无锡)技术有限公司
无锡锐帆技术有限公司
无锡爱德旺斯科技有限公司
无锡鸿华造纸机械有限公司
无锡沪东麦斯特环境科技股份有限公司
无锡京阳辊业有限公司
无锡尚川机械有限公司
无锡维科通风机械有限公司
无锡正杨造纸机械有限公司
无锡市海燕高压泵阀厂
无锡市俊宝华蓝科技有限公司
博路威机械江苏有限公司
江阴申龙制版有限公司
江阴市百合机械有限公司
江阴市利伟轧辊印染机械有限公司
江阴市旭剑辊业科技有限公司
江阴市正阳机械有限公司
江阴市纸粕纺织机械有限公司
宜兴坤纬胶辊科技有限公司
宜兴申联机械制造有限公司
徐州光环皮带机托辊有限公司
徐州市东杰造纸机械有限公司
徐州三象机械有限公司
徐州市世安制辊模具厂
江苏贝斯特数控机械有限公司
江苏腾飞数控机械有限公司
江苏中福玛数控机械科技有限公司
江苏正伟机械有限公司
江苏信诺轨道科技有限公司
盐城市顺驰机械科技有限公司
扬州万政机电有限公司
麒浩精密机械(扬州)股份有限公司
尚宝罗江苏节能科技股份有限公司
镇江中森科技有限公司
丹徒区高资镇德龙花辊厂
江苏海德利热能设备制造有限公司
江苏大唐机械有限公司
江苏宏强电气集团有限公司
泰兴市华捷新材料有限公司
丹阳普德进出口商贸有限公司
扬州市超越胶辊厂
杭州玖点轻工机械有限公司
杭州奥荣科技有限公司
杭州华加造纸机械技术有限公司
杭州美辰纸业技术有限公司
杭州萧山美特轻工机械有限公司
杭州俊雄机械制造有限公司
杭州锐斯刀具有限公司
杭州顺隆胶辊有限公司
杭州天创环境科技股份有限公司
杭州天朗金属科技有限公司
杭州智玲无纺布机械设备有限公司
杭州神龙工业泵制造有限公司
云跃电驱科技(杭州)有限公司
浙江升祥辊业制造有限公司
浙江峥嵘瑞达辊业有限公司
海宁於氏龙电雕制版有限公司
嘉善晋信自润滑轴承有限公司
川之江机械设备(嘉兴)有限公司
嘉兴埃富得机械有限公司
嘉兴泰恩弹簧有限公司
东阳市莱驰环保科技有限公司
浙江杰能环保科技设备有限公司
金华市顺钧辊业制造有限公司
宁波市联成机械有限责任公司
益非亚(宁波)风机分级机科技有限公司
浙江省诸暨市中太造纸机械有限公司
台州大铭机械有限公司
台州瑞晶机电有限公司
台州兴达隆润滑设备有限公司
温州诺盟科技有限公司
温州市华威机械有限公司
温州市利普自控设备有限公司
温州市兴达印刷物资有限公司
浙江海盾特种阀门有限公司

瑞安市登峰喷淋技术有限公司
瑞安市金斯顿喷淋机械有限公司
瑞安市金邦喷淋技术有限公司
温州铭昌激光技术有限公司
温州市天铭印刷机械有限公司
浙江金砖机械科技有限公司
浙江力诺流体控制科技股份有限公司
浙江瑞萌控制阀有限公司
浙江青风环境股份有限公司
杭州中德传动设备有限公司
舟山市华方机械有限公司
久利刀具(马鞍山)有限公司
马鞍山市东信机械刀片厂
马鞍山市利豪机械刀片有限公司
马鞍山市上丰机械刀片厂
马鞍山市三峰机械制造有限公司
安徽大地机械科技有限公司
铜陵德路易机械制造有限公司
芜湖拓飞机电设备销售有限公司
闽清县恒利达机械配件销售中心
泉州市志鑫减速机电贸易有限公司
晋江市昊强机电科技有限公司
晋江顺应机电设备有限公司
泉州市聚实力科技有限公司
泉州优特机电设备有限公司
泉州市晋顺机械科技有限公司
德普惠(福建)自动化设备有限公司
瑞硕(厦门)商贸有限公司
厦门广业轴承有限公司
厦门市艾迪姆机械有限公司
厦门厦迪亚斯环保过滤技术有限公司
赣州恩创科技有限公司
江西金力永磁科技股份有限公司
江西洪都精工机械有限公司
新余市屹鑫机械制造有限公司
江西三机机电设备有限公司
山东顺通科技有限公司
滨州东瑞机械有限公司
山东杰锋机械制造有限公司
山东金信空调集团股份有限公司
济南瑞联造纸技术有限公司
济南优派特造纸技术有限公司
山东冠业智能装备有限公司
山东新港环保科技有限公司
山东华特达因健康股份有限公司
济南奥凯机械制造有限公司
济南华章实业有限公司
济南诺恩机械有限公司
山东华东风机有限公司
山东三牛机械集团股份有限公司
山东省章丘鼓风机股份有限公司
山东章丘市大星造纸机械有限公司
济南东昇造纸机械有限公司
济南市长清区育才机械厂
济宁华隆机械制造有限公司
山东华屹重工有限公司
山东奥凯机电设备有限公司
山东福华造纸装备有限公司
山东丰信通风设备有限公司
山东华迈机械科技有限公司
青岛栗林机械设备有限公司
青岛永创精密机械有限公司
青岛永泰锅炉有限公司
青岛恩斯凯精工轴承有限公司
青岛蒙特恩机械设备有限公司
普瑞特机械制造股份有限公司
潍坊科创浆纸工程有限公司
汶瑞机械(山东)有限公司
潍坊富源增压器有限公司
山东四海水处理设备有限公司
山东方源众和机械有限公司
山东汉通奥特机械有限公司
山东聚福源环保设备有限公司
山东鑫汇机械有限公司
山东旭日东机械有限公司
山东运通自动化设备有限公司
山东恒鼓风机有限公司
聊城金轮辊业有限公司
潍坊日东环保装备有限公司
诸城盛峰传动机械有限公司
诸城市大正机械有限公司
诸城市金隆机械制造有限责任公司
诸城市利丰机械有限公司
诸城市明大机械有限公司
诸城市天工造纸机械有限公司
诸城市新日东机械厂

诸城市亿升机械有限公司
诸城市永利达机械有限公司
诸城宇丰工贸有限公司
诸城泽亿机械有限公司
烟台华日造纸机械有限公司
滕州力华米泰克斯胶辊有限公司
滕州市德源高新辊业有限公司
山东中力高压阀门股份有限公司
山东精工泵业有限公司
淄博水环真空泵厂有限公司
山东晨钟机械股份有限公司
山东天瑞重工有限公司
淄博国信机电科技有限公司
淄博朗达复合材料有限公司
淄博昌平机械有限公司
济南市莱芜凤城铝合金有限公司
河南省德沁高新辊业有限公司
焦作市中联轻工机械厂
温县欣悦刀具厂
河南大指造纸装备集成工程有限公司
漯河鼎诚纸品机械有限公司
南阳市中创智能设备有限公司
南阳周氏精密科技有限公司
蓝海环境工程有限公司
许昌兴之胜商贸有限公司
巩义市曙光两相流泵厂
郑州磊展科技造纸机械有限公司
郑州永锐利制刀有限公司
郑州运达造纸设备有限公司
郑州奥尔威科技有限公司
河南锦弘网业有限公司
河南晶鑫科技股份有限公司
湖北广力轧辊有限公司
湖北博英精工科技股份有限公司
湖北艾维橡塑科技有限公司
湖北金亚制刀有限公司
湖北京阳橡胶制品有限公司
湖北行星传动设备有限公司
格瑞拓动力股份有限公司
贝尔喷雾系统(武汉)有限公司
武汉欣力特自动化工程有限公司
恩斯克投资有限公司武汉分公司
武汉法科瑞系统技术有限公司
上海新日升传动科技股份有限公司武汉分公司
武汉赛迪特机电科技有限公司
襄阳市誉达利精密机械有限公司
湖南晟明环保科技有限公司
湖南省亿旺机电制造有限公司
长沙鼎联热能科技有限公司
航天凯天环保科技股份有限公司
湖南三匠人科技有限公司
湖南正大轻科机械有限公司
湖南正鼎环境保护工程有限责任公司
雷勃电气(岳阳)有限公司
东莞市贝乐机电科技有限公司
东莞市宏昌荣机械有限公司
东莞市鸿创造纸机械有限公司
东莞市华星胶辊有限公司
东莞市惠得机械制造有限公司
东莞市科顺机电设备有限公司
东莞市绿慧环保设备有限公司
东莞市全风环保设备有限公司
东莞市沙田宏丰机电厂
东莞市万江科能保温技术服务部
东莞市新易恒机械有限公司
东莞市一新刀锯有限公司
东莞市粤丰废水处理有限公司
东莞市云峰机电科技有限公司
东莞市中堂亨利飞造纸机械厂
东莞市明利机械刀具有限公司
东莞市凌圣五金机电有限公司
广东周氏胶辊有限公司
苏州静冈刀具有限公司东莞分公司
佛山市壹行机电有限公司
佛山市珠江风机有限公司
佛山连冠科技有限公司
佛山市鼎天保护膜有限公司
佛山市工必利刀片有限公司
佛山市柯锐机械制造有限公司
佛山市南海成鑫五金机械厂
佛山市南海区洪昌聚发机电阀门有限公司
佛山市南海区键铧风机有限公司
佛山市南海区里水京阳胶辊制造有限公司
佛山市南海银水鱼机械有限公司
佛山市腾立科技有限公司
佛山市鑫美卓创制辊有限公司

广东志德胜科技有限公司
广东宝拓科技股份有限公司
佛山市顺德区北滘贝格尔制版厂
佛山市顺德区伟泓机械有限公司
佛山市佛诺斯除铁机械设备有限公司
佛山市顺德区新圆方机械有限公司
佛山市悦民节能科技有限公司
广东大华轴承有限公司
广州市优能燃烧系统有限公司
广州科毅工艺有限公司
广州热尔热工设备有限公司
广州市琅刻制版科技有限公司
广州市泓智机械有限公司
广东光泰激光科技有限公司
广州旭欧轴承有限公司
广州市南沙区东涌维进纸制品厂
川源(中国)机械有限公司广州分公司
广东大华创展传动科技有限公司
广州嘉琦印刷器材有限公司
广州市凯和科技有限公司
广州粤有研表面工程有限公司
迈德乐喷雾系统广州有限公司
斯普瑞喷雾系统(上海)有限公司广州分公司
广州龙铁机械有限公司
开平市水口镇宏兴造纸机械配件厂
江门市恒通橡塑制品有限公司
江门市宏轩环保工程有限公司
江门市双辉科技有限公司
江门市新会区坚润网带厂有限公司
江门市新会区园达工具有限公司
汕头市节能环保科技有限公司
深圳市天添电气有限公司
深圳瑞广劲传科技有限公司
深圳市哈德胜精密科技股份有限公司
深圳市日贸机电有限公司
深圳市威马机械装备有限公司
深圳市德伦金科技有限公司
中山市东成制辊有限公司
中山市黄圃镇建业机械铸造厂
柳州市立安联合刀片有限公司
三菱电机自动化(中国)有限公司重庆分公司
都江堰华西轻工机械有限责任公司
都江堰市智德机械加工厂
南方泵业股份有限公司
乐山飞鸿机械有限责任公司
四川三台剑门泵业有限公司
成都拓普环保设备有限公司
昆明弗格圣普科技有限公司
西安蓬勃橡胶有限公司
西安市临潼区英隆超硬材料厂
西安吉天机械制造有限公司
西安尚诚卡特工贸有限公司
西安维亚造纸机械有限公司
陕西欧润造纸机械有限公司
西安芬润造纸设备有限公司
西安迈拓机械制造有限公司
西安市漳浒造纸机械有限公司
西安亿帆动力科技有限公司
西安肖诚卡特工业有限公司
安佳康实业有限公司
百虹机械有限公司
九鸣实业有限公司
元帅金属工业股份有限公司
友瑜有限公司
维星生技有限公司
仁通实业有限公司
大明国际控股有限公司

● 吸收性卫生用品生产设备 Machinery for absorbent hygiene products

保定格润工贸有限公司
丹东北方机械有限公司
黑龙江鑫源达国际贸易有限公司
瑞光(上海)电气设备有限公司
特艺佳贸易(上海)有限公司
上海守谷国际贸易有限公司
法麦凯尼柯机械(上海)有限公司
上海智联精工机械有限公司
上海田威自动化设备有限公司
上海兴源东安电气有限公司
楹勐(上海)贸易有限公司
运城市圣炬印刷器材有限公司
江苏金华纸尿裤设备有限公司

江苏金卫机械设备有限公司
江苏平安医疗器械有限公司
江苏昇瑞机械制造有限公司
广东金明精机股份有限公司苏州办事处
昆山富瑞易精密模具有限公司
金湖县宏达卫生用品设备有限公司
金湖县宏大卫生巾设备有限公司
金湖三木机械制造实业有限公司
金湖中卫机械有限公司
张家港市阿莱特机械有限公司
张家港市久屹机械制造有限公司
杭州东巨实业有限公司
杭州海纳机械有限公司
杭州军锋机械有限公司
杭州珂瑞特机械制造有限公司
杭州同创实业有限公司
杭州智玲无纺布机械设备有限公司
嘉兴市峻龙机械设备有限公司
浙江新余宏智能装备有限公司
温州维顾德机械有限公司
金华市东巨机械设备有限公司
义乌市久业机械设备有限公司
瑞安市瑞乐卫生巾设备有限公司
瑞安市瑞丰机械厂
安庆市恒昌机械制造有限责任公司
安徽瑞程机械设备有限公司
黄山富田精工智造股份有限公司
创大机械(福建)有限公司
福建佳一机械制造实业有限公司
福建明辉机械有限公司
福建培新机械制造实业有限公司
泉州市智高机械制造有限公司
晋江锐杰源科技有限公司
晋江市顺昌机械制造有限公司
晋江市顺盛机械制造有限公司
晋江市五里古月机械厂
晋江海纳机械有限公司
聚宝科技机械有限公司
福建道普精工机械设备有限公司
泉州创达实业有限公司
泉州军威机械有限公司
泉州市明工机械制造有限公司
泉州智造者机械设备有限公司
泉州市汉威机械制造有限公司
泉州鑫达机械有限公司
松嘉(泉州)机械有限公司
泉州市兴远机械制造有限公司
厦门市格林特维无纺布复合材料有限公司
河南省邦恩机械制造有限公司
东莞快裕达自动化设备有限公司
东莞市新盛机械设备有限公司
东莞市信隆无纺布机械设备有限公司
佛山市南海安隆机械设备有限公司
佛山市顺德区智敏自动化设备有限公司
佛山市南海铭阳机械制造有限公司
广州市兴世机械制造有限公司
广州天续机械设备有限公司
江门汇科机械设备有限公司
中山市建通机械有限公司
东莞市恒耀超音波设备有限公司
垦信机械有限公司
汉伟集团有限公司
海纳智能装备国际控股有限公司

● 热熔胶机 Hot melt adhesive machine

诺信(中国)有限公司北京分公司
北京三土伟业科技发展有限公司
北京信义惠达机电设备有限公司
善持乐喷涂设备(上海)有限公司
上海国堂机械设备有限公司
广州市乐佰得喷涂设备有限公司上海分公司
诺信(中国)有限公司
上海协熔科技有限公司
上海华迪机械有限公司
法远建机械设备(上海)有限公司
上海善实机械有限公司
常州永盛新材料装备股份有限公司
金湖县赫尔顿热熔胶设备厂
金湖中卫机械有限公司
苏州博伦热熔胶机械有限公司
依工玳纳特胶粘设备(苏州)有限公司
苏州欧仕达热熔胶机械设备有限公司
无锡市浩帆涂布设备有限公司

无锡冉信热熔胶机械设备有限公司
无锡市吉睦泰克机械厂
杭州朗奇科技有限公司
德清德奥热喷涂有限公司
瑞安市佳源机械有限公司
瑞安市俊鼎达机械有限公司
浙江华安机械有限公司
浙江天泉表面技术有限公司
泉州市永泰机械设备有限公司
泉州市贝特机械制造有限公司
泉州市新威喷涂设备有限公司
泉州万鸿机械制造有限公司
泉州新日成热熔胶设备有限公司
福建省精泰设备制造有限公司
泉州德宏鑫热熔胶设备有限公司
阀科(厦门)进出口有限公司
上海善实机械(湖北)有限公司
东莞皇尚实业有限公司
东莞市久骧热熔胶喷涂科技有限公司
东莞市立乐热熔胶机械有限公司
东莞市诺达商贸有限公司
佛山市诺成机械有限公司
佛山市盛图科技有限公司
广州市乐佰得喷涂设备有限公司
广州市瑞双明自动化科技有限公司
诺信(中国)有限公司广州分公司
惠州市众鑫氟塑工业有限公司
江门市维立奥流体机械设备有限公司
江门市跨海自动化工贸有限公司
清远市腾科机械设备有限公司
深圳市腾科系统技术有限公司
深圳博天浩业技术有限公司
深圳沃尔特智能工业科技有限公司
深圳市班驰机械设备有限公司
深圳市锋骏机械设备有限公司
深圳市佳德力流体控制设备有限公司
深圳市嘉美高科系统技术有限公司
广东嘉美斯科技股份有限公司
深圳市柏顿堤科技有限公司
深圳金皇尚热熔胶喷涂设备有限公司
深圳诺胜技术发展有限公司
深圳市爱普克流体技术有限公司
深圳市皇信精密机械有限公司
深圳市鑫冠臣机电有限公司
深圳市鑫煌尚自动化科技有限公司
深圳市轩泰机械设备有限公司
深圳市伊诺威机电有限公司
深圳市晶诚高科技有限公司
中山晶诚机电设备有限公司
皇尚企业股份有限公司

● 配套刀具 Blade

北京代邦科技有限公司
北京金彩精机科技发展有限责任公司
北京伟伯康科技发展有限公司
北京优派特科技发展有限公司
北京中科博联环境工程有限公司
北京华恩表面工程技术有限公司
迪能科技(北京)有限公司
丹东博威磨片有限公司
上海永信模具材料有限公司
上海恩悌三义实业发展有限公司
上海弘道五金机械制造有限公司
上海镭茂精密机械设备有限公司
博乐特殊钢(上海)有限公司
上海汇越印刷包装技术有限公司
沪尖机械设备(上海)有限公司
常州美孚森贸易有限公司
常州市岚钨合金有限公司
金湖县华丰模具厂
南京松林刮刀锯有限公司
南京贝恒精密刀具有限公司
南京技锋刀具有限公司
南京雷德机械有限公司
南京锐鸿捷精密刀具有限公司
坂崎雕刻模具(昆山)有限公司
昆山德凯盛刃模有限公司
昆山新锐利制刀有限公司
昆山鑫陆达精密模具科技有限公司
苏州静冈刀具有限公司
苏州力刀精密机械制造有限公司
苏州市代尔蒙特刀具厂
靖江洛克威尔机械制造有限公司
海博锐材料科技(无锡)有限公司

麒浩精密机械(扬州)股份有限公司
扬州裕龙砂轮有限公司
丹阳优玛机械设备有限公司
杭州博家五金机械有限公司
杭州同创实业有限公司
杭州萧山皓和科技有限公司
浙江嘉兴金耘特殊金属有限公司
舟山市华驰塑料机械有限公司
马鞍山市正吉机械科技有限公司
安徽锋利锐刀片制造有限公司
安徽恒锐机械制造有限公司
安徽华天机械股份有限公司
安徽嘉龙锋钢刀具有限公司
安徽金凯机械刃模具制造有限公司
马鞍山市飞华机械模具刀片有限公司
马鞍山市飞鹰刀片有限公司
马鞍山市锋尔利机械刀片科技有限公司
马鞍山市锋特利机械刃模具有限公司
马鞍山市富源机械制造有限公司
马鞍山市海格曼机械设备有限公司
马鞍山市杭氏精密机械刀模有限公司
马鞍山市恒利达机械刀片有限公司
马鞍山市宏特机械刃模有限公司
马鞍山市沪云机械刀片有限公司
马鞍山市华美机械刀片有限公司
马鞍山市金彩机械厂
马鞍山市铠莱锐机械设备有限公司
马鞍山市利成刀片制造厂
马鞍山市天元机械制造有限公司
马鞍山市万鼎冶金机械刀片厂
马鞍山市威马机械设备有限责任公司
马鞍山市新兴数控刃模有限公司
马鞍山市旭光精密模具制造有限公司
马鞍山市杨氏机械科技有限公司
马鞍山市一诺机械刀具有限公司
马鞍山市裕新机械刀具厂
马鞍山市源锦机械设备有限公司
马鞍山市智新纳米材料有限公司
马鞍山市中亨机械厂
马鞍山市中捷锻压机床有限公司
马鞍山远洲工业刀片制造有限公司
马鞍山市连杰机械刀片销售有限公司
马鞍山市三峰机械制造有限公司
泉州市东龙塑胶机械有限公司
晋江市安海镇斯达五金商行
晋江市恒超机械制造有限公司
晋江市明海精工机械有限公司
晋江市荣超机械制造有限公司
晋江特锐模具有限公司
泉州恒锐机械制造有限公司
泉州翔锐机械有限公司
南安市龙山轻工机械有限公司
三明市普诺维机械有限公司
三明市宏立机械制造有限公司
三明市锐格模切科技有限公司
青岛大青精工有限公司
武汉鲁班带钢有限公司
武汉五岳科技发展有限公司
湖北三盛刀锯有限公司
湖北华鑫科技股份有限公司
襄阳市誉达利精密机械有限公司
东莞桦桠刀具有限公司
东莞世腾模具机械有限公司
东莞市航宇智能装备有限公司
东莞市祺中五金机械有限公司
东莞市神点纳米喷涂科技有限公司
东莞市长盛刀锯有限公司
东莞市腾瑞刀模有限公司
佛山市禅城区青山精密模具厂
佛山市嘉明工业设备有限公司
佛山市一元机电有限公司
佛山市粤峤精密刀具有限公司
江门市金欣科技有限公司
坂崎雕刻模具(深圳)有限公司
深圳市凯石精密模具有限公司
广州市哥哈德贸易有限公司
中山市全鑫达机械模具有限公司
柳州市恒丰利刀具有限公司
重庆斯凯力科技有限公司
成都鲁川科技有限公司
成都新利精密刀具有限公司
成都惠凯达科技有限公司
西安市漳浒造纸机械有限公司
睿亿机械股份有限公司

● 吸收性卫生用品生产设备的其他配件
Other fittings of machinery for absorbent hygiene products

北京京和资材商贸有限公司
河北际华玄德智能科技股份有限公司
保定菲尔特过滤器材有限公司
大连品冠环保包装科技有限公司
大连泰一明光电科技有限公司
丹东北方机械有限公司
沈丘县凯丰网业有限公司
河南省一恒网业有限公司
好乐紫外技术贸易(上海)有限公司
乐嘉文工业技术(上海)有限公司
沛哲机械(上海)有限公司
上海杰伟机械制造有限公司
上海凌盛商贸有限公司
上海誉辉化工有限公司
上海罗利格莱实业有限公司
上海伏龙同步带有限公司
上海帅芯科技有限公司
埃维恩(上海)机械有限公司
上海戴嵘科技有限公司
常州澳顿花辊机械有限公司
常州云峰信达机械有限公司
常州市达力塑料机械有限公司
常州市东风卫生机械设备制造厂
常州万超机械有限公司
杜肯超声波(常州)有限公司
江苏戴纳米克机械科技有限公司
常州恒泓升机械有限公司
常州市红忠机械厂
常州荣玖机械股份有限公司
常州聚锦自动化设备有限公司
常州玮鹏精密机械科技有限公司
常州阳诺机械制造有限公司
常州益朗国际贸易有限公司
欧专纺机配件(常州)有限公司
金湖中卫机械有限公司
连云港华露机械有限公司
江苏巨益机电有限公司
江苏艾溥工业技术有限公司
南京安运机电有限公司
意大利友宁机械制造股份公司南京办事处
南京安顺自动化装备有限公司
南京敏硕机械配件有限公司
南通图海机械有限公司
睿弗(苏州)机械工程有限公司
常熟卓世橡胶制品有限公司
海尔曼超声波技术(太仓)有限公司
太仓市广盛机械有限公司
博星印刷器材(苏州)有限公司
吴江思翔胶辊制品厂
苏州木易精密模具有限公司
张家港市锦冠机械有限公司
张家港市新龙机械配件厂
济南天齐特种平带有限公司无锡分公司
无锡市金澳硅氟橡胶厂
无锡新欣真空设备有限公司
施托克印刷系统(无锡)有限公司
博路威机械江苏有限公司
江阴市明达胶辊有限公司
江阴市腾宇金属制品有限公司
无锡市吉睦泰克机械厂
宜兴申联机械制造有限公司
徐州光环皮带机托辊有限公司
扬州市宏厦通用机械有限公司
浙江绿联环保材料有限公司
浙江浩阳卫生用品有限公司
杭州博奕金拓机械有限公司
杭州亦存元科技有限公司
德清创智科技股份有限公司
湖州东日环保科技有限公司
浙江新越精密材料有限公司
浙江金纬片板膜设备制造有限公司
金华市东巨机械设备有限公司
金华市顺钧辊业制造有限公司
宁波汤浅系道纺织化纤技术有限公司
宁波台泰机械有限公司
台州精岳模具机械有限公司
嘉兴市天翼科技有限责任公司
浙江精诚模具机械有限公司
台州大铭机械有限公司
温州市大玮机械科技有限公司

浙江正信机械有限公司
舟山市华方机械有限公司
安徽富日智能装备有限公司
马鞍山市沪马机械设备有限责任公司
大途科技(泉州)有限公司
晋江市德豪机械有限公司
晋江市恒超机械制造有限公司
晋江市恒荣碳纤制品有限公司
晋江市明海精工机械有限公司
晋江市启力机械配件有限公司
晋江市荣超机械制造有限公司
泉州汉邦自动化设备有限公司
泉州翔锐机械有限公司
泉州银桥机械设备有限责任公司
泉州市聚源塑胶机械有限公司
泉州市盛泉机械设备有限公司
埃宸(泉州)新材料有限公司
福建盼达机械科技有限公司
南安市发台机械制造有限公司
泉州市万象机械制造有限公司
三明市普诺维机械有限公司
厦门鑫港鸿五金工业有限公司
济南华奥无纺科技有限公司
山东深蓝机器股份有限公司
山东蓝孚高能物理技术股份有限公司
山东省压缩机设备总公司
青岛青塑时代机械有限公司
山东侨邦纸业科技有限公司
滕州市润升辊业有限公司
新乡市金石机械设备有限公司
河南锦弘网业有限公司
湖北博英精工科技股份有限公司
湖北艾维橡塑科技有限公司
湖北京阳橡胶制品有限公司
武汉欣力特自动化工程有限公司
恩斯克投资有限公司武汉分公司
武汉法科瑞系统技术有限公司
武汉赛迪特机电科技有限公司
武汉智尔生物工程设备有限公司
襄阳市誉达利精密机械有限公司
东莞市青昊空压设备有限公司
东莞卓世橡胶制品有限公司
东莞市世协传动设备有限公司
广东周氏胶辊有限公司
佛山传越自动化设备有限公司
佛山市冠基精工机械有限公司
佛山市顺德区天润智能机械有限公司
佛山市顺德区智敏自动化设备有限公司
佛山市泰达机械制造有限公司
佛山市凯石精密模具有限公司
佛山市赛邦智能装备有限公司
广东联塑机器制造有限公司
广州斯普莱技术有限公司
江门市江海区力豹带业有限公司
德保国际贸易有限公司
深圳市必利超音波自动化机械有限公司
深圳市琳玺机电科技有限公司
深圳市普力源自动化设备有限公司
中山市富田机械有限公司
四川省新特模具机械有限公司
陕西浩普实业有限公司
运城市鑫嘉豪胶辊有限公司
台湾智琦机械工业股份有限公司

● 包装设备、裹包设备及配件 Packaging and wrapping equipment & supplies

北京大森包装机械有限公司
北京金诺时代科技发展有限公司
北京代邦科技有限公司
多米诺标识科技有限公司北京分公司
科尼希鲍尔印刷机械(上海)有限公司北京分公司
北京圣德安信科技发展有限公司
北京沃佳玛科技有限公司
科诺华麦修斯电子技术(北京)有限公司
致博希迈工程包装机械(北京)有限公司
北京旭腾达自动化设备有限公司
中建材通用技术有限公司
北京中科汇百标识技术有限公司
伟迪捷(上海)标识技术有限公司北京分公司
天津赛达执信科技有限公司
天津汉林通商科技有限公司
信华柔印科技天津分公司

天津惠坤诺信包装设备有限公司
天津盛源鸿达自动化设备有限公司
天津天辉机械有限公司
天津天辉包装机械有限公司
保定市信爵机械设备有限公司
保定市帅然包装机械制造有限公司
沧州翼祥塑业有限公司
东光县凯达包装机械厂
石家庄索亿泽机械设备有限公司
宁晋县富达塑料机械有限公司
太原福莱瑞达物流设备科技有限公司
运城制版有限公司
大连佳林设备制造有限公司
大连华胜包装设备有限公司
沈阳普鸿科技有限公司
上海谦满包装机械有限公司
太阳机械股份有限公司
得水(上海)印刷科技发展有限公司
上海得尼机械有限公司
上海齐诺实业有限公司
奥普蒂玛包装机械(上海)有限公司
上海波兴机械设备有限公司
上海金旋旋转接头制造有限公司
上海满鑫机械有限公司
上海星昆自动化设备有限公司
上海守谷国际贸易有限公司
上海鼎珩机电科技有限公司
上海骄成超声波技术股份有限公司
上海路歌信息技术有限公司
上海贸和荣国际贸易有限公司
上海研捷机电设备有限公司
上海意纳自动化科技有限公司
多米诺标识科技有限公司
荷探自动化系统(上海)有限公司
盟立自动化科技(上海)有限公司
上海阿仁科机械有限公司
上海美创力罗特维尔电子机械科技有限公司
上海普睿洋国际贸易有限公司
上海神派机械有限公司
上海万申包装机械有限公司
上海雨丰电子技术有限公司
上海镭德杰喷码技术有限公司
上海美捷伦工业标识科技有限公司
上海栉鸿能源科技有限公司
上海众鹤国际贸易有限公司
雅晟实业(上海)有限公司
岑明包装机械(上海)有限公司
东欢实业(上海)有限公司
上海富永包装科技有限公司
上海丽索机械有限公司
上海全驰机械有限公司
上海适友机械设备有限公司
上海松川峰冠包装自动化有限公司
上海松川远亿机械设备有限公司
上海御流包装机械有限公司
包利思特机械(上海)有限公司
纪州喷码技术(上海)有限公司
铠特(上海)塑料零部件有限公司
阀科(厦门)进出口有限公司上海分公司
上海澳珞拉印刷器材有限公司
上海波峰智能系统有限公司
上海海立科标识科技有限公司
上海瀚幽传动机械有限公司
上海赫宇印刷有限公司
上海欢盛贸易有限公司
上海杰驰标识设备有限公司
上海久印机械有限公司
上海凯全包装材料有限公司
上海理贝包装机械有限公司
上海乾承机械设备有限公司
上海全易电子科技有限公司
上海问多机械有限公司
上海旭节自动化设备有限公司
上海迅腾机械制造有限公司
上海晟崟智能科技有限公司
上海黑马机械设备有限公司
上海星旭自动化设备有限公司
成欣机械(上海)有限公司
紫稷实业(上海)有限公司
马肯依玛士(上海)标识科技有限公司
伊马孚达(上海)包装机械有限公司
威猛巴顿菲尔机械设备(上海)有限公司
上海迪凯标识科技有限公司
上海永熠进出口有限公司
领新傲科(上海)贸易有限公司
上海祥和印刷技术有限公司

上海信恕图像设备有限公司
伟迪捷(上海)标识技术有限公司
常州钰锦金属科技有限公司
江苏来义包装机械有限公司
常州赛瑞克包装机械有限公司
好事特智能机械(淮安)有限公司
连云港天成喷码设备销售有限公司
南京全思沃德贸易有限公司
南京成灿科技有限公司
南京佛尔科技有限公司
南京鑫晖包装有限公司
南京德汇光电科技有限公司
南京飒姿机械科技有限公司
南京依仕杰电子有限公司
南京正华应用科技有限公司
苏美达国际技术贸易有限公司
南京恒威标识科技有限公司
南京茂雷标识有限公司
南通拓新自动化设备科技有限公司
南通佳宝机械有限公司
南通通机股份有限公司
江苏旭田环保机械有限公司
海州开发区龙达飞纸品包装厂
奥利安机械工业(常熟)有限公司
常熟市文鑫机械设备有限公司
常熟长友机械有限公司
苏州帝沃自动化包装机械有限公司
苏州聚盛信自动化设备有限公司
苏州英多智能科技股份有限公司
苏州市盛百威包装设备有限公司
西瑞斯包装机械(苏州)有限公司
江苏江鹤包装机械有限公司
昆山海滨机械有限公司
昆山朋合机械设备有限公司
昆山尚威包装科技有限公司
昆山豫忻展自动化科技有限公司
苏州德迈科电机技术有限公司
星路智能包装(昆山)有限公司
威德霍尔机械(太仓)有限公司
研茂智能装备(苏州)有限公司
欧米特(苏州)机械有限公司
苏州超群智能科技有限公司
苏州威尔高科精密模具有限公司
新裕恒(苏州)自动化科技有限公司
苏州诚威标识科技有限公司
张家港市春秋科技发展有限公司
张家港市飞江塑料包装机械有限公司
无锡鼎茂机械制造有限公司
无锡亚中智能装备有限公司
无锡工马建机润滑系统有限公司
无锡市邦信标识科技有限公司
无锡同联机电工程有限公司
无锡中鼎集成技术有限公司
无锡佳通包装机械厂
无锡市科乐数码科技有限公司
知锐智能装备无锡有限公司
江阴鼎铭机械科技有限公司
江阴汇特力机械科技有限公司
江阴市宝均精密机械有限公司
江阴市北国包装设备有限公司
江阴市华丰印刷机械有限公司
江阴市汇通印刷包装机械有限公司
江阴市汇通包装机械有限公司
江阴市嘉铭印刷包装机械有限公司
江阴市北国鑫磊包装机械厂
江阴市江南轻工机械有限公司
江阴市朗昱机械设备有限公司
江阴市仕旋机械有限公司
江阴市首信印刷包装机械有限公司
江阴市新宏昊自动化设备有限公司
江阴亿霖包装有限公司
徐州三环工业用呢科技有限责任公司
江苏萨科斯德智能机械科技有限公司
盐城市荣创自动化设备有限公司
扬州松德电器科技有限公司
扬州市霈哲机械科技有限公司
扬州泰瑞包装机械科技有限公司
浙江国自机器人技术有限公司
杭州科创标识技术有限公司
杭州杰特电子科技有限公司
杭州威克达机电设备有限公司
杭州永创智能设备股份有限公司
杭州光库科技有限公司
杭州博奕金拓机械有限公司
杭州盾迅机械制造有限公司
杭州捷码标识设备有限公司

杭州铭瑞佳机械科技有限公司
杭州项淮机械科技有限公司
杭州智玲无纺布机械设备有限公司
杭州永泉科技有限公司
杭州珂瑞特新机械制造有限公司
浙江诚信包装材料有限公司
奥克梅罗宝莫包装设备(嘉兴)有限公司
嘉善精田精密机械制造有限公司
嘉兴中明智能设备股份有限公司
海宁人民机械有限公司
金华市立华信息技术有限公司
浙江武义浩伟机械有限公司
浙江硕源机械有限公司
义乌市久业机械设备有限公司
浙江军文机械设备有限公司
宁波科强标识科技有限公司
宁波菲仕运动控制技术有限公司
宁波欣达印刷机器有限公司
温州市胜龙包装机械有限公司
温州兄弟机械有限公司
温州市南华喷码设备有限公司
温州市鼎盛包装机械厂
温州市飞煌机械设备有限公司
温州市新达包装机械厂
浙江鼎业机械设备有限公司
瑞安市三鑫包装机械有限公司
温州创先机械科技有限公司
温州海航机械有限公司
温州胜泰机械有限公司
温州市聚兴智能包装设备有限公司
温州市伟牌机械有限公司
温州维顾德机械有限公司
温州维新机械有限公司
温州众望包装机械有限公司
温州庄一机械科技有限公司
温州立胜印刷包装机械有限公司
浙江浩通机械有限公司
浙江王派智能装备有限公司
瑞安市昶泓印刷机械有限公司
瑞安市鼎益机械有限公司
瑞安市海诚机械有限公司
瑞安市宏泰机械科技有限公司
瑞安市华东包装机械有限公司
瑞安市华能机械科技有限公司
瑞安市华源包装机械厂
瑞安市三星包装机械有限公司
瑞安市天成包装机械有限公司
浙江超伟机械有限公司
瑞安市长城印刷包装机械有限公司
瑞安市正东包装机械有限公司
瑞安市金泰包装机械有限公司
温州启扬机械有限公司
浙江瑞港机械有限公司
浙江新新包装机械有限公司
舟山中邦节能科技有限公司
安徽盛远智能科技有限公司
安徽富日智能装备有限公司
安徽天恒工具制造有限公司
安徽御流包装机械有限公司
安庆市恒昌机械制造有限责任公司
合肥沪邦工业标识技术有限公司
安徽正远包装科技有限公司
合肥友高包装工程有限公司
黄山三夏精密机械有限公司
安徽海思达机器人有限公司
福州达益丰机械制造有限公司
福州华兴喷码自动化设备有限公司
福州迅捷喷码科技有限公司
闽清县恒利达机械配件销售中心
泉州奇彩自动化设备有限公司
泉州市科盛包装机械有限公司
海纳智能装备国际控股有限公司
晋江市万晋自动化设备有限公司
泉州江闽智能科技有限公司
泉州市肯能自动化机械有限公司
泉州市信昌精密机械有限公司
泉州市漳昱机械设备有限公司
泉州市汉威机械制造有限公司
泉州市四雄机械设备有限公司
泉州市益达机械制造有限公司
泉州诺铭自动化机械有限公司
泉州创立得智能科技有限公司
福建省泉州鑫商达机械有限公司
厦门市神舟包装工贸有限公司
厦门德瑞雅喷码科技有限公司
厦门诺派包装机械制造有限公司

厦门汉印电子技术有限公司
厦门睿恒达方科技有限公司
厦门真鸣科技有限公司
欣旺捷标识设备(厦门)有限公司
厦门海精智能装备有限公司
厦门博瑞达机电工程有限公司
厦门海精机械有限公司
厦门联泰标识信息科技有限公司
厦门领道者科技有限公司
多米诺标识科技有限公司厦门分公司
金泰喷码科技(厦门)有限公司
厦门华鹭自动化设备有限公司
厦门佳创科技股份有限公司
厦门津龙机械有限公司
厦门恒达锋机械有限公司
福建省南云包装设备有限公司
欧克科技股份有限公司
南昌标玛设备技术有限公司
新余市屹鑫机械制造有限公司
江西万申机械有限责任公司
山东东龙传动设备有限公司
济南恒品机电技术有限公司
山东大宏智能设备股份有限公司
山东深蓝机器股份有限公司
山东深泰智能设备有限公司
青岛博世达包装机械有限公司
青岛富士达机器有限公司
青岛瑞利达机械制造有限公司
青岛溯源通标识科技有限公司
青岛非凡包装机械有限公司
青岛华创融盛包装机械有限责任公司
青岛锐驰标识设备有限公司
青岛三维合机械制造有限公司
青岛雨田机械有限公司
多米诺标识科技有限公司青岛分公司
青岛丰业自动化设备有限公司
青岛金派克包装机械有限公司
青岛铭腾工贸有限公司
青岛日清食品机械有限公司
青岛欣欣向荣智能设备有限公司
青岛众和机械制造有限公司
青岛佳捷包装标识设备有限公司
潍坊东航印刷科技股份有限公司
山东精诺机械股份有限公司
潍坊玉堂铭机械科技有限公司
潍坊中顺机械科技有限公司
潍城区永顺包装机械经销处
山东鼎泰盛食品工业装备股份有限公司
诸城华弘机械有限公司
河南省德凯隆纸品机械有限公司
南阳市中创智能设备有限公司
许昌兄弟机械制造有限公司
郑州诺码电子科技有限公司
陆丰机械(郑州)有限公司
郑州利之创机械设备有限公司
湖北金利兴机械有限公司
湖北领嘉华石科技有限公司
湖北英科力科技有限公司
镭德杰标识科技武汉有限公司
武汉欧创精控包装设备有限公司
武汉翊晖科技有限公司
武汉意洋机械设备有限公司
武汉易码包装设备有限公司
镭诺捷标识科技(武汉)有限公司
武汉科迈捷标识系统有限公司
武汉市美奇斯机械设备有限公司
武汉吉瑞祥工业系统有限公司
武汉欣茂包装自动化技术有限公司
武汉人天包装自动化技术股份有限公司
湖北普捷励标识技术有限公司
宜昌麦迪科机电设备有限责任公司
湖南信实机械科技有限公司
中轻长泰(长沙)智能科技股份有限公司
东莞市爱力兴机械有限公司
东莞市程富实业有限公司
东莞市惠得机械制造有限公司
东莞市李群自动化技术有限公司
东莞市铭业包装制品有限公司
东莞市欧立包装设备有限公司
东莞市申创自动化机械设备有限公司
东莞市万江德宝机械厂
东莞市益健包装机械有限公司
东莞市长发智能包装科技有限公司
东莞市兆祥机械制造有限公司
东莞市志鸿机械制造有限公司
东莞市智赢智能装备有限公司

广东阿诺捷喷墨科技有限公司
广东鸿铭智能股份有限公司
广东正艺柔版科技有限公司
广东宝进科技有限公司
佛山市禅城区新科力机械设备厂
佛山市金穗昌机械设备有限公司
佛山创享自动化设备有限公司
佛山市奥崎精密机械制造有限公司
佛山市宝索机械制造有限公司
佛山市崇邦机械设备有限公司
佛山市大川机械有限公司
佛山市德翔机械有限公司
佛山市富丽华纸业有限公司
佛山市嘉和机械制造有限公司
佛山市捷奥包装机械有限公司
佛山市今飞机械制造有限公司
佛山市玖州自控技术有限公司
佛山市柯创包装机械设备有限公司
佛山市肯顺智能装备有限公司
佛山市乐九机械制造有限公司
佛山市南海区川松机械有限公司
佛山市南海区德利劲包装机械制造有限公司
佛山市南海区德圣鑫包装机械贸易部
佛山市南海区迪凯机械设备有限公司
佛山市南海区弘睿兴机械有限公司
佛山市南海区诺德锐机械厂
佛山市南海区威森机械制造有限公司
佛山市圣永机械设备有限公司
佛山市索玛机械有限公司
佛山市泰信达自动化设备有限公司
佛山市添威自动化设备有限公司
佛山市协合成机械设备有限公司
佛山市鑫志成科技有限公司
佛山市研合智能机械有限公司
广东鑫星机器人科技有限公司
佛山市亨博节能设备有限公司
佛山市精拓机械设备有限公司
佛山市盛图科技有限公司
佛山市顺德区精卫科技有限公司
佛山市顺德区智敏自动化设备有限公司
佛山市松川机械设备有限公司
佛山市托肯印象机械实业有限公司
佛山天正机械有限公司
佛山松川珠冠智能装备有限公司
广州劲翔智能包装机械有限公司
广州翔声智能科技有限公司
广州瑞润科技有限公司
广州市力辰工业包装有限公司
广州市博瑞输送设备有限公司
广州市科易达机电设备有限公司
广州市兴世机械制造有限公司
广州易靓包装器材有限公司
盟立自动化科技(上海)有限公司广州分公司
广州市伊东机电股份有限公司
广州通泽机械有限公司
广州艾泽尔机械设备有限公司
广州尚乘包装设备有限公司
广州中科智领包装设备有限公司
广州荣裕智能机械有限公司
广州市富尔菱自动化系统有限公司
广州市辉泉喷码设备有限公司
纪州喷码技术(上海)有限公司广州分公司
多米诺标识科技有限公司广州分公司
马肯依玛士(上海)标识科技有限公司广州分公司
广州叁立机械设备有限公司
广州市恒烽自动化设备有限公司
惠州市德钢机械有限公司
惠州市惠润特实业有限公司
惠州市鲍伯自动化机械有限公司
江门市精新机械设备有限公司
广东欧格精机科技有限公司
汕头市汇鑫机械有限公司
广东爱美高智能设备有限公司
汕头市浩普智能设备有限公司
汕头市万邦达科技有限公司
深圳市雷工智能设备有限公司
深圳市深广美实业有限公司
广州市哥哈德贸易有限公司
深圳固尔琦包装机械有限公司
深圳基恩包装科技有限公司
深圳市惠歌包装设备有限公司
深圳市锦盛誉工业设备销售部
深圳市京码标识有限公司
深圳市启迪东业科技有限公司
深圳市瑞广自动化设备有限公司
深圳市申峰盛世科技有限公司

深圳市深诺标识设备有限公司
深圳市胜安包装印刷有限公司
深圳市永佳喷码设备有限公司
深圳晓辉包装技术有限公司
深圳市海纳激光科技有限公司
玛萨标识技术(深圳)有限公司
深圳市鸿鹭工业设备有限公司
深圳市邦钰机电设备有限公司
中山市金力打印机设备有限公司
珠海浩星自动化设备有限公司
柳州市维特印刷机械制造有限公司
柳州市卓德机械科技股份有限公司
重庆鑫仕达包装设备有限公司
成都源码标识技术有限公司
成都沛洋自动化设备有限公司
成都易捷科技有限公司
四川省立华信科技有限公司
四川欣睿捷自动化设备有限公司
陕西北人印刷机械有限责任公司
陕西欧泰印刷包装机械股份有限公司
渭南科赛机电设备有限责任公司
渭南臻诚科技有限责任公司
西安海焱机械有限公司
多米诺标识科技有限公司西安分公司
西安航天华阳机电装备有限公司
金泰喷码科技股份有限公司
创宝特殊精密工业有限公司
崇曜国际实业有限公司
伍晟机械股份有限公司
嘉铭工业器材有限公司

● 湿巾设备　Wet wipes machine

天津比朗德机械制造有限公司
丹东北方机械有限公司
特艺佳贸易(上海)有限公司
上海克拉方今环保科技有限公司
连云港市恒信无纺布湿巾机械有限公司
温州市大玮机械科技有限公司
温州市伟牌机械有限公司
温州瑞润机械有限公司
温州瑞誉机械有限公司
温州市大佰机械有限公司
温州伟奥机械有限公司
浙江企鑫机械有限公司
泉州市瑞东机械制造厂
海纳智能装备国际控股有限公司
泉州大昌纸品机械制造有限公司
泉州市创达机械制造有限公司
泉州长洲机械制造有限公司
福建培新机械制造实业有限公司
泉州市泉创智能设备有限公司
泉州市华扬机械制造有限公司
汉马(福建)机械有限公司
厦门诺派包装机械制造有限公司
漳州瑞易博达包装机械有限公司
青岛三安国际贸易有限公司
陆丰机械(郑州)有限公司
郑州阿尔法智能工业有限公司
郑州利之创机械设备有限公司
郑州陆创机械设备有限公司
郑州瑞盛德智能装备有限公司
郑州智联机械设备有限公司
郑州中顺智能设备有限公司
河南弗莱戈智能设备有限公司
郑州永益达机械设备有限公司
郑州维普斯机械设备有限公司
郑州润华智能设备有限公司
郑州海德晟机械设备有限公司
河南宝汇机械设备有限公司
武汉道生道商贸有限公司
佛山市玖州自控技术有限公司
佛山市南海美璟机械制造有限公司
九亿兴业有限公司
台湾智琦机械工业股份有限公司
特艺佳国际有限公司

● 干法纸设备　Airlaid machine

丹东北方机械有限公司
丹东市丰蕴机械厂
上海嘉翰轻工机械有限公司
上海大昭和有限公司
泉州市中森非织造布制造有限公司

佛山市金昕新材料有限公司
佛山市奥崎精密机械制造有限公司
佛山市顺德区天润智能机械有限公司
广东洁新卫生材料有限公司
陕西理工机电科技有限公司

● 非织造布设备 Nonwovens machine

北京威瑞亚太科技有限公司
中国纺织科学技术有限公司
中国纺织科学研究院有限公司
北京量子金舟无纺技术有限公司
大连华阳新材料科技股份有限公司
上海意迈机械有限公司
上海精发实业有限公司
北京伊藤忠华糖综合加工有限公司上海分公司
特吕茨施勒纺织机械(上海)有限公司
上海依肯机械设备有限公司
安德里茨(上海)贸易有限公司
腾新机械(上海)有限公司
伟尚国际贸易(上海)有限公司
卓郎(上海)纺织机械科技有限公司
常州广运精密机械有限公司
常州升创纺织机械有限公司
常州聚武机械有限公司
常州科建纺织仪器有限公司
常州市达力塑料机械有限公司
常州惠明精密机械有限公司
常州惠武精密机械有限公司
常州金博兴机械有限公司
常州乔德机械有限公司
常州尚易生活用品有限公司
常州市豪峰机械有限公司
常州市锦益机械有限公司
常州市武进华鹰纺机配件厂
常州市亿宏无纺布机械设备厂
常州市兆新无纺设备有限公司
常州市卓祺机械制造有限公司
常州鑫昇隆无纺科技有限公司
常州恒泓升机械有限公司
常州优创机械科技有限公司
常州阿尔丰机械有限公司
常州德众精密机械有限公司
常州荣玖机械股份有限公司
常州市晨光机械制造有限公司
江苏常韩海思非织造设备有限公司
连云港市盛洁无纺布设备厂
连云港恒宇无纺机械有限公司
连云港华露机械有限公司
连云港佳盟机械有限公司
连云港市恒信无纺布湿巾机械有限公司
连云港市新浦区新星纸品加工设备厂
常熟市天力无纺设备有限公司
常熟市伟成非织造成套设备有限公司
常熟市飞龙无纺机械有限公司
江苏迎阳无纺机械有限公司
苏美达国际技术贸易有限公司
苏州九一高科无纺设备有限公司
江苏思博特纺织科技有限公司
江苏三羊纺织机械有限公司
昆山华炜净化设备有限公司
莱芬豪舍塑料机械(苏州)有限公司
瑞法诺(苏州)机械科技有限公司
张家港嘉恒超声电器有限公司
张家港市阿莱特机械有限公司
博路威机械江苏有限公司
无锡敬申热能机械厂
无锡市长利机械制造有限公司
奥特发非织造机械科技(无锡)有限公司
格罗茨贝克特针布(无锡)有限公司
宜兴市鸿大高创科技有限公司
射阳县宏瑞纺织机械制造有限公司
盐城市荣创自动化设备有限公司
江苏坤泰机械有限公司
盐城市顺驰机械科技有限公司
江苏省仪征市海润纺织机械有限公司
杭州湿法无纺布设备有限公司
杭州奥荣科技有限公司
杭州智玲无纺布机械设备有限公司
浙江华顶网业有限公司
嘉善辉煌机械设备有限公司
义乌市久业机械设备有限公司
特吕茨施勒纺织机械(嘉兴)有限公司
温州市鑫发机械设备科技有限公司
温州永宏化纤有限公司

浙江艳鹏无纺布机械有限公司
浙江朝隆纺织机械有限公司
滁州辉煌无纺科技有限公司
泉州冠隆无纺科技有限公司
泉州汉邦自动化设备有限公司
厦门泰诚祥业精密机械制造有限公司
山东日发纺织机械有限公司
青岛金盟科机械制造有限公司
青岛润聚祥机械有限公司
青岛纺织机械股份有限公司
淄博美思邦工贸有限公司
邓州市龙奕机械设备有限公司
光山白鲨针布有限公司
郑州市安吉化工塑料机械厂
郑州三浦机械制造有限公司
恒天重工股份有限公司
河南省沈丘县银鹰网业有限公司
沈丘县凯丰网业有限公司
河南省一恒网业有限公司
湖北昌瑞机械设备有限公司
湖北汇宇机械设备有限公司
邵阳纺织机械有限责任公司
东莞市爱克斯曼机械有限公司
东莞市豪邦自动化机械有限公司
东莞市科环机械设备有限公司
佛山阳新机械自动化控制技术有限公司
佛山市奥崎精密机械制造有限公司
佛山市欧创源机械制造有限公司
佛山市赛邦智能装备有限公司
奥伯尼国际(中国)有限责任公司
广州盛鹏纺织业专用设备有限公司
广州纤维产品检测研究院
广州羽泊机械科技有限公司
广东恒辉隆机械有限公司
广东腾瀚机械科技有限公司
广东鑫雁科技有限公司
信维机械(广州)有限公司
正纺科技(广州)有限公司
江门市蓬江区东洋机械有限公司
汕头市汇鑫机械有限公司
深圳首恩科技有限公司
深圳市新天地机械设备有限公司
日惟不织布机械股份有限公司
正纺兴业有限公司
嘉铭工业器材有限公司

● 打孔膜机 Apertured film machine

新乐华宝塑料机械有限公司
常州市中阳塑料制品厂
常州市铸龙机械有限公司
常州科宇塑料机械有限公司
常州高领塑料机械有限公司
南通三信塑胶装备科技股份有限公司
南京卓越挤出装备有限公司
南京杰亚挤出装备有限公司
昆山华崎创为精密机械有限公司
张家港市阿莱特机械有限公司
张家港市锦越机械有限公司
张家港市久屹机械制造有限公司
张家港先锋自动化机械设备股份有限公司
苏州金纬机械制造有限公司
杭州同创实业有限公司
杭州腾鼎科技有限公司
绍兴博瑞挤出设备有限公司
浙江欧力机械有限公司
浙江金纬片板模设备制造有限公司
宁波蓝特塑料机械有限公司
舟山市定海丰潭塑料机械厂
武汉昌信塑机有限责任公司
泉州市丰泽区东方机械有限公司
泉州诺达机械有限公司
泉州市露泉卫生用品有限公司
厦门津俊贸易有限责任公司
福建玮晟机械有限公司
美迪安有限公司中国事务所
东莞市鸿宇塑料机械有限公司
佛山市顺德区飞友自动化技术有限公司
佛山市洪峰机械有限公司
松德机械股份有限公司

● 自动化及控制系统 Automation and control system

北京双易盛科技发展有限公司
昆仑数智科技有限责任公司

ABB(中国)有限公司
北京北成新控伺服技术有限公司
库伯勒(北京)自动化设备贸易有限公司
派克汉尼汾流体传动产品(上海)有限公司北京分公司
西门子(中国)有限公司
中达电通股份有限公司北京分公司
钛玛科(北京)工业科技有限公司
中国纺织科学技术有限公司
三菱电机自动化(中国)有限公司北京分公司
万可电子(天津)有限公司北京分公司
北京高威科电气技术有限公司
北京伟伯康科技发展有限公司
北京优派特科技发展有限公司
凌云光技术股份有限公司
北京佳瑞洋科技有限公司
北京星科嘉锐自动化技术有限公司
天津慧斯顿科技有限公司
天津沐森机电技术有限公司
天津沐森机器人科技有限公司
保定信捷节能电子设备有限公司
太原福莱瑞达物流设备科技有限公司
丹东山河技术有限公司
上海发那科机器人有限公司
凯多智能科技(上海)有限公司
上海兰宝传感科技股份有限公司
上海会通自动化科技发展有限公司
安川电机(中国)有限公司
安川通商(上海)实业有限公司
中达电通股份有限公司
SMC(中国)有限公司上海分公司
福瑞森图像技术(上海)有限公司
上海弘赫自动化技术有限公司
上海涟恒精密机械有限公司
上海龙应自动化科技有限公司
上海茂智自动化设备贸易有限公司
上海卓大精密减速机有限公司
上海冠多电气有限公司
上海汇兢智能科技有限公司
上海阔然自动化科技有限公司
广州奥泰斯工业自动化控制设备有限公司上海分公司
日静贸易(上海)有限公司
艾查工业自动化产品(上海)有限公司
比勒(上海)自动化技术有限公司
富耐连自动化系统(上海)有限公司
宁波中大力德智能传动股份有限公司上海分公司
三菱电机自动化(中国)有限公司
上海安浦鸣志自动化设备有限公司
上海佰希凌电气股份有限公司
上海柄泰信息科技有限公司
上海经岚国际贸易有限公司
上海鸣志自动控制设备有限公司
上海松可自动化科技发展有限公司
上海信索电子有限公司
伦茨(上海)传动系统有限公司
费斯托(中国)有限公司
美卓流体控制(上海)有限公司
欧姆龙自动化(中国)有限公司
上海弗伦自动化科技有限公司
上海灵动微电子股份有限公司
上海易初电线电缆有限公司
施迈茨(上海)真空科技有限公司
施耐德电气(中国)有限公司上海分公司
开异智能技术(上海)有限公司
科大智能机器人技术有限公司
瑞德克斯(上海)机械维修服务有限公司
上海宝舵自动化设备有限公司
上海宏元电气科技有限公司
上海钧能机电有限公司
爱电精(上海)商贸有限公司
贝加莱工业自动化(中国)有限公司
罗克韦尔自动化(中国)有限公司
上海爱菱自动化设备有限公司
上海泛彩图像设备有限公司
上海开通数控有限公司
上海西菱自动化系统有限公司
上海鑫金科贸有限公司
上海颖轩电气有限公司
上海天览机电科技有限公司
上海鑫遂达自动化科技有限公司
西门子(中国)有限公司上海分公司
瑞史博(上海)贸易有限公司
上海高威科电气技术有限公司
上海博世力士乐液压及自动化有限公司
东电化(上海)国际贸易有限公司

东芝三菱电机工业系统(中国)有限公司
菱商电子(上海)有限公司
罗爱德(上海)贸易有限公司
照业好贸易(上海)有限公司
常州富兴机电有限公司
常州市伟通机电制造有限公司
雷勃电气(常州)有限公司
安澜科技(江苏)股份有限公司
金湖衡凯控制系统有限公司
南京苏能自动化设备有限公司
南京东友自动化科技有限公司
南京工诺科技有限公司
南京和远信息科技有限公司
天津罗升企业有限公司南京分公司
南京北研科技实业有限公司
南京高精齿轮集团有限公司
南京汇川工业视觉技术开发有限公司
南京龙浩祥自动化设备有限公司
南京中海机械制造厂
南京东赛机电设备有限公司
南京邦涵自动化科技有限公司
南京容迈机电设备有限公司
南京瀚州科技有限公司
南京耀航电气设备有限公司
江苏兰菱机电科技有限公司
苏州欧派克自动化科技有限公司
圣坦撒罗齿轮箱(苏州)有限公司
苏州鑫达新控自动化设备有限公司
苏州通锦精密工业股份有限公司
库迈拉(中国)有限公司
帝悦精密科技(苏州)有限公司
太仓克米特自动化设备有限公司
太仓顺拓自动化设备有限公司
三菱电机自动化(中国)有限公司苏州分公司
苏州超群智能科技有限公司
苏州汇川技术有限公司
苏州富卫骏机械科技有限公司
江苏欧菱自动化系统有限公司
无锡市晨飞自动化设备有限公司
江苏和亿智能科技有限公司
无锡精控光电科技有限公司
无锡三耀自动化设备有限公司
无锡市迅成控制技术有限公司
费斯托(中国)有限公司无锡分公司
江苏中大恒天电机有限公司
道仁(昆山)智能装备有限公司
无锡蝶美自动化科技有限公司
无锡冈群自动化设备有限公司
罗克韦尔自动化(中国)有限公司无锡分公司
西门子工厂自动化工程有限公司无锡办事处
徐州启控电气自动化设备有限公司
扬州市霈哲机械科技有限公司
泰州市金科带业有限公司
史陶比尔(杭州)精密机械电子有限公司
杭州道盛机电科技有限公司
浙江中控技术股份有限公司
浙江沐森机器人科技有限公司
杭州美川电气科技有限公司
杭州千和精密机械有限公司
建德市新丰粉末冶金厂
杭州和利时自动化有限公司
莱默尔(浙江)自动化控制技术有限公司
浙江正泰中自控制工程有限公司
杭州和华电气工程有限公司
杭州佳可自动化工程有限公司
杭州泰旸电气有限公司
欧姆龙自动化系统(杭州)有限公司
浙江东华信息控制技术有限公司
浙江华章科技有限公司
浙江海利普电子科技有限公司
杭州驰宏科技有限公司
杭州摩恩电机有限公司
杭州杰牌传动科技有限公司
湖州高源金科技股份有限公司
英孚康(浙江)工业技术有限公司
东菱技术有限公司
日本电产新宝(浙江)有限公司
金华市立华信息技术有限公司
浙江德玛电气有限公司
浙江邦飞利传动设备有限公司
浙江勃嘉工业自动化有限公司
宁波菲仕运动控制技术有限公司
宁波中大力德智能传动股份有限公司
宁波市北郊机械变速器厂
浙江三凯机电有限公司
中研技术有限公司

温州正业科技有限公司
温州航进自动化科技有限公司
温州恒望电气有限公司
温州泰河电机有限公司
浙江恒齿传动股份有限公司
浙江瑞德森机械有限公司
温州振鸿科技有限公司
浙江通力重型齿轮股份有限公司
浙江省龙游健埃尔电子有限公司
台邦电机工业集团有限公司
合肥奥斯特自动化科技有限公司
合肥宇胜信息科技有限公司
科大智能物联技术股份有限公司
西门子(中国)有限公司合肥分公司
安徽伍川自动化控制有限公司
合肥中鼎信息科技股份有限公司
芜湖瑞思机器人有限公司
福州华菱机电有限公司
福州科恒自动化设备有限公司
福建新大陆自动识别技术有限公司
福建华拓自动化技术有限公司
福建省微柏工业机器人有限公司
福建益川自动化设备股份有限公司
莆田市海拓科技有限公司
泉州东汇电子科技有限公司
泉州精锐自动化科技有限公司
泉州市科沃机械设备有限公司
泉州通捷自动化设备有限公司
泉州鑫世源机械设备有限公司
福州瑞控自动化科技有限公司
泉州市恒稳自动化科技有限公司
泉州市业新福自动化成套设备有限公司
泉州斯罗德自动化科技有限公司
大途科技(泉州)有限公司
泉州合利贸易有限公司
泉州市茂源石油机械设备制造有限公司
泉州市么爵堡电子商务有限公司
泉州沃斯杰自动化设备有限公司
泉州利永机电有限公司
福建育兴机电有限公司
东莞市创丰科技发展有限公司厦门分公司
厦门欣起点工控技术有限公司
厦门奥通力工业自动化有限公司
厦门聚锐机电科技有限公司
厦门中海拓自动化设备有限公司
众业达电气(厦门)有限公司
厦门飞美泰自动化科技有限公司
厦门凯奥特自动化系统有限公司
厦门迈通科技有限公司
厦门诺博视科技有限公司
厦门盛电科技发展有限公司
厦门新路嘉工业自动化有限公司
厦门谊佳自动化科技有限公司
厦门中技创机电技术有限公司
施耐德电气(中国)有限公司厦门办事处
福州福大自动化科技有限公司
三菱电机自动化(中国)有限公司厦门分公司
厦门领道者科技有限公司
厦门普特电气技术有限公司
厦门森菱自动化设备有限公司
厦门海正自动化科技有限公司
厦门嘉国自动化设备有限公司
厦门市卓欣中贸易有限公司
厦门宇电自动化科技有限公司
天津罗升企业有限公司厦门分公司
西门子(中国)有限公司厦门分公司
炎艨(厦门)科技有限公司
厦门加尚机械有限公司
厦门奥托威工贸有限公司
厦门辰信通自动化科技有限公司
江西科宇机电有限公司
济南翼菲自动化科技有限公司
济南世耕贸易有限公司
山东金信自动化科技有限公司
罗克韦尔自动化(中国)有限公司青岛分公司
潍坊久控电器有限公司
威海麦科电气技术有限公司
大连邦飞利传动科技有限公司
淄博翰海电气设备有限公司
淄博迈特汽轮机有限公司
淄博纽氏达特行星减速机有限公司
漯河汇泽自动化工程设备有限公司
湖北科峰智能传动股份有限公司
湖北行星传动设备有限公司
湖北凯兰德智能装备有限公司
湖北利茗威尔传动设备有限公司

武汉菲仕运动控制系统有限公司
武汉玖翔科技有限公司
武汉普诺瑞达自动控制有限公司
武汉信轴机电有限公司
武汉意普科技有限责任公司
武汉友道自动化控制有限公司
湖北英赛力新材料科技有限责任公司
武汉惠佳精密机械有限公司
广州市玄武无线科技股份有限公司武汉分公司
湖北铭科达自动化设备有限公司
武汉天畅弘达科技有限公司
武汉正通传动技术有限公司
武汉得中机电有限公司
武汉凯瑞格机电有限公司
湖北西浦电机科技有限责任公司
武汉欧凯鑫科机电设备有限公司
武汉天勤瑞普科技有限公司
武汉五色建隆电子有限公司
武汉宏诺盛科技有限公司
ABB(中国)有限公司武汉分公司
费斯托(中国)有限公司武汉分公司
武汉赛迪特机电科技有限公司
武汉迈伟鑫智能电气有限公司
武汉巨宝莱传动设备有限公司
襄阳市诚展机械制造有限公司
湖南万德机电科技有限公司
长沙启科电子有限公司
长沙贝士德电气科技有限公司
东莞市搏信智能控制技术有限公司
东莞市创丰科技发展有限公司
东莞市东然电气技术有限公司
东莞市健科自动化设备有限公司
东莞市凯洲自动化控制技术有限公司
东莞市科伟自动化设备有限公司
东莞市路尔特机械设备有限公司
东莞市美德乐金属探测仪器厂
东莞市沙田宏丰机电厂
东莞市天杰传动设备有限公司
东莞市天一精密机电有限公司
东莞市威政机电科技有限公司
东莞市长安都邦机电设备经营部
东莞市兆通机电设备有限公司
东莞中顺自动化器材有限公司
东莞市凌圣五金机电有限公司
广东辰宇电气有限公司
广东川铭精工科技有限公司
广东诺鼎智能科技有限公司
金和通机电(东莞)有限公司
纽格尔智能传动(广东)有限公司
台邦电机工业集团有限公司东莞分公司
深圳市威科达科技有限公司
佛山菲标科技有限公司
佛山康博联合机电有限公司
佛山市奥迪斯机电设备有限公司
佛山市广力机电成套安装有限公司
佛山市荟诚贸易有限公司
佛山市嘉明工业设备有限公司
佛山市洛德机械设备有限公司
佛山市万润自动化设备有限公司
佛山市星光传动机械有限公司
佛山市中德自动化设备有限公司
广东宏正自动识别技术有限公司
广东零壹工业技术有限公司
广东西岭科技有限公司
佛山登奇机电技术有限公司
佛山市宝索机械制造有限公司
佛山市合盈科技有限公司
佛山市力星机电设备有限公司
佛山市南海区劲星机电设备有限公司
佛山市智泷机电设备有限公司
佛山市众铿金属硬面有限公司
佛山市德恩普自动化设备科技有限公司
佛山市顺德东叶机电有限公司
贝加莱工业自动化(中国)有限公司广州分公司
广东苏美达国际贸易有限公司
广州奥泰斯工业自动化控制设备有限公司
广州博途信息科技有限公司
广州嘉普信息科技有限公司
广州高威科电气技术有限公司
广州市德森传动设备有限公司
广州市海珠区中南机电设备供应部
三菱电机自动化(中国)有限公司广州分公司
广州市衡达机电设备有限公司
广州市海培自动化科技有限公司
广州市康尼斯自动化有限公司
上海博世力士乐液压及自动化有限公司广州分公司

广州市兰诺自动化设备有限公司
施耐德电气(中国)有限公司广州分公司
西门子(中国)有限公司广州分公司
费斯托(中国)有限公司广州分公司
广州贝晓德智能科技有限公司
广州市圣高测控科技有限公司
广州市西克传感器有限公司
旭辉磁石制造(惠州)有限公司
惠州市爱博智控设备有限公司
江门市路思拓电机电器有限公司
江门市蓬江区迪佳电气有限公司
欧佩德伺服电机节能系统有限公司
汕头市金平区新华机电公司
汕头市利华杰机械实业有限公司
汕头市信宏自动化控制设备有限公司
汕头市博远自动化电气有限公司
深圳博锐精密机械有限公司
深圳派诺自动化系统工程有限公司
深圳市安托山特种机电有限公司
深圳市爱博科技有限公司
深圳市北机减速机科技有限公司
深圳市大成机电技术有限公司
深圳市东宸机械设备有限公司
深圳市东马机电有限公司
深圳市海科塑胶电子有限公司
深圳市恒瑞通机电有限公司
深圳市汇川技术股份有限公司
深圳市杰美康机电有限公司
深圳市立宜佳自控设备有限公司
深圳市欧瑞自动化有限公司
深圳市鹏辉科技有限公司
深圳市日贸机电有限公司
深圳市施迈特电气有限公司
深圳市松幸科技有限公司
深圳市泰格运控科技有限公司
深圳市梯比艾科技有限公司
深圳市威鹏自动化设备有限公司
深圳市伟凯达电气设备有限公司
深圳市兴丰元机电有限公司
深圳市兴兴柯传动设备有限公司
深圳市永坤机电有限公司
深圳市渝鹏科技有限公司
深圳市粤鸿远科技有限公司
深圳市众誉科技有限公司
深圳智慧能源技术有限公司
威茂电子(深圳)有限公司
中领航电机(深圳)有限公司
奥海自动化系统(深圳)有限公司
罗克韦尔自动化(中国)有限公司深圳分公司
深圳市钧诚科技有限公司
深圳市诺达自动化技术有限公司
深圳市森玛特机电设备有限公司
三菱电机自动化(中国)有限公司深圳分公司
深圳市国方科技有限公司
深圳市华科星电气有限公司
深圳市汇禾春天物流技术有限公司
深圳市金洋宏业科技有限公司
深圳市赛远自动化系统有限公司
深圳市雅腾电机有限公司
深圳市元隆德科技有限公司
高创传动科技开发(深圳)有限公司
精量电子(深圳)有限公司
深圳市合信自动化技术有限公司
深圳市蓝海华腾技术股份有限公司
深圳市雷赛智能控制股份有限公司
深圳市蒲江机电有限公司
深圳市亿如自动化设备有限公司
深圳市英威腾电气股份有限公司
中山市莱科自动化设备有限公司
美塞斯(珠海)工业自动化设备有限公司
珠海市入江机电设备有限公司
重庆编福科技有限公司
重庆市恩睿斯科技有限责任公司
安川电机(中国)有限公司成都分公司
成都华威隆电气自动化工程有限公司
成都中瑞德贸易有限公司
四川艾尔孚德贸易有限公司
贝加莱工业自动化(中国)有限公司成都分公司
罗克韦尔自动化(中国)有限公司成都分公司
成都倍博特科技有限公司
成都巨力实业有限公司
绵阳同成智能装备股份有限公司
四川高达科技有限公司
绵阳市伟翔科技有限公司
陕西西微测控工程有限公司
陕西盈俊科技发展有限公司

西安得鑫光电科技有限公司
西安力源光电科技有限责任公司
嘉铭工业器材有限公司

● 检测仪器 Detecting instrument

北京澳普乐科技开发有限公司
北京丹贝尔仪器有限公司
北京佳瑞洋科技有限公司
天津慧斯顿科技有限公司
天津杰科同创科技发展有限公司
河北赛高波特流体控制有限公司
石家庄诚信中轻机械设备有限公司
辽宁千一测试评价科技发展有限公司
佳乐博检测技术服务(大连)有限公司
锐西实业(上海)有限公司
上海索莱坦电子机械设备科技有限公司
奇雅检测科技(上海)有限公司
上海守谷国际贸易有限公司
久贸贸易(上海)有限公司
上海石科电器制造有限公司
上海宝丽斯工程有限公司
上海川陆量具有限公司
上海骄成超声波技术股份有限公司
上海贸和荣国际贸易有限公司
上海太易宸钺安防技术有限公司
上海微觉视智能设备有限公司
基恩士(中国)有限公司
上海 ABB 工程有限公司
上海恒意得信息科技有限公司
上海华测品标检测技术有限公司
申克博士测试设备(昆山)有限公司上海分公司
伊斯拉视像设备制造(上海)有限公司
上海林纸科学仪器有限公司
德国玛诺有限公司上海代表处
上鹤自动化仪器设备(上海)有限公司
上海波峰智能系统有限公司
上海理贝包装机械有限公司
上海森屹量具有限公司
普利赛斯国际贸易(上海)有限公司
上海幂泰智能科技有限公司
上海思百吉仪器系统有限公司
上海太易检测技术有限公司
上海常良智能科技有限公司
上海高晶检测科技股份有限公司
上海日科电子设备有限公司
易图视影像设备(上海)有限公司
康耐视视觉检测系统(上海)有限公司
优视科(上海)商贸有限公司
格雷康自动检测控制设备(上海)有限公司
征图新视(江苏)科技股份有限公司
江苏汉唐国际贸易集团有限公司
南京亿佰泰科技有限公司
太景科技(南京)有限公司
苏州康孚智能科技有限公司
微觉视检测技术(苏州)有限公司
无锡动视宫原科技有限公司
无锡埃姆维工业控制设备有限公司
无锡精质视觉科技有限公司
无锡赛默斐视科技有限公司
无锡市华典检测技术有限公司
浙江赤霄智能检测技术有限公司
杭州纸邦自动化技术有限公司
杭州惠正智能科技有限公司
浙江双元科技股份有限公司
杭州赤霄科技有限公司
杭州品享科技有限公司
杭州视准科技有限公司
宁波纺织仪器厂
中建材智能自动化研究院有限公司
杭州研特科技有限公司
嘉兴市和意自动化控制有限公司
宁波大禾仪器有限公司
温州市辰龙传感科技有限公司
杭州利珀科技有限公司
浙江好视智能科技有限公司
合肥通视智能技术有限公司
福建省麦雅数控科技有限公司
泉州市博格森机械科技有限公司
泉州市美邦仪器有限公司
厦门艾希弥欧科技有限公司
厦门康润科技有限公司
厦门力和行自动化有限公司

迈维库(厦门)科技有限公司
济南恒品机电技术有限公司
济南三泉中石实验仪器有限公司
济南兰光机电技术有限公司
济南思博科学仪器有限公司
扬惠智能科技(山东)有限公司
山东德瑞克仪器股份有限公司
青岛百精金检技术有限公司
青岛电子检测仪器厂
青岛安川金检设备有限公司
河南大指造纸装备集成工程有限公司
湖北英赛力新材料科技有限责任公司
武汉吉瑞祥工业系统有限公司
东莞市恒科自动化设备有限公司
东莞市均准视觉科技有限公司
东莞市科建检测仪器有限公司
东莞市隆胜金属检测设备有限公司
东莞市勤达仪器有限公司
东莞市太崎检测仪器有限公司
佛山市四拓智能科技有限公司
广东奥普特科技股份有限公司
广东立一科技有限公司
广东连之新金属检测设备有限公司
广东英斯派克视觉科技有限公司
梅特勒-托利多科技(中国)有限公司广州分公司
广州亚多检测技术有限公司
广州思肯德电子测量设备有限公司
广州市顶丰自动化设备有限公司
莱恩斯(中山)智能设备科技有限公司
中山精量衡器制造有限公司
深圳市佳康捷科技有限公司
深圳市正控科技有限公司
深圳市阳光视觉科技有限公司
深圳蓝博检测仪器有限公司
深圳市冠亚水分仪仪器有限公司
珠海妙思精密仪器有限公司
云南赛泰克科技发展有限公司
西安力源光电科技有限责任公司
西安研硕仪器设备有限公司
源浩科技股份有限公司
四川长江造纸仪器有限责任公司
深圳市中钞科信金融科技有限公司成都分公司

● 工业皮带 Industrial belt

北京雅玛华美贸易有限公司
利莱诺(北京)传动设备有限公司
天津科顺隆传输设备有限公司
北京国都亿豪科贸发展有限公司
福尔波西格林输送系统(中国)有限公司
营口辽河药机制造有限公司
上海艾仆日化有限公司
上海欧舟工业皮带有限公司
上海道仁输送机械有限公司
泫泽工业传动系统(上海)有限公司
日志动力传送系统(上海)有限公司
上海旺动机械设备有限公司
上海锐尧传动设备有限公司
上海诺琪斯经贸有限公司
上海锐霓机械器材有限公司
西日本贸易(上海)有限公司
麦高迪亚太传动系统有限公司上海分公司
上海爱贝特工业皮带有限公司
上海东谊工业皮带有限公司
上海汉唐传动设备有限公司
上海蓉瑞机电设备有限公司
上海禾川实业有限公司
上海岳得机电设备有限公司
上海龙之照同步带有限公司
上海怡阳传动设备有限公司
英特乐传送带(上海)有限公司
谷乐传动设备(上海)有限公司
锋桦传动设备(上海)有限公司
上海爱西奥工业皮带有限公司
上海贝滋工贸有限公司
上海采恩机械科技有限公司
上海沛洋传动机械有限公司
上海晓全机械自动化有限公司
上海永利带业股份有限公司
上海潜跃传动科技有限公司
哈柏司工业传动设备(上海)有限公司
上海达机皮带有限公司
上海凯耀工业皮带有限公司
上海科达传动系统有限公司

上海亦杰传动机械有限公司
上海佐尔传动设备有限公司
上海旭昕机电有限公司
上海紫象机械设备有限公司
上海连驰传动设备有限公司
霓达(上海)企业管理有限公司
上海高知尾崎贸易有限公司
上海新标工业皮带有限公司
上海钡托传动科技有限公司
上海兆勒传动设备有限公司
上海振贸机电有限公司
常州梵高机电有限公司
霓达精密传动(常州)有限公司
南京安运机电有限公司
南京犇达机电科技有限公司
南通超力传动系统有限公司
苏州梓瑞鑫传动机械有限公司
苏州富强科技有限公司
苏州罗盘网络科技股份有限公司
伊维氏传动系统(苏州)有限公司
澳森传动系统(昆山)有限公司
江苏司毛特传动科技有限公司
无锡博言传动机械有限公司
昆山德企同步带轮制造有限公司
昆山格柏瑞工业器材有限公司
昆山恒立天传动系统有限公司
昆山旭欧轴承有限公司
艾玛拉皮带(苏州)有限公司
泰州瑞斯特带业制品有限公司
泰州金士诚机电有限公司
泰州市环球特种绳带厂
泰州市金科带业有限公司
泰州市欧泰带业有限公司
泰州市日兴高分子材料有限公司
泰州市锐驰工业皮带有限公司
泰州市泰丰胶带有限公司
泰州市天力传动带有限公司
泰州市新艺传动带科技有限公司
江苏永盛氟塑新材料有限公司
无锡久亿鑫传动设备有限公司
无锡康莫拉传动系统有限公司
无锡宏信传动科技有限公司
江苏科强新材料股份有限公司
江阴市南闸特种胶带有限公司
江阴市斯强传动科技有限公司
江阴天广科技有限公司
杭州永创智能设备股份有限公司
杭州合利机械设备有限公司
宁波贝递同步带有限公司
宁波伏龙同步带有限公司
宁波凯嘉传动带有限公司
余姚市伟业带传动轮有限公司
绍兴凯一同步带有限公司
济南天齐特种平带有限公司绍兴分公司
台州市路桥翔宇仪表机床制造厂
浙江海途凯胶带有限公司
浙江三维橡胶制品股份有限公司
黄山美澳复合材料有限公司
安徽旺动传输科技有限公司
南平市南象胶带有限公司
泉州市三阪传动设备有限公司
福建省晋江市国峰皮业工贸有限公司
宏祥工业配件有限公司
晋江市博尔达商贸有限公司
泉州艾比盖工业皮带有限公司
泉州市明鑫工业皮带有限公司
泉州市振荣机械配件有限公司
泉州优美加新材料科技有限公司
泉州市恒德鑫传动科技有限公司
宏信(福建)工业装备技术有限公司
泉州智造者机械设备有限公司
厦门冠重机械设备有限公司
厦门敏硕机械配件有限公司
厦门希尔顿工业皮带有限公司
厦门兴润峰贸易有限公司
厦门欧派科技有限公司
厦门艺顺机械设备有限公司
厦门和易工业皮带有限公司
厦门星凯驰工贸有限公司
漳州市耐孚迪机电设备有限公司
江西康琪实业有限公司
济南天齐特种平带有限公司
济南佐鲁机械设备有限公司
青岛必特希胶带有限公司
青岛汉唐传动系统有限公司
青岛艾利特机电设备有限公司

上海科达传动系统有限公司青岛办事处
河南中昊机械传动技术有限公司
郑州杰通工业皮带有限公司
武汉方园鑫科技有限公司
上海新日升传动科技股份有限公司武汉分公司
武汉科盛工业器材有限公司
长沙市星沣传动机械有限公司
长沙瑞中自动化设备有限公司
东莞市东佶新材料制带科技有限公司
东莞市普荣工业器材有限公司
东莞市司毛特工业皮带有限公司
东莞市凌圣五金机电有限公司
佛山市艾斯普尔传动设备有限公司
佛山市陈氏文信工业皮带有限公司
佛山市利普达机械配件有限公司
佛山市利思达传动设备有限公司
佛山市山浦名工业皮带有限公司
麦高迪亚太传动系统有限公司佛山分公司
佛山玖阳工业皮带有限公司
佛山市奥柏斯工业皮带有限公司
佛山市百吉工业皮带有限公司
佛山市加德纳机械配件有限公司
上海永利工业制带有限公司广东分公司
佛山艾麦工业皮带有限公司
广州科弘机械设备有限公司
广州市艾姆特工业皮带有限公司
广州市翔拓工业器材有限公司
广州格仪朗通用设备有限公司
广州力博传动设备有限公司
广州市番禺中南科达机械有限公司
广州沃孚机电设备有限公司
广州盈广机械设备有限公司
广州晟方一机电设备有限公司
广州市久维工业器材有限公司
广州翊力传动科技有限公司
广州亿信达工业配件有限公司
广州宇泽盟贸易有限公司
霓达(上海)企业管理有限公司广州分公司
铁姆肯(中国)投资有限公司
广州市一晋贸易有限公司
汕头市利华杰机械实业有限公司
深圳市捷保顺工业器材有限公司
深圳市瑞阳成科技发展有限公司
深圳市三木传动带有限公司
深圳市星超工业器材有限公司
深圳市华南新海传动机械有限公司
深圳贸通机电有限公司
中山市固莱尔机电设备有限公司
成都林力涵科技有限公司
云南万峰物资贸易有限公司
爱西贝特传输系统(云南)有限公司
陕西兴元传动系统有限公司
西安科达传动系统销售有限公司
陕西华天伟诺机械设备有限公司

● 其他相关设备 Other related equipment

奥地利 SML 兰精机械有限公司北京代表处
北京恒泰宏昌科技有限公司
北京世宏顺达科技发展有限公司
北京盈宝泰科环保科技股份有限公司
申克(天津)工业技术有限公司北京分公司
索拉透平(北京)贸易服务有限公司
倍杰特集团股份有限公司
北京中科博联环境工程有限公司
北京耀美医疗器械有限公司
北京金峡超滤设备有限责任公司
北京海格瑞净化设备有限公司
北京起兴机械设备有限公司
亿昇(天津)科技有限公司
昊达戴格(天津)机械有限公司
天龙制锯(中国)有限公司
保定市中航轴承销售有限公司
保定飞凌嵌入式技术有限公司
唐山天易机电设备制造有限公司
运城精工胶辊有限公司
运城锐宝制版有限公司
栗田工业(大连)有限公司
辽宁迈克集团股份有限公司
辽宁合众科技新材料有限公司
上海襄达工业铝型材有限公司
上海可莱特电子有限公司
上海阿通裁断机械有限公司
上海精耕机电科技有限公司
上海佩驭机电科技有限公司

慧桥电气技术(上海)有限公司
道达尔润滑油(中国)有限公司
上海德保工业设备技术有限公司
上海商都贸易有限公司
恩玛机械(上海)有限公司
上海艾克森股份有限公司
上海高辉机械设备有限公司
上海善格机电设备有限公司
上海树志机械设备有限公司
上海运城制版有限公司
上海江浪科技股份有限公司
上海派瑞特塑业有限公司
上海勤美自动化设备有限公司
复盛实业(上海)有限公司
卡勒克密封技术(上海)有限公司
上海彩硕数码科技有限公司
上海常良智能科技有限公司
上海翌星电气设备有限公司
上海英乂工贸有限公司
添理仕贸易(上海)有限公司
伊莉莎冈特贸易(上海)有限公司
上海力顺燃机科技有限公司
上海立智粉体设备制造有限公司
上海切沃过滤技术有限公司
上海素德实业有限公司
香港得利捷亚州有限公司上海代表处
贝卡尔特管理(上海)有限公司
上海协升商贸有限公司
上海沐畅传动设备有限公司
上海申贝泵业制造有限公司
必能信超声(上海)有限公司
博斯特(上海)有限公司
上海韩东机械科技有限公司
上海家鼎机电科技有限公司
上海鸣谦印刷器材有限公司
上海西田企业发展有限公司
上海鹰旭工业自动化有限公司
上海晓乐东潮生物技术开发有限公司
上海沃克通用设备有限公司
上海兹安经贸发展有限公司
艾森博格轴承(上海)有限公司
上海和美传动机械有限公司
三木普利(天津)有限公司上海分公司
三浦工业(中国)有限公司上海分公司
上海祥和印刷技术有限公司
溧阳市顺超风机厂
常州快利特机械有限公司
常州市麦兴尼机电有限公司
常州市誉双精密机械有限公司
常州万事达自动化设备有限公司
ABB(中国)有限公司南京分公司
南京宁得柯新材料科技有限公司
星诺大气环境科技(南京)有限公司
江苏科思机电工程有限公司
南京博锻数控机床有限公司
南京广达化工装备有限公司
南京祐亨机械设备有限公司
南京贝奇尔机械有限公司
南京阔林科技有限公司
江苏兰菱机电科技有限公司
南通海发水处理工程有限公司
库迈拉(中国)有限公司
苏州苏诺洁净科技有限公司
苏州中迪净化科技有限公司
苏州爱润雪环保科技有限公司
苏州欧码标识科技有限公司
苏州艾金环境科技有限公司
泰州苏兴环保科技有限公司
靖江市凯宇空调设备厂
江苏博瑞诺环保科技有限公司
江苏吉尔吉智能机械有限公司
泰兴市翔宏环保机械有限公司
无锡瓦扬传动科技有限公司
无锡市同康机电有限公司
江苏楷益智能科技有限公司
无锡博力斯机械设备有限公司
无锡市宸豪科技有限公司
无锡中大橡塑科技有限公司
江阴市军明药化机械制造有限公司
江苏锐风新材料有限公司
江苏光阳动力环保设备有限公司
顺雄(宜兴)环保设备有限公司
宜兴市鸿锦水处理设备有限公司
建湖博世通机械贸易有限公司
盐城市巨益机电有限公司
扬州市瀚文精密机械有限公司

恒星科技控股集团有限公司
杭州赛亚传动设备有限公司
浙江中源电气有限公司
杭州曼威混凝土机械设备有限公司
杭州大路实业有限公司
杭州金钥匙科技有限公司
川源(中国)机械有限公司
浙江金顺科技发展有限公司
金华市金顺工具有限公司
丽水市同步轴承有限公司
宁波得利时泵业有限公司
台州市黄岩宏雷模具有限公司
浙江颐顿机电有限公司
浙江亚鼎电气有限公司
浙江易煌电气有限公司
浙江锐步流体控制设备有限公司
浙江艾克森传动机械有限公司
浙江新德宝机械有限公司
瑞安市创博机械有限公司
瑞安市瑞庆电器有限公司
温州市亿润机械有限公司
潜山县胜源刷业有限公司
安徽春辉仪表线缆集团有限公司
阳光新能源开发股份有限公司
安徽赛福电子有限公司
芜湖飞龙医疗科技有限公司
芜湖锋正实业有限公司
福州市宝源风机有限公司
泉州立克电气科技有限公司
晋江华卫模具有限公司
晋江市兰欣新材料科技有限公司
晋江市鑫达精工机械有限公司
泉州市泰迪新材料科技有限公司
泉州五百亿精密科技有限公司
三尔梯(泉州)电气制造有限公司
泉州市高意机械设备有限公司
泉州腾达精铸有限公司
厦门市铂顿温度测控有限公司
厦门高科防静电装备有限公司
厦门佳杏机电设备有限公司
厦门市耀诚工贸有限公司
佰仕德(厦门)机电科技有限公司
环创(厦门)科技股份有限公司
厦门中创环保科技股份有限公司
雷勃动力传动(漳州)有限公司
漳州市耐孚迪机电设备有限公司
江西汇明塑料彩印包装有限公司
山东京美安防装备有限公司
山东成志环境科技有限公司
山东潍坊精鹰医疗器械有限公司
济南上励智能科技有限公司
章丘市奥鼓机械有限公司
山东长青金属表面工程有限公司
山东华珠机械有限公司
山东华屹环境科技工程有限公司
山东晨星金属表面处理有限公司
青岛海通胜行智能科技有限公司
青岛京东电子有限公司
山东欧马数控科技发展有限公司
诸城稻金精工机械有限公司
诸城市东阳机械有限公司
河南乾元过滤设备有限公司
河南众仁机械设备有限公司
新乡市伟良筛分机械有限公司
湖北神海机械科技有限公司
湖北龙骊机械设备销售有限公司
湖北鑫捷豹机械有限公司
武汉现代精工机械股份有限公司
武汉旭达兴五金机械有限公司
武汉法科瑞系统技术有限公司
武汉中大丰源机电设备有限公司
湖北迪峰船舶技术有限公司
武汉玖翔科技有限公司
武汉达盛兴净化设备工程有限公司
武汉东运制版有限公司
武汉思蒙特科技有限公司
武汉凯迈特精密机械有限公司
湖北昌瑞机械设备有限公司
仙桃市清园机械有限公司
襄阳市诚展机械制造有限公司
孝感市精衡机械设备有限公司
宜昌麦迪科机电设备有限责任公司
湖南欧华科技有限公司
东莞市鼎盛铜制品有限公司
东莞市佛尔盛智能机电股份有限公司
东莞市豪邦自动化机械有限公司

东莞市河记机电有限公司
东莞市华采塑胶五金制品有限公司
东莞市润洋电子有限公司
东莞市三众机械有限公司
东莞市钛格精密五金有限公司
东莞市伟东机电有限公司
东莞市卓蓝自动化设备有限公司
广东顺力智能物流装备股份有限公司
宏泰工业股份有限公司广东分部
广东全力达工业自动化有限公司
佛山市蒙特卡传动机械有限公司
佛山市南海东旭液压机械有限公司
佛山市三柯金属制品有限公司
佛山阳新机械自动化控制技术有限公司
广东恒合信管业科技有限公司
佛山市进博科技有限公司
佛山市诺成机械有限公司
佛山市添威自动化设备有限公司
佛山市依恳丰机电设备有限公司
佛山市源捷鑫机械有限公司
广东仕诚塑料机械有限公司
佛山市顺德区飞友自动化技术有限公司
佛山市顺德区劲源机械设备有限公司
广州机械科学研究院有限公司
广东雄峰特殊钢有限公司
广州福田澳森空气净化设备有限公司
广州市白云区科茂印务设备厂
广州市腾驰机电设备有限公司
广州宇旋机械设备有限公司
广州市易鸿智能装备有限公司
珑鼎机械工业股份有限公司广州公司
广州锦翔标识科技有限公司
广州市燊格喷涂设备有限公司
广州岱洲机械设备有限公司
北京大恒创新技术有限公司广州分公司
广州市宝米勒电气技术有限公司
广州亿立升机械有限公司
广东金明精机股份有限公司
深圳市永昌精密五金制品有限公司
南京微盟电子有限公司深圳分公司
深圳市奥德机械有限公司
深圳市超旭电子科技有限公司
深圳市德航智能技术有限公司
深圳市金华成机电科技有限公司
深圳市久阳机械设备有限公司
深圳市莱斯美灵机械有限公司
深圳市欧利斯仓储设备有限公司
深圳市擎天达科技有限公司
深圳市三鑫维科技有限公司
深圳市山口轴承机电有限公司
深圳市深杰皓科技有限公司
深圳市塑宝科技有限公司
深圳市伟创电气有限公司
深圳市鑫鹏展科技有限公司
深圳市永雄机械有限公司
深圳市峰洁卫浴有限公司
深圳市兴昊荣五金设备有限公司
深圳市特利洁环保科技有限公司
深圳市桑泰尼科精密模具有限公司
广东天创同工大数据应用有限公司
重庆运城制版有限公司
四川洁明之晨环保设备有限责任公司
成都大光热喷涂材料有限公司
成都葆德节能科技有限公司
陕西新兴热喷涂技术有限责任公司
和散那有限公司
春鼎机械工业股份有限公司

进出口情况

IMPORT AND EXPORT

[5]

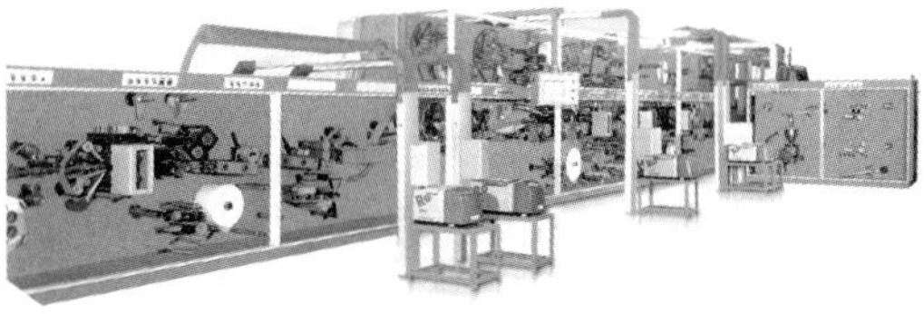

进口设备(2022—2023 年)
Import equipment(2022—2023)

一、卫生纸机

1. 新月型

地区	项目地点	企业名称	型号	数量/台	幅宽/mm	设计车速/(m/min)	投产时间	设备制造商
河北省	辽宁台安	保定雨森卫生用品有限公司	Intelli-Tissue® EcoEc Premium 1600	2	3500	1600	2023 年 8 月	维美德(PMP)
江苏省	江苏南通	金红叶纸业集团有限公司	Intelli-Tissue® EcoEc 1600 Premium	10	3600	1600	2022 年 5 月、6 月、9 月、11 月、12 月	维美德(PMP)
			DCT200，软靴压	2	5600	1800	2022 年 9 月、10 月	维美德
浙江省	浙江平湖	浙江景兴纸业股份有限公司	DCT200 HS	2	5600	2000	2022 年 1 月、6 月	维美德
福建省	广东云浮	恒安集团有限公司	PrimeLine M1600	2	3650	1700	2023 年 12 月	安德里茨
	福建漳州	联盛浆纸(漳州)有限公司	PrimeLine TM W 2000	2	5650	2000	2023 年 4 月、5 月	安德里茨
			DCT 200HS	2	5650	2000	2023 年 5 月	维美德
山东省	广东江门	亚太森博集团	PrimeLine TM W 2000	1	5650	1900	2022 年 11 月	安德里茨
	山东日照		PrimeLine TM W 2000	2	5650	1900	2023 年 4 月	安德里茨
广东省	河北唐山	中顺洁柔纸业股份有限公司	Intelli-Tissue 1600	1	3500	1600	2023 年 5 月	维美德(PMP)

2. TAD 型、类 TAD 型

地区	项目地点	企业名称	纸机型式	型号	数量/台	幅宽/mm	设计车速/(m/min)	投产时间	设备制造商
福建省	湖北孝感	恒安集团有限公司	TAD 型	TADVISION®	1	3650		2023 年 7 月	拓斯克
	湖南常德		复合型	QRT	1	3650	1800	2023 年 5 月	维美德
	湖北孝感		复合型	QRT	1	3650	1800	2023 年 10 月	维美德
广东省	浙江龙游	维达纸业(中国)有限公司	复合型	eTAD	1			2023 年 8 月	维美德

二、生活用纸加工设备

地区	项目地点	企业名称	设备名称	型式	型号	数量/台	幅宽/mm	设计车速/(m/min)	投产时间	设备制造商
江苏省	江苏南通	金红叶纸业集团有限公司	复卷机	高速无轴复卷机	E-WIND T200S	3	5650	1000	2022 年	意大利亚赛利
浙江省	浙江平湖	浙江景兴纸业股份有限公司	复卷机	Reelite	20HSL	3	5600	1100	2022 年上半年	维美德
福建省	福建漳州	联盛浆纸(漳州)有限公司	复卷机	高速无轴复卷机	E-WIND T200S	6	5650	1100	2023 年	意大利亚赛利
山东省	山东日照	亚太森博集团	复卷机	高速无轴复卷机	E-WIND T200S	3	5650	1100	2023 年	
	广东江门		复卷机	高速无轴复卷机	E-WIND T200S	1	5650	1100	2022 年底	
广西	广西北海	广西太阳纸业有限公司	复卷机	高速有轴复卷机	E-WIND T200	1	5650	1800	2022 年	
				高速无轴复卷机	E-WIND T200S	2	5650	1100	2022 年	

三、卫生用品设备

地区	企业名称	设备名称	数量	投产时间	设备制造商
江苏省	江苏三笑集团有限公司	FNL280 系列卫生巾设备	1	2024 年 2 月	法麦凯尼柯
		FPL2000 系列卫生护垫设备	1		
	江苏邦业护理用品有限公司	BDS1 婴儿拉拉裤堆垛装袋机	2	2023 年 12 月	OPTIMA
		ADS1 婴儿拉拉裤堆垛装袋机	1	2024 年 1 月	
浙江省	杭州豪悦护理用品股份有限公司	DS1 拉拉裤包装机	1	2022 年 10 月	
		LUCK 婴儿拉拉裤堆垛装袋机	2	2024 年 1 月	
	杭州珍琦卫生用品有限公司	LUCK 拉拉裤包装机	1	2023 年 2 月	
	杭州千芝雅卫生用品有限公司	纸尿裤包装机	3	2023 年	
		成人拉拉裤/经期裤包装机	3	2024 年	
	浙江昱升个人护理用品有限公司	Midnight 成人纸尿裤堆垛装袋机	1	2023 年 8 月	
	杭州川田卫生用品有限公司	高速卫生巾生产线	1	2024 年 8 月	瑞光(上海)
山东省	优康利莱新医疗科技(威海)有限公司	成人拉拉裤/经期裤生产线	1	2023 年	
		Midnight 成人纸尿裤堆垛装袋机	1	2024 年 1 月	OPTIMA

出口设备(2022—2023 年)
Export equipment(2022—2023)

一、卫生纸机

出口大洲	出口国家或地区	企业名称	规模/(万吨/年)	型式	型号	数量/台	幅宽/mm	设计车速/(m/min)	签约时间	投产时间	设备制造商
亚洲	越南	HUNG THINH	1.5	新月型	BC1100-2850	1	2850	1100	2022 年 5 月	2023 年 11 月	宝拓
			2	新月型	BC1300-3550	1	3550	1300	2022 年 5 月	2023 年 12 月	宝拓
	阿联酋	L. L. C	2	新月型	BC1500-3550	1	3550	1500	2022 年 12 月	2024 年	宝拓
	卡塔尔	EPI	1.5	新月型		1	2850	1000	2022 年 1 月	2022 年	山东信和
	印尼		1.8	新月型		1	2850	1200	2022 年	2023 年 2 月	保定昌达
非洲	埃及	L. L. C	2	新月型	BC1500-3550	1	3550	1500	2022 年 12 月	2024 年	宝拓
	南非	PROXIMOLTD	2	新月型	BC1100-2850	1	2850	1100	2022 年 10 月	2023 年第一季度	宝拓
总计			12.8			7					

二、生活用纸加工设备

出口大洲	出口国家或地区	设备名称	型号	数量/台	签约时间	投产时间	设备制造商
亚洲	阿富汗	全自动高速盘纸分切机	PF-EB3000	1	2021 年 4 月	2022 年 10 月	宝索
	哈萨克斯坦	全自动高速卷管机	CW160	1	2022 年 12 月	2023 年 3 月	
		全自动边封热收缩包装机	BF-550	1	2022 年 9 月	2023 年 1 月	
		抽纸中包机	FW30C	1	2022 年 9 月	2023 年 1 月	
	阿联酋	自动小盘纸带锯切纸机	DJ250	1	2021 年 11 月	2022 年 4 月	
			YD-DJ250	1	2022 年 8 月	2022 年 12 月	
		全自动封盒机	FB100	1	2021 年 9 月	2022 年 1 月	
		面巾纸切纸机	FC180-1L	1	2021 年 9 月	2022 年 1 月	
		高速餐巾纸折叠机	YCF-280	1	2022 年 8 月	2022 年 12 月	
		两用小盘纸复卷机	YD-H2200	1	2021 年 11 月	2022 年 4 月	
			YD-H2600	1	2022 年 8 月	2022 年 12 月	
			YD-H2900	1	2022 年 2 月	2022 年 6 月	
		抽式面巾纸折叠机	YH200-1260	1	2022 年 2 月	2022 年 6 月	
			YH200-1500	1	2022 年 1 月	2022 年 5 月	
			YH210-1050	1	2021 年 9 月	2022 年 1 月	
	阿塞拜疆	餐巾纸单包机	BJ-FS60B	1	2023 年 2 月	2023 年 7 月	
		高速餐巾纸折叠机	YCF220	2	2023 年 2 月	2023 年 7 月	
	巴基斯坦	纸卷封口机		1	2022 年 2 月	2022 年 6 月	
		高速餐巾纸折叠机	YCF-B220	1	2022 年 2 月	2022 年 6 月	
			YCF-B300	1	2022 年 2 月	2022 年 6 月	
	菲律宾	面巾纸切纸机	FC180-1L	1	2022 年 2 月	2022 年 6 月	
		抽纸单包机	TS100	1	2022 年 2 月	2022 年 6 月	
		全自动复卷机	YD-E-1575	1	2022 年 5 月	2022 年 8 月	
		自动取纸抽式面巾纸折叠机	YH-FD195-1500	1	2022 年 2 月	2022 年 6 月	

续表

出口大洲	出口国家或地区	设备名称	型号	数量/台	签约时间	投产时间	设备制造商
亚洲	韩国	自动取纸抽式面巾纸折叠机	YH-FD200-1500	4	2021 年 10 月、11 月，2022 年 1 月、5 月	2022 年 1 月、4 月、8 月	宝索
		全自动高速卷管机	CW160	1	2022 年 2 月	2022 年 5 月	
		小盘纸分切机	YD-C-1350	1	2021 年 11 月	2022 年 9 月	
	柬埔寨	抽式面巾纸折叠机	YH165-1500	1	2023 年 3 月	2023 年 7 月	
	黎巴嫩	抽式面巾纸折叠机	YH190-1260	1	2022 年 7 月	2022 年 11 月	
	马来西亚	储纸架	YH-ACM(100)	1	2022 年 4 月	2022 年 9 月	
		机械手装箱机	CP15B	1	2021 年 9 月	2022 年 8 月	
		单通道大回旋切纸机	FC220-1L	1	2022 年 4 月	2022 年 9 月	
		折带锯切纸机	HD1450N	1	2021 年 9 月	2022 年 8 月	
			HD1840N	1	2021 年 9 月	2022 年 8 月	
		1/8 折餐巾纸折叠机	MJ-D330	1	2022 年 7 月	2022 年 10 月	
		自动取纸抽式面巾纸折叠机	YH-FG190-2000	1	2022 年 4 月	2022 年 9 月	
		包装机	YHQ-150N	2	2021 年 9 月	2022 年 8 月	
	缅甸	面巾纸切纸机	FC180-1L	1	2022 年 12 月	2023 年 7 月	
		抽纸单包机	TS100	1	2022 年 12 月	2023 年 7 月	
		高速餐巾纸折叠机	YCF-B-2L300	1	2022 年 12 月	2023 年 7 月	
		抽式面巾纸折叠机	YH180-1800	1	2022 年 12 月	2023 年 7 月	
		卷芯机	ZJ-A	1	2023 年 6 月	2023 年 8 月	
	沙特	手帕纸单包机	BS-201	1	2022 年 6 月	2023 年 4 月	
		面巾纸切纸机	FC220-1L	2	2023 年 2 月	2023 年 7 月	
			FC280-2L	1	2022 年 8 月	2023 年 2 月	
			FC180-1L	4	2021 年 7 月，2022 年 4 月、6 月、12 月	2022 年 1 月、9 月，2023 年 4 月	
		软抽单包机	FS60B	2	2021 年 7 月、2022 年 4 月	2022 年 1 月、2022 年 9 月	
		餐巾纸包装机	FS60B	1	2022 年 6 月	2023 年 4 月	
		全自动软抽中包机	BJ-FW35C	2	2022 年 8 月、12 月	2023 年 2 月、4 月	
			FW30C	1	2022 年 6 月	2023 年 4 月	
		手帕纸折叠机	MJ-A	1	2022 年 6 月	2023 年 4 月	
		抽纸单包机	TS100	2	2022 年 12 月，2023 年 2 月	2023 年 4 月、7 月	
			TS180	2	2022 年 8 月	2023 年 2 月	
			TS130B	1	2022 年 6 月	2023 年 4 月	
		全自动餐巾纸生产线	YC-PJ300	1	2022 年 6 月	2023 年 4 月	
		自动取纸抽式面巾纸折叠机	YH-FD210-1500	1	2022 年 6 月	2023 年 4 月	
		手帕纸中包机	ZB201B	1	2022 年 6 月	2023 年 4 月	
		抽式面巾纸折叠机	YH185-2000	1	2022 年 4 月	2022 年 9 月	
			YH190-2000	1	2021 年 7 月	2022 年 1 月	

续表

出口大洲	出口国家或地区	设备名称	型号	数量/台	签约时间	投产时间	设备制造商
亚洲	沙特	抽式面巾纸折叠机	YH180-1500	6	2022 年 8 月，2023 年 2 月	2023 年 2 月、7 月	宝索
			YH180-2000	3	2022 年 5 月，2023 年 3 月	2022 年 8 月，2023 年 8 月	
			YH190-1500	3	2022 年 9 月、12 月	2023 年 1 月、4 月	
		全自动 V 折擦手纸折叠机	MJ-V200-1500	1	2022 年 12 月	2023 年 4 月	
		自动小盘纸带锯切纸机	DJ250	1	2023 年 2 月	2023 年 7 月	
		全自动软抽单包机	FS80	1	2023 年 2 月	2023 年 7 月	
		软抽中包机	FW35C	2	2023 年 2 月	2023 年 7 月	
		自动小盘纸热收缩膜包装机	HW20	1	2023 年 2 月	2023 年 7 月	
		两用小盘纸复卷机	YD-H2800	1	2023 年 2 月	2023 年 7 月	
		抽纸中包机	BJ-FW30B	1	2021 年 7 月	2022 年 1 月	
		软抽双头中包机	D661	1	2022 年 4 月	2022 年 9 月	
		自动封盒机	FB-1L	1	2021 年 11 月	2022 年 1 月	
	斯里兰卡	自动卷管机	ZJ-A	2	2022 年 11 月，2023 年 7 月	2023 年 2 月、9 月	
		全自动打孔复卷机	YD-E-1575	1	2023 年 2 月	2023 年 7 月	
	中国台湾	抽纸单包机	TS180	1	2023 年 2 月	2023 年 6 月	
	泰国	储纸架	A120	1	2021 年 8 月	2022 年 1 月	
		全自动卷纸中包机	BJ-RW30B	1	2021 年 8 月	2022 年 1 月	
		卷筒纸单包机	BJ-SW220	1	2021 年 8 月	2022 年 1 月	
		全自动高速卷管机	CW100	1	2021 年 8 月	2022 年 1 月	
		单通道大回旋切纸机	FC220-1L	1	2022 年 2 月	2022 年 7 月	
		中包机	FW30	1	2022 年 2 月	2022 年 7 月	
		大回旋切纸机	LS160-2L	1	2021 年 8 月	2022 年 1 月	
		全自动抽纸单包机	TS130	1	2022 年 2 月	2022 年 7 月	
		封口机	ULTRA-T15	1	2021 年 8 月	2022 年 1 月	
		有芯/无芯集成复卷机生产线	YD-PL250C-2000	1	2021 年 8 月	2022 年 1 月	
		自动取纸抽式面巾纸折叠机	YH-FD180-1500	1	2022 年 2 月	2022 年 7 月	
	叙利亚	自动封盒机	FB-1L	3	2023 年 2 月	2023 年 8 月	
		抽式面巾纸折叠机	YH175-1500	1	2023 年 3 月	2023 年 7 月	
			YH200-900	1	2023 年 2 月	2023 年 8 月	
	乌兹别克斯坦	储纸架	A360	1	2022 年 5 月	2022 年 11 月	
		封口机	DT40	1	2022 年 5 月	2022 年 11 月	
		大回旋切纸机	LS160-4L	1	2022 年 5 月	2022 年 11 月	
		全自动高速盘纸分切机	PF-EB-3000	1	2022 年 10 月	2022 年 11 月	
		有芯高速集成复卷机生产线	YD-PL450C-3000	1	2022 年 5 月	2022 年 11 月	
		高速盘纸分切复卷机	PF-EA-3000	1	2022 年 8 月	2022 年 11 月	

续表

出口大洲	出口国家或地区	设备名称	型号	数量/台	签约时间	投产时间	设备制造商
亚洲	也门	抽式面巾纸折叠机	YH190-1500	2	2022年9月，2023年5月	2022年12月，2023年8月	宝索
			YH190-900	1	2022年11月	2022年11月	
		脚踏式封切包装机	630SA	1	2022年11月	2022年11月	
		面巾纸切纸机	FC180-1L	1	2022年9月	2022年12月	
	伊拉克	抽式面巾纸折叠机	YH180-1500	3	2022年2月、9月	2022年6月，2023年1月	
			YH190-1500	2	2022年2月	2022年6月	
			YH200-900	2	2021年11月，2022年10月	2022年6月，2023年1月	
	伊朗	大回旋切纸机	LS160-2L	2	2021年11月	2022年1月	
		抽式面巾纸折叠机	YH205-1260	2	2022年6月	2022年12月	
			YH205-1500	1	2022年3月	2022年8月	
	印度	抽式面巾纸折叠机	YH-2L190-540	1	2021年10月	2022年3月	
	印度尼西亚	高速餐巾纸折叠机	YCF-2L290	1	2022年11月	2023年3月	
		面巾纸切纸机	FC220-1L	1	2023年6月	2023年6月	
			FC180-1L	8	2022年2月、3月、8月	2022年2月4月、11月	
		抽式面巾纸折叠机	YH190-1500	8	2022年2月、3月、8月，2023年6月	2022年2月、4月、11月，2023年6月	
		抽纸单包机	TS100	1	2022年8月	2022年11月	
	越南	自动带锯切纸机	DJ130	3	2022年4月，2023年1月	2022年7月，2023年4月	
		全自动复卷机	YD-E-2000	5	2021年10月，2022年3月、4月，2023年1月	2022年2月、6月、7月，2023年4月	
		全自动高速盘纸分切机	PF-EA3600	1	2023年2月	2023年5月	
			PF-EA3000	1	2023年2月	2023年8月	
		储纸架	A206	2	2021年11月，2022年6月	2022年6月、8月	
		圆扁兼容中包机	BJ-RW25RS	1	2021年11月	2022年6月	
		全自动高速卷管机	CW100	1	2022年6月	2022年12月	
		自动小盘纸带锯切纸机	DJ250	1	2021年11月	2022年3月	
		自动封盒机	FB-1L	1	2022年5月	2022年5月	
		单通道大回旋切纸机	FC220-1L	5	2021年11月，2022年3月、4月、5月、6月	2022年3月、5月、7月、8月	
		中包机	FW30	1	2022年6月	2022年8月	

续表

出口大洲	出口国家或地区	设备名称	型号	数量/台	签约时间	投产时间	设备制造商
亚洲	越南	大回旋切纸机	LS160-3L	2	2021年11月，2022年6月	2022年6月、12月	宝索
		全自动V折擦手纸折叠机	MJ-V190-1500	1	2022年3月	2022年5月	
		圆扁卷兼容中包机	RW25RS	2	2022年6月	2022年8月	
		抽纸单包机	TS100	1	2021年11月	2022年3月	
		全自动抽纸单包机	TS130	2	2022年4月、6月	2022年7月、8月	
		全自动擦手纸包装机	TW15	1	2022年3月	2022年6月	
		封口机	ULTRA-T15	2	2021年11月，2022年6月	2022年6月、12月	
		高速餐巾纸折叠机	YCF320	1	2023年1月	2023年4月	
			YCF-B240	1	2023年1月	2023年5月	
			YCF240	1	2022年8月	2022年11月	
			YCF300	2	2022年12月	2023年2月	
			YCF330	1	2022年8月	2022年11月	
			YCF-B-2L300	1	2021年11月	2022年3月	
		有芯高速复卷机	YD-PL350C-2900	2	2021年11月，2022年6月	2022年6月、12月	
		抽式面巾纸折叠机	YH190-1500	4	2022年3月、6月，2023年1月、3月	2022年3月、8月，2023年5月、7月	
			YH190-1050	1	2022年9月	2022年12月	
		自动取纸抽式面巾纸折叠机	YH-FD190-2100	2	2022年4月、6月	2022年7月、8月	
			YH-FD195-1500	1	2021年11月	2022年3月	
			YH-FD205-1500	1	2022年3月	2022年6月	
	以色列	自动覆纸包装机	CR-2900	1	2022年9月	2022年12月	
		折叠口罩一体机	KN95	1	2022年2月	2022年2月	
欧洲	阿尔巴尼亚	自动擦手纸带锯切纸机	YD-DJ120	1	2021年11月	2022年4月	
		自动带锯切纸机	YD-DJ130	1	2021年11月	2022年4月	
		自动小盘纸带锯切纸机	YD-DJ250	1	2021年11月	2022年4月	
		两用小盘纸复卷机	YD-H2900	1	2021年11月	2022年4月	
	波斯尼亚和黑塞哥维那	两用小盘纸复卷机	YD-H1800	1	2022年11月	2023年4月	
	波兰	储纸架	A206	1	2022年2月	2022年8月	
			A360	1	2022年3月	2022年6月	
		装箱机	BJ-CP15B	1	2022年4月	2022年11月	
		大回旋切纸机	BJ-FC220-1L	2	2022年4月	2022年5月、11月	
			LS160-4L	2	2022年2月、3月	2022年6月、8月	
		擦手纸包装机	BJ-TW20	2	2022年4月	2022年11月	
		餐巾纸包装机	FS60B	1	2021年10月	2022年5月	
		封口机	PT20	1	2022年2月	2022年8月	
		全自动餐巾纸生产线	YC-PJ330	1	2021年10月	2022年5月	

续表

出口大洲	出口国家或地区	设备名称	型号	数量/台	签约时间	投产时间	设备制造商
	波兰	自动小盘纸带锯切纸机	YD-DJ250	2	2022 年 2 月、4 月	2022 年 5 月、6 月	
		小盘纸高速复卷机	YD-PL250SE-2900	1	2022 年 2 月	2022 年 8 月	
		自动取纸抽式面巾纸折叠机	YH-FG210-1500	1	2022 年 4 月	2022 年 11 月	
	俄罗斯	储纸架	A206	1	2023 年 1 月	2023 年 7 月	
		全自动 V 折擦手纸折叠机	MJ-V-2L225-480	2	2022 年 8 月、12 月	2023 年 3 月、7 月	
		小盘纸切纸机	ULTRA-JRT75	1	2023 年 1 月	2023 年 7 月	
		压花餐巾纸机	YCF320	1	2023 年 3 月	2023 年 8 月	
		全自动小盘纸复卷机	YD-CA-3000	1	2023 年 1 月	2023 年 7 月	
			YD-CA-1800	1	2022 年 6 月	2022 年 12 月	
		全自动打孔复卷机	YD-E-1575	1	2022 年 12 月	2023 年 3 月	
		大回旋切纸机	LS160-2L	1	2022 年 6 月	2022 年 10 月	
		高速餐巾纸折叠机	YCF220	1	2021 年 9 月	2022 年 1 月	
		全自动复卷机	YD-E-2400	1	2021 年 12 月	2022 年 5 月	
		自动卷管机	ZJ-A	1	2022 年 6 月	2022 年 10 月	
	克罗地亚	擦手纸包装机	BJ-TW20	1	2023 年 3 月	2023 年 6 月	
			BJ-TW15	1	2022 年 5 月	2022 年 9 月	
		面巾纸切纸机	FC280-2L	1	2022 年 5 月	2022 年 9 月	
		两用小盘纸复卷机	YD-H2900	1	2022 年 2 月	2022 年 6 月	
		自动取纸抽式面巾纸折叠机	YH-FG210-1500	1	2022 年 5 月	2022 年 9 月	
			YH-FG210-2900	1	2022 年 7 月	2023 年 2 月	
欧洲	塞尔维亚	擦手纸包装机	BJ-TW15	1	2022 年 10 月	2023 年 3 月	宝索
		全自动 N 折折叠机	MJ-N210-1500	1	2022 年 10 月	2023 年 3 月	
	乌克兰	装箱机	BJ-CP15B	1	2021 年 10 月	2022 年 7 月	
		大回旋切纸机	BJ-FC220-1L	1	2021 年 10 月	2022 年 7 月	
		擦手纸包装机	BJ-TW20	1	2021 年 10 月	2022 年 7 月	
		全自动封盒机	FB100	1	2022 年 2 月	2022 年 6 月	
		面巾纸切纸机	FC180-1L	1	2022 年 2 月	2022 年 6 月	
		抽纸单包机	TS100	1	2022 年 2 月	2022 年 6 月	
		自动取纸抽式面巾纸折叠机	YH-FD200-1500	1	2022 年 2 月	2022 年 6 月	
			YH-FD230-2000	1	2021 年 10 月	2022 年 7 月	
	希腊	1/8 折餐巾纸折叠机	MJ-D330	2	2021 年 11 月，2022 年 10 月	2022 年 5 月，2023 年 1 月	
			MJ-D400	1	2021 年 9 月	2022 年 2 月	
			MJ-D480	1	2021 年 10 月	2022 年 5 月	
		高速餐巾纸折叠机	YCF-B240	1	2022 年 10 月	2023 年 2 月	
			YCF-B330	1	2021 年 9 月	2022 年 2 月	
	意大利	装箱机	CP20	1	2023 年 3 月	2023 年 8 月	
		全自动封盒机	FB110	2	2023 年 3 月	2023 年 8 月	
		面巾纸切纸机	FC280-2L	1	2023 年 3 月	2023 年 8 月	
		抽纸单包机	TS180	1	2023 年 3 月	2023 年 8 月	
			BJ-TS130	1	2022 年 5 月	2022 年 8 月	

续表

出口大洲	出口国家或地区	设备名称	型号	数量/台	签约时间	投产时间	设备制造商
欧洲	意大利	储纸架	YH-ACM185	1	2023 年 3 月	2023 年 8 月	宝索
			YH-ACM(125)	1	2021 年 7 月	2022 年 3 月	
		全自动取纸抽式面巾纸折叠机	YH-PL210-2900	1	2023 年 3 月	2023 年 8 月	
		大回旋切纸机	BJ-FC220-1L	1	2021 年 7 月	2022 年 3 月	
			BJ-FC280-1L	1	2022 年 5 月	2022 年 8 月	
		封口机	YD-DT40	1	2022 年 5 月	2022 年 7 月	
		自动取纸抽式面巾纸折叠机	YH-FG210-1500	1	2022 年 5 月	2022 年 8 月	
		全自动抽式面巾纸生产线	YH-PJ210-2900	1	2021 年 7 月	2022 年 3 月	
		软抽中包机	FW35C	1	2023 年 3 月	2023 年 8 月	
北美洲	洪都拉斯	储纸架	A120	1	2021 年 2 月	2022 年 9 月	
		全自动卷纸中包机	BJ-RW30B	1	2021 年 6 月	2022 年 9 月	
		全自动高速卷管机	CW100	1	2021 年 2 月	2022 年 9 月	
		大回旋切纸机	LS160-2L	1	2021 年 2 月	2022 年 9 月	
		封口机	ULTRA-T15	1	2021 年 2 月	2022 年 9 月	
		复卷机生产线	YD-PL250C-2900	1	2021 年 2 月	2022 年 9 月	
	美国	自动覆纸包装机	CR-2900	1	2021 年 8 月	2023 年 7 月	
		自动擦手纸带锯切纸机	DJ120	1	2020 年 7 月	2023 年 7 月	
		擦手纸装袋机	FB	1	2020 年 7 月	2023 年 7 月	
		抽式面巾纸折叠机	YH260-1500	1	2020 年 2 月	2023 年 7 月	
		餐巾纸折叠机	MJ-C-2	3	2021 年 7 月、8 月、9 月	2022 年 1 月	
		餐巾纸装袋机	MJC-ZJ-360	4	2021 年 9 月	2022 年 1 月	
		全自动高速盘纸分切机	PF-A-1575	1	2022 年 7 月	2023 年 1 月	
		高速盘纸分切复卷机	PF-EA-2900	1	2021 年 8 月	2022 年 10 月	
	墨西哥	高速餐巾纸折叠机	YCF-B330	2	2023 年 2 月	2023 年 7 月	
			YCF-B240	4	2022 年 4 月、10 月	2022 年 7 月，2023 年 2 月	
南美洲	智利	高速餐巾纸折叠机	YCF-B240	2	2021 年 7 月	2022 年 1 月	
非洲	阿尔及利亚	高速餐巾纸折叠机	YCF-B330	1	2023 年 2 月	2023 年 5 月	
	埃及	小盘纸切纸机	DJ250	1	2022 年 4 月	2022 年 11 月	
		大回旋切纸机	LS160-2L	1	2022 年 4 月	2022 年 11 月	
		1/8 折餐巾纸折叠机	MJ-D330	1	2021 年 2 月	2022 年 2 月	
		高速餐巾纸折叠机	YCF-B330	1	2021 年 2 月	2022 年 2 月	
		两用小盘纸复卷机	YD-PL250C-2900	1	2022 年 4 月	2022 年 11 月	
		抽式面巾纸折叠机	YH190-1500	1	2022 年 7 月	2022 年 9 月	
	安哥拉	餐巾纸装袋机	D610BF	2	2022 年 5 月	2022 年 8 月	
		高速餐巾纸折叠机	YCF330	2	2022 年 5 月	2022 年 8 月	
	布隆迪	卷筒纸单包机	BJ-SW220	1	2022 年 6 月	2022 年 11 月	
		半自动圆卷单头中包机	D682	1	2022 年 6 月	2022 年 11 月	
		餐巾纸包装机	FS60	1	2022 年 3 月	2022 年 11 月	
		大回旋切纸机	LS160-2L	1	2022 年 6 月	2022 年 11 月	
		高速餐巾纸折叠机	YCF-B-2	2	2022 年 3 月	2022 年 11 月	

续表

出口大洲	出口国家或地区	设备名称	型号	数量/台	签约时间	投产时间	设备制造商
非洲	加纳	卷筒纸单包机	BJ-SW220	1	2021 年 7 月	2022 年 1 月	宝索
		抽纸单包机	BJ-TS100	1	2022 年 3 月	2022 年 8 月	
		手帕纸单包机	BS-201	2	2021 年 10 月，2022 年 4 月	2022 年 6 月、8 月	
		自动封盒机	FB-1L	1	2022 年 7 月	2022 年 11 月	
		面巾纸切纸机	FC150-2L	1	2022 年 3 月	2022 年 8 月	
		手帕纸折叠机	MJ-A	2	2021 年 10 月，2022 年 4 月	2022 年 6 月、8 月	
		全自动 V 折擦手纸折叠机	MJ-V200-1500	1	2022 年 3 月	2022 年 8 月	
		手帕纸中包机	ZB201B	2	2021 年 10 月，2022 年 4 月	2022 年 6 月、8 月	
	津巴布韦	全自动复卷机	YD-E-2200	1	2022 年 8 月	2022 年 11 月	
	肯尼亚	自动卷管机	ZJ-A	1	2022 年 4 月	2022 年 6 月	
	利比里亚	抽式面巾纸折叠机	YH185-1260	1	2022 年 11 月	2023 年 4 月	
	毛里求斯	全自动卷纸中包机	BJ-RW30B	1	2021 年 1 月	2023 年 6 月	
		餐巾纸装袋机	D610BF	1	2022 年 6 月	2023 年 6 月	
		半自动入盒包装机	FB	1	2023 年 5 月	2023 年 7 月	
		高速餐巾纸折叠机	YCF330	2	2022 年 6 月，2023 年 3 月	2023 年 6 月、7 月	
		自动卷管机	ZJ-A	1	2022 年 11 月	2023 年 3 月	
		抽式面巾纸折叠机	YH-2L190-540	1	2022 年 8 月	2023 年 1 月	
	南非	全自动高速卷管机	CW160	2	2022 年 10 月	2023 年 3 月	
		面巾纸切纸机	FC220-1L	1	2022 年 11 月	2023 年 6 月	
		大回旋切纸机	LS160-4L	4	2022 年 10 月，2023 年 3 月	2023 年 1 月、2 月、8 月	
		封口机	PT20	4	2023 年 3 月	2023 年 8 月	
			ULTRA-T15	3	2022 年 10 月	2023 年 3 月	
		小盘纸切纸机	ULTRA-JRT75	1	2022 年 11 月	2023 年 6 月	
		全自动复卷机	YD-E-2800	1	2022 年 11 月	2023 年 7 月	
			YD-E-3000	2	2021 年 12 月	2022 年 6 月	
		两用小盘纸复卷机	YD-H2800	1	2022 年 11 月	2023 年 6 月	
		不停机复卷生产线	YD-PL250C-2900	4	2022 年 10 月	2023 年 2 月、3 月	
			YD-PL450C-2900	4	2023 年 3 月	2023 年 8 月	
		全自动高速盘纸分切机	PF-EA-3000	1	2022 年 10 月	2023 年 1 月	
	尼日利亚	卷筒纸单包机	BJ-SW220	1	2022 年 7 月	2022 年 12 月	
		全自动高速卷管机	CW100	1	2022 年 7 月	2022 年 12 月	
		半自动圆卷单头中包机	D682	1	2022 年 7 月	2022 年 12 月	
		小盘纸切纸机	DJ250	1	2022 年 7 月	2022 年 12 月	
		全自动滚边封切热收缩包装机	GB-600	1	2022 年 7 月	2022 年 12 月	
		大回旋切纸机	LS160-2L	1	2022 年 7 月	2022 年 12 月	

续表

出口大洲	出口国家或地区	设备名称	型号	数量/台	签约时间	投产时间	设备制造商
非洲	尼日利亚	热收缩炉	S800	1	2022 年 7 月	2022 年 12 月	宝索
		两用小盘纸复卷机	YD-H2600	1	2022 年 7 月	2022 年 12 月	
		全自动复卷机	YD-E-2000	3	2021 年 6 月	2022 年 1 月	
		自动卷管机	ZJ-A	1	2021 年 6 月	2022 年 1 月	
	坦桑尼亚	自动带锯切纸机	DJ130	1	2022 年 3 月	2022 年 7 月	
		全自动复卷机	YD-E-3000	1	2022 年 3 月	2022 年 7 月	
	突尼斯	半自动入盒包装机	FB	3	2021 年 12 月，2023 年 3 月	2022 年 5 月，2023 年 8 月	
		半自动套袋机	TF-1L	2	2021 年 12 月，2023 年 3 月	2022 年 5 月，2023 年 8 月	
		抽式面巾纸折叠机	YH200-1500	1	2023 年 3 月	2023 年 8 月	
			YH200-900	1	2021 年 12 月	2022 年 5 月	
		脚踏式封切包装机	630SA	6	2021 年 12 月	2022 年 5 月	
		储纸架	A120	1	2021 年 12 月	2022 年 5 月	
		餐巾纸单包机	BJ-FS60B	1	2021 年 12 月	2022 年 5 月	
		全自动卷纸中包机	BJ-RW30B	1	2021 年 12 月	2022 年 5 月	
		自动小盘纸带锯切纸机	DJ250	1	2021 年 12 月	2022 年 5 月	
		切纸机	DQ-B	1	2021 年 12 月	2022 年 5 月	
		自动小盘纸热收缩膜包装机	HW20	1	2021 年 12 月	2022 年 5 月	
		大回旋切纸机	LS160-2L	1	2021 年 12 月	2022 年 5 月	
		手帕纸折叠机	MJ-A	1	2021 年 12 月	2022 年 5 月	
		高速餐巾纸折叠机	YCF-B330	1	2021 年 12 月	2022 年 5 月	
		两用小盘纸复卷机	YD-H2200	1	2021 年 12 月	2022 年 5 月	
		自动卷管机	ZJ-A	1	2021 年 12 月	2022 年 5 月	
大洋洲	澳大利亚	高速全自动面巾纸入盒封盒机	BJ-120B	2	2022 年 11 月	2023 年 5 月	
		机械手自动装箱机	BJ-CP20	1	2022 年 11 月	2023 年 5 月	
		大回旋切纸机	BJ-FC280-1L	2	2022 年 11 月	2023 年 6 月	
		全自动热收缩包装机	BJ-WF420	3	2022 年 11 月	2023 年 5 月、6 月	
		储纸架	YH-ACM(100)	2	2022 年 11 月	2023 年 5 月、6 月	
		自动取纸抽式面巾纸机	YH-FG200-1800	2	2022 年 11 月	2023 年 5 月	
亚洲	阿联酋	面巾纸生产线	CJ-A	1	2022 年 11 月	2023 年 3 月	德昌誉
	韩国	卷纸生产线	ZQ-H 450	1	2022 年 6 月	2022 年 10 月	
			ZQ-H 600	1	2022 年 9 月	2023 年 1 月	
	柬埔寨	面巾纸生产线	CJ-A	1	2022 年 4 月	2022 年 8 月	
	沙特	面巾纸生产线	CJ-A	2	2022 年 1 月，2023 年 3 月	2022 年 5 月，2023 年 7 月	
	泰国	面巾纸生产线	CJ-A	1	2022 年 9 月	2023 年 1 月	
		卷纸生产线	ZQ-D 300	1	2022 年 10 月	2023 年 2 月	
	土耳其	卷纸生产线	ZQ-H 600	1	2022 年 11 月	2023 年 3 月	
			ZQ-H 350	1	2023 年 2 月	2023 年 6 月	
		面巾纸生产线	CJ-C-A	1	2022 年 11 月	2023 年 3 月	
		擦手纸生产线	CJ-C-N	2	2022 年 11 月、12 月	2023 年 3 月、4 月	

续表

出口大洲	出口国家或地区	设备名称	型号	数量/台	签约时间	投产时间	设备制造商
亚洲	叙利亚	面巾纸生产线	CJ-A	1	2022 年 1 月	2022 年 5 月	德昌誉
	越南	面巾纸生产线	CJ-A	1	2022 年 1 月	2022 年 5 月	
		卷纸生产线	ZQ-H 600	1	2022 年 6 月	2022 年 9 月	
			ZQ-H 450	4	2022 年 2 月、3 月、6 月，2023 年 3 月	2022 年 6 月、7 月、10 月，2023 年 7 月	
	印度	擦手纸生产线	CJ-N	1	2022 年 4 月	2022 年 8 月	
	印度尼西亚	卷纸生产线	ZQ-D 300	1	2023 年 2 月	2023 年 6 月	
		面巾纸生产线	CJ-A	5	2022 年 1 月、9 月	2022 年 5 月，2023 年 1 月	
	约旦	卷纸生产线	ZQ-D 300	4	2022 年 2 月，2023 年 1 月	2022 年 6 月，2023 年 5 月	
	伊拉克	卷纸生产线	ZQ-D 300	3	2022 年 4 月、8 月，2023 年 3 月	2022 年 8 月、12 月，2023 年 7 月	
		面巾纸生产线	CJ-C-A	3	2022 年 4 月、8 月	2022 年 8 月、12 月	
	伊朗	面巾纸生产线	CJ-C	2	2022 年 11 月	2023 年 3 月	
	亚美尼亚	面巾纸生产线	CJ-C-A	1	2023 年 4 月	2023 年 7 月	
		擦手纸生产线	CJ-C-N	1	2023 年 4 月	2023 年 7 月	
		卷纸生产线	ZQ-D 300	1	2023 年 2 月	2023 年 6 月	
欧洲	俄罗斯	卷纸生产线	ZQ-D 300	1	2023 年 1 月	2023 年 5 月	
		面巾纸生产线	CJ-A	1	2022 年 8 月	2022 年 12 月	
			CJ-C-A	1	2023 年 1 月	2023 年 5 月	
	马其顿	卷纸生产线	ZQ-D 300	2	2023 年 3 月	2023 年 7 月	
北美洲	加拿大	卷纸生产线	ZQ-D 300	1	2022 年 3 月	2022 年 7 月	
	巴拿马	面巾纸生产线	CJ-C-A	1	2022 年 5 月	2022 年 9 月	
南美洲	阿根廷	卷纸生产线	ZQ-H 450	1	2022 年 4 月	2022 年 8 月	
	巴西	卷纸生产线	ZQ-D 300	1	2022 年 6 月	2022 年 10 月	
	委内瑞拉	卷纸生产线	ZQ-D 300	1	2022 年 7 月	2022 年 11 月	
非洲	毛里求斯	卷纸生产线	ZQ-D 300	2	2022 年 6 月，2023 年 1 月	2022 年 9 月，2023 年 5 月	
亚洲	韩国	面巾纸折叠机	OK-ZDJ 系列	9	2023 年	2023 年	欧克
	格鲁吉亚	餐巾纸包装机	OK-602 系列	1	2023 年	2024 年	
	孟加拉	面巾纸生产线	OK 牌	1	2023 年	2023 年	
	沙特	面巾纸生产线	OK 牌	6	2023 年	2023 年	
	泰国	全自动包装机	OK 牌	2	2023 年	2023 年、2024 年	
	土耳其	面巾纸包装机	OK-602 系列	3	2023 年	2023 年	
		卷纸大包机	OK-908	1	2023 年	2024 年	
	文莱	面巾纸包装机	OK-602 系列	1	2023 年	2023 年	
	印度	N 折擦手纸生产线	OK 牌	1	2022 年	2023 年	
	印度尼西亚	全自动包装机	OK 牌	50	2022 年	2023 年	
		全自动擦手纸生产线	OK-2900	2	2022 年	2023 年	
		全自动软抽纸生产线	OK-3700	4	2022 年	2023 年	
		面巾纸生产线	OK-ZDJ 系列	2	2023 年	2023 年	
	约旦	面巾纸生产线	OK 牌	8	2023 年	2024 年	

续表

<table>
<tr><th>出口大洲</th><th>出口国家或地区</th><th>设备名称</th><th>型号</th><th>数量/台</th><th>签约时间</th><th>投产时间</th><th>设备制造商</th></tr>
<tr><td>欧洲</td><td>波斯尼亚和黑塞哥维那</td><td>双通道手帕纸生产线</td><td>OK-300</td><td>2</td><td>2023 年</td><td>2024 年</td><td rowspan="3">欧克</td></tr>
<tr><td rowspan="2">非洲</td><td>埃及</td><td>面巾纸包装机</td><td>OK-902 系列</td><td>1</td><td>2023 年</td><td>2024 年</td></tr>
<tr><td>刚果金</td><td>双通道手帕纸生产线</td><td>OK-300</td><td>2</td><td>2023 年</td><td>2024 年</td></tr>
<tr><td rowspan="33">亚洲</td><td rowspan="3">阿联酋</td><td>卫生纸膜卷纸生产线</td><td>ZB520P</td><td>3</td><td>2022 年 5 月</td><td>2022 年 5 月</td><td rowspan="33">松川企业</td></tr>
<tr><td>软抽面巾纸折叠机</td><td>SCZ-200-2000</td><td>1</td><td>2022 年 5 月</td><td>2022 年 8 月</td></tr>
<tr><td>软抽面巾纸单包机</td><td>ZB300FN</td><td>1</td><td>2023 年 2 月</td><td>2023 年 5 月</td></tr>
<tr><td>阿塞拜疆</td><td>擦手纸包装机</td><td>ZB230F</td><td>3</td><td>2022 年 9 月</td><td>2022 年 12 月</td></tr>
<tr><td rowspan="2">巴基斯坦</td><td>软抽面巾纸中包机</td><td>TD300ANS</td><td>1</td><td>2022 年 8 月</td><td>2022 年 11 月</td></tr>
<tr><td>软抽面巾纸包装生产线</td><td>ZB300HG/TD300ANS</td><td>1</td><td>2022 年 2 月</td><td>2022 年 5 月</td></tr>
<tr><td rowspan="2">巴勒斯坦</td><td>擦手纸装箱线</td><td>ZB230F</td><td>1</td><td>2023 年 2 月</td><td>2023 年 5 月</td></tr>
<tr><td>卫生纸膜卷纸生产线</td><td>ZB520P</td><td>4</td><td>2022 年 5 月</td><td>2022 年 8 月</td></tr>
<tr><td rowspan="2">菲律宾</td><td>软抽面巾纸包装生产线</td><td>ZB300HG/TD300ANS</td><td>3</td><td>2022 年 9 月</td><td>2022 年 12 月</td></tr>
<tr><td>软抽单包机</td><td>ZB300HN</td><td>1</td><td>2022 年 1 月</td><td>2022 年 1 月</td></tr>
<tr><td>韩国</td><td>软抽包装生产线</td><td>ZB520R/ZB302A</td><td>1</td><td>2022 年 2 月</td><td>2022 年 5 月</td></tr>
<tr><td>卡塔尔</td><td>软抽面巾纸折叠机</td><td>SCZ-200-2000</td><td>4</td><td>2023 年 5 月</td><td>2023 年 8 月</td></tr>
<tr><td>黎巴嫩</td><td>软抽单包机</td><td>ZB300HG</td><td>1</td><td>2023 年 6 月</td><td>2023 年 9 月</td></tr>
<tr><td rowspan="3">马来西亚</td><td>软抽面巾纸单包机</td><td>ZB300HG</td><td>3</td><td>2023 年 2 月</td><td>2023 年 2 月</td></tr>
<tr><td>软抽面巾纸中包机</td><td>TD300ANS</td><td>3</td><td>2023 年 5 月</td><td>2023 年 5 月</td></tr>
<tr><td>软抽面巾纸装箱机</td><td>ZX660B</td><td>1</td><td>2023 年 1 月</td><td>2023 年 4 月</td></tr>
<tr><td>孟加拉国</td><td>卫生纸膜卷纸生产线</td><td>ZB520P</td><td>1</td><td>2023 年 5 月</td><td>2023 年 8 月</td></tr>
<tr><td rowspan="7">日本</td><td>枕式面巾纸单包机</td><td>SW80E</td><td>1</td><td>2023 年 8 月</td><td>2023 年 8 月</td></tr>
<tr><td rowspan="2">软抽面巾纸包装生产线</td><td>ZB300FN/TD300ANS</td><td>1</td><td>2023 年 4 月</td><td>2023 年 7 月</td></tr>
<tr><td>ZB300HN/TD300ANS</td><td>2</td><td>2022 年 8 月</td><td>2022 年 8 月</td></tr>
<tr><td>枕式面巾纸装箱生产线</td><td>SW80E/TD300ANS/ZX660B</td><td>4</td><td>2022 年 12 月</td><td>2022 年 12 月</td></tr>
<tr><td>软抽面巾纸折叠机</td><td>SCZ-200-2000</td><td>4</td><td>2022 年 7 月</td><td>2022 年 8 月</td></tr>
<tr><td>软抽面巾纸单包机</td><td>ZB300HN</td><td>1</td><td>2022 年 5 月</td><td>2022 年 8 月</td></tr>
<tr><td>软抽面巾纸中包机</td><td>TD300ANS</td><td>5</td><td>2023 年 5 月</td><td>2023 年 8 月</td></tr>
<tr><td rowspan="5">沙特</td><td rowspan="2">软抽面巾纸包装生产线</td><td>ZB300HG/TD300ANS/ZB660B</td><td>6</td><td>2022 年 8 月、12 月</td><td>2022 年 8 月、12 月</td></tr>
<tr><td>ZB300HN/TD300ANS/ZX66B</td><td>2</td><td>2022 年 12 月</td><td>2023 年 2 月</td></tr>
<tr><td rowspan="2">软抽面巾纸折叠机</td><td>SCZ-200-1500</td><td>2</td><td>2022 年 5 月</td><td>2022 年 8 月</td></tr>
<tr><td>SCZ-200-2000</td><td>2</td><td>2022 年 12 月</td><td>2022 年 12 月</td></tr>
<tr><td>超大包卷纸包装生产线</td><td>ZB700S</td><td>5</td><td>2022 年 2 月</td><td>2022 年 5 月</td></tr>
</table>

续表

出口大洲	出口国家或地区	设备名称	型号	数量/台	签约时间	投产时间	设备制造商
亚洲	沙特	软抽面巾纸装箱机	ZX660B	20	2022 年 6 月、8 月、12 月	2022 年 8 月、9 月，2023 年 2 月	松川企业
		软抽面巾纸中包机	ZB680HN	10	2022 年 5 月、9 月	2022 年 8 月、9 月	
		手帕纸单包机	ZB290	12	2022 年 8 月，2023 年 8 月	2022 年 8 月，2023 年 8 月	
		卫生纸膜卷纸生产线	ZB520P	7	2022 年 5 月、12 月	2022 年 8 月，2023 年 2 月	
		擦手纸装箱线	ZB230F	4	2023 年 1 月	2023 年 1 月	
	斯里兰卡	卫生纸膜卷纸生产线	ZB520P	4	2022 年 12 月	2022 年 12 月	
	泰国	软抽面巾纸包装生产线	ZB300HN/TD300ANS/ZX66B	2	2022 年 8 月	2022 年 8 月	
		擦手纸装箱线	ZB230F	5	2022 年 5 月	2022 年 8 月	
	土耳其	软抽面巾纸包装生产线	ZB300HG/TD300ANS	7	2022 年 7 月	2022 年 7 月	
	乌兹别克斯坦	软抽面巾纸单包机	ZB300HG	2	2022 年 5 月	2022 年 5 月	
		软抽面巾纸中包机	TD300ANS	5	2022 年 11 月	2022 年 11 月	
		卫生纸膜卷纸生产线	ZB520P	10	2022 年 5 月、7 月	2022 年 8 月、10 月	
	伊朗	软抽面巾纸单包机	ZB300FN	2	2022 年 8 月	2022 年 8 月	
		软抽面巾纸折叠机	SCZ-200-2000	2	2022 年 7 月	2022 年 10 月	
	伊拉克	卫生纸膜卷纸生产线	ZB520P	4	2022 年 8 月	2022 年 8 月	
		软抽面巾纸单包机	ZB300FN	2	2022 年 2 月	2022 年 5 月	
	以色列	卫生纸膜卷纸生产线	ZB520P	5	2023 年 4 月	2023 年 4 月	
	印度尼西亚	软抽面巾纸单包机	ZB300FN	8	2023 年 2 月	2023 年 2 月	
		卫生纸膜卷纸生产线	ZB520P	7	2023 年 2 月	2023 年 5 月	
	叙利亚	软抽面巾纸单包机	ZB300FN	5	2023 年 4 月	2023 年 7 月	
	约旦	软抽面巾纸折叠机	SCZ-200-2000	5	2023 年 4 月	2023 年 7 月	
		枕式面巾纸装箱生产线	SW80E/TD300D/ZX660B	2	2023 年 8 月	2023 年 8 月	
		手帕纸单包机	ZB290	2	2023 年 8 月	2023 年 8 月	
	越南	软抽面巾纸单包机	ZB300FN	4	2022 年 12 月，2023 年 8 月	2023 年 2 月、8 月	
	中国台湾	软抽面巾纸包装生产线	ZB300HN/TD300ANS	2	2023 年 8 月	2023 年 8 月	
			ZB300FN/TD300ANS	4	2023 年 1 月	2023 年 4 月	
		手帕纸单包机	ZB290	2	2023 年 2 月	2023 年 5 月	
		软抽面巾纸中包机	TD300ANS	5	2023 年 2 月	2023 年 2 月	
欧洲	俄罗斯	手帕纸单包机	ZB290	9	2023 年 7 月、8 月	2023 年 10 月、11 月	
		卫生纸膜卷纸生产线	ZB520P	5	2023 年 2 月	2023 年 5 月	
	波兰	软抽面巾纸单包机	ZB300HG	2	2023 年 2 月	2023 年 2 月	

续表

出口大洲	出口国家或地区	设备名称	型号	数量/台	签约时间	投产时间	设备制造商
欧洲	捷克	软抽面巾纸单包机	ZB300HG	2	2022 年 12 月	2023 年 2 月	松川企业
		手帕纸单包机	ZB290	5	2022 年 12 月	2023 年 2 月	
	荷兰	软抽面巾纸折叠机	SCZ-200-2000	4	2023 年 2 月	2023 年 4 月	
			SCZ-200-1500	1	2022 年 12 月	2022 年 12 月	
	拉脱维亚	软抽面巾纸包装生产线	ZB300FN/TD300A	1	2023 年 5 月	2023 年 8 月	
		软抽单包机	ZB300FN	2	2023 年 5 月	2023 年 8 月	
	塞尔维亚	软抽面巾纸包装生产线	ZB300H/TD300BN/ZB800H	2	2023 年 1 月	2023 年 4 月	
		软抽面巾纸单包机	ZB300FN	2	2023 年 5 月	2023 年 8 月	
	英国	软抽面巾纸中包机	TD300BN	2	2023 年 4 月	2023 年 7 月	
		软抽面巾纸折叠机	SCZ-200-2000	2	2023 年 6 月	2023 年 8 月	
		纸巾包装生产线	ZB300F/ZB520D/ZB690F	2	2023 年 5 月	2023 年 8 月	
北美洲	加拿大	软抽面巾纸单包机	ZB300HN	1	2022 年 12 月	2022 年 12 月	
	美国	手帕纸单包机	ZB290	2	2023 年 8 月	2023 年 8 月	
		软抽面巾纸单包机	ZB300HG	2	2023 年 8 月	2023 年 8 月	
	墨西哥	卫生卷纸单中包生产线	ZB530/ZB680F	1	2022 年 12 月	2022 年 12 月	
		软抽面巾纸中包机	TD300ANS	4	2023 年 8 月	2023 年 8 月	
		软抽面巾纸装箱机	ZB660B	1	2023 年 7 月	2023 年 7 月	
		软抽面巾纸折叠机	SCZ-200-2000	2	2023 年 2 月	2023 年 5 月	
		手帕纸单包机	ZB290	2	2023 年 2 月	2023 年 5 月	
南美洲	玻利维亚	软抽面巾纸折叠机	SCZ-200-1500	1	2023 年 5 月	2023 年 8 月	
		手帕纸单包机	ZB290	2	2023 年 6 月	2023 年 6 月	
		软抽面巾纸包装生产线	ZB300FN/TD300ANS	2	2023 年 5 月	2023 年 8 月	
		软抽面巾纸装箱机	ZX660B	2	2023 年 1 月	2023 年 4 月	
	智利	软抽面巾纸中包机	TD300ANS	2	2023 年 8 月	2023 年 11 月	
		手帕纸单包机	ZB290	4	2023 年 4 月	2023 年 7 月	
		枕式面巾纸装箱生产线	SW80E/TD300ANS/ZX660B	2	2023 年 8 月	2023 年 8 月	
非洲	埃及	软抽面巾纸单包机	ZB300HN	7	2023 年 5 月	2023 年 8 月	
	肯尼亚	软抽面巾纸单包机	ZB300HG	10	2023 年 2 月、8 月	2023 年 5 月、11 月	
			ZB300FN	1	2022 年 9 月	2022 年 12 月	
		软抽面巾纸包装生产线	ZB300HN/TD300ANS	4	2023 年 1 月	2023 年 5 月	
	利比亚	手帕纸单包机	ZB290	2	2022 年 9 月	2022 年 12 月	
	摩洛哥	软抽面巾纸单包机	ZB300FN	1	2023 年 2 月	2023 年 5 月	
亚洲	沙特	高速全自动抽式面巾纸折叠机	OPFD-1450/1650/2100	3	2022 年 9 月	2022 年 12 月	王派
	约旦	高速全伺服大回旋切纸机	OPQ-358I/II	10	2022 年 1 月	2023 年 10 月	
	伊拉克	高速全自动软抽中包装机	OPZ-30	6	2023 年 3 月	2023 年 10 月	
北美洲	美国	全自动面巾纸入盒封盒机	OPH-100B	3	2022 年 9 月	2023 年 8 月	
大洋洲	澳大利亚	高速全自动软抽包装机	OPR-128S/150S	12	2022 年 1 月	2023 年 9 月	

三、卫生用品设备

出口大洲	设备名称	数量	出口时间	设备制造商
亚洲	卫生巾设备	4	2022 年	安庆市恒昌机械制造有限责任公司
	婴儿纸尿裤设备	5		
	成人失禁裤设备	1		
	全伺服卫生巾设备	2	2022 年 3 月、10 月	江苏金卫机械设备有限公司
	全伺服大环腰婴儿纸尿裤设备	1	2022 年 3 月	
	全伺服婴儿拉拉裤设备	1	2022 年 9 月	
	全伺服护理垫设备	2	2022 年 7 月、11 月	
	全伺服产褥巾设备	1	2022 年 12 月	
	卫生巾设备	1	2023 年 6 月	
	婴儿拉拉裤设备	1	2023 年 2 月	
	成人纸尿裤设备	2	2023 年 7 月、10 月	
	护理垫设备	3	2023 年 2 月、7 月	
	床垫设备	1	2022 年 12 月	上海智联精工机械有限公司
	床垫设备	2	2022 年 3 月	福建省泉州市智高机械制造有限公司
	婴儿纸尿裤设备	1	2022 年	福建省明辉机械制造有限公司
欧洲	成人失禁裤设备	2	2023—2024 年	安庆市恒昌机械制造有限责任公司
	婴儿拉拉裤设备	3		
	全伺服大环腰婴儿纸尿裤设备	1	2022 年 8 月	江苏金卫机械设备有限公司
	婴儿拉拉裤设备	1	2023 年 9 月	
	护理垫设备	3	2023 年 5 月、9 月	
北美洲	卫生巾设备	1	2022 年	安庆市恒昌机械制造有限责任公司
	成人失禁裤设备	1		
	全伺服护理垫设备	2	2022 年 8 月	江苏金卫机械设备有限公司
	床垫设备	2	2022 年 11 月	上海智联精工机械有限公司
		1	2023 年 3 月	
南美洲	婴儿纸尿裤设备	2	2022 年	安庆市恒昌机械制造有限责任公司
	婴儿拉拉裤设备	1		
	卫生巾设备	4	2023—2024 年	
	T 型婴儿纸尿裤设备	3		
	全伺服护理垫设备	2	2022 年 2 月、4 月	江苏金卫机械设备有限公司
		1	2023 年 12 月	
	卫生巾设备	1	2022 年	福建省明辉机械制造有限公司
	成人纸尿裤设备	1		
	床垫设备	1		
非洲	卫生巾设备	1	2022 年	安庆市恒昌机械制造有限责任公司
	婴儿拉拉裤设备	1		
	全伺服卫生巾设备	1	2022 年 2 月	江苏金卫机械设备有限公司
		2	2023 年 11 月	
	婴儿纸尿裤设备	1	2022 年 9 月	
		2	2023 年 11 月	

续表

出口大洲	设备名称	数量	出口时间	设备制造商
保密	全伺服卫生巾设备	2	2022 年 6 月、12 月	泉州市汉威机械制造有限公司
		1	2023 年 1 月	
	全伺服婴儿拉拉裤设备	4	2022 年 3 月、6 月、7 月、8 月	
		7	2023 年 2 月、7 月、8 月、10 月、11 月	
	全伺服成人纸尿裤设备	4	2022 年 4 月、6 月、9 月、10 月	
		1	2023 年 7 月	
	全伺服护理垫设备	1	2022 年 8 月	
	全伺服成人失禁裤设备	1	2023 年 6 月	
	全伺服婴儿纸尿裤设备	1	2023 年 12 月	
	卫生巾设备	5	2022 年	浙江新余宏智能装备有限公司
		4	2024 年	
	卫生巾设备	2	2022 年	海纳智能装备国际控股有限公司
	婴儿纸尿裤设备	6		
	成人纸尿裤设备	1		
	全伺服卫生巾设备	2	2023 年	
	全伺服护垫设备	2		
	全伺服经期裤设备	2		
	经期裤设备	1		
	全伺服婴儿纸尿裤设备	5		
	全伺服婴儿拉拉裤设备	6		
	全伺服成人纸尿裤设备	3		
	全伺服成人拉拉裤设备	1		
	全伺服兼容成人拉拉裤设备	1		
	全伺服兼容婴儿拉拉裤设备	1		
	婴儿拉拉裤设备	4		

四、湿巾设备

出口大洲	设备名称	数量	出口时间	设备制造商
亚洲	迷你湿巾机	2	2022 年	泉州市创达机械制造有限公司
	单片湿巾机	3		
	5-30 片湿巾机	4		
	80 片湿巾机	4		
	湿巾机	3	2022 年 3 月，2023 年	郑州智联机械设备有限公司
	超迷你湿巾机	1	2023 年 6 月	
	四合一湿巾机	1	2023 年 8 月	
	湿巾包装机	3	2022 年 3 月、4 月、5 月	
		4	2023 年	
欧洲	单片湿巾机	1	2022 年	泉州市创达机械制造有限公司
	5-30 片湿巾机	1		
北美洲	5-30 片湿巾机	1		
南美洲	80 片湿巾机	1		
	湿巾机	3	2023 年 5 月、7 月	郑州智联机械设备有限公司
非洲	80 片湿巾机	1	2022 年	泉州市创达机械制造有限公司

历年中国生活用纸进口数据(1990—2023年)

Import of tissue paper in China over the years(1990—2023)

年份(年)	金额/万美元	数量/万t	金额/万美元	数量/万t	金额/万美元	数量/万t	金额/万美元	数量/万t	金额/万美元	数量/万t
	生活用纸合计		48030000（原纸）		48181000（卫生纸）		48182000（手帕纸、面巾纸）		48183000（纸台布、纸餐巾）	
2023	4980.55	3.847	3747.68	3.336	498.15	0.222	537.14	0.197	197.58	0.093
2022	4344.73	3.294	3066.99	2.718	457.00	0.254	666.36	0.245	154.39	0.077
2021	6157.06	5.018	4235.58	4.331	843.50	0.309	868.21	0.288	209.78	0.090
2020	4647.05	2.773	2720.20	2.064	694.98	0.241	962.81	0.367	269.06	0.101
2019	5522.57	3.175	3169.16	2.241	656.80	0.285	1371.57	0.534	325.05	0.114
2018	7654.92	5.043	5103.15	3.969	913.51	0.478	1244.29	0.455	393.96	0.142
2017	6034.29	3.541	3595.97	2.475	980.20	0.514	1117.78	0.426	340.35	0.126
2016	5115.54	2.809	2997.44	1.878	865.93	0.440	923.76	0.370	328.41	0.121
2015	5416.16	2.795	3411.23	1.951	921.13	0.413	766.13	0.318	317.68	0.113
2014	6526.15	3.580	4604.72	2.797	891.21	0.358	577.57	0.252	452.65	0.174
2013	5768.37	3.355	4249.40	2.692	652.18	0.290	489.16	0.212	377.63	0.161
2012	6046.42	3.595	4693.75	3.074	695.15	0.245	406.10	0.167	251.43	0.108
2011	6228.51	4.242	4680.02	3.661	1049.17	0.392	312.72	0.124	186.60	0.065
2010	4284.61	2.794	2709.83	2.161	1024.96	0.434	377.45	0.139	172.37	0.060
2009	3640.89	2.281	2268.81	1.768	766.56	0.350	433.15	0.115	172.36	0.048
2008	3456.72	2.170	2057.48	1.705	661.39	0.262	611.79	0.162	126.06	0.041
2007	3326.86	2.255	2149.24	1.838	394.44	0.164	658.45	0.193	124.73	0.061
2006	3458.28	2.881	2366.23	2.367	304.79	0.179	693.44	0.280	93.82	0.055
2005	3976.35	3.265	2960.68	2.737	287.09	0.200	652.81	0.286	75.78	0.042
2004	3488.38	3.576	2658.96	3.181	224.10	0.131	537.15	0.226	68.17	0.039
2003	2455.48	2.559	1919.83	2.299	145.65	0.092	344.29	0.136	45.70	0.033
2002	2145.00	2.349	1895.34	2.215	48.42	0.031	181.20	0.090	20.04	0.013
2001	2003.01	2.188	1821.88	2.078	33.37	0.026	129.06	0.071	18.70	0.012
2000	2194.91	2.674	1700.69	2.067	374.29	0.540	104.66	0.057	15.27	0.011
1999	2413.69	2.860	2103.35	2.575	115.34	0.181	151.68	0.061	43.33	0.043
1998	2454.10	2.870	2289.13	2.672	75.56	0.118	63.48	0.055	25.93	0.024
1997	1557.26	1.666	1387.35	1.500	48.10	0.055	99.19	0.085	22.62	0.026
1996	1552.32	1.675	1250.78	1.319	122.29	0.214	138.37	0.115	40.88	0.027
1995	1510.60	1.388	1191.90	1.068	88.90	0.096	180.40	0.179	49.40	0.045
1994	1083.90	0.927	820.60	0.729	62.10	0.048	171.70	0.136	29.50	0.014
1993	748.40	0.722	506.90	0.473	81.10	0.104	130.60	0.127	29.80	0.019
1992	712.65	0.651	476.34	0.466	42.96	0.039	168.38	0.132	24.97	0.014
年份(年)	生活用纸合计		家用或盥洗用皱纹纸（64172）		切成形的卫生纸（64243）		纸制手帕、床单及类似品；纸内衣(64284)			
1991	135.00		13.00	96.92(t)	22.00		100.00			
1990	113.87		0.33	0.894(t)	9.06		104.48			

历年中国生活用纸出口数据(1990—2023年)
Export of tissue paper in China over the years(1990—2023)

年份(年)	金额/万美元	数量/万t	金额/万美元	数量/万t	金额/万美元	数量/万t	金额/万美元	数量/万t	金额/万美元	数量/万t
	生活用纸合计		48030000（原纸）		48181000（卫生纸）		48182000（手帕纸、面巾纸）		48183000（纸台布、纸餐巾）	
2023	237344.61	111.315	41750.94	32.314	73279.85	33.523	94321.54	34.844	27992.27	10.634
2022	203356.45	78.573	28292.49	18.741	70479.90	26.510	80644.20	26.181	23939.86	7.141
2021	146722.50	63.937	18419.26	11.343	52458.06	24.005	58575.16	22.929	17270.02	5.659
2020	225566.95	86.570	39052.71	23.268	92117.94	33.347	76256.42	24.688	18139.88	5.267
2019	260156.30	77.909	31545.40	19.463	104856.34	27.241	95975.18	25.305	27779.38	5.899
2018	206357.73	73.781	28710.68	19.844	81696.28	25.694	74822.06	22.699	21128.71	5.545
2017	173511.62	73.961	27452.18	19.578	62804.64	26.327	67733.19	23.154	15521.62	4.904
2016	165913.61	69.225	24256.71	16.896	65784.35	27.150	61305.38	20.870	14567.18	4.309
2015	209203.99	71.220	29016.07	18.664	86225.51	27.245	78009.70	20.853	15952.72	4.458
2014	179957.10	74.701	34284.43	22.310	76429.99	28.300	57196.87	20.081	12045.80	4.010
2013	125638.32	63.517	28446.84	19.600	49013.07	24.266	38439.12	16.154	9739.29	3.496
2012	75408.75	52.814	15035.36	14.041	30168.32	22.640	22354.15	12.454	7850.92	3.679
2011	67077.72	46.185	9496.11	8.357	29698.09	22.973	20776.91	11.561	7106.60	3.294
2010	58630.38	46.526	7742.69	7.656	27586.45	24.992	17074.06	10.268	6227.18	3.610
2009	53149.03	44.497	11178.98	12.326	24292.03	21.530	12983.32	8.167	4694.70	2.474
2008	51163.24	41.234	11125.58	10.422	24288.46	21.185	11291.86	7.225	4457.34	2.402
2007	42501.47	38.863	6420.52	6.725	22769.94	23.136	10004.75	6.966	3306.26	2.036
2006	32011.93	30.857	4373.16	4.745	18231.32	19.456	7282.38	5.248	2125.07	1.409
2005	25862.61	25.980	5010.61	5.284	13249.45	15.105	5643.78	4.239	1958.76	1.352
2004	20690.90	22.794	3753.74	4.620	10535.33	12.985	5159.52	4.154	1242.32	1.035
2003	16845.46	19.177	5829.04	6.882	6696.45	8.632	3666.74	3.140	653.23	0.523
2002	12587.19	13.898	4649.95	5.505	4429.80	5.449	3060.41	2.506	447.04	0.437
2001	10503.87	11.094	3428.75	3.877	3828.80	4.581	2898.82	2.242	347.51	0.394
2000	8003.06	8.724	2270.01	2.600	3372.90	4.125	1983.38	1.535	376.76	0.465
1999	5855.37	6.639	1201.52	1.427	2694.21	3.431	1555.77	1.274	403.87	0.508
1998	5291.64	5.232	1241.78	1.378	1989.94	2.193	1515.45	1.232	544.46	0.430
1997	5457.91	4.759	1454.08	1.387	1918.94	1.800	1659.86	1.211	425.03	0.361
1996	4964.99	4.011	1600.41	1.328	1536.45	1.413	1581.53	1.051	246.59	0.218
1995	4952.90	3.822	1819.40	1.414	1730.20	1.493	1343.80	0.856	59.50	0.060
1994	3836.50	3.248	975.20	0.830	2027.60	1.839	781.60	0.525	52.10	0.054
1993	4069.60	3.697	821.10	0.837	2503.30	2.381	730.60	0.468	14.60	0.011
1992	3959.17	3.578	427.19	0.395	2921.43	2.729	582.82	0.416	27.73	0.038
年份(年)	生活用纸合计		家用或盥洗用皱纹纸（64172）		切成形的卫生纸（64243）		纸制手帕、床单及类似品；纸内衣(64284)			
1991	3841.00		6.00	65.63(t)	3611.00		224.00			
1990	4562.25		1.11	8.22(t)	4283.07		278.07			

历年中国卫生用品进口数据(1990—2023年)

Import of disposable products in China over the years(1990—2023)

年份(年)	纸浆、纸等制的其他家庭、卫生或医院用品(48189000)		供婴儿使用的尿裤及尿布，任何材料制(96190011)		其他任何材料制的尿裤及尿布(96190019)		任何材料制的卫生巾(护垫)及止血塞(96190020)		任何材料制的尿布衬里及本品目所列货品的类似品(96190090)		湿巾(34011990)		消毒湿巾(38089400)	
	金额/万美元	数量/万t	金额/万美元	数量/万t	金额/万美元	数量/万t	金额/万美元	数量/万t	金额/万美元	数量/万t	金额/万美元	数量/万t	金额/万美元	数量/万t
2023	1737.91	0.261	12502.35	2.378	167.31	0.0458	18123.03	1.184	82.98	0.0205	1167.34	0.488	15601.28	2.462
2022	2233.08	0.468	24259.21	4.985	239.20	0.0410	17957.96	1.263	181.80	0.0250	1950.38	0.679	19546.92	3.081
2021	2582.66	0.601	45533.73	8.175	474.54	0.0868	17072.41	1.177	196.55	0.0356	1671.32	0.523	24818.12	4.205
2020	2222.39	0.606	62147.51	11.649	432.59	0.0867	17521.67	1.232	280.91	0.0698	2221.79	0.881		
2019	1772.00	0.471	88547.42	16.929	314.53	0.099	16667.38	1.254	735.73	0.119	1918.26	0.794		
2018	1369.08	0.414	108601.17	19.406	500.84	0.282	14690.77	1.014	674.54	0.113	1757.15	0.835		
2017	1266.92	0.373	129648.57	23.801	459.86	0.301	11523.04	0.907	628.24	0.104	1905.70	1.152		

年份(年)	纸浆、纸等制的其他家庭、卫生或医院用品(48189000)		任何材料制的尿裤及尿布(96190010)		任何材料制的卫生巾(护垫)及止血塞(96190020)		任何材料制的尿布衬里及本品目所列货品的类似品(96190090)		湿巾(34011990)	
	金额/万美元	数量/万t	金额/万美元	数量/万t	金额/万美元	数量/万t	金额/万美元	数量/万t	金额/万美元	数量/万t
2016	1583.55	0.468	118589.04	21.691	9448.49	0.818	652.66	0.110	1710.79	1.129
2015	1342.97	0.382	128326.92	20.895	7610.57	0.581	415.30	0.077	1977.50	1.202
2014	1894.76	0.537	73417.78	12.563	2642.19	0.231	405.65	0.124	2371.45	1.575
2013	1387.32	0.405	47741.49	9.422	1047.79	0.104	329.77	0.096	1662.17	1.056
2012	1214.18	0.385	28683.57	6.271	1012.44	0.116	666.17	0.173	1362.54	0.882

年份(年)	卫生巾及止血塞、婴儿纸尿布、尿布衬里等(4818400000)		纸浆、纸、纤维素絮纸等的纸衣服及衣着附件(4818500000)		纸浆、纸等制的其他家庭、卫生或医院用品(4818900000)		棉絮胎制卫生巾，止血塞等(5601100010)		棉胎制卫生巾，止血塞等(5601100090)		湿巾(34011990)	
	金额/万美元	数量/万t	金额/万美元	数量/万t	金额/万美元	数量/万t	金额/万美元	数量/万t	金额/万美元	数量/万t	金额/万美元	数量/万t
2011	18291.47	4.402	32.25	0.006	980.55	0.334	358.43	0.031	186.82	0.120	964.99	0.545
2010	15703.62	4.789	430.69	0.140	876.32	0.370	334.54	0.037	177.22	0.094	1157.70	0.663
2009	9672.82	3.101	31.53	0.008	558.74	0.207					973.89	0.592

续表

年份（年）	卫生巾及止血塞、婴儿纸尿布、尿布衬里等(48184000)		纸浆、纸、纤维素絮纸等的纸衣服及衣着附件(48185000)		纸浆、纸等制的其他家庭、卫生或医院用品(48189000)	
	金额/万美元	数量/万 t	金额/万美元	数量/万 t	金额/万美元	数量/万 t
2008	8527.05	2.734	28.56	0.007	892.22	0.361
2007	4948.80	1.864	40.36	0.013	794.32	0.328
2006	4563.43	1.625	34.92	0.010	653.71	0.252
2005	4755.78	1.809	75.52	0.019	486.63	0.144
2004	2210.56	1.450	85.10	0.025	520.42	0.144
2003	1529.74	1.077	110.54	0.023	698.27	0.160
2002	1224.83	0.736	90.89	0.032	781.60	0.233
2001	1238.99	0.698	113.04	0.035	287.67	0.062
2000	791.95	0.533	157.92	0.045	470.40	0.117
1999	1149.28	0.723	179.58	0.048	266.33	0.107
1998	777.54	0.405	174.79	0.047	112.48	0.058
1997	221.77	0.229	209.83	0.050	52.24	0.014
1996	224.73	0.286	199.33	0.049	112.08	0.049
1995	137.40	0.130	288.90	0.092	150.70	0.535
1994	110.60	0.080	358.50	0.134	83.40	0.035
1993	206.70	0.110	300.40	0.132	50.90	0.026
1992	217.60	0.081	240.78	5.707	60.90	0.072

年份（年）	纸或纤维素絮纸制的卫生巾及尿布(64285)	
	金额/万美元	数量/万 t
1991	359.00	
1990	142.35	

注：自 2021 年度起查询的湿巾海关进出口数据增加一个编码 38089400，在海关的商品编码中将湿巾归入 34011990，消毒湿巾归入 38089400，但是这两个编码下不只是湿巾产品，还包括其他清洁、消毒产品。

历年中国卫生用品出口数据(1990—2023 年)
Export of disposable products in China over the years(1990—2023)

年份(年)	纸浆、纸等制的其他家庭、卫生或医院用品(48189000)		供婴儿使用的尿裤及尿布，任何材料制(96190011)		其他任何材料制的尿裤及尿布(96190019)		任何材料制的卫生巾(护垫)及止血塞(96190020)		任何材料制的尿布衬里及本品目所列货品的类似品(96190090)		湿巾(34011990)		消毒湿巾(38089400)	
	金额/万美元	数量/万 t	金额/万美元	数量/万 t	金额/万美元	数量/万 t	金额/万美元	数量/万 t	金额/万美元	数量/万 t	金额/万美元	数量/万 t	金额/万美元	数量/万 t
2023	56746.33	27.858	171118.11	53.243	48145.10	18.957	70684.11	12.941	42483.22	17.685	75031.47	47.089	37570.15	14.874
2022	56780.23	26.933	145390.71	42.303	42834.41	16.532	71841.08	12.663	39624.56	15.433	67024.67	36.174	41427.68	16.071
2021	51966.08	25.703	123347.14	36.621	34751.50	14.791	59502.42	12.094	34463.30	13.878	62864.84	37.435	52984.06	26.113
2020	43338.84	22.227	108748.43	33.355	35840.91	15.809	52131.28	10.906	29802.59	12.491	97943.08	57.329		
2019	40963.45	20.457	101226.03	30.861	34882.00	15.764	46643.62	10.580	25835.48	10.317	39886.09	24.773		
2018	37396.90	18.473	84886.25	25.485	28104.90	12.438	44395.48	10.029	22426.50	8.870	31386.93	20.111		
2017	30172.24	15.633	73886.48	21.989	23835.19	10.455	42881.30	9.738	20109.57	7.878	26046.71	16.069		

年份(年)	纸浆、纸等制的其他家庭、卫生或医院用品(48189000)		任何材料制的尿裤及尿布(96190010)		任何材料制的卫生巾(护垫)及止血塞(96190020)		任何材料制的尿布衬里及本品目所列货品的类似品(96190090)		湿巾(34011990)	
	金额/万美元	数量/万 t	金额/万美元	数量/万 t	金额/万美元	数量/万 t	金额/万美元	数量/万 t	金额/万美元	数量/万 t
2016	26170.99	13.653	95540.37	29.551	42441.02	8.641	16127.64	6.396	22800.43	13.548
2015	25213.95	11.846	102072.78	28.998	41746.65	7.968	15360.30	5.682	22178.79	12.378
2014	25248.22	11.570	100275.24	27.686	41092.69	7.419	11196.75	4.042	23263.94	12.438
2013	21748.69	10.057	74591.68	22.600	34232.80	6.552	9025.00	3.345	26482.30	13.309
2012	13273.88	6.089	61180.64	19.061	32703.71	6.582	7152.50	2.472	22630.67	11.884

年份(年)	卫生巾及止血塞、婴儿纸尿布、尿布衬里等(4818400000)		纸浆、纸、纤维素絮纸等的纸衣服及衣着附件(4818500000)		纸浆、纸等制的其他家庭、卫生或医院用品(4818900000)		棉絮胎制卫生巾，止血塞等(5601100010)		棉胎制卫生巾，止血塞等(5601100090)		湿巾(34011990)	
	金额/万美元	数量/万 t	金额/万美元	数量/万 t	金额/万美元	数量/万 t	金额/万美元	数量/万 t	金额/万美元	数量/万 t	金额/万美元	数量/万 t
2011	67341.05	19.113	240.95	0.089	6333.12	3.307	6615.20	1.816	17226.97	6.363	16806.27	9.774
2010	45219.92	14.180	225.02	0.078	6638.85	3.977	6775.67	2.055	15855.01	6.036	12019.97	7.200
2009	36254.39	11.589	189.41	0.057	4499.69	2.855					7803.34	4.921

续表

年份（年）	卫生巾及止血塞、婴儿纸尿布、尿布衬里等（48184000）		纸浆、纸、纤维素絮纸等的纸衣服及衣着附件（48185000）		纸浆、纸等制的其他家庭、卫生或医院用品（48189000）	
	金额/万美元	数量/万 t	金额/万美元	数量/万 t	金额/万美元	数量/万 t
2008	34732. 04	11. 190	536. 06	0. 182	6031. 77	3. 459
2007	27247. 08	9. 295	587. 14	0. 327	5474. 84	3. 650
2006	20267. 14	7. 232	494. 89	0. 204	4124. 26	3. 005
2005	14611. 53	5. 400	409. 24	0. 170	2426. 10	1. 685
2004	13119. 80	4. 790	246. 42	0. 112	2328. 17	1. 567
2003	9842. 36	3. 799	259. 65	0. 121	747. 45	0. 345
2002	5711. 86	1. 980	324. 68	0. 095	325. 84	0. 130
2001	3278. 64	1. 103	579. 09	0. 167	342. 04	0. 117
2000	2338. 15	0. 727	598. 95	0. 163	480. 25	0. 148
1999	1216. 55	0. 431	265. 68	0. 071	635. 80	0. 171
1998	941. 24	0. 356	279. 71	0. 099	595. 64	0. 162
1997	1314. 57	0. 550	229. 46	0. 069	551. 01	0. 137
1996	1538. 24	0. 615	238. 62	0. 070	539. 87	0. 156
1995	1055. 30	0. 477	419. 00	0. 112	565. 50	0. 204
1994	655. 20	0. 352	514. 00	0. 145	299. 50	0. 124
1993	1004. 10	0. 317	514. 70	0. 121	247. 80	0. 103
1992	127. 35	0. 035	466. 10	0. 108	174. 62	0. 116

年份（年）	纸或纤维素絮纸制的卫生巾及尿布（64285）	
	金额/万美元	数量/万 t
1991	41. 00	
1990	59. 49	

注：自 2021 年度起查询的湿巾海关进出口数据增加一个编码 38089400，在海关的商品编码中将湿巾归入 34011990，消毒湿巾归入 38089400，但是这两个编码下不只是湿巾产品，还包括其他清洁、消毒产品。

行业标准

INDUSTRY STANDARDS

[6]

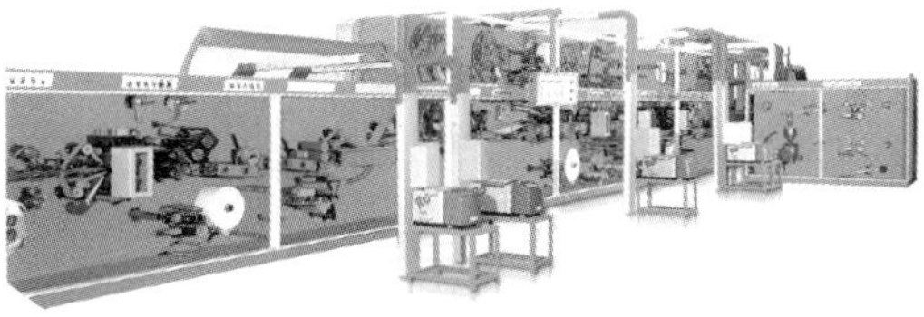

【编者按】为了使读者更清晰了解、查询生活用纸和卫生用品行业相关标准，本章按照产品标准、基础/卫生/管理相关标准及规范、相关测定方法标准、相关团体标准(部分)以及医疗防护用品(口罩/防护服/手术衣)相关标准五个部分，以目录的形式，汇总了行业标准情况。

对标准的具体内容，本卷年鉴只刊登2022/2023版年鉴出版后，修订或新制定的标准，未修订的标准，读者可查阅2022/2023版年鉴。

中国生活用纸和卫生用品行业相关标准情况汇总
Related standards in tissue paper and disposable hygiene products industry

标准对提升产品质量、保障产品安全、规范企业生产和运营，引领和推动行业良性、健康发展具有重要的指导作用。随着中国生活用纸和卫生用品行业的发展，以及生产技术和装备水平不断提升，相关配套国家和行业标准也在不断完善。另外，为了更好地满足市场和创新需要，行业也推出了一系列团体标准。

本卷年鉴汇总了现行的生活用纸和卫生用品相关重要标准(产品标准，基础、卫生、管理相关标准及规范)，并列出了相关测定方法标准、团体标准、医疗防护用品(口罩、防护服、手术衣)标准的目录，供读者参考。另外，《湿巾》《一次性卫生棉条》《擦拭纸巾》《宠物尿垫(裤)》《绿色产品评价 纸和纸制品》等标准正在起草中，读者可关注标准发布情况，以最新发布版本为准。

一、产品标准

1. 生活用纸

● 卫生纸(含卫生纸原纸)(GB/T 20810—2018)

● 纸巾(GB/T 20808—2022)，代替 GB/T 20808—2011，2022 年 4 月 15 日发布，2023 年 5 月 1 日实施。

与 GB/T 20808—2011 相比，主要变化如下：

a) 更改了产品分类；

b) 将“亮度(白度)”更改为“D65 亮度”；

c) 增加了柔软型纸巾、湿强型纸巾、保湿型纸巾和可分散型纸巾的理化性能要求；

d) 增加了原生混合浆(纤维)纸巾的灰分要求；

e) 删除了横向抗张指数的要求和试验方法；

f) 增加了横向抗张强度的要求和试验方法；

g) 更改了纵向湿抗张强度的要求和试验方法；

h) 增加了可分散性、丙烯酰胺含量、掉粉率、重金属含量、可分解致癌芳香胺染料含量、脱色性能的要求和试验方法；

i) 更改了内装量短缺量的要求和试验方法；

j) 更改了检验规则；

k) 更改了标识、包装的要求；

l) 更改了运输和贮存的要求；

m) 增加了“可分散性的测定”“掉粉率的测定”“致癌芳香胺清单”“脱色性能的测定”。

● 本色生活用纸(QB/T 4509—2013)

● 擦手纸(GB/T 24455—2022)，代替 GB/T 24455—2009，2022 年 7 月 11 日发布，2023 年 8 月 1 日实施。

与 GB/T 24455—2009 相比，主要变化如下：

a) 更改了产品分类，按纤维原料分为原生浆(纤维)和回用浆(纤维)，并增加按质量等级分为优等品和合格品；

b) 删除了横向吸液高度、横向抗张指数、纵向湿抗张指数指标的要求；

c) 增加了吸水时间、吸水能力、横向抗张强度、纵向湿抗张强度、掉粉率、灰分、可迁移性荧光物质、脱色性能、重金属含量、可分解致癌芳香胺染料含量指标的要求及相应试验方法；

d) 增加了擦手纸允许使用回用纤维的规定；

e）将亮度（白度）指标名称更改为 D65 亮度，并更改了该指标的要求；

f）更改了定量、洞眼、尘埃度、净含量、微生物指标的要求及相应试验方法；

g）增加了尺寸偏差、偏斜度的试验方法；

h）更改了检验规则；

i）更改了标志包装要求。

- 厨房纸巾（GB/T 26174—2023）代替 GB/T 26174—2010，2023 年 8 月 6 日发布，2024 年 9 月 1 日实施。

与 GB/T 26174—2010 相比，主要变化如下：

a）更改了范围的表述；

b）增加了术语和定义；

c）更改了产品分类；

d）更改了原材料要求；

e）删除了横向吸液高度、横向抗张指数、纵向湿抗张指数的指标及相关试验方法；

f）增加了吸水时间、吸水能力、吸油能力、横向抗张强度、纵向湿抗张强度、掉粉率、可迁移性荧光物质、丙烯酰胺、灰分、脱色性能、重金属、可分解致癌芳香胺染料的要求及相应试验方法；

g）更改了定量、D65 亮度、洞眼、尘埃度、净含量的要求及相应试验方法；

h）更改了检验规则；

i）更改了标志和包装；

j）更改了微生物的试验方法。

- 马桶垫纸（GB/T 26391—2022），2022 年 7 月 11 日发布，2023 年 8 月 1 日实施。
- 本色浆（QB/T 5742—2022），2022 年 4 月 8 日发布，2022 年 10 月 1 日实施。
- 卫生纸和擦手纸回用纤维使用规范（GB/T 40358—2021），2021 年 8 月 20 日发布，2022 年 3 月 1 日实施。

2. 卫生用品

- 卫生巾（护垫）（GB/T 8939—2018）
- 女性卫生裤（GB/T 39391—2020）
- 纸尿裤　第 1 部分：婴儿纸尿裤（GB/T 28004. 1—2021）
- 纸尿裤　第 2 部分：成人纸尿裤（GB/T 28004. 2—2021）
- 乳垫（QB/T 5049—2017）
- 绒毛浆（GB/T 21331—2021）
- 卫生用品用无尘纸（GB/T 24292—2009）
- 纸尿裤和卫生巾用高吸收性树脂（GB/T 22875—2018）
- 一次性卫生用品用面层（GB/T 31033—2022），代替 GB/T 30133—2013，2022 年 7 月 11 日发布，2023 年 2 月 1 日实施。

与 GB/T 30133-2013 相比，主要变化如下：

a）更改了标准适用范围；

b）删除了术语复合膜及相应的定义和要求，增加了术语天然纤维面层、化学纤维面层、混合纤维面层及相应定义和要求；

c）更改了产品分类；

d）更改了原材料要求；

e）删除了纵向抗张强度、伸长率、渗入量、回渗量、透气率指标的要求及相应试验方法；

f）增加了抗张力（纵向）、吸收时间、液体残留量、甲醛含量、烷基酚聚氧乙烯醚含量、可吸附有机卤素含量、邻苯二甲酸酯含量、可分解致癌芳香胺染料含量等指标及相应的要求和试验方法；

g）更改了 pH 的要求。

● 卫生用品用离型纸（GB/T 27731—2011）

● 卫生用品用吸水衬纸（QB/T 4508—2023），代替 QB/T 4508—2013，2023 年 4 月 21 日发布，2023 年 11 月 1 日实施。

与 QB/T 4508—2013 相比，主要变化如下：

a）增加了产品分类及相应的要求；

b）增加了透气度、可迁移性荧光物质、可吸附有机卤素（AOX）指标的要求及相应试验方法；

c）更改了横向吸液高度、抗张强度、纵向伸长率、纵向湿抗张强度、尺寸偏差的要求；

d）更改了检验规则。

● 一次性纸制卫生用品用复合吸收芯体（QB/T 5650—2021），2021 年 12 月 2 日发布，2022 年 4 月 1 日实施。

3. 擦拭巾

● 湿巾（GB/T 27728—2011）

● 擦拭纸巾（QB/T 5296—2018）

● 卫生湿巾卫生要求（WS 575—2017）

● 柔巾（GB/T 40276—2021）

● 可冲散水刺非织造材料及制品（GB/T 41244—2022），2022 年 4 月 15 日发布，2022 年 11 月 1 日实施。

二、基础、卫生、管理相关标准及规范

● 婴幼儿及儿童用纸品基本安全技术规范（GB 43631—2023）

● 制浆造纸工业水污染排放标准（GB 3544—2008）

● 工业用水定额：造纸

● 一次性使用卫生用品卫生标准（GB 15979—2002）

● 消毒产品标签说明书通用要求（GB 38598—2020）

● 生活用纸和纸制品　化学品及原料安全评价管理体系（GB/T 36420—2018）

● 绿色产品评价　纸和纸制品（GB/T 35613—2017）

● 进出口一次性使用纸制品卫生用品的检验规程（SN/T 2148—2008）

● 纸尿裤规格与尺寸（GB/T 33280—2016）

● 生活用纸　生产过程质量安全状态监测与评价指南（GB/T 40274—2021）

● 吸收性卫生用纸制品　生产过程质量安全状态监测与评价指南（GB/T 40269—2021）

●《工业重点领域能效标杆水平和基准水平（2023 年版）》（生活用纸、卫生用品部分）

三、相关测定方法标准目录

标准编号	标准名称	发布日期	实施日期	发布单位
GB/T 34448—2017	生活用纸及纸制品　甲醛含量的测定	2017-10-14	2018-05-01	国家市场监督管理总局、国家标准化管理委员会
GB/T 42702—2023	纸、纸板和纸制品　抗菌性能的测定	2023-05-23	2023-12-01	
GB/T 36985—2018	纸、纸板和纸制品　挥发性有机化合物的测定	2018-12-28	2019-07-01	
GB/T 39998—2021	纸、纸板和纸制品　烷基苯酚聚氧乙烯醚类的测定　高效液相色谱质谱法	2021-04-30	2021-11-01	
GB/T 39951—2021	一次性纸制品降解性能评价方法	2021-03-09	2021-10-01	
GB/T 34845—2017	生活用纸　可吸附有机卤素（AOX）的测定	2017-11-01	2018-05-01	
GB/T 37859—2019	纸、纸板和纸制品　丙烯酰胺的测定	2019-08-30	2020-03-01	

续表

标准编号	标准名称	发布日期	实施日期	发布单位
GB/T 37860—2019	纸、纸板和纸制品　邻苯二甲酸酯的测定	2019-08-30	2020-03-01	国家市场监督管理总局、国家标准化管理委员会
GB/T 33277—2016	生活用纸　可迁移性铅、砷含量的测定	2016-12-13	2017-07-01	
GB/T 27741—2018	纸和纸板　可迁移性荧光增白剂的测定	2018-12-28	2019-07-01	
GB/T 24328.1—2020	卫生纸及其制品　第1部分：术语导则	2020-07-21	2021-02-01	
GB/T 24328.2—2020	卫生纸及其制品　第2部分：厚度、层积厚度、表观层积紧度和松厚度的测定	2020-07-21	2021-02-01	
GB/T 24328.3—2020	卫生纸及其制品　第3部分：抗张强度、最大力值时伸长率和抗张能量吸收的测定	2020-07-21	2021-02-01	
GB/T 24328.4—2020	卫生纸及其制品　第4部分：湿抗张强度的测定	2020-07-21	2021-02-01	
GB/T 24328.5—2009	卫生纸及其制品　第5部分：定量的测定	2009-09-30	2010-02-01	
GB/T 24328.6—2020	卫生纸及其制品　第6部分：吸水时间和吸水能力的测定　篮筐浸没法	2020-07-21	2021-02-01	
GB/T 24328.7—2020	卫生纸及其制品　第7部分：球形耐破度的测定	2020-07-21	2021-02-01	
GB/T 24328.8—2020	卫生纸及其制品　第8部分：光学性能的测定　亮度和颜色的测定　D65/10°(室外日光条件)	2020-07-21	2021-02-01	
GB/T 24328.9—2020	卫生纸及其制品　第9部分：湿球形耐破度的测定	2020-07-21	2021-02-01	
GB/T 24328.10—2020	卫生纸及其制品　第10部分：打孔线抗张强度的测定及打孔效率的计算	2020-07-21	2021-02-01	
GB/T 24328.11—2020	卫生纸及其制品　第11部分：光学性能的测定　亮度和颜色的测定　C/2°(室内日光条件)	2020-07-21	2021-02-01	
GB/T 24328.12—2020	卫生纸及其制品　第12部分：光学性能的测定　不透明度的测定　漫反射法	2020-07-21	2021-02-01	
GB/T 40181—2020	一次性卫生用非织造材料的可冲散性试验方法及评价	2021-05-21	2021-12-01	

四、相关团体标准目录(部分)

标准编号	标准名称	发布日期	实施日期	发布单位
T/CTAPI 002—2022	匠心产品　生活用纸	2022-04-21	2022-05-01	中国造纸学会
T/CTAPI 003—2022	匠心产品　卫生用品	2022-04-21	2022-05-01	
T/CTAPI 004—2022	质量分级及“领跑者”评价要求　卫生巾	2022-12-22	2022-12-23	
T/CTAPI 005—2022	质量分级及“领跑者”评价要求　婴儿纸尿裤	2022-12-22	2022-12-23	
T/CTAPI 002—2023	湿巾保存期限评价方法	2023-10-25	2023-11-01	

续表

标准编号	标准名称	发布日期	实施日期	发布单位
T/SCSZX 001—2019	本色竹浆	2020-03-10	2020-04-10	四川省造纸行业协会
T/SCSZX 002—2021	竹浆生活用纸	2021-02-05	2021-03-01	
T/CAB 0020—2017	绿色设计产品评价技术规范　生活用纸	2017-08-28	2017-08-28	中国产学研合作促进会
T/CAB 0052—2019	绿色设计产品评价技术规范　婴幼儿湿巾	2019-12-20	2019-12-20	
T/NAHIEM 001—2017	医护级婴幼儿纸尿裤(片)	2017-10-18	2017-10-18	全国卫生产业企业管理协会
T/NAHIEM 002—2017	医护级成人纸尿裤(片、垫)	2017-10-18	2017-10-18	
T/NAHIEM 37—2021	医护级卫生巾(护垫)	2021-09-24	2021-09-24	
T/NAHIEM 11—2019	抗菌卫生巾(护垫)　抗菌及卫生安全技术要求	2019-08-23	2019-08-23	
T/NAHIEM 12—2019	卫生巾(护垫)用原材料　卫生安全技术要求	2019-08-23	2019-08-23	
T/NAHIEM 13—2019	医护级湿巾	2019-08-23	2019-08-23	
T/NAHIEM 29—2021	可接触食品用生活用纸	2021-03-29	2021-03-30	
T/NAHIEM 30—2021	医护级纸巾纸(含医护级纸巾纸原纸)	2021-03-29	2021-03-30	
T/NAHIEM 89—2023	医护级湿厕纸	2023-10-16	2023-10-16	
T/NAHIEM 39—2021	抑菌除臭成人纸尿裤(片、垫)	2021-09-24	2021-09-24	
T/ZZB 0357—2018	湿巾用水刺非织造布	2018-05-25	2018-06-29	浙江省品牌建设联合会
T/ZZB 0609—2018	婴儿纸尿裤	2018-10-12	2018-10-31	
T/ZZB 0645—2018	成人纸尿裤	2018-10-19	2018-11-01	
T/ZZB 0744—2018	裤型卫生巾	2018-11-09	2018-11-30	
T/ZZB 1438—2019	条型卫生巾	2019-12-18	2019-12-31	
T/CIAA 008—2020	抑菌卫生巾(护垫)	2020-07-31	2020-08-01	中关村汇智抗菌新材料产业技术创新联盟
T/SZZX 003—2019	卫生巾(护垫、裤型卫生巾)	2019-03-06	2019-03-15	深圳市质量协会
T/CNITA 09102—2018	卫生棉条	2018-12-20	2019-01-01	中国产业用纺织品行业协会
T/CDZX 002—2022	保湿柔纸巾纸	2022-03-05	2022-03-30	常德市质量协会
T/NAIA 027—2021	餐饮用定制包装纸巾纸	2021-02-03	2021-02-15	宁夏化学分析测试协会
T/CNITA 23101—2021	水刺非织造布及制品生物降解性能评价	2021-05-08	2021-05-08	中国产业用纺织品行业协会
T/QZZN 002—2018	纸尿裤智能生产系统	2018-12-15	2018-12-15	泉州智能装备产业协会

五、医疗防护用品(口罩、防护服、手术衣)相关标准目录

标准编号	标准名称	发布日期	实施日期	发布单位
GB 2626—2019	呼吸防护　自吸过滤式防颗粒物呼吸器	2019-12-31	2021-07-01	国家市场监督管理总局、国家标准化管理委员会
GB/T 38880—2020	儿童口罩技术规范	2020-05-06	2020-05-06	国家市场监督管理总局、国家标准化管理委员会
GB/T 32610—2016	日常防护型口罩技术规范	2016-04-25	2016-11-01	国家市场监督管理总局、国家标准化管理委员会
GB 19083—2023	医用防护口罩	2023-11-27	2025-12-01	国家市场监督管理总局、国家标准化管理委员会
YY 0469—2011	医用外科口罩	2011-12-31	2013-06-01	国家食品药品监督管理局
YY/T 0969—2013	一次性使用医用口罩	2013-10-21	2014-10-01	国家食品药品监督管理局
AQ 1114—2014	煤矿用自吸过滤式防尘口罩	2014-02-20	2014-06-01	国家安全生产监督管理总局和国家煤矿安全监察局
FZ/T 73049—2014	针织口罩	2014-10-14	2015-04-01	工业和信息化部
GB/T 22927—2008	口罩纸	2008-12-30	2009-09-01	国家市场监督管理总局、国家标准化管理委员会
FZ/T 64078—2019	熔喷法非织造布	2019-12-24	2020-07-01	工业和信息化部
GB/T 30923—2014	塑料　聚丙烯(PP)熔喷专用料	2014-07-08	2014-12-01	国家市场监督管理总局、国家标准化管理委员会
FZ/T 64033—2014	纺粘热轧法非织造布	2014-12-24	2015-06-01	工业和信息化部
GB 19082—2023	医用一次性防护服	2023-11-27	2025-12-01	国家市场监督管理总局、国家标准化管理委员会
GB/T 20097—2006	防护服　一般要求	2006-01-12	2006-09-01	国家市场监督管理总局、国家标准化管理委员会
YY/T 1498—2016	医用防护服的选用评估指南	2016-07-29	2017-06-01	国家药品监督管理局
YY/T 1499—2016	医用防护服的液体阻隔性能和分级	2016-07-29	2017-06-01	国家药品监督管理局
YY/T 0506.1—2023	医用手术单、手术衣和洁净服　第1部分：通用要求	2023-01-13	2024-01-15	国家药品监督管理局
YY/T 0506.2—2016	病人、医护人员和器械用手术单、手术衣和洁净服　第2部分：性能要求和试验方法	2016-01-26	2017-01-01	国家药品监督管理局
YY/T 0506.8—2019	病人、医护人员和器械用手术单、手术衣和洁净服　第8部分：产品专用要求	2019-07-24	2020-08-01	国家药品监督管理局
GB/T 38014—2019	纺织品　手术防护用非织造布	2019-08-30	2020-03-01	国家市场监督管理总局、国家标准化管理委员会
GB/T 38462—2020	纺织品　隔离衣用非织造布	2020-03-06	2020-10-01	国家市场监督管理总局、国家标准化管理委员会

产品及相关原材料标准
Standards for finished products and related raw materials
生活用纸 Tissue paper

纸巾(GB/T 20808—2022)
代替 GB/T 20808—2011，2022-04-15 发布，2023-05-01 实施

1 范围
本文件规定了纸巾的分类、原材料、要求、试验方法、检验规则、标志、包装、运输和贮存。
本文件适用于日常生活所用的各种纸面巾、纸餐巾、纸手帕等。
本文件不适用于湿巾、擦手纸和厨房纸巾。

2 规范性引用文件
下列文件中的内容通过文中的规范性引用而构成本文件必不可少的条款。其中，注日期的引用文件，仅该日期对应的版本适用于本文件；不注日期的引用文件，其最新版本(包括所有的修改单)适用于本文件。

GB/T 450 纸和纸板 试样的采取及试样纵横向、正反面的测定
GB/T 461.1 纸和纸板毛细吸液高度的测定(克列姆法)
GB/T 462 纸、纸板和纸浆 分析试样水分的测定
GB/T 465.2 纸和纸板 浸水后抗张强度的测定
GB/T 742 造纸原料、纸浆、纸和纸板 灼烧残余物(灰分)的测定(575℃和900℃)
GB/T 1541 纸和纸板 尘埃度的测定
GB/T 2828.1 计数抽样检验程序 第1部分：按接收质量限(AQL)检索的逐批检验抽样计划
GB/T 6682 分析实验室用水规格和试验方法
GB/T 7974 纸、纸板和纸浆 蓝光漫反射因数 D65 亮度的测定(漫射/垂直法，室外日光条件)
GB/T 8942 纸 柔软度的测定
GB/T 10739 纸、纸板和纸浆试样处理和试验的标准大气条件
GB 15979 一次性使用卫生用品卫生标准
GB/T 17592 纺织品 禁用偶氮染料的测定
GB/T 22731 日用香精
GB/T 22804 纸浆、纸和纸板 汞含量的测定
GB/T 23344 纺织品 4-氨基偶氮苯的测定
GB/T 24328.3 卫生纸及其制品 第3部分：抗张强度、最大力值时伸长率和抗张能量吸收的测定
GB/T 24328.4—2020 卫生纸及其制品 第4部分：湿抗张强度的测定
GB/T 24328.5 卫生纸及其制品 第5部分：定量的测定
GB/T 24991 纸、纸板和纸浆 铅含量的测定 石墨炉原子吸收法
GB/T 24992 纸、纸板和纸浆 砷含量的测定
GB/T 24997 纸、纸板和纸浆 镉含量的测定 原子吸收光谱法
GB/T 27741—2018 纸和纸板 可迁移性荧光增白剂的测定
GB/T 34448—2017 生活用纸及纸制品 甲醛含量的测定

GB/T 36420　生活用纸和纸制品　化学品及原料安全评价管理体系

GB/T 37859　纸、纸板和纸制品　丙烯酰胺的测定

GB 38598　消毒产品标签说明书通用要求

化妆品安全技术规范(2015 年版)　(国家食品药品监督管理总局公告　2015 年第 268 号)

3　术语和定义

本文件没有需要界定的术语和定义。

4　分类

4.1　纸巾按用途分为纸面巾(面巾纸)、纸餐巾(餐巾纸)和纸手帕(手帕纸)。

4.2　纸巾按原料分为原生木浆(纤维)纸巾、原生非木浆(纤维)纸巾和原生混合浆(纤维)纸巾。

注 1: 原生木浆(纤维)纸巾是指纤维原料为 100%原生木浆(纤维)的纸巾。

注 2: 原生非木浆(纤维)(如草浆、竹浆、蔗渣浆等)纸巾是指纤维原料为 100%原生非木浆(纤维)的纸巾。

注 3: 原生混合浆(纤维)纸巾是指由原生木浆(纤维)和原生非木浆(纤维)混合生产的纸巾。

4.3　纸巾按产品性能分为普通型纸巾、柔软型纸巾、湿强型纸巾、可分散型纸巾和保湿型纸巾。其中普通型又分为优等品和合格品。

注: 保湿型纸巾是指添加一定量的保湿成分，表面柔软光滑的纸巾。

4.4　纸巾按层数分为单层、双层和多层。

4.5　纸巾按颜色分为白色纸巾、本色纸巾、彩色纸巾，其中彩色纸巾又分为印花纸巾和染色纸巾两种。

4.6　纸巾按工艺分为压花型纸巾和非压花型纸巾。

5　原材料

5.1　纸巾应使用无毒无害的原材料，印刷时应使用水性油墨。纸巾应使用木材、草类、竹子等原生纤维原料，不应使用任何回收纸、纸张印刷品、纸制品及其他回收纤维状物质作原料，不应使用脱墨剂。

5.2　纸巾生产过程中如添加香精，使用的香精应符合 GB/T 22731 的规定。纸巾生产过程中如添加保湿成分，应确保所添加保湿成分符合《化妆品安全技术规范》(2015 年版)的规定。

5.3　纸巾原纸所用化学品和原料的安全评价与管理应符合 GB/T 36420 的相应规定。

6　要求

6.1　理化性能要求

纸巾理化性能要求应符合表 1 的规定。

表 1

指标名称		要求					
		普通型		柔软型	湿强型	保湿型	可分散型
		优等品	合格品				
定量及定量偏差/(g/m²)		10.0±1.0　12.0±1.0　14.0±1.0　16.0±1.0　18.0±1.0　20.0±1.0　23.0±2.0　27.0±2.0　31.0±2.0					
D65 亮度[a]/%		≤90.0					
可迁移性荧光物质		无					
灰分/%	原生木浆(纤维)	≤1.0					
	原生非木浆(纤维)	≤6.0					
	原生混合浆(纤维)	≤4.0					

续表

指标名称			要求					
			普通型		柔软型	湿强型	保湿型	可分散型
			优等品	合格品				
横向吸液高度/(mm/100s)	单层		≥20	≥15				
	双层或多层		≥40	≥30				
横向抗张强度/(N/m)		单层或双层	≥60.0	≥40.0	≥30.0	≥60.0	≥20.0	≥40.0
		多层	≥90.0	≥70.0	≥40.0	≥90.0	≥30.0	≥70.0
纵向湿抗张强度/(N/m)	手动法	单层或双层	≥30.0	≥20.0	≥15.0	≥50.0	≥15.0	≥14.0
		多层	≥40.0	≥30.0	≥25.0	≥90.0	≥25.0	≥17.0
	自动法[b]	单层或双层	≥20.0	≥15.0	≥10.0	≥35.0	≥10.0	≥10.0
		多层	≥30.0	≥20.0	≥18.0	≥70.0	≥18.0	≥14.0
柔软度[c](纵横向平均)/mN		单层或双层	≤85	≤160	≤60	≤180	≤40	≤160
		多层	≤160	≤280	≤100	≤240	≤100	≤220
可分散性			—					可分散
丙烯酰胺含量/(mg/kg)			≤0.1					
掉粉率/%			≤0.5					
重金属含量[d]/(mg/kg)	铅(Pb)		≤10					
	砷(As)		≤2.0					
	镉(Cd)		≤5.0					
	汞(Hg)		≤1.0					
可分解致癌芳香胺染料含量[e]/(mg/kg)			≤20					
甲醛含量[f]/(mg/kg)			≤20					
脱色性能[g]			无脱色					
洞眼/(个/m^2)	总数		≤40					
	2mm~5mm		≤40					
	>5mm~8mm		≤2					
	>8mm		不应有					
尘埃度[h]/(个/m^2)	总数		≤50					
	0.2mm^2~1.0mm^2		≤50					
	>1.0mm^2~2.0mm^2		≤4					
	>2.0mm^2		不应有					
交货水分/%			≤9.0				—	≤9.0

[a] 彩色纸巾不考核 D65 亮度。

[b] 纵向湿抗张强度中自动法为参考指标，不作为合格与否的判断依据。

[c] 纸餐巾不考核柔软度；取样面积(100mm×100mm)内无法避开压花部位的压花型产品不考核柔软度(柔软型、保湿型纸巾除外)。

[d] 仅保湿纸巾和标称适用人群为“婴儿”“婴童”“婴幼儿”“儿童”的纸巾考核重金属含量。

[e] 仅彩色纸巾考核可致癌芳香胺染料。

[f] 仅标称适用人群为“婴儿”“婴童”“婴幼儿”“儿童”的纸巾考核甲醛含量。

[g] 仅本色纸巾、彩色纸巾考核脱色性能。

[h] 本色纸巾中纤维束杂质不作为尘埃计数。

6.2 卫生要求

纸巾卫生要求应符合 GB 15979 的规定。

6.3 内装量短缺量

当内装量小于或等于50张(抽)时，不应出现短缺量；当内装量大于50张(抽)时，短缺量应小于或等于内装量×1%，结果取整数，如果出现小数，就将该小数进位到下一紧邻的整数。

6.4 尺寸偏差

纸巾一般为平板或平切折叠，规格尺寸偏差不应超过±5mm。

6.5 外观质量

纸巾应洁净，皱纹应均匀。不应有明显的死褶、残缺、破损、异物、硬质块、生浆团等纸病。

7 试验方法

7.1 试样的采取和处理

试样的采取按GB/T 450进行。

测定定量及定量偏差、横向吸液高度、横向抗张强度、纵向湿抗张强度、柔软度、掉粉率、尺寸偏差时，试样的处理和试验的标准大气条件按GB/T 10739规定进行。

7.2 定量及定量偏差

定量及定量偏差按GB/T 24328.5测定，以单层表示结果。

7.3 D65亮度

D65亮度按GB/T 7974测定。

7.4 可迁移性荧光物质

将一沓试样(足够厚不透光)与荧光标准样(荧光亮度为0.40%~0.60%)一同置于波长254nm和365nm的紫外灯下约20cm处，对比观察试样两面与荧光标准样的荧光现象。如果试样的荧光现象弱于荧光标准样，则试验结束，报告测试结果为无可迁移性荧光物质；如果试样的荧光现象强于荧光标准样，则按GB/T 27741—2018中第5章进行可迁移性荧光物质测定。

7.5 灰分

灰分按GB/T 742测定，灼烧温度为(575±25)℃。

7.6 横向吸液高度

横向吸液高度按GB/T 461.1测定，测试时间为100s，按成品层数测定。

7.7 横向抗张强度

横向抗张强度按GB/T 24328.3测定。试样宽度为15mm，夹距为100mm，单层、双层或多层试样按成品层数测定。

注：如试样长度无法满足使用100mm夹距测试，换用50mm夹距进行测试。

7.8 纵向湿抗张强度

7.8.1 手动法

按GB/T 465.2测定。试样宽度为15mm，夹距设置为100mm，按成品层数测定。测试前应先进行预处理，将试样放在(105±2)℃烘箱中烘15min，取出后在GB/T 10739规定的大气条件下平衡至少1h再进行测试。测试时将试样夹于卧式拉力机上，使试样保持伸直但不受力。用胶头滴管向试样中心位置连续滴加两滴水(两滴共约0.1mL)，胶头滴管的出水口与试样垂直距离约1cm，滴水的同时开始计时，5s后用三层102型-中速定性滤纸(单层试样使用四层定性滤纸)轻触试样下方3s~4s，以吸除试样表面多余水分，定性滤纸不可重复使用。吸干后立即启动拉力机，整个操作(滴水至拉伸试验结束)宜在35s(其中拉伸时间不少于5s)内完成。取10个有效测试值，计算其平均值，结果以成品层测试值表示。

7.8.2 自动法

按GB/T 24328.4—2020中卧式测试法测定，结果以成品层测试值表示。采用可自动浸泡的抗张试验仪，试样浸水时间为5s。

7.9 柔软度

柔软度按 GB/T 8942 测定，仪器狭缝的宽度设置为 5mm，试样裁切成 100mm×100mm，如果试样尺寸未达到 100mm，换算成 100mm 报告结果。纸巾按成品层进行测试，无论是压花型或非压花型试样，都应揭开分层后再重叠进行测定，同一样品纵横向各测定至少 6 个试样，以纵横向平均值报告测试结果。对于折叠的样品，切样及测试时尽量避开已折叠部位，但如果保证试样尺寸和避开折痕两者存在冲突时，优先考虑保证试样尺寸。对于压花型产品，若取样面积(100mm×100mm)内无法避开压花部位，则该产品不必测试柔软度，如能避开，则需避开压花部位进行测试。但对于柔软型纸巾和保湿型纸巾，无论取样面积内能否避开压花部位，均需测定柔软度，压花样品如无法分层可不分层直接测试。

如果试样尺寸未达到 100mm，则按公式(1)和公式(2)换算柔软度：

$$S_m = S_{m,T} \times 100\text{mm} / c_T \qquad (1)$$

$$S_c = S_{c,T} \times 100\text{mm} / m_T \qquad (2)$$

式中 S_m——试样纵向柔软度，单位为毫牛(mN)；

$S_{m,T}$——实测试样纵向柔软度，单位为毫牛(mN)；

c_T——试样横向尺寸，单位为毫米(mm)；

S_c——试样纵向柔软度，单位为毫牛(mN)；

$S_{c,T}$——实测试样纵向柔软度，单位为毫牛(mN)；

m_T——试样纵向尺寸，单位为毫米(mm)。

纵向柔软度测定时试样的纵向与狭缝的方向垂直，横向柔软度测定时试样的纵向与狭缝的方向平行。

7.10 可分散性

可分散性按附录 A 测定。

7.11 丙烯酰胺含量

丙烯酰胺含量按 GB/T 37859 测定。

7.12 掉粉率

掉粉率按附录 B 测定。

7.13 重金属含量

铅按 GB/T 24991 测定，砷按 GB/T 24992 测定，镉按 GB/T 24997 测定，汞按 GB/T 22804 测定。铅、砷、镉、汞也可按《化妆品安全技术规范》(2015 年版)第四章中 1.6 进行测定，样品处理采用微波消解法。仲裁时采用《化妆品安全技术规范》(2015 年版)第四章中 1.6 进行测定。

7.14 可分解致癌芳香胺染料含量

可分解致癌芳香胺染料含量按 GB/T 17592 和 GB/T 23344 进行测定，可分解致癌芳香胺清单见附录 C。一般地，先按 GB/T 17592 检测，当检出苯胺和/或 1,4-苯二胺时，再按 GB/T 23344 检测。

7.15 甲醛含量

甲醛含量按 GB/T 34448—2017 中高效液相色谱法测定。

7.16 脱色性能

脱色性能按附录 D 测定。

7.17 洞眼

用双手拿住单层试样的两角迎光观测，数取规定范围内的洞眼个数，双层或多层试样每层均测。每个试样的测试面积不应少于 0.5m^2，然后换算成每平方米的洞眼数。如果出现大于 5mm 的洞眼，测试面积不应少于 1m^2。

7.18 尘埃度

尘埃度按 GB/T 1541 测定。双层或多层试样只测上下表层朝外的一面，每个样品的测试面积(上下表层面积合计)不应少于0.5m²；单层试样正反面均测，每个样品的测试面积(正反面面积均应计入)不应少于0.5m²。

7.19 交货水分

交货水分按GB/T 462测定。

7.20 卫生要求

卫生要求按GB 15979测定。

7.21 内装量短缺量

内装量短缺量采用计数法进行测定。测试时应去除外包装，目测计数，每个样品测试3个完整包装，以最大短缺量表示结果。

7.22 尺寸偏差

从任一包装中取10张试样，用分度值为1mm的钢直尺测量每张试样的长度和宽度，并分别计算平均值，以平均值减去标称值来表示尺寸偏差，结果修约至整数位。

7.23 外观质量

外观质量采用目测检验。

8 检验规则

8.1 检验分类

8.1.1 出厂检验

产品出厂前应按本文件的要求逐批进行检验，符合要求方可出厂。

8.1.2 型式检验

相同原料、相同工艺的同类产品每两年内应进行不少于1次型式检验，有下列情况之一时，也应进行型式检验：

a）当原料、工艺发生重大改变时；

b）产品首次投产或停产6个月以上后恢复生产时；

c）生产场所改变时；

d）出厂检验与上次型式检验结果有较大差异时；

e）国家质量监管机构提出进行型式检验要求时。

8.2 检验项目

出厂检验项目为常规检验项目，型式检验项目包括所有检验项目(有特殊规定除外)，具体见表2。

表2

序号	检验项目	出厂检验	型式检验	要求的章、条编号	检验方法的章、条编号
1	定量及定量偏差	●	●	6.1	7.2
2	D65亮度	●	●	6.1	7.3
3	可迁移性荧光物质	—	●	6.1	7.4
4	灰分	—	●	6.1	7.5
5	横向吸液高度	●	●	6.1	7.6
6	横向抗张强度	●	●	6.1	7.7
7	纵向湿抗张强度	●	●	6.1	7.8.1
8	柔软度	●	●	6.1	7.9
9	可分散性	●	●	6.1	7.10
10	丙烯酰胺含量	—	●	6.1	7.11

续表

序号	检验项目	出厂检验	型式检验	要求的章、条编号	检验方法的章、条编号
11	掉粉率	●	●	6.1	7.12
12	重金属含量	—	●	6.1	7.13
13	可分解致癌芳香胺染料含量	—	●	6.1	7.14
14	甲醛含量	—	●	6.1	7.15
15	脱色性能	—	●	6.1	7.16
16	洞眼	●	●	6.1	7.17
17	尘埃度	●	●	6.1	7.18
18	交货水分	●	—	6.1	7.19
19	卫生要求	—	●	6.2	7.20
20	内装量短缺量	●	●	6.3	7.21
21	尺寸偏差	●	●	6.4	7.22
22	外观质量	●	●	6.5	7.23
注：“●”表示包含该检验项目，“—”表示不包含该检验项目。					

8.3 组批规则和抽样方案

8.3.1 组批规则

以相同原料、相同工艺、相同规格的同类产品一次交货数量为一批，交收检验样本单位为箱或件，每批不超过10000箱(件)。

8.3.2 抽样方案

8.3.2.1 纸巾理化性能、内装量短缺量、尺寸偏差、外观质量检验按GB/T 2828.1中二次抽样方案规定进行。纸巾样本单位为箱或件。接收质量限(AQL)：可迁移性荧光物质、横向吸液高度、横向抗张强度、纵向湿抗张强度、柔软度、丙烯酰胺含量、重金属含量、可分解致癌芳香胺染料含量、甲醛含量、灰分、脱色性能AQL=4.0，定量及定量偏差、D65亮度、洞眼、尘埃度、交货水分、内装量短缺量、尺寸偏差、掉粉率、外观质量AQL=6.5。抽样方案采用正常检验二次抽样方案，检查水平为特殊检查水平S-3。见表3。

表3

批量/(箱或件)	正常检验二次抽样方案　特殊检查水平S-3				
	样本量	AQL=4.0		AQL=6.5	
		Ac	Re	Ac	Re
2~50	2	—	—	0	1
	3	0	1	—	—
51~150	3	0	1	—	—
	5 5(10)	— —	— —	0 1	2 2
151~500	5 5(10)	— —	— —	0 1	2 2
	8 8(16)	0 1	2 2	— —	— 0
501~3200	8 8(16)	0 1	2 2	0 3	3 4

续表

批量/(箱或件)	正常检验二次抽样方案　特殊检查水平 S-3				
	样本量	AQL=4.0		AQL=6.5	
		Ac	Re	Ac	Re
3201~35000	13 13(26)	0 3	3 4	1 4	3 5

注1：Ac——接收数，Re——拒收数。
注2："—"表示对于该Ac和Re，不使用对应样本量。

8.3.2.2　纸巾卫生要求检验时，从检验批中随机抽取足够数量样本用于各项指标检验和留样，所抽取样本的包装不应有破损，测试前不得开启。

8.4　质量判定

8.4.1　项的判定

8.4.1.1　理化性能

样本理化性能指标分别满足6.1中要求，则判定各项合格，否则判定不合格。

8.4.1.2　卫生要求

样本卫生要求满足6.2中要求，则判定该项合格，否则判定不合格。

8.4.1.3　内装量短缺量

样本内装量短缺量满足6.3中要求，则判定该项合格，否则判定不合格。

8.4.1.4　尺寸偏差

样本尺寸偏差满足6.4中要求，则判定该项合格，否则判定不合格。

8.4.1.5　外观质量

样本外观质量满足6.5中要求，则判定该项合格，否则判定不合格。

8.4.2　批的判定

所有检验项目中，卫生要求检验结果不合格，则判定批不合格；理化性能、内装量短缺量、尺寸偏差、外观质量第一次检验的样品数量应等于该方案给出的第一样本量。如果第一样本中发现的不合格品数小于或等于表3中的第一接收数，则判定批合格；如果第一样本中发现的不合格品数大于或等于表3中的第一拒收数，则判定批不合格。如果第一样本中发现的不合格品数介于表3中的第一接收数与第一拒收数之间，应检验由方案给出样本量的第二样本并累计在第一样本和第二样本中发现的不合格品数。如果不合格品累计数小于或等于表3中的第二接收数，则判定批合格；如果不合格品累计数大于或等于表3中的第二拒收数，则判定批不合格。

9　标识、包装

9.1　产品销售包装标识

产品销售包装标识除符合GB 38598外，还应包括以下内容：

——执行标准编号；

——产品主要原料：

• 原生木浆(纤维)产品标注"原生木浆"，原生非木浆(纤维)产品标注"原生草浆"或"原生竹浆"或"原生蔗渣浆"等，原生混合浆产品标注"原生木浆、原生竹浆(或原生草浆)"等；

• 保湿型纸巾还应标明添加的主要保湿成分名称，以"主要保湿成分"作为引导语引出，保湿成分配方中含量超过1.0%(质量分数)的成分按照各成分在产品配方中含量的降序列出；

——产品类型：柔软型纸巾、湿强型纸巾、可分散型纸巾、保湿型纸巾，普通型产品可不注明产品类型；

——产品等级(仅普通型标注)；

——产品规格(尺寸、层数);
——净含量(如片数、张数、抽数、组数);
——产品合格标志。

9.2 产品运输包装标识

运输包装标识除符合 GB 38598 外，还应包括以下内容:
——净含量(如抽数、包数、组数);
——包装储运图形标志。

9.3 包装

9.3.1 纸巾包装应防尘、防潮和防霉等。

9.3.2 直接与产品接触的包装材料应无毒、无害、清洁，不应使用含有聚氯乙烯的包装材料。产品包装应完好，包装材料应具有足够的密封性和牢固性，以达到保证产品在正常的运输与贮存条件下不受污染的目的。

9.3.3 产品的销售包装应能保证产品不受污染，销售包装上的各种标识信息应清晰且不易褪去。

10 运输和贮存

10.1 运输时应采用洁净的运输工具，防止产品污染。

10.2 应存放于干燥、通风、洁净的地方，妥善保管，防止雨、雪及潮湿侵入产品，影响质量。

10.3 搬运时应注意包装完整，不应从高处抛下，以防损坏外包装。

附 录 A
(规范性)
可分散性的测定

A.1 仪器

A.1.1 仪器结构

可分散性测定仪主要由梅花筒、转子、电机、气体流量计组成，示意图如图 A.1 所示。

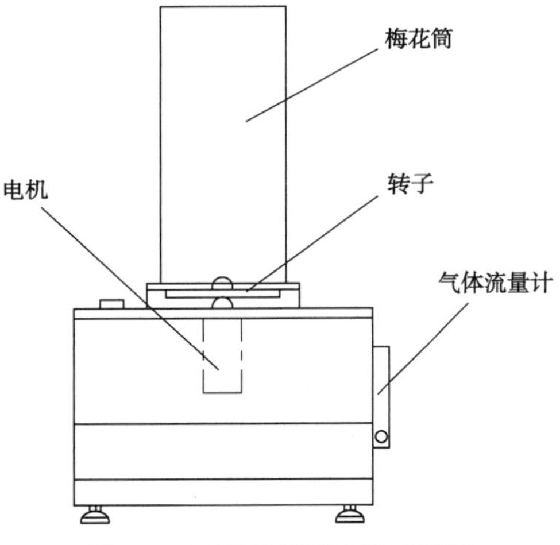

图 A.1 可分散性测定仪示意图

A.1.2 梅花筒

筒壁横截面为梅花状。可盛装 5L 水，并保证转子以额定转速旋转时，水不会溢出。筒底侧面有 8 个气孔，压缩空气通过气孔进入筒内。

A.1.3 转子

转子由圆盘、圆台、三棱体和叶片组成。圆盘上表面中心位置固定一个刻有凹槽的圆台，6 个三棱体均匀镶嵌在圆盘的上表面，8 个叶片均匀镶嵌在圆盘的圆周面上。

A.2 试样的采取

任取一包(盒)纸巾，裁取 100mm×100mm 的试样两张(成品层)，所取试样应具有代表性。如果试样的宽度小于 100mm，则取面积为 0.01m^2 的试样。

A.3 试验步骤

A.3.1 调整仪器水平，检查仪器，确保仪器正常运行。

A.3.2 向梅花筒内充入自来水，使筒内水量达到(5.0±0.1)L。打开压缩空气，设置压力为(0.40±0.02)MPa、气流量为(10.0±0.8)L/min，使气泡均匀从气孔通入筒内水中。启动转子，设置转子的转速为(350±1)r/min，筒内旋涡稳定后，水面到旋涡底部的高度大约为筒内水面总高度的三分之一。设置测试时间为 40s，将试样放入筒内旋涡中心位置，放置时确保纸面与水平面垂直，同时开始计时。40s 后关闭电机，并停止通气。观察筒内试样是否出现一片或一片以上碎片。如果试验过程中试样下沉到筒底部时，试样被底部转子打碎，则此次试验无效，需重新进行试验。如果两次试验均无效，宜适当增大气体流量或降低转子转速，并在报告中注明。

A.3.3 试验完成后，将筒内水和试样碎屑全部排出，清洗筒壁和转子，准备下一次试验。如果清洗一次后碎屑不能完全排出，应进行多次清洗。

A.3.4 每个样品测试两个试样。

A.4 结果报告

如果两个试样的测试结果均为出现一片或一片以上碎片，则报告该样品测试结果为可分散；如果两个试样中有一个的测试结果为未出现一片或一片以上碎片，则重新选取两个试样进行试验。如果重新选取的两个试样测试结果均为出现一片或一片以上碎片，则报告该样品测试结果为可分散，否则报告该样品测试结果为不可分散。

附录 B
(规范性)
掉粉率的测定

B.1 仪器和设备

掉粉率测定仪：往返摆动次数：(180±2)次/min，摆动距离：(100±2)mm，称量传感器精度为 0.01g，摆动时间采用计时器，掉粉率测定仪示意图见图 B.1。

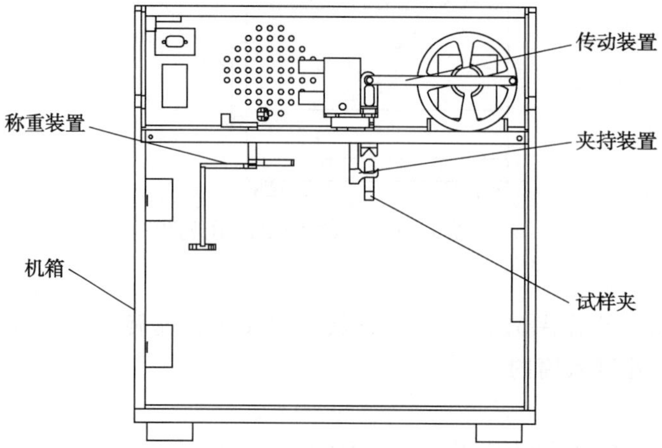

图 B.1 掉粉率测定仪示意图

B.2 试验步骤

B.2.1 任取一包(盒)纸巾(以最小包装计)，去除外包装，取约50g样品，一包不足50g的，从多包取样。将纸巾展开至最大面积，叠成整齐一沓作为测试试样，放在GB/T 10739规定的恒温恒湿条件下进行温湿处理。

如果纸巾的长边尺寸大于210mm，将纸巾沿长边对折成满足测试尺寸的试样后再进行测试，制样时尽量避免粉、屑的掉落。

B.2.2 待试样沓达到平衡后，将试样沓的其中一角固定在仪器的试样夹上(对折一次的试样沓固定时选择对折线上任一角，对折两次的试样沓固定时选择两次对折线的交叉点)。固定时应使试样的表面垂直于摆动方向，并确保测定过程中试样不应与箱体内壁接触，试样应夹持牢固，在确保试样夹持牢固的情况下，试样夹夹持试样的尺寸尽可能小。

B.2.3 启动仪器，自动称量试样沓的质量 m_1，并开始计时，试样沓在箱体内摆动2min。

B.2.4 摆动结束后，再次自动称量试样沓的质量 m_2，关闭仪器，取下试样沓。在满足精度要求的前提下，可采用手动称量摆动前、后试样沓的质量，称量时注意避免粉、屑的掉落。

注：试验过程中佩戴手套，轻拿轻放试样，以避免影响测试结果。

B.3 结果的表示

试样的掉粉率按公式(B.1)测定。

$$X=\frac{m_1-m_2}{m_1}\times 100 \qquad \text{(B.1)}$$

式中 X——试样的掉粉率,%；

m_1——试样摆动前的质量，单位为克(g)；

m_2——试样摆动后的质量，单位为克(g)。

每个样品测试两个试样，以两次测定值的算术平均值表示结果，结果修约至小数点后一位。

如果出现试样摆动后的质量大于试样摆动前的质量的情况，测试结果以“0”计。

附录C
(规范性)
致癌芳香胺清单

表C.1给出了致癌芳香胺清单。

表C.1 致癌芳香胺清单

序号	化学品名	CAS编号
1	4-氨基联苯(4-aminobiphenyl)	92-67-1
2	联苯胺(benzidine)	92-87-5
3	4-氯-邻甲苯胺(4-chloro-*o*-toluidine)	95-69-2
4	2-萘胺(2-naphthylamine)	91-59-8
5	邻氨基偶氮甲苯(*o*-aminoazotoluene)	97-56-3
6	5-硝基-邻甲苯胺(5-nitro-*o*-toluidine)	99-55-8
7	对氯苯胺(*p*-chloroaniline)	106-47-8
8	2,4-二氨基苯甲醚(2,4-diaminoanisole)	615-05-4
9	4,4′-二氨基二苯甲烷(4,4′-diaminobiphenymethane)	101-77-9
10	3,3′-二氯联苯胺(3,3′-dichlorobenzidine)	91-94-1

续表

序号	化学品名	CAS 编号
11	3,3′-二甲氧基联苯胺(3,3′-dimethoxybenzidine)	119-90-4
12	3,3′-二甲基联苯胺(3,3′-dimethylbenzidine)	119-93-7
13	3,3′-二甲基-4,4′-二氨基二苯甲烷(3,3′-dimethy1-4,4′-diaminobiphenylmthane)	838-88-0
14	2-甲氧基-5-甲基苯胺(*p*-cresidine)	120-71-8
15	4,4′-亚甲基-二-(2-氯苯胺)(4,4′-methylene-bis-(2-chloroaniline))	101-14-4
16	4,4′-二氨基二苯醚(4,4′-oxydianiline)	101-80-4
17	4,4′-二氨基二苯硫醚(4,4′-thiodianiline)	139-65-1
18	邻甲苯胺(*o*-toluidine)	95-53-4
19	2,4-二氨基甲苯(2,4-toluylendiamine)	95-80-7
20	2,4,5-三甲基苯胺(2,4, 5-trimethylaniline)	137-17-7
21	邻氨基苯甲醚(*o*-anisidine)	90-04-0
22	4-氨基偶氮苯(4-aminoazobenzene)	60-09-3
23	2,4-二甲基苯胺(2,4-xylidine)	95-68-1
24	2,6-二甲基苯胺(2,6-xylidine)	87-62-7

附录 D
(规范性)
脱色性能的测定

D.1 试剂

除非另有规定，仅使用分析纯试剂。

D.1.1 水，GB/T 6682，三级。

D.1.2 氯化钠(NaCl)。

D.1.3 尿素[$(NH_2)_2CO$]。

D.1.4 乳酸($C_3H_6O_3$)。

D.1.5 1%的氢氧化钠溶液，氢氧化钠(NaOH)质量分数为1%。

D.1.6 三水合磷酸氢二钾($K_2HPO_4 \cdot 3H_2O$)。

D.1.7 碳酸钾(K_2CO_3)。

D.1.8 氯化钾(KCl)。

D.1.9 六水合氯化镁($MgCl_2 \cdot 6H_2O$)。

D.1.10 二水合氯化钙($CaCl_2 \cdot 2H_2O$)。

D.1.11 1%的盐酸溶液，盐酸体积分数为1%。

D.2 仪器设备

D.2.1 分析天平，精度为0.001g。

D.2.2 pH计，精度为0.01单位。

D.2.3 比色管，容积为50mL。

D.2.4 恒温水浴锅。

D.2.5 其他常规实验室玻璃仪器。

D.3 试验步骤

D.3.1 模拟汗液的配制

将氯化钠(D.1.2)5.08g、尿素(D.1.3)1.0g、乳酸(D.1.4)1.0g溶于900mL水(D.1.1)中，搅拌至完全溶解后，将pH计(D.2.2)电极浸没在溶液中，慢慢加入1%的氢氧化钠溶液(D.1.5)，搅拌均匀，使溶液的pH达到6.5±0.1，加水(D.1.1)定容至1000mL，摇匀，避光保存。

D.3.2 模拟唾液的配制

将三水合磷酸氢二钾(D.1.6)0.76g、碳酸钾(D.1.7)0.53g、氯化钠(D.1.2)0.33g、氯化钾(D.1.8)0.75g、六水合氯化镁(D.1.9)0.17g、二水合氯化钙(D.1.10)0.15g溶于900mL水(D.1.1)中，搅拌至完全溶解，将pH计(D.2.2)电极浸没在溶液中，慢慢加入1%的盐酸溶液(D.1.11)，搅拌均匀，使溶液的pH达到6.8±0.1，加水(D.1.1)定容至1000mL，摇匀，避光保存。

D.3.3 脱色性能的测试

D.3.3.1 任取1张纸巾，裁成100mm×100mm的成品层试样。如果试样的尺寸小于100mm，则取面积为0.01m^2的试样。裁取时应选择印花或染色部位(本色纸巾除外)。将试样分别放入盛有100mL模拟汗液(D.3.1)、模拟唾液(D.3.2)的200mL烧杯中，使试样被完全浸没。浸泡10min后，将以上两种试样浸泡液分别倒入两支比色管(D.2.3)中。试验过程中，应采用恒温水浴锅(D.2.4)确保试样浸泡液维持在(40±2)℃。

D.3.3.2 不加试样，按D.3.3.1进行空白试验。

D.3.3.3 将盛有试样浸泡液和空白浸泡液的比色管(D.2.3)分别进行比较，观察两种试样浸泡液是否染有颜色。

D.3.3.4 每个样品测试两个试样。

D.4 结果报告

当试样的模拟汗液浸泡液和模拟唾液浸泡液均未染有颜色，则该试样脱色性能测试结果为未染有颜色。如果两个试样的测试结果均为未染有颜色，则报告该样品脱色性能测试结果为无脱色。如果两个试样的测试结果均为染有颜色，则报告该样品脱色性能测试结果为脱色。如果两个试样中有一个测试结果为染有颜色，则重新取两个试样进行试验。当重新选取的两个试样的测试结果均为未染有颜色，则报告该样品脱色性能测试结果为无脱色，否则报告为脱色。

匠心产品　生活用纸(T/CTAPI 002—2022)

2022-04-21发布，2022-05-01实施

1 范围

本文件规定了匠心产品之生活用纸的术语和定义、产品类别、要求、试验方法、检验规则、包装和标志。

本文件适用于日常生活所用的匠心产品之生活用纸，包括卫生纸、纸巾纸、厨房纸巾、擦手纸。

2 规范性引用文件

下列文件中的内容通过文中的规范性引用而构成本文件必不可少的条款。其中，注日期的引用文件，仅该日期对应的版本适用于本文件；不注日期的引用文件，其最新版本(包括所有的修改单)适用于本文件。

GB/T 450　纸和纸板　试样的采取及试样纵横向、正反面的测定

GB/T 451.1　纸和纸板尺寸及偏斜度的测定

GB/T 462　纸、纸板和纸浆　分析试样水分的测定

GB/T 742　造纸原料、纸浆、纸和纸板　灼烧残余物(灰分)的测定(575℃和900℃)

GB/T 1535　大豆油

GB/T 2828.1　计数抽样检验程序　第1部分：按接收质量限(AQL)检索的逐批检验抽样计划

GB/T 10739　纸、纸板和纸浆试样处理和试验的标准大气条件

GB 15979　一次性使用卫生用品卫生标准

GB/T 20808—2011　纸巾纸

GB/T 20810—2018　卫生纸(含卫生纸原纸)

GB/T 22760　消费品安全　风险评估导则

GB/T 24328.2　卫生纸及其制品　第2部分：厚度、层积厚度、表观层积紧度和松厚度的测定

GB/T 24328.3　卫生纸及其制品　第3部分：抗张强度、最大力值时伸长率和抗张能量吸收的测定

GB/T 24328.5　卫生纸及其制品　第5部分：定量的测定

GB/T 24328.6　卫生纸及其制品　第6部分：吸水时间和吸水能力的测定　篮筐浸没法

GB/T 24328.7　卫生纸及其制品　第7部分：球形耐破度的测定

GB/T 24328.9　卫生纸及其制品　第9部分：湿球形耐破度的测定

GB/T 24455—2009　擦手纸

GB/T 26174—2010　厨房纸巾

GB/T 34845　生活用纸　可吸附有机卤素(AOX)的测定

GB/T 37859　纸、纸板和纸制品　丙烯酰胺的测定

GB 38598　消毒产品标签说明书通用要求

JJF 1070—2005　定量包装商品净含量计量检验规则

化妆品安全技术规范(2015年版)

3　术语和定义

下列术语和定义适用于本文件。

3.1　匠心产品　Products with craftsmanship

以工匠精神制造，品质更卓越，使用更安全，能更好地满足消费者消费升级需求的环境友好型产品。

4　产品类别

匠心产品之生活用纸包括卫生纸、纸巾纸、厨房纸巾、擦手纸。纸巾纸按用途不同分为纸面巾(面巾纸)、纸餐巾(餐巾纸)、纸手帕(手帕纸)，按性能不同分为普通型、柔软型、湿强型、保湿型、分散型。

5　要求

5.1　基本要求

5.1.1　匠心产品之生活用纸的生产环境、原材料的卫生要求应符合GB 15979的规定。

5.1.2　匠心产品之生活用纸生产时不应使用有毒有害原料，不应使用任何回收纤维物质作原料。儿童用生活用纸产品不应添加香精，印刷和染色的生活用纸不应掉色。

5.2　内在质量

5.2.1　卫生纸的定量、D65亮度、横向吸液高度、抗张指数、柔软度、掉粉率指标应符合GB/T 20810—2018中原生浆卫生纸优等品的要求；纸巾纸的定量、D65亮度、横向吸液高度、横向抗张指数、纵向湿抗张强度、柔软度指标应符合GB/T 20808—2011的要求，其中柔软型纸巾纸、保湿型纸巾

纸应符合优等品中超柔型的要求，普通型纸巾纸、湿强型纸巾纸应符合优等品中普通型的要求，分散型纸巾纸应符合合格品的要求；厨房纸巾的定量、D65 亮度、横向吸液高度、横向抗张指数、纵向湿抗张指数应符合 GB/T 26174—2010 的要求；擦手纸的定量、D65 亮度、横向吸液高度、横向抗张指数、纵向湿抗张指数指标应符合 GB/T 24455—2009 的要求。

注：《纸巾》新国家标准发布后，普通型纸巾纸的定量、D65 亮度、横向吸液高度、横向抗张强度、纵向湿抗张强度指标需符合标准中优等品的要求，其他类型纸巾纸的定量、D65 亮度、横向吸液高度、横向抗张强度、纵向湿抗张强度指标需符合新标准中相应类型的要求，本标准表 4 中相应内容同步调整。

5.2.2 匠心产品之生活用纸的内在质量要求还应符合表 1 的规定。

表 1 内在质量要求

项目		单位	要求							
			卫生纸	纸巾纸					厨房纸巾	擦手纸
				普通型	柔软型	湿强型	保湿型	分散型		
吸水能力 ≥		g/g	—	5.0			3.0	5.0	7.0	5.0
吸油能力 ≥		g/g	—						6.0	—
横向湿抗张强度(成品层) ≥		N/m	—						30.0	50.0
TSA 柔软性能[a](成品层) HF 值 ≥		—	55.0	45.0	70.0	45.0	70.0	40.0	—	
球形耐破度(成品层) ≥	干	N	2.50	—						
	湿	mN	60	—						
可分散性		—	分散	—				分散	—	
可迁移性荧光物质		—	无							
灰分[b] ≤	原生木浆	%	1.0							
	原生非木浆		4.0							
	原生混合浆		3.0							
洞眼 ≤	总数	个/m^2	4							
	2mm~5mm		4							
	>5mm		不应有							
尘埃度[c] ≤	总数	个/m^2	10							
	0.2mm^2~1.0mm^2		10							
	>1.0mm^2~2.0mm^2		1							
	>2.0mm^2		不应有							
交货水分[b] ≤		%	9.0							
可吸附有机卤素(AOX) ≤		mg/kg	5.0							
丙烯酰胺 ≤		mg/kg	0.1							
重金属 ≤	铅	mg/kg	10	3.0						10
	砷		2.0	1.0						2.0
	镉		5.0							
	汞		1.0							

[a] TSA 柔软性能为参考指标，不作为产品合格与否的判定依据。

[b] 保湿型纸巾纸不考核灰分、交货水分指标。

[c] 本色生活用纸中纤维束杂质不作为尘埃计数。

5.3 卫生指标

匠心产品之生活用纸卫生指标应符合 GB 15979 中纸巾纸的相关要求，匠心产品之生活用纸应无任何异常气味。

5.4 内装量短缺量

卷筒生活用纸的卷重（或节数）、抽取式生活用纸的张（抽）数允许短缺量应符合 JJF 1070—2005 中表 3 计数定量包装商品标注净含量的规定。

注：卷重为去皮、去芯后的净重。

5.5 尺寸及偏差

5.5.1 匠心产品之生活用纸中的卷筒生活用纸宽度偏差应不超过±3mm，偏斜度应不超过 3mm，节距偏差应不超过±3mm。匠心产品之生活用纸中的抽取式生活用纸的长度、宽度偏差应不超过±5mm，偏斜度应不超过 3mm。

5.5.2 外包装标注 S 码、M 码、L 码的抽取式纸面巾（面巾纸）长宽尺寸应符合表 2 的规定，标注其他规格的抽取式纸面巾（面巾纸）长宽尺寸可自行规定，但标注尺寸应合理。

表 2 规格尺寸要求 单位为毫米

项目		规定		
		S 码	M 码	L 码
长度	≥	180		
宽度	≥	130	150	170

注：仅外包装标注 S 码、M 码、L 码的抽取式面巾纸考核。

5.6 外观质量

匠心产品之生活用纸纸面应洁净，皱纹应均匀，不应有明显的死褶、残缺、破损、异物、硬质块、生浆团等纸病，卷筒生活用纸每节间打孔应均匀，节与节之间应容易撕开。

5.7 其他

5.7.1 匠心产品之生活用纸所使用原生纸浆宜来自可持续森林。

5.7.2 匠心产品之生活用纸产品包装宜采用可降解材料，以降低产品废弃后对环境的负面影响。

5.7.3 生产企业宜按照 GB/T 22760 对匠心产品之生活用纸的原材料、生产等产品形成过程中使用的、可能产生的或带入的潜在健康危害风险的化学物质进行风险评估。

注：5.7 中内容不作为考核要求，鼓励企业积极实施。

6 试验方法

6.1 试样的采取和处理

试样的采取按 GB/T 450 进行，吸水能力、吸油能力、横向湿抗张强度、TSA 柔软性能、球形耐破度、洞眼、尺寸及偏差测定时，试样的处理和试验的标准大气条件按 GB/T 10739 规定进行。

6.2 吸水能力、吸油能力

吸水能力、吸油能力按 GB/T 24328.6 测定，其中吸油能力试验介质以符合 GB/T 1535 的一级大豆油代替试验用标准水，测试中沥干时间为（300±5）s。

6.3 横向湿抗张强度

厨房纸巾横向湿抗张强度按 GB/T 26174—2010 中 5.6 测定，擦手纸横向湿抗张强度按 GB/T 24455—2009 中 5.6 测定，按成品层数测定，直接报结果。

6.4 TSA 柔软性能

卫生纸、纸巾纸的 TSA 柔软性能按附录 A 测定，纸餐巾（餐巾纸）不需要检测 TSA 柔软性能。

6.5 球形耐破度

卫生纸干球形耐破度按 GB/T 24328.7 测定，湿球形耐破度按 GB/T 24328.9 测定，测定时取成品层数进行。

6.6 可分散性

卫生纸、可分散型纸巾纸可分散性按 GB/T 20810—2018 中附录 A 测定。

6.7 可迁移性荧光物质

按 GB/T 20810—2018 中 6.7 测定。

6.8 灰分

按 GB/T 742 测定，灼烧温度为(575±25)℃。

6.9 洞眼

卫生纸按 GB/T 20810—2018 中 6.11 测定，纸巾纸按 GB/T 20808—2011 中 5.10 测定，厨房纸巾按 GB/T 26174—2010 中 5.7 测定，擦手纸按 GB/T 24455—2009 中 5.7 测定。

6.10 尘埃度

按 GB/T 20810—2018 中 6.12 测定。

6.11 交货水分

按 GB/T 462 测定。

6.12 可吸附有机卤素(AOX)

可吸附有机卤素(AOX)按 GB/T 34845 测定。

6.13 丙烯酰胺

按 GB/T 37859 测定。

6.14 重金属

铅、砷、镉、汞按《化妆品安全技术规范》(2015 年版)第四章中 1.6 进行测定，样品处理采用微波消解法。

6.15 卫生指标

按 GB 15979 测定

6.16 内装量短缺量

卷筒生活用纸的卷重允许短缺量按 GB/T 20810—2018 中 6.18.1 进行测定。

卷筒生活用纸的节数、抽取式生活用纸的张数(抽数)按 JJF 1070—2005 中附录 G 中 G.4 测定，每个样品测试 3 个完整包装，以最大短缺量表示结果。

6.17 尺寸及偏差

按 GB/T 451.1 测定。

6.18 外观质量

采用目测检验。

7 检验规则

7.1 检验分类

7.1.1 出厂检验

产品出厂前应按本文件的要求逐批进行检验，符合要求方可出厂。

7.1.2 型式检验

相同原料、相同工艺的同类产品每两年内应进行不少于 1 次型式检验，有下列情况之一时，也应进行型式检验：

a) 当原料、工艺发生重大改变时；

b) 产品首次投产或停产 6 个月以上后恢复生产时；

c）生产场所改变时；

d）出厂检验结果与上次型式检验有较大差异时；

e）国家质量监管机构提出进行型式检验要求时。

7.2 检验项目

出厂检验项目为常规检验项目，型式检验项目包括所有检验项目（有特殊规定除外），检验项目具体见表3～表6。

表3 卫生纸检验项目

序号	检验项目	出厂检验	型式检验	要求的章条号	检验方法的章条号
1	定量	●	●	GB/T 20810—2018 中 5.1	GB/T 20810—2018 中 6.2
2	D65 亮度	●	●	GB/T 20810—2018 中 5.1	GB/T 20810—2018 中 6.3
3	横向吸液高度	●	●	GB/T 20810—2018 中 5.1	GB/T 20810—2018 中 6.4
4	抗张指数	●	●	GB/T 20810—2018 中 5.1	GB/T 20810—2018 中 6.5
5	柔软度	●	●	GB/T 20810—2018 中 5.1	GB/T 20810—2018 中 6.6
6	掉粉率	●	●	GB/T 20810—2018 中 5.1	GB/T 20810—2018 中 6.15
7	干、湿球形耐破度	●	●	5.2.2	6.5
8	可分散性	●	●	5.2.2	6.6
9	可迁移性荧光物质	●	●	5.2.2	6.7
10	灰分	—	●	5.2.2	6.8
11	洞眼	●	●	5.2.2	6.9
12	尘埃度	●	●	5.2.2	6.10
13	交货水分	●	●	5.2.2	6.11
14	可吸附有机卤素	—	●	5.2.2	6.12
15	丙烯酰胺	—	●	5.2.2	6.13
16	重金属	—	●	5.2.2	6.14
17	卫生指标	—	●	5.3	6.15
18	内装量短缺量	●	●	5.4	6.16
19	尺寸及偏差	●	●	5.5	6.17
20	外观质量	●	●	5.6	6.18

注：“●”表示包含该检验项目，“—”表示不包含该检验项目。

表4 纸巾纸检验项目

序号	检验项目	出厂检验	型式检验	要求的章条号	检验方法的章条号
1	定量	●	●	GB/T 20808—2011 中 4.1	GB/T 20808—2011 中 5.2
2	D65 亮度	●	●	GB/T 20808—2011 中 4.1	GB/T 20808—2011 中 5.3
3	横向吸液高度	●	●	GB/T 20808—2011 中 4.1	GB/T 20808—2011 中 5.6
4	横向抗张指数	●	●	GB/T 20808—2011 中 4.1	GB/T 20808—2011 中 5.7
5	纵向湿抗张强度	●	●	GB/T 20808—2011 中 4.1	GB/T 20808—2011 中 5.8
6	柔软度	●	●	GB/T 20808—2011 中 4.1	GB/T 20808—2011 中 5.9
7	吸水能力	●	●	5.2.2	6.2
8	可分散性	●	●	5.2.2	6.6
9	可迁移性荧光物质	●	●	5.2.2	6.7

续表

序号	检验项目	出厂检验	型式检验	要求的章条号	检验方法的章条号
10	灰分	—	●	5.2.2	6.8
11	洞眼	●	●	5.2.2	6.9
12	尘埃度	●	●	5.2.2	6.10
13	交货水分	●	●	5.2.2	6.11
14	可吸附有机卤素	—	●	5.2.2	6.12
15	丙烯酰胺	—	●	5.2.2	6.13
16	重金属	—	●	5.2.2	6.14
17	卫生指标	—	●	5.3	6.15
18	内装量短缺量	●	●	5.4	6.16
19	尺寸及偏差	●	●	5.5	6.17
20	外观质量	●	●	5.6	6.18
注："●"表示包含该检验项目，"—"表示不包含该检验项目。					

表5 厨房纸巾检测项目

序号	检验项目	出厂检验	型式检验	要求的章条号	检验方法的章条号
1	定量	●	●	GB/T 26174—2010 中 4.1	GB/T 26174—2010 中 5.2
2	D65 亮度	●	●	GB/T 26174—2010 中 4.1	GB/T 26174—2010 中 5.3
3	横向吸液高度	●	●	GB/T 26174—2010 中 4.1	GB/T 26174—2010 中 5.4
4	横向抗张指数	●	●	GB/T 26174—2010 中 4.1	GB/T 26174—2010 中 5.5
5	纵向湿抗张指数	●	●	GB/T 26174—2010 中 4.1	GB/T 26174—2010 中 5.6
6	吸水能力	●	●	5.2.2	6.2
7	吸油能力	●	●	5.2.2	6.2
8	横向湿抗张强度	●	●	5.2.2	6.3
9	可迁移性荧光物质	●	●	5.2.2	6.7
10	灰分	—	●	5.2.2	6.8
11	洞眼	●	●	5.2.2	6.9
12	尘埃度	●	●	5.2.2	6.10
13	交货水分	●	●	5.2.2	6.11
14	可吸附有机卤素	—	●	5.2.2	6.12
15	丙烯酰胺	—	●	5.2.2	6.13
16	重金属	—	●	5.2.2	6.14
17	卫生指标	—	●	5.3	6.15
18	内装量短缺量	●	●	5.4	6.16
19	尺寸及偏差	●	●	5.5	6.17
20	外观质量	●	●	5.6	6.18
注："●"表示包含该检验项目，"—"表示不包含该检验项目。					

表6 擦手纸检测项目

序号	检验项目	出厂检验	型式检验	要求的章条号	检验方法的章条号
1	定量	●	●	GB/T 24455—2009 中 4.1	GB/T 24455—2009 中 5.2
2	D65 亮度	●	●	GB/T 24455—2009 中 4.1	GB/T 24455—2009 中 5.3

续表

序号	检验项目	出厂检验	型式检验	要求的章条号	检验方法的章条号
3	横向吸液高度	●	●	GB/T 24455—2009 中 4.1	GB/T 24455—2009 中 5.4
4	横向抗张指数	●	●	GB/T 24455—2009 中 4.1	GB/T 24455—2009 中 5.5
5	纵向湿抗张指数	●	●	GB/T 24455—2009 中 4.1	GB/T 24455—2009 中 5.6
6	吸水能力	●	●	5.2.2	6.2
7	横向湿抗张强度	●	●	5.2.2	6.3
8	可迁移性荧光物质	●	●	5.2.2	6.7
9	灰分	—	●	5.2.2	6.8
10	洞眼	●	●	5.2.2	6.9
11	尘埃度	●	●	5.2.2	6.10
12	交货水分	●	●	5.2.2	6.11
13	可吸附有机卤素	—	●	5.2.2	6.12
14	丙烯酰胺	—	●	5.2.2	6.13
15	重金属	—	●	5.2.2	6.14
16	卫生指标	—	●	5.3	6.15
17	内装量短缺量	●	●	5.4	6.16
18	尺寸及偏差	●	●	5.5	6.17
19	外观质量	●	●	5.6	6.18

注：“●”表示包含该检验项目，“—”表示不包含该检验项目。

7.3 组批规则和抽样方案

7.3.1 组批规则

以相同原料、相同工艺、相同规格的同类产品一次交货数量为一批，每批不超过 20000 箱(件)。

7.3.2 抽样方案

7.3.2.1 匠心产品之生活用纸卫生指标检验时从检验批中随机抽取足够数量样本用于各项指标检验和留样，所抽取样本的包装不应有破损，测试前不得开启。

7.3.2.2 匠心产品之生活用纸内在质量要求、内装量短缺量、尺寸及偏差、外观质量抽样检验程序按 GB/T 2828.1 中正常检验二次抽样方案规定进行，样本单位为箱或件。接收质量限(AQL)：纵横向抗张指数、纵向湿抗张强度(指数)、干球形耐破度、可分散性、吸水能力、吸油能力、可迁移性荧光物质、灰分、可吸附有机卤素、丙烯酰胺、重金属 AQL=4.0，定量、D65 亮度、横向吸液高度、柔软度、掉粉率、湿球形耐破度、横向湿抗张强度、洞眼、尘埃度、交货水分、内装量短缺量、尺寸偏差、外观质量 AQL=6.5。抽样方案采用正常检验二次抽样方案，检验水平为特殊检验水平 S-3。具体抽样方案见表 7。

表 7 抽样方案

批量/(箱或件)	正常检验二次抽样方案 特殊检查水平 S-3				
	样本量	AQL=4.0		AQL=6.5	
		Ac	Re	Ac	Re
2~50	3	0	1	—	—
	2	—	—	0	1
51~150	3	0	1	—	—
	5	—	—	0	2
	5(10)	—	—	1	2

续表

批量/(箱或件)	正常检验二次抽样方案　特殊检查水平 S-3				
	样本量	AQL=4.0		AQL=6.5	
		Ac	Re	Ac	Re
151~500	8 8(16)	0 1	2 2	— —	— —
	5 5(10)	— —	— —	0 1	2 2
501~3200	8 8(16)	0 1	2 2	0 3	3 4
3201~10000	13 12(26)	0 3	3 4	1 4	3 5

7.4 结果判定

所有检验项目中，卫生要求检验结果不合格，则判定批不合格；内在质量要求、内装量短缺量、尺寸偏差、外观质量第一次检验的样品数量应等于该方案给出的第一样本量。如果第一样本中发现的不合格品数小于或等于表 7 中的第一接收数，则判定批合格；如果第一样本中发现的不合格品数大于或等于表 7 中的第一拒收数，则判定批不合格。如果第一样本中发现的不合格品数介于表 7 中的第一接收数与第一拒收数之间，应检验由方案给出样本量的第二样本并累计在第一样本和第二样本中发现的不合格品数。如果不合格品累计数小于或等于表 7 中的第二接收数，则判定批合格；如果不合格品累计数大于或等于表 7 中的第二拒收数，则判定批不合格。

8 包装和标志

8.1 匠心产品之生活用纸的包装和标志要求应符合相应产品标准的规定，纸巾纸还应符合 GB 38598 的规定。

8.2 柔软型纸巾纸、湿强型纸巾纸、可分散型纸巾纸、保湿型纸巾纸应标注产品类型，普通型纸巾纸可不注明。

附 录 A
(规范性)
TSA 柔软性能的测定

A.1 原理

带有可旋转刀片的测定头，以一定压力压在试样表面，再以一定速度在试样表面旋转，激发样品振动，噪音传感器可以收集试样特征噪音频谱，得到试样的纤维柔软度和表面平滑度参数；测定头再以较大压力多次下压，试样变形，位移传感器将接收信号，得到试样的弹性参数；结合已知的试样定量、厚度、层数等参数，得到 TSA 综合柔软性能值，以 HF 表示。

A.2 仪器和设备

A.2.1 常规的实验室仪器、设备

a）取样器：可裁取 0.01m^2 试样，偏差±1.0%。

b）厚度计：符合 GB/T 24328.2 规定，分度值 1μm。

c）天平：感量为 0.01g。

d）计算机：与测试装置连接。

e）USB 接口。

A. 2. 2 TSA 柔软性能测定仪

TSA 柔软性能测定仪测定装置(见图 A. 1)：由测定部分和微处理系统组成，其主体部分是刀片式测试头、噪音传感器、位移传感器和微处理器。

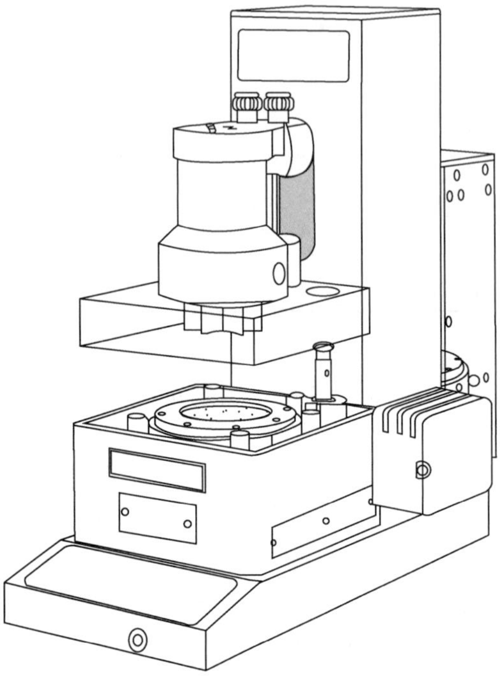

图 A. 1 TSA 柔软性能测定仪装置示意图

a）刀片

测定头底端有 8 只刀片，呈射线状对称分布。刀片长度为 28mm，宽度为 1mm，高度为 15mm，刀片旋转速度为 2 转/秒。

b）测试的压力

刀片与样品接触压力为 100mN；弹性参数测试时，压力逐渐从 100mN 增大至 600mN。

A. 3 试样制备

根据产品标准规定的层数，从所采取的样品上切取面积为 0. 01m^2 的圆片试样。如样品的尺寸不满足切取 0. 01m^2 的圆片时，应保留最大尺寸，标明正反面，尺寸偏差应不大于±1mm。

A. 4 试验步骤

A. 4. 1 接通电源，打开计算机和软件。初次使用或搬运后，需要做温湿度平衡处理并校准。

A. 4. 2 按 GB/T 24328. 5 测定试样的定量，GB/T 24328. 2 测定试样的厚度。

A. 4. 3 将试样固定在样品架上，准备测定。

A. 4. 4 在软件中输入试样编号、定量、厚度、测定层数等参数，根据试样性质选择对应的计算法则。

A. 4. 5 点击开始测定，设备自动运行。测定试样的纤维柔软度、表面平滑度、弹性参数及 TSA 柔软性能 HF 值。

A. 4. 6 测定结束，用毛刷清理刀片测试头，打开样品架，取出试样，准备下次测定。

A. 5 结果表示

每个样品测定 10 个试样，正面向上，以 10 个试样测试值的算术平均值作为测定结果，结果应准确至小数点后一位，且每次测定结果的差值不应超过平均值的5%。

厨房纸巾(GB/T 26174—2023)

代替 GB/T 26174—2010，2023-08-06 发布，2024-09-01 实施

1 范围

本文件规定了厨房纸巾的分类、原材料要求、技术要求、试验方法、检验规则及标志、包装、运输、贮存。

本文件适用于厨房擦拭、清洁等用途的纸巾。

2 规范性引用文件

下列文件中的内容通过文中的规范性引用而构成本文件必不可少的条款。其中，注日期的引用文件，仅该日期对应的版本适用于本文件；不注日期的引用文件，其最新版本(包括所有的修改单)适用于本文件。

GB/T 450 纸和纸板 试样的采取及试样纵横向、正反面的测定

GB/T 451.1 纸和纸板尺寸及偏斜度的测定

GB/T 462 纸、纸板和纸浆 分析试样水分的测定

GB/T 742 造纸原料、纸浆、纸和纸板 灼烧残余物(灰分)的测定(575℃和900℃)

GB/T 1535 大豆油

GB/T 1541 纸和纸板 尘埃度的测定

GB/T 2828.1 计数抽样检验程序 第1部分：按接收质量限(AQL)检索的逐批检验抽样计划

GB/T 6682 分析实验室用水规格和试验方法

GB/T 7974 纸、纸板和纸浆 蓝光漫反射因数 D65 亮度的测定(漫射/垂直法，室外日光条件)

GB/T 10739 纸、纸板和纸浆试样处理和试验的标准大气条件

GB/T 17592 纺织品 禁用偶氮染料的测定

GB/T 23344 纺织品 4-氨基偶氮苯的测定

GB/T 24328.3 卫生纸及其制品 第3部分：抗张强度、最大力值时伸长率和抗张能量吸收的测定

GB/T 24328.4—2020 卫生纸及其制品 第4部分：湿抗张强度的测定

GB/T 24328.5 卫生纸及其制品 第5部分：定量的测定

GB/T 24328.6 卫生纸及其制品 第6部分：吸水时间和吸水能力的测定 篮筐浸没法

GB/T 24991 纸、纸板和纸浆 铅含量的测定 石墨炉原子吸收法

GB/T 24992 纸、纸板和纸浆 砷含量的测定

GB/T 27741—2018 纸和纸板 可迁移性荧光增白剂的测定

GB 31604.49—2016 食品安全国家标准 食品接触材料及制品 砷、镉、铬、铅的测定和砷、镉、铬、镍、铅、锑、锌迁移量的测定

GB/T 36420 生活用纸和纸制品 化学品及原料安全评价管理体系

GB/T 37859 纸、纸板和纸制品 丙烯酰胺的测定

JJF 1070—2005 定量包装商品净含量计量检验规则

QB/T 5742 本色浆

3 术语和定义

下列术语和定义适用于本文件。

3.1 植物纤维厨房纸巾 kitchen towel from plant fiber

以原生植物纤维为原料生产的厨房纸巾。

3.2 其他纤维厨房纸巾 kitchen towel from other fiber

纤维原料中含有合成纤维(丙纶、涤纶等)或人造纤维(黏胶纤维、醋酸纤维等)的厨房纸巾。

4 分类

4.1 厨房纸巾按产品质量分为优等品和合格品。

4.2 厨房纸巾按纤维原料分为植物纤维厨房纸巾和其他纤维厨房纸巾。

4.3 厨房纸巾按颜色分为白色厨房纸巾、本色厨房纸巾、印花厨房纸巾和染色厨房纸巾。

4.4 厨房纸巾按包装形式分为卷筒厨房纸巾、盘式厨房纸巾、平切厨房纸巾和抽取式厨房纸巾。

5 原材料要求

5.1 厨房纸巾不应使用任何回收纸、纸张印刷品、纸制品及其他回收纤维状物质作原料。

5.2 本色厨房纸巾所使用的本色浆应符合 QB/T 5742 的要求。

5.3 厨房纸巾原纸所用化学品和原料的安全评价与管理应符合 GB/T 36420 的相关规定。

6 技术要求

6.1 植物纤维厨房纸巾的技术指标应符合表 1 的规定。

表 1 植物纤维厨房纸巾技术指标

指标名称		规定	
		优等品	合格品
定量/(g/m²)		(≤20.0)±1.0 (>20.0~40.0)±2.0 (>40.0)±3.0	
D65 亮度[a]/%		≤90.0	
吸水时间/s		≤3.0	≤6.0
吸水能力/(g/g)		≥7.0	≥6.0
吸油能力/(g/g)		≥6.0	≥5.0
横向抗张强度(成品层)/(N/m)		≥200	≥100
纵向湿抗张强度(成品层)/(N/m)		≥90.0	≥60.0
掉粉率/%		≤0.20	≤0.50
洞眼(个/m²)	总数	≤4	
	2mm~5mm	≤4	
	>5mm	不应有	
尘埃度(个/m²)	总数	≤8	≤20
	0.2mm²~1.0mm²	≤8	≤20
	>1.0mm²~2.0mm²	不应有	≤1
	>2.0mm²	不应有	不应有

续表

指标名称		规定	
		优等品	合格品
灰分/%	木浆(纤维)	≤1.0	
	非木浆(纤维)[b]	≤6.0	
	混合浆(纤维)[c]	≤4.0	
交货水分/%		≤10.0	

[a] 本色、印花和染色厨房纸巾不考核 D65 亮度指标。

[b] 指竹浆、麦草浆、蔗渣浆、苇浆等。

[c] 指木浆与非木浆混合浆。

6.2 其他纤维厨房纸巾的技术指标应符合表 2 的规定。

表 2 其他纤维厨房纸巾技术指标

指标名称		规定	
		优等品	合格品
定量/(g/m²)		(≤20.0)±1.0 (>20.0~40.0)±2.0 (>40.0~80.0)±3.0 (>80.0)±4.0	
D65 亮度[a]/%		≤90.0	
吸水时间[b]/s		≤5.0	≤15.0
吸水能力/(g/g)		≥6.5	≥5.5
吸油能力/(g/g)		≥5.0	≥4.0
横向抗张强度(成品层)/(N/m)		≥400	≥200
纵向湿抗张强度(成品层)/(N/m)		≥700	≥400
掉粉率/%		≤0.20	≤0.50
洞眼/(个/m²)	总数	≤4	
	2mm~5mm	≤4	
	>5mm	不应有	
尘埃度/(个/m²)	总数	≤8	≤20
	0.2mm²~1.0mm²	≤8	≤20
	>1.0mm²~2.0mm²	不应有	≤1
	>2.0mm²	不应有	不应有
灰分/%		≤1.0	
交货水分/%		≤10.0	

[a] 本色、印花和染色厨房纸巾不考核 D65 亮度指标。

[b] 对于有网孔的产品，如试验时水滴穿透试样(而非被吸收)，则该项目不考核。

6.3 厨房纸巾的化学性能指标应符合表 3 的规定。

表 3 厨房纸巾化学性能指标

指标名称	规定
可迁移性荧光物质	无
丙烯酰胺/(mg/kg)	≤0.1

续表

指 标 名 称		规　　定
脱色性能[a]		无脱色
重金属[a]/(mg/kg)	铅	≤3.0
	砷	≤1.0
可分解致癌芳香胺染料[a]/(mg/kg)		≤20

[a] 仅本色、印花和染色厨房纸巾考核该指标。

6.4　厨房纸巾的微生物指标应符合表 4 的规定。

表 4　厨房纸巾微生物指标

指 标 名 称		规　　定
细菌菌落总数/(CFU/g)		≤200
大肠菌群		不应检出
致病性化脓菌	铜绿假单胞菌	不应检出
	金黄色葡萄球菌	不应检出
	溶血性链球菌	不应检出
真菌菌落总数/(CFU/g)		≤100

6.5　卷筒厨房纸巾和盘式厨房纸巾的宽度偏差、节距偏差应不超过±5mm；平切厨房纸巾和抽取式厨房纸巾的尺寸偏差应不超过±5mm，偏斜度应不超过 3mm。

6.6　厨房纸巾纸面应洁净，不应有明显的死褶、残缺、破损、沙子、硬质块、生浆团等纸病。

6.7　厨房纸巾净含量(质量、长度、数量)应符合 JJF 1070—2005 中表 3 的规定。

7　试验方法

7.1　试样的采取和处理

试样的采取按 GB/T 450 进行。定量、吸水时间、吸水能力、吸油能力、横向抗张强度、纵向湿抗张强度测定时，试样的处理和试验的标准大气条件按 GB/T 10739 的规定进行。

7.2　定量

定量按 GB/T 24328.5 测定，以单层表示结果。

7.3　D65 亮度

D65 亮度按 GB/T 7974 测定。

7.4　吸水时间

吸水时间按附录 A 测定。

7.5　吸水能力

吸水能力按 GB/T 24328.6 测定。

7.6　吸油能力

吸油能力按 GB/T 24328.6 测定，以符合 GB/T 1535 的一级大豆油代替试验用标准水，沥干时间为(120±2)s。

7.7　横向抗张强度

横向抗张强度按 GB/T 24328.3 测定，按成品层测定。试样的宽度为(50.0±0.5)mm 或(15.0±0.1)mm，仲裁时试样的宽度为(50.0±0.5)mm。

7.8　纵向湿抗张强度

对于植物纤维厨房纸巾，测试前，需对样品进行加速老化(熟化)处理，处理温度为(105±2)℃，时间为 15min；其他纤维厨房纸巾不需要进行加速老化(熟化)处理。然后按 GB/T 24328.4—2020 测定，按成品层测定，采用卧式抗张强度试验仪，浸水时间为5s。

7.9 掉粉率

掉粉率按附录B测定。

7.10 洞眼

用双手持试样(成品层)的两角，用肉眼迎光观测，如果发现洞眼，用钢直尺测量洞眼的最大尺寸。每个样品测定的试样(成品层)面积应不少于0.5m^2，然后换算成每平方米(成品层)的洞眼数，如果出现大于5mm的洞眼，则应至少测定1m^2的试样。

7.11 尘埃度

尘埃度按GB/T 1541测定，按成品层测定。即不论产品是单层、双层还是多层，均取至少0.25m^2成品层试样，测定成品层两面的尘埃个数，然后换算成每平方米(成品层)的尘埃个数。本色厨房纸巾中纤维束杂质不作为尘埃计数。

7.12 灰分

灰分按GB/T 742测定，灼烧温度为575℃，灼烧时间为4h。

7.13 交货水分

交货水分按GB/T 462测定。

7.14 可迁移性荧光物质

将试样置于紫外灯下，在波长254nm和365nm的紫外光下检查是否有荧光现象。如果试样在紫外灯下无荧光现象，则结果为无可迁移性荧光物质；如果试样有荧光现象，则按照GB/T 27741—2018中第5章进行可迁移性荧光物质测定。

7.15 丙烯酰胺

丙烯酰胺按GB/T 37859测定。

7.16 脱色性能

脱色性能按附录C测定。

7.17 重金属(铅、砷)

铅、砷按GB 31604.49—2016中第一部分进行测定。也可按GB/T 24991测定铅含量，按GB/T 24992测定砷含量。仲裁时按GB 31604.49—2016中第一部分进行测定。测试时应尽量在印刷或染色较深的部位取样。

7.18 可分解致癌芳香胺染料

可分解致癌芳香胺染料按GB/T 17592和GB/T 23344进行测定，可分解致癌芳香胺清单见附录D。一般先按GB/T 17592检测，当检出苯胺和(或)1,4-苯二胺时，再按GB/T 23344检测。测试时应尽量在印刷或染色较深的部位取样。

7.19 微生物指标

微生物指标按附录E测定。

7.20 尺寸偏差

7.20.1 卷筒、盘式厨房纸巾宽度偏差

每个样品取3个完整试样，用分度值为1mm的钢直尺或钢卷尺测量每个试样(卷盘)的宽度，以3个试样的平均宽度值减去标称宽度来表示宽度偏差，结果修约至1mm。

7.20.2 卷筒、盘式厨房纸巾节距偏差

任取1卷(盘)厨房纸巾，去除前5节后，连续取10节，用分度值为1mm的钢直尺分别测量10节中每节的长度，计算平均值，用平均值减去标称节距来表示该试样节距偏差，结果修约至1mm。

7.20.3 平切、抽取式厨房纸巾尺寸偏差

从任一包装中取10张试样，用分度值为1mm的钢直尺测量每张试样的长度和宽度，并分别计算平均值，以平均值减去标称值来表示尺寸偏差，结果修约至1mm。

7.21 偏斜度

偏斜度按 GB/T 451.1 测定。

7.22 外观质量

外观质量采用目测检验。测定时，应任选一整卷(盘、包)纸，完全打开目测检验。

7.23 净含量

以质量单位标注净含量的厨房纸巾按 JJF 1070—2005 中 C.1 测定，以长度单位标注净含量的厨房纸巾按 JJF 1070—2005 中 E.3 测定，以计数标注净含量的厨房纸巾按 JJF 1070—2005 中 G.4 测定。测定时，取 3 个完整包装进行检验，以 3 个包装中最大短缺量表示结果。

8 检验规则

8.1 检验分类

8.1.1 出厂检验

产品出厂前应按本文件的要求逐批进行检验，检验项目见表 5，符合本文件要求方可出厂。

8.1.2 型式检验

相同原料、相同工艺的同类产品每两年内应进行不少于 1 次型式检验，检验项目见表 5，有下列情况之一时，也应进行型式检验：

a）当原料、工艺发生重大改变时；

b）产品首次投产或停产 6 个月以上后恢复生产时；

c）生产场所改变时；

d）出厂检验结果与上次型式检验有较大差异时；

e）国家质量监督机构提出进行型式检验要求时。

8.2 检验项目

出厂检验项目为常规检验项目，型式检验项目包括所有检验项目(有特殊规定除外)，具体见表 5。

表 5 检验项目

序号	检验项目	出厂检验	型式检验	要求的章、条号	检验方法的章、条号
1	定量	●	●	6.1、6.2	7.2
2	D65 亮度	●	●	6.1、6.2	7.3
3	吸水时间	●	●	6.1、6.2	7.4
4	吸水能力	●	●	6.1、6.2	7.5
5	吸油能力	●	●	6.1、6.2	7.6
6	横向抗张强度	●	●	6.1、6.2	7.7
7	纵向湿抗张强度	●	●	6.1、6.2	7.8
8	掉粉率	●	●	6.1、6.2	7.9
9	洞眼	●	●	6.1、6.2	7.10
10	尘埃度	●	●	6.1、6.2	7.11
11	灰分	—	●	6.1、6.2	7.12
12	交货水分	●	●	6.1、6.2	7.13
13	可迁移性荧光物质	—	●	6.3	7.14
14	丙烯酰胺	—	●	6.3	7.15
15	脱色性能	—	●	6.3	7.16

续表

序号	检验项目	出厂检验	型式检验	要求的章、条号	检验方法的章、条号
16	重金属	—	●	6.3	7.17
17	可分解致癌芳香胺染料	—	●	6.3	7.18
18	细菌菌落总数	—	●	6.4	7.19
19	大肠菌群	—	●	6.4	7.19
20	致病性化脓菌	—	●	6.4	7.19
21	真菌菌落总数	—	●	6.4	7.19
22	尺寸偏差	●	●	6.5	7.20
23	偏斜度	●	●	6.5	7.21
24	外观质量	●	●	6.6	7.22
25	净含量	●	●	6.7	7.23
注：“●”表示包含该检验项目，“—”表示不包含该检验项目。					

8.3 组批规则和抽样方案

8.3.1 组批规则

以相同原料、相同工艺、相同规格的同类产品一次交货数量为一批，每批不超过10000箱(件)。

8.3.2 抽样方案

8.3.2.1 厨房纸巾技术指标、化学性能指标、尺寸偏差、偏斜度、外观质量及净含量抽样检验程序按GB/T 2828.1规定进行，样本单位为箱(件)。接收质量限(AQL)：吸水时间、吸水能力、吸油能力、横向抗张强度、纵向湿抗张强度、灰分、可迁移性荧光物质、丙烯酰胺、脱色性能、重金属、可分解致癌芳香胺染料为4.0，定量、D65亮度、掉粉率、洞眼、尘埃度、交货水分、尺寸偏差、偏斜度、外观质量、净含量为6.5。抽样方案采用正常检验二次抽样方案，检查水平为特殊检验水平S-3。其抽样方案见表6。

表6 抽样方案

批量/箱(件)	正常检验二次抽样方案 特殊检验水平S-3				
	样本量	AQL=4.0		AQL=6.5	
		Ac	Re	Ac	Re
2~50	3	0	1	—	—
	2	—	—	0	1
51~150	3	0	1	—	—
	5 5(10)	— —	— —	0 1	2 2
151~500	8 8(16)	0 1	2 2	— —	— —
	5 5(10)	— —	— —	0 1	2 2
501~3200	8 8(16)	0 1	2 2	0 3	3 4
3201~10000	13 13(26)	0 3	3 4	1 4	3 5

8.3.2.2 厨房纸巾微生物指标检验时，从检验批中随机抽取足够数量样本用于各项指标检验和留样，

所抽取样本的包装不应有破损，测试前不应开启。

8.4 判定规则

8.4.1 项的判定

8.4.1.1 技术指标

样本技术指标分别满足6.1或6.2要求，则判定各项合格，否则判定不合格。

8.4.1.2 化学性能指标

样本化学性能指标分别满足6.3要求，则判定各项合格，否则判定不合格。

8.4.1.3 微生物指标

样本微生物指标满足6.4要求，则判定该项合格，否则判定不合格。

8.4.1.4 尺寸偏差、偏斜度

样本尺寸偏差、偏斜度满足6.5要求，则判定各项合格，否则判定不合格。

8.4.1.5 外观质量

样本外观质量满足6.6要求，则判定该项合格，否则判定不合格。

8.4.1.6 净含量

样本净含量满足6.7要求，则判定该项合格，否则判定不合格。

8.4.2 批的判定

所有检验项目中，微生物指标检验结果不合格，则判定批不合格；技术指标、化学性能指标、尺寸偏差、偏斜度、外观质量及净含量第一次检验的样品数量应等于该方案给出的第一样本量。如果第一样本中发现的不合格品数小于或等于表6中的第一接收数，则判定批合格；如果第一样本中发现的不合格品数大于或等于表6中的第一拒收数，则判定批不合格。如果第一样本中发现的不合格品数介于表6中的第一接收数与第一拒收数之间，应检验由方案给出样本量的第二样本并累计在第一样本和第二样本中发现的不合格品数。如果不合格品累计数小于或等于表6中的第二接收数，则判定批合格；如果不合格品累计数大于或等于表6中的第二拒收数，则判定批不合格。

9 标志和包装

9.1 产品销售标识及包装

9.1.1 产品销售包装标识应至少包括以下内容：

——产品名称；

——执行标准编号；

——主要原料名称；

——产品质量等级；

——生产日期和保质期，或生产批号和限用日期；

——产品的规格：平切厨房纸巾、抽取式厨房纸巾应标注长度、宽度、层数，卷筒厨房纸巾、盘式厨房纸巾应标注宽度、节距、层数；

——净含量：平切厨房纸巾应标注质量或张数，抽取式厨房纸巾应标注张数或抽数，卷筒厨房纸巾、盘式厨房纸巾应标注质量或节数或长度；

——产品合格标志(进口产品除外)；

——生产企业(或产品责任单位)名称、地址、联系方式等。

9.1.2 产品的销售包装应能保证产品不受污染，销售包装上的各种标识信息应清晰且不易褪去，产品标志使用的汉字、数字和字母，其字体高度应不小于1.8mm。

9.2 产品运输包装标志

运输包装标志应至少包括以下内容：

——产品名称；

——生产企业(或产品责任单位)名称、地址、联系方式等;
——产品数量;
——包装储运图形标志。

10 运输和贮存

10.1 厨房纸巾运输时采用洁净的运输工具，防止产品受到污染。

10.2 搬运时注意包装完整，不将纸件从高处扔下，以防损坏外包装。

10.3 厨房纸巾存放于干燥、通风、洁净的地方，并妥善保管。防止雨、雪及潮气侵入产品，影响质量。

附录A
(规范性)
吸水时间的测定方法

A.1 概述

将厨房纸巾放置在不吸水的支撑装置上，用移液枪(管)向试样表面滴加0.1mL水，记录水被试样完全吸收所需要的时间。

A.2 仪器设备与材料

A.2.1 电子秒表

分辨力0.01s。

A.2.2 支撑装置

采用不吸水的材质(不锈钢、塑料、玻璃等)制成，长、宽、厚约为100mm×100mm×10mm，中心有一个直径约40mm的孔。

A.2.3 移液枪(管)

能准确移取0.1mL水，误差不超过0.005mL。

A.2.4 水

GB/T 6682中规定的三级水。

A.3 试样的采取

切取尺寸为100mm×100mm的成品层试样10张，并标记试样的正反面。

A.4 试验步骤

A.4.1 将一张试样平放在支撑装置(A.2.2)上，确保试样的边缘与支撑装置的边缘基本平齐，不要拉伸或扭曲试样以免影响测试结果。

A.4.2 用移液枪(管)(A.2.3)吸取0.1mL水(A.2.4)，枪头距离试样中心位置高约5mm~10mm，枪身垂直于纸面将水全部滴加至试样表面。同时，启动电子秒表(A.2.1)开始计时。

A.4.3 待试样将滴加的水全部吸收时(镜面或反射亮光完全消失)，停止计时，并记录该时间，即吸收时间。

A.4.4 重复A4.1~A4.3步骤，测定其他试样。每个样品正面测定5个试样，反面测定5个试样。

A.5 结果表示

以10个试样测试结果的算术平均值表示结果，单位为秒(s)，结果修约至小数点后一位。

附录B
（规范性）
掉粉率的测定

B.1 仪器和设备

掉粉率测定仪：往返摆动次数：(180±2)次/min，摆动距离：(100±2)mm，称量传感器感量为0.01g，摆动时间采用计时器，掉粉率测定仪示意图见图B.1。

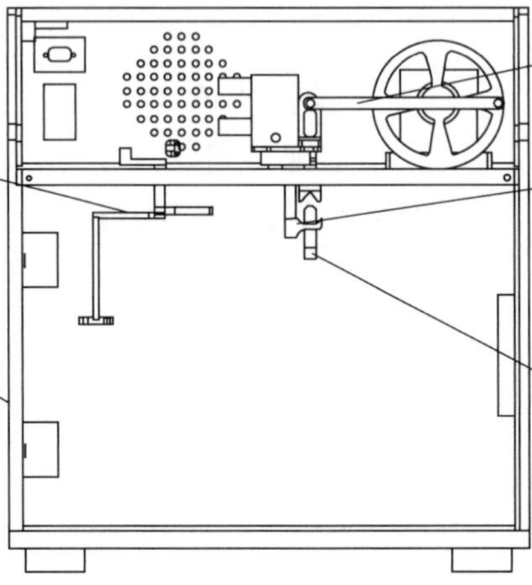

图B.1 掉粉率测定仪示意图

B.2 试验步骤

B.2.1 任取一卷(包)厨房纸巾，去除外包装，按下列方法进行取样：

a）卷筒厨房纸巾、盘式厨房纸巾：将厨房纸巾折叠成长度约200mm的试样，折叠时长边方向保持平齐，取(100±5)g试样；

b）抽取式厨房纸巾或平板厨房纸巾：将每张厨房纸巾展开叠放，叠放时长边方向保持平齐，取(100±5)g试样。

取样结束后，将试样放在GB/T 10739规定的恒温恒湿条件下进行温湿处理4h。

B.2.2 将温湿处理后试样沓的其中一角固定在仪器的试样夹上(对折一次的试样沓固定时选择对折线上任一角，对折两次的试样沓固定时选择两次对折线的交叉点)。固定时应使试样的表面垂直于摆动方向，并确保测定过程中试样不应与箱体内壁接触，试样应夹持牢固，在确保试样夹持牢固的情况下，试样夹夹持试样的尺寸应尽量小。

B.2.3 启动仪器，自动称量试样沓的质量m_1，并开始计时，试样沓在箱体内摆动2min。

B.2.4 摆动结束后，再次自动称量试样沓的质量m_2，关闭仪器，取下试样沓。在满足精度要求的前提下，可采用手动称量摆动前、后试样沓的质量，称量时注意避免粉、屑的掉落。

注：试验过程中佩戴手套，轻拿轻放试样，以避免影响测试结果。

B.3 结果的表示

试样的掉粉率按公式(B.1)测定。

$$X=\frac{m_1-m_2}{m_1}\times100 \qquad \text{(B.1)}$$

式中 X——试样的掉粉率,%；

m_1——试样摆动前的质量，单位为克(g)；

m_2——试样摆动后的质量，单位为克(g)；

每个样品测试两个试样，以两次测定值的算术平均值表示结果，结果修约至小数点后一位。

注：如果出现试样摆动后的质量大于试样摆动前的质量的情况，测试结果以“0”计。

附 录 C
(规范性)
脱色性能的测定

C.1 试剂

GB/T 6682 中规定的三级水。

C.2 仪器设备

C.2.1 比色管，容积为 50mL。

C.2.2 恒温水浴锅。

C.2.3 其他常规实验室玻璃仪器。

C.3 试验步骤

C.3.1 任取 1 张厨房纸巾，裁成 100mm×100mm 的成品层试样。如果试样的尺寸小于 100mm，则取面积为 0.01m^2 的试样。裁取时应选择印花或染色部位(本色厨房纸巾除外)。将试样放入盛有水(C.1)的 200mL 烧杯中，使试样被完全浸没。浸泡 10min 后，将试样浸泡液倒入比色管(C.2.1)中。试验过程中，应采用恒温水浴锅(C.2.2)确保试样浸泡液维持在(40±2)℃。

C.3.2 不加试样，按 C.3.1 步骤进行空白试验。

C.3.3 将盛有试样浸泡液和空白浸泡液的比色管分别进行比较，观察试样浸泡液是否染有颜色。

C.3.4 每个样品测试两个试样。

C.4 结果判定

如果两个试样的浸泡液均未染有颜色，则报告该样品脱色性能测试结果为无脱色。如果两个试样的浸泡液均染有颜色，则报告该样品脱色性能测试结果为脱色。

如果两个试样中有一个浸泡液染有颜色，则重新取两个试样进行试验，当重新选取的两个试样的浸泡液均未染有颜色，则报告该样品脱色性能测试结果为无脱色，否则报告为脱色。

附 录 D
(规范性)
可分解致癌芳香胺清单

表 D.1 给出了可分解致癌芳香胺清单。

表 D.1 可分解致癌芳香胺清单

序号	化 学 品 名	CAS 编号
1	4-氨基联苯(4-aminobiphenyl)	92-67-1
2	联苯胺(benzidine)	92-87-5
3	4-氯-邻甲苯胺(4-chloro-*o*-toluidine)	95-69-2

续表

序号	化学品名	CAS 编号
4	2-奈胺(2-naphthylamine)	91-59-8
5	邻氨基偶氮甲苯(*o*-aminoazotoluene)	97-56-3
6	5-硝基-邻甲苯胺(5-nitro-*o*-toluidine)	99-55-8
7	对氯苯胺(*p*-chloroaniline)	106-47-8
8	2,4-二氨基苯甲醚(2,4-diaminoanisole)	615-05-4
9	4,4′-二氨基二苯甲烷(4,4′-diaminobiphenymethane)	101-77-9
10	3,3′-二氯联苯胺(3,3′-dichlorobenzidine)	91-94-1
11	3,3′-二甲氧基联苯胺(3,3′-dimethoxybenzidine)	119-90-4
12	3,3′-二甲基联苯胺(3,3′-dimethylbenzidine)	119-93-7
13	3,3′-二甲基-4,4′-二氨基二苯甲烷(3,3′-dimethy1-4,4′-diaminobiphenylmthane)	838-88-0
14	2-甲氧基-5-甲基苯胺(*p*-cresidine)	120-71-8
15	4,4′-亚甲基-二-(2-氯苯胺)[4,4′-methylene-bis-(2-chloroaniline)]	101-14-4
16	4,4′-二氨基二苯醚(4,4′-oxydianiline)	101-80-4
17	4,4′-二氨基二苯硫醚(4,4′-thiodianiline)	139-65-1
18	邻甲苯胺(*o*-toluidine)	95-53-4
19	2,4-二氨基甲苯(2,4-toluylendiamine)	95-80-7
20	2,4,5-三甲基苯胺(2,4,5-trimethylaniline)	137-17-7
21	邻氨基苯甲醚(*o*-anisidine)	90-04-0
22	4-氨基偶氮苯(4-aminoazobenzene)	60-09-3
23	2,4-二甲基苯胺(2,4-xylidine)	95-68-1
24	2,6-二甲基苯胺(2,6-xylidine)	87-62-7

附 录 E
(规范性)
微生物的测定

E.1 产品采集与样品处理

E.1.1 于同一批号的 3 个运输包装中至少抽取 6 件最小销售包装样品(若样品数量不能满足实验所需，则应相应增加采样数量)，其中 1/3 样品用于检测，2/3 样品用于留样。抽样的最小销售包装不应有破裂，检验前不应开启。

E.1.2 在空气洁净度 5 级净化条件下用无菌方法打开用于检测的至少 2 个包装，从每个包装中取样，准确称取 10g±1g 样品。剪碎后加入 200mL 灭菌生理盐水或改良肉汤培养液(MLTBL，含中和剂)中，充分混匀，得到一个生理盐水或中和剂样液。

E.1.3 如被检样品具有抗菌作用，应选择适宜的中和剂中和，稀释梯度最高不超过 1∶100。无相应中和剂则选用薄膜过滤法去除样品中抗菌成分对微生物生长的影响，再按 E.1.2 制备样液。

E.2 细菌菌落总数检测方法

E.2.1 操作步骤

按 E.1 得到的生理盐水或中和剂样液自然沉降后取上清液，如需要可进行 10 倍系列稀释。选择适宜的稀释度进行菌落计数。共接种 2 个平皿，每个平皿中加入 2.0mL 样液，然后用冷却至 40℃～45℃的熔化的营养琼脂培养基 15mL～20mL 倒入每个平皿内混合均匀。待琼脂凝固后翻转平皿置 36℃±1℃培养 48h，计算平皿上的菌落数。

E.2.2　菌落计数

菌落呈片状生长的平皿不宜采用，确保 2 块平皿符合计数要求并进行菌落计数，按公式（E.1）计算结果：

$$A_t = \frac{A_0 \cdot K}{2 \times 2} \quad \cdots\cdots (E.1)$$

式中　A_t——细菌菌落总数，单位为每克菌落形成单位（CFU/g）；

A_0——2 块营养琼脂培养基平皿上的细菌菌落总数，单位为菌落形成单位（CFU）；

K——稀释倍数，单位为毫升每克（mL/g）；

（2×2）——2 块平皿，每块平皿接种 2mL 样液。

首先选取平均菌落数在 30CFU～300CFU 之间的平皿。当菌落数在 100CFU 以内，按实有数报告，大于或等于 100CFU 时采用两位有效数字；当 2 块营养琼脂培养基平皿上的细菌菌落总数<1CFU 时，应当报告细菌菌落总数<5CFU/g。

E.2.3　结果报告

E.2.3.1　如经首次检测，样品细菌菌落总数符合本文件的规定，直接按检测结果报告。

E.2.3.2　如经首次检测，样品细菌菌落总数超过本文件的规定，应用留存的样品依前法复测 2 次，然后才能报告结果。当 2 次复测结果都达到本文件的规定，则判定被检样品合格，以 2 次合格结果的均值报告；其中有任何 1 次复测结果超过本文件规定，则判定被检样品不合格，以所有不合格结果的均值报告。

E.3　大肠菌群检测方法

E.3.1　操作步骤

E.3.1.1　增菌培养：取样液 5mL 接种至 50mL 乳糖胆盐发酵管内，置 36℃±1℃培养 18h～24h，如不产酸也不产气，则报告为大肠菌群阴性。

E.3.1.2　分离培养：如产酸产气，则划线接种伊红美蓝琼脂平皿，置 36℃±1℃培养 18h～24h，观察平皿上菌落形态。典型的大肠菌落为黑紫色或红紫色，圆形，边缘整齐，表面光滑湿润，常具有金属光泽，也有的呈紫黑色，不带或略带金属光泽，或粉红色，中心较深的菌落。

E.3.1.3　染色镜检与鉴定：取疑似菌落 1～2 个做革兰染色镜检，同时接种乳糖发酵管，置 36℃±1℃培养 18h～24h，观察产酸产气情况。

E.3.2　结果报告

凡乳糖胆盐发酵管产酸产气，乳糖发酵管产酸产气，在伊红美蓝平皿上有典型大肠菌群菌落，革兰染色为阴性无芽孢杆菌，可报告被检样品检出大肠菌群。

E.4　铜绿假单胞菌检测方法

E.4.1　操作步骤

E.4.1.1　增菌培养：取样液 5mL，加入到 50mL SCDLP 培养液中，充分混匀，置 36℃±1℃培养 18h～24h。如有铜绿假单胞菌生长，培养液表面呈现一层薄菌膜，培养液常呈黄绿色或蓝绿色。

E.4.1.2　分离培养步骤如下。

a）从培养液的薄菌膜处挑取培养物，划线接种十六烷三甲基溴化铵琼脂平皿，置 36℃±1℃培养 18h～24h，观察菌落特征。铜绿假单胞菌在此培养基上生长良好，菌落扁平，边缘不整，菌落周围培养基略带粉红色。

b）在缺乏十六烷三甲基溴化铵琼脂时也可用乙酰胺培养基进行分离，将菌悬液划线接种于平皿上，置36℃±1℃培养18h~24h，观察菌落特征。铜绿假单胞菌在此培养基上生长良好，菌落扁平，边缘不整，菌落周围培养基略带粉红色。

E.4.1.3　染色镜检：取鉴定培养基上可疑菌落涂片做革兰染色，镜检为革兰阴性菌者还需按E.4.1.4~E.4.1.8进行试验。

E.4.1.4　氧化酶试验：取一小块洁净的白色滤纸片放在灭菌平皿内，用无菌玻棒挑取鉴定培养基上可疑菌落涂在滤纸片上，然后在其上滴加一滴新配制的1%二甲基对苯二胺试液，30s内出现粉红色或紫红色，为氧化酶试验阳性，不变色者为阴性。亦可使用商品化的氧化酶试纸或试剂进行检测。

E.4.1.5　绿脓菌素试验：取鉴定培养基上2~3个可疑菌落，分别接种在绿脓菌素测定用培养基斜面，36℃±1℃培养24h，加入三氯甲烷3mL~5mL，充分振荡使培养物中可能存在的绿脓菌素溶解，待三氯甲烷呈蓝色时，用吸管移到另一试管中并加入1mol/L的盐酸1mL，振荡后静置片刻。如上层出现粉红色或紫红色即为阳性，表示有绿脓菌素存在。

E.4.1.6　硝酸盐还原产气试验：取鉴定培养基上可疑菌落接种在硝酸盐胨水培养基中，置36℃±1℃培养24h，培养基小倒管中有气者即为阳性。

E.4.1.7　明胶液化试验：取鉴定培养基上可疑菌落纯培养物，穿刺接种在明胶培养基内，置36℃±1℃培养24h，取出放于4℃~10℃，如仍呈液态为阳性，凝固者为阴性。

E.4.1.8　42℃生长试验：取鉴定培养基上可疑培养物，接种在普通琼脂斜面培养基上，置42℃培养24h~48h，有铜绿假单胞菌生长为阳性。

E.4.2　结果报告

被检样品经增菌分离培养后，证实为革兰阴性杆菌，氧化酶及绿脓菌素试验均为阳性者，即可报告被检样品中检出铜绿假单胞菌。如绿脓菌素试验阴性而液化明胶、硝酸盐还原产气和42℃生长试验三者皆为阳性时，仍可报告被检样品中检出铜绿假单胞菌。

E.5　金黄色葡萄球菌检测方法

E.5.1　操作步骤

E.5.1.1　增菌培养：取样液5mL，加入到50mL SCDLP培养液中，充分混匀，置36℃±1℃培养18h~24h。

E.5.1.2　分离培养：自增菌悬液(见E.5.1.1)中取1~2接种环，划线接种在血琼脂培养基上，置36℃±1℃培养24h~48h。在血琼脂平皿上典型菌落呈金黄色，大而凸起，圆形，不透明，表面光滑，周围有溶血圈。在Baird Park培养基上为圆形，光滑，凸起，湿润，直径为2mm~3mm，颜色呈灰色到黑色，周围为一混浊带，在其外层有一透明带，用接种针接触菌落似有奶油树胶的软度。偶尔会遇到非脂肪溶解的类似菌落，但无混浊带及透明带。

E.5.1.3　染色镜检：挑取典型菌落，涂片做革兰染色镜检，金黄色葡萄球菌为革兰阳性球菌，排列成葡萄状，无芽孢与荚膜。镜检符合上述情况，还需进行甘露醇发酵试验和血浆凝固酶试验。

E.5.1.4　甘露醇发酵试验：取血琼脂平皿上典型菌落接种甘露醇培养液，置36℃±1℃培养24h，发酵甘露醇产酸者为阳性。

E.5.1.5　血浆凝固酶试验：试管法：吸取1：4新鲜血浆0.5mL，放灭菌小试管中，加入等量待检菌24h肉汤培养物0.5mL，混匀，放36℃±1℃温箱或水浴中，每30min观察一次，24h之内呈现凝块即为阳性。同时以已知血浆凝固酶阳性和阴性菌株肉汤培养物各0.5mL作为阳性与阴性对照。

E.5.2　结果报告

凡在琼脂平皿上有可疑菌落生长，镜检为革兰阳性呈葡萄状排列的球菌，并能发酵甘露醇产酸，血浆凝固酶试验阳性者，可报告被检样品检出金黄色葡萄球菌。

E.6 溶血性链球菌检测方法

E.6.1 操作步骤

E.6.1.1 增菌培养：取样液 5mL 加入到 50mL 葡萄糖肉汤中，36℃±1℃培养 18h～24h。

E.6.1.2 分离培养：将培养物划线接种血琼脂平皿，36℃±1℃培养 18h～24h 观察菌落特征。溶血性链球菌在血琼脂平皿上为灰白色，半透明或不透明，针尖状凸起，表面光滑，边缘整齐，周围有无色透明溶血圈。

E.6.1.3 染色镜检：挑取典型菌落做涂片革兰染色镜检，当镜检结果为革兰氏阳性，且呈链状排列的球菌时，还需进行链激酶试验和杆菌肽敏感试验。

E.6.1.4 链激酶试验：吸取草酸钾血浆 0.2mL(0.01g 草酸钾加 5mL 兔血浆混匀，经离心沉淀，吸取上清液)，加入 0.8mL 灭菌生理盐水，混匀后再加入待检菌 24h 肉汤培养物 0.5mL 和 0.25%氯化钙 0.25mL，混匀，放 36℃±1℃水浴中，2min 观察一次(一般 10min 内可凝固)，待血浆凝固后继续观察并记录溶化时间。如 2h 内不溶化，继续放置 24h 观察，如凝块全部溶化为阳性，24h 仍不溶化为阴性。

E.6.1.5 杆菌肽敏感试验：将被检菌悬液涂于血琼脂平皿上，用灭菌镊子取每片含 0.04 单位杆菌肽的纸片放在平皿表面上，同时以已知阳性菌株作对照，在 36℃±1℃下放置 24h～48h，有抑菌带者为阳性。

E.6.2 结果报告

镜检革兰阳性链状排列球菌，血琼脂平皿上呈现溶血圈，链激酶和杆菌肽试验阳性，可报告被检样品检出溶血性链球菌。

E.7 真菌菌落总数检测方法

E.7.1 操作步骤

按 E.1 得到的生理盐水或中和剂样液自然沉降后取上清液，如需要可进行 10 倍系列稀释。选择适宜的稀释度进行真菌菌落计数。共接种 2 个平皿，每个平皿中加入 2.0mL 样液，然后用冷却至 40℃～45℃的熔化的沙堡弱琼脂培养基或改良沙堡弱琼脂培养基 15mL～20mL 倒入每个平皿内混合均匀，琼脂凝固后翻转平皿置 25℃±1℃(沙堡弱琼脂培养基)或 28℃±1℃(改良沙堡弱琼脂培养基)培养 3 天，分别于第 1 天、第 2 天、第 3 天观察，计算平皿上的菌落数，如果发现菌落蔓延，以前一次的菌落计数为准。

E.7.2 菌落计数

菌落呈片状生长的平皿不宜采用；确保 2 块平皿符合计数要求并进行菌落计数，按公式(E.2)计算结果：

$$B_t = \frac{B_0 \cdot K}{2\times2} \quad \cdots\cdots (E.2)$$

式中 B_t——真菌菌落总数，单位为每克菌落形成单位(CFU/g)；

B_0——2 块沙堡弱琼脂培养基或改良沙堡弱琼脂培养基平皿上的真菌菌落总数，单位为菌落形成单位(CFU)；

K——稀释倍数，单位为毫升每克(mL/g)；

(2×2)——2 块平皿，每块平皿接种 2mL 样液。

当菌落数在 100CFU 以内，按实有数报告，大于或等于 100CFU 时采用两位有效数字；当 2 块沙堡弱琼脂培养基或改良沙堡弱琼脂培养基平皿上真菌菌落总数<1CFU 时，应报告真菌菌落总数<5CFU/g。

E.7.3 结果报告

E.7.3.1 如经首次检测，样品菌落总数符合本文件的规定，直接按检测结果报告。

E.7.3.2 如经首次检测，样品菌落总数超过本文件的规定，应用留存的备检样品依前法复测 2 次，然后才能报告结果。当2次复测结果都达到本文件的规定，则判定被检样品合格，以2次合格结果的均值报告；其中有任何1次复测结果超过本文件规定，则判定被检样品不合格，以所有不合格结果的均值报告。

擦手纸(GB/T 24455—2022)

代替GB/T 24455—2009，2022-07-11发布，2023-08-01实施

1 范围

本文件规定了擦手纸的产品分类、技术要求、试验方法、检验规则、标志和包装及运输和贮存。

本文件适用于人们日常生活使用的擦手纸。

2 规范性引用文件

下列文件中的内容通过文中的规范性引用而构成本文件必不可少的条款。其中，注日期的引用文件，仅该日期对应的版本适用于本文件；不注日期的引用文件，其最新版本(包括所有的修改单)适用于本文件。

GB/T 450 纸和纸板 试样的采取及试样纵横向、正反面的测定

GB/T 451.1 纸和纸板尺寸及偏斜度的测定

GB/T 462 纸、纸板和纸浆 分析试样水分的测定

GB/T 742 造纸原料、纸浆、纸和纸板 灼烧残余物(灰分)的测定(575℃和900℃)

GB/T 1541 纸和纸板 尘埃度的测定

GB/T 2828.1 计数抽样检验程序 第1部分：按接收质量限(AQL)检索的逐批检验抽样计划

GB/T 6682 分析实验室用水规格和试验方法

GB/T 7974 纸、纸板和纸浆 蓝光漫反射因数D65亮度的测定(漫射/垂直法，室外日光条件)

GB/T 10739 纸、纸板和纸浆试样处理和试验的标准大气条件

GB/T 17592 纺织品 禁用偶氮染料的测定

GB/T 23344 纺织品 4-氨基偶氮苯的测定

GB/T 24328.3 卫生纸及其制品 第3部分：抗张强度、最大力值时伸长率和抗张能量吸收的测定

GB/T 24328.4—2020 卫生纸及其制品 第4部分：湿抗张强度的测定

GB/T 24328.5 卫生纸及其制品 第5部分：定量的测定

GB/T 24328.6 卫生纸及其制品 第6部分：吸水时间和吸水能力的测定 篮筐浸没法

GB/T 24991 纸、纸板和纸浆 铅含量的测定 石墨炉原子吸收法

GB/T 24992 纸、纸板和纸浆 砷含量的测定

GB/T 27741—2018 纸和纸板 可迁移性荧光增白剂的测定

GB 31604.49—2016 食品安全国家标准 食品接触材料及制品 砷、镉、铬、铅的测定和砷、镉、铬、镍、铅、锑、锌迁移量的测定

GB/T 36420 生活用纸和纸制品 化学品及原料安全评价管理体系

GB/T 37859 纸、纸板和纸制品 丙烯酰胺的测定

GB 38598 消毒产品标签说明书通用要求

GB/T 40358 卫生纸和擦手纸 回用纤维使用规范

JJF 1070—2005 定量包装商品净含量计量检验规则

3 术语和定义

本文件没有需要界定的术语和定义。

4 产品分类

4.1 擦手纸按产品质量分为优等品和合格品两个等级。

4.2 擦手纸按纤维原料分为原生浆(纤维)擦手纸和回用浆(纤维)擦手纸两大类，其中原生浆(纤维)擦手纸又分为原生木浆(纤维)擦手纸、原生非木浆(纤维)擦手纸和原生混合浆(纤维)擦手纸三种。

注：原生非木浆指原生草浆、竹浆、蔗渣浆等。

5 技术要求

5.1 原材料要求

5.1.1 擦手纸不应含有毒有害物质。擦手纸所用回用纤维应符合 GB/T 40358 的规定。

5.1.2 擦手纸原纸所用化学品和原料的安全评价与管理应符合 GB/T 36420 的相应规定。

5.2 理化性能要求

5.2.1 擦手纸的物理性能指标应符合表 1 的规定。

表 1 擦手纸物理性能指标

<table>
<tr><th colspan="2" rowspan="2">指标名称</th><th colspan="2">要求</th></tr>
<tr><th>优等品</th><th>合格品</th></tr>
<tr><td colspan="2">定量/(g/m^2)</td><td colspan="2">16.0±1.0 18.0±1.0 20.0±1.0 22.0±2.0
26.0±2.0 30.0±2.0 35.0±3.0 41.0±3.0
47.0±3.0 53.0±3.0 59.0±3.0 62.0±3.0</td></tr>
<tr><td colspan="2">D65 亮度[a]/%</td><td colspan="2">≤90.0</td></tr>
<tr><td colspan="2">吸水时间/s</td><td>≤15.0</td><td>≤40.0</td></tr>
<tr><td colspan="2">吸水能力/(g/g)</td><td>≥5.5</td><td>≥4.5</td></tr>
<tr><td colspan="2">横向抗张强度(成品层)/(N/m)</td><td>≥200</td><td>≥100</td></tr>
<tr><td colspan="2">纵向湿抗张强度(成品层)/(N/m)</td><td>≥90.0</td><td>≥50.0</td></tr>
<tr><td colspan="2">掉粉率/%</td><td colspan="2">≤0.5</td></tr>
<tr><td rowspan="4">洞眼/(个/m^2)</td><td>总数</td><td colspan="2">≤4</td></tr>
<tr><td>2mm~5mm</td><td colspan="2">≤4</td></tr>
<tr><td>>5mm，≤8mm</td><td colspan="2">≤1</td></tr>
<tr><td>>8mm</td><td colspan="2">不应有</td></tr>
<tr><td rowspan="4">尘埃度/(个/m^2)</td><td>总数</td><td>≤50</td><td>≤100</td></tr>
<tr><td>0.2mm^2~1.0mm^2</td><td>≤50</td><td>≤100</td></tr>
<tr><td>>1.0mm^2，≤2.0mm^2</td><td>≤4</td><td>≤10</td></tr>
<tr><td>>2.0mm^2</td><td>不应有</td><td>不应有</td></tr>
<tr><td rowspan="4">灰分/%</td><td>原生木浆(纤维)擦手纸</td><td colspan="2">≤1.0</td></tr>
<tr><td>原生非木浆(纤维)擦手纸</td><td colspan="2">≤6.0</td></tr>
<tr><td>原生混合浆(纤维)擦手纸</td><td colspan="2">≤4.0</td></tr>
<tr><td>回用浆(纤维)擦手纸</td><td colspan="2">≤6.0</td></tr>
<tr><td colspan="2">交货水分/%</td><td colspan="2">≤10.0</td></tr>
<tr><td colspan="4">[a] 本色、印花和染色擦手纸不考核 D65 亮度指标。</td></tr>
</table>

5.2.2 擦手纸的化学性能指标应符合表 2 的规定。

表 2　擦手纸化学性能指标

指标名称		要　求
可迁移性荧光物质[a]		无
脱色性能[b]		无脱色
丙烯酰胺含量/(mg/kg)		≤0.5
重金属含量[c]/(mg/kg)	铅	≤10.0
	砷	≤5.0
可分解致癌芳香胺染料含量[d]/(mg/kg)		≤20

[a] 仅原生浆(纤维)擦手纸考核该指标。
[b,d] 仅本色、印花和染色擦手纸考核该指标。
[c] 本色、印花、染色擦手纸以及回用浆(纤维)擦手纸考核该指标。

5.3　微生物指标要求

擦手纸的微生物指标应符合表 3 的规定。

表 3　擦手纸微生物指标

指标名称		规　定
细菌菌落总数/(CFU/g)		≤200
大肠菌群		不应检出
致病性化脓菌	铜绿假单胞菌	不应检出
	金黄色葡萄球菌	不应检出
	溶血性链球菌	不应检出
真菌菌落总数/(CFU/g)		≤100

5.4　尺寸偏差及偏斜度要求

卷筒擦手纸和盘式擦手纸的宽度、节距尺寸偏差不应超过±5mm；平切擦手纸和抽取式擦手纸的规格尺寸偏差不应超过±5mm，偏斜度不应超过 3mm。

5.5　外观质量要求

擦手纸起皱后的皱纹应均匀，纸面应洁净，不应有明显的死褶、残缺、破损、沙子、硬质块、生浆团等纸病。

5.6　净含量要求

擦手纸净含量(质量、长度、数量)应符合 JJF1070—2005 中表 3 的规定。

6　试验方法

6.1　试样的采取和处理

试样的采取按 GB/T 450 进行。测试定量、吸水时间、吸水能力、横向抗张强度、纵向湿抗张强度时，试样的处理和试验的标准大气条件按 GB/T 10739 的规定进行。

6.2　定量

定量按 GB/T 24328.5 测定，以成品层表示结果。

6.3　D65 亮度

D65 亮度按 GB/T 7974 测定。

6.4　吸水时间

吸水时间按附录 A 测定。

6.5　吸水能力

吸水能力按 GB/T 24328.6 测定。

6.6 横向抗张强度

横向抗张强度按 GB/T 24328.3 测定，按成品层测定。试样的宽度为(50.0±0.5) mm 或(15.0±0.1) mm，仲裁时试样的宽度为(50.0±0.5) mm。

6.7 纵向湿抗张强度

纵向湿抗张强度按 GB/T 24328.4—2020 测定，按成品层测定，采用卧式抗张强度试验仪，浸水时间 5s。测试时，需对样品进行加速老化(熟化)处理，处理温度为(105±2)℃，时间为 15 min。

6.8 掉粉率

掉粉率按附录 B 测定。

6.9 洞眼

用双手持单张试样(成品层)的两角，用肉眼迎光观测，如果发现洞眼，用钢直尺测量洞眼的最大尺寸。每个样品测定的试样面积(成品层纸张面积)应不少于 0.5m²，然后换算成每平方米的洞眼数，如果出现大于 5mm 的洞眼，则应至少测定 1m² 的试样。

6.10 尘埃度

尘埃度按 GB/T 1541 测定，按成品层测定。即不论产品是单层、双层还是多层，均取至少 0.25m² 成品层试样，测定成品层两面的尘埃个数，然后换算成每平方米(成品层)的尘埃个数。本色擦手纸中纤维束杂质不作为尘埃计数。

6.11 灰分

灰分按 GB/T 742 测定，灼烧温度为 575℃，灼烧时间为 4h。

6.12 交货水分

交货水分按 GB/T 462 测定。

6.13 可迁移性荧光物质含量

将试样置于紫外灯下，在波长 254nm 和 365nm 的紫外光下检查是否有荧光现象。若试样在紫外灯下无荧光现象，则判定无可迁移性荧光物质。若试样有荧光现象，则按照 GB/T 27741—2018 中第 5 章进行可迁移性荧光物质测定。

6.14 脱色性能

脱色性能按附录 C 测定。

6.15 丙烯酰胺含量

丙烯酰胺含量按 GB/T 37859 测定。

6.16 重金属(铅、砷)含量

铅、砷按 GB 31604.49—2016 中第一部分进行测定。也可按 GB/T 24991 测定铅含量，按 GB/T 24992 测定砷含量。一般仲裁时按 GB 31604.49—2016 中第一部分进行测定。测试时应尽量在印刷或染色较深的部位取样。

6.17 可分解致癌芳香胺染料含量

可分解致癌芳香胺染料按 GB/T 17592 和 GB/T 23344 进行测定，可分解致癌芳香胺清单见附录 D。一般先按 GB/T 17592 检测，当检出苯胺和(或)1,4-苯二胺时，再按 GB/T 23344 检测。测试时应尽量在印刷或染色较深的部位取样。

6.18 微生物指标

微生物指标按附录 E 测定。

6.19 尺寸偏差

平切擦手纸和抽取式擦手纸尺寸偏差：从任一包装中取 10 张试样，用分度值为 1mm 的钢直尺测量每张试样的长度和宽度，并分别计算平均值，以平均值减去标称值来表示尺寸偏差，结果修约至整数位。

卷筒擦手纸和盘式擦手纸宽度偏差：每个样品取 3 个完整试样，用分度值为 1mm 的钢直尺或钢卷尺测量试样(卷盘)的宽度，记录测定结果，转动试样大约120°后，重新读数。然后将试样转动另一个120°，再次读数，另2个试样重复以上步骤。以9次读数的平均值减去标称宽度来表示宽度偏差，结果修约至整数位。

卷筒擦手纸和盘式擦手纸节距偏差：任取1卷(盘)擦手纸，去除前5节后，连续取10节，用分度值为1mm的钢直尺分别测量10节中每节的长度，计算平均值，用平均值减去标称节距来表示该试样节距偏差，结果修约至整数位。

6.20 偏斜度

偏斜度按GB/T 451.1测定。

6.21 外观质量

外观质量采用目测检验。随机打开一整包(卷、盘)纸，任取面积约$2m^2$的试样进行测试。

6.22 允许短缺量

以质量(重量)单位标注净含量的擦手纸按JJF 1070—2005中C.1测定，以长度单位标注净含量的擦手纸按JJF 1070—2005中E.3测定，以计数标注净含量的擦手纸按JJF 1070—2005中G.4测定。测定时，取3个完整包装进行检验，以3个包装中最大短缺量表示结果。

7 检验规则

7.1 检验分类

7.1.1 出厂检验

产品出厂前应按本文件的要求逐批进行检验，检验项目见表4，符合本文件要求方可出厂。

7.1.2 型式检验

相同原料、相同工艺的同类产品每两年内应进行不少于1次型式检验，检验项目见表4，有下列情况之一时，也应进行型式检验：

a) 当原料、工艺发生重大改变时；

b) 产品首次投产或停产6个月以上后恢复生产时；

c) 生产场所改变时；

d) 出厂检验结果与上次型式检验有较大差异时；

e) 国家质量监督机构提出进行型式检验要求时。

7.2 检验项目

出厂检验项目为常规检验项目，型式检验项目包括所有检验项目(有特殊规定除外)，具体见表4。

表4 检验项目

序号	检验项目	出厂检验	型式检验	要求的章、条号	检验方法的章、条号
1	定量	●	●	5.2.1	6.2
2	D65亮度	●	●	5.2.1	6.3
3	吸水时间	●	●	5.2.1	6.4
4	吸水能力	●	●	5.2.1	6.5
5	横向抗张强度	●	●	5.2.1	6.6
6	纵向湿抗张强度	●	●	5.2.1	6.7
7	掉粉率	●	●	5.2.1	6.8
8	洞眼	●	●	5.2.1	6.9
9	尘埃度	●	●	5.2.1	6.10
10	灰分	●	●	5.2.1	6.11
11	交货水分	●	●	5.2.1	6.12

续表

序号	检验项目	出厂检验	型式检验	要求的章、条号	检验方法的章、条号
12	可迁移性荧光物质	—	●	5. 2. 2	6. 13
13	脱色性能	—	●	5. 2. 2	6. 15
14	重金属含量	—	●	5. 2. 2	6. 16
15	可分解致癌芳香胺染料含量	—	●	5. 2. 2	6. 17
16	细菌菌落总数	—	●	5. 3	6. 18
17	大肠菌群	—	●	5. 3	6. 18
18	致病性化脓菌	—	●	5. 3	6. 18
19	真菌菌落总数	—	●	5. 3	6. 18
20	尺寸偏差	●	●	5. 4	6. 19
21	偏斜度	●	●	5. 4	6. 20
22	外观质量	●	●	5. 5	6. 21
23	允许短缺量	●	●	5. 6	6. 22

7. 3 组批规则和抽样方案

7. 3. 1 组批规则

以相同原料、相同工艺、相同规格的同类产品一次交货数量为一批，每批不超过 10000 箱(件)。

7. 3. 2 抽样方案

擦手纸化学性能指标检验的样本应从批中随机抽取足够数量用于各项指标检验和留样的样品。微生物检测按附录 E 样品需求量抽取。

擦手纸物理性能指标、尺寸偏差、偏斜度、外观质量及净含量抽样检验程序按 GB/T 2828. 1 规定进行，样本单位为箱(件)。接收质量限(AQL)：吸水时间、吸水能力、横向抗张强度、纵向湿抗张强度、灰分，AQL=4. 0，定量、D65 亮度、掉粉率、洞眼、尘埃度、交货水分、尺寸偏差、偏斜度、外观质量、允许短缺量，AQL=6. 5。抽样方案采用正常检验二次抽样方案，检验水平为特殊检验水平 S-3。其抽样方案见表 5。

表 5 抽 样 方 案

批量/箱(件)	正常检验二次抽样方案 特殊检验水平 S-3				
	样本量	AQL=4. 0		AQL=6. 5	
		Ac	Re	Ac	Re
2~50	3	0	1	—	—
	2	—	—	0	1
51~150	3	0	1	—	—
	5	—	—	0	2
	5(10)	—	—	1	2
151~500	8	0	2	—	—
	8(16)	1	2	—	—
	5	—	—	0	2
	5(10)	—	—	1	2
501~3200	8	0	2	0	3
	8(16)	1	2	3	4
3201~10000	13	0	3	1	3
	13(26)	3	4	4	5

7.4 判定规则

7.4.1 合格项的判定：擦手纸的理化性能指标、微生物指标、尺寸偏差及偏斜度、外观质量、允许短缺量分别满足第5章中的各项要求，则判定各项合格。

7.4.2 合格批的判定：擦手纸的理化性能指标、微生物指标、尺寸偏差及偏斜度、外观质量、允许短缺量均满足第5章中的各项要求，则判定批合格。擦手纸的理化性能指标、微生物指标、尺寸偏差及偏斜度、外观质量、净含量中任一项不合格，则判定批不合格。

8 标志和包装

8.1 产品销售包装标识

产品销售包装标识除符合 GB 38598 要求外，还应包括以下内容：

——产品主要原料名称：原生浆(纤维)产品标注“原生木浆”或“原生草浆”或“原生竹浆”或“原生蔗渣浆”等，原生混合浆产品标注“原生混合浆”；回用浆(纤维)产品标注“回用浆(纤维)”等；

——产品质量等级；

——产品规格(尺寸、成品层数)；

——产品合格标志。

8.2 产品运输包装标识

运输包装标识应符合 GB 38598 要求。

9 运输和贮存

9.1 擦手纸运输时应采用洁净的运输工具，防止产品受到污染。

9.2 擦手纸应存放于干燥、通风、洁净的地方并妥善保管，防止雨、雪及潮气侵入产品，影响质量。

9.3 搬运时应注意包装完整，不应将纸件从高处扔下，以防损坏外包装。

附 录 A
(规范性)
吸水时间的测定

A.1 概述

将擦手纸置于不吸水的水平支撑装置上，用移液管向试样表面滴加 0.02mL 水，记录水被试样完全吸收所需要的时间。

A.2 仪器设备与材料

A.2.1 电子秒表

分辨力 0.01s。

A.2.2 支撑装置

采用不吸水的材质(不锈钢、塑料、玻璃等)制成，长、宽、厚约为 100mm×100mm×10mm，中心有一个直径约 40mm 的孔。

A.2.3 移液枪(管)

能准确移取 0.02mL 水，误差不超过±0.001mL。

A.2.4 水

GB/T 6682 中规定的三级水。

A.3 试样的采取

切取尺寸为 100mm×100mm 的成品层试样 10 张，并标记试样的正反面。

A.4 试验步骤

A.4.1 将一张试样平放在水平支撑装置(A.2.2)上，确保试样的边缘与支撑装置的边缘基本平齐，不要拉伸或扭曲试样以免影响测试结果。

A.4.2 用移液枪(管)(A.2.3)吸取 0.02mL 水(A.2.4)，移液管尖端距离试样约 5mm～10mm，枪(管)身垂直于纸面将水全部滴加至试样中心位置。同时，启动电子秒表(A.2.1)开始计时。

A.4.3 待试样将滴加的水全部吸收时(镜面或反射亮光完全消失)，停止计时，并记录该时间，即吸收时间。

A.4.4 重复上述步骤，测定其他试样。每个样品正面测试 5 个试样，反面测试 5 个试样。

A.5 结果表示

以 10 个试样测试结果的算术平均值表示结果，单位为秒(s)，结果修约至小数点后一位。

附 录 B
(规范性)
掉粉率的测定

B.1 仪器和设备

掉粉率测定仪：往返摆动次数：(180±2)次/min，摆动距离：(100±2)mm，称量传感器感量为 0.01g，摆动时间采用计时器，掉粉率测定仪示意图见图 B.1。

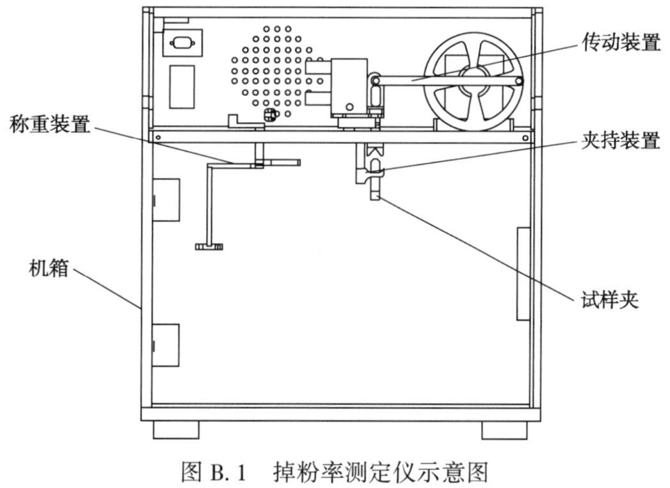

图 B.1 掉粉率测定仪示意图

B.2 试验步骤

B.2.1 任取一卷(包)擦手纸，去除外包装，按下列方法进行取样：

a) 卷筒擦手纸、盘式擦手纸：将擦手纸折叠成长度约 200mm 的试样，折叠时长边方向保持平齐，取(100±5)g 试样；

b) 抽取式擦手纸或平板擦手纸：将每张擦手纸展开叠放，叠放时长边方向保持平齐，取(100±5)g 试样。

取样结束后，将试样放在 GB/T 10739 规定的恒温恒湿条件下进行温湿处理 4h。

B.2.2 将温湿处理后试样沓的其中一角固定在仪器的试样夹上(对折一次的试样沓固定时选择对折线

上任一角，对折两次的试样沓固定时选择两次对折线的交叉点)，固定时应使试样的表面垂直于摆动方向，并确保测定过程中试样不应与箱体内壁接触，试样应夹持牢固，在确保试样夹持牢固的情况下，试样夹夹持试样的尺寸应尽量小。

B.2.3　启动仪器，自动称量试样沓的质量 m_1，并开始计时，试样沓在箱体内摆动 2min。

B.2.4　摆动结束后，再次自动称量试样沓的质量 m_2，关闭仪器，取下试样沓。在满足精度要求的前提下，可采用手动称量摆动前、后试样沓的质量，称量时注意避免粉、屑的掉落。

注：试验过程中佩戴手套，轻拿轻放试样，以避免影响测试结果。

B.3　结果的表示

试样的掉粉率按式(B.1)测定。

$$X=\frac{m_1-m_2}{m_1}\times 100 \qquad \text{(B.1)}$$

式中　X——试样的掉粉率,%；

m_1——试样摆动前的质量，单位为克(g)；

m_2——试样摆动后的质量，单位为克(g)。

每个样品测试两个试样，以两次测定值的算术平均值表示结果，结果修约至小数点后一位。

注：如果出现试样摆动后的质量大于试样摆动前的质量的情况，测试结果以“0”计。

附 录 C

（规范性）

脱色性能测定方法

C.1　试剂

水，GB/T 6682，三级。

C.2　仪器设备

C.2.1　比色管，容积为 50mL。

C.2.2　恒温水浴锅。

C.2.3　其他常规实验室玻璃仪器。

C.3　试验步骤

C.3.1　任取 1 张擦手纸，裁成 100mm×100mm 的成品层试样，如果试样尺寸小于 100mm，则取面积为 0.01m^2 的试样。裁取时应选择印花或染色部位(本色擦手纸除外)。将试样放入盛有 100mL 水(C.1)的 200mL 烧杯中，使试样被完全浸没。浸泡 10min 后，将试样浸泡液倒入比色管(C.2.1)中。试验过程中，应采用恒温水浴锅(C.2.2)确保试样浸泡液维持在(40±2)℃。

C.3.2　按以上步骤进行空白试验。

C.3.3　将盛有试样浸泡液和空白浸泡液的比色管分别进行比较，观察试样浸泡液是否染有颜色。

C.3.4　每个样品测试两个试样。

C.4　结果报告

如果两个试样的浸泡液均未染有颜色，则报告该样品脱色性能测试结果为无脱色，如果两个试样的浸泡液均染有颜色，则报告该样品脱色性能测试结果为脱色。

如果两个试样中有一个浸泡液染有颜色，则重新取两个试样进行试验，当重新选取的两个试样的浸泡液均未染有颜色，则报告该样品脱色性能测试结果为无脱色，否则报告为脱色。

附 录 D
(规范性)
可分解致癌芳香胺清单

表 D.1 给出了可分解致癌芳香胺清单。

表 D.1 可分解致癌芳香胺清单

序号	化学品名	CAS 编号
1	4-氨基联苯(4-aminobiphenyl)	92-67-1
2	联苯胺(benzidine)	92-87-5
3	4-氯-邻甲苯胺(4-chloro-*o*-toluidine)	95-69-2
4	2-奈胺(2-naphthylamine)	91-59-8
5	邻氨基偶氮甲苯(*o*-aminoazotoluene)	97-56-3
6	5-硝基-邻甲苯胺(5-nitro-*o*-toluidine)	99-55-8
7	对氯苯胺(*p*-chloroaniline)	106-47-8
8	2,4-二氨基苯甲醚(2,4-diaminoanisole)	615-05-4
9	4,4′-二氨基二苯甲烷(4,4′-diaminobiphenymethane)	101-77-9
10	3,3′-二氯联苯胺(3,3′-dichlorobenzidine)	91-94-1
11	3,3′-二甲氧基联苯胺(3,3′-dimethoxybenzidine)	119-90-4
12	3,3′-二甲基联苯胺(3,3′-dimethylbenzidine)	119-93-7
13	3,3′-二甲基-4,4′-二氨基二苯甲烷(3,3′-dimethy1-4,4′-diaminobiphenylmthane)	838-88-0
14	2-甲氧基-5-甲基苯胺(*p*-cresidine)	120-71-8
15	4,4′-亚甲基-二-(2-氯苯胺)[4,4′-methylene-bis-(2-chloroaniline)]	101-14-4
16	4,4′-二氨基二苯醚(4,4′-oxydianiline)	101-80-4
17	4,4′-二氨基二苯硫醚(4,4′-thiodianiline)	139-65-1
18	邻甲苯胺(*o*-toluidine)	95-53-4
19	2,4-二氨基甲苯(2,4-toluylendiamine)	95-80-7
20	2,4,5-三甲基苯胺(2,4,5-trimethylaniline)	137-17-7
21	邻氨基苯甲醚(*o*-anisidine)	90-04-0
22	4-氨基偶氮苯(4-aminoazobenzene)	60-09-3
23	2,4-二甲基苯胺(2,4-xylidine)	95-68-1
24	2,6-二甲基苯胺(2,6-xylidine)	87-62-7

附 录 E
(规范性)
微生物检测方法

E.1 产品采集与样品处理

于同一批号的 3 个运输包装中至少抽取 6 件最小销售包装样品(若样品数量不能满足实验所需，则应相应增加采样数量)，其中 1/3 样品用于检测，2/3 样品用于留样。抽样的最小销售包装不应有破裂，检验前不得开启。

在空气洁净度5级净化条件下用无菌方法打开用于检测的至少2个包装，从每个包装中取样，准确称取(10±1)g样品。剪碎后加入200mL灭菌生理盐水或改良肉汤培养液(MLTBL，含中和剂)中，充分混匀，得到一个生理盐水或中和剂样液。

如被检样品具有抗菌作用，应选择适宜的中和剂中和，稀释梯度最高不超过1∶100。无相应中和剂则选用薄膜过滤法去除样品中抗菌成分对微生物生长的影响，再按上述方法制备样液。

E.2 细菌菌落总数检测方法

E.2.1 操作步骤

按E.1得到的生理盐水或中和剂样液自然沉降后取上清液，如需要可进行10倍系列稀释。选择适宜的稀释度进行菌落计数。共接种2个平皿，每个平皿中加入2.0mL样液，然后用冷却至40℃~45℃左右的熔化的营养琼脂培养基15mL~20mL倒入每个平皿内混合均匀。待琼脂凝固后翻转平皿置(36±1)℃培养48h，计算平皿上的菌落数。

E.2.2 菌落计数

菌落呈片状生长的平皿不宜采用，确保2块平皿符合计数要求并进行菌落计数，按式(E.1)计算结果：

$$A_t = \frac{A_0 \cdot K}{2 \times 2} \quad \cdots\cdots (E.1)$$

式中 A_t——细菌菌落总数，单位为菌落形成单位每克(CFU/g)；

A_0——2块营养琼脂培养基平皿上的细菌菌落总数；

K——稀释倍数；

2×2——2块平皿，每块平皿接种2mL样液。

首先选取平均菌落数在30~300之间的平皿。当菌落数在100以内，按实有数报告，大于100时采用二位有效数字；当2块营养琼脂培养基平皿上的细菌菌落总数<1时，应当报告细菌菌落总数<5CFU/g。

E.2.3 结果报告

E.2.3.1 如经首次检测，样品细菌菌落总数符合本文件的规定，直接按检测结果报告。

E.2.3.2 如经首次检测，样品细菌菌落总数超过本文件的规定，应用留存的样品依前法复测2次，然后才能报告结果。当2次复测结果都达到本文件的规定，则判定被检样品合格，以2次合格结果的均值报告；其中有任何1次复测结果超过本文件规定，则判定被检样品不合格，以所有不合格结果的均值报告。

E.3 大肠菌群检测方法

E.3.1 操作步骤

E.3.1.1 增菌培养：取样液5mL接种至50mL乳糖胆盐发酵管内，置(36±1)℃培养18h~24h，如不产酸也不产气，则报告为大肠菌群阴性。

E.3.1.2 分离培养：如产酸产气，则划线接种伊红美蓝琼脂平皿，置(36±1)℃培养18h~24h，观察平皿上菌落形态。典型的大肠菌落为黑紫色或红紫色，圆形，边缘整齐，表面光滑湿润，常具有金属光泽，也有的呈紫黑色，不带或略带金属光泽，或粉红色，中心较深的菌落。

E.3.1.3 染色镜检与鉴定：取疑似菌落1~2个作革兰染色镜检，同时接种乳糖发酵管，置(36±1)℃培养18h~24h，观察产酸产气情况。

E.3.2 结果报告

凡乳糖胆盐发酵管产酸产气，乳糖发酵管产酸产气，在伊红美蓝平皿上有典型大肠菌群菌落，革兰染色为阴性无芽孢杆菌，可报告被检样品检出大肠菌群。

E.4 铜绿假单胞菌检测方法

E.4.1 操作步骤

E.4.1.1 增菌培养：取样液 5mL，加入 50mL SCDLP 培养液中，充分混匀，置(36±1)℃培养 18h~24h。如有铜绿假单胞菌生长，培养液表面呈现一层薄菌膜，培养液常呈黄绿色或蓝绿色。

E.4.1.2 分离培养如下。

a）从培养液的薄菌膜处挑取培养物，划线接种十六烷三甲基溴化铵琼脂平皿，置(36±1)℃培养 18h~24h，观察菌落特征。铜绿假单胞菌在此培养基上生长良好，菌落扁平，边缘不整，菌落周围培养基略带粉红色。

b）在缺乏十六烷三甲基溴化铵琼脂时也可用乙酰胺培养基进行分离，将菌悬液划线接种于平皿上，放(36±1)℃培养 18h~24h，观察菌落特征。铜绿假单胞菌在此培养基上生长良好，菌落扁平，边缘不整，菌落周围培养基略带粉红色。

E.4.1.3 染色镜检：取鉴定培养基上可疑菌落涂片作革兰染色，镜检为革兰阴性菌者还需进行下列试验。

E.4.1.4 氧化酶试验：取一小块洁净的白色滤纸片放在灭菌平皿内，用无菌玻棒挑取鉴定培养基上可疑菌落涂在滤纸片上，然后在其上滴加一滴新配制的 1%二甲基对苯二胺试液，30s 内出现粉红色或紫红色，为氧化酶试验阳性，不变色者为阴性。亦可使用商品化的氧化酶试纸或试剂进行检测。

E.4.1.5 绿脓菌素试验：取鉴定培养基上 2~3 个可疑菌落，分别接种在绿脓菌素测定用培养基斜面，(36±1)℃培养 24h，加入三氯甲烷 3mL~5mL，充分振荡使培养物中可能存在的绿脓菌素溶解，待三氯甲烷呈蓝色时，用吸管移到另一试管中并加入 1mol/L 的盐酸 1mL，振荡后静置片刻。如上层出现粉红色或紫红色即为阳性，表示有绿脓菌素存在。

E.4.1.6 硝酸盐还原产气试验：取鉴定培养基上可疑菌落接种在硝酸盐胨水培养基中，置(36±1)℃培养 24h，培养基小倒管中有气者即为阳性。

E.4.1.7 明胶液化试验：取鉴定培养基上可疑菌落纯培养物，穿刺接种在明胶培养基内，置(36±1)℃培养 24h，取出放于 4℃~10℃，如仍呈液态为阳性，凝固者为阴性。

E.4.1.8 42℃生长试验：取鉴定培养基上可疑培养物，接种在普通琼脂斜面培养基上，置 42℃培养 24h~48h，有铜绿假单胞菌生长为阳性。

E.4.2 结果报告

被检样品经增菌分离培养后，证实为革兰阴性杆菌，氧化酶及绿脓菌素试验均为阳性者，即可报告被检样品中检出铜绿假单胞菌。如绿脓菌素试验阴性而液化明胶、硝酸盐还原产气和 42℃生长试验三者皆为阳性时，仍可报告被检样品中检出铜绿假单胞菌。

E.5 金黄色葡萄球菌检测方法

E.5.1 操作步骤

E.5.1.1 增菌培养：取样液 5mL，加入 50mL SCDLP 培养液中，充分混匀，置(36±1)℃培养 18h~24h。

E.5.1.2 分离培养：自上述增菌悬液中取 1~2 接种环，划线接种在血琼脂培养基上，置(36±1)℃培养 24h~48h。在血琼脂平皿上典型菌落呈金黄色，大而凸起，圆形，不透明，表面光滑，周围有溶血圈。在 Baird Park 培养基上为圆形，光滑，凸起，湿润，直径为 2mm~3mm，颜色呈灰色到黑色，周围为一混浊带，在其外层有一透明带，用接种针接触菌落似有奶油树胶的软度。偶尔会遇到非脂肪溶解的类似菌落，但无混浊带及透明带。

E.5.1.3 染色镜检：挑取典型菌落，涂片作革兰染色镜检，金黄色葡萄球菌为革兰阳性球菌，排列成葡萄状，无芽孢与荚膜。镜检符合上列情况，还需进行甘露醇发酵试验和血浆凝固酶试验。

E. 5. 1. 4　甘露醇发酵试验：取血琼脂平皿上典型菌落接种甘露醇培养液，置(36±1)℃培养 24h，发酵甘露醇产酸者为阳性。

E. 5. 1. 5　血浆凝固酶试验：试管法：吸取 1：4 新鲜血浆 0. 5mL，放灭菌小试管中，加入等量待检菌 24h 肉汤培养物 0. 5mL，混匀，放(36±1)℃温箱或水浴中，每 30min 观察一次，24h 之内呈现凝块即为阳性。同时以已知血浆凝固酶阳性和阴性菌株肉汤培养物各 0. 5mL 作为阳性与阴性对照。

E. 5. 2　结果报告

凡在琼脂平皿上有可疑菌落生长，镜检为革兰阳性呈葡萄状排列的球菌，并能发酵甘露醇产酸，血浆凝固酶试验阳性者，可报告被检样品检出金黄色葡萄球菌。

E. 6　溶血性链球菌检测方法

E. 6. 1　操作步骤

E. 6. 1. 1　增菌培养：取样液 5mL 加入 50mL 葡萄糖肉汤中，(36±1)℃培养 18h～24h。

E. 6. 1. 2　分离培养：将培养物划线接种血琼脂平皿，(36±1)℃培养 18h～24h 观察菌落特征。溶血性链球菌在血琼脂平皿上为灰白色，半透明或不透明，针尖状凸起，表面光滑，边缘整齐，周围有无色透明溶血圈。

E. 6. 1. 3　染色镜检：挑取典型菌落作涂片革兰染色镜检，应为革兰阳性，呈链状排列的球菌。镜检符合上述情况，还需进行链激酶试验和杆菌肽敏感试验。

E. 6. 1. 4　链激酶试验：吸取草酸钾血浆 0. 2mL(0. 01g 草酸钾加 5mL 兔血浆混匀，经离心沉淀，吸取上清液)，加入 0. 8mL 灭菌生理盐水，混匀后再加入待检菌 24h 肉汤培养物 0. 5mL 和 0. 25% 氯化钙 0. 25mL，混匀，放(36±1)℃水浴中，2min 观察一次(一般 10min 内可凝固)，待血浆凝固后继续观察并记录溶化时间。如 2h 内不溶化，继续放置 24h 观察，如凝块全部溶化为阳性，24h 仍不溶化为阴性。

E. 6. 1. 5　杆菌肽敏感试验：将被检菌悬液涂于血琼脂平皿上，用灭菌镊子取每片含 0. 04 单位杆菌肽的纸片放在平皿表面上，同时以已知阳性菌株做对照，在(36±1)℃下放置 24h～48h，有抑菌带者为阳性。

E. 6. 2　结果报告

镜检革兰阳性链状排列球菌，血琼脂平皿上呈现溶血圈，链激酶和杆菌肽试验阳性，可报告被检样品检出溶血性链球菌。

E. 7　真菌菌落总数检测方法

E. 7. 1　操作步骤

按 E. 1 得到的生理盐水或中和剂样液自然沉降后取上清液，如需要可进行 10 倍系列稀释。选择适宜的稀释度进行真菌菌落计数。共接种 2 个平皿，每个平皿中加入 2. 0mL 样液，然后用冷却至 40℃～45℃的熔化的沙堡弱琼脂培养基或改良沙堡弱琼脂培养基 15mL～20mL 倒入每个平皿内混合均匀，琼脂凝固后翻转平皿置(25±1)℃(沙堡弱琼脂培养基)或(28±1)℃(改良沙堡弱琼脂培养基)培养 3 天，分别于第 1 天、第 2 天、第 3 天观察，计算平皿上的菌落数，如果发现菌落蔓延，以前一次的菌落计数为准。

E. 7. 2　菌落计数

菌落呈片状生长的平皿不宜采用；确保 2 块平皿符合计数要求并进行菌落计数，按式(E. 2)计算结果：

$$B_t = \frac{B_0 \cdot K}{2 \times 2} \quad \cdots\cdots (E.2)$$

式中 B_t——真菌菌落总数，单位为菌落形成单位每克（CFU/g）；

B_0——2 块沙堡弱琼脂培养基或改良沙堡弱琼脂培养基平皿上的真菌菌落总数；

K——稀释倍数；

2×2——2 块平皿，每块平皿接种 2mL 样液。

当菌落数在 100 以内，按实有数报告，大于 100 时采用二位有效数字；当 2 块沙堡弱琼脂培养基或改良沙堡弱琼脂培养基平皿上真菌菌落总数<1 时，应报告真菌菌落总数<5CFU/g。

E. 7. 3　结果报告

E. 7. 3. 1　如经首次检测，样品菌落总数符合本文件的规定，直接按检测结果报告。

E. 7. 3. 2　如经首次检测，样品菌落总数超过本文件的规定，应用留存的备检样品依前法复测 2 次，然后才能报告结果。当 2 次复测结果都达到本文件的规定，则判定被检样品合格，以 2 次合格结果的均值报告；其中有任何 1 次复测结果超过本文件规定，则判定被检样品不合格，以所有不合格结果的均值报告。

卫生纸和擦手纸　回用纤维使用规范（GB/T 40358—2021）

2021-08-20 发布，2022-03-01 实施

1　范围

本文件规定了卫生纸和擦手纸生产过程中使用回用纤维的技术要求及证实方法。

本文件适用于卫生纸和擦手纸生产过程中使用回用纤维的质量控制。马桶垫纸回用纤维的使用可参照使用。

2　规范性引用文件

下列文件中的内容通过文中的规范性引用而构成本文件必不可少的条款。其中，注日期的引用文件，仅该日期对应的版本适用于本文件；不注日期的引用文件，其最新版本（包括所有的修改单）适用于本文件。

GB/T 20811　废纸分类技术要求

GB/T 24320　回用纤维浆

GB/T 36420　生活用纸和纸制品　化学品及原料安全评价管理体系

3　术语和定义

下列术语和定义适用于本文件。

3. 1　回用纤维　recycled fiber

废纸经碎解、净化、筛选、洗涤、热分散等工序加工而成的纤维。

注：也称二次纤维。

4　技术要求

4. 1　原材料要求

4. 1. 1　作为生产卫生纸和擦手纸所用回用纤维原材料的废纸和化学品应严格控制来源，不应掺入有毒有害物质，安全评价与管理应符合 GB/T 36420 的要求。

4. 1. 2　废纸的质量技术要求应符合 GB/T 20811 的规定，不应使用表 1 中的废纸生产卫生纸和擦手纸。

表 1

类　　别	分类代码	废纸种类
1 废瓦楞纸箱类	104	混合旧瓦楞纸箱
3 包装废纸类	304	杂色包装纸及纸袋
7 特种废纸类	703	复写及热敏废纸
	704	含蜡废纸
	709	工厂使用过的特种废纸
8 混合废纸类	801	非纸箱纸盒类混合废纸
	802	纸箱纸盒类混合废纸
	803	混合废纸
其他	—	受到污染的医疗用纸和纸板
		从垃圾中分拣出来的受到污染的纸和纸板
		盛装化学品或含油脂食品等物品而被玷污的纸和纸板
		使用过的生活用纸，如厨房纸巾、纸巾纸、卫生纸等
注：类别、分类代码和废纸种类见 GB/T 20811。		

4.2　生产要求

4.2.1　废纸储存场所应防雨、防火，不应混入其他种类的废纸。废纸应进行识别区分，防止化学、物理、生物的污染。废纸的出入库应按照"先进先出"的原则进行管理。

4.2.2　作为生产卫生纸和擦手纸所用回用纤维原材料的废纸应通过机械净化、洗涤、热分散、化学处理等工艺进行回用纤维的制备，降低杂质及有害物质的残留。

4.2.3　使用回收纸张印刷品作原材料的，应对回收纸张印刷品进行脱墨处理。过程控制应明确，并证明在受控条件下持续运行。

4.2.4　生产企业采用回用纤维生产卫生纸和擦手纸时应具备表 2 中列出的操作单元和设备。

表 2

操作单元	设备名称	基本功能
离　解	碎浆机、疏解机	纤维的相互分离，纤维与填料和其他非纤维组分的分离；除去油墨
净　化	压力筛、除渣器	除去杂质，利用尺寸和密度的不同除去砂砾、玻璃、塑料片、织物等
脱　墨	浮选脱墨机、洗浆机	除去油墨粒子
热分散	热分散机	除去胶黏物、油墨等
漂　白	漂白塔、反应器	提高纸浆亮度
注：企业可根据生产工艺进行调整。		

4.2.5　生产过程中不应添加以下化学品：

a）属于致癌、致突变、或具有生殖毒性以及被归类为"有毒（T）"危险组 R45、R46、R49、R60、R62、R63、R64 的物质和配置品；

b）被归类和标识为"剧毒（T′）"或"有毒（T）"危险组 R23、R24、R25、R26、R27、R28、R39、R48 的物质和配置品；

c）可分解致癌芳香胺染料；

d）不应使用氯气和次氯酸盐作为漂白剂；

e）清洁剂、脱墨化学品、泡沫抑制剂、分散剂或涂料中不应添加烷基酚聚氧乙烯醚或其他烷基酚衍生物。

4.2.6　生产过程中限制添加的化学品见表 3。

表 3

名　　称	化学文摘编号(CAS)	要　　求
二氨基芪二磺酸衍生物	—	用量≤0.3%
二氨基芪四磺酸衍生物	—	用量≤0.3%
二氨基芪六磺酸衍生物	—	用量≤0.3%
联苯乙烯二苯基衍生物	—	用量≤0.3%
1,4-二(2-乙基己基)丁二酸酯磺酸钠盐	577-11-7	用量<0.8mg/dm²
双酯基季铵盐	—	用量<0.1%
乙二胺四乙酸(EDTA)/二乙基三胺五乙酸(DTPA)	60-00-4/67-43-6	用量≤0.25%
聚酰胺环氧氯丙烷树脂(PAE)	—	环氧氯丙烷(ECH)、1,3-二氯-2-丙醇(DCP)和3-氯-1,2-丙二醇(MCPD)的总量≤0.7%(相对于PAE绝干质量用量)
聚丙烯酰胺	9003-05-8	丙烯酰胺单体含量<0.1%
聚乙二醇	25322-68-3	单乙二醇的含量<0.2%

4.2.7 上网抄纸前的回用纤维浆应符合 GB/T 24320 要求。

5 证实方法

5.1 原材料

5.1.1 采用追溯记录、评估和测试的方法进行证实。

5.1.2 按 GB/T 36420 进行原材料废纸和化学品的安全评估。

5.1.3 废纸的质量技术要求按 GB/T 20811 描述的试验方法进行测定，废纸类别用目测检验。

5.1.4 生产企业记录并保持以下采购信息：

a）废纸和化学品供应商名称；

b）废纸类别；

c）废纸和化学品采购数量；

d）化学品质量合格证明资料；

e）化学品安全数据说明书(MSDS)，如供应商无法提供 MSDS，则提供化学品成分清单及安全证明，清单中有确认化学品成分的信息，例如化学品名称，CAS 号等；

d）接收日期。

5.2 生产

5.2.1 采用追溯记录、评估和测试的方法进行证实。

5.2.2 按 GB/T 36420 进行生产过程中回用纤维和化学品的安全评估。

5.2.3 取上网抄纸前的回用纤维浆，按 GB/T 24320 中规定的方法进行测定。

5.2.4 生产企业应对废纸处理设备和工艺参数进行记录。

5.2.5 生产企业记录并保持以下生产信息：

a）废纸和化学品出入库记录；

b）生产设备台账；

c）生产操作人员；

d）化学品名称、用量、处理条件(温度、时间等)、浆料浓度等生产工艺条件。

本色浆(QB/T 5742—2022)

2022-04-08 发布，2022-10-01 实施

1 范围

本文件规定了本色浆的产品分类、要求、检验规则和标志、包装、运输、贮存，描述了相应的试验方法。

本文件适用于制造各种包装纸、生活用纸、文化用纸、特种纸等纸种的本色浆的生产、检验和销售。

2 规范性引用文件

下列文件中的内容通过文中的规范性引用而构成本文件必不可少的条款。其中，注日期的引用文件，仅该日期对应的版本适用于本文件；不注日期的引用文件，其最新版本(包括所有的修改单)适用于本文件。

GB/T 451.1　纸和纸板尺寸及偏斜度的测定

GB/T 462　纸、纸板和纸浆　分析试样水分的测定

GB/T 740　纸浆　试样的采取

GB/T 742　造纸原料、纸浆、纸和纸板　灼烧残余物(灰分)的测定(575℃和900℃)

GB/T 2828.1　计数抽样检验程序　第1部分：按接收质量限(AQL)检索的逐批检验抽样计划

GB/T 3332　纸浆　打浆度的测定(肖伯尔-瑞格勒法)

GB/T 7974　纸、纸板和纸浆　蓝光漫反射因数D65亮度的测定(漫射/垂直法，室外日光条件)

GB/T 8940.2　纸浆亮度(白度)试样的制备

GB/T 8944.1　纸浆　成批销售质量的测定　第1部分：浆板浆包及浆块(急骤干燥浆)浆包

GB/T 8944.2　纸浆　成批销售质量的测定　第2部分：组合浆包

GB/T 10740　纸浆尘埃和纤维束的测定

GB/T 22902　纸浆　丙酮可溶物的测定

GB/T 24323　纸浆　实验室纸页　物理性能的测定

GB/T 24324　纸浆　物理试验用实验室纸页的制备　常规纸页成型器法

GB/T 24325　纸浆　实验室打浆　瓦利(Valley)打浆机法

GB/T 24326　纸浆　物理试验用实验室纸页的制备　快速凯塞法

GB/T 29287　纸浆　实验室打浆　PFI磨法

3 术语和定义

下列术语和定义适用于本文件。

3.1 本色浆　natural color pulp

原生植物纤维原料经蒸煮、洗涤、筛选后，再经轻度脱木素处理，从而具有特定D65亮度的纸浆。

4 产品分类

4.1　本色浆按原料种类分为本色针叶木浆、本色阔叶木浆、本色苇浆、本色麦草浆和本色竹浆。

4.2　本色竹浆按产品质量分为优等品、一等品和合格品。

5 要求

5.1 理化性能

5.1.1 本色针叶木浆、本色阔叶木浆、本色苇浆、本色麦草浆的理化性能要求应符合表1的规定。

表1

项目			要求			
			本色针叶木浆	本色阔叶木浆	本色苇浆	本色麦草浆
抗张指数[a]/(N·m/g)		≥	70.0	50.0	45.0	50.0
撕裂指数[a]/(mN·m^2/g)		≥	8.0	5.0	5.0	3.0
耐破指数[a]/(kPa·m^2/g)		≥	5.0	3.0	2.0	3.0
D65亮度/%			25.0~55.0			
丙酮可溶物/%		≤	0.15	0.50	0.20	0.60
尘埃/(mm^2/kg)	0.15mm^2~0.99mm^2	≤	100	250	600	600
	1.00mm^2~4.99mm^2	≤	50	50	300	300
	>5mm^2		不应有			
纤维束/(mm^2/kg)	0.15mm^2~0.99mm^2	≤	3000	2500	3000	800
	1.00mm^2~4.99mm^2	≤	2000	1000	1000	200
	>5mm^2		不应有			
灰分/%		≤	0.70	0.80	3.00	6.00
交货水分[b]/%		≤	20.0			

[a] 对于本色针叶木浆、本色阔叶木浆、本色苇浆，打浆度为40°SR，手抄片定量为60.0g/m^2(绝干)；对于本色麦草浆，打浆度为35°SR，手抄片定量为60.0g/m^2(绝干)。

[b]湿浆不考核交货水分。

5.1.2 本色竹浆的理化性能要求应符合表2的规定。

表2

项目			要求		
			优等品	一等品	合格品
抗张指数[a]/(N·m/g)		≥	50.0	45.0	40.0
撕裂指数[a]/(mN·m^2/g)		≥	9.0	7.0	5.0
耐破指数[a]/(kPa·m^2/g)		≥	3.5	3.0	2.0
D65亮度/%			25.0~55.0		
丙酮可溶物/%		≤	0.30		
尘埃/(mm^2/kg)	0.15mm^2~0.99mm^2	≤	300	500	700
	1.00mm^2~4.99mm^2	≤	100	200	300
	>5mm^2		不应有		
纤维束/(mm^2/kg)	0.15mm^2~0.99mm^2	≤	1500	2500	4000
	1.00mm^2~4.99mm^2	≤	200	500	1000
	>5mm^2		不应有		
灰分/%		≤	1.50		
交货水分[b]/%		≤	20.0		

[a] 打浆度为45°SR，手抄片定量为60.0g/m^2(绝干)。

[b]湿浆不考核交货水分。

5.2 尺寸偏差

本色浆为平板浆板或湿浆，湿浆不考核尺寸偏差。平板浆板尺寸为670mm×800mm、720mm×780mm、700mm×840mm、600mm×800mm、600mm×875mm，也可按合同规定，生产其他尺寸的浆板。尺寸偏差应不超过±10mm；偏斜度应不超过5mm。

5.3 销售质量偏差

本色浆产品销售质量偏差应在±1.0%以内。

5.4 感官性状

5.4.1 浆板包边应整齐，不应有锯齿状，不应有油污，同批次浆板色泽基本一致。

5.4.2 本色浆不应有异味。

6 试验方法

6.1 试样的采取

试样的采取按GB/T 740进行。

6.2 实验室纸页的制备

6.2.1 浆板的疏解和打浆按GB/T 24325或GB/T 29287进行，仲裁时按GB/T 29287进行。

6.2.2 经打浆处理后的纸浆的滤水性能按GB/T 3332测定。

6.3.3 实验室纸页的制备按GB/T 24324或GB/T 24326进行，仲裁时按GB/T 24324进行。

6.3 抗张指数、撕裂指数、耐破指数

抗张指数、撕裂指数、耐破指数按GB/T 24323进行。

6.4 D65亮度

D65亮度试样的制备按GB/T 8940.2进行，D65亮度按GB/T 7974测定。

6.5 丙酮可溶物

丙酮可溶物按GB/T 22902测定。

6.6 尘埃和纤维束

尘埃和纤维束按GB/T 10740测定。

6.7 灰分

灰分按GB/T 742测定，灼烧温度为(575±25)℃。

6.8 交货水分

交货水分按GB/T 462、GB/T 8944.1或GB/T 8944.2测定，仲裁时按GB/T 8944.1或GB/T 8944.2测定。

6.9 尺寸偏差

浆板尺寸偏差及偏斜度按GB/T 451.1测定。

6.10 销售质量偏差

产品销售质量偏差D按公式(1)计算。其中产品销售质量X按GB/T 8944.1或GB/T 8944.2测定，商业规定干度c为90%，标称销售质量Y可从产品合格证上获取。

$$D=(X-Y)/Y\times 100\% \quad (1)$$

式中 D——产品销售质量偏差，用百分数(%)表示；

X——产品销售质量，单位为千克(kg)；

Y——标称销售质量，单位为千克(kg)。

6.11 感官性状

目测其外观，嗅其味道。

7 检验规则

7.1 生产企业应保证生产的产品符合本文件规定，每件(或批)浆交货时应附产品合格证。

7.2 以一次交货数量为一批，每批不多于 3500t。

7.3 产品的计数抽样检验程序按 GB/T 2828.1 规定进行，样本单位为件。接收质量限(AQL)：抗张指数、撕裂指数、耐破指数、D65 亮度 AQL=4.0；丙酮可溶物、尘埃、纤维束、灰分、交货水分、尺寸偏差、偏斜度、销售质量偏差、感官性状 AQL=6.5。抽样方案采用正常检验二次抽样方案，检验水平为特殊检验水平 S-2(见表 3)。

表 3

批量/件	正常检验二次抽样方案　特殊检验水平 S-2				
	样本量	AQL=4.0		AQL=6.5	
		Ac	Re	Ac	Re
2~150	3	0	1	—	—
	2	—	—	0	1
151~1200	3	0	1	—	—
	5 5(10)	— —	— —	0 1	2 2
1201~3200	8 8(16)	0 1	2 2	— —	— —
	5 5(10)	— —	— —	0 1	2 2

理化性能、尺寸偏差、销售质量偏差、感官性状分别满足第 5 章中要求，判定各项合格，否则判定不合格。理化性能、尺寸偏差、销售质量偏差、感官性状全部合格，则判定该批本色浆合格，否则判定该批本色浆不合格。

7.4 可接收性的确定：第一次检验的样品数量应等于该方案给出的第一样本量。如果第一样本中发现的不合格品数小于或等于第一接收数，应认为该批是可接收的；如果第一样本中发现的不合格品数大于或等于第一拒收数，应认为该批是不可接收的。如果第一样本中发现的不合格品数介于第一接收数与第一拒收数之间，应检验由方案给出样本量的第二样本并累计在第一样本和第二样本中发现的不合格品数。如果不合格品累计数小于或等于第二接收数，则判定该批是可接收的；如果不合格品累计数大于或等于第二拒收数，则判定该批是不可接收的。

8 标志、包装、运输、贮存

8.1 标志

每件浆包应有标签标识，标识内容包括产品名称、批号、生产日期及生产企业名称等。

8.2 包装

8.2.1 浆板的包装为平板包装，每包质量不应大于 250kg，每件含 8 包，或按合同规定。

8.2.2 每件浆包应用包装带打包牢固。

8.2.3 用同类浆板包装时，其包装质量应计入浆包净重。否则，包装质量不计入浆包净重。

8.3 运输

8.3.1 运输时可用有篷且洁净的运输工具，也可用无篷车厢运输，但应做好防护，以防雨雪淋湿。

8.3.2 在搬运和堆垛时，不应将浆包从高处扔下。

8.4 贮存

浆包应妥善保管，严防雨、雪和地面湿气的影响。

卫生用品 Disposable hygiene products

匠心产品 卫生用品(T/CTAPI 003—2022)

2022-04-21 发布，2022-05-01 实施

1 范围

本文件规定了匠心产品之卫生用品的术语和定义、产品类别、要求、试验方法、检验规则、包装和标志。

本文件适用于匠心产品之卫生用品，包括人体用湿巾、卫生巾(护垫)、女性卫生裤、婴儿纸尿裤(片)、成人纸尿裤(片)、乳垫。

2 规范性引用文件

下列文件对于本文件的应用是必不可少的。凡是注日期的引用文件，仅注日期的版本适用于本文件。凡是不注日期的引用文件，其最新版本(包括所有的修改单)适用于本文件。

GB/T 1914 化学分析滤纸

GB/T 2910.24 纺织品定量化学分析 第24部分：聚酯纤维与某些其他纤维的混合物(苯酚/四氯乙烷法)

GB/T 8939—2018 卫生巾(护垫)

GB/T 10739 纸、纸板和纸浆试样处理和试验的标准大气条件

GB 10765 食品安全国家标准 婴儿配方食品

GB 15979 一次性使用卫生用品卫生标准

GB/T 22760 消费品安全 风险评估导则

GB/T 26517 化妆品中二十四种防腐剂的测定 高效液相色谱法

GB/T 27728—2011 湿巾

GB/T 28004.1—2021 纸尿裤 第1部分：婴儿纸尿裤

GB/T 28004.2—2021 纸尿裤 第2部分：成人纸尿裤

GB/T 33280 纸尿裤规格与尺寸

GB/T 34448—2017 生活用纸及纸制品 甲醛含量的测定

GB/T 35613—2017 绿色产品评价 纸和纸制品

GB/T37860 纸、纸板和纸制品 邻苯二甲酸酯的测定

GB/T 39391—2020 女性卫生裤

GB 38598 消毒产品标签说明书通用要求

GB/T 40181 一次性卫生用非织造材料的可冲散性试验方法及评价

WS 575—2017 卫生湿巾卫生要求

JJF 1070—2005 定量包装商品净含量计量检验规则

QB/T 5049—2017 乳垫

化妆品安全技术规范(2015年版)

3 术语和定义

下列术语和定义适用于本文件。

3.1 匠心产品 Products with craftsmanship

以工匠精神制造，品质更卓越，使用更安全，能更好地满足消费者消费升级需求的环境友好型产品。

4 产品类别

匠心产品之卫生用品包括人体用湿巾、卫生巾(护垫)、女性卫生裤、婴儿纸尿裤(片)、成人纸尿裤(片)、乳垫。人体用湿巾按功能分为人体用清洁湿巾和人体用卫生湿巾，按使用对象不同分为婴童湿巾和成人湿巾。成人纸尿裤(片)包括轻度失禁用、中度失禁用和重度失禁用三种。

注：湿厕纸属于人体用湿巾。

5 要求

5.1 基本要求

5.1.1 匠心产品之卫生用品的生产环境、原材料卫生要求应符合 GB 15979 的规定。人体用湿巾的生产应在空气洁净度高于 10 万级(含 10 万级)的净化车间进行。

5.1.2 匠心产品之卫生用品生产时不应使用有毒有害原料，不应使用任何回收原料。

5.2 内在质量

5.2.1 匠心产品之卫生用品内在质量首先应满足以下要求：

a) 人体用清洁湿巾的偏差、横向抗张强度、可迁移性荧光增白剂、尘埃度指标应符合 GB/T 27728—2011 的要求，人体用卫生湿巾的有效成分含量、稳定性指标应符合 WS 575—2017 的要求。另外，湿厕纸应通过 GB/T 40181 可冲散性能的评价，人体用湿巾中聚酯纤维的含量应不超过 60%(按 GB/T 2910.24 测定)；

b) 卫生巾(护垫)的全长偏差、条质量偏差、吸水倍率、pH、可迁移性荧光物质、交货水分、背胶剥离强度指标应符合 GB/T 8939—2018 的要求；

c) 女性卫生裤的 pH、可迁移性荧光物质、交货水分指标应符合 GB/T 39391—2020 的要求；

d) 婴儿纸尿裤(片)的条质量偏差、pH、渗漏量、杂质、防侧漏性能、交货水分、重金属含量、可迁移性荧光物质、丙烯酰胺含量、可分解致癌芳香胺染料指标应符合 GB/T 28004.1—2021 的要求；

e) 成人纸尿裤(片)的条质量偏差、pH、杂质、吸收倍率、可迁移性荧光物质、交货水分、渗漏量、饱和吸收量应符合 GB/T 28004.2—2021 的要求；

f) 乳垫的质量偏差、可迁移性荧光物质、pH、交货水分指标应符合 QB/T 5049—2017 的要求。

注：新投放市场的湿厕纸，如与现有已通过 GB/T 40181 可冲散性评价的产品所使用的基材相同，仅部分药液的配方发生变化，且企业可保证对可冲散性无影响的，企业提供声明后可视为符合要求。

5.2.2 人体用湿巾内在质量要求还应符合表 1 的规定。

表 1 内在质量要求

项　目			单位	要　求
定量		≥	g/m^2	45.0
含液量		≥	倍	2.0
包装密封性能			—	在(20±1)kPa 真空度、保持 60s 无泄漏
pH			—	4.0~7.5
甲醛含量 ≤	婴童湿巾		mg/kg	6
	成人湿巾			20

续表

项目		单位	要求
重金属 ≤	铅	mg/kg	10
	砷		2.0
	镉		5.0
	汞		1.0
防腐剂[a]	甲基异噻唑啉酮	—	不得检出
	甲基氯异噻唑啉酮	—	不得检出
甲醇 ≤		mg/kg	20
苯 ≤			20
甲苯 ≤			20
二甲苯 ≤			20
邻苯二甲酸酯 ≤	邻苯二甲酸二丁酯(DBP)、邻苯二甲酸丁苄酯(BBP)和邻苯二甲酸二(2-乙基)己酯(DEHP)总量	%	0.0012

[a] 产品包装上标注的其他防腐剂应符合《化妆品安全技术规范》规定。

5.2.3 卫生巾(护垫)、女性卫生裤、婴儿纸尿裤(片)、成人纸尿裤(片)内在质量要求还应符合表2的规定。

表2 内在质量要求

项目		单位	要求								
			卫生巾		卫生护垫	女性卫生裤	婴儿纸尿裤(片)		成人纸尿裤(片)		
			长度>200mm	长度≤200mm			腰贴型	裤型	轻度失禁产品	中度失禁产品	重度失禁产品
吸收速度[a] ≤	第一次	s	40	50	40	30	40		20	45	
	第二次		70	80	—	50	80		40	80	
回渗量[a] ≤		g	3.0		—	3.0	10.0		15.0	20.0	30.0
面层附着物[b] ≤		颗/片	5								
弹性腰围回弹性能[c]	TP_{20}回弹力 ≤	mN	—			1900	1200	1600	1900		
	TP_{30}回弹力 ≤		—			1500	—	1200	1500		
	最大回复率 ≥	%	—			40.0					
甲醛含量 ≤		mg/kg	20				6		20		
邻苯二甲酸酯 ≤	邻苯二甲酸二丁酯(DBP)、邻苯二甲酸丁苄酯(BBP)和邻苯二甲酸二(2-乙基)己酯(DEHP)总量	%	0.1								

[a] 长度小于250mm或吸收量低于100g的成人轻度失禁用纸尿片类产品不考核吸收速度和回渗量。
[b] 面层附着物是指附着在试样面层的高吸收性树脂。
[c] 仅后端腰部含有弹性部件的腰贴型纸尿裤、裤型纸尿裤、女性卫生裤考核，腰贴型纸尿裤不考核最大回复率。

5.2.4 乳垫内在质量要求还应符合表3的规定。

表 3 内在质量要求

项目		单位	要求
吸奶量 ≥	绒毛浆芯体产品	g	10.0
	复合芯体产品		5.0
回渗量 ≤		g	1.0
面层附着物[a] ≤		颗/片	5
甲醛含量 ≤		mg/kg	6
邻苯二甲酸酯 ≤	邻苯二甲酸二丁酯(DBP)、邻苯二甲酸丁苄酯(BBP)和邻苯二甲酸二(2-乙基)己酯(DEHP)总量	%	0.1

[a] 面层附着物是指附着在试样面层的高吸收性树脂。

5.3 卫生指标

匠心产品之卫生用品卫生指标应符合 GB 15979 的规定。

5.4 内装量短缺量

人体用湿巾内装量短缺量应符合 JJF 1070—2005 中表 3 计数定量包装商品标注净含量的规定。

5.5 规格尺寸

婴儿纸尿裤、成人纸尿裤的规格尺寸应符合 GB/T 33280 的规定。女性卫生裤适用臀围和适用腰围最大值应符合 GB/T 39391—2020 中 4.4 的规定。

5.6 外观质量

人体用湿巾不应出现掉毛、掉屑现象。卫生巾(护垫)、乳垫应采用每片独立包装，外观应洁净，封口应牢固，离型纸不应自行脱落，并能自然完整撕下。女性卫生裤、纸尿裤(片)外观应洁净，不掉色，防漏底膜完好，无破损，封口牢固，松紧带粘合均匀，固定贴位置符合使用要求。

5.7 其他

5.7.1 匠心产品之卫生用品所用原生纸浆纤维宜来自可持续森林。匠心产品之卫生用品及包装宜采用可降解材料，以降低产品废弃后对环境的负面影响。

5.7.2 生产企业宜按照 GB/T 22760 对匠心产品之卫生用品的原材料及其原材料组合、生产以及消毒环节等成品形成过程中使用的、可能产生的或带入的潜在健康危害风险的化学物质进行风险评估。

注：5.7 中内容不作为考核要求，鼓励企业积极按要求实施。

6 试验方法

6.1 试样处理和试验条件

定量、吸收速度、回渗量、弹性腰围回弹性能测定时，试样应在 GB/T 10739 规定的标准大气条件下至少处理 4h 以上，并在此条件下进行试验。

6.2 定量

将湿巾试样用蒸馏水或去离子水漂洗干净、展平后平铺在光滑平面上，待试样自然风干后，放在标准大气条件下温湿处理 4h，裁取 0.01m^2 的试样 10 片，然后用感量为 0.001g 的天平称量每片试样的质量，计算每片试样单位面积的质量，以 10 片试样单位面积质量的平均值表示试样的定量，单位为克每平方米(g/m^2)。

注：单片面积不足 0.01m^2 的试样以整片实际面积测试。

6.3 含液量

湿巾含液量按 GB/T 27728—2011 中 6.3 测定。

6.4 包装密封性能

湿巾包装密封性能按 GB/T 27728—2011 中附录 A 测定，试验真空度为(20±1)kPa，保持时间 60s。

6.5 pH

湿巾 pH 按 GB/T 27728—2011 中 6.6 测定。

6.6 甲醛含量

按 GB/T 34448—2017 中高效液相色谱法测定。

6.7 重金属

铅、砷、镉、汞按《化妆品安全技术规范》(2015 年版)第四章中 1.6 进行测定，样品处理采用微波消解法。

6.8 防腐剂

按 GB/T 26517 或《化妆品安全技术规范》第四章中 4.7 进行测定，测试时，仅取湿巾中的液体部分进行测定。仲裁时按《化妆品安全技术规范》(2015 年版)执行。

6.9 甲醇、苯、甲苯、二甲苯

按 GB/T 35613—2017 中 A.14 测定。

6.10 邻苯二甲酸酯

按 GB/T 37860 测定。

6.11 吸收速度

卫生巾(护垫)按 GB/T 8939—2018 附录 A 测定，一次吸收试验完成后开始计时，10min 后进行二次吸收试验，卫生护垫只做一次吸收速度，加液量为 2mL；女性卫生裤按 GB/T 39391—2020 中附录 A 测定，一次吸收试验完成后开始计时，10min 后进行二次吸收试验；婴儿纸尿裤按 GB/T 28004.1—2021 中附录 A 测定；成人纸尿裤按 GB/T 28004.2—2021 中附录 A 测定，轻度失禁用产品吸收速度测试选择与中度失禁产品测试相同的标准测试加液模块、标准测试加压模块，加液量为 30mL。

注 1：吸收速度用标准合成试液按 GB/T 22875-2018《纸尿裤和卫生巾用高吸收性树脂》第 1 号修改单中附录 K 进行配制。

注 2：因尺寸偏小导致不能按标准规定加液量完成测试的中度失禁用成人纸尿片类产品(加液时出现侧漏)，可将加液量适当调整为 50mL，但需在报告中注明。

6.12 回渗量

卫生巾、女性卫生裤的测定：用感量为 0.01g 的天平称取 20 张符合 GB/T 1914 规定的中速定性化学分析滤纸(直径为 110mm)的质量 m_1，备用。吸收速度测试完成后，立即将吸收速度试验样品从吸收速度测试仪底座取下，放在水平桌面上，并开始计时，5min 时将备用滤纸放在试样表面吸收区域的中部，滤纸上施加(1.5±0.2)kPa 的压力，可放置质量为 1.2kg、底面为圆形(直径 100mm)的标准压块，也可选择其他加压方式，但加压面积应与标准压块底面面积相同，加压 1min 后，移开标准压块或去除压力，再次称取滤纸质量 m_2，回渗量以滤纸前后质量差表示。

婴儿纸尿裤(片)按 GB/T 28004.1—2021 中附录 A 测定，成人纸尿裤(片)按 GB/T 28004.2—2021 中附录 A 测定。

乳垫按 QB/T 5049 中附录 C 测定，测试液采用附录 A 规定的标准人工奶液，每次加液量为 3mL。

6.13 面层附着物

女性卫生裤、成人纸尿裤按 GB/T 28004.2—2021 中 6.4 测定，婴儿纸尿裤、卫生巾(护垫)、乳垫按 GB/T 28004.1—2021 中 7.4 测定。

6.14 吸奶量

乳垫吸奶量按附录 A 测定。

6.15 弹性腰围回弹性能

弹性腰围回弹性能按附录 B 测定。

6.16 卫生指标

按 GB15979 测定。

6.17 内装量短缺量

湿巾内装量短缺量按 JJF 1070—2005 中附录 G 中 G.4 进行测定，每个样品测试 3 个完整包装，以最大短缺量表示结果。

6.18 规格尺寸

女性卫生裤适用腰围最大值按 GB/T 39391—2020 中 5.8 测定；婴儿纸尿裤、成人纸尿裤适用腰围最大值按 GB/T 33280—2016 中附录 A 进行测定。

6.19 外观质量

采用目测检验。

7 检验规则

7.1 检验分类

7.1.1 出厂检验

产品出厂前应按本文件的要求逐批进行检验，符合要求方可出厂。

7.1.2 型式检验

相同原料、相同工艺的同类产品每两年内应进行不少于 1 次型式检验，有下列情况之一时，也应进行型式检验：

a）当原料、工艺发生重大改变时；

b）产品首次投产或停产 6 个月以上后恢复生产时；

c）生产场所改变时；

d）出厂检验结果与上次型式检验有较大差异时；

e）国家质量监管机构提出进行型式检验要求时。

7.2 检验项目

出厂检验项目为常规检验项目，型式检验项目包括所有检验项目（有特殊规定除外），检验项目具体见表 4～表 9。

表 4 湿巾检验项目

序号	检验项目	出厂检验	型式检验	要求的章条号	检验方法的章条号
1	偏差	●	●	GB/T 27728—2011 中 5.1	GB/T 27728—2011 中 6.2
2	横向抗张强度[a]	●	●	GB/T 27728—2011 中 5.1	GB/T 27728—2011 中 6.4
3	可迁移性荧光增白剂	●	●	GB/T 27728—2011 中 5.1	GB/T 27728—2011 中 6.9
4	尘埃度[a]	●	●	GB/T 27728—2011 中 5.1	GB/T 27728—2011 中 6.10
5	有效成分含量[b]	—	●	WS 575—2017 中 5.3	WS 575—2017 中 6.3
6	稳定性[b]	—	●	WS 575—2017 中 5.5	WS 575—2017 中 6.5
7	定量	●	●	5.2.2	6.2
8	含液量[c]	●	●	5.2.2	6.3
9	包装密封性	●	●	5.2.2	6.4
10	pH	●	●	5.2.2	6.5
11	甲醛含量	—	●	5.2.2	6.6
12	重金属	—	●	5.2.2	6.7
13	防腐剂	—	●	5.2.2	6.8
14	甲醇、苯、甲苯、二甲苯	—	●	5.2.2	6.9
15	邻苯二甲酸酯	—	●	5.2.2	6.10
16	卫生指标[d]	●	●	5.3	6.16

续表

序号	检验项目	出厂检验	型式检验	要求的章条号	检验方法的章条号
17	内装量短缺量	●	●	5. 4	6. 17
18	外观质量	●	●	5. 6	6. 18
19	可冲散性[e]	—	●	5. 2. 1	5. 2. 1
20	聚酯纤维含量	—	●	5. 2. 1	5. 2. 1

[a] 不适用于非织造布生产的湿巾；
[b]适用于人体用卫生湿巾；
[c]适用于非织造布生产的湿巾；
[d]卫生指标出厂检验只测细菌菌落总数和真菌菌落总数；
[e]适用于湿厕纸产品。

表 5　卫生巾(护垫)检验项目

序号	检验项目	出厂检验	型式检验	要求的章条号	检验方法的章条号
1	全长偏差	●	●	GB/T 8939—2018 中 3. 1、3. 2	GB/T 8939—2018 中 4. 2
2	条质量偏差	●	●	GB/T 8939—2018 中 3. 1	GB/T 8939—2018 中 4. 3
3	吸水倍率	●	●	GB/T 8939—2018 中 3. 1、3. 2	GBDF/T 8939—2018 中 4. 4
4	pH	●	●	GB/T 8939—2018 中 3. 1、3. 2	GB/T 8939—2018 中 4. 6
5	可迁移性荧光物质	—	●	GB/T 8939—2018 中 3. 1、3. 2	GB/T 8939—2018 中 4. 9
6	交货水分	●	—	GB/T 8939—2018 中 3. 1、3. 2	GB/T 8939—2018 中 4. 7
7	背胶剥离强度	●	●	GB/T 8939—2018 中 3. 1、3. 2	GB/T 8939—2018 中 4. 10
8	吸收速度	●	●	5. 2. 3	6. 11
9	回渗量	●	●	5. 2. 3	6. 12
10	面层附着物	●	●	5. 2. 3	6. 13
11	甲醛含量	—	●	5. 2. 3	6. 6
12	邻苯二甲酸酯	—	●	5. 2. 3	6. 10
13	卫生指标[a]	●	●	5. 3	6. 16
14	外观质量	●	●	5. 6	6. 19

[a] 卫生指标出厂检验只测细菌菌落总数和真菌菌落总数。

表 6　女性卫生裤检验项目

序号	检验项目	出厂检验	型式检验	要求的章条号	检验方法的章条号
1	pH	●	●	GB/T 39391—2020 中 4. 1	GB/T 39391—2020 中 5. 3
2	可迁移性荧光物质	—	●	GB/T 39391—2020 中 4. 1	GB/T 39391—2020 中 5. 5
3	交货水分	●	—	GB/T 39391—2020 中 4. 1	GB/T 39391—2020 中 5. 6
4	吸收速度	●	●	5. 2. 3	6. 11
5	回渗量	●	●	5. 2. 3	6. 12
6	面层附着物	●	●	5. 2. 3	6. 13
7	弹性腰围回弹性能	●	●	5. 2. 3	6. 14
8	甲醛含量	—	●	5. 2. 3	6. 6
9	邻苯二甲酸酯	—	●	5. 2. 3	6. 10
10	卫生指标[a]	●	●	5. 3	6. 16
11	规格尺寸	●	●	5. 5	6. 18
12	外观质量	●	●	5. 6	6. 19

[a] 卫生指标出厂检验只测细菌菌落总数和真菌菌落总数。

表 7　婴儿纸尿裤(片)检验项目

序号	检验项目	出厂检验	型式检验	要求的章条号	检验方法的章条号
1	条质量偏差	●	●	GB/T 28004.1—2021 中 5.1	GB/T 28004.1—2021 中 7.2
2	pH	●	●	GB/T 28004.1—2021 中 5.1	GB/T 28004.1—2021 中 7.5
3	杂质	●	●	GB/T 28004.1—2021 中 5.1	GB/T 28004.1—2021 中 7.6
4	防侧漏性能	●	●	GB/T 28004.1—2021 中 5.1	GB/T 28004.1—2021 中 7.7
5	交货水分	●	—	GB/T 28004.1—2021 中 5.1	GB/T 28004.1—2021 中 7.8
6	重金属含量	—	●	GB/T 28004.1—2021 中 5.2	GB/T 28004.1—2021 中 7.9
7	可迁移性荧光物质	—	●	GB/T 28004.1—2021 中 5.2	GB/T 28004.1—2021 中 7.10
8	丙烯酰胺含量	—	●	GB/T 28004.1—2021 中 5.2	GB/T 28004.1—2021 中 7.11
9	可分解致癌芳香胺染料	—	●	GB/T 28004.1—2021 中 5.2	GB/T 28004.1—2021 中 7.14
10	吸收速度	●	●	5.2.3	6.11
11	回渗量	●	●	5.2.3	6.12
12	面层附着物	●	●	5.2.3	6.13
13	弹性腰围回弹性能	●	●	5.2.3	6.14
14	甲醛含量	—	●	5.2.3	6.6
15	邻苯二甲酸酯	—	●	5.2.3	6.10
16	卫生指标[a]	●	●	5.3	6.16
17	规格尺寸	●	●	5.5	6.18
18	外观质量	●	●	5.6	6.19

[a] 卫生指标出厂检验只测细菌菌落总数和真菌菌落总数。

表 8　成人纸尿裤(片)检验项目

序号	检验项目	出厂检验	型式检验	要求的章条号	检验方法的章条号
1	条质量偏差	●	●	GB/T 28004.2—2021 中 5.1、5.2	GB/T 28004.2—2021 中 6.2
2	pH	●	●	GB/T 28004.2—2021 中 5.1、5.2	GB/T 28004.2—2021 中 6.5
3	杂质	●	●	GB/T 28004.2—2021 中 5.1、5.2	GB/T 28004.2—2021 中 6.6
4	吸收倍率	●	●	GB/T 28004.2—2021 中 5.1	GB/T 28004.2—2021 中 6.9
5	可迁移性荧光物质	—	●	GB/T 28004.2—2021 中 5.1、5.2	GB/T 28004.2—2021 中 6.8
6	交货水分	●	—	GB/T 28004.2—2021 中 5.1、5.2	GB/T 28004.2—2021 中 6.11
7	渗漏量	●	●	GB/T 28004.2—2021 中 5.2	GB/T 28004.2—2021 中 6.3
8	饱和吸收量	●	●	GB/T 28004.2—2021 中 5.2	GB/T 28004.2—2021 中 6.10
9	吸收速度	●	●	5.2.3	6.11
10	回渗量	●	●	5.2.3	6.12
11	面层附着物	●	●	5.2.3	6.13
12	弹性腰围回弹性能	●	●	5.2.3	6.14
13	甲醛含量	—	●	5.2.3	6.6
14	邻苯二甲酸酯	—	●	5.2.3	6.10
15	卫生指标[a]	●	●	5.3	6.16
16	规格尺寸	●	●	5.5	6.18
17	外观质量	●	●	5.6	6.19

[a] 卫生指标出厂检验只测细菌菌落总数和真菌菌落总数。

表 9　乳垫检验项目

序号	检验项目	出厂检验	型式检验	要求的章条号	检验方法的章条号
1	质量偏差	●	●	QB/T 5049—2017 中 3.1	QB/T 5049—2017 中 4.2
2	可迁移性荧光物质	—	●	QB/T 5049—2017 中 3.1	QB/T 5049—2017 中 4.4
3	pH	●	●	QB/T 5049—2017 中 3.1	QB/T 5049—2017 中 4.7
4	交货水分	●	—	QB/T 5049—2017 中 3.1	QB/T 5049—2017 中 4.8
5	吸奶量	●	●	5.2.4	6.15
6	回渗量	●	●	5.2.4	6.12
7	面层附着物	●	●	5.2.4	6.13
8	甲醛含量	—	●	5.2.4	6.6
9	邻苯二甲酸酯	—	●	5.2.4	6.10
10	卫生指标[a]	●	●	5.3	6.16
11	外观质量	●	●	5.6	6.19

[a] 卫生指标出厂检验只测细菌菌落总数和真菌菌落总数。

7.3　组批规则和抽样方案

7.3.1　组批规则

以相同原料、相同工艺、相同规格的同类产品一次交货数量为一批，每批不超过 20000 箱(件)。

7.3.2　抽样方案

匠心产品之卫生用品检验时从检验批中随机抽取足够数量样本用于各项指标检验和留样，所抽取样本的包装不应有破损，测试前不得开启。

7.4　判定规则

7.4.1　出厂检验

当检验产品符合表 4~表 9 中出厂检验全部技术要求时，则判为批合格；当这些检验项目中任一项出现不合格时，则判为批不合格。

7.4.2　型式检验

当检验产品符合表 4~表 9 中型式检验全部技术要求时，则判为批合格；当这些检验项目中任一项出现不合格时，则判为批不合格。

8　包装和标志

8.1　乳垫的销售包装标签、运输包装标签标注要求应符合 QB/T 5049 的规定，其他卫生用品的销售包装标签、运输包装标签标注要求应符合相应产品标准和 GB 38598 的规定。

8.2　湿巾应按纤维含量的降序标注纤维成分的名称(如黏胶纤维、聚酯纤维等)。

8.3　成人轻度失禁用纸尿片类产品应标注尺寸或吸收量。

附 录 A
(规范性)
吸奶量的测定

A.1　仪器与试剂

A.1.1　电子天平

感量为 0.001g。

A. 1. 2　吸奶量测试装置

吸奶量测试装置由储液罐、流量泵、橡胶导管、可移动圆弧形装置、固定圆弧形装置组成，示意图见图 A. 1。

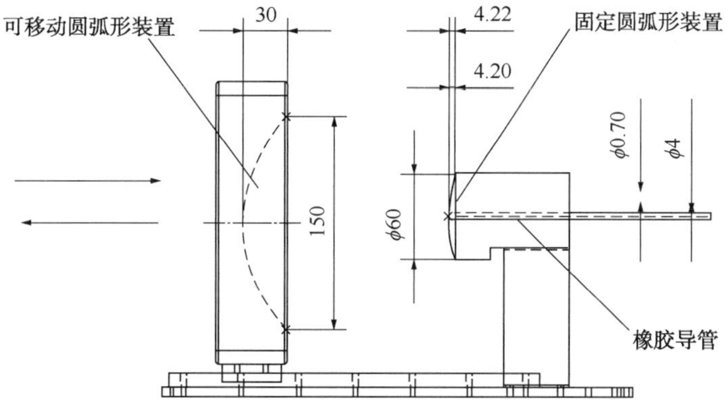

图 A. 1　吸奶量测试装置示意图

可移动圆弧形装置：用于固定乳垫样品，可如图所示方向移动，弧形尺寸如图所示。

固定圆弧形装置：中心有一个圆孔，橡胶导管从圆孔中穿过并固定。

橡胶导管：外经 4mm、内径(0. 70±0. 05)mm。橡胶导管一端放入装有人工奶液的储液罐，经过流量泵，另一端穿过固定圆弧形装置，橡胶导管出液口多出固定圆弧形顶部(5±0. 5)mm。橡胶导管出液口对准固定圆弧形装置中心点位置。

A. 1. 3　标准人工奶液

A. 1. 3. 1　配制材料及仪器

A. 1. 3. 1. 1　婴儿奶粉：满足 GB 10765—2010 要求。

A. 1. 3. 1. 2　蒸馏水或去离子水。

A. 1. 3. 1. 3　恒温水浴锅：维持温度(40±1)℃。

A. 1. 3. 1. 4　磁力搅拌器。

A. 1. 3. 1. 5　烧杯：容量为 500mL。

A. 1. 3. 2　配置方法

取一定体积的水(A. 1. 3. 1. 2)倒入烧杯(A. 1. 3. 1. 5)中，将盛有水的烧杯置于恒温水浴锅(A. 1. 3. 1. 3)中维持水温至(40±1)℃。称取一定质量的婴儿奶粉(A. 1. 3. 1. 1)，婴儿奶粉的质量与水的质量之比为 1∶7. 6，将奶粉倒入烧杯中，然后立即将烧杯从恒温水浴锅中取出，放置于磁力搅拌器(A. 1. 3. 1. 4)上，设定磁力搅拌器转速为 500r/min，搅拌 30s 后停止，得到标准人工奶液。

A. 1. 3. 3　物理性能

在(23±1)℃时，标准人工奶液的物理性能应满足以下要求：

密度：(1. 030±0. 010)g/m^3，用分度值为 0. 001g/cm^3 的密度计测试，进行两次平行测试，结果以两次测试值的平均值表示，结果修约到小数点后 3 位。

黏度：(2. 0±0. 5)mPa・s，用旋转式数显黏度计测试，测试时采用 1 号转子，设定转速为 60r/s，进行两次平行测试，结果以两次测试值的平均值表示，结果修约到小数点后 1 位。

A. 2　试验步骤

A. 2. 1　取一片试样，用电子天平(A. 1. 1)称其质量，记为 G_1。将试样固定在测试装置的可移动圆弧形装置内，固定时使用面朝外，并确保试样的中心位置在可移动圆弧形装置中心位置之下约 15mm 处。

A. 2. 2　在储液罐中倒入足够量的标准人工奶液，移动可移动圆弧形装置，施加(600±50)mN 压力，使其恰好压住乳垫表面并保持可移动圆弧形装置固定。

A. 2. 3　启动流量泵，标准人工奶液以 30mL/min 的速度流至试样，待试样底部出现标准人工奶液渗漏时，立即关闭流量泵，并快速取下试样，称其质量，记为 G_2。

A. 3　结果计算

试样的吸奶量以吸入乳垫的标准人工奶液的质量 G 来表示，按公式(A. 1)计算：

$$G=G_2-G_1 \qquad \text{(A. 1)}$$

式中　G——试样的吸奶量，单位为克(g)；

G_1——试样吸奶前的质量，单位为克(g)；

G_2——试样吸奶后的质量，单位为克(g)。

A. 4　结果表示

每个样品测试 5 个试样，以 5 个试样测试结果的算术平均值表示结果，结果精确至 0. 01g。

附 录 B

(规范性)

弹性腰围回弹性能的测定

B. 1　原理

将纸尿裤、女性卫生裤的弹性腰围剪下，用回弹性能测试仪的上夹头夹住一端，另一端用固定力值持续拉伸一定时间再松开，然后将弹性腰围的自由端在维持一定力值的状态下固定在下夹头上，回弹性能测试仪以固定拉伸速度在规定位移内往复移动一定次数，根据最后一次的回复曲线，得出弹性腰围回复到规定位移时的回弹力及最大回复率。

B. 2　仪器

回弹性能测试仪：量程为 0~30N，试验时每秒至少可获取 20 个有效回弹力值。

注：也可使用其他可实现回弹性能测试功能的仪器。

B. 3　试样采取和试验前处理

每个样品至少取 5 片纸尿裤或女性卫生裤，所取纸尿裤或女性卫生裤至少来自两个销售包装。制样前，待测纸尿裤应在温度为(23±1)℃，相对湿度为(50±2)%条件下放置 4h 以上。

B. 4　试验步骤

B. 4. 1　腰贴型纸尿裤

B. 4. 1. 1　任取一片腰贴型纸尿裤，剪下后腰部整个松紧带(松紧带中间氨纶丝被点断部分除外)，将松紧带的一端(从涂胶位置起)夹在仪器的上夹头，在松紧带的另一端施加(2950±50)mN 的力值(夹持 300g 砝码或其他方式)，保持垂直拉伸 30s。

B. 4. 1. 2　拉伸 30s 后，缓慢将松紧带下端松开，调整仪器下夹头位置，使上下夹头间距为 200mm，设置拉伸和回复速度为 250mm/min，拉紧松紧带自由一端直至(2950±100)mN 的力值时，用下夹头夹紧松紧带。

B. 4. 1. 3　松紧带从 200mm 位移到 50mm 位移往复移动 3 次，根据第 3 次回复曲线得出松紧带长度为 160mm 即 20%有效回复时的回弹力(TP_{20})。

注：该方法不适用于左右两侧弹性耳贴为弹性部件的腰贴型婴儿纸尿裤、成人纸尿裤。

B. 4. 2 裤型纸尿裤和女性卫生裤

B. 4. 2. 1 任取一片裤型纸尿裤(女性卫生裤)，将整个弹性腰围剪下，前端和后端中间部位各取一个不少于100mm长的试样条，在剪取弹性腰围时，裤型纸尿裤弹性腰围为样品前端、后端吸收层最上端边缘以上部分(所取试样中的每条氨纶丝应完整，不应有被点断部分)，女性卫生裤弹性腰围从顶端往下取25mm处作为试样(如图B. 1)。剪取时应确保试样条长边方向上下两侧的最外边一根氨纶丝完整取下，且试样条边缘尽量平齐。

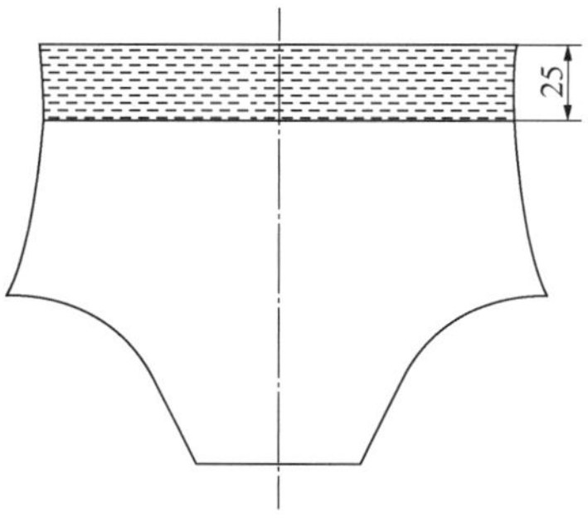

图 B. 1

B. 4. 2. 2 用仪器上夹头夹住试样条的一端，在试样条的另一端施加(2950±50)mN的力值(夹持300g砝码或其他方式)，保持垂直拉伸30s。

B. 4. 2. 3 拉伸30s后，缓慢将试样条下夹头松开，调整仪器下夹头位置，使上下夹头间距为100mm，再拉紧试样条自由一端直至(2950±100)mN的拉力时，用下夹头夹紧试样条。

B. 4. 2. 4 设置拉伸、回复速度为250mm/min，试样条从100mm位移到30mm位移往复移动3次。

B. 4. 2. 5 根据第3次回复曲线得出回弹力为零时两夹头间试样的长度(L_0)，长度为80mm即20%有效回复时的回弹力(TP_{20})，长度为70mm即30%有效回复时的回弹力(TP_{30})。

B. 4. 2. 6 分别报告试样的回弹力TP_{20}、回弹力TP_{30}和最大回复率。

B. 5 结果表示

裤型纸尿裤、女性卫生裤弹性腰围最大回复率X按式B. 1计算。

$$X = 100 \times \frac{100 - L_0}{100} \quad \cdots\cdots (B.1)$$

腰贴型纸尿裤每个样品测试5片试样，以5片试样测试值的算术平均值作为回弹力的测试结果。裤型纸尿裤、女性卫生裤每个样品取5片，每片前、后两端各取1个试样共计10个试样，以10个试样回弹力和最大回复率测试值的算术平均值表示结果，回弹力结果以毫牛顿(mN)表示，结果修约至整数位，最大回复率以百分数表示，结果保留一位小数。

参 考 文 献

[1] GB/T 22875 纸尿裤和卫生巾用高吸收性树脂第1号修改单.

一次性纸制卫生用品用复合吸收芯体(QB/T 5650—2021)

2021-12-02发布，2022-04-01实施

1 范围

本文件规定了一次性纸制卫生用品用复合吸收芯体(以下简称“复合吸收芯体”)的产品分类、要求、检验规则及标志、包装、运输、贮存，描述了试验方法，界定了相关的术语和定义。

本文件适用于由非织造布、高吸收性树脂、绒毛浆等组成，经专用机械通过胶合或热合等形式复合而成可独立制备的，供复合吸收芯体的生产、检验和销售。

2 规范性引用文件

下列文件中的内容通过文中的规范性引用而构成本文件必不可少的条款。其中，注日期的引用文件，仅该日期对应的版本适用于本文件；不注日期的引用文件，其最新版本(包括所有的修改单)适用于本文件。

GB/T 462　纸、纸板和纸浆　分析试样水分的测定
GB/T 1914　化学分析滤纸
GB/T 2828.1　计数抽样检验程序　第1部分：按接收质量限(AQL)检索的逐批检验抽样计划
GB/T 6682　分析实验室用水规格和试验方法
GB/T 10739　纸、纸板和纸浆试样处理和试验的标准大气条件
GB/T 21331　绒毛浆
GB/T 22875　纸尿裤和卫生巾用高吸收性树脂
GB/T 24292　卫生用品用无尘纸
GB/T 34448—2017　生活用纸及纸制品　甲醛含量的测定
GB/T 37859　纸、纸板和纸制品　丙烯酰胺的测定
GB/T 37860　纸、纸板和纸制品　邻苯二甲酸酯的测定
《化妆品安全技术规范》(2015年版)

3 术语和定义

下列术语和定义适用于本文件。

3.1 吸收倍率　absorption ratio

A_R

试样所吸收液体的质量与其自身质量的比值。

注：单位为克每克(g/g)。

3.2 吸收速度　wicking rate

试样吸收一定量的液体所需要的时间。

注：单位为秒(s)。

3.3 回渗量　rewet

R

试样吸收一定量的测试溶液后，在一定压力下，返回表层的测试溶液质量。

注：单位为克(g)。

4 产品分类

复合吸收芯体按应用对象不同分为卫生巾(女性卫生裤)用复合吸收芯体和婴儿纸尿裤用复合吸收芯体。

5 要求

5.1　卫生巾(女性卫生裤)用复合吸收芯体的技术指标应符合表1的规定。

表 1

项　目		单　位	指　标
偏差	全宽	mm	±5
	定量	%	±8
吸收倍率　　　　　　　　≥		g/g	10.0
pH		—	4.0~7.5
甲醛含量[a]　　　　　　　　≤		mg/kg	75
可迁移性荧光物质[a]		—	不应有
交货水分[b]　　　　　　　　≤		%	10.0

[a] 甲醛含量和可迁移性荧光物质作为型式检验项目。

[b] 交货水分仅作为出厂时检验项目，不作为其他形式的检验项目。

5.2　婴儿纸尿裤用复合吸收芯体的技术指标应符合表 2 的规定。

表 2

项　目		单　位	指　标
偏差	全宽	mm	±5
	定量	%	±8
吸收倍率　　　　　　　　≥		g/g	15.0
吸收速度　　　　　　　　≤		s	40
回渗量　　　　　　　　≤		g	15.0
pH		—	4.0~7.5
交货水分[a]　　　　　　　　≤		%	10.0
重金属[b]	铅　　　　≤	mg/kg	10
	砷　　　　≤		2
	镉　　　　≤		5
	汞　　　　≤		1
可迁移性荧光物质[b]		—	不应有
丙烯酰胺[b]		mg/kg	0.1
甲醛含量[b]		mg/kg	6
邻苯二甲酸酯[b]	邻苯二甲酸丁酯(DBP)　　≤	%	0.1(三种物质总量)
	邻苯二甲酸苄酯(BBP)　　≤		
	邻苯二甲酸二(2-乙基)己酯(DEHP)　　≤		

[a] 交货水分仅作为出厂时检验项目，不作为其他形式的检验项目。

[b] 重金属、可迁移性荧光物质、丙烯酰胺、甲醛含量、邻苯二甲酸酯作为型式检验项目。

5.3　复合吸收芯体的微生物指标应符合表 3 的规定。

表 3

项　目	单　位	指　标
细菌菌落总数　　　　　　　　≤	CFU/g	200
大肠杆菌		不得检出
致病性化脓菌	—	不得检出
真菌菌落总数　　　　　　　　≤	CFU/g	100

5.4 复合吸收芯体材料应洁净，无脏污异物，无异味；外观平整，厚薄均匀，无明显起皱，无硬质块；各层间黏合牢固，无脱层现象。

5.5 复合吸收芯体所使用的原料，应符合相应的国家或行业标准。绒毛浆应符合 GB/T 21331 的规定，高吸收性树脂应符合 GB/T 22875 的规定，无尘纸应符合 GB/T 24292 的规定。不应使用废弃回收原料生产复合吸收芯体。

6 试验方法

6.1 试样的处理

全宽偏差、定量偏差、吸收倍率、吸收速度、回渗量测定时，试样应在 GB/T 10739 规定的标准大气条件下至少处理 4h，并在此条件下进行试验。

6.2 全宽、定量偏差

6.2.1 全宽偏差

去掉 1 卷或 1 件复合吸收芯体的最外层，然后取 1 条合适长度的复合吸收芯体作为测试试样，平铺于水平且平整的台面上，使用直尺测量试样的全宽，直尺与试样边垂直，读取宽度值，准确至 1mm。每种规格样品测量 6 条，分别计算 6 条中宽度的最大值、最小值与标称值之差，作为该种样品全宽偏差的测定结果，精确至 0.1mm。

全宽偏差的计算见公式(1)和公式(2)：

$$S_1=+(W_{max}-W_s) \quad (1)$$

$$S_2=-(W_s-W_{min}) \quad (2)$$

式中 S_1——全宽上偏差，单位为毫米(mm)；

W_{max}——试样全宽的最大值，单位为毫米(mm)；

W_s——试样全宽的标称值，单位为毫米(mm)；

S_2——全宽下偏差，单位为毫米(mm)；

W_{min}——试样全宽的最小值，单位为毫米(mm)。

6.2.2 定量偏差

取 1 条约 500mm 长的试样，用直尺分别测量试样的长度和宽度，精确至 1mm，并使用天平称其质量，精确至 0.1g，按照公式(3)计算试样的定量：

$$G=\frac{m_g}{a\times b} \quad (3)$$

式中 G——试样的定量，单位为克每平方毫米(g/mm²)；

m_g——试样的质量，单位为克(g)；

a——试样的长度，单位为毫米(mm)；

b——试样的宽度，单位为毫米(mm)。

每个样品测定 6 条试样，计算 6 条试样定量的最大值、最小值与标称值之差和标称值的百分比，作为该样品定量偏差的测定结果，精确至 1%。

定量偏差的计算见公式(4)和公式(5)：

$$D_1=+\frac{G_{max}-G_s}{G_s}\times 100\% \quad (4)$$

$$D_2=-\frac{G_s-G_{min}}{G_s}\times 100\% \quad (5)$$

式中 D_1——定量上偏差，单位为%；

G_{max}——试样定量的最大值，单位为克每平方毫米(g/mm²)；

G_s——试样定量的标称值，单位为克每平方毫米(g/mm²)；

D_2——定量下偏差，单位为%；

G_{min}——试样定量的最小值，单位为克每平方毫米(g/mm^2)。

6.3 吸收倍率

吸收倍率按附录A进行测定。

6.4 吸收速度、回渗量

吸收速度、回渗量按附录B进行测定。

6.5 pH

pH按附录C进行测定。

6.6 交货水分

交货水分按GB/T 462进行测定。取样方法为：每种规格样品任取2条试样，每条试样长度不小于1m，再从每条试样的中间位置各取2g试料，试料应包含各层材料。将试料剪成块状，混匀后均分成两组试样进行平行试验，两次测定值间的绝对误差不应超过1.0%，取其算术平均值表示测定结果，修约至小数点后一位。

尽量缩短取样时间，一般不超过2min。

6.7 甲醛含量

甲醛含量按GB/T 34448—2017中高效液相色谱法测定，所取试样应包含各层材料。

6.8 可迁移性荧光物质

可迁移性荧光物质按附录D进行测定。

6.9 重金属

重金属按《化妆品安全技术规范》(2015年版)第四章中1.6进行测定，样品处理采用微波消解法。

6.10 丙烯酰胺

丙烯酰胺按GB/T 37859进行测定。

6.11 邻苯二甲酸酯

邻苯二甲酸酯按GB/T 37860进行测定。

6.12 微生物指标

微生物按附录E进行测定。

6.13 外观质量

外观质量采用目视法进行检验。

7 检验规则

7.1 生产企业应保证所生产的复合吸收芯体符合本文件规定，以同一原料、同一规格、一次交货数量为一批，每批产品应附有产品合格证明。

7.2 取样部位应距试样卷头部至少5m，试样长度应不小于1m(应剔除局部含有特殊疵点或缺陷的部位)，批复合吸收芯体的微生物指标不合格，则判定该批是不可接收的。

7.3 计数抽样检验程序按GB/T 2828.1规定进行。交收检验样本单位为件(箱式包装)或卷(卷式包装)，接收质量限AQL=6.5。抽样方案采用正常一次抽样方案，检验水平为特殊检验水平S-1，见表4。

表4

批量/件或卷	样本量/件或卷	AQL=6.5	
		Ac	Re
2~50	2	0	1
50~500	3	0	1
501~35000	5	1	2

7.4 可接收性的确定：检验的样品数量应等于该方案给出的样本量，如果样本中发现的不合格数小于或等于接收数，应认为该批是可接收的；如果样本中发现的不合格数大于或等于拒收数，应认为该批是不可接收的。

8 标志、包装、运输、贮存

8.1 产品标志及包装

8.1.1 每件或卷产品在明显位置上，均应附有标签，其上应标明以下内容：

a) 产品名称；
b) 产品毛重、净重；
c) 生产日期和保质期，或生产批号和限期使用日期；
d) 执行标准编号；
e) 产品规格、产品定量、宽度；
f) 产品合格标志；
g) 企业名称、地址、联系方式。

8.1.2 已有包装的成品放于外包装中。外包装上应标明产品名称、企业(或经销商)名称和地址、内装数量等。外包装上应标明运输及贮存条件。

8.1.3 直接与产品接触的包装材料应无毒、无害、清洁，不应使用含有聚氯乙烯的包装材料。产品包装应完好，包装材料应具有足够的密封性和牢固性，以保证产品在正常的运输与贮存条件下不受污染。

8.2 产品运输和贮存

8.2.1 产品在运输过程中应使用具有防护措施的洁净工具，防止重压、碰撞及避免浸水。

8.2.2 产品的贮存应符合以下条件：

a) 保存产品的场所应干燥、通风，采取必要的防潮措施，不应与有污染或有毒化学品共存；
b) 产品应防止阳光直射；
c) 保存产品的场所应设置防鼠、防虫设施。

附 录 A
(规范性)
吸收倍率的测定

A.1 仪器材料和测试溶液

A.1.1 仪器材料

A.1.1.1 电子天平，感量为0.01g。

A.1.1.2 尼龙袋，200目，长度400mm及以上，宽度140mm以上，确保尼龙袋的宽度比复合吸收芯体的宽度宽2cm以上。

A.1.1.3 试样架，用于悬挂测试样品。

A.1.2 测试溶液

A.1.2.1 卫生巾(女性卫生裤)用复合吸收芯体测试溶液为蒸馏水，温度为(23±2)℃。

A.1.2.2 婴儿纸尿裤用复合吸收芯体测试溶液为浓度0.9%的生理盐水，温度为(23±2)℃。

A.2 测试步骤

A.2.1 取长度(200±2)mm复合吸收芯体作为测试样品，将其放入电子天平(A.1.1.1)称其质量m_c。

A.2.2 将样品放在尼龙袋(A.1.1.2)中，使用合适的方式封住袋口，然后连同尼龙袋放入天平称其质量m_b。

A.2.3 将放有试样的尼龙袋完全浸没在测试溶液(A.1.2)中，卫生巾(女性卫生裤)用复合吸收芯体的时间为60s，婴儿纸尿裤用复合吸收芯体的时间为30min。

A.2.4 提起尼龙袋，使其完全离开水面，并垂直悬挂于试样架(A.1.1.3)上，悬挂一定时间后，称其质量 m_a，卫生巾(女性卫生裤)用复合吸收芯体的悬挂时间为90s，婴儿纸尿裤用复合吸收芯体的悬挂时间为10min。

A.3 计算

试样的吸收倍率以试样吸水前后质量之差与试样本身质量的比值表示，按式(A.1)计算：

$$A_R=\frac{m_a-m_b}{m_c} \quad \cdots\cdots (A.1)$$

式中 A_R——试样的吸收倍率，单位为克每克(g/g)；

m_a——试样与尼龙袋吸收测试溶液之后的总质量，单位为克(g)；

m_b——试样与尼龙袋吸收测试溶液之前的总质量，单位为克(g)；

m_c——试样的质量，单位为克(g)。

取5条试样试验结果的算术平均值作为测试结果，精确至0.1g/g。

附录B

(规范性)

吸收速度、回渗量的测定

B.1 仪器材料和测试溶液

B.1.1 仪器材料

B.1.1.1 金属圆筒：外径50mm，内径45mm，可产生3.0kPa压强。

B.1.1.2 量筒：100mL。

B.1.1.3 秒表：分辨力0.01s。

B.1.1.4 标准压块：φ100mm，质量为(1.2±0.002)kg，能产生1.5kPa压强。

B.1.1.5 中速化学定性分析滤纸：φ110mm，符合GB/T 1914要求。

B.1.2 生理盐水

称量9g(精确至0.01g)氯化钠于1000mL容量瓶中，溶解后加蒸馏水至刻度并摇匀。

B.2 测试步骤

B.2.1 取500mm长复合吸收芯体作为试样，将其正面朝上平铺于水平实验台上(正面为复合吸收芯体靠近产品使用表层的一面)。

B.2.2 将金属圆筒(B.1.1.1)放于试样中心位置，用量筒(B.1.1.2)将40mL生理盐水(B.1.2)注入圆筒内，同时按下秒表(B.1.1.3)计时。

B.2.3 待液体被试样吸收至消失于圆筒下边缘时，记录秒表时间 t，即为该试样的吸收速度值。

B.2.4 第五分钟时，用量筒将40mL生理盐水注入圆筒内。

B.2.5 称取若干层(以最上层滤纸无吸液为准)中速化学定性分析滤纸(B.1.1.5)备用，质量为 m_1。

B.2.6 第十分钟时，将滤纸覆盖在试样注液位置，同时将标准压块(B.1.1.4)轻轻放在其表面，加压1min时将标准压块移去，用天平称量试样表面滤纸的质量 m_2。

B.2.7 重复以上操作，每个样品至少获得5个有效数据。

B.3 测试结果的计算

B.3.1 吸收速度的计算

去除5个有效数据中的最大值和最小值，取其余3个有效数据的算术平均值作为测试结果，单位为秒(s)，结果修约至整数位。

B.3.2 回渗量的计算

回渗量按公式(B.1)计算：

$$R = m_2 - m_1 \qquad \text{(B.1)}$$

式中 R——试样的回渗量，单位为克(g)；

m_2——试样表面中速化学定性分析滤纸吸液后的质量，单位为克(g)；

m_1——试样表面中速化学定性分析滤纸吸液前的质量，单位为克(g)。

去除5个有效数据中的最大值和最小值，取其余3个有效数据的算术平均值作为测试结果，精确至0.1g。

附 录 C
(规范性)
pH的测定

C.1 试剂与材料

除非另有规定，仅使用分析纯试剂。

C.1.1 水：GB/T 6682，三级。

C.1.2 生理盐水：称量9g(精确至0.01g)氯化钠于1000mL容量瓶中，溶解后加蒸馏水至刻度并摇匀。

C.1.3 标准缓冲溶液：25℃时pH分别为4.01、6.86、9.18。

C.2 仪器

C.2.1 pH计：精度为0.01。

C.2.2 天平：感量为0.01g。

C.2.3 温度计：量程0℃~100℃，分度值为1.0℃。

C.2.4 烧杯：250mL。

C.2.5 量筒：200mL。

C.2.6 容量瓶：1000mL。

C.2.7 不锈钢剪刀。

C.2.8 秒表。

C.2.9 G1玻璃砂芯漏斗。

C.3 测试步骤

在常温下，取100mm长的复合吸收芯体作为测试样品，从其中间部位剪取(1.0±0.1)g，置于烧杯(C.2.4)内，加入150mL生理盐水(C.1.2)，并开始计时，先用玻璃棒搅拌使试样与生理盐水充分混合，然后静置，10min时再次搅拌并用G1玻璃砂芯漏斗(C.2.9)过滤，将pH计(C.2.1)测试电极放入滤液中测试并读取pH。

C.4 测试结果的计算

每种样品测试两条试样(两条试样取自两卷/件)，取其算术平均值作为测定结果，精确至0.1pH单位。

C.5 注意事项

每次使用pH计前应按仪器说明书用标准缓冲溶液对仪器进行校准。每条试样测试完毕后应立即用蒸馏水冲洗电极。

附 录 D
（规范性）
可迁移性荧光物质的测定

D. 1 试剂和材料

除非另有规定，仅使用分析纯试剂。除荧光标准样外，所用试剂和材料在紫外灯下应无荧光现象。

D. 1. 1 水：GB/T 6682，三级。

D. 1. 2 纱布：纯棉材质，尺寸约 5cm×5cm，每片纱布的质量约为 80mg。

D. 1. 3 氨水：0. 1%（体积分数）。

D. 1. 4 盐酸溶液：10%（体积分数）。

D. 1. 5 萃取溶液：用 0. 1%氨水（D. 1. 3）调节过的 pH 为 7. 5~9. 0 的水（D. 1. 1）。

D. 1. 6 荧光标准样：荧光均匀，荧光亮度为 0. 40%~0. 60%。

D. 2 仪器

D. 2. 1 天平：感量为 0. 001g。

D. 2. 2 三角烧瓶：250mL。

D. 2. 3 G1 玻璃砂芯漏斗。

D. 2. 4 玻璃表面皿。

D. 2. 5 紫外灯：波长为 254nm 和 365nm，具有保护眼睛的装置。

D. 2. 6 pH 计：精度为 0. 01。

D. 2. 7 恒温水浴：温度可控制在（40±2）℃。

D. 3 实验步骤和结果判定

D. 3. 1 从样品中随机取一条试样，将试样与荧光标准样（D. 1. 6）一同置于紫外灯（D. 2. 5）下约 20cm 处，对比观察试样两面与荧光标准样的荧光现象。如果试样的荧光现象弱于荧光标准样，则判定该样品无可迁移性荧光物质，试验终止；如果试样的荧光现象强于荧光标准样，则继续按照 D. 3. 2~D. 3. 9 进行试验并判定。

D. 3. 2 将试样荧光现象明显的部位裁下，剪成约 5mm×5mm 的小块，准确称取 2. 0g 试样，置于三角烧瓶（D. 2. 2）中。如果一条试样的荧光明显部位质量不足 2. 0g，则从多条试样上取样。

D. 3. 3 在烧瓶中加入 100mL 萃取溶液（D. 1. 5）。在室温条件下缓慢摇晃烧瓶，萃取 10min，然后用 G1 玻璃砂芯漏斗（D. 2. 3）过滤。

D. 3. 4 用盐酸溶液（D. 1. 4）将滤液的 pH 调节到 3. 0~5. 0。将纱布（D. 1. 2）浸入滤液中，并在温度为（40±2）℃的恒温水浴（D. 2. 7）中放置 30min。

D. 3. 5 用镊子取出纱布，然后挤出滤液并对称折成四层，放在玻璃表面皿（D. 2. 4）上。

D. 3. 6 重复 D. 3. 3 至 D. 3. 5 步骤，进行空白试验。

D. 3. 7 每个样品进行两次平行测定。

D. 3. 8 将放置试样纱布（D. 3. 5）及空白试验纱布（D. 3. 6）的玻璃表面皿置于紫外灯下约 20cm 处，观察纱布荧光现象。

D. 3. 9 若两个平行试验的试样纱布与空白试验纱布比较，均没有明显荧光现象，则判该样品无可迁移性荧光物质；若两个试样纱布均有明显荧光现象，则判该样品有可迁移性荧光物质；若两个试样纱布中有一个比空白试验纱布的荧光现象明显，则重新进行试验，若重新试验后的试样纱布与空白试验纱布比较，均没有明显荧光现象，则判该样品无可迁移性荧光物质；否则判为有可迁移性荧光物质。

附录E

（规范性）

微生物指标的测定

E.1 培养基与试剂的制备

E.1.1 营养琼脂培养基

称取33g营养琼脂，溶于1L蒸馏水中，加热煮沸至完全溶解，分装，经过121℃高压灭菌15min后备用。

E.1.2 乳糖胆盐发酵管

称取35g乳糖胆盐发酵培养基，溶于1L蒸馏水中，待完全溶解后分装每管50mL，并放入一个倒管，115℃高压灭菌15min即得。

制双料乳糖胆盐发酵管时，除蒸馏水外，其他成分加倍。

E.1.3 伊红美蓝琼脂培养基

称取36g伊红美蓝琼脂培养基，溶于1L蒸馏水中，浸泡15min，加热煮至完全溶解后，经115℃高压灭菌15min，冷却至50℃～60℃，振摇培养基倾注灭菌平皿备用。

E.1.4 乳糖发酵管

称取25.3g乳糖发酵培养基，溶于1L蒸馏水中，浸泡5min，加热至完全溶解后，分装于有倒管的试管内，115℃高压灭菌15min即得。

E.1.5 血琼脂培养基

将灭菌后的营养琼脂加热溶化，待凉至约50℃，即在无菌操作下按营养琼脂：脱纤维血为10：1的比例加入脱纤维血，摇匀，倒入灭菌平皿，置冰箱备用。

E.1.6 兔血浆

取灭菌3.8%柠檬酸钠1份，加兔全血4份摇匀静置，3000r/min离心5min，取上清液，弃血球。

E.1.7 革兰氏染色液

结晶紫染色液：将1g结晶紫溶解于20mL的95%酒精中，然后与1%草酸铵水溶液80mL混合。

革兰氏碘液：将1g碘与2g碘化钾混合，加入蒸馏水少许充分振摇，待完全溶解后再加蒸馏水至300mL。

沙黄复染液：将0.25g沙黄溶解于10mL的95%酒精之中，然后用90mL蒸馏水稀释。

E.1.8 甘露醇发酵培养基

称取30g甘露醇发酵培养基溶于1L蒸馏水中，加热煮沸至完全溶解，分装，115℃高压灭菌20min备用。

E.1.9 7.5%氯化钠肉汤培养基

称取88g7.5%氯化钠肉汤培养基溶于1L蒸馏水中，加热煮沸至完全溶解，分装后于121℃高压灭菌15min备用。

E.1.10 葡萄糖肉浸液肉汤

称取30g葡萄糖肉浸液肉汤培养基溶于1L蒸馏水中，分装后于121℃高压灭菌30min备用。

E.1.11 草酸钾血浆

在5mL兔血浆中加入0.01g草酸钾，充分混合摇匀，经离心沉淀，吸取上清液，即得。

以上各培养基均为成品，采用量可依据产品的说明书而定。

E.2 产品采集与样品处理

E.2.1 从同一批号的3件样品中各取约10g试样，分别置于3个干净密封包装袋中用于测试。

E. 2. 2　在 100 级净化条件下用无菌方法打开用于检测的 3 个密封包装，从每个包装中取样，准确称取(10±1)g 样品。剪碎后加入到 200mL 灭菌生理盐水中，充分混匀，得到一个生理盐水样液。液体产品用原液直接做样液。

E. 2. 3　若被检样品含有大量高吸收性树脂材料而导致不能吸出足够样液时，稀释液量可按每次 50mL 递增，直至能吸出足够测试用样液。在计算细菌菌落总数与真菌菌落总数时相应调整稀释度。

E. 3　细菌菌落总数的检测

E. 3. 1　操作步骤

待上述样液自然沉降后取上清液做菌落计数。共接种 5 个平皿，每个平皿中加入 1mL 样液，然后用冷却至 45℃左右熔化的营养琼脂 15mL～20mL，倒入平皿内，充分混匀。待琼脂凝固后翻转平皿，置(35±2)℃培养 48h，然后计算平板上的细菌数(当平板上菌落数超过 200 时应稀释后再计数)。

E. 3. 2　结果报告

菌落呈片状生长的平板不宜采用，计数符合要求的平板上的菌落，按公式(E. 1)计算结果：

$$X = A \times \frac{K}{5} \qquad \text{(E. 1)}$$

式中　X——细菌菌落总数，单位为菌落形成单位每克(CFU/g)；

A——5 块营养琼脂培养基平板上的细菌菌落总数，单位为菌落形成单位每克(CFU/g)；

K——稀释倍数。

当计算结果小于稀释倍数时，按“<20CFU/g”报告结果；当计算结果大于等于稀释倍数时，采用两位有效数字报告结果。

如果样品菌落总数超过本文件的规定，则判被检样品不合格。

E. 4　大肠菌群的检测

E. 4. 1　操作步骤

取样液 5mL 接种于 50mL 乳糖胆盐发酵管，置(35±2)℃培养 24h，若不产酸也不产气，则报告为大肠菌落阴性。如果产酸产气，则划线接种伊红美蓝琼脂平板，置(35±2)℃培养 18h～24h，观察平板上菌落形态典型的大肠菌落为黑紫色或红紫色，圆形，边缘整齐，表面光滑湿润，常具有金属光泽，也有的呈紫黑色，不带或略带金属光泽，或粉红色，中心较深的菌落。挑取疑似菌落 1～2 个作革兰氏染色镜检，同时接种乳糖发酵管，置(35±2)℃培养 24h，观察产气情况。

E. 4. 2　结果报告

凡乳糖胆盐发酵管产酸产气，乳糖发酵管产气，在伊红美蓝平板上有典型大肠菌落，革兰氏染色为阴性无芽孢杆菌，可报告被检样品检出大肠杆菌。

E. 5　金黄色葡萄球菌的检测

E. 5. 1　操作步骤

取样液 5mL 加入到 50mL7. 5%氯化钠肉汤培养液中，充分混匀，(35±2)℃培养 24h。自上述增菌液中取 1～2 接种环，划线接种在血琼脂培养基上(35±2)℃培养 24h～48h。在血琼脂平板上该菌落呈金黄色，大而突起，圆形，表面光滑，周围有溶血圈。挑取典型菌落，涂片作革兰氏染色镜检，如见排列成葡萄状，无芽孢与荚膜，应进行甘露醇发酵管试验和血浆凝固酶试验。

a）甘露醇发酵管试验

取上述菌落接种到甘露醇培养基中，置(35±2)℃培养 24h，发酵甘露醇产酸者为阳性。

b）血浆凝固酶试验

玻片法：取清洁干燥载玻片→于两端分别滴加 1 滴生理盐水、1 滴兔血浆→挑取菌落分别与两者混合 5min。若两者均无凝固则为阴性；若血浆内出现团块或颗粒状凝固，而生理盐水仍呈均匀浑浊无凝固，则为阳性。凡两者均有凝固现象，再进行试管凝固酶试验。

试管法：吸取 1：4 新鲜血浆 0.5mL，置灭菌小试管中→加入等量待检菌 24h，肉汤培养物 0.5mL，混匀→置(35±2)℃温箱或水浴中→每 0.5h 观察一次→24h 之内呈现凝块即为阳性。同时以已知血浆凝固酶阳性和阴性菌株肉汤培养物各 0.5mL 作阳性和阴性对照。

E.5.2 结果报告

凡在琼脂平板上有可疑菌落生长，镜检为革兰氏阳性葡萄球菌，并能发酵甘露醇产酸、血浆凝固酶阳性者，可报告被检样品检出金黄色葡萄球菌。

E.6 溶血性链球菌的检测

E.6.1 操作步骤

取样液 5mL 加入到 50mL 葡萄糖肉浸液肉汤中，(35±2)℃培养 24h。将培养物划线接种血琼脂平板，置(35±2)℃中培养 24h，观察菌落特征。溶血性链球菌在血平板上为灰白色，半透明或不透明，针尖状突起，表面光滑，边缘整齐，周围有无色透明溶血圈。取典型菌落作涂片革兰氏染色镜检，应为革兰氏阳性，呈链状排列的球菌。镜检符合上述情况，应进行链激酶和杆菌肽敏感试验。

a）链激酶试验

吸取草酸钾血浆 0.2mL→加入 0.8mL 灭菌生理盐水混匀→加入待检菌 24h 肉汤培养物 0.5mL 和 0.25%氯化钙溶液 0.25mL 混匀→置(35±2)℃水浴中，2min 查看 1 次(一般 10min 内可凝固)→待血浆凝固后继续观察并记录溶化时间→如 2h 内不溶化，继续放置 24h，观察。如果凝块全部溶化为阳性，24h 仍不溶化为阴性。

b）杆菌肽敏感试验

将被检菌菌液涂于血平板上→用灭菌镊子取每片含 0.04 单位杆菌肽的纸片放在平板上，同时以已知阳性菌株作对照→置(35±2)℃下 18h~24h→有抑菌带者为阳性。

E.6.2 结果报告

镜检革兰氏阳性链状排列球菌，血平板上呈现溶血圈，链激酶和杆菌肽试验阳性，可报告被检样品检出溶血性链球菌。

一次性卫生用品用面层(GB/T 30133—2022)

代替 GB/T30133—2013，2022-07-11 发布，2023-02-01 实施

1 范围

本文件界定了一次性卫生用品用面层的术语和定义，规定了一次性卫生用品用面层的分类和技术要求，描述了一次性卫生用品用面层技术要求指标的试验方法，确立了一次性卫生用品用面层的组批、抽样和检验规则，给出了标志、包装、运输和贮存信息。

本文件适用于生产纸尿裤(片、垫)、卫生巾(护垫)、女性卫生裤等一次性卫生用品所用的面层材料。

2 规范性引用文件

下列文件中的内容通过文中的规范性引用而构成本文件必不可少的条款。其中，注日期的引用文件，仅该日期对应的版本适用于本文件；不注日期的引用文件，其最新版本(包括所有的修改单)适用于本文件。

GB/T 462 纸、纸板和纸浆 分析试样水分的测定

GB/T 2828.1　计数抽样检验程序　第1部分：按接收质量限(AQL)检索的逐批检验抽样计划
GB/T 6682　分析实验室用水规格和试验方法
GB/T 10739　纸、纸板和纸浆　试样处理和试验的标准大气条件
GB 15979　一次性使用卫生用品卫生标准
GB/T 17592　纺织品　禁用偶氮染料的测定
GB/T 22898　纸和纸板　抗张强度的测定　恒速拉伸法(100mm/min)
GB/T 23344　纺织品　4-氨基偶氮苯的测定
GB/T 24218.6　纺织品　非织造布试验方法　第6部分：吸收性的测定
GB/T 34448—2017　生活用纸及纸制品　甲醛含量的测定
GB/T 37860　纸、纸板和纸制品　邻苯二甲酸酯的测定
GB/T 35613—2017　绿色产品评价　纸和纸制品
GB/T 39391—2020　女性卫生裤
GB/T 39998　纸、纸板和纸制品　烷基苯酚聚氧乙烯醚类的测定　高效液相色谱质谱法

3　术语和定义

下列术语和定义适用于本文件。

3.1　天然纤维面层　natural fiber topsheet

采用100%天然纤维加工而成的一次性卫生用品用面层。

3.2　化学纤维面层　man-made fiber topsheet

采用100%化学纤维加工而成的一次性卫生用品用面层。

3.3　混合纤维面层　mixed fiber topsheet

采用天然纤维和化学纤维混合加工而成的一次性卫生用品用面层。

4　分类

4.1　一次性卫生用品用面层分为天然纤维面层、化学纤维面层、混合纤维面层、打孔膜。

4.2　一次性卫生用品用面层按用途分为卫生巾(护垫)用面层、女性卫生裤用面层、婴儿纸尿裤(片、垫)用面层、成人纸尿裤(片、垫)用面层。

5　技术要求

5.1　原材料要求

一次性卫生用品用面层生产时不应使用有毒有害原材料，不应使用回收原材料，不应使用含全氟辛烷磺酰基化合物(PFOS)和全氟辛酸(PFOA)的表面活性剂，不应使用石棉纤维。

5.2　理化指标要求

一次性卫生用品用面层理化指标应符合表1的规定。

表1

指标名称		要求			
		天然纤维面层	化学纤维面层	混合纤维面层	打孔膜
定量偏差/%	定量≤20g/m^2	±20			
	定量>20g/m^2	±10			
抗张力(纵向)/N		≥15.0	≥15.0	≥15.0	≥8.0
吸收时间[a]/s		≤30	≤20	≤25	≤20
液体残留量[a]/g		≤0.40	≤0.30	≤0.30	≤0.10

续表

<table>
<tr><th colspan="2" rowspan="2">指 标 名 称</th><th colspan="4">要 求</th></tr>
<tr><th>天然纤维面层</th><th>化学纤维面层</th><th>混合纤维面层</th><th>打孔膜</th></tr>
<tr><td rowspan="2">pH</td><td>婴儿纸尿裤(片、垫)用面层</td><td colspan="4">4.0~7.5</td></tr>
<tr><td>卫生巾(护垫)用面层、女性卫生裤用面层、成人纸尿裤(片、垫)用面层</td><td colspan="4">4.0~8.0</td></tr>
<tr><td colspan="2">可迁移性荧光物质</td><td colspan="4">无</td></tr>
<tr><td rowspan="4">甲醛含量/(mg/kg)</td><td>卫生巾(护垫)用面层</td><td colspan="4">≤75</td></tr>
<tr><td>女性卫生裤用面层</td><td colspan="4">≤75</td></tr>
<tr><td>成人纸尿裤(片、垫)用面层</td><td colspan="4">≤75</td></tr>
<tr><td>婴儿纸尿裤(片、垫)用面层</td><td colspan="4">≤6</td></tr>
<tr><td colspan="2">烷基酚聚氧乙烯醚含量/(mg/kg)</td><td colspan="4">≤100</td></tr>
<tr><td colspan="2">可吸附有机卤素(AOX)含量/(mg/kg)</td><td colspan="4">≤5.0</td></tr>
<tr><td>邻苯二甲酸酯含量/%</td><td>邻苯二甲酸二丁酯(DBP)、邻苯二甲酸丁苄酯(BBP)、邻苯二甲酸二(2-乙基)己酯(DEHP)总量</td><td colspan="4">≤0.1</td></tr>
<tr><td colspan="2">可分解致癌芳香胺染料含量[b]/(mg/kg)</td><td colspan="4">≤20</td></tr>
<tr><td colspan="2">交货水分/%</td><td colspan="4">≤8.0</td></tr>
</table>

[a] 仅卫生巾(护垫)用面层和女性卫生裤用面层考核该指标。

[b] 仅印刷或染色的产品考核该指标。

5.3 卫生指标要求

一次性卫生用品用面层卫生指标应符合 GB 15979 中对应成品的规定。

5.4 尺寸偏差要求

一次性卫生用品用面层一般以卷为单位。卷幅宽≤200mm 时，每卷宽度偏差不应超过±3mm；卷幅宽>200mm 时，每卷宽度偏差不应超过±5mm。

5.5 外观质量要求

5.5.1 一次性卫生用品用面层表面应洁净、无污物，无死褶、破损，无掉毛、无外来异物，无明显条状、云斑；天然纤维面层、化学纤维面层、混合纤维面层的表层不应有硬丝；打孔材料打孔应饱满、规则，打孔膜盲孔数沿长度方向 2m 内不应超过 6 个，且不应有大于或等于 $1mm^2$ 的盲孔。

5.5.2 一次性卫生用品用面层色泽应均匀，同批材料不应有明显色差，天然纤维面层、化学纤维面层、混合纤维面层不应出现颜色变化的现象，彩色或印花产品不应脱色。

5.5.3 一次性卫生用品用面层切边应整齐，不应沾有纸芯碎屑。

5.5.4 每卷一次性卫生用品用面层的接头不应多于 2 个，相邻 2 个接头间距不应小于 100m。接头处用有色胶带粘住，两端面可见。

6 试验方法

6.1 试样的采取和处理

测试定量偏差、抗张力、吸收时间及液体残留量时，处理按 GB/T 10739 规定进行。

6.2 定量偏差

使用圆刀裁样器或配有裁刀的方形模具从样品上裁取至少 3 片试样，每片试样的面积至少为 $0.05m^2$。用感量为 0.001g 的天平称量每个试样的质量，计算每个试样单位面积的质量，以 3 片试样单位面积质量的平均值表示试样的定量，单位为克每平方米(g/m^2)，定量偏差以定量测试值与标称定量的差值除以标称定量值的结果表示，单位为%，结果精确至整数位。

6.3 抗张力(纵向)

抗张力(纵向)按 GB/T 22898 测定，拉伸速度为 100mm/min。取样时沿样品纵向取 5 个试样，试样宽度为(50±0.5)mm，长度应满足至少 100mm 夹持距离。

6.4 吸收时间和液体残留量

吸收时间和液体残留量按附录 A 进行测定。

6.5 pH

pH 按附录 B 测定。

6.6 可迁移性荧光物质

可迁移性荧光物质按附录 C 测定。

6.7 甲醛含量

甲醛含量按 GB/T 34448—2017 中高效液相色谱法测定。

6.8 烷基酚聚氧乙烯醚含量

烷基酚聚氧乙烯醚按 GB/T 39998 测定。

6.9 可分解致癌芳香胺染料含量

可分解致癌芳香胺染料含量按 GB/T 17592 和 GB/T 23344 测定。一般先按 GB/T 17592 检测，当检出苯胺和/或 1,4-苯二胺时，再按 GB/T 23344 检测。

6.10 可吸附有机卤素(AOX)含量

可吸附有机卤素(AOX)含量按 GB/T 35613—2017 中附录 C 测定。

6.11 邻苯二甲酸酯含量

邻苯二甲酸酯含量按 GB/T 37860 测定。

6.12 交货水分

交货水分按 GB/T 462 测定。

6.13 卫生指标

卫生指标按 GB 15979 测定。

6.14 尺寸偏差

从一卷产品的最外层起去掉 5 层，用精度 0.5mm 的钢直尺测量，直尺与布边垂直，读取宽度值(精确到 1mm)，每卷测量三处，取平均值作为该卷的实测值，然后计算实测值与标称值之间的偏差。

6.15 外观质量

外观质量采用目测检验。

7 组批、抽样和检验规则

7.1 以一次交货为一批，但每批应不超过 5000 卷。

7.2 生产厂应保证所生产的产品符合本文件要求。

7.3 计数抽样检验程序按 GB/T 2828.1 规定进行，样本单位为卷。接收质量限(AQL)：pH、可迁移性荧光物质、甲醛含量、烷基酚聚氧乙烯醚含量、可吸附有机卤素(AOX)含量、邻苯二甲酸酯含量、可分解致癌芳香胺染料含量、吸收时间、液体残留量为 4.0；定量偏差、抗张力、交货水分、尺寸偏差、外观质量为 6.5。抽样方案采用正常检验二次抽样方案，检查水平为一般检查水平 I。见表 2。

表 2

批量/卷	正常检验二次抽样方案　一般检查水平 I				
	样本量	AQL=4.0		AQL=6.5	
		Ac	Re	Ac	Re
2~25	2	—	—	0	1
	3	0	1	—	—

续表

批量/卷	正常检验二次抽样方案　一般检查水平 I				
	样本量	AQL=4.0		AQL=6.5	
		Ac	Re	Ac	Re
26~90	3	0	1	—	—
	5 5(10)	— —	— —	0 1	2 2
91~150	5 5(10)	— —	— —	0 1	2 2
	8 8(16)	0 1	2 2	— —	— —
151~280	8 8(16)	0 1	2 2	0 3	3 4
281~500	13 13(26)	0 3	3 4	1 4	3 5
501~1200	20 20(40)	1 4	3 5	2 6	5 7
1201~3200	32 32(64)	2 6	5 7	3 9	6 10
3201~5000	50 50(100)	3 9	6 10	5 12	9 13

7.4　理化指标、卫生指标、尺寸偏差、外观质量分别满足第 5 章的要求，判定各项合格，否则判定不合格。所有检验项目中，卫生指标检验结果不合格，则判定批不合格；理化指标、尺寸偏差、外观质量第一次检验的样品数量应等于该方案给出的第一样本量。如果第一样本中发现的不合格品数小于或等于表 2 中的第一接收数，则判定批合格；如果第一样本中发现的不合格品数大于或等于表 2 中的第一拒收数，则判定批不合格。如果第一样本中发现的不合格品数介于表 2 中的第一接收数与第一拒收数之间，应检验由方案给出样本量的第二样本并累计在第一样本和第二样本中发现的不合格品数。如果不合格品累计数小于或等于表 2 中的第二接收数，则判定批合格；如果不合格品累计数大于或等于表 2 中的第二拒收数，则判定批不合格。

8　标志、包装、运输和贮存

8.1　产品标志及包装

8.1.1　产品包装上应标明以下内容：

a) 产品名称；

b) 纤维成分；

c) 卷绕方向或皮肤接触面朝向；

d) 企业名称、地址、联系方式；

e) 定量、产品类型、规格、数量、净重；

f) 生产日期和保质期或生产批号和限期使用日期；

g) 本文件编号。

8.1.2　与一次性卫生用品面层直接接触的包装材料应清洁、无毒、无害。一次性卫生用品面层不应裸露，以保证产品不受污染。

8.1.3　每件一次性卫生用品面层应附一份产品质量合格证。

8.2 产品运输及贮存

8.2.1 产品包装上应标明运输及贮存条件。

8.2.2 一次性卫生用品面层在运输过程中应使用具有防护措施的工具，防止重压、尖物碰撞及日晒雨淋。

8.2.3 一次性卫生用品面层应保存在干燥通风、不受阳光直接照射的室内，防止雨雪淋袭和地面湿气的影响，不应与有污染或有毒化学品共存。

附录A

（规范性）

吸收时间和液体残留量的测定

A.1 概述

面层试样背衬足够厚的吸水纸后放在卫生巾吸收速度测试仪的弧形试样座上，标准测试模块置于试样表面吸收区域，自动加液装置将一定体积的标准合成试液加入标准测试模块中，计时器记录试样完全吸收标准合成试液的时间，表示其吸收时间，测试前后试样的质量差即为试样的液体残留量。

A.2 仪器设备与材料

A.2.1 卫生巾吸收速度测试仪：由标准测试模块、弧形试样座、自动加液装置和自动计时器等组成，各部件具体参数如下：

a）标准测试模块：尺寸为(76±1)mm×(80±1)mm，质量为(127.0±2.5)g，示意图见图A.1；

b）弧形试样座：长为(230±1)mm，宽为(80±1)mm，示意图见图A.1；

c）自动加液装置：加液量为(5.0±0.1)mL，放液时间小于或等于2s；

d）自动计时器：分辨力为0.01s。

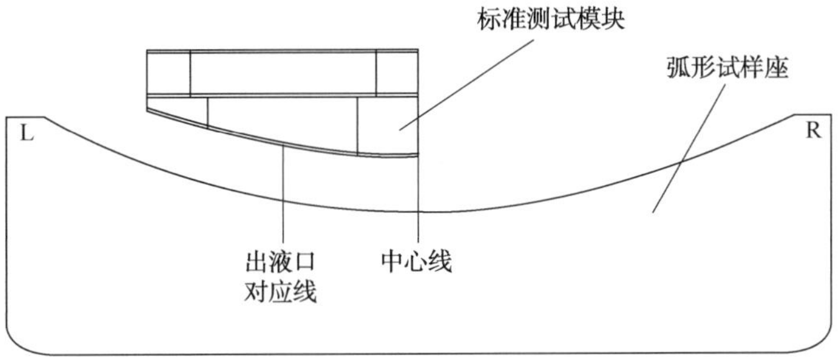

标引序号说明：
L——左边；
R——右边。

图A.1 弧形试样座和标准测试模块示意图

A.2.2 标准合成试液：配制方法和物理性能要求见GB/T 39391—2020附录B。

A.2.3 蒸馏水或去离子水。

A.2.4 吸水纸：定量(145±5)g/m^2，液体吸收量大于480%(按GB/T 24218.6测定)。

A.3 试样采取

每个样品取5片试样，试样尺寸长为100mm，宽80mm。

A.4 试验步骤

A.4.1 将卫生巾吸收速度测试仪(A.2.1)放于水平位置，向储液罐中倒入足够标准合成试液

(A.2.2)，启动仪器，点击润洗按钮，润洗两次。按仪器说明书规定校准自动加液装置的加液体积。

A.4.2 将卫生巾吸收速度测试仪上的弧形试样座取下放在水平桌面上，取一片试样，称其质量计为 m_1，背衬15层与试样尺寸相同的吸水纸，轻轻地放在弧形试样座的弧形测试区域内，放置时试样的亲肤面朝上，且试样的中心点与底座上出液口对应线对齐，然后将试样座放到卫生巾吸收速度测试仪的固定位置。

A.4.3 进入卫生巾吸收速度测试仪的测试界面，设置试样和吸水纸的总厚度，以确保标准测试模块可自由落至试样表面。点击测试，自动加液装置向标准测试模块内加入(5.0±0.1)mL 标准合成试液，计时器自动开始计时，直到吸收区最低点处液面消失时自动停止计时。

A.4.4 自动计时停止1min后，用洁净的纸巾将标准测试模块底部擦拭干净，取下弧形试样座及测试完的试样和吸水纸，再次称量试样的质量记为 m_2。准备下一次试验，重复步骤 A.4.2~A.4.4。

A.4.5 每个样品至少测得5个吸收时间有效数据。如果出现测试液从试样两侧流出的情况，则该测试数据应舍去。

A.4.6 完成所有测试后，用蒸馏水或去离子水清洗吸收速度测试仪及标准测试模块。

A.5 结果表示

以5片试样吸收时间测试值的算术平均值表示试样的吸收时间，单位为秒(s)，结果修约至整数位；以5片试样测试前后质量差的算术平均值表示试样的液体残留量，单位为克(g)，结果精确至小数点后第2位。

附录B
(规范性)
pH的测定

B.1 试剂和材料

除非另有规定，仅使用分析纯试剂。

B.1.1 水：GB/T 6682，三级。

B.1.2 生理盐水：0.9%氯化钠溶液。称量9.00g(精确至0.01g)氯化钠于1000mL容量瓶中，溶解后加水至刻度并摇匀。

B.1.3 标准缓冲溶液：25℃时pH为4.00、6.86、9.18。

B.2 仪器

B.2.1 pH计：精度为0.01。

B.2.2 天平：最大量程500g，感量为0.01g。

B.2.3 温度计：量程0℃~100℃，分度值为1.0℃。

B.2.4 烧杯：容量为100mL。

B.2.5 量筒：容量为100mL。

B.2.6 容量瓶：1000mL。

B.2.7 不锈钢剪刀。

B.2.8 G1玻璃砂芯漏斗。

B.2.9 秒表。

B.3 试验步骤

在常温下剪取(1.0±0.1)g试样，置于100mL烧杯(B.2.4)内，加入生理盐水(B.1.2)100mL并开始计时，先用玻璃棒搅拌使试样与生理盐水充分混合，然后静置，10min 时再次搅拌并用 G1 玻璃砂芯漏斗(B. 2. 8)过滤，将 pH 计(B. 2. 1)测试电极放入滤液中测试并读取 pH。

B. 4 试验结果的计算

每个样品测试两份试样，取其算术平均值作为测定结果，结果修约至小数点后一位。

B. 5 注意事项

每次使用 pH 计前均应使用标准缓冲溶液对仪器进行校准，详见仪器说明书。每个试样测试完毕后，应立即用水洗净电极，并用滤纸将电极上的水吸干后准备测试下一试样用。

附 录 C
(规范性)
可迁移性荧光物质的测定

C. 1 试剂和材料

除非另有规定，仅使用分析纯试剂。

C. 1. 1 水：GB/T 6682，三级。

C. 1. 2 纱布：纯棉材质，尺寸约 5cm×5cm。

C. 1. 3 氨水：0. 1%。

C. 1. 4 盐酸溶液：10%。

C. 1. 5 萃取溶液：用 0. 1%氨水(C. 1. 3)调节过的 pH 为 7. 5~9. 0 的水。

C. 1. 6 荧光标准样：荧光均匀，荧光亮度为 0. 40%~0. 60%。

注：除荧光标准样外，所用试剂和材料在紫外灯下无荧光现象。

C. 2 仪器

C. 2. 1 天平：感量为 0. 001g。

C. 2. 2 三角烧瓶：250mL。

C. 2. 3 G1 玻璃砂芯漏斗。

C. 2. 4 玻璃表面皿。

C. 2. 5 紫外灯：波长为 254nm 和 365nm，具有保护眼睛的装置。

C. 2. 6 pH 计：精度为 0. 01。

C. 2. 7 恒温水浴：控温精度为(40±2)℃。

C. 3 试验步骤和结果报告

C. 3. 1 从样品中随机取一沓试样，将试样与荧光标准样(C. 1. 6)一同置于紫外灯(C. 2. 5)下约 20cm 处，对比观察试样与荧光标准样的荧光现象。如果试样的荧光现象弱于荧光标准样，则报告该样品无可迁移性荧光物质且终止试验；如果试样的荧光现象强于荧光标准样，则继续按照 C. 3. 2~C. 3. 9 进行试验并进行结果报告。

C. 3. 2 将试样荧光现象明显的部位裁下，剪成约 5mm×5mm 的小块，准确称取 2. 0g 试样，置于三角烧瓶(C. 2. 2)中。

C. 3. 3 在烧瓶中加入 100mL 萃取溶液(C. 1. 5)。在室温条件下缓慢摇晃烧瓶，萃取 10min，然后用 G1 玻璃砂芯漏斗(C. 2. 3)过滤。

C. 3. 4 用盐酸溶液(C. 1. 4)将滤液的 pH 调节到 3. 0~5. 0。将纱布(C. 1. 2)浸入滤液中，并在温度为

(40±2)℃的恒温水浴(C. 2. 7)中放置30min。

C. 3. 5　用镊子取出纱布，然后挤出滤液并对称折成四层，放在玻璃表面皿(C. 2. 4)上。

C. 3. 6　重复C. 3. 3~C. 3. 5步骤，进行空白试验。

C. 3. 7　每个样品进行两次平行测定。

C. 3. 8　将放置试样纱布(见C. 3. 5)及空白试验纱布(见C. 3. 6)的玻璃表面皿置于紫外灯下约20cm处，观察纱布荧光现象。

C. 3. 9　若两个平行试验的试样纱布与空白试验纱布比较，均没有明显荧光现象，则报告该样品无可迁移性荧光物质；若两个试样纱布均有明显荧光现象，则报告该样品有可迁移性荧光物质；若两个试样纱布中有一个比空白试验纱布的荧光现象明显，则重新进行试验，若重新试验后的试样纱布与空白试验纱布比较，均没有明显荧光现象，则报告该样品无可迁移性荧光物质；否则报告有可迁移性荧光物质。

卫生用品用吸水衬纸(QB/T 4508—2023)

代替QB/T 4508—2013，2023-04-21发布，2023-11-01实施

1　范围

本文件规定了卫生用品用吸水衬纸的要求，描述了相应的试验方法，规定了检验规则、标志、包装、运输、贮存的内容，并给出了有关分类的信息。

本文件适用于卫生巾、卫生护垫、纸尿裤(片、垫)、宠物尿垫等卫生用品中包裹或隔离绒毛浆和(或)高吸收性树脂用的吸水衬纸的生产、检验和销售。

2　规范性引用文件

下列文件中的内容通过文中的规范性引用而构成本文件必不可少的条款。其中，注日期的引用文件，仅该日期对应的版本适用于本文件；不注日期的引用文件，其最新版本(包括所有的修改单)适用于本文件。

GB/T 450　纸和纸板　试样的采取及试样纵横向、正反面的测定

GB/T 451. 1　纸和纸板尺寸及偏斜度的测定

GB/T 451. 2　纸和纸板定量的测定

GB/T 461. 1　纸和纸板毛细吸液高度的测定(克列姆法)

GB/T 462　纸、纸板和纸浆　分析试样水分的测定

GB/T 465. 2　纸和纸板　浸水后抗张强度的测定

GB/T 1541　纸和纸板　尘埃度的测定

GB/T 1545—2008　纸、纸板和纸浆　水抽提液酸度或碱度的测定

GB/T 2828. 1　计数抽样检验程序　第1部分：按接收质量限(AQL)检索的逐批检验抽样计划

GB/T 7974　纸、纸板和纸浆　蓝光漫反射因数D65亮度的测定(漫射/垂直法，室外日光条件)

GB/T 10342　纸张的包装和标志

GB/T 10739　纸、纸板和纸浆试样处理和试验的标准大气条件

GB/T 12914　纸和纸板　抗张强度的测定　恒速拉伸法(20mm/min)

GB 15979　一次性使用卫生用品卫生标准

GB/T 22819　高透气纸张透气性的测定

GB/T 27741—2018　纸和纸板　可迁移性荧光增白剂的测定

GB/T 34845　生活用纸　可吸附有机卤素(AOX)的测定

3 术语和定义

本文件没有需要界定的术语和定义。

4 分类

卫生用品用吸水衬纸按用途分为透气型卫生用品用吸水衬纸和湿强型卫生用品用吸水衬纸。

5 要求

5.1 原材料

卫生用品用吸水衬纸不应使用回收纸、纸张印刷品、纸制品及其他回收纤维状物质作原料。

5.2 理化性能

卫生用品用吸水衬纸理化性能指标应符合表1规定。

表 1

项目			单位	要求	
				透气型	湿强型
定量偏差	<23		g/m²	±1.0	
	23~<30			±2.0	
	≥30			±3.0	
D65 亮度		≤	%	90.0	
透气度	<13.0g/m²	≥	μm/(Pa·s)	8300	—
	≥13.0g/m²	≥		5200	—
横向吸液高度		≥	mm/100s	12	
抗张强度	纵向	≥	N/m	120	
	横向	≥		25.0	
纵向伸长率		≥	%	10.0	
纵向湿抗张强度		≥	N/m	4.00	30.0
洞眼	总数	≤	个/m²	4	
	1.0mm~2.0mm	≤		4	
	>2.0mm			不应有	
尘埃度	总数	≤	个/m²	4	
	0.2mm²~1.0mm²	≤		4	
	>1.0mm²			不应有	
可迁移性荧光物质			—	不应有	
可吸附有机卤素(AOX)		≤	mg/kg	5.0	
pH			—	4.0~8.0	
交货水分		≤	%	9.0	

5.3 尺寸偏差

卫生用品用吸水衬纸应为卷筒纸。卷筒纸的幅宽≥300mm 时，偏差不应超过±4mm，幅宽小于300mm 时，偏差不应超过±2mm。

5.4 卫生指标

卫生用品用吸水衬纸的卫生指标应符合 GB 15979 的规定。

5.5 外观质量

卫生用品用吸水衬纸应洁净，皱纹应均匀。不应有明显的死褶、残缺、破损、沙子、硬质块、生浆团等纸病。

6 试验方法

6.1 试样的采取和处理

试样的采取按 GB/T 450 进行。

测定定量偏差、透气度、横向吸液高度、抗张强度、纵向伸长率、纵向湿抗张强度时，试样的处理和试验的标准大气条件按 GB/T 10739 规定进行。

6.2 定量偏差

按 GB/T 451.2 测得试样定量后，按公式(1)计算定量偏差：

$$\Delta G = G - G_{标称} \quad (1)$$

式中 ΔG——定量偏差，单位为克每平方米(g/m^2)；

G——定量实测值，单位为克每平方米(g/m^2)；

$G_{标称}$——定量标称值，单位为克每平方米(g/m^2)。

计算结果保留 1 位小数。

6.3 D65 亮度

D65 亮度按 GB/T 7974 进行测定。

6.4 透气度

透气度按 GB/T 22819 进行测定。

6.5 横向吸液高度

横向吸液高度按 GB/T 461.1 进行测定，测试时间为 100s。

6.6 抗张强度、纵向伸长率

抗张强度、纵向伸长率按 GB/T 12914 进行测定，试样宽度为 15mm，夹距为 100mm。

6.7 纵向湿抗张强度

纵向湿抗张强度按 GB/T 465.2 测定。其中，试样宽度为 15mm，夹距为 100mm，按成品层数测定。测定前应先进行预处理，将试样放在(105±2)℃烘箱中烘 15min，取出后在 GB/T 10739 规定的大气条件下平衡至少 1h 再进行测定。测定时将试样夹于卧式拉力机上，使试样保持伸直但不受力。用胶头滴管向试样中心位置连续滴加两滴水(约 0.1mL)，胶头滴管的出水口与试样垂直距离约 1cm，滴水的同时开始计时，5s 后用 3 层 102 型-中速定性滤纸(单层试样应使用 4 层定性滤纸)轻触试样下方 3s~4s，以吸除试样表面多余水分，定性滤纸不应重复使用。吸干后立即启动拉力机，整个操作(滴水至拉伸试验结束)宜在 35s(其中拉伸时间应不少于 5s)内完成。取 10 个有效测定值，计算其算术平均值，结果以成品层测定值表示。

6.8 洞眼

用双手拿住试样的两角迎光观测，数取规定范围内的洞眼个数。每个试样的测定面积不应少于 $0.5m^2$，然后换算成每平方米的洞眼数。

6.9 尘埃度

尘埃度按 GB/T 1541 测定，每个试样的测定面积不应少于 $0.5m^2$，然后换算成每平方米的尘埃度。

6.10 可迁移性荧光物质

将试样置于紫外灯下，在波长 254nm 和 365nm 的紫外光下检查是否有荧光现象。若试样在紫外灯下无荧光现象，则报告无可迁移性荧光物质。若试样有荧光现象，则按照 GB/T 27741—2018 中第 5 章进行可迁移性荧光物质测定。

6.11 可吸附有机卤素(AOX)

可吸附有机卤素(AOX)按 GB/T 34845 进行测定。

6.12 pH

pH 按 GB/T 1545—2008 中 pH 计法(冷抽提)进行测定，采用生理盐水抽提。

6.13 交货水分

交货水分按 GB/T 462 进行测定。

6.14 尺寸偏差

尺寸偏差按 GB/T 451.1 进行测定。

6.15 卫生指标

卫生指标按 GB 15979 进行测定。

6.16 外观质量

外观质量采用目测检验。

7 检验及判定规则

7.1 检验分类

7.1.1 出厂检验

产品出厂前应按本文件的要求逐批次进行检验，符合本文件要求方可出厂。

7.1.2 型式检验

相同原料、相同工艺的同类产品每两年内应进行不少于 1 次型式检验，有下列情况之一时，也应进行型式检验：

a）当原料、工艺发生重大改变时；

b）产品首次投产或停产 6 个月以上后恢复生产时；

c）生产场所改变时；

d）出厂检验结果与上次型式检验有较大差异时；

e）国家质量监督机构提出进行型式检验要求时。

7.2 检验项目

出厂检验项目为常规检验项目，型式检验项目包括所有检验项目(有特殊规定除外)，具体见表 2。

表 2

序号	检验项目	出厂检验	型式检验	要求的章、条号	检验方法的章、条号
1	定量偏差	√	√	5.2	6.2
2	D65 亮度	√	√	5.2	6.3
3	透气度	√	√	5.2	6.4
4	横向吸液高度	√	√	5.2	6.5
5	抗张强度	√	√	5.2	6.6
6	纵向伸长率	√	√	5.2	6.6
7	纵向湿抗张强度	√	√	5.2	6.7
8	洞眼	√	√	5.2	6.8
9	尘埃度	√	√	5.2	6.9
10	可迁移性荧光物质	—	√	5.2	6.10
11	可吸附有机卤素(AOX)	—	√	5.2	6.11
12	pH	—	√	5.2	6.12
13	交货水分	—	√	5.2	6.13
14	尺寸偏差	√	√	5.3	6.14
15	卫生指标	—	√	5.4	6.15
16	外观质量	√	√	5.5	6.16

7.3 检验规则

7.3.1 生产厂应保证所生产的产品符合本文件规定，相同原料、相同工艺、相同规格的同类产品一次交货数量为一批，每批产品应附产品合格证。

7.3.2 计数抽样检验程序按 GB/T 2828.1 规定进行。卫生用品用吸水衬纸样本单位为卷。接收质量限(AQL)：透气度、横向吸液高度、抗张强度、纵向伸长率、可迁移性荧光物质、可吸附有机卤素(AOX)、纵向湿抗张强度、pH 的 AQL 为 4.0，定量偏差、D65 亮度、洞眼、尘埃度、交货水分、尺寸偏差、外观质量的 AQL 为 6.5。抽样方案采用正常检验二次抽样方案，检验水平为特殊检验水平 S-2。见表 3。

表 3

批量/卷	正常检验二次抽样方案　特殊检验水平 S-2				
	样本量	AQL=4.0		AQL=6.5	
		Ac	Re	Ac	Re
2~150	3	0	1	—	—
	2	—	—	0	1
151~500	3	0	1	—	—
	5	—	—	0	2
	5(10)	—	—	1	2

7.4 判定规则

卫生用品用吸水衬纸的理化性能、尺寸偏差、卫生指标、外观质量分别满足第 5 章中要求，判定各项合格，否则判定不合格。所有检验项目中，卫生指标检验结果不合格，则判定批不合格；理化性能、尺寸偏差、外观质量第一次检验的样品数量应等于该方案给出的第一样本量。如果第一样本中发现的不合格品数小于或等于表 3 中的第一接收数，则判定批合格；如果第一样本中发现的不合格品数大于或等于表 3 中的第一拒收数，则判定批不合格。如果第一样本中发现的不合格品数介于表 3 中的第一接收数与第一拒收数之间，应检验由方案给出样本量的第二样本并累计在第一样本和第二样本中发现的不合格品数。如果不合格品累计数小于或等于表 3 中的第二接收数，则判定批合格；如果不合格品累计数大于或等于表 3 中的第二拒收数，则判定批不合格。

8 标志、包装、运输、贮存

8.1 标志、包装

产品的标志和包装按 GB/T 10342 的规定进行。

产品标志应标明以下内容：

a) 产品名称(含“吸水衬纸”字样)；

b) 产品定量；

c) 产品类型(透气型或湿强型)；

d) 生产日期和保质期，或生产批号和限用日期；

e) 产品合格标志；

f) 生产单位或责任单位名称、地址、联系方式。

8.2 运输、贮存

8.2.1 产品运输时，应使用具有防护措施的洁净的运输工具，不应与有污染性的物质共同运输。

8.2.2 产品在搬运过程中，应轻放，防雨、防潮，不应抛扔。

8.2.3 产品应贮存于干燥、清洁、无毒、无异味、无污染的仓库内。

基础、卫生、管理相关标准及规范

Industry basic and hygiene, management related standards and rules

工业重点领域能效标杆水平和基准水平(2023 年版)(生活用纸、卫生用品部分)

2023 年 6 月 6 日，国家发展改革委、工业和信息化部、生态环境部、市场监管总局、国家能源局，下发了“国家发展改革委等部门关于发布《工业重点领域能效标杆水平和基准水平(2023 年版)》的通知”(发改产业〔2023〕723 号)。

《通知》中拓展了重点领域范围，结合工业重点领域产品能耗、规模体量、技术现状和改造潜力等，进一步拓展能效约束领域，在此前明确的 25 个重点领域能效标杆水平和基准水平的基础上，增加了 11 个领域，其中与生活用纸和卫生用品行业有关的卫生纸原纸、纸巾原纸，黏胶短纤维列入节能降碳改造升级范围，具体如下：

国民经济行业分类及代码			重点领域		指标名称	指标单位	标杆水平	基准水平	参考标准
大类	中类	小类							
造纸和纸制品业(22)	造纸(222)	机制纸及纸板制造(2221)	卫生纸原纸、纸巾原纸	木浆	单位产品能耗	千克标准煤/吨	450	520	GB 31825 注：不包括 TAD 等塑纹纸机生产的产品
				非木浆			510	560	
化学纤维制造业(28)	纤维素纤维原料及纤维制造(281)	人造纤维(纤维素纤维)制造(2812)	黏胶短纤维		单位产品综合能耗	千克标准煤/吨	800	950	《绿色设计产品评价技术规范 黏胶纤维》(T/CNTAC 96)

附　　录
APPENDIX

［7］

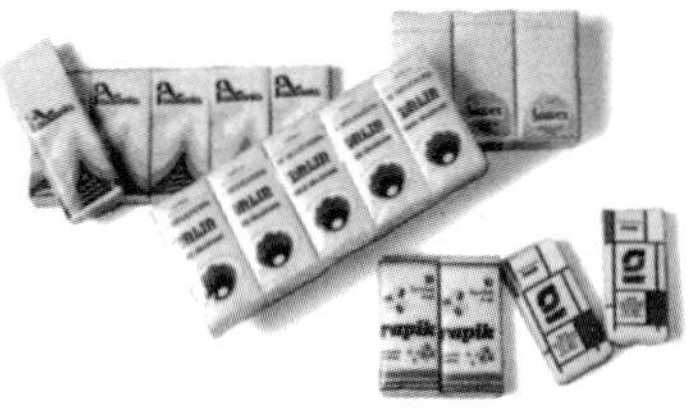

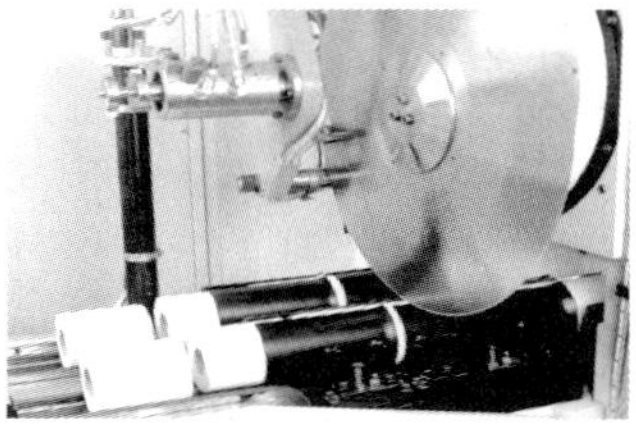

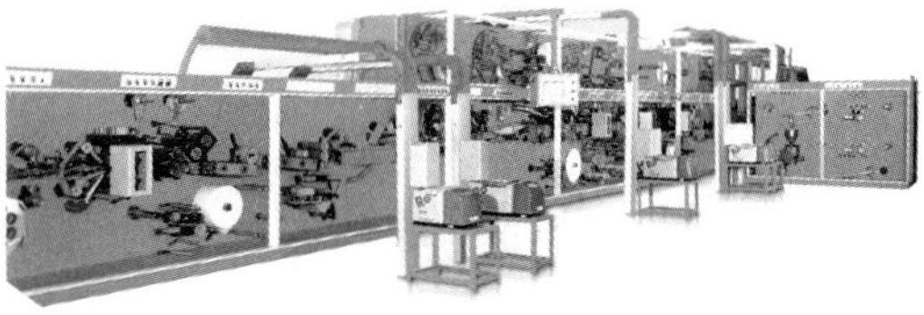

人口数及构成
Population and its composition

单位:万人(10 000 persons)

年份 Year	总人口(年末) Total Population (year-end)	按性别分 By Gender				按城乡分 By Residence			
		男 Male		女 Female		城镇 Urban		乡村 Rural	
		人口数 Population	比重(%) Proportion	人口数 Population	比重(%) Proportion	人口数 Population	比重(%) Proportion	人口数 Population	比重(%) Proportion
1949	54167	28145	51.96	26022	48.04	5765	10.64	48402	89.36
1950	55196	28669	51.94	26527	48.06	6169	11.18	49027	88.82
1951	56300	29231	51.92	27069	48.08	6632	11.78	49668	88.22
1955	61465	31809	51.75	29656	48.25	8285	13.48	53180	86.52
1960	66207	34283	51.78	31924	48.22	13073	19.75	53134	80.25
1965	72538	37128	51.18	35410	48.82	13045	17.98	59493	82.02
1970	82992	42686	51.43	40306	48.57	14424	17.38	68568	82.62
1975	92420	47564	51.47	44856	48.53	16030	17.34	76390	82.66
1976	93717	48257	51.49	45460	48.51	16341	17.44	77376	82.56
1977	94974	48908	51.50	46066	48.50	16669	17.55	78305	82.45
1978	96259	49567	51.49	46692	48.51	17245	17.92	79014	82.08
1979	97542	50192	51.46	47350	48.54	18495	18.96	79047	81.04
1980	98705	50785	51.45	47920	48.55	19140	19.39	79565	80.61
1981	100072	51519	51.48	48553	48.52	20171	20.16	79901	79.84
1982	101654	52352	51.50	49302	48.50	21480	21.13	80174	78.87
1983	103008	53152	51.60	49856	48.40	22274	21.62	80734	78.38
1984	104357	53848	51.60	50509	48.40	24017	23.01	80340	76.99
1985	105851	54725	51.70	51126	48.30	25094	23.71	80757	76.29
1986	107507	55581	51.70	51926	48.30	26366	24.52	81141	75.48
1987	109300	56290	51.50	53010	48.50	27674	25.32	81626	74.68
1988	111026	57201	51.52	53825	48.48	28661	25.81	82365	74.19
1989	112704	58099	51.55	54605	48.45	29540	26.21	83164	73.79
1990	114333	58904	51.52	55429	48.48	30195	26.41	84138	73.59
1991	115823	59466	51.34	56357	48.66	31203	26.94	84620	73.06
1992	117171	59811	51.05	57360	48.95	32175	27.46	84996	72.54
1993	118517	60472	51.02	58045	48.98	33173	27.99	85344	72.01
1994	119850	61246	51.10	58604	48.90	34169	28.51	85681	71.49
1995	121121	61808	51.03	59313	48.97	35174	29.04	85947	70.96
1996	122389	62200	50.82	60189	49.18	37304	30.48	85085	69.52
1997	123626	63131	51.07	60495	48.93	39449	31.91	84177	68.09
1998	124761	63940	51.25	60821	48.75	41608	33.35	83153	66.65
1999	125786	64692	51.43	61094	48.57	43748	34.78	82038	65.22
2000	126743	65437	51.63	61306	48.37	45906	36.22	80837	63.78
2001	127627	65672	51.46	61955	48.54	48064	37.66	79563	62.34
2002	128453	66115	51.47	62338	48.53	50212	39.09	78241	60.91
2003	129227	66556	51.50	62671	48.50	52376	40.53	76851	59.47
2004	129988	66976	51.52	63012	48.48	54283	41.76	75705	58.24
2005	130756	67375	51.53	63381	48.47	56212	42.99	74544	57.01
2006	131448	67728	51.52	63720	48.48	58288	44.34	73160	55.66
2007	132129	68048	51.50	64081	48.50	60633	45.89	71496	54.11
2008	132802	68357	51.47	64445	48.53	62403	46.99	70399	53.01
2009	133450	68647	51.44	64803	48.56	64512	48.34	68938	51.66
2010	134091	68748	51.27	65343	48.73	66978	49.95	67113	50.05
2011	134916	69161	51.26	65755	48.74	69927	51.83	64989	48.17
2012	135922	69660	51.25	66262	48.75	72175	53.10	63747	46.90
2013	136726	70063	51.24	66663	48.76	74502	54.49	62224	45.51
2014	137646	70522	51.23	67124	48.77	76738	55.75	60908	44.25
2015	138326	70857	51.22	67469	48.78	79302	57.33	59024	42.67
2016	139232	71307	51.21	67925	48.79	81924	58.84	57308	41.16
2017	140011	71650	51.17	68361	48.83	84343	60.24	55668	39.76
2018	140541	71864	51.13	68677	48.87	86433	61.50	54108	38.50
2019	141008	72039	51.09	68969	48.91	88426	62.71	52582	37.29
2020	141212	72357	51.24	68855	48.76	90220	63.89	50992	36.11
2021	141260	72311	51.19	68949	48.81	91425	64.72	49835	35.28
2022	141175	72206	51.15	68969	48.85	92071	65.22	49104	34.78

注：1. 1981年及以前数据为户籍统计数；1982、1990、2000、2010、2020年数据为当年人口普查数据推算数；其余年份数据为年度人口抽样调查推算数据。
2. 总人口和按性别分人口中包括现役军人，按城乡分人口中现役军人计入城镇人口。
a) Figures before and of 1981 are from household registrations; for years of 1982, 1990, 2000, 2010 and 2020 are the census year estimates; and figures for the rest of years are estimated on the basis of the annual national sample survey of population.
b) Total population and population by gender include the servicemen of the Chinese People's Liberation Army, who are classified as urban population in population by residence.

《中国统计年鉴2023》

人口出生率、死亡率和自然增长率
Birth rate, death rate and natural growth rate of population

单位:‰

年 份 Year	出生率 Birth Rate	死亡率 Death Rate	自然增长率 Natural Growth Rate
1978	18. 25	6. 25	12. 00
1979	17. 82	6. 21	11. 61
1980	18. 21	6. 34	11. 87
1981	20. 91	6. 36	14. 55
1982	22. 28	6. 60	15. 68
1983	20. 19	6. 90	13. 29
1984	19. 90	6. 82	13. 08
1985	21. 04	6. 78	14. 26
1986	22. 43	6. 86	15. 57
1987	23. 33	6. 72	16. 61
1988	22. 37	6. 64	15. 73
1989	21. 58	6. 54	15. 04
1990	21. 06	6. 67	14. 39
1991	19. 68	6. 70	12. 98
1992	18. 24	6. 64	11. 60
1993	18. 09	6. 64	11. 45
1994	17. 70	6. 49	11. 21
1995	17. 12	6. 57	10. 55
1996	16. 98	6. 56	10. 42
1997	16. 57	6. 51	10. 06
1998	15. 64	6. 50	9. 14
1999	14. 64	6. 46	8. 18
2000	14. 03	6. 45	7. 58
2001	13. 38	6. 43	6. 95
2002	12. 86	6. 41	6. 45
2003	12. 41	6. 40	6. 01
2004	12. 29	6. 42	5. 87
2005	12. 40	6. 51	5. 89
2006	12. 09	6. 81	5. 28
2007	12. 10	6. 93	5. 17
2008	12. 14	7. 06	5. 08
2009	11. 95	7. 08	4. 87
2010	11. 90	7. 11	4. 79
2011	13. 27	7. 14	6. 13
2012	14. 57	7. 13	7. 43
2013	13. 03	7. 13	5. 90
2014	13. 83	7. 12	6. 71
2015	11. 99	7. 07	4. 93
2016	13. 57	7. 04	6. 53
2017	12. 64	7. 06	5. 58
2018	10. 86	7. 08	3. 78
2019	10. 41	7. 09	3. 32
2020	8. 52	7. 07	1. 45
2021	7. 52	7. 18	0. 34
2022	6. 77	7. 37	-0. 60

《中国统计年鉴 2023》

分地区年末人口数
Population at year-end by region

单位：万人(10 000 persons)

地 区	Region	2014	2015	2016	2017	2018	2019	2020	2021	2022
全 国	**National Total**	**137646**	**138326**	**139232**	**140011**	**140541**	**141008**	**141212**	**141260**	**141175**
北 京	Beijing	2171	2188	2195	2194	2192	2190	2189	2189	2184
天 津	Tianjin	1429	1439	1443	1410	1383	1385	1387	1373	1363
河 北	Hebei	7323	7345	7375	7409	7426	7447	7464	7448	7420
山 西	Shanxi	3528	3519	3514	3510	3502	3497	3490	3480	3481
内蒙古	Inner Mongolia	2449	2440	2436	2433	2422	2415	2403	2400	2401
辽 宁	Liaoning	4358	4338	4327	4312	4291	4277	4255	4229	4197
吉 林	Jilin	2642	2613	2567	2526	2484	2448	2399	2375	2348
黑龙江	Heilongjiang	3608	3529	3463	3399	3327	3255	3171	3125	3099
上 海	Shanghai	2467	2458	2467	2466	2475	2481	2488	2489	2475
江 苏	Jiangsu	8281	8315	8381	8423	8446	8469	8477	8505	8515
浙 江	Zhejiang	5890	5985	6072	6170	6273	6375	6468	6540	6577
安 徽	Anhui	5997	6011	6033	6057	6076	6092	6105	6113	6127
福 建	Fujian	3945	3984	4016	4065	4104	4137	4161	4187	4188
江 西	Jiangxi	4480	4485	4496	4511	4513	4516	4519	4517	4528
山 东	Shandong	9808	9866	9973	10033	10077	10106	10165	10170	10163
河 南	Henan	9645	9701	9778	9829	9864	9901	9941	9883	9872
湖 北	Hubei	5816	5850	5885	5904	5917	5927	5745	5830	5844
湖 南	Hunan	6611	6615	6625	6633	6635	6640	6645	6622	6604
广 东	Guangdong	11489	11678	11908	12141	12348	12489	12624	12684	12657
广 西	Guangxi	4770	4811	4857	4907	4947	4982	5019	5037	5047
海 南	Hainan	936	945	957	972	982	995	1012	1020	1027
重 庆	Chongqing	3043	3070	3110	3144	3163	3188	3209	3212	3213
四 川	Sichuan	8139	8196	8251	8289	8321	8351	8371	8372	8374
贵 州	Guizhou	3677	3708	3758	3803	3822	3848	3858	3852	3856
云 南	Yunnan	4653	4663	4677	4693	4703	4714	4722	4690	4693
西 藏	Tibet	325	330	340	349	354	361	366	366	364
陕 西	Shaanxi	3827	3846	3874	3904	3931	3944	3955	3954	3956
甘 肃	Gansu	2531	2523	2520	2522	2515	2509	2501	2490	2492
青 海	Qinghai	576	577	582	586	587	590	593	594	595
宁 夏	Ningxia	678	684	695	705	710	717	721	725	728
新 疆	Xinjiang	2325	2385	2428	2480	2520	2559	2590	2589	2587

《中国统计年鉴 2023》

按年龄和性别分人口数（2022 年）
Population by age and gender（2022）

本表是 2022 年全国人口变动情况抽样调查样本数据，抽样比为 1.023‰。

Data in this table are obtained from the 2022 National Sample Survey on Population Changes. The sampling fraction is 1.023‰.

年 龄 Age	人口数 （1000 人） Population （1000 persons）	男 Male	女 Female	占总人口比重（%） Percentage to Total Population（%）	男 Male	女 Female	性别比 （女=100） Sex Ratio （Female=100）
总计 Total	**1443996**	**737631**	**706364**	**100.00**	**51.08**	**48.92**	**104.43**
0—4	62248	32589	29658	4.31	2.26	2.05	109.88
5—9	90793	48010	42783	6.29	3.32	2.96	112.22
10—14	91846	49065	42781	6.36	3.40	2.96	114.69
15—19	79560	42687	36873	5.51	2.96	2.55	115.77
20—24	73629	39146	34483	5.10	2.71	2.39	113.52
25—29	85040	44806	40234	5.89	3.10	2.79	111.36
30—34	116755	60488	56267	8.09	4.19	3.90	107.50
35—39	109832	56397	53435	7.61	3.91	3.70	105.54
40—44	98379	50422	47957	6.81	3.49	3.32	105.14
45—49	103955	52930	51025	7.20	3.67	3.53	103.73
50—54	127635	64419	63217	8.84	4.46	4.38	101.90
55—59	117482	58880	58602	8.14	4.08	4.06	100.47
60—64	71964	35813	36151	4.98	2.48	2.50	99.07
65—69	79964	39343	40621	5.54	2.72	2.81	96.86
70—74	58782	28355	30427	4.07	1.96	2.11	93.19
75—79	35928	16956	18973	2.49	1.17	1.31	89.37
80—84	22434	10137	12297	1.55	0.70	0.85	82.44
85—89	12542	5223	7319	0.87	0.36	0.51	71.36
90—94	4297	1654	2644	0.30	0.11	0.18	62.56
95+	929	311	618	0.06	0.02	0.04	50.36

注：由于各地区数据采用加权汇总的方法，全国（部分省区）人口变动情况抽样调查样本数据合计与各分项或分组相加略有误差。

Data by region are calculated by the method of weighted sum, total data of the National (some Provinces and Autonomous Regions) Sample Survey on Population Changes is not equal to the sum of each item or group.

《中国统计年鉴 2023》

分地区户数、人口数、性别比和户规模（2022 年）
Household, population, sex ratio and household size by region (2022)

地区	Region	户数 (1000 户) Number of Households (1000 households)	家庭户 Family Households	集体户 Collective Households	人口数 (1000 人) Population (1000 persons)	男 Male	女 Female	性别比 (女=100) Sex Ratio (Female=100)	家庭户人口数(1000 人) Family Household Population (1000 persons)	男 Male	女 Female	集体户人口数(1000 人) Collective Household Population (1000 persons)	男 Male	女 Female	平均家庭户规模(人/户) Average Family Size (person/household)
全 国	**National Total**	**513643**	**497176**	**16467**	**1443996**	**737631**	**706364**	**104. 43**	**1372731**	**696819**	**675912**	**71264**	**40812**	**30452**	**2. 76**
北 京	Beijing	9019	8545	474	22372	11415	10957	104. 18	20850	10452	10398	1522	963	559	2. 44
天 津	Tianjin	5650	5519	131	13959	7150	6809	105. 01	13479	6821	6658	480	329	151	2. 44
河 北	Hebei	26124	25502	622	76002	37765	38237	98. 77	72702	36133	36569	3299	1631	1668	2. 85
山 西	Shanxi	13147	12790	357	35655	18209	17446	104. 37	34173	17181	16992	1482	1028	454	2. 67
内蒙古	Inner Mongolia	9945	9780	165	24595	12545	12050	104. 11	23949	12154	11795	646	391	255	2. 45
辽 宁	Liaoning	17728	17332	396	42990	21196	21795	97. 25	41265	20219	21046	1725	977	748	2. 38
吉 林	Jilin	10003	9783	220	24045	12012	12033	99. 82	23295	11661	11634	750	351	399	2. 38
黑龙江	Heilongjiang	14151	13995	157	31744	15869	15875	99. 96	31124	15562	15562	620	307	313	2. 22
上 海	Shanghai	10277	9835	442	25347	13153	12194	107. 87	23626	12002	11624	1721	1151	569	2. 40
江 苏	Jiangsu	31271	30063	1208	87223	44255	42967	103. 00	82388	41209	41179	4835	3047	1788	2. 74
浙 江	Zhejiang	26291	24980	1311	67369	35195	32173	109. 39	63033	32392	30641	4336	2803	1532	2. 52
安 徽	Anhui	22615	21959	656	62763	32034	30729	104. 25	59492	29926	29566	3271	2108	1163	2. 71
福 建	Fujian	14862	14176	686	42900	22213	20687	107. 38	40180	20642	19538	2720	1571	1149	2. 83
江 西	Jiangxi	15012	14524	488	46380	23966	22414	106. 92	44213	22833	21381	2167	1133	1033	3. 04
山 东	Shandong	38163	37190	974	104093	52785	51309	102. 88	100142	50962	49180	3951	1822	2129	2. 69
河 南	Henan	33585	32856	728	101113	50756	50357	100. 79	97380	48985	48395	3734	1771	1963	2. 96
湖 北	Hubei	20180	19244	936	59860	30827	29033	106. 18	55740	28226	27514	4120	2601	1519	2. 90
湖 南	Hunan	23041	22441	600	67649	34622	33028	104. 83	64388	32698	31690	3262	1923	1338	2. 87
广 东	Guangdong	44934	42698	2235	129642	68360	61283	111. 55	120759	62723	58036	8883	5636	3247	2. 83
广 西	Guangxi	16283	15739	544	51699	26753	24945	107. 25	48855	25405	23449	2844	1348	1496	3. 10
海 南	Hainan	3084	2919	165	10515	5587	4929	113. 36	9886	5231	4656	629	356	273	3. 39
重 庆	Chongqing	12267	11931	336	32914	16623	16291	102. 04	31077	15553	15524	1837	1070	767	2. 60
四 川	Sichuan	30809	30034	775	85772	43264	42508	101. 78	81636	41093	40543	4136	2171	1965	2. 72
贵 州	Guizhou	12451	12015	436	39500	20190	19310	104. 55	37402	19079	18324	2097	1111	986	3. 11
云 南	Yunnan	15007	14494	512	48066	24744	23322	106. 10	45634	23466	22168	2433	1278	1154	3. 15
西 藏	Tibet	1049	1029	20	3730	1951	1779	109. 70	3646	1898	1748	83	53	30	3. 54
陕 西	Shaanxi	14854	14469	386	40518	20665	19852	104. 10	38992	19807	19185	1526	858	668	2. 69
甘 肃	Gansu	8476	8291	186	25529	12966	12563	103. 21	24659	12596	12062	871	370	501	2. 97
青 海	Qinghai	2008	1963	46	6094	3061	3033	100. 95	5901	2971	2931	192	91	102	3. 01
宁 夏	Ningxia	2593	2507	86	7460	3801	3659	103. 89	7144	3644	3500	317	158	159	2. 85
新 疆	Xinjiang	8760	8572	188	26497	13699	12799	107. 03	25722	13295	12427	775	404	371	3. 00

注：本表是 2022 年全国人口变动情况抽样调查样本数据，抽样比为 1. 023‰。

Data in this table are obtained from the 2022 National Sample Survey on Population Changes. The sampling fraction is 1. 023‰.

《中国统计年鉴 2023》

国民经济和社会发展总量与速度指标
Aggregate indicators on national economic and social development and growth rates

指标	Item	总量指标 Aggregate Indicator				指数(%)（2022 为以下各年）Index (%)（2022 as Percentage of the Following Years）			平均增长速度(%) Average Annual Growth Rate (%)	
		1978	2000	2021	2022	1978	2000	2021	1979—2022	2001—2022
人口（万人）	**Population (10 000 persons)**									
总人口（年末）	Total Population (year-end)	96259	126743	141260	141175	146.7	111.4	99.9	0.9	0.5
城镇人口	Urban Population	17245	45906	91425	92071	533.9	200.6	100.7	3.9	3.2
乡村人口	Rural Population	79014	80837	49835	49104	62.1	60.7	98.5	-1.1	-2.2
就业（万人）	**Employment (10 000 persons)**									
就业人员	Number of Employed Persons	40152	72085	74652	73351	182.7	101.8	98.3	1.4	0.1
第一产业	Primary Industry	28318	36043	17072	17663	62.4	49.0	103.5	-1.1	-3.2
第二产业	Secondary Industry	6945	16219	21712	21105	303.9	130.1	97.2	2.6	1.2
第三产业	Tertiary Industry	4890	19823	35868	34583	707.2	174.5	96.4	4.5	2.6
城镇登记失业人员	Number of Registered Unemployed Persons in Urban Areas	530	595	1040	1203	227.0	202.2	115.7	1.9	3.3
国民经济核算	**National Accounts**									
国民总收入（亿元）	Gross National Income (GNI) (100 million yuan)	3678.7	99066.1	1141230.8	1197250.4	4432.1	590.2	102.6	9.0	8.4
国内生产总值（亿元）	Gross Domestic Product (GDP) (100 million yuan)	3678.7	100280.1	1149237.0	1210207.2	4480.1	589.3	103.0	9.0	8.4
第一产业	Primary Industry	1018.5	14717.4	83216.5	88345.1	659.0	239.3	104.1	4.4	4.0
第二产业	Secondary Industry	1755.1	45663.7	451544.1	483164.5	6768.3	631.0	103.8	10.1	8.7
第三产业	Tertiary Industry	905.1	39899.1	614476.4	638697.6	6439.7	671.8	102.3	9.9	9.0
人均国民总收入（元）	Per Capita GNI (yuan)	385	7846	80803	84781	3000.9	527.7	102.6	8.0	7.9
人均国内生产总值（元）	Per Capita GDP (yuan)	385	7942	81370	85698	3033.4	526.9	103.0	8.1	7.8
人民生活(元)	**People's Livelihoods (yuan)**									
全国居民人均可支配收入	Per Capita Disposable Income of Households	171	3721	35128	36883	3046.8	608.5	102.9	8.1	8.6
城镇居民人均可支配收入	Per Capita Disposable Income of Urban Households	343	6256	47412	49283	1886.1	493.4	101.9	6.9	7.5
农村居民人均可支配收入	Per Capita Disposable Income of Rural Households	134	2282	18931	20133	2452.1	500.9	104.2	7.5	7.6
财政（亿元）	**Government Finance (100 million yuan)**									
一般公共预算收入	General Public Budget Revenue	1132.3	13395.2	202554.6	203649.3	17354.5	1467.5	100.5	12.4	13.0

续表Continued

指标	Item	总量指标 Aggregate Indicator				指数(%)(2022 为以下各年) Index (%) (2022 as Percentage of the Following Years)			平均增长速度(%) Average Annual Growth Rate (%)	
		1978	2000	2021	2022	1978	2000	2021	1979—2022	2001—2022
一般公共预算支出	General Public Budget Expenditure	1122. 1	15886. 5	245673. 0	260552. 1	22430. 6	1589. 3	106. 1	13. 1	13. 4
能源（万吨标准煤）	**Energy (10 000 tce)**									
一次能源生产总量	Total Primary Energy Production	62770	138570	427115	466000	743. 0	336. 6	109. 2	4. 7	5. 7
能源消费总量	Total Energy Consumption	57144	146964	525896	541000	947. 0	368. 2	102. 9	5. 2	6. 1
固定资产投资	**Investment in Fixed Assets**									
全社会固定资产投资（亿元）	Total Investment in Fixed Assets (100 million yuan)		32917. 7	517133. 3	542365. 7		1647. 6	104. 9		15. 9
#房地产开发	Real Estate Development		4984. 1	142247. 7	128074. 6		2569. 7	90. 0		19. 3
对外经济贸易	**International Trade**									
货物进出口总额（亿元）	Total Value of Imports and Exports (100 million yuan)	355. 0	39273. 3	387414. 6	418011. 6	117749. 7	1064. 4	107. 9	17. 4	11. 3
出口额	Exports	167. 7	20634. 4	214255. 2	237411. 5	141569. 2	1150. 6	110. 8	17. 9	11. 7
进口额	Imports	187. 4	18638. 8	173159. 4	180600. 1	96371. 5	968. 9	104. 3	16. 9	10. 9
外商直接投资（亿美元）	Foreign Direct Investment (100 million USD)		407. 2	1809. 6	1891. 3		464. 5	104. 5		7. 2
农业	**Agriculture**									
农林牧渔业总产值（亿元）	Gross Output Value of Agriculture, Forestry, Animal Husbandry and Fishery (100 million yuan)	1397. 0	24915. 8	147013. 4	156065. 9	1052. 9	268. 9	104. 4	5. 5	4. 6
主要农产品产量（万吨）	Output of Major Farm Products (10 000 tons)									
谷　物	Cereals		40522. 4	63275. 7	63324. 3		156. 3	100. 1		2. 0
棉　花	Cotton	216. 7	441. 7	573. 1	598. 0	276. 0	135. 4	104. 3	2. 3	1. 4
油　料	Oil-bearing Crops	521. 8	2954. 8	3613. 2	3654. 2	700. 3	123. 7	101. 1	4. 5	1. 0
肉　类	Meat	943. 0	6013. 9	8990. 0	9328. 4	989. 2	155. 1	103. 8	5. 3	2. 0
水产品	Aquatic Products	465. 4	3706. 2	6690. 3	6865. 9	1475. 1	185. 3	102. 6	6. 3	2. 8
工业	**Industry**									
主要工业产量	Output of Major Industrial Products									
原　煤（亿吨）	Coal (100 million tons)	6. 2	13. 8	41. 3	45. 6	737. 6	329. 4	110. 5	4. 6	5. 6
天然气（亿立方米）	Natural Gas (100 million cu. m)	137. 3	272. 0	2075. 8	2201. 1	1603. 1	809. 2	106. 0	6. 5	10. 0
水　泥（万吨）	Cement (10 000 tons)	6524. 0	59700. 0	237724. 5	212927. 2	3263. 8	356. 7	89. 6	8. 2	6. 0

续表Continued

指　　标	Item	总量指标 Aggregate Indicator				指数(%)（2022为以下各年）Index (%)（2022 as Percentage of the Following Years）			平均增长速度(%) Average Annual Growth Rate (%)	
		1978	2000	2021	2022	1978	2000	2021	1979—2022	2001—2022
粗　钢（万吨）	Crude Steel (10 000 tons)	3178. 0	12850. 0	103524. 3	101795. 9	3203. 1	792. 2	98. 3	8. 2	9. 9
钢　材（万吨）	Rolled Steel (10 000 tons)	2208. 0	13146. 0	133666. 8	134033. 5	6070. 4	1019. 6	100. 3	9. 8	11. 1
金属切削机床（万台）	Metal-cutting Machine Tools (10 000 units)	18. 3	17. 7	60. 2	57. 3	312. 9	324. 6	95. 3	2. 6	5. 5
汽　车（万辆）	Motor Vehicles (10 000 units)	14. 9	207. 0	2625. 7	2713. 6	18200. 1	1310. 9	103. 3	12. 6	12. 4
发电机组（万千瓦）	Power Generation Equipment (10 000 kW)	483. 8	1249. 0	15976. 4	18371. 1	3797. 2	1470. 9	115. 0	8. 6	13. 0
发电量（亿千瓦时）	Electricity (100 million kW · h)	2565. 5	13556. 0	85342. 5	88487. 1	3449. 1	652. 8	103. 7	8. 4	8. 9
规模以上工业企业主要指标（亿元）	Principal Indicators of Industrial Enterprises Above Designated Size (100 million yuan)									
资产总计	Total Assets		126211	1466716	1601926					
营业收入	Business Revenue		84152	1314557	1333214					
利润总额	Total Profits		4393	92933	84162					
建筑业	**Construction**									
建筑业总产值（亿元）	Gross Output Value of Construction (100 million yuan)		12498	289277	307935		2464. 0	106. 5		15. 7
房地产业	**Real Estate**									
房地产企业房屋施工面积（万平方米）	Floor Space of Buildings Under Construction (10 000 sq. m)		65897	975387	904092		1372. 0	92. 7		12. 6
房地产企业房屋竣工面积（万平方米）	Floor Space of Buildings Completed (10 000 sq. m)		25105	101412	85857		342. 0	84. 7		5. 7
房地产企业商品房销售面积（万平方米）	Floor Space of Commercial Buildings Sold (10 000 sq. m)		18637	171415	129766		696. 3	75. 7		9. 2
#住宅	Residential Buildings		16570	149602	109564		661. 2	73. 2		9. 0
房地产企业商品房销售额（亿元）	Value of Sale of Commercial Buildings (100 million yuan)		3935	176946	129656		3294. 6	73. 3		17. 2
#住宅	Residential Buildings		3229	158428	113670		3520. 7	71. 7		17. 6
批发、零售和旅游业	**Wholesale, Retail Sales and Tourism**									
社会消费品零售总额（亿元）	Total Retail Sales of Consumer Goods (100 million yuan)	1558. 6	38447. 1	440823. 2	439732. 5	28213. 3	1143. 7	99. 8	13. 7	11. 7
入境旅客（万人次）	Number of Oversea Tourists (10 000 person-times)	180. 9	8344. 4							

续表Continued

指标	Item	总量指标 Aggregate Indicator				指数(%)(2022 为以下各年) Index (%) (2022 as Percentage of the Following Years)			平均增长速度(%) Average Annual Growth Rate (%)	
		1978	2000	2021	2022	1978	2000	2021	1979—2022	2001—2022
#外国人(万人次)	Foreigners (10 000 person-times)	23.0	1016.0							
国内旅客(百万人次)	Number of Domestic Tourists (million person-times)		744.0	3246.1	2530.0		340.1	77.9		5.7
国内旅游总花费(亿元)	Earnings from Domestic Tourism (100 million yuan)		3175.5	29190.7	20444.0		643.8	70.0		8.8
交通运输业	**Transport**									
客运量(万人)	Passenger Traffic (10 000 persons)	253993.0	1478572.5	830256.6	558737.6	220.0	37.8	67.3	1.8	-4.3
铁路	Railways	81491.0	105072.5	261170.6	167296.3	205.3	159.2	64.1	1.6	2.1
公路	Highways	149229.0	1347392.0	508693.3	354642.8	237.7	26.3	69.7	2.0	-5.9
水路	Waterways	23042.0	19386.0	16337.1	11627.5	50.5	60.0	71.2	-1.5	-2.3
民航	Civil Aviation	231.0	6721.7	44055.7	25171.0	10896.6	374.5	57.1	11.3	6.2
货运量(万吨)	Freight Traffic (10 000 tons)	319431.4	1358681.7	5298499.1	5152571.1	1613.0	379.2	97.2	6.5	6.2
铁路	Railways	110119.0	178581.0	477371.6	498423.7	452.6	279.1	104.4	3.5	4.8
公路	Highways	151602.0	1038813.0	3913888.5	3711927.9	2448.5	357.3	94.8	7.5	6.0
水路	Waterways	47357.0	122391.0	823972.8	855351.5	1806.2	698.9	103.8	6.8	9.2
民航	Civil Aviation	6.4	196.7	731.8	607.6	9494.2	308.9	83.0	10.9	5.3
管道	Pipelines	10347.0	18700.0	82534.4	86260.4	833.7	461.3	104.5	4.9	7.2
沿海规模以上港口货物吞吐量(万吨)	Volume of Freight Handled at Coastal Ports Above Designated Size (10 000 tons)		125603.0	997259.0	1013101.5		806.6	101.6		10.0
民用汽车拥有量(万辆)	Possession of Civil Motor Vehicles (10 000 sets)	135.8	1608.9	29418.6	31184.4	22956.7	1938.2	106.0	13.2	14.4
#私人汽车	Private Vehicles		625.3	26152.0	27792.1		4444.4	106.3		18.8
邮政、电信和信息软件业	**Postal, Telecommunication & Information Services**									
邮政业务总量(亿元)	Business Volume of Postal Services (100 million yuan)	14.9	232.8	13698.3	14316.7					
电信业务总量(亿元)	Business Volume of Telecommunication Services (100 million yuan)	19.2	4559.9	17197.5	17501.1					
移动电话年末用户(万户)	Number of Mobile Phone Subscribers at Year-end (10 000 subscribers)		8453.3	164282.5	168344.3		1991.5	102.5		14.6
固定电话年末用户(万户)	Number of Fixed Telephone Subscribers at Year-end (10 000 subscribers)	192.5	14482.9	18070.1	17941.4	9318.1	123.9	99.3	10.9	1.0
互联网宽带接入用户(万户)	Broadband Subscribers of Internet (10 000 subscribers)			53578.7	58964.8			110.1		

续表Continued

指　标	Item	总量指标 Aggregate Indicator				指数(%)(2022为以下各年) Index (%) (2022 as Percentage of the Following Years)			平均增长速度(%) Average Annual Growth Rate (%)	
		1978	2000	2021	2022	1978	2000	2021	1979—2022	2001—2022
软件业务收入(亿元)	Revenue from Software Service (100 million yuan)			95502.0	107790.1			112.9		
金融业	**Financial Intermediation**									
社会融资规模存量(万亿元)	Aggregate Financing to the Real Economy (Stock) (trillion yuan)			314.1	344.2			109.6		
货币和准货币(M_2)(万亿元)	Money and Quasi-Money (M_2) (trillion yuan)		13.5	238.3	266.4		1888.1	111.8		14.3
货币(M_1)(万亿元)	Money (M_1) (trillion yuan)		5.3	64.7	67.2		1242.2	103.7		12.1
流通中现金(M_0)(万亿元)	Currency in Circulation (M_0) (trillion yuan)		1.5	9.1	10.5		715.1	115.3		9.4
金融机构人民币各项存款余额(万亿元)	Deposits of Financial Institutions (trillion yuan)	0.1	12.4	232.3	258.5	211462.0	1984.1	111.3	19.0	14.5
金融机构人民币各项贷款余额(万亿元)	Loans of Financial Institutions (trillion yuan)	0.2	9.9	192.7	214.0	139807.7	2313.2	111.1	17.9	15.3
境内股票发行金额(亿元)	Proceeds Raised in Domestic Stock Market (100 million yuan)		1515.8	15421.5	14342.5		946.2	93.0		10.8
保险公司保费金额(亿元)	Insurance Premium of Insurance Companies (100 million yuan)		1598.0	44900.2	46957.2			104.6		
保险公司赔款及给付金额(亿元)	Claim and Payment of Insurance Companies (100 million yuan)		526.0	15608.6	15485.1			99.2		
科学技术	**Science and Technology**									
R&D经费支出(亿元)	Expenditure on R&D (100 million yuan)		895.7	27956.3	30782.9		3446.5	110.1		17.4
发明专利申请授权数(件)	Number of Invention Patent Grants (pieces)		12683	695946	798347		6294.6	114.7		20.7
技术市场成交额(亿元)	Transaction Value in Technical Markets (100 million yuan)		650.8	37294.3	47791.0		7343.4	128.1		21.6
教育	**Education**									
专任教师数(万人)	Full-time Teachers (10 000 persons)									
#普通、职业高等学校	Regular and Vocational Higher Education Institutions	20.6	46.3	186.6	196.3	953.0	424.0	105.2	5.3	6.8
普通高中	Regular Senior Secondary Schools	74.1	75.7	202.8	213.3	287.9	281.8	105.2	2.4	4.8
初中阶段	Junior Secondary Schools	244.1	328.7	397.1	402.5	164.9	122.5	101.4	1.1	0.9
小学阶段	Primary Education	522.6	586.0	660.1	662.9	126.9	113.1	100.4	0.5	0.6
在校学生数(万人)	Total Enrollment (10 000 persons)									
#普通、职业高等学校	Regular and Vocational Higher Education Institutions	85.6	556.1	3496.1	3659.4	4275.0	658.1	104.7	8.9	8.9
普通高中	Regular Senior Secondary Schools	1553.1	1201.3	2605.0	2713.9	174.7	225.9	104.2	1.3	3.8

续表Continued

指标	Item	总量指标 Aggregate Indicator				指数(%)(2022 为以下各年) Index (%) (2022 as Percentage of the Following Years)			平均增长速度(%) Average Annual Growth Rate (%)	
		1978	2000	2021	2022	1978	2000	2021	1979—2022	2001—2022
初中阶段	Junior Secondary Schools	4995. 2	6256. 3	5018. 4	5120. 6	102. 5	81. 8	102. 0	0. 1	−0. 9
小学阶段	Primary Education	14624. 0	13013. 3	10779. 9	10732. 1	73. 4	82. 5	99. 6	−0. 7	−0. 9
教育经费支出(亿元)	Government Expenditure on Education (100 million yuan)		3849. 1	57873. 7						
卫生	**Public Health**									
医院(个)	Hospitals (unit)	9293	16318	36570	36976	397. 9	226. 6	101. 1	3. 2	3. 8
执业(助理)医师(万人)	Licensed (Assistant) Physicians (10 000 persons)	97. 8	207. 6	428. 8	443. 5	453. 4	213. 6	103. 4	3. 5	3. 5
医院床位数(万张)	Number of Hospital Beds (10 000 units)	110. 0	216. 7	741. 4	766. 3	696. 6	353. 7	103. 4	4. 5	5. 9
卫生总费用(亿元)	Total Health Expenditure (100 million yuan)	110. 2	4586. 6	76845. 0	85327. 5	77422. 6	1860. 4	111. 0	16. 3	14. 2
文化体育	**Culture**									
图书出版总印数(亿册、亿张)	Number of Books Published (100 million copies)	37. 7	62. 7	118. 6	114. 0	302. 4	181. 8	96. 1	2. 5	2. 8
电视节目制作时间(万小时)	Time for TV Programs Production (10 000 hours)		58. 5	306. 0	285. 2		487. 5	93. 2		7. 5
故事影片产量(部)	Production of Feature Films (film)	46	91	565	380	826. 1	417. 6	67. 3	4. 9	6. 7
社会保险	**Welfare and Social Insurance**									
社会保险基金收入(亿元)	Revenue of Social Insurance Fund (100 million yuan)		2644. 9	96936. 8	102504. 8		3875. 6	105. 7		18. 1
社会保险基金支出(亿元)	Expenses of Social Insurance Fund (100 million yuan)		2385. 6	86734. 9	90719. 1		3802. 8	104. 6		18. 0
参加基本养老保险人数(万人)	Participants in Basic Endowment Insurance (10 000 persons)		13617. 4	102871. 4	105307. 3		773. 3	102. 4		9. 7
参加失业保险人数(万人)	Participants in Unemployment Insurance (10 000 persons)		10408. 4	22957. 9	23806. 6		228. 7	103. 7		3. 8
参加基本医疗保险人数(万人)	Participants in Basic Medical Insurance (10 000 persons)		3786. 9	136296. 7	134592. 5		3554. 1	98. 7		17. 6

注：1. 2022 年能源数据为初步核算数。

2. 本表速度指标中，国民总收入、国内生产总值及三次产业增加值、城乡居民收入、财政收支、货币供应量等指标均按可比价格计算；固定资产投资类指标平均增长速度按累计法计算；其他指标按绝对数计算。

a) Energy data of 2022 are preliminary accounting figures.

b) Indices and growth rates of the follow indicators are calculated at comparable prices: gross national income, gross domestic product, value added of the primary, secondary and tertiary industries, income of urban and rural residents, government finance, money supply, etc. The average annual growth rate of total investment in fixed assets is calculated at the accumulate method. Growth rates of other indicators are calculated with their values.

《中国统计年鉴 2023》

地区生产总值(2022年)

Gross regional product(2022)

本表绝对数按当年价格计算，指数按不变价格计算。

Data on value in this table are calculated at current prices while indices are at constant prices.

单位：亿元(100 million yuan)

地 区	Region	地区生产总值 Gross Regional Product	人均地区生产总值(元) Per Capita Gross Regional Product (yuan)	指 数(上年=100) Indices (preceding year=100) 地区生产总值 Gross Regional Product	人均地区生产总值 Per Capita Gross Regional Product
北 京	Beijing	41610.9	190313	100.7	100.8
天 津	Tianjin	16311.3	119235	101.0	101.8
河 北	Hebei	42370.4	56995	103.8	104.1
山 西	Shanxi	25642.6	73675	104.4	104.5
内蒙古	Inner Mongolia	23158.6	96474	104.2	104.2
辽 宁	Liaoning	28975.1	68775	102.1	102.8
吉 林	Jilin	13070.2	55347	98.1	99.2
黑龙江	Heilongjiang	15901.0	51096	102.7	103.9
上 海	Shanghai	44652.8	179907	99.8	100.0
江 苏	Jiangsu	122875.6	144390	102.8	102.5
浙 江	Zhejiang	77715.4	118496	103.1	102.2
安 徽	Anhui	45045.0	73603	103.5	103.3
福 建	Fujian	53109.9	126829	104.7	104.3
江 西	Jiangxi	32074.7	70923	104.7	104.6
山 东	Shandong	87435.1	86003	103.9	103.9
河 南	Henan	61345.1	62106	103.1	103.5
湖 北	Hubei	53734.9	92059	104.3	103.4
湖 南	Hunan	48670.4	73598	104.5	104.8
广 东	Guangdong	129118.6	101905	101.9	101.7
广 西	Guangxi	26300.9	52164	102.9	102.6
海 南	Hainan	6818.2	66602	100.2	99.5
重 庆	Chongqing	29129.0	90663	102.6	102.5
四 川	Sichuan	56749.8	67777	102.9	102.9
贵 州	Guizhou	20164.6	52321	101.2	101.2
云 南	Yunnan	28954.2	61716	104.3	104.7
西 藏	Tibet	2132.6	58438	101.1	101.4
陕 西	Shaanxi	32772.7	82864	104.3	104.3
甘 肃	Gansu	11201.6	44968	104.5	104.7
青 海	Qinghai	3610.1	60724	102.3	102.1
宁 夏	Ningxia	5069.6	69781	104.0	103.5
新 疆	Xinjiang	17741.3	68552	103.2	103.3

注：表中数据为初步核算数。

Data in this table are preliminary data.

《中国统计年鉴2023》

居民消费水平
Household consumption expenditure

本表绝对数按当年价格计算，指数按不变价格计算。
Data on value in this table are calculated at current prices, while indices are calculated at constant prices.

年份 Year	绝对数(元) Value(yuan)			城乡消费水平对比(农村居民=1) Urban/Rural Consumption Ratio(Rural Household=1)	指数(上年=100) Index(Preceding Year=100)			指数(1978年=100) Index (year of 1978=100)		
	全体居民 All Households	城镇居民 Urban Households	农村居民 Rural Households		全体居民 All Households	城镇居民 Urban Households	农村居民 Rural Households	全体居民 All Households	城镇居民 Urban Households	农村居民 Rural Households
1978	184	393	139	2. 8	104. 1	102. 9	104. 4	100. 0	100. 0	100. 0
1980	238	490	178	2. 7	109. 1	107. 3	108. 6	116. 8	113. 8	115. 0
1985	440	750	346	2. 2	112. 7	107. 4	114. 4	181. 3	141. 6	191. 3
1990	831	1404	627	2. 2	102. 8	101. 4	103. 4	227. 5	168. 6	238. 8
1995	2329	4767	1344	3. 5	108. 3	109. 5	105. 0	339. 7	294. 2	286. 9
2000	3712	6972	1917	3. 6	110. 5	109. 6	106. 6	491. 9	393. 0	375. 2
2001	3968	7272	2032	3. 6	105. 9	103. 4	104. 6	520. 7	406. 5	392. 7
2002	4270	7662	2157	3. 6	108. 1	105. 9	106. 6	563. 1	430. 6	418. 5
2003	4555	7977	2292	3. 5	105. 4	103. 0	104. 6	593. 4	443. 4	437. 7
2004	5071	8718	2521	3. 5	106. 6	105. 2	103. 9	632. 7	466. 6	454. 9
2005	5688	9637	2784	3. 5	109. 5	108. 3	106. 8	693. 0	505. 4	485. 8
2006	6319	10516	3066	3. 4	108. 0	105. 9	107. 3	748. 3	535. 4	521. 4
2007	7454	12217	3538	3. 5	112. 4	111. 2	108. 7	841. 4	595. 5	566. 8
2008	8504	13722	3981	3. 4	107. 5	106. 2	104. 8	904. 2	632. 2	593. 8
2009	9249	14687	4295	3. 4	110. 5	108. 6	110. 1	999. 4	686. 6	654. 0
2010	10575	16570	4782	3. 5	107. 5	105. 9	105. 4	1074. 7	726. 9	689. 2
2011	12668	19218	5880	3. 3	109. 8	106. 8	110. 8	1179. 7	776. 3	764. 0
2012	14074	20869	6573	3. 2	109. 1	107. 1	108. 1	1286. 9	831. 0	826. 1
2013	15586	22620	7397	3. 1	107. 9	105. 7	109. 4	1388. 9	878. 2	903. 9
2014	17220	24430	8365	2. 9	108. 4	105. 9	110. 9	1505. 1	930. 3	1002. 3
2015	18857	26119	9409	2. 8	109. 5	106. 9	112. 7	1648. 4	994. 3	1129. 1
2016	20801	28154	10609	2. 7	108. 2	105. 6	110. 8	1783. 2	1050. 4	1251. 4
2017	22968	30323	12145	2. 5	106. 6	104. 0	110. 8	1901. 7	1092. 0	1386. 6
2018	25245	32483	13985	2. 3	107. 4	104. 7	112. 4	2041. 9	1143. 0	1558. 8
2019	27504	34900	15382	2. 3	106. 1	104. 6	107. 0	2166. 0	1195. 9	1668. 2
2020	27439	34043	16046	2. 1	97. 5	95. 4	101. 8	2111. 9	1140. 7	1697. 9
2021	31013	37995	18434	2. 1	111. 4	109. 9	113. 5	2352. 8	1254. 0	1927. 1
2022	31718	38289	19530	2. 0	100. 2	98. 7	103. 9	2358. 1	1238. 2	2002. 3

注：1. 城乡消费水平对比没有剔除城乡价格不可比的因素。
2. 居民消费水平指按年中常住人口计算的人均居民消费支出。
a) The effect of price differentials between urban and rural areas has not been removed in the calculation of the urban/rural consumption ratio.
b) Household consumption level refers to per capita household consumption expenditure on the basis of mid-year resident population.

《中国统计年鉴 2023》

全国居民人均收支情况

Nationwide per capita income and consumption expenditure

单位：元(yuan)

指　　标	Item	2016	2017	2018	2019	2020	2021	2022
全国居民人均收入	**Nationwide Per Capita Income**							
可支配收入	Disposable Income	23821.0	25973.8	28228.0	30732.8	32188.8	35128.1	36883.3
1. 工资性收入	1. Income from Wages and Salaries	13455.2	14620.3	15829.0	17186.2	17917.4	19629.4	20590.3
2. 经营净收入	2. Net Business Income	4217.7	4501.8	4852.4	5247.3	5306.8	5892.7	6174.5
3. 财产净收入	3. Net Income from Properties	1889.0	2107.4	2378.5	2619.1	2791.5	3075.5	3226.5
4. 转移净收入	4. Net Income from Transfer	4259.1	4744.3	5168.1	5680.3	6173.2	6530.5	6891.9
现金可支配收入	Disposable Income in Cash	22204.5	24201.9	26291.4	28612.1	29918.7	32382.7	34179.7
1. 工资性收入	1. Income of Wages and Salaries	13379.0	14537.8	15746.4	17096.9	17817.6	19493.2	20449.3
2. 经营净收入	2. Net Business Income	4111.4	4424.1	4880.3	5269.7	5307.1	5664.5	6044.9
3. 财产净收入	3. Net Income from Property	739.8	811.5	877.8	1001.5	1067.5	1246.5	1334.2
4. 转移净收入	4. Net Income from Transfer	3974.3	4428.6	4786.9	5244.0	5726.4	5978.5	6351.3
全国居民人均支出	**Nationwide Per Capita Expenditure**							
消费支出	Consumption Expenditure	17110.7	18322.1	19853.1	21558.9	21209.9	24100.1	24538.2
#服务性消费	Consumption Expenditure on Services	7156.6	7802.6	8780.8	9886.0	9037.3	10644.5	10590.0
1. 食品烟酒	1. Food, Tobacco and Liquor	5151.0	5373.6	5631.1	6084.2	6397.3	7178.1	7481.0
2. 衣着	2. Clothing and Footwear	1202.7	1237.6	1288.9	1338.1	1238.4	1418.7	1364.6
3. 居住	3. Housing	3746.4	4106.9	4646.6	5054.8	5215.3	5641.1	5882.0
4. 生活用品及服务	4. Household Equipments, Furnishings and Services	1043.7	1120.7	1222.7	1280.9	1259.5	1423.2	1431.8
5. 交通通信	5. Transport and Communications	2337.8	2498.9	2675.4	2861.6	2761.8	3155.6	3194.8
6. 教育文化娱乐	6. Education, Culture and Recreation	1915.3	2086.2	2225.7	2513.1	2032.2	2598.9	2468.7
7. 医疗保健	7. Health Care and Medical Services	1307.5	1451.2	1685.2	1902.3	1843.1	2115.1	2119.9
8. 其他用品及服务	8. Miscellaneous Goods and Services	406.3	447.0	477.5	524.0	462.2	569.4	595.4
现金消费支出	Consumption Expenditure in Cash	14142.0	15122.3	16174.8	17526.0	16994.7	19410.7	19783.5
1. 食品烟酒	1. Food, Tobacco and Liquor	4846.7	5073.0	5366.2	5798.1	6068.0	6783.4	7097.7
2. 衣着	2. Clothing	1202.2	1237.0	1288.3	1337.6	1237.9	1417.9	1364.1
3. 居住	3. Housing	1359.8	1519.0	1615.1	1755.7	1774.3	1899.7	2034.1
4. 生活用品及服务	4. Household Equipments, Furnishings and Services	1036.1	1110.8	1211.0	1266.9	1245.8	1410.5	1421.1
5. 交通通信	5. Transport and Communications	2332.9	2495.3	2669.1	2857.4	2758.2	3150.4	3190.8
6. 教育文化娱乐	6. Education, Culture and Recreation	1914.3	2085.3	2224.1	2511.7	2031.5	2597.8	2468.0
7. 医疗保健	7. Health Care and Medical Services	1048.5	1160.7	1332.6	1482.4	1426.0	1597.3	1635.4
8. 其他用品及服务	8. Miscellaneous Goods and Services	401.5	441.2	468.4	516.2	452.9	553.6	572.4

《中国统计年鉴 2023》

居民人均可支配收入和指数

Per capita disposable income of households and index

年 份 Year	全国居民人均可支配收入 Nationwide Per Capita Disposable Income of Households		城镇居民人均可支配收入 Per Capita Disposable Income of Urban Households		农村居民人均可支配收入 Per Capita Disposable Income of Rural Households	
	绝对数（元）Value（yuan）	指数（1978 年=100）Index(year of 1978=100)	绝对数（元）Value（yuan）	指数（1978 年=100）Index(year of 1978=100)	绝对数（元）Value（yuan）	指数（1978 年=100）Index(year of 1978=100)
1978	171. 2	100. 0	343. 4	100. 0	133. 6	100. 0
1980	246. 8	131. 6	477. 6	127. 0	191. 3	139. 0
1985	478. 6	213. 2	739. 1	160. 4	397. 6	268. 9
1990	903. 9	243. 8	1510. 2	198. 1	686. 3	311. 2
1995	2363. 3	347. 6	4283. 0	290. 3	1577. 7	383. 6
2000	3721. 3	500. 7	6255. 7	382. 3	2282. 1	489. 6
2001	4070. 4	543. 8	6824. 0	414. 1	2406. 9	512. 3
2002	4531. 6	610. 4	7652. 4	469. 1	2528. 9	539. 2
2003	5006. 7	666. 3	8405. 5	510. 6	2690. 3	564. 9
2004	5660. 9	725. 1	9334. 8	549. 0	3026. 6	606. 1
2005	6384. 7	803. 4	10382. 3	600. 9	3370. 2	646. 6
2006	7228. 8	896. 2	11619. 7	662. 5	3731. 0	697. 6
2007	8583. 5	1015. 4	13602. 5	742. 2	4327. 0	767. 7
2008	9956. 5	1112. 2	15549. 4	803. 5	4998. 8	833. 1
2009	10977. 5	1234. 8	16900. 5	881. 0	5435. 1	908. 3
2010	12519. 5	1363. 3	18779. 1	948. 5	6272. 4	1012. 1
2011	14550. 7	1503. 3	21426. 9	1028. 1	7393. 9	1127. 4
2012	16509. 5	1662. 5	24126. 7	1126. 8	8389. 3	1248. 1
2013	18310. 8	1797. 1	26467. 0	1205. 4	9429. 6	1364. 5
2014	20167. 1	1940. 5	28843. 9	1287. 1	10488. 9	1490. 5
2015	21966. 2	2084. 4	31194. 8	1371. 5	11421. 7	1602. 3
2016	23821. 0	2216. 1	33616. 2	1448. 0	12363. 4	1702. 1
2017	25973. 8	2378. 4	36396. 2	1541. 6	13432. 4	1825. 5
2018	28228. 0	2532. 1	39250. 8	1627. 6	14617. 0	1945. 3
2019	30732. 8	2679. 7	42358. 8	1708. 4	16020. 7	2066. 0
2020	32188. 8	2737. 3	43833. 8	1728. 4	17131. 5	2144. 2
2021	35128. 1	2959. 7	47411. 9	1851. 6	18930. 9	2352. 9
2022	36883. 3	3046. 8	49282. 9	1886. 1	20132. 8	2452. 1

注：1. 本表 2013 年及以后人均可支配收入来源于住户收支与生活状况调查，1978—2012 年数据是根据历史数据按住户收支与生活状况调查可比口径推算获得。可支配收入绝对数按当年价计算，指数按可比价计算。

2. 全国居民人均收入是根据全国十几万户抽样调查基础数据，依据每个样本户所代表的户数加权汇总而成。由于受城镇化和人口迁移等因素影响，各时期的分城乡、分地区人口构成发生变化，有时会导致全国居民收入增速超出分城乡居民收入增速区间的现象发生。全国居民收入增速快于分城乡居民收入增速的原因主要是在城镇化过程中，一部分在农村收入较高的人口进入城镇地区，但在城镇属于较低收入人群，他们的迁移对城乡居民收入均有拉低作用；但无论在城镇还是农村，其收入增长效应都会体现在全体居民收入增长中。

a) The per capita disposable income in this table in 2013 and later comes from the household income and expenditure and living conditions survey. The data from 1978 to 2012 are calculated based on historical data and the comparable caliber of household income and expenditure and living conditions survey. The absolute amount of disposable income is calculated at the current price, and the index is calculated at the comparable price.

b) The nationwide per capita disposable income of households is based on the sample survey of more than 100 000 households and is aggregated according to the weight of each household in the sample. Due to the factors such as urbanization and migration, the population composition of different cities and regions has changed in different periods, the growth rate of household income nationwide sometimes outpaces the growth rate in urban and rural areas. The reason of this phenomenon is that, in urbanization process, some population with higher income in rural areas move to cities and fall into lower income group in urban areas. Their migration brings down the income of both urban and rural households. However, the effect of income growth, whether in urban or rural areas, is reflected in the national income growth.

《中国统计年鉴 2023》

分地区居民人均可支配收入
Per capita disposable income of households by region

单位：元(yuan)

地　区	Region	2016	2017	2018	2019	2020	2021	2022
全　国	**National Average**	**23821.0**	**25973.8**	**28228.0**	**30732.8**	**32188.8**	**35128.1**	**36883.3**
北　京	Beijing	52530.4	57229.8	62361.2	67755.9	69433.5	75002.2	77414.5
天　津	Tianjin	34074.5	37022.3	39506.1	42404.1	43854.1	47449.4	48976.1
河　北	Hebei	19725.4	21484.1	23445.7	25664.7	27135.9	29383.0	30867.0
山　西	Shanxi	19048.9	20420.0	21990.1	23828.5	25213.7	27425.9	29178.2
内蒙古	Inner Mongolia	24126.6	26212.2	28375.7	30555.0	31497.3	34108.4	35920.6
辽　宁	Liaoning	26039.7	27835.4	29701.4	31819.7	32738.3	35111.7	36088.8
吉　林	Jilin	19967.0	21368.3	22798.4	24562.9	25751.0	27769.8	27974.5
黑龙江	Heilongjiang	19838.5	21205.8	22725.8	24253.6	24902.0	27159.0	28345.5
上　海	Shanghai	54305.3	58988.0	64182.6	69441.6	72232.4	78026.6	79609.8
江　苏	Jiangsu	32070.1	35024.1	38095.8	41399.7	43390.4	47498.3	49861.7
浙　江	Zhejiang	38529.0	42045.7	45839.8	49898.8	52397.4	57540.5	60302.5
安　徽	Anhui	19998.1	21863.3	23983.6	26415.1	28103.2	30904.3	32745.2
福　建	Fujian	27607.9	30047.7	32643.9	35616.1	37202.4	40659.3	43117.7
江　西	Jiangxi	20109.6	22031.4	24079.7	26262.4	28016.5	30609.9	32418.7
山　东	Shandong	24685.3	26929.9	29204.6	31597.0	32885.7	35705.1	37560.1
河　南	Henan	18443.1	20170.0	21963.5	23902.7	24810.1	26811.2	28222.4
湖　北	Hubei	21786.6	23757.2	25814.5	28319.5	27880.6	30829.3	32913.6
湖　南	Hunan	21114.8	23102.7	25240.7	27679.7	29379.9	31992.7	34036.0
广　东	Guangdong	30295.8	33003.3	35809.9	39014.3	41028.6	44993.3	47064.6
广　西	Guangxi	18305.1	19904.8	21485.0	23328.2	24562.3	26726.7	27980.7
海　南	Hainan	20653.4	22553.2	24579.0	26679.5	27904.1	30456.8	30956.6
重　庆	Chongqing	22034.1	24153.0	26385.8	28920.4	30823.9	33802.6	35665.9
四　川	Sichuan	18808.3	20579.8	22460.6	24703.1	26522.1	29080.1	30679.2
贵　州	Guizhou	15121.1	16703.6	18430.2	20397.4	21795.4	23996.2	25508.2
云　南	Yunnan	16719.9	18348.3	20084.2	22082.4	23294.9	25666.2	26936.8
西　藏	Tibet	13639.2	15457.3	17286.1	19501.3	21744.1	24949.9	26674.8
陕　西	Shaanxi	18873.7	20635.2	22528.3	24666.3	26226.0	28568.0	30115.8
甘　肃	Gansu	14670.3	16011.0	17488.4	19139.0	20335.1	22066.0	23273.1
青　海	Qinghai	17301.8	19001.0	20757.3	22617.7	24037.4	25919.5	27000.0
宁　夏	Ningxia	18832.3	20561.7	22400.4	24411.9	25734.9	27904.5	29599.3
新　疆	Xinjiang	18354.7	19975.1	21500.2	23103.4	23844.7	26075.0	27062.7

《中国统计年鉴 2023》

分地区居民人均消费支出
Per capita consumption expenditure of households by region

单位：元(yuan)

地 区	Region	2016	2017	2018	2019	2020	2021	2022
全 国	**National Average**	**17110.7**	**18322.1**	**19853.1**	**21558.9**	**21209.9**	**24100.1**	**24538.2**
北 京	Beijing	35415.7	37425.3	39842.7	43038.3	38903.3	43640.4	42683.2
天 津	Tianjin	26129.3	27841.4	29902.9	31853.6	28461.4	33188.4	31323.7
河 北	Hebei	14247.5	15437.0	16722.0	17987.2	18037.0	19953.6	20890.3
山 西	Shanxi	12682.9	13664.4	14810.1	15862.6	15732.7	17191.2	17536.7
内蒙古	Inner Mongolia	18072.3	18945.5	19665.2	20743.4	19794.5	22658.3	22298.4
辽 宁	Liaoning	19852.8	20463.4	21398.3	22202.8	20672.1	23830.8	22603.7
吉 林	Jilin	14772.6	15631.9	17200.4	18075.4	17317.7	19604.6	17897.5
黑龙江	Heilongjiang	14445.8	15577.5	16994.0	18111.5	17056.4	20635.9	20411.9
上 海	Shanghai	37458.3	39791.9	43351.3	45605.1	42536.3	48879.3	46045.4
江 苏	Jiangsu	22129.9	23468.6	25007.4	26697.3	26225.1	31451.4	32848.1
浙 江	Zhejiang	25526.6	27079.1	29470.7	32025.8	31294.7	36668.1	38971.1
安 徽	Anhui	14711.5	15751.7	17044.6	19137.4	18877.3	21910.9	22541.9
福 建	Fujian	20167.5	21249.3	22996.0	25314.3	25125.8	28440.1	30041.7
江 西	Jiangxi	13258.6	14459.0	15792.0	17650.5	17955.3	20289.9	21707.9
山 东	Shandong	15926.4	17280.7	18779.8	20427.5	20940.1	22820.9	22640.4
河 南	Henan	12712.3	13729.6	15168.5	16331.8	16142.6	18391.3	19019.5
湖 北	Hubei	15888.7	16937.6	19537.8	21567.0	19245.9	23846.1	24827.8
湖 南	Hunan	15750.5	17160.4	18807.9	20478.9	20997.6	22798.2	24082.7
广 东	Guangdong	23448.4	24819.6	26054.0	28994.7	28491.9	31589.3	32168.7
广 西	Guangxi	12295.2	13423.7	14934.8	16418.3	16356.8	18087.9	18342.8
海 南	Hainan	14275.4	15402.7	17528.4	19554.9	18971.6	22241.9	21500.4
重 庆	Chongqing	16384.8	17898.1	19248.5	20773.9	21678.1	24597.8	25371.1
四 川	Sichuan	14838.5	16179.9	17663.6	19338.3	19783.4	21518.0	22301.9
贵 州	Guizhou	11931.6	12969.6	13798.1	14780.0	14873.8	17957.3	17938.7
云 南	Yunnan	11768.8	12658.1	14249.9	15779.8	16792.4	18851.0	18950.8
西 藏	Tibet	9318.7	10320.1	11520.2	13029.2	13224.8	15342.5	15885.6
陕 西	Shaanxi	13943.0	14899.7	16159.7	17464.9	17417.6	19346.5	19848.4
甘 肃	Gansu	12254.2	13120.1	14624.0	15879.1	16174.9	17456.2	17489.4
青 海	Qinghai	14774.7	15503.1	16557.2	17544.8	18284.2	19020.1	17260.8
宁 夏	Ningxia	14965.4	15350.3	16715.1	18296.8	17505.8	20023.8	19136.3
新 疆	Xinjiang	14066.5	15087.3	16189.1	17396.6	16512.1	18960.6	17927.1

《中国统计年鉴 2023》

分地区居民人均可支配收入来源（2022 年）
Per capita disposable income of households by source and region（2022）

单位：元(yuan)

地　区	Region	可支配收入 Disposable Income	工资性收入 Income from Wages and Salaries	经营净收入 Net Business Income	财产净收入 Net Income from Properties	转移净收入 Net Income from Transfers
全　国	**National Average**	**36883.3**	**20590.3**	**6174.5**	**3226.5**	**6891.9**
北　京	Beijing	77414.5	47758.0	902.6	12418.4	16335.5
天　津	Tianjin	48976.1	31026.1	3106.2	4287.4	10556.5
河　北	Hebei	30867.0	18129.6	5028.2	2392.2	5317.0
山　西	Shanxi	29178.2	15628.6	4043.6	1785.2	7720.8
内蒙古	Inner Mongolia	35920.6	18633.7	9614.7	1786.9	5885.3
辽　宁	Liaoning	36088.8	19523.7	5684.6	1638.7	9241.8
吉　林	Jilin	27974.5	14171.3	6776.4	1230.1	5796.8
黑龙江	Heilongjiang	28345.5	13193.0	5673.3	1368.2	8111.0
上　海	Shanghai	79609.8	48941.8	1524.9	10741.5	18401.7
江　苏	Jiangsu	49861.7	28124.0	6421.2	5351.7	9964.8
浙　江	Zhejiang	60302.5	34177.0	9880.4	7397.4	8847.6
安　徽	Anhui	32745.2	17122.0	7103.5	2308.7	6211.1
福　建	Fujian	43117.7	25277.9	7875.5	4797.7	5166.6
江　西	Jiangxi	32418.7	17976.3	5166.4	2557.3	6718.6
山　东	Shandong	37560.1	21422.5	7985.1	2561.4	5591.0
河　南	Henan	28222.4	14185.8	5800.5	1763.6	6472.4
湖　北	Hubei	32913.6	16513.9	6632.9	2371.7	7395.1
湖　南	Hunan	34036.0	16908.4	7093.6	2582.8	7451.2
广　东	Guangdong	47064.6	32200.8	5977.5	6107.7	2778.6
广　西	Guangxi	27980.7	13215.4	7095.8	2218.3	5451.2
海　南	Hainan	30956.6	17111.9	6179.8	2515.4	5149.5
重　庆	Chongqing	35665.9	19178.1	5524.8	2217.1	8745.9
四　川	Sichuan	30679.2	15234.2	6044.7	1973.6	7426.7
贵　州	Guizhou	25508.2	13284.7	5517.5	1492.6	5213.4
云　南	Yunnan	26936.8	13683.2	6118.5	2492.3	4642.7
西　藏	Tibet	26674.8	14792.6	6039.9	1641.8	4200.6
陕　西	Shaanxi	30115.8	16053.2	3895.8	1924.8	8242.1
甘　肃	Gansu	23273.1	12996.0	4256.3	1380.5	4640.3
青　海	Qinghai	27000.0	15236.6	4113.4	987.9	6662.1
宁　夏	Ningxia	29599.3	17752.8	5183.8	905.7	5757.0
新　疆	Xinjiang	27062.7	14108.1	5509.5	1133.2	6312.0

《中国统计年鉴 2023》

分地区居民人均消费支出构成（2022 年）

Per capita consumption expenditure of households by composition and region（2022）

单位：元(yuan)

地　区	Region	消费支出 Consumption Expenditure	食品烟酒 Food, Tobacco and Liquor	衣　着 Clothing and Footwear	居　住 Housing	生活用品及服务 Household Equipments, Furnishings and Services	交通通信 Transport and Communications	教育文化娱乐 Education, Culture and Recreation	医疗保健 Health Care and Medical Services	其他用品及服务 Miscellaneous Goods and Services
全　国	**National Average**	**24538.2**	**7481.0**	**1364.6**	**5882.0**	**1431.8**	**3194.8**	**2468.7**	**2119.9**	**595.4**
北　京	Beijing	42683.2	9223.2	1860.8	17170.3	2193.3	4129.3	3008.0	3981.5	1116.8
天　津	Tianjin	31323.7	9313.1	1630.4	7468.1	1789.0	3888.6	2546.0	3555.5	1132.9
河　北	Hebei	20890.3	6227.6	1350.9	4810.5	1314.5	2820.8	1864.3	2017.3	484.3
山　西	Shanxi	17536.7	5058.2	1208.7	3960.8	1034.2	2078.2	1809.0	1943.6	444.0
内蒙古	Inner Mongolia	22298.4	6269.4	1546.5	4836.3	1225.4	3457.8	2111.1	2262.7	589.3
辽　宁	Liaoning	22603.7	7140.0	1477.2	4702.1	1249.7	2855.8	2303.7	2192.3	682.9
吉　林	Jilin	17897.5	5466.9	1158.8	3636.5	871.5	2389.6	1848.0	2067.9	458.4
黑龙江	Heilongjiang	20411.9	6362.6	1358.9	3969.2	948.5	2618.2	2103.9	2524.9	525.8
上　海	Shanghai	46045.4	12653.0	1716.7	17073.5	2128.0	4529.2	3099.6	3616.5	1229.0
江　苏	Jiangsu	32848.1	9138.7	1769.8	9073.0	1954.1	4586.9	2778.5	2564.0	983.1
浙　江	Zhejiang	38971.1	10931.5	2098.1	10557.7	2312.6	5823.3	3549.1	2533.5	1165.4
安　徽	Anhui	22541.9	7678.8	1413.3	4925.1	1354.4	2483.8	2416.5	1749.6	520.3
福　建	Fujian	30041.7	9629.1	1469.5	8636.8	1586.9	3345.6	2807.2	1904.7	661.9
江　西	Jiangxi	21707.9	6946.2	1107.0	5057.4	1252.0	2624.1	2447.5	1856.0	417.9
山　东	Shandong	22640.4	6267.5	1485.9	4811.5	1668.2	3356.1	2566.2	2014.6	470.3
河　南	Henan	19019.5	5466.9	1323.3	4143.5	1202.9	2355.9	2180.1	1920.1	426.8
湖　北	Hubei	24827.8	7519.5	1453.6	5385.2	1386.4	3432.8	2794.1	2299.9	556.4
湖　南	Hunan	24082.7	7046.6	1366.4	5038.4	1490.6	3135.3	3250.3	2295.7	459.5
广　东	Guangdong	32168.7	11025.8	1178.3	8406.2	1636.0	4174.3	3196.3	1783.0	768.8
广　西	Guangxi	18342.8	5873.0	662.4	3892.6	970.1	2438.5	2396.4	1803.3	306.5
海　南	Hainan	21500.4	8282.9	700.1	5045.7	900.3	2704.5	2129.7	1372.9	364.3
重　庆	Chongqing	25371.1	8599.9	1698.0	4782.7	1656.6	3078.2	2585.0	2350.5	620.2
四　川	Sichuan	22301.9	7738.3	1316.5	4361.8	1465.4	2806.4	2005.7	2105.4	502.4
贵　州	Guizhou	17938.7	5607.1	1117.1	3414.3	1108.8	2729.8	2216.2	1373.7	371.8
云　南	Yunnan	18950.8	6116.9	939.6	4111.1	1008.1	2556.4	2028.0	1825.2	365.4
西　藏	Tibet	15885.6	5747.4	1305.1	3321.4	1092.0	2519.7	792.8	726.5	380.8
陕　西	Shaanxi	19848.4	5594.6	1171.3	4524.9	1254.9	2455.8	2001.1	2400.3	445.5
甘　肃	Gansu	17489.4	5364.2	1137.6	3918.5	1000.1	2322.2	1775.7	1612.6	358.5
青　海	Qinghai	17260.8	5874.3	1211.9	3318.2	953.4	2526.9	1175.2	1768.3	432.5
宁　夏	Ningxia	19136.3	5643.9	1260.8	3681.8	1220.0	2719.0	2129.8	2067.2	413.8
新　疆	Xinjiang	17927.1	5765.3	1186.0	3303.4	1009.2	2357.0	1495.4	1968.5	842.3

《中国统计年鉴 2023》

宝索企业集团
BAOSUO

宝拓纸机®
BAOTU

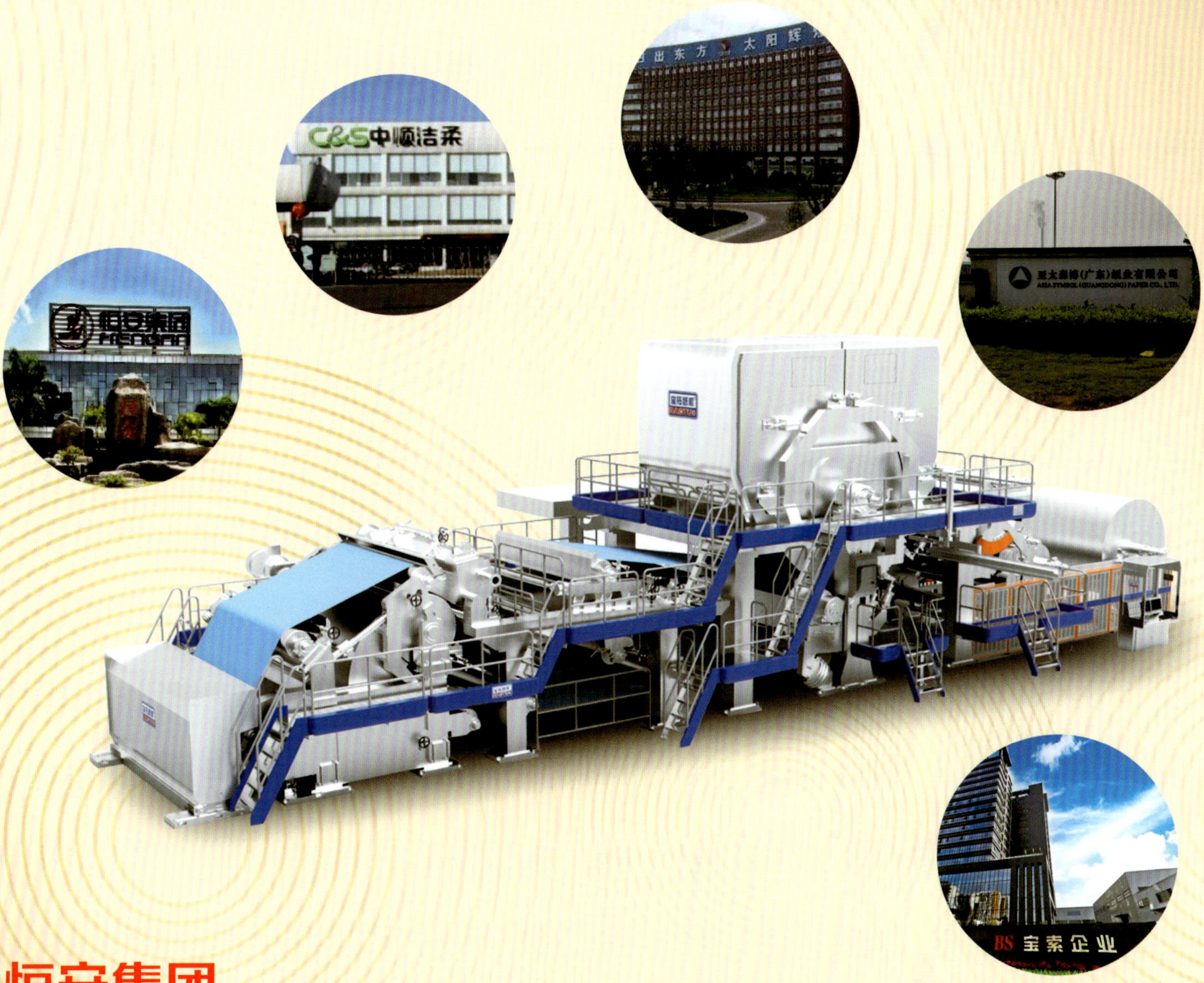

恒安集团
中顺洁柔
太阳集团
亚太森博
……

共同选择

高端新技术
【宝拓纸机】BC1800型
新月型卫生纸机

宝索企业集团为您提供生活用纸智能装备整体解决方案

广东宝拓科技股份有限公司
地址：中国广东省佛山市南海区桂城三山新城长江路20号
佛山市南海区宝拓造纸设备有限公司
地址：中国广东省佛山市南海区桂城街道环岛南路10号

电话/Tel：+86-757-81273388 / 81273377
传真/Fax：+86-757-81273399
网址/Website：http://www.baotuo.com.cn
邮箱/E-mail：master@baotuo.com.cn

ZODE 卓德
— 卓越品质 德誉四方 —

10th

柳州市卓德机械科技股份有限公司十周年
Liuzhou ZODE Machinery Sci-tech Co., Ltd.

开拓、创新、共赢

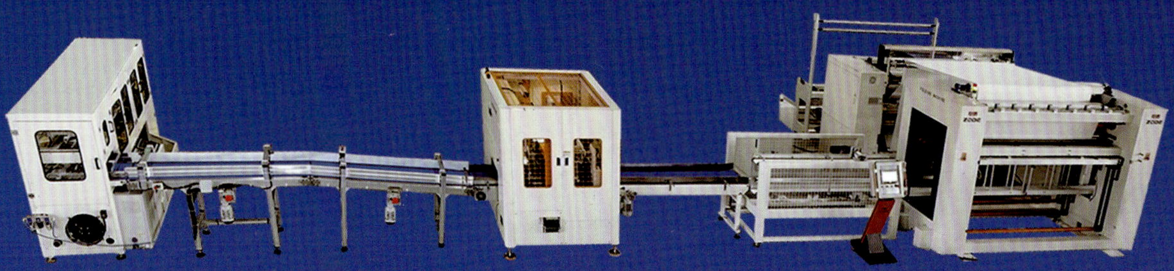

底部抽纸巾纸全自动生产线
Fully Automatic Bottom Draw-out Tissue Paper Production Line
速度:130米/分
Speed : 130 m/min

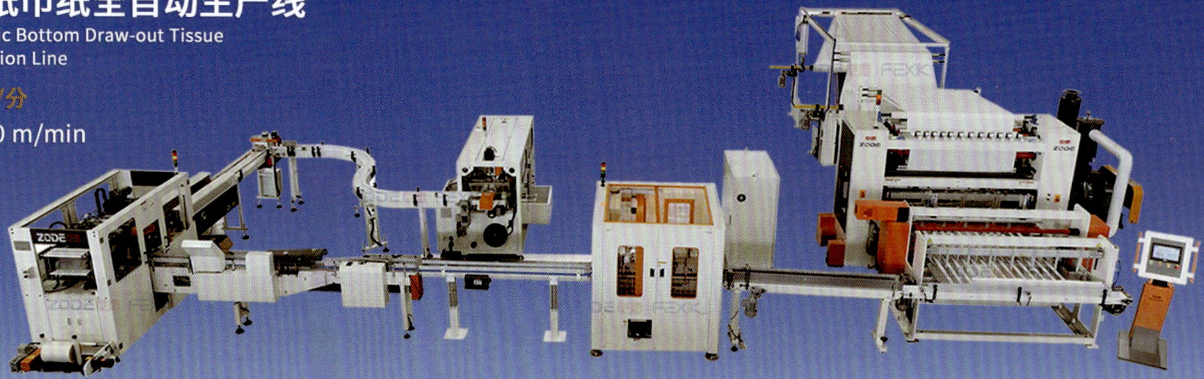

抽取式面巾纸全自动生产线
Fully Automatic Draw-out Facial Tissue Production Line
速度:130米/分或16条/分
Speed : 130m/min or 16 logs/min

柳州市卓德机械科技股份有限公司
Liuzhou ZODE Machinery Sci-tech Co., Ltd.
网址:www.zode.cn, www.fexik.cn

邮箱:zode@zode.cn
地址:中国广西柳州鱼峰区车园纵六路38号
电话:86-772-2992684 符先生:13650692088